仪表
常用数据手册

第二版

王森　纪纲　编

YIBIAO
CHANGYONG SHUJU
SHOUCE

化学工业出版社
·北京·

图书在版编目（CIP）数据

仪表常用数据手册/王森，纪纲编．—2版．—北京：
化学工业出版社，2006.6（2023.6重印）
ISBN 978-7-5025-8939-4

Ⅰ．仪⋯　Ⅱ．①王⋯②纪⋯　Ⅲ．工业仪表：自动
化仪表-数据-手册　Ⅳ．TH86-62

中国版本图书馆CIP数据核字（2006）第067602号

责任编辑：刘　哲　　　　　　　　　　封面设计：尹琳琳
责任校对：陈　静

出版发行：化学工业出版社（北京市东城区青年湖南街13号　邮政编码100011）
印　　装：北京虎彩文化传播有限公司
787mm×1092mm　1/16　印张32　字数800千字　2023年6月北京第2版第13次印刷

购书咨询：010-64518888　　　　　　　售后服务：010-64518899
网　　址：http://www.cip.com.cn
凡购买本书，如有缺损质量问题，本社销售中心负责调换。

定　　价：70.00元　　　　　　　　　　　　　　　　　　版权所有　违者必究
京化广临字 2006—35 号

前　言

《仪表常用数据手册》第一版1998年9月首次出版后，受到广大读者的欢迎。因为当初编写这本手册是首次尝试，限于第一版编写时的条件和作者的水平，书中存在不少缺欠之处。从那时至今的八年中，无论是工业自动化仪表还是相关的标准、规范，均发生了很大变化，与仪表选型及使用有关的数据和资料也日益丰富起来，这些都为《仪表常用数据手册》的改版重编提供了条件。在化学工业出版社的支持和读者的鼓励下，我们开始了第二版的选编工作。在选编过程中，我们力求使之内容丰富，取材新颖，数据准确，来源可靠，尽可能满足广大读者的期望和需求。

本书是一本面向工业自动化仪表应用领域的参考工具书，与第一版相比，主要有以下变化。

1. 删除了第一版中常用仪表、控制装置的型号、规格和性能指标方面的内容，主要为读者提供常用的基础性数据和资料。

2. 对第一版做了全面更新和较大扩充，更新扩充内容约占第二版的70%以上，资料来源大多取材于近十年来发布、出版的新标准和新文献，可以说是一次较为彻底的改版重编。

3. 建设资源节约型、环境友好型社会，节能降耗，加强能源和物料的计量工作，保护环境，实施污染物排放总量控制等，都对仪表和自动化工作提出了新的更高的要求。为此，第二版中增加了与此有关的内容。

在第二版选编过程中，我们深深感到，作为仪表和自动化工作者，需要了解和掌握的知识实在是太多了，限于手册的篇幅，不可能将过多的内容包容进去。限于水平和知识面，书中难免存在不妥之处，恳切希望专家与读者提出批评和指正。

本书第5章由纪纲选编，其余部分由王森选编。天华化工机械及自动化研究设计院刘建民、中油化建自动化工程有限责任公司岳智、上海同欣自动化仪表有限公司王建忠、上海应用技术学院任福敏等同志参与了部分内容的编写或提供了重要资料，王楠、梁如冰为书稿的整理、校核做了很多工作，在此表示诚挚感谢。

编　者
2006年6月

目 录

第1章 常用计量单位和单位换算 … 1

- 1.1 法定计量单位（GB 3100—1993） … 1
  - 1.1.1 国际单位制的基本单位 … 1
  - 1.1.2 包括SI辅助单位在内的具有专门名称的SI导出单位 … 1
  - 1.1.3 可与SI单位并用的我国法定计量单位 … 1
  - 1.1.4 用于构成十进倍数和分数单位的词头 … 2
- 1.2 常用计量单位及其换算 … 2
  - 1.2.1 长度单位换算 … 2
  - 1.2.2 面积单位换算 … 4
  - 1.2.3 体积单位换算 … 5
  - 1.2.4 质量单位换算 … 5
  - 1.2.5 流量单位换算 … 6
  - 1.2.6 压力单位换算 … 7
  - 1.2.7 温度单位换算 … 7
  - 1.2.8 功、能及热量单位换算 … 7
  - 1.2.9 黏度单位和单位换算 … 8
  - 1.2.10 密度单位和单位换算 … 14
  - 1.2.11 浓度单位和单位换算 … 19
  - 1.2.12 湿度单位和单位换算 … 21
  - 1.2.13 浊度单位和单位换算 … 25
  - 1.2.14 常用电工计量单位及换算 … 27

第2章 图形符号和字母代号 … 28

- 2.1 仪表的功能标志与图形符号（HG/T 20505—2000） … 28
  - 2.1.1 仪表功能字母与常用缩写 … 28
  - 2.1.2 仪表图形符号 … 34
- 2.2 过程操作用二进制逻辑图图形符号 … 40
  - 2.2.1 图形符号 … 40
  - 2.2.2 图形符号示例 … 41
- 2.3 电磁阀控制方式和控制方向的图形符号 … 42
- 2.4 自控设计常用其他字母代号 … 43
- 2.5 电气设备常用文字符号和常用电气图用图形符号 … 43
  - 2.5.1 电气设备常用文字符号（GB 7159—1987） … 43
  - 2.5.2 常用电气图用图形符号（GB 4728—1996·2000） … 45
- 2.6 工艺管道施工图常用图形符号及代号 … 57
  - 2.6.1 工艺管道施工图常用图线 … 57
  - 2.6.2 工艺管道施工图常用符号及代号 … 58
- 2.7 化工工艺管道常用涂色、色环和流向标志 … 68
- 2.8 消防技术文件用消防设备图形符号（GB 4327—1993） … 69
- 2.9 火灾报警设备图形符号（GA/T 229—1999） … 72

第3章 工业自动化仪表和自控设计常用标准 … 76

3.1 国家标准、专业标准、行业
　　标准代号……………………… 76
3.2 常见国外标准制订机构
　　名称…………………………… 79
3.3 工业自动化仪表常用
　　标准…………………………… 79
　　3.3.1 基础标准………………… 79
　　3.3.2 温度测量仪表…………… 80
　　3.3.3 压力测量仪表…………… 82
　　3.3.4 流量测量仪表…………… 82
　　3.3.5 物位测量仪表…………… 84
　　3.3.6 过程分析仪表…………… 85
　　3.3.7 执行机构和控制阀……… 87
　　3.3.8 单元组合仪表和基地式仪表… 88
　　3.3.9 显示仪表………………… 88
　　3.3.10 控制装置……………… 89
　　3.3.11 仪表盘、柜、台、箱及
　　　　　其他……………………… 89
　　3.3.12 常用测试仪器………… 90
3.4 自控设计常用标准……………… 91
　　3.4.1 名词术语………………… 91
　　3.4.2 图形符号和文字代号…… 91
　　3.4.3 计量单位………………… 92
　　3.4.4 工程制图………………… 92
　　3.4.5 自控设计管理规定……… 93
　　3.4.6 相关工程设计规范……… 93
　　3.4.7 自控专业设计规范……… 94
　　3.4.8 安装图册和设计手册…… 95
　　3.4.9 管法兰与管螺纹………… 95
　　3.4.10 防爆、防火、安全……… 96
　　3.4.11 工业卫生、环境保护…… 97
　　3.4.12 施工验收……………… 98

第4章　热电偶、热电阻……………………………………………………………… 99

4.1 热电偶…………………………… 99
　　4.1.1 热电偶简介……………… 99
　　4.1.2 各种热电偶的线径和推荐
　　　　　使用的最高温度………… 101
　　4.1.3 各种热电偶在使用温度
　　　　　范围内的允许偏差……… 102
　　4.1.4 铂铑10-铂热电偶（S型）
　　　　　分度表…………………… 102
　　4.1.5 铂铑13-铂热电偶（R型）
　　　　　分度表…………………… 102
　　4.1.6 铂铑30-铂铑6热电偶
　　　　　（B型）分度表…………… 102
　　4.1.7 镍铬-镍硅热电偶（K型）
　　　　　分度表…………………… 102
　　4.1.8 镍铬-铜镍（康铜）热电偶
　　　　　（E型）分度表…………… 102
　　4.1.9 铁-铜镍（康铜）热电偶
　　　　　（J型）分度表…………… 102
　　4.1.10 铜-铜镍（康铜）热电偶
　　　　　（T型）分度表………… 102
　　4.1.11 钨铼3-钨铼25热电偶分
　　　　　度表……………………… 102
　　4.1.12 主要工业国家的热电偶分
　　　　　度号对照表……………… 124
　　4.1.13 铠装热电偶…………… 124
4.2 热电阻…………………………… 127
　　4.2.1 热电阻简介……………… 127
　　4.2.2 铂热电阻Pt 100分
　　　　　度表……………………… 128
　　4.2.3 铜热电阻Cu 50分
　　　　　度表……………………… 128
　　4.2.4 铜热电阻Cu 100分
　　　　　度表……………………… 128
4.3 温度检测元件保护套管材质及
　　适用场合………………………… 132
4.4 温度检测元件插入深度………… 133

第5章　常用物性数据和资料……………………………………………………… 134

5.1 基本物理常数 ………………… 134
5.2 化学元素及其物理性质 ……… 135
5.3 气体的物性参数及常用数据 … 139
　　5.3.1 气体的物理性质………… 139

5.3.2 饱和气体的水分含量 …… 140
5.3.3 求气体黏度的 X、Y 值表和一般气体在常压下的黏度图 …… 142
5.3.4 气体的压缩系数图 …… 144
5.3.5 气体的压缩系数与对比参数关系图 …… 159
5.3.6 气体的等熵指数图 …… 160
5.3.7 碳氢气体的比热容比 c_p/c_V 图 …… 167
5.4 液体的物性参数及常用数据 …… 168
　5.4.1 液体的物理性质 …… 168
　5.4.2 求液体黏度的 X、Y 值表和一般液体在常压下的黏度图 …… 169
5.5 气体、液体物性参数计算公式 …… 171
　5.5.1 液体密度计算式 …… 171
　5.5.2 气体密度计算式 …… 172
　5.5.3 水蒸气密度计算式 …… 175
　5.5.4 液体黏度计算式 …… 176
　5.5.5 气体黏度计算式 …… 177
　5.5.6 气体等熵指数计算式 …… 179
5.6 干空气的性质 …… 181
5.7 天然气的物理性质（SY/T 6143—2004） …… 182
　5.7.1 天然气超压缩系数 F_z 值表 …… 182
　5.7.2 天然气常用组分的摩尔质量、摩尔发热量、求和因子和压缩因子表 …… 193
　5.7.3 不同压力和温度下甲烷动力黏度 μ 值表 …… 194
　5.7.4 不同压力和温度下甲烷 c_p 及 c_V 值表 …… 194
5.8 水和水蒸气的物理性质 …… 195
　5.8.1 水的密度 …… 195
　5.8.2 饱和水和饱和水蒸气的热力学基本参数 …… 204
　5.8.3 水和过热水蒸气的热力学基本参数 …… 219
　5.8.4 水和水蒸气的动力黏度 …… 245
5.9 固体、液体和天然气中的声速 …… 247
　5.9.1 固体中的声速 …… 247
　5.9.2 液体中的声速 …… 248
　5.9.3 天然气中的声速 …… 258
5.10 水溶液和纯液体的电导率 …… 260
　5.10.1 水溶液电导率 …… 260
　5.10.2 纯液体电导率 …… 263
　5.10.3 其他杂项液体电导率 …… 264
5.11 物质的相对介电常数 …… 264
　5.11.1 烃类和石油产品的相对介电常数 …… 265
　5.11.2 无机化合物的相对介电常数 …… 265
　5.11.3 有机化合物的相对介电常数 …… 267
　5.11.4 石油、煤及其产品的相对介电常数 …… 269
　5.11.5 聚合物的相对介电常数 …… 270
5.12 溶液的浓度和密度 …… 270
　5.12.1 硝酸溶液的浓度和密度 …… 270
　5.12.2 硫酸溶液的浓度和密度 …… 271
　5.12.3 盐酸溶液的浓度和密度 …… 272
　5.12.4 磷酸溶液的浓度和密度 …… 273
　5.12.5 高氯酸溶液的浓度和密度 …… 274
　5.12.6 氢氧化钾溶液的浓度和密度 …… 274
　5.12.7 氢氧化钠溶液的浓度和密度 …… 275
　5.12.8 氨水的浓度和密度 …… 276
　5.12.9 碳酸钠溶液的浓度和

　　　　密度 …………………………… 276
　5.12.10　甲酸溶液的浓度和
　　　　密度 …………………………… 277
　5.12.11　乙酸溶液的浓度和
　　　　密度 …………………………… 278
　5.12.12　甲醇溶液的浓度和
　　　　密度 …………………………… 280
　5.12.13　乙醇溶液的浓度和
　　　　密度 …………………………… 281
5.13　常用材料的密度 …………………… 283
5.14　常用材料的线胀系数 ……………… 283

第6章　过程分析仪表 …………………… 285

6.1　分析化学中常用的量、符号和
　　常见缩略语 ………………………… 285
6.2　吸收光谱法所涉及的光谱名称、
　　波长范围、量子跃迁类型
　　和光学分析方法 …………………… 287
6.3　红外线和紫外线气体分析仪
　　适用的测量组分和
　　最小测量范围 ……………………… 289
6.4　常见气体的热导率、相对热导率
　　及热导率的温度系数 ……………… 289
6.5　常见气体的磁化率和背景气体
　　对氧分析仪零点的影响 …………… 290
6.6　氧化锆探头理论电势输出值 ……… 292
6.7　气体在FID和TCD上的
　　定量校正因子 ……………………… 293
6.8　pH测量用标准缓冲溶液 …………… 294
6.9　电导仪测量用校准溶液 …………… 295
6.10　水中饱和溶解氧浓度 ……………… 296
6.11　Formazine浊度标准溶液的
　　配制方法 …………………………… 297
6.12　我国纯气质量标准及其允许
　　杂质范围 …………………………… 297
　6.12.1　各级纯气的等级划分 ………… 297
　6.12.2　高纯氮的主要技术指标和
　　　　纯化方法 …………………… 298
　6.12.3　纯氢、高纯氢和超纯氢的
　　　　主要技术指标和
　　　　纯化方法 …………………… 298
　6.12.4　高纯氧的主要技术指标和
　　　　纯化方法 …………………… 299
　6.12.5　高纯氩的主要技术指标和
　　　　纯化方法 …………………… 299
　6.12.6　高纯氦的主要技术
　　　　指标 ………………………… 300
6.13　分析仪表常用气瓶 ………………… 300
　6.13.1　分析仪表常用的气瓶
　　　　种类 ………………………… 300
　6.13.2　气瓶的压力等级 ……………… 300
　6.13.3　气瓶的漆色及标志 …………… 300
　6.13.4　不能储装于铝合金钢瓶的
　　　　气体组分 …………………… 301
　6.13.5　常见的不能化学匹配的
　　　　气体组分 …………………… 301
　6.13.6　不宜在钢瓶中存放或
　　　　不宜长期存放的
　　　　气体组分 …………………… 301
6.14　常用干燥剂及其除水能力 ………… 301
6.15　部分高效脱氧剂性能 ……………… 302
6.16　粉尘的种类、性质和工业烟尘
　　的粒径分布 ………………………… 302
6.17　各种筛系列的筛孔
　　尺寸 ………………………………… 304

第7章　防火、防爆、防毒、外壳防护等级 …………………… 306

7.1　火灾危险性及火灾危险场所
　　分类 ………………………………… 306
　7.1.1　可燃物质的火灾危险性
　　　分类 …………………………… 306
　7.1.2　工艺装置或装置内单元的
　　　火灾危险性分类举例 ………… 307
7.2　爆炸性危险场所的划分 …………… 309
　7.2.1　中国对爆炸性危险场所的

　　　　划分 …………………… 309
　7.2.2　IEC（国际电工技术委员会）
　　　　对爆炸性危险场所的
　　　　划分 …………………… 309
　7.2.3　NEC（美国国家电气规范）
　　　　对爆炸性危险场所的
　　　　划分 …………………… 309
7.3　爆炸性气体和粉尘的
　　分级分组 …………………… 310
　7.3.1　中国对爆炸性气体的分
　　　　级分组 ………………… 310
　7.3.2　中国对爆炸性粉尘的
　　　　分组 …………………… 310
　7.3.3　NEC对爆炸性气体和粉尘
　　　　的分组 ………………… 311
7.4　中、外电气防爆标志的构成和
　　对照 ………………………… 312
　7.4.1　中国电气防爆标志的构成
　　　　（GB 3836—2000） ……… 312
　7.4.2　美、中工厂用电气防爆标志

　　　　简明对照表 …………… 312
　7.4.3　日、中工厂用电气防爆
　　　　标志简明对照表 ……… 313
　7.4.4　欧洲共同体、中国工厂
　　　　用电气防爆标志
　　　　简明对照表 …………… 314
　7.4.5　欧洲和北美主要防爆检验
　　　　及测试机构 …………… 315
7.5　可燃性气体、蒸气特性表 …… 315
7.6　爆炸性粉尘特性表 ………… 319
7.7　防毒 ………………………… 322
　7.7.1　职业性接触毒物危害程度
　　　　分级 …………………… 322
　7.7.2　有毒性气体、蒸气特
　　　　性表 …………………… 322
7.8　外壳防护等级 ……………… 323
　7.8.1　外壳防护等级
　　　　（IP代码） ……………… 323
　7.8.2　NEMA外壳防护类型及其
　　　　与IP代码的对应关系 …… 324

第8章　腐蚀数据和选材图表 ……… 326

8.1　仪表常用耐腐蚀材料 ……… 326
　8.1.1　耐腐蚀金属和合金材料 … 326
　8.1.2　耐腐蚀非金属材料 …… 327
8.2　材料的耐腐蚀等级 ………… 328
8.3　几种合金材料在各种酸中的
　　腐蚀速度 …………………… 329
　8.3.1　蒙乃尔合金在各种酸中
　　　　的等腐蚀曲线 ………… 329
　8.3.2　哈氏合金B在各种酸中的
　　　　等腐蚀曲线 …………… 329
　8.3.3　哈氏合金C在各种酸中的
　　　　等腐蚀曲线 …………… 333
　8.3.4　钛在各种酸中的等
　　　　腐蚀曲线 ……………… 333

8.4　各种介质的腐蚀图和选材表 … 334
　8.4.1　硫酸的腐蚀图和
　　　　选材表 ………………… 334
　8.4.2　盐酸的腐蚀图和选材表 … 335
　8.4.3　硝酸及混合酸的腐蚀图
　　　　和选材表 ……………… 336
　8.4.4　氢氟酸的腐蚀图和
　　　　选材表 ………………… 337
　8.4.5　磷酸的腐蚀图和选材表 … 337
　8.4.6　醋酸的腐蚀图和选材表 … 338
　8.4.7　氢氧化钠的腐蚀图和
　　　　选材表 ………………… 338
　8.4.8　其他介质的选材表 …… 339
8.5　常用隔离液的性质及用途 …… 349

第9章　常用钢材和管材 …………… 351

9.1　钢铁产品牌号 ……………… 351
　9.1.1　常用钢简介 …………… 351
　9.1.2　中国钢铁产品牌号

　　　　表示方法 ……………… 353
　9.1.3　有关国家钢铁产品牌号
　　　　表示方法 ……………… 353

  9.1.4 常用钢牌号对照表 ……… 361
 9.2 常用钢材 ……………………… 368
  9.2.1 钢板每平方米面积的理论
     质量 ……………………… 368
  9.2.2 冷轧钢板和钢带 ……… 368
  9.2.3 热轧钢板和钢带 ……… 370
  9.2.4 热轧圆钢和方钢 ……… 371
  9.2.5 热轧扁钢 ………………… 373
  9.2.6 热轧等边角钢 …………… 373
  9.2.7 热轧槽钢 ………………… 374
  9.2.8 热镀锌低碳钢丝 ……… 374
 9.3 钢管 …………………………… 374
  9.3.1 钢管的公称直径系列 …… 374
  9.3.2 钢管的外径系列 ……… 375
  9.3.3 输送低压流体用焊接钢管
     （水煤气管） …………… 375
  9.3.4 普通碳素钢电线套管 …… 376
  9.3.5 输送流体用无缝钢管 …… 377
  9.3.6 不锈钢无缝钢管 ……… 378
  9.3.7 化肥设备用高压无缝
     钢管 ……………………… 378

  9.3.8 美国焊接和无缝轧制钢管、
     不锈钢钢管数据 ……… 379
  9.3.9 钢铁制品的公称压力、试验
     压力和在不同操作温度下
     的最大操作压力 ……… 383
  9.3.10 常用 Tube 管和管接头 … 384
 9.4 其他常用管材 ………………… 387
  9.4.1 常用铜及铜合金拉制管 … 387
  9.4.2 化工用硬聚氯乙烯管 …… 387
  9.4.3 尼龙 1010 单管及管缆 … 388
  9.4.4 聚乙烯单管及管缆 …… 388
  9.4.5 挠性连接管 …………… 389
 9.5 管子的选择 …………………… 390
  9.5.1 仪表测量管道管径选择 … 390
  9.5.2 气动信号管道选择 …… 390
  9.5.3 仪表供气系统配管管径
     选择 ……………………… 391
  9.5.4 蒸汽伴热保温系统配管
     要求 ……………………… 391
  9.5.5 电线、电缆保护管管径
     选择 ……………………… 392

第 10 章　法兰、螺纹 …………………………………………………………… 395

 10.1 国际、国内管法兰标准
    简介 ………………………… 395
  10.1.1 国际管法兰标准简介 …… 395
  10.1.2 国内管法兰标准简介 …… 396
  10.1.3 不同标准管法兰的配合
      使用 …………………… 397
 10.2 欧洲体系钢制管法兰、垫片、
    紧固件（HG 20592～
    20614—1997） …………… 399
  10.2.1 公称通径和公称压力 …… 399
  10.2.2 法兰类型 ………………… 399
  10.2.3 连接尺寸 ………………… 403
  10.2.4 密封面型式 ……………… 403
  10.2.5 密封面尺寸 ……………… 404
  10.2.6 法兰标记 ………………… 405
  10.2.7 法兰的压力-温度等级 … 406
  10.2.8 法兰垫片、紧固件的
      选用 …………………… 408

 10.3 美洲体系钢制管法兰、垫片、紧
    固件（HG 20615～20635—
    1997） ……………………… 411
  10.3.1 公称通径和公称压力 …… 411
  10.3.2 法兰类型 ………………… 411
  10.3.3 连接尺寸 ………………… 411
  10.3.4 密封面型式 ……………… 414
  10.3.5 密封面尺寸 ……………… 414
  10.3.6 法兰标记 ………………… 417
  10.3.7 法兰的压力-温度等级 … 418
  10.3.8 法兰垫片、紧固件
      选用 …………………… 419
 10.4 常用螺纹 …………………… 422
  10.4.1 普通螺纹 ………………… 422
  10.4.2 55°非密封管螺纹
      （圆柱管螺纹） ………… 423
  10.4.3 55°密封管螺纹
      （圆锥管螺纹） ………… 424

10.4.4 60°密封管螺纹
（NPT 螺纹）……………… 424

10.4.5 管子螺纹连接时的
啮合长度……………… 425

第 11 章　电线、电缆、补偿导线……………… 426

11.1 电线电缆型号编制及
其字母含义……………… 426
11.2 聚氯乙烯绝缘电线……… 426
11.3 聚氯乙烯绝缘软电线…… 428
11.4 聚氯乙烯绝缘和护套控制
电缆…………………… 428
11.5 DCS 电缆、本安电缆、计算机
控制电缆和耐火
控制电缆……………… 436
11.6 热电偶补偿导线………… 441
11.7 中国线规与英国、美国、德国
线规对照……………… 448

11.8 电线、电缆的选择……… 449
11.8.1 电缆、电线主要类型的
选择…………………… 450
11.8.2 电缆、电线的线芯截面积
选择…………………… 450
11.9 各种线芯截面的直流
电阻值………………… 451
11.10 仪表接地系统接线和接地
电阻的要求…………… 452
11.10.1 接地系统接线……… 452
11.10.2 接地电阻…………… 452

第 12 章　环境质量与污染物排放标准……………… 454

12.1 环境空气质量与大气污染物
排放标准……………… 454
12.1.1 环境空气质量标准
（GB 3095—1996）…… 454
12.1.2 火电厂大气污染物排放
标准（GB 13223—
2003）………………… 454
12.1.3 锅炉大气污染物排放标准
（GB 13271—2001）…… 456
12.1.4 工业炉窑大气污染物排放
标准（GB 9078—
1996）………………… 457
12.1.5 水泥工业大气污染物排放
标准（GB 4915—
2004）………………… 460
12.2 环境水质与水污染物排放
标准…………………… 461
12.2.1 地表水环境质量标准
（GB 3838—2002）…… 461
12.2.2 污水综合排放标准
（GB 8978—1996）…… 462

12.2.3 合成氨工业水污染物排放
标准（GB 13458—
2001）………………… 467
12.2.4 磷肥工业水污染物排放
标准（GB 15580—
1995）………………… 468
12.2.5 烧碱、聚氯乙烯工业水污染
物排放标准（GB 15581—
1995）………………… 469
12.2.6 造纸工业水污染物排放
标准（GB 3544—
2001）………………… 470
12.2.7 城镇污水处理厂污染物排
放标准（GB 18918—
2002）………………… 470
12.2.8 海洋石油开发工业含油污
水排放标准（GB 4914—
1985）………………… 470
12.3 工业企业厂界噪声标准
（GB 12348—1990）………… 471

第13章 其他数据和资料 ……472

13.1 我国主要城市的气象资料…… 472
13.2 大气压力与海拔高度关系…… 475
13.3 管道内流速常用值………… 476
13.4 流量-管道内平均流速关系 … 477
13.5 几种节流件与阻流件之间所要求的直管段长度 [ISO 5167：2003（E）]…… 477
13.6 控制阀材质的选择………… 481
13.7 控制阀的主要测试项目和标准（GB/T 4213—1992）………… 487
13.8 控制阀的隔断阀和旁路阀最小尺寸………… 490
13.9 仪表及测量管线伴热保温有关数据（SH 3126—2001）………… 491
13.10 同位素仪表的安全性能分级和放射卫生防护剂量限值（GB 14052—1993，GB 4792—1984）………… 492
    13.10.1 同位素仪表的安全性能分级………… 492
    13.10.2 放射卫生防护剂量限值………… 495
    13.10.3 电离辐射 SI 单位及专用单位………… 496
13.11 企业能源计量器具配备率和准确度要求（GB/T 17167—1997）…… 496
13.12 仪表脱脂和防护工程常用材料………… 497

参考文献 ……500

第1章 常用计量单位和单位换算

1.1 法定计量单位（GB 3100—1993）

1.1.1 国际单位制的基本单位（表1-1）

表1-1 国际单位制的基本单位

量的名称	单位名称	单位符号	量的名称	单位名称	单位符号
长度	米	m	热力学温度	开[尔文]	K
质量	千克(公斤)	kg	物质的量	摩[尔]	mol
时间	秒	s	发光强度	坎[德拉]	cd
电流	安[培]	A			

注：1. 圆括号中的名称，是它前面名称的同义词，下同。
2. 方括号中的字，在不致引起混淆、误解的情况下，可以省略。
3. 人民生活和贸易中，质量习惯称为重量。

1.1.2 包括SI辅助单位在内的具有专门名称的SI导出单位（表1-2）

表1-2 包括SI辅助单位在内的具有专门名称的SI导出单位

量的名称	单位名称	单位符号	其他表示式例	量的名称	单位名称	单位符号	其他表示式例
[平面]角	弧度	rad		电导	西[门子]	S	$A/V, \Omega^{-1}$
立体角	球面度	sr		磁通[量]	韦[伯]	Wb	$V \cdot s$
频率	赫[兹]	Hz	s^{-1}	磁通[量]密度,磁感应强度	特[斯拉]	T	Wb/m^2
力;重力	牛[顿]	N	$kg \cdot m/s^2$	电感	亨[利]	H	Wb/A
压力,压强,应力	帕[斯卡]	Pa	N/m^2	摄氏温度	摄氏度	℃	
能[量],功,热	焦[耳]	J	$N \cdot m$	光通量	流[明]	lm	$cd \cdot sr$
功率,辐[射能]通量	瓦[特]	W	J/s	[光]照度	勒[克斯]	lx	lm/m^2
电荷[量]	库[仑]	C	$A \cdot s$	放射性活度	贝可[勒尔]	Bq	s^{-1}
电位,电压,电动势,(电势)	伏[特]	V	W/A	吸收剂量	戈[瑞]	Gy	J/kg
电容	法[拉]	F	C/V	剂量当量	希[沃特]	Sv	J/kg
电阻	欧[姆]	Ω	V/A				

1.1.3 可与SI单位并用的我国法定计量单位（表1-3）

表1-3 可与SI单位并用的我国法定计量单位

量的名称	单位名称	单位符号	换算关系和说明	量的名称	单位名称	单位符号	换算关系和说明
时间	分	min	1min=60s	旋转速度	转每分	r/min	$1r/min=(1/60)s^{-1}$
	[小]时	h	1h=60min=3600s	质量	吨	t	$1t=10^3 kg$
	日,(天)	d	1d=24h=86400s		原子质量单位	u	$1u \approx 1.660540 \times 10^{-27} kg$

续表

量的名称	单位名称	单位符号	换算关系和说明	量的名称	单位名称	单位符号	换算关系和说明
[平面]角	[角]秒	″	$1″=(\pi/648000)$ rad (π 为圆周率)	体积	升	L, (l)	$1L=1dm^3=10^{-3}m^3$
	[角]分	′	$1′=60″=(\pi/10800)$ rad	能	电子伏	eV	$1eV\approx1.602177\times10^{-19}J$
	度	°	$1°=60′=(\pi/180)$ rad	级差	分贝	dB	
				线密度	特[克斯]	tex	$1tex=10^{-6}kg/m$

注：[平面]角单位度、分、秒的符号，在组合单位中应采用（°）、（′）、（″）的形式。例如，不用°/s 而用（°）/s。

1.1.4 用于构成十进倍数和分数单位的词头（表1-4）

表1-4 用于构成十进倍数和分数单位的词头

所表示的因数	词头名称	词头符号	所表示的因数	词头名称	词头符号
10^{18}	艾[可萨]	E	10^{-1}	分	d
10^{15}	拍[它]	P	10^{-2}	厘	c
10^{12}	太[拉]	T	10^{-3}	毫	m
10^{9}	吉[咖]	G	10^{-6}	微	μ
10^{6}	兆	M	10^{-9}	纳[诺]	n
10^{3}	千	k	10^{-12}	皮[可]	p
10^{2}	百	h	10^{-15}	飞[母托]	f
10^{1}	十	da	10^{-18}	阿[托]	a

注：10^4 称为万，10^8 称为亿，10^{12} 称为万亿，这类数词的使用不受词头名称的影响，但不应与词头混淆。

1.2 常用计量单位及其换算

1.2.1 长度单位换算（表1-5～表1-9）

表1-5 长度单位换算表

单位	米(m)	英寸(in)	英尺(ft)	毫米(mm)	英里(mi)	公里(km)
米	1	39.37	3.2808	1000	0.0006214	0.001
英寸	0.0254	1	0.0833	25.4	0.00001578	0.0000254
英尺	0.3048	12	1	304.8	0.0001894	0.0003048
毫米	0.001	0.03937	0.0032808	1	0.0000006214	0.000001
英里	1609.35	63360	5280	1609350	1	1.60935
公里	1000	39370	3280.83	1000000	0.62137	1

注：$1m=100cm=1000mm=10^6\mu m$；$1mm=0.03937in=39.37mils$（密耳）。

表1-6 英寸-毫米换算表（1in＝25.4mm）

英寸(in)	0	1	2	3	4	5	6	7	8	9
	毫米(mm)									
0	0.0	25.4	50.8	76.2	101.6	127.0	152.4	177.8	203.2	228.6
10	254.0	279.4	304.8	330.2	355.6	381.0	406.4	431.8	457.2	482.6
20	508.0	533.4	558.8	584.2	609.6	635.0	660.4	685.8	711.2	736.6
30	762.0	787.4	812.8	838.2	863.6	889.0	914.4	939.8	965.2	990.6
40	1016.0	1041.4	1066.8	1092.2	1117.6	1143.0	1168.4	1193.8	1219.2	1244.6
50	1270.0	1295.4	1320.8	1346.2	1371.6	1397.0	1422.4	1447.8	1473.2	1498.6
60	1524.0	1549.4	1574.8	1600.2	1625.6	1651.0	1676.4	1701.8	1727.2	1752.6
70	1778.0	1803.4	1828.8	1854.2	1879.6	1905.0	1930.4	1955.8	1981.2	2006.6
80	2032.0	2057.4	2082.8	2108.2	2133.6	2159.0	2184.4	2209.8	2235.2	2260.6
90	2286.0	2311.4	2336.8	2362.2	2387.6	2413.0	2438.4	2463.8	2489.2	2514.6
100	2540.0	2565.4	2590.8	2616.2	2641.6	2667.0	2692.4	2717.8	2743.2	2768.6

表 1-7 分数英寸-毫米换算表（1in=25.4mm）

英寸(in)	0	1/16	1/8	3/16	1/4	5/16	3/8	7/16	1/2	9/16	5/8	11/16	3/4	13/16	7/8	15/16
	毫米(mm)															
0	0.0	1.6	3.2	4.8	6.4	7.9	9.5	11.1	12.7	14.3	15.9	17.5	19.1	20.6	22.2	23.8
1	25.4	27.0	28.6	30.2	31.8	33.3	34.9	36.5	38.1	39.7	41.3	42.9	44.5	46.0	47.6	49.2
2	50.8	52.4	54.0	55.6	57.2	58.7	60.3	61.9	63.5	65.1	66.7	68.3	69.9	71.4	73.0	74.6
3	76.2	77.8	79.4	81.0	82.6	84.1	85.7	87.3	88.9	90.5	92.1	93.7	95.3	96.8	98.4	100.0
4	101.6	103.2	104.8	106.4	108.0	109.5	111.1	112.7	114.3	115.9	117.5	119.1	120.7	122.2	123.8	125.4
5	127.0	128.6	130.2	131.8	133.4	134.9	136.5	138.1	139.7	141.3	142.9	144.5	146.1	147.6	149.2	150.8
6	152.4	154.0	155.6	157.2	158.8	160.3	161.9	163.5	165.1	166.7	168.3	169.9	171.5	173.0	174.6	176.2
7	177.8	179.4	181.0	182.6	184.2	185.7	187.3	188.9	190.5	192.1	193.7	195.3	196.9	198.4	200.0	201.6
8	203.2	204.8	206.4	208.0	209.6	211.1	212.7	214.3	215.9	217.5	219.1	220.7	222.3	223.8	225.4	227.0
9	228.6	230.2	231.8	233.4	235.0	236.5	238.1	239.7	241.3	242.9	244.5	246.1	247.7	249.2	250.8	252.4
10	254.0	255.6	257.2	258.8	260.4	261.9	263.5	265.1	266.7	268.3	269.9	271.5	273.1	274.6	276.2	277.8

表 1-8 分数/小数英寸-毫米换算

英寸		毫米	英寸		毫米	英寸		毫米
分数	小数		分数	小数		分数	小数	
	0.00394	0.1		0.2	5.08		0.44	11.176
	0.00787	0.2	13/64	0.203125	5.1594		0.45	11.430
	0.01	0.254		0.21	5.334	29/64	0.4531125	11.5094
	0.01181	0.3	7/32	0.21875	5.5562		0.46	11.684
1/64	0.015625	0.3969		0.22	5.588	15/32	0.46875	11.9062
	0.01575	0.4		0.23	5.842		0.47	11.938
	0.01969	0.5	15/64	0.234375	5.9531		0.47244	12.0
	0.02	0.508		0.23622	6.0		0.48	12.192
	0.02362	0.6	1/4	0.24	6.096	31/64	0.484375	12.3031
	0.02756	0.7		0.25	6.35		0.49	12.446
	0.03	0.762		0.26	6.604	1/2	0.50	12.7
1/32	0.03125	0.7938	17/64	0.265625	6.7469		0.51	12.954
	0.0315	0.8		0.27	6.858		0.51181	13.0
	0.03543	0.9		0.27559	7.0	33/64	0.515625	13.0969
	0.03937	1.0		0.28	7.112		0.52	13.208
	0.04	1.016	9/32	0.28125	7.1438		0.53	13.462
3/64	0.046875	1.1906		0.29	7.366	17/32	0.53125	13.4938
	0.05	1.27	19/64	0.296875	7.5406		0.54	13.716
	0.06	1.524		0.30	7.62	35/64	0.546875	13.8906
1/16	0.0625	1.5875		0.31	7.874		0.55	13.970
	0.07	1.778	5/16	0.3125	7.9375		0.55118	14.0
5/64	0.078125	1.9844		0.31496	8.0		0.56	14.224
	0.07874	2.0		0.32	8.128	9/16	0.5625	14.2875
	0.08	2.032	21/64	0.328125	8.3344		0.57	14.478
	0.09	2.286		0.33	8.382	37/64	0.578125	14.6844
3/32	0.09375	2.3812		0.34	8.636		0.58	14.732
	0.1	2.54	11/32	0.34375	8.7312		0.59	14.986
7/64	0.109375	2.7781		0.35	8.89		0.59055	15.0
	0.11	2.794		0.35433	9.0	19/32	0.59375	15.0812
	0.11811	3.0	23/64	0.359375	9.1281		0.60	15.24
1/8	0.12	3.048		0.36	9.144	39/64	0.609375	15.4781
	0.125	3.175		0.37	9.398		0.61	15.494
	0.13	3.302	3/8	0.375	9.525		0.62	15.748
	0.14	3.556		0.38	9.652	5/8	0.625	15.875
9/64	0.140625	3.5719		0.39	9.906		0.62992	16.0
	0.15	3.810	25/64	0.390625	9.9219		0.63	16.002
5/32	0.15625	3.9688		0.39370	10.0		0.64	16.256
	0.15748	4.0	13/32	0.40	10.16	41/64	0.640625	16.2719
	0.16	4.064		0.40625	10.3188		0.65	16.510
	0.17	4.318		0.41	10.414	21/32	0.65625	16.6688

续表

英寸		毫米	英寸		毫米	英寸		毫米
分数	小数		分数	小数		分数	小数	
11/64	0.171875	4.3656		0.42	10.668		0.66	16.764
	0.18	4.572	27/64	0.421875	10.7156		0.66929	17.0
3/16	0.1875	4.7625		0.43	10.922		0.67	17.018
	0.19	4.826		0.43307	11.0	43/64	0.671875	17.0656
	0.19685	5.0	7/16	0.4375	11.1125		0.68	17.272
11/16	0.6875	17.4625	51/64	0.796875	20.2406		0.90551	23.0
	0.69	17.526		0.80	20.320	29/32	0.90625	23.0188
	0.70	17.78		0.81	20.574		0.91	23.114
45/64	0.703125	17.8594	13/16	0.8125	20.6375		0.92	23.368
	0.70866	18.0		0.82	20.828	59/64	0.921875	23.4156
	0.71	18.034		0.82677	21.0		0.93	23.622
23/32	0.71875	18.2562	53/64	0.828125	21.0344	15/16	0.9375	23.8125
	0.72	18.288		0.83	21.082		0.94	23.876
	0.73	18.542		0.84	21.336		0.94488	24.0
47/64	0.734375	18.6531	27/32	0.84375	21.4312		0.95	24.130
	0.74	18.796		0.85	21.590	61/64	0.953125	24.2094
	0.74803	19.0	55/64	0.859375	21.8281		0.96	24.384
3/4	0.75	19.050		0.86	21.844	31/32	0.96875	24.6062
	0.76	19.304		0.86614	22.0		0.97	24.638
49/64	0.765625	19.4469		0.87	22.098		0.98	24.892
	0.77	19.558	7/8	0.875	22.225		0.98425	25.0
	0.78	19.812		0.88	22.352	63/64	0.984375	25.0031
25/32	0.78125	19.8438		0.89	22.606		0.99	25.146
	0.78740	20.0	57/64	0.890625	22.6219	1	1.00000	25.4000
	0.79	20.066		0.90	22.860			

注：小数点已被圆整以提供不超过要求的精确程度。

表 1-9 毫米与英寸换算

毫米(mm)	英寸(in)	毫米(mm)	英寸(in)	毫米(mm)	英寸(in)	毫米(mm)	英寸(in)	毫米(mm)	英寸(in)
0.01	0.0004	0.1	0.0039	1	0.0394	10	0.394	100	3.937
0.02	0.0008	0.2	0.0079	2	0.0787	20	0.787	200	7.874
0.03	0.0012	0.3	0.0118	3	0.1181	30	1.181	300	11.811
0.04	0.0016	0.4	0.0158	4	0.1575	40	1.575	400	15.748
0.05	0.0020	0.5	0.0197	5	0.1969	50	1.969	500	19.685
0.06	0.0024	0.6	0.0236	6	0.2362	60	2.362	600	23.622
0.07	0.0028	0.7	0.0276	7	0.2756	70	2.756	700	27.559
0.08	0.0032	0.8	0.0315	8	0.3150	80	3.150	800	31.496
0.09	0.0035	0.9	0.0354	9	0.3543	90	3.543	900	35.433

1.2.2 面积单位换算（表 1-10）

表 1-10 面积单位换算

单位	米^2(m^2)	英寸^2(in^2)	英尺^2(ft^2)	英里^2(mi^2)	公里^2(km^2)
米^2	1	1549.99	10.7639	3.861×10^{-7}	1×10^{-6}
英寸^2	0.0006452	1	6.944×10^{-3}	2.491×10^{-10}	6.452×10^{-10}
英尺^2	0.0929	144	1	3.587×10^{-8}	9.29×10^{-8}
英里^2	2589999	—	27878400	1	2.59
公里^2	1000000	—	10763867	0.3861	1

注：$1m^2 = 100dm^2 = 10000cm^2$；$1mm^2 = 0.01cm^2 = 0.00155in^2$。

1.2.3 体积单位换算（表1-11）

表1-11 体积单位换算

立方米 (m^3)	升 (L, dm^3)	立方厘米 (cm^3, mL, C.C)	立方英尺 (ft^3)	立方英寸 (in^3)	英加仑 (UK gal)	美加仑 (U.S gal)	美油桶 (US bbl)
1	10^3	10^6	35.3147	6.10237×10^4	2.19969×10^2	2.64172×10^2	6.28994
10^{-3}	1	10^3	3.53147×10^{-2}	61.0237	2.19969×10^{-1}	2.64172×10^{-1}	6.28994×10^{-3}
10^{-6}	10^{-3}	1	3.53147×10^{-5}	6.10237×10^{-2}	2.19969×10^{-4}	2.64172×10^{-4}	6.28994×10^{-6}
2.83168×10^{-2}	28.3168	2.83168×10^4	1	1728	6.22883	7.48052	1.78109×10^{-1}
1.63871×10^{-5}	1.63871×10^{-2}	16.3871	5.78704×10^{-4}	1	3.60466×10^{-3}	4.32901×10^{-3}	1.0307×10^{-4}
4.54609×10^{-3}	4.54609	4.54609×10^3	1.60544×10^{-1}	2.7742×10^2	1	1.20095	2.85942×10^{-2}
3.78541×10^{-3}	3.78541	3.78541×10^3	1.33681×10^{-1}	2.31×10^2	8.32674×10^{-1}	1	2.38097×10^{-2}
1.58984×10^{-1}	1.58984×10^2	1.58984×10^5	5.61447	9.701794×10^3	34.97156	41.99913	1

注：1964年国际计量委员会第十二届国际计量大会决议声明，"升"词作为立方分米的专门名称，因此，"升"与立方分米不再有数量差别。

1.2.4 质量单位换算（表1-12和表1-13）

表1-12 质量单位换算

吨 (t)	千克(公斤) (kg)	克 (g)	英吨(长吨) (UK ton)	美吨(短吨) (U.S ton)	磅 (lb)
1	10^3	10^6	9.84207×10^{-1}	1.10231	2.20462×10^3
10^{-3}	1	10^3	9.84207×10^{-4}	1.10231×10^{-2}	2.20462
10^{-6}	10^{-3}	1	9.84207×10^{-7}	1.10231×10^{-6}	2.20462×10^{-3}
1.01605	1.01605×10^3	1.01605×10^6	1	1.12	2.24×10^3
9.07185×10^{-1}	9.07185×10^2	9.07185×10^5	8.92857×10^{-1}	1	2×10^3
4.53592×10^{-4}	4.53592×10^{-1}	4.53592×10^2	4.46429×10^{-4}	5×10^{-4}	1

表1-13 磅-千克换算表（1 lb＝0.4536 kg）

磅(lb)	0	1	2	3	4	5	6	7	8	9
					千克(kg)					
0	0.00	0.45	0.91	1.36	1.81	2.27	2.72	3.18	3.63	4.08
10	4.54	4.99	5.44	5.90	6.35	6.80	7.26	7.71	8.16	8.62
20	9.07	9.53	9.98	10.43	10.89	11.34	11.79	12.25	12.70	13.15
30	13.61	14.06	14.52	14.97	15.42	15.88	16.33	16.78	17.24	17.69
40	18.14	18.60	19.05	19.50	19.96	20.41	20.87	21.32	21.77	22.23
50	22.68	23.13	23.59	24.04	24.49	24.95	25.40	25.86	26.31	26.76
60	27.22	27.67	28.12	28.58	29.03	29.48	29.94	30.39	30.84	31.30
70	31.75	32.21	32.66	33.11	33.57	34.02	34.47	34.93	35.38	35.83
80	36.29	36.74	37.20	37.65	38.10	38.56	39.01	39.46	39.92	40.37
90	40.82	41.28	41.73	42.18	42.64	43.09	43.55	44.00	44.45	44.91

1.2.5 流量单位换算（表1-14和表1-15）

表1-14 体积流量单位换算

米³/时 (m³/h)	米³/分 (m³/min)	米³/秒 (m³/s)	升/时 (L/h)	升/分 (L/min)	升/秒 (L/s)	英尺³/时 (ft³/h)	英尺³/分 (ft³/min)	英加仑/秒 (UKgal/s)	美加仑/秒 (U.Sgal/s)	美油桶/秒 (USbbl/s)
1	1.66667×10⁻²	2.77778×10⁻⁴	10³	16.6667	2.77778×10⁻¹	35.3147	5.88578×10⁻¹	6.11025×10⁻²	7.33811×10⁻²	1.7472×10⁻³
60	1	1.66667×10⁻²	6×10⁴	10³	16.6667	2.11888×10³	35.3147	3.66615	4.40287	1.04832×10⁻¹
3.6×10³	60	1	3.6×10⁶	6×10⁴	10³	1.27133×10⁵	2.11888×10³	2.19969×10²	2.64172×10²	6.28994
10⁻³	1.66667×10⁻⁵	2.77778×10⁻⁷	1	1.66667×10⁻²	2.77778×10⁻⁴	3.53147×10⁻²	5.88578×10⁻⁴	6.11025×10⁻⁵	7.33811×10⁻⁵	1.7472×10⁻⁶
6×10⁻²	10⁻³	1.66667×10⁻⁵	60	1	1.66667×10⁻²	2.11888	3.53147×10⁻²	3.66615×10⁻³	4.40287×10⁻³	1.04832×10⁻⁴
3.6	6×10⁻²	10⁻³	3.6×10³	60	1	127.133	2.11888	2.19969×10⁻¹	2.64172×10⁻¹	6.28994×10⁻³
2.83168×10⁻²	4.71947×10⁻⁴	7.86579×10⁻⁶	28.3168	4.71947×10⁻¹	7.86579×10⁻³	1	1.66667×10⁻²	1.73023×10⁻³	2.07792×10⁻³	4.9475×10⁻⁵
1.69902	2.83168×10⁻²	4.71947×10⁻⁴	1.69902×10³	28.3168	4.71947×10⁻¹	60	1	1.03814×10⁻¹	1.24675×10⁻¹	2.9684×10⁻³
16.3659	2.72765×10⁻¹	4.54609×10⁻³	1.63659×10⁴	2.72765×10²	4.54609	577.958	9.63263	1	1.20095	2.85942×10⁻²
13.6275	2.27125×10⁻¹	3.78541×10⁻³	1.36275×10⁴	2.27125×10²	3.78541	4.8125×10²	8.02082	8.32674×10⁻¹	1	2.38096×10⁻²
5.72342×10²	9.53904	1.58984×10⁻¹	5.72342×10⁵	9.53904×10³	1.58984×10²	2.0212×10⁴	3.36868×10²	34.97156	41.99913	1

表1-15 质量流量单位换算

吨/时 (t/h)	千克(公斤)/时 (kg/h)	千克(公斤)/分 (kg/min)	千克(公斤)/秒 (kg/s)	英吨/时 (UKton/h)	磅/时 (lb/h)	磅/分 (lb/min)	磅/秒 (lb/s)
1	10³	16.6667	0.277778	0.984207	2204.62	36.7437	0.612394
10⁻³	1	0.0166667	2.77778×10⁻⁴	9.84207×10⁻⁴	2.20462	0.0367437	6.12395×10⁻⁴
0.06	60	1	0.0166667	0.0590524	132.277	2.20462	0.0367437
3.6	3600	60	1	3.54315	7936.63	132.277	2.20462
1.01605	1016.05	16.9342	0.282236	1	2240	37.3333	0.622223
4.53592×10⁻⁴	0.453592	0.00755987	1.25998×10⁻⁴	4.46429×10⁻⁴	1	0.0166667	2.77778×10⁻⁴
0.0272155	27.2155	0.453592	0.00755987	0.0267857	60	1	0.0166667
1.63293	1632.93	27.2155	0.453592	1.60714	3600	60	1

1.2.6 压力单位换算（表1-16）

表1-16 压力单位换算

牛顿/米^2（帕斯卡）（N/m^2）(Pa)	公斤力/米^2（kgf/m^2）	公斤力/厘米^2（kgf/cm^2）	巴（bar）	标准大气压（atm）	毫米水柱 4℃（mmH$_2$O）	毫米水银柱 0℃（mmHg）	磅/英寸^2（lb/in^2,psi）
1	0.101972	10.1972×10^{-6}	10^{-5}	0.986923×10^{-5}	0.101972	7.50062×10^{-3}	145.038×10^{-6}
9.80665	1	10^{-4}	9.80665×10^{-5}	9.67841×10^{-5}	1	0.0735559	0.00142233
98.0665×10^3	10^4	1	0.980665	0.967841	10×10^3	735.559	14.2233
10^5	10197.2	1.01972	1	0.986923	10.1972×10^3	750.061	14.5038
1.01325×10^5	10332.3	1.03323	1.01325	1	10.3323×10^3	760	14.6959
0.101972	1	10^{-4}	9.80665×10^{-5}	9.67841×10^{-5}	1	73.5559×10^{-3}	1.42233×10^{-3}
133.322	13.5951	0.00135951	0.00133322	0.00131579	13.5951	1	0.0193368
6.89476×10^3	703.072	0.0703072	0.0689476	0.0680462	703.072	51.7151	1

注：1. 1工程大气压(at)=1公斤力/厘米^2。
2. 用水柱表示的压力，是以纯水在4℃时的密度值为标准的。

1.2.7 温度单位换算（表1-17）

表1-17 温度单位换算

名 称	摄氏温标/℃	兰氏温标/°R	华氏温标/°F	热力学温标/K
在标准大气压时水的沸点	100	80	212	373.15
在标准大气压时冰的熔点	0	0	32	273.15
华氏零度	−17.78	−14.22	0	255.37
绝对零度	−273.15	−218.52	−459.67	0
t_C 代表摄氏温度℃值	t_C	$\frac{4}{5}t_C$	$\frac{9}{5}t_C+32$	$t_C+273.15$
t_R 代表兰氏温度°R值	$\frac{5}{4}t_R$	t_R	$\frac{9}{4}t_R+32$	$\frac{5}{4}t_R+273.15$
t_F 代表华氏温度°F值	$\frac{5}{9}(t_F-32)$	$\frac{4}{9}(t_F-32)$	t_F	$\frac{5}{9}(t_F-32)+273.15$
t_K 代表热力学温度K值	$t_K-273.15$	$\frac{4}{5}(t_K-273.15)$	$\frac{9}{5}(t_K-273.15)+32$	t_K

1.2.8 功、能及热量单位换算（表1-18）

表1-18 功、能及热量单位换算

马力小时（Hp·h）	公斤力·米（kgf·m）	升·大气压（L·atm）	焦耳（J）	尔格（erg）
1	2.7×10^5	26131.7	2.64780×10^6	2.64780×10^{13}
3.70370×10^{-6}	1	0.0967841	9.80665	9.80665×10^7
3.82676×10^{-5}	10.3323	1	101.325	1.01325×10^9
3.77672×10^{-7}	0.101972	0.00986923	1	10^7
3.77672×10^{-14}	1.01972×10^{-8}	9.86920×10^{-10}	10^{-7}	1
0.00158124	426.936	41.3205	4186.8	4.1868×10^{10}
1.35962	3.67098×10^5	35529.2	3.6×10^6	3.6×10^{13}
1.01387	2.73745×10^5	26494.1	2.68452×10^6	2.68452×10^{13}

续表

千卡 (kcal)	千瓦小时 (kW·h)	英马力小时 (UKHp·h)	英尺·磅力 (ft·lbf)	英热单位 (BTU)
5.12056×10^{-7}	0.138255	0.0133809	1.35582	1.35582×10^{7}
3.98466×10^{-4}	107.586	10.4126	1055.06	1.05506×10^{10}
632.416	0.735499	0.986320	1.95291×10^{6}	2509.62
0.00234228	2.72407×10^{-6}	3.65304×10^{-6}	7.23301	0.00929488
0.0242011	2.81459×10^{-5}	3.77443×10^{-5}	74.7334	0.0960373
2.38846×10^{-4}	2.77778×10^{-7}	3.72506×10^{-7}	0.737562	9.47813×10^{-4}
2.38846×10^{-11}	2.77778×10^{-14}	3.72506×10^{-14}	0.737562×10^{-7}	947813×10^{-11}
1	0.001163	0.00155961	3088.02	3.96832
859.845	1	1.34102	2.65522×10^{6}	3412.13
641.187	0.745700	1	1.98×10^{6}	2544.43
3.23832×10^{-4}	3.76616×10^{-7}	5.05051×10^{-7}	1	0.00128506
0.251996	2.93071×10^{-4}	3.93016×10^{-4}	778.166	1

1.2.9 黏度单位和单位换算

黏度是黏性的程度。常用的黏度表示方法有以下几种。

(1) 动力黏度 动力黏度也称黏（滞）性系数、内摩擦系数。牛顿黏性定律给出了黏度与内摩擦力的定量关系：

$$F=\eta S\times\frac{\mathrm{d}v}{\mathrm{d}y}$$

式中　F——黏性力或内摩擦力；
　　　S——流层之间的接触面积；
　　　$\mathrm{d}v$——层间速度差；
　　　$\mathrm{d}y$——层间距离；
　　　$\frac{\mathrm{d}v}{\mathrm{d}y}$——速度梯度或称剪切速率；
　　　η——液体的黏性系数或动力黏度。

由上可知

$$\eta=\frac{F/S}{\mathrm{d}v/\mathrm{d}y}=\frac{\tau}{D}$$

式中　τ——剪切应力，$\tau=F/S$，即剪切应力为流层之间单位接触面积上的内摩擦力；
　　　D——剪切速率，$D=\frac{\mathrm{d}v}{\mathrm{d}y}$。

所以，动力黏度也定义为稳态流中的剪切应力与剪切速率之比值。

在国际单位制中，动力黏度 η 的单位为 Pa·s，中文符号为帕·秒。常用单位是 mPa·s（毫帕·秒）。换算关系为 $1Pa·s=10^{3}mPa·s$。

在以前常用的厘米·克·秒制（物理单位制，CGS）中，动力黏度 η 的单位为泊 P 和厘泊 cP。有关换算关系如下：

$$1Pa·s=10P=1000cP$$

$$1\text{mPa}\cdot\text{s}=1\text{cP}$$

(2) 运动黏度 运动黏度是动力黏度与同温度下的密度之比值，又称比密黏度，用符号 ν 表示，即

$$\nu=\frac{\eta}{\rho}$$

式中　ν——运动黏度，m^2/s；
　　　η——动力黏度，$Pa\cdot s$；
　　　ρ——密度，kg/m^3。

（如果 η 的单位为 $mPa\cdot s$，ρ 为 g/cm^3，由上式计算得到的 ν 的单位为 mm^2/s。）

运动黏度在实际应用及测量方面有许多方便之处，例如在许多流体力学计算（如雷诺数的计算）中，用 ν 比用 η 更方便；许多条件"黏度"与运动黏度之间比较容易建立经验换算式——数值方程；利用重力型玻璃毛细管黏度计可以很方便地测得运动黏度。

需要指出的是，不能用运动黏度来衡量流动阻力的大小。运动黏度是在重力作用下的流动阻力的度量，而动力黏度才是流动阻力的度量。

在国际单位制中，运动黏度 ν 的单位为 m^2/s，中文符号为米^2·秒，中文名称为二次方米每秒。常用单位是 mm^2/s（毫米^2/秒）。换算关系为 $1m^2/s=10^6 mm^2/s$。

在以前常用的厘米·克·秒制（物理单位制，CGS）中，运动黏度 ν 的单位为斯托克斯 St 和厘斯 cSt。有关换算关系如下：

$$1m^2/s=1\times10^{-4}St=1\times10^{-6}cSt$$
$$1mm^2/s=1cSt$$

动力黏度、运动黏度的 SI 单位与其他单位的关系列于表 1-19 及表 1-20。

表 1-19　动力粘度单位的换算

单位名称	克/厘米·秒（泊）	克/100厘米·秒（厘泊）	公斤/米·秒（帕斯卡·秒）	公斤力·秒/米^2	公斤/米·时	磅/英尺·秒	磅力·秒/英尺^2
g/cm·s(P)	1	10^2	0.1	10.2×10^{-3}	3.60×10^2	6.720×10^{-2}	2.089×10^{-3}
g/100cm·s(cP)	10^{-2}	1	10^{-3}	10.2×10^{-5}	3.60	6.720×10^{-4}	2.089×10^{-5}
kg/m·s(Pa·s)	10	10^3	1	10.2×10^{-2}	3.6×10^3	0.6720	2.089×10^{-2}
kgf·s/m^2	98.1	9.81×10^3	9.81	1	3.53×10^4	6.592	0.205
kg/m·h	2.778×10^{-3}	0.2778	2.778×10^{-4}	2.833×10^{-5}	1	1.867×10^{-4}	5.801×10^{-6}
lb/ft·s	14.88	1.488×10^3	1.488	0.1518	5.357×10^3	1	3.108×10^{-2}
lbf·s/ft^2	4.788×10^2	4.788×10^4	47.88	4.882	1.724×10^5	32.17	1

表 1-20　运动粘度单位的换算

单位名称	米^2/秒	厘米^2/秒（斯）	毫米^2/秒（厘斯）	米^2/时	英尺^2/秒	英尺^2/时
m^2/s	1	10^4	10^6	3600	10.76	38.75×10^3
cm^2/s(St)	10^{-4}	1	100	0.36	1.076×10^{-3}	3.875
mm^2/s(cSt)	10^{-6}	0.01	1	3.6×10^{-3}	10.76×10^{-6}	38.75×10^{-3}
m^2/h	277.8×10^{-6}	2.778	277.8	1	2.99×10^{-3}	10.76
ft^2/s	92.9×10^{-3}	929	92.9×10^3	334.5	1	3600
ft^2/h	25.8×10^{-6}	0.258	25.8	92.9×10^{-3}	278×10^{-6}	1

(3) 条件"黏度" 条件"黏度"是指用特定的黏度计在特定条件下测得的流动时间或流动时间之比值。条件"黏度"实际上并不是黏度量,所以黏度两字加了引号。

所谓特定的黏度计是指一类黏度杯,其主体是一个杯子,杯子底部中央有一个小圆孔或一段小短管,有的杯子下面有专用接收瓶。试验时将试液装入杯中至一定高度或装满,测量杯中试液流完或流出一定体积(决定于接收瓶)所需时间。直接用试液的流动时间(s,秒)或试液的流动时间与同体积黏度标准液的流动时间之比表示"黏度"。这种从短管或圆孔流出的流动不服从泊氏定律,也没有理论公式可循,因此用黏度杯测得的量不是绝对黏度,只是时间或时间比,它们与动力黏度或运动黏度之间没有任何理论关系,只能用经验公式(数值方程)与运动黏度之间进行换算,见表1-21。

表1-21 各种黏度杯的流动时间秒、度与运动黏度的关系

杯名	杯号	管径/mm	换算式	黏度 ν/(mm²/s)	流动时间 t/s	相关标准
恩氏黏度计		2.8~2.9	$\nu=7.94°E-8.22/°E$	°E=1.2~4.1		ASTM 093;ASTM D1665; BS 434; IP 212; DIN 51560;GB 266
			$\nu=7.664°E-1$	°E=4.1~12		
			$\nu=7.407°E$	°E>12		
雷氏黏度计	No.1	1.62	$\nu=0.255t-171/t$		30~140	BS 434;IP 70
			$\nu=0.246t$		>140	
	No.2	3.82	$\nu=2.46t-100/t$		32~90	
			$\nu=2.447t$		>90	
赛氏黏度计	通用型	1.765	$\nu=0.224t-185/t$		34~115	ASTM D2161;D88; D1083;D244;D856; D803;D1131;E102
			$\nu=0.223t-1.55$		115~215	
			$\nu=0.2158t$		>145	
	重油型	3.15	$\nu=2.22t-8$		22~55	
			$\nu=2.15t-4.3$		55~145	
			$\nu=2.12t$		>145	

黏度杯结构简单,操作方便,但测量精度不够高。黏度杯的种类不少,不同国家不同行业有其惯用的黏度杯。石油工业中常用的条件"黏度"有以下几种。

① 恩格勒(Engler)度。简称恩氏度,是用恩格勒黏度计测得的条件"黏度",我国也称为"条件度"。恩氏度等于被测试液的流动时间(s)与同体积蒸馏水在20℃时的流动时间(称为水值)之比值,用°E表示。恩氏黏度主要用于石油、焦油、漆类及部分化工产品,在德国、俄国、东欧及中国等应用较多。

② 雷德伍德(Redwood)秒。简称雷氏秒,是用雷德伍德黏度计测得的条件"黏度"。1号雷氏黏度计适用于流动时间在10~2000s的液体,2号雷氏黏度计的流动时间为1号的1/10倍,即适用于黏度约大10倍的液体。雷氏1号秒用″$R_Ⅰ$表示,雷氏2号秒用″$R_Ⅱ$表示,单位为s(秒)。雷氏黏度主要用于石油产品,在英国及原附属国应用较多,我国很少。

③ 赛波特(Saybolt)秒。简称赛氏秒,是用赛波特黏度计测得的条件"黏度"。赛氏黏度计有两种型号——通用型及重油型,前者适用于流动时间为30~1000s的液体,后者的流动时间比前者短1/10倍,即适用于黏度约大10倍的液体。赛氏通用秒用SUS表示,赛氏

重油秒用 SFS 表示，单位为 s（秒）。赛氏黏度主要用于石油产品，在美国应用最多，我国应用不多。

运动黏度与恩氏黏度、赛波特秒、雷德伍德秒的换算见表 1-22 和表 1-23。

表 1-22 运动黏度与恩氏黏度（条件度）的换算

mm²/s	条件度	mm²/s	条件度	mm²/s	条件度	mm²/s	条件度	mm²/s	条件度	mm²/s	条件度
1.00	1.00	4.90	1.38	8.80	1.74	14.4	2.30	22.2	3.22	30.0	4.20
1.10	1.01	5.00	1.39	8.90	1.75	14.6	2.33	22.4	3.24	30.2	4.22
1.20	1.02	5.10	1.40	9.00	1.76	14.8	2.35	22.6	3.27	30.4	4.25
1.30	1.03	5.20	1.41	9.10	1.77			22.8	3.29	30.6	4.27
1.40	1.04	5.30	1.42	9.20	1.78	15.0	2.37	23.0	3.31	30.8	4.30
1.50	1.05	5.40	1.42	9.30	1.79	15.2	2.39	23.2	3.34	31.0	4.33
1.60	1.06			9.40	1.80	15.4	2.42	23.4	3.36	31.2	4.35
1.70	1.07	5.50	1.43			15.8	2.46	23.6	3.39	31.4	4.38
1.80	1.08	5.60	1.44	9.50	1.81			23.8	3.41	31.6	4.41
1.90	1.09	5.70	1.45	9.60	1.82	16.0	2.48			31.8	4.43
		5.80	1.46	9.70	1.83	16.2	2.51	24.0	3.43		
2.00	1.10	5.90	1.47	9.80	1.84	16.4	2.53	24.2	3.46	32.0	4.46
2.10	1.11			9.90	1.85	16.6	2.55	24.4	3.48	32.2	4.48
2.20	1.12	6.00	1.48			16.8	2.58	24.6	3.51	32.4	4.51
2.30	1.13	6.10	1.49	10.0	1.86			24.8	3.53	32.6	4.54
2.40	1.14	6.20	1.50	10.1	1.87	17.0	2.60			32.8	4.56
		6.30	1.51	10.2	1.88	17.2	2.62	25.0	3.56		
2.50	1.15	6.40	1.52	10.3	1.89	17.4	2.65	25.2	3.58	33.0	4.59
2.60	1.16			10.4	1.90	17.6	2.67	25.4	3.61	33.2	4.61
2.70	1.17	6.50	1.53			17.8	2.69	25.6	3.63	33.4	4.64
2.80	1.18	6.60	1.54	10.5	1.91			25.8	3.65	33.6	4.66
2.90	1.19	6.70	1.55	10.6	1.92	18.0	2.72			33.8	4.69
		6.80	1.56	10.7	1.93	18.2	2.74	26.0	3.68		
3.00	1.20	6.90	1.56	10.8	1.94	18.4	2.76	26.2	3.70	34.0	4.72
3.10	1.21			10.9	1.95	18.6	2.79	26.4	3.73	34.2	4.74
3.20	1.21	7.00	1.57			18.8	2.81	26.6	3.76	34.4	4.77
3.30	1.22	7.10	1.58	11.0	1.96			26.8	3.78	34.6	4.79
3.40	1.23	7.20	1.59	11.2	1.98	19.0	2.83			34.8	4.82
		7.30	1.60	11.4	2.00	19.2	2.86	27.0	3.81		
3.50	1.24	7.40	1.61	11.6	2.01	19.4	2.88	27.2	3.83		
3.60	1.25			11.8	2.03	19.6	2.90	27.4	3.86	35.0	4.85
3.70	1.26	7.50	1.62			19.8	2.92	27.6	3.89	35.2	4.87
3.80	1.27	7.60	1.63	12.0	2.05			27.8	3.92	35.4	4.90
3.90	1.28	7.70	1.64	12.2	2.07	20.0	2.95			35.6	4.92
		7.80	1.65	12.4	2.09	20.2	2.97	28.0	3.95	35.8	4.95
		7.90	1.66	12.6	2.11	20.4	2.99	28.2	3.97		
4.00	1.29			12.8	2.13	20.6	3.02			36.0	4.98
4.10	1.30	8.00	1.67			20.8	3.04	28.4	4.00	36.2	5.00
4.20	1.31	8.10	1.68	13.0	2.15			28.6	4.02	36.4	5.03
4.30	1.32	8.20	1.69	13.2	2.17	21.0	3.07	28.8	4.05	36.6	5.05
4.40	1.33	8.30	1.70	13.4	2.19	21.2	3.09			36.8	5.08
		8.40	1.71	13.6	2.21	21.4	3.12	29.0	4.07		
4.50	1.34			13.8	2.24	21.6	3.14	29.2	4.10	37.0	5.11
4.60	1.35	8.50	1.72			21.8	3.17	29.4	4.12	37.2	5.13
4.70	1.36	8.60	1.73	14.0	2.26			29.6	4.15	37.4	5.16
4.80	1.37	8.70	1.73	14.2	2.28	22.0	3.19	29.8	4.17	37.6	5.18

续表

mm²/s	条件度	mm²/s	条件度	mm²/s	条件度	mm²/s	条件度	mm²/s	条件度	mm²/s	条件度
37.8	5.21	45.6	6.23	53.4	7.25	61.2	8.28	69.0	9.34	84	11.4
		45.8	6.26	53.6	7.28	61.4	8.31	69.2	9.36		
38.0	5.24			53.8	7.30	61.6	8.34	69.4	9.39	85	11.5
38.2	5.26	46.0	6.28			61.8	8.37	69.6	9.42	86	11.6
38.4	5.29	46.2	6.31	54.0	7.33			69.8	9.45	87	11.8
38.6	5.31	46.4	6.34	54.2	7.35	62.0	8.40			88	11.9
38.8	5.34	46.6	6.36	54.4	7.38	62.2	8.42	70.0	9.48	89	12.0
		46.8	6.39	54.6	7.41	62.4	8.45	70.2	9.50		
39.0	5.37			54.8	7.44	62.6	8.48	70.4	9.53	90	12.2
39.2	5.39	47.0	6.42			62.8	8.50	70.6	9.55	91	12.3
39.4	5.42	47.2	6.44	55.0	7.47			70.8	9.58	92	12.4
39.6	5.44	47.4	6.47	55.2	7.49	63.0	8.53			93	12.6
39.8	5.47	47.6	6.49	55.4	7.52	63.2	8.55	71.0	9.61	94	12.7
		47.8	6.52	55.6	7.55	63.4	8.58	71.2	9.63		
40.0	5.50			55.8	7.57	63.6	8.60	71.4	9.66	95	12.8
40.2	5.52	48.0	6.55			63.8	8.63	71.6	9.69	96	13.0
40.4	5.54	48.2	6.57	56.0	7.60			71.8	9.72	97	13.1
40.6	5.57	48.4	6.60	56.2	7.62	64.0	8.66			98	13.2
40.8	5.60	48.6	6.62	56.4	7.65	64.2	8.68	72.0	9.75	99	13.4
		48.8	6.65	56.6	7.68	64.4	8.71	72.2	9.77		
41.0	5.63			56.8	7.70	64.6	8.74	72.4	9.80	100	13.5
41.2	5.65	49.0	6.68			64.8	8.77	72.6	9.82	101	13.6
41.4	5.68	49.2	6.70	57.0	7.73			72.8	9.85	102	13.8
41.6	5.70	49.4	6.73	57.2	7.75	65.0	8.80			103	13.9
41.8	5.73	49.6	6.76	57.4	7.78	65.2	8.82	73.0	9.88	104	14.1
		49.8	6.78	57.6	7.81	65.4	8.85	73.2	9.90		
42.0	5.76			57.8	7.83	65.6	8.87	73.4	9.93	105	14.2
42.2	5.78	50.0	6.81			65.8	8.90	73.6	9.95	106	14.3
42.4	5.81	50.2	6.83	58.0	7.86			73.8	9.98	107	14.5
42.6	5.84	50.4	6.86	58.2	7.88	66.0	8.93			108	14.6
42.8	5.86	50.6	6.89	58.4	7.91	66.2	8.95	74.0	10.01	109	14.7
		50.8	6.91	58.6	7.94	66.4	8.98	74.2	10.03		
43.0	5.89			58.8	7.97	66.6	9.00	74.4	10.06	110	14.9
43.2	5.92	51.0	6.94			66.8	9.03	74.6	10.09	111	15.0
43.4	5.95	51.2	6.96	59.0	8.00			74.8	10.12	112	15.1
43.6	5.97	51.4	6.99	59.2	8.02	67.0	9.06			113	15.3
43.8	6.00	51.6	7.02	59.4	8.05	67.2	9.08	75.0	10.15	114	15.4
		51.8	7.04	59.6	8.08	67.4	9.11	76	10.3		
44.0	6.02			59.8	8.10	67.6	9.14	77	10.4	115	15.6
44.2	6.05	52.0	7.07			67.8	9.17	78	10.5	116	15.7
44.4	6.08	52.2	7.09	60.0	8.13			79	10.7	117	15.8
44.6	6.10	52.4	7.12	60.2	8.15	68.0	9.20			118	16.0
44.8	6.13	52.6	7.15	60.4	8.18	68.2	9.22	80	10.8	119	16.1
		52.8	7.17	60.6	8.21	68.4	9.25	81	10.9		
45.0	6.16			60.8	8.23	68.6	9.28	82	11.1	120	16.2
45.2	6.18	53.0	7.20			68.8	9.31	83	11.2		
45.4	6.21	53.2	7.22	61.0	8.26						

注：对于更高的 mm²/s 数，需用下式换算：

$$E_t = 0.135\nu_t$$

式中 E_t ——石油产品在温度 t 时的恩氏黏度，条件度；
  ν_t ——石油产品在温度 t 时的运动黏度，mm²/s。

表 1-23 运动黏度与赛波特秒、雷德伍德秒的换算

运动黏度 /mm²·s⁻¹	赛波特秒(通用)		雷德伍德秒(1号)		运动黏度 /mm²·s⁻¹	赛波特秒(通用)		雷德伍德秒(1号)	
	37.8℃	89.8℃	30℃	100℃		37.8℃	89.8℃	30℃	100℃
2	32.6	32.9	30.5	31.2	5.5	44.0	44.3	39.5	40.4
2.5	34.4	34.7	31.8	32.5	6	45.6	45.9	40.8	41.7
3	36.0	36.3	33.0	33.7	6.5	47.2	47.5	42.1	43.0
3.5	37.6	37.9	34.3	35.1	7	48.8	49.1	43.4	44.3
4	39.1	39.4	35.6	36.5	7.5	50.1	50.5	44.8	45.8
4.5	40.8	41.0	36.9	37.8	8	52.1	52.5	46.2	47.2
5	42.4	42.7	38.2	39.1					

续表

运动黏度 /mm²·s⁻¹	赛波特秒（通用）		雷德伍德秒（1号）		运动黏度 /mm²·s⁻¹	赛波特秒（通用）		雷德伍德秒（1号）	
	37.8℃	89.8℃	30℃	100℃		37.8℃	89.8℃	30℃	100℃
8.5	53.8	54.2	47.6	48.6	57	264	266	232	239
9	55.5	55.0	49.0	50.0	58	269	271	236	244
9.5	57.2	57.6	50.5	51.4	59	274	276	240	248
10	58.9	59.3	51.9	52.0	60	278	280	244	252
11	62.4	62.9	55.0	56.0	61	283	285	248	256
12	66.0	66.5	58.1	59.1	62	288	290	252	261
13	69.8	70.3	61.2	62.3	63	292	294	256	265
14	73.6	74.1	64.6	65.6	64	297	299	260	269
15	77.4	77.9	67.9	69.1	65	301	304	264	273
16	81.3	81.9	71.3	72.6	66	306	308	269	277
17	85.3	85.9	74.7	76.1	67	311	313	273	282
18	89.4	90.1	78.3	79.7	68	315	317	277	286
19	93.6	94.2	81.8	83.6	69	320	322	281	290
20	97.8	98.5	85.4	87.4	70	324	327	285	294
21	102	103	89.1	91.3	71	329	331	289	298
22	106	107	92.9	95.1	72	334	336	293	303
23	111	111	96.6	98.9	73	338	341	297	307
24	115	116	100	103	74	343	345	301	311
25	119	120	104	107	75	348	350	305	315
26	124	125	108	111	76	352	355	309	319
27	128	129	112	115	77	357	359	313	324
28	133	133	116	119	78	362	364	317	328
29	137	138	120	123	79	366	369	321	332
30	141	142	124	127	80	371	373	325	336
31	146	147	128	131	81	375	378	329	340
32	150	151	132	135	82	380	383	333	345
33	155	156	136	139	83	385	387	337	349
34	159	160	140	143	84	389	392	341	353
35	164	165	144	147	85	394	397	345	357
36	168	169	148	151	86	399	401	349	362
37	173	174	152	155	87	403	406	354	366
38	177	179	156	159	88	408	411	357	370
39	182	183	160	164	89	413	414	362	374
40	186	188	164	168	90	417	420	366	378
41	191	192	168	172	91	422	425	370	382
42	195	197	172	176	92	426	429	374	387
43	200	201	176	180	93	431	434	378	391
44	204	206	180	185	94	436	439	382	395
45	209	211	184	189	95	440	443	386	399
46	214	215	188	193	96	445	448	390	404
47	218	220	192	197	97	450	453	394	408
48	223	225	196	202	98	454	457	398	412
49	228	229	199	206	99	459	462	402	416
50	232	234	204	210	100	464	467	406	420
51	237	238	208	214	105	487	490	427	441
52	241	243	212	218	110	510	513	447	462
53	246	248	216	223	115	533	537	467	483
54	251	252	220	227	120	556	560	488	504
55	255	257	224	231	125	579	583	508	525
56	260	262	228	235	换算系数	4.634	4.667	4.063	4.203

注：对于125 mm²/s以上的换算：
① 运动黏度乘上换算系数可分别求得赛波特秒、雷德伍德秒；
② 赛波特秒、雷德伍德秒被换算系数除就可求得运动黏度；
③ 用表1-21中的公式换算。

1.2.10 密度单位和单位换算

(1) 密度的基本概念和单位换算

① 密度——单位体积某物质的质量,叫做这种物质的密度,其定义式为

$$\rho = \frac{m}{V}$$

式中　ρ——物质的密度;
　　　m——物质的质量;
　　　V——质量为 m 的物质的体积。

密度的单位为 kg/m^3。根据实用需要,密度也可用 g/cm^3 来表示。其换算关系为:

$$1kg/m^3 = 0.001g/cm^3$$
$$1g/cm^3 = 1000kg/m^3$$

② 标准密度——是指规定的标准条件下的物质密度。使用标准密度是便于不同温度或压力下物质间的相互换算与比较。液体密度的标准条件通常采用温度 20℃,也可用 15℃、15.6℃(60℉)等;气体密度的标准条件通常采用热力学温度 293.15K(20℃)和压力 101325Pa,也可用 273.15K(0℃)、288.15K(15℃)和 101325Pa 等。

③ 参考密度——是指在一定状态(温度和压力)下参考物质的密度。参考密度多在相对密度测量时使用。例如,在 4℃ 时参考物质纯水的密度;在 293.15K(20℃)和 101325Pa 时参考物质干空气的密度等。

④ 相对密度——在给定条件下,某种物质的密度 ρ 与参考物质的密度 ρ_r 之比,用 d 表示,即

$$d = \frac{\rho}{\rho_r}$$

相对密度是无量纲量。测量相对密度时,液体与固体的参考物质一般用纯水;气体的参考物质一般用与气体的温度、压力相同的干燥空气。以前常把相对密度叫做比重,这一术语现已废止,不再使用。

⑤ 视密度——多指用浮计(一种实验室玻璃液体密度计)测量液体密度时,得到的在任意温度下的读数即示值 ρ_t。常用它换算到液体标准温度(常为 20℃)时的密度 ρ_{20},以便对液体产品进行计量和贸易结算。

⑥ 表观密度——有时也称假密度,是指多孔固体(颗粒或粉粒等)材料的质量与其表观体积(包括"孔隙"的体积,孔隙包括材料间空隙和本身的开孔、裂口、裂纹以及闭孔、空洞)之比。

⑦ 实际密度——有时也称真实密度,是指多孔固体材料的质量与其体积(不包括"孔隙"的体积)之比。真实密度比其表观密度大。

⑧ 堆积密度——是指特定条件下,在既定容器内疏松状(如颗粒或纤维等)材料的质量与其体积之比。有时也称体积密度或计算密度。按照材料的实际堆积条件,又分为松密度(自然堆积)、振实密度(振动下的堆积)和压实密度(施加了一定压力下的堆积)。堆积密度随材料堆积的条件而异。

密度单位换算表见表 1-24。

表 1-24 密度单位换算

单 位	kg/m³	g/cm³(g/mL) 或 t/m³	g/mL (1901~1964定义)	lb/in²	lb/ft³	UKton/yd³	lb/UKgal	lb/USgal	kgf·s²/m⁴
1千克每立方米 kg/m³	1	0.001	1.000028×10^{-3}	3.61273×10^{-5}	6.24280×10^{-2}	7.52480×10^{-4}	1.00224×10^{-2}	0.834540×10^{-2}	0.101972
1克每立方厘米 g/cm³(g/mL) 或1吨每立方米 t/m³	1000	1	1.000028	0.0361273	62.4280	0.752480	10.0224	8.34540	0.101972×10^{3}
1克每毫升 g/mL(1901~1964定义)	999.972	0.999972	1	0.0361263	62.4262	0.752459	10.0221	8.34517	0.101969×10^{3}
1磅每立方英寸 lb/in²	27679.9	27.6799	27.6807	1	1728	20.8286	277.420	231	0.282255×10^{4}
1磅每立方英尺 lb/ft³	16.0185	0.0160185	0.0160189	5.78704×10^{-4}	1	0.0120536	0.160544	0.133681	1.633432
1英吨每立方码 UKton/yd³	1328.94	1.32894	1.32898	0.0480110	82.9630	1	13.3192	11.0905	0.135520×10^{3}
1磅每英加仑 lb/UKgal	99.7763	0.0997763	0.0997791	3.60465×10^{-3}	6.22883	0.0750797	1	0.832674	0.101744×10^{2}
1磅每美加仑 lb/USgal	119.826	0.119826	0.119830	4.32900×10^{-3}	7.48052	0.0901670	1.20095	1	0.122190×10^{2}
1工程质量每立方米 kgf·s²/m³	9.80665	9.80665×10^{-3}	9.8069×10^{-3}	3.5429×10^{-4}	0.612208	7.379×10^{-3}	9.8286×10^{-2}	8.1840×10^{-2}	1

(2) 石油及液体石油产品的密度

① 油品的标准密度。国家标准规定，20℃时石油及液体石油产品的密度为标准密度，用 ρ_{20} 表示，其他温度下的密度用 ρ_t 表示。根据 GB/T 1885—83(91) 中的"石油计量换算表"，ρ_t 的计算公式为：

$$\rho_t = \rho_{20} - \gamma(t-20)$$

式中 t——油品的温度，℃；

γ——油品密度的平均温度系数，见表 1-25。

表 1-25　石油产品密度的平均温度系数

$\rho_{20}/(g/cm^3)$	t 的温度校正值 γ	$\rho_{20}/(g/cm^3)$	t 的温度校正值 γ
0.700～0.710	0.000897	0.850～0.860	0.000699
0.710～0.720	0.000884	0.860～0.870	0.000686
0.720～0.730	0.000870	0.870～0.880	0.000673
0.730～0.740	0.000857	0.880～0.890	0.000660
0.740～0.750	0.000844	0.890～0.900	0.000647
0.750～0.760	0.000831	0.900～0.910	0.000633
0.760～0.770	0.000813	0.910～0.920	0.000620
0.770～0.780	0.000805	0.920～0.930	0.000607
0.780～0.790	0.000792	0.930～0.940	0.000594
0.790～0.800	0.000778	0.940～0.950	0.000581
0.800～0.810	0.000765	0.950～0.960	0.000568
0.810～0.820	0.000752	0.960～0.970	0.000555
0.820～0.830	0.000738	0.970～0.980	0.000542
0.830～0.840	0.000725	0.980～0.990	0.000529
0.840～0.850	0.000712	0.990～1.000	0.000518

② 油品的相对密度。我国和欧洲（东部）各国习惯上用 20℃的油品密度与 4℃的纯水密度相比记为 d_4^{20}，表示油品的相对密度。由于 4℃的纯水密度接近于 $1g/cm^3$，故 ρ_{20} 与 d_4^{20} 在数值上相等，但物理意义不同。ρ_{20} 是有量纲的，而 d_4^{20} 是无量纲的。国际标准（ISO）规定以 15.6℃（60℉）的纯水为标准物质，所以 15.6℃的油品相对密度以 $d_{15.6}^{15.6}$ 表示。d_4^{20} 与 $d_{15.6}^{15.6}$ 可用表 1-26 进行换算，换算公式如下：

$$d_4^{20} = d_{15.6}^{15.6} - \Delta d$$
$$d_{15.6}^{15.6} = d_4^{20} + \Delta d$$

表 1-26　相对密度 $d_{15.6}^{15.6}$ 与 d_4^{20} 换算

$d_{15.6}^{15.6}$ 与 d_4^{20}	Δd	$d_{15.6}^{15.6}$ 与 d_4^{20}	Δd	$d_{15.6}^{15.6}$ 与 d_4^{20}	Δd
0.7000～0.7100	0.0051	0.7800～0.8000	0.0046	0.8700～0.8900	0.0041
0.7100～0.7300	0.0050	0.8000～0.8200	0.0045	0.8900～0.9100	0.0040
0.7300～0.7500	0.0049	0.8200～0.8400	0.0044	0.9100～0.9200	0.0039
0.7500～0.7700	0.0048	0.8400～0.8500	0.0043	0.9200～0.9400	0.0038
0.7700～0.7800	0.0047	0.8500～0.8700	0.0042	0.9400～0.9500	0.0037

③ 相对密度指数（°API）。美国石油学会用相对密度指数（°API）表示油品的相对密度，以前也称为 API 比重或 API 重度，相对密度指数与相对密度的关系为：

$$°API = \frac{141.5}{d_{15.6}^{15.6}} - 131.5$$

°API 与 $d_{15.6}^{15.6}$ 换算表见表 1-27。

表 1-27 （−1~101）°API 与 $d_{15.6}^{15.6}$ 换算表 (ITS—90)

°API	0.0	0.2	0.4	0.6	0.8	°API	0.0	0.2	0.4	0.6	0.8
−1	1.0843	—	—	—	—	51	0.7753	0.7745	0.7736	0.7728	0.7720
0	1.0760	1.0744	1.0728	1.0712	1.0695	52	0.7711	0.7703	0.7694	0.7686	0.7678
1	1.0679	1.0663	1.0647	1.0631	1.0615	53	0.7669	0.7661	0.7653	0.7645	0.7636
2	1.0599	1.0583	1.0568	1.0552	1.0536	54	0.7628	0.7620	0.7612	0.7603	0.7595
3	1.0520	1.0505	1.0489	1.0474	1.0458	55	0.7587	0.7579	0.7571	0.7563	0.7555
4	1.0443	1.0427	1.0412	1.0397	1.0382	56	0.7547	0.7539	0.7531	0.7523	0.7515
5	1.0366	1.0351	1.0336	1.0321	1.0306	57	0.7507	0.7499	0.7491	0.7483	0.7475
6	1.0291	1.0276	1.0261	1.0246	1.0231	58	0.7467	0.7459	0.7451	0.7443	0.7436
7	1.0217	1.0202	1.0187	1.0173	1.0158	59	0.7428	0.7420	0.7412	0.7405	0.7397
8	1.0143	1.0129	1.0114	1.0100	1.0086	60	0.7389	0.7381	0.7374	0.7366	0.7358
9	1.0071	1.0057	1.0043	1.0028	1.0014	61	0.7351	0.7343	0.7335	0.7328	0.7320
10	1.0000	0.9986	0.9972	0.9958	0.9944	62	0.7313	0.7305	0.7298	0.7290	0.7283
11	0.9930	0.9916	0.9902	0.9888	0.9874	63	0.7275	0.7268	0.7260	0.7253	0.7245
12	0.9861	0.9847	0.9833	0.9820	0.9806	64	0.7238	0.7230	0.7223	0.7216	0.7208
13	0.9792	0.9779	0.9765	0.9752	0.9738	65	0.7201	0.7194	0.7186	0.7179	0.7172
14	0.9725	0.9712	0.9698	0.9685	0.9672	66	0.7165	0.7157	0.7150	0.7143	0.7136
15	0.9659	0.9646	0.9632	0.9619	0.9606	67	0.7128	0.7121	0.7114	0.7107	0.7100
16	0.9593	0.9580	0.9567	0.9554	0.9541	68	0.7093	0.7086	0.7079	0.7071	0.7064
17	0.9529	0.9516	0.9503	0.9490	0.9478	69	0.7057	0.7050	0.7043	0.7036	0.7029
18	0.9465	0.9452	0.9440	0.9427	0.9415	70	0.7022	0.7015	0.7008	0.7001	0.6995
19	0.9402	0.9390	0.9377	0.9365	0.9352	71	0.6988	0.6981	0.6974	0.6967	0.6960
20	0.9340	0.9328	0.9315	0.9303	0.9291	72	0.6953	0.6946	0.6940	0.6933	0.6926
21	0.9279	0.9267	0.9254	0.9242	0.9230	73	0.6919	0.6913	0.6906	0.6899	0.6892
22	0.9218	0.9206	0.9194	0.9182	0.9170	74	0.6886	0.6879	0.6872	0.6866	0.6859
23	0.9159	0.9147	0.9135	0.9123	0.9111	75	0.6852	0.6846	0.6839	0.6832	0.6826
24	0.9100	0.9088	0.9076	0.9065	0.9053	76	0.6819	0.6813	0.6806	0.6800	0.6793
25	0.9042	0.9030	0.9018	0.9007	0.8996	77	0.6787	0.6780	0.6774	0.6767	0.6761
26	0.8984	0.8973	0.8961	0.8950	0.8939	78	0.6754	0.6748	0.6741	0.6735	0.6728
27	0.8927	0.8916	0.8905	0.8894	0.8883	79	0.6722	0.6716	0.6709	0.6703	0.6697
28	0.8871	0.8860	0.8849	0.8838	0.8827	80	0.6690	0.6684	0.6678	0.6671	0.6665
29	0.8816	0.8805	0.8794	0.8783	0.8772	81	0.6659	0.6653	0.6646	0.6640	0.6634
30	0.8762	0.8751	0.8740	0.8729	0.8718	82	0.6628	0.6621	0.6615	0.6609	0.6603
31	0.8708	0.8697	0.8686	0.8676	0.8665	83	0.6597	0.6591	0.6584	0.6578	0.6572
32	0.8654	0.8644	0.8633	0.8623	0.8612	84	0.6566	0.6560	0.6554	0.6548	0.6542
33	0.8602	0.8591	0.8581	0.8571	0.8560	85	0.6536	0.6530	0.6524	0.6518	0.6512
34	0.8550	0.8540	0.8529	0.8519	0.8509	86	0.6506	0.6500	0.6494	0.6488	0.6482
35	0.8498	0.8488	0.8478	0.8468	0.8458	87	0.6476	0.6470	0.6464	0.6458	0.6452
36	0.8448	0.8438	0.8428	0.8418	0.8408	88	0.6446	0.6441	0.6435	0.6429	0.6423
37	0.8398	0.8388	0.8378	0.8368	0.8358	89	0.6417	0.6411	0.6406	0.6400	0.6394
38	0.8348	0.8338	0.8328	0.8319	0.8309	90	0.6388	0.6382	0.6377	0.6371	0.6365
39	0.8299	0.8289	0.8280	0.8270	0.8260	91	0.6360	0.6354	0.6348	0.6342	0.6337
40	0.8251	0.8241	0.8232	0.8222	0.8212	92	0.6331	0.6325	0.6320	0.6314	0.6309
41	0.8203	0.8193	0.8184	0.8174	0.8165	93	0.6303	0.6297	0.6292	0.6286	0.6281
42	0.8156	0.8146	0.8137	0.8128	0.8118	94	0.6275	0.6269	0.6264	0.6258	0.6253
43	0.8109	0.8100	0.8090	0.8081	0.8072	95	0.6247	0.6242	0.6236	0.6231	0.6225
44	0.8063	0.8054	0.8044	0.8035	0.8026	96	0.6220	0.6214	0.6209	0.6203	0.6198
45	0.8017	0.8008	0.7999	0.7990	0.7981	97	0.6193	0.6187	0.6182	0.6176	0.6171
46	0.7972	0.7963	0.7954	0.7945	0.7936	98	0.6166	0.6160	0.6155	0.6150	0.6144
47	0.7927	0.7918	0.7909	0.7901	0.7892	99	0.6139	0.6134	0.6128	0.6123	0.6118
48	0.7883	0.7874	0.7865	0.7857	0.7848	100	0.6112	0.6107	0.6102	0.6097	0.6091
49	0.7839	0.7831	0.7822	0.7813	0.7805	101	0.6086				
50	0.7796	0.7788	0.7779	0.7770	0.7762						

在石油工业中，一般都把美国石油学会的°API作为参考物性数据来代替密度和比重，以此作为制定石油价格的标准。我国习惯上使用的d_4^{20}与°API之间的换算关系为：

$$°API = \frac{141.5}{d_4^{20} + \Delta d} - 131.5$$

④ GB/T 1885—1998《石油计量表》简介

国家标准 GB/T 1885—1998《石油计量表》自 2000 年 1 月 1 日起实施，代替沿用多年的 GB/T 1885—83(91)《石油计量换算表》。

GB/T 1885—1998 等效采用国际标准 ISO 91-2：1991《石油计量表——第二部分：以 20℃为标准温度的表》的技术内容，计算结果与 ISO 91-2：1991 一致。

石油计量表按原油、产品、润滑油分类建立，现已为世界大多数国家采用。该标准规定了将在非标准温度下获得的玻璃石油密度计读数（视密度）换算为标准温度下的密度（标准密度）和体积修正系数的方法。

石油计量表的组成如下。

a. 标准密度表

表 59A——原油标准密度表；

表 59B——产品标准密度表；

表 59D——润滑油标准密度表。

b. 体积修正系数表

表 60A——原油体积修正系数表；

表 60B——产品体积修正系数表；

表 60D——润滑油体积修正系数表。

c. 特殊石油计量表

在油品特殊且贸易双方同意的情况下，可以直接使用 ISO 91-1：1982 中的表 54C。

d. 其他石油计量表

表 E1——20℃密度到 15℃密度换算表；

表 E2——15℃密度到 20℃密度换算表；

表 E3——15℃密度到桶/t 系数换算表；

表 E4——计量单位系数换算表。

(3) 波美度　波美度是波美计的分度值，波美计是一种以假定单位（人为约定的单位）分度的玻璃浮计，可用来测定液体的相对密度（比重）、密度（重度）或浓度。（"比重"、"重度"这些术语我国已经废止，应当用"相对密度"、"密度"取代之，但在欧美国家的一些书籍和手册中仍在采用。）

波美计有重表和轻表两种，比水重的液体用重表，比水轻的液体的用轻表，测定结果分别称为重波美度和轻波美度。波美度与 $d_{15.6}^{15.6}$ 的换算关系式为：

对于比水轻的液体：
$$Baumé 度 = \frac{140}{d_{15.6}^{15.6}} - 130$$

对于比水重的液体：
$$Baumé 度 = 145 - \frac{145}{d_{15.6}^{15.6}}$$

波美度、$d_{15.6}^{15.6}$、°API 之间的换算关系可参见 Fisher 公司《控制阀手册》（第三版）。

在我国，波美计多用于测定比水重的溶液的重波美度，重波美度与 d_4^{20} 的换算关系式为：

$$Baumé 度 = 144.3 - \frac{144.15}{d_4^{20}}$$

由于 d_4^{20} 与 ρ_{20} 在数值上相同，由上式可得重波美度与 ρ_{20} 的换算关系式为：

$$Baumé 度 = 144.3 - \frac{144.150}{\rho_{20}(\text{g/cm}^3)} = 144.3 - \frac{144150}{\rho_{20}(\text{kg/m}^3)}$$

0～72Baumé 度相当于 1000～2000kg/m³，其换算关系见表 1-28。

表 1-28　20℃ 0～72Baumé（波美度）与密度 ρ_{20} 换算表（ITS—90）

波美度	密度/(kg/m³)	波美度	密度/(kg/m³)	波美度	密度/(kg/m³)	波美度	密度/(kg/m³)
0	998.96	19	1150.44	38	1356.07	57	1651.20
1	1005.93	20	1159.69	39	1368.95	58	1670.34
2	1013.00	21	1169.10	40	1382.07	59	1689.92
3	1020.17	22	1178.66	41	1395.45	60	1709.96
4	1027.44	23	1188.38	42	1409.09	61	1730.49
5	1034.82	24	1198.25	43	1423.00	62	1751.52
6	1042.30	25	1208.30	44	1437.19	63	1773.06
7	1049.89	26	1218.51	45	1451.66	64	1795.14
8	1057.59	27	1228.90	46	1466.43	65	1817.78
9	1065.41	28	1239.47	47	1481.50	66	1841.00
10	1073.34	29	1250.22	48	1496.88	67	1864.81
11	1081.40	30	1261.15	49	1512.59	68	1889.25
12	1089.57	31	1272.29	50	1528.63	69	1914.34
13	1097.87	32	1283.62	51	1545.02	70	1940.11
14	1106.29	33	1295.15	52	1561.76	71	1966.58
15	1114.85	34	1306.89	53	1578.86	72	1993.78
16	1123.54	35	1318.85	54	1596.35		
17	1132.36	36	1331.02	55	1614.22		
18	1141.33	37	1343.43	56	1632.50		

1.2.11　浓度单位和单位换算

（1）气体浓度的表示方法　气体浓度的表示方法有摩尔分数、体积分数、质量浓度、质量分数、物质的量浓度、质量摩尔浓度等。在线分析中气体浓度的表示方法主要有以下四种。

① 摩尔分数 x_B——组分 B 的物质的量与混合气体中各组分物质的量的总和之比。

$$x_B = \frac{n_B}{\sum_{i=1}^{n} n_i}$$

式中　n_B——混合气体中组分 B 的物质的量，mol；
　　　n_i——混合气体中各组分物质的量的总和，mol。

常用的单位是%、10^{-6}、10^{-9}，即以前常用的% mol（摩尔百分比）、ppm mol、ppb mol。

② 体积分数 φ_B——组分 B 的体积 V_B 与混合气体中各组分体积 V_i 的总和之比。

$$\varphi_B = \frac{V_B}{\sum_{i=1}^{n} V_i}$$

常用的单位是%、10^{-6}、10^{-9}，即以前常用的% Vol（体积百分比）、ppmVol、ppbVol。
对于理想气体来说，体积分数＝摩尔分数，$\varphi_B = x_B$。

③ 质量浓度 ρ_B——组分气体 B 的质量 m 与混合气体的体积 V 之比。

$$\rho_B = \frac{m}{V}$$

常用的单位是 kg/m^3、g/m^3、mg/m^3。

④ 质量分数 w_B——组分气体 B 的质量 m_B 与气体中各组分的质量 m_i 总和之比。

$$w_B = \frac{m_B}{\sum_{i=1}^{n} m_i}$$

常用的单位是%、10^{-6}、10^{-9}。质量分数就是以前常用的%Wt（重量百分浓度）、ppmWt、ppbWt。

气体分析中，一般不单独使用质量分数表示方法，仅用于气体和液体混合物浓度之间的相互换算。

(2) 气体浓度单位换算 气体成分含量分析中，常用到以下几种浓度单位：

绝对含量——mg/m^3

体积百万分含量——ppmVol

质量百万分含量——ppmWt

mg/m^3、ppmVol 与 ppmWt 之间的换算关系见表 1-29 和表 1-30。

表 1-29 气体浓度单位换算表之一（20℃、101.325kPa 下，空气中）

浓度单位	换算后单位	需乘的换算系数	说　明
mg/m^3	$\mu g/L$ ppmVol ppmWt	1 24.04/M 0.8301	M—气体组分的摩尔质量,g 24.04—20℃、101.325kPa 下,1mol 气体分子的体积,L; 24.04=22.4×[(273.15+20)÷273.15] 0.8301=24.04÷28.96 28.96—干空气的摩尔质量,g
ppmVol	mg/m^3 $\mu g/L$ ppmWt	M/24.04 M/24.04 M/28.96	
ppmWt	mg/m^3 $\mu g/L$ ppmVol	1.2047 1.2047 28.96/M	1.2047=1÷0.8301
lb/ft^3	mg/m^3 $\mu g/L$ ppmVol ppmWt	16.0169×10^6 16.0169×10^6 $385.0463 \times 10^6/M$ 13.2956×10^6	1lb=453.6g=453600mg $1ft^3=28.32L=0.02832m^3$ $1lb/ft^3=453600÷0.02832=16.0169\times10^6 mg/m^3$ $385.0463\times10^6/M=16.0169\times10^6\times24.04/M$ $13.2956\times10^6=16.0169\times10^6\times0.8301$

注：如 ppmWt（20℃，空气中）为 ppmWt（20℃，混合气体中）时，用 M_{mix} 代替 28.96 即可，M_{mix} 为混合气体的平均摩尔质量,g。

表 1-30 气体浓度单位换算表之二（20℃、101.325kPa 下，混合气体中）

浓度单位	换算后单位	需乘的换算系数	说　明
mg/m^3	$\mu g/m^3$ $\mu g/L$ ppmVol ppmWt	1000 1 24.04/M $24.04/M_{mix}$	M—气体组分的摩尔质量,g 24.04—20℃、101.325kPa 下,1mol 气体分子的体积,L; 24.04=22.4×[(273.15+20)÷273.15] M_{mix}—混合气体的平均摩尔质量,g
ppmVol	mg/m^3 ppmWt	M/24.04 M/M_{mix}	

续表

浓度单位	换算后单位	需乘的换算系数	说明
ppmWt	mg/m³	$M_{mix}/24.04$	
	ppmVol	M_{mix}/M	
lb/ft³	mg/m³	16.0169×10^6	1lb=453.6g=453600mg 1ft³=28.32L=0.02832m³ 1lb/ft³=453600÷0.02832=16.0169×10^6 mg/m³
	ppmVol	$385.0463 \times 10^6/M$	
	ppmWt	$385.0463 \times 10^6/M_{mix}$	$385.0463 \times 10^6/M = 16.0169 \times 10^6 \times 24.04/M$

注：表中 ppmWt 的条件为 20℃、101.325kPa 下，混合气体中。如果 ppmWt 的条件改为 20℃、101.325kPa 下，空气中时，用 28.96 代替 M_{mix} 进行计算即可，28.96—干空气的摩尔质量，g。

(3) 液体浓度的表示方法 液体浓度的表示方法有物质的量浓度、质量浓度、质量分数、体积分数、比例浓度等。在线分析中液体浓度的表示方法主要有以下三种。

① 物质的量浓度 c_B——是指 1L 溶液中所含溶质 B 的量数（摩尔数）。

常用的单位是 mol/L 和 mmol/L。以前使用的当量浓度已经废除，不应再使用。

② 质量浓度 ρ_B——是指 1L 溶液中所含溶质 B 的质量数。

常用的单位是 g/L、mg/L 和 μg/L，不得再使用 ppm、ppb 等表示方法。

③ 质量分数 w_B——溶质 B 的质量 m_B 与溶液 A 的质量 m_A 之比。

$$w_B = \frac{m_B}{m_A}$$

常用的单位是％、10^{-6}、10^{-9}。以前使用的％W（重量百分浓度）、ppmW、ppbW，现在已经废止。

1.2.12 湿度单位和单位换算

(1) 与湿度有关的几个概念

水分——按照国家计量技术规范《常用湿度计量名词术语》（JJG1012—87），把液体或固体物质中水的含量定义为水分，对应于英文的 Moisture。

湿度——按照 JJG1012—87，把气体中水蒸气的含量定义为湿度，对应于英文的 Humidity。

微量水分——当气体中水蒸气的含量低于露点-20℃时（在标准大气压下为 1020ppmV），工业中习惯上称为微量水分（Trace water），而不叫湿度（液体中的微量水含量习惯上也称为微量水分，但尚无明确定义）。

露点——Dew point，在一个大气压下，水蒸气量达到饱和时的温度称为露点温度，简称露点，单位以℃或℉表示。露点温度和饱和水蒸气含量是一一对应的。

霜点——当水蒸气的温度低于 0℃时，水蒸气在一个平面上凝结成霜的温度。但一般习惯上对露点和霜点不加区分，统称为露点。

冰点——Freezing point，英文中将霜点称为冰点。

(2) 湿度的表示方法 湿度的主要表示方法如下。

① 绝对湿度——在一定的温度及压力条件下，每单位体积混合气体中所含的水蒸气质量，单位以 g/m³ 或 mg/m³ 表示。

② 体积百分比——水蒸气在混合气体中所占的体积百分比，单位以％V 表示。在微量情况下采用体积百万分比，单位以 ppmV 表示。

③ 水蒸气分压——是指在湿气体的压力一定时，湿气体中水蒸气的分压力，单位以毫

米汞柱（mmHg）表示。

④ 露点温度——在一定温度下，气体中所能容存的水蒸气含量是有限的，超过此限度就会凝结成液体露滴，此时的水蒸气含量称之为此温度下的饱和水蒸气含量。温度越高，饱和水蒸气含量越大。

⑤ 相对湿度——是指在一定的温度和压力下，湿空气中水蒸气的摩尔分数与同一温度和压力下饱和水蒸气的摩尔分数之比，单位以百分数（%）表示。相对湿度也称为水蒸气的饱和度。

也常用一定的温度和压力下湿空气中水蒸气的分压与同一温度和压力下饱和水蒸气的分压之比来表示相对湿度，但须注意，这种表示方法仅适用于理想气体。

以上表示方法用于气体。下述表示方法主要用于液体，有时也用于表示气体中的水分含量。

⑥ 质量百分比——水分在液体（或气体）中所占的质量百分比，单位以%W表示。在微量情况下采用质量百万分比，单位以ppmW表示。以前称为重量百分比，这一习惯称谓一直沿用至今，其单位符号中的"W"（英文Weight的第一个字母）目前也一直沿用下来。

（3）湿度计量单位之间的换算　在微量水分的分析中，常用的湿度计量单位主要有以下几种：

绝对湿度——mg/m^3

体积百万分比——ppmV

露点温度——℃

质量百万分比——ppmW

这些计量单位之间的换算，比较方便快捷的方法是查表，有时也需要通过计算进行换算。下面介绍几个常用的换算公式。

① mg/m^3 与 ppmV 之间的换算公式（20℃下）

$$mg/m^3 = \frac{18.015}{24.04} \times ppmV \approx 0.75 \times ppmV(20℃)$$

$$ppmV(20℃) = \frac{24.04}{18.015} \times mg/m^3 \approx 1.33 \times mg/m^3$$

式中　18.015——水的摩尔质量，g；

24.04——20℃、101.325kPa下每摩尔气体的体积，L。

② ppmV 与 ppmW 之间的换算公式

$$ppmV = \frac{M_{mix}}{18.015} \times ppmW$$

$$ppmW = \frac{18.015}{M_{mix}} \times ppmV$$

式中　18.015——水的摩尔质量，g；

M_{mix}——混合气体的平均摩尔质量，g。

③ mg/m^3 与 ppmW 之间的换算公式（20℃下，空气中）

$$mg/m^3 = \frac{28.96}{24.04} \times ppmW \approx 1.2047 \times ppmW(20℃)$$

$$ppmW(20℃) = \frac{24.04}{28.96} \times mg/m^3 \approx 0.8301 \times mg/m^3$$

式中　28.96——空气的摩尔质量，g；

24.04——20℃、101.325kPa下每摩尔气体的体积，L。

常用湿度单位换算表见表 1-31 和表 1-32。

表 1-31　101.325kPa 下气体的水露点与水含量对照表

露点温度/℃	体积分数 φ/10^{-6}	质量浓度/(g/m³)（按20℃计）	露点温度/℃	体积分数 φ/10^{-6}	质量浓度/(g/m³)（按20℃计）
−80	0.5409	0.0004052	−39	142.0	0.1064
−79	0.6370	0.0004772	−38	158.7	0.1189
−78	0.7489	0.0005610	−37	177.2	0.1327
−77	0.8792	0.0006586	−36	197.9	0.1482
−76	1.030	0.0007716	−35	220.7	0.1653
−75	1.206	0.0009034	−34	245.8	0.1841
−74	1.409	0.001055	−33	273.6	0.2050
−73	1.643	0.001231	−32	304.2	0.2279
−72	1.913	0.001433	−31	333.0	0.2532
−71	2.226	0.001667	−30	375.3	0.2811
−70	2.584	0.001936	−29	416.2	0.3118
−69	2.997	0.002245	−28	461.3	0.3456
−68	3.471	0.002600	−27	510.8	0.3826
−67	4.013	0.003006	−26	565.1	0.4233
−66	4.634	0.003471	−25	624.9	0.4681
−65	5.343	0.004002	−24	690.1	0.5170
−64	6.153	0.004609	−23	761.7	0.5706
−63	7.076	0.005301	−22	840.0	0.6292
−62	8.128	0.006089	−21	925.7	0.6934
−61	9.322	0.006983	−20	1019	0.7633
−60	10.68	0.008000	−19	1121	0.8397
−59	12.22	0.009154	−18	1233	0.9236
−58	13.96	0.01046	−17	1355	1.015
−57	15.93	0.01193	−16	1487	1.114
−56	18.16	0.01360	−15	1632	1.223
−55	20.68	0.01549	−14	1788	1.339
−54	23.51	0.01761	−13	1959	1.467
−53	26.71	0.02001	−12	2145	1.607
−52	30.32	0.02271	−11	2346	1.757
−51	34.34	0.02572	−10	2566	1.922
−50	38.88	0.02913	−9	2803	2.100
−49	43.97	0.03294	−8	3059	2.291
−48	49.67	0.03721	−7	3333	2.500
−47	56.05	0.04199	−6	3639	2.726
−46	63.17	0.04732	−5	3966	2.971
−45	71.13	0.05528	−4	4317	3.234
−44	80.01	0.05994	−3	4699	3.520
−43	89.91	0.06735	−2	5109	3.827
−42	100.9	0.07558	−1	5553	4.160
−41	113.2	0.08480	0	6032	4.519
−40	126.8	0.09499			

数据来源：SY/T 7507—1997《天然气中水含量的测定　电解法》。

表 1-32　常用湿度单位换算表

露点		蒸汽压（在冰/水平衡点）	体积比（在760mmHg下）	相对湿度（在70°F,21.11℃下）	重量比（在空气中）
℃	°F	mmHg	ppmV	%	ppmW
−150	−238	7×10⁻¹⁵	9.2×10⁻¹²	—	5.7×10⁻¹²
−140	−220	3×10⁻¹⁰	4.0×10⁻⁷	—	2.5×10⁻⁷
−130	−202	7×10⁻⁸	9.2×10⁻⁵	—	5.7×10⁻⁵
−120	−184	10×10⁻⁸	1.3×10⁻⁴	5.4×10⁻⁷	8.1×10⁻⁵
−118	−180	0.00000016	0.00021	0.0000009	0.00013

续表

露点		蒸汽压(在冰/水平衡点)	体积比(在760mmHg下)	相对湿度(在70°F,21.11℃下)	重量比(在空气中)
℃	°F	mmHg	ppmV	%	ppmW
−116	−177	0.00000026	0.00034	0.0000014	0.00021
−114	−173	0.00000043	0.00057	0.0000023	0.00035
−112	−170	0.00000069	0.00091	0.0000037	0.00057
−110	−166	0.0000010	0.00132	0.0000053	0.00082
−108	−162	0.0000018	0.00237	0.0000096	0.0015
−106	−159	0.0000028	0.00368	0.000015	0.0023
−104	−155	0.0000043	0.00566	0.000023	0.0035
−102	−152	0.0000065	0.00855	0.000035	0.0053
−100	−148	0.0000099	0.0130	0.000053	0.0081
−98	−144	0.000015	0.0197	0.000080	0.012
−96	−141	0.000022	0.0289	0.00012	0.018
−94	−137	0.000033	0.0434	0.00018	0.027
−92	−134	0.000048	0.0632	0.00026	0.039
−90	−130	0.000070	0.0921	0.00037	0.057
−88	−126	0.00010	0.132	0.00054	0.082
−86	−123	0.00014	0.184	0.00075	0.11
−84	−119	0.00020	0.263	0.00107	0.16
−82	−116	0.00029	0.382	0.00155	0.24
−80	−112	0.00040	0.526	0.00214	0.33
−78	−108	0.00056	0.737	0.00300	0.46
−76	−105	0.00077	1.01	0.00410	0.63
−74	−101	0.00105	1.38	0.00559	0.86
−72	−98	0.00143	1.88	0.00762	1.17
−70	−94	0.00194	2.55	0.104	1.58
−68	−90	0.00261	3.43	0.0140	2.13
−66	−87	0.00349	4.59	0.0187	2.84
−64	−83	0.00464	6.11	0.0248	3.79
−62	−80	0.00614	8.08	0.0328	5.01
−60	−76	0.00808	10.6	0.0430	6.59
−58	−72	0.0106	13.9	0.0565	8.63
−56	−69	0.0138	18.2	0.0735	11.3
−54	−65	0.0178	23.4	0.0948	14.5
−52	−62	0.0230	30.3	0.123	18.8
−50	−58	0.0295	38.8	0.157	24.1
−48	−54	0.0378	49.7	0.202	30.9
−46	−51	0.0481	63.3	0.257	39.3
−44	−47	0.0609	80.0	0.325	49.7
−42	−44	0.0768	101.0	0.410	62.7
−40	−40	0.0966	127.0	0.516	78.9
−38	−36	0.1209	159.0	0.644	98.6
−36	−33	0.1507	198.0	0.804	122.9
−34	−29	0.1873	246.0	1.00	152.0
−32	−26	0.2318	305.0	1.24	189.0
−30	−22	0.2859	376.0	1.52	234.0
−28	−18	0.351	462.0	1.88	287.0
−26	−15	0.430	566.0	2.30	351.0
−24	−11	0.526	692.0	2.81	430.0
−22	−8	0.640	842.0	3.41	523.0
−20	−4	0.776	1020.0	4.13	633.0
−18	0	0.939	1240.0	5.00	770.0
−16	+3	1.132	1490.0	6.03	925.0
−14	+7	1.361	1790.0	7.25	1110.0
−12	+10	1.632	2150.0	8.69	1335.0
−10	+14	1.950	2570.0	10.4	1596.0

续表

露点		蒸汽压(在冰/水平衡点)	体积比(在760mmHg下)	相对湿度(在70°F,21.11℃下)	重量比(在空气中)
℃	°F	mmHg	ppmV	%	ppmW
−8	+18	2.326	3060.0	12.4	1900.0
−6	+21	2.765	3640.0	14.7	2260.0
−4	+25	3.280	4320.0	17.5	2680.0
−2	+28	3.880	5100.0	20.7	3170.0
0	+32	4.579	6020.0	24.4	3640.0
+2	+36	5.294	6970.0	28.2	4330.0
+4	+39	6.101	8030.0	32.5	4990.0
+6	+43	7.013	9230.0	37.4	5730.0
+8	+46	8.045	10590.0	42.9	6580.0
+10	+50	9.209	12120.0	49.1	7530.0
+12	+54	10.52	13840.0	56.1	8600.0
+14	+57	11.99	15780.0	63.9	9800.0
+16	+61	13.63	17930.0	72.6	11140.0
+18	+64	15.48	20370.0	82.5	12650.0
+20	+68	17.54	23080.0	93.5	14330.0
+22	+72	19.83	26092.0	超过100	16200.0
+24	+75	22.38	29447.0		18284.0
+26	+79	25.21	33171.0		20596.0
+28	+82	28.35	37303.0		23162.0
+30	+86	31.82	41868.0		25996.0
+32	+90	35.66	46921.0		29133.0
+34	+93	39.90	52500.0		32597.0
+36	+97	44.56	58632.0		36405.0
+38	+100	49.69	65382.0		40596.0
+40	+104	55.32	72789.0		45195.0
+42	+108	61.50	80921.0		50244.0
+44	+111	68.26	89816.0		55767.0
+46	+115	75.65	99539.0		61804.0
+48	+118	83.71	110145.0		68389.0
+50	+122	92.51	121724.0		75579.0
+52	+126	102.09	134329.0		83405.0
+54	+129	112.51	148039.0		91918.0
+56	+133	123.80	162895.0		101142.0
+58	+136	136.08	179053.0		111175.0
+60	+140	149.38	196553.0		122040.0

1.2.13 浊度单位和单位换算

浊度是用以表示水的混浊程度的单位。按照国际标准化组织 ISO 的定义，浊度是由于不溶性物质的存在而引起液体的透明度降低的一种量度。不溶性物质是指悬浮于水中的固体颗粒物（泥沙、腐殖质、浮游藻类等）和胶体颗粒物。

水的浊度表征水的光学性质，表示水中悬浮物和胶体物对光线透过时所产生的阻碍程度。浊度的大小不仅与水中悬浮物和胶体物的含量有关，而且与这些物质的颗粒大小、形状和表面对光的反射、散射等性能有关。因此，浊度与水中悬浮物和胶体物质的浓度之间并不存在一一对应的关系。

浊度的计量单位较多，常见的如下。

（1）**Formazine 浊度单位——FTU** Formazine 浊度单位用 FTU 表示，FTU 是英文 Formazine Turbidity Units 的缩写，通常将其译为福马肼浊度单位。

FTU 是美国的标准浊度单位,也是国际标准化组织推荐使用的浊度单位之一。它是将一定比例的六次甲基四胺〔$(CH_2)_6N_4$〕溶液和硫酸肼($N_2H_4 \cdot H_2SO_4$)溶液混合,配制成一种白色牛奶状悬浮物——福马肼,以此作为浊度标准液,测得的浊度称为福马肼浊度。由于它是人工合成的,在一定操作条件下均能获得良好的重现性。

(2) 光散射浊度单位——NTU 光散射浊度单位用 NTU 表示,NTU 是英文 Nephelometric Turbidity Units 的缩写。

NTU 是采用 Formazine 浊度标准液校准 90°角光散射式浊度计,经此校准后仪器测量结果的表示单位。NTU 是国际标准化组织 ISO7027《与入射光成 90°角的光散射测量以及用福马肼进行的标定》中规定的浊度单位,也是目前国际上普遍使用的浊度单位。NTU 与 FTU 的数值相同,即 1NTU=1FTU。

目前,我国有关标准和规程中已采用 ISO7027 标准规定的 NTU 浊度单位,1NTU 称为 1 度(Unit)。

也有用 FNU(Formazine Nephelometric Units)表示光散射浊度单位的,其含义和数值与 NTU 完全相同。

(3) 光衰减浊度单位——FAU 光衰减浊度单位用 FAU 表示,FAU 是英文 Formazine Attenuated Units 的缩写。

FAU 是采用 Formazine 浊度标准液校准光衰减式浊度计,经此校准后仪器测量结果的表示单位。FAU 与 FTU 的数值相同,即 1FAU=1FTU。

(4) 总悬浮固体物质浊度单位——mg/L 以 1L 水中含有悬浮物的毫克数 mg/L 作为浊度单位,浊度基准物为精制高岭土或硅藻土,即将 1L 水中含有 1mg 精制高岭土或硅藻土时的浊度叫做 1 度或 1ppm。

高岭土是由 SiO_2(42%~46%)、Al_2O_3(37%~40%)、Fe_2O_3(0.5%~0.9%)等几种成分组成的粒土。由于高岭土的主要成分是 SiO_2,所以高岭土浊度单位有时也以 mg/L SiO_2 表示。

以前,我国和其他一些国家使用这种浊度单位,例如日本工业用水浊度标准(采用高岭土作),德国 Kieselgur 浊度标准(采用硅藻土),我国生活饮用水标准(采用硅藻土)等。由于各国使用的高岭土、硅藻土基准物,其产地、成分、颗粒形状和粒径分布不同,光学特性有差异,浊度的可比性小。采用不同的高岭土、硅藻土作基准物,会导致标准值的偏差,严重时这种偏差可达 10%~20%。因此现在各国已普遍采用再现性和稳定性好的福马肼浊度标准液代替高岭土或硅藻土浊度标准液。用 FTU 代替 mg/L 浊度单位。

由于福马肼浊度标准液配制方面的限制,其最大浊度为 4000FTU,相当于高岭土浊度单位的 5000mg/L SiO_2。当被测液体(如污水和活性污泥)的浊度大于 4000FTU 时,目前仍以高岭土、硅藻土浊度单位 mg/L(或 g/L)表示。

高岭土、硅藻土浊度单位 mg/L 与福马肼浊度单位 FTU 之间不存在严格的对应关系,两者之间也无法进行换算,只存在一定条件下通过仪器测试比对求出的"相当于"关系。

应当注意,作为浊度单位的 mg/L 和作为浓度单位的 mg/L 是两个完全不同的概念,前者是光学单位,后者是质量含量单位,两者之间不存在数值上的相应或等同关系。浊度相同的悬浊液,其浓度可能完全不同;浓度相同的悬浊液,其浊度差异也往往相当大。

(5) 欧洲酿造业浊度单位——EBC 欧洲酿造业浊度单位用 EBC 表示,EBC 是英文 European Brewery Convention 的缩写。它是啤酒等酿造工业中普遍使用的浊度单位,以 Formazine 为浊度标准液,EBC 和 FTU 之间的换算关系为:1EBC = 4FTU。

(美国酿造业浊度单位用 ASBC 表示，1ASBC＝0.058FTU。)

1.2.14 常用电工计量单位及换算（表1-33）

表1-33 常用电工计量单位及换算

物理量		计量单位及换算				
名称	符号	基本单位		常用换算单位		
		名称	符号	名称	符号	与基本单位关系
电荷[量]	Q	库[仑]	C			
电流	I	安[培]	A	千安 毫安 微安	kA mA μA	$1kA=10^3 A$ $1A=10^3 mA=10^6 \mu A$
电位,电压,电动势	$U;E$	伏[特]	V	千伏 毫伏 微伏	kV mV μV	$1kV=10^3 V$ $1V=10^3 mV=10^6 \mu V$
电阻	R	欧[姆]	Ω	兆欧 千欧	MΩ kΩ	$1M\Omega=10^3 k\Omega=10^6 \Omega$ $1k\Omega=10^3 \Omega$
电阻率	ρ	欧·米	Ω·m	欧·毫米^2/米	Ω·mm^2/m	$1\Omega \cdot m = 10^6 \Omega \cdot mm^2/m$
电阻温度系数	α	℃$^{-1}$	℃$^{-1}$			
电感	L	亨[利]	H	毫亨 微亨	mH μH	$1H=10^3 mH=10^6 \mu H$
电容	C	法[拉]	F	微法 皮法	μF pF	$1F=10^6 \mu F=10^{12} pF$
感抗	X_L					
容抗	X_C			同电阻		
电抗	X					
阻抗	Z					
频率	f	赫[兹]	Hz	兆赫 千赫	MHz kHz	$1MHz=10^3 kHz=10^6 Hz$
周期	T	秒	s	毫秒 微秒	ms μs	$1s=10^3 ms=10^6 \mu s$
有功功率	P	瓦[特]	W	千瓦	kW	$1kW=10^3 W$
无功功率	Q	乏	var	千乏	kvar	$1kvar=10^3 var=10^3 W$
视在功率	S	伏安	V·A	千伏安	kV·A	$1kV \cdot A=10^3 V \cdot A=10^3 W$
功率因数	$\cos\varphi$					
能量	$E,(w)$	焦[耳]	J	牛·米 电子伏	N·m eV	$1N \cdot m=1J$ $1eV=1.60207 \times 10^{-19} J$
功	$W,(A)$	焦[耳]	J	千瓦·小时	kW·h	$1kW \cdot h=3.6 \times 10^6 J$
热	Q	焦[耳]	J	千卡	kcal	$1kcal=4.1840 \times 10^3 J$
磁通量	Φ	韦[伯]	Wb	麦克斯韦	Mx	$1Mx=10^{-8} Wb$
磁通密度 磁感应强度	B	特[斯拉]	T	高斯	Gs,G	$1G=10^{-4} T$
磁导率	μ	亨[利]/米	H/m			
力	F	牛[顿]	N	千克力	kgf	$1kgf=9.80665N$
力矩	M	牛·米	N·m	千克力·米	kgf·m	$1kgf \cdot m=9.80665N \cdot m$

第2章　图形符号和字母代号

2.1　仪表的功能标志与图形符号（HG/T 20505—2000）

2.1.1　仪表功能字母与常用缩写

（1）功能字母代号

① 仪表功能标志的字母代号，见表 2-1（表中带括号的数字为注释编号）。

表 2-1　字母代号

符号	首位字母①		后继字母②		
	被测变量或引发变量	修饰词	读出功能	输出功能	修饰词
A	分析③		报警		
B	烧嘴、火焰		供选用④	供选用④	供选用④
C	电导率			控制	
D	密度	差			
E	电压(电动势)		检测元件		
F	流量	比率(比值)			
G	毒性气体或可燃气体		视镜、观察⑤		
H	手动				高⑥
I	电流		指示		
J	功率		扫描		
K	时间、时间程序	变化速率⑦		操作器⑧	
L	物位		灯⑨		低⑥
M	水分或湿度	瞬动			中、中间⑥
N	供选用④		供选用④	供选用④	供选用④
O	供选用④		节流孔		
P	压力、真空		连接或测试点		
Q	数量		积算、累计		
R	核辐射		记录、DCS 趋势记录		
S	速度、频率	安全⑩		开关、联锁	
T	温度			传送(变送)	

续表

符号	首位字母①		后继字母②		
	被测变量或引发变量	修饰词	读出功能	输出功能	修饰词
U	多变量⑪		多功能⑫	多功能⑫	多功能⑫
V	振动、机械监视			阀、风门、百叶窗	
W	重量、力		套管		
X	未分类⑬	X轴	未分类⑬	未分类⑬	未分类⑬
Y	事件、状态⑭	Y轴		继动器(继电器)、计算器、转换器⑮	
Z	位置、尺寸	Z轴		驱动器、执行元件	

① "首位字母"在一般情况下为单个表示被测变量或引发变量的字母（简称变量字母），在首位字母附加修饰字母后，首位字母则为首位字母+修饰字母。

② "后继字母"可根据需要为一个字母（读出功能）或两个字母（读出功能+输出功能）或三个字母（读出功能+输出功能+读出功能）。

③ "分析（A）"指本表中未予规定的分析项目，当需指明具体的分析项目时，应在表示仪表位号的图形符号（圆圈或正方形）旁标明。如分析二氧化碳含量，应在图形符号外标注 CO_2，而不能用 CO_2 代替仪表标志中的"A"。

④ "供选用"指此字母在本表的相应栏目中未规定其含义，可根据使用者的需要确定其含义，即该字母作为首位字母表示一种含义，而作为后继字母时则表示另一种含义，并在具体工程的设计图例中作出规定。

⑤ "视镜、观察（G）"表示用于对工艺过程进行观察的现场仪表和视镜，如玻璃板液位计、窥视镜等。

⑥ "高（H）"、"低（L）"、"中（M）"应与被测量值相对应，而并非与仪表输出的信号值相对应。H、L、M 分别标注在表示仪表位号的图形符号（圆圈或正方形）的右、下、中处。

⑦ "变化速率（K）"在与首位字母 L、T 或 W 组合时，表示测量或引发变量的变化速率。如 WKIC 可表示质量变化速率控制器。

⑧ "操作器（K）"表示设置在控制回路内的自动-手动操作器，如流量控制回路中的自动-手动操作器为 FK，它区别于 HC 手动操作器。

⑨ "灯（L）"表示单独设置的指示灯，用于显示正常的工作状态，它不同于正常状态的"A"报警灯。如果"L"指示灯是回路的一部分，则应与首位字母组合使用，例如表示一个时间周期（时间累计）终了的指示灯应标注为 KQL。如果不是回路的一部分，可单独用一个字母"L"表示。例如电动机的指示灯，若电压是被测变量，则可表示为 EL；若用来监视运行状态则表示为 YL。不要用 XL 表示电动机的指示灯，因为未分类变量"X"仅在有限场合使用，可用供选用字母"N"或"O"表示电动机的指示灯，如 NL 或 OL。

⑩ "安全（S）"仅用于紧急保护的检测仪表或检测元件及最终控制元件。例如"PSV"表示非常状态下起保护作用的压力泄放阀或切断阀。也可用于事故压力条件下进行安全保护的阀门或设施，如爆破膜或爆破板用 PSE 表示。

⑪ 首位字母"多变量（U）"用来代替多个变量的字母组合。

⑫ 后继字母"多功能（U）"用来代替多种功能的字母组合。

⑬ "未分类（X）"表示作为首位字母或后继字母均未规定其含义，它在不同地点作为首位字母或后继字母均可有任何意义，适用于一个设计中仅一次或有限的几次使用。例如 XR-1 可以是应力记录，XX-2 则可以是应力示波器。在应用 X 时，要求在仪表图表符号（圆圈或正方形）外注明未分类字母"X"的含义。

⑭ "事件、状态（Y）"表示由事件驱动的控制或监视响应（不同于时间或时间程序驱动），也可表示存在或状态。

⑮ "继动器(继电器)、计算器、转换器（Y）"说明如下："继动器(继电器)"表示是自动的，但在回路中不是检测装置，其动作由开关或位式控制器带动的设备或器件。表示继动、计算、转换功能时，应在仪表图形符号（圆圈或正方形）外（一般在右上方）标注其具体功能。但功能明显时也可不标注，例如执行机构信号线上的电磁阀就无需标注。

② 仪表功能标志的常用组合字母，见表 2-2。

表 2-2 常用组合字母表

首位字母				后继字母									
				读出功能			输出功能						
被测变量或引发变量	检测元件 E	指示 I	记录 R	报警 A(修饰)			变送器 T	控制器 C			继动器 计算器 Y	最终执行元件 V/Z	开关 S(修饰)		
				高 AH	低 AL	高低 AHL		指示 IC	记录 RC	无指示 C	自力式 CV			高 SH	低 SL	高低 SHL
A 分析	AE	AI	AR	AAH	AAL	AAHL	AT	AIC	ARC	AC		AY	AV	ASH	ASL	ASHL
B 烧嘴火焰	BE	BI	BR	BAH	BAL	BAHL	BT	BIC	BRC	BC		BY	BZ	BSH	BSL	BSHL
C 电导率	CE	CI	CR	CAH	CAL	CAHL	CT	CIC	CRC			CY	CV	CSH	CSL	CSHL
D 密度	DE	DI	DR	DAH	DAL	DAHL	DT	DIC	DRC			DY	DV	DSH	DSL	DSHL
E 电压	EE	EI	ER	EAH	EAL	EAHL	ET	EIC	ERC	EC		EY	EZ	ESH	ESL	ESHL

续表

首位字母		后继字母												
		读出功能					输出功能							
被测变量或引发变量		检测元件	指示	记录	报警A(修饰)			变送器	控制器C				继动器 计算器	最终执行元件	开关S(修饰)		
					高	低	高低		指示	记录	无指示	自力式			高	低	高低
		E	I	R	AH	AL	AHL	T	IC	RC	C	CV	Y	V/Z	SH	SL	SHL
F	流量	FE	FI	FR	FAH	FAL	FAHL	FT	FIC	FRC	FC	FCV	FY	FV	FSH	FSL	FSHL
FF	流量比	FE	FFI	FFR	FFAH	FFAL	FFAHL	FFT	FFIC	FFRC			FFY	FFV	FFSH	FFSL	FFSHL
FQ	流量累计	FE	FQI	FQR	FQAH	FQAL		FQT	FQIC	FQRC			FQY	FQV	FQSH	FQSL	
G	可燃气体	GE	GI	GR	GAH			GT							GSH		
H	手动								HIC		HC			HV			(HS)
I	电流	IE	II	IR	IAH	IAL	IAHL	IT	IIC	IRC			IY	IZ	ISH	ISL	ISHL
J	功率	JE	JI	JR	JAH	JAL	JAHL	JT	JIC	JRC			JY	JV	JSH	JSL	JSHL
K	时间程序	KE	KI	KR	KAH			KT	KIC	KRC	KC		KY	KV	KSH		
L	物位	LE	LI	LR	LAH	LAL	LAHL	LT	LIC	LRC	LC	LCV	LY	LV	LSH	LSL	LSHL
M	水分	ME	MI	MR	MAH	MAL	MAHL	MT	MIC	MIR				MV	MSH	MSL	MSHL
N	供选用																
O	供选用																
P	压力真空	PE	PI	PR	PAH	PAL	PAHL	PT	PIC	PRC	PC	PCV	PY	PV	PSH	PSL	PSHL
PD	压力差	PE	PDI	PDR	PDAH	PDAL	PDAHL	PDT	PDIC	PDRC	PDC	PDCV	PDY	PDV	PDSH	PDSL	PDSHL
Q	数量	QE	QI	QR	QAH	QAL	QAHL	QT	QIC	QRC			QZ		QSH	QSL	
R	核辐射	RE	RI	RR	RAH	RAL	RAHL	RT	RIC	RRC	RC		RY	RZ			
S	速度频率	SE	SI	SR	SAH	SAL	SAHL	ST	SIC	SRC	SC	SCV	SY	SV	SSH	SSL	SSHL
T	温度	TE	TI	TR	TAH	TAL	TAHL	TT	TIC	TRC	TC	TCV	TY	TV	TSH	TSL	TSHL
TD	温度差	TE	TDI	TDR	TDAH	TDAL	TDAHL	TDT	TDIC	TDRC	TDC	TDCV	TDY	TDV	TDSH	TDSL	TDSHL
U	多变量		UI	UR									UY	UV			
V	振动	VE	VI	VR	VAH			VT					VY	VZ	VSH		
W	重量	WE	WI	WR	WAH	WAL	WAHL	WT	WIC	WRC	WC	WCV	WY	WZ	WSH	WSL	WSHL
X	未分类																
Y	事件状态或存在	YE	YI	YR	YAH	YAL		YT	YIC		YC		YY	YZ	YSH	YSL	
Z	位置尺寸	ZE	ZI	ZR	ZAH	ZAL	ZAHL	ZT	ZIC	ZRC	ZC	ZCV	ZY	ZV			

被测变量与后继字母 P、W、G 的组合：
P　检测点，如 AP、FP、PP、TP
W　套管或探头，如 AW、BW、LW、MW、RW、TW
G　视镜、观察，如 BG、FG、LG 等
　　就地指示仪表，如 TG、PG、LG 等

其他字母组合：
FO　　限流孔板
LCT　液位控制、变送
KQI　时间或时间程序控制
TJI　温度扫描指示

(2) 字母 Y 的附加功能符号

① 当字母 Y 作为后继字母表示继动器、计算器及转换器的输出功能时，要在带有 Y 的图形符号（圆圈或正方形）外标注附加功能符号。常用附加功能符号，见表 2-3。

表 2-3　附加功能符号表

序号	功能	符号	数学方程式	说　　明
1	和	Σ	$M = X_1 + X_2 + \cdots + X_n$	输出等于输入信号的代数和
2	平均值	Σ/n	$M = \dfrac{X_1 + X_2 + \cdots + X_n}{n}$	输出等于输入信号的代数和除以输入信号的数目
3	差	Δ	$M = X_1 - X_2$	输出等于输入信号的代数差

续表

序号	功能	符号	数学方程式	说明
4	比	k 1:1 2:1	$M=kX$	输出与输入成正比
5	积分	$\int$	$M=\dfrac{1}{T_1}\int X\mathrm{d}t$	输出随输入信号的幅度和持续时间而变化,输出与输入信号的时间积分成比例
6	微分	d/d	$M=T_D\dfrac{\mathrm{d}X}{\mathrm{d}t}$	输出与输入信号的变化率成比例
7	乘法	×	$M=X_1 X_2$	输出等于两个输入信号的乘积
8	除法	÷	$M=\dfrac{X_1}{X_2}$	输出等于两个输入信号的商
9	方根	$\sqrt[n]{\ }$	$M=\sqrt[n]{X}$	输出等于输入信号的开方(如平方根、三次方根、3/2次方根等)
10	指数	X^n	$M=X^n$	输出等于输入信号的 n 次方
11	非线性或未定义函数	$f(x)$	$M=f(x)$	输出等于输入信号的某种非线性或未定义函数
12	时间函数	$f(t)$	$M=Xf(t)$ $M=f(t)$	输出等于输入信号乘某种时间函数或仅等于某种时间函数
13	高选	>	$M=X_1$ 当 $X_1\geqslant X_2$ $M=X_2$ 当 $X_1\leqslant X_2$	输出等于几个输入信号中的最大值
14	低选	<	$M=X_1$ 当 $X_1\leqslant X_2$ $M=X_2$ 当 $X_1\geqslant X_2$	输出等于几个输入信号中的最小值
15	上限	≯	$M=X$ 当 $X\leqslant H$ $M=H$ 当 $X\geqslant H$	输出等于输入($X\leqslant H$ 时)或输出等于上限值($X\geqslant H$ 时)
16	下限	≮	$M=X$ 当 $X\geqslant L$ $M=L$ 当 $X\leqslant L$	输出等于输入($X\geqslant L$ 时)或输出等于下限值($X\leqslant L$ 时)
17	反比	$-K$	$M=-KX$	输出与输入成反比
18	偏置	+ - ±	$M=X\pm b$	输出等于输入加(或减)某一任意值(偏置值)
19	转换	*/*	输出 $=f($输入$)$	输出信号的类型不同于输入信号的类型,* 为: E——电压 B——二进制 I——电流 H——液压 P——气压 O——电磁波 　　声波 A——模拟 R——电阻 D——数字

② 附加功能符号应用示例，见表 2-4。

表 2-4 附加功能符号应用示例表

继动器、计算器、转换器名称	常规仪表		DCS	
运算器	FY/102 ＋	PY/213 －	TY/105 ×	PY/213 ÷
选择器	TY/105 ＞	LY/207 P/I	PY/213 ＜	PY/413 ＞
转换器	PY/4 I/P	LY/207 P/I	FY/302 A/D	LY/251 D/A
函数发生器			FY/103 f(x)	TY/251 f(t)

（3）仪表常用缩写字母

① 仪表功能标志以外的常用缩写字母，见表 2-5。

表 2-5 常用英文缩写表

序号	缩写	英文	中文
1	A	Analog signal	模拟信号
2	AC	Alternating current	交流电
3	A/D	Analog/Digital	模拟/数字
4	A/M	Automatic/Manual	自动/手动
5	AND	AND gate	"与"门
6	AVG	Average	平均
7	CHR	Chromatograph	色谱
8	D	Derivative control mode	微分控制方式
		Digital signal	数字信号
9	D/A	Digital/Analog	数字/模拟
10	DC	Direct current	直流电
11	DIFF	Subtract	减
12	DIR	Direct-acting	正作用
13	E	Voltage signal	电压信号
		Electric signal	电信号
14	EMF	Electric magnetic flowmeter	电磁流量计
15	ES	Electric supply	电源
16	ESD	Emergency shutdown	紧急停车
17	FC	Fail closed	故障关
18	FFC	Feedforward control mode	前馈控制方式
19	FFU	Feedforward unit	前馈单元
20	FI	Fail indeterminate	故障时任意位置
21	FL	Fail locked	故障时保位
22	FO	Fail open	故障开
23	H	Hydraulic signal	液压信号
		High	高
24	HH	Highest(Higher)	最高(较高)

续表

序号	缩写	英文	中文
25	H/S	Highest select	高选
26	I	Electric current signal	电流信号
		Interlock	联锁
		Integrate	积分
27	IA	Instrument air	仪表空气
28	IFO	Internal orifice plate	内藏孔板
29	IN	Input	输入
		Inlet	入口
30	IP	Instrument panel	仪表盘
31	L	Low	低
32	L-COMP	Lag compensation	滞后补偿
33	LB	Local board	就地盘
34	LL	Lowest(lower)	最低(较低)
35	L/S	Lowest select	低选
36	M	Motor actuator	电动执行机构
		Middle	中
37	MAX	Maximum	最大
38	MF	Mass flowmeter	质量流量计
39	MIN	Minimum	最小
40	NOR	Normal	正常
		NOR gate	"或非"门
41	NOT	NOT gate	"非"门
42	O	Electromagnetic or sonic signal	电磁或声信号
43	ON-OFF	Connect-disconnect(automatically)	通-断(自动地)
44	OPT	Optimizing control mode	优化控制方式
45	OR	OR gate	"或"门
46	OUT	Output	输出
		Outlet	出口
47	P	Pneumatic signal	气动信号
		Proportional control mode	比例控制方式
		Instrument panel	仪表盘
		Purge flushing device	吹气或冲洗装置
48	PCD	Process control diagram	工艺控制图
49	P&ID(PID)	Piping and Instrument Diagram	管道仪表流程图
	P. T-COMP	Pressure Temperature Compensation	压力温度补偿
50	R	Reset of fail-locked device	(能源)故障保位复位装置
51		Resistance(signal)	电阻(信号)
52	REV	Reverse-acting	反作用(反向)
53	RTD	Resistance temperature detector	热电阻
54	S	Solenoid actuator	电磁执行机构
55	SIS	Safety Interlock System	安全联锁系统
56	SP	Set point	设定点
57	SQRT	Square root	平方根
58	VOT	Vortex transducer	旋涡传感器
59	XMTR	Transmitter	变送器
60	XR	X-ray	X射线

② 缩写字母应用示例

a. 高、低信号报警

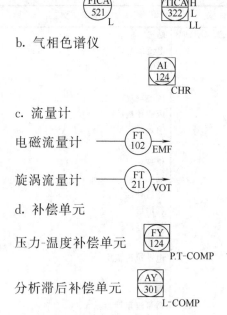

b. 气相色谱仪

c. 流量计

电磁流量计

旋涡流量计

d. 补偿单元

压力-温度补偿单元

分析滞后补偿单元

2.1.2 仪表图形符号

(1) 监控仪表的图形符号

① 表示仪表安装位置的图形符号，见表2-6。

表2-6 表示仪表安装位置的图形符号

安装形式	现场安装	控制室安装	现场盘装
单台常规仪表	○	⊖	⊖
DCS			
计算机功能			
可编程逻辑控制			

② 表示执行联锁功能的图形符号

a. 继电器执行联锁的图形符号

b. PLC 执行联锁的图形符号

c. DCS 执行联锁的图形符号

(2) 测量点与连接线的图形符号

① 测量点（包括检出元件）是由过程设备或管道引至检测元件或就地仪表的起点，一般不单独表示。需要时，检出元件或检出仪表可用细实线加图形 PP、LP 等表示，见图

2-1（a）。

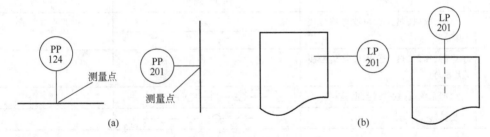

图 2-1 测量点图形符号

若测量点位于设备中，当需要标出测量点在设备中的位置时，可用细实线或虚线表示，见图 2-1（b）。

② 仪表的各种连接线规定如下：

a. 图 2-2 所示细实线作为仪表连接线的应用场合是：

（a）工艺参数测量点与检测装置或仪表的连接线；

图 2-2 细实线连接线

（b）仪表与仪表能源的连接线，仪表能源如：

　　AS(Air Supply)——空气源或 IA(Instrument Air)——仪表空气
　　ES(Electric Supply)——电源
　　GS(Gas Supply)——气体源
　　HS(Hydraulic Supply)——液压源
　　NS(Nitrogen Supply)——氮气源
　　SS(Steam Supply)——蒸汽源
　　WS(Water Supply)——水源

（c）在 P&ID 上用简化方法表示测量和控制系统构成的连接线，即 P&ID 上不表示变送器等检测仪表，工艺参数测量点与控制室监控仪表用细实线直接连接。

当上述细实线与其他线条可能造成混淆时，可在细实线上加斜短划线（斜短划线与细实线成 45°角），如图 2-3。

图 2-3 仪表连接线另一种画法

b. 就地仪表与控制室仪表（包括 DCS）的连接线、控制仪表之间的连接线、DCS 内部系统连接线或数据连接线，见表 2-7。

表 2-7 仪表连接线图形符号

序号	信号线类型	图形符号	备注
1	气动信号线	—//—//—//—	斜短划线与细实线成 45°角
2	电动信号线	或 —//—//—//—	斜短划线与细实线成 45°角
3	导压毛细管	—×—×—×—	斜短划线与细实线成 45°角
4	液压信号线	⌐ ⌐ ⌐	

续表

序号	信号线类型	图形符号	备注
5	电磁、辐射、热、光、声波等信号线（有导向）		
6	电磁、辐射、热、光、声波等信号线（无导向）		
7	内部系统线（软件或数据链）		
8	机械链		
9	二进制电信号	或	斜短划线与细实线成45°角
10	二进制气信号		斜短划线与细实线成45°角

c. 在复杂系统中，当有必要表明信息流动的方向时，应在信号线上加箭头，如图2-4所示。

d. 信号线的交叉为断线，信号线相接不打点，如图2-5。

图2-4 信号线加箭头   图2-5 信号线的交叉与连接

(3) 流量测量仪表的图形符号

① 节流装置图形符号，见表2-8。

表2-8 节流装置图形符号

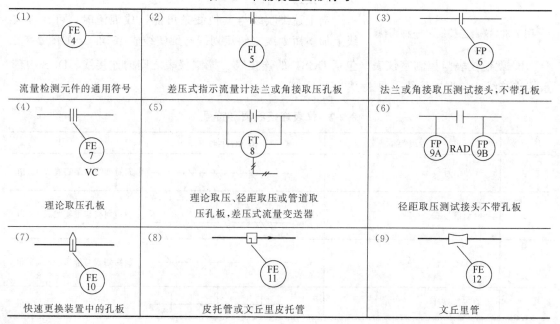

续表

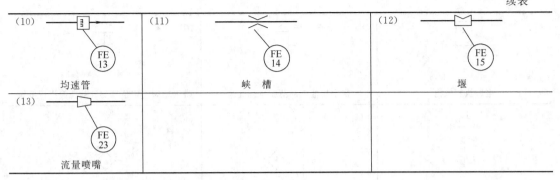

② 非差压型流量测量仪表图形符号，见表 2-9。

表 2-9 非差压型流量测量仪表图形符号

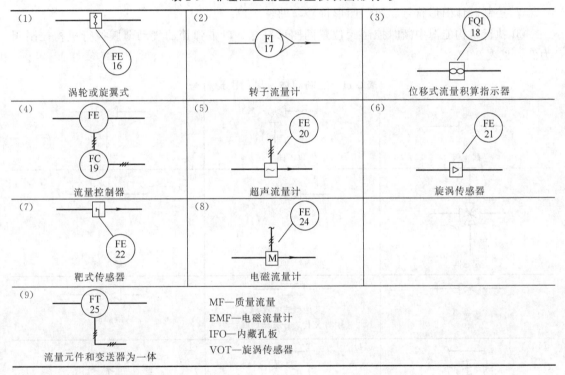

MF—质量流量
EMF—电磁流量计
IFO—内藏孔板
VOT—旋涡传感器

（4）执行器图形符号

① 执行器图形符号，见表 2-10。

表 2-10 执行机构图形符号

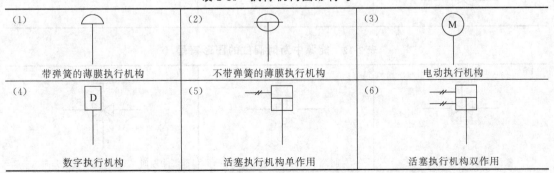

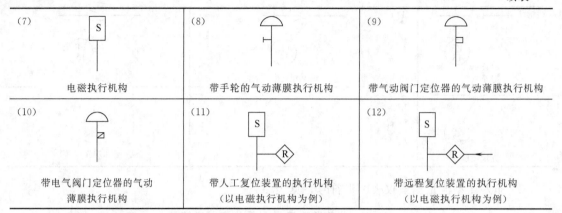

② 控制阀体图形符号、风门图形符号，见表2-11。

③ 执行机构能源中断时控制阀位置的图形符号，以带弹簧的气动薄膜执行机构控制阀为例，见表2-12。

表2-11　控制阀体、风门图形符号

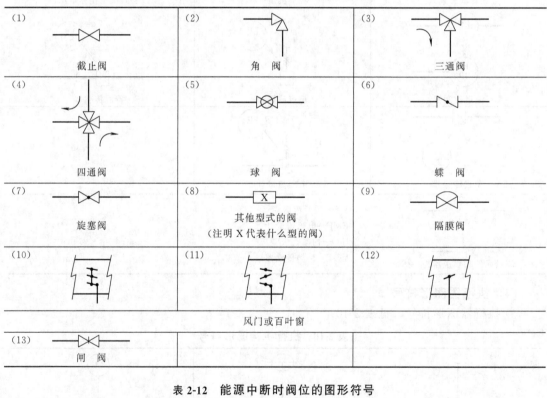

表2-12　能源中断时阀位的图形符号

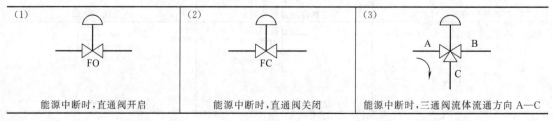

续表

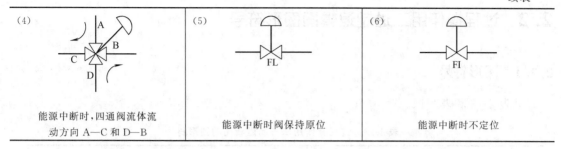

(4) 能源中断时,四通阀流体流动方向 A—C 和 D—B	(5) 能源中断时阀保持原位	(6) 能源中断时不定位

(5) 自力式控制阀的图形符号

① 阀内取压的自力式压力控制阀图形符号如下:

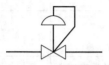   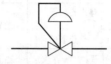

  阀内取压的自力式阀后压力控制阀   阀内取压的自力式阀前压力控制阀

② 内部取压和外部取压的自力式压差控制阀图形符号如下:

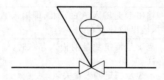

③ 外部取压的自力式压力控制阀图形符号如下:

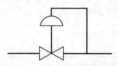   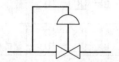

  外部取压的自力式阀后压力控制阀   外部取压的自力式阀前压力控制阀

(6) 仪表辅助设施的图形符号

① 三通电磁阀的图形符号如下:

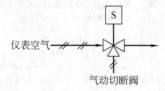

② 时钟的图形符号:

③ 指示灯的图形符号:

④ 仪表吹气或冲洗装置的图形符号:

⑤ 复位装置的图形符号:

⑥ 隔膜隔离的图形符号:

2.2 过程操作用二进制逻辑图图形符号

2.2.1 图形符号

见表 2-13 和表 2-14。

表 2-13 过程操作用二进制逻辑图的图形符号

功能	图形符号	说明	备注
输入 INPUT	输入的状态⊢ 仪表位号	逻辑顺序的一个输入	
输出 OUTPUT	⊣输出的状态 仪表位号	逻辑顺序的一个输出	
与 AND	A B [A] D C	当且仅当所有逻辑输入 A、B、C 都存在时,输出 D 才存在	也常用 & 或 AND 替代 A
或 OR	A B [OR] D C	当逻辑输入 A、B、C 中至少有一个存在时,输出 D 才存在	OR 也可用≥1 替代 见有限制的或
非 NOT	A ─○─ D	输出 D 是输入 A 的反相,即输入 A 不存在时,输出 D 才存在	可用与紧接的图形符号相切的圆表示
有限制的或 QUALIFIED OR	A B [*] D C	当满足特定数量的输入存在时,输出 D 才存在 *表示特定的数量关系,见注	见注
存储 MEMORY 触发 FLIP-FLOP	A [S] C B [R] D	S 表示设置存储,R 表示存储复位,一旦 A 存在,C 就存在并保持到 B 出现,需要时可用 C 的逆 D(S 或 R 外添加圆表示优先级高)	都不画圆时表示复位优先
	A [LS] C B [R] D	与上述描述相同,但当逻辑电源掉电时,存储的内容丢失	Lost
	A [MS] C B [R] D	与上述描述相同,但当逻辑电源掉电时,存储的内容保持	Maintained
	A [NS] C B [R] D	与上述描述相同,但当逻辑电源掉电时,存储的内容是否保持或丢失对过程操作是不重要的	Not-significant
时间元素 TIME ELEMENT	A [Dt/t] B	输入 A 连续存在 t 时间后,输出 B 才存在 输入 A 恢复时输出 B 立刻恢复	输出延时闭合 Delay Initiation of output
	A [DT/t] B	输入 A 存在就使输出 B 存在 输入 A 恢复后不存在时间 t 后 B 才不存在	输出延时断开 Delay Termination of output
	A [PO/t] B	不管输入 A 存在多长时间,输出 B 只存在 t 时间	脉冲输出 Pulse Output
特定 SPECIAL	A [特定的陈述] B	输入 A 与输出 B 之间有特定的时间关系	见示例

注:有限制的或逻辑图形符号中的 * 表示下列含义:

图形符号	含 义	图形符号	含 义	图形符号	含 义	图形符号	含 义
=	等于	<	小于	≤	小于等于	≮	不小于
≠	不等于	>	大于	≥	大于等于	≯	不大于

在有限制的或逻辑表达式中应含有数量,例如,≥2 表示只有两个输入存在时,输出才存在等。

表 2-14　时间元素的描述

图形符号	功能描述	备注
A ─┤[图]├─ B （输入逻辑状态存在／输入逻辑状态不存在／输出逻辑状态存在／输出逻辑状态不存在）		
A ─┤[t_1]├─ B	相当于输出延时闭合的时间元素	A ─┤DI t_1├─ B
A ─┤[t_2]├─ B	相当于输出延时断开的时间元素	A ─┤DT t_2├─ B
A ─┤[t]├─ B	相当于脉冲输出的时间元素	A ─┤PO t├─ B
A ─┤[t_1 t_2]├─ B	输出 B 在输入 A 存在后延时 t_1 时间闭合,在输入 A 断开后延时 t_2 时间断开	
A ─┤[∫ t_1 t_2]├─ B	只要输入 A 存在过,不管 A 以后是否存在,输出 B 在延时 t_1 后输出,并保持输出 t_2 时间	
A ─┤[t_1 t_2 ∫]├─ B	输入 A 至少要存在 t_1 时间,输出 B 在输入 A 存在并延时 t_1 后输出,并保持输出 t_2 时间	
A ─┤[t_1 t_2 ∫]├─ B	输入 A 至少要存在 t_1 时间,输出 B 在输入 A 存在并延时 t_1 后输出,输出 B 的终止条件是:输出 B 已保持输出 t_2 时间或在输出 B 存在小于 t_2 时间内,输入 A 终止,由先发生的条件确定 B 的终止	

2.2.2　图形符号示例

见表 2-15～表 2-17。

表 2-15　常用逻辑关系图形符号的示例

图形符号	功能说明	图形符号	功能说明
HS-101 ─┤ ─┤HS 101├─	现场安装的 HS-101 开关输入信号	PSL-22 ─┤OR├─ P-221 TSH-24 ─┤	油压 PSL-22 低或油温 TSH-24 高时,压缩机 P-221 停运
─┤HV-101 ─┤HV 101├─	连接到现场安装的手动控制阀 HV-101 的输出信号	FS-31 ─┤=2├─ M-311 FS-32 ─┤ FS-33 ─┤	物料流量 FS-31、FS-32、FS-33 中,当且仅当任两个物料流量开关为 1 时,搅拌机 M-311 就运转
LSH-11 ─┤A├─ P-101 HV-13 ─┤	液位 LSH-11 高及手动阀 HV-13 开时,出料泵 P-101 运转	TSH-41 ─┤≥2├─ V-41 TSH-42 ─┤ TSH-43 ─┤	反应器中任两点温度(TSH-41、42、43 中)高,则关闭进料阀 V-41

表 2-16　存储逻辑关系图形符号的示例

图形符号	功能说明
FS-11 ─┤LS R├─ C-121 LSL-12 ─┤	当有进料流量时,进料流量开关 FS-11 为 1,则开冷却器 C-121 如果进料罐液位 LSL-12 低时,LSL-12 开关为 1,停冷却器 C-121 当逻辑供电电源掉电时,冷却器停止运转

图形符号	功能说明
FS-11 —[MSR]— C-121 LSL-12 —	同上述。但当逻辑供电电源掉电时，冷却器保持运转
FS-11 —[NSR]— C-121 LSL-12 —	同上述。但当逻辑供电电源掉电时，冷却器的运行状态由 SR 的优先级确定。SR 的优先级：如果 S 符号外有圆表示 S 优先，即置位优先，则冷却器运转；R 符号外有圆表示 R 优先，即复位优先，则冷却器停运

表 2-17 时间元素图形符号的示例

图形符号	功能说明
TSH-51 —[DI t=10s]— B-518	当温度 TSH-51 达到高限，并持续 10s，则启动风机 B-518 当温度低于高限或达到高限后的持续时间小于 10s，则风机停运
LSL-53 —[DT t=35s]— V-504	当储罐液位 LSL-53 低时，立即开进料阀 V-504，当液位高于低限 LSL-53 后持续保持 35s 后，自动关闭进料阀 V-504
HS-351 —[PO t=40s]— P-58	当清渣手动开关 HS-351 闭合时，表示清渣开始，即开清渣泵 P-58，该泵运转 40s 后，自动停止
LSH-24 —[1s]— ALM-8	储罐液位 LSH-24 高于设定值达 1s，才发出报警信号 ALM-8 液位低于设定值时停止报警
M-201 —[5s 40s]— V-208	当搅拌机 M-201 停止运转后 5s，打开蒸汽控制阀 V-208 蒸汽阀打开 40s 后自动关闭

2.3 电磁阀控制方式和控制方向的图形符号（表 2-18 和表 2-19）

表 2-18 电磁阀控制方式的图形符号

名称	人工控制		机械控制		气(液)压控制	
	手柄式	转动式	弹簧式	滚轮式	直控式	先导式
符号						加压控制 卸压控制
名称	单线圈电磁控制		双线圈电磁控制		差动线圈控制	
	不可调节式	可调节式	不可调节式	可调节式	不可调节式	可调节式
符号						

表 2-19 电磁阀控制方向的图形符号

名称	二位电磁阀				三位电磁阀			伺服阀	
	2通	3通	4通	5通	3通	4通	5通	3通	4通
符号									

2.4 自控设计常用其他字母代号（表 2-20～表 2-22）

表 2-20 电气设备、元件、部件字母代号表

字母代号	名称	
	中文	英文
SB	供电箱	Power Supply Box
RB	继电器箱	Relay Box
TB	接线端子箱	Terminal Box
OB	无接线端子分线箱（盒）	No Terminal Distributing Box
PX	电源接线端子板	Power Supply Terminal Board
SX	信号接线端子板	Signal Terminal Board
RX	继电器箱内接线端子板	Terminal Board in Relay Box
CB	接管箱	Connecting Pipes Box
BA	穿板接头	Bulkhead Adaptor

表 2-21 电缆、电线、管线的字母代号表

字母代号	名称	
	中文	英文
P	气动信号管缆，管线	Pneumatic Signal Multitube Pipeline
AP	空气源管线	Air Supply Pipeline
NP	氮气源管线	Nitrogen Supply Pipeline
MP	测量管线	Measuring Pipeline
PP	保护管线	Protecting Pipeline
TP	保温伴热管线	Tracing Pipeline
C	电缆，电线	Cable, Wire

表 2-22 仪表外部接头的字母代号表

字母代号	名称		字母代号	名称	
	中文	英文		中文	英文
I	输入	Input	S	设定	Setting
O	输出	Output	A	气源	Air Supply

2.5 电气设备常用文字符号和常用电气图用图形符号

2.5.1 电气设备常用文字符号（GB 7159—1987）

（1）电气设备常用基本文字符号 见表 2-23。

表 2-23 电气设备常用基本文字符号

名称	基本文字符号		名称	基本文字符号		名称	基本文字符号	
	单字母	双字母		单字母	双字母		单字母	双字母
电桥	A		热电池	B		耳机	B	
晶体管放大器		AB	光电池			自整角机		
集成电路放大器		AD	送话器			压力变换器		BP
磁放大器		AJ	拾音器			位置变换器		BQ
电子管放大器		AM	扬声器			温度变换器		BT
		AV						

续表

名称	基本文字符号 单字母	基本文字符号 双字母	名称	基本文字符号 单字母	基本文字符号 双字母	名称	基本文字符号 单字母	基本文字符号 双字母
速度变换器	B	BV	同步电动机		MS	整流器		
电容器	C		可做发电机和电动机用的电机	M	MG	变流器	U	
照明灯	E	EL				变频器		
避雷器			力矩电动机		MT	逆变器		
熔断器	F	FU	电流表		PA	气体放电管		
限压保护器件		FV	电度表	P	PJ	二极管		
发电机			电压表		PV	晶体管	V	
发生器		GS	断路器		QF	晶闸管		
同步发电机	G	GS	电动机保护开关	Q	QM	电子管		VE
异步发电机		GA	隔离开关		QS	控制电路用电源的整流器		VC
蓄电池		GB	电阻器			导线		
声响指示器		HA	变阻器			电缆	W	
光指示器	H	HL	电位器	R	RP	母线		
指示灯		HL	测量分路表		RS	连接插头和插座、接线柱、电缆封端和插头、焊接端子板		
瞬时接触继电器		KA	热敏电阻器		RT			
瞬时有或无继电器		KA	压敏电阻器		RV			
交流继电器		KA	拨号接触器、连接级			连接片		XB
闭锁接触继电器（机械闭锁或永磁式有或无继电器）		KL	开关			测试插孔	X	XJ
			控制开关	S	SA	插头		XP
双稳态继电器	K	KL	选择开关		SA	插座		XS
接触器		KM	按钮开关		SB	端子板		XT
极化继电器		KP	互感器			气阀		
簧片继电器		KR	电流互感器		TA	电磁铁		YA
延时有或无继电器		KT	控制电路电源用变压器	T	TC	电磁制动器		YB
逆流继电器		KR	电力变压器		TM	电磁离合器	Y	YC
电感（器）	L		磁稳压器		TS	电磁吸盘		YH
电抗（器）			电压互感器		TV	电动阀		YM
电动机	M		变压器			电磁阀		YV

（2）电气设备常用辅助文字符号 见表2-24。

表2-24 电气设备常用辅助文字符号

名称	辅助文字符号	名称	辅助文字符号	名称	辅助文字符号
电流	A	制动	B、BRK	差动	D
交流	AC	黑	BK	数字	D
自动	A、AUT	蓝	BL	降	D
加速	ACC	向后	BW	直流	DC
附加	ADD	控制	C	减	DEC
可调	ADJ	顺时针	CW	接地	E
辅助	AUX	逆时针	CCW	紧急	EM
异步	ASY	延时（延迟）	D	快速	F

续表

名 称	辅助文字符号	名 称	辅助文字符号	名 称	辅助文字符号
反馈	FB	中性线	N	信号	S
正、向前	FW	断开	OFF	启动	ST
绿	GN	闭合	ON	置位,定位	S,SET
高	H	输出	OUT	饱和	SAT
输入	IN	压力	P	步进	STE
增	INC	保护	P	停止	STP
感应	IND	保护接地	PE	同步	SYN
左	L	保护接地与中性线共用	PEN	温度	T
限制	L	不接地保护	PU	时间	T
低	L	右	R	无噪声(防干扰)接地	TE
闭锁	LA	反	R	真空	V
主	M	红	RD	速度	V
中	M	复位	R、RST	电压	V
中间线	M	备用	RES	白	WH
手动	M,MAN	运转	RUN	黄	YE

2.5.2 常用电气图用图形符号 （GB 4728—1996～2000）

(1) 限定符号和常用的其他符号 见表 2-25。

表 2-25 限定符号和常用的其他符号

名 称		符 号	名 称	符 号
限定符号	直流	— 或 ===	故障	⚡
	交流	~	闪络、击穿	⚡
	交直流	≈		
	中性(中性线)	N	导线间绝缘击穿	⚡
	中间线	M		
	正极	+	导线对机壳绝缘击穿	形式1 形式2
	负极	−		
常用的其他符号	接地一般符号	⏚	导线对地绝缘击穿	⚡
	接机壳或接底板	形式1 形式2	永久磁铁	
			动触点(滑动触点)	

(2) 导线和连接器件的图形符号 见表2-26。

表2-26 导线和连接器件的图形符号

名称		符号	名称	符号
导线	导线、导线组、电缆、电路、传输通路(如微波技术)、线路、母线(总线)一般符号示例： 三根导线示例： 直流电路，110V，两根铝导线，导线截面积为120mm² 三相交流电路，50Hz，380V，三根导线截面积为120mm²，中性线截面积为50mm²	⫽ 或 ⟋3 ——110V 2×120mm² Al 3N～50Hz 380V 3×120+1×50	导线的连接	形式1 形式2
	柔软导线	∼	端子和导线的连接 导线的多线连接示例： 导线的交叉连接(点) 单线表示法 导线的交叉连接(点) 多线表示法	形式1 形式2
端子和导线的连接	导线的连接	●	可拆卸的端子	φ
	端子	○		
	端子板(示出带线端标记的端子板)	11 12 13 14 15 16	导线或电缆的分支和合并	
	导线的不连接(跨越) 示例： 单线表示法		电缆密封终端头(示出带一根三芯电缆) 多线表示 单线表示	⫽3
	示例： 多线表示法		不需要示出电缆芯数的电缆终端头	
			电缆密封终端头(示出带三根单芯电缆)	
	导线直接连接导线接头	─○─		
连接器件	插座(内孔的)或插座的一个极	优选型 其他型	电缆附件 电缆直通接线盒(示出带三根导线) 多线表示 单线表示	3 3 3
	插头(凸头的)或插头的一根极	优选型 其他型	电缆连接盒，电缆分线盒(示出带三根导线 T 形连接) 多线表示 单线表示	3 3 3
	插头和插座(凸头和内孔的)	优选型 其他型		
	多极插头插座(示出带六个极) 多线表示形式		电缆气闭套管(示出带有三根电缆，梯形长边为高压边)	
	单线表示形式	6		

(3) 电阻器、电容器和电感器的图形符号　见表 2-27。

表 2-27　电阻器、电容器和电感器的图形符号

	名　　称	符　　号		名　　称	符　　号
电阻器	电阻器 一般符号	优选型 其他型	电容器	电容器一般符号	优选型 其他型
	可变电阻器 可调电阻器			穿心电容器	优选型 其他型
	压敏电阻器 变阻器			极性电容器	优选型 其他型
	热敏电阻器				
	0.125W 电阻器				
	0.25W 电阻器				
	0.5W 电阻器			可变电容器 可调电容器	优选型 其他型
	1W 电阻器 注：大于 1W 电阻器都用阿拉伯数字表示				
	熔断电阻器				
	滑线式变阻器			双联同调可变电容器 注：可增加同调联数	优选型 其他型
	带滑动触点和断开位置的电阻器				
	两个固定抽头的电阻器 注：可增加或减少抽头数目				
	两个固定抽头的可变电阻器			微调电容器	优选型 其他型
	分路器 带分流和分压接线头的电阻器				
	碳堆电阻器		电感器	电感器、线圈、绕组、扼流圈一般符号	
	加热元件			带铁芯的电感器	
	滑动触点电位器			磁芯有间隙的电感器	
	带开关的滑动触点电位器			带磁芯连续可调的电感器	
	预调电位器			有两个抽头的电感器 注：①可增加或减少抽头数目 ②抽头可在外侧两半圆交点处引出	

(4) 半导体管和电子管的图形符号　见表 2-28。

表 2-28　半导体管和电子管的图形符号

名　称	符　号	名　称	符　号
半导体二极管一般符号		间热式阴极双二极管	
发光二极管一般符号			
利用温度效应的二极管 注：θ 可以用 $t°$ 代替		直热式阴极三极管	
用作电容性器件的二极管（变容二极管）			
隧道二极管		间热式阴极三极管	
单向击穿二极管 电压调整二极管			
双向击穿二极管		间热式阴极双三极管	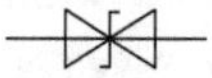
反向二极管（单隧道二极管）			
双向二极管 交流开关二极管		充气二极管	
PNP 型半导体管			
NPN 型半导体管，集电极接管壳		闸流管 间热式阴极充气三极管	
NPN 型雪崩半导体管			
具有 P 型双基极单结型半导体管		冷阴极充气二极管 充气稳压管	
具有 N 型双基极单结型半导体管			
直热式阴极二极管		冷阴极充气双二极管	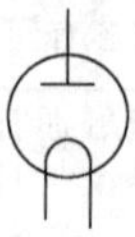
间热式阴极二极管		冷阴极充气触发管	

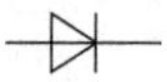

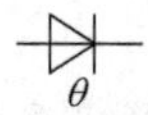

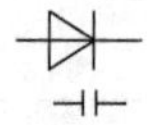

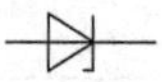

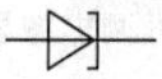

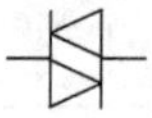

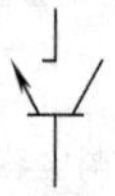

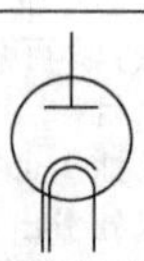

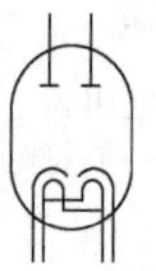

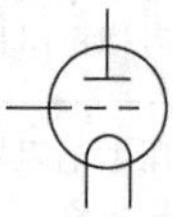

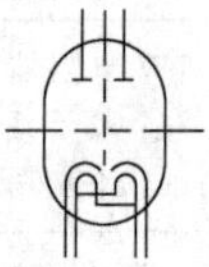

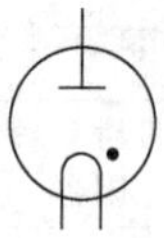

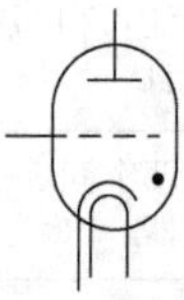

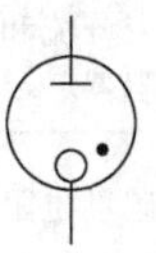

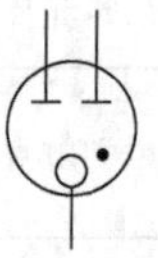

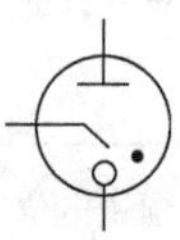

（左侧分类：半导体二极管 / 半导体管 / 普通电子管）
（右侧分类：普通电子管 / 其他电子管）

(5) 绕组、电机、变压器和电抗器的图形符号 见表 2-29。

表 2-29 绕组、电机、变压器和电抗器的图形符号

	名　　称	符　　号
内部连接的绕组	两相绕组	⊥
	两个绕组 V 形（60°）连接的三相绕组	∨
	中性点引出的四相绕组	✴
	T 形连接的三相绕组	T
	三角形连接的三相绕组	△
	开口三角形连接的三相绕组	△
	星形连接的三相绕组	Y
	中性点引出的星形连接的三相绕组	Ψ
	曲折形或双星形互相连接的三相绕组	⊱
	双三角连接的六相绕组	✡
	多边形连接的六相绕组	⬡
	星形连接的六相绕组	✳
电机的零部件	换向绕组或补偿绕组	⌒
	串励绕组	⌒⌒⌒
	并励或他励绕组	⌒⌒⌒⌒
	集电环或换向器上的电刷	⊢
电机的类型	电机的一般符号 符号内的星形必须用下述字母代替： 　C 同步变流机　G 发电机 　GS 同步发电机　M 电动机 　MG 能作为发电机或电动机使用的电机 　MS 同步电动机　SM 伺服电机	(*)
	直流发电机	(G)
	直流电动机	(M)
	交流发电机	(G~)
	交流电动机	(M~)
	手摇发电机	(G)-⊣

续表

名　　称		符　　号
直流电机	串励直流电动机	
	并励直流电动机	
	他励直流电动机	
	复励直流电动机	
	短分路复励直流发电机示出换向绕组和补偿绕组，以及接线端子和电刷	
	永磁直流电动机	
异步电机	三相笼式异步电动机	
	单相笼式有分相端子的异步电动机	
	三相线绕转子异步电动机	
	转子上有自动启动器的三相星形连接异步电动机	
	限于一个方向运动的三相直线异步电动机	
电机扩大机	电机扩大机	

续表

名　称	符　号	
	形式 1	形式 2
变压器、电抗器的一般符号 / 铁芯 带间隙的铁芯		
双绕组变压器		
三绕组变压器		
自耦变压器		
电抗器、扼流圈		
电流互感器 脉冲变压器		
具有独立绕组的变压器 / 绕组间有屏蔽的双绕组单相变压器		
在一个绕组上有中心抽头的变压器		
三相变压器 星形-三角形连接		

续表

名　称		符　号	
		形式1	形式2
具有独立绕组的变压器	三相变压器 星形-有中性点引出的星形连接		
	具有有载分接开关的三相变压器 星形-三角形连接		
自耦变压器	单相自耦变压器		
	三相自耦变压器星形连接		
	可调压的单相自耦变压器		
互感器	具有两个铁芯和两个次级绕组的电流互感器		
	在一个铁芯上具有两个次级绕组的电流互感器		
	次级绕组有三个抽头（包括主抽头）的电流互感器		
原电池或蓄电池	原电池或蓄电池		
	蓄电池组或原电池组	形式1	形式2
	带抽头的原电池组或蓄电池组		

(6) 开关、控制和保护装置的图形符号　见表 2-30。

表 2-30　开关、控制和保护装置的图形符号

名称		符号	名称		符号
限定符号	接触器功能	o	提前或滞后动作的触点	多触点组中比其他触点提前吸合的动合触点	
	断路器功能	×			
	隔离开关功能	—		多触点组中比其他触点滞后吸合的动合触点	
	负荷开关功能	○			
	自动释放功能	■			
	限制开关功能位置开关功能	▽		多触点组中比其他触点滞后释放的动断触点	
	弹性返回功能自动复位功能	○		多触点组中比其他触点提前释放的动断触点	
	无弹性返回功能	O			
两个或三个位置的触点	动合(常开)触点 注:本符号也可以用作开关一般符号	形式1 形式2	延时触点	当操作器件被吸合时延时闭合的动合触点	形式1 形式2
	动断(常闭)触点			当操作器件被释放时延时断开的动合触点	形式1 形式2
	先断后合的转换触点				
	中间断开的双向触点				
	先合后断的转换触点（桥接）	形式1 形式2		当操作器件被释放时延时闭合的动断触点	形式1 形式2
	双动合触点			当操作器件被吸合时延时断开的动断触点	形式1 形式2
	双动断触点				
具有两个位置的过渡触点	当操作器件被吸合时,暂时闭合的过渡动合触点			吸合时延时闭合和释放时延时断开的动合触点	
	当操作器件被释放时,暂时闭合的过渡动合触点			由一个不延时的动合触点,一个吸合时延时断开的动断触点和一个释放时延时断开的动合触点组成的触点组	
	当操作器件被吸合或释放时,暂时闭合的过渡动合触点				

名称		符号	名称		符号
有弹性返回和无弹性返回触点	有弹性返回的动合触点		开关装置和控制装置	断路器	
	无弹性返回的动合触点			隔离开关	
	有弹性返回的动断触点			具有中间断开位置的双向隔离开关	
	左边弹性返回,右边无弹性返回的中间断开的双向触点			负荷开关(负荷隔离开关)	
单极开关	手动开关的一般符号			具有自动释放的负荷开关	
	按钮开关(不闭锁)			手工操作带有阻塞器件的隔离开关	
	拉拔开关(不闭锁)		电动机启动器的方框符号	电动机启动器一般符号	
	旋钮开关、旋转开关(闭锁)			步进启动器 注:启动步数可以示出	
位置和限制开关	位置开关,动合触点 限制开关,动合触点			调节-启动器	
	位置开关,动断触点 限制开关,动断触点			带自动释放的启动器	
	对两个独立电路作双向机械操作的位置或限制开关			可逆式电动机直接在线接触器式启动器 可逆式电动机满压接触器式启动器	
开关装置和控制装置	多极开关一般符号			星-三角启动器	
	单线表示			自耦变压器式启动器	
	多线表示			带可控整流器的调节-启动器	
	接触器(在非动作位置触点断开)		操作器件	操作器件一般符号	形式1 形式2
	具有自动释放的接触器			具有两个绕组的操作器件组合表示法	形式1 形式2
	接触器(在非动作位置触点闭合)				

续表

名 称	符 号	名 称	符 号
具有两个绕组的操作器件分离表示法	形式1 形式2	最大无功功率继电器 —能量流向母线 —工作数值 1Mvar —延时调节范围 5～10s	$Q>$ 1Mvar 5…10s
缓慢释放（缓放）继电器的线圈		欠电压继电器 整定范围 50～80V,重整定比 130%	$U<$ 50…80V 130%
缓慢吸合（缓吸）继电器的线圈		大于5A小于3A动作的电流继电器	I $>5A$ $<3A$
缓吸和缓放继电器的线圈		欠阻抗继电器	$Z<$
快速继电器（快吸和快放）的线圈		匝间短路检测继电器	$N<$
对交流不敏感继电器的线圈		断线检测继电器	
交流继电器的线圈	$\sim$	在三相系统中的断相故障检测继电器	$m<3$
剩磁继电器的线圈	形式1 形式2	堵转电流检测继电器	$n\approx 0$ $I>$
		具有一路在电流大于5倍整定值动作,另一路为反延时特性的两路输出的过流继电器	$I>$ $5x$
热继电器的驱动器件		熔断器一般符号	
零压继电器	$U=0$	供电端由粗线表示的熔断器	
逆流继电器	$I\leftarrow$	带机械连杆的熔断器（撞击器式熔断器）	
欠功率继电器	$P<$	具有报警触点的三端熔断器	
延时过流继电器	$I>$	具有独立报警电路的熔断器	
具有两个电流元件和整定范围从 5A 到 10A 的过流继电器	$2(I>)$ 5…10A		

名 称		符 号	名 称		符 号
熔断器和熔断器式开关	跌开式熔断器		熔断器和熔断器式开关	任何一个撞击器式熔断器熔断而自动释放的三相开关	
	熔断器式开关		火花间隙和避雷器	火花间隙	
	熔断器式隔离开关			双火花间隙	
	熔断器式负荷开关			避雷器	

(7) 常用测量仪表、灯和信号器具的图形符号 见表2-31。

表2-31 常用测量仪表、灯和信号器具的图形符号

名 称		符 号	名 称		符 号
指示仪表	电压表	V	积算仪表	电度表（瓦特小时计）	Wh
	无功电流表	A $I\sin\varphi$		电度表（仅测量单位传输能量）	Wh
	最大需量指示器（由一台积算仪表操纵的）	W P_{max}		电度表（测量从母线流出的能量）	Wh
	无功功率表	var		电度表（测量流向母线的能量）	Wh
	功率因数表	$\cos\varphi$		输入-输出电度表	Wh
	相位表	φ		多费电度表（示出二费率）	
	频率表	Hz			
	转速表	n			
积算仪表	小时计	h		超量电度表	Wh $P>$
	安培小时计	Ah		带最大需量指示器的电度表	Wh P_{max}

续表

名 称		符 号	名 称	符 号
积算仪表	带最大需量记录器的电度表	Wh P_{max}	闪光型信号灯	
	无功电度表	varh	电喇叭	
热电偶	热电偶(示出极性符号) 带直接指示极性的热电偶,负极用粗线表示	形式1 形式2	电铃	优选型 其他型
	带有非隔离加热元件的热电偶			
电钟	钟(二次钟、副钟)一般符号		单打电铃	
			电警笛、报警器	
	母钟			
	带有开关的钟		蜂鸣器	优选型 其他型
灯和信号器件	灯一般符号 信号灯一般符号 注:如果要求指示颜色,则在靠近符号处标出下列字母:RD 红;YE 黄;GN 绿;BU 蓝;WH 白		电动汽笛	

2.6 工艺管道施工图常用图形符号及代号

2.6.1 工艺管道施工图常用图线

在工艺管道施工图中,为了表达施工图中不同内容和分清主次,以及现在、未来或地埋的管线,在图中采用了不同线型和粗细,虚实也用不同的图线来表示。施工图中常用的图线见表2-32。

表2-32 工艺管道施工图常用图线

序号	名 称	线 型	线 宽	主 要 用 途 说 明
1	粗实线	——————	b①	可见主管线及图框线
2	中实线	——————	$0.5b$	可见辅助管线及分支管线
3	细实线	——————	$0.35b$	1. 建筑物及设备布置轮廓线 2. 阀门、管件的图线 3. 尺寸线、尺寸界线及引出线

续表

序号	名称	线型	线宽	主要用途说明
4	粗虚线	-------	b	埋地主管线或被设备等遮挡处的管线
5	中、细虚线	------- -------	$0.5b$ $0.35b$	未来管道、设备规划位置线、不可见轮廓线及阀门、管线被遮挡处图线
6	细点划线	—·—·—	$0.35b$	中心线及定位轴线、对称线等
7	折断线	⌇	$0.35b$	断开界线（一般多用细实线）
8	波浪线	～～	$0.35b$	断开界线（用细实线）

① $b=0.35\sim2.0\mathrm{mm}$。它一般应根据图样用途及复杂程度与比例大小来确定。

2.6.2 工艺管道施工图常用符号及代号

（1）工艺管道施工图常用符号 主要有剖切符号、索引符号、详图符号和其他符号（见图 2-6）。

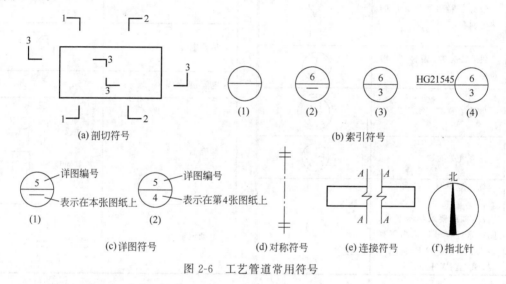

图 2-6 工艺管道常用符号

工艺管道常用符号说明。

① 用以表示剖面图剖切位置及剖视方向的符号，称为剖面图剖切符号，简称剖切符号。剖切符号由剖切位置线及剖切位置及剖视方向线（均由粗实线绘制）组成，剖视方向线垂直于剖切位置线，并短于剖切位置线。剖切符号的编号，设计人员一般多用阿拉伯数字（但也有用罗马字或英语字母表示）按顺序由左至右、由上至下连续编排，并注写在剖视方向线的端部。施工图中的转折剖切位置线，在转折处为了避免与其他图线发生混淆，在转角处的外侧设计人员加注有与该符号相同的编号。剖切符号及编号方法如图 2-6（a）所示。

② 用以表明施工图中的某一局部管道组成件及安装件，需另见详图时所用的符号称索引符号。索引符号见图 2-6（b_1）所示。

索引出的详图，如与被索引的部位或构配件同在一张图纸内时，则采用图 2-6（b_2）符号表示。

索引出的详图，如与被索引的部位或构配件不同在一张图纸内时，则采用图 2-6（b_3）符号表示。

索引出的详图，如是采用标准图时，则以图 2-6（b_4）表示。其小圆圈水平直径的延长线上的"HG21545",表示中华人民共和国行业标准《地脚螺栓通用图》的代号;圆内水平直径下的"3"及水平直径上的"6",分别表示所引详图在该图册的页数和详图编号,即第3页的"6"号图。

施工图中某一部位或构配件需用剖面图表示时,设计人员就在被剖切的部位或构配件处绘制出剖切位置线("②/⑥"或"②/④"……),并以引出线引出索引符,引出线所在的一侧的黑短线为剖视方向。

③ 在施工图纸中详图的位置和编号,设计人员是用"详图符号"表示的。详图符号是以直径为14mm的粗实线圆表示[见图2-6(c)]的。

图2-6(c_1)、(c_2)分别表明详图与被索引详图在同一张图纸及不在同一张图纸内。

④ 其他符号是指"对称符号"、"连接符号"和"指北针"符号等,见图2-6(d)、(e)、(f)。

a. 对称符号。用以表示中心垂直细点划线两侧的物体形状或构件构造完全相同且相对称时,为减少图样绘制,设计人员只画出物体或构件相对称的一侧,另一侧不画出,而用对称符号表示,如图2-6(d)所示。

b. 连接符号。由于管线很长或其他构配件很大,因图幅所限或管线及构、配件中间的部分又相同而没有必要将它们全部画出来时,设计人员将中间略去不画的部分用连接符号表示。该符号以折断线表示需连接的部位,两个被连接的图样或部位,必须在折断线两端靠图样(部位)的一侧用相同大写拉丁字母(A、B、C……)编号来表示,如图2-6(e)所示。

c. 指北针。系表明工程坐落朝向的符号。北向可用字母"N"或文字"北"表示,如图2-6(f)。

(2) 工艺管道常用代号 工艺管道施工图中输送各种介质的管道很多,为了区分输送各种不同介质的管路,设计人员在每一条管线的始端及中间都标注有汉语拼音字母或英语缩写字母代号。这些字母代号国家没有统一规定,均由各行业各部门根据本行业部门生产特点,自己做出统一规定,化工行业规定施工图中管道输送介质代号和隔热代号如表2-33和表2-34所示。

表 2-33 管道输送介质代号

序 号	介质代号	中 文 名 称	英 文 名 称
1	PG	工艺气体	Process Gas
2	PL	工艺液体	Process Liquid
3	PS	工艺固体	Process Solid
4	PM[①]	工艺物料	Process Material
5	AR	空气	Air
6	BA	鼓风空气	Blowing Air
7	EA	排除空气	Exhaust Air
8	IA	仪表空气	Instrument Air
9	PA	工艺空气	Plant Air
10	SA	开车空气	Starting Air
11	G	气体	Gas
12	FG	燃料气	Fuel Gas
13	FLG	烟道气	Flue Gas
14	IG	惰性气	Inert Gas
15	NG	天然气	Natural Gas
16	VG	放空气	Vent Gas
17	FV	火炬排放气	Flare
18	H	氢气	Hydrogen
19	N	氮气	Nitrogen
20	OX	氧气	Oxygen
21	R	冷冻剂	Refrigerant

续表

序 号	介质代号	中文名称	英文名称
22	AR	氨冷冻剂	Ammonia Refrigerant
23	ER	乙烷或乙烯冷冻剂	Ethane or Ethylene Refrigerant
24	FR	氟里昂冷冻剂	Freon Refrigerant
25	MR	甲烷冷冻剂	Methane Refrigerant
26	PR	丙烷或丙烯冷冻剂	Propane or Propylene Refrigerant
27	S	蒸汽	Steam
28	HS	高压蒸汽	High Pressure Steam
29	HSS	高压饱和蒸汽	High Pressure Saturated Steam
30	HUS	高压过热蒸汽	High Pressure Super Steam
31	LS	低压蒸汽	Low Pressure Steam
32	LSS	低压饱和蒸汽	Low Pressure Saturated Steam
33	LUS	低压过热蒸汽	Low Pressure Super Steam
34	MS	中压蒸汽	Medium Pressure Steam
35	MSS	中压饱和蒸汽	Medium Pressure Saturated Steam
36	MUS	中压过热蒸汽	Medium Pressure Super Steam
37	ES	废气(排除蒸汽)	Exhaust Steam
38	C	冷凝水	Condensate
39	HC	高压冷凝水	High Pressure Condensate
40	LC	低压冷凝水	Low Pressure Condensate
41	MC	中压冷凝水	Medium Pressure Condensate
42	PC	工艺冷凝液	Process Condensate
43	W	水	Water
44	BW	锅炉给水	Boiler Feed Water
45	CW	冷却(循环)水	Cooling Water
46	CWS	冷却(循环)上水	Cooling Water Supply
47	CWR	冷却(循环)下水	Cooling Water Return
48	WS	工业上水	Water Supply
49	WR	工业回水	Water Return
50	DW	饮用水、生活用水	Drinking Water
51	DWN	脱盐水	Demineralized Water
52	FW	消防水	Fire Water
53	HW	热水	Hot Water
54	HWS	热上水	Hot Water Supply
55	HWR	热回水	Hot Water Return
56	PWW	生产废水	Production Waste Water
57	QW	急冷水	Quench Water
58	RW	冷冻水	Refrigerated Water
59	RWR	冷冻回水	Refrigerated Water Return
60	RWS	冷冻上水	Refrigerated Water Supply
61	RAW	原水	Raw Water
62	SW	软水	Soft Water
63	WW	废水	Waste Water
64	BR	冷冻盐水	Brine Water
65	BRS	冷冻盐水上水	Brine Water Supply
66	BRR	冷冻盐水回水	Brine Water Return
67	CS	化学污水	Chemical Sewerage
68	DR	排净	Drain
69	SL	泥浆	Slurry
70	VE	真空抽气	Vacuum Exhaust
71	O	油	Oil
72	$\overline{FO}$	燃料油	Fuel Oil
73	$\overline{GO}$	填料油	Gland Oil
74	$\overline{LO}$	润滑油	Lubricating Oil
75	$\overline{SO}$	密封油	Sealing Oil
76	HO	加热油	Heating Oil
77	WO	冲洗油	Washing Oil
78	QO	急冷油	Quench Oil
79	FS	熔盐	Fused Salt

① 两相流按介质的主要状态表示,当难以区分主要状态时,可用 PM 表示。

表 2-34　管道隔热代号

序 号	隔热要求	隔热代号	序 号	隔热要求	隔热代号
1	不隔热		4	蒸汽伴热	ZW
2	保温	BW	5	热水伴热	RW
3	保冷	BL	6	电伴热	DW

注：管道号由介质代号、管段号、管道公称直径、管道等级和隔热代号组成。其标注方法如下：

例：设某工程带控制点工艺流程图中采用无缝钢管外径 ϕ89mm，载送介质为低压过热蒸汽，并对管壁进行保温，则标注方式是：

LUS1601-80-1A-BW

(3) 设备分类代号　施工图中，设备分类及代号各部门不尽相同，化工行业设备分类代号如表 2-35 所示。

表 2-35　化工行业设备分类代号

序 号	设备名称	代 号	序 号	设备名称	代 号
1	塔	T	7	火炬、烟囱	S
2	泵	P	8	换热器、冷却器、蒸发器	E
3	压缩机、鼓风机	C	9	起重机、运输机	L
4	反应器	R	10	其他机械及搅拌器	M
5	容器(贮槽、贮罐)	V	11	称重设备	W
6	工业炉	F	12	其他设备	X

(4) 管道图示符号　管道图示符号、类别代号及标注方法应符号 GB 6567.2—86 "管道系统的图形符号"的有关规定。管道图示符号见表 2-36(a)~(g)。

表 2-36　管道图示符号表

(a) 管道图示符号

名 称	图 示	说 明
可见管道 不可见管道 假想管道		表示图样上管道与有关剖切平面的相对位置。介质的状态、类别和性质用规定的代号注在管道图示上方或中断处，必要时应在图样上加注图例说明
保护管		起保护管道作用。可在被保护管路的全部或局部上用该图示表示或省略只用文字说明
保温管		起隔热作用，可在被保护管道的全部或局部上用该图示表示或省略只用文字说明
夹套管		管道内及夹层内均有介质出入，该图示可用波浪线断开表示
蒸汽体热管		
交叉管		指两管道交叉不连接。当需要表示两管道相对位置时，其中在下方或后方的管道应断开
相交管		指两管道相交连接，连接点的直径为所连接管道线宽 b 的 3~5 倍

续表

名 称	图 示	说 明
弯折管	(3b~5b)	表示管道向观察者变成90°
	⊙	表示管道背离观察者变成90°
介质流向	→	一般标注在靠近阀门图示处,箭头形式按 GB 4458.4—84《机械制图尺寸注法》的规定
管道坡度	∠0.002 ∠3° ∠1:500	按 GB 4458.4—84 中的斜度符号进行绘制

(b) 管道中一般连接形式符号

名 称	图 示	说 明
螺纹连接	—┼—	
法兰连接	—┨┠—	必要时可省略,只用文字说明
承插连接	—⊱—	
焊接连接	(2b~3b)	焊点符号的直径的约为管道线宽 b 的 3~5 倍,必要时可省略

(c) 管接头图示符号

名 称	图 示	说 明	名 称	图 示	说 明
弯头(管)	⌐ ⌐	图示以螺纹连接为例,如法兰、承焊和焊接连接可按规定图形组合派生	四通	┼	图示以螺纹连接为例,如法兰、承焊和焊接连接可按规定图形组合派生
三通	⊥ ⊥		偏心异径管接头 同底/同顶	▷ ▷	
活接头	┨┠				
外接头	╫		双承插接头	⋈	
内外螺纹接头	⊐⊏				
同心异径管接头	▷		快换接头	┼	

(d) 管架图示符号

名 称	图 示				
	一般形式	支(托)架	吊架	弹性支(托)架	弹性吊架
固定管架	✕	✸	✳		
活动管架	=	┯	┷	⌇	⌇
导向管架	≡	≡	≡	⌇	⌇

(e) 伸缩器图示符号

名 称	图 示	名 称	图 示
波形伸缩器	◇	套筒伸缩器	
方(形)伸缩器	⊓	球形铰接器	
弧形伸缩器	⌒		

注：使用时应表示出与管道的连接形式。

(f) 阀门与管道一般连接形式图示符号

名 称	图 示	名 称	图 示
螺纹连接		焊接连接	
法兰连接			

(g) 管帽及其他管件图示符号

名 称	图 示	名 称	图 示
螺纹管帽①		盲板	
堵头(丝堵)②		管间盲板	
法兰盖			

① 管帽螺纹为内螺纹。
② 堵头螺纹为外螺纹。

(5) 常用图例、图形 见表 2-37 至表 2-40。

表 2-37 管道、管件及管道附件图例

序号	名 称	图 例	说 明	序号	名 称	图 例	说 明
1	主要介质物料管道			17	锥形过滤器		
2	非主要介质管道			18	篮式过滤器		
3	原有管道			19	消音器	(管线中) (排大气)	
4	夹套管道			20	阻火器		
5	保温(冷)管道			21	取样点	S D01	
6	软管			22	软管活接头		
7	蒸汽伴热管			23	管道盲板封头(焊接)		
8	电伴热管			24	螺纹管帽		
9	翅片管			25	管道法兰封头		
10	短管段			26	焊接蝶形封头		
11	同心异径管			27	盲板插板		
12	偏心异径管			28	8字盲板	(1) (2)	(1)正常切断 (2)正常通过
13	视镜			29	限流孔板	RO	装在法兰之间
14	视钟			30	爆破板	(1) (2)	(1)直通大气 (2)管道中
15	Y形过滤器						
16	T形过滤器						

续表

序号	名称	图例	说明	序号	名称	图例	说明
31	喷淋管			36	膨胀节		
32	放空管			37	管道上的小水封器		
33	漏斗	(1) (2)	(1)敞开式 (2)密封式	38	空气吸入口		
34	文氏管			39	安全淋浴和洗眼器		
35	喷射器						

表 2-38　阀门图例

序号	名称	图例	说明	序号	名称	图例	说明
1	截止阀			11	减压阀		
2	闸阀			12	安全阀	(1) (2)	(1)弹簧式 (2)重锤式
3	针形阀						
4	隔膜阀			13	止回阀		
5	球阀			14	直通阀		
6	角阀			15	底阀		
7	旋塞阀			16	疏水器		
8	三通阀			17	呼吸阀		
9	四通阀			18	铅封关	CSC	CAR SEAL CLOSED
10	蝶阀			19	铅封开	CSO	CAR SEAL OPEN

表 2-39　设备图例

序号	名称	图例	说明	序号	名称	图例	说明
1	离心压缩机			4	L形往复式压缩机		
2	旋转式压缩机			5	对称平衡往复式压缩机		
3	单级立式往复式压缩机			6	风机类		

续表

序号	名称	图例	说明	序号	名称	图例	说明
7	离心泵			17	泡罩塔		
8	水环泵						
9	喷射泵（喷射器）						
10	螺杆泵			18	喷淋塔		
11	柱塞泵、比例泵						
12	隔膜泵						
13	旋转泵、齿轮泵			19	浮阀塔		
14	液下泵			20	卧式贮槽		
15	填料塔			21	立式贮槽		
				22	锥顶罐		
16	筛板塔			23	浮顶罐		
				24	湿式气柜		

续表

序号	名称	图例	说明	序号	名称	图例	说明
25	带搅拌槽			34	套管式换热器		
26	分离器	金属网 填料		35	带蒸发空间换热器		
27	旋风分离器			36	带夹套式换热器		
28	固定床式反应器			37	水平式空冷器		
				38	斜顶式空冷器		
29	管式反应器			39	喷淋式冷却器		
				40	桥式吊车		
30	搅拌槽或搅拌釜			41	电动单轨吊车		
				42	手动单轨吊车		
				43	胶带输送机		
31	固定管板式换热器			44	斗式提升机		
				45	手推车		
32	U形管式换热器			46	叉车		
				47	电瓶车		
33	浮头式换热器			48	卡车		

续表

序号	名称	图例	说明	序号	名称	图例	说明
49	圆筒炉			52	火炬		
				53	不带过滤器的螺杆压力机		
				54	带过滤器的螺杆压力机		
				55	挤压机		
				56	压滤机		
				57	带式秤		
50	箱式炉			58	板式秤		
51	烟囱			59	罐式秤		

表 2-40 管道施工图常用图形

序号	名称		图形	说明	序号	名称		图形	说明
1	门窗类	双扇门			3	板梁类	楼板及混凝土梁		
		单扇门					钢梁		
		空门洞					地沟混凝土盖板		局部表示
		窗							
2	栏杆		(1) (2)	(1)平面 (2)立面	4	楼梯			
3	板梁类	花纹钢板							
		箅子板							

序号	名称		图形	说明	序号	名称	图形	说明
5	地面、地坑及混凝土	地面		剖面图用线下可不表示	9	单轨起重机	(1) (2)	(1)平面图用 (2)立面图用
		地坑		平面图用		桥式起重机	(2) (1)	(1)平面图用 (2)立面图用
		混凝土及钢筋混凝土	(1) (2)	(1)混凝土,剖面图用 (2)钢筋混凝土,剖面图用		电动桥式起重机	(2) (1)	(1)平面图用 (2)立面图用
		圆形地漏				悬臂式起重机	(2) (1)	(1)平面图用 (2)立面图用
		铁道						
6	吊车轨道及安装吊梁		―•―T·B―			旋臂式起重机	(2) 或 (1)	(1)平面图用 (2)立面图用
7	设备断面或楼板开孔							
8	电机的简易画法		M 或 泵基础					

2.7 化工工艺管道常用涂色、色环和流向标志

化工工艺管道常用涂色、色环和流向标志见图2-7所示。水、蒸汽、有机溶剂、无机盐溶液、气体、煤气、二氧化碳、酸、碱等工艺介质的色标见表2-41。

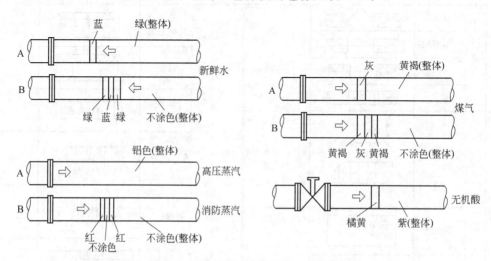

图2-7 管道涂色、色环和流向标志
A—碳钢、低合金钢或隔热外护层需涂漆的管道；B—不锈钢、有色金属或隔热外护层不需涂漆的管道

表 2-41　管道涂色、色环和流向标志举例

介质名称	裸管或隔热外护层需涂漆者		不锈钢、有色金属或隔热外护层不需涂漆者	
	整体基本色	色环、流向标志	外环色	中间环色
水	绿			
饮用水、新鲜水	绿	蓝	绿	蓝
热水	绿	褐	绿	褐
软水	绿	黄	绿	黄
冷凝水	绿	白	绿	白
冷冻盐水	绿	灰	绿	灰
消防水	绿	红	绿	红
锅炉给水	绿	浅黄	绿	浅黄
热力网水	绿	紫红	绿	紫红
蒸汽	铝色			
高压蒸汽[4～12MPa(绝)]	铝色		标志字母 HP	
中压蒸汽[1～4MPa(绝)]	铝色		标志字母 MP	
低压蒸汽[<1MPa(绝)]	铝色		标志字母 LP	
消防蒸汽	铝色	红	红	不涂色
液体	灰			
有机溶剂	灰	白	灰	白
无机盐溶液	灰	黄	灰	黄
气体	黄褐			
煤气	黄褐	灰	黄褐	灰
二氧化碳	黄褐	绿	黄褐	绿
酸或碱	紫			
有机酸	紫	白	紫	白
无机酸	紫	橘黄	紫	橘黄
烧碱	紫	红	紫	红
纯碱	紫	蓝	紫	蓝
压缩空气	浅蓝		浅蓝	不涂色
氧、氮	浅蓝	黄	浅蓝	黄
真空	浅蓝	红	浅蓝	红

2.8　消防技术文件用消防设备图形符号（GB 4327—1993）

（1）基本符号　本类符号表示消防设备的类别，见表 2-42。

表 2-42　基本符号

编号	符号	名称	编号	符号	名称
1.1	△	手提式灭火器 Portable fire extinguisher	1.4	◇	固定式灭火系统(局部应用) Fixed fire-extinguishing system—Local application
1.2	△	推车式灭火器 Wheeled fire extinguisher	1.5	○	消防供水干线 Fire main
1.3	◇	固定式灭火系统(全淹没) Fixed fire-extinguishing system—Total protection of a room	1.6	⌒	其他灭火设备 Miscellaneous fire-fighting equipment

续表

编号	符号	名称	编号	符号	名称
1.7	□	控制和指示设备 Control and indicating equipment	1.11	⌂	消防通风口 Natural venting
1.8	□	报警启动装置(点式,手动或自动) Alarm-initiating device (point type, manual or automatic)	1.12	⬠	正压(烟气控制) Pressurization (smoke control)
1.9	⊏⊐	线型探测器 Linear detector			
1.10	△	火灾报警装置 Fire-warning device	1.13	⊏⊐	特殊危险区域或房间 Special risk area of room

(2) 辅助符号 本类符号表示消防设备的品种或性质,见表2-43。

表2-43 辅助符号

编号	符号	名称	编号	符号	名称
2.1		水类及泡沫类消防设备辅助符号	2.3.3	△	非卤代烷和二氧化碳灭火气体 Extinguishing gas other than halon or CO_2
2.1.1	⊗	水 Water			
2.1.2	● ⦿ ◐	泡沫或泡沫液 Foam or foam solution	2.4		消防管路及逃生路线辅助符号
2.1.3	● ⊗ ◐	含有添加剂的水 Water with additive	2.4.1	⋈	阀 Valve
2.1.4	○	无水 Dry	2.4.2	⊢▶	出口 Outlet
2.2		干粉类消防设备辅助符号	2.4.3	▶⊣	入口 Inlet
2.2.1	⊠	BC类干粉 BC powder	2.5		报警启动装置辅助符号
2.2.2	■ ▦ ▨	ABC类干粉 ABC powder	2.5.1	↓	热 Heat
2.2.3	□	非BC类及ABC类干粉 Extinguishing powder other than BC or ABC	2.5.2	⌇	烟 Smoke
2.3		气体类消防设备辅助符号	2.5.3	∧	火焰 Flame
2.3.1	△	卤代烷 Halon	2.5.4	○⋖	易爆气体 Explosive gas
2.3.2	▲ ▲ ◮	二氧化碳(CO_2) Carbon dioxide (CO_2)	2.5.5	Y	手动启动 Manual actuation
			2.6		火灾警报装置辅助符号

续表

编号	符号	名称	编号	符号	名称
2.6.1		电铃 Bell	2.6.5		照明信号 Illuminated signal
2.6.2		发声器 Sounder	2.7		爆炸材料 Explosive materials
2.6.3		扬声器 Loud-speaker	2.8		氧化剂 Oxidizing agents
2.6.4		电话 Telephone	2.9		易燃材料 Combustible materials

（3）**单独使用的符号**（非基本符号与辅助符号合成的符号） 见表 2-44。

表 2-44 单独使用的符号

编号	符号	名称	编号	符号	名称
3.1		水桶 Water bucket	3.4		地下消火栓 Ground hydrant（箭头的数目由出水口定）
3.2		砂桶 Sand bucket	3.5		逃生路线,逃生方向 Escape route, direation to follow
3.3		地上消火栓 Pillar hydrant（箭头的数目由出水口定）	3.6		逃生路线,最终出口 Escape route, final exit

（4）**组合图形符号举例** 根据不同需要组合基本符号和辅助符号，表示不同品种设备的图形符号示例，见表 2-45。

表 2-45 组合图形符号举例

编号	符号	名称	编号	符号	名称
4.1		手提式清水灭火器 Water portable extinguisher	4.6		BC 干粉灭火系统(局部应用系统) BC powder extinguishing system(local application)
4.2		手提式 ABC 类干粉灭火器 ABC powder portable extinguisher	4.7		手动控制的灭火系统(全淹没) Manual control of a water extinguishing system (total protection of a room)
4.3		手提式二氧化碳灭火器 Carbon dioxide portable extinguisher	4.8		干式立管,入口无阀门 Dry riser, inlet without valve
4.4		推车式 BC 类干粉灭火器 Wheeled BC powder extinguisher	4.9		湿式立管,出口带阀门 Wet riser, outlet with valve
4.5		泡沫灭火系统(全淹没) Foam extinguishing system (total protection of the room)	4.10		消防水带,湿式贮水管 Hose station, wet standpipe
			4.11		感烟火灾探测器(点式) Smoke detector(point type)

编号	符号	名称	编号	符号	名称
4.12		气体火灾探测器(点式) Gas detector(point type)	4.16		消防通风口的手动控制器 Manual control of a natural venting device
4.13		电话 Telephone	4.17		有视听信号的控制和显示设备 Control and indicating equipment with audible and illuminated signals
4.14		感温火灾探测器(线型) Heat detector(linear type)	4.18		含有爆炸性材料的房间 Room containing explosive materials
4.15		报警发声器 Alarm sounder			

2.9 火灾报警设备图形符号（GA/T 229—1999）

（1）基本符号（表2-46）

表2-46 基本符号

编号	符号	名称	编号	符号	名称
1.1		报警触发装置	1.3		控制及辅助装置
1.2		报警装置	1.4		火灾警报装置

（2）辅助符号（表2-47）

表2-47 辅助符号

编号	符号	名称	编号	符号	名称
2.1		温	2.7		发声器
2.2		烟	2.8		扬声器
2.3		光	2.9		照明信号
2.4		可燃气体	2.10		指示灯
2.5		手动启动	2.11		水流指示
2.6		电铃	2.12		电话插孔

(3) 附加文字符号（表 2-48）

表 2-48 附加文字符号

编号	符号	名称	编号	符号	名称
3.1	W	感温火灾探测器	3.27	BT	通用型火灾报警控制器
3.2	WD	定温火灾探测器	3.28	BJ	集中型火灾报警控制器
3.3	WC	差温火灾探测器	3.29	BQ	区域型火灾报警控制器
3.4	WO	差定温火灾探测器	3.30	BL	火灾报警控制器（联动型）
3.5	Y	感烟火灾探测器	3.31	BW	无线火灾报警控制器
3.6	YL	离子感烟火灾探测器	3.32	BX	光纤火灾报警控制器
3.7	YG	光电感烟火灾探测器	3.33	X	火灾显示盘
3.8	YX	吸气型感烟火灾探测器	3.34	KL	消防联动控制设备
3.9	YD	独立式感烟火灾探测器	3.35	KJL	防火卷帘控制器
3.10	YH	线型光束感烟火灾探测器	3.36	KFY	防烟设备控制器
3.11	G	感光火灾探测器	3.37	KPY	排烟设备控制器
3.12	GH	红外火焰探测器	3.38	KMH	自动灭火控制器
3.13	GZ	紫外火焰探测器	3.39	KFM	防火门控制器
3.14	GU	多波段火焰探测器	3.40	M	输入/输出模块
3.15	KQ	可燃气体	3.41	MR	输入模块
3.16	Q	气体敏感火灾探测器	3.42	MC	输出模块
3.17	T	图像摄像方式火灾探测器	3.43	DY	消防电源
3.18	S	感声火灾探测器	3.44	ZJ	中继器
3.19	F	复合式火灾探测器	3.45	DG	短路隔离器
3.20	FYW	复合式感烟感温火灾探测器	3.46	ZM	消防应急照明灯
3.21	FGY	复合式感光感烟火灾探测器	3.47	BZ-S	疏散指示标志灯
3.22	FGW	复合式感光感温火灾探测器	3.48	BZ-SH	消防设施标志灯
3.23	AN	手动火灾报警按钮	3.49	ZM-BZ	照明标志灯
3.24	ANS	消火栓启泵按钮	3.50	JX	接线盒
3.25	YK	压力开关	3.51	CRT	显示器
3.26	B	火灾报警控制器			

(4) 独立图形符号（表 2-49）

表 2-49 独立图形符号

编号	符号	名称	编号	符号	名称
4.1	报警触发装置		4.1.7	■ 或 YG	点型光电感烟火灾探测器
4.1.1	■ 或 W	点型感温火灾探测器	4.1.8	■ 或 YX	吸气型感烟火灾探测器
4.1.2	■ 或 WD	点型定温火灾探测器	4.1.9	■ 或 YD	独立式感烟火灾探测器
4.1.3	■ 或 WC	点型差温火灾探测器	4.1.10	■ 或 G	点型感光火灾探测器
4.1.4	■ 或 WO	点型差定温火灾探测器	4.1.11	■ 或 GH	点型红外火焰探测器
4.1.5	■ 或 Y	点型感烟火灾探测器	4.1.12	■ 或 GZ	点型紫外火焰探测器
4.1.6	■ 或 YL	点型离子感烟火灾探测器	4.1.13	GU	多波段火焰探测器

续表

编号	符号	名称	编号	符号	名称
4.1.14	⋈ 或 KQ	点型可燃气体探测器	4.1.32	⋈ 或 KQ	线型可燃气体探测器
4.1.15	Q	气体敏感火灾探测器	4.1.33	Y 或 AN	手动火灾报警按钮
4.1.16	T	图像摄像方式火灾探测器	4.1.34	Ψ 或 ANS	消火栓启泵按钮
4.1.17	S	感声火灾探测器	4.1.35	↗	水流指示器
4.1.18	F	复合式火灾探测器	4.1.36	YK	压力开关
4.1.19	或 FYW	点型复合式感烟感温火灾探测器	4.1.37	F	非地址编码报警触发装置①
4.1.20	或 FGY	点型复合式感光感烟火灾探测器	4.1.38	B	防爆型报警触发装置①
4.1.21	或 FGW	点型复合式感光感温火灾探测器	4.1.39	C	船用型报警触发装置①
4.1.22	或 W	线型感温火灾探测器	4.1.40	J	家用型报警触发装置①
4.1.23	或 WD	线型定温火灾探测器	4.1.41	G	光纤传输报警触发装置①
4.1.24	或 WC	线型差温火灾探测器	4.1.42	W	无线传输报警触发装置①
4.1.25	或 WO	线型差定温火灾探测器	① 报警触发装置中图形符号外右下标分别为：Ⓕ表示非地址编码报警触发装置；Ⓑ表示防爆型报警触发装置；Ⓒ表示船用型报警触发装置；Ⓙ表示家用型报警触发装置；Ⓖ表示光纤传输报警触发装置；Ⓦ表示无线传输报警触发装置。		
4.1.26	或 YH	线型光束感烟火灾探测器	4.2 报警装置		
4.1.27	或 YH	线型光束感烟火灾探测器(发射部分)	4.2.1	B	火灾报警控制器
4.1.28	或 YH	线型光束感烟火灾探测器(接收部分)	4.2.2	BT	通用型火灾报警控制器
4.1.29	或 FYW	线型光束感烟感温火灾探测器	4.2.3	BJ	集中型火灾报警控制器
4.1.30	或 FYW	线型光束感烟感温火灾探测器(发射部分)	4.2.4	BQ	区域型火灾报警控制器
4.1.31	或 FYW	线型光束感烟感温火灾探测器(接收部分)	4.2.5	BL	火灾报警控制器(联动型)

续表

编号	符号	名称	编号	符号	名称
4.2.6	BW	无线火灾报警控制器	4.3.14	DG	短路隔离器
4.2.7	BX	光纤火灾报警控制器	4.3.15	ZM	消防应急照明灯
4.2.8	KQ	可燃气体报警控制器	4.3.16	BZ-S	疏散指示标志灯
4.2.9	X	火灾显示盘	4.3.17	BZ-SH	消防设施标志灯
4.3	控制及辅助装置				
4.3.1	KL	消防联动控制设备	4.3.18	ZM-BZ	照明标志灯
4.3.2	KJL	防火卷帘控制器	4.3.19	⊚	电话插孔
4.3.3	KFY	防烟设备控制器	4.3.20	⊗	门灯
4.3.4	KPY	排烟设备控制器			
4.3.5	KMH	自动灭火控制器	4.3.21	JX	接线盒
4.3.6	KFM	防火门控制器	4.3.22	CRT	显示器
4.3.7	M	输入/输出模块	4.4	火灾警报装置	
4.3.8	MR	输入模块	4.4.1		火警电铃
4.3.9	MC	输出模块	4.4.2		报警电话
4.3.10	DY ∼	消防电源（交流）	4.4.3		火灾声警报器
4.3.11	DY —	消防电源（直流）	4.4.4		火灾光警报器
4.3.12	DY ≈	消防电源（交直流）	4.4.5		火灾声、光警报器
4.3.13	ZJ	中继器	4.4.6		火灾应急广播扬声器

第3章 工业自动化仪表和自控设计常用标准

3.1 国家标准、专业标准、行业标准代号

见表 3-1 至表 3-3。

表 3-1 国家标准代号

序号	标准代号	标准含义	备注
1	GB	国家强制性标准	
2	GB/T	国家推荐性标准	
3	GBJ	工程建设国家标准	
4	GB 50×××	工程建设国家标准(强制性)	1991年开始发布
5	GB/T 50×××	工程建设国家标准(推荐性)	
6	TJ	基本建设技术规范	
7	CECS	工程建设推荐性标准	
8	JJG	国家计量检定规程	

表 3-2 专业标准 [ZB（X）] 代号

序号	标准代号	标准含义	序号	标准代号	标准含义
1	A	综合	6	J	机械
2	B	农、林业	7	K	电工
3	C	医药、卫生、劳动保护	8	N	仪器、仪表
4	D	矿业	9	Q	建材
5	G	化工	10	Y	轻工、文化与生活用品

表 3-3 行业标准代号

序号	行业标准名称	行业标准主管部门	行业标准代号	备注
1	船舶行业	中国船舶工业总公司	CB	新标准从3001开始,修订标准在右上角加"'"
			CBJ	工程建设标准
2	城镇建设行业	建设部	CJ	替代部分原城乡建设环境保护部标准。曾用"JJ"
			CJJ	工程建设标准
3	电力行业	原能源部	DL	从原电力工业部分出
			DLJ	工程建设标准
			DLGJ	工程建设标准
			SD	原电力工业部标准电力部分标准
			SDJ	原电力工业部标准电力部分工程建设标准
			SDGJ	原电力工业部标准电力部分工程建设标准
			SDJJ	原电力工业部标准电力部分工程建设标准
			NDGJ	原电力工业部标准电力部分工程建设标准

续表

序号	行业标准名称	行业标准主管部门	行业标准代号	备 注
4	核工业行业	中国核工业总公司	EJ	替代原核工业部标准
			EJJ	工程建设标准
			EJ/Z	指导性技术文件
5	纺织行业	纺织总会	FZ	曾用"FJ"
			FJJ	工程建设标准
			FZ/T	推荐性标准
6	公共安全行业	公安部	GA	曾用"GN"
			GNJ	工程建设标准
7	广播电影电视行业	原广播电影电视部	GY	原广播电视部标准
			GYJ	工程建设标准
8	航空工业行业	原航空航天工业部	HB	
			HBm	民用产品标准
			HBJ	工程建设标准
			HG/Z(HZ)	指导性技术标准
9	化工行业	原化学工业部	HG	曾用"HGB、ZBG、化暂"等
			HGJ	工程建设标准
			HG/T	推荐性标准
10	环境保护专业	国家环保总局	HJ	替代部分原城乡环境保护部标准,曾用"JJ"
11	机械行业	原机械电子工业部	JB	替代原机械工业部标准
			JBJ	工程建设标准
			JB/Z	指导性标准(机电仪表部分)
			JSB	工程建设标准
			JB/T	机电部推荐性标准
			NJ/Z	原农业机械部工程建设标准
12	建材行业	国家建材局	JC	替代原建筑工程部标准,曾用"建标、JG"等
			JCJ	工程建设标准
			JC/J	推荐性标准
			JGJ	原建筑工程部工程建设标准
13	建筑行业	建设部	JG	替代原建筑工程部标准,曾用"建规、BJG、JZ"
			JGJ	工程建设标准
			JGJ/T	工程建设推荐性标准
			BJG	工程建设标准
			CJJ(CJ)	原城乡建设环境保护部工程建设标准
14	交通行业	交通部	JT	曾用"JTB"
			JTJ	工程建设标准
			JT/Z	指导性技术文件
15	劳动和劳动安全行业	原劳动部	LD	替代原劳动人事部标准

续表

序号	行业标准名称	行业标准主管部门	行业标准代号	备 注
16	民用航空	中国民用航空总局	MH	
			MHJ	工程建设标准
17	轻工行业	轻工总会	QB	曾用"SG"
			QBJ	工程建设标准
18	商业行业	原国内贸易部	SB	
			SBJ	工程建设标准
19	石油化工行业	中国石油化工集团公司	SH	替代原石油工业部标准,曾用"SY,SYS"
			SHJ	工程建设标准
			SH/T	推荐性标准
			SYJ	工程建设标准
20	水利行业	水利部	SL	
			SLJ	工程建设标准
			DLJ	沿用原电力工业部工程建设标准(电力部分)
			DL	沿用原电力工业部标准
			SD	沿用原电力工业部标准
			SDJ	沿用原电力工业部工程建设标准
21	石油天然气行业	原能源部	SY	替代原石油工业部标准,曾用"SYB、石油"等
			SYJ	工程建设标准
			SY/T	推荐性标准
			SY/Z	指导性技术标准
			SYJm	工程建设标准
22	铁路运输行业	铁道部	TB	曾用"铁"
			TBJ	工程建设标准
			TB/T	推荐性标准
23	黑色冶金行业	原冶金工业部	YB	曾用"重钢、重、冶、重暂"等
			YB(T)	推荐性标准
			YB/T	推荐性标准
			YB/Z	指导性技术文件
			YS	原冶金工业部试行标准(用于工程建设标准)
			YBJ	工程建设标准(个别保留"冶基规"代号)
24	通信行业	原邮电部	YD	曾用"YDB"
			YDJ	工程建设标准
			YD/Z	指导性技术标准
25	有色金属行业	中国有色金属工业总公司	YS	替代原冶金工业部试行技术规程
			YSJ	工程建设标准
			XSJ	工程建设标准

3.2 常见国外标准制订机构名称

代号	原文名称	中文名称
ISO	International Organization for Standardization	国际标准化组织
IEC	International Electrotechnical Commission	国际电工委员会
ISA	Instrument Society of America	美国仪表学会
ANSI	American National Standards Institute	美国国家标准学会
API	American Petroleum Institure	美国石油学会
NEC	National Electrical Code	美国国家电气规程
ASTM	American Society for Testing and Material	美国材料和试验协会
ASME	American Society of Mechanical Engineers	美国机械工程师协会
AISI	American Iron and Steel Institure	美国钢铁学会
ASCII	American National Standard Code for Information Interchange	用于信息交换的美国国家标准码
IEEE	Institute of Electrical and Electronic Engineers	美国电工电子工程师学会
FCI	Fluid Controls Institute,Inc	美国流体控制学会
NEMA	National Electrical Manufactures Association	美国电气制造商协会
NFPA	National Fire Protection Association	美国国家防火协会
UL	Underwriters' Laboratories,Inc	保险商实验室
ASHRAE	American Society of Heating,Refrigerating and Air Conditioning	美国采暖制冷和空调工程师协会
AGA	American Gas Association	美国气体协会
ANS	American Nuclear Society	美国原子能协会
MIL	Military Specification and Standards	美国军用标准
BS	British Standards,U.K	英国国家标准
CSA	Canadian standards Association,CANADA	加拿大标准学会
DIN	Dentsche Industric Norm,GEMANY	德国工业标准
EN	European Standards	欧洲标准
JIS	Japanese Industrial Standards	日本工业标准
ГОСТ	Gosudarst Venny Standards U.S.S.R	前苏联国家标准
NF	Norme Francaise,FRANCE	法国国家标准
TÜV	Vereingung der Technischen Überwachungs-Vereine	德国技术监督协会

3.3 工业自动化仪表常用标准

3.3.1 基础标准

- GB/T 777—1985 工业自动化仪表用模拟气动信号
- GB/T 3369—1989 工业自动化仪表用模拟直流电流信号
- GB/T 3370—1989 工业自动化仪表用模拟直流电压信号
- GB/T 4451—1984 工业自动化仪表振动（正弦）试验方法
- GB/T 4830—1984 工业自动化仪表气源压力范围和质量

- GB/T 7259—1987 模拟式过程测量和控制仪表性能表示方法导则
- GB/T 13283—1991 工业过程测量和控制用检测仪表和显示仪表精确度等级
- GB/T 15479—1995 工业自动化仪表绝缘电阻、绝缘强度技术要求和试验方法
- GB/T17214.1—1998 工业过程测量和控制装置工作条件 第1部分：气候条件
- GB/T 17214.3—2000 工业过程测量和控制装置工作条件 第3部分：机械影响
- GB/T 17614.1—1998 工业过程控制系统用变送器 性能评定方法
- GB/T 17614.2—1998 工业过程控制系统用变送器 检查和例行试验导则
- GB/T 18268—2000 测量、控制和实验室用的电设备 电磁兼容性要求
- GB/T 18271.1~4—2000 过程测量和控制装置 通用性能评定方法和程序
- GB/T 18272.1~5—2000 过程测量和控制装置 系统评估中系统性能的评定
- GB/T 18459—2001 传感器主要静态性能指标计算方法
- JB/T 6239.1~5—1992 工业自动化仪表通用试验方法（共模、串模干扰影响；电源电压频率变化影响；电源电压低降影响；电源短时中断影响；电源瞬时过压影响）
- JB/T 9233.1~24—1999 工业自动化仪表通用试验方法（总则；死区；始动漂移；位置影响；输出负载影响；环境温度影响；瞬时温度影响；相对湿度影响；长期漂移；过范围影响；外界磁场影响；加速寿命试验；触点电阻；启动电流；直流功耗；交流功耗；耗气量；输入阻抗；零点和量程可调范围；输入导线影响；频率响应；阶跃响应；倾跌影响；接地影响）
- JB/T 8207—1999 工业自动化仪表用电源电压
- JB/T 9234—1999 工业自动化仪表 公称通径值系列
- JB/T 9235—1999 工业自动化仪表 公称工作压力值系列
- JB/T 9236—1999 工业自动化仪表 产品型号编制原则
- JB/T 9237.1—1999 工业自动化仪表工作条件 腐蚀和侵蚀影响
- JB/T 9237.2—1999 工业自动化仪表工作条件 动力
- JB/T 9252—1999 工业自动化仪表 指针指示部分的基本形式、尺寸及指针的一般技术要求
- JB/T 9253—1999 工业自动化仪表 标度的一般规定
- JB/T 9329—1999 仪器仪表 运输、运输贮存基本环境条件及试验方法
- JJF 1059—1999 测量不确定度评定与表示

3.3.2 温度测量仪表

- GB/T 1598—1998 铂铑 13-铂热电偶丝（R 型）
- GB/T 2614—1998 镍铬-镍硅热电偶丝（K 型）
- GB/T 2902—1998 铂铑 30-铂铑 6 热电偶丝（B 型）
- GB/T 2903—1998 铜-铜镍（康铜）热电偶丝（T 型）
- GB/T 3772—1998 铂铑 10-铂热电偶丝（S 型）
- GB/T 4993—1998 镍铬-铜镍（康铜）热电偶丝（E 型）
- GB/T 4994—1998 铁-铜镍（康铜）热电偶丝（J 型）
- GB/T 17615—1998 镍铬硅-镍硅镁热电偶丝（N 型）

- GB/T 16839.1—1997　热电偶　第1部分：分度表（ITS—90）
- GB/T 16839.2—1997　热电偶　第2部分：允差
- GB/T 16701.1—1996　热电偶材料试验方法　贵金属热电偶丝热电动势测量方法
- GB/T 16701.2—1996　热电偶材料试验方法　廉金属热电偶丝热电动势测量方法
- GB/T 18404—2001　铠装热电偶电缆及铠装热电偶
- GB 2904—1982　镍铬-金铁、铜-金铁低温热电偶丝及分度表
- GB 4989—1994　热电偶用补偿导线
- GB 4990—1995　热电偶用补偿导线合金丝
- GB 7668—1987　铠装热电偶材料
- ZBN 05002—1988　钨铼热电偶用补偿导线
- ZBN 05003—1988　钨铼热电偶丝及分度表
- JB 5518—1991　工业热电偶与热电阻隔爆技术条件
- JB/T 5219—1991　工业热电偶型式、基本参数及尺寸
- JB/T 5582—1991　铠装热电偶技术条件
- JB/T 5583—1991　工业热电阻型式、基本参数及尺寸
- JB/T 8622—1997　工业铂电阻技术条件及分度表（ITS—90）
- JB/T 8623—1997　工业铜电阻技术条件及分度表（ITS—90）
- JB/T 8800—1998　熔炼用数字式测温仪技术条件
- JB/T 8803—1998　双金属温度计
- JB/T 9238—1999　工业热电偶技术条件
- JB/T 2167—1999　隐丝式光学高温计
- JB/T 9241—1999　辐射感温器技术条件
- JB/T 9259—1999　蒸汽和气体压力式温度计技术条件
- JB/T 9262—1999　工业玻璃温度计和实验室玻璃温度计
- JB/T 9264—1999　电接点玻璃温度计
- JB/T 10201—2000　带转换器热电阻
- JB/T 10202—2000　带转换器热电偶

计量检定规程：
- JJG 68—1991　工业用隐丝式光学高温计检定规程
- JJG 130—2004　工业用玻璃液体温度计检定规程
- JJG 141—2000　工业用贵金属热电偶检定规程
- JJG 226—2001　双金属温度计检定规程
- JJG 229—1998　工业铂、铜热电阻检定规程
- JJG 310—2002　压力式温度计检定规程
- JJG 344—1984　镍铬-金铁热电偶检定规程
- JJG 351—1996　工业用廉金属热电偶检定规程
- JJG 415—2001　工业用辐射温度计检定规程
- JJG 576—1988　工业用钨铼热电偶检定规程
- JJG 718—1991　温度巡回检测仪检定规程
- JJG 829—1993　电动温度变送器检定规程

3.3.3 压力测量仪表

- GB/T 1226—2001　一般压力表
- GB/T 1227—2002　精密压力表
- JB/T 8210—1999　电位器式压力表
- JB/T 8624—1997　隔膜式压力表
- JB 8897—1999　弹性式压力仪表通用安全规范
- JB/T 9272—1999　氨用压力表
- JB/T 9273—1999　电接点压力表
- JB/T 9274—1999　膜盒压力表
- JB/T 9275—1999　电接点膜盒压力表
- JB/T 9277—1999　压力表误差表
- JB/T 9278—1999　压力表齿轮传动机构技术条件
- JB/T 9481—1999　扩散硅力敏器件
- JB/T 10203—2000　远传压力表
- GB/T 15478—1995　压力传感器性能试验方法

计量检定规程：

- JJG 49—1999　弹簧管式精密压力表和真空表检定规程
- JJG 52—1999　弹簧管式一般压力表、压力真空表及真空表检定规程
- JJG 540—1988　工业用液体压力计检定规程
- JJG 573—1988　膜盒压力表检定规程
- JJG 860—1994　压力传感器检定规程
- JJG 882—2004　压力变送器检定规程

3.3.4 流量测量仪表

- GB/T 778.1~3—1996　冷水水表（等效或等同采用 ISO 4064.1~3）
- GB/T 1314—1991　流量测量基本参数
- GB/T 2624—1993　流量测量节流装置　用孔板、喷嘴和文丘里管测量充满圆管的流体流量（等效采用 ISO 5167-1：1991）
- GB/T 6968—1997　膜式煤气表（等效采用 OIML R31：1995）
- GB/T 9248—88　不可压缩流体流量计性能评定方法
- GB/T 13282—91　体积管式流量测量校准装置
- GB/T 17611—1998　封闭管道中流体流量的测量　术语和符号（等同采用 ISO 4066：1991）
- GB/T 17612—1998　封闭管道中液体流量测量　称量法（等同采用 ISO 4185：1980）
- GB/T 17613.1—1998　用称量法测量封闭管道中的液体流量　装置的检验程序 第1部分：静态称重法（等同采用 ISO 9368-1：1990）
- GB/T 1314—1991　流量测量基本参数
- GB/T 18603—2001　天然气计量系统技术要求

- GB/T 18604—2001　用气体超声流量计测量天然气流量
- GB 17747.1～3—1999　天然气压缩因子的计算
- GB/T 11062—1998　天然气发热量、密度、相对密度和沃泊指数的计算方法
- SY/T 6143—2004　用标准孔板流量计测量天然气流量
- SY/T 5671—1993　石油及液体石油产品流量计交接计量规程
- GB 17288—1998　液态烃体积测量容积式流量计计量系统
- GB 17289—1998　液态烃体积测量涡轮流量计计量系统
- GB/T 18215.1—2000　城镇人工煤气主管道流量测量　第1部分：采用标准孔板节流装置的方法
- GB/T 18659—2002　封闭管道中导电液体流量的测量　电磁流量计的性能评定方法（等同采用 ISO 9104：1991）
- GB/T 18660—2002　封闭管道中导电液体流量的测量　电磁流量计的使用方法［等同采用 ISO 6817：1992（E）］
- GB/T 18940—2003　封闭管道中气体流量的测量　涡轮流量计
- JB/T 1997—1991　双波纹管差压计
- JB/T 2274—1991　流量显示仪表
- JB/T 5325—1991　均速管流量传感器
- JB/T 6807—1993　插入式涡街流量传感器
- JB/T 6844—1993　金属管浮子流量计
- JB/T 7385—1994　气体腰轮流量计
- JB/T 8480—1969　湿式水表用钢化玻璃
- JB/T 9242—1999　容积式流量计　通用技术条件
- JB/T 9246—1999　涡轮流量传感器
- JB/T 9247—1999　分流旋翼式蒸汽流量计
- JB/T 9248—1999　电磁流量计
- JB/T 9249—1998　涡街流量传感器
- JB/T 9255—1999　玻璃转子流量计
- CJ/T 3008.1—1993　城市排水流量堰槽测量标准　三角形薄壁堰
- CJ/T 3008.2—1993　城市排水流量堰槽测量标准　矩形薄壁堰
- CJ/T 3008.3—1993　城市排水流量堰槽测量标准　巴歇尔量水槽
- CJ/T 3008.4—1993　城市排水流量堰槽测量标准　宽顶堰
- CJ/T 3008.5—1993　城市排水流量堰槽测量标准　三角形剖面堰
- CJ/T 3017—1993　潜水型电磁流量计
- CJ/T 3054.1—1995　水量计量仪表　均速管流量计
- CJ 3064—1997　居民饮用水计量仪表　安全规则
- HJ/T 5—1966　超声波明渠污水流量计

计量检定规程：
- JJG 162—1985　水表及其试验装置检定规程
- JJG 164—2000　液体流量标准装置检定规程
- JJG 165—1989　钟罩式气体流量标准装置检定规程

- JJG 198—1994　速度式（涡轮、涡街流量计等）流量计检定规程
- JJG 209—1994　体积管检定规程
- JJG 217—1989　动态液体流量标准装置试行检定规程
- JJG 235—1990　椭圆齿轮流量计检定规程
- JJG 257—1994　转子流量计检定规程
- JJG 258—1988　水平螺翼式水表检定规程
- JJG 267—1996　标准煤气表检定规程
- JJG 461—1986　靶式流量变送器检定规程
- JJG 518—1998　皮托管检定规程
- JJG 577—1994　膜式煤气表检定规程
- JJG 585—1989　高压水表检定规程
- JJG 586—1989　皂膜气体流量标准装置试行检定规程
- JJG 619—1989　p.V.T.t法气体流量标准装置试行检定规程
- JJG 620—1994　临界流流量计检定规程
- JJG 633—1990　气体腰轮流量计试行检定规程
- JJG 634—1990　刮板式流量计检定规程
- JJG 640—1994　差压式流量计检定规程
- JJG 643—1994　标准表法流量标准装置检定规程
- JJG 667—1997　液体容积式流量计（腰轮、椭圆齿轮流量计等）检定规程
- JJG 686—1990　热水表试行检定规程
- JJG 711—1990　明渠堰槽流量计试行检定规程
- JJG 736—1994　气体层流流量传感器检定规程
- JJG 794—1992　风量标准装置
- JJG 835—1993　速度-面积法流量装置检定规程
- JJG 897—1995　质量流量计检定规程
- JJG（建设）0002—1994　超声流量计（传播速度差法、多普勒法）检定规程
- JJG（浙）49—1993　P-B流槽明渠流量计检定规程

3.3.5　物位测量仪表

- GB/T 13638—1992　工业锅炉水位控制报警装置
- GB/T 13969—1992　浮筒式液位仪表
- GB/T 11923—1989　电离辐射料位计
- GB/T 14324—1993　电容液位计
- JB/T 9243—1999　玻璃管液位计
- JB/T 9244—1999　玻璃板液位计
- JB/T 9245—1999　锅炉用玻璃板液位计
- JB/T 9261—1999　电容物位计

计量检定规程：

- JJG 934—1998　γ射线料位计检定规程
- JJG 971—2002　液位计检定规程

3.3.6 过程分析仪表

- GB/T 13966—1992　分析仪器术语
- GB 12519—1990　分析仪器通用技术条件
- GB 11606.1～17—1989　分析仪器环境试验方法（总则；电源频率与电压试验；低温试验；高温试验；温度变化试验；恒定湿热试验；交变湿热试验；振动试验；磁场试验；气压试验；砂尘试验；长霉试验；盐雾试验；低温贮存试验；高温贮存试验；跌落试验；碰撞试验）
- GB/T 18403.1—2001　气体分析器性能表示　第1部分：总则（等效采用 IEC 61207-1：1994）
- JB/T 6241—1992　分析仪器产品分类、命名及型号编制方法
- JB/T 6851—1993　分析仪器质量检验规则
- JB/T 9353.1—1999　分析仪器常用图形符号
- JB/T 9353.2—1999　分析仪器常用文字符号
- JB/T 6854—1993　过程分析仪器试样处理系统性能表示
- JB/T 6874—1993　工业气体分析器　技术条件
- JB/T 8279—1999　工业气体分析器　试验方法
- GB/T 5274—1985　气体分析校准用混合气体的制备　称量法（等效采用 ISO 6142-1981）
- GB/T 5275—1985　气体分析校准用混合气体的制备　渗透法（等效采用 ISO 6349-1979）
- GB/T 10248—1988　气体分析校准用混合气体的制备　静态体积法〔等效采用 ISO 6144-1981（E）〕
- GB/T 14070—1993　气体分析校准用混合气体的制备　压力法（等效采用 ISO 6146-1979）
- JB/T 8626—1997　校准用混合气体产品型号编制方法
- JB/T 6853—1993　校准用混合气体气瓶色标
- JB/T 5225—1991　气相色谱仪测试用标准色谱柱
- JB/T 5227.1～6—1991　气相色谱仪用管路附件
- JB/T 9360—1999　气相色谱用热导检测器试验方法
- JB/T 9361—1999　气相色谱用火焰离子化检测器试验方法
- JB/T 8280—1999　热磁式氧分析器技术条件
- JB/T 8281—1999　氧化锆氧分析器技术条件
- JB/T 9359.1—1999　红外线气体分析器技术条件
- JB/T 9359.2—1999　红外线气体分析器试验方法
- GB/T 13971—1992　紫外线气体分析器技术条件
- JB/T 6240—1992　二氧化硫分析器技术条件
- JB/T 6242—1992　荧光光度计
- JB/T 10058—2000　火焰光度计技术条件
- JB/T 9363—1999　四极质谱计技术条件

- JB/T 6203—1992　工业pH计
- JB/T 7815—1995　pH值测定用玻璃电极
- JB/T 6243—1992　pH值测定用复合玻璃电极
- JB/T 9354—1999　pH值测定用甘汞电极
- JB/T 6858—1993　pH计和离子计试验方法
- JB/T 8276—1999　pH测量用缓冲溶液制备方法
- JB/T 6855—1993　工业电导率仪
- GB/T 11007—1989　电导率仪试验方法
- JB/T 8277—1999　电导率仪测量用校准溶液制备方法
- JB/T 9368—1999　电导电极通用技术条件
- JB/T 9362—1999　离子选择电极技术条件
- JB/T 5232—1991　离子选择电极测量用校准溶液制备方法
- JB/T 9367—1999　光电比色计通用技术条件
- GB/T 10247—1988　粘度测试方法
- GB/T 13980—1992　电离辐射密度计
- GB/T 11605—1989　湿度测量方法
- JB/T 9356—1999　电解湿度计通用技术条件
- HJ/T 98—2003　浊度水质自动分析仪技术要求
- HJ/T 99—2003　溶解氧（DO）水质自动分析仪技术要求
- GB 6285—1986　气体中微量氧的测定　电化学法
- GB 5832.1—1986　气体中微量水分的测定　电解法
- GB 5832.2—1986　气体中微量水分的测定　露点法
- GB/T 13609—1999　天然气取样导则
- GB/T 13610—1999　天然气的组分分析　气相色谱法
- GB/T 18605.1～2—2001　天然气中硫化氢含量的测定　醋酸铅反应速率双光路、单光路检测法
- GB 17283—1998　天然气水露点的测定　冷却镜面凝析湿度计法
- GB 18619.1—2001　天然气中水含量的测定　卡尔费休-库仑法
- SY/T 7507—1997　天然气中水含量的测定　电解法
- GB 265—1975　石油产品运动粘度测定法
- GB 266—1976　石油产品恩氏粘度测定法
- ASTM D2162—1986　粘度计和粘度标准液的基本校准方法

计量检定规程：
- JJG 42—2001　工业玻璃浮计（密度计）检定规程
- JJG 155—1991　工业毛细管粘度计检定规程
- JJG 178—1996　可见分光光度计检定规程
- JJG 370—1984　工业振动管液体密度计检定规程
- JJG 365—1998　电化学电极气体氧分析器检定规程
- JJG 375—1996　单光束紫外可见分光光度计检定规程
- JJG 499—2004　精密露点仪检定规程

- JJG 535—2004 氧化锆氧分析器检定规程
- JJG 551—2003 二氧化硫气体分析仪检定规程
- JJG 630—1989 火焰光度计检定规程
- JJG 631—2004 氨自动监测仪检定规程
- JJG 635—1999 一氧化碳、二氧化碳红外线气体分析仪检定规程
- JJG 656—1990 硝酸根自动监测仪检定规程
- JJG 662—1990 热磁式氧分析器检定规程
- JJG 663—1990 热导式氢分析器检定规程
- JJG 680—1990 烟尘测试仪检定规程
- JJG 682—1990 双光束紫外可见分光光度计检定规程
- JJG 693—2004 可燃气体报警器检定规程
- JJG 695—2003 硫化氢气体分析仪检定规程
- JJG 700—1999 气相色谱仪检定规程
- JJG 705—2002 液相色谱仪检定规程
- JJG 715—1991 水质综合分析仪检定规程
- JJG 742—1991 恩氏粘度计检定规程
- JJG 801—2004 化学发光法氮氧化物（NO_x）分析仪检定规程
- JJG 810—1993 波长色散X射线荧光光谱仪检定规程
- JJG 821—1993 总有机碳（TOC）分析仪检定规程
- JJG 822—1993 钠离子计检定规程
- JJG 824—1993 生物化学需氧量（BOD_5）测定仪检定规程
- JJG 880—1994 浊度计检定规程
- JJG 899—1995 石油低含水率分析仪检定规程
- JJG 915—1996 一氧化碳检测报警器检定规程
- JJG 919—1996 pH计检定规程
- JJG 940—1998 催化燃烧型氧气检测仪检定规程
- JJG 945—1999 原电池法气体氧分析器检定规程
- JJG 950—2000 水中油分浓度分析仪检定规程
- JJG 968—2002 烟气分析仪检定规程
- JJG 975—2002 化学需氧量（COD）测定仪检定规程

3.3.7 执行机构和控制阀

- GB/T 4213—1992 气动调节阀
- GB/T 17213.1~8—1998 工业过程控制阀
- JB/T 5223—1991 工业过程控制系统用气动长行程执行机构
- JB/T 7352—1994 工业过程控制系统用电磁阀
- JB/T 7368—1994 工业过程控制系统用阀门定位器
- JB/T 7387—1994 工业过程控制系统用电动控制阀
- JB/T 8218—1999 执行器术语
- JB/T 8219—1999 工业过程测量和控制系统用电动执行机构

- JB/T 9254—1999 QFH型空气过滤减压器
- JB/T 10233—2001 符合HART协议的智能电动执行机构通用技术条件
- JB/T 10387—2002 符合FF协议的智能电动执行机构通用技术条件

3.3.8 单元组合仪表和基地式仪表

- GB/T 11005.1~3—1989 DDZ-Ⅲ系列电动单元组合仪表（计算器；调节器；配电器）
- GB/T 13637—1992 DDZ-Ⅲ系列电动单元组合仪表 指示仪
- GB/T 14061~14069—1993 DDZ-Ⅲ系列电动单元组合仪表（记录仪；积算器；比值给定器；安全栅；Q型操作器；电源箱等）
- JB/T 9267.1~3—1999 DDZ-Ⅲ系列电动单元组合仪表（型谱系列；温度变送器；力平衡式变送器）
- JB/T 6812~6818—1993 DDZ-Ⅱ系列电动单元组合仪表（分流器；微分调节器；交流毫伏转换器；频率转换器；积算器；恒流给定器；Q型操作器）
- JB/T 8216.1~5—1999 DDZ-Ⅱ系列电动单元组合仪表（计算器；调节器；温度变送器；力平衡式差压变送器；力平衡式压力变送器）
- JB/T 7391—1994 电动单元组合仪表 模块式温度变送器通用技术条件
- JB/T 6252.1~6—1992 QDZ-Ⅲ系列气动单元组合仪表（记录调节仪；指示仪；记录仪；色带指示仪；操作器；型谱系列）
- JB/T 8215—1999 QDZ-Ⅲ系列气动单元组合仪表 指示调节仪
- JB/T 8214.1~7—1999 QDZ气动单元组合仪表（调节器；继动器；定值器；指示记录调节仪；计算单元；差压变送器；压力变送器）
- JB/T 7389—1994 气动单元组合仪表 电气转换器通用技术条件
- JB/T 8217.1~5—1999 B系列气动基地式仪表
- JB/T 8904.1~5—1999 KF系列气动基地式仪表
- JB/T 7388—1994 基地式仪表性能评定方法
- JB/T 8209—1999 工业过程控制用电动和气动输入输出模拟信号调节器性能评定方法
- JB/T 8220—1999 工业过程控制系统用位式控制器性能评定方法
- JB/T 8221—1999 工业过程控制系统用时间比例控制器性能评定方法
- JB/T 8222—1999 工业过程测量和控制系统用电动和气动模拟计算器性能评定方法

计量检定规程：

- JJG（化）1~14—1989 DDZ-Ⅲ系列电动单元组合仪表检定规程
- JJG（化）18~27—1989 DDZ-Ⅱ系列电动单元组合仪表检定规程

3.3.9 显示仪表

- JB/T 8212—1999 工业过程测量和控制系统用动圈式指示调节仪性能评定方法
- JB/T 8213—1999 工业过程测量和控制系统用XCT型动圈式指示调节仪
- JB/T 8386.1~2—1996 工业过程测量和控制系统用模拟输入数字式指示控制仪
- JB/T 9250—1999 工业过程测量和控制用带电接点控制装置的自动平衡式记录仪和指示仪技术条件

- JB/T 9251—1999 工业自动化仪表用记录笔

计量检定规程：
- JJG 74—1992 自动平衡式显示仪表检定规程
- JJG 186—1997 配热电阻用动圈式温度指示（或指示位式调节）仪表检定规程
- JJG 187—1997 配热电偶用动圈式温度指示（或指示位式调节）仪表检定规程
- JJG 285—1993 带时间比例、比例积分微分作用的动圈式温度指示调节仪表检定规程
- JJG 572—1988 带电动 PID 调节电子自动平衡记录仪检定规程
- JJG 617—1996 数字温度指示调节仪检定规程

3.3.10 控制装置

- GB/T 9469.1～10—1988 分散型过程控制系统用工业过程数据公路
- GB/T 11920—1989 电站电气部分集中控制装置通用技术条件
- GB/T 15969.1～4—1995 可编程序控制器（通用信息；设备特性；编程语言；用户导则）
- GB/T 15969.5—2002 可编程序控制器 通信
- GB/T 16642—1996 计算机集成制造系统体系结构
- GB/T 16657.2—1996 工业控制系统用现场总线 第2部分：物理层规范和服务定义
- GB/T 17165.1～4—1997 模糊控制装置和系统
- GB/Z 19582.1—2004 基于 Modbus 协议的工业自动化网络规范 第一部分：Modbus 应用协议
- GB/Z 19582.2—2004 基于 Modbus 协议的工业自动化网络规范 第二部分：Modbus 协议在串行链路上的实现指南（根据 TIA/EIA 标准：232-F 和 485-A）
- GB/Z 19582.3—2004 基于 Modbus 协议的工业自动化网络规范 第三部分：Modbus 协议在 TCP/IP 上的实现指南（根据 IETF 文件：RFC793 和 RFC791）
- JB/T 6808—1993 模拟量输入输出通道模板 通用技术条件
- JB/T 6809—1993 数字量输入输出通道模板 通用技术条件
- JB/T 6811—1993 工业炉窑微机控制装置 通用技术条件
- JB/T 7812—1995 分散型控制系统场地安全要求
- JB/T 8384—1996 工业 PC 基本平台技术条件
- JB/T 8804—1998 工业 PC 控制系统通用技术条件
- JB/T 9269—1999 工业控制计算机系统安装环境条件
- JB/T 9270—1999 工业控制微型计算机系统过程输入输出通道模板试验检查方法
- JB/T 10388—2002 带总线通信功能的智能测控节点产品通用技术条件
- JB/T 10389—2002 现场总线智能仪表可靠性设计评审
- JB/T 10390—2002 现场总线智能仪表可靠性设计方法

3.3.11 仪表盘、柜、台、箱及其他

- GB 7353—1999 工业自动化仪表盘、柜、台、箱
- JB/T 9265—1999 仪表柜和仪表箱 主要结构尺寸系列

- JB/T 1396—1991 工业自动化仪表盘盘面布置图绘制方法
- JB/T 1397—1991 工业自动化仪表盘接线接管图的绘制方法
- GB/T 7721—1995 电子皮带秤
- GB/T 7551—1997 称重传感器
- GB/T 11885—1989 自动轨道衡
- GB/T 13335—1991 磁弹性测力称重传感器
- GB/T 14249.1—1993 电子衡器安全要求
- GB/T 14249.2—1993 电子衡器通用技术条件
- GB/T 15561—1991 静态电子轨道衡

计量检定规程：

- JJG 234—1990 动态称重轨道衡检定规程
- JJG 650—1990 电子皮带秤检定规程
- JJG 669—1990 称重传感器检定规程
- JJG 781—2002 数字指示轨道衡检定规程
- JJG 811—1993 核子皮带秤检定规程

3.3.12 常用测试仪器

- GB/T 3927—1983 直流电位差计
- GB/T 3930—1983 测量电阻用直流电桥
- GB/T 11149—1989 标准电容箱
- GB/T 11151—1989 交流电桥
- GB/T 13850—1998 交流电量转换为模拟量或数字信号的电测量变送器
- GB/T 13978—1992 数字多用表 通用技术条件
- GB/T 14913—1994 直流数字电压表及直流模数转换器
- JB/T 6800—1993 补偿微压计
- JB/T 6803.1~2—1993 液体压力计
- JB/T 7392—1994 数字压力表
- JB/T 8225—1999 实验室用直流电阻器
- JB/T 7393—1994 活塞式压力计
- JB/T 9276—1999 倾斜式微压计
- JB/T 9282—1999 电流表和电压表
- JB/T 9283—1999 万用电表
- JB/T 9284—1999 频率表
- JB/T 9285—1999 钳形电流表
- JB/T 9289—1999 接地电阻表
- JB/T 9290—1999 绝缘电阻表
- JB/T 9291—1999 毫欧姆表
- JB/T 9293—1999 电子磁通表 技术条件
- JB/T 9296—1999 霍尔效应磁强计
- JB/T 10057—1999 测量用交流电阻箱

计量检定规程：
- JJG 51—1983　二、三等标准液柱平衡活塞式压力计、压力真空计检定规程
- JJG 59—1990　二、三等标准活塞式压力计检定规程
- JJG 123—1988　直流电位差计检定规程
- JJG 129—1990　一等标准活塞式压力计检定规程
- JJG 160—1992　标准铂电阻温度计检定规程
- JJG 166—1993　直流电阻器检定规程
- JJG 167—1995　标准铂铑 30-铂铑 6 热电偶检定规程
- JJG 172—1994　倾斜式微压计检定规程
- JJG 315—1983　直流数字电压表检定规程
- JJG 622—1989　绝缘电阻表（兆欧表）检定规程
- JJG 875—1994　数字压力计检定规程

3.4　自控设计常用标准

3.4.1　名词术语

- HG/T 20699—2000　自控设计常用名词术语
- JJF 1001—1998　通用计量术语及定义
- JJF 1004—2004　流量计量名词术语及定义
- GB/T 13983—1992　仪器仪表基本术语
- GB/T 17212—1998　工业过程测量和控制　术语和定义
- JB/T 9268—1999　分散型控制系统术语
- ISA S51.1　Process Instrumentation Terminology 过程仪表术语
- ISA S75.05　Control Valve Terminology 控制阀术语

3.4.2　图形符号和文字代号

- GB/T 2625—1981　过程检测和控制流程图用图形符号和文字代号
- HG 20505—2000　过程测量与控制仪表的功能标志及图形符号
- JB/T 5539—1991　分散控制系统硬件设备的图形符号
- JB/T 7390—1994　分散控制系统文字符号
- JB/T 9170—1998　工艺流程图表用图形符号
- GB 12125—1989　核仪器图形符号、文字代号、参数符号
- GB 7159—1987　电气技术中文字符号制定通则
- GB 4278.1～13—(1991～2000)　电气图用图形符号
- GB 5465.1～2—1996　电气设备用图形符号
- HGJ 530—1990　化工企业电力设计图形和文字符号统一规定
- SH 3072—1995　石油化工企业电气图图形和文字符号
- GB 6567—1986　管路系统的图形符号
- ISA S5.1，SHB-Z02　Instrumentation Symbols and Identification 仪表符号和标志

- ISA S5.2，SHB-Z03　Binary Logic Diagrams for Process Operations 用于过程操作的二进制逻辑图
- ISA S5.3，SHB-Z04　Graphic Symbols for Distributed Control/Shared Display Instrumentation，Logic and Computer Systems 分散控制/共用显示仪表、逻辑和计算机系统用图形符号
- ISA S5.4，SHB-Z05　Instrument Loop Diagrams 仪表回路图图形
- ISA S5.5　Graphic Symbols for Process Displays 过程显示图形符号
- JB/T 5539　分散型控制系统硬件设备的图形符号
- ISO 3511　Process Measurement Control Function and Instrumentation Symbolic Representation 过程测量控制功能及仪表符号说明
- IEC 117-15　Recommended Graphical Symbols Part 15：Binary Logic Elements 推荐的图形符号：二进制逻辑元件
- ANSI Y32.14　Graphic Symbols for Logic Diagrams（two state devices）逻辑图用图形符号（二状态元件）
- BS 1646　Symbolic Representation for Process Measurement Control Functions and Instrumentation 过程测量控制功能及仪表用符号说明
- DIN 19228　Bildzeichen ftur messen，steuern，regeln：Allgemeine bildzeichen 自控图例：一般图形
- JIS Z8204　仪表符号

3.4.3　计量单位

- 中华人民共和国法定计量单位　国务院 1987 年颁布
- GB/T 3100—1993　国际单位制及其应用
- GB/T 3101—1993　有关量、单位和符号的一般原则
- GB/T 3102.1—1993　空间和时间的量和单位
- GB/T 3102.2—1993　周期及有关现象的量和单位
- GB/T 3102.3—1993　力学的量和单位
- GB/T 3102.4—1993　热学的量和单位
- GB/T 3102.5—1993　电学的量和单位
- GB/T 3102.6—1993　光及有关电磁辐射的量和单位
- GB/T 3102.7—1993　声学的量和单位
- GB/T 3102.8—1993　物理化学和分子物理学的量和单位
- GB/T 3102.9—1993　原子物理学和核物理学的量和单位
- GB/T 3102.10—1993　核反应和电离辐射的量和单位
- GB/T 3102.11—1993　物理化学和技术中使用的数学符号
- GB/T 3102.12—1993　特征数
- GB/T 3102.13—1993　固体物理学的量和单位
- GB/T 1885—1998　石油计量表

3.4.4　工程制图

- GB 4457～4460—1984　机械制图

- CDA2—1981　化工设计标准图图幅和书写格式
- CDA3—1981　标准图的图幅和标准栏
- GB 18229—2000　CAD 工程制图规则

3.4.5　自控设计管理规定

- （88）化基设字第 251 号文　化工工厂初步设计内容深度规定
- （92）化基发字第 695 号文　化工工厂初步设计内容深度规定中有关内容更改的补充
- HG 20506—1992　自控专业施工图设计内容深度规定
- HG/T 20636—1998　化工装置自控工程设计规定：自控专业设计管理规定
- HG/T 20637—1998　化工装置自控工程设计规定：自控专业工程设计文件的编制规定
- HG/T 20638—1998　化工装置自控工程设计规定：自控专业工程设计文件的深度规定
- HG/T 20639—1998　化工装置自控工程设计规定：自控专业工程设计用典型图表及标准目录
- HG 20557　化工装置工艺系统工程设计规定：工艺系统设计管理规定
- HG 20558　化工装置工艺系统工程设计规定：工艺系统设计文件内容的规定
- HG 20559　化工装置工艺系统工程设计规定：管道仪表流程图设计规定
- SHJ-033—1993　石油化工厂初步设计内容深度规定
- SHB-Z01—1995　石油化工自控专业工程设计施工图深度导则

3.4.6　相关工程设计规范

- GB 2887—1989　计算站场地技术要求
- GB 6650—1986　计算机机房用活动地板技术条件
- GB 50028—1993　城乡燃气设计规范
- GB 50030—1991　氧气站设计规范
- GB 50031—1991　乙炔站设计规范
- GB 50034—1992　工业企业照明设计标准
- GB 50041—1992　锅炉房设计规范
- GB 50049—1994　小型火力发电厂设计规范
- GB 50174—1993　电子计算机机房设计规定
- GB 50177—1993　氢气站设计规范
- GBJ 29—1990　压缩空气站设计规范
- GBJ 72—1984　冷库设计规范
- GBJ 73—1984　洁净厂房设计规范
- GBJ 74—1984　石油库设计规范
- GBJ 109—1987　工业用软水除盐设计规范
- GBJ 115—1987　工业电视系统工程设计规范
- HG 20556—1993　化工厂控制室建筑设计规范
- SHJ 7—1988　石油化工企业储运系统罐区设计规范
- SHJ 1026—1983　炼油厂燃油燃气锅炉房设计技术规定

- NDGJ 16—1989　火力发电厂热工自动化设计技术规定
- JGJ 24—1986　民用建筑热工设计规程

3.4.7　自控专业设计规范

- HG/T 20507—2000　自动化仪表选型设计规定
- HG/T 20508—2000　控制室设计规定
- HG/T 20509—2000　仪表供电设计规定
- HG/T 20510—2000　仪表供气设计规定
- HG/T 20511—2000　信号报警、安全联锁系统设计规定
- HG/T 20512—2000　仪表配管配线设计规定
- HG/T 20513—2000　仪表系统接地设计规定
- HG/T 20514—2000　仪表及管线伴热和绝热保温设计规定
- HG/T 20515—2000　仪表隔离和吹洗设计规定
- HG/T 20516—2000　自动分析器室设计规定
- HG/T 20573—1995　分散型控制系统工程设计规定
- HG/T 20700—2000　可编程控制器系统设计规定
- SH 3005—1999　石油化工自动化仪表选型设计规范
- SH 3006—1999　石油化工控制室和自动分析器室设计规范
- SH 3018—2003　石油化工安全仪表系统设计规范
- SH 3019—2003　石油化工仪表管道线路设计规范
- SH 3020—2001　石油化工企业仪表供气设计规范
- SH 3021—2001　石油化工企业仪表及管道隔离和吹洗设计规范
- SH 3081—2003　石油化工仪表接地设计规范
- SH 3082—2003　石油化工仪表供电设计规范
- SH/T 3092—1999　石油化工分散控制系统设计规范
- SH/T 3104—2000　石油化工仪表安装设计规范
- SH/T 3105—2000　自动化仪表管线平面布置图图例及文字代号
- SH 3126—2001　石油化工仪表及管道伴热和隔热设计规范
- SHB-Z06—1999　石油化工紧急停车及安全联锁系统设计导则
- SHB-Z07—2001　自控设计安装材料编制导则
- SY/T 0090—1996　油气田及管道仪表控制系统设计规范
- SY/T 0091—1996　油气田及管道计算机控制系统设计规范
- ISA S71.01　Environmental Conditions for Process Measurement and Control Systems: Temperature and Humidity 过程测量和控制系统的环境条件：温度和湿度
- ISA RP 60.1　Control Centers Facilities 控制中心设施
- ISA RP 60.3　Human Engineering for Control Centers 控制中心的人机工程
- ISA RP 60.4　Documentation for Control Centers 控制中心的文件
- ISA RP 60.8　Electrical Guide for Control Centers 控制中心的电气导则
- ISA RP 60.9　Piping Guide for Control Centers 控制中心的配管导则
- API RP520　Recommended Practice for the Design and Installation of Pressure-Relie-

ving Systems in Refineries 炼油厂泄压系统设计和安装的推荐做法
- API 670 Vibration, Axial Position, and Bearing Temperature Monitoring Systems 轴振动、轴位移和轴承温度监测系统
- ISA S39.1 Control Valve Sizing Equations for Incompressible Fluids 不可压缩流体用控制阀的口径计算公式
- ISA S75.01 Flow Equations for Sizing Control Valves 控制阀口径计算公式
- ISA RP75.06 Control Valve Manifold Designs 控制阀的阀组设计
- ANSI FCI 62-1 调节阀口径计算
- ANSI B16.104/FCI 70-2 Control Valve Seat Leakage 控制阀泄漏量
- EEMUA No.138 Design and Installation of On-Line Analyzer Systems 在线分析仪系统的设计和安装

3.4.8 安装图册和设计手册

- HG/T 21581—1995 自控安装图册
- TC 50B1—1884 仪表单元接线接管图册
- TC 50B2—1988 仪表回路接线图册
- CADC 051—1993 自控设计防腐蚀手册
- CADC 052—1993 仪表修理车间设计手册
- SHB-Z002—1993 石油化工企业仪表修理车间设计导则
- SHB-Z003—1994 仪表维护设备选用手册
- API RP550 Manual on Installation of Refinery Instruments and Control Systems 炼油厂仪表及调节系统安装手册
- ISA S12.13 Part Ⅱ Installation Operation and Maintenance of Combustible Gas Detection Instruments 可燃气体检测仪表的安装、操作和维护

3.4.9 管法兰与管螺纹

- GB 9112~9131—2000 钢制管法兰
- HG 20592~20635—1997 钢制管法兰、垫片、紧固件
- H 1~37 高压管、管件及紧固件通用设计
- SH 3406—1996 石油化工企业钢制管法兰
- JB/T 74~90—1994 管路法兰及垫片
- GB/T 7307—2001, ISO 228/1—1994 55°非密封管螺纹（圆柱管螺纹）
- GB/T 7306—2000, ISO 7/1—1994 55°密封管螺纹（圆锥管螺纹）
- GB/T 12716—2002, ASME B1.20.1—1992 60°密封管螺纹（NPT 螺纹）
- ANSI B16.5 Pipe Flanges and Flanged Fittings, Flange Surface shall be Smooth. 管法兰和法兰连接件
- ANSI B16.47 大直径管法兰标准（$DN>600mm$）
- ANSI B16.36, B16.36a Steel Orifice Flanges 钢制孔板法兰
- ISA RP3.2 Flange Mounted Sharp Edged Orifice Plates for Flow Measurement 流量测量用法兰安装式锐孔板

3.4.10　防爆、防火、安全

- GB 3836.1—2000　爆炸性气体环境用电气设备　第1部分：通用要求
- GB 3836.2—2000　爆炸性气体环境用电气设备　第2部分：隔爆型"d"
- GB 3836.3—2000　爆炸性气体环境用电气设备　第3部分：增安型"e"
- GB 3836.4—2000　爆炸性气体环境用电气设备　第4部分：本质安全型"i"
- GB 3836.5—2004　爆炸性气体环境用电气设备　第5部分：正压型"p"
- GB 3836.13—1997　爆炸性气体环境用电气设备　第13部分：爆炸性气体环境用电气设备的检修
- GB 3836.14—2000　爆炸性气体环境用电气设备　第14部分：危险场所分类
- GB 3836.15—2000　爆炸性气体环境用电气设备　第15部分：危险场所电气安装（煤矿除外）
- GB 12358—1990　作业环境气体检测报警仪通用技术要求
- GB 12476.1—2000　可燃性粉尘环境用电气设备　第1部分：用外壳和限制表面温度保护的电气设备　第1节：电气设备的技术要求
- GB 4208—1993，IEC 529—1989　外壳防护等级（IP代码）
- NEMA ICSI-110—1973　NEMA外壳防护类型
- GB 50058—1992　爆炸和火灾危险环境电力装置设计规范
- SH 3063—1999　石油化工可燃气体和有毒气体检测报警设计规范
- SY 6503—2000　可燃气体检测报警器使用规范
- GB 50160—1992　石油化工企业设计防火规范
- GBJ 16—1987　建筑设计防火规范
- GB 50116—1998　火灾自动报警系统设计规范
- GB 4327—1993　消防技术文件用消防设备图形符号
- GB 4715—1993　点型感烟火灾探测器技术要求及试验方法
- GB 4716—1993　点型感温火灾探测器技术要求及试验方法
- GB 4717—1993　火灾报警控制器通用技术条件
- GB 4718—1996　火灾报警设备专业术语
- GB 12791—1991　点型紫外火焰探测器性能要求及试验方法
- GB 12978—1991　火灾报警设备检验规则
- GB 14003—1992　线型光束感烟火灾探测器技术要求及试验方法
- GB 15631—1995　点型红外火焰探测器性能要求及试验方法
- GB 16280—1996　线型感温火灾探测器技术要求及试验方法
- GB 16806—1997　消防联动控制设备通用技术条件
- GB 16808—1997　可燃气体报警控制器技术要求和试验方法
- GB 16838—1997　消防电子产品环境试验方法及严酷等级
- GA/T 227—1999　火灾探测器产品型号编制方法
- GA/T 228—1999　火灾报警控制器产品型号编制方法
- GA/T 229—1999　火灾报警设备图形符号
- ISA RP12.1　Electrical Instrument in Hazardous Atmospheres 危险大气里的电气仪表

- ISA RP12.4　Instrument Purging for Reduction of Hazardous Area Classification 用于降低危险区域等级的仪表吹扫系统
- ISA RP12.6　Installation of Intrinsically Safe Systems for Hazardous (Classified) Locations 本安系统在危险场所的安装
- ISA RP12.10　Area Classification in Hazardous (Classified) Dust Locations 粉尘危险场所的区域分类
- ISA RP12.12　Electrical Equipment for Use in Class 1, Division 2 Hazardous (Classified) Locations 1区2类危险场所的电气设备
- IEC 79—10　Electrical Apparatus for Explosive Gas Atmospheres Part 10: Classification of Hazardous Areas 爆炸气体场所的电力设备第10部分：危险场所的划分
- IEC 79—14　Part 14: Electrical Installations in Explosive Gas Atmospheres 爆炸气体环境的电力设备（除矿用外）
- IEC 79—16　分析器室保护的人工通风
- NFPA 493　Intrinsically Safe Apparatus in Division Ⅰ Hazardous Locations Ⅰ区危险场所中的本安设备
- API RP 500A　Classification Of Areas for Electrical Installations in Petroleum Refineries 炼油厂电气安装防爆场所的划分

3.4.11　工业卫生、环境保护

- 放射性同位素与射线装置安全和防护条例　国务院令第449号（2005年12月1日起施行）
- 放射性同位素与射线装置安全许可管理办法　国家环境保护总局令第31号（2006年3月1日起实施）
- GB 18871—2002　电离辐射防护与辐射源安全基本标准
- GB 14052—1993　安装在设备上的同位素仪表的辐射安全性能要求（等效采用ISO 7205—1986《同位素仪表——安装在设备上的同位素仪表》）
- GBZ 125—2002　含密封源仪表的卫生防护标准
- GB 4075　密封放射源分级
- GB 4076　密封放射源一般规定
- GB 4792　放射卫生防护基本标准
- GB 8703—1988　辐射防护规定
- GB 11806—1989　放射性物质安全运输规定
- GB 17799.4—2001　电磁兼容 通用标准 工业环境中的发射标准
- GB 8702—1988　电磁辐射防护规定
- SHJ 3024—1995　石油化工企业环境保护设计规范
- GB 3095—1996　环境空气质量标准
- GB 16297—1996　大气污染物综合排放标准
- GB 4915—2004　水泥工业大气污染物排放标准
- GB 9078—1996　工业炉窑大气污染物排放标准
- GB 13223—2003　火电厂大气污染物排放标准

- GB 13271—2001　锅炉大气污染物排放标准
- GB 16171—1996　炼焦炉大气污染物排放标准
- GB 18484—2001　危险废物焚烧污染控制标准
- GB 18485—2001　生活垃圾焚烧污染控制标准
- HJ/T 75—2001　火电厂烟气排放连续监测技术规范
- HJ/T 76—2001　固定污染源排放烟气连续监测系统技术要求及检测方法
- GB 3097—1997　海水水质标准
- GB 3838—2002　地表水环境质量标准
- GB 8978—1996　污水综合排放标准
- GB 3544—2001　造纸工业水污染物排放标准
- GB 4287—1992　纺织染整工业水污染物排放标准
- GB 4914—1985　海洋石油开发工业含油污水排放标准
- GB 13456—1992　钢铁工业水污染物排放标准
- GB 13458—2001　合成氨工业水污染物排放标准
- GB 15580—1995　磷肥工业水污染物排放标准
- GB 15581—1995　烧碱、聚氯乙烯工业水污染物排放标准
- GB 18918—2002　城镇污水处理厂污染物排放标准
- GB 18599—2001　一般工业固体废物贮存、处置场污染控制标准
- GB 12348—1990　工业企业厂界噪声标准
- GBJ 87—1985　工业噪声控制设计规范
- GBJ 122—1988　工业企业噪声测量规定
- HG 20503—1992　化工建设项目噪声控制设计规定

3.4.12　施工验收

- GB 50093—2002　自动化仪表工程施工及验收规范
- GBJ 131—1990　自动化仪表安装工程质量检验评定标准
- GB 50166—1992　火灾自动报警系统施工及验收规范
- GB 50169—1992　电气装置安装工程接地装置施工及验收规范
- GB 50254—1992　电气装置安装工程低压电器施工及验收规范
- GBJ 71—1984　洁净室施工及验收规范
- SH 3521—1999　石油化工仪表工程施工技术规程
- SYJ 4005—1984　长输管道仪表工程施工及验收规范
- SY 4031—1993　石油建设工程质量检验评定标准——自动化仪表安装工程
- JB/T 5234—1991　工业控制计算机系统验收大纲
- LD/T 76.5—2000　化工安装工程自动化仪表安装劳动定额

第4章 热电偶、热电阻

4.1 热电偶

4.1.1 热电偶简介

(1) **铂铑 10-铂热电偶（S 型）** 铂铑 10-铂热电偶（S 型热电偶）为贵金属热电偶。偶丝线径规定为 0.5mm，其正极（SP）的名义化学成分为铂铑合金，其中含铑为 10%，含铂为 90%，负极（SN）为纯铂，故俗称单铂铑热电偶。该热电偶长期最高使用温度为 1300℃，短期最高使用温度为 1600℃。

S 型热电偶在热电偶系列中具有准确度最高、稳定性最好、测温区宽、使用寿命长等优点。它的物理、化学性能良好，热电势稳定性及在高温下抗氧化性能好，适用于氧化和惰性气氛中。

S 型热电偶不足之处是热电势、热电势率较小，灵敏度低，高温下机械强度下降，对污染非常敏感，贵金属材料昂贵，因而一次性投资较大。

(2) **铂铑 13-铂热电偶（R 型）** 铂铑 13-铂热电偶（R 型热电偶）为贵金属热电偶。偶丝线径规定为 0.5mm，其正极（RP）的名义化学成分为铂铑合金，其中含铑为 13%，含铂为 87%，负极（RN）为纯铂，长期使用最高温度为 1300℃，短期使用最高温度为 1600℃。

R 型热电偶在热电偶系列中具有准确度高、稳定性好、测温区宽、使用寿命长等优点。其物理、化学性能良好，热电势稳定性及在高温下抗氧化性能好，适用于氧化和惰性气氛中。由于 R 型热电偶的综合性能与 S 型热电偶相当，在我国一直难于推广，除在进口设备上的测温有所应用外，国内测温很少采用。

R 型热电偶不足之处与 S 型热电偶相同。

(3) **铂铑 30-铂铑 6 热电偶（B 型）** 铂铑 30-铂铑 6 热电偶（B 型热电偶）为贵金属热电偶。热偶丝线径规定为 0.5mm，其正极（BP）的名义化学成分为铂铑合金，其中含铑量为 30%，负极（BN）也为铂铑合金，含铑量为 6%，故俗称双铂铑热电偶。该热电偶长期最高使用温度为 1600℃，短期最高使用温度为 1800℃。

B 型热电偶在热电偶系列中具有准确度高、稳定性好、测温区宽、使用寿命长、测温上限高等优点，适用于氧化性和惰性气氛中，也可短期用于真空中，但不适用于还原性气氛或含有金属或非金属蒸气气氛中。B 型热电偶一个明显的优点是参考端不需用补偿导线进行补偿，因为在 0~50℃ 范围内热电势小于 $3\mu V$。

B 型热电偶不足之处是热电势、势电势率较小，灵敏度低，高温下机械强度下降，抗污染能力差，贵金属材料昂贵，一次性投资较大。

(4) 镍铬-镍硅热电偶（K型） 镍铬-镍硅热电偶（K型热电偶）是目前用量最大的廉金属热电偶，其用量为其他热电偶的总和。正极（KP）的名义化学成分为 Ni：Cr＝90：10，负极（KN）的名义化学成分为 Ni：Si＝97：3，其使用温度范围为 −200～1300℃。

K型热电偶具有线性度好、热电势较大、灵敏度较高、稳定性和均匀性较好、抗氧化性能强、价格便宜等优点，能用于氧化性、惰性气氛中，广泛为用户所采用。

K型热电偶不能直接在高温下用于硫、还原性或还原、氧化交替的气氛中和真空中，也不推荐用于弱氧化气氛之中。

(5) 镍铬硅-镍硅热电偶（N型） 镍铬硅-镍硅热电偶（N型热电偶）为廉金属热电偶，是一种最新国际标准化的热电偶，正极（NP）的名义化学成分为 Ni：Cr：Si＝84.4：14.2：1.4，负极（NN）的名义化学成分为 Ni：Si：Mg＝95.5：4.4：0.1，其使用温度范围为 −200～1300℃。

N型热电偶具有线性度好、热电势较大、灵敏度较高、稳定性和均匀性较好、抗氧化性能强、价格便宜、不受短程有序化影响等优点，其综合性能优于K型热电偶，是一种很有发展前途的热电偶。

N型热电偶不能直接在高温下用于硫、还原性或还原、氧化交替的气氛中和真空中，也不推荐用于弱氧化气氛之中。

(6) 镍铬-铜镍（康铜）热电偶（E型） 镍铬-铜镍热电偶（E型热电偶）又称镍铬-康铜热电偶，也是一种廉金属热电偶，其正极（EP）为镍铬10合金，化学成分与KP相同。负极（EN）为铜镍合金，名义化学成分为 55%的铜、45%的镍以及少量的钴、锰、铁等元素。该热电偶的使用温度为 −200～900℃。

E型热电偶电动势之大，灵敏度之高属所有热电偶之最，宜制成热电堆，测量微小的温度变化。对于高湿度气氛的腐蚀不甚灵敏，宜用于湿度较高的环境。E型热电偶还具有稳定性好，抗氧化性能优于铜-康铜、铁-康铜热电偶，价格便宜等优点，能用于氧化性、惰性气氛中，广泛为用户采用。

E型热电偶不能直接在高温下用于硫、还原性气氛中，热电均匀性较差。

(7) 铁-铜镍（康铜）热电偶（J型） 铁-铜镍热电偶（J型热电偶）又叫铁-康铜热电偶，是一种价格低廉的廉金属热电偶。它的正极（JP）的名义化学成分为纯铁，负极（JN）是铜镍合金，常被含糊地称为康铜，其名义化学成分为 55%的铜和 45%的镍以及少量却十分重要的钴、铁、锰等元素，尽管它叫康铜，但不同于镍铬-康铜和铜-康铜的康铜，故不能用 EN 或 TN 来替换。铁-康铜热电偶覆盖测量温区为 −210～1200℃，但通常使用的温度范围为 0～750℃。

J型热电偶具有线性度好、热电势较大、灵敏度较高、稳定性和均匀性较好、价格便宜等优点，广为用户所采用。

J型热电偶可用于真空、氧化、还原和惰性气氛中，但正极铁在高温下氧化较快，故使用温度受到限制，也不能直接无保护地在高温下用于硫化气氛中。

(8) 铜-铜镍（康铜）热电偶（T型） 铜-铜镍热电偶（T型热电偶）又叫铜-康铜热电偶，是一种最佳的测量低温的廉金属热电偶。它的正极（TP）是纯铜，负极（TN）是铜镍合金，常称之为康铜，它与镍铬-康铜的康铜 EN 通用，与铁-康铜的康铜 JN 不能通用，尽管它们都叫康铜。

铜-铜镍热电偶测量温区为 −200～350℃。

T型热电偶具有线性度好、热电势大、灵敏度高、稳定性和均匀性好、价格便宜等优点，特别在-200～0℃温区内使用，稳定性更好，其稳定性可小于±3μV，经低温检定可作为二等标准进行低温量值传递。

T型热电偶的正极铜在高温下抗氧化性能差，故使用温度上限受到限制。

(9) 钨铼热电偶 钨铼热电偶被我国标准化的有WRe3-WRe25、WRe5-WRe26两种，其正极分别为WRe3和WRe5，名义化学成分分别含钨97%、铼3%和钨95%、铼5%；负极分别为WRe25和Wre26，名义化学成分分别含钨75%、铼25%和钨74%、铼26%。两种热电偶性能基本一致，最高使用温度均为2300℃。目前国内使用面和使用量WRe3-WRe25均大于WRe5-WRe26，前者约占总使用量80%以上。近年来重庆仪表材料研究所率先研究出一种专门用于快速测量钢液温度的WRe3-WRe25热电偶丝，其特点是准确度高、线径小，测温上限为1800℃，其综合性能与S型快速热电偶相当，由于价格便宜普遍被钢厂采用。

钨铼热电偶最大的优点是使用的温度高，能在还原性气氛下使用，不足之处是易于氧化，不适用于氧化气氛下使用。

4.1.2 各种热电偶的线径和推荐使用的最高温度（表4-1）

表4-1 各种热电偶的线径和推荐使用的最高温度

热电偶名称	代号	分度号	电极材料和颜色	100℃时热电势/mV	线径/mm	使用温度/℃ 长期	使用温度/℃ 短期
铂铑10-铂	WRS	S	+铂铑10(白) -纯铂(白)	0.646	0.5～0.020	0～1300	0～1600
铂铑13-铂	WRR	R	+铂铑13(白) -纯铂(白)	0.647	0.5～0.020	1300	1600
铂铑30-铂铑6	WRB	B	+铂铑30(白) -铂铑6(白)	0.033	0.5～0.015	0～1600	0～1800
镍铬-镍硅	WRK	K	+镍铬10(黑褐) -镍硅3(绿黑)	4.096	0.3	700	800
					0.5	800	900
					0.8,1.0	900	1000
					1.2,1.6	1000	1100
					2.0,2.5	1100	1200
					3.2	1200	1300
镍铬硅-镍硅	WRN	N	+镍铬硅(黑褐) -镍硅镁(绿黑)	2.774	与K型热电偶相同		
镍铬-铜镍(康铜)	WRE	E	+镍铬(黑褐) -铜镍(稍白)	6.319	0.3,0.5	350	450
					0.8,1.0,1.2	450	550
					1.6,2.0	550	650
					2.5	650	750
					3.2	750	900
铁-铜镍(康铜)	WRJ	J	+纯铁(褐) -铜镍(稍白)	5.269	0.3,0.5	300	400
					0.8,1.0,1.2	400	500
					1.6,2.0	500	600
					2.5,3.2	600	750
铜-铜镍(康铜)	WRT	T	+纯铜(红) -铜镍(稍白)	4.279	0.2	150	200
					0.3,0.5	200	250
					1.0	250	300
					1.6	350	400

4.1.3 各种热电偶在使用温度范围内的允许偏差（表 4-2）

表 4-2 各种热电偶在使用温度范围内的允许偏差

代 号	分度号	等 级	使用温度范围/℃	允 许 偏 差
WRS	S	Ⅰ	0～1100 1100～1600	±1℃ ±[1+0.003(t−1100)]℃
		Ⅱ	0～600 600～1600	±1.5℃ ±0.25%|t|
WRR	R	Ⅰ	0～1100 1100～1600	±1℃ ±[1+0.003(t−1100)]℃
		Ⅱ	0～600 600～1600	±1.5℃ ±0.25%|t|
WRB	B	Ⅱ	600～1700	±0.25%|t|
		Ⅲ	600～800 800～1700	±4.0℃ ±0.5%|t|
WRK	K	Ⅰ Ⅱ Ⅲ	−40～1100 −40～1300 −200～40	±1.5℃或±0.4%|t| ±2.5℃或±0.75%|t| ±2.5℃或±1.5%|t|
WRN	N	Ⅰ Ⅱ Ⅲ	−40～1100 −40～1300 −200～40	±1.5℃或±0.4%|t| ±2.5℃或±0.75%|t| ±2.5℃或±1.5%|t|
WRE	E	Ⅰ Ⅱ Ⅲ	−40～800 −40～900 −200～40	±1.5℃或±0.4%|t| ±2.5℃或±0.754%|t| ±2.5℃或±1.5%|t|
WRJ	J	Ⅰ Ⅱ	−40～750 −40～750	±1.5℃或±0.4%|t| ±2.5℃或±0.75%|t|
WRT	T	Ⅰ Ⅱ Ⅲ	−40～350 −40～350 −200～40	±0.5℃或±0.4%|t| ±1.0℃或±0.75%|t| ±1.0℃或±1.5%|t|

注：1. t 为被测温度，$|t|$ 为 t 的绝对值。
2. 允许偏差以温度偏差值或被测温度绝对值的百分数表示，两者之中采用最大值。

4.1.4 铂铑 10-铂热电偶（S 型）分度表（GB/T 16839.1—1997）（表 4-3）

4.1.5 铂铑 13-铂热电偶（R 型）分度表（GB/T 16839.1—1997）（表 4-4）

4.1.6 铂铑 30-铂铑 6 热电偶（B 型）分度表（GB/T 16839.1—1997）（表 4-5）

4.1.7 镍铬-镍硅热电偶（K 型）分度表（GB/T 16839.1—1997）（表 4-6）

4.1.8 镍铬-铜镍（康铜）热电偶（E 型）分度表（GB/T 16839.1—1997）（表 4-7）

4.1.9 铁-铜镍（康铜）热电偶（J 型）分度表（GB/T 16839.1—1997）（表 4-8）

4.1.10 铜-铜镍（康铜）热电偶（T 型）分度表（GB/T 16839.1—1997）（表 4-9）

4.1.11 钨铼 3-钨铼 25 热电偶分度表（ZBN 05003—1988）（表 4-10 和表 4-11）

表 4-3 铂铑 10-铂热电偶（S型）分度表

参考端温度：0℃

t/℃	0	-1	-2	-3	-4	-5	-6	-7	-8	-9
					E/mV					
-50	-0.236									
-40	-0.194	-0.199	-0.203	-0.207	-0.211	-0.215	-0.219	-0.224	-0.228	-0.232
-30	-0.150	-0.155	-0.159	-0.164	-0.168	-0.173	-0.177	-0.181	-0.186	-0.190
-20	-0.103	-0.108	-0.113	-0.117	-0.122	-0.127	-0.132	-0.136	-0.141	-0.146
-10	-0.053	-0.058	-0.063	-0.068	-0.073	-0.078	-0.083	-0.088	-0.093	-0.098
-0	-0.000	-0.005	-0.011	-0.016	-0.021	-0.027	-0.032	-0.037	-0.042	-0.048

t/℃	0	1	2	3	4	5	6	7	8	9
					E/mV					
0	0.000	0.005	0.011	0.016	0.022	0.027	0.033	0.038	0.044	0.050
10	0.055	0.061	0.067	0.072	0.078	0.084	0.090	0.095	0.101	0.107
20	0.113	0.119	0.125	0.131	0.137	0.143	0.149	0.155	0.161	0.167
30	0.173	0.179	0.185	0.191	0.197	0.204	0.210	0.216	0.222	0.229
40	0.235	0.241	0.248	0.254	0.260	0.267	0.273	0.280	0.286	0.292
50	0.299	0.305	0.312	0.319	0.325	0.332	0.338	0.345	0.352	0.358
60	0.365	0.372	0.378	0.385	0.392	0.399	0.405	0.412	0.419	0.426
70	0.433	0.440	0.446	0.453	0.460	0.467	0.474	0.481	0.488	0.495
80	0.502	0.509	0.516	0.523	0.530	0.538	0.545	0.552	0.559	0.566
90	0.573	0.580	0.588	0.595	0.602	0.609	0.617	0.624	0.631	0.639
100	0.646	0.653	0.661	0.668	0.675	0.683	0.690	0.698	0.705	0.713
110	0.720	0.727	0.735	0.743	0.750	0.758	0.765	0.773	0.780	0.788
120	0.795	0.803	0.811	0.818	0.826	0.834	0.841	0.849	0.857	0.865
130	0.872	0.880	0.888	0.896	0.903	0.911	0.919	0.927	0.935	0.942
140	0.950	0.958	0.966	0.974	0.982	0.990	0.998	1.006	1.013	1.021
150	1.029	1.037	1.045	1.053	1.061	1.069	1.077	1.085	1.094	1.102
160	1.110	1.118	1.126	1.134	1.142	1.150	1.158	1.167	1.175	1.183
170	1.191	1.199	1.207	1.216	1.224	1.232	1.240	1.249	1.257	1.265
180	1.273	1.282	1.290	1.298	1.307	1.315	1.323	1.332	1.340	1.348
190	1.357	1.365	1.373	1.382	1.390	1.399	1.407	1.415	1.424	1.432
200	1.441	1.449	1.458	1.466	1.475	1.483	1.492	1.500	1.509	1.517
210	1.526	1.534	1.543	1.551	1.560	1.569	1.577	1.586	1.594	1.603
220	1.612	1.620	1.629	1.638	1.646	1.655	1.663	1.672	1.681	1.690

t/℃	0	1	2	3	4	5	6	7	8	9
					E/mV					
230	1.698	1.707	1.716	1.724	1.733	1.742	1.751	1.759	1.768	1.777
240	1.786	1.794	1.803	1.812	1.821	1.829	1.838	1.847	1.856	1.865
250	1.874	1.882	1.891	1.900	1.909	1.918	1.927	1.936	1.944	1.953
260	1.962	1.971	1.980	1.989	1.998	2.007	2.016	2.025	2.034	2.043
270	2.052	2.061	2.070	2.078	2.087	2.096	2.105	2.114	2.123	2.132
280	2.141	2.151	2.160	2.169	2.178	2.187	2.196	2.205	2.214	2.223
290	2.232	2.241	2.250	2.259	2.268	2.277	2.287	2.296	2.305	2.314
300	2.323	2.332	2.341	2.350	2.360	2.369	2.378	2.387	2.396	2.405
310	2.415	2.424	2.433	2.442	2.451	2.461	2.470	2.479	2.488	2.497
320	2.507	2.516	2.525	2.534	2.544	2.553	2.562	2.571	2.581	2.590
330	2.599	2.609	2.618	2.627	2.636	2.646	2.655	2.664	2.674	2.683
340	2.692	2.702	2.711	2.720	2.730	2.739	2.748	2.758	2.767	2.776
350	2.786	2.795	2.805	2.814	2.823	2.833	2.842	2.851	2.861	2.870
360	2.880	2.889	2.899	2.908	2.917	2.927	2.936	2.946	2.955	2.965
370	2.974	2.983	2.993	3.002	3.012	3.021	3.031	3.040	3.050	3.059
380	3.069	3.078	3.088	3.097	3.107	3.116	3.126	3.135	3.145	3.154
390	3.164	3.173	3.183	3.192	3.202	3.212	3.221	3.231	3.240	3.250
400	3.259	3.269	3.279	3.288	3.298	3.307	3.317	3.326	3.336	3.346
410	3.355	3.365	3.374	3.384	3.394	3.403	3.413	3.423	3.432	3.442
420	3.451	3.461	3.471	3.480	3.490	3.500	3.509	3.519	3.529	3.538
430	3.548	3.558	3.567	3.577	3.587	3.596	3.606	3.616	3.626	3.635
440	3.645	3.655	3.664	3.674	3.684	3.694	3.703	3.713	3.723	3.732
450	3.742	3.752	3.762	3.771	3.781	3.791	3.801	3.810	3.820	3.830
460	3.840	3.850	3.859	3.869	3.879	3.889	3.898	3.908	3.918	3.928
470	3.938	3.947	3.957	3.967	3.977	3.987	3.997	4.006	4.016	4.026
480	4.036	4.046	4.056	4.065	4.075	4.085	4.095	4.105	4.115	4.125
490	4.134	4.144	4.154	4.164	4.174	4.184	4.194	4.204	4.213	4.223
500	4.233	4.243	4.253	4.263	4.273	4.283	4.293	4.303	4.313	4.323
510	4.332	4.342	4.352	4.362	4.372	4.382	4.392	4.402	4.412	4.422
520	4.432	4.442	4.452	4.462	4.472	4.482	4.492	4.502	4.512	4.522

续表

$t/°C$	0	1	2	3	4 E/mV	5	6	7	8	9
530	4.532	4.542	4.552	4.562	4.572	4.582	4.592	4.602	4.612	4.622
540	4.632	4.642	4.652	4.662	4.672	4.682	4.692	4.702	4.712	4.722
550	4.732	4.742	4.752	4.762	4.772	4.782	4.793	4.803	4.813	4.823
560	4.833	4.843	4.853	4.863	4.873	4.883	4.893	4.904	4.914	4.924
570	4.934	4.944	4.954	4.964	4.974	4.984	4.995	5.005	5.015	5.025
580	5.035	5.045	5.055	5.066	5.076	5.086	5.096	5.106	5.116	5.127
590	5.137	5.147	5.157	5.167	5.178	5.188	5.198	5.208	5.218	5.228
600	5.239	5.249	5.259	5.269	5.280	5.290	5.300	5.310	5.320	5.331
610	5.341	5.351	5.361	5.372	5.382	5.392	5.402	5.413	5.423	5.433
620	5.443	5.454	5.464	5.474	5.485	5.495	5.505	5.515	5.526	5.536
630	5.546	5.557	5.567	5.577	5.588	5.598	5.608	5.618	5.629	5.639
640	5.649	5.660	5.670	5.680	5.691	5.701	5.712	5.722	5.732	5.743
650	5.753	5.763	5.774	5.784	5.794	5.805	5.815	5.826	5.836	5.846
660	5.857	5.867	5.878	5.888	5.898	5.909	5.919	5.930	5.940	5.950
670	5.961	5.971	5.982	5.992	6.003	6.013	6.024	6.034	6.044	6.055
680	6.065	6.076	6.086	6.097	6.107	6.118	6.128	6.139	6.149	6.160
690	6.170	6.181	6.191	6.202	6.212	6.223	6.233	6.244	6.254	6.265
700	6.275	6.286	6.296	6.307	6.317	6.328	6.338	6.349	6.360	6.370
710	6.381	6.391	6.402	6.412	6.423	6.434	6.444	6.455	6.465	6.476
720	6.486	6.497	6.508	6.518	6.529	6.539	6.550	6.561	6.571	6.582
730	6.593	6.603	6.614	6.624	6.635	6.646	6.656	6.667	6.678	6.688
740	6.699	6.710	6.720	6.731	6.742	6.752	6.763	6.774	6.784	6.795
750	6.806	6.817	6.827	6.838	6.849	6.859	6.870	6.881	6.892	6.902
760	6.913	6.924	6.934	6.945	6.956	6.967	6.977	6.988	6.999	7.010
770	7.020	7.031	7.042	7.053	7.064	7.074	7.085	7.096	7.107	7.117
780	7.128	7.139	7.150	7.161	7.172	7.182	7.193	7.204	7.215	7.226
790	7.236	7.247	7.258	7.269	7.280	7.291	7.302	7.312	7.323	7.334
800	7.345	7.356	7.367	7.378	7.388	7.399	7.410	7.421	7.432	7.443
810	7.454	7.465	7.476	7.487	7.497	7.508	7.519	7.530	7.541	7.552
820	7.563	7.574	7.585	7.596	7.607	7.618	7.629	7.640	7.651	7.662

$t/°C$	0	1	2	3	4 E/mV	5	6	7	8	9
830	7.673	7.684	7.695	7.706	7.717	7.728	7.739	7.750	7.761	7.772
840	7.783	7.794	7.805	7.816	7.827	7.838	7.849	7.860	7.871	7.882
850	7.893	7.904	7.915	7.926	7.937	7.948	7.959	7.970	7.981	7.992
860	8.003	8.014	8.026	8.037	8.048	8.059	8.070	8.081	8.092	8.103
870	8.114	8.125	8.137	8.148	8.159	8.170	8.181	8.192	8.203	8.214
880	8.226	8.237	8.248	8.259	8.270	8.281	8.293	8.304	8.315	8.326
890	8.337	8.348	8.360	8.371	8.382	8.393	8.404	8.416	8.427	8.438
900	8.449	8.460	8.472	8.483	8.494	8.505	8.517	8.528	8.539	8.550
910	8.562	8.573	8.584	8.595	8.607	8.618	8.629	8.640	8.652	8.663
920	8.674	8.685	8.697	8.708	8.719	8.731	8.742	8.753	8.765	8.776
930	8.787	8.798	8.810	8.821	8.832	8.844	8.855	8.866	8.878	8.889
940	8.900	8.912	8.923	8.935	8.946	8.957	8.969	8.980	8.991	9.003
950	9.014	9.025	9.037	9.048	9.060	9.071	9.082	9.094	9.105	9.117
960	9.128	9.139	9.151	9.162	9.174	9.185	9.197	9.208	9.219	9.231
970	9.242	9.254	9.265	9.277	9.288	9.300	9.311	9.323	9.334	9.345
980	9.357	9.368	9.380	9.391	9.403	9.414	9.426	9.437	9.449	9.460
990	9.472	9.483	9.495	9.506	9.518	9.529	9.541	9.552	9.564	9.576
1000	9.587	9.599	9.610	9.622	9.633	9.645	9.656	9.668	9.680	9.691
1010	9.703	9.714	9.726	9.737	9.749	9.761	9.772	9.784	9.795	9.807
1020	9.819	9.830	9.842	9.853	9.865	9.877	9.888	9.900	9.911	9.923
1030	9.935	9.946	9.958	9.970	9.981	9.993	10.005	10.016	10.028	10.040
1040	10.051	10.063	10.075	10.086	10.098	10.110	10.121	10.133	10.145	10.156
1050	10.168	10.180	10.191	10.203	10.215	10.227	10.238	10.250	10.262	10.273
1060	10.285	10.297	10.309	10.320	10.332	10.344	10.356	10.367	10.379	10.391
1070	10.403	10.414	10.426	10.438	10.450	10.461	10.473	10.485	10.497	10.509
1080	10.520	10.532	10.544	10.556	10.567	10.579	10.591	10.603	10.615	10.626
1090	10.638	10.650	10.662	10.674	10.686	10.697	10.709	10.721	10.733	10.745
1100	10.757	10.768	10.780	10.792	10.804	10.816	10.828	10.839	10.851	10.863
1110	10.875	10.887	10.899	10.911	10.922	10.934	10.946	10.958	10.970	10.982
1120	10.994	11.006	11.017	11.029	11.041	11.053	11.065	11.077	11.089	11.101
1130	11.113	11.125	11.136	11.148	11.160	11.172	11.184	11.196	11.208	11.220

t/°C	0	1	2	3	4	5	6	7	8	9
					E/mV					
1140	11.232	11.244	11.256	11.268	11.280	11.291	11.303	11.315	11.327	11.339
1150	11.351	11.363	11.375	11.387	11.399	11.411	11.423	11.435	11.447	11.459
1160	11.471	11.483	11.495	11.507	11.519	11.531	11.542	11.554	11.566	11.578
1170	11.590	11.602	11.614	11.626	11.638	11.650	11.662	11.674	11.686	11.698
1180	11.710	11.722	11.734	11.746	11.758	11.770	11.782	11.794	11.806	11.818
1190	11.830	11.842	11.854	11.866	11.878	11.890	11.902	11.914	11.926	11.939
1200	11.951	11.963	11.975	11.987	11.999	12.011	12.023	12.035	12.047	12.059
1210	12.071	12.083	12.095	12.107	12.119	12.131	12.143	12.155	12.167	12.179
1220	12.191	12.203	12.216	12.228	12.240	12.252	12.264	12.276	12.288	12.300
1230	12.312	12.324	12.336	12.348	12.360	12.372	12.384	12.397	12.409	12.421
1240	12.433	12.445	12.457	12.469	12.481	12.493	12.505	12.517	12.529	12.542
1250	12.554	12.566	12.578	12.590	12.602	12.614	12.626	12.638	12.650	12.662
1260	12.675	12.687	12.699	12.711	12.723	12.735	12.747	12.759	12.771	12.783
1270	12.796	12.808	12.820	12.832	12.844	12.856	12.868	12.880	12.892	12.905
1280	12.917	12.929	12.941	12.953	12.965	12.977	12.989	13.001	13.014	13.026
1290	13.038	13.050	13.062	13.074	13.086	13.098	13.111	13.123	13.135	13.147
1300	13.159	13.171	13.183	13.195	13.208	13.220	13.232	13.244	13.256	13.268
1310	13.280	13.292	13.305	13.317	13.329	13.341	13.353	13.365	13.377	13.390
1320	13.402	13.414	13.426	13.438	13.450	13.462	13.474	13.487	13.499	13.511
1330	13.523	13.535	13.547	13.559	13.572	13.584	13.596	13.608	13.620	13.632
1340	13.644	13.657	13.669	13.681	13.693	13.705	13.717	13.729	13.742	13.754
1350	13.766	13.778	13.790	13.802	13.814	13.826	13.839	13.851	13.863	13.875
1360	13.887	13.899	13.911	13.924	13.936	13.948	13.960	13.972	13.984	13.996
1370	14.009	14.021	14.033	14.045	14.057	14.069	14.081	14.094	14.106	14.118
1380	14.130	14.142	14.154	14.166	14.178	14.191	14.203	14.215	14.227	14.239
1390	14.251	14.263	14.276	14.288	14.300	14.312	14.324	14.336	14.348	14.360
1400	14.373	14.385	14.397	14.409	14.421	14.433	14.445	14.457	14.470	14.482
1410	14.494	14.506	14.518	14.530	14.542	14.554	14.567	14.579	14.591	14.603
1420	14.615	14.627	14.639	14.651	14.664	14.676	14.688	14.700	14.712	14.724
1430	14.736	14.748	14.760	14.773	14.785	14.797	14.809	14.821	14.833	14.845
1440	14.857	14.869	14.881	14.894	14.906	14.918	14.930	14.942	14.954	14.966
1450	14.978	14.990	15.002	15.015	15.027	15.039	15.051	15.063	15.075	15.087

续表

t/°C	0	1	2	3	4	5	6	7	8	9
					E/mV					
1460	15.099	15.111	15.123	15.135	15.148	15.160	15.172	15.184	15.196	15.208
1470	15.220	15.232	15.244	15.256	15.268	15.280	15.292	15.304	15.317	15.329
1480	15.341	15.353	15.365	15.377	15.389	15.401	15.413	15.425	15.437	15.449
1490	15.461	15.473	15.485	15.497	15.509	15.521	15.534	15.546	15.558	15.570
1500	15.582	15.594	15.606	15.618	15.630	15.642	15.654	15.666	15.678	15.690
1510	15.702	15.714	15.726	15.738	15.750	15.762	15.774	15.786	15.798	15.810
1520	15.822	15.834	15.846	15.858	15.870	15.882	15.894	15.906	15.918	15.930
1530	15.942	15.954	15.966	15.978	15.990	16.002	16.014	15.026	16.038	16.050
1540	16.062	16.074	16.086	16.098	16.110	16.122	16.134	16.146	16.158	16.170
1550	16.182	16.194	16.205	16.217	16.229	16.241	16.253	16.265	16.277	16.289
1560	16.301	16.313	16.325	16.337	16.349	16.361	16.373	16.385	16.396	16.408
1570	16.420	16.432	16.444	16.456	16.468	16.480	16.492	16.504	16.516	16.527
1580	16.539	16.551	16.563	16.575	16.587	16.599	16.611	16.623	16.634	16.646
1590	16.658	16.670	16.682	16.694	16.706	16.718	16.729	16.741	16.753	16.765
1600	16.777	16.789	16.801	16.812	16.824	16.836	16.848	16.860	16.872	16.883
1610	16.895	16.907	16.919	16.931	15.943	16.954	16.966	16.978	16.990	17.002
1620	17.013	17.025	17.037	17.049	17.061	17.072	17.084	17.096	17.108	17.120
1630	17.131	17.143	17.155	17.167	17.178	17.190	17.202	17.214	17.225	17.237
1640	17.249	17.261	17.272	17.284	17.296	17.308	17.319	17.331	17.343	17.355
1650	17.366	17.378	17.390	17.401	17.413	17.425	17.437	17.448	17.460	17.472
1660	17.483	17.495	17.507	17.518	17.530	17.542	17.553	17.565	17.577	17.588
1670	17.600	17.612	17.623	17.635	17.647	17.658	17.670	17.682	17.693	17.705
1680	17.717	17.728	17.740	17.751	17.763	17.775	17.786	17.798	17.809	17.821
1690	17.832	17.844	17.855	17.867	17.878	17.890	17.901	17.913	17.924	17.936
1700	17.947	17.959	17.970	17.982	17.993	18.004	18.016	18.027	18.039	18.050
1710	18.061	18.073	18.084	18.095	18.107	18.118	18.129	18.140	18.152	18.163
1720	18.174	18.185	18.196	18.208	18.219	18.230	18.241	18.252	18.263	18.274
1730	18.285	18.297	18.308	18.319	18.330	18.341	18.352	18.362	18.373	18.384
1740	18.395	18.406	18.417	18.428	18.439	18.449	18.460	18.471	18.482	18.493
1750	18.503	18.514	18.525	18.535	18.546	18.557	18.567	18.578	18.588	18.599
1760	18.609	18.620	18.630	18.641	18.651	18.661	18.672	18.682	18.693	

表 4-4 铂铑 13-铂热电偶（R 型）分度表

参考端温度：0 ℃

t/℃	0	-1	-2	-3	-4	-5	-6	-7	-8	-9
					E/mV					
-50	-0.226									
-40	-0.188	-0.192	-0.196	-0.200	-0.204	-0.208	-0.211	-0.215	-0.219	-0.223
-30	-0.145	-0.150	-0.154	-0.158	-0.163	-0.167	-0.171	-0.175	-0.180	-0.184
-20	-0.100	-0.105	-0.109	-0.114	-0.119	-0.123	-0.128	-0.132	-0.137	-0.141
-10	-0.051	-0.056	-0.061	-0.066	-0.071	-0.076	-0.081	-0.086	-0.091	-0.095
0	0.000	-0.005	-0.011	-0.016	-0.021	-0.026	-0.031	-0.036	-0.041	-0.046

t/℃	0	1	2	3	4	5	6	7	8	9
					E/mV					
0	0.000	0.005	0.011	0.016	0.021	0.027	0.032	0.038	0.043	0.049
10	0.054	0.060	0.065	0.071	0.077	0.082	0.088	0.094	0.100	0.105
20	0.111	0.117	0.123	0.129	0.135	0.141	0.147	0.153	0.159	0.165
30	0.171	0.177	0.183	0.189	0.195	0.201	0.207	0.214	0.220	0.226
40	0.232	0.239	0.245	0.251	0.258	0.264	0.271	0.277	0.284	0.290
50	0.296	0.303	0.310	0.316	0.323	0.329	0.336	0.343	0.349	0.356
60	0.363	0.369	0.376	0.383	0.390	0.397	0.403	0.410	0.417	0.424
70	0.431	0.438	0.445	0.452	0.459	0.466	0.473	0.480	0.487	0.494
80	0.501	0.508	0.516	0.523	0.530	0.537	0.544	0.552	0.559	0.566
90	0.573	0.581	0.588	0.595	0.603	0.610	0.618	0.625	0.632	0.640
100	0.647	0.655	0.662	0.670	0.677	0.685	0.693	0.700	0.708	0.715
110	0.723	0.731	0.738	0.746	0.754	0.761	0.769	0.777	0.785	0.792
120	0.800	0.808	0.816	0.824	0.832	0.839	0.847	0.855	0.863	0.871
130	0.879	0.887	0.895	0.903	0.911	0.919	0.927	0.935	0.943	0.951
140	0.959	0.967	0.976	0.984	0.992	1.000	1.008	1.016	1.025	1.033
150	1.041	1.049	1.058	1.066	1.074	1.082	1.091	1.099	1.107	1.116
160	1.124	1.132	1.141	1.149	1.158	1.166	1.175	1.183	1.191	1.200
170	1.208	1.217	1.225	1.234	1.242	1.251	1.260	1.268	1.277	1.285
180	1.294	1.303	1.311	1.320	1.329	1.337	1.346	1.355	1.363	1.372
190	1.381	1.389	1.398	1.407	1.416	1.425	1.433	1.442	1.451	1.460
200	1.469	1.477	1.486	1.495	1.504	1.513	1.522	1.531	1.540	1.549
210	1.558	1.567	1.575	1.584	1.593	1.602	1.611	1.620	1.629	1.639
220	1.648	1.657	1.666	1.675	1.684	1.693	1.702	1.711	1.720	1.729

t/℃	0	1	2	3	4	5	6	7	8	9
					E/mV					
230	1.739	1.748	1.757	1.766	1.775	1.784	1.794	1.803	1.812	1.821
240	1.831	1.840	1.849	1.858	1.868	1.877	1.886	1.895	1.905	1.914
250	1.923	1.933	1.942	1.951	1.961	1.970	1.980	1.989	1.998	2.008
260	2.017	2.027	2.036	2.046	2.055	2.064	2.074	2.083	2.093	2.102
270	2.112	2.121	2.131	2.140	2.150	2.159	2.169	2.179	2.188	2.198
280	2.207	2.217	2.226	2.236	2.246	2.255	2.265	2.275	2.284	2.294
290	2.304	2.313	2.323	2.333	2.342	2.352	2.362	2.371	2.381	2.391
300	2.401	2.410	2.420	2.430	2.440	2.449	2.459	2.469	2.479	2.488
310	2.498	2.508	2.518	2.528	2.538	2.547	2.557	2.567	2.577	2.587
320	2.597	2.607	2.617	2.626	2.636	2.646	2.656	2.666	2.676	2.686
330	2.696	2.706	2.716	2.726	2.736	2.746	2.756	2.766	2.776	2.786
340	2.796	2.806	2.816	2.826	2.836	2.846	2.856	2.866	2.876	2.886
350	2.896	2.906	2.916	2.926	2.937	2.947	2.957	2.967	2.977	2.987
360	2.997	3.007	3.018	3.028	3.038	3.048	3.058	3.068	3.079	3.089
370	3.099	3.109	3.119	3.130	3.140	3.150	3.160	3.171	3.181	3.191
380	3.201	3.212	3.222	3.232	3.242	3.253	3.263	3.273	3.284	3.294
390	3.304	3.315	3.325	3.335	3.346	3.356	3.366	3.377	3.387	3.397
400	3.408	3.418	3.428	3.439	3.449	3.460	3.470	3.480	3.491	3.501
410	3.512	3.522	3.533	3.543	3.553	3.564	3.574	3.585	3.595	3.606
420	3.616	3.627	3.637	3.648	3.658	3.669	3.679	3.690	3.700	3.711
430	3.721	3.732	3.742	3.753	3.764	3.774	3.785	3.795	3.806	3.816
440	3.827	3.838	3.848	3.859	3.869	3.880	3.891	3.901	3.912	3.922
450	3.933	3.944	3.954	3.965	3.976	3.986	3.997	4.008	4.018	4.029
460	4.040	4.050	4.061	4.072	4.083	4.093	4.104	4.115	4.125	4.136
470	4.147	4.158	4.168	4.179	4.190	4.201	4.211	4.222	4.233	4.244
480	4.255	4.265	4.276	4.287	4.298	4.309	4.319	4.330	4.341	4.352
490	4.363	4.373	4.384	4.395	4.406	4.417	4.428	4.439	4.449	4.460
500	4.471	4.482	4.493	4.504	4.515	4.526	4.537	4.548	4.558	4.569
510	4.580	4.591	4.602	4.613	4.624	4.635	4.646	4.657	4.668	4.679

续表

$t/°C$	0	1	2	3	4 E/mV	5	6	7	8	9
520	4.690	4.701	4.712	4.723	4.734	4.745	4.756	4.767	4.778	4.789
530	4.800	4.811	4.822	4.833	4.844	4.855	4.866	4.877	4.888	4.899
540	4.910	4.922	4.933	4.944	4.955	4.966	4.977	4.988	4.999	5.010
550	5.021	5.033	5.044	5.055	5.066	5.077	5.088	5.099	5.111	5.122
560	5.133	5.144	5.155	5.166	5.178	5.189	5.200	5.211	5.222	5.234
570	5.245	5.256	5.267	5.279	5.290	5.301	5.312	5.323	5.335	5.346
580	5.357	5.369	5.380	5.391	5.402	5.414	5.425	5.436	5.448	5.459
590	5.470	5.481	5.493	5.504	5.515	5.527	5.538	5.549	5.561	5.572
600	5.583	5.595	5.606	5.618	5.629	5.640	5.652	5.663	5.674	5.686
610	5.697	5.709	5.720	5.731	5.743	5.754	5.766	5.777	5.789	5.800
620	5.812	5.823	5.834	5.846	5.857	5.869	5.880	5.892	5.903	5.915
630	5.926	5.938	5.949	5.961	5.972	5.984	5.995	6.007	6.018	6.030
640	6.041	6.053	6.065	6.076	6.088	6.099	6.111	6.122	6.134	6.146
650	6.157	6.169	6.180	6.192	6.204	6.215	6.227	6.238	6.250	6.262
660	6.273	6.285	6.297	6.308	6.320	6.332	6.343	6.355	6.367	6.378
670	6.390	6.402	6.413	6.425	6.437	6.448	6.460	6.472	6.484	6.495
680	6.507	6.519	6.531	6.542	6.554	6.566	6.578	6.589	6.601	6.613
690	6.625	6.636	6.648	6.660	6.672	6.684	6.695	6.707	6.719	6.731
700	6.743	6.755	6.766	6.778	6.790	6.802	6.814	6.826	6.838	6.849
710	6.861	6.873	6.885	6.897	6.909	6.921	6.933	6.945	6.956	6.968
720	6.980	6.992	7.004	7.016	7.028	7.040	7.052	7.064	7.076	7.088
730	7.100	7.112	7.124	7.136	7.148	7.160	7.172	7.184	7.196	7.208
740	7.220	7.232	7.244	7.256	7.268	7.280	7.292	7.304	7.316	7.328
750	7.340	7.352	7.364	7.376	7.389	7.401	7.413	7.425	7.437	7.449
760	7.461	7.473	7.485	7.498	7.510	7.522	7.534	7.546	7.558	7.570
770	7.583	7.595	7.607	7.619	7.631	7.644	7.656	7.668	7.680	7.692
780	7.705	7.717	7.729	7.741	7.753	7.766	7.778	7.790	7.802	7.815
790	7.827	7.839	7.851	7.864	7.876	7.888	7.901	7.913	7.925	7.938
800	7.950	7.962	7.974	7.987	7.999	8.011	8.024	8.036	8.048	8.061
810	8.073	8.086	8.098	8.110	8.123	8.135	8.147	8.160	8.172	8.185
820	8.197	8.209	8.222	8.234	8.247	8.259	8.272	8.284	8.296	8.309
830	8.321	8.334	8.346	8.359	8.371	8.384	8.396	8.409	8.421	8.434
840	8.446	8.459	8.471	8.484	8.496	8.509	8.521	8.534	8.546	8.559
850	8.571	8.584	8.597	8.609	8.622	8.634	8.647	8.659	8.672	8.685
860	8.697	8.710	8.722	8.735	8.748	8.760	8.773	8.785	8.798	8.811
870	8.823	8.836	8.849	8.861	8.874	8.887	8.899	8.912	8.925	8.937
880	8.950	8.963	8.975	8.988	9.001	9.014	9.026	9.039	9.052	9.065
890	9.077	9.090	9.103	9.115	9.128	9.141	9.154	9.167	9.179	9.192
900	9.205	9.218	9.230	9.243	9.256	9.269	9.282	9.294	9.307	9.320
910	9.333	9.346	9.359	9.371	9.384	9.397	9.410	9.423	9.436	9.449
920	9.461	9.474	9.487	9.500	9.513	9.526	9.539	9.552	9.565	9.578
930	9.590	9.603	9.616	9.629	9.642	9.655	9.668	9.681	9.694	9.707
940	9.720	9.733	9.746	9.759	9.772	9.785	9.798	9.811	9.824	9.837
950	9.850	9.863	9.876	9.889	9.902	9.915	9.928	9.941	9.954	9.967
960	9.980	9.993	10.006	10.019	10.032	10.046	10.059	10.072	10.085	10.098
970	10.111	10.124	10.137	10.150	10.163	10.177	10.190	10.203	10.216	10.229
980	10.242	10.255	10.268	10.282	10.295	10.308	10.321	10.334	10.347	10.361
990	10.374	10.387	10.400	10.413	10.427	10.440	10.453	10.466	10.480	10.493
1000	10.506	10.519	10.532	10.546	10.559	10.572	10.585	10.599	10.612	10.625
1010	10.638	10.652	10.665	10.678	10.692	10.705	10.718	10.731	10.745	10.758
1020	10.771	10.785	10.798	10.811	10.825	10.838	10.851	10.865	10.878	10.891
1030	10.905	10.918	10.932	10.945	10.958	10.972	10.985	10.998	11.012	11.025
1040	11.039	11.052	11.065	11.079	11.092	11.106	11.119	11.132	11.146	11.159
1050	11.173	11.186	11.200	11.213	11.227	11.240	11.253	11.267	11.280	11.294
1060	11.307	11.321	11.334	11.348	11.361	11.375	11.388	11.402	11.415	11.429
1070	11.442	11.456	11.469	11.483	11.496	11.510	11.524	11.537	11.551	11.564
1080	11.578	11.591	11.605	11.618	11.632	11.646	11.659	11.673	11.686	11.700
1090	11.714	11.727	11.741	11.754	11.768	11.782	11.795	11.809	11.822	11.836
1100	11.850	11.863	11.877	11.891	11.904	11.918	11.931	11.945	11.959	11.972
1110	11.986	12.000	12.013	12.027	12.041	12.054	12.068	12.082	12.096	12.109

续表

t/°C	0	1	2	3	4 E/mV	5	6	7	8	9
1450	16.746	16.760	16.774	16.789	16.803	16.817	16.831	16.845	16.859	16.873
1460	16.887	16.901	16.915	16.930	16.944	16.958	16.972	16.986	17.000	17.014
1470	17.028	17.042	17.056	17.071	17.085	17.099	17.113	17.127	17.141	17.155
1480	17.169	17.183	17.197	17.211	17.225	17.240	17.254	17.268	17.282	17.296
1490	17.310	17.324	17.338	17.352	17.366	17.380	17.394	17.408	17.423	17.437
1500	17.451	17.465	17.479	17.493	17.507	17.521	17.535	17.549	17.563	17.577
1510	17.591	17.605	17.619	17.633	17.647	17.661	17.676	17.690	17.704	17.718
1520	17.732	17.746	17.760	17.774	17.788	17.802	17.816	17.830	17.844	17.858
1530	17.872	17.886	17.900	17.914	17.928	17.942	17.956	17.970	17.984	17.998
1540	18.012	18.026	18.040	18.054	18.068	18.082	18.096	18.110	18.124	18.138
1550	18.152	18.166	18.180	18.194	18.208	18.222	18.236	18.250	18.264	18.278
1560	18.292	18.306	18.320	18.334	18.348	18.362	18.376	18.390	18.404	18.417
1570	18.431	18.445	18.459	18.473	18.487	18.501	18.515	18.529	18.543	18.557
1580	18.571	18.585	18.599	18.613	18.627	18.640	18.654	18.668	18.682	18.696
1590	18.710	18.724	18.738	18.752	18.766	18.779	18.793	18.807	18.821	18.835
1600	18.849	18.863	18.877	18.891	18.904	18.918	18.932	18.946	18.960	18.974
1610	18.988	19.002	19.015	19.029	19.043	19.057	19.071	19.085	19.098	19.112
1620	19.126	19.140	19.154	19.168	19.181	19.195	19.209	19.223	19.237	19.250
1630	19.264	19.278	19.292	19.306	19.319	19.333	19.347	19.361	19.375	19.388
1640	19.402	19.416	19.430	19.444	19.457	19.471	19.485	19.499	19.512	19.526
1650	19.540	19.554	19.567	19.581	19.595	19.609	19.622	19.636	19.650	19.663
1660	19.677	19.691	19.705	19.718	19.732	19.746	19.759	19.773	19.787	19.800
1670	19.814	19.828	19.841	19.855	19.869	19.882	19.896	19.910	19.923	19.937
1680	19.951	19.964	19.978	19.992	20.005	20.019	20.032	20.046	20.060	20.073
1690	20.087	20.100	20.114	20.127	20.141	20.154	20.168	20.181	20.195	20.208
1700	20.222	20.235	20.249	20.262	20.275	20.289	20.302	20.316	20.329	20.342
1710	20.356	20.369	20.382	20.396	20.409	20.422	20.436	20.449	20.462	20.475
1720	20.488	20.502	20.515	20.528	20.541	20.554	20.567	20.581	20.594	20.607
1730	20.620	20.633	20.646	20.659	20.672	20.685	20.698	20.711	20.724	20.736
1740	20.749	20.762	20.775	20.788	20.801	20.813	20.826	20.839	20.852	20.864
1750	20.877	20.890	20.902	20.915	20.928	20.940	20.953	20.965	20.978	20.990
1760	21.003	21.015	21.027	21.040	21.052	21.065	21.077	21.089	21.101	

t/°C	0	1	2	3	4 E/mV	5	6	7	8	9
1120	12.123	12.137	12.150	12.164	12.178	12.191	12.205	12.219	12.233	12.246
1130	12.260	12.274	12.288	12.301	12.315	12.329	12.342	12.356	12.370	12.384
1140	12.397	12.411	12.425	12.439	12.453	12.466	12.480	12.494	12.508	12.521
1150	12.535	12.549	12.563	12.577	12.590	12.604	12.618	12.632	12.646	12.659
1160	12.673	12.687	12.701	12.715	12.729	12.742	12.756	12.770	12.784	12.798
1170	12.812	12.825	12.839	12.853	12.867	12.881	12.895	12.909	12.922	12.936
1180	12.950	12.964	12.978	12.992	13.006	13.019	13.033	13.047	13.061	13.075
1190	13.089	13.103	13.117	13.131	13.145	13.158	13.172	13.186	13.200	13.214
1200	13.228	13.242	13.256	13.270	13.284	13.298	13.311	13.325	13.339	13.353
1210	13.367	13.381	13.395	13.409	13.423	13.437	13.451	13.465	13.479	13.493
1220	13.507	13.521	13.535	13.549	13.563	13.577	13.590	13.604	13.618	13.632
1230	13.646	13.660	13.674	13.688	13.702	13.716	13.730	13.744	13.758	13.772
1240	13.786	13.800	13.814	13.828	13.842	13.856	13.870	13.884	13.898	13.912
1250	13.926	13.940	13.954	13.968	13.982	13.996	14.010	14.024	14.038	14.052
1260	14.066	14.081	14.095	14.109	14.123	14.137	14.151	14.165	14.197	14.193
1270	14.207	14.221	14.235	14.249	14.263	14.277	14.291	14.305	14.319	14.333
1280	14.347	14.361	14.375	14.390	14.404	14.418	14.432	14.446	14.460	14.474
1290	14.488	14.502	14.516	14.530	14.544	14.558	14.572	14.586	14.601	14.615
1300	14.629	14.643	14.657	14.671	14.685	14.699	14.713	14.727	14.741	14.755
1310	14.770	14.784	14.798	14.812	14.826	14.840	14.854	14.868	14.882	14.896
1320	14.911	14.925	14.939	14.953	14.967	14.981	14.995	15.009	15.023	15.037
1330	15.052	15.066	15.080	15.094	15.108	15.122	15.136	15.150	15.164	15.179
1340	15.193	15.207	15.221	15.235	15.249	15.263	15.277	15.291	15.306	15.320
1350	15.334	15.348	15.362	15.376	15.390	15.404	15.419	15.433	15.447	15.461
1360	15.475	15.489	15.503	15.517	15.531	15.546	15.560	15.574	15.588	15.602
1370	15.616	15.630	15.645	15.659	15.673	15.687	15.701	15.715	15.729	15.743
1380	15.758	15.772	15.786	15.800	15.814	15.828	15.842	15.856	15.871	15.885
1390	15.899	15.913	15.927	15.941	15.955	15.969	15.984	15.998	16.012	16.026
1400	16.040	16.054	16.068	16.082	16.097	16.111	16.125	16.139	16.153	16.167
1410	16.181	16.196	16.210	16.224	16.238	16.252	16.266	16.280	16.294	16.309
1420	16.323	16.337	16.351	16.365	16.379	16.393	16.407	16.422	16.436	16.450
1430	16.464	16.478	16.492	16.506	16.520	16.534	16.549	16.563	16.577	16.591
1440	16.605	16.619	16.633	16.647	16.662	16.676	16.690	16.704	16.718	16.732

表 4-5 铂铑 30-铂铑 6 热电偶（B 型）分度表　　　参考端温度：0℃

t/℃	0	1	2	3	4	5	6	7	8	9
					E/mV					
0	0.000	−0.000	−0.000	−0.000	−0.001	−0.001	−0.001	−0.001	−0.001	−0.002
10	−0.002	−0.002	−0.002	−0.002	−0.002	−0.002	−0.002	−0.002	−0.003	−0.003
20	−0.003	−0.003	−0.003	−0.003	−0.003	−0.003	−0.002	−0.002	−0.002	−0.002
30	−0.002	−0.002	−0.002	−0.002	−0.002	−0.001	−0.001	−0.001	−0.001	−0.001
40	−0.000	−0.000	0.000	0.000	0.000	0.001	0.001	0.001	0.002	0.002
50	0.002	0.003	0.003	0.003	0.004	0.004	0.004	0.005	0.005	0.006
60	0.006	0.007	0.007	0.008	0.008	0.009	0.009	0.010	0.010	0.011
70	0.011	0.012	0.012	0.013	0.014	0.014	0.015	0.015	0.016	0.017
80	0.017	0.018	0.019	0.020	0.020	0.021	0.022	0.022	0.023	0.024
90	0.025	0.026	0.026	0.027	0.028	0.029	0.030	0.031	0.031	0.032
100	0.033	0.034	0.035	0.036	0.037	0.038	0.039	0.040	0.041	0.042
110	0.043	0.044	0.045	0.046	0.047	0.048	0.049	0.050	0.051	0.052
120	0.053	0.055	0.056	0.057	0.058	0.059	0.060	0.062	0.063	0.064
130	0.065	0.066	0.068	0.069	0.070	0.072	0.073	0.074	0.075	0.077
140	0.078	0.079	0.081	0.082	0.084	0.085	0.086	0.088	0.089	0.091
150	0.092	0.094	0.095	0.096	0.098	0.099	0.101	0.102	0.104	0.106
160	0.107	0.109	0.110	0.112	0.113	0.115	0.117	0.118	0.120	0.122
170	0.123	0.125	0.127	0.128	0.130	0.132	0.134	0.135	0.137	0.139
180	0.141	0.142	0.144	0.146	0.148	0.150	0.151	0.153	0.155	0.157
190	0.159	0.161	0.163	0.165	0.166	0.168	0.170	0.172	0.174	0.176
200	0.178	0.180	0.182	0.184	0.186	0.188	0.190	0.192	0.195	0.197
210	0.199	0.201	0.203	0.205	0.207	0.209	0.212	0.214	0.216	0.218
220	0.220	0.222	0.225	0.227	0.229	0.231	0.234	0.236	0.238	0.241
230	0.243	0.245	0.248	0.250	0.252	0.255	0.257	0.259	0.262	0.264
240	0.267	0.269	0.271	0.274	0.276	0.279	0.281	0.284	0.286	0.289
250	0.291	0.294	0.296	0.299	0.301	0.304	0.307	0.309	0.312	0.314
260	0.317	0.320	0.322	0.325	0.328	0.330	0.333	0.336	0.338	0.341
270	0.344	0.347	0.349	0.352	0.355	0.358	0.360	0.363	0.366	0.369
280	0.372	0.375	0.377	0.380	0.383	0.386	0.389	0.392	0.395	0.398
290	0.401	0.404	0.407	0.410	0.143	0.416	0.419	0.422	0.425	0.428

t/℃	0	1	2	3	4	5	6	7	8	9
					E/mV					
300	0.431	0.434	0.437	0.440	0.443	0.446	0.449	0.452	0.455	0.458
310	0.462	0.465	0.468	0.471	0.474	0.478	0.481	0.484	0.487	0.490
320	0.494	0.497	0.500	0.503	0.507	0.510	0.513	0.517	0.520	0.523
330	0.527	0.530	0.533	0.537	0.540	0.544	0.547	0.550	0.554	0.557
340	0.561	0.564	0.568	0.571	0.575	0.578	0.582	0.585	0.589	0.592
350	0.596	0.599	0.603	0.607	0.610	0.614	0.617	0.621	0.625	0.628
360	0.632	0.636	0.639	0.643	0.647	0.650	0.654	0.658	0.662	0.665
370	0.669	0.673	0.677	0.680	0.684	0.688	0.692	0.696	0.700	0.703
380	0.707	0.711	0.715	0.719	0.723	0.727	0.731	0.735	0.738	0.742
390	0.746	0.750	0.754	0.758	0.762	0.766	0.770	0.774	0.778	0.782
400	0.787	0.791	0.795	0.799	0.803	0.807	0.811	0.815	0.819	0.824
410	0.828	0.832	0.836	0.840	0.844	0.849	0.853	0.857	0.861	0.866
420	0.870	0.874	0.878	0.883	0.887	0.891	0.896	0.900	0.904	0.909
430	0.913	0.917	0.922	0.926	0.930	0.935	0.939	0.944	0.948	0.953
440	0.957	0.961	0.966	0.970	0.975	0.979	0.984	0.988	0.993	0.997
450	1.002	1.007	1.011	1.016	1.020	1.025	1.030	1.034	1.039	1.043
460	1.048	1.053	1.057	1.062	1.067	1.071	1.076	1.081	1.086	1.090
470	1.095	1.100	1.105	1.109	1.114	1.119	1.124	1.129	1.133	1.138
480	1.143	1.148	1.153	1.158	1.163	1.167	1.172	1.177	1.182	1.187
490	1.192	1.197	1.202	1.207	1.212	1.217	1.222	1.227	1.232	1.237
500	1.242	1.247	1.252	1.257	1.262	1.267	1.272	1.277	1.282	1.288
510	1.293	1.298	1.303	1.308	1.313	1.318	1.324	1.329	1.334	1.339
520	1.344	1.350	1.355	1.360	1.365	1.371	1.376	1.381	1.387	1.392
530	1.397	1.402	1.408	1.413	1.418	1.424	1.429	1.435	1.440	1.445
540	1.451	1.456	1.462	1.467	1.472	1.478	1.483	1.489	1.494	1.500
550	1.505	1.511	1.516	1.522	1.527	1.533	1.539	1.544	1.550	1.555
560	1.561	1.566	1.572	1.578	1.583	1.589	1.595	1.600	1.606	1.612
570	1.617	1.623	1.629	1.634	1.640	1.646	1.652	1.657	1.663	1.669
580	1.675	1.680	1.686	1.692	1.698	1.704	1.709	1.715	1.721	1.727
590	1.733	1.739	1.745	1.750	1.756	1.762	1.768	1.774	1.780	1.786

续表

t/°C	0	1	2	3	4 (E/mV)	5	6	7	8	9
600	1.792	1.798	1.804	1.810	1.816	1.822	1.828	1.834	1.840	1.846
610	1.852	1.858	1.864	1.870	1.876	1.882	1.888	1.894	1.901	1.907
620	1.913	1.919	1.925	1.931	1.937	1.944	1.950	1.956	1.962	1.968
630	1.975	1.981	1.987	1.993	1.999	2.006	2.012	2.018	2.025	2.031
640	2.037	2.043	2.050	2.056	2.062	2.069	2.075	2.082	2.088	2.094
650	2.101	2.107	2.113	2.120	2.126	2.133	2.139	2.146	2.152	2.158
660	2.165	2.171	2.178	2.184	2.191	2.197	2.204	2.210	2.217	2.224
670	2.230	2.237	2.243	2.250	2.256	2.263	2.270	2.276	2.283	2.289
680	2.296	2.303	2.309	2.316	2.323	2.329	2.336	2.343	2.350	2.356
690	2.363	2.370	2.376	2.383	2.390	2.397	2.403	2.410	2.417	2.424
700	2.431	2.437	2.444	2.451	2.458	2.465	2.472	2.479	2.485	2.492
710	2.499	2.506	2.513	2.520	2.527	2.534	2.541	2.548	2.555	2.562
720	2.569	2.576	2.583	2.590	2.597	2.604	2.611	2.618	2.625	2.632
730	2.639	2.646	2.653	2.660	2.667	2.674	2.681	2.688	2.696	2.703
740	2.710	2.717	2.724	2.731	2.738	2.746	2.753	2.760	2.767	2.775
750	2.782	2.789	2.796	2.803	2.811	2.818	2.825	2.833	2.840	2.847
760	2.854	2.862	2.869	2.876	2.884	2.891	2.898	2.906	2.913	2.921
770	2.928	2.935	2.943	2.950	2.958	2.965	2.973	2.980	2.987	2.995
780	3.002	3.010	3.017	3.025	3.032	3.040	3.047	3.055	3.062	3.070
790	3.078	3.085	3.093	3.100	3.108	3.116	3.123	3.131	3.138	3.146
800	3.154	3.161	3.169	3.177	3.184	3.192	3.200	3.207	3.215	3.223
810	3.230	3.238	3.246	3.254	3.261	3.269	3.277	3.285	3.292	3.300
820	3.308	3.316	3.324	3.331	3.339	3.347	3.355	3.363	3.371	3.379
830	3.386	3.394	3.402	3.410	3.418	3.426	3.434	3.442	3.450	3.458
840	3.466	3.474	3.482	3.490	3.498	3.506	3.514	3.522	3.530	3.538
850	3.546	3.554	3.562	3.570	3.578	3.586	3.594	3.602	3.610	3.618
860	3.626	3.634	3.643	3.651	3.659	3.667	3.675	3.683	3.692	3.700
870	3.708	3.716	3.724	3.732	3.741	3.749	3.757	3.765	3.774	3.782
880	3.790	3.798	3.807	3.815	3.823	3.832	3.840	3.848	3.857	3.865
890	3.873	3.882	3.890	3.898	3.907	3.915	3.923	3.932	3.940	3.949
900	3.957	3.965	3.974	3.982	3.991	3.999	4.008	4.016	4.024	4.033
910	4.041	4.050	4.058	4.067	4.075	4.084	4.093	4.101	4.110	4.118
920	4.127	4.135	4.144	4.152	4.161	4.170	4.178	4.187	4.195	4.204
930	4.213	4.221	4.230	4.239	4.247	4.256	4.265	4.273	4.282	4.291
940	4.299	4.308	4.317	4.326	4.334	4.343	4.352	4.360	4.369	4.378
950	4.387	4.396	4.404	4.413	4.422	4.431	4.440	4.448	4.457	4.466
960	4.475	4.484	4.493	4.501	4.510	4.519	4.528	4.537	4.546	4.555
970	4.564	4.573	4.582	4.591	4.599	4.608	4.617	4.626	4.635	4.644
980	4.653	4.662	4.671	4.680	4.689	4.698	4.707	4.716	4.725	4.734
990	4.743	4.753	4.762	4.771	4.780	4.789	4.798	4.807	4.816	4.825
1000	4.834	4.843	4.853	4.862	4.871	4.880	4.889	4.898	4.908	4.917
1010	4.926	4.935	4.944	4.954	4.963	4.972	4.981	4.990	5.000	5.009
1020	5.018	5.027	5.037	5.046	5.055	5.065	5.074	5.083	5.092	5.102
1030	5.111	5.120	5.130	5.139	5.148	5.158	5.167	5.176	5.186	5.195
1040	5.205	5.214	5.223	5.233	5.242	5.252	5.261	5.270	5.280	5.289
1050	5.299	5.308	5.318	5.327	5.337	5.346	5.356	5.365	5.375	5.384
1060	5.394	5.403	5.413	5.422	5.432	5.441	5.451	5.460	5.470	5.480
1070	5.489	5.499	5.508	5.518	5.528	5.537	5.547	5.556	5.566	5.576
1080	5.585	5.595	5.605	5.614	5.624	5.634	5.643	5.653	5.663	5.672
1090	5.682	5.692	5.702	5.711	5.721	5.731	5.740	5.750	5.760	5.770
1100	5.780	5.789	5.799	5.809	5.819	5.828	5.838	5.848	5.858	5.868
1110	5.878	5.887	5.897	5.907	5.917	5.927	5.937	5.947	5.956	5.966
1120	5.976	5.986	5.996	6.006	6.016	6.026	6.036	6.046	6.055	6.065
1130	6.075	6.085	6.095	6.105	6.115	6.125	6.135	6.145	6.155	6.165
1140	6.175	6.185	6.195	6.205	6.215	6.225	6.235	6.245	6.256	6.266
1150	6.276	6.286	6.296	6.306	6.316	6.326	6.336	6.346	6.356	6.367
1160	6.377	6.387	6.397	6.407	6.417	6.427	6.438	6.448	6.458	6.468
1170	6.478	6.488	6.499	6.509	6.519	6.529	6.539	6.550	6.560	6.570
1180	6.580	6.591	6.601	6.611	6.621	6.632	6.642	6.652	6.663	6.673
1190	6.683	6.693	6.704	6.714	6.724	6.735	6.745	6.755	6.766	6.776
1200	6.786	6.797	6.807	6.818	6.828	6.838	6.849	6.859	6.869	6.880

续表

t/°C	0	1	2	3	4	5	6	7	8	9
					E/mV					
1210	6.890	6.901	6.911	6.922	6.932	6.942	6.953	6.963	6.974	6.984
1220	6.995	7.005	7.016	7.026	7.037	7.047	7.058	7.068	7.079	7.089
1230	7.100	7.110	7.121	7.131	7.142	7.152	7.163	7.173	7.184	7.194
1240	7.205	7.216	7.226	7.237	7.247	7.258	7.269	7.279	7.290	7.300
1250	7.311	7.322	7.332	7.343	7.353	7.364	7.375	7.385	7.396	7.407
1260	7.417	7.428	7.439	7.449	7.460	7.471	7.482	7.492	7.503	7.514
1270	7.524	7.535	7.546	7.557	7.567	7.578	7.589	7.600	7.610	7.621
1280	7.632	7.643	7.653	7.664	7.675	7.686	7.697	7.707	7.718	7.729
1290	7.740	7.751	7.761	7.772	7.783	7.794	7.805	7.816	7.827	7.837
1300	7.848	7.859	7.870	7.881	7.892	7.903	7.914	7.924	7.935	7.946
1310	7.957	7.968	7.979	7.990	8.001	8.012	8.023	8.034	8.045	8.056
1320	8.066	8.077	8.088	8.099	8.110	8.121	8.132	8.143	8.154	8.165
1330	8.176	8.187	8.198	8.209	8.220	8.231	8.242	8.253	8.264	8.275
1340	8.286	8.298	8.309	8.320	8.331	8.342	8.353	8.364	8.375	8.386
1350	8.397	8.408	8.419	8.430	8.441	8.453	8.464	8.475	8.486	8.497
1360	8.508	8.519	8.530	8.542	8.553	8.564	8.575	8.586	8.597	8.608
1370	8.620	8.631	8.642	8.653	8.664	8.675	8.687	8.698	8.709	8.720
1380	8.731	8.743	8.754	8.765	8.776	8.787	8.799	8.810	8.821	8.832
1390	8.844	8.855	8.866	8.877	8.889	8.900	8.911	8.922	8.934	8.945
1400	8.956	8.967	8.979	8.990	9.001	9.013	9.024	9.035	9.047	9.058
1410	9.069	9.080	9.092	9.103	9.114	9.126	9.137	9.148	9.160	9.171
1420	9.182	9.194	9.205	9.216	9.228	9.239	9.251	9.262	9.273	9.285
1430	9.296	9.307	9.319	9.330	9.342	9.353	9.364	9.376	9.387	9.398
1440	9.410	9.421	9.433	9.444	9.456	9.467	9.478	9.490	9.501	9.513
1450	9.524	9.536	9.547	9.558	9.570	9.581	9.593	9.604	9.616	9.627
1460	9.639	9.650	9.662	9.673	9.684	9.696	9.707	9.719	9.730	9.742
1470	9.753	9.765	9.776	9.788	9.799	9.811	9.822	9.834	9.845	9.857
1480	9.868	9.880	9.891	9.903	9.914	9.926	9.937	9.949	9.961	9.972
1490	9.984	9.995	10.007	10.018	10.030	10.041	10.053	10.064	10.076	10.088
1500	10.099	10.111	10.122	10.134	10.145	10.157	10.168	10.180	10.192	10.203
1510	10.215	10.226	10.238	10.249	10.261	10.273	10.284	10.296	10.307	10.319
1520	10.331	10.342	10.354	10.365	10.377	10.389	10.400	10.412	10.423	10.435
1530	10.447	10.458	10.470	10.482	10.493	10.505	10.516	10.528	10.540	10.551
1540	10.563	10.575	10.586	10.598	10.609	10.621	10.633	10.644	10.656	10.668
1550	10.679	10.691	10.703	10.714	10.726	10.738	10.749	10.761	10.773	10.784
1560	10.796	10.808	10.819	10.831	10.843	10.854	10.866	10.877	10.889	10.901
1570	10.913	10.924	10.936	10.948	10.959	10.971	10.983	10.994	11.006	11.018
1580	11.029	11.041	11.053	11.064	11.076	11.088	11.099	11.111	11.123	11.134
1590	11.146	11.158	11.169	11.181	11.193	11.205	11.216	11.228	11.240	11.251
1600	11.263	11.275	11.286	11.298	11.310	11.321	11.333	11.345	11.357	11.368
1610	11.380	11.392	11.403	11.415	11.427	11.438	11.450	11.462	11.474	11.485
1620	11.497	11.509	11.520	11.532	11.544	11.555	11.567	11.579	11.591	11.602
1630	11.614	11.626	11.637	11.649	11.661	11.673	11.684	11.696	11.708	11.719
1640	11.731	11.743	11.754	11.766	11.778	11.790	11.801	11.813	11.825	11.836
1650	11.848	11.860	11.871	11.883	11.895	11.907	11.918	11.930	11.942	11.953
1660	11.965	11.977	11.988	12.000	12.012	12.024	12.035	12.047	12.059	12.070
1670	12.082	12.094	12.105	12.117	12.129	12.141	12.152	12.164	12.176	12.187
1680	12.199	12.211	12.222	12.234	12.246	12.257	12.269	12.281	12.292	12.304
1690	12.316	12.327	12.339	12.351	12.363	12.374	12.386	12.398	12.409	12.421
1700	12.433	12.444	12.456	12.468	12.479	12.491	12.503	12.514	12.526	12.538
1710	12.549	12.561	12.572	12.584	12.596	12.607	12.619	12.631	12.642	12.654
1720	12.666	12.677	12.689	12.701	12.712	12.724	12.736	12.747	12.759	12.770
1730	12.782	12.794	12.805	12.817	12.829	12.840	12.852	12.863	12.875	12.887
1740	12.898	12.910	12.921	12.933	12.945	12.956	12.968	12.980	12.991	13.003
1750	13.014	13.026	13.037	13.049	13.061	13.072	13.084	13.095	13.107	13.119
1760	13.130	13.142	13.153	13.165	13.176	13.188	13.200	13.211	13.223	13.234
1770	13.246	13.257	13.269	13.280	13.292	13.304	13.315	13.327	13.338	13.350
1780	13.361	13.373	13.384	13.396	13.407	13.419	13.430	13.442	13.453	13.465
1790	13.476	13.488	13.499	13.511	13.522	13.534	13.545	13.557	13.568	13.580
1800	13.591	13.603	13.614	13.626	13.637	13.649	13.660	13.672	13.683	13.694
1810	13.706	13.717	13.729	13.740	13.752	13.763	13.775	13.786	13.797	13.809
1820	13.820									

表 4-6 镍铬-镍硅热电偶（K 型）分度表

参考端温度：0 ℃

t/℃	0	-1	-2	-3	-4	-5	-6	-7	-8	-9
					E/mV					
-270	-6.458									
-260	-6.441	-6.444	-6.446	-6.448	-6.450	-6.452	-6.453	-6.455	-6.456	-6.457
-250	-6.404	-6.408	-6.413	-6.417	-6.421	-6.425	-6.429	-6.432	-6.435	-6.438
-240	-6.344	-6.351	-6.358	-6.364	-6.370	-6.377	-6.382	-6.388	-6.393	-6.399
-230	-6.262	-6.271	-6.280	-6.289	-6.297	-6.306	-6.314	-6.322	-6.329	-6.337
-220	-6.158	-6.170	-6.181	-6.192	-6.202	-6.213	-6.223	-6.233	-6.243	-6.252
-210	-6.035	-6.048	-6.061	-6.074	-6.087	-6.099	-6.111	-6.123	-6.135	-6.147
-200	-5.891	-5.907	-5.922	-5.936	-5.951	-5.965	-5.980	-5.994	-6.007	-6.021
-190	-5.730	-5.747	-5.763	-5.780	-5.797	-5.813	-5.829	-5.845	-5.861	-5.876
-180	-5.550	-5.569	-5.588	-5.606	-5.624	-5.642	-5.660	-5.678	-5.695	-5.713
-170	-5.354	-5.374	-5.395	-5.415	-5.435	-5.454	-5.474	-5.493	-5.512	-5.531
-160	-5.141	-5.163	-5.185	-5.207	-5.228	-5.250	-5.271	-5.292	-5.313	-5.333
-150	-4.913	-4.936	-4.960	-4.983	-5.006	-5.029	-5.052	-5.074	-5.097	-5.119
-140	-4.669	-4.694	-4.719	-4.744	-4.768	-4.793	-4.817	-4.841	-4.865	-4.889
-130	-4.411	-4.437	-4.463	-4.490	-4.516	-4.542	-4.567	-4.593	-4.618	-4.644
-120	-4.138	-4.166	-4.194	-4.221	-4.249	-4.276	-4.303	-4.330	-4.357	-4.384
-110	-3.852	-3.882	-3.911	-3.939	-3.968	-3.997	-4.025	-4.054	-4.082	-4.110
-100	-3.554	-3.584	-3.614	-3.645	-3.675	-3.705	-3.734	-3.764	-3.794	-3.823
-90	-3.243	-3.274	-3.306	-3.337	-3.368	-3.400	-3.431	-3.462	-3.492	-3.523
-80	-2.920	-2.953	-2.986	-3.018	-3.050	-3.083	-3.115	-3.147	-3.179	-3.211
-70	-2.587	-2.620	-2.654	-2.688	-2.721	-2.755	-2.788	-2.821	-2.854	-2.887
-60	-2.243	-2.278	-2.312	-2.347	-2.382	-2.416	-2.450	-2.485	-2.519	-2.523
-50	-1.889	-1.925	-1.961	-1.996	-2.032	-2.067	-2.103	-2.138	-2.173	-2.208
-40	-1.527	-1.564	-1.600	-1.637	-1.673	-1.709	-1.745	-1.782	-1.818	-1.854
-30	-1.156	-1.194	-1.231	-1.268	-1.305	-1.343	-1.380	-1.417	-1.453	-1.490
-20	-0.778	-0.816	-0.854	-0.892	-0.930	-0.968	-1.006	-1.043	-1.081	-1.119
-10	-0.392	-0.431	-0.470	-0.508	-0.547	-0.586	-0.624	-0.663	-0.701	-0.739
0	-0.000	-0.039	-0.079	-0.118	-0.157	-0.197	-0.236	-0.275	-0.314	-0.353

t/℃	0	1	2	3	4	5	6	7	8	9
					E/mV					
0	0.000	0.039	0.079	0.119	0.158	0.198	0.238	0.277	0.317	0.357
10	0.397	0.437	0.477	0.517	0.557	0.597	0.637	0.677	0.718	0.758
20	0.798	0.838	0.879	0.919	0.960	1.000	1.041	1.081	1.122	1.163
30	1.203	1.244	1.285	1.326	1.366	1.407	1.448	1.489	1.530	1.571
40	1.612	1.653	1.694	1.735	1.776	1.817	1.858	1.899	1.941	1.982
50	2.023	2.064	2.106	2.147	2.188	2.230	2.271	2.312	2.354	2.395
60	2.436	2.478	2.519	2.561	2.602	2.644	2.685	2.727	2.768	2.810
70	2.851	2.893	2.943	2.976	3.017	3.059	3.100	3.142	3.184	3.225
80	3.267	3.308	3.350	3.391	3.433	3.474	3.516	3.557	3.599	3.640
90	3.682	3.723	3.765	3.806	3.848	3.889	3.931	3.972	4.013	4.055
100	4.096	4.138	4.179	4.220	4.262	4.303	4.344	4.385	4.427	4.468
110	4.509	4.550	4.591	4.633	4.674	4.715	4.756	4.797	4.838	4.879
120	4.920	4.961	5.002	5.043	5.084	5.124	5.165	5.206	5.247	5.288
130	5.328	5.369	5.410	5.450	5.491	5.532	5.572	5.613	5.653	5.694
140	5.735	5.775	5.815	5.856	5.896	5.937	5.977	6.017	6.058	6.098
150	6.138	6.179	6.219	6.259	6.299	6.339	6.380	6.420	6.460	6.500
160	6.540	6.580	6.620	6.660	6.701	6.741	6.781	6.821	6.861	6.901
170	6.941	6.981	7.021	7.060	7.100	7.140	7.180	7.220	7.260	7.300
180	7.340	7.380	7.420	7.460	7.500	7.540	7.579	7.619	7.659	7.699
190	7.739	7.779	7.819	7.859	7.899	7.939	7.979	8.019	8.059	8.099
200	8.138	8.178	8.218	8.258	8.298	8.338	8.378	8.418	8.458	8.499
210	8.539	8.579	8.619	8.659	8.699	8.739	8.779	8.819	8.860	8.900
220	8.940	8.980	9.020	9.061	9.101	9.141	9.181	9.222	9.262	9.302
230	9.343	9.383	9.423	9.464	9.504	9.545	9.585	9.626	9.666	9.707
240	9.747	9.788	9.828	9.869	9.909	9.950	9.991	10.031	10.072	10.113
250	10.153	10.194	10.235	10.276	10.316	10.357	10.398	10.439	10.480	10.520
260	10.561	10.602	10.643	10.684	10.725	10.766	10.807	10.848	10.889	10.930
270	10.971	11.012	11.053	11.094	11.135	11.176	11.217	11.259	11.300	11.341
280	11.382	11.423	11.465	11.506	11.547	11.588	11.630	11.671	11.712	11.753
290	11.795	11.836	11.877	11.919	11.960	12.001	12.043	12.084	12.126	12.167
300	12.209	12.250	12.291	12.333	12.374	12.416	12.457	12.499	12.540	12.582

续表

t/°C	0	1	2	3	4	5	6	7	8	9
					E/mV					
310	12.624	12.665	12.707	12.748	12.790	12.831	12.873	12.915	12.956	12.998
320	13.040	13.081	13.123	13.165	13.206	13.248	13.290	13.331	13.373	13.415
330	13.457	13.498	13.540	13.582	13.624	13.665	13.707	13.749	13.791	13.833
340	13.874	13.916	13.958	14.000	14.042	14.084	14.126	14.167	14.209	14.251
350	14.293	14.335	14.377	14.419	14.461	14.503	14.545	14.587	14.629	14.671
360	14.713	14.755	14.797	14.839	14.881	14.923	14.965	15.007	15.049	15.091
370	15.133	15.175	15.217	15.259	15.301	15.343	15.385	15.427	15.469	15.511
380	15.554	15.596	15.638	15.680	15.722	15.764	15.806	15.849	15.891	15.933
390	15.975	16.071	16.059	16.102	16.144	16.186	16.228	16.270	16.313	16.355
400	16.397	16.439	16.482	16.524	16.566	16.608	16.651	16.693	16.735	16.778
410	16.820	16.862	16.904	16.947	16.989	17.031	17.074	17.116	17.158	17.201
420	17.243	17.285	17.328	17.370	17.413	17.455	17.497	17.540	17.582	17.624
430	17.667	17.709	17.752	17.794	17.837	17.879	17.921	17.964	18.006	18.049
440	18.091	18.134	18.176	18.218	18.261	18.303	18.346	18.388	18.431	18.473
450	18.516	18.558	18.601	18.643	18.686	18.728	18.771	18.813	18.856	18.898
460	18.941	18.983	19.026	19.068	19.111	19.154	19.196	19.239	19.281	19.324
470	19.366	19.409	19.451	19.494	19.537	19.579	19.622	19.664	19.707	19.750
480	19.792	19.835	19.877	19.920	19.962	20.005	20.048	20.090	20.133	20.175
490	20.218	20.261	20.303	20.346	20.389	20.431	20.474	20.516	20.559	20.602
500	20.644	20.687	20.730	20.772	20.815	20.857	20.900	20.943	20.985	21.028
510	21.071	21.113	21.156	21.199	21.241	21.284	21.326	21.369	21.412	21.454
520	21.497	21.540	21.582	21.625	21.668	21.710	21.753	21.796	21.838	21.881
530	21.924	21.966	22.009	22.052	22.094	22.137	22.179	22.222	22.265	22.307
540	22.350	22.393	22.435	22.478	22.521	22.563	22.606	22.649	22.691	22.734
550	22.776	22.819	22.862	22.904	22.947	22.990	23.032	23.075	23.117	23.160
560	23.203	23.245	23.288	23.331	23.373	23.416	23.458	23.501	23.544	23.586
570	23.629	23.671	23.714	23.757	23.799	23.842	23.884	23.927	23.970	24.012
580	24.055	24.097	24.140	24.182	24.225	24.267	24.310	24.353	24.395	24.438

t/°C	0	1	2	3	4	5	6	7	8	9
					E/mV					
590	24.480	24.523	24.565	24.608	24.650	24.693	24.735	24.778	24.820	24.863
600	24.905	24.948	24.990	25.033	25.075	25.118	25.160	25.203	25.245	25.288
610	25.330	25.373	25.415	25.458	25.500	25.543	25.585	25.627	25.670	25.712
620	25.755	25.797	25.840	25.882	25.924	25.967	26.009	26.052	26.094	26.136
630	26.179	26.221	26.263	26.306	26.348	26.390	26.433	26.475	26.517	26.560
640	26.602	26.644	26.687	26.729	26.771	26.814	26.856	26.898	26.940	26.983
650	27.025	27.067	27.109	27.152	27.194	27.236	27.278	27.320	27.363	27.405
660	27.447	27.489	27.531	27.574	27.616	27.658	27.700	27.742	27.784	27.826
670	27.869	27.911	27.953	27.995	28.037	28.079	28.121	28.163	28.205	28.247
680	28.289	28.332	28.374	28.416	28.458	28.500	28.542	28.584	28.626	28.668
690	28.710	28.752	28.794	28.835	28.877	28.919	28.961	29.003	29.045	29.087
700	29.129	29.171	29.213	29.255	29.297	29.338	29.380	29.422	29.464	29.506
710	29.548	29.589	29.631	29.673	29.715	29.757	29.798	29.840	29.882	29.924
720	29.965	30.007	30.049	30.090	30.132	30.174	30.216	30.257	30.299	30.341
730	30.382	30.424	30.466	30.507	30.549	30.590	30.632	30.674	30.715	30.757
740	30.798	30.840	30.881	30.923	30.964	31.006	31.047	31.089	31.130	31.172
750	31.213	31.255	31.296	31.338	31.379	31.421	31.462	31.504	31.545	31.586
760	31.628	31.699	31.710	31.752	31.793	31.834	31.876	31.917	31.958	32.000
770	32.041	32.082	32.124	32.165	32.206	32.247	32.289	32.330	32.371	32.412
780	32.453	32.495	32.536	32.577	32.618	32.659	32.700	32.742	32.783	32.824
790	32.865	32.906	32.947	32.988	33.029	33.070	33.111	33.152	33.193	33.234
800	33.275	33.316	33.357	33.398	33.439	33.480	33.521	33.562	33.603	33.644
810	33.685	33.726	33.767	33.808	33.848	33.889	33.930	33.971	34.012	34.053
820	34.093	34.134	34.175	34.216	34.257	34.297	34.338	34.379	34.420	34.460
830	34.501	34.542	34.582	34.623	34.664	34.704	34.745	34.786	34.826	34.867
840	34.908	34.948	34.989	35.029	35.070	35.110	35.151	35.192	35.232	35.273
850	35.313	35.354	35.394	35.435	35.475	35.516	35.556	35.596	35.637	35.677

续表

t/°C	0	1	2	3	4 (E/mV)	5	6	7	8	9
860	35.718	35.758	35.798	35.839	35.879	35.920	35.960	36.000	36.041	36.081
870	36.121	36.162	36.202	36.242	36.282	36.323	36.363	36.403	36.443	36.484
880	36.524	36.564	36.604	36.644	36.685	36.725	36.765	36.805	36.845	36.885
890	36.925	36.965	37.006	37.046	37.086	37.126	37.166	37.206	37.246	37.286
900	37.326	37.366	37.406	37.446	37.486	37.526	37.566	37.606	37.646	37.686
910	37.725	37.765	37.805	37.845	37.885	37.925	37.965	38.005	38.044	38.084
920	38.124	38.164	38.204	38.243	38.283	38.323	38.363	38.402	38.442	38.482
930	38.522	38.561	38.601	38.641	38.680	38.720	38.760	38.799	38.839	38.878
940	38.918	38.958	38.997	39.037	39.076	39.116	39.155	39.195	39.235	39.274
950	39.314	39.353	39.393	39.432	39.471	39.511	39.550	39.590	39.629	39.669
960	39.708	39.747	39.787	39.826	39.866	39.905	39.944	39.984	40.023	40.062
970	40.101	40.141	40.180	40.219	40.259	40.298	40.337	40.376	40.415	40.455
980	40.494	40.533	40.572	40.611	40.651	40.690	40.729	40.768	40.807	40.846
990	40.885	40.924	40.963	41.002	41.042	41.081	41.120	41.159	41.198	41.237
1000	41.276	41.315	41.354	41.393	41.431	41.470	41.509	41.548	41.587	41.626
1010	41.665	41.704	41.743	41.781	41.820	41.859	41.898	41.937	41.976	42.014
1020	42.053	42.092	42.131	42.169	42.208	42.247	42.286	42.324	42.363	42.402
1030	42.440	42.479	42.518	42.556	42.595	42.633	42.672	42.711	42.749	42.788
1040	42.826	42.865	42.903	42.942	42.980	43.019	43.057	43.096	43.134	43.173
1050	43.211	43.250	43.288	43.327	43.365	43.403	43.442	43.480	43.518	43.557
1060	43.595	43.633	43.672	43.710	43.748	43.787	43.825	43.863	43.901	43.940
1070	43.978	44.016	44.054	44.092	44.130	44.169	44.207	44.245	44.283	44.321
1080	44.359	44.397	44.435	44.473	44.512	44.550	44.588	44.626	44.664	44.702
1090	44.740	44.778	44.816	44.853	44.891	44.929	44.967	45.005	45.043	45.081
1100	45.119	45.157	45.194	45.232	45.270	45.308	45.346	45.383	45.421	45.459

t/°C	0	1	2	3	4 (E/mV)	5	6	7	8	9
1110	45.497	45.534	45.572	45.610	45.647	45.685	45.723	45.760	45.798	45.836
1120	45.873	45.911	45.948	45.986	46.024	46.061	46.099	46.136	46.174	46.211
1130	46.249	46.286	46.324	46.361	46.398	46.436	46.473	46.511	46.548	46.585
1140	46.623	46.660	46.697	46.735	46.772	46.809	46.847	46.884	46.921	46.958
1150	46.995	47.033	47.070	47.107	47.144	47.181	47.218	47.256	47.293	47.330
1160	47.367	47.404	47.441	47.478	47.515	47.552	47.589	47.626	47.663	47.700
1170	47.737	47.774	47.811	47.848	47.884	47.921	47.958	47.995	48.032	48.069
1180	48.105	48.142	48.179	48.216	48.252	48.289	48.326	48.363	48.399	48.436
1190	48.473	48.509	48.546	48.582	48.619	48.656	48.692	48.729	48.765	48.802
1200	48.838	48.875	48.911	48.948	48.984	49.021	49.057	49.093	49.130	49.166
1210	49.202	49.239	49.275	49.311	49.348	49.384	49.420	49.456	49.493	49.529
1220	49.565	49.601	49.637	49.674	49.710	49.746	49.782	49.818	49.854	49.890
1230	49.926	49.962	49.998	50.034	50.070	50.106	50.142	50.178	50.214	50.250
1240	50.286	50.322	50.358	50.393	50.429	50.465	50.501	50.537	50.572	50.608
1250	50.644	50.680	50.715	70.751	50.787	50.822	50.858	50.894	50.929	50.965
1260	51.000	51.036	51.071	51.107	51.142	51.178	51.213	51.249	51.284	51.320
1270	51.355	51.391	51.426	51.461	51.497	51.532	51.567	51.603	51.638	51.673
1280	51.708	51.744	51.779	51.814	51.849	51.885	51.920	51.955	51.990	52.025
1290	52.060	52.095	52.130	52.165	52.200	52.235	52.270	52.305	52.340	52.375
1300	52.410	52.445	52.480	52.515	52.550	52.585	52.620	52.654	52.689	52.724
1310	52.759	52.794	52.828	52.863	52.898	52.932	52.967	53.002	53.037	53.071
1320	53.106	53.140	53.175	53.210	53.244	53.279	53.313	53.348	53.382	53.417
1330	53.451	53.486	53.520	53.555	53.589	53.623	53.658	53.692	53.727	53.761
1340	53.795	53.830	53.864	53.898	53.932	53.967	54.001	54.035	54.069	54.104
1350	54.138	54.172	54.206	54.240	54.274	54.308	54.343	54.377	54.411	54.445
1360	54.479	54.513	54.547	54.581	54.615	54.649	54.683	54.717	54.751	54.785
1370	54.819	54.852	54.886							

表 4-7 镍铬-铜镍（康铜）热电偶（E型）分度表

参考端温度：0℃

t/°C	0	1	2	3	4	5	6	7	8	9
					E/mV					
0	0.000	0.059	0.118	0.176	0.235	0.294	0.354	0.413	0.472	0.532
10	0.591	0.651	0.711	0.770	0.830	0.890	0.950	1.010	1.071	1.131
20	1.192	1.252	1.313	1.373	1.434	1.495	1.556	1.617	1.678	1.740
30	1.801	1.862	1.924	1.986	2.047	2.109	2.171	2.233	2.295	2.357
40	2.420	2.482	2.545	2.607	2.670	2.733	2.795	2.858	2.921	2.984
50	3.048	3.111	3.174	3.238	3.301	3.365	3.429	3.492	3.556	3.620
60	3.685	3.749	3.813	3.877	3.942	4.006	4.071	4.136	4.200	4.265
70	4.330	4.395	4.460	4.526	4.591	4.656	4.722	4.788	4.853	4.919
80	4.985	5.051	5.117	5.183	5.249	5.315	5.382	5.448	5.514	5.581
90	5.648	5.714	5.781	5.848	5.915	5.982	6.049	6.117	6.184	6.251
100	6.319	6.386	6.454	6.522	6.590	6.658	6.725	6.794	6.862	6.930
110	6.998	7.066	7.135	7.203	7.272	7.341	7.409	7.478	7.547	7.616
120	7.685	7.754	7.823	7.892	7.962	8.031	8.101	8.170	8.240	8.309
130	8.379	8.449	8.519	8.589	8.659	8.729	8.799	8.869	8.940	9.010
140	9.081	9.151	9.222	9.292	9.363	9.434	9.505	9.576	9.647	9.718
150	9.789	9.860	9.931	10.003	10.074	10.145	10.217	10.288	10.360	10.432
160	10.503	10.575	10.647	10.719	10.791	10.863	10.935	11.007	11.080	11.152
170	11.224	11.297	11.369	11.442	11.514	11.587	11.660	11.733	11.805	11.878
180	11.951	12.024	12.097	12.170	12.243	12.317	12.390	12.463	12.537	12.610
190	12.684	12.757	12.831	12.904	12.978	13.052	13.126	13.199	13.273	13.347
200	13.421	13.495	13.569	13.644	13.718	13.792	13.866	13.941	14.015	14.090
210	14.164	14.239	14.313	14.388	14.463	14.537	14.612	14.687	14.762	14.837
220	14.912	14.987	15.062	15.137	15.212	15.287	15.362	15.437	15.513	15.588
230	15.664	15.739	15.815	15.890	15.966	16.041	16.117	16.193	16.269	16.344
240	16.420	16.496	16.572	16.648	16.724	16.800	16.876	16.952	17.028	17.104
250	17.181	17.257	17.333	17.409	17.486	17.562	17.639	17.715	17.792	17.868
260	17.945	18.021	18.098	18.175	18.252	18.328	18.405	18.482	18.559	18.636
270	18.713	18.790	18.867	18.944	19.021	19.098	19.175	19.252	19.330	19.407
280	19.484	19.561	19.639	19.716	19.794	19.871	19.948	20.026	20.103	20.181
290	20.259	20.336	20.414	20.492	20.569	20.647	20.725	20.803	20.880	20.958
300	21.036	21.114	21.192	21.270	21.348	21.426	21.504	21.582	21.660	21.739
310	21.817	21.895	21.973	22.051	22.130	22.208	22.286	22.365	22.443	22.522

t/°C	0	−1	−2	−3	−4	−5	−6	−7	−8	−9
					E/mV					
−270	−9.835									
−260	−9.797	−9.802	−9.808	−9.813	−9.817	−9.821	−9.825	−9.828	−9.831	−9.833
−250	−9.718	−9.728	−9.737	−9.746	−9.754	−9.762	−9.770	−9.777	−9.784	−9.790
−240	−9.604	−9.617	−9.630	−9.642	−9.654	−9.666	−9.677	−9.688	−9.698	−9.709
−230	−9.455	−9.471	−9.487	−9.503	−9.519	−9.534	−9.548	−9.563	−9.577	−9.591
−220	−9.274	−9.293	−9.313	−9.331	−9.350	−9.368	−9.386	−9.404	−9.421	−9.438
−210	−9.063	−9.085	−9.107	−9.129	−9.151	−9.172	−9.193	−9.214	−9.234	−9.254
−200	−8.825	−8.850	−8.874	−8.899	−8.923	−8.947	−8.971	−8.994	−9.017	−9.040
−190	−8.561	−8.588	−8.616	−8.643	−8.669	−8.696	−8.722	−8.748	−8.774	−8.799
−180	−8.273	−8.303	−8.333	−8.362	−8.391	−8.420	−8.449	−8.477	−8.505	−8.533
−170	−7.963	−7.995	−8.027	−8.059	−8.090	−8.121	−8.152	−8.183	−8.213	−8.243
−160	−7.632	−7.666	−7.700	−7.733	−7.767	−7.800	−7.833	−7.866	−7.899	−7.931
−150	−7.279	−7.315	−7.351	−7.387	−7.423	−7.458	−7.493	−7.528	−7.563	−7.597
−140	−6.907	−6.945	−6.983	−7.021	−7.058	−7.096	−7.133	−7.170	−7.206	−7.243
−130	−6.516	−6.556	−6.596	−6.636	−6.675	−6.714	−6.753	−6.792	−6.831	−6.869
−120	−6.107	−6.149	−6.191	−6.232	−6.273	−6.314	−6.355	−6.396	−6.436	−6.476
−110	−5.681	−5.724	−5.767	−5.810	−5.853	−5.896	−5.939	−5.981	−6.023	−6.065
−100	−5.237	−5.282	−5.327	−5.372	−5.417	−5.461	−5.505	−5.549	−5.593	−5.637
−90	−4.777	−4.824	−4.871	−4.917	−4.963	−5.009	−5.055	−5.101	−5.147	−5.192
−80	−4.302	−4.350	−4.398	−4.446	−4.494	−4.542	−4.589	−4.636	−4.684	−4.731
−70	−3.811	−3.861	−3.911	−3.960	−4.009	−4.058	−4.107	−4.156	−4.205	−4.254
−60	−3.306	−3.357	−3.408	−3.459	−3.510	−3.561	−3.611	−3.661	−3.711	−3.761
−50	−2.787	−2.840	−2.892	−2.944	−2.996	−3.048	−3.100	−3.152	−3.204	−3.255
−40	−2.255	−2.309	−2.362	−2.416	−2.469	−2.523	−2.576	−2.629	−2.682	−2.735
−30	−1.709	−1.765	−1.820	−1.874	−1.929	−1.984	−2.038	−2.093	−2.147	−2.201
−20	−1.152	−1.208	−1.264	−1.320	−1.376	−1.432	−1.488	−1.543	−1.599	−1.654
−10	−0.582	−0.639	−0.697	−0.754	−0.811	−0.868	−0.925	−0.982	−1.039	−1.095
0	0.000	−0.059	−0.117	−0.176	−0.234	−0.292	−0.350	−0.408	−0.466	−0.524

续表

$t/°C$	0	1	2	3	4	5	6	7	8	9
					E/mV					
320	22.600	22.678	22.757	22.835	22.914	22.993	23.071	23.150	23.228	23.307
330	23.386	23.464	23.543	23.622	23.701	23.780	23.858	23.937	24.016	24.095
340	24.174	24.253	24.332	24.411	24.490	24.569	24.648	24.727	24.806	24.885
350	24.964	25.044	25.123	25.202	25.281	25.360	25.440	25.519	25.598	25.678
360	25.757	25.836	25.916	25.995	26.075	26.154	26.233	26.313	26.392	26.472
370	26.552	26.631	26.711	26.790	26.870	26.950	27.029	27.109	27.189	27.268
380	27.348	27.428	27.507	27.587	27.667	27.747	27.827	27.907	27.986	28.066
390	28.146	28.226	28.306	28.386	28.466	28.546	28.626	28.706	28.786	28.866
400	28.946	29.026	29.106	29.186	29.266	29.346	29.427	29.507	29.587	29.667
410	29.747	29.827	29.908	29.988	30.068	30.148	30.229	30.309	30.389	30.470
420	30.550	30.630	30.711	30.791	30.871	30.952	31.032	31.112	31.193	31.273
430	31.354	31.434	31.515	31.595	31.676	31.756	31.837	31.917	31.998	32.078
440	32.159	32.239	32.320	32.400	32.481	32.562	32.642	32.723	32.803	32.884
450	32.965	33.045	33.126	33.207	33.287	33.368	33.449	33.529	33.610	33.691
460	33.772	33.852	33.933	34.014	34.095	34.175	34.256	34.337	34.418	34.498
470	34.579	34.660	34.741	34.822	34.902	34.983	35.064	35.145	35.226	35.307
480	35.387	35.468	35.549	35.630	35.711	35.792	35.873	35.954	36.034	36.115
490	36.196	36.277	36.358	36.439	36.520	36.601	36.682	36.763	36.843	36.924
500	37.005	37.086	37.167	37.248	37.329	37.410	37.491	37.572	37.653	37.734
510	37.815	37.896	37.977	38.058	38.139	38.220	38.300	38.381	38.462	38.543
520	38.624	38.705	38.786	38.867	38.948	39.029	39.110	39.191	39.272	39.353
530	39.434	39.515	39.596	39.677	39.758	39.839	39.920	40.001	40.082	40.163
540	40.243	40.324	40.405	40.486	40.567	40.648	40.729	40.810	40.891	40.972
550	41.053	41.134	41.215	41.296	41.377	41.457	41.538	41.619	41.700	41.781
560	41.862	41.943	42.024	42.105	42.185	42.266	42.347	42.428	42.509	42.590
570	42.671	42.751	42.832	42.913	42.994	43.075	43.156	43.236	43.317	43.398
580	43.479	43.560	43.640	43.721	43.802	43.883	43.963	44.044	44.125	44.206
590	44.286	44.367	44.448	44.529	44.609	44.690	44.771	44.851	44.932	45.013
600	45.093	45.174	45.255	45.335	45.416	45.497	45.577	45.658	45.738	45.819
610	45.900	45.980	46.061	46.141	46.222	46.302	46.383	46.463	46.544	46.624
620	46.705	46.785	46.866	46.946	47.027	47.107	47.188	47.268	47.349	47.429
630	47.509	47.590	47.670	47.751	47.831	47.911	47.992	48.072	48.152	48.233
640	48.313	48.393	48.474	48.554	48.634	48.715	48.795	48.875	48.955	49.035
650	49.116	49.196	49.276	49.356	49.436	49.517	49.597	49.677	49.757	49.837

$t/°C$	0	1	2	3	4	5	6	7	8	9
					E/mV					
660	49.917	49.997	50.077	50.157	50.238	50.318	50.398	50.478	50.558	50.638
670	50.718	50.798	50.878	50.958	51.038	51.118	51.197	51.277	51.357	51.437
680	51.517	51.597	51.677	51.757	51.837	51.916	51.996	52.076	52.156	52.236
690	52.315	52.395	52.475	52.555	52.634	52.714	52.794	52.873	52.953	52.033
700	53.112	53.192	53.272	53.351	53.431	53.510	53.590	53.670	53.749	53.829
710	53.908	53.988	54.067	54.147	54.226	54.306	54.385	54.465	54.544	54.624
720	54.703	54.782	54.862	54.941	55.021	55.100	55.179	55.259	55.338	55.417
730	55.497	55.576	55.655	55.734	55.814	55.893	55.972	56.051	56.131	56.210
740	56.289	56.368	56.447	56.526	56.606	56.685	56.764	56.843	56.922	57.001
750	57.080	57.159	57.238	57.317	57.396	57.475	57.554	57.633	57.712	57.791
760	57.870	57.949	58.028	58.107	58.186	58.265	58.343	58.422	58.501	58.580
770	58.659	58.738	58.816	58.895	58.974	59.053	59.131	59.210	59.289	59.367
780	59.446	59.525	59.604	59.682	59.761	59.839	59.918	59.997	60.075	60.154
790	60.232	60.311	60.390	60.468	60.547	60.625	60.704	60.782	60.860	60.939
800	61.017	61.096	61.174	61.253	61.331	61.409	61.488	61.566	61.644	61.723
810	61.801	61.879	61.958	62.036	62.114	62.192	62.271	62.349	62.427	62.505
820	62.583	62.662	62.740	62.818	62.896	62.974	63.052	63.130	63.208	63.286
830	63.364	63.442	63.520	63.598	63.676	63.754	63.832	63.910	63.988	64.066
840	64.144	64.222	64.300	64.377	64.455	64.533	64.611	64.689	64.766	64.844
850	64.922	65.000	65.077	65.155	65.233	65.310	65.388	65.465	65.543	65.621
860	65.698	65.776	65.853	65.931	66.008	66.086	66.163	66.241	66.318	66.396
870	66.473	66.550	66.628	66.705	66.782	66.860	66.937	67.014	67.092	67.169
880	67.246	67.323	67.400	67.478	67.555	67.632	67.709	67.786	67.863	67.940
890	68.017	68.094	68.171	68.248	68.325	68.402	68.479	68.556	68.633	68.710
900	68.787	68.863	68.940	69.017	69.094	69.171	69.247	69.324	69.401	69.477
910	69.554	69.631	69.707	69.784	69.860	69.937	70.013	70.090	70.166	70.243
920	70.319	70.396	70.472	70.548	70.625	70.701	70.777	70.854	70.930	71.006
930	71.082	71.159	71.235	71.311	71.387	71.463	71.539	71.615	71.692	71.768
940	71.844	71.920	71.996	72.072	72.147	72.223	72.299	72.375	72.451	72.527
950	72.603	72.678	72.754	72.830	72.906	72.981	73.057	73.133	73.208	73.284
960	73.360	73.435	73.511	73.586	73.662	73.738	73.813	73.889	73.964	74.040
970	74.115	74.190	74.266	74.341	74.417	74.492	74.567	74.643	74.718	74.793
980	74.869	74.944	75.019	75.095	75.170	75.245	75.320	75.395	75.471	75.546
990	75.621	75.696	75.771	75.847	75.922	75.997	76.072	76.147	76.223	76.298
1000	76.373									

表 4-8　铁-铜镍（康铜）热电偶（J型）分度表

参考端温度：0 ℃

t/℃	0	-1	-2	-3	-4	-5	-6	-7	-8	-9
					E/mV					
-210	-8.095									
-200	-7.890	-7.912	-7.934	-7.955	-7.976	-7.996	-8.017	-8.037	-8.057	-8.076
-190	-7.659	-7.683	-7.707	-7.731	-7.755	-7.778	-7.801	-7.824	-7.846	-7.868
-180	-7.403	-7.429	-7.456	-7.482	-7.508	-7.534	-7.559	-7.585	-7.610	-7.634
-170	-7.123	-7.152	-7.181	-7.209	-7.237	-7.265	-7.293	-7.321	-7.348	-7.376
-160	-6.821	-6.853	-6.883	-6.914	-6.944	-6.975	-7.005	-7.035	-7.064	-7.094
-150	-6.500	-6.533	-6.566	-6.598	-6.631	-6.663	-6.695	-6.727	-6.759	-6.790
-140	-6.159	-6.194	-6.229	-6.263	-6.298	-6.332	-6.366	-6.400	-6.433	-6.467
-130	-5.801	-5.838	-5.874	-5.910	-5.946	-5.982	-6.018	-6.054	-6.089	-6.124
-120	-5.426	-5.465	-5.503	-5.541	-5.578	-5.616	-5.653	-5.690	-5.727	-5.764
-110	-5.037	-5.076	-5.116	-5.155	-5.194	-5.233	-5.272	-5.311	-5.350	-5.388
-100	-4.633	-4.674	-4.714	-4.755	-4.796	-4.836	-4.877	-4.917	-4.957	-4.997
-90	-4.215	-4.257	-4.300	-4.342	-4.384	-4.425	-4.467	-4.509	-4.550	-4.591
-80	-3.786	-3.829	-3.872	-3.916	-3.959	-4.002	-4.045	-4.088	-4.130	-4.173
-70	-3.344	-3.389	-3.434	-3.478	-3.522	-3.566	-3.610	-3.654	-3.698	-3.742
-60	-2.893	-2.938	-2.984	-3.029	-3.075	-3.120	-3.165	-3.210	-3.255	-3.300
-50	-2.431	-2.478	-2.524	-2.571	-2.617	-2.663	-2.709	-2.755	-2.801	-2.847
-40	-1.961	-2.008	-2.055	-2.103	-2.150	-2.197	-2.244	-2.291	-2.338	-2.385
-30	-1.482	-1.530	-1.578	-1.626	-1.674	-1.722	-1.770	-1.818	-1.865	-1.913
-20	-0.995	-1.044	-1.093	-1.142	-1.190	-1.239	-1.288	-1.336	-1.385	-1.433
-10	-0.501	-0.550	-0.600	-0.650	-0.699	-0.749	-0.798	-0.847	-0.896	-0.946
0	0.000	-0.050	-0.101	-0.151	-0.201	-0.251	-0.301	-0.351	-0.401	-0.451

t/℃	0	1	2	3	4	5	6	7	8	9
					E/mV					
0	0.000	0.050	0.101	0.151	0.202	0.253	0.303	0.354	0.405	0.456
10	0.507	0.558	0.609	0.660	0.711	0.762	0.814	0.865	0.916	0.968
20	1.019	1.071	1.122	1.174	1.226	1.277	1.329	1.381	1.433	1.485
30	1.537	1.589	1.641	1.693	1.745	1.797	1.849	1.902	1.954	2.006
40	2.059	2.111	2.164	2.216	2.269	2.322	2.374	2.427	2.480	2.532
50	2.585	2.638	2.691	2.744	2.797	2.850	2.903	2.956	3.009	3.062
60	3.116	3.169	3.222	3.275	3.329	3.382	3.436	3.489	3.543	3.596
70	3.650	3.703	3.757	3.810	3.864	3.918	3.971	4.025	4.079	4.133
80	4.187	4.240	4.294	4.348	4.402	4.456	4.510	4.564	4.618	4.672
90	4.726	4.781	4.835	4.889	4.943	4.997	5.052	5.106	5.160	5.215
100	5.269	5.323	5.378	5.432	5.487	5.541	5.595	5.650	5.705	5.759
110	5.814	5.868	5.923	5.977	6.032	6.087	6.141	6.196	6.251	6.306
120	6.360	6.415	6.470	6.525	6.579	6.634	6.689	6.744	6.799	6.854
130	6.909	6.964	7.019	7.074	7.129	7.184	7.239	7.294	7.349	7.404
140	7.459	7.514	7.569	7.624	7.679	7.734	7.789	7.844	7.900	7.955
150	8.010	8.065	8.120	8.175	8.231	8.286	8.341	8.396	8.452	8.507
160	8.562	8.618	8.673	8.728	8.783	8.839	8.894	8.949	9.005	9.060
170	9.115	9.171	9.226	9.282	9.337	9.392	9.448	9.503	9.559	9.614
180	9.669	9.725	9.780	9.836	9.891	9.947	10.002	10.057	10.113	10.168
190	10.224	10.279	10.335	10.390	10.446	10.501	10.557	10.612	10.668	10.732
200	10.779	10.834	10.890	10.945	11.001	11.056	11.112	11.167	11.223	11.278
210	11.334	11.389	11.445	11.501	11.556	11.612	11.667	11.723	11.778	11.834
220	11.889	11.945	12.000	12.056	12.111	12.167	12.222	12.278	12.334	12.389
230	12.445	12.500	12.556	12.611	12.667	12.722	12.778	12.833	12.889	12.944
240	13.000	13.056	13.111	13.167	13.222	13.278	13.333	13.389	13.444	13.500
250	13.555	13.611	13.666	13.722	13.777	13.833	13.888	13.944	13.999	14.055
260	14.110	14.166	14.221	14.277	14.332	14.388	14.443	14.499	14.554	14.609
270	14.665	14.720	14.776	14.831	14.887	14.942	14.998	15.053	15.109	15.164
280	15.219	15.275	15.330	15.386	15.441	15.496	15.552	15.607	15.663	15.718
290	15.773	15.829	15.884	15.940	15.995	16.050	16.106	16.161	16.216	16.272
300	16.327	16.383	16.438	16.493	16.549	16.604	16.659	16.715	16.770	16.825
310	16.881	16.936	16.991	17.046	17.102	17.157	17.212	17.268	17.323	17.378
320	17.434	17.489	17.544	17.599	17.655	17.710	17.765	17.820	17.876	17.931
330	17.986	18.041	18.097	18.152	18.207	18.262	18.318	18.373	18.428	18.483
340	18.538	18.594	18.649	18.704	18.759	18.814	18.870	18.925	18.980	19.035
350	19.090	19.146	19.201	19.256	19.311	19.366	19.422	19.477	19.532	19.587

续表

$t/℃$	0	1	2	3	4	5	6	7	8	9
					E/mV					
360	19.642	19.697	19.753	19.808	19.863	19.918	19.973	20.028	20.083	20.139
370	20.194	20.249	20.304	20.359	20.414	20.469	20.525	20.580	20.635	20.690
380	20.745	20.800	20.855	20.911	20.966	21.021	21.076	21.131	21.186	21.241
390	21.297	21.352	21.407	21.462	21.517	21.572	21.627	21.683	21.738	21.793
400	21.848	21.903	21.958	22.014	22.069	22.124	22.179	22.234	22.289	22.345
410	22.400	22.455	22.510	22.565	22.620	22.676	22.731	22.786	22.841	22.896
420	22.952	23.007	23.062	23.117	23.172	23.228	23.283	23.338	23.393	23.449
430	23.504	23.559	23.614	23.670	23.725	23.780	23.835	23.891	23.946	24.001
440	24.057	24.112	24.167	24.223	24.278	24.333	24.389	24.444	24.499	24.555
450	24.610	24.665	24.721	24.776	24.832	24.887	24.943	24.998	25.053	25.109
460	25.164	25.220	25.275	25.331	25.386	25.442	25.497	25.553	25.608	25.664
470	25.720	25.775	25.831	25.886	25.942	25.998	26.053	26.109	26.165	26.220
480	26.276	26.332	26.387	26.443	26.499	26.555	26.610	26.666	26.722	26.778
490	26.834	26.889	26.945	27.001	27.057	27.113	27.169	27.225	27.281	27.337
500	27.393	27.449	27.505	27.561	27.617	27.673	27.729	27.785	27.841	27.897
510	27.953	28.010	28.066	28.122	28.178	28.234	28.291	28.347	28.403	28.460
520	28.516	28.572	28.629	28.685	28.741	28.798	28.854	28.911	28.967	29.024
530	29.080	29.137	29.194	29.250	29.307	29.363	29.420	29.477	29.534	29.590
540	29.647	29.704	29.761	29.818	29.874	29.931	29.988	30.045	30.102	30.159
550	30.216	30.273	30.330	30.387	30.444	30.502	30.559	30.616	30.673	30.730
560	30.788	30.845	30.902	30.960	31.017	31.074	31.132	31.189	31.247	31.304
570	31.362	31.419	31.477	31.535	31.592	31.650	31.708	31.766	31.823	31.881
580	31.939	31.997	32.055	32.113	32.171	32.229	32.287	32.345	32.403	32.461
590	32.519	32.577	32.636	32.694	32.752	32.810	32.869	32.927	32.985	33.044
600	33.102	33.161	33.219	33.278	33.337	33.395	33.454	33.513	33.571	33.630
610	33.689	33.748	33.807	33.866	33.925	33.984	34.043	34.102	34.161	34.220
620	34.279	34.338	34.397	34.457	34.516	34.575	34.635	34.694	34.754	34.813
630	34.873	34.932	34.992	35.051	35.111	35.171	35.230	35.290	35.350	35.410
640	35.470	35.530	35.590	35.650	35.710	35.770	35.830	35.890	35.950	36.010
650	36.071	36.131	36.191	36.252	36.312	36.373	36.433	36.494	36.554	36.615

$t/℃$	0	1	2	3	4	5	6	7	8	9
					E/mV					
660	36.675	36.736	36.797	36.858	36.918	36.979	37.040	37.101	37.162	37.223
670	37.284	37.345	37.406	37.467	37.528	37.590	37.651	37.712	37.773	37.835
680	37.896	37.958	38.019	38.081	38.142	38.204	38.265	38.327	38.389	38.450
690	38.512	38.574	38.636	38.698	38.760	38.822	38.884	38.946	39.008	39.070
700	39.132	39.194	39.256	39.318	39.381	39.443	39.505	39.568	39.630	39.693
710	39.755	39.818	39.880	39.943	40.005	40.068	40.131	40.193	40.256	40.319
720	40.382	40.445	40.508	40.570	40.633	40.696	40.759	40.822	40.886	40.949
730	41.012	41.075	41.138	41.201	41.265	41.328	41.391	41.455	41.518	41.581
740	41.645	41.708	41.772	41.835	41.899	41.962	42.026	42.090	42.153	42.217
750	42.281	42.344	42.408	42.472	42.536	42.599	42.663	42.727	42.791	42.855
760	42.919	42.983	43.047	43.111	43.175	43.239	43.303	43.367	43.431	43.495
770	43.559	43.624	43.688	43.752	43.817	43.881	43.945	44.010	44.074	44.139
780	44.203	44.267	44.332	44.396	44.461	44.525	44.590	44.655	44.719	44.784
790	44.848	44.913	44.977	45.042	45.107	45.171	45.236	45.301	45.365	45.430
800	45.494	45.559	45.624	45.688	45.753	45.818	45.882	45.947	46.011	46.076
810	46.141	46.205	46.270	46.334	46.399	46.464	46.528	46.593	46.657	46.722
820	46.786	46.851	46.915	46.980	47.044	47.109	47.173	47.238	47.302	47.367
830	47.431	47.495	47.560	47.624	47.688	47.753	47.817	47.881	47.946	48.010
840	48.074	48.138	48.202	48.267	48.331	48.395	48.459	48.523	48.587	48.651
850	48.715	48.779	48.843	48.907	48.971	49.034	49.098	49.162	49.226	49.290
860	49.353	49.417	49.481	49.544	49.608	49.672	49.735	49.799	49.862	49.926
870	49.989	50.052	50.116	50.179	50.243	50.306	50.369	50.432	50.495	50.559
880	50.622	50.685	50.748	50.811	50.874	50.937	51.000	51.063	51.126	51.188
890	51.251	51.314	51.377	51.439	51.502	51.565	51.627	51.690	51.752	51.815
900	51.877	51.940	52.002	52.064	52.127	52.189	52.251	52.314	52.376	52.438
910	52.500	52.562	52.624	52.686	52.748	52.810	52.872	52.934	52.996	53.057
920	53.119	53.181	53.243	53.304	53.366	53.427	53.489	53.550	53.612	53.673
930	53.735	53.796	53.857	53.919	53.980	54.041	54.102	54.164	54.225	54.286
940	54.347	54.408	54.469	54.530	54.591	54.652	54.713	54.773	54.834	54.895
950	54.956	55.016	55.077	55.138	55.198	55.259	55.319	55.380	55.440	55.501

续表

t/°C	0	1	2	3	4	5	6	7	8	9
					E/mV					
1090	63.214	63.271	63.329	63.387	63.445	63.503	63.561	63.619	63.677	63.734
1100	63.792	63.850	63.908	63.966	64.024	64.081	64.139	64.197	64.255	64.313
1110	64.370	64.428	64.486	64.544	64.602	64.659	64.717	64.775	64.833	64.890
1120	64.948	65.006	65.064	65.121	65.179	65.237	65.295	65.352	65.410	65.468
1130	65.525	65.583	65.641	65.699	65.756	65.814	65.872	65.929	65.987	66.045
1140	66.102	66.160	66.218	66.275	66.333	66.391	66.448	66.506	66.564	66.621
1150	66.679	66.737	66.794	66.852	66.910	66.967	67.025	67.082	67.140	67.198
1160	67.255	67.313	67.370	67.428	67.486	67.543	67.601	67.658	67.716	67.773
1170	67.831	67.888	67.946	68.003	68.061	68.119	68.176	68.234	68.291	68.348
1180	68.406	68.463	68.521	68.578	68.636	68.693	68.751	68.808	68.865	68.923
1190	68.980	69.037	69.095	69.152	69.209	69.267	69.324	69.381	69.439	69.496
1200	69.553									

表 4-9 铜-铜镍（康铜）热电偶（T型）分度表

参考端温度：0°C

t/°C	0	−1	−2	−3	−4	−5	−6	−7	−8	−9
					E/mV					
−270	−6.258									
−260	−6.232	−6.236	−6.239	−6.242	−6.245	−6.248	−6.251	−6.253	−6.255	−6.256
−250	−6.180	−6.187	−6.193	−6.198	−6.204	−6.209	−6.214	−6.219	−6.223	−6.228
−240	−6.105	−6.114	−6.122	−6.130	−6.138	−6.146	−6.153	−6.160	−6.167	−6.174
−230	−6.007	−6.017	−6.028	−6.038	−6.049	−6.059	−6.068	−6.078	−6.087	−6.096
−220	−5.888	−5.901	−5.914	−5.926	−5.938	−5.950	−5.962	−5.973	−5.985	−5.996
−210	−5.753	−5.767	−5.782	−5.795	−5.809	−5.823	−5.836	−5.850	−5.863	−5.876
−200	−5.603	−5.619	−5.634	−5.650	−5.665	−5.680	−5.695	−5.710	−5.724	−5.739
−190	−5.439	−5.456	−5.473	−5.489	−5.506	−5.523	−5.539	−5.555	−5.571	−5.587
−180	−5.261	−5.279	−5.297	−5.316	−5.334	−5.351	−5.369	−5.387	−5.404	−5.421
−170	−5.070	−5.089	−5.109	−5.128	−5.148	−5.167	−5.186	−5.205	−5.224	−5.242
−160	−4.865	−4.886	−4.907	−4.928	−4.949	−4.969	−4.989	−5.010	−5.030	−5.050
−150	−4.648	−4.671	−4.693	−4.715	−4.737	−4.759	−4.780	−4.802	−4.823	−4.844
−140	−4.419	−4.443	−4.466	−4.489	−4.512	−4.535	−4.558	−4.581	−4.604	−4.626
−130	−4.177	−4.202	−4.226	−4.251	−4.275	−4.300	−4.324	−4.348	−4.372	−4.395
−120	−3.923	−3.949	−3.975	−4.000	−4.026	−4.052	−4.077	−4.102	−4.127	−4.152
−110	−3.657	−3.684	−3.711	−3.738	−3.765	−3.791	−3.818	−3.844	−3.871	−3.897
−100	−3.379	−3.407	−3.435	−3.463	−3.491	−3.519	−3.547	−3.574	−3.602	−3.629
−90	−3.089	−3.118	−3.148	−3.177	−3.206	−3.235	−3.264	−3.293	−3.322	−3.350
−80	−2.788	−2.818	−2.849	−2.879	−2.910	−2.940	−2.970	−3.000	−3.030	−3.059
−70	−2.476	−2.507	−2.539	−2.571	−2.602	−2.633	−2.664	−2.695	−2.726	−2.757
−60	−2.153	−2.186	−2.218	−2.251	−2.283	−2.316	−2.348	−2.380	−2.412	−2.444
−50	−1.819	−1.853	−1.887	−1.920	−1.954	−1.987	−2.021	−2.054	−2.087	−2.120
−40	−1.475	−1.510	−1.545	−1.579	−1.614	−1.648	−1.683	−1.717	−1.751	−1.785
−30	−1.121	−1.157	−1.192	−1.228	−1.264	−1.299	−1.335	−1.370	−1.405	−1.440
−20	−0.757	−0.794	−0.830	−0.867	−0.904	−0.940	−0.976	−1.013	−1.049	−1.085
−10	−0.383	−0.421	−0.459	−0.496	−0.534	−0.571	−0.608	−0.646	−0.683	−0.720
0	0.000	−0.039	−0.077	−0.116	−0.154	−0.193	−0.231	−0.269	−0.307	−0.345

t/°C	0	1	2	3	4	5	6	7	8	9
					E/mV					
960	55.561	55.622	55.682	55.742	55.803	55.863	55.923	55.983	56.043	56.104
970	56.164	56.224	56.284	56.344	56.404	56.464	56.524	56.584	56.643	56.703
980	56.763	56.823	56.883	56.942	57.002	57.062	57.121	57.181	57.240	57.300
990	57.360	57.419	57.479	57.538	57.597	57.657	57.716	57.776	57.835	57.894
1000	57.953	58.013	58.072	58.131	58.190	58.249	58.309	58.368	58.427	58.486
1010	58.545	58.604	58.663	58.722	58.781	58.840	58.899	58.957	59.016	59.075
1020	59.134	59.193	59.252	59.310	59.369	59.428	59.487	59.545	59.604	59.663
1030	59.721	59.780	59.838	59.897	59.956	60.014	60.073	60.131	60.190	60.248
1040	60.307	60.365	60.423	60.482	60.540	60.599	60.657	60.715	60.774	60.832
1050	60.890	60.949	61.007	61.065	61.123	61.182	61.240	61.298	61.356	61.415
1060	61.473	61.531	61.589	61.647	61.705	61.763	61.822	61.880	61.938	61.996
1070	62.054	62.112	62.170	62.228	62.286	62.344	62.402	62.460	62.518	62.576
1080	62.634	62.692	62.750	62.808	62.866	62.924	62.982	63.040	63.098	63.156

续表

t/°C	0	1	2	3	4 E/mV	5	6	7	8	9
210	9.822	9.876	9.930	9.984	10.038	10.092	10.146	10.200	10.254	10.308
220	10.362	10.417	10.471	10.525	10.580	10.634	10.689	10.743	10.798	10.853
230	10.907	10.962	11.017	11.072	11.127	11.182	11.237	11.292	11.347	11.403
240	11.458	11.513	11.569	11.624	11.680	11.735	11.791	11.846	11.902	11.958
250	12.013	12.069	12.125	12.181	12.237	12.293	12.349	12.405	12.461	12.518
260	12.574	12.630	12.687	12.743	12.799	12.856	12.912	12.969	13.026	13.082
270	13.139	13.196	13.253	13.310	13.366	13.423	13.480	13.537	13.595	13.652
280	13.709	13.766	13.823	13.881	13.938	13.995	14.053	14.110	14.168	14.226
290	14.283	14.341	14.399	14.456	14.514	14.572	14.630	14.688	14.746	14.804
300	14.862	14.920	14.978	15.036	15.095	15.153	15.211	15.270	15.328	15.386
310	15.445	15.503	15.562	15.621	15.679	15.738	15.797	15.856	15.914	15.973
320	16.032	16.091	16.150	16.209	16.268	16.327	16.387	16.446	16.505	16.564
330	16.624	16.683	16.742	16.802	16.861	16.921	16.980	17.040	17.100	17.159
340	17.219	17.279	17.339	17.399	17.458	17.518	17.578	17.638	17.698	17.759
350	17.819	17.879	17.939	17.999	18.060	18.120	18.180	18.241	18.301	18.362
360	18.422	18.483	18.543	18.604	18.665	18.725	18.786	18.847	18.908	18.969
370	19.030	19.091	19.152	19.213	19.275	19.335	19.396	19.457	19.518	19.579
380	19.641	19.702	19.763	19.825	19.886	19.947	20.009	20.070	20.132	20.193
390	20.255	20.317	20.378	20.440	20.502	20.563	20.625	20.687	20.748	20.810
400	20.872									

表 4-10 钨铼 3-钨铼 25 热电偶分度表

参考端温度：0 °C

t/°C	0	1	2	3	4 E/mV	5	6	7	8	9
0	0.000	0.039	0.078	0.117	0.156	0.195	0.234	0.273	0.312	0.352
10	0.391	0.431	0.470	0.510	0.549	0.589	0.629	0.669	0.709	0.749
20	0.790	0.830	0.870	0.911	0.951	0.992	1.033	1.074	1.114	1.155
30	1.196	1.238	1.279	1.320	1.362	1.403	1.445	1.486	1.528	1.570
40	1.612	1.654	1.696	1.738	1.780	1.823	1.865	1.908	1.950	1.993
50	2.036	2.079	2.122	2.165	2.208	2.251	2.294	2.338	2.381	2.425
60	2.468	2.512	2.556	2.600	2.643	2.687	2.732	2.776	2.820	2.864
70	2.909	2.953	2.998	3.043	3.087	3.132	3.177	3.222	3.267	3.312
80	3.358	3.403	3.448	3.494	3.539	3.585	3.631	3.677	3.722	3.768
90	3.814	3.860	3.907	3.953	3.999	4.046	4.092	4.138	4.185	4.232
100	4.279	4.325	4.372	4.419	4.466	4.513	4.561	4.608	4.655	4.702
110	4.750	4.798	4.845	4.893	4.941	4.988	5.036	5.084	5.132	5.180
120	5.228	5.277	5.325	5.373	5.422	5.470	5.519	5.567	5.616	5.665
130	5.714	5.763	5.812	5.861	5.910	5.959	6.008	6.057	6.107	6.156
140	6.206	6.255	6.305	6.355	6.404	6.454	6.504	6.554	6.604	6.654
150	6.704	6.754	6.805	6.855	6.905	6.956	7.006	7.057	7.107	7.158
160	7.209	7.260	7.310	7.361	7.412	7.463	7.515	7.566	7.617	7.668
170	7.720	7.771	7.823	7.874	7.926	7.977	8.029	8.081	8.133	8.185
180	8.237	8.289	8.341	8.393	8.445	8.497	8.550	8.602	8.654	8.707
190	8.759	8.812	8.865	8.917	8.970	9.023	9.076	9.129	9.182	9.235
200	9.288	9.341	9.395	9.448	9.501	9.555	9.608	9.662	9.715	9.769

表 4-10 钨铼 3-钨铼 25 热电偶分度表

参考端温度：0 °C

t/°C	0	1	2	3	4 E/mV	5	6	7	8	9
0	0.000	0.010	0.019	0.029	0.039	0.048	0.058	0.068	0.078	0.088
10	0.098	0.108	0.118	0.128	0.138	0.148	0.158	0.169	0.179	0.189
20	0.199	0.210	0.220	0.231	0.241	0.252	0.262	0.273	0.284	0.294
30	0.305	0.316	0.327	0.338	0.348	0.359	0.370	0.381	0.392	0.403
40	0.415	0.426	0.437	0.448	0.459	0.471	0.482	0.493	0.505	0.516
50	0.528	0.539	0.551	0.562	0.574	0.586	0.597	0.609	0.621	0.633
60	0.644	0.656	0.668	0.680	0.692	0.704	0.716	0.728	0.740	0.752
70	0.765	0.777	0.789	0.801	0.814	0.826	0.838	0.851	0.863	0.876
80	0.888	0.901	0.913	0.926	0.939	0.951	0.964	0.977	0.989	1.002
90		1.015	1.028	1.041	1.054	1.067	1.080	1.093	1.106	1.119	1.132
100	1.145	1.158	1.171	1.185	1.198	1.211	1.225	1.238	1.251	1.265
110	1.273	1.292	1.305	1.319	1.332	1.346	1.360	1.373	1.387	1.401
120	1.414	1.428	1.442	1.456	1.470	1.484	1.498	1.512	1.525	1.540
130	1.554	1.568	1.582	1.596	1.610	1.624	1.638	1.653	1.667	1.681
140	1.696	1.710	1.724	1.739	1.753	1.768	1.782	1.797	1.811	1.826
150	1.840	1.855	1.869	1.884	1.899	1.914	1.928	1.943	1.958	1.973
160	1.988	2.002	2.017	2.032	2.047	2.062	2.077	2.092	2.107	2.122

续表

t/°C	0	1	2	3	4	5	6	7	8	9
				E/mV						
170	2.137	2.153	2.168	2.183	2.198	2.213	2.229	2.244	2.259	2.275
180	2.290	2.305	2.321	2.336	2.352	2.367	2.383	2.398	2.414	2.429
190	2.445	2.460	2.476	2.492	2.507	2.523	2.539	2.555	2.570	2.586
200	2.602	2.618	2.634	2.650	2.665	2.681	2.697	2.713	2.729	2.745
210	2.761	2.777	2.794	2.810	2.826	2.842	2.858	2.874	2.891	2.907
220	2.923	2.939	2.956	2.972	2.988	3.005	3.021	3.037	3.054	3.070
230	3.087	3.103	3.120	3.136	3.153	3.169	3.186	3.203	3.219	3.236
240	3.253	3.269	3.286	3.303	3.319	3.336	3.353	3.370	3.387	3.403
250	3.420	3.437	3.454	3.471	3.488	3.505	3.522	3.539	3.556	3.573
260	3.590	3.607	3.624	3.641	3.658	3.676	3.693	3.710	3.727	3.744
270	3.761	3.779	3.796	3.813	3.831	3.848	3.865	3.883	3.900	3.917
280	3.935	3.952	3.970	3.987	4.005	4.022	4.040	4.057	4.075	4.092
290	4.110	4.127	4.145	4.162	4.180	4.198	4.215	4.233	4.251	4.269
300	4.286	4.304	4.322	4.340	4.357	4.375	4.393	4.411	4.429	4.447
310	4.464	4.482	4.500	4.518	4.536	4.554	4.572	4.590	4.608	4.626
320	4.644	4.662	4.680	4.698	4.716	4.735	4.753	4.771	4.789	4.807
330	4.825	4.843	4.862	4.880	4.893	4.916	4.935	4.953	4.971	4.900
340	5.008	5.026	5.045	5.063	5.081	5.100	5.118	5.136	5.155	5.173
350	5.192	5.210	5.229	5.247	5.266	5.284	5.303	5.321	5.340	5.358
360	5.377	5.395	5.414	5.433	5.451	5.470	5.489	5.507	5.526	5.545
370	5.563	5.582	5.601	5.619	5.638	5.657	5.676	5.695	5.713	5.732
380	5.751	5.770	5.789	5.807	5.826	5.845	5.864	5.883	5.902	5.921
390	5.940	5.959	5.978	5.996	6.015	6.034	6.053	6.072	6.091	6.110
400	6.129	6.148	6.168	6.187	6.206	6.225	6.244	6.263	6.282	6.301
410	6.320	6.339	6.359	6.378	6.397	6.416	6.435	6.454	6.474	6.493
420	6.512	6.531	6.551	6.570	6.589	6.608	6.628	6.647	6.666	6.686
430	6.705	6.724	6.743	6.763	6.782	6.802	6.821	6.840	6.860	6.879
440	6.898	6.918	6.937	6.957	6.976	6.996	7.015	7.035	7.054	7.073
450	7.093	7.112	7.132	7.151	7.171	7.191	7.210	7.230	7.249	7.269
460	7.288	7.308	7.327	7.347	7.367	7.386	7.406	7.425	7.445	7.465
470	7.484	7.504	7.524	7.543	7.563	7.583	7.602	7.622	7.642	7.661
480	7.681	7.701	7.721	7.740	7.760	7.780	7.800	7.819	7.839	7.859
490	7.879	7.898	7.918	7.938	7.958	7.978	7.997	8.017	8.037	8.057
500	8.077	8.097	8.116	8.136	8.156	8.176	8.196	8.216	8.236	8.256
510	8.275	8.295	8.315	8.335	8.355	8.375	8.395	8.415	8.435	8.455
520	8.475	8.495	8.515	8.535	8.555	8.575	8.595	8.615	8.635	8.655
530	8.675	8.695	8.715	8.735	8.755	8.775	8.795	8.815	8.835	8.855
540	8.875	8.895	8.915	8.935	8.955	8.975	8.995	9.015	9.036	9.056
550	9.076	9.096	9.116	9.136	9.156	9.176	9.196	9.217	9.237	9.257
560	9.277	9.297	9.317	9.337	9.358	9.378	9.398	9.418	9.438	9.458
570	9.479	9.499	9.519	9.539	9.559	9.580	9.600	9.620	9.640	9.660
580	9.681	9.701	9.721	9.741	9.762	9.782	9.802	9.822	9.842	9.863
590	9.883	9.903	9.923	9.944	9.964	9.984	10.005	10.025	10.045	10.065
600	10.086	10.106	10.126	10.147	10.167	10.187	10.207	10.228	10.248	10.268
610	10.289	10.309	10.329	10.350	10.370	10.390	10.411	10.431	10.451	10.472
620	10.492	10.512	10.533	10.553	10.573	10.594	10.614	10.634	10.655	10.675
630	10.695	10.716	10.736	10.756	10.777	10.797	10.818	10.838	10.858	10.879
640	10.899	10.919	10.940	10.960	10.981	11.001	11.021	11.042	11.062	11.083
650	11.103	11.123	11.144	11.164	11.185	11.205	11.225	11.246	11.266	11.287
660	11.307	11.327	11.348	11.368	11.389	11.409	11.429	11.450	11.470	11.491
670	11.511	11.532	11.552	11.572	11.593	11.613	11.634	11.654	11.675	11.695
680	11.715	11.736	11.756	11.777	11.797	11.818	11.838	11.859	11.879	11.899
690	11.920	11.940	11.961	11.981	12.002	12.022	12.043	12.063	12.084	12.104
700	12.124	12.145	12.165	12.186	12.206	12.227	12.247	12.268	12.288	12.309
710	12.329	12.349	12.370	12.390	12.411	12.431	12.452	12.472	12.493	12.513
720	12.534	12.554	12.574	12.595	12.615	12.636	12.656	12.677	12.697	12.718
730	12.738	12.759	12.779	12.800	12.820	12.840	12.861	12.881	12.902	12.922
740	12.943	12.963	12.984	13.004	13.025	13.045	13.066	13.086	13.107	13.127
750	13.147	13.168	13.188	13.209	13.229	13.250	13.270	13.291	13.311	13.332
760	13.352	13.372	13.393	13.413	13.434	13.454	13.475	13.495	13.516	13.536
770	13.557	13.577	13.597	13.618	13.638	13.659	13.679	13.700	13.720	13.741
780	13.761	13.782	13.802	13.822	13.843	13.863	13.884	13.904	13.925	13.945
790	13.966	13.986	14.007	14.027	14.048	14.068	14.089	14.109	14.130	14.150
800	14.171	14.191	14.212	14.232	14.253	14.273	14.294	14.314	14.335	14.355
810	14.376	14.396	14.417	14.437	14.458	14.478	14.499	14.519	14.539	14.560
820	14.580	14.601	14.621	14.642	14.662	14.683	14.703	14.724	14.744	14.764
830	14.785	14.805	14.826	14.846	14.867	14.887	14.908	14.928	14.948	14.969
840	14.989	15.010	15.030	15.051	15.071	15.091	15.112	15.132	15.153	15.173

续表

t/°C	0	1	2	3	4	5	6	7	8	9
					E/mV					
850	15.194	15.214	15.234	15.255	15.275	15.296	15.316	15.336	15.357	15.377
860	15.398	15.418	15.438	15.459	15.479	15.499	15.520	15.540	15.561	15.581
870	15.601	15.622	15.642	15.662	15.683	15.703	15.724	15.744	51.764	15.785
880	15.805	15.825	15.846	15.866	15.886	15.907	15.927	15.947	15.968	15.988
890	16.008	16.029	16.049	16.069	16.090	16.110	16.130	16.150	16.171	16.191
900	16.211	16.232	16.252	16.272	16.293	16.313	16.333	16.353	16.374	16.394
910	16.414	16.434	16.455	16.475	16.495	16.516	16.536	16.556	16.576	16.597
920	16.617	16.637	16.657	16.678	16.698	16.718	16.738	16.758	16.779	16.799
930	16.819	16.839	16.859	16.880	16.900	16.920	16.940	16.961	16.981	17.001
940	17.021	17.041	17.061	17.082	17.102	17.122	17.142	17.162	17.182	17.203
950	17.223	17.243	17.263	17.283	17.303	17.323	17.344	17.364	17.384	17.404
960	17.424	17.444	17.464	17.484	17.505	17.525	17.545	17.565	17.585	17.605
970	17.625	17.645	17.665	17.685	17.706	17.726	17.746	17.766	17.786	17.806
980	17.826	17.846	17.866	17.886	17.906	17.926	17.946	17.966	17.986	18.006
990	18.026	18.046	18.066	18.086	18.106	18.126	18.146	18.166	18.186	18.206
1000	18.226	18.246	18.266	18.286	18.306	18.326	18.346	18.366	18.386	18.406
1010	18.426	18.446	18.466	18.486	18.506	18.526	18.546	18.565	18.585	18.605
1020	18.625	18.645	18.665	18.685	18.705	18.725	18.745	18.765	18.785	18.804
1030	18.824	18.844	18.864	18.884	18.904	18.923	18.943	18.963	18.983	19.003
1040	19.023	19.043	19.062	19.082	19.102	19.122	19.142	19.161	19.181	19.201
1050	19.221	19.241	19.260	19.280	19.300	19.320	19.340	19.359	19.379	19.399
1060	19.419	19.438	19.458	19.478	19.498	19.517	19.537	19.557	19.577	19.596
1070	19.616	19.636	19.655	19.675	19.695	19.714	19.734	19.754	19.774	19.793
1080	19.813	19.833	19.852	19.872	19.892	19.911	19.931	19.951	19.970	19.990
1090	20.009	20.029	20.049	20.068	20.088	20.108	20.127	20.147	20.166	20.186
1100	20.206	20.225	20.245	20.264	20.284	20.303	20.323	20.343	20.362	20.382
1110	20.401	20.421	20.440	20.460	20.479	20.499	20.518	20.538	20.557	20.577
1120	20.597	20.616	20.636	20.655	20.674	20.694	20.713	20.733	20.752	20.772
1130	20.791	20.811	20.830	20.850	20.869	20.889	20.908	20.927	20.947	20.966
1140	20.986	21.005	21.025	21.044	21.063	21.083	21.102	21.122	21.141	21.160
1150	21.180	21.199	21.218	21.238	21.257	21.276	21.296	21.315	21.334	21.354
1160	21.373	21.392	21.412	21.431	21.450	21.470	21.489	21.508	21.528	21.547
1170	21.566	21.585	21.605	21.624	21.643	21.663	21.682	21.701	21.720	21.740
1180	21.759	21.778	21.797	21.816	21.836	21.855	21.874	21.893	21.913	21.932
1190	21.951	21.970	21.989	22.008	22.028	22.047	22.066	22.085	22.104	22.123
1200	22.143	22.162	22.181	22.200	22.219	22.238	22.257	22.277	22.296	22.315

t/°C	0	1	2	3	4	5	6	7	8	9
					E/mV					
1210	22.334	22.353	22.372	22.391	22.410	22.429	22.448	22.467	22.486	22.506
1220	22.525	22.544	22.563	22.582	22.601	22.620	22.639	22.658	22.677	22.696
1230	22.715	22.734	22.753	22.772	22.791	22.810	22.829	22.848	22.867	22.886
1240	22.905	22.924	22.943	22.961	22.980	22.999	23.018	23.037	23.056	23.075
1250	23.094	23.113	23.132	23.151	23.170	23.188	13.207	23.226	23.245	23.264
1260	23.283	23.302	23.321	23.339	23.358	23.377	23.396	23.415	23.434	23.452
1270	23.471	23.490	23.509	23.528	23.546	23.565	23.584	23.603	23.622	23.640
1280	23.659	23.678	23.697	23.715	23.734	23.753	23.772	23.790	23.809	23.828
1290	23.846	23.865	23.884	23.903	23.921	23.940	23.959	23.977	23.996	24.015
1300	24.033	24.052	24.071	24.089	24.108	24.127	24.145	24.164	24.183	24.201
1310	24.220	24.238	24.257	24.276	24.294	24.313	24.331	24.350	24.369	24.387
1320	24.406	24.424	24.443	24.461	24.480	24.499	24.517	24.536	24.554	24.573
1330	24.591	24.610	24.628	24.647	24.665	24.684	24.702	24.721	24.739	24.758
1340	24.776	24.795	24.813	24.831	24.850	24.868	24.887	24.905	24.924	24.942
1350	24.961	24.979	24.997	25.016	25.034	25.053	25.071	25.089	25.108	25.126
1360	25.145	25.163	25.181	25.200	25.218	25.236	25.255	25.273	25.291	25.310
1370	25.328	25.346	25.365	25.383	25.401	25.419	25.438	25.456	25.474	25.493
1380	25.511	25.529	25.547	25.566	25.584	25.602	25.620	25.639	25.657	25.675
1390	25.693	25.712	25.730	25.748	25.766	25.784	25.803	25.821	25.839	25.857
1400	25.875	25.893	25.912	25.930	25.948	25.966	25.984	26.002	26.020	26.039
1410	26.057	26.075	26.093	26.111	26.129	26.147	26.165	26.183	26.201	26.220
1420	26.238	26.256	26.274	26.292	26.310	26.328	26.346	26.364	26.382	26.400
1430	26.418	26.436	26.454	26.472	26.490	26.508	26.526	26.544	26.562	26.580
1440	26.598	26.616	26.634	26.652	26.670	26.588	26.706	26.723	26.744	26.759
1450	26.777	26.795	26.813	26.831	26.849	26.867	26.885	26.902	26.920	26.938
1460	26.956	26.974	26.992	27.010	27.027	27.045	27.063	27.081	27.099	27.117
1470	27.134	27.152	27.170	27.188	27.206	27.223	27.241	27.259	27.277	27.294
1480	27.312	27.330	27.348	27.365	27.383	27.401	27.419	27.436	27.454	27.472
1490	27.489	27.507	27.525	27.543	27.560	27.578	27.596	27.613	27.631	27.649
1500	27.666	27.684	27.701	27.719	27.737	27.754	27.772	27.790	27.807	27.825
1510	27.842	27.860	27.878	27.895	27.913	27.930	27.948	27.965	27.983	28.001
1520	28.018	28.036	28.053	28.071	28.088	28.106	28.123	28.141	28.158	28.176
1530	28.193	28.211	28.228	28.246	28.263	28.281	28.298	28.316	28.333	28.350
1540	28.368	28.385	28.403	28.420	28.438	28.455	28.472	28.490	28.507	28.525
1550	28.542	28.559	28.577	28.594	28.611	28.629	28.646	28.663	28.681	28.698
1560	28.715	28.733	28.750	28.767	28.785	28.802	28.819	28.837	28.854	28.871

续表

t/°C	0	1	2	3	4	5	6	7	8	9
					E/mV					
1570	28.888	28.906	28.923	28.940	28.957	28.975	28.992	29.009	29.026	29.044
1580	29.061	29.078	29.095	29.112	29.130	29.147	29.164	29.181	29.198	29.215
1590	29.233	29.250	29.267	29.284	29.301	29.318	29.335	29.353	29.370	29.387
1600	29.404	29.421	29.438	29.455	29.472	29.489	29.506	29.523	29.540	29.558
1610	29.575	29.592	29.609	29.626	29.643	29.660	29.677	29.694	29.711	29.728
1620	29.745	29.762	29.779	29.796	29.813	29.830	29.847	29.863	29.880	29.897
1630	29.914	29.931	29.948	29.965	29.982	29.999	30.016	30.033	30.049	30.066
1640	30.083	30.100	30.117	30.134	30.151	30.168	30.184	30.201	30.218	30.235
1650	30.252	30.268	30.285	30.302	30.319	30.336	30.352	30.369	30.386	30.403
1660	30.419	30.436	30.453	30.470	30.486	30.503	30.520	30.537	30.553	30.570
1670	30.587	30.603	30.620	30.637	30.653	30.670	30.687	30.703	30.720	30.737
1680	30.753	30.770	30.786	30.803	30.820	30.836	30.853	30.869	30.886	30.903
1690	30.919	30.936	30.952	30.969	30.985	31.002	31.018	31.035	31.051	31.068
1700	31.085	31.101	31.118	31.134	31.150	31.167	31.183	31.200	31.216	31.233
1710	31.249	31.266	31.282	31.299	31.315	31.331	31.348	31.364	31.381	31.397
1720	31.413	31.430	31.446	31.462	31.479	31.495	31.511	31.528	31.544	31.560
1730	31.577	31.593	31.609	31.626	31.642	31.658	31.675	31.691	31.707	31.723
1740	31.740	31.756	31.772	31.788	31.804	31.821	31.837	31.853	31.869	31.886
1750	31.902	31.918	31.934	31.950	31.966	31.983	31.999	32.015	32.031	32.047
1760	32.063	32.079	32.095	32.111	32.128	32.144	32.160	32.176	32.192	32.208
1770	32.224	32.240	32.256	32.272	32.288	32.304	32.320	32.336	32.352	32.368
1780	32.384	32.400	32.416	32.432	32.448	32.464	32.480	32.496	32.512	32.528
1790	32.543	32.559	32.575	32.591	32.607	32.623	32.639	32.655	32.670	32.686
1800	32.702	32.718	32.734	32.750	32.765	32.781	32.797	32.813	32.829	32.844
1810	32.860	32.876	32.892	32.907	32.923	32.939	32.955	32.970	32.986	33.002
1820	33.017	33.033	33.049	33.064	33.080	33.096	33.111	33.127	33.143	33.156
1830	33.174	33.189	33.205	33.221	33.236	33.252	33.267	33.283	33.299	33.314
1840	33.330	33.345	33.361	33.376	33.392	33.407	33.423	33.438	33.454	33.469
1850	33.485	33.500	33.515	33.531	33.546	33.562	33.577	33.593	33.608	33.623
1860	33.639	33.654	33.670	33.685	33.700	33.716	33.731	33.746	33.762	33.777
1870	33.792	33.807	33.823	33.838	33.853	33.869	33.884	33.899	33.914	33.930
1880	33.945	33.960	33.975	33.990	34.006	34.021	34.036	34.051	34.066	34.081
1890	34.097	34.112	34.127	34.142	34.157	34.172	34.187	34.202	34.217	34.232
1900	34.248	34.263	34.278	34.293	34.308	34.323	34.338	34.353	34.368	34.383
1910	34.398	34.413	34.428	34.442	34.457	34.472	34.487	34.502	34.517	34.532
1920	34.547	34.562	34.577	34.591	34.606	34.621	34.636	34.651	34.666	34.680
1930	34.695	34.710	34.725	34.739	34.754	34.769	34.784	34.798	34.813	34.828
1940	34.843	34.857	34.872	34.887	34.901	34.916	34.931	34.945	34.960	34.975

t/°C	0	1	2	3	4	5	6	7	8	9
					E/mV					
1950	34.989	35.004	35.018	35.033	35.047	35.062	35.077	35.091	35.106	35.120
1960	35.135	35.149	35.164	35.178	35.193	35.207	35.222	35.236	35.250	35.265
1970	35.279	35.294	35.308	35.323	35.337	35.351	35.366	35.380	35.394	35.409
1980	35.423	35.437	35.452	35.466	35.480	35.494	35.509	35.523	35.537	35.551
1990	35.566	35.580	35.594	35.608	35.622	35.637	35.651	35.665	35.679	35.693
2000	35.707	35.721	35.735	35.750	35.764	35.778	35.792	35.806	35.820	35.834
2010	35.848	35.862	35.876	35.890	35.904	35.918	35.932	35.946	35.960	35.974
2020	35.987	36.001	36.015	36.029	36.043	36.057	36.071	36.084	36.098	36.112
2030	36.126	36.140	36.153	36.167	36.181	36.195	36.208	36.222	36.236	36.250
2040	36.263	36.277	36.291	36.304	36.318	36.332	36.345	36.359	36.372	36.386
2050	36.399	36.413	36.427	36.440	36.454	36.467	36.481	36.494	36.508	36.521
2060	36.535	36.548	36.561	36.575	36.588	36.602	36.615	36.628	36.642	36.655
2070	36.668	36.682	36.695	36.708	36.722	36.735	36.748	36.762	36.775	36.788
2080	36.801	36.814	36.828	36.841	36.854	36.867	36.880	36.893	36.906	36.920
2090	36.933	36.946	36.959	36.972	36.985	36.998	37.011	37.024	37.037	37.050
2100	37.063	37.076	37.089	37.102	37.115	37.128	37.140	37.153	37.166	37.179
2110	37.192	37.205	37.217	37.230	37.243	37.256	37.269	37.281	37.294	37.307
2120	37.319	37.332	37.345	37.358	37.370	37.383	37.395	37.408	37.421	37.433
2130	37.446	37.458	37.471	37.483	37.496	37.508	37.521	37.533	37.546	37.558
2140	37.571	37.583	37.596	37.608	37.620	37.633	37.645	37.657	37.670	37.682
2150	37.694	37.707	37.719	37.731	37.743	37.755	37.768	37.780	37.792	37.804
2160	37.816	37.828	37.841	37.853	37.856	37.877	37.889	37.901	37.913	37.925
2170	37.937	37.949	37.961	37.973	37.985	37.997	38.009	38.021	38.032	38.044
2180	38.056	38.068	38.080	38.092	38.103	38.115	38.127	38.139	38.150	38.162
2190	38.174	38.185	38.197	38.209	38.220	38.232	38.244	38.255	38.267	38.278
2200	38.290	38.301	38.313	38.324	38.336	38.347	38.359	38.370	38.382	38.393
2210	38.404	38.416	38.427	38.438	38.450	38.461	38.472	38.483	38.495	38.506
2220	38.517	38.528	38.539	38.551	38.562	38.573	38.584	38.595	38.606	38.617
2230	38.628	38.639	38.650	38.661	38.672	38.683	38.694	38.705	38.716	38.727
2240	38.738	38.749	38.759	38.770	38.781	38.792	38.803	38.813	38.824	38.835
2250	38.845	38.856	38.867	38.877	38.888	38.899	38.909	38.920	38.930	38.941
2260	38.951	38.962	38.972	38.983	38.993	39.004	39.014	39.024	39.035	39.045
2270	39.055	39.066	39.076	39.086	39.097	39.107	39.117	39.127	39.137	39.148
2280	39.158	39.168	39.178	39.188	39.198	39.208	39.218	39.228	39.238	39.248
2290	39.258	39.268	39.278	39.288	39.298	39.308	39.317	39.327	39.337	39.347
2300	39.356	39.366	39.376	39.386	39.395	39.405	39.415	39.424	39.434	39.443
2310	39.453	39.462	39.472	39.481	39.491	39.500				

表 4-11 钨铼热电偶在使用温度范围内允许偏差

线径/mm	使用温度范围/℃	允许偏差	线径/mm	使用温度范围/℃	允许偏差
0.5 0.3 0.1	0~400	±4.0℃	0.5 0.3 0.1	400~2300	±1%$|t|$

4.1.12 主要工业国家的热电偶分度号对照表（表 4-12）

表 4-12 主要工业国家的热电偶分度号对照表

分度号名称	国别	IEC	美国	英国	日本 新	日本 旧	德国	前苏联	中国 新	中国 旧
铂铑 10-铂		S	S	S	S	—	PtRh-Rt	ПП-1	S	LB-3
铂铑 13-铂		R	R	R	R	PR	—	—	R	—
铂铑 30-铂铑 6		B	B	B	B	—	—	ПР-30/6	B	LL-2
镍铬-镍铝（硅）		K	K	K	K	CA	NiCr-Ni	XA	K	EU-2
镍铬-铜镍		E	E	E	E	CRC	—	XK	E	近似 EA-2
铁-铜镍		J	J	J	J	IC	Fe-CuNi	—	J	—
铜-铜镍		T	T	T	T	CC	Cu-CuNi	—	T	CK

注：1. 我国不准备发展 R 型热电偶。
2. 铜镍过去我国称为康铜。
3. XK 为镍铬-考铜热电偶（前苏联）。

4.1.13 铠装热电偶（GB 7668—1987，JB/T 5582—1991）

铠装热电偶是将热电偶丝、绝缘材料组装在不锈钢管内，再经模具拉实的坚实整体，与"工业热电偶"比较，具有外径小、长度长、抗震、可挠、热响应时间短、价格便宜、使用安装方便等优点。

(1) 分类

① 铠装热电偶是针对热电偶的结构而命名的，外套管内可以铠装不同分度号的热电偶丝，如外套管内铠装 K 型热电偶丝，通常称之为 K 型铠装热电偶，其他依次类推。目前已有国家标准（GB 7668—87）的铠装热电偶材料和行业标准（JB/T 5582—91）的铠装热电偶的类型、代号及分度号列于表 4-13。但近年来 S 型铠装热电偶需用量与日俱增，各生产厂为满足市场需要，都在按照各自制订的企业标准进行生产。

② 铠装热电偶外套管内可以铠装一对热电偶丝，也可铠装两对或两对以上热电偶丝。铠装一对热电偶丝的叫双芯铠装热电偶，铠装两对热电偶丝的叫四芯铠装热电偶，铠装两对以上热电偶丝的称之为多芯铠装热电偶。

③ 铠装热电偶外套管材料一般采用 1Cr18Ni9Ti（或 0Cr18Ni9Ti）不锈钢，但 K 型铠装热电偶也可以采用 GH 3030 高温不锈钢，后者的使用温度高于前者。表 4-13 所列的使用温度范围是泛指某种铠装热电偶的使用温区，但不同直径不同外套管材料的铠装热电偶使用温度是不同的。

表 4-13 铠装热电偶的类型、分度号、代号及测温范围

铠装热电偶类型	分度号	材料代号	热电偶代号	测温范围/℃
镍铬-镍硅	K	KK	WRNK	−200~1100
镍铬硅-镍硅	N	KN	WRMK	−200~1100
镍铬-铜镍	E	KE	WREK	−200~800
铁-铜镍	J	KJ	WRFK	−40~750
铜-铜镍	T	KT	WRCK	−200~350

(2) 尺寸

① 铠装热电偶（材料）直径及允差、外套管名义壁厚、偶丝名义直径应符合表 4-14。

表 4-14 直径及允差、外套管名义壁厚、偶丝名义直径

直径/mm	允许偏差/mm	外套管名义壁厚/mm	偶丝名义直径/mm	直径/mm	允许偏差/mm	外套管名义壁厚/mm	偶丝名义直径/mm
0.5	+0.020 −0.030	0.05～0.10	0.08～0.12	4.0	±0.040	0.40～0.60	0.55～0.70
1.0		0.10～0.20	0.15～0.20	4.5		0.45～0.65	0.68～0.80
1.5		0.15～0.25	0.23～0.30	5.0	±0.050	0.50～0.80	0.70～0.90
2.0	+0.040 −0.050	0.20～0.35	0.30～0.50	6.0	±0.060	0.60～0.90	0.90～1.10
3.0	±0.030	0.30～0.45	0.45～0.60	8.0	±0.080	0.80～1.20	1.20～1.40

② 铠装热电偶测量端区外套管直径的极限偏差应符合表 4-15。

表 4-15 铠装热电偶测量端区外套管直径的极限偏差

直径/mm	0.5	1.0	1.5	2.0	3.0	4.0	4.5	5.0	6.0	8.0
偏差/mm	±0.05								±0.10	

注：1. 测量端区是指从铠装热电偶测量端的外套管端面起 5 倍于外套管直径的长度范围。

2. 直径为 0.25mm 的铠装热电偶材料 GB 7668—87 未被列入，但根据用户需要生产厂可以供货，JB/T 5582—91 规定极限偏差为 0～0.05mm。

(3) 使用上限温度 不同直径、不同外套管材料的铠装热电偶推荐使用上限温度列于表 4-16。

表 4-16 不同直径、不同外套管铠装热电偶推荐使用的上限温度

铠装热电偶类型	外套管材料	直径/mm	最高使用温度/℃	
			长期	短期
镍铬-镍硅 镍铬硅-镍硅	GH 3030	0.5 1.0	500	600
		1.5 2.0 3.0	800	900
		4.0 4.5 5.0	900	1000
		6.0 8.0	1000	1100
	1Cr18Ni9Ti (或 0Cr18Ni9Ti)	0.5 1.0	400	600
		1.5 2.0	600	700
		3.0～8.0	800	900
镍铬-铜镍	1Cr18Ni9Ti (或 0Cr18Ni9Ti)	0.5 1.0	400	500
		1.5 2.0	500	600
		3.0 4.0 4.5 5.0	600	700
		6.0 8.0	700	800
铁-铜镍	1Cr18Ni9Ti (或 0Cr18Ni9Ti)	0.5 1.0	300	400
		1.5 2.0	400	500
		3.0 4.0 4.5 5.0	500	600
		6.0 8.0	600	750
铜-铜镍	1Cr18Ni9Ti (或 0Cr18Ni9Ti)	0.5 1.0	200	250
		1.5～5.0	250	300
		6.0 8.0	300	350

(4) 热电特性及允差 K、N、E、J、T 不同分度号的铠装热电偶，当自由端温度为 0℃时，其热电势 $E(t)$、热电势率（塞贝克系数）应符合相应热电偶的分度表和热电动势率表，不同等级铠装热电偶的使用温度范围及允许偏差应符合表 4-17 的规定。

表 4-17　不同类型铠装热电偶分度号、等级及允差

铠装热电偶类型	分度号	等级	允差值	温度范围/℃
镍铬-镍硅	K	I II III	±1.5℃或±0.4%$\|t\|$ ±2.5℃或±0.75%$\|t\|$ ±2.5℃或±1.5%$\|t\|$	−40~1000 −40~1100 −200~40
镍铬硅-镍硅	N	I II III	±1.5℃或±0.4%$\|t\|$ ±2.5℃或±0.75%$\|t\|$ ±2.5℃或±1.5%$\|t\|$	−40~1000 −40~1100 −200~40
镍铬-铜镍	E	I II III	±1.5℃或±0.4%$\|t\|$ ±2.5℃或±0.75%$\|t\|$ ±2.5℃或±1.5%$\|t\|$	−40~800 −40~800 −200~40
铁-铜镍	J	I II	±1.5℃或±0.4%$\|t\|$ ±2.5℃或±0.75%$\|t\|$	−40~750 −40~750
铜-铜镍	T	I II III	±0.5℃或±0.4%$\|t\|$ ±1.0℃或±0.75%$\|t\|$ ±1.0℃或±1.5%$\|t\|$	−40~350 −40~350 −200~40

(5) 绝缘电阻

① 常温绝缘电阻。当周围空气温度为 15~35℃，相对湿度不超过 80% 时，偶丝与外套管或偶丝之间（适用于铠装热电偶材料）的绝缘电阻应符合表 4-18。

② 高温绝缘电阻。当周围空气温度为 15~35℃，相对湿度不超过 80% 时，当铠装热电偶的一端处于表 4-18 所规定的试验温度下，偶丝与外套管之间或偶丝与偶丝之间（适用于铠装热电偶材料）的绝缘电阻应符合表 4-19 的规定。

③ 用绝缘电阻检验铠装热电偶焊接外壳的完整性。将铠装热电偶测量端区置于 300℃ 温场中，保温 5min，然后立即插入室温水中，1min 以后测量绝缘电阻，其值应符合表 4-18 的规定。

表 4-18　铠装热电偶（材料）常温绝缘电阻

外径/mm	外加直流电压/V	长度/m	绝缘电阻/MΩ
0.25	50±10%	1	≥100
≤1.5	50±10%	1	≥1000
≥2.0	500±10%	1	≥1000

注：1. 长于 1m 的铠装热电偶或铠装热电偶材料，长度与绝缘电阻成反比关系，如 10m 长铠装热电偶或铠装热电偶材料的绝缘电阻应为 1m 长的 1/10。
2. 此表不适用于接壳型或露端型铠装热电偶。

表 4-19　铠装热电偶（材料）高温绝缘电阻

分度号	试验温度/℃	样品长度/mm	绝缘电阻/MΩ
K N E J	500±15	500	≥5
T	300±15	500	≥500

注：置于试验温场中的长度不得短于 300mm。

(6) 检验温度点　不同分度号、不同直径、不同外套管的铠装热电偶的检验温度点列于表 4-20。

表 4-20　不同直径、不同外套管铠装热电偶检验温度点

分度号	外套管材料	直径/mm	检验温度点/℃
K N	1Cr18Ni9Ti （或 0Cr18Ni9Ti）	0.5　1.0　1.5 0.5　1.0　1.5　2.0 3.0~8.0	−79　−196 (100)　300　400　500　(600) 400　600　800
	GH 3030	0.5　1.0 1.5~8.0	(100)　300　400　500 400　600　800　(1000)

续表

分度号	外套管材料	直径/mm	检验温度点/℃
E	1Cr18Ni9Ti (或 0Cr18Ni9Ti)	0.5　1.0　1.5 0.5　1.0　1.5　2.0 3.0~8.0	−79　−196 (100)　300　400　500 300　400　600
J	1Cr18Ni9Ti (或 0Cr18Ni9Ti)	0.5　1.0　1.5　2.0 3.0~8.0	100　200　300 300　400　500
T	1Cr18Ni9Ti (或 0Cr18Ni9Ti)	0.5　1.0　1.5 0.5　1.0 1.5~8.0	−79　−196 100　200 100　200　250

注：1. 括号内的温度点仅指当用户需要时才进行检定。
2. 只有供货3级允差的铠装热电偶时，才检验−79℃和−196℃。
3. 在使用温度范围内允许在其他温度点进行检验。

4.2 热电阻

4.2.1 热电阻简介

(1) 铂热电阻 铂热电阻是利用铂丝的电阻值随着温度的变化而变化这一基本原理设计和制作的。按0℃时的电阻值 R_0 的大小分为10Ω（分度号为Pt 10）和100Ω（分度号为Pt 100）等，测温范围均为−200~850℃。10Ω铂热电阻的感温元件是用较粗铂丝绕制而成，耐温性能明显优于100Ω铂热电阻，主要用于650℃以上的温区；100Ω铂热电阻主要用于650℃以下的温区，虽也可用于650℃以上温区，但在650℃以上温区不允许有A级允差。100Ω铂热电阻的电阻分辨率比10Ω铂热电阻的电阻分辨率大10倍，对二次仪表的要求相应低一个数量级，因此在650℃以下温区测温应尽量选用100Ω铂热电阻。

感温元件骨架的材质也是决定铂热电阻使用温区的重要因素。常见的感温元件有陶瓷元件、玻璃元件、云母元件，它们是由铂丝分别绕在陶瓷骨架、玻璃骨架、云母骨架上，再经过复杂的工艺加工而成。由于骨架材料本身的性能不同，陶瓷元件适用于850℃以下温区，玻璃元件适用于550℃以下温区，云母元件仅适用于500℃以下温区。近年来市场上出现了大量的厚膜和薄膜铂热电阻感温元件，厚膜铂热电阻元件是用铂浆料印刷在玻璃或陶瓷底板上，薄膜铂热电阻元件是用铂浆料溅射在玻璃或陶瓷底板上，再经光刻加工而成，这种感温元件仅适用于−70~500℃温区，但这种感温元件用料省，可机械化大批量生产，效率高，价格便宜。

就结构而言，铂热电阻还可以分为工业铂热电阻和铠装铂热电阻。工业铂热电阻也叫装配铂热电阻，即是将铂热电阻感温元件焊上引线组装在一端封闭的金属管或陶瓷管内，再安装上接线盒而成。铠装铂热电阻是将铂热电阻感温元件、过渡引线、绝缘粉组装在不锈钢管内，再经模具拉实的坚实整体，具有坚实、抗震、可挠、线径小、使用安装方便等优点。

铂热电阻的参考函数在0℃上、下温区各不相同，但参考函数系数相同，其数学模型列于下式：

$$-200 \sim 0℃ \qquad R_t = R_0[1 + At + Bt^2 + C(t-100)t^3]$$

$$0 \sim 850℃ \qquad R_t = R_0(1 + At + Bt^2)$$

式中 R_t——铂热电阻在温度为 t 时的电阻值；

R_0——铂热电阻在温度为 0℃时的电阻值；

$A = 3.9083 \times 10^{-3} ℃^{-1}$

$B = -5.775 \times 10^{-7} ℃^{-2}$

$C = -4.183 \times 10^{-12} ℃^{-4}$

t——温度，℃（ITS—90 温度值）。

铂热电阻的允许偏差分为 A 级和 B 级，不同等级的允许偏差见表 4-21。

铂热电阻在不同温区允许的最小绝缘电阻见表 4-22。

表 4-21 铂热电阻不同等级允许偏差

等级	允许偏差/℃	温度范围/℃
A	$\pm(0.15 + 0.002\|t\|)$	$-200 \sim 650$
B	$\pm(0.30 + 0.005\|t\|)$	$-200 \sim 850$

表 4-22 铂热电阻在不同温区允许的最小绝缘电阻

温区/℃	最小绝缘电阻/MΩ	温区/℃	最小绝缘电阻/MΩ
室 温	100	$300 \sim 500$	2
$100 \sim 300$	10	$500 \sim 850$	0.5

(2) 铜热电阻 铜热电阻的电阻值与温度的关系几乎是线性的，电阻温度系数也比较大，而且材料容易提纯，价格比较便宜，所以在一些测量准确度要求不很高，且温度较低的场合多使用铜热电阻，其测温范围为 $-50 \sim 150℃$。

铜热电阻的电阻-温度关系为：

$$R_t = R_0[1 + \alpha t + \beta t(t - 100℃) + \gamma t^2(t - 100℃)]$$

式中 R_t——铜热电阻 t 时的电阻值；

R_0——铜热电阻 0℃时的电阻值；

α——电阻温度系数，其值为 $4.280 \times 10^{-3} ℃^{-1}$；

β——常数，其值为 $-9.31 \times 10^{-8} ℃^{-2}$；

γ——常数，其值为 $1.23 \times 10^{-9} ℃^{-3}$；

t——温度，℃（ITS—90 温度值）。

目前我国工业上使用的铜热电阻分度号有 Cu 50（$R_0 = 50Ω$）和 Cu 100（$R_0 = 100Ω$）两种，Cu 50 的分度值乘以 2 即可得到 Cu 100 的分度值。

铜热电阻的缺点是在 100℃以上容易氧化，因而只能用在低温及没有侵蚀性的介质中。

铜热电阻的允许偏差为：

$$\Delta = \pm(0.30 + 0.006|t|)$$

式中 Δ——铜热电阻的允差，℃；

t——温度，℃（ITS—90 温度值）。

铜热电阻的绝缘电阻：在常温下，$\geqslant 50MΩ$；在上限温度，$\geqslant 10MΩ$。

4.2.2 铂热电阻 Pt 100 分度表（JB/T 8622—1997）（表 4-23）

4.2.3 铜热电阻 Cu 50 分度表（JB/T 8623—1997）（表 4-24）

4.2.4 铜热电阻 Cu 100 分度表（JB/T 8623—1997）（表 4-25）

表 4-23　铂热电阻 Pt 100 分度表　　　$R(0℃)=100.00Ω$

$t/℃$	0	−1	−2	−3	−4	−5	−6	−7	−8	−9
					$R/Ω$					
−200	18.52									
−190	22.83	22.40	21.97	21.54	21.11	20.68	20.25	19.82	19.38	18.95
−180	27.10	26.67	26.24	25.82	25.39	24.97	24.54	24.11	23.68	23.25
−170	31.34	30.91	30.49	30.07	29.64	29.22	28.80	28.37	27.95	27.52
−160	35.54	35.12	34.70	34.28	33.86	33.44	33.02	32.60	32.18	31.76
−150	39.72	39.31	38.89	38.47	38.05	37.64	37.22	36.80	36.38	35.96
−140	43.88	43.46	43.05	42.63	42.22	41.80	41.39	40.97	40.56	40.14
−130	48.00	47.59	47.18	46.77	46.36	45.94	45.53	45.12	44.70	44.29
−120	52.11	51.70	51.29	50.88	50.47	50.06	49.65	49.24	48.83	48.42
−110	56.19	55.79	55.38	54.97	54.56	54.15	53.75	53.34	52.93	52.52
−100	60.26	59.85	59.44	59.04	58.63	58.23	57.82	57.41	57.01	56.60
−90	64.30	63.90	63.49	63.09	62.68	62.28	61.88	61.47	61.07	60.66
−80	68.33	67.92	67.52	67.12	66.72	66.31	65.91	65.51	65.11	64.70
−70	72.33	71.93	71.53	71.13	70.73	70.33	69.93	69.53	69.13	68.73
−60	76.33	75.93	75.53	75.13	74.73	74.33	73.93	73.53	73.13	72.73
−50	80.31	79.91	79.51	79.11	78.72	78.32	77.92	77.52	77.12	76.73
−40	84.27	83.87	83.48	83.08	82.69	82.29	81.89	81.50	81.10	80.70
−30	88.22	87.83	87.43	87.04	86.64	86.25	85.85	85.46	85.06	84.67
−20	92.16	91.77	91.37	90.98	90.59	90.19	89.80	89.40	89.01	88.62
−10	96.09	95.69	95.30	94.91	94.52	94.12	93.73	93.34	92.95	92.55
0	100.00	99.61	99.22	98.83	98.44	98.04	97.65	97.26	96.87	96.48

$t/℃$	0	1	2	3	4	5	6	7	8	9
					$R/Ω$					
0	100.00	100.39	100.78	101.17	101.56	101.95	102.34	102.73	103.12	103.51
10	103.90	104.29	104.68	105.07	105.46	105.85	106.24	106.63	107.02	107.40
20	107.79	108.18	108.57	108.96	109.35	109.73	110.12	110.51	110.90	111.29
30	111.67	112.06	112.45	112.83	113.22	113.61	114.00	114.38	114.77	115.15
40	115.54	115.93	116.31	116.70	117.08	117.47	117.86	118.24	118.63	119.01
50	119.40	119.78	120.17	120.55	120.94	121.32	121.71	122.09	122.47	122.86
60	123.24	123.63	124.01	124.39	124.78	125.16	125.54	125.93	126.31	126.69
70	127.08	127.46	127.84	128.22	128.61	128.99	129.37	129.75	130.13	130.52
80	130.90	131.28	131.66	132.04	132.42	132.80	133.18	133.57	133.95	134.33
90	134.71	135.09	135.47	135.85	136.23	136.61	136.99	137.37	137.75	128.13
100	138.51	138.88	139.26	139.64	140.02	140.40	140.78	141.16	141.54	141.91
110	142.29	142.67	143.05	143.43	143.80	144.18	144.56	144.94	145.31	145.69
120	146.07	146.44	146.82	147.20	147.57	147.95	148.33	148.70	149.08	149.46
130	149.83	150.21	150.58	150.96	151.33	151.71	152.08	152.46	152.83	153.21
140	153.58	153.96	154.33	154.71	155.08	155.46	155.83	156.20	156.58	156.95
150	157.33	157.70	158.07	158.45	158.82	159.19	159.56	159.94	160.31	160.68
160	161.05	161.43	161.80	162.17	162.54	162.91	163.29	163.66	164.03	164.40
170	164.77	165.14	165.51	165.89	166.26	166.63	167.00	167.37	167.74	168.11
180	168.48	168.85	169.22	169.59	169.96	170.33	170.70	171.07	171.43	171.80
190	172.17	172.54	172.91	173.28	173.65	174.02	174.38	174.75	175.12	175.49
200	175.86	176.22	176.59	176.96	177.33	177.69	178.06	178.43	178.79	179.16
210	179.53	179.89	180.26	180.63	180.99	181.36	181.72	182.09	182.46	182.82
220	183.19	183.55	183.92	184.28	184.65	185.01	185.38	185.74	186.11	186.47

续表

$t/℃$	0	1	2	3	4	5	6	7	8	9
					R/Ω					
230	186.84	187.20	187.56	187.93	188.29	188.66	189.02	189.38	189.75	190.11
240	190.47	190.84	191.20	191.56	191.92	192.29	192.65	193.01	193.37	193.74
250	194.10	194.46	194.82	195.18	195.55	195.91	196.27	196.63	196.99	197.35
260	197.71	198.07	198.43	198.79	199.15	199.51	199.87	200.23	200.59	200.95
270	201.31	201.67	202.03	202.39	202.75	203.11	203.47	203.83	204.19	204.55
280	204.90	205.26	205.62	205.98	206.34	206.70	207.05	207.41	207.77	208.13
290	208.48	208.84	209.20	209.56	209.91	210.27	210.63	210.98	211.34	211.70
300	212.05	212.41	212.76	213.12	213.48	213.83	214.19	214.54	214.90	215.25
310	215.61	215.96	216.32	216.67	217.03	217.38	217.74	218.09	218.44	218.80
320	219.15	219.51	219.86	220.21	220.57	220.92	221.27	221.63	221.98	222.33
330	222.68	223.04	223.39	223.74	224.09	224.45	224.80	225.15	225.50	225.85
340	226.21	226.56	226.91	227.26	227.61	227.96	228.31	228.66	229.02	229.37
350	229.72	230.07	230.42	230.77	231.12	231.47	231.82	232.17	232.52	232.87
360	233.21	233.56	233.91	234.26	234.61	234.96	235.31	235.66	236.00	236.35
370	236.70	237.05	237.40	237.74	238.09	238.44	238.79	239.13	239.48	239.83
380	240.18	240.52	240.87	241.22	241.56	241.91	242.26	242.60	242.95	243.29
390	243.64	243.99	244.33	244.68	245.02	245.37	245.71	246.06	246.40	246.75
400	247.09	247.44	247.78	248.13	248.47	248.81	249.16	249.50	249.85	250.19
410	250.53	250.88	251.22	251.56	251.91	252.25	252.59	252.93	253.28	253.62
420	253.96	254.30	254.65	254.99	255.33	255.67	256.01	256.35	256.70	257.04
430	257.38	257.72	258.06	258.40	258.74	259.08	259.42	259.76	260.10	260.44
440	260.78	261.12	261.46	261.80	262.14	262.48	262.82	263.16	263.50	263.84
450	264.18	264.52	264.86	265.20	265.53	265.87	266.21	266.55	266.89	267.22
460	267.56	267.90	268.24	268.57	268.91	269.25	269.59	269.92	270.26	270.60
470	270.93	271.27	271.61	271.94	272.28	272.61	272.95	273.29	273.62	273.96
480	274.29	274.63	274.96	275.30	275.63	275.97	276.30	276.64	276.97	277.31
490	277.64	277.98	278.31	278.64	278.98	279.31	279.64	279.98	280.31	280.64
500	280.98	281.31	281.64	281.98	282.31	282.64	282.97	283.31	283.64	283.97
510	284.30	284.63	284.97	285.30	285.63	285.96	286.29	286.62	286.95	287.29
520	287.62	287.95	288.28	288.61	288.94	289.27	289.60	289.93	290.26	290.59
530	290.92	291.25	291.58	291.91	292.24	292.56	292.89	293.22	293.55	293.88
540	294.21	294.54	294.86	295.19	295.52	295.85	296.18	296.50	296.83	297.16
550	297.49	297.81	298.14	298.47	298.80	299.12	299.45	299.78	300.10	300.43
560	300.75	301.08	301.41	301.73	302.06	302.38	302.71	303.03	303.36	303.69
570	304.01	304.34	304.66	304.98	305.31	305.63	305.96	306.28	306.61	306.93
580	307.25	307.58	307.90	308.23	308.55	308.87	309.20	309.52	309.84	310.16
590	310.49	310.81	311.13	311.45	311.78	312.10	312.42	312.74	313.06	313.39
600	313.71	314.03	314.35	314.67	314.99	315.31	315.64	315.96	316.28	316.60
610	316.92	317.24	317.56	317.88	318.20	318.52	318.84	319.16	319.48	319.80
620	320.12	320.43	320.75	321.07	321.39	321.71	322.03	322.35	322.67	322.98
630	323.30	323.62	323.94	324.26	324.57	324.89	325.21	325.53	325.84	326.16
640	326.48	326.79	327.11	327.43	327.74	328.06	328.38	328.69	329.01	329.32
650	329.64	329.96	330.27	330.59	330.90	331.22	331.53	331.85	332.16	332.48
660	332.79	333.11	333.42	333.74	334.05	334.36	334.68	334.99	335.31	335.62
670	335.93	336.25	336.56	336.87	337.18	337.50	337.81	338.12	338.44	338.75
680	339.06	339.37	339.69	340.00	340.31	340.62	340.93	341.24	341.56	341.87

续表

$t/℃$	0	1	2	3	4	5	6	7	8	9
					R/Ω					
690	342.18	342.49	342.80	343.11	343.42	343.73	344.04	344.35	344.66	344.97
700	345.28	345.59	345.90	346.21	346.52	346.83	347.14	347.45	347.76	348.07
710	348.38	348.69	348.99	349.30	349.61	349.92	350.23	350.54	350.84	351.15
720	351.46	351.77	352.08	352.38	352.69	353.00	353.30	353.61	353.92	354.22
730	354.53	354.84	355.14	355.45	355.76	356.06	356.37	356.67	356.98	357.28
740	357.59	357.90	358.20	358.51	358.81	359.12	359.42	359.72	360.03	360.33
750	360.64	360.94	361.25	361.55	361.85	362.16	362.46	362.76	363.07	363.37
760	363.67	363.98	364.28	364.58	364.89	365.19	365.49	365.79	366.10	366.40
770	366.70	367.00	367.30	367.60	367.91	368.21	368.51	368.81	369.11	369.41
780	369.71	370.01	370.31	370.61	370.91	371.21	371.51	371.81	372.11	372.41
790	372.71	373.01	373.31	373.61	373.91	374.21	374.51	374.81	375.11	375.41
800	375.70	376.00	376.30	376.60	376.90	377.19	377.49	377.79	378.09	378.39
810	378.68	378.98	379.28	379.57	379.87	380.17	380.46	380.76	381.06	381.35
820	381.65	381.95	382.24	382.54	382.83	383.13	383.42	383.72	384.01	384.31
830	384.60	384.90	385.19	385.49	385.78	386.08	386.37	386.67	386.96	387.25
840	387.55	387.84	388.14	388.43	388.72	389.02	389.31	389.60	389.90	390.19
850	390.48									

注：1. 铂热电阻 Pt 10 分度值可按下式计算：
    Pt 10 分度值(R/Ω) = Pt 100 分度值$(R/\Omega) \times 0.1$

2. 同样，Pt 500、Pt 1000 分度值分别按下式计算：
    Pt 500 分度值(R/Ω) = Pt 100 分度值$(R/\Omega) \times 5$
    Pt 1000 分度值(R/Ω) = Pt 100 分度值$(R/\Omega) \times 10$

表 4-24　铜热电阻 Cu 50 分度表　　　　$R(0℃) = 50.00\Omega$

$t/℃$	0	−1	−2	−3	−4	−5	−6	−7	−8	−9
					R/Ω					
−50	39.242									
−40	41.400	41.184	40.969	40.753	40.537	40.322	40.106	39.890	39.674	39.458
−30	43.555	43.339	43.124	42.909	42.693	42.478	42.262	42.047	41.831	41.616
−20	45.706	45.491	45.276	45.061	44.846	44.631	44.416	44.200	43.985	43.770
−10	47.854	47.639	47.425	47.210	46.995	46.780	46.566	46.351	46.136	45.921
−0	50.000	49.786	49.571	49.356	49.142	48.927	48.713	48.498	48.284	48.069

$t/℃$	0	1	2	3	4	5	6	7	8	9
					R/Ω					
0	50.000	50.214	50.429	50.643	50.858	51.072	51.286	51.501	51.715	51.929
10	52.144	52.358	52.572	52.786	53.000	53.215	53.429	53.643	53.857	54.071
20	54.285	54.500	54.714	51.928	55.142	55.356	55.570	55.784	55.988	56.212
30	56.426	56.640	56.854	57.068	57.282	57.496	57.710	57.924	58.137	58.351
40	58.565	58.779	58.993	59.207	59.421	59.635	59.848	60.062	60.276	60.490
50	60.704	60.918	61.132	61.345	61.559	61.773	61.987	62.201	62.415	62.628
60	62.842	63.056	63.270	63.484	63.698	63.911	64.125	64.339	64.553	64.767
70	64.981	65.194	65.408	65.622	65.836	66.050	66.264	66.478	66.692	66.906
80	67.120	67.333	67.547	67.761	67.975	68.189	68.403	68.617	68.831	69.045
90	69.259	69.473	69.687	69.901	70.115	70.329	70.544	70.762	70.972	71.186
100	71.400	71.614	71.828	72.042	72.257	72.471	72.685	72.899	73.114	73.328
110	73.542	73.751	73.971	74.185	74.400	74.614	74.828	75.043	75.285	75.472
120	75.686	75.901	76.115	76.330	76.545	76.759	76.974	77.189	77.404	77.618
130	77.833	78.048	78.263	78.477	78.692	78.907	79.122	79.337	79.552	79.767
140	79.982	80.197	80.412	80.627	80.843	81.058	81.273	81.788	81.704	81.919
150	82.134									

表 4-25　铜热电阻 Cu 100 分度表　　　　$R(0℃)=100.00Ω$

$t/℃$	0	−1	−2	−3	−4	−5	−6	−7	−8	−9
					$R/Ω$					
−50	78.48									
−40	82.80	82.37	81.94	81.51	81.07	80.64	80.21	79.78	79.35	78.92
−30	87.11	86.68	86.25	85.82	85.39	84.96	84.52	84.06	83.66	83.23
−20	91.41	90.98	90.55	90.12	89.69	89.26	88.83	88.40	87.97	87.54
−10	95.71	95.28	94.85	94.42	93.99	93.56	93.13	92.70	92.27	91.84
0	100.00	99.57	99.14	98.71	98.28	97.85	97.42	97.00	96.57	96.14

$t/℃$	0	1	2	3	4	5	6	7	8	9
					$R/Ω$					
0	100.00	100.43	100.86	101.29	101.72	102.14	102.57	103.00	103.42	103.86
10	104.29	104.72	105.14	105.57	106.00	106.43	106.86	107.29	107.72	108.14
20	108.57	109.00	109.43	109.86	110.28	110.71	111.14	111.57	112.00	112.42
30	112.85	113.28	113.71	114.14	114.56	114.99	115.42	115.85	116.27	116.70
40	117.13	117.56	117.99	118.41	118.84	119.27	119.70	120.12	120.55	120.98
50	121.41	121.84	122.26	122.69	123.12	123.55	123.97	124.40	124.83	125.26
60	125.68	126.11	126.54	126.97	127.40	127.82	128.25	128.68	129.11	129.53
70	129.96	130.39	130.82	131.24	131.67	132.10	132.53	132.96	133.38	133.81
80	134.24	134.67	135.09	135.52	135.95	136.38	136.81	137.23	137.66	138.09
90	138.52	138.95	139.37	139.80	140.23	140.66	141.09	141.52	141.94	142.37
100	142.80	143.23	143.66	144.08	144.51	144.94	145.37	145.80	146.23	146.66
110	147.08	147.51	147.94	148.37	148.80	149.23	149.66	150.09	150.52	150.94
120	151.37	151.80	152.23	152.66	153.09	153.52	153.95	154.38	154.81	155.24
130	155.67	156.10	156.52	156.95	157.38	157.81	158.24	158.67	159.10	159.53
140	156.96	160.39	160.82	161.25	161.68	162.12	162.55	162.98	163.41	163.84
150	164.27									

4.3　温度检测元件保护套管材质及适用场合（表 4-26 至表 4-28）

表 4-26　温度检测元件保护套管材质及适用场合

材　质	最高使用温度 /℃	适　用　场　合	备　注
H62 黄铜合金	350	无腐蚀性介质	有定型产品
10 钢、20 钢	450	中性及轻腐蚀性介质	有定型产品
0Cr18Ni10Ti 不锈钢	700	一般腐蚀性介质及低温场合	有定型产品
新 10 钢	70	65% 稀硫酸	
新 2 钢	300	氯化氢、65% 硝酸	
00Cr17Ni14Mo2 不锈钢	200	无机酸、有机酸、碱、盐、尿素等	
2Cr13 不锈钢	450	蒸汽	
12CrMoV 不锈钢	550	蒸汽	
Cr25Ti 不锈钢	1000	高温场合或温度小于 90℃ 的硝酸介质	有定型产品
GH30 不锈钢	1100	耐高温	有定型产品
GH39 不锈钢	1200	耐高温	有定型产品
28Cr 铁（高铬铸铁）	1100	耐腐蚀和耐机械磨损，用于硫铁矿焙烧炉	
耐高温工业陶磁及氧化铝	1400~1800	耐高温，但气密性差，不耐压	有定型产品
莫来石钢玉及纯钢玉	1600	耐高温，气密性耐温度聚变性好，并有一定腐蚀性	
蒙乃尔合金	200	氢氟酸	
Ni 镍	200	浓碱（纯碱、烧碱）	
Ti 钛	150	湿氯气、浓硝酸	
Zr 锆、Nb 铌、Ta 钽	120	耐腐蚀性能超过钛、蒙乃尔、哈氏合金	
Pb 铅	常温	10% 硝酸、80% 硫酸、亚硫酸、磷酸	力学性能差

注：本表选自 HG/T 20507—2000《自动化仪表选型设计规定》。

表 4-27 温度计套管可承受最大流速   m/s

AISI321/0Cr18Ni9Ti 套管外径×厚度	插入深度/mm					
	200	250	300	350	400	500
φ18×3.0	42.4	27.2	18.8	13.9	10.6	6.8
φ16×3.0	33.3	21.2	14.8	10.8	8.3	5.3
φ12×2.0	18.9	12.0	8.4	6.15	4.7	3.0
φ10×1.5	13.3	8.6	5.9	4.4	3.3	2.1
φ8×1.0	8.7	5.6	3.9	2.9	2.2	1.4
φ21×5.5	53.3	34.1	23.6	17.4	13.35	8.6

注：1. 表中数据适用于气体、蒸汽，液体介质的流速应减半考虑。
2. 表中数据是在 500℃ 工作温度基础上得出的，当介质温度较低时，流速可稍增加一些。
3. 本表选自 SH/T 3104—2000《石油化工仪表安装设计规范》。

表 4-28 温度计套管（AISI321/0Cr18Ni9Ti）最大工作压力

套管外径及壁厚/mm	可承受的最大外压/MPa	套管外径及壁厚/mm	可承受的最大外压/MPa
φ18×3.0	8.26	φ10×1.5	7.00
φ16×3.0	9.84	φ10×1	4.69
φ12×2.0	8.90	φ8×1	5.86

注：1. 本表中壁厚考虑 1/3 的加工误差。
2. 本表压力等级为 500℃ 温度下的数据。
3. 本表选自 SH/T 3104—2000《石油化工仪表安装设计规范》。

4.4 温度检测元件插入深度（表 4-29）

表 4-29 温度检测元件插入深度

分类		工艺管径 DN	≤25	40	50	80	100	150	200	250	300	350	≥400
温度计套管	直插	L=80	120	120	120	120	160	160	200	200	250	250	320
		L=120	160	160	160	160	200	200	250	250	320	320	320
	斜插 45°	L=100	120	120	120	160	160	200	250	250	320	320	320
		L=140	160	160	160	200	200	250	250	320	320	320	320
	弯头	L=100	200	200	200	200	200	250	250	320	320	320	320
		L=140	250	250	250	250	250	320	320	320	320	320	320
热电偶 热电阻 温度计	直插	L=80	150	150	150	150	150	150	200	200	250	250	300
		L=120	150	150	150	150	200	200	250	250	300	300	300
	斜插 45°	L=100	150	150	150	150	150	200	250	250	300	300	400
		L=140	200	200	200	200	200	250	250	300	300	400	400
	弯头	L=100	200	200	200	200	200	250	250	300	300	300	300
		L=140	250	250	250	250	250	300	300	300	300	300	300
双金属温度计	直插	L=80	150	150	150	150	150	150	200	200	250	250	300
		L=120	150	150	150	150	150	200	250	250	300	300	300
	斜插 45°	L=100	150	150	150	150	150	200	250	250	300	300	300
		L=140	200	200	200	200	200	250	250	300	300	400	400
	弯头	L=100	200	200	200	200	200	300	300	300	300	300	300
		L=140	250	250	250	250	200	300	300	300	300	300	300

注：1. L 管嘴长度。
2. 粗线左边需要扩大管径。
3. 插入深度单位为 mm。
4. 本表选自 SH/T 3104—2000《石油化工仪表安装设计规范》。

第5章 常用物性数据和资料

5.1 基本物理常数（表 5-1）

表 5-1 基本物理常数

（各常数的数值分别乘以单位项下的 10 的幂次，数值后括号内为不确定值，小数点与数值的末位对齐。）

常数名称	符号	数值	单位 SI	单位 CGS
真空中光速	c	2.99792458(1.2)	$10^8 \text{m} \cdot \text{s}^{-1}$	$10^{10} \text{cm} \cdot \text{s}^{-1}$
电子电荷	e	1.60217733(49)	10^{-19}C	$10^{-20} \text{cm}^{\frac{1}{2}} \cdot \text{g}^{\frac{1}{2}}$
电子质量	m_e	9.1093897(54)	10^{-31}kg	10^{-28}g
质子质量	m_p	1.6726231(10)	10^{-27}kg	10^{-24}g
中子质量	m_n	1.6749286(10)	10^{-27}kg	10^{-24}g
原子质量单位	u	1.6605402(10)	10^{-27}kg	10^{-24}g
电子荷质比	e/m_e	1.7588196	$10^{11} \text{C} \cdot \text{kg}^{-10}$	$10^7 \text{cm}^{\frac{1}{2}} \cdot \text{g}^{-\frac{1}{2}}$
普朗克常数	h	6.6260755(40)	$10^{-34} \text{J} \cdot \text{s}$	$10^{-27} \text{erg} \cdot \text{s}$
阿伏伽德罗常数	N_A	6.0221367(36)	10^{23}mol^{-1}	10^{23}mol^{-1}
摩尔气体常数	R	8.314510(70)	$\text{J} \cdot \text{K}^{-1} \cdot \text{mol}^{-1}$	$10^7 \text{erg} \cdot \text{K}^{-1} \cdot \text{mol}^{-1}$
玻耳兹曼常数	k	1.380658(12)	$10^{-23} \text{J} \cdot \text{K}^{-1}$	$10^{-16} \text{erg} \cdot \text{K}^{-1}$
法拉第常数	F	9.6485309(29)	$10^4 \text{C} \cdot \text{mol}^{-1}$	$10^3 \text{cm}^{\frac{1}{2}} \cdot \text{g}^{\frac{1}{2}} \cdot \text{mol}^{-1}$
里德伯常数	R_∞	1.0973731534(13)	10^7m^{-1}	10^5cm^{-1}
万有引力常数	G	6.67259(85)	$10^{-11} \text{N} \cdot \text{m}^2 \cdot \text{kg}^{-2}$	$10^{-8} \text{dyn} \cdot \text{cm}^2 \cdot \text{g}^{-2}$
理想气体的标准体积	V_m	22.41410(19)	$10^{-3} \text{m}^3 \cdot \text{mol}^{-1}$	$10^3 \text{cm}^3 \cdot \text{mol}^{-1}$
波尔半径	a_0	5.29177249(24)	10^{-11}m	10^{-9}cm
经典电子半径	r_e	2.81794092(38)	10^{-15}m	10^{-13}cm
以原子质量单位计的质子质量 — 质子	p	1.007276487(11)		
以原子质量单位计的质子质量 — 氢	^{1}H	1.007825036(11)		
以原子质量单位计的质子质量 — 氘(重氢)	^{2}H	2.014101795(21)		
以原子质量单位计的质子质量 — 氦	^{4}He	4.002603276(48)		

5.2 化学元素及其物理性质（表 5-2 和表 5-3）

表 5-2 化学元素的名称、符号、原子量和族别

原子序数	名称	符号	原子量	族别	原子序数	名称	符号	原子量	族别	原子序数	名称	符号	原子量	族别
1	氢	H	1.0079	ⅠA	39	钇	Y	88.906	ⅢB	77	铱	Ir	192.22	ⅧB
2	氦	He	4.0026	ⅧA	40	锆	Zr	91.224	ⅣB	78	铂	Pt	195.08	ⅧB
3	锂	Li	6.941	ⅠA	41	铌	Nb	92.906	ⅤB	79	金	Au	196.97	ⅠB
4	铍	Be	9.0122	ⅡA	42	钼	Mo	95.94	ⅥB	80	汞	Hg	200.59	ⅡB
5	硼	B	10.811	ⅢA	43	锝	Tc	97.907	ⅦB	81	铊	Tl	204.38	ⅢA
6	碳	C	12.011	ⅣA	44	钌	Ru	101.07	ⅧB	82	铅	Pb	207.2	ⅣA
7	氮	N	14.007	ⅤA	45	铑	Rh	102.91	ⅧB	83	铋	Bi	208.98	ⅤA
8	氧	O	15.999	ⅥA	46	钯	Pd	106.42	ⅧB	84	钋	Po	208.98	ⅥA
9	氟	F	18.998	ⅦA	47	银	Ag	107.87	ⅠB	85	砹	At	209.99	ⅦA
10	氖	Ne	20.180	ⅧA	48	镉	Cd	112.41	ⅡB	86	氡	Rn	222.02	ⅧA
11	钠	Na	22.990	ⅠA	49	铟	In	114.82	ⅢA	87	钫	Fr	223.02	ⅠA
12	镁	Mg	24.305	ⅡA	50	锡	Sn	118.71	ⅣA	88	镭	Ra	226.03	ⅡA
13	铝	Al	26.982	ⅢA	51	锑	Sb	121.76	ⅤA	89	锕	Ac	227.03	ⅢB
14	硅	Si	28.086	ⅣA	52	碲	Te	127.60	ⅥA	90	钍	Th	232.04	ⅢB
15	磷	P	30.974	ⅤA	53	碘	I	126.90	ⅦA	91	镤	Pa	231.04	ⅢB
16	硫	S	32.066	ⅥA	54	氙	Xe	131.29	ⅧA	92	铀	U	238.03	ⅢB
17	氯	Cl	35.453	ⅦA	55	铯	Cs	132.91	ⅠA	93	镎	Np	237.05	ⅢB
18	氩	Ar	39.948	ⅧA	56	钡	Ba	137.33	ⅡA	94	钚	Pu	244.06	ⅢB
19	钾	K	39.098	ⅠA	57	镧	La	138.91	ⅢB	95	镅	Am	243.06	ⅢB
20	钙	Ca	40.078	ⅡA	58	铈	Ce	140.12	ⅢB	96	锔	Cm	247.07	ⅢB
21	钪	Sc	44.956	ⅢB	59	镨	Pr	140.91	ⅢB	97	锫	Bk	247.07	ⅢB
22	钛	Ti	47.867	ⅣB	60	钕	Nd	144.24	ⅢB	98	锎	Cf	251.08	ⅢB
23	钒	V	50.942	ⅤB	61	钷	Pm	144.91	ⅢB	99	锿	Es	252.08	ⅢB
24	铬	Cr	51.996	ⅥB	62	钐	Sm	150.36	ⅢB	100	镄	Fm	257.10	ⅢB
25	锰	Mn	54.938	ⅦB	63	铕	Eu	151.96	ⅢB	101	钔	Md	258.10	ⅢB
26	铁	Fe	55.845	ⅧB	64	钆	Gd	157.25	ⅢB	102	锘	No	259.10	ⅢB
27	钴	Co	58.933	ⅧB	65	铽	Tb	158.93	ⅢB	103	铹	Lr	262.11	ⅢB
28	镍	Ni	58.693	ⅧB	66	镝	Dy	162.50	ⅢB	104	𬬻	Unq	261.11	ⅣB
29	铜	Cu	63.546	ⅠB	67	钬	Ho	164.93	ⅢB	105	𬭊	Unp	262.11	ⅤB
30	锌	Zn	65.39	ⅡA	68	铒	Er	167.26	ⅢB	106	𬭳	Unh	263.12	ⅥB
31	镓	Ga	69.723	ⅢB	69	铥	Tm	168.93	ⅢB	107	𬭛	Uns	264.12	ⅦB
32	锗	Ge	72.61	ⅣA	70	镱	Yb	173.04	ⅢB	108	𬭶	Uno	265.13	ⅧB
33	砷	As	74.922	ⅤA	71	镥	Lu	174.97	ⅢB	109	䥑	Une	(268)	ⅧB
34	硒	Se	78.96	ⅥA	72	铪	Hf	178.49	ⅣB	110		Uun	(269)	ⅧB
35	溴	Br	79.904	ⅦA	73	钽	Ta	180.95	ⅤB	111		Uuu	(272)	ⅠB
36	氪	Kr	83.80	ⅧA	74	钨	W	183.84	ⅥB	112		Uub	(277)	ⅡB
37	铷	Rb	85.468	ⅠA	75	铼	Re	186.21	ⅦB					
38	锶	Sr	87.62	ⅡA	76	锇	Os	190.23	ⅧB					

注：1. 本表根据 IUPAC1995 年提供的 5 位有效数字原子量数据，以 $^{12}C=12$ 为基状的原子量，其中原子量序数 87 至 108 为半衰最长的原子量，（ ）内数字为最稳定的同位素原子量。

2. 原子序数 57～71 为镧系元素；89～103 为锕系元素。

3. 原子序数 1、3、11、19、37、55、87 分别为周期表中第 1、2、3、4、5、6、7 周期中的第 1 个元素。

4. 族别中 A 为主族，B 为副族。

5. 原子序数 43、61、62 及 84～112 为放射性元素（43、61 及 95～112 为人造元素）。

表 5-3 元素的物理性质

符号	名称	原子序数	密度(20℃)/×10^{-3} kg·m^{-3}	熔点(101323 Pa)/℃	沸点(101323 Pa)/℃	比热容(20℃)/×10^3 J·kg^{-1}·K^{-1}	热导率/×10^2 W·m^{-1}·K^{-1}	线胀系数(0~100℃)/×10^{-6} ℃$^{-1}$	电阻率(0℃)/×10^{-2} Ω·mm^2·m^{-1}	电阻温度系数(0℃)/×10^{-3} ℃$^{-1}$	电子逸出功 ϕ/eV	第一电离电位 V_1/eV
Ac	锕	89	10.07	1050	3200					4.23		6.9
Ag	银	47	10.49	960.8	2210	0.234	4.187	19.7	1.59	4.29	4.26(P)	7.574
Al	铝	13	2.6984	660.1	2500	0.900	2.219	23.6	2.635	4.23	4.28(P)	5.948
Am	镅	95	11.7	≈1200	≈2500			50.8	145			
Ar	氩	18	1.784×10^{-3}	−180.2	−185.7	0.523	1.7×10^{-1}					15.755
As	砷	33	5.73	814(36atm)	613(升华)	0.343		4.7	35.0	3.0	3.75(P)	9.81
Au	金	79	19.32	1063	2966	0.131	2.973	14.2	2.065	3.5	5.1(P)	9.22
B	硼	5	2.34	2300	3675	1.294		8.3(40℃)	1.8×10^{12}		4.45(T)	8.296
Ba	钡	56	3.5	710	1640	0.285		3.3(40℃)	1.8×10^{12}		2.7(T)	5.21
Be	铍	4	1.84	1283	2970	1.884		19.0	50		4.98(P)	9.32
Bi	铋	83	9.80	271.2	1420	0.123	1.465	11.6(20~60℃)	6.6	6.7	4.22(P)	7.237
Br	溴	35	3.12(液态)	−7.1	58.4	0.293	0.084	13.4	106.8	4.2		11.84
C	碳	6	2.25(石墨)	3727(高纯度)	1830	0.691	0.239	0.6~4.3	1376	0.6~1.2	5.0(CPD)	11.256(石墨)
Ca	钙	20	1.55	850	1440	0.649	1.256	22.3	3.6	3.33	2.87(P)	6.111
Cd	镉	48	8.65	321.03	765	0.230	0.921	31.0	7.51	4.24	4.22(CPD)	8.991
Ce	铈	58	6.77	804	3468	0.176	0.109	8.0	75.3(25℃)	0.87	2.9(P)	5.6
Cl	氯	17	3.214×10^{-3}	−101	−33.9	0.486	0.72×10^{-4}		10×10^9			13.01
Co	钴	27	8.9	1492	2870	0.414	0.691	12.4	5.00(α)	6.6	5.0(P)	7.86
Cr	铬	24	7.19	1903	2642	0.460	0.670	6.2	12.9	2.5	4.5(P)	6.764
Cs	铯	55	1.90	28.6	685	0.218		97	19.0	4.96	2.14(P)	3.893
Cu	铜	29	8.96	1083	2580	0.385	3.936	17.0	1.67~1.68(20℃)	4.3	4.65(P)	7.724
Dy	镝	66	8.56	1407	2300	0.172	0.100	7.7	56.0	1.19		6.8
Er	铒	68	9.16	1500	≈2600	0.167	0.096	10.0	107	2.01		6.08
Eu	铕	63	5.30	≈830	≈1430	0.163			81.3	4.30	2.5(P)	5.67
F	氟	9	1.696×10^{-3}	−219.6	−188.2	0.754						17.418
Fe	铁	26	7.87	1537	2930	0.460	0.754	11.76	9.7(20℃)	6.0	4.5(P)	7.87
Ga	镓	31	5.91	29.8	2260	0.331	0.293	18.3	13.7	3.9	4.2(CPD)	6
Gd	钆	64	7.87	1312	≈2700	0.240	0.088	0.0~10.0	134.5	1.76	3.1(P)	6.16
Ge	锗	32	5.323	958	2880	0.306	0.586	5.92	(0.86~52)×10^6	1.4	5.0(CPD)	7.88
H	氢	1	0.00899×10^{-3}	−259.04	−252.61	14.44	17×10^{-4}					13.595
He	氦	2	0.1785×10^{-3}	−269.5(103atm)	−268.9	5.234	13.90×10^{-4}			10^{21}(20℃)		24.481
Hf	铪	72	13.28	2225	5400	0.147	0.934	5.9	32.7~43.9	4.43	3.9(P)	7
Hg	汞	80	13.546(液态)	−38.87	356.58	0.138	0.082	182	94.07	0.99	4.49(P)	10.43
Ho	钬	67	8.8	461	≈2300	0.163			87.0	1.71		
I	碘	53	4.93	113.8	183	0.218	43.54×10^{-4}	93	1.3×10^{16}			10.454

续表

符号	名称	原子序数	密度(20℃)/×10⁻³ kg·m⁻³	熔点(101323 Pa)/℃	沸点(101323 Pa)/℃	比热容(20℃)/×10³ J·kg⁻¹·K⁻¹	热导率/×10² W·m⁻¹·K⁻¹	线胀系数(0~100℃)/×10⁻⁶ ℃⁻¹	电阻率(0℃)/×10⁻² Ω·mm²·m⁻¹	电阻温度系数(0℃)/×10⁻³ ℃⁻¹	电子逸出功 ϕ/eV	第一电离电位 V_1/eV
In	铟	49	7.31	156.61	2050	0.239	0.239	33.0	8.2	4.9	4.12(P)	5.785
Ir	铱	77	22.4	2454	5300	0.135	0.586	6.5	4.85	4.1	5.27(T)	9
K	钾	19	0.87	63.2	765	0.741	1.005	83	6.55	5.4	2.3(P)	4.339
Kr	氪	36	3.743×10⁻³	−157.1	−153.25		0.879×10⁻⁴			−0.39		13.996
La	镧	57	6.18	920	3470	0.201	0.138	5.1	56.8(20℃)	2.18	3.5(P)	5.61
Li	锂	8	0.531	180	1347	3.308	0.712	56	8.55	4.6	2.9(F)	5.39
Lu	镥	71	9.74	1730	1930	0.155			73.0	2.40	3.3(CPD)	
Mg	镁	12	1.74	650	1108	1.026	1.537	24.3	4.47	4.1	3.66(P)	7.644
Mn	锰	25	7.43	1244	2150	0.481	0.05(−192℃)	37	185(20℃)	1.7	4.1(P)	7.432
Mo	钼	42	10.22	2625	4800	0.276	1.424	4.9	5.17	4.71	4.6(P)	7.10
N	氮	7	1.25×10⁻³	−210	−195.8	1.034	25.12×10⁻⁵					
Na	钠	11	0.9712	97.8	892	1.235	1.340	71	4.27	5.47	2.75(P)	5.138
Nb	铌	41	8.57	2468	5136	0.272	0.523~0.544	7.1	13.1~15.22	3.95	4.3(P)	6.88
Nd	钕	60	7.00	1024	3180	0.188	0.13	7.4	64.3(25℃)	1.64	3.2(P)	5.51
Ne	氖	10	0.8999×10⁻³	−248.6	−246.0		0.00046					21.559
Ni	镍	28	8.9	1453	2732	0.44	0.921	13.4	6.84	5.9~8.0	5.15(P)	7.633
Np	镎	93	20.25	637				50.8	145(20℃)			
O	氧	8	1.429×10⁻³	−218.83	−182.97	0.913	247.02×10⁻⁸					13.614
Os	锇	76	22.5	2700	5500	0.13	5.7~6.57		9.66	4.2	4.83(T)	8.5
P	磷(白)	15	1.83	44.1	280	0.741		125	1×10¹⁷	−0.456		10.484
Pa	镤	91	15.4	≈1230	≈4000							
Pb	铅	82	11.34	≈327.3	1750	0.128	0.348	29.3	18.8	4.2	4.25(P)	7.415
Pd	钯	46	12.16	1552	≈3980	0.245	0.703	11.8	9.1	3.79	5.12(P)	8.33
Pm	钷	61		≈1000	≈2700							
Po	钋	84	9.4	254	960			24.4	42±10(α) 44±10(β)	4.6(α) 7.0(β)		8.43
Pr	镨	59	6.77	≈935	3020	0.188	0.117	5.4	98(25℃)	1.71		5.46
Pt	铂	78	21.45	1769	4530	0.136	0.691	8.9	9.2~9.6	3.99	5.65(P)	9.0
Pu	钚	94	19.0~19.8	639.5	3235	0.134	0.084	50.8	145(28℃)	−0.21		5.1
Ra	镭	88	5.0	700	1500							5.277
Rb	铷	37	1.53	38.8	680	0.335		90.0	11	4.81	2.16(P)	4.186
Re	铼	75	21.03	3180	5900	0.138 0.247	0.712	6.7	19.5	4.73	4.96(T)	7.87
Rh	铑	45	12.41	1960	4500	0.136(0℃)	0.879	8.3	≈6.02	4.35	4.98(P)	7.46
Rn	氡	86	9.960×10⁻³	−71	−61.8							10.746

续表

符号	名称	原子序数	密度(20℃)/×10⁻³ kg·m⁻³	熔点(101323 Pa)/℃	沸点(101323 Pa)/℃	比热容(20℃)/×10³ J·kg⁻¹·K⁻¹	热导率/×10² W·m⁻¹·K⁻¹	线胀系数(0~100℃)/×10⁻⁶ ℃⁻¹	电阻率(0℃)/×10⁻² Ω·mm²·m⁻¹	电阻温度系数(0℃)/×10⁻³ ℃⁻¹	电子逸出功 ϕ/eV	第一电离电位 V_1/eV
Ru	钌	44	12.2	2400	4900	0.239		9.1	7.157	4.4	4.71(P)	7.364
S	硫	16	2.07	115	444.6	0.733	26.42×10⁻⁴	64	2×10²³(20℃)			10.357
Sb	锑	51	6.68	630.5	1440	0.205	0.188	8.5~10.8	39.0	5.1	4.55(无定型的)	8.639
Sc	钪	21	2.992	1539	2730	0.561			61(22℃)		3.5(P)	6.54
Se	硒	34	4.808	220	685	0.322	(29.3~76.6)×10⁻⁴	37	12	4.45	5.9(P)	9.75
Si	硅	14	2.329	1412	3310	0.678(0℃)	0.837	2.8~7.2	10	0.8~1.8	4.85n(CPD)	8.149
Sm	钐	62	7.53	1052	1630	0.176			88.0	1.48	2.7(P)	5.6
Sn	锡	50	7.298	231.91	2690	0.226	0.628	23	11.5	4.4	4.42(CPD)	7.342
Sr	锶	38	2.60	770	1460	0.737			30.7	3.83	2.59(T)	5.692
Ta	钽	73	16.67	2980	5400	0.142	0.544	6.55	13.1	3.85	4.25(T)	7.88
Tb	铽	65	8.267	1356	2530	0.184					3.0(P)	5.98
Tc	锝	43	11.46	≈2100	4600							7.28
Te	碲	52	6.24	450	990	0.197	0.059	17.0	(1~3)×10⁻⁵		4.95(P)	9.01
Th	钍	90	11.724	1695	4200	0.142	0.377	11.3~11.6	19.1	2.25	3.4(T)	6.95
Ti	钛	22	4.508	1677	3260	0.519	0.151(α)	8.2	42.1~47.8	3.97	4.33(P)	6.82
Tl	铊	81	11.85	≈304	1457	0.130	0.389	28.0	15~18.1	5.2	3.84(CPD)	6.106
Tm	铥	69	9.325	1545	1700	0.159						5.81
U	铀	92	19.05	1132	3930	0.115	0.297	6.8~14.1	79.0	1.95	3.63(P)(CPD)	6.08
V	钒	23	6.1	1910	3400	0.532	0.310	8.3	29.0	2.18~2.76	4.3(P)	6.74
W	钨	74	19.3	3380	5900	0.142	1.662	4.6(20℃)	24.8~26	2.8	4.55(CPD)	7.98
Xe	氙	54	5.495×10⁻³	−112	−108				5.1	4.82		12.127
Y	钇	39	4.475	1509	≈3200	0.297	5.192×10⁻⁴				3.1(P)	6.38
Yb	镱	70	6.966	824	1530	0.147	0.147	25	30.3	1.30		6.2
Zn	锌	30	7.134(25℃)	419.505	907	0.387	1.130	39.5	5.75	4.2	4.33(P)	9.391
Zr	锆	40	6.507	1852±2	3580	0.285	0.883(25℃)	5.85	39.7~40.5	4.35	4.05(P)	6.84

注：1. 数据旁括号内的温度指该数据的特定温度。

2. 对液体元素，线胀系数栏的数据为体胀系数。

3. 电子逸出功亦称电子发射功函数，电子逸出功栏数据后括号内字母意义：P—光电的；T—热电的；CPD—接触电位的；F—场效应。

5.3 气体的物性参数及常用数据

5.3.1 气体的物理性质（表 5-4）

表 5-4 气体的物理性质

名称	分子式	相对分子质量	密度 ρ_n /(kg/m³) 20℃ 101.325 kPa	理想相对密度 G_i 20℃ 101.325 kPa (空气=1)	压缩系数 Z_n 20℃ 101.325 kPa	比热容比 κ 20℃ 101.325 kPa	沸点 T_b/K 101.325 kPa	临界点 温度 T_c/K	临界点 压力 p_c/MPa	临界点 密度 ρ_c /(kg/m³)	临界点 压缩系数 Z_c	偏心因子 ω
空气(干)		28.9626	1.2041	1.0000	0.99963	1.4①	78.8	132.42	3.766	317	0.312	
氮	N_2	28.0135	1.1646	0.9672	0.9997	1.4①	77.35	126.2	3.393	312	0.290	0.039
氧	O_2	31.9988	1.3302	1.1048	0.9993	1.397①	90.17	154.78	5.043	426.2	0.288	0.025
氦	He	4.0026	0.1664	0.1382	1.0005	1.66	4.215	5.19	0.227	69.9	0.301	−0.365
氢	H_2	2.0159	0.0838	0.0696	1.0006	1.412①	20.38	32.2	1.297	31.04	0.305	−0.218
氪	Kr	83.80	3.4835	2.893		1.67	119.79	209.4	5.502	909	0.288	0.005
氙	Xe	131.30	5.4582	4.533		1.666	165.02	289.75	5.874	1105	0.287	0.008
氖	Ne	20.183	0.83914	0.6969	1.0005	1.68	27.09	44.4	2.726	483	0.311	−0.029
氩	Ar	39.948	1.6605	1.379	0.9993	1.68	87.291	150.7	4.864	535	0.291	0.001
甲烷	CH_4	16.043	0.6669	0.5539	0.9981	1.315①	111.6	190.555	4.5998	161.55	0.288	0.0115
乙烷	C_2H_6	30.07	1.2500	1.0382	0.9920	1.18①	184.6	305.83	4.880	202.9	0.285	0.0908
丙烷	C_3H_8	44.097	1.8332	1.5224	0.9834	1.13①	231.05	369.82	4.250	216.6	0.281	0.1454
正丁烷	C_4H_{10}	58.124	2.4163	2.0067	0.9682	1.10①	272.65	425.14	3.784	227.7	0.274	0.1928
异丁烷	C_4H_{10}	58.124	2.4163	2.0067		1.11①	261.45	408.15	3.648	220.5	0.283	0.176
正戊烷	C_5H_{12}	72.151	2.9994	2.4910	0.9474	1.07①	309.25	469.69	3.364	237.9	0.262	0.2510
乙烯	C_2H_4	28.054	1.1660	0.9686	0.9940	1.22①	169.45	283.35	5.042	227	0.276	0.0856
丙烯	C_3H_6	42.081	1.7495	1.4529	0.985	1.15①	225.45	364.85	4.611	232.7	0.275	0.1477
丁烯-1	C_4H_8	56.108	2.3326	1.9373	0.972	1.11①	266.85	419.53	4.023	233.4	0.277	0.1874
顺丁烯-2	C_4H_8	56.108	2.3327	1.9373	0.969	1.1214①	276.85	433.15	4.20	198.9	0.272	0.202
反丁烯-2	C_4H_8	56.108	2.3327	1.9373	0.969	1.1073①	274.05	428.15	3.99	234.7	0.266	0.205
异丁烯	C_4H_8	56.108	2.3327	1.9373	0.972	1.1058①	266.25	417.85	3.998	234	0.275	0.194
乙炔	C_2H_2	26.038	1.083	0.8990	0.993	1.24	189.13 (升华)	309.25	6.247	231	0.270	0.190
苯	C_6H_6	78.114	3.2476	2.6971	0.9326	1.101	353.25	562.16	4.898	302.1	0.271	0.210
一氧化碳	CO	28.0106	1.165	0.9671	0.9996	1.395	81.65	132.85	3.494	300.4	0.295	0.053

续表

名称	分子式	相对分子质量	密度 ρ_n /(kg/m³) 20℃ 101.325 kPa	理想相对密度 G_i 20℃ 101.325 kPa (空气=1)	压缩系数 Z_n 20℃ 101.325 kPa	比热容比 κ 20℃ 101.325 kPa	沸点 T_b/K 101.325 kPa	临界点 温度 T_c /K	压力 p_c /MPa	密度 ρ_c /(kg/m³)	压缩系数 Z_c	偏心因子 ω
二氧化碳	CO_2	44.00995	1.829	1.519	0.9946	1.295	194.75（升华）	304.20	7.382	468.1	0.274	0.239
一氧化氮	NO	30.0061	1.2474	1.036		1.4	121.45	179.15	6.482	52	0.250	0.588
二氧化氮	NO_2	46.0055	1.9121	1.588		1.31	294.35	431.35	10.13	570	0.473	0.834
一氧化二氮	N_2O	44.0128	1.8302	1.520		1.274	184.69	309.71	7.267	457	0.274	0.165
硫化氢	H_2S	34.07994	1.4169	1.1767	0.9911	1.32	212.85	373.2	8.940	338.5	0.284	0.109
氢氰酸	HCN	27.0258	1.1235	0.9331		1.31（65℃）	298.85	456.65	5.374	200		
氧硫化碳	COS	60.0746	2.4973	2.074			222.95	378.15	6.178		0.275	0.105
臭氧	O_3	47.9982	1.9952	1.657			181.2	261.05	5.57	537	0.228	0.691
二氧化硫	SO_2	64.0628	2.726	2.212	0.980	1.25	263.15	430.65	7.885	524	0.269	0.251
氟	F_2	37.9968	1.5798	1.312		1.358	85.03	172.15	5.570	473		0.048
氯	Cl_2	70.906	2.9476	2.448		1.35	238.55	417.15	7.708	573	0.285	0.090
氯甲烷	CH_3Cl	50.488	2.0990	1.7432		1.28	249.39	416.15	6.678	353	0.269	0.156
氯乙烷	C_2H_5Cl	64.515	2.6821	2.2275		1.19（16℃，0.3~0.5atm）	285.45	455.95	5.266	330	0.274	0.190
氨	NH_3	17.0306	0.7080	0.5880	0.989	1.32	239.75	405.65	11.28	235		0.250
氟里昂-11	CCl_3F	137.3686	5.7110	4.7430		1.135	296.95	471.15	4.374	554	0.297	0.189
氟里昂-12	CCl_2F_2	120.914	5.0269	4.1748		1.138	243.35	385.15	3.923	558	0.280	0.204
氟里昂-13	$CClF_3$	104.4594	4.3428	3.6067		1.150（10℃）	191.75	302.05	3.864	578	0.278	0.198
氟里昂-113	CCl_2FCClF_2	187.3765	7.7900	6.4696			320.75	487.25	3.413	576		

① 15.6℃，101.325kPa。

5.3.2 饱和气体的水分含量（表5-5）

表5-5 饱和气体的水分含量

温度 t /℃	饱和水蒸气压力 p_b /Pa	完全饱和时的水分含量		
		密度 ρ_b /(kg/m³)	绝对湿度 f /(kg/m³)	绝对湿度 f' /(kg/m³)
−25	62.763	0.0005	0.0005	0.0005
−20	102.970	0.0009	0.0008	0.0008

续表

温度 t /℃	饱和水蒸气压力 p_b /Pa	完全饱和时的水分含量		
		密度 ρ_b /(kg/m³)	绝对湿度 f /(kg/m³)	绝对湿度 f' /(kg/m³)
−15	165.732	0.0014	0.0013	0.0013
−10	259.876	0.0021	0.0021	0.0021
−5	401.092	0.0032	0.0032	0.0033
0	608.012	0.0048	0.0048	0.0048
2	706.079	0.0056	0.0056	0.0056
4	813.952	0.0064	0.0066	0.0065
6	931.632	0.0073	0.0075	0.0074
8	1068.92	0.0083	0.0086	0.0085
10	1225.83	0.0094	0.0098	0.0097
12	1402.35	0.0107	0.0113	0.0111
14	1598.48	0.0121	0.0129	0.0127
16	1814.23	0.0136	0.0147	0.0144
18	2059.40	0.0154	0.0167	0.0164
20	2333.98	0.0173	0.0189	0.0185
22	2637.98	0.0194	0.0215	0.0209
24	2981.22	0.0218	0.0244	0.0237
26	3363.68	0.0244	0.0275	0.0266
28	3775.56	0.0272	0.0311	0.0299
30	4246.28	0.0304	0.0351	0.0336
32	4756.23	0.0338	0.0396	0.0377
34	5315.20	0.0376	0.0445	0.0422
36	5942.83	0.0417	0.0501	0.0471
38	6629.29	0.0462	0.0563	0.0526
40	7374.60	0.0512	0.0631	0.0585
42	8198.36	0.0565	0.0708	0.0650
44	9100.57	0.0623	0.0793	0.0722
46	10081.2	0.0687	0.0890	0.0802
48	11159.9	0.0756	0.0995	0.0886
50	12336.7	0.0830	0.1144	0.0979
52	13611.6	0.0910	0.125	0.108
54	15004.2	0.0998	0.139	0.119
56	16514.4	0.1092	0.156	0.131
58	18142.3	0.1193	0.175	0.144
60	19917.3	0.1302	0.196	0.158
62	21839.4	0.1420	0.222	0.174
64	23908.6	0.1546	0.249	0.190
66	26144.5	0.1681	0.281	0.208
68	28556.9	0.1826	0.318	0.228
70	31155.7	0.1982	0.361	0.249
72	33960.4	0.2148	0.409	0.271
74	36961.3	0.2326	0.466	0.295
76	40187.6	0.2516	0.534	0.321
78	43649.4	0.2718	0.617	0.349
80	47356.3	0.2934	0.716	0.379
82	51328.0	0.3164	0.840	0.411
84	55574.3	0.3408	0.996	0.445
86	60104.9	0.3667	1.205	0.482

续表

温度 t /℃	饱和水蒸气压力 p_b /Pa	完全饱和时的水分含量		
		密度 ρ_b /(kg/m³)	绝对湿度 f /(kg/m³)	绝对湿度 f' /(kg/m³)
88	64949.4	0.3943	1.480	0.521
90	70107.7	0.4235	1.877	0.563
92	75609.3	0.4545	2.492	0.608
94	81463.8	0.4873	3.541	0.655
96	87691.1	0.5222	5.732	0.705
98	94300.7	0.5590	13.818	0.760
100	101322.3	0.5977	∞	0.816

注：f——对干气体而言的绝对湿度，0℃，101.325kPa 时的数值；

f'——对湿气体而言的绝对湿度，0℃，101.325kPa 时的数值。

5.3.3 求气体黏度的 X、Y 值表（表 5-6）和一般气体在常压下的黏度图（图 5-1）

表 5-6 求气体黏度的 X、Y 值表

序号	名称	X	Y	序号	名称	X	Y
1	空气	11.0	20.0	29	甲烷	9.9	15.5
2	氧	11.0	21.3	30	乙烷	9.1	14.5
3	氮	10.6	20.0	31	乙烯	9.5	15.1
4	氩	10.5	22.4	32	乙炔	9.8	14.9
5	氖	10.9	20.5	33	丙烷	9.7	12.9
6	氙	9.3	23.0	34	丙烯	9.0	13.8
7	氢	11.2	12.4	35	丁烯	9.2	13.7
8	3H₂+1N₂	11.2	17.2	36	丁炔	8.9	13.0
9	水蒸气	8.0	16.0	37	戊烷	7.0	12.8
10	二氧化碳	9.5	18.7	38	己烷	8.6	11.8
11	一氧化碳	11.0	20.0	39	三甲苯丁烷	9.5	10.5
12	氨	8.4	16.0	40	环己烷	9.2	12.0
13	硫化氢	8.6	18.0	41	氯化乙烷	8.5	15.6
14	二氧化硫	9.6	17.0	42	三氯甲烷(氯仿)	8.9	15.7
15	二硫化碳	8.0	16.0	43	苯	8.5	13.2
16	一氧化二氮	8.8	19.0	44	甲苯	8.6	12.4
17	一氧化氮	10.9	20.5	45	甲醇	8.5	15.6
18	氟	7.3	23.8	46	乙醇	9.2	14.2
19	氯	9.0	18.4	47	丙醇	8.4	13.4
20	溴	8.9	19.2	48	醋酸	7.7	14.3
21	碘	9.0	18.4	49	丙酮	8.9	13.0
22	氯化氢	8.8	18.7	50	乙醚	8.9	13.0
23	溴化氢	8.8	20.9	51	醋酸乙酯	8.5	13.2
24	碘化氢	9.0	21.3	52	氟里昂-11	10.6	15.1
25	氰化氢	9.8	14.9	53	氟里昂-12	11.1	16.0
26	氰	9.2	15.2	54	氟里昂-21	10.8	15.3
27	亚硝酸氯	8.0	17.6	55	氟里昂-22	10.1	17.0
28	汞	5.3	22.9	56	氟里昂-113	11.3	14.4

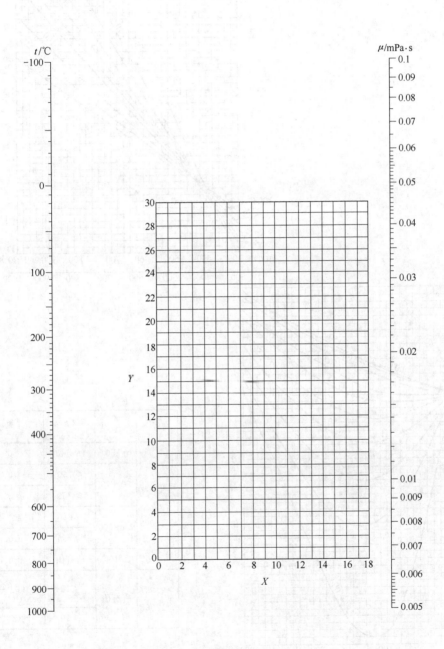

图 5-1 一般气体在常压下的黏度图

5.3.4 气体的压缩系数图

(1) 空气的压缩系数图（图 5-2）

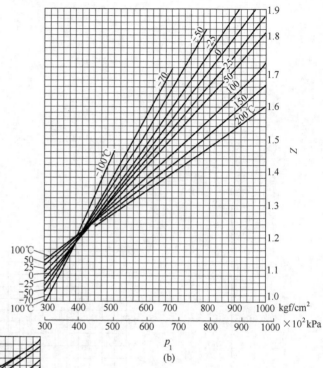

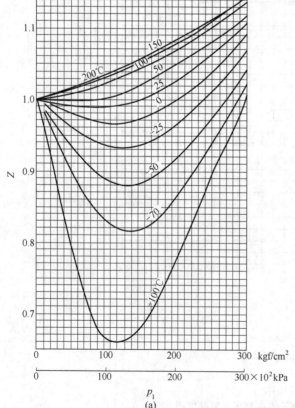

Z	t /℃	p_1 /(kgf/cm²)	σ_Z
≤0.997 或 ≥1.003	<50	所有值	±0.15%
	50~75	≤750	±0.15%
		>750	±0.35%
	75~100	≤250	±0.15%
		>250	±0.35%
	≥100	所有值	±0.35%
>0.997 <1.003	所有值	<10	$\pm 100\left(\dfrac{Z-1}{2}\right)$%
		>10	同 $Z<0.997$

图 5-2 空气的压缩系数图

(2) 氮气的压缩系数图（图 5-3）

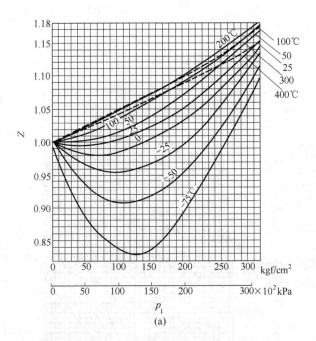

Z	t /℃	p_1 /(kgf/cm²)	σ_Z
≤0.997 或 ≥1.003	<0	所有值	±0.35%
	0～100		±0.25%
>0.997 和 <1.003	<25 或 >50	<10	$\pm 100\left(\dfrac{Z-1}{2}\right)\%$
		>10	±0.25%
	25～50	所有值	±0.25%

(a)

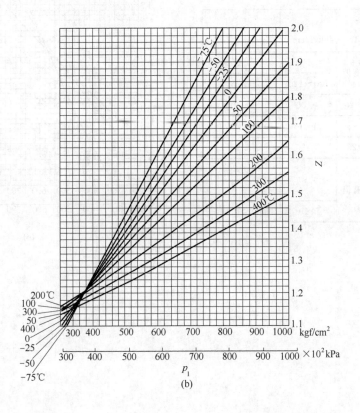

(b)

图 5-3　氮气的压缩系数图

(3) 氧气的压缩系数图（图 5-4）

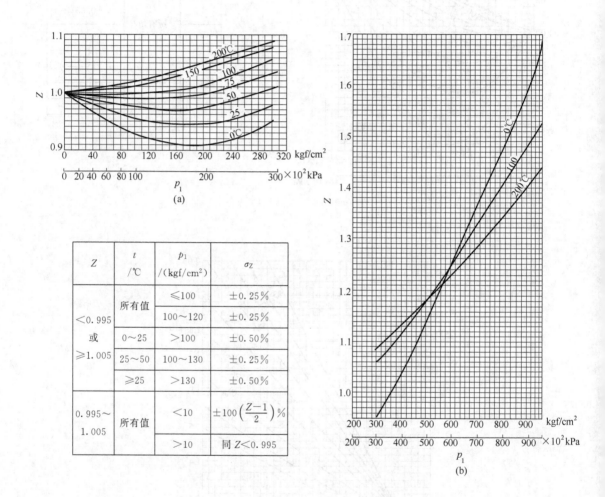

Z	t /℃	p_1 /(kgf/cm²)	σ_Z
<0.995 或 ≥1.005	所有值	≤100	±0.25%
	0~25	100~120	±0.25%
	0~25	>100	±0.50%
	25~50	100~130	±0.25%
	≥25	>130	±0.50%
0.995~1.005	所有值	<10	$\pm 100\left(\dfrac{Z-1}{2}\right)\%$
		>10	同 $Z<0.995$

图 5-4 氧气的压缩系数图

(4) 氢气的压缩系数图（图 5-5）

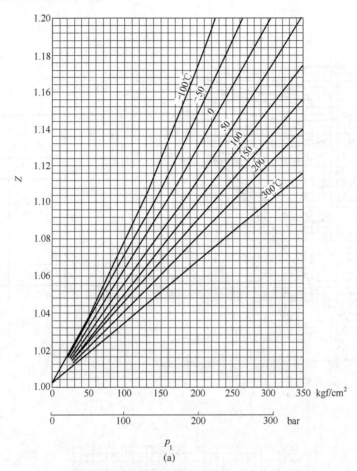

(a)

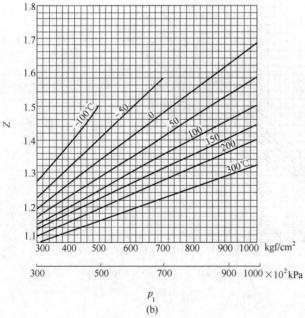

Z	σ_Z
<1.003	$\pm 100\left(\dfrac{Z-1}{2}\right)\%$
$\geqslant 1.003$	$\pm 0.15\%$

(b)

图 5-5　氢气的压缩系数图

(5) 甲烷的压缩系数图（图 5-6）

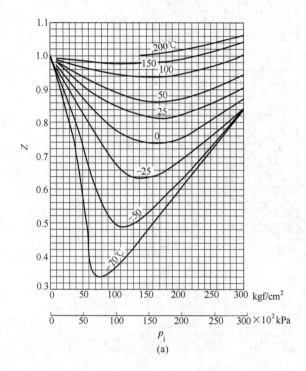

Z	p_1 /(kgf/cm²)	σ_Z
$\leqslant 0.640$	所有值	$\pm 4(0.7-Z)\%$
>0.640 $\leqslant 0.995$	所有值	$\pm 0.25\%$
>0.995 <1.005	<10	$\pm 100\left(\dfrac{Z-1}{2}\right)\%$
	>10	$\pm 0.25\%$
$\geqslant 1.005$	所有值	$\pm 0.25\%$

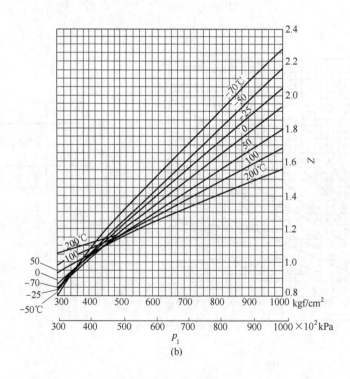

图 5-6　甲烷的压缩系数图

(6) 一氧化碳的压缩系数图（图 5-7）

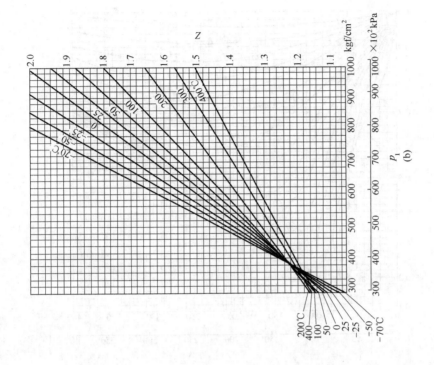

图 5-7 一氧化碳的压缩系数图

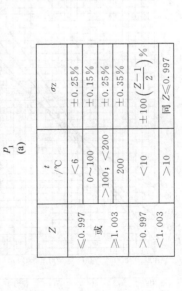

Z	t /℃	σz
≤0.997	<6	±0.25%
或	0~100	±0.15%
≥1.003	>100；<200	±0.25%
	200	±0.35%
>0.997	<10	$\pm 100\left(\dfrac{Z-1}{2}\right)\%$
<1.003	>10	同 Z≤0.997

(7) 二氧化碳的压缩系数图（图 5-8）

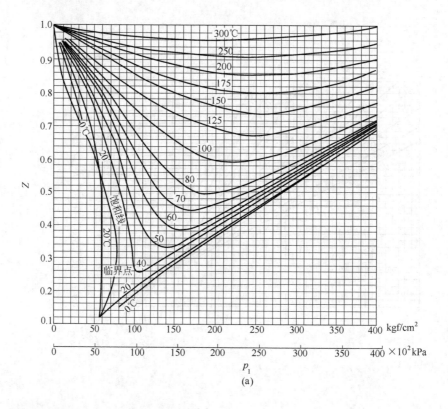

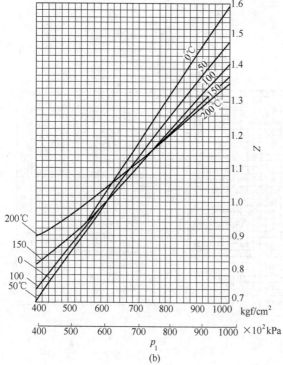

图 5-8　二氧化碳的压缩系数图

(8) 氨气的压缩系数图（图 5-9）

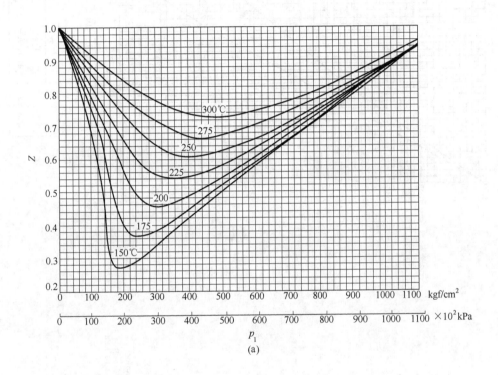

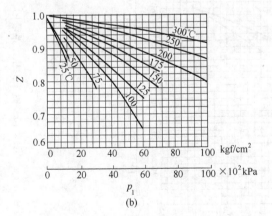

Z	σ_Z
<0.7	$\pm 5\left(\dfrac{0.9-Z}{2}\right)\%$
0.7~0.99	$\pm 0.5\%$
>0.99	$\pm 100\left(\dfrac{Z-1}{2}\right)\%$

图 5-9　氨气的压缩系数图

(10) 乙炔的压缩系数图(图 5-11)

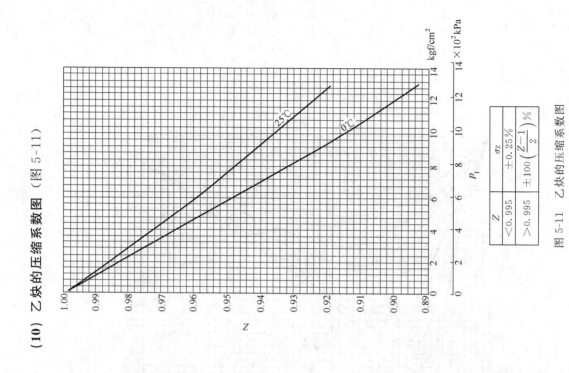

图 5-11 乙炔的压缩系数图

Z	σ_Z
<0.995	±0.25%
≥0.995	$\pm 100\left(\dfrac{Z-1}{2}\right)$ %

(9) 氯气的压缩系数图(图 5-10)

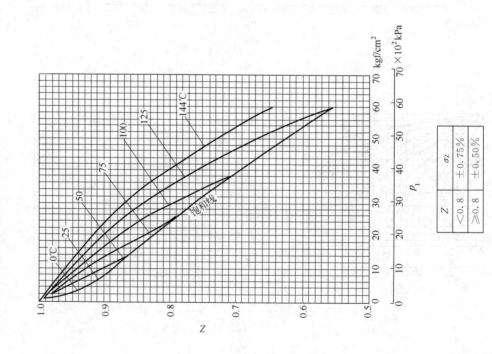

图 5-10 氯气的压缩系数图

Z	σ_Z
<0.8	±0.75%
≥0.8	±0.50%

(11) 乙烯的压缩系数图（图 5-12）

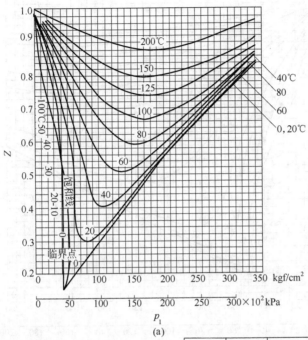

(a)

Z	t /℃	p_t /(kgf/cm²)	σ_Z
0.995	所有值	<10	$\pm 100\left(\dfrac{Z-1}{2}\right)\%$
所有值	≥0	<20	±0.25%
	<60	20～300	±1.00%
	60～200	20～300	±0.50%
	所有值	>300	±1.00%

(b)

图 5-12　乙烯的压缩系数图

(12) 乙烷的压缩系数图（图 5-13）

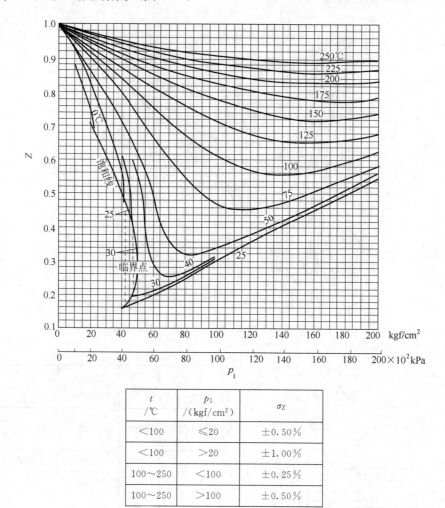

t /℃	p_1 /(kgf/cm²)	σ_Z
<100	≤20	±0.50%
<100	>20	±1.00%
100~250	<100	±0.25%
100~250	>100	±0.50%

图 5-13　乙烷的压缩系数图

(13) n-丁烷的压缩系数图（图 5-14）

Z	σ_Z
<0.8	±0.75%
≥0.8	±0.50%

图 5-14　n-丁烷的压缩系数图

(14) i-丁烷的压缩系数图（图 5-15）

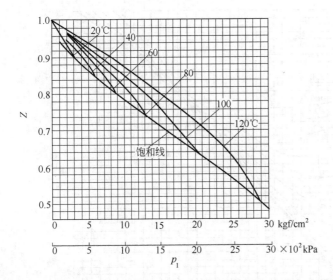

Z	σ_Z
<0.8	±0.75%
≥0.8	±0.50%

图 5-15　i-丁烷的压缩系数图

(15) 丙烯的压缩系数图（图 5-16）

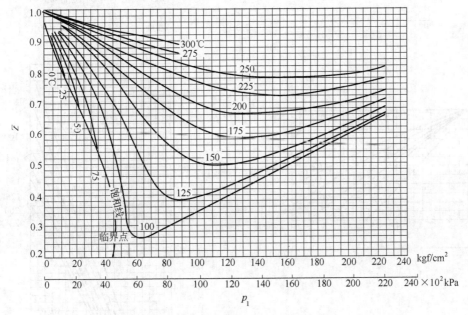

t /℃	p_1 /(kgf/cm²)	σ_Z
<150	<40	±1.00%
<150	40~80	±1.50%
<150	>80	±1.00%
150~300	≤80	±0.50%
150~300	>80	±0.75%

图 5-16　丙烯的压缩系数图

(16) 丙烷的压缩系数图（图 5-17）

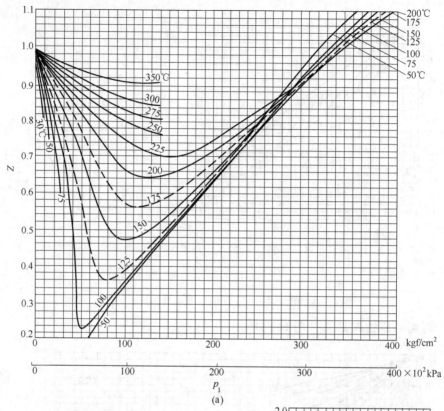

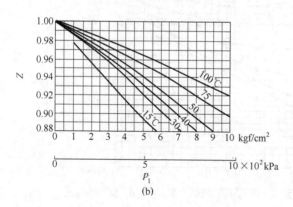

Z	t /℃	σ_Z
所有值	15~30	±0.50%
<0.64	≥30	±0.25%
≥0.64	≥30	±4 (0.7−Z)%

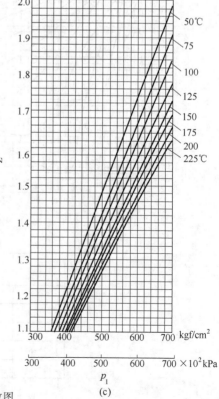

图 5-17　丙烷的压缩系数图

(17) 氢氮气体的压缩系数图（图 5-18）

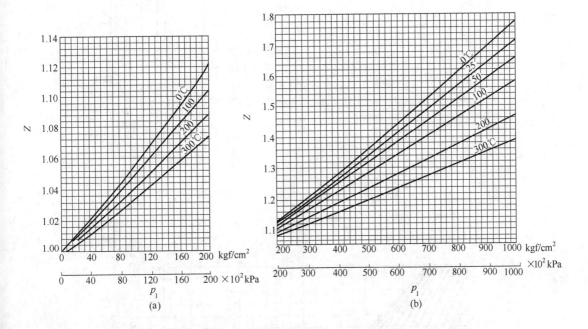

p_1 /(kgf/cm²)	σ_Z
<100	±0.25%
100~200	±0.50%
>200	±1.00%

图 5-18 氢氮气体的压缩系数图
用于 N_2 25%，H_2 75%（体积分数）的气体

(18) 焦炉煤气的压缩系数图（图 5-19）

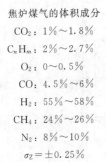

焦炉煤气的体积成分
CO_2：1%~1.8%
C_nH_m：2%~2.7%
O_2：0~0.5%
CO：4.5%~6%
H_2：55%~58%
CH_4：24%~26%
N_2：8%~10%
$\sigma_Z = \pm 0.25\%$

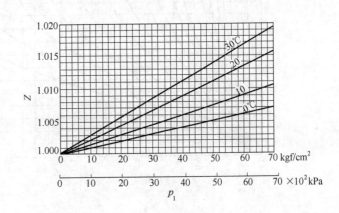

图 5-19 焦炉煤气的压缩系数图

(19) 天然气的压缩系数图 (图 5-20)

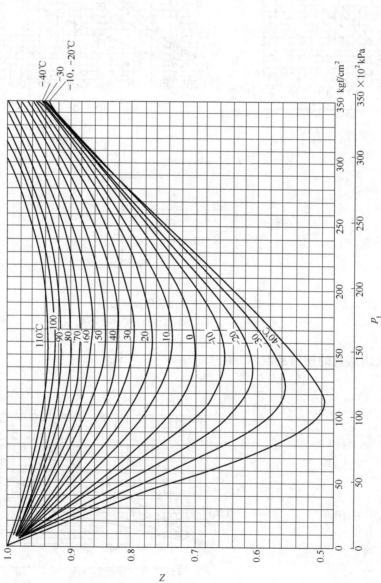

图 5-20 天然气的压缩系数图

标准状态下的密度：
$\rho_n = 0.776 \text{kg/m}^3$
惰性气体成分：
$X_{CO_2} = X_{N_2} = 0$

t /°C	p_1 /(kgf/cm²)	σz
<0	≤70	±0.50%
<0	>70	±0.75%
0~30	≤70	±0.25%
≥0	>70	±0.50%

5.3.5 气体的压缩系数与对比参数关系图（图 5-21）

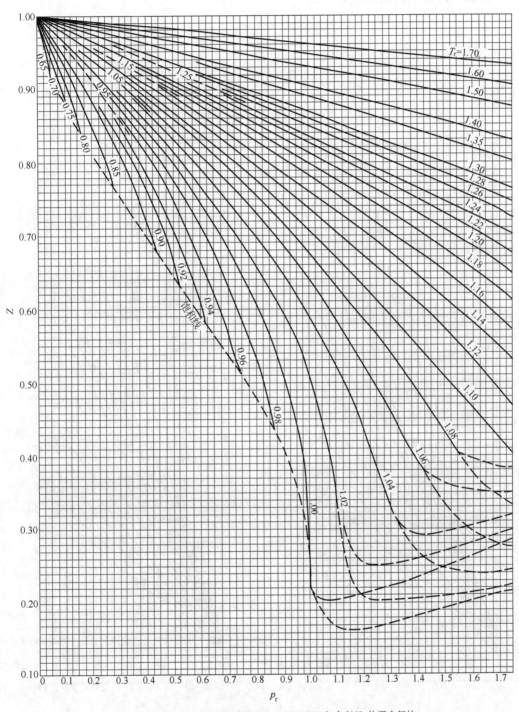

注：最大偏差<1%，不适用于 H_2、He、H_2O、NH_3 与含有 H_2 的混合气体

图 5-21 气体的压缩系数与对比参数关系图

5.3.6 气体的等熵指数图

(1) 空气的等熵指数图（图 5-22）
(2) 氮气的等熵指数图（图 5-23）

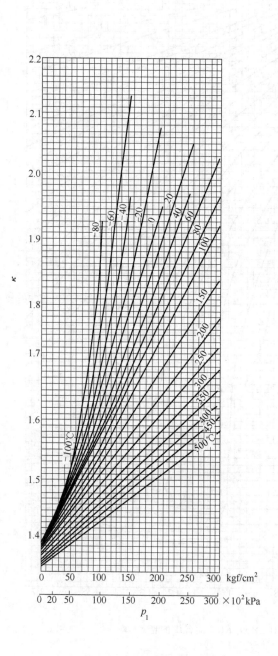

图 5-22 空气的等熵指数图

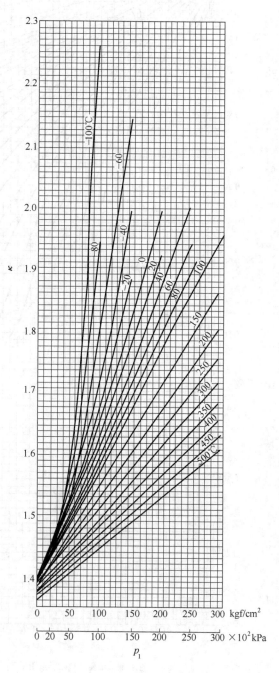

图 5-23 氮气的等熵指数图

(3) 氧气的等熵指数图（图 5-24）

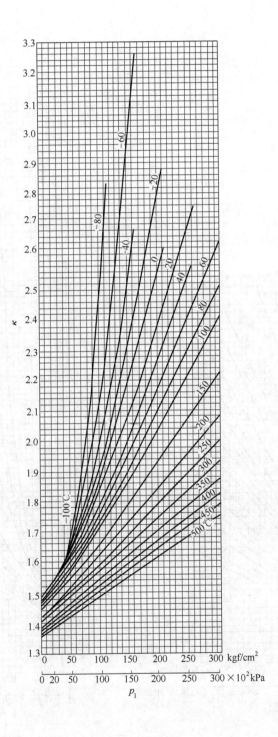

图 5-24　氧气的等熵指数图

（4）氢气的等熵指数图（图 5-25）
（5）二氧化碳的等熵指数图（图 5-26）

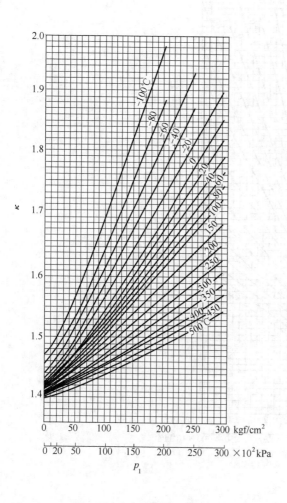

图 5-25　氢气的等熵指数图

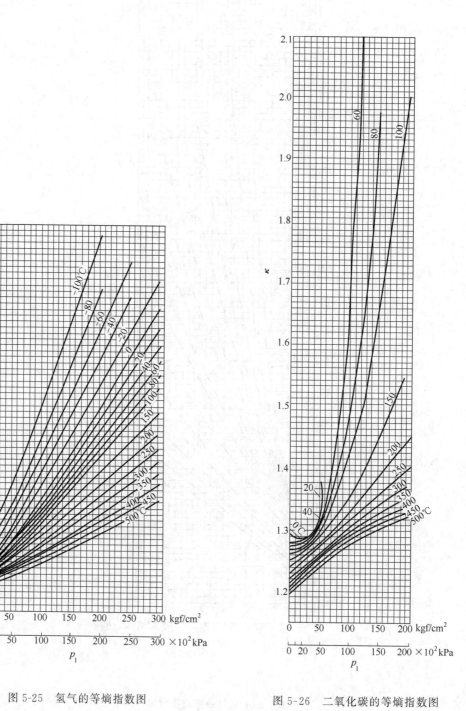

图 5-26　二氧化碳的等熵指数图

(6) 氨气的等熵指数图（图 5-27）
(7) 甲烷的等熵指数图（图 5-28）

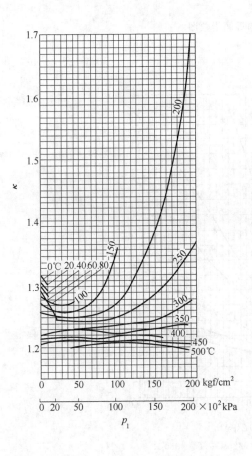

图 5-27　氨气的等熵指数图

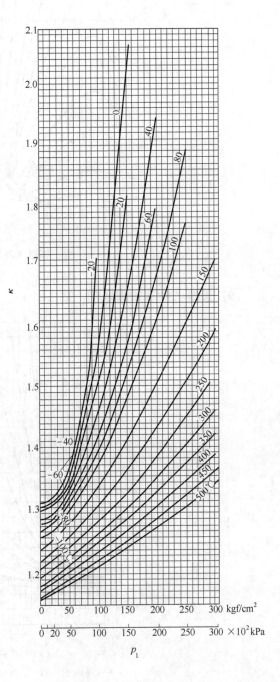

图 5-28　甲烷的等熵指数图

(8) 水蒸气的等熵指数图（图 5-29）

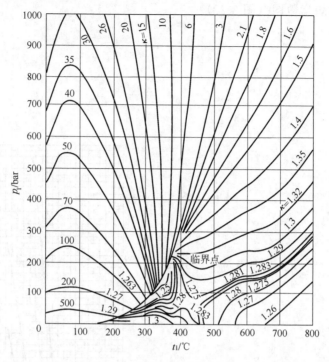

图 5-29 水蒸气的等熵指数图
1bar=10^5Pa

(9) 天然气的等熵指数图（图 5-30）

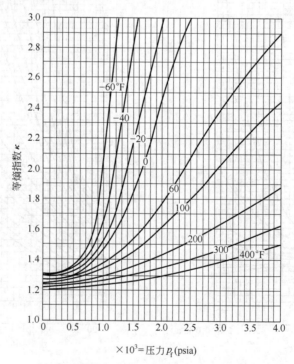

(a) 相对密度 G=0.6；p_{pc}=672psia；T_{pc}=360°R

图 5-30

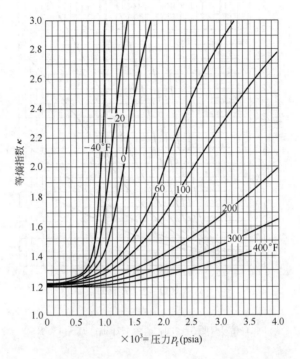

(b) 相对密度 $G=0.7$；$p_{pc}=667\text{psia}$；$T_{pc}=382°R$

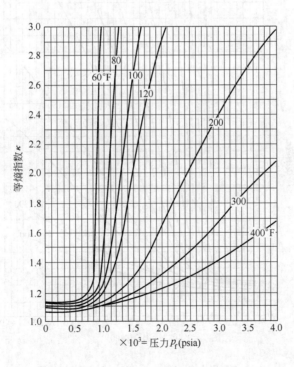

(c) 相对密度 $G=0.8$；$p_{pc}=662\text{psia}$；$T_{pc}=424°R$

图 5-30

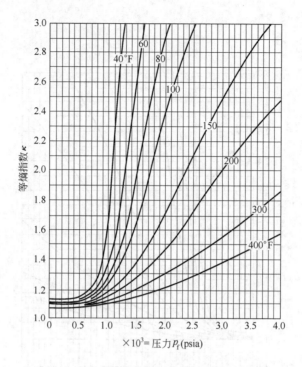

(d) 相对密度 $G=0.9$；$p_{pc}=657\text{psia}$；$T_{pc}=456°R$

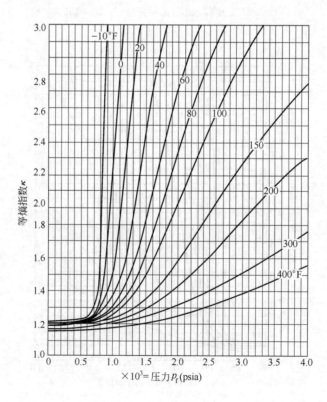

(e) 相对密度 $G=1.0$；$p_{pc}=652\text{psia}$；$T_{pc}=486°R$

图 5-30 天然气的等熵指数图

5.3.7 碳氢气体的比热容比 c_p/c_V 图（图 5-31）

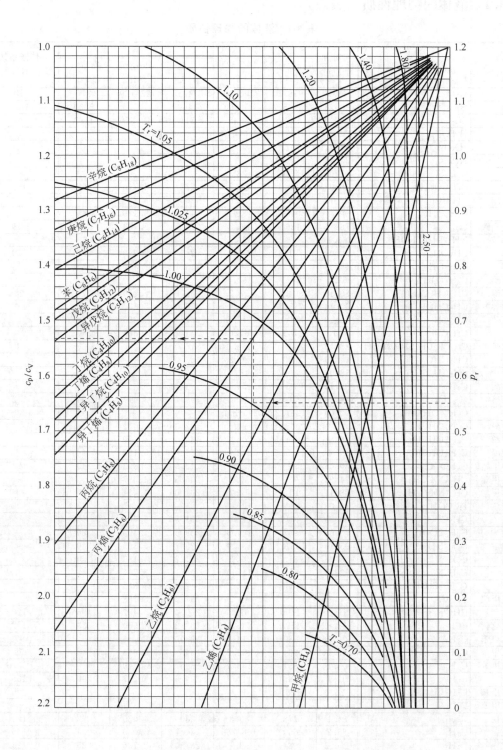

图 5-31 碳氢气体的比热容比 c_p/c_V 图

5.4 液体的物性参数及常用数据

5.4.1 液体的物理性质（表 5-7）

表 5-7 液体的物理性质

名称	分子式	相对分子质量	密度 ρ_{20} /(kg/m³) 20℃	沸点 t_b/℃ 101.325 kPa	临界点 温度 t_c/℃	临界点 压力 p_c /MPa	临界点 密度 ρ_c /(kg/m³)	体胀系数 $\alpha_V \times 10^5$/℃$^{-1}$
水	H_2O	18.0	998.3	100.00	374.15	22.129	317	18
水银	Hg	200.6	13545.7	356.95	1460	10.55	5000	18.1
溴	Br_2	159.8	3120	58.8	311	10.336	1180	113
硫酸	H_2SO_4	98.1	1834	340 分解				57
硝酸	HNO_3	63.0	1512	86.0				124
盐酸(30%)	HCl	36.47	1149.3					
环丁	$C_4H_8SO_2$	120	1261(30℃)	285				
丙酮	CH_3COCH_5	58.08	791	56.2	235	4.766	268	143
甲乙酮	$CH_3COC_2H_5$	72.11	803	79.6	260	3.874		
酚	C_6H_5OH	94.1	1050(50℃)	181.8	419	6.139		
二硫化碳	CS_2	76.13	1262	46.3	277.7	7.404	440	119
乙醇胺	$NH_2CH_2CH_2OH$	61.1		170.5				
甲醇	CH_3OH	32.04	791.3	64.7	240	7.973	272	119
乙醇	C_2H_5OH	46.07	789.2	78.3	243.1	6.315	275.5	110
乙二醇	$C_2H_4(OH)_2$	62.1	1113	197.6				
正丙醇	$CH_3CH_2CH_2OH$	60.10	804.4	97.2	265.8	5.080	273	98
异丙醇	$CH_3CHOHCH_3$	60.10	785.1	82.2	273.5	5.384	274	
正丁醇	$CH_3CH_2CH_2CH_2OH$	74.12	809.6	117.8	287.1	4.923		
乙腈	CH_3CN	41	783	81.6	274.7	4.835	240	
正戊醇	$CH_3CH_2CH_2CH_2CH_2OH$	88.15	813.0	138.0	315.0			88
乙醛	CH_3CHO	44.05	783	20.2	188.0			
丙醛	CH_3CH_2CHO	58.08	808	48.9				
环己酮	$C_6H_{10}O$	98.15	946.6	155.7				
二乙醚	$(C_2H_5)_2O$	74.12	714	34.6	194.7	3.677	264	162
甘油	$C_3H_5(OH)_3$	92.09	1261.3	290 分解				50
邻甲酚	$C_6H_4OHCH_3$	108.14	1020(50℃)	191.0	422.3	5.011		
间甲酚	$C_6H_4OHCH_3$	108.14	1034.1	202.2	432.0	4.560		
对甲酚	$C_6H_4OHCH_3$	108.14	1011(50℃)	202.0	426.0	5.158		
甲酸甲酯	CH_3OOCH	60.05	975	31.8	212.0	5.992	349	124
醋酸甲酯	CH_3OOCCH_3	74.08	934	57.1	235.8	4.697		
丙酸甲酯	$CH_3OOCC_2H_5$	88.11	915	79.7	261.0	4.001		
甲酸	HCOOH	46.03	1220	100.7				102
乙酸	CH_3COOH	60.05	1049	118.1	321.5	5.786		
丙酸	C_2H_5COOH	74.08	993	141.3	339.5	5.305	320	
苯胺	$C_6H_3NH_2$	93.13	1021.7	184.4	425.7	5.305	340	
丙腈	C_3H_5N	55.08	781.8	97.2	291.2	4.197		
丁腈	C_4H_7N	69.11	790	117.6	309.1	3.785		
噻吩	$(CH)_2S(CH)_2$	84.14	1065	84.1	317.3	4.835		
二氯甲烷	CH_2Cl_2	84.93	1325.5	40.2	237.5	6.168		
氯仿	$CHCl_3$	119.38	1490	61.2	260.0	5.452	496	128
四氯化碳	CCl_4	153.82	1594	76.8	283.2	4.560	558	122
邻二甲苯	C_8H_{10}	106.16	880	144	358.4	3.736		97
间二甲苯	C_8H_{10}	106.16	864	139.2	346	3.648		99
对二甲苯	C_8H_{10}	106.16	861	138.4	345	3.540		102
甲苯	C_7H_8	92.1	866	110.7	320.6	4.217	290	108
邻氯甲苯	C_7H_7Cl	126.6	1081	159				89
间氯甲苯	C_7H_7Cl	126.6	1072	162.2				
环己烷	C_6H_{12}	84.1	778	80.8	280	4.050	273	120
己烷	C_6H_{14}	86.2	660	68.73	234.7	3.030	234	135
庚烷	C_7H_{16}	100.2	684	98.4	267.0	2.736	235	124
辛烷	C_8H_{18}	114.2	702	125.7	296.7	2.491	233	114

5.4.2 求液体黏度的 X、Y 值表（表 5-8）和一般液体在常压下的黏度图（图 5-32）

表 5-8 求液体黏度的 X、Y 值表

序号	名称	X	Y	序号	名称	X	Y
1	水	10.2	13.0	60	碘化苯	12.8	15.9
2	盐水（25%NaCl）	10.2	16.6	61	乙苯	13.2	11.5
3	盐水（25%NaCl$_2$）	6.6	15.9	62	硝基苯	10.6	16.2
4	氨（100%）	12.6	2.0	63	氯化甲苯（邻）	13.0	13.3
5	氨水（26%）	10.1	13.9	64	氯化甲苯（间）	13.3	12.5
6	二氧化碳	11.6	0.3	65	氯化甲苯（对）	13.3	12.5
7	二氧化硫	15.2	7.1	66	溴化甲苯	20.0	15.9
8	二硫化碳	16.1	7.5	67	乙烯基甲苯	13.4	12.0
9	二氧化氮	12.9	8.6	68	硝化甲苯	11.0	17.0
10	溴	14.2	13.2	69	苯胺	8.1	18.7
11	钠	16.4	13.9	70	酚	6.9	20.8
12	汞	18.4	16.4	71	间甲酚	2.5	20.8
13	硫酸（110%）	7.2	27.4	72	联苯	12.0	18.3
14	硫酸（100%）	8.0	25.1	73	萘	7.9	18.1
15	硫酸（98%）	7.0	24.8	74	甲醇（100%）	12.4	10.5
16	硫酸（60%）	10.2	21.3	75	甲醇（90%）	12.3	11.8
17	硝酸（95%）	12.8	13.8	76	甲醇（40%）	7.8	15.5
18	硝酸（60%）	10.8	17.0	77	乙醇（100%）	10.5	13.8
19	盐酸（31.5%）	13.0	6.6	78	乙醇（95%）	9.8	14.3
20	氢氧化钠（50%）	3.2	25.8	79	乙醇（40%）	6.5	16.6
21	戊烷	14.9	5.2	80	丙醇	9.1	16.5
22	己烷	14.7	7.0	81	丙烯醇	10.2	14.3
23	庚烷	14.1	8.4	82	异丙醇	8.2	16.0
24	辛烷	13.7	10.0	83	丁醇	8.6	17.2
25	环己烷	9.8	12.9	84	异丁醇	7.1	18.0
26	氯甲烷（甲基氯）	15.0	3.8	85	戊醇	7.5	18.4
27	碘甲烷（甲基碘）	14.3	9.3	86	环己醇	2.9	24.3
28	硫甲烷（甲基硫）	15.3	6.4	87	辛醇	6.6	21.1
29	二溴甲烷	12.7	15.8	88	乙二醇	6.0	23.6
30	二氯甲烷	14.6	8.9	89	二甘醇	5.0	24.7
31	三氯甲烷	14.4	10.2	90	甘油（100%）	2.0	30.0
32	四氯甲烷	12.7	13.1	91	甘油（50%）	6.9	19.6
33	溴乙烷（乙基溴）	14.5	8.1	92	三甘醇	4.7	24.8
34	氯乙烷（乙基氯）	14.8	6.0	93	乙醛	15.2	14.8
35	碘乙烷（乙基碘）	14.7	10.3	94	甲乙酮	13.9	8.6
36	硫乙烷（乙基硫）	13.8	8.9	95	甲丙酮	14.3	9.5
37	二氯乙烷	13.2	12.2	96	二乙酮	13.0	9.2
38	四氯乙烷	11.9	15.7	97	丙酮（100%）	14.5	7.2
39	五氯乙烷	10.9	17.3	98	丙酮（35%）	7.9	15.0
40	溴乙烯	11.9	15.7	99	甲酸	10.7	15.8
41	氯乙烯	12.7	12.2	100	醋酸（100%）	12.1	14.2
42	三氯乙烯	14.8	10.5	101	醋酸（70%）	9.5	17.0
43	氯丙烷（丙基氯）	14.4	7.5	102	醋酸酐	12.7	12.8
44	溴丙烷（丙基溴）	14.5	9.6	103	丙酸	12.8	13.8
45	碘丙烷（丙基碘）	14.1	11.6	104	丙烯酸	12.3	13.9
46	异丙基溴	14.1	9.2	105	丁酸	12.1	15.3
47	异丙基氯	13.9	7.1	106	异丁酸	12.2	14.4
48	异丙基碘	13.7	11.2	107	甲酸甲酯	14.2	7.5
49	丙烯溴	14.4	9.6	108	甲酸乙酯	14.2	8.4
50	丙烯碘	14.0	11.7	109	甲酸丙酯	13.1	9.7
51	亚乙基氯	14.1	8.7	110	醋酸甲酯	14.2	8.2
52	噻吩	13.2	11.0	111	醋酸乙酯	13.7	9.1
53	苯	12.5	10.9	112	醋酸丙酯	13.1	10.3
54	甲苯	13.7	10.4	113	醋酸丁酯	12.3	11.0
55	邻二甲苯	13.5	12.1	114	醋酸戊酯	11.8	12.5
56	间二甲苯	13.9	10.6	115	丙酸甲酯	13.5	9.0
57	对二甲苯	13.9	10.9	116	丙酸乙酯	13.2	9.9
58	氟化苯	13.7	10.4	117	丙烯酸丁酯	11.5	12.6
59	氯化苯	12.3	12.4	118	丁酸甲酯	13.2	10.3

续表

序号	名称	X	Y	序号	名称	X	Y
119	异丁酸甲酯	12.3	9.7	134	四氯化锡	13.5	12.8
120	丙烯酸甲酯	13.0	9.5	135	四氯化钛	14.4	12.3
121	丙烯酸乙酯	12.7	10.4	136	硫酰氯	15.2	12.4
122	2-乙基丙烯酸丁酯	11.2	14.0	137	氯磺酸	11.2	18.1
123	2-乙基丙烯酸己酯	9.0	15.0	138	乙腈	14.4	7.4
124	草酸二乙酯	11.0	16.4	139	丁二腈	10.1	20.8
125	草酸二丙酯	10.3	17.7	140	氟里昂-11	14.4	9.0
126	乙烯基醋酸酯	14.0	8.8	141	氟里昂-12	16.8	15.6
127	乙醚	14.5	5.3	142	氟里昂-21	15.7	7.5
128	乙丙醚	14.0	7.0	143	氟里昂-22	17.2	4.7
129	二丙醚	13.2	8.6	144	氟里昂-113	12.5	11.4
130	茴香醚	12.3	13.5	145	煤油	10.2	16.9
131	三氯化砷	13.9	14.5	146	亚麻仁油	7.5	27.2
132	三溴化磷(亚)	13.8	16.7	147	松脂精	11.5	14.9
133	三氯化磷(亚)	16.2	10.9				

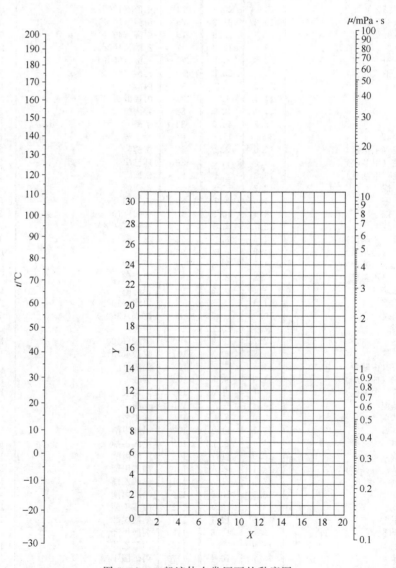

图 5-32 一般液体在常压下的黏度图

5.5 气体、液体物性参数计算公式

5.5.1 液体密度计算式

(1) 水的密度公式

① 零表压下水的密度 $\rho_{0,t}$ (PTB 1968 公式)

$$\rho_{0,t} = 9.998395639 \times 10^2 + 6.798299989 \times 10^{-2} t - 9.106025564 \times 10^{-3} t^2 \\ + 1.005272999 \times 10^{-4} t^3 - 1.126713526 \times 10^{-6} t^4 + 6.591795606 \times 10^{-9} t^5$$

② 表压 p 下水的密度

$$\rho_{p,t} = \rho_{0,t} [1 + 10^{-6} p (485.11 - 1.8292 t + 0.0192781 t^2)]$$

式中 p——工作压力，MPa；
t——工作温度，℃；
$\rho_{0,t}$——纯水在绝对压力为 101325Pa，t（℃）下的密度，kg/m³。

(2) 石油的标准密度

$$\rho_{20} = (\rho_t - 34.33 + 1.7006 t) / (0.97495 + 0.001235 t)$$

式中 ρ_{20}——标准密度，在绝对压力为 101.325kPa 温度为 20℃ 下的密度，kg/m³；
ρ_t——在大气绝对压力为 101.325kPa，t（℃）下的视密度（即由密度计直接读得的密度值），kg/m³；
t——工作温度，℃。

适用范围：$t = 30 \sim 90$℃；
$\rho_{20} = 800 \sim 900 \text{kg/m}^3$。

(3) 石油的工作密度

$$\rho_{p,t} = [34.33 - 1.7006 t + (0.97495 + 0.001235 t) \rho_{20}] (1 + F_{石油} p)$$

式中 $\rho_{p,t}$——工作密度，在工作压力（表压力）p（MPa）、温度 t（℃）下的密度，kg/m³；
t——工作温度，℃；
p——工作压力，MPa；
ρ_{20}——石油的标准密度，kg/m³；
$F_{石油}$——石油在温度 t（℃）时的压缩系数（永为正值），MPa⁻¹。

$$F_{石油} = 10^{-3} \exp \left[-1.62080 + 10^{-5} \left(21.592 t + \frac{87096.0}{\rho_{15}^2} + \frac{420.92 t}{\rho_{15}^2} \pm 1.5 \right) \right]$$

式中 ρ_{15}——石油在 15℃ 时的密度，kg/m³；
（±）——当 $t \geq 0$℃ 时，取"+"号；$t < 0$℃ 时取"-"号。

例如，当石油密度 $\rho_{15} = 0.8486 \text{g/cm}^3$，$t = 37.75$℃ 时按上式算得 $F_{石油} = 833 \times 10^{-6} \text{MPa}^{-1}$。

(4) 液体密度 高亚尔-多拉依斯沃米公式（Goyal-Doraiswamy 公式）

$$\rho_{0,t} = 724473.58 \frac{p_c M}{9 t_c + 2458.4} \left[\frac{0.008}{Z_c^{0.773}} - \frac{0.01102 (9 t + 2458.4)}{9 t_c + 2458.4} \right]$$

式中　$\rho_{0,t}$——液体在零表压 t（℃）下的密度，kg/m³；
　　　p_c——液体的临界压力，MPa；
　　　t_c——液体的临界温度，℃；
　　　t——液体的工作温度，℃；
　　　Z_c——液体的临界压缩系数；
　　　M——液体的千摩尔质量，kg/kmol（数值等于分子量）。

5.5.2　气体密度计算式

(1) 气体密度计算式

① 湿空气密度计算式

$$\rho = 3.48353 \times 10^{-3} \frac{p}{ZT}(1-0.3780 x_V)$$

式中　ρ——空气密度，kg/m³；
　　　p——压力，Pa；
　　　Z——空气压缩系数；
　　　T——温度，K；
　　　x_V——湿空气中水蒸气的摩尔分数。

② 天然气密度计算式

$$\rho = \frac{M_a Z_n G_r p}{R Z_a Z T}$$

式中　ρ——工作状态下天然气密度，kg/m³；
　　　M_a——干空气的分子量；
　　Z_n, Z_a——分别为标准状态下天然气、干空气的压缩系数；
　　　G_r——标准状态下天然气的实际相对密度；
　　　R——通用气体常数，$R=8314.3$ J/kmol·K；
　　　p——工作压力，Pa；
　　　T——工作温度，K；
　　　Z——工作状态下气体压缩系数。

③ 湿气体密度计算式

$$\rho = \rho_g + \rho_s$$

式中　ρ——湿气体密度，kg/m³；
　　　ρ_g——湿气体干部分密度，kg/m³，$\rho_g = \rho_n \dfrac{p - \varphi p_{smax}}{p_n} \times \dfrac{T_n Z_n}{TZ}$；
　　　ρ_s——湿气体水蒸气密度，kg/m³，$\rho_s = \varphi \rho_{smax}$；
　　　ρ_n——标准状态下（20℃，101.325kPa）气体密度，kg/m³；
　　　p, T——分别为工作状态下压力、温度，Pa，K；
　　p_n, T_n——分别为标准状态下压力、温度，Pa，K；
　　　p_{smax}——温度为 T 时水蒸气的最大压力，Pa；
　　　ρ_{smax}——温度为 T 时水蒸气的最大密度，kg/m³；

φ——相对湿度。

当已知某一状态（p'，T'）下的相对湿度 φ'，且 p' 和 T' 不同于工作状态的 p、T 时，工作状态下的相对湿度可按下式求得

$$\varphi = \varphi' \frac{p T' \rho'_{smax}}{p' T \rho_{smax}}$$

式中　ρ'_{smax}——在 T' 时水蒸气的最大可能密度，kg/m³。

由上式求得的 $\varphi > 1$ 时，说明工作状态下的气体已被水蒸气饱和，而且部分水蒸气已冷凝，这时取 $\varphi = 1$。

(2) 气体压缩系数计算式

① 雷德利克-孔（Redlich-Kwong）方程

$$Z^3 - Z^2 - (B^2 + B - A)Z - AB = 0$$

式中　Z——气体压缩系数；

$$A = \frac{0.42748 p_r}{T_r^{2.5}}$$

$$B = \frac{0.086647 p_r}{T_r}$$

求 Z 可采用迭代法

$$Z_n = Z_{n-1} - \frac{F_{n-1}}{F'_{n-1}}$$

式中　Z_{n-1}——估计初值；

$$F_{n-1} = Z_{n-1}^3 - Z_{n-1}^2 - (B^2 + B - A)Z_{n-1} - AB$$
$$F'_{n-1} = 3Z_{n-1}^2 - 2Z_{n-1} - (B^2 + B - A)$$

② 天然气 AGANX-19 方程（1963）

$$Z = \frac{\left(1 + \frac{0.00132}{\tau^{3.25}}\right)^2 Z_n}{\frac{B}{D} - D + \frac{n}{3H}}$$

式中　Z——气体压缩系数；

Z_n——标准状态下气体压缩系数；

$$B = \frac{3 - mn^2}{9mH^2}$$

$$m = 0.0330378 \tau^{-2} - 0.0221323 \tau^{-3} + 0.0161353 \tau^{-5}$$

$$n = \frac{-0.133185 \tau^{-1} + 0.265827 \tau^{-2} + 0.0457697 \tau^{-4}}{m}$$

$$H = \frac{p_j + 14.7}{1000}$$

$$\tau = \frac{t_j + 460}{500}$$

$$p_j = 145.04 p_1 F_p$$

$$t_j = (1.8t + 492) F_t - 460$$

$$D=(b+\sqrt{b^2+B^3})^{\frac{1}{3}}$$

$$b=\frac{9n-2mn^3}{54mH^3}-\frac{E}{2mH^2}$$

当 $1.4 > \tau \geqslant 1.09$ 且 $p_1 \leqslant 13.79$ MPa（绝）时

$$E=1-0.00075H^{2.3}e^{-20(\tau-1.09)}-0.0011(\tau-1.09)^{0.5}H^2[2.17+1.4(\tau-1.09)^{0.5}-H]^2$$

当 $0.88 \leqslant \tau < 1.09$ 且 13.79 MPa（绝）$\geqslant p_1 > 8.963$ MPa（绝）时

$$E=1-0.00075H^{2.3}[2-e^{-20(1.09-\tau)}]+0.455[200(1.09-\tau)^6$$
$$-0.03249(1.09-\tau)+2.0167(1.09-\tau)^2-18.028(1.09-\tau)^3$$
$$+42.844(1.09-\tau)^4](H-1.3)(4.01952-H^2)$$

当 $0.84 \leqslant \tau < 1.09$ 且 $p_1 \leqslant 8.963$ MPa（绝）时

$$E=1-0.00075H^{2.3}[2-e^{-20(1.09-\tau)}]-1.317(1.09-\tau)^4H(1.69-H^2)$$

$$F_p=\frac{156.47}{160.8-7.22G_r+K_p}$$

$$F_t=\frac{226.29}{99.15+211.9G_r-K_t}$$

$$K_p=(M_c-0.392M_n)\times 100$$

$$K_t=(M_c+1.681M_n)\times 100$$

式中　p_1——节流件上游侧取压口实测表压值，MPa；

　　　t——天然气流过节流装置时实测的气流温度，℃；

　　　G_r——天然气实际相对密度（应小于 0.75）；

　　　M_c——天然气中二氧化碳的摩尔分数（应小于 0.15）；

　　　M_n——天然气中氮气的摩尔分数（应小于 0.15）。

方程适用范围：压力 $p \leqslant 34.48$ MPa，温度 T：$-40 \sim 116$℃，相对密度 G：$0.554 \sim 1.0$；CO_2 和 N_2 的含量 $0 \sim 15\%$。

(3) 天然气实际相对密度 G_r 计算式

$$G_r=G_i\frac{Z_a}{Z_n}$$

式中　G_r——天然气在标准状态下实际相对密度；

　　　G_i——天然气的理想相对密度；

$$G_i=\sum_{j=1}^{n}X_jG_{ij}$$

　　　X_j——天然气 j 组分的摩尔分数；

　　　G_{ij}——天然气 j 组分的理想相对密度；

　　　n——天然气组分总数；

　　　Z_a——干空气在标准状态下的压缩系数；

　　　Z_n——天然气在标准状态下的压缩系数：

$$Z_n=1-\left(\sum_{j=1}^{n}X_j\sqrt{b_j}\right)^2+0.0005(2X_H-X_H^2)$$

式中　$\sqrt{b_j}$——天然气 j 组分的求和因子，见表 6-20；

　　　X_H——天然气中氢气含量的摩尔分数。

(4) 气体混合物的混合规则 纯气体的状态方程要应用于气体混合物,就要引入组分变量。通过对气体混合物大量的物性实验数据与计算值的反复比较,试探得出某种假设的物性参数(如假临界参数)应用于这些计算式,这时把混合物看做是具有假设特性参数性质均匀的新的纯物质。混合规则就是求取假设特性参数(假临界参数)的方法。实际混合气体临界参数和 ω 的计算方法如表 5-9 所示。用列表方法计算出假临界参数,应用到普遍化计算式(对比态方程),计算混合气体的压缩系数及其他物性参数。

表 5-9 实际混合气体临界参数和 ω 的计算方法

项目	计算方法			
	1	2	3	4
T_c	$T_c = \sum_{i=1}^{n} x_i T_{ci}$	$T_c = \sum_{i=1}^{n} x_i T_{ci}$	$T_c = \dfrac{\left(\sum_{i=1}^{n} x_i \dfrac{T_{ci}}{p_{ci}^{1/2}}\right)^2}{\dfrac{1}{3}\sum_{i=1}^{n} x_i \dfrac{T_{ci}}{p_{ci}} + \dfrac{2}{3}\left[\sum_{i=1}^{n} x_i \left(\dfrac{T_{ci}}{p_{ci}}\right)^{1/2}\right]^2}$	$T_c = \left[\sum_{i=1}^{n} x_i \left(\dfrac{T_{ci}}{p_{ci}^{1/2}}\right)\right]^2 / J$ ①
p_c	$p_c = \sum_{i=1}^{n} x_i p_{ci}$	$p_c = R \sum_{i=1}^{n} x_i Z_{ci} \dfrac{\sum_{i=1}^{n} x_i T_{ci}}{\sum_{i=1}^{n} x_i v_{ci}}$	$p_c = \dfrac{\left(\sum_{i=1}^{n} x_i \dfrac{T_{ci}}{p_{ci}^{1/2}}\right)^2}{\left\{\dfrac{1}{3}\sum_{i=1}^{n} x_i \dfrac{T_{ci}}{p_{ci}} + \dfrac{2}{3}\left[\sum_{i=1}^{n} x_i \left(\dfrac{T_{ci}}{p_{ci}}\right)^{1/2}\right]^2\right\}^2}$	$p_c = \left[\sum_{i=1}^{n} x_i \left(\dfrac{T_{ci}}{p_{ci}^{1/2}}\right)\right]^2 / J^2$
Z_c	$Z_c = \sum_{i=1}^{n} x_i Z_{ci}$	$Z_c = \sum_{i=1}^{n} x_i Z_{ci}$	$Z_c = \sum_{i=1}^{n} x_i Z_{ci}$	$Z_c = \sum_{i=1}^{n} x_i Z_{ci}$
ω	$\omega = \sum_{i=1}^{n} x_i \omega_i$	$\omega = \sum_{i=1}^{n} x_i \omega_i$	$\omega = \sum_{i=1}^{n} x_i \omega_i$	$\omega = \sum_{i=1}^{n} x_i \omega_i$
优缺点	(a)计算简单 (b)各组成气体的 T_{ci} 和 p_{ci} 较接近时,能满足工程计算要求	(a)计算较简单 (b)各组成气体 T_{ci} 接近时,能满足工程计算要求 (c)在相同条件下,较1法准确	(a)计算较繁 (b)各组成气体的 T_{ci} 差别较大时,也能满足工程计算的要求 (c)在相同条件下,较1、2法准确	(a)计算繁,适用于电子计算机计算 (b)不论各组成气体的 T_{ci} 和 p_{ci} 差别多大,都有较高的计算准确度

① $J = \dfrac{1}{8} \sum_{i=1}^{n} \sum_{j=1}^{n} x_i x_j \left[\left(\dfrac{T_{ci}}{p_{ci}}\right)^{1/3} + \left(\dfrac{T_{cj}}{p_{cj}}\right)^{1/3}\right]^8$。

5.5.3 水蒸气密度计算式

(1) 饱和水蒸气密度计算式

压力范围/MPa	密度计算式 ρ/(kg/m³)	压力范围/MPa	密度计算式 ρ/(kg/m³)
0.10~0.32	$\rho_1 = 5.2353p + 0.0816$	1.00~2.00	$\rho_4 = 4.9008p + 0.2465$
0.32~0.70	$\rho_2 = 5.0221p + 0.1517$	2.00~2.60	$\rho_5 = 4.9262p + 0.1992$
0.70~1.00	$\rho_3 = 4.9283p + 0.2173$		

(2) 湿蒸气密度计算式

$$\rho_{Tp} = \dfrac{\rho_g}{x^{1.53} + (1 - x^{1.53}) \dfrac{\rho_g}{\rho_l}}$$

式中　ρ_{Tp}——湿蒸气密度,kg/m³;

ρ_g——水蒸气密度,kg/m³;

ρ_l——水密度,kg/m³;

x——水蒸气干度。

(3) 过热水蒸气密度计算式

① 乌卡诺维奇状态方程

$$\frac{pv}{RT}=1+F_1(T)p+F_2(T)p^2+F_3(T)p^3$$

式中 $F_1(T)=(b_0+b_1\phi+\cdots+b_5\phi^5)\times10^{-9}$
$F_2(T)=(c_0+c_1\phi+\cdots+c_8\phi^8)\times10^{-16}$
$F_3(T)=(d_0+d_1\phi+\cdots+d_8\phi^8)\times10^{-23}$

$b_0=-5.01140$	$c_0=-29.133164$	$d_0=-34.551360$
$b_1=+19.6657$	$c_1=+129.65709$	$d_1=+230.69622$
$b_2=-20.9137$	$c_2=-181.85576$	$d_2=-657.21885$
$b_3=+2.32488$	$c_3=+0.704026$	$d_3=+1036.1870$
$b_4=+2.67376$	$c_4=+247.96718$	$d_4=-977.45125$
$b_5=-1.62302$	$c_5=-264.05235$	$d_5=+555.88940$
p—压力，Pa;	$c_6=+117.60724$	$d_6=-182.09871$
T—温度，K;	$c_7=-21.276671$	$d_7=+30.554171$
v—比容，m³/kg	$c_8=+0.5248023$	$d_8=-1.9917134$

R—气体常数，$R=461\text{J}/(\text{kg}\cdot\text{K})$，$\phi=10^3/T$。

② 莫里尔状态方程

$$v=0.004795\frac{T}{p}-\frac{1.45}{\left(\frac{T}{100}\right)^{3.1}}-5578\frac{p^2}{\left(\frac{T}{100}\right)^{13.5}}$$

式中 v——比容，m³/kg；
T——温度，K；
p——压力，0.1MPa(bar)。

③
$$\rho=\frac{18.56p}{0.01t-5.608\times10^{-2}p+1.66}$$

式中 ρ——水蒸气密度，kg/m³；
p——压力，MPa；
t——温度，℃。

适用范围：$p=1\sim14.7\text{MPa}$，$t=400\sim500℃$

④
$$\rho=\frac{19.44p}{0.01t-0.151p+2.1627}$$

式中符号意义同上。

适用范围：$0.6\sim2\text{MPa}$，$t=250\sim400℃$。

5.5.4 液体黏度计算式

(1) 安德雷德（Andrade）公式

$$\mu=Ae^{B/T}$$

式中 μ——动力黏度；
T——热力学温度，K；

A，B——常数。

已知 2 个温度下的黏度，先求得 A、B 值

$$B=\frac{T_1 T_2 \ln(\mu_1/\mu_2)}{T_2-T_1}$$

$$A=\frac{\mu_1}{\exp(B/T_1)}$$

应用上式可求得第 3 个温度下的黏度。

(2) 石油产品的黏温计算式（双对数式）

$$\lg\lg(\nu+C)=A-B\lg T$$

式中　ν——运动黏度，mm^2/s；
　　　T——热力学温度，K；
　　A,B——常数，在不同温度下实验求得；
　　　$C=0.7$。

公式可用于已知 2 个温度下的黏度，计算任一温度的黏度。

(3) 液体混合物黏度

$$\mu_m=\exp[\sum x_i \ln\mu_i]$$

式中　μ_m——液体混合物黏度，$mPa \cdot s$；
　　　μ_i——液体混合物 i 组分黏度，$mPa \cdot s$；
　　　x_i——液体混合物 i 组分摩尔分数。

(4) 液体黏度与压力的关系

液体黏度受压力的影响远不如气体黏度大，但是对于油品或其他复杂分子结构的液体，则比其他液体易受压力的影响。

压力修正公式（Kouzel 式）

$$F_l=\frac{\mu_p}{\mu_l}=10^{(p/1000)(0.0239+0.01638\mu_l \times 0.278)}$$

式中　F_l——液体黏度压力修正系数；
　　　μ_l——一个大气压下的液体黏度；
　　　μ_p——压力 p 下的液体黏度；
　　　p——压力，$psia(lb/in^2)$。

5.5.5　气体黏度计算式

(1) 指数方程

$$\mu=aT^n$$

式中　μ——动力黏度，$mPa \cdot s$；
　　　T——热力学温度，K；

$$n=\frac{\ln(\mu_2/\mu_1)}{\ln(T_2/T_1)}$$

$$a=\frac{\mu_1}{T_1^n}$$

(2) 阿诺德（Arnold）公式

$$\mu_2=\left(\frac{T_2}{T_1}\right)^{1.5}\frac{T_1+1.47T_B}{T_2+1.47T_B}\mu_1$$

或
$$\mu_2 = \left(\frac{T_2}{T_1}\right)^{1.5} \frac{T_1 + 0.9T_c}{T_2 + 0.9T_c} \mu_1$$

式中　μ——动力黏度，mPa·s；

　　　T——热力学温度，°R；

　　　T_B——沸点温度，°R；

　　　T_c——临界温度，°R（°R=°F+459.67）。

（3）气体混合物黏度

$$\mu_m = \frac{\sum\limits_{i=1}^{n} x_i \mu_i M_i^{\frac{1}{2}}}{\sum\limits_{i=1}^{n} x_i M_i^{\frac{1}{2}}}$$

式中　μ_m——气体混合物黏度；

　　　μ_i——气体 i 组分黏度；

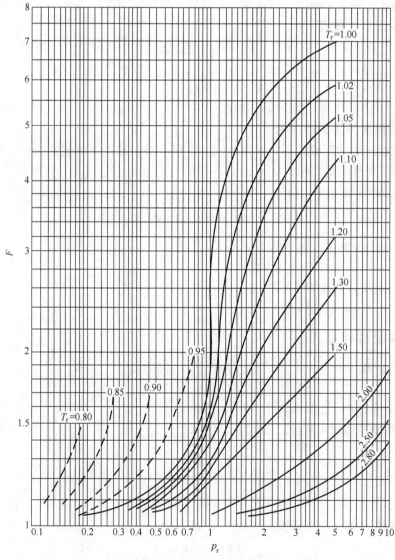

图 5-33　气体黏度的压力修正系数

M_i——气体 i 组分分子量；

x_i——气体 i 组分摩尔分数。

(4) 气体黏度与压力的关系

$$\mu_p = F\mu_1$$

式中 μ_p——p 压力下的气体黏度；

μ_1—— 一个大气压下的气体黏度；

F——气体压力修正系数（见图 5-33）。

5.5.6 气体等熵指数计算式

等熵指数可用 3 种方法表示。

(1) 完全气体 气体压缩系数为 1，它的比热容比与温度和压力无关

$$\kappa_p = \left(\frac{c_p}{c_V}\right)_p = \frac{(c_p)_p}{(c_p)_p - 8.3143}$$

(2) 理想气体 气体压缩系数为 1，它的定压比热容 c_p 为温度的函数，但不是压力的函数。

$$\kappa_i = \left(\frac{c_p}{c_V}\right)_i = \frac{(c_p)_i}{(c_p)_i - 8.3143}$$

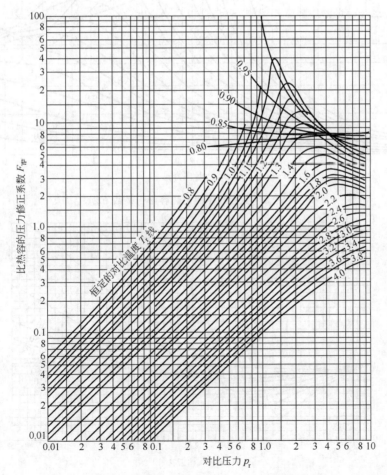

图 5-34 对于简单流体（$\omega=0$）比热容的压力修正系数 $F_{\gamma p}$

(3) 实际气体 气体压缩系数和比热容比为压力、温度和组分的函数

$$\kappa = F_\kappa \frac{c_p}{c_V}$$

求 κ 的步骤：

①
$$c_p = (c_p)_i + F_{\gamma p}$$

$F_{\gamma p}$ 为比热容的压力修正系数，如图 5-34 所示。

②
$$\frac{c_p}{c_V} = \frac{c_p}{c_p - 8.3143 F_{\gamma R}}$$

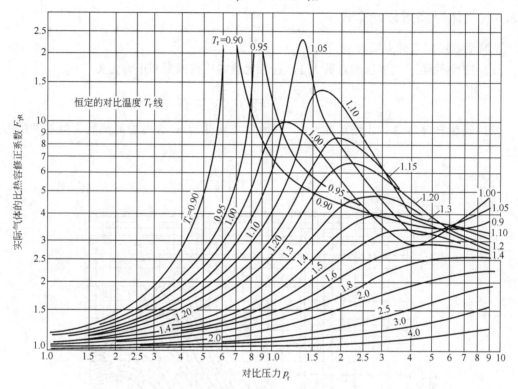

图 5-35 实际气体的比热容修正系数 $F_{\gamma R}$

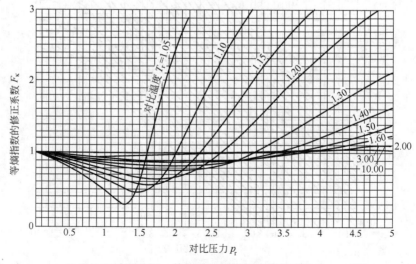

图 5-36 等熵指数的修正系数 F_κ

式中 $F_{\gamma R}$——实际气体的比热容修正系数，如图 5-35 所示。

③
$$\kappa = F_\kappa \frac{c_p}{c_V}$$

式中 F_κ——等熵指数的修正系数，如图 5-36 所示。

5.6 干空气的性质

表 5-10 给出了所推荐的干空气的摩尔组成。干空气的摩尔质量为：
$$M_{air} = 28.9626 \text{kg} \cdot \text{kmol}^{-1}$$

标准组成的干空气在三个常用的计量参比条件下的压缩因子取值为：
$$Z_{air}(273.15\text{K}, 101.325\text{kPa}) = 0.99941$$
$$Z_{air}(288.15\text{K}, 101.325\text{kPa}) = 0.99958$$
$$Z_{air}(293.15\text{K}, 101.325\text{kPa}) = 0.99963$$

由此得出的标准组成的干空气的真实气体密度分别是：
$$\rho_{air}(273.15\text{K}, 101.325\text{kPa}) = 1.292923 \text{kg} \cdot \text{m}^{-3}$$
$$\rho_{air}(288.15\text{K}, 101.325\text{kPa}) = 1.225410 \text{kg} \cdot \text{m}^{-3}$$
$$\rho_{air}(293.15\text{K}, 101.325\text{kPa}) = 1.204449 \text{kg} \cdot \text{m}^{-3}$$

表 5-10 干空气的摩尔组成

组 成	摩尔分数	组 成	摩尔分数
氮气	0.78102	甲烷	0.0000015
氧气	0.20946	氪气	0.0000011
氩气	0.00916	氢气	0.0000005
二氧化碳	0.00033	一氧化二氮	0.0000003
氖气	0.0000182	一氧化碳	0.0000002
氦气	0.0000052	氙气	0.0000001

数据来源：GB/T 11062—1998 天然气发热量、密度、相对密度和沃泊指数的计算方法。

在不同温度和压力下，干空气的密度见表 5-11。

表 5-11 干空气的密度　　　　　　　　　　　　　　　　　kg/m³

温度/℃	压 强/kPa								
	96	97	98	99	100	101	101.3	102	103
10	1.182	1.194	1.207	1.219	1.231	1.243	1.247	1.255	1.277
11	1.178	1.189	1.201	1.214	1.227	1.239	1.243	1.251	1.272
12	1.173	1.186	1.198	1.210	1.222	1.235	1.239	1.247	1.268
13	1.169	1.182	1.194	1.206	1.218	1.230	1.234	1.242	1.264
14	1.165	1.177	1.190	1.202	1.214	1.226	1.230	1.238	1.259
15	1.161	1.173	1.185	1.197	1.210	1.222	1.226	1.234	1.255
16	1.157	1.169	1.181	1.193	1.205	1.217	1.221	1.229	1.251
17	1.153	1.165	1.177	1.189	1.201	1.213	1.217	1.225	1.246
18	1.149	1.161	1.173	1.185	1.197	1.209	1.213	1.221	1.241
19	1.145	1.157	1.169	1.181	1.193	1.205	1.209	1.217	1.237
20	1.141	1.153	1.165	1.177	1.189	1.201	1.205	1.213	1.233
21	1.137	1.149	1.161	1.173	1.185	1.197	1.201	1.209	1.228
22	1.134	1.145	1.157	1.169	1.181	1.193	1.197	1.205	1.224
23	1.130	1.141	1.153	1.165	1.177	1.189	1.193	1.201	1.220
24	1.126	1.138	1.149	1.161	1.173	1.185	1.189	1.197	1.216
25	1.122	1.134	1.145	1.157	1.169	1.181	1.185	1.193	1.212
26	1.118	1.130	1.141	1.153	1.165	1.177	1.181	1.189	1.208
27	1.115	1.126	1.138	1.150	1.161	1.173	1.177	1.185	1.204
28	1.111	1.122	1.134	1.146	1.157	1.169	1.173	1.181	1.200
29	1.107	1.119	1.131	1.142	1.153	1.165	1.169	1.177	1.196
30	1.104	1.115	1.126	1.138	1.150	1.161	1.165	1.172	1.192

5.7 天然气的物理性质（SY/T 6143—2004）

5.7.1 天然气超压缩系数 F_Z 值表

（1）按 GB/T 17747.2—1999 计算的超压缩系数 F_Z 值表　表 5-12 是用表 5-13 中的天然气组分数据，按 GB/T 17747.2—1999 的计算公式运用电子计算机编程计算制表得出的数据表格。由于步长数据间隔取得较大，表内数据不供精确内插，更不得外推，只供检验计算程序用。

表 5-12　按 GB/T 17747.2—1999 计算的超压缩系数 F_Z 值表（以表 5-13 天然气组分为例）

p(表压) /MPa	\multicolumn{11}{c}{t/℃　　　　　　F_Z}										
	−20	−15	−10	−5	0	5	10	15	20	25	30
0.00	1.0008	1.0007	1.0006	1.0004	1.0003	1.0002	1.0001	1.0001	1.0000	0.9999	0.9998
0.10	1.0030	1.0027	1.0025	1.0022	1.0020	1.0018	1.0016	1.0015	1.0013	1.0011	1.0010
0.20	1.0052	1.0048	1.0044	1.0040	1.0037	1.0034	1.0031	1.0029	1.0026	1.0024	1.0022
0.30	1.0074	1.0068	1.0063	1.0059	1.0054	1.0050	1.0046	1.0043	1.0040	1.0037	1.0034
0.40	1.0096	1.0089	1.0083	1.0077	1.0072	1.0066	1.0062	1.0057	1.0053	1.0049	1.0046
0.50	1.0119	1.0110	1.0103	1.0096	1.0089	1.0083	1.0077	1.0072	1.0067	1.0062	1.0058
0.60	1.0142	1.0132	1.0123	1.0114	1.0106	1.0099	1.0092	1.0086	1.0080	1.0075	1.0070
0.70	1.0165	1.0153	1.0143	1.0133	1.0124	1.0116	1.0108	1.0101	1.0094	1.0088	1.0082
0.80	1.0188	1.0175	1.0163	1.0152	1.0142	1.0132	1.0123	1.0115	1.0108	1.0100	1.0094
0.90	1.0212	1.0197	1.0184	1.0171	1.0160	1.0149	1.0139	1.0130	1.0121	1.0113	1.0106
1.00	1.0236	1.0219	1.0204	1.0190	1.0178	1.0166	1.0155	1.0145	1.0135	1.0126	1.0118
1.10	1.0260	1.0242	1.0225	1.0210	1.0196	1.0183	1.0171	1.0159	1.0149	1.0139	1.0130
1.20	1.0284	1.0264	1.0246	1.0229	1.0214	1.0200	1.0186	1.0174	1.0163	1.0152	1.0142
1.30	1.0309	1.0287	1.0267	1.0249	1.0232	1.0217	1.0202	1.0189	1.0177	1.0165	1.0155
1.40	1.0334	1.0310	1.0289	1.0269	1.0251	1.0234	1.0219	1.0204	1.0191	1.0179	1.0167
1.50	1.0359	1.0334	1.0310	1.0289	1.0270	1.0251	1.0235	1.0219	1.0205	1.0192	1.0179
1.60	1.0384	1.0357	1.0332	1.0309	1.0288	1.0269	1.0251	1.0235	1.0219	1.0205	1.0192
1.70	1.0410	1.0381	1.0354	1.0330	1.0307	1.0287	1.0267	1.0250	1.0233	1.0218	1.0204
1.80	1.0436	1.0405	1.0376	1.0350	1.0326	1.0304	1.0284	1.0265	1.0248	1.0232	1.0217
1.90	1.0463	1.0429	1.0399	1.0371	1.0345	1.0322	1.0300	1.0280	1.0262	1.0245	1.0229
2.00	1.0489	1.0454	1.0421	1.0392	1.0365	1.0340	1.0317	1.0296	1.0276	1.0258	1.0242
2.10	1.0517	1.0479	1.0444	1.0413	1.0384	1.0358	1.0334	1.0311	1.0291	1.0272	1.0254
2.20	1.0544	1.0504	1.0467	1.0434	1.0404	1.0376	1.0351	1.0327	1.0305	1.0285	1.0267
2.30	1.0572	1.0529	1.0491	1.0456	1.0424	1.0394	1.0368	1.0343	1.0320	1.0299	1.0280
2.40	1.0600	1.0555	1.0514	1.0477	1.0443	1.0413	1.0385	1.0359	1.0335	1.0313	1.0292
2.50	1.0628	1.0581	1.0538	1.0499	1.0464	1.0431	1.0402	1.0374	1.0349	1.0326	1.0305
2.60	1.0657	1.0607	1.0562	1.0521	1.0484	1.0450	1.0419	1.0390	1.0364	1.0340	1.0318
2.70	1.0686	1.0633	1.0586	1.0543	1.0504	1.0469	1.0436	1.0406	1.0379	1.0354	1.0330
2.80	1.0715	1.0660	1.0610	1.0565	1.0524	1.0487	1.0453	1.0422	1.0394	1.0367	1.0343
2.90	1.0745	1.0687	1.0635	1.0588	1.0545	1.0506	1.0471	1.0438	1.0409	1.0381	1.0356
3.00	1.0775	1.0714	1.0660	1.0610	1.0566	1.0525	1.0488	1.0455	1.0424	1.0395	1.0369
3.10	1.0806	1.0742	1.0685	1.0633	1.0587	1.0544	1.0506	1.0471	1.0439	1.0409	1.0382
3.20	1.0837	1.0770	1.0710	1.0656	1.0608	1.0564	1.0524	1.0487	1.0454	1.0423	1.0395
3.30	1.0868	1.0798	1.0736	1.0679	1.0629	1.0583	1.0542	1.0504	1.0469	1.0437	1.0408
3.40	1.0900	1.0827	1.0761	1.0703	1.0650	1.0603	1.0559	1.0520	1.0484	1.0451	1.0421
3.50	1.0932	1.0856	1.0787	1.0726	1.0672	1.0622	1.0577	1.0537	1.0499	1.0465	1.0434

续表

p(表压)/MPa	t/℃										
	−20	−15	−10	−5	0	5	10	15	20	25	30
	F_Z										
3.60	1.0965	1.0885	1.0814	1.0750	1.0693	1.0642	1.0595	1.0553	1.0515	1.0479	1.0447
3.70	1.0998	1.0914	1.0840	1.0774	1.0715	1.0662	1.0614	1.0570	1.0530	1.0493	1.0460
3.80	1.1031	1.0944	1.0867	1.0798	1.0737	1.0682	1.0632	1.0587	1.0545	1.0507	1.0473
3.90	1.1065	1.0974	1.0894	1.0823	1.0759	1.0702	1.0650	1.0603	1.0561	1.0522	1.0486
4.00	1.1099	1.1005	1.0921	1.0847	1.0781	1.0722	1.0669	1.0620	1.0576	1.0536	1.0499
4.10	1.1134	1.1035	1.0949	1.0872	1.0804	1.0742	1.0687	1.0637	1.0592	1.0550	1.0512
4.20	1.1169	1.1067	1.0976	1.0897	1.0826	1.0763	1.0706	1.0654	1.0607	1.0564	1.0525
4.30	1.1205	1.1098	1.1004	1.0922	1.0849	1.0783	1.0724	1.0671	1.0623	1.0579	1.0538
4.40	1.1241	1.1130	1.1033	1.0947	1.0871	1.0804	1.0743	1.0688	1.0638	1.0593	1.0552
4.50	1.1278	1.1162	1.1061	1.0973	1.0894	1.0824	1.0762	1.0705	1.0654	1.0607	1.0565
4.60	1.1315	1.1194	1.1090	1.0998	1.0917	1.0845	1.0781	1.0722	1.0670	1.0622	1.0578
4.70	1.1352	1.1227	1.1119	1.1024	1.0940	1.0866	1.0799	1.0740	1.0685	1.0636	1.0591
4.80	1.1390	1.1260	1.1148	1.1050	1.0964	1.0887	1.0818	1.0757	1.0701	1.0650	1.0604
4.90	1.1429	1.1294	1.1178	1.1076	1.0987	1.0908	1.0837	1.0774	1.0717	1.0665	1.0618
5.00	1.1468	1.1328	1.1207	1.1103	1.1011	1.0929	1.0857	1.0791	1.0733	1.0679	1.0631
5.10	1.1507	1.1362	1.1237	1.1129	1.1034	1.0951	1.0876	1.0809	1.0748	1.0694	1.0644
5.20	1.1547	1.1397	1.1268	1.1156	1.1058	1.0972	1.0895	1.0826	1.0764	1.0708	1.0657
5.30	1.1588	1.1431	1.1298	1.1183	1.1082	1.0993	1.0914	1.0844	1.0780	1.0723	1.0671
5.40	1.1629	1.1467	1.1329	1.1210	1.1106	1.1015	1.0934	1.0861	1.0796	1.0737	1.0684
5.50	1.1670	1.1502	1.1360	1.1237	1.1130	1.1036	1.0953	1.0879	1.0812	1.0752	1.0697
5.60	1.1712	1.1538	1.1391	1.1264	1.1154	1.1058	1.0972	1.0896	1.0828	1.0766	1.0710
5.70	1.1754	1.1574	1.1422	1.1292	1.1179	1.1080	1.0992	1.0914	1.0844	1.0781	1.0723
5.80	1.1797	1.1611	1.1454	1.1320	1.1203	1.1101	1.1011	1.0931	1.0860	1.0795	1.0737
5.90	1.1840	1.1647	1.1486	1.1347	1.1228	1.1123	1.1031	1.0949	1.0876	1.0810	1.0750
6.00	1.1883	1.1684	1.1518	1.1375	1.1252	1.1145	1.1051	1.0967	1.0891	1.0824	1.0763
6.10	1.1927	1.1722	1.1550	1.1403	1.1277	1.1167	1.1070	1.0984	1.0907	1.0838	1.0776
6.20	1.1972	1.1759	1.1582	1.1431	1.1302	1.1189	1.1090	1.1002	1.0923	1.0853	1.0789
6.30	1.2016	1.1797	1.1614	1.1460	1.1327	1.1211	1.1109	1.1019	1.0939	1.0867	1.0802
6.40	1.2061	1.1835	1.1647	1.1488	1.1352	1.1233	1.1129	1.1037	1.0955	1.0882	1.0815
6.50	1.2106	1.1873	1.1680	1.1516	1.1377	1.1255	1.1149	1.1055	1.0971	1.0896	1.0829
6.60	1.2152	1.1911	1.1713	1.1545	1.1401	1.1277	1.1168	1.1072	1.0987	1.0910	1.0842
6.70	1.2198	1.1950	1.1746	1.1574	1.1427	1.1299	1.1188	1.1090	1.1003	1.0925	1.0855
6.80	1.2244	1.1989	1.1779	1.1602	1.1452	1.1321	1.1208	1.1108	1.1019	1.0939	1.0868
6.90	1.2290	1.2027	1.1812	1.1631	1.1477	1.1344	1.1227	1.1125	1.1034	1.0953	1.0881
7.00	1.2336	1.2066	1.1845	1.1659	1.1502	1.1366	1.1247	1.1143	1.1050	1.0968	1.0893
7.10	1.2382	1.2105	1.1878	1.1688	1.1527	1.1388	1.1267	1.1160	1.1066	1.0982	1.0906
7.20	1.2428	1.2144	1.1911	1.1717	1.1552	1.1410	1.1286	1.1178	1.1082	1.0996	1.0919
7.30	1.2474	1.2183	1.1945	1.1746	1.1577	1.1432	1.1306	1.1195	1.1097	1.1010	1.0932
7.40	1.2520	1.2222	1.1978	1.1774	1.1602	1.1454	1.1325	1.1213	1.1113	1.1024	1.0945
7.50	1.2566	1.2261	1.2011	1.1803	1.1627	1.1476	1.1345	1.1230	1.1128	1.1038	1.0957
7.60	1.2612	1.2299	1.2044	1.1831	1.1652	1.1498	1.1364	1.1247	1.1144	1.1052	1.0970
7.70	1.2657	1.2338	1.2077	1.1860	1.1676	1.1519	1.1383	1.1264	1.1159	1.1066	1.0982

续表

p(表压) /MPa	t/℃										
	−20	−15	−10	−5	0	5	10	15	20	25	30
	F_Z										
7.80	1.2702	1.2376	1.2109	1.1888	1.1701	1.1541	1.1403	1.1282	1.1175	1.1080	1.0995
7.90	1.2746	1.2414	1.2142	1.1916	1.1726	1.1563	1.1422	1.1299	1.1190	1.1094	1.1007
8.00	1.2790	1.2451	1.2174	1.1944	1.1750	1.1584	1.1441	1.1316	1.1205	1.1107	1.1020
8.10	1.2833	1.2489	1.2207	1.1972	1.1775	1.1606	1.1460	1.1333	1.1220	1.1121	1.1032
8.20	1.2876	1.2526	1.2239	1.2000	1.1799	1.1627	1.1479	1.1349	1.1236	1.1135	1.1044
8.30	1.2918	1.2562	1.2270	1.2028	1.1823	1.1648	1.1498	1.1366	1.1250	1.1148	1.1057
8.40	1.2959	1.2598	1.2301	1.2055	1.1847	1.1669	1.1516	1.1383	1.1265	1.1161	1.1069
8.50	1.2999	1.2633	1.2332	1.2082	1.1871	1.1690	1.1535	1.1399	1.1280	1.1175	1.1081
8.60	1.3039	1.2668	1.2363	1.2109	1.1894	1.1711	1.1553	1.1416	1.1295	1.1188	1.1093
8.70	1.3077	1.2703	1.2393	1.2135	1.1917	1.1732	1.1571	1.1432	1.1309	1.1201	1.1104
8.80	1.3114	1.2736	1.2423	1.2161	1.1941	1.1752	1.1590	1.1448	1.1324	1.1214	1.1116
8.90	1.3151	1.2769	1.2452	1.2187	1.1963	1.1772	1.1608	1.1464	1.1338	1.1227	1.1128
9.00	1.3186	1.2801	1.2481	1.2213	1.1986	1.1792	1.1625	1.1480	1.1352	1.1240	1.1139
9.10	1.3220	1.2833	1.2509	1.2238	1.2008	1.1812	1.1643	1.1496	1.1367	1.1252	1.1151
9.20	1.3253	1.2863	1.2537	1.2262	1.2030	1.1832	1.1660	1.1511	1.1381	1.1265	1.1162
9.30	1.3284	1.2893	1.2564	1.2287	1.2052	1.1851	1.1678	1.1527	1.1394	1.1277	1.1173
9.40	1.3315	1.2922	1.2590	1.2311	1.2073	1.1870	1.1695	1.1542	1.1408	1.1290	1.1184
9.50	1.3344	1.2950	1.2616	1.2334	1.2094	1.1889	1.1711	1.1557	1.1422	1.1302	1.1195
9.60	1.3372	1.2977	1.2641	1.2357	1.2115	1.1907	1.1728	1.1572	1.1435	1.1314	1.1206
9.70	1.3398	1.3003	1.2666	1.2379	1.2135	1.1925	1.1744	1.1587	1.1448	1.1326	1.1217
9.80	1.3423	1.3028	1.2690	1.2401	1.2155	1.1943	1.1760	1.1601	1.1461	1.1338	1.1228
9.90	1.3447	1.3052	1.2713	1.2423	1.2174	1.1961	1.1776	1.1615	1.1474	1.1349	1.1238
10.00	1.3470	1.3075	1.2735	1.2443	1.2193	1.1978	1.1792	1.1629	1.1487	1.1361	1.1249
10.10	1.3491	1.3097	1.2756	1.2464	1.2212	1.1995	1.1807	1.1643	1.1499	1.1372	1.1259
10.20	1.3511	1.3118	1.2777	1.2483	1.2230	1.2012	1.1822	1.1657	1.1512	1.1383	1.1269
10.30	1.3529	1.3138	1.2797	1.2502	1.2248	1.2028	1.1837	1.1670	1.1524	1.1394	1.1279
10.40	1.3547	1.3157	1.2817	1.2521	1.2265	1.2044	1.1852	1.1684	1.1536	1.1405	1.1289
10.50	1.3563	1.3175	1.2835	1.2539	1.2282	1.2060	1.1866	1.1697	1.1548	1.1416	1.1299
10.60	1.3577	1.3192	1.2853	1.2556	1.2299	1.2075	1.1880	1.1709	1.1559	1.1426	1.1308
10.70	1.3591	1.3208	1.2870	1.2573	1.2314	1.2090	1.1894	1.1722	1.1571	1.1437	1.1318
10.80	1.3603	1.3223	1.2886	1.2589	1.2330	1.2104	1.1907	1.1734	1.1582	1.1447	1.1327
10.90	1.3614	1.3237	1.2901	1.2604	1.2345	1.2118	1.1920	1.1746	1.1593	1.1457	1.1336
11.00	1.3624	1.3250	1.2915	1.2619	1.2359	1.2132	1.1933	1.1758	1.1603	1.1467	1.1345
11.10	1.3633	1.3263	1.2929	1.2633	1.2373	1.2145	1.1945	1.1769	1.1614	1.1476	1.1354
11.20	1.3640	1.3274	1.2942	1.2647	1.2386	1.2158	1.1957	1.1780	1.1624	1.1486	1.1362
11.30	1.3647	1.3284	1.2954	1.2659	1.2399	1.2170	1.1969	1.1791	1.1634	1.1495	1.1371
11.40	1.3652	1.3293	1.2965	1.2672	1.2411	1.2182	1.1980	1.1802	1.1644	1.1504	1.1379
11.50	1.3656	1.3301	1.2976	1.2683	1.2423	1.2194	1.1991	1.1812	1.1654	1.1513	1.1387
11.60	1.3660	1.3308	1.2985	1.2694	1.2434	1.2205	1.2002	1.1822	1.1663	1.1521	1.1395
11.70	1.3662	1.3315	1.2994	1.2704	1.2445	1.2215	1.2012	1.1832	1.1672	1.1530	1.1403
11.80	1.3663	1.3320	1.3002	1.2714	1.2455	1.2226	1.2022	1.1841	1.1681	1.1538	1.1410
11.90	1.3664	1.3325	1.3010	1.2723	1.2465	1.2235	1.2031	1.1850	1.1689	1.1546	1.1418
12.00	1.3663	1.3329	1.3016	1.2731	1.2474	1.2245	1.2041	1.1859	1.1698	1.1554	1.1425

续表

p(表压)/MPa	$t/℃$									
	35	40	45	50	55	60	65	70	75	80
	F_z									
0.00	0.9998	0.9997	0.9996	0.9996	0.9995	0.9995	0.9994	0.9994	0.9993	0.9993
0.10	1.0009	1.0007	1.0006	1.0005	1.0004	1.0003	1.0002	1.0001	1.0000	1.0000
0.20	1.0020	1.0018	1.0016	1.0015	1.0013	1.0011	1.0010	1.0009	1.0008	1.0006
0.30	1.0031	1.0029	1.0026	1.0024	1.0022	1.0020	1.0018	1.0016	1.0015	1.0013
0.40	1.0042	1.0039	1.0036	1.0033	1.0031	1.0028	1.0026	1.0024	1.0022	1.0020
0.50	1.0054	1.0050	1.0046	1.0043	1.0040	1.0037	1.0034	1.0031	1.0029	1.0026
0.60	1.0065	1.0060	1.0056	1.0052	1.0048	1.0045	1.0042	1.0039	1.0036	1.0033
0.70	1.0076	1.0071	1.0066	1.0062	1.0057	1.0053	1.0050	1.0046	1.0043	1.0039
0.80	1.0087	1.0082	1.0076	1.0071	1.0066	1.0062	1.0057	1.0053	1.0050	1.0046
0.90	1.0099	1.0092	1.0086	1.0081	1.0075	1.0070	1.0065	1.0061	1.0057	1.0053
1.00	1.0110	1.0103	1.0096	1.0090	1.0084	1.0079	1.0073	1.0068	1.0064	1.0059
1.10	1.0122	1.0114	1.0106	1.0100	1.0093	1.0087	1.0081	1.0076	1.0071	1.0066
1.20	1.0133	1.0125	1.0117	1.0109	1.0102	1.0095	1.0089	1.0083	1.0078	1.0072
1.30	1.0145	1.0135	1.0127	1.0119	1.0111	1.0104	1.0097	1.0091	1.0085	1.0079
1.40	1.0156	1.0146	1.0137	1.0128	1.0120	1.0112	1.0105	1.0098	1.0092	1.0086
1.50	1.0168	1.0157	1.0147	1.0138	1.0129	1.0121	1.0113	1.0106	1.0099	1.0092
1.60	1.0179	1.0168	1.0157	1.0147	1.0138	1.0129	1.0121	1.0113	1.0106	1.0099
1.70	1.0191	1.0179	1.0167	1.0157	1.0147	1.0137	1.0129	1.0120	1.0113	1.0105
1.80	1.0203	1.0190	1.0178	1.0166	1.0156	1.0146	1.0137	1.0128	1.0120	1.0112
1.90	1.0214	1.0201	1.0188	1.0176	1.0165	1.0154	1.0144	1.0135	1.0127	1.0118
2.00	1.0226	1.0212	1.0198	1.0186	1.0174	1.0163	1.0152	1.0143	1.0134	1.0125
2.10	1.0238	1.0223	1.0208	1.0195	1.0183	1.0171	1.0160	1.0150	1.0141	1.0132
2.20	1.0250	1.0234	1.0219	1.0205	1.0192	1.0180	1.0168	1.0158	1.0147	1.0138
2.30	1.0261	1.0245	1.0229	1.0214	1.0201	1.0188	1.0176	1.0165	1.0154	1.0145
2.40	1.0273	1.0256	1.0239	1.0224	1.0210	1.0196	1.0184	1.0172	1.0161	1.0151
2.50	1.0285	1.0267	1.0250	1.0234	1.0219	1.0205	1.0192	1.0180	1.0168	1.0158
2.60	1.0297	1.0278	1.0260	1.0243	1.0228	1.0213	1.0200	1.0187	1.0175	1.0164
2.70	1.0309	1.0289	1.0270	1.0253	1.0237	1.0222	1.0208	1.0194	1.0182	1.0170
2.80	1.0321	1.0300	1.0281	1.0263	1.0246	1.0230	1.0216	1.0202	1.0189	1.0177
2.90	1.0333	1.0311	1.0291	1.0272	1.0255	1.0239	1.0223	1.0209	1.0196	1.0183
3.00	1.0345	1.0322	1.0301	1.0282	1.0264	1.0247	1.0231	1.0217	1.0203	1.0190
3.10	1.0357	1.0333	1.0312	1.0292	1.0273	1.0255	1.0239	1.0224	1.0210	1.0196
3.20	1.0369	1.0344	1.0322	1.0301	1.0282	1.0264	1.0247	1.0231	1.0216	1.0203
3.30	1.0381	1.0356	1.0332	1.0311	1.0291	1.0272	1.0255	1.0238	1.0223	1.0209
3.40	1.0393	1.0367	1.0343	1.0321	1.0300	1.0281	1.0263	1.0246	1.0230	1.0215
3.50	1.0405	1.0378	1.0353	1.0330	1.0309	1.0289	1.0270	1.0253	1.0237	1.0222
3.60	1.0417	1.0389	1.0364	1.0340	1.0318	1.0297	1.0278	1.0260	1.0244	1.0228
3.70	1.0429	1.0400	1.0374	1.0350	1.0327	1.0306	1.0286	1.0268	1.0250	1.0234
3.80	1.0441	1.0412	1.0384	1.0359	1.0336	1.0314	1.0294	1.0275	1.0257	1.0241
3.90	1.0453	1.0423	1.0395	1.0369	1.0345	1.0322	1.0302	1.0282	1.0264	1.0247
4.00	1.0465	1.0434	1.0405	1.0378	1.0354	1.0331	1.0309	1.0289	1.0271	1.0253
4.10	1.0477	1.0445	1.0415	1.0388	1.0363	1.0339	1.0317	1.0296	1.0277	1.0259
4.20	1.0489	1.0456	1.0426	1.0398	1.0372	1.0347	1.0325	1.0304	1.0284	1.0266
4.30	1.0502	1.0468	1.0436	1.0407	1.0380	1.0356	1.0332	1.0311	1.0291	1.0272
4.40	1.0514	1.0479	1.0447	1.0417	1.0389	1.0364	1.0340	1.0318	1.0297	1.0278
4.50	1.0526	1.0490	1.0457	1.0427	1.0398	1.0372	1.0348	1.0325	1.0304	1.0284
4.60	1.0538	1.0501	1.0467	1.0436	1.0407	1.0380	1.0355	1.0332	1.0311	1.0290

续表

| p(表压)/MPa | \multicolumn{10}{c|}{t/℃} |
| | 35 | 40 | 45 | 50 | 55 | 60 | 65 | 70 | 75 | 80 |
	\multicolumn{10}{c	}{F_Z}
4.70	1.0550	1.0512	1.0478	1.0446	1.0416	1.0389	1.0363	1.0339	1.0317	1.0296
4.80	1.0562	1.0524	1.0488	1.0455	1.0425	1.0397	1.0371	1.0346	1.0324	1.0303
4.90	1.0574	1.0535	1.0498	1.0465	1.0434	1.0405	1.0378	1.0353	1.0330	1.0309
5.00	1.0587	1.0546	1.0509	1.0474	1.0443	1.0413	1.0386	1.0360	1.0337	1.0315
5.10	1.0599	1.0557	1.0519	1.0484	1.0451	1.0421	1.0393	1.0367	1.0343	1.0321
5.20	1.0611	1.0568	1.0529	1.0493	1.0460	1.0429	1.0401	1.0374	1.0350	1.0327
5.30	1.0623	1.0579	1.0540	1.0503	1.0469	1.0437	1.0408	1.0381	1.0356	1.0333
5.40	1.0635	1.0591	1.0550	1.0512	1.0478	1.0446	1.0416	1.0388	1.0363	1.0339
5.50	1.0647	1.0602	1.0560	1.0522	1.0486	1.0454	1.0423	1.0395	1.0369	1.0345
5.60	1.0659	1.0613	1.0570	1.0531	1.0495	1.0462	1.0431	1.0402	1.0375	1.0350
5.70	1.0671	1.0624	1.0580	1.0540	1.0504	1.0470	1.0438	1.0409	1.0382	1.0356
5.80	1.0683	1.0635	1.0591	1.0550	1.0512	1.0478	1.0445	1.0416	1.0388	1.0362
5.90	1.0696	1.0646	1.0601	1.0559	1.0521	1.0486	1.0453	1.0422	1.0394	1.0368
6.00	1.0708	1.0657	1.0611	1.0568	1.0529	1.0493	1.0460	1.0429	1.0401	1.0374
6.10	1.0720	1.0668	1.0621	1.0578	1.0538	1.0501	1.0467	1.0436	1.0407	1.0380
6.20	1.0732	1.0679	1.0631	1.0587	1.0547	1.0509	1.0475	1.0443	1.0413	1.0385
6.30	1.0744	1.0690	1.0641	1.0596	1.0555	1.0517	1.0482	1.0449	1.0419	1.0391
6.40	1.0755	1.0701	1.0651	1.0605	1.0563	1.0525	1.0489	1.0456	1.0425	1.0397
6.50	1.0767	1.0712	1.0661	1.0615	1.0572	1.0533	1.0496	1.0463	1.0431	1.0402
6.60	1.0779	1.0723	1.0671	1.0624	1.0580	1.0540	1.0503	1.0469	1.0437	1.0408
6.70	1.0791	1.0733	1.0681	1.0633	1.0589	1.0548	1.0510	1.0476	1.0443	1.0413
6.80	1.0803	1.0744	1.0691	1.0642	1.0597	1.0556	1.0517	1.0482	1.0449	1.0419
6.90	1.0815	1.0755	1.0701	1.0651	1.0605	1.0563	1.0524	1.0489	1.0455	1.0424
7.00	1.0826	1.0766	1.0710	1.0660	1.0613	1.0571	1.0531	1.0495	1.0461	1.0430
7.10	1.0838	1.0776	1.0720	1.0669	1.0622	1.0578	1.0538	1.0501	1.0467	1.0435
7.20	1.0850	1.0787	1.0730	1.0678	1.0630	1.0586	1.0545	1.0508	1.0473	1.0441
7.30	1.0861	1.0798	1.0739	1.0686	1.0638	1.0593	1.0552	1.0514	1.0479	1.0446
7.40	1.0873	1.0808	1.0749	1.0695	1.0646	1.0601	1.0559	1.0520	1.0485	1.0451
7.50	1.0884	1.0819	1.0759	1.0704	1.0654	1.0608	1.0566	1.0526	1.0490	1.0457
7.60	1.0896	1.0829	1.0768	1.0713	1.0662	1.0615	1.0572	1.0533	1.0496	1.0462
7.70	1.0907	1.0839	1.0778	1.0721	1.0670	1.0623	1.0579	1.0539	1.0502	1.0467
7.80	1.0919	1.0850	1.0787	1.0730	1.0678	1.0630	1.0586	1.0545	1.0507	1.0472
7.90	1.0930	1.0860	1.0796	1.0738	1.0686	1.0637	1.0592	1.0551	1.0513	1.0477
8.00	1.0941	1.0870	1.0806	1.0747	1.0693	1.0644	1.0599	1.0557	1.0518	1.0482
8.10	1.0952	1.0880	1.0815	1.0755	1.0701	1.0651	1.0605	1.0563	1.0524	1.0487
8.20	1.0963	1.0890	1.0824	1.0764	1.0709	1.0658	1.0612	1.0569	1.0529	1.0492
8.30	1.0974	1.0900	1.0833	1.0772	1.0716	1.0665	1.0618	1.0575	1.0535	1.0497
8.40	1.0985	1.0910	1.0842	1.0780	1.0724	1.0672	1.0624	1.0580	1.0540	1.0502
8.50	1.0996	1.0920	1.0851	1.0789	1.0731	1.0679	1.0631	1.0586	1.0545	1.0507
8.60	1.1007	1.0930	1.0860	1.0797	1.0739	1.0686	1.0637	1.0592	1.0550	1.0512
8.70	1.1018	1.0940	1.0869	1.0805	1.0746	1.0692	1.0643	1.0598	1.0556	1.0517
8.80	1.1028	1.0949	1.0878	1.0813	1.0753	1.0699	1.0649	1.0603	1.0561	1.0521
8.90	1.1039	1.0959	1.0886	1.0821	1.0761	1.0706	1.0655	1.0609	1.0566	1.0526
9.00	1.1049	1.0968	1.0895	1.0829	1.0768	1.0712	1.0661	1.0614	1.0571	1.0531
9.10	1.1060	1.0978	1.0904	1.0836	1.0775	1.0719	1.0667	1.0620	1.0576	1.0535

续表

p(表压)/MPa	t/℃									
	35	40	45	50	55	60	65	70	75	80
	F_Z									
9.20	1.1070	1.0987	1.0912	1.0844	1.0782	1.0725	1.0673	1.0625	1.0581	1.0540
9.30	1.1080	1.0996	1.0921	1.0852	1.0789	1.0732	1.0679	1.0630	1.0586	1.0544
9.40	1.1090	1.1005	1.0929	1.0859	1.0796	1.0738	1.0685	1.0636	1.0591	1.0549
9.50	1.1100	1.1014	1.0937	1.0867	1.0803	1.0744	1.0690	1.0641	1.0595	1.0553
9.60	1.1110	1.1023	1.0945	1.0874	1.0810	1.0750	1.0696	1.0646	1.0600	1.0557
9.70	1.1120	1.1032	1.0953	1.0882	1.0816	1.0756	1.0702	1.0651	1.0605	1.0562
9.80	1.1129	1.1041	1.0961	1.0889	1.0823	1.0763	1.0707	1.0656	1.0609	1.0566
9.90	1.1139	1.1050	1.0969	1.0896	1.0829	1.0768	1.0713	1.0661	1.0614	1.0570
10.00	1.1148	1.1058	1.0977	1.0903	1.0836	1.0774	1.0718	1.0666	1.0618	1.0574
10.10	1.1158	1.1067	1.0985	1.0910	1.0842	1.0780	1.0723	1.0671	1.0623	1.0578
10.20	1.1167	1.1075	1.0992	1.0917	1.0849	1.0786	1.0729	1.0676	1.0627	1.0582
10.30	1.1176	1.1083	1.1000	1.0924	1.0855	1.0792	1.0734	1.0681	1.0632	1.0586
10.40	1.1185	1.1091	1.1007	1.0931	1.0861	1.0797	1.0739	1.0685	1.0636	1.0590
10.50	1.1194	1.1099	1.1014	1.0937	1.0867	1.0803	1.0744	1.0690	1.0640	1.0594
10.60	1.1202	1.1107	1.1022	1.0944	1.0873	1.0808	1.0749	1.0695	1.0644	1.0598
10.70	1.1211	1.1115	1.1029	1.0950	1.0879	1.0814	1.0754	1.0699	1.0648	1.0602
10.80	1.1219	1.1123	1.1036	1.0957	1.0885	1.0819	1.0759	1.0703	1.0652	1.0605
10.90	1.1228	1.1130	1.1043	1.0963	1.0890	1.0824	1.0764	1.0708	1.0656	1.0609
11.00	1.1236	1.1138	1.1049	1.0969	1.0896	1.0829	1.0768	1.0712	1.0660	1.0612
11.10	1.1244	1.1145	1.1056	1.0975	1.0902	1.0834	1.0773	1.0716	1.0664	1.0616
11.20	1.1252	1.1152	1.1063	1.0981	1.0907	1.0839	1.0777	1.0720	1.0668	1.0619
11.30	1.1259	1.1159	1.1069	1.0987	1.0912	1.0844	1.0782	1.0725	1.0672	1.0623
11.40	1.1267	1.1166	1.1075	1.0993	1.0918	1.0849	1.0786	1.0729	1.0675	1.0626
11.50	1.1274	1.1173	1.1082	1.0999	1.0923	1.0854	1.0791	1.0733	1.0679	1.0629
11.60	1.1282	1.1180	1.1088	1.1004	1.0928	1.0859	1.0795	1.0736	1.0682	1.0633
11.70	1.1289	1.1186	1.1094	1.1010	1.0933	1.0863	1.0799	1.0740	1.0686	1.0636
11.80	1.1296	1.1193	1.1100	1.1015	1.0938	1.0868	1.0803	1.0744	1.0689	1.0639
11.90	1.1303	1.1199	1.1105	1.1020	1.0943	1.0872	1.0807	1.0748	1.0693	1.0642
12.00	1.1309	1.1205	1.1111	1.1025	1.0948	1.0876	1.0811	1.0751	1.0696	1.0645

表 5-13 典型天然气的组分

组分	甲烷	乙烷	丙烷	丁烷	2-甲基丙烷（异丁烷）	戊烷	2-甲基丁烷（异戊烷）	己烷	氢气	氧气	氮气	二氧化碳
摩尔分数	0.8682	0.0625	0.0238	0.0072	0.0064	0.0025	0.0034	0.0027	0.0004	0.0004	0.0068	0.0157

(2) 按 AGA NX-19 计算的超压缩系数 F_Z 值表（以 $G_r=0.600$，$X_C=0$，$X_n=0$ 为例）

表 5-14 是按 AGA NX-19 计算公式，运用电子计算机编程计算得出的数据表格。该表假设 $G_r=0.600$，$X_C=0$，$X_n=0$，由于步长数据间隔取得较大，表内数据不供精确内插，更不得外推，只供检验计算程序用。

表 5-14 按 AGA NX-19 计算的超压缩系数 F_z 值表（以 $G_r=0.600$，$X_c=0$，$X_n=0$ 为例）

p(表压)/MPa	t/℃										
	−20	−15	−10	−5	0	5	10	15	20	25	30
	F_z										
0.00	1.0000	1.0000	1.0000	1.0000	1.0000	1.0000	1.0000	1.0000	1.0000	1.0000	1.0000
0.10	1.0017	1.0016	1.0016	1.0015	1.0013	1.0013	1.0012	1.0011	1.0010	1.0010	1.0010
0.20	1.0035	1.0033	1.0031	1.0029	1.0027	1.0026	1.0024	1.0023	1.0022	1.0020	1.0019
0.30	1.0052	1.0049	1.0047	1.0044	1.0041	1.0039	1.0037	1.0034	1.0033	1.0031	1.0029
0.40	1.0070	1.0066	1.0062	1.0058	1.0055	1.0052	1.0049	1.0046	1.0044	1.0041	1.0039
0.50	1.0088	1.0083	1.0078	1.0073	1.0069	1.0065	1.0061	1.0058	1.0054	1.0051	1.0048
0.60	1.0106	1.0100	1.0094	1.0088	1.0083	1.0078	1.0074	1.0069	1.0065	1.0062	1.0058
0.70	1.0124	1.0117	1.0110	1.0103	1.0097	1.0092	1.0086	1.0081	1.0076	1.0072	1.0068
0.80	1.0143	1.0134	1.0126	1.0119	1.0111	1.0105	1.0099	1.0093	1.0088	1.0083	1.0078
0.90	1.0161	1.0151	1.0142	1.0134	1.0126	1.0118	1.0111	1.0105	1.0099	1.0093	1.0088
1.00	1.0180	1.0169	1.0159	1.0149	1.0140	1.0132	1.0124	1.0117	1.0110	1.0103	1.0097
1.10	1.0199	1.0187	1.0175	1.0164	1.0154	1.0145	1.0136	1.0128	1.0121	1.0114	1.0107
1.20	1.0218	1.0204	1.0192	1.0180	1.0169	1.0159	1.0149	1.0140	1.0132	1.0124	1.0117
1.30	1.0237	1.0222	1.0208	1.0195	1.0183	1.0172	1.0162	1.0152	1.0143	1.0135	1.0127
1.40	1.0256	1.0240	1.0225	1.0211	1.0198	1.0186	1.0175	1.0164	1.0154	1.0145	1.0137
1.50	1.0276	1.0258	1.0242	1.0227	1.0213	1.0200	1.0188	1.0176	1.0166	1.0156	1.0147
1.60	1.0295	1.0276	1.0259	1.0243	1.0227	1.0213	1.0200	1.0188	1.0177	1.0167	1.0157
1.70	1.0315	1.0295	1.0276	1.0258	1.0242	1.0227	1.0213	1.0200	1.0188	1.0177	1.0167
1.80	1.0335	1.0313	1.0293	1.0274	1.0257	1.0241	1.0226	1.0213	1.0200	1.0188	1.0177
1.90	1.0355	1.0332	1.0310	1.0291	1.0272	1.0255	1.0239	1.0225	1.0211	1.0198	1.0187
2.00	1.0375	1.0351	1.0328	1.0307	1.0287	1.0269	1.0252	1.0237	1.0222	1.0209	1.0197
2.10	1.0396	1.0369	1.0345	1.0323	1.0302	1.0283	1.0265	1.0249	1.0234	1.0220	1.0207
2.20	1.0416	1.0389	1.0363	1.0339	1.0317	1.0297	1.0279	1.0261	1.0245	1.0230	1.0216
2.30	1.0437	1.0408	1.0381	1.0356	1.0333	1.0311	1.0292	1.0274	1.0257	1.0241	1.0227
2.40	1.0458	1.0427	1.0398	1.0372	1.0348	1.0326	1.0305	1.0286	1.0268	1.0252	1.0237
2.50	1.0479	1.0446	1.0416	1.0389	1.0363	1.0340	1.0318	1.0298	1.0280	1.0263	1.0247
2.60	1.0500	1.0466	1.0434	1.0406	1.0379	1.0354	1.0332	1.0311	1.0291	1.0273	1.0257
2.70	1.0522	1.0486	1.0453	1.0422	1.0394	1.0369	1.0345	1.0323	1.0303	1.0284	1.0267
2.80	1.0544	1.0506	1.0471	1.0439	1.0410	1.0383	1.0358	1.0335	1.0314	1.0295	1.0277
2.90	1.0565	1.0526	1.0489	1.0456	1.0426	1.0397	1.0372	1.0348	1.0326	1.0306	1.0287
3.00	1.0587	1.0546	1.0508	1.0473	1.0441	1.0412	1.0385	1.0360	1.0337	1.0316	1.0297
3.10	1.0610	1.0566	1.0527	1.0490	1.0457	1.0427	1.0399	1.0373	1.0349	1.0327	1.0307
3.20	1.0632	1.0587	1.0545	1.0507	1.0473	1.0441	1.0412	1.0385	1.0361	1.0338	1.0317
3.30	1.0655	1.0607	1.0564	1.0525	1.0489	1.0456	1.0426	1.0398	1.0372	1.0349	1.0327
3.40	1.0677	1.0628	1.0583	1.0542	1.0505	1.0471	1.0439	1.0410	1.0384	1.0360	1.0337
3.50	1.0700	1.0649	1.0602	1.0560	1.0521	1.0485	1.0453	1.0423	1.0396	1.0370	1.0347
3.60	1.0724	1.0670	1.0621	1.0577	1.0537	1.0500	1.0466	1.0436	1.0407	1.0381	1.0357
3.70	1.0747	1.0691	1.0641	1.0595	1.0553	1.0515	1.0480	1.0448	1.0419	1.0392	1.0367
3.80	1.0771	1.0712	1.0660	1.0613	1.0569	1.0530	1.0494	1.0461	1.0431	1.0403	1.0377
3.90	1.0794	1.0734	1.0680	1.0630	1.0586	1.0545	1.0508	1.0474	1.0442	1.0414	1.0387

续表

p(表压)/MPa	t/℃										
	−20	−15	−10	−5	0	5	10	15	20	25	30
	F_Z										
4.00	1.0818	1.0756	1.0699	1.0648	1.0602	1.0560	1.0521	1.0486	1.0454	1.0425	1.0397
4.10	1.0842	1.0777	1.0719	1.0666	1.0618	1.0575	1.0535	1.0499	1.0466	1.0435	1.0407
4.20	1.0867	1.0799	1.0739	1.0684	1.0635	1.0590	1.0549	1.0512	1.0477	1.0446	1.0417
4.30	1.0891	1.0821	1.0759	1.0702	1.0651	1.0605	1.0563	1.0524	1.0489	1.0457	1.0427
4.40	1.0916	1.0844	1.0779	1.0721	1.0668	1.0620	1.0577	1.0537	1.0501	1.0468	1.0437
4.50	1.0941	1.0866	1.0799	1.0739	1.0685	1.0635	1.0591	1.0550	1.0513	1.0479	1.0447
4.60	1.0966	1.0889	1.0819	1.0757	1.0701	1.0651	1.0604	1.0563	1.0524	1.0490	1.0457
4.70	1.0991	1.0911	1.0840	1.0776	1.0718	1.0666	1.0618	1.0575	1.0536	1.0500	1.0467
4.80	1.1017	1.0934	1.0860	1.0794	1.0735	1.0681	1.0632	1.0588	1.0548	1.0511	1.0477
4.90	1.1043	1.0957	1.0881	1.0813	1.0752	1.0696	1.0646	1.0601	1.0560	1.0522	1.0487
5.00	1.1069	1.0980	1.0902	1.0831	1.0768	1.0712	1.0660	1.0614	1.0571	1.0533	1.0497
5.10	1.1095	1.1003	1.0922	1.0850	1.0785	1.0727	1.0674	1.0626	1.0583	1.0544	1.0507
5.20	1.1121	1.1027	1.0943	1.0869	1.0802	1.0742	1.0688	1.0639	1.0595	1.0554	1.0517
5.30	1.1148	1.1050	1.0964	1.0888	1.0819	1.0758	1.0702	1.0652	1.0607	1.0565	1.0527
5.40	1.1174	1.1074	1.0985	1.0907	1.0836	1.0773	1.0716	1.0665	1.0618	1.0576	1.0537
5.50	1.1201	1.1098	1.1006	1.0926	1.0853	1.0789	1.0730	1.0678	1.0630	1.0587	1.0547
5.60	1.1228	1.1122	1.1028	1.0945	1.0870	1.0804	1.0744	1.0690	1.0642	1.0597	1.0557
5.70	1.1256	1.1146	1.1049	1.0964	1.0888	1.0820	1.0758	1.0703	1.0653	1.0608	1.0567
5.80	1.1283	1.1170	1.1070	1.0983	1.0905	1.0835	1.0772	1.0716	1.0665	1.0619	1.0576
5.90	1.1311	1.1194	1.1092	1.1002	1.0922	1.0850	1.0786	1.0729	1.0677	1.0629	1.0586
6.00	1.1339	1.1218	1.1113	1.1021	1.0939	1.0866	1.0800	1.0741	1.0688	1.0640	1.0596
6.10	1.1367	1.1243	1.1135	1.1040	1.0956	1.0881	1.0814	1.0754	1.0700	1.0651	1.0606
6.20	1.1395	1.1267	1.1157	1.1060	1.0974	1.0897	1.0828	1.0767	1.0711	1.0661	1.0615
6.30	1.1423	1.1292	1.1178	1.1079	1.0991	1.0912	1.0842	1.0779	1.0723	1.0672	1.0625
6.40	1.1451	1.1317	1.1200	1.1098	1.1008	1.0928	1.0856	1.0792	1.0734	1.0682	1.0635
6.50	1.1480	1.1342	1.1222	1.1117	1.1025	1.0943	1.0870	1.0805	1.0746	1.0693	1.0644
6.60	1.1509	1.1367	1.1244	1.1137	1.1042	1.0959	1.0884	1.0817	1.0757	1.0703	1.0654
6.70	1.1537	1.1392	1.1266	1.1156	1.1060	1.0974	1.0898	1.0830	1.0769	1.0714	1.0664
6.80	1.1566	1.1417	1.1288	1.1176	1.1077	1.0990	1.0912	1.0842	1.0780	1.0724	1.0673
6.90	1.1595	1.1442	1.1310	1.1195	1.1094	1.1005	1.0926	1.0855	1.0791	1.0734	1.0682
7.00	1.1624	1.1467	1.1332	1.1214	1.1111	1.1020	1.0940	1.0867	1.0803	1.0745	1.0692
7.10	1.1653	1.1492	1.1354	1.1234	1.1129	1.1036	1.0953	1.0880	1.0814	1.0755	1.0701
7.20	1.1683	1.1517	1.1376	1.1253	1.1146	1.1051	1.0967	1.0892	1.0825	1.0765	1.0711
7.30	1.1712	1.1542	1.1398	1.1272	1.1163	1.1066	1.0981	1.0905	1.0836	1.0775	1.0720
7.40	1.1741	1.1568	1.1420	1.1292	1.1180	1.1082	1.0995	1.0917	1.0848	1.0785	1.0729
7.50	1.1770	1.1593	1.1442	1.1311	1.1197	1.1097	1.1008	1.0929	1.0859	1.0796	1.0738
7.60	1.1800	1.1618	1.1464	1.1330	1.1214	1.1112	1.1022	1.0941	1.0870	1.0806	1.0748
7.70	1.1829	1.1643	1.1485	1.1349	1.1231	1.1127	1.1035	1.0954	1.0881	1.0816	1.0757
7.80	1.1858	1.1668	1.1507	1.1369	1.1248	1.1142	1.1049	1.0966	1.0892	1.0825	1.0766
7.90	1.1888	1.1694	1.1529	1.1388	1.1265	1.1157	1.1062	1.0978	1.0903	1.0835	1.0775
8.00	1.1917	1.1719	1.1551	1.1407	1.1282	1.1172	1.1075	1.0990	1.0913	1.0845	1.0784

续表

p(表压)/MPa	t/℃										
	−20	−15	−10	−5	0	5	10	15	20	25	30
	F_z										
8.10	1.1946	1.1744	1.1572	1.1426	1.1298	1.1187	1.1089	1.1002	1.0924	1.0855	1.0793
8.20	1.1975	1.1768	1.1594	1.1444	1.1315	1.1202	1.1102	1.1013	1.0935	1.0865	1.0801
8.30	1.2003	1.1793	1.1615	1.1463	1.1331	1.1216	1.1115	1.1025	1.0945	1.0874	1.0810
8.40	1.2032	1.1818	1.1637	1.1482	1.1348	1.1231	1.1128	1.1037	1.0956	1.0884	1.0819
8.50	1.2060	1.1842	1.1658	1.1501	1.1364	1.1245	1.1141	1.1049	1.0966	1.0893	1.0828
8.60	1.2089	1.1867	1.1679	1.1519	1.1381	1.1260	1.1154	1.1060	1.0977	1.0903	1.0836
8.70	1.2117	1.1891	1.1700	1.1537	1.1397	1.1274	1.1167	1.1072	1.0987	1.0912	1.0845
8.80	1.2144	1.1915	1.1721	1.1556	1.1413	1.1288	1.1179	1.1083	1.0997	1.0921	1.0853
8.90	1.2172	1.1938	1.1742	1.1574	1.1429	1.1303	1.1192	1.1094	1.1008	1.0931	1.0862
9.00	1.2199	1.1962	1.1762	1.1592	1.1445	1.1317	1.1205	1.1106	1.1018	1.0940	1.0870
9.10	1.2226	1.1986	1.1783	1.1610	1.1461	1.1331	1.1217	1.1117	1.1028	1.0949	1.0878
9.20	1.2253	1.2009	1.1803	1.1628	1.1477	1.345	1.1230	1.1128	1.1038	1.0958	1.0886
9.30	1.2279	1.2031	1.1823	1.1646	1.1492	1.1359	1.1242	1.1139	1.1048	1.0967	1.0894
9.40	1.2305	1.2054	1.1843	1.1663	1.1508	1.1373	1.1255	1.1150	1.1057	1.0975	1.0902
9.50	1.2330	1.2076	1.1862	1.1680	1.1523	1.1387	1.1267	1.1161	1.1067	1.0984	1.0910
9.60	1.2354	1.2098	1.1882	1.1697	1.1538	1.1400	1.1279	1.1171	1.1077	1.0993	1.0918
9.70	1.2379	1.2119	1.1901	1.1714	1.1553	1.1413	1.1291	1.1182	1.1086	1.1001	1.0926
9.80	1.2402	1.2140	1.1919	1.1731	1.1568	1.1427	1.1302	1.1193	1.1095	1.1010	1.0934
9.90	1.2425	1.2161	1.1938	1.1747	1.1583	1.1440	1.1314	1.1203	1.1105	1.1018	1.0941
10.00	1.2448	1.2181	1.1956	1.1763	1.1597	1.1452	1.1325	1.1213	1.1114	1.1026	1.0949
10.10	1.2470	1.2201	1.1974	1.1779	1.1611	1.1465	1.1337	1.1223	1.1123	1.1034	1.0956
10.20	1.2491	1.2220	1.1991	1.1795	1.1625	1.1477	1.1348	1.1233	1.1132	1.1042	1.0964
10.30	1.2512	1.2239	1.2008	1.1810	1.1639	1.1490	1.1359	1.1243	1.1141	1.1050	1.0971
10.40	1.2532	1.2258	1.2025	1.1825	1.1652	1.1502	1.1369	1.1253	1.1149	1.1058	1.0978
10.50	1.2551	1.2276	1.2041	1.1840	1.1666	1.1514	1.4138	1.1262	1.1158	1.1066	1.0985
10.60	1.2570	1.2293	1.2057	1.1854	1.1679	1.1525	1.1391	1.1272	1.1166	1.1074	1.0992
10.70	1.1588	1.2310	1.2073	1.1868	1.1691	1.1537	1.1401	1.1281	1.1175	1.1081	1.0999
10.80	1.2605	1.2327	1.2088	1.1882	1.1704	1.1548	1.1411	1.1290	1.1183	1.1089	1.1006
10.90	1.2622	1.2342	1.2103	1.1896	1.1716	1.1559	1.1421	1.1299	1.1191	1.1096	1.1012
11.00	1.2638	1.2358	1.2117	1.1909	1.1728	1.1570	1.1431	1.1308	1.1199	1.1103	1.1019
11.10	1.2653	1.2373	1.2131	1.1922	1.1740	1.1581	1.1440	1.1316	1.1207	1.1110	1.1026
11.20	1.2667	1.2387	1.2144	1.1934	1.1751	1.1591	1.1450	1.1325	1.1214	1.1117	1.1032
11.30	1.2681	1.2401	1.2158	1.1947	1.1763	1.1601	1.1459	1.1333	1.1222	1.1124	1.1038
11.40	1.2694	1.2414	1.2170	1.1958	1.1773	1.1611	1.1468	1.1341	1.1229	1.1131	1.1044
11.50	1.2707	1.2427	1.2183	1.1970	1.1784	1.1621	1.1477	1.1349	1.1237	1.1137	1.1050
11.60	1.2718	1.2439	1.2194	1.1981	1.1794	1.1630	1.1485	1.1257	1.1244	1.1144	1.1056
11.70	1.2729	1.2450	1.2206	1.1992	1.1804	1.1639	1.1494	1.1365	1.1251	1.1150	1.1062
11.80	1.2739	1.2461	1.2217	1.2002	1.1814	1.1648	1.1502	1.1372	1.1258	1.1156	1.1068
11.90	1.2749	1.2472	1.2227	1.2012	1.1824	1.1657	1.1510	1.1380	1.1264	1.1163	1.1074
12.00	1.2758	1.2482	1.2237	1.2022	1.1833	1.1666	1.1518	1.1387	1.1271	1.1169	1.1079

续表

p(表压)/MPa	t/°C									
	35	40	45	50	55	60	65	70	75	80
	F_z									
0.00	1.0000	1.0000	1.0000	1.0000	1.0000	1.0000	1.0000	1.0000	1.0000	1.0000
0.10	1.0009	1.0009	1.0008	1.0007	1.0007	1.0006	1.0007	1.0005	1.0005	1.0006
0.20	1.0018	1.0017	1.0016	1.0015	1.0014	1.0013	1.0013	1.0012	1.0011	1.0010
0.30	1.0028	1.0026	1.0024	1.0023	1.0022	1.0020	1.0019	1.0018	1.0017	1.0016
0.40	1.0037	1.0034	1.0033	1.0031	1.0029	1.0027	1.0026	1.0025	1.0023	1.0022
0.50	1.0046	1.0043	1.0041	1.0039	1.0036	1.0034	1.0032	1.0031	1.0029	1.0027
0.60	1.0055	1.0052	1.0049	1.0046	1.0044	1.0041	1.0039	1.0037	1.0035	1.0033
0.70	1.0064	1.0060	1.0057	1.0054	1.0051	1.0048	1.0045	1.0043	1.0041	1.0038
0.80	1.0073	1.0069	1.0065	1.0062	1.0058	1.0055	1.0052	1.0049	1.0046	1.0044
0.90	1.0083	1.0078	1.0073	1.0069	1.0066	1.0062	1.0058	1.0055	1.0052	1.0049
1.00	1.0092	1.0087	1.0082	1.0077	1.0073	1.0069	1.0065	1.0061	1.0058	1.0054
1.10	1.0101	1.0095	1.0090	1.0085	1.0080	1.0075	1.0071	1.0067	1.0063	1.0060
1.20	1.0110	1.0104	1.0098	1.0092	1.0087	1.0082	1.0078	1.0073	1.0069	1.0065
1.30	1.0120	1.0113	1.0106	1.0100	1.0094	1.0089	1.0084	1.0079	1.0075	1.0071
1.40	1.0129	1.0121	1.0114	1.0108	1.0102	1.0096	1.0091	1.0085	1.0081	1.0076
1.50	1.0138	1.0130	1.0123	1.0116	1.0109	1.0103	1.0097	1.0091	1.0086	1.0081
1.60	1.0147	1.0139	1.0131	1.0123	1.0116	1.0109	1.0103	1.0097	1.0092	1.0087
1.70	1.0157	1.0148	1.0139	1.0131	1.0123	1.0116	1.0110	1.0103	1.0097	1.0092
1.80	1.0166	1.0156	1.0147	1.0239	1.0131	1.0123	1.0116	1.0109	1.0103	1.0097
1.90	1.0175	1.0165	1.0155	1.0146	1.0138	1.0130	1.0122	1.0115	1.0109	1.0102
2.00	1.0185	1.0174	1.0164	1.0154	1.0145	1.0137	1.0129	1.0121	1.0114	1.0108
2.10	1.0194	1.0183	1.0172	1.0162	1.0152	1.0143	1.0135	1.0127	1.0120	1.0113
2.20	1.0203	1.0191	1.0180	1.0169	1.0159	1.0150	1.0141	1.0133	1.0125	1.0118
2.30	1.0213	1.0200	1.0188	1.0177	1.0167	1.0157	1.0148	1.0139	1.0131	1.0123
2.40	1.0222	1.0209	1.0196	1.0185	1.0174	1.0163	1.0154	1.0145	1.0136	1.0128
2.50	1.0231	1.0217	1.0204	1.0192	1.0181	1.0170	1.0160	1.0151	1.0142	1.0133
2.60	1.0241	1.0226	1.0213	1.0200	1.0188	1.0177	1.0166	1.0157	1.0147	1.0139
2.70	1.0250	1.0235	1.0221	1.0208	1.0195	1.0183	1.0173	1.0162	1.0153	1.0144
2.80	1.0260	1.0244	1.0229	1.0215	1.0202	1.0190	1.0179	1.0168	1.0158	1.0149
2.90	1.0269	1.0252	1.0237	1.0223	1.0209	1.0197	1.0185	1.0174	1.0164	1.0154
3.00	1.0278	1.0261	1.0245	1.0230	1.0216	1.0203	1.0191	1.0180	1.0169	1.0159
3.10	1.0288	1.0270	1.0253	1.0238	1.0223	1.0210	1.0197	1.0185	1.0174	1.0164
3.20	1.0297	1.0279	1.0261	1.0245	1.0231	1.0217	1.0203	1.0191	1.0180	1.0169
3.30	1.0306	1.0287	1.0270	1.0253	1.238	1.0223	1.0210	1.0197	1.0185	1.0174
3.40	1.0316	1.0296	1.0278	1.0261	1.0245	1.0230	1.0216	1.0203	1.0190	1.0179
3.50	1.0325	1.0305	1.0286	1.0268	1.0252	1.0236	1.0222	1.0208	1.0196	1.0184
3.60	1.0334	1.0313	1.0294	1.0276	1.0259	1.0243	1.0228	1.0214	1.0201	1.0189
3.70	1.0344	1.0322	1.0302	1.0283	1.0266	1.0249	1.0234	1.0220	1.0206	1.0193
3.80	1.0353	1.0331	1.0310	1.0291	1.0273	1.0256	1.0240	1.0225	1.0211	1.0198
3.90	1.0362	1.0339	1.0318	1.0298	1.0280	1.0262	1.0246	1.0231	1.0217	1.0203
4.00	1.0372	1.0348	1.0326	1.0305	1.0286	1.0269	1.0252	1.0236	1.0222	1.0208
4.10	1.0381	1.0357	1.0334	1.0313	1.0293	1.0275	1.0258	1.0242	1.0227	1.0213
4.20	1.0390	1.0365	1.0342	1.0320	1.0300	1.0281	1.0264	1.0247	1.0232	1.0218
4.30	1.0399	1.0374	1.0350	1.0328	1.0307	1.0288	1.0270	1.0253	1.0237	1.0222
4.40	1.0409	1.0382	1.0358	1.0335	1.0314	1.0294	1.0276	1.0258	1.0242	1.0227
4.50	1.0418	1.0391	1.0366	1.0343	1.0321	1.0301	1.0282	1.0264	1.0247	1.0232
4.60	1.0427	1.0400	1.0374	1.0350	1.0328	1.0307	1.0287	1.0269	1.0252	1.0236

续表

p(表压)/MPa	$t/℃$									
	35	40	45	50	55	60	65	70	75	80
	F_Z									
4.70	1.0436	1.0408	1.0382	1.0357	1.0334	1.0313	1.0293	1.0275	1.0257	1.0241
4.80	1.0446	1.0417	1.0390	1.0365	1.0341	1.0319	1.0299	1.0280	1.0262	1.0246
4.90	1.0455	1.0425	1.0397	1.0372	1.0348	1.0326	1.0305	1.0285	1.0267	1.0250
5.00	1.0464	1.0434	1.0405	1.0379	1.0355	1.0332	1.0311	1.0291	1.0272	1.0255
5.10	1.0473	1.0442	1.0413	1.0386	1.0361	1.0338	1.0316	1.0296	1.0277	1.0259
5.20	1.0482	1.0451	1.0421	1.0394	1.0368	1.0344	1.0322	1.0301	1.0282	1.0264
5.30	1.0492	1.0459	1.0429	1.0401	1.0375	1.0350	1.0328	1.0307	1.0287	1.0268
5.40	1.0501	1.0467	1.0437	1.0408	1.0381	1.0357	1.0333	1.0312	1.0292	1.0273
5.50	1.0510	1.0476	1.0444	1.0415	1.0388	1.0363	1.0339	1.0317	1.0297	1.0277
5.60	1.0519	1.0484	1.0452	1.0422	1.0394	1.0369	1.0345	1.0322	1.0301	1.0282
5.70	1.0528	1.0492	1.0460	1.0429	1.0401	1.0375	1.0350	1.0327	1.0306	1.0286
5.80	1.0537	1.0501	1.0467	1.0436	1.0408	1.0381	1.0356	1.0333	1.0311	1.0290
5.90	1.0546	1.0509	1.0475	1.0443	1.0414	1.0387	1.0361	1.0388	1.0316	1.0295
6.00	1.0555	1.0517	1.0483	1.0450	1.0420	1.0393	1.0367	1.0343	1.0320	1.0299
6.10	1.0564	1.0526	1.0190	1.0457	1.0427	1.0399	1.0372	1.0348	1.0325	1.0303
6.20	1.0573	1.0534	1.0498	1.0464	1.0433	1.0405	1.0378	1.0353	1.0329	1.0308
6.30	1.0582	1.0542	1.0505	1.0471	1.0440	1.0410	1.0383	1.0358	1.0334	1.0312
6.40	1.0591	1.0550	1.0513	1.0478	1.0446	1.0416	1.0389	1.0363	1.0339	1.0316
6.50	1.0599	1.0558	1.0520	1.0485	1.0452	1.0422	1.0394	1.0368	1.0343	1.0320
6.60	1.0608	1.0566	1.0528	1.0492	1.0459	1.0428	1.0399	1.0373	1.0348	1.0324
6.70	1.0617	1.0574	1.0535	1.0499	1.0465	1.0434	1.0404	1.0377	1.0352	1.0328
6.80	1.0626	1.0582	1.0542	1.0505	1.0471	1.0439	1.0410	1.0382	1.0357	1.0333
6.90	1.0634	1.0590	1.0550	1.0512	1.0477	1.0445	1.0415	1.0387	1.0361	1.0337
7.00	1.0643	1.0598	1.0557	1.0519	1.0483	1.0451	1.0420	1.0392	1.0365	1.0341
7.10	1.0652	1.0606	1.0564	1.0525	1.0489	1.0456	1.0425	1.0396	1.0370	1.0345
7.20	1.0660	1.0614	1.0571	1.0532	1.0496	1.0462	1.0430	1.0401	1.0374	1.0349
7.30	1.0669	1.0622	1.0578	1.0539	1.0502	1.0467	1.0435	1.0406	1.0378	1.0352
7.40	1.0677	1.0629	1.0586	1.0545	1.0508	1.0473	1.0441	1.0410	1.0382	1.0356
7.50	1.0686	1.0637	1.0593	1.0552	1.0514	1.0478	1.0446	1.0415	1.0387	1.0360
7.60	1.0694	1.0645	1.0600	1.0558	1.0519	1.0484	1.0451	1.0420	1.0391	1.0364
7.70	1.0702	1.0653	1.0607	1.0564	1.0525	1.0489	1.0455	1.0424	1.0395	1.0368
7.80	1.0711	1.0660	1.0614	1.0571	1.0531	1.0494	1.0460	1.0429	1.0399	1.0372
7.90	1.0719	1.0668	1.0621	1.0577	1.0537	1.0500	1.0465	1.0433	1.0403	1.0375
8.00	1.0727	1.0675	1.0627	1.0583	1.0543	1.0505	1.0470	1.0438	1.0407	1.0379
8.10	1.0735	1.0683	1.0634	1.0590	1.0548	1.0510	1.0475	1.0442	1.0411	1.0383
8.20	1.0743	1.0690	1.0641	1.0596	1.0554	1.0515	1.0480	1.0446	1.0415	1.0386
8.30	1.0751	1.0697	1.0648	1.0602	1.0560	1.0521	1.0484	1.0451	1.0419	1.0390
8.40	1.0759	1.0705	1.0654	1.0608	1.0565	1.0526	1.0489	1.0455	1.0423	1.0393
8.50	1.0767	1.0712	1.0661	1.0614	1.0571	1.0531	1.0494	1.0459	1.0427	1.0397
8.60	1.0775	1.0719	1.0668	1.0620	1.0576	1.0536	1.0498	1.0463	1.0431	1.0400
8.70	1.0783	1.0726	1.0674	1.0626	1.0582	1.0541	1.0503	1.0467	1.0435	1.0404
8.80	1.0791	1.0733	1.0680	1.0632	1.0587	1.0546	1.0507	1.0471	1.0438	1.0407
8.90	1.0798	1.0740	1.0687	1.0638	1.0592	1.0550	1.0512	1.0476	1.0442	1.0411
9.00	1.0806	1.0747	1.0693	1.0644	1.0598	1.0555	1.0516	1.0480	1.0446	1.0414
9.10	1.0813	1.0754	1.0699	1.0649	1.0603	1.0560	1.0520	1.0484	1.0499	1.0417
9.20	1.0821	1.0761	1.0706	1.0655	1.0608	1.0565	1.0525	1.0487	1.0453	1.0421
9.30	1.0828	1.0768	1.0712	1.0661	1.0613	1.0570	1.0529	1.0491	1.0456	1.0424

续表

p(表压) /MPa	t/℃									
	35	40	45	50	55	60	65	70	75	80
	F_z									
9.40	1.0836	1.0774	1.0718	1.0666	1.0618	1.0574	1.0533	1.0495	1.0460	1.0427
9.50	1.0843	1.0781	1.0724	1.0672	1.0623	1.0579	1.0537	1.0499	1.0463	1.0430
9.60	1.0850	1.0787	1.0730	1.0677	1.0628	1.0583	1.0542	1.0503	1.0467	1.0433
9.70	1.0857	1.0794	1.0736	1.0683	1.0633	1.0588	1.0546	1.0507	1.0470	1.0436
9.80	1.0864	1.0800	1.0742	1.0688	1.0638	1.0592	1.0550	1.0510	1.0474	1.0439
9.90	1.0871	1.0807	1.0748	1.0693	1.0643	1.0597	1.0554	1.0514	1.0477	1.0442
10.00	1.0878	1.0813	1.0753	1.0698	1.0648	1.0601	1.0558	1.0517	1.0480	1.0445
10.10	1.0885	1.0819	1.0759	1.0704	1.0652	1.0605	1.0562	1.0521	1.0483	1.0448
10.20	1.0891	1.0825	1.0765	1.0709	1.0657	1.0609	1.0565	1.0525	1.0487	1.0451
10.30	1.0898	1.0831	1.0770	1.0714	1.0662	1.0614	1.0569	1.0528	1.0490	1.0454
10.40	1.0905	1.0837	1.0776	1.0719	1.0666	1.0618	1.0573	1.0531	1.0493	1.0457
10.50	1.0911	1.0843	1.0781	1.0724	1.0671	1.0622	1.0577	1.0535	1.0496	1.0460
10.60	1.0918	1.0849	1.0786	1.0729	1.0675	1.0626	1.0580	1.0538	1.0499	1.0462
10.70	1.0924	1.0855	1.0792	1.0733	1.0680	1.0630	1.0584	1.0541	1.0502	1.0465
10.80	1.0930	1.0861	1.0797	1.0738	1.0684	1.0634	1.0588	1.0545	1.0505	1.0468
10.90	1.0936	1.0866	1.0802	1.0743	1.0688	1.0638	1.0591	1.0548	1.0508	1.0470
11.00	1.0942	1.0872	1.0807	1.0747	1.0692	1.0641	1.0594	1.0551	1.0511	1.0473
11.10	1.0948	1.0877	1.0812	1.0752	1.0696	1.0645	1.0598	1.0554	1.0513	1.0475
11.20	1.0954	1.0883	1.0817	1.0756	1.0700	1.0649	1.0601	1.0557	1.0516	1.0478
11.30	1.0960	1.0888	1.0822	1.0761	1.0704	1.0653	1.0605	1.0560	1.0519	1.0480
11.40	1.0965	1.0893	1.0826	1.0765	1.0708	1.0656	1.0608	1.0563	1.0521	1.0483
11.50	1.0971	1.0898	1.0831	1.0769	1.0712	1.0660	1.0611	1.0566	1.0524	1.0485
11.60	1.0977	1.0903	1.0836	1.0773	1.0716	1.0663	1.0614	1.0569	1.0527	1.0487
11.70	1.0982	1.0908	1.0840	1.0778	1.0720	1.0667	1.0617	1.0572	1.0529	1.0490
11.80	1.0987	1.0913	1.0845	1.0782	1.0724	1.0670	1.0620	1.0574	1.0532	1.0492
11.90	1.0992	1.0918	1.0849	1.0786	1.0727	1.0673	1.0623	1.0577	1.0534	1.0494
12.00	1.0998	1.0922	1.0853	1.0789	1.0731	1.0676	1.0626	1.0580	1.0536	1.0496

5.7.2 天然气常用组分的摩尔质量、摩尔发热量、求和因子和压缩因子表（表5-15）

表5-15用于计算天然气的真实相对密度和发热量等物性参数。

表5-15 天然气常用组分的摩尔质量、摩尔发热量、求和因子和压缩因子表

组 分	摩尔质量 M_j /(kg/kmol)	摩尔发热量 $\bar{H}_{sj}^\circ$/(MJ/kmol) (101.325kPa, 293.15K)	求和因子 $\sqrt{b_{ij}}$ (101.325kPa, 293.15K)	压缩因子 Z_{nj} (101.325kPa, 293.15K)
甲烷	16.043	891.09	0.0436	0.9981
乙烷	30.070	1561.41	0.0894	0.9920
丙烷	44.097	2220.13	0.1288	0.9834
丁烷	58.123	2878.57	0.1783	0.9682
2-甲基丙烷	58.123	2869.38	0.1703	0.971
戊烷	72.150	3537.17	0.2345	0.945
2-甲基丁烷	72.150	3530.24	0.2168	0.953
2,2-二甲基丙烷	72.150	3516.01	0.2025	0.959
己烷	86.177	4196.58	0.2846	0.919
2-甲基戊烷	86.177	4188.95	0.2720	0.926

组 分	摩尔质量 M_j /(kg/kmol)	摩尔发热量 $H_{sj}^°$/(MJ/kmol) (101.325kPa,293.15K)	求和因子 $\sqrt{b_{ij}}$ (101.325kPa,293.15K)	压缩因子 Z_{nj} (101.325kPa,293.15K)
3-甲基戊烷	86.177	4191.54	0.2683	0.928
2,2-二甲基丁烷	86.177	4179.15	0.2550	0.935
2,3-二甲基丁烷	86.177	4186.93	0.2569	0.934
庚烷	100.204	4855.29	0.3521	0.876
辛烷	114.231	5513.88	0.4278	0.817
环己烷	84.161	3954.47	0.2757	0.924
甲基环己烷	98.188	4602.35	0.3256	0.894
苯	78.114	3302.15	0.2530	0.936
甲苯	92.141	3948.84	0.3286	0.892
氢气	2.0159	295.99	−0.0051	1.0006
一氧化碳	28.010	282.95	0.0200	0.9996
硫化氢	34.082	562.19	0.1000	0.990
氦气	4.0026	—	0.0000	1.0005
氩气	39.948	—	0.0265	0.9993
氮气	28.0135	—	0.0173	0.9997
氧气	31.9988	—	0.0265	0.9993
二氧化碳	44.010	—	0.0728	0.9944
水	18.0153	44.224	0.2191	0.952
空气	28.9626	—	—	0.99963

注：空气的标准组成按 GB/T 11062—1998 规定，基本数据来源于该标准。若含其他组分可查该标准和相关资料。

5.7.3 不同压力和温度下甲烷动力黏度 μ 值表

表 5-16 用于计算在操作条件下的天然气动力黏度 μ_1。

表 5-16 不同压力和温度下甲烷动力黏度 μ 值表 [10^5(mPa·s)]

P(绝)/MPa	t/℃							
	−15	0	15	30	45	60	75	90
	μ							
0.10	976	1027	1071	1123	1167	1213	1260	1303
1.00	991	1040	1082	1135	1178	1224	1270	1312
2.00	1014	1063	1106	1153	1196	1239	1281	1323
3.00	1044	1091	1127	1174	1216	1257	1297	1338
4.00	1073	1118	1149	1195	1236	1275	1313	1352
5.00	1114	1151	1180	1224	1261	1297	1333	1372
6.00	1156	1185	1211	1253	1287	1320	1352	1391
7.00	1207	1230	1250	1289	1318	1346	1374	1412
8.00	1261	1276	1289	1324	1350	1373	1396	1432
9.00	1331	1331	1335	1366	1385	1403	1424	1456
10.00	1405	1389	1383	1409	1421	1435	1451	1482

5.7.4 不同压力和温度下甲烷 c_P 及 c_V 值表（表 5-17）

表 5-17 用于计算在操作条件下的天然气比热容比。

表 5-17　不同压力和温度下甲烷 c_P 及 c_V 值表　　[kJ/(kg·℃)]

p(绝)/MPa		\multicolumn{8}{c	}{t/℃}
		−20	−10	0	10	20	30	40	50
		\multicolumn{8}{c	}{c}
0.10	c_P	2.064	2.011	2.152	2.194	2.231	2.273	2.315	2.357
	c_V	1.537	1.583	1.624	1.666	1.704	1.746	1.788	1.825
1.00	c_P	2.147	2.184	2.222	2.260	2.298	2.335	2.369	2.403
	c_V	1.549	1.595	1.641	1.683	1.725	1.771	1.804	1.842
2.00	c_P	2.242	2.267	2.305	2.338	2.376	2.406	2.435	2.460
	c_V	1.549	1.595	1.649	1.695	1.745	1.787	1.825	1.859
3.00	c_P	2.357	2.366	2.391	2.421	2.455	2.480	2.501	2.518
	c_V	1.549	1.599	1.662	1.712	1.766	1.808	1.842	1.871
4.00	c_P	2.492	2.481	2.486	2.507	2.533	2.550	2.563	2.576
	c_V	1.581	1.623	1.662	1.716	1.775	1.817	1.854	1.887
5.00	c_P	2.664	2.604	2.593	2.606	2.615	2.624	2.629	2.638
	c_V	1.614	1.632	1.678	1.732	1.783	1.821	1.859	1.892
6.00	c_P	2.868	2.728	2.696	2.696	2.696	2.695	2.694	2.692
	c_V	1.666	1.644	1.687	1.753	1.803	1.841	1.871	1.900
7.00	c_P	3.311	3.001	2.906	2.872	2.849	2.834	2.814	2.803
	c_V	1.769	1.645	1.672	1.735	1.785	1.831	1.864	1.901
8.00	c_P	3.485	3.128	3.005	2.956	2.924	2.900	2.875	2.859
	c_V	1.746	1.619	1.648	1.722	1.784	1.833	1.871	1.905
9.00	c_P	3.633	3.236	3.092	3.034	2.994	2.954	2.932	2.904
	c_V	1.708	1.594	1.627	1.710	1.780	1.834	1.875	1.912
10.00	c_P	3.778	3.347	3.179	3.109	3.060	3.018	2.986	2.953
	c_V	1.671	1.566	1.603	1.697	1.779	1.837	1.883	1.917

5.8　水和水蒸气的物理性质

5.8.1　水的密度（表 5-18）

表 5-18　水的密度 ρ　　kg/m³

压力 p/MPa	\multicolumn{10}{c	}{温度 t/℃}
	0	10	20	30	40	50	60	70	80	90
0.001	999.8000	—	—	—	—	—	—	—	—	—
0.005	999.8000	999.7000	998.3028	—	—	—	—	—	—	—
0.01	999.8000	999.8000	998.3029	995.7184	992.2604	—	—	—	—	—
0.05	999.8000	999.8000	998.3029	995.7184	992.2604	988.0447	983.1875	977.7083	971.6284	—
0.1	999.8000	999.8000	998.3029	995.7184	992.2604	988.0447	983.1875	977.7083	971.6284	965.1578
0.15	999.9000	999.8000	998.3029	995.8176	992.3588	988.0447	983.1875	977.7083	971.7229	965.1578
0.20	999.9000	999.8000	998.4026	995.8176	992.3588	988.1423	983.1875	977.7083	971.7229	965.1578
0.25	999.9000	999.9000	998.4026	995.8176	992.3588	988.1423	983.2842	977.8039	971.7229	965.1578

续表

压力 p /MPa	温度 t/℃									
	0	10	20	30	40	50	60	70	80	90
0.3	999.9000	999.9000	998.4026	995.8176	992.3588	988.1423	983.2842	977.8039	971.7229	965.2510
0.4	1000	999.9000	998.5022	995.9167	992.4573	988.2399	983.2842	977.8039	971.8173	965.2510
0.5	1000	1000	998.5022	995.9167	992.4573	988.2399	983.3809	977.8995	971.8173	965.3441
0.6	1000.1	1000	998.5022	996.0159	992.5558	988.2399	983.3809	977.8995	971.9118	965.3441
0.7	1000.1	1000.1	998.6020	996.0159	992.5558	988.3376	983.4776	977.9951	971.9118	965.4373
0.8	1000.2	1000.1	998.6020	996.0159	992.5558	988.3376	983.4776	977.9951	972.0062	965.4373
0.9	1000.2	1000.2	998.7017	996.1152	992.6544	988.4353	983.5743	978.0908	972.0062	965.5306
1.0	1000.3	1000.2	998.7017	996.1152	992.6544	988.4353	983.5743	978.0908	972.1007	965.5306
1.1	1000.3	1000.3	998.8014	996.2144	992.7529	988.5330	983.5743	978.1864	972.1007	965.6238
1.2	1000.4	1000.3	998.8014	996.2144	992.7529	988.5330	983.6711	978.1864	972.1852	965.6238
1.3	1000.4	1000.4	998.9012	996.3136	992.8515	988.6307	983.6711	978.1864	972.1952	965.7170
1.4	1000.5	1000.4	998.9012	996.3136	992.8515	988.6307	983.7678	978.2821	972.2897	965.7170
1.5	1000.5	1000.5	999.001	996.4129	992.9501	988.7285	983.7678	978.2821	972.2897	965.8103
1.6	1000.6	1000.5	999.001	996.4129	992.9501	988.7285	983.8646	978.3779	972.3843	965.8103
1.7	1000.6	1000.5	999.001	996.4129	992.9501	988.7285	983.8646	978.3779	972.3843	965.9036
1.8	1000.7	1000.6	999.101	996.5122	993.0487	988.8263	983.9614	978.4736	972.4788	965.9036
1.9	1000.7	1000.6	999.101	996.5122	993.0487	988.8263	983.9614	978.4736	972.4788	965.9969
2.0	1000.801	1000.7	999.201	996.612	993.1473	988.9241	984.0583	978.5693	972.5734	965.9969
2.1	1000.801	1000.7	999.201	996.612	993.1473	988.9241	984.0583	978.5693	972.5734	966.0902
2.2	1000.901	1000.801	999.301	996.7109	993.2459	989.0219	984.1551	978.6651	972.5734	966.0902
2.3	1000.901	1000.801	999.301	996.7109	993.2459	989.0219	984.1551	978.6651	972.6680	966.1836
2.4	1000.001	1000.901	999.4004	996.8102	993.3446	989.1197	984.1551	978.7609	972.6680	966.1836
2.5	1000.001	1000.901	999.4004	996.8102	993.3446	989.1197	984.2520	978.7609	972.7626	966.2769
2.6	1000.101	1000.001	999.5003	996.8102	993.3446	989.1197	984.2520	978.8567	972.7626	966.2769
2.7	1001.101	1001.001	999.5003	996.9096	993.4433	989.2175	984.3489	978.8567	972.8573	966.3703
2.8	1001.201	1001.101	999.5003	996.9096	993.4433	989.2175	984.3489	978.8567	972.8573	966.3703
2.9	1001.201	1001.101	999.6	997.009	993.5420	989.3154	984.4458	978.9525	972.9519	966.4637
3.0	1001.302	1001.201	999.6	997.009	993.5420	989.3154	984.4458	978.9525	972.9519	966.4637
3.1	1001.302	1001.201	999.7	997.1084	993.6407	989.4133	984.5427	979.0484	973.0466	966.5571
3.2	1001.402	1001.302	999.7	997.1084	993.6407	989.4133	984.5427	979.0484	973.0466	966.5571
3.3	1001.402	1001.302	999.8	997.2078	993.7394	989.5112	984.5427	979.1442	973.1413	966.6506
3.4	1001.502	1001.302	999.8	997.2078	993.7394	989.5112	984.6396	979.1442	973.1413	966.6506
3.5	1001.502	1001.402	999.9	997.2078	993.7394	989.5112	984.6396	979.2401	973.2360	966.7440
3.6	1001.603	1001.402	999.9	997.3073	993.8382	989.6091	984.7366	979.2401	973.2360	966.7440
3.7	1001.6025	1001.5022	1000	997.3073	993.8382	989.6091	984.7366	979.3360	973.3307	966.8375
3.8	1001.0703	1001.5022	1000	997.4067	993.9370	989.7070	984.8336	979.3360	973.3307	966.8375
3.9	1001.7028	1001.6025	1000	997.4067	993.9370	989.7070	984.8336	979.4319	973.4255	966.9310
4.0	1001.8032	1001.6025	1000.1	997.5062	994.0358	989.805	984.9306	979.4319	973.4255	966.9310
4.1	1001.8032	1001.7028	1000.1	997.5062	994.0358	989.805	984.9306	979.4319	973.5202	967.0245
4.2	1001.9036	1001.7028	1000.2	997.6057	994.0358	989.9030	985.0276	979.5279	973.5202	967.0245
4.3	1001.9036	1001.8032	1000.2	997.6057	994.1346	989.9030	985.0276	979.5279	973.6150	967.1180

续表

压力 p /MPa	温度 t/℃									
	0	10	20	30	40	50	60	70	80	90
4.4	1002.004	1001.8032	1000.3	997.6057	994.1346	989.9030	985.0276	979.6238	973.6150	967.1180
4.5	1002.004	1001.9036	1000.3	997.7053	994.2334	990.001	985.1246	979.6238	973.6150	967.2115
4.6	1002.1044	1001.9036	1000.4	997.7053	994.2334	990.001	985.1246	979.7198	973.7098	967.2115
4.7	1002.1044	1002.004	1000.4	997.8048	994.3323	990.099	985.2217	979.7198	973.7098	967.3051
4.8	1002.2048	1002.004	1000.4	997.8048	994.3323	990.099	985.2217	979.8158	973.8047	967.3051
4.9	1002.2048	1002.004	1000.5	997.9044	994.4312	990.1970	985.3188	979.8158	973.8047	967.3987
5.0	1002.3053	1002.1044	1000.5	997.9044	994.4312	990.1970	985.3188	979.9118	973.8995	967.3987
5.2	1002.4057	1002.2048	1000.6	998.004	994.5301	990.2951	985.4158	980.0078	973.9944	967.4923
5.4	1002.5062	1002.3053	1000.7	998.1036	994.6290	990.3932	985.5130	980.0078	974.0892	967.5859
5.6	1002.6067	1002.4057	1000.801	998.2032	994.7279	990.4913	985.6101	980.1039	974.1841	967.6795
5.8	1002.7073	1002.5062	1000.901	998.3029	994.7279	990.5894	985.7072	980.2	974.2790	967.7732
6.0	1002.8078	1002.6067	1001.001	998.4026	994.8269	990.6875	985.8044	980.2960	974.3740	967.8668
6.2	1002.9084	1002.7073	1001.1012	998.4026	994.9259	990.6875	985.9016	980.3922	974.4689	967.9605
6.4	1003.009	1002.7073	1001.2014	998.5022	995.0249	990.7857	985.9016	980.4883	974.5639	968.0542
6.6	1003.1096	1002.8078	1001.3016	998.6020	995.1239	990.8839	985.9988	980.5844	974.5639	968.1479
6.8	1003.2102	1002.9084	1001.3016	998.7017	995.2229	990.9821	986.0960	980.6806	974.6589	968.2417
7.0	1003.3109	1003.009	1001.4019	998.8014	995.3220	991.0803	986.1933	980.7768	974.7539	968.3354
7.2	1003.4116	1003.1096	1001.5022	998.9012	995.4211	991.1785	986.2906	980.8730	974.8489	968.4292
7.4	1003.5122	1003.2102	1001.6025	999.001	995.4211	991.2768	986.3878	980.9692	974.9439	968.5230
7.6	1003.613	1003.3109	1001.7028	999.1008	995.5202	991.3750	986.4852	981.0654	975.039	968.6168
7.8	1003.7137	1003.4116	1001.8032	999.1008	995.6193	991.3750	986.5825	981.0654	975.1341	968.7106
8.0	1003.8145	1003.5122	1001.9036	999.2006	995.7184	991.4733	986.6798	981.1617	975.2292	968.8045
8.2	1003.9152	1003.613	1002.004	999.3005	995.8176	991.5716	986.6798	981.2580	975.3243	968.8984
8.4	1003.9152	1003.7137	1002.1044	999.4004	995.9167	991.6700	986.7772	981.3543	975.4194	968.9922
8.6	1004.016	1003.8145	1002.1044	999.5003	996.0159	991.7683	986.8746	981.4506	975.5146	968.0862
8.8	1004.1168	1003.9152	1002.2048	999.6002	996.1152	991.8667	986.9720	981.5469	975.6098	969.1801
9.0	1004.2177	1004.016	1002.3053	999.7001	996.1152	991.9651	987.0694	981.6433	975.7049	969.2740
9.2	1004.3185	1004.016	1002.4057	999.8	996.2144	992.0635	987.1668	981.7396	975.8002	969.3680
9.4	1004.4194	1004.1168	1002.5062	999.8	996.3136	992.0635	987.2643	981.8360	975.8954	969.4619
9.6	1004.5203	1004.2177	1002.6067	999.9	996.4129	992.1619	987.3618	981.9324	975.9906	969.5559
9.8	1004.6212	1004.3185	1002.7073	999.9	996.5122	992.2604	987.4593	982.0289	976.0859	969.6500
10	1004.7221	1004.4194	1002.8078	1000.1	996.6115	992.3588	987.4593	982.0289	976.0859	969.7440
10.5	1005.0251	1004.6212	1003.009	1000.3	996.8102	992.5558	987.7519	982.3183	976.3718	969.9321
11	1005.2271	1004.9241	1003.2102	1000.5002	997.009	992.7529	987.9470	982.5113	976.5625	970.1203
11.5	1005.5304	1005.1261	1003.4116	1000.7004	997.2078	993.0487	988.1423	982.7044	976.7533	970.4027
12	1005.7326	1005.3282	1003.7137	1001.001	997.4067	993.2459	988.3376	982.8976	977.0396	970.5911
12.5	1006.0362	1005.6315	1003.9152	1001.2014	997.7053	993.4433	988.5330	983.1875	977.2305	970.8738
13	1006.2386	1005.8338	1004.1168	1001.4019	997.9044	993.6407	988.8263	983.3809	977.4216	971.0623
13.5	1006.4412	1006.0362	1004.3185	1001.6025	998.1036	993.8382	989.0219	983.5743	977.7083	971.2510
14	1006.7451	1006.2386	1004.5203	1001.8032	998.3029	994.0358	989.2175	983.7678	977.8995	971.5341
14.5	1006.9479	1006.5425	1004.8231	1002.004	998.5022	994.2334	989.4133	984.0583	978.0908	971.7229

续表

压力 p /MPa	温度 t/℃									
	0	10	20	30	40	50	60	70	80	90
15	1007.2522	1006.7451	1005.0251	1002.3053	998.7017	994.5301	989.6091	984.2520	978.3779	971.9118
15.5	1007.4551	1006.9479	1005.2271	1002.5062	998.9012	994.7279	989.9030	984.4458	978.5693	972.1952
16	1007.7597	1007.2522	1005.4293	1002.7073	999.1008	994.9259	990.099	984.6396	978.7609	972.3843
16.5	1007.9629	1007.4551	1005.6315	1002.9084	999.4004	995.1239	990.2951	984.9306	978.7609	972.6680
17	1008.1661	1007.6582	1005.8338	1003.1096	999.6002	995.3220	990.4913	985.1246	979.2401	972.8573
17.5	1008.4711	1007.8613	1006.1374	1003.3109	999.8	995.5202	990.6875	985.3188	979.4319	973.0466
18	1008.6746	1008.1661	1006.3399	1003.5122	1000	995.7184	990.8839	985.5130	979.6238	973.3307
18.5	1008.9799	1008.3694	1006.5425	1003.7137	1000.2	995.9167	991.0803	985.7072	979.8158	973.5202
19	1009.1835	1008.5728	1006.7451	1004.016	1000.4	996.2144	991.3750	985.9988	980.1039	973.7098
19.5	1009.3873	1008.7763	1006.9479	1004.2177	1000.6003	996.4129	991.5716	986.1933	980.2960	973.9944
20	1009.693	1009.0817	1007.1507	1004.4194	1000.8006	996.6115	991.7683	986.3878	980.4883	974.1841
21	1010.101	1009.4892	1007.6582	1004.8231	1001.2014	997.009	992.1619	986.7772	980.9692	974.6589
22	1010.6114	1009.9989	1008.0645	1005.2271	1001.7028	997.4067	992.5558	987.2643	981.3543	975.039

压力 p /MPa	温度 t/℃									
	100	110	120	130	140	150	160	170	180	190
0.001	—	—	—	—	—	—	—	—	—	—
0.005	—	—	—	—	—	—	—	—	—	—
0.01	—	—	—	—	—	—	—	—	—	—
0.05	—	—	—	—	—	—	—	—	—	—
0.1	—	—	—	—	—	—	—	—	—	—
0.15	958.1297	950.6607	—	—	—	—	—	—	—	—
0.20	958.1297	950.7511	942.8625	—	—	—	—	—	—	—
0.25	958.2215	950.7511	942.8625	—	—	—	—	—	—	—
0.3	958.2215	950.7511	942.8625	934.5794	—	—	—	—	—	—
0.4	958.2215	950.8415	942.9514	934.6668	925.9259	—	—	—	—	—
0.5	958.3134	950.8415	942.9514	934.6668	925.9259	916.7583	—	—	—	—
0.6	958.4052	950.9319	943.0404	934.7542	926.0117	916.8424	—	—	—	—
0.7	958.4052	950.9319	943.1293	934.7542	926.0974	916.9265	907.2764	—	—	—
0.8	958.4971	951.0223	943.1293	934.8415	926.0974	916.9265	907.3587	897.3439	—	—
0.9	958.4971	951.1128	943.2183	934.9289	926.1832	917.0105	907.4410	897.3439	—	—
1.0	958.5890	951.1128	943.2183	934.9289	926.2690	917.00946	907.5234	897.4244	—	—
1.1	958.5890	951.2033	943.3072	935.0164	926.2690	917.1788	907.5234	897.5049	886.9966	—
1.2	958.6809	951.2033	943.3072	935.0164	926.3548	917.1788	907.6057	897.5855	886.9966	—
1.3	958.6809	951.2938	943.3962	935.1038	926.4406	917.2629	907.6881	897.6661	887.0753	876.0403
1.4	958.7728	951.2938	943.4852	935.1912	926.4406	917.3470	907.7705	897.6661	887.1540	876.1170
1.5	958.7728	951.3843	943.4852	935.1912	926.5265	917.3470	907.7705	897.7467	887.2327	876.1938
1.6	958.8647	951.3843	943.5743	935.2787	926.5265	917.4312	907.8529	897.8273	887.3114	876.2706
1.7	958.8647	951.4748	943.5743	935.3662	926.6123	917.5154	907.9354	897.9079	887.3902	876.3474
1.8	958.9567	951.4748	943.6633	935.3662	926.6982	917.5154	908.0178	897.9885	887.4689	876.4242
1.9	958.9567	951.5653	943.7524	935.4537	926.6982	917.5996	908.0178	897.9885	887.5477	876.501
2.0	959.0486	951.6559	943.7524	935.4537	926.7841	917.6838	908.1003	898.0692	887.5477	876.5778

续表

压力 p /MPa	温度 t/℃									
	100	110	120	130	140	150	160	170	180	190
2.1	959.0486	951.6559	943.8414	935.5412	926.8700	917.6838	908.1827	898.1498	887.6265	876.6547
2.2	959.1406	951.7465	943.8414	935.6287	926.8700	917.7680	908.1827	898.2305	887.7053	876.7315
2.3	959.1406	951.7465	943.9305	935.6287	926.9559	917.8522	908.2652	898.3112	887.7841	876.8084
2.4	959.2326	951.8370	943.9305	935.7163	927.0418	917.9365	908.3477	898.3112	887.8629	876.8853
2.5	959.2326	951.8370	944.0196	935.7163	927.0418	917.9365	908.4302	898.3919	887.9418	876.9622
2.6	959.3246	951.9277	944.1088	935.8039	927.1278	918.0207	908.4302	898.4726	888.0206	877.0391
2.7	959.4167	951.9277	944.1088	935.8914	927.2137	918.1050	908.5128	898.5533	888.0995	877.1160
2.8	959.4167	952.0183	944.1979	935.8914	927.2137	918.1050	908.5953	898.6341	888.0995	877.1930
2.9	959.5087	952.0183	944.1979	935.9790	927.2997	918.1893	908.6779	898.6341	888.1783	877.1930
3.0	959.5087	952.1089	944.2871	935.9790	927.3857	918.2736	908.6779	898.7148	888.2572	877.2699
3.1	959.6008	952.1996	944.2871	936.0666	927.3857	918.2736	908.7605	898.7956	888.3361	877.3469
3.2	959.6008	952.1996	944.3762	936.1543	927.4717	918.3580	908.8430	898.8764	888.4151	877.4239
3.3	959.6929	952.2903	944.4654	936.1543	927.4717	918.4423	908.9257	898.8764	888.4940	877.5009
3.4	959.6929	952.2903	944.4654	936.2419	927.5577	918.4423	908.9257	898.9572	888.5730	877.5779
3.5	959.7850	952.3810	944.5546	936.2419	927.6438	918.5267	909.0083	899.0380	888.5730	877.6549
3.6	959.7850	952.3810	944.5596	936.3296	927.6438	918.6111	909.0909	899.1189	888.6519	877.7319
3.7	959.8771	952.4717	944.6439	936.4173	927.7298	918.6111	909.1736	899.1997	888.7309	877.8090
3.8	959.8771	952.4717	944.6439	936.4173	927.8159	918.6955	909.1736	899.1997	888.8099	877.8861
3.9	959.9693	952.5624	944.7331	936.5050	927.8159	918.7799	909.2562	899.2806	888.8888	877.9631
4.0	959.9693	952.5624	944.8224	936.5927	927.9020	918.8643	909.3389	899.3615	888.9679	878.0402
4.1	960.0614	952.6531	944.8224	936.5927	927.9881	918.8643	909.3389	899.4423	889.0469	878.1173
4.2	960.0614	952.7439	944.9117	936.6804	927.9881	918.9487	909.4216	899.5233	889.0469	878.1944
4.3	960.1536	952.7439	944.9117	936.6804	928.0742	919.0332	909.5043	899.5233	889.1260	878.2716
4.4	960.1536	952.8347	945.0009	936.7682	928.0742	919.0332	909.5870	899.6042	889.2051	878.2716
4.5	960.2458	952.8347	945.0009	936.8559	928.1604	919.1176	909.5870	899.6851	889.2841	878.3487
4.6	960.2458	952.9255	945.0903	936.8559	928.2465	919.2021	909.6698	899.7661	889.3632	878.4259
4.7	960.3380	952.9255	945.1796	936.9437	928.2465	919.2021	909.7525	899.8470	889.4423	878.5030
4.8	960.3380	953.0163	945.1796	936.9437	928.3327	919.2866	909.8353	899.8470	889.4423	878.5802
4.9	960.4303	953.0163	945.2689	937.0315	928.4189	919.3712	909.8353	899.9280	889.5214	878.6574
5.0	960.4303	953.1071	945.2689	937.1193	928.4189	919.3712	909.9181	900.009	889.6006	878.7346
5.2	960.5225	953.1980	945.3583	937.2071	928.5913	919.5402	910.0009	900.09	889.7589	878.8891
5.4	960.6148	953.2888	945.5371	937.2950	928.6776	919.6248	910.1666	900.2521	889.9172	879.0436
5.6	960.7994	953.3797	945.6265	937.3828	928.7638	919.7094	910.2494	900.4142	889.9964	879.1982
5.8	960.8917	953.4706	945.7159	937.4707	928.8501	919.8786	910.4151	900.4953	890.1549	879.2755
6.0	960.9840	953.5616	945.8054	937.6465	929.0227	919.9632	910.4980	900.6575	890.3134	879.4301
6.2	961.0764	953.6525	945.8948	937.7344	929.1090	920.0478	910.6639	900.7386	890.3927	879.5848
6.4	961.1688	953.7434	945.9843	937.8224	929.1953	920.2172	910.7468	900.9009	890.5513	879.7396
6.6	961.2612	953.8344	946.0738	937.9103	929.2817	920.3019	910.9127	900.9821	890.7099	879.8944
6.8	961.3536	954.0164	946.1633	937.9983	929.4544	920.3866	910.9957	901.1445	890.7892	880.0493
7.0	961.4460	954.1074	946.3424	938.0863	929.5408	920.5560	911.0787	901.2257	890.9480	880.1267
7.2	961.5385	954.1985	946.4320	938.2623	929.6272	920.6408	911.2448	901.3881	891.1068	880.2817

续表

压力 p /MPa	温度 t/℃									
	100	110	120	130	140	150	160	170	180	190
7.4	961.6309	954.2895	946.5215	938.3504	929.8001	920.8103	911.3278	901.5507	891.1862	880.4367
7.6	961.7234	954.3806	946.6111	938.4384	929.8866	920.8951	911.4939	901.6320	891.3450	880.5918
7.8	961.8159	954.4717	946.7007	938.5265	929.9730	920.9799	911.5770	901.7946	891.5040	880.7469
8.0	961.9084	954.5628	946.7904	938.6146	930.0595	921.1496	911.7433	901.8759	891.5835	880.8245
8.2	962.0009	954.6539	946.8800	938.7908	930.2326	921.2345	911.8264	902.0386	891.7425	880.9796
8.4	962.0935	954.7451	946.9697	938.8790	930.3191	921.3193	911.9927	902.1200	891.9015	881.1349
8.6	962.1861	954.8362	947.1491	938.9671	930.4057	921.4891	912.0759	902.2828	891.9811	881.2902
8.8	962.2787	954.9274	947.2388	939.0553	930.4922	921.5740	912.1591	902.3642	892.1402	881.4456
9.0	962.3713	955.0186	947.3285	939.1435	930.6654	921.6590	912.3255	902.5271	892.2995	881.5233
9.2	962.4639	955.1098	947.4183	939.2317	930.7520	921.7439	912.4088	902.6085	892.3791	881.6787
9.4	962.5566	955.2011	947.5081	939.4082	930.8387	921.9139	912.5753	902.7715	892.5384	881.8342
9.6	962.6492	955.2923	947.5978	939.4964	930.9253	921.9989	912.6586	902.8530	892.6977	881.9898
9.8	962.7419	955.3836	947.6876	939.5847	931.0987	922.0839	912.7419	903.0161	892.7774	882.1454
10	962.8346	955.5662	947.7775	939.6730	931.1854	922.2540	912.9085	903.0976	892.9369	882.2232
10.5	963.0200	955.7488	948.0470	939.9380	931.4456	922.5092	913.1586	903.4240	893.2559	882.6125
11	963.2983	956.0229	948.3167	940.2031	931.7060	922.7646	913.4923	903.7506	893.5752	882.9242
11.5	963.4840	956.2058	948.5866	940.4684	931.9664	923.1053	913.7427	904.0774	893.8947	883.3142
12	963.7625	956.4802	948.7666	940.7338	932.2271	923.3610	914.0768	904.3227	894.2144	883.6264
12.5	963.9483	956.7547	949.0367	940.9993	932.4879	923.6169	914.3275	904.6499	894.5344	883.9388
13	964.2272	956.9378	949.307	941.2651	932.7488	923.8729	914.6620	904.9774	894.8546	884.3297
13.5	964.4132	957.2126	949.5774	941.4423	933.0099	924.2144	914.9131	905.3051	895.175	884.6426
14	964.6923	957.3959	949.7578	941.7083	933.2711	924.4707	915.2480	905.5510	895.4957	884.9558
14.5	964.8784	957.6709	950.0285	941.9744	933.5325	924.7272	915.4994	905.8792	895.8165	885.3475
15	965.1578	957.9462	950.2993	942.2406	933.794	924.9838	915.8348	906.2075	896.1376	885.6611
15.5	965.3441	958.1297	950.4800	942.5071	934.0557	925.3262	916.0865	906.4540	896.4590	885.9750
16	965.6238	958.4052	950.7511	942.7736	934.3175	925.5831	916.3383	906.7827	896.7806	886.2891
16.5	965.8103	958.5890	951.0223	943.0404	934.5794	925.8402	916.6743	907.1118	897.1024	886.6820
17	966.0902	958.8647	951.2033	943.2183	934.8415	926.0974	916.9265	907.3587	897.4244	886.9966
17.5	966.2769	959.0486	951.4748	943.4852	935.1038	926.3548	917.2629	907.6881	897.7467	887.3114
18	966.5571	959.3246	951.7465	943.7524	935.3662	926.6123	917.5154	907.9354	897.9885	887.6265
18.5	966.744	959.5087	951.9277	944.0196	935.6287	926.9559	917.7680	908.2652	898.3112	887.9418
19	966.9310	959.785	952.1996	944.2871	935.8914	927.2137	918.1050	908.5953	898.6341	888.3361
19.5	967.2115	960.0614	952.4717	944.4654	936.1543	927.4717	918.3580	908.8430	898.9572	888.6519
20	967.3987	960.2458	952.6531	944.7331	936.4173	927.7298	918.6111	909.1736	899.2806	888.9679
21	967.8668	960.7071	953.1980	945.2689	936.9437	928.2465	919.2021	909.7525	899.8470	889.6006
22	968.3354	961.1688	953.6525	945.7159	937.4707	928.7638	919.7940	910.3323	900.4953	890.2341

压力 p /MPa	温度 t/℃									
	200	210	220	230	240	250	260	270	280	290
1.6	—	—	—	—	—	—	—	—	—	—
1.7	864.8275	—	—	—	—	—	—	—	—	—
1.8	864.9023	—	—	—	—	—	—	—	—	—

续表

压力 p /MPa	温度 t/℃									
	200	210	220	230	240	250	260	270	280	290
1.9	864.9771	—	—	—	—	—	—	—	—	—
2.0	865.0519	852.8785	—	—	—	—	—	—	—	—
2.1	865.1267	852.9512	—	—	—	—	—	—	—	—
2.2	865.2016	853.0240	—	—	—	—	—	—	—	—
2.3	865.2765	853.0967	—	—	—	—	—	—	—	—
2.4	865.3513	853.2423	840.4068	—	—	—	—	—	—	—
2.5	865.4262	853.3151	840.5480	—	—	—	—	—	—	—
2.6	865.5011	853.3880	840.6187	—	—	—	—	—	—	—
2.7	865.5760	853.4608	840.6894	—	—	—	—	—	—	—
2.8	865.6510	853.5336	840.8307	827.3352	—	—	—	—	—	—
2.9	865.7259	853.6065	840.9014	827.4036	—	—	—	—	—	—
3.0	865.8009	853.6794	840.9722	827.5405	—	—	—	—	—	—
3.1	865.8758	853.8251	841.0429	827.6090	—	—	—	—	—	—
3.2	865.9508	853.8980	841.1844	827.7460	—	—	—	—	—	—
3.3	866.0258	853.9710	841.2552	827.8146	—	—	—	—	—	—
3.4	866.1008	854.0439	841.3259	827.8831	813.6697	—	—	—	—	—
3.5	866.1758	854.1168	841.3967	828.0202	813.8021	—	—	—	—	—
3.6	866.4010	854.4087	841.6800	828.2945	814.0671	—	—	—	—	—
3.7	—	—	—	—	—	—	—	—	—	—
3.8	—	—	—	—	—	—	—	—	—	—
3.9	866.4760	854.4818	841.7508	828.3632	814.1996	—	—	—	—	—
4.0	866.5511	854.5548	841.8926	828.5004	814.3322	799.2327	—	—	—	—
4.1	866.6262	854.6278	841.9635	828.5691	814.3986	799.2966	—	—	—	—
4.2	866.7013	854.7009	842.0344	828.7064	814.5312	799.4244	—	—	—	—
4.3	866.7765	854.7739	842.1053	828.7751	814.6640	799.5523	—	—	—	—
4.4	866.8516	854.8470	842.2471	828.9125	814.7303	799.6801	—	—	—	—
4.5	866.9267	854.9201	842.3181	828.9812	814.8631	799.8080	—	—	—	—
4.6	867.0019	855.0663	842.3890	829.0499	814.9295	799.9360	—	—	—	—
4.7	867.0771	855.1394	842.4600	829.1874	815.0624	800	783.9448	—	—	—
4.8	867.1523	855.2125	842.6020	829.2562	815.1288	800.1280	784.0677	—	—	—
4.9	867.2275	855.2857	842.6730	829.3937	815.2617	800.2561	784.1907	—	—	—
5.0	867.3027	855.3588	842.7440	829.4625	815.3947	800.3842	784.3137	—	—	—
5.2	867.4532	855.5052	842.9571	829.6690	815.5942	800.6405	784.5599	—	—	—
5.4	867.6037	855.6516	843.0992	829.8755	815.7938	800.8329	784.8678	—	—	—
5.6	867.7543	855.8713	843.3125	830.0133	815.9935	801.0895	785.1142	767.8722	—	—
5.8	867.9049	856.0178	843.4548	830.22	816.1933	801.2821	785.3609	768.1672	—	—
6.0	868.1309	856.1644	843.6683	830.4268	816.3932	801.5390	785.6077	768.4623	—	—
6.2	868.2817	856.3110	843.8106	830.6338	816.6599	801.7960	785.9164	768.7577	—	—
6.4	868.4325	856.5310	843.9531	830.7718	816.8600	801.9889	786.1635	769.0533	—	—
6.6	868.5833	856.6778	844.1668	830.9789	817.0602	802.2463	786.4108	769.3491	750.8071	—
6.8	868.6588	856.8246	844.3094	831.1861	817.2605	802.4394	786.6583	769.6452	751.1455	—

续表

压力 p /MPa	温度 t/℃									
	200	210	220	230	240	250	260	270	280	290
7.0	868.8097	856.9715	844.5233	831.3934	817.4610	802.6971	786.9059	769.9415	751.4842	—
7.2	868.9607	857.1184	844.6659	831.5317	817.6615	802.8904	787.1537	770.238	751.8232	—
7.4	869.1118	857.3388	844.8800	831.7392	817.8621	803.1483	787.4016	770.5348	752.1625	—
7.6	869.2629	857.4859	845.0228	831.9468	818.0628	803.3419	787.6497	770.8317	752.5021	732.3861
7.8	869.4140	857.6329	845.2371	832.0852	818.2636	803.6001	787.8979	771.0695	752.8420	732.7618
8.0	869.5652	857.7801	845.3800	832.2930	818.4646	803.7939	788.2084	771.3669	753.1822	733.1916
8.2	869.7165	857.9272	845.5230	832.5008	818.6656	804.0524	788.4570	771.6645	753.4659	733.5681
8.4	869.8678	858.0745	845.7375	832.7088	818.8667	804.2464	788.7057	771.9623	753.8067	733.9450
8.6	870.0191	858.2954	845.8806	832.8475	819.0679	804.5052	788.9546	772.2008	754.1478	734.3222
8.8	870.1706	858.4428	846.0953	833.0556	819.2692	804.6994	789.2037	772.4990	754.4323	734.6999
9.0	870.3220	858.5902	846.2385	833.2639	819.4706	804.9585	789.4529	772.7975	754.7739	735.0779
9.2	870.4735	858.7377	846.3817	833.4028	819.6721	805.1530	789.7023	773.0963	755.1159	735.4564
9.4	870.6251	858.8852	846.5967	833.6112	819.8737	805.4124	789.9518	773.3354	755.4011	735.8352
9.6	870.7767	859.0327	846.7401	833.8197	820.0754	805.6070	790.2015	773.6345	755.7437	736.2144
9.8	870.9284	859.1803	846.8835	833.9588	820.2773	805.8018	790.3889	773.8740	756.0293	736.5397
10	871.0801	859.4019	847.0987	834.1675	820.4792	806.0616	790.6388	774.1736	756.3724	736.9197
10.5	871.4597	859.7713	847.5295	834.5852	821.0181	806.5817	791.2644	774.8935	757.1742	737.8440
11	871.8396	860.1411	847.9607	835.0731	821.4902	807.1676	791.8910	775.5545	757.9203	738.7707
11.5	872.1437	860.5111	848.3203	835.4917	822.0304	807.6892	792.4558	776.2167	758.7253	739.6450
12	872.5242	860.9557	848.7523	835.9806	822.5037	808.2114	793.0843	776.8801	759.4744	740.5213
12.5	872.9050	861.3264	849.1848	836.4001	822.9775	808.7997	793.6508	777.5445	760.2250	741.3998
13	873.2862	861.6975	849.6177	836.8901	823.4519	809.3234	794.2812	778.2101	760.9771	742.2803
13.5	873.5913	862.0690	849.9788	837.3106	823.9268	809.8477	794.8494	778.8769	761.7307	743.1629
14	873.9731	862.4407	850.4125	837.7314	824.4023	810.3728	795.4184	779.5447	762.4857	743.9923
14.5	874.3552	862.8872	850.8466	838.2230	824.9464	810.8985	796.0516	780.2138	763.184	744.8235
15	874.6611	863.2597	851.2087	838.6448	825.4230	811.4249	796.6223	780.8230	763.9419	745.6566
15.5	875.0438	863.6324	851.6437	839.0670	825.9002	811.9519	797.1939	781.4942	764.6429	746.4915
16	875.4268	864.0055	852.0791	839.4896	826.3097	812.4797	797.7663	782.1054	765.4038	747.3283
16.5	875.7334	864.3789	852.4422	839.9832	826.7879	812.9420	798.3395	782.7176	766.1074	748.1670
17	876.1170	864.7527	852.8785	840.4068	827.2667	813.4711	798.9135	783.3921	766.8124	748.9515
17.5	876.4242	865.1267	853.2423	840.8307	827.7460	814.0008	799.4244	784.0063	767.5186	749.7376
18	876.8084	865.5011	853.6794	841.2552	828.2259	814.4649	800	784.6214	768.1672	750.5254
18.5	877.1930	865.8758	854.0439	841.6800	828.7064	814.9959	800.5764	785.2375	768.8759	751.3148
19	877.5009	866.2509	854.4087	842.1053	829.1186	815.5276	801.0895	785.8546	769.5860	752.1059
19.5	877.8861	866.6262	854.8470	842.5310	829.6001	815.9935	801.6675	786.4727	770.2380	752.8987
20	878.1944	867.0019	855.2125	842.9571	830.0822	816.5265	802.1819	787.0298	770.9506	753.6363
21	878.8891	867.6790	856.0178	843.8106	830.9789	817.4610	803.2774	788.2705	772.2604	755.1729
22	879.5848	868.4325	856.8246	844.5946	831.8775	818.4646	804.3758	789.4529	773.5747	756.6586

压力 p /MPa	温度 t/℃									
	300	310	320	330	340	350	360	370	380	390
6.2	—	—	—	—	—	—	—	—	—	—
6.4	—	—	—	—	—	—	—	—	—	—
6.6	—	—	—	—	—	—	—	—	—	—

续表

压力 p /MPa	温度 t/℃									
	300	310	320	330	340	350	360	370	380	390
6.8	—	—	—	—	—	—	—	—	—	—
7.0	—	—	—	—	—	—	—	—	—	—
7.2	—	—	—	—	—	—	—	—	—	—
7.4	—	—	—	—	—	—	—	—	—	—
7.6	—	—	—	—	—	—	—	—	—	—
7.8	—	—	—	—	—	—	—	—	—	—
8.0	—	—	—	—	—	—	—	—	—	—
8.2	—	—	—	—	—	—	—	—	—	—
8.4	—	—	—	—	—	—	—	—	—	—
8.6	712.2507	—	—	—	—	—	—	—	—	—
8.8	712.7076	—	—	—	—	—	—	—	—	—
9.0	713.1650	—	—	—	—	—	—	—	—	—
9.2	713.6231	—	—	—	—	—	—	—	—	—
9.4	714.0307	—	—	—	—	—	—	—	—	—
9.6	714.4899	—	—	—	—	—	—	—	—	—
9.8	714.9496	—	—	—	—	—	—	—	—	—
10	715.3588	690.9895	—	—	—	—	—	—	—	—
10.5	716.4864	692.3290	—	—	—	—	—	—	—	—
11	717.5660	693.6737	—	—	—	—	—	—	—	—
11.5	718.6489	694.9753	667.6013	—	—	—	—	—	—	—
12	719.6833	696.2819	669.2992	—	—	—	—	—	—	—
12.5	720.7207	697.5446	666.8890	—	—	—	—	—	—	—
13	721.7611	698.8120	672.4950	641.0256	—	—	—	—	—	—
13.5	722.7522	700.035	674.0816	643.1695	—	—	—	—	—	—
14	723.7461	701.2623	675.6300	645.2862	—	—	—	—	—	—
14.5	724.7427	702.4445	677.0939	647.2911	—	—	—	—	—	—
15	725.7421	703.6307	678.6102	649.2663	612.5950	—	—	—	—	—
15.5	726.6914	704.7713	680.0408	651.1688	615.4604	—	—	—	—	—
16	727.6432	705.9156	681.4774	653.0399	618.1998	—	—	—	—	—
16.5	728.5975	707.0636	682.8735	654.8788	620.8095	—	—	—	—	—
17	729.5542	708.1651	684.2285	656.6419	623.3637	578.6033	—	—	—	—
17.5	730.4602	709.2702	685.5889	658.3712	625.7822	582.8185	—	—	—	—
18	731.3684	710.3786	686.9075	660.066	628.1407	586.7512	—	—	—	—
18.5	732.2789	711.4400	688.1839	661.7258	630.3978	590.3885	—	—	—	—
19	733.1916	712.5045	689.4650	663.3499	632.5911	593.8595	533.3333	—	—	—
19.5	734.1066	713.5212	690.7508	664.9378	634.7191	597.0862	540.8329	—	—	—
20	734.9699	714.5920	691.9936	666.4889	636.7804	600.1680	547.3454	—	—	—
21	736.7025	716.5890	694.4444	669.5233	640.7381	605.9504	558.3473	—	—	—
22	738.3888	718.5973	696.8156	672.4045	644.496	611.2096	567.5369	491.8839	—	—

5.8.2　饱和水和饱和水蒸气的热力学基本参数（表 5-19 至表 5-21）

表 5-19　水和水蒸气性质参数的名称、符号和单位

性质参数名称	符　号	单位符号	备　注
热力学温度	T	K	$t = T - T_0$
摄氏温度	t	℃	$T_0 = 273.16$ ℃
绝对压力	p	Pa(MPa)	t_s——饱和温度
比体积	v	m³/kg	"′"——饱和水参数
密度	ρ	kg/m³	"″"——饱和水蒸气参数
焓	h	kJ/kg	表 5-22 中，粗水平线上区为不饱
蒸发热	r	kJ/kg	和过冷水参数，下区为过热蒸汽

表 5-20　饱和水和饱和蒸汽的热力学基本参数（按温度排列）

t/℃	T/K	p/MPa	v'/(m³/kg)	v''/(m³/kg)	h'/(kJ/kg)	h''/(kJ/kg)	r/(kJ/kg)
0.00	273.15	0.0006108	0.00100022	206.305	−0.04	2501.6	2501.6
0.01	273.16	0.0006112	0.00100022	206.163	0.00	2501.6	2501.6
1	274.15	0.0006566	0.0010001	192.607	4.17	2503.4	2499.2
2	275.15	0.0007055	0.0010001	179.923	8.39	2505.2	2496.8
3	276.15	0.0007575	0.0010001	168.169	12.60	2507.1	2494.5
4	277.15	0.0008129	0.0010000	157.272	16.80	2508.9	2492.1
5	278.15	0.0008718	0.0010000	147.163	21.01	2510.7	2489.7
6	279.15	0.0009345	0.0010000	137.780	25.21	2512.6	2487.4
7	280.15	0.0010012	0.0010001	129.064	29.41	2514.4	2485.0
8	281.15	0.0010720	0.0010001	120.966	33.60	2516.2	2482.6
9	282.15	0.0011472	0.0010002	113.435	37.80	2518.1	2480.3
10	283.15	0.0012270	0.0010003	106.430	41.99	2519.9	2477.9
11	284.15	0.0013116	0.0010003	99.909	46.19	2521.7	2475.5
12	285.15	0.0014014	0.0010004	93.835	50.38	2523.6	2473.2
13	286.15	0.0014965	0.0010006	88.176	54.57	2525.4	2470.8
14	287.15	0.0015973	0.0010007	82.900	58.75	2527.2	2468.5
15	288.15	0.0017039	0.0010008	77.978	62.94	2529.1	2466.1
16	289.15	0.0018168	0.0010010	73.384	67.13	2530.9	2463.8
17	230.15	0.0019362	0.0010012	69.095	71.31	2532.7	2461.4
18	291.15	0.0020624	0.0010013	65.087	75.50	2534.5	2459.0
19	292.15	0.0021957	0.0010015	61.341	79.68	2536.4	2456.7
20	293.15	0.0023366	0.0010017	57.838	83.86	2538.2	2454.3
21	294.15	0.0024853	0.0010019	54.561	88.04	2540.0	2452.0
22	295.15	0.0026422	0.0010022	51.492	92.23	2541.8	2449.6
23	296.15	0.0028076	0.0010024	48.619	96.41	2543.6	2447.2
24	297.15	0.0029821	0.0010026	45.926	100.59	2545.5	2444.9
25	298.15	0.0031660	0.0010029	43.402	104.77	2547.3	2442.5
26	299.15	0.0033597	0.0010032	41.034	108.95	2549.1	2440.2
27	300.15	0.0025636	0.0010034	38.813	113.13	2550.9	2437.8
28	301.15	0.0037782	0.0010037	36.728	117.31	2552.7	2435.4
29	302.15	0.0040040	0.0010040	34.769	121.48	2554.5	2433.1
30	303.15	0.0042415	0.0010043	32.929	125.66	2556.4	2430.7
31	304.15	0.0044911	0.0010046	31.199	129.84	2558.2	2428.3
32	305.15	0.0047534	0.0010049	29.572	134.02	2560.0	2425.9
33	306.15	0.0050288	0.0010053	28.042	138.20	2561.8	2423.6

续表

$t/℃$	T/K	p/MPa	$v'/(m^3/kg)$	$v''/(m^3/kg)$	$h'/(kJ/kg)$	$h''/(kJ/kg)$	$r/(kJ/kg)$
34	307.15	0.0053180	0.0010056	26.601	142.38	2563.6	2421.2
35	308.15	0.0056216	0.0010060	25.245	146.56	2565.4	2418.8
36	309.15	0.0059400	0.0010063	23.967	150.74	2567.2	2416.4
37	310.15	0.0062739	0.0010067	22.763	154.92	2569.0	2414.1
38	311.15	0.0066240	0.0010070	21.627	159.09	2570.8	2411.7
39	312.15	0.0069908	0.0010074	20.557	163.27	2572.6	2409.3
40	313.15	0.0073750	0.0010078	19.546	167.45	2574.4	2406.9
41	314.15	0.0077773	0.0010082	18.592	171.63	2576.2	2404.5
42	315.15	0.0081985	0.0010086	17.692	175.81	2577.9	2402.1
43	316.15	0.0086391	0.0010090	16.841	179.99	2579.7	2399.7
44	317.15	0.0091001	0.0010094	16.036	184.17	2581.5	2397.3
45	318.15	0.0095820	0.0010099	15.276	188.35	2583.3	2394.9
46	319.15	0.010086	0.0010103	14.5572	192.53	2585.1	2392.5
47	320.15	0.010612	0.0010107	13.8768	196.71	2586.9	2390.1
48	321.15	0.011162	0.0010112	13.2329	200.89	2588.6	2387.7
49	322.15	0.011736	0.0010117	12.6232	205.07	2590.4	2385.3
50	323.15	0.012335	0.0010121	12.0457	209.26	2592.2	2382.9
51	324.15	0.012961	0.0010126	11.4985	213.44	2593.9	2380.5
52	325.15	0.013613	0.0010131	10.9798	217.62	2595.7	2378.1
53	326.15	0.014293	0.0010136	10.4880	221.80	2597.5	2375.7
54	327.15	0.015002	0.0010140	10.0215	225.99	2599.2	2373.2
55	328.15	0.015741	0.0010145	9.5789	230.17	2601.0	2370.8
56	329.15	0.016511	0.0010150	9.1587	234.35	2602.7	2368.4
57	330.15	0.017313	0.0010156	8.7598	238.54	2604.5	2365.9
58	331.15	0.018147	0.0010161	8.3808	242.72	2606.2	2363.5
59	332.15	0.019016	0.0010166	8.0208	246.91	2608.0	2361.1
60	333.15	0.019920	0.0010171	7.6785	251.09	2609.7	2358.6
61	334.15	0.020861	0.0010177	7.3532	255.28	2611.4	2356.2
62	335.15	0.021838	0.0010182	7.0437	259.46	2613.2	2353.7
63	336.15	0.022855	0.0010188	6.7493	263.65	2614.9	2351.3
64	337.15	0.023912	0.0010193	6.4690	267.84	2616.6	2348.8
65	338.15	0.025009	0.0010199	6.2023	272.03	2618.4	2346.3
66	339.15	0.026150	0.0010205	5.9482	276.21	2620.1	2343.9
67	340.15	0.027334	0.0010211	5.7062	280.40	2621.8	2341.4
68	341.15	0.028563	0.0010217	5.4756	284.59	2623.5	2338.9
69	342.15	0.029838	0.0010223	5.2558	288.78	2625.2	2336.4
70	343.15	0.031162	0.0010228	5.0463	292.97	2626.9	2334.0
71	344.15	0.032535	0.0010235	4.8464	297.16	2628.6	2331.5
72	345.15	0.033958	0.0010241	4.6557	301.36	2630.3	2329.0
73	346.15	0.025434	0.0010247	4.4737	305.55	2632.0	2326.5
74	347.15	0.036964	0.0010253	4.3000	309.74	2633.7	2324.0
75	348.15	0.038549	0.0010259	4.1341	313.94	2635.4	2321.5
76	349.15	0.040191	0.0010266	3.9757	318.13	2637.1	2318.9
77	350.15	0.041891	0.0010272	3.8243	322.33	2638.7	2316.4
78	351.15	0.043652	0.0010279	3.6796	326.52	2640.4	2313.9

续表

$t/℃$	T/K	p/MPa	$v'/(m^3/kg)$	$v''/(m^3/kg)$	$h'/(kJ/kg)$	$h''/(kJ/kg)$	$r/(kJ/kg)$
79	352.15	0.045474	0.0010285	3.5413	330.72	2642.1	2311.4
80	353.15	0.047360	0.0010292	3.4091	334.92	2643.8	2308.8
81	354.15	0.049311	0.0010299	3.2826	339.11	2645.4	2306.3
82	355.15	0.051329	0.0010305	3.1616	343.31	2647.1	2303.8
83	356.15	0.053416	0.0010312	3.0458	347.51	2648.7	2301.2
84	357.15	0.055573	0.0010319	2.9350	351.72	2650.4	2298.6
85	358.15	0.057803	0.0010326	2.8288	355.92	2652.0	2296.1
86	359.15	0.060108	0.0010333	2.7272	360.12	2653.6	2293.5
87	360.15	0.062489	0.0010340	2.6298	364.32	2655.3	2290.9
88	361.15	0.064948	0.0010347	2.5365	368.53	2656.9	2288.4
89	362.15	0.067487	0.0010354	2.4470	372.73	2658.5	2285.8
90	363.15	0.070109	0.0010361	2.3613	376.94	2660.1	2283.2
91	364.15	0.072815	0.0010369	2.2791	381.15	2661.7	2280.6
92	365.15	0.075608	0.0010376	2.2002	385.36	2663.4	2278.0
93	366.15	0.078489	0.0010384	2.1245	389.57	2665.0	2275.4
94	367.15	0.081461	0.0010391	2.0519	393.78	2666.6	2272.8
95	368.15	0.084526	0.0010399	1.9822	397.99	2668.1	2270.2
96	369.15	0.087686	0.0010406	1.9153	402.20	2669.7	2267.5
97	370.15	0.090944	0.0010414	1.8510	406.42	2671.3	2264.9
98	371.15	0.094301	0.0010421	1.7893	410.63	2672.9	2262.2
99	372.15	0.097761	0.0010429	1.7300	414.85	2674.4	2259.6
100	373.15	0.101325	0.0010437	1.6730	419.07	2676.0	2256.9
101	374.15	0.104996	0.0010445	1.6182	423.28	2677.6	2254.3
102	375.15	0.108777	0.0010453	1.5655	427.50	2679.1	2251.6
103	376.15	0.112670	0.0010461	1.5149	431.73	2680.7	2248.9
104	377.15	0.116676	0.0010469	1.4662	435.95	2682.2	2246.3
105	378.15	0.120800	0.0010477	1.4193	440.17	2683.7	2243.6
106	379.15	0.125044	0.0010485	1.3742	444.40	2685.3	2240.9
107	380.15	0.129409	0.0010494	1.3307	448.63	2686.8	2238.2
108	381.15	0.133900	0.0010502	1.2889	452.85	2688.3	2235.4
109	382.15	0.138518	0.0010510	1.2487	457.08	2689.8	2232.7
110	383.15	0.143266	0.0010519	1.2099	461.32	2691.3	2230.0
111	384.15	0.148147	0.0010527	1.1726	465.55	2692.8	2227.3
112	385.15	0.153164	0.0010536	1.1366	469.78	2694.3	2224.5
113	386.15	0.158320	0.0010544	1.1019	474.02	2695.8	2221.8
114	387.15	0.163618	0.0010553	1.0685	478.26	2697.2	2219.0
115	388.15	0.169060	0.0010562	1.0363	482.50	2698.7	2216.2
116	389.15	0.174650	0.0010571	1.0052	486.74	2700.2	2213.4
117	390.15	0.180390	0.0010579	0.97525	490.98	2701.6	2210.7
118	391.15	0.186283	0.0010588	0.94634	495.23	2703.1	2207.9
119	392.15	0.192333	0.0010597	0.91844	499.47	2704.5	2205.1
120	393.15	0.198543	0.0010606	0.89152	503.72	2706.0	2202.2
121	394.15	0.204915	0.0010615	0.86554	507.97	2707.4	2199.4
122	395.15	0.211454	0.0010625	0.84045	512.22	2708.8	2196.6
123	396.15	0.218162	0.0010634	0.81623	516.47	2710.2	2193.7

续表

$t/℃$	T/K	p/MPa	$v'/(m^3/kg)$	$v''/(m^3/kg)$	$h'/(kJ/kg)$	$h''/(kJ/kg)$	$r/(kJ/kg)$
124	397.15	0.225042	0.0010643	0.79283	520.73	2711.6	2190.9
125	398.15	0.232098	0.0010652	0.77023	524.99	2713.0	2188.0
126	399.15	0.239333	0.0010662	0.74840	529.25	2714.4	2185.2
127	400.15	0.246751	0.0010671	0.72730	533.51	2715.8	2182.3
128	401.15	0.254354	0.0010681	0.70691	537.77	2717.2	2179.4
129	402.15	0.262147	0.0010691	0.68720	542.04	2718.5	2176.5
130	403.15	0.270132	0.0010700	0.66814	546.31	2719.9	2173.6
131	404.15	0.278314	0.0010710	0.64971	550.58	2721.3	2170.7
132	405.15	0.286696	0.0010720	0.63188	554.85	2722.6	2167.8
133	406.15	0.295280	0.0010730	0.61464	559.12	2723.9	2164.8
134	407.15	0.30407	0.0010740	0.59795	563.40	2725.3	2161.9
135	408.15	0.31308	0.0010750	0.58181	567.68	2726.6	2158.9
136	409.15	0.32229	0.0010760	0.56618	571.96	2727.9	2155.9
137	410.15	0.33173	0.0010770	0.55105	576.24	2729.2	2153.0
138	411.15	0.34138	0.0010780	0.53641	580.53	2730.5	2150.0
139	412.15	0.35127	0.0010790	0.52223	584.82	2731.8	2147.0
140	413.15	0.36138	0.0010801	0.50849	589.11	2733.1	2144.0
141	414.15	0.37172	0.0010811	0.49519	593.40	2734.3	2140.9
142	415.15	0.38231	0.0010821	0.48230	597.69	2735.6	2137.9
143	416.15	0.39313	0.0010832	0.46981	601.99	2736.9	2134.9
144	417.15	0.40420	0.0010843	0.45771	606.29	2738.1	2131.8
145	418.15	0.41552	0.0010853	0.44597	610.59	2739.3	2128.7
146	419.15	0.42709	0.0010864	0.43460	614.90	2740.6	2125.7
147	420.15	0.43892	0.0010875	0.42357	619.21	2741.8	2122.6
148	421.15	0.45101	0.0010886	0.41288	623.52	2743.0	2119.5
149	422.15	0.46337	0.0010897	0.40251	627.83	2744.2	2116.3
150	423.15	0.47600	0.0010908	0.39245	632.15	2745.4	2113.2
151	424.15	0.48890	0.0010919	0.38269	636.47	2746.5	2110.1
152	425.15	0.50208	0.0010930	0.37322	640.79	2747.7	2106.9
153	426.15	0.51554	0.0010941	0.36402	645.12	2748.9	2103.8
154	427.15	0.52929	0.0010953	0.35510	649.44	2750.0	2100.6
155	428.15	0.54333	0.0010964	0.34644	653.78	2751.2	2097.4
156	429.15	0.55767	0.0010976	0.33802	658.11	2752.3	2094.2
157	430.15	0.57230	0.0010987	0.32987	662.45	2753.4	2091.0
158	431.15	0.58725	0.0010999	0.32194	666.79	2754.5	2087.7
159	432.15	0.60250	0.0011011	0.31424	671.13	2755.6	2084.5
160	433.15	0.61806	0.0011022	0.30676	675.47	2756.7	2081.3
161	434.15	0.63395	0.0011034	0.29949	679.82	2757.8	2078.0
162	435.15	0.65016	0.0011046	0.29242	684.18	2758.9	2074.7
163	436.15	0.66669	0.0011058	0.28556	688.53	2759.9	2071.4
164	437.15	0.68356	0.0011070	0.27889	692.89	2761.0	2068.1
165	438.15	0.70077	0.0011082	0.27240	697.25	2762.0	2064.8
166	439.15	0.71831	0.0011095	0.26609	701.62	2763.1	2061.4
167	440.15	0.73621	0.0011107	0.25996	705.99	2764.1	2058.1
168	441.15	0.75445	0.0011119	0.25400	710.36	2765.1	2054.7

续表

$t/℃$	T/K	p/MPa	$v'/(m^3/kg)$	$v''/(m^3/kg)$	$h'/(kJ/kg)$	$h''/(kJ/kg)$	$r/(kJ/kg)$
169	442.15	0.77306	0.0011132	0.24820	714.74	2766.1	2051.3
170	443.15	0.79202	0.0011145	0.24255	719.12	2767.1	2047.9
171	444.15	0.81135	0.0011157	0.23706	723.50	2768.0	2044.5
172	445.15	0.83106	0.0011170	0.23172	727.89	2769.0	2041.1
173	446.15	0.85114	0.0011183	0.22652	732.28	2769.9	2037.7
174	447.15	0.87160	0.0011196	0.22147	736.67	2770.9	2034.2
175	448.15	0.89244	0.0011209	0.21654	741.07	2771.8	2030.7
176	449.15	0.91368	0.0011222	0.21175	745.47	2772.7	2027.3
177	450.15	0.93532	0.0011235	0.20708	749.88	2773.6	2023.7
178	451.15	0.95736	0.0011248	0.20254	754.29	2774.5	2020.2
179	452.15	0.97980	0.0011262	0.19811	758.70	2775.4	2016.7
180	453.15	1.00266	0.0011275	0.19380	763.12	2776.3	2013.1
181	454.15	1.02594	0.0011289	0.18960	767.54	2777.1	2009.6
182	455.15	1.04964	0.0011302	0.18551	771.96	2778.0	2006.0
183	456.15	1.07377	0.0011316	0.18153	776.39	2778.8	2002.4
184	457.15	1.09833	0.0011330	0.17764	780.83	2779.6	1998.8
185	458.15	1.12333	0.0011344	0.17386	785.26	2780.4	1995.2
186	459.15	1.14878	0.0011358	0.17017	789.71	2781.2	1991.5
187	460.15	1.17467	0.0011372	0.16657	794.15	2782.0	1987.8
188	461.15	1.20103	0.0011386	0.16307	798.60	2782.8	1984.2
189	462.15	1.22784	0.0011401	0.15965	803.06	2783.5	1980.5
190	463.15	1.25512	0.0011415	0.15632	807.52	2784.3	1976.7
191	464.15	1.28288	0.0011430	0.15307	811.98	2785.0	1973.0
192	465.15	1.31111	0.0011444	0.14990	816.45	2785.7	1969.3
193	466.15	1.33983	0.0011459	0.14680	820.92	2786.4	1965.5
194	467.15	1.36903	0.0011474	0.14379	825.40	2787.1	1961.7
195	468.15	1.39873	0.0011489	0.14084	829.89	2787.8	1957.9
196	469.15	1.42894	0.0011504	0.13797	834.37	2788.4	1954.1
197	470.15	1.45965	0.0011519	0.13517	838.87	2789.1	1950.2
198	471.15	1.49087	0.0011534	0.13244	843.36	2789.7	1946.4
199	472.15	1.52261	0.0011549	0.12977	847.87	2790.3	1942.5
200	473.15	1.55488	0.0011565	0.12716	852.37	2790.9	1938.6
201	474.15	1.58768	0.0011581	0.12462	856.88	2791.5	1934.6
202	475.15	1.62101	0.0011596	0.12213	861.40	2792.1	1930.7
203	476.15	1.65489	0.0011612	0.11971	865.93	2792.7	1926.7
204	477.15	1.68932	0.0011628	0.11734	870.45	2793.2	1922.8
205	478.15	1.72430	0.0011644	0.11503	874.99	2793.8	1918.8
206	479.15	1.75984	0.0011660	0.11277	879.53	2794.3	1914.7
207	480.15	1.79595	0.0011676	0.11056	884.07	2794.8	1910.7
208	481.15	1.83263	0.0011693	0.10840	888.62	2795.3	1906.6
209	482.15	1.86989	0.0011709	0.10630	893.17	2795.7	1902.6
210	483.15	1.90774	0.0011726	0.10424	897.74	2796.2	1898.5
211	484.15	1.94618	0.0011743	0.10223	902.30	2796.6	1894.3
212	485.15	1.98522	0.0011760	0.10026	906.88	2797.1	1890.2
213	486.15	2.02486	0.0011777	0.098340	911.45	2797.5	1886.0

续表

$t/℃$	T/K	p/MPa	$v'/(m^3/kg)$	$v''/(m^3/kg)$	$h'/(kJ/kg)$	$h''/(kJ/kg)$	$r/(kJ/kg)$
214	487.15	2.06511	0.0011794	0.096461	916.04	2797.9	1881.8
215	488.15	2.10598	0.0011811	0.094625	920.63	2798.3	1877.6
216	489.15	2.14748	0.0011829	0.092830	925.23	2798.6	1873.4
217	490.15	2.18961	0.0011846	0.091075	929.83	2799.0	1869.1
218	491.15	2.23237	0.0011864	0.089358	934.44	2799.3	1864.9
219	492.15	2.27577	0.0011882	0.087680	939.05	2799.6	1860.6
220	493.15	2.31983	0.0011900	0.086038	943.68	2799.9	1856.2
221	494.15	2.36454	0.0011918	0.084432	948.30	2800.2	1851.9
222	495.15	2.40992	0.0011936	0.082861	952.94	2800.5	1847.5
223	496.15	2.45596	0.0011954	0.081324	957.58	2800.7	1843.1
224	497.15	2.50269	0.0011973	0.079820	962.23	2800.9	1838.7
225	498.15	2.55009	0.0011992	0.078349	966.88	2801.2	1834.3
226	499.15	2.59819	0.0012010	0.076909	971.55	2801.4	1829.8
227	500.15	2.64698	0.0012029	0.075500	976.21	2801.5	1825.3
228	501.15	2.69648	0.0012048	0.074121	980.89	2801.7	1820.8
229	502.15	2.74668	0.0012068	0.072771	985.58	2801.8	1816.3
230	503.15	2.79760	0.0012087	0.071450	990.27	2802.0	1811.7
231	504.15	2.84925	0.0012107	0.070156	994.97	2802.1	1807.1
232	505.15	2.90163	0.0012127	0.068890	999.67	2802.2	1802.5
233	506.15	2.95475	0.0012147	0.067649	1004.4	2802.2	1797.9
234	507.15	3.00861	0.0012167	0.066435	1009.1	2802.3	1793.2
235	508.15	3.06323	0.0012187	0.065245	1013.8	2802.3	1788.5
236	509.15	3.11860	0.0012207	0.064081	1018.6	2802.3	1783.8
237	510.15	3.17474	0.0012228	0.062940	1023.3	2802.3	1779.0
238	511.15	3.23165	0.0012249	0.061822	1028.1	2802.3	1774.2
239	512.15	3.28935	0.0012270	0.060727	1032.8	2802.3	1769.4
240	513.15	3.34783	0.0012291	0.059654	1037.6	2802.2	1764.6
241	514.15	3.40711	0.0012312	0.058603	1042.4	2802.1	1759.7
242	515.15	3.46719	0.0012334	0.057574	1047.2	2802.0	1754.9
243	516.15	3.52808	0.0012355	0.056564	1052.0	2801.9	1749.9
244	517.15	3.58979	0.0012377	0.055575	1056.8	2801.8	1745.0
245	518.15	3.65232	0.0012399	0.054606	1061.6	2801.6	1740.0
246	519.15	3.71568	0.0012422	0.053655	1066.4	2801.4	1735.0
247	520.15	3.77988	0.0012444	0.052724	1071.2	2801.2	1730.0
248	521.15	3.84493	0.0012467	0.051811	1076.1	2801.0	1724.9
249	522.15	3.91084	0.0012490	0.050915	1080.9	2800.7	1719.8
250	523.15	3.97760	0.0012513	0.050037	1085.8	2800.4	1714.6
251	524.15	4.04524	0.0012536	0.049177	1090.7	2800.1	1709.5
252	525.15	4.11375	0.0012560	0.048332	1095.5	2799.8	1704.3
253	526.15	4.18314	0.0012584	0.047504	1100.4	2799.5	1699.1
254	527.15	4.25343	0.0012608	0.046692	1105.3	2799.1	1693.8
255	528.15	4.32462	0.0012632	0.045896	1110.2	2798.7	1688.5
256	529.15	4.39672	0.0012656	0.045114	1115.2	2798.3	1683.2
257	530.15	4.46973	0.0012681	0.044348	1120.1	2797.9	1677.8
258	531.15	4.54367	0.0012706	0.043596	1125.0	2797.4	1672.4

$t/°C$	T/K	p/MPa	$v'/(m^3/kg)$	$v''/(m^3/kg)$	$h'/(kJ/kg)$	$h''/(kJ/kg)$	$r/(kJ/kg)$
259	532.15	4.61853	0.0012731	0.042858	1130.0	2796.9	1666.9
260	533.15	4.69434	0.0012756	0.042134	1134.9	2796.4	1661.5
261	534.15	4.77109	0.0012782	0.041423	1139.9	2795.9	1656.0
262	535.15	4.84880	0.0012808	0.040726	1144.9	2795.3	1650.4
263	536.15	4.92747	0.0012834	0.040041	1149.9	2794.7	1644.8
264	537.15	5.00711	0.0012861	0.039369	1154.9	2794.1	1639.2
265	538.15	5.08773	0.0012887	0.038710	1159.9	2793.5	1633.5
266	539.15	5.16934	0.0012914	0.038062	1165.0	2792.8	1627.8
267	540.15	5.25194	0.0012942	0.037427	1170.0	2792.1	1622.1
268	541.15	5.33555	0.0012969	0.036803	1175.1	2791.4	1616.3
269	542.15	5.42017	0.0012997	0.036190	1180.1	2790.6	1610.5
270	543.15	5.50581	0.0013025	0.035588	1185.2	2789.9	1604.6
271	544.15	5.59248	0.0013053	0.034997	1190.3	2789.1	1598.7
272	545.15	5.68018	0.0013082	0.034416	1195.4	2788.2	1592.8
273	546.15	5.76893	0.0013111	0.033846	1200.6	2787.4	1586.8
274	547.15	5.85874	0.0013141	0.033286	1205.7	2786.5	1580.7
275	548.15	5.94960	0.0013170	0.032736	1210.9	2785.5	1574.7
276	549.15	6.04154	0.0013200	0.032196	1216.0	2784.6	1568.5
277	550.15	6.13456	0.0013231	0.031664	1221.2	2783.6	1562.4
278	551.15	6.22867	0.0013261	0.031143	1226.4	2782.6	1556.2
279	552.15	6.32387	0.0013292	0.030630	1231.6	2781.5	1549.9
280	553.15	6.42018	0.0013324	0.030126	1236.8	2780.4	1543.6
281	554.15	6.51760	0.0013356	0.029631	1242.1	2779.3	1537.2
282	555.15	6.61615	0.0013388	0.029144	1247.3	2778.1	1530.8
283	556.15	6.71583	0.0013420	0.028666	1252.6	2777.0	1524.3
284	557.15	6.81665	0.0013453	0.028195	1257.9	2775.7	1517.8
285	558.15	6.91863	0.0013487	0.027733	1263.2	2774.5	1511.3
286	559.15	7.02176	0.0013520	0.027279	1268.5	2773.2	1504.6
287	560.15	7.12606	0.0013554	0.026832	1273.9	2771.8	1498.0
288	561.15	7.23154	0.0013589	0.026392	1279.2	2770.5	1491.2
289	562.15	7.33821	0.0013624	0.025960	1284.6	2769.1	1484.5
290	563.15	7.44607	0.0013659	0.025535	1290.0	2767.6	1477.6
291	564.15	7.55514	0.0013695	0.025117	1295.4	2766.2	1470.7
292	565.15	7.66543	0.0013732	0.024706	1300.9	2764.6	1463.8
293	566.15	7.77695	0.0013769	0.024302	1306.3	2763.1	1456.8
294	567.15	7.88969	0.0013806	0.023904	1311.8	2761.5	1449.7
295	568.15	8.00369	0.0013844	0.023513	1317.3	2759.8	1442.6
296	569.15	8.1189	0.0013882	0.023128	1322.8	2758.2	1435.4
297	570.15	8.2355	0.0013921	0.022749	1328.3	2756.4	1428.1
298	571.15	8.3532	0.0013960	0.022376	1333.9	2754.7	1420.8
299	572.15	8.4723	0.0014000	0.022010	1339.5	2752.9	1413.4
300	573.15	8.5927	0.0014041	0.021649	1345.1	2751.0	1406.0
301	574.15	8.7144	0.0014082	0.021293	1350.7	2749.1	1398.5
302	575.15	8.8374	0.0014123	0.020944	1356.3	2747.2	1390.9
303	576.15	8.9617	0.0014166	0.020600	1362.0	2745.2	1383.2

续表

$t/℃$	T/K	p/MPa	$v'/(m^3/kg)$	$v''/(m^3/kg)$	$h'/(kJ/kg)$	$h''/(kJ/kg)$	$r/(kJ/kg)$
304	577.15	9.0873	0.0014208	0.020261	1367.7	2743.2	1375.5
305	578.15	9.2144	0.0014252	0.019927	1373.4	2741.1	1367.7
306	579.15	9.3427	0.0014296	0.019599	1379.2	2739.0	1359.8
307	580.15	9.4725	0.0014341	0.019275	1384.9	2736.8	1351.9
308	581.15	9.6036	0.0014387	0.018957	1390.7	2734.6	1343.9
309	582.15	9.7361	0.0014433	0.018643	1396.5	2732.3	1335.8
310	583.15	9.8700	0.0014480	0.018334	1402.4	2730.0	1327.6
311	584.15	10.005	0.0014527	0.018029	1408.3	2727.6	1319.4
312	585.15	10.142	0.0014576	0.017730	1414.2	2725.2	1311.0
313	586.15	10.280	0.0014625	0.017434	1420.1	2722.7	1302.6
314	587.15	10.420	0.0014675	0.017143	1426.1	2720.2	1294.1
315	588.15	10.561	0.0014726	0.016856	1432.1	2717.6	1285.5
316	589.15	10.704	0.0014778	0.016573	1438.1	2714.9	1276.8
317	590.15	10.848	0.0014831	0.016294	1444.2	2712.2	1268.0
318	591.15	10.993	0.0014885	0.016019	1450.3	2709.4	1259.1
319	592.15	11.140	0.0014939	0.015747	1456.4	2706.6	1250.2
320	593.15	11.289	0.0014995	0.015480	1462.6	2703.7	1241.1
321	594.15	11.439	0.0015052	0.015216	1468.8	2700.7	1231.9
322	595.15	11.591	0.0015109	0.014956	1475.1	2697.6	1222.6
323	596.15	11.744	0.0015168	0.014699	1481.3	2694.5	1213.1
324	597.15	11.899	0.0015228	0.014445	1487.7	2691.3	1203.6
325	598.15	12.056	0.0015289	0.014195	1494.0	2688.0	1194.0
326	599.15	12.214	0.0015352	0.013948	1500.4	2684.6	1184.2
327	600.15	12.373	0.0015416	0.013704	1506.9	2681.1	1174.2
328	601.15	12.535	0.0015481	0.013463	1513.4	2677.6	1164.2
329	602.15	12.698	0.0015547	0.013225	1519.9	2673.9	1154.0
330	603.15	12.863	0.0015615	0.012980	1526.5	2670.2	1143.6
331	604.15	13.029	0.0015684	0.012757	1533.2	2666.3	1133.1
332	605.15	13.197	0.0015755	0.012527	1539.9	2662.3	1122.5
333	606.15	13.367	0.0015827	0.012300	1546.6	2658.3	1111.7
334	607.15	13.538	0.0015902	0.012076	1553.4	2654.1	1100.7
335	608.15	13.712	0.0015978	0.011854	1560.3	2649.7	1089.5
336	609.15	13.887	0.0016055	0.011635	1567.2	2645.3	1078.1
337	610.15	14.064	0.0016135	0.011418	1574.2	2640.7	1066.6
338	611.15	14.242	0.0016217	0.0011203	1581.2	2636.0	1054.8
339	612.15	14.423	0.0016301	0.010991	1588.3	2631.2	1042.9
340	613.15	14.605	0.0016387	0.010780	1595.5	2626.2	1030.7
341	614.15	14.789	0.0016476	0.010573	1602.7	2621.0	1018.3
342	615.15	14.976	0.0016567	0.010367	1610.1	2615.7	1005.7
343	616.15	15.164	0.0016661	0.010164	1617.5	2610.3	992.8
344	617.15	15.354	0.0016758	0.009962	1624.9	2604.7	979.7
345	618.15	15.545	0.0016858	0.009763	1632.5	2598.9	966.4
346	619.15	15.739	0.0016961	0.009566	1640.2	2593.0	952.8
347	620.15	15.935	0.0017067	0.009371	1648.0	2586.9	938.9
348	621.15	16.133	0.0017178	0.009178	1655.8	2580.7	924.8

续表

t/℃	T/K	p/MPa	v′/(m³/kg)	v″/(m³/kg)	h′/(kJ/kg)	h″/(kJ/kg)	r/(kJ/kg)
349	622.15	16.333	0.0017292	0.008988	1663.8	2574.2	910.4
350	623.15	16.535	0.0017411	0.008799	1672.0	2567.7	895.7
351	624.15	16.739	0.0017532	0.008609	1680.4	2560.8	880.3
352	625.15	16.945	0.0017661	0.008420	1689.3	2553.5	864.2
353	626.15	17.154	0.0017796	0.008232	1698.4	2546.1	847.7
354	627.15	17.364	0.0017937	0.008045	1707.5	2538.4	830.9
355	628.15	17.577	0.0018085	0.007859	1716.6	2530.4	813.8
356	629.15	17.792	0.0018241	0.007674	1725.9	2522.1	796.2
357	630.15	18.009	0.0018406	0.007490	1735.2	2513.5	778.3
358	631.15	18.229	0.0018580	0.007306	1744.7	2504.6	759.9
359	632.15	18.451	0.0018764	0.007123	1754.4	2495.2	740.9
360	633.15	18.675	0.0018959	0.006940	1764.2	2485.5	721.3
361	634.15	18.902	0.0019167	0.006757	1774.2	2475.2	701.0
362	635.15	19.131	0.0019388	0.006573	1784.6	2464.4	679.8
363	636.15	19.362	0.0019626	0.006388	1795.3	2453.0	657.8
364	637.15	19.596	0.0019882	0.006201	1806.4	2440.9	634.6
365	638.15	19.833	0.0020160	0.006012	1818.0	2428.0	610.0
366	639.15	20.072	0.0020464	0.005819	1830.2	2414.1	583.9
367	640.15	20.313	0.0020802	0.005621	1843.3	2399.0	555.7
368	641.15	20.557	0.0021181	0.005416	1857.3	2382.4	525.1
369	642.15	20.804	0.0021618	0.005201	1872.8	2363.9	491.1
370	643.15	21.054	0.0022136	0.004973	1890.2	2342.8	452.6
371	644.15	21.306	0.0022778	0.004723	1910.5	2317.9	407.4
372	645.15	21.562	0.0023636	0.004439	1935.6	2287.0	351.4
373	646.15	21.820	0.0024963	0.004084	1970.5	2244.1	273.5
374	647.15	22.081	0.0028426	0.003466	2046.7	2156.2	109.5
374.15	647.30	22.12	0.00317		2107.4		

表 5-21 饱和水和饱和蒸汽的热力学基本参数（按压力排列）

p/MPa	t/℃	v′/(m³/kg)	v″/(m³/kg)	h′/(kJ/kg)	h″/(kJ/kg)	r/(kJ/kg)
0.0010	6.9828	0.0010001	129.209	29.34	2514.4	2485.0
0.0015	13.0356	0.0010006	87.982	54.71	2525.5	2470.7
0.0020	17.5127	0.0010012	67.006	73.46	2533.6	2460.2
0.0025	21.0963	0.0010020	54.256	88.45	2540.2	2451.7
0.0030	24.0996	0.0010027	45.667	101.00	2545.6	2444.6
0.0035	26.6936	0.0010033	39.479	111.85	2550.4	2438.5
0.0040	28.9826	0.0010040	34.802	121.41	2554.5	2433.1
0.0045	31.0348	0.0010046	31.141	129.99	2558.2	2428.2
0.0050	32.8976	0.0010052	28.194	137.77	2561.6	2423.8
0.0055	34.6052	0.0010058	25.771	144.91	2564.7	2419.8
0.0060	36.1832	0.0010064	23.741	151.50	2567.5	2416.0
0.0065	37.6512	0.0010069	22.016	157.64	2570.2	2412.5
0.0070	39.0246	0.0010074	20.531	163.38	2572.6	2409.2
0.0075	40.3156	0.0010079	19.239	168.77	2574.9	2406.2
0.0080	41.5343	0.0010084	18.105	173.86	2577.1	2403.2

p/MPa	t/℃	v'/(m³/kg)	v''/(m³/kg)	h'/(kJ/kg)	h''/(kJ/kg)	r/(kJ/kg)
0.0085	42.6891	0.0010089	17.100	178.69	2579.2	2400.5
0.0090	43.7867	0.0010094	16.204	183.28	2581.1	2397.9
0.0095	44.8329	0.0010098	15.400	187.65	2583.0	2395.3
0.010	45.8328	0.0010102	14.675	191.83	2584.8	2392.9
0.011	47.7099	0.0010111	13.416	199.68	2588.1	2388.4
0.012	49.4458	0.0010119	12.362	206.94	2591.2	2384.3
0.013	51.0617	0.0010126	11.466	213.70	2594.0	2380.3
0.014	52.5743	0.0010133	10.694	220.02	2596.7	2376.7
0.015	53.9971	0.0010140	10.023	225.97	2599.2	2373.2
0.016	55.3410	0.0010147	9.4331	231.60	2601.6	2370.0
0.017	56.6149	0.0010154	8.9110	236.93	2603.8	2366.9
0.018	57.8264	0.0010160	8.4452	241.99	2605.9	2363.9
0.019	58.9818	0.0010166	8.0272	246.83	2607.9	2361.1
0.020	60.0864	0.0010172	7.6498	251.45	2609.9	2358.4
0.021	61.1450	0.0010178	7.3073	255.88	2611.7	2355.8
0.022	62.1615	0.0010183	6.9951	260.14	2613.5	2353.3
0.023	63.1395	0.0010189	6.7093	264.23	2615.2	2350.9
0.024	64.0819	0.0010194	6.4467	268.18	2616.8	2348.6
0.025	64.9916	0.0010199	6.2045	271.99	2618.3	2346.4
0.026	65.8709	0.0010204	5.9803	275.67	2619.9	2344.2
0.027	66.7220	0.0010209	5.7724	279.24	2621.3	2342.1
0.028	67.5467	0.0010214	5.5788	282.69	2622.7	2340.0
0.029	68.3469	0.0010219	5.3982	286.05	2624.1	2338.1
0.030	69.1240	0.0010223	5.2293	289.30	2625.4	2336.1
0.032	70.6147	0.0010232	4.9223	295.55	2628.0	2332.4
0.034	72.0286	0.0010241	4.6504	301.48	2630.4	2328.9
0.036	73.3740	0.0010249	4.4078	307.12	2632.6	2325.5
0.038	74.6576	0.0010257	4.1900	312.50	2634.8	2322.3
0.040	75.8856	0.0010265	3.9934	317.65	2636.9	2319.2
0.045	78.7432	0.0010284	3.5762	329.64	2641.7	2312.0
0.050	81.3453	0.0010301	3.2402	340.56	2646.0	2305.4
0.055	83.7375	0.0010317	2.9636	350.61	2649.9	2299.3
0.060	85.9539	0.0010333	2.7318	359.93	2653.6	2293.6
0.065	88.0209	0.0010347	2.5346	368.62	2656.9	2288.3
0.070	89.9591	0.0010361	2.3647	376.77	2660.1	2283.3
0.075	91.7851	0.0010375	2.2169	384.45	2663.0	2278.6
0.080	93.5124	0.0010387	2.0870	391.72	2665.8	2274.0
0.085	95.1520	0.0010400	1.9719	398.63	2668.4	2269.8
0.090	96.7134	0.0010412	1.8692	405.21	2670.0	2265.6
0.095	98.2044	0.0010423	1.7770	411.49	2673.2	2261.7
0.10	99.632	0.0010434	1.6937	417.51	2675.4	2257.9
0.11	102.317	0.0010455	1.5492	428.84	2679.6	2250.8
0.12	104.808	0.0010476	1.4281	439.36	2683.4	2244.1
0.13	107.133	0.0010495	1.3251	449.19	2687.0	2237.8
0.14	109.315	0.0010513	1.2363	458.42	2690.3	2231.9

续表

p/MPa	t/℃	v'/(m³/kg)	v''/(m³/kg)	h'/(kJ/kg)	h''/(kJ/kg)	r/(kJ/kg)
0.15	111.372	0.0010530	1.1590	467.13	2693.4	2226.2
0.16	113.320	0.0010547	1.0911	475.38	2696.2	2220.9
0.17	115.170	0.0010563	1.0309	483.22	2699.0	2215.7
0.18	116.933	0.0010579	0.97723	490.70	2701.5	2210.8
0.19	118.617	0.0010594	0.92900	497.85	2704.0	2206.1
0.20	120.231	0.0010608	0.88544	504.70	2706.3	2201.6
0.21	121.780	0.0010623	0.84590	511.29	2708.5	2197.2
0.22	123.270	0.0010636	0.80984	517.62	2710.6	2193.0
0.23	124.705	0.0010650	0.77681	523.73	2712.6	2188.9
0.24	126.091	0.0010663	0.74645	529.63	2714.5	2184.9
0.25	127.430	0.0010675	0.71844	535.34	2716.4	2181.0
0.26	128.727	0.0010688	0.69251	540.87	2718.2	2177.3
0.27	129.984	0.0010700	0.66844	546.24	2719.9	2173.6
0.28	131.203	0.0010712	0.64604	551.44	2721.5	2170.1
0.29	132.388	0.0010724	0.62513	556.51	2723.1	2166.6
0.30	133.540	0.0010735	0.60556	561.43	2724.7	2163.2
0.31	134.661	0.0010746	0.58722	566.23	2726.1	2159.9
0.32	135.754	0.0010757	0.56999	570.90	2727.6	2156.7
0.33	136.819	0.0010768	0.55376	575.46	2729.0	2153.5
0.34	137.858	0.0010779	0.53846	579.92	2730.3	2150.4
0.35	138.873	0.0010789	0.52400	584.27	2731.6	2147.4
0.36	139.865	0.0010799	0.51032	588.53	2732.9	2144.4
0.37	140.835	0.0010809	0.49736	592.69	2734.1	2141.4
0.38	141.784	0.0010819	0.48505	596.76	2735.3	2138.6
0.39	142.713	0.0010829	0.47336	600.76	2736.5	2135.7
0.40	143.623	0.0010839	0.46222	604.67	2737.6	2133.0
0.41	144.515	0.0010848	0.45162	608.51	2738.7	2130.2
0.42	145.390	0.0010858	0.44150	612.27	2739.8	2127.5
0.43	146.248	0.0010867	0.43184	615.97	2740.9	2124.9
0.44	147.090	0.0010876	0.42260	619.60	2741.9	2122.3
0.45	147.917	0.0010885	0.41375	623.16	2742.9	2119.7
0.46	148.729	0.0010894	0.10528	626.67	2743.9	2117.2
0.47	149.528	0.0010903	0.39716	630.11	2744.8	2114.7
0.48	150.313	0.0010911	0.38936	633.50	2745.7	2112.2
0.49	151.084	0.0010920	0.38188	636.83	2746.6	2109.8
0.50	151.844	0.0010928	0.37468	640.12	2747.5	2107.4
0.52	153.327	0.0010945	0.36108	646.53	2749.3	2102.7
0.54	154.765	0.0010961	0.34846	652.76	2750.9	2098.1
0.56	156.161	0.0010977	0.00671	658.81	2752.5	2093.3
0.58	157.518	0.0010993	0.32574	664.69	2754.0	2089.3
0.60	158.838	0.0011009	0.31547	670.42	2755.5	2085.0
0.62	160.123	0.0011024	0.30585	676.01	2756.9	2080.9
0.64	161.376	0.0011039	0.29681	681.46	2758.2	2076.8
0.66	162.598	0.0011053	0.28830	686.78	2759.5	2072.7
0.68	163.791	0.0011068	0.28027	691.98	2760.8	2068.8

续表

p/MPa	t/℃	v'/(m³/kg)	v''/(m³/kg)	h'/(kJ/kg)	h''/(kJ/kg)	r/(kJ/kg)
0.70	164.956	0.0011082	0.27268	697.06	2762.0	2064.9
0.72	166.095	0.0011096	0.26550	702.04	2763.2	2061.1
0.74	167.209	0.0011110	0.25870	706.90	2764.3	2057.4
0.76	168.300	0.0011123	0.25224	711.68	2765.4	2053.7
0.78	169.368	0.0011137	0.24610	716.35	2766.4	2050.1
0.80	170.415	0.0011150	0.24026	720.94	2767.5	2046.5
0.82	171.441	0.0011163	0.23469	725.44	2768.5	2043.0
0.84	172.448	0.0011176	0.22938	729.85	2769.4	2039.6
0.86	173.436	0.0011188	0.22430	734.19	2770.4	2036.2
0.88	174.405	0.0011201	0.21945	738.45	2771.3	2032.8
0.90	175.358	0.0011213	0.21481	742.64	2772.1	2029.5
0.92	176.294	0.0011226	0.21036	746.77	2773.0	2026.2
0.94	177.214	0.0011238	0.20610	750.82	2773.8	2023.0
0.96	178.119	0.0011250	0.20201	754.81	2774.6	2019.8
0.98	179.009	0.0011262	0.19807	758.74	2775.4	2016.7
1.00	179.884	0.0011274	0.19429	762.61	2776.2	2013.6
1.05	182.015	0.0011303	0.18545	772.03	2778.0	2005.9
1.10	184.067	0.0011331	0.17738	781.13	2779.7	1998.5
1.15	186.048	0.0011359	0.16999	789.92	2781.3	1991.3
1.20	187.961	0.0011386	0.16320	798.43	2782.7	1984.3
1.25	189.814	0.0011412	0.15693	806.69	2784.1	1997.4
1.30	191.609	0.0011438	0.15113	814.70	2785.4	1970.7
1.35	193.350	0.0011464	0.14574	822.49	2786.6	1964.2
1.40	195.042	0.0011489	0.14072	830.07	2787.8	1957.7
1.45	196.688	0.0011514	0.13604	837.46	2788.9	1951.4
1.50	198.289	0.0011539	0.13166	844.67	2789.9	1945.2
1.55	199.850	0.0011563	0.12755	851.70	2790.8	1939.2
1.60	201.372	0.0011586	0.12369	858.56	2791.7	1933.2
1.65	202.857	0.0011610	0.12005	865.28	2792.6	1927.3
1.70	204.307	0.0011633	0.11662	871.84	2793.4	1921.5
1.75	205.725	0.0011656	0.11338	878.28	2794.1	1915.9
1.80	207.111	0.0011678	0.11032	884.57	2794.8	1910.3
1.85	208.468	0.0011701	0.10741	890.75	2795.5	1904.7
1.90	209.797	0.0011723	0.10465	896.81	2796.1	1899.3
1.95	211.099	0.0011744	0.10203	902.75	2796.7	1893.9
2.00	212.375	0.0011766	0.099536	908.59	2797.2	1888.6
2.05	213.626	0.0011787	0.097158	914.33	2797.7	1883.4
2.10	214.855	0.0011809	0.094890	919.96	2798.2	1878.2
2.15	216.060	0.0011830	0.092723	925.50	2798.6	1873.1
2.20	217.244	0.0011850	0.090652	930.95	2799.1	1868.1
2.25	218.408	0.0011871	0.088669	936.32	2799.4	1863.1
2.30	219.552	0.0011892	0.086769	941.60	2799.8	1858.2
2.35	220.676	0.0011912	0.084948	946.81	2800.1	1853.3
2.40	221.783	0.0011932	0.083199	951.93	2800.4	1848.5
2.45	222.871	0.0011952	0.081520	956.98	2800.7	1843.7

续表

p/MPa	t/℃	v'/(m³/kg)	v''/(m³/kg)	h'/(kJ/kg)	h''/(kJ/kg)	r/(kJ/kg)
2.50	223.943	0.0011972	0.079905	961.96	2800.9	1839.0
2.55	224.998	0.0011991	0.078352	966.88	2801.2	1834.3
2.60	226.037	0.0012011	0.076856	971.72	2801.4	1829.6
2.65	227.061	0.0012031	0.075415	976.50	2801.6	1825.0
2.70	228.071	0.0012050	0.074025	981.22	2801.7	1820.5
2.75	229.066	0.0012069	0.072684	985.88	2801.9	1816.0
2.80	230.047	0.0012088	0.071389	990.49	2802.0	1811.5
2.85	231.014	0.0012107	0.070138	995.03	2802.1	1807.0
2.90	231.969	0.0012126	0.068928	999.53	2802.2	1802.6
2.95	232.911	0.0012145	0.067758	1003.97	2802.2	1798.2
3.0	233.841	0.0012163	0.066626	1008.4	2802.3	1793.9
3.1	235.666	0.0012200	0.064467	1017.0	2802.3	1785.4
3.2	237.445	0.0012237	0.062439	1025.4	2802.3	1776.9
3.3	239.183	0.0012274	0.060529	1033.7	2802.3	1768.6
3.4	240.881	0.0012310	0.058728	1041.8	2802.1	1760.3
3.5	242.540	0.0012345	0.057025	1049.8	2802.0	1752.2
3.6	244.164	0.0012381	0.055415	1057.6	2801.7	1744.2
3.7	245.754	0.0012416	0.053888	1065.2	2801.4	1736.2
3.8	247.311	0.0012451	0.052438	1072.7	2801.1	1728.4
3.9	248.836	0.0012486	0.051061	1080.1	2800.8	1720.6
4.0	250.333	0.0012521	0.049749	1087.4	2800.3	1712.9
4.1	251.800	0.0012555	0.048500	1094.6	2799.9	1705.8
4.2	253.241	0.0012589	0.047307	1101.6	2799.4	1697.8
4.3	254.656	0.0012623	0.046168	1108.5	2798.9	1690.3
4.4	256.045	0.0012657	0.045079	1115.4	2798.3	1682.9
4.5	257.411	0.0012691	0.044037	1122.1	2797.7	1675.6
4.6	258.754	0.0012725	0.043038	1123.8	2797.0	1668.8
4.7	260.074	0.0012758	0.042081	1135.8	2796.4	1661.1
4.8	261.373	0.0012792	0.041161	1141.8	2795.7	1653.9
4.9	262.652	0.0012825	0.040278	1148.2	2794.9	1646.8
5.0	263.911	0.0012858	0.039429	1154.5	2794.2	1639.7
5.1	265.151	0.0012891	0.038611	1160.7	2793.4	1632.7
5.2	266.373	0.0012924	0.037824	1166.9	2792.6	1625.7
5.3	267.576	0.0012957	0.037066	1172.9	2791.7	1618.8
5.4	268.763	0.0012990	0.036334	1178.9	2790.8	1611.9
5.5	269.933	0.0013023	0.035628	1184.9	2789.9	1605.0
5.6	271.086	0.0013056	0.034946	1190.8	2789.0	1598.2
5.7	272.224	0.0013089	0.034288	1196.6	2788.0	1591.4
5.8	273.347	0.0013121	0.033651	1202.4	2787.0	1584.7
5.9	274.456	0.0013154	0.033034	1208.1	2786.0	1578.0
6.0	275.550	0.0013187	0.032438	1213.7	2785.0	1571.3
6.1	276.630	0.0013219	0.031860	1219.3	2783.9	1564.7
6.2	277.697	0.0013252	0.031300	1224.8	2782.9	1558.0
6.3	278.750	0.0013285	0.030757	1230.3	2781.8	1551.5
6.4	279.791	0.0013317	0.030230	1235.8	2780.6	1544.9

续表

p/MPa	t/℃	v'/(m³/kg)	v''/(m³/kg)	h'/(kJ/kg)	h''/(kJ/kg)	r/(kJ/kg)
6.5	280.820	0.0013350	0.029719	1241.1	2779.5	1538.4
6.6	281.837	0.0013383	0.029223	1246.5	2778.3	1531.8
6.7	282.842	0.0013415	0.028741	1251.8	2777.1	1525.4
6.8	283.836	0.0013448	0.028272	1257.0	2775.9	1518.9
6.9	284.818	0.0013481	0.027817	1262.2	2774.7	1512.5
7.0	285.790	0.0013513	0.027373	1267.4	2773.5	1506.0
7.1	286.751	0.0013546	0.026942	1272.6	2772.2	1499.6
7.2	287.702	0.0013579	0.026522	1277.6	2770.9	1493.2
7.3	288.643	0.0013611	0.026113	1282.7	2769.6	1486.9
7.4	289.574	0.0013644	0.025715	1287.7	2768.3	1480.5
7.5	290.496	0.0013677	0.025327	1292.7	2766.9	1474.2
7.6	291.408	0.0013710	0.024949	1297.6	2765.5	1467.9
7.7	292.311	0.0013743	0.024580	1302.6	2764.2	1461.6
7.8	293.205	0.0013776	0.024220	1307.4	2762.8	1455.3
7.9	294.091	0.0013809	0.023868	1312.3	2761.3	1449.0
8.0	294.968	0.0013842	0.023525	1317.1	2759.9	1442.8
8.1	295.836	0.0013876	0.023190	1321.9	2758.4	1436.6
8.2	296.697	0.0013909	0.022863	1326.6	2757.0	1430.3
8.3	297.549	0.0013942	0.022544	1331.4	2755.5	1424.1
8.4	298.394	0.0013976	0.022231	1336.1	2754.0	1417.9
8.5	299.231	0.0014009	0.021926	1340.7	2752.5	1411.7
8.6	300.069	0.0014043	0.021627	1345.4	2750.0	1405.5
8.7	300.882	0.0014077	0.021335	1350.0	2749.4	1399.3
8.8	301.097	0.0014111	0.021049	1354.6	2747.8	1393.2
8.9	302.505	0.0014145	0.020769	1359.2	2746.2	1387.0
9.0	303.306	0.0014179	0.020495	1363.7	2744.6	1380.9
9.1	804.100	0.0014213	0.020227	1368.3	2743.0	1374.7
9.2	304.888	0.0014247	0.019964	1372.8	2741.3	1368.6
9.3	305.668	0.0014281	0.019707	1377.2	2739.7	1362.5
9.4	306.443	0.0014316	0.019455	1381.7	2738.0	1356.3
9.5	307.211	0.0014351	0.019208	1386.1	2736.4	1350.2
9.6	307.973	0.0014385	0.018965	1390.6	2734.7	1344.1
9.7	308.729	0.0014420	0.018728	1395.0	2733.0	1338.0
9.8	309.479	0.0014455	0.018494	1399.3	2731.2	1331.9
9.9	310.222	0.0014490	0.018266	1403.7	2729.5	1325.8
10.0	310.961	0.0014526	0.018041	1408.0	2727.7	1319.7
10.2	312.420	0.0014597	0.017605	1416.7	2724.2	1307.5
10.4	313.858	0.0014668	0.017184	1425.2	2720.6	1295.3
10.6	315.274	0.0014741	0.016778	1433.7	2716.9	1283.1
10.8	316.670	0.0014814	0.016385	1442.2	2713.1	1270.9
11.0	318.045	0.0014887	0.016006	1450.6	2709.3	1258.7
11.2	319.402	0.0014962	0.015639	1458.9	2705.4	1246.5
11.4	320.740	0.0015037	0.015284	1467.2	2701.5	1234.3
11.6	322.059	0.0015113	0.014940	1475.4	2697.4	1222.0
11.8	323.361	0.0015190	0.014607	1483.6	2693.3	1209.7

续表

p/MPa	t/℃	v'/(m³/kg)	v''/(m³/kg)	h'/(kJ/kg)	h''/(kJ/kg)	r/(kJ/kg)
12.0	324.646	0.0015268	0.014283	1491.8	2689.2	1197.4
12.2	325.914	0.0015346	0.013969	1499.9	2684.9	1185.0
12.4	327.165	0.0015426	0.013664	1508.0	2680.6	1172.6
12.6	328.401	0.0015507	0.013367	1516.0	2676.1	1160.1
12.8	329.622	0.0015589	0.013078	1524.0	2671.6	1147.6
13.0	330.827	0.0015672	0.012797	1532.0	2667.0	1135.0
13.2	332.018	0.0015756	0.012523	1540.0	2662.3	1122.3
13.4	333.194	0.0015842	0.012256	1547.9	2657.4	1109.5
13.6	334.357	0.0015928	0.011996	1555.8	2652.5	1096.7
13.8	335.506	0.0016017	0.011743	1563.8	2647.5	1083.8
14.0	336.642	0.0016106	0.011495	1571.6	2642.4	1070.7
14.2	337.764	0.0016197	0.011253	1579.5	2637.1	1057.6
14.4	338.874	0.0016290	0.011017	1587.4	2631.8	1044.4
14.6	339.972	0.0016385	0.010786	1595.3	2626.3	1031.0
14.8	341.057	0.0016481	0.010561	1603.1	2620.7	1017.6
15.0	342.131	0.0016579	0.010340	1611.0	2615.0	1004.0
15.2	343.193	0.0016679	0.010125	1618.9	2609.2	990.3
15.4	344.243	0.0016782	0.009914	1626.8	2603.3	976.5
15.6	345.282	0.0016886	0.009707	1634.7	2597.3	962.6
15.8	346.311	0.0016993	0.009505	1642.6	2591.1	948.5
16.0	347.328	0.0017103	0.009308	1650.5	2584.9	934.3
16.2	348.336	0.0017216	0.009114	1658.5	2578.5	920.0
16.4	349.332	0.0017331	0.008925	1666.5	2572.1	905.5
16.6	350.319	0.0017448	0.008738	1674.5	2565.5	891.0
16.8	351.296	0.0017570	0.008553	1683.0	2558.6	875.6
17.0	352.263	0.0017696	0.008371	1691.7	2551.6	859.9
17.2	353.220	0.0017826	0.008191	1700.4	2544.4	844.1
17.4	354.168	0.0017961	0.008014	1709.0	2537.1	828.1
17.6	355.107	0.0018101	0.007839	1717.6	2529.5	811.9
17.8	356.036	0.0018247	0.007667	1726.2	2521.8	795.6
18.0	356.957	0.0018399	0.007498	1734.8	2513.9	779.1
18.2	357.869	0.0018556	0.007330	1743.5	2505.8	762.3
18.4	358.772	0.0018721	0.007165	1752.1	2497.4	745.3
18.6	359.666	0.0018893	0.007001	1760.9	2488.8	727.9
18.8	360.553	0.0019072	0.006839	1769.7	2479.9	710.1
19.0	361.431	0.0019260	0.006678	1778.7	2470.6	692.0
19.2	362.301	0.0019458	0.006517	1787.8	2461.1	673.3
19.4	363.163	0.0019666	0.006358	1797.0	2451.1	654.1
19.6	364.017	0.0019886	0.006198	1806.6	2440.7	634.2
19.8	364.863	0.0020120	0.006038	1816.3	2429.8	613.5
20.0	365.702	0.0020370	0.005877	1826.5	2418.4	591.9
20.2	366.533	0.0020639	0.005714	1837.0	2406.2	569.2
20.4	367.357	0.0020931	0.005548	1848.1	2393.3	545.1
20.6	368.173	0.0021252	0.005379	1859.9	2379.4	519.5
20.8	368.982	0.0021610	0.005205	1872.5	2364.2	491.7
21.0	369.784	0.0022015	0.005023	1886.3	2347.6	461.3
21.2	370.580	0.0022488	0.004831	1901.5	2328.9	427.4
21.4	371.368	0.0023061	0.004624	1919.0	2307.4	388.4
21.6	372.149	0.0023793	0.004392	1940.0	2281.6	341.6
21.8	372.924	0.0024832	0.004115	1967.2	2248.0	280.8
22.0	373.692	0.0026713	0.003728	2011.1	2195.6	184.5
22.12	374.15	0.00317		2107.4		

5.8.3 水和过热水蒸气的热力学基本参数（表5-22）

表5-22 水和过热水蒸气热力学基本参数

t	0.10MPa t_s=99.632℃ v' v''	h' h''	0.12MPa t_s=104.808℃ v' v''	h' h''	0.14MPa t_s=109.315℃ v' v''	h' h''	0.16MPa t_s=113.320℃ v' v''	h' h''	0.18MPa t_s=116.993℃ v' v''	h' h''	0.20MPa t_s=120.231℃ v' v''	h' h''
℃	0.0010434 1.6937 m³/kg	417.51 2675.4 kJ/kg	0.0010476 1.4281 m³/kg	439.36 2683.5 kJ/kg	0.0010513 1.2363 m³/kg	458.42 2690.3 kJ/kg	0.0010547 1.0911 m³/kg	475.38 2696.2 kJ/kg	0.0010579 0.9772 m³/kg	490.70 2701.5 kJ/kg	0.0010608 0.88514 m³/kg	504.70 2706.3 kJ/kg
0	0.0010002	0.06	0.0010002	0.08	0.0010002	0.10	0.0010001	0.12	0.0010001	0.14	0.0010001	0.16
10	0.0010002	42.09	0.0010002	42.11	0.0010002	42.13	0.0010002	42.15	0.0010002	42.17	0.0010002	42.19
20	0.0010017	83.95	0.0010017	83.97	0.0010017	83.99	0.0010017	84.01	0.0010016	84.03	0.0010016	84.05
30	0.0010043	125.75	0.0010043	125.77	0.0010042	125.79	0.0010042	125.81	0.0010042	125.82	0.0010042	125.84
40	0.0010078	167.53	0.0010078	167.55	0.0010078	167.57	0.0010077	167.59	0.0010077	167.60	0.0010077	167.62
50	0.0010121	209.33	0.0010121	209.35	0.0010121	209.37	0.0010120	209.38	0.0010120	209.40	0.0010120	209.42
60	0.0010171	251.16	0.0010171	251.18	0.0010171	251.19	0.0010171	251.21	0.0010171	251.23	0.0010171	251.24
70	0.0010228	293.03	0.0010228	293.05	0.0010228	293.06	0.0010228	293.08	0.0010228	293.09	0.0010228	293.11
80	0.0010292	334.96	0.0010292	334.97	0.0010291	334.99	0.0010291	335.01	0.0010291	335.02	0.0010291	335.04
90	0.0010361	376.96	0.0010361	376.98	0.0010361	376.99	0.0010361	377.01	0.0010361	377.03	0.0010361	377.04
100	1.6955	2676.2	0.0010437	419.08	0.0010437	419.09	0.0010437	419.11	0.0010437	419.12	0.0010437	419.14
110	1.7443	2696.4	0.0010437	2694.1	1.2388	2691.7	0.0010519	461.33	0.0010518	461.34	0.0010518	461.36
120	1.7927	2716.5	1.4494	2714.4	1.2740	2712.3	1.1119	2710.1	0.0010518	2708.0	0.0010606	503.72
130	1.8408	2736.5	1.4901	2734.6	1.3090	2732.7	1.1428	2730.8	0.9858	2728.9	0.91000	2726.9
140	1.8886	2756.4	1.5306	2754.7	1.3437	2753.0	1.1734	2751.3	1.0135	2749.6	0.93488	2747.8
150	1.9363	2776.3	1.5708	2774.8	1.3782	2773.2	1.2038	2771.7	1.0409	2770.1	0.95954	2768.5
160	1.9838	2796.2	1.6107	2794.8	1.4125	2793.4	1.2340	2792.0	1.0681	2790.5	0.98400	2789.1
170	2.0311	2816.0	1.6505	2814.8	1.4467	2813.5	1.2640	2812.2	1.0951	2810.9	1.00830	2809.6
180	2.0783	2835.8	1.6902	2834.7	1.4807	2833.5	1.2939	2832.3	1.1220	2831.1	1.03245	2830.0
190	2.1254	2855.6	1.7298	2854.5	1.5146	2853.5	1.3237	2852.4	1.1487	2851.3	1.05648	2850.3
200	2.1723	2875.4	1.8084	2874.4	1.5484	2873.4	1.3534	2872.4	1.1753	2871.5	1.08040	2870.5
210	2.2192	2895.2	1.8476	2894.3	1.5821	2893.4	1.3830	2892.5	1.2017	2891.6	1.10424	2890.7
220	2.2660	2915.0	1.8867	2914.1	1.6157	2913.3	1.4125	2912.5	1.2281	2911.7	1.12799	2910.8
230	2.3128	2934.8	1.9257	2934.0	1.6493	2933.3	1.4420	2932.5	1.2544	2931.7	1.15167	2931.0
240	2.3595	2954.6	1.9647	2953.9	1.6828	2953.2	1.4713	2952.5	1.2807	2951.8	1.17530	2951.1
250	2.4061	2974.5	2.0037	2973.9	1.7163	2973.2	1.5007	2972.5	1.3069	2971.9	1.19887	2971.2
260	2.4527	2994.4	2.0426	2993.8	1.7497	2993.2	1.5300	2992.6	1.3330	2992.0	1.22240	2991.4
270	2.4993	3014.4	2.0815	3013.8	1.7831	3013.2	1.5592	3012.7	1.3591	3012.1	1.24589	3011.5
280	2.5458	3034.4	2.1203	3033.8	1.8164	3033.3	1.5885	3032.7	1.3852	3032.2	1.26934	3031.7
290	2.5923	3054.4	2.1591	3053.9	1.8497	3053.4	1.6176	3052.9	1.4112	3052.4	1.29277	3051.9

续表

t	0.10MPa t_s=99.632℃			0.12MPa t_s=104.808℃			0.14MPa t_s=109.315℃			0.16MPa t_s=113.320℃			0.18MPa t_s=116.993℃			0.20MPa t_s=120.231℃		
	v' 0.0010434		h' 417.51	v' 0.0010476		h' 439.36	v' 0.0010513		h' 458.42	v' 0.0010547		h' 475.38	v' 0.0010579		h' 490.70	v' 0.0010608		h' 504.70
	v'' 1.6937		h'' 2675.4	v'' 1.4281		h'' 2683.5	v'' 1.2363		h'' 2690.3	v'' 1.0911		h'' 2696.2	v'' 0.9772		h'' 2701.5	v'' 0.88544		h'' 2706.3
℃	m³/kg		kJ/kg	m³/kg		kJ/kg	m³/kg		kJ/kg	m³/kg		kJ/kg	m³/kg		kJ/kg	m³/kg		kJ/kg
300	2.6387		3074.5	2.1979		3074.0	1.8830		3073.5	1.6468		3073.0	1.4631		3072.6	1.31616		3072.1
310	2.6852		3094.6	2.2366		3094.1	1.9163		3093.7	1.6760		3093.2	1.4891		3092.8	1.33954		3092.3
320	2.7316		3114.8	2.2754		3114.3	1.9495		3113.9	1.7051		3113.5	1.5150		3113.1	1.36289		3112.6
330	2.7780		3135.0	2.3141		3134.6	1.9827		3134.2	1.7342		3133.8	1.5409		3133.4	1.38622		3133.0
340	2.8244		3155.3	2.3528		3154.9	2.0159		3154.5	1.7633		3154.1	1.5667		3153.7	1.40954		3153.3
350	2.8708		3175.6	2.3915		3175.3	2.0491		3174.9	1.7923		3174.5	1.5926		3174.1	1.43284		3173.8
360	2.9172		3196.0	2.4301		3195.7	2.0823		3195.3	1.8214		3195.0	1.6185		3194.6	1.45613		3194.2
370	2.9635		3216.5	2.4688		3216.1	2.1154		3215.8	1.8504		3215.5	1.6443		3215.1	1.47940		3214.8
380	3.0098		3237.0	2.5075		3236.7	2.1486		3236.3	1.8795		3236.0	1.6701		3235.7	1.50267		3235.4
390	3.0562		3257.6	2.5461		3257.3	2.1817		3256.9	1.9085		3256.6	1.6959		3256.3	1.52592		3256.0
400	3.1025		3278.2	2.5847		3277.9	2.2149		3277.6	1.9375		3277.3	1.7218		3277.0	1.54916		3276.7
410	3.1488		3298.9	2.6233		3298.6	2.2480		3298.3	1.9665		3298.0	1.7476		3297.7	1.57240		3297.4
420	3.1951		3319.7	2.6619		3319.4	2.2811		3319.1	1.9955		3318.8	1.7733		3318.5	1.59563		3318.3
430	3.2414		3340.5	2.7006		3340.2	2.3142		3340.0	2.0245		3339.7	1.7991		3339.4	1.61885		3339.1
440	3.2877		3361.4	2.7391		3361.1	2.3473		3360.9	2.0535		3360.6	1.8249		3360.3	1.64206		3360.1
450	3.3340		3382.4	2.7777		3382.1	2.3804		3381.8	2.0824		3381.6	1.8507		3381.3	1.66527		3381.1
460	3.3803		3403.4	2.8163		3403.1	2.4135		3402.9	2.1114		3402.6	1.8764		3402.4	1.68847		3402.1
470	3.4265		3424.5	2.8549		3424.2	2.4466		3424.0	2.1404		3423.8	1.9022		3423.5	1.71167		3423.3
480	3.4728		3445.6	2.8935		3445.4	2.4797		3445.2	2.1693		3444.9	1.9280		3444.7	1.73486		3444.5
490	3.5191		3466.9	2.9321		3466.6	2.5128		3466.4	2.1983		3466.2	1.9537		3465.9	1.75805		3465.7
500	3.5653		3488.1	2.9706		3487.9	2.5458		3487.7	2.2273		3487.5	1.9795		3487.3	1.78123		3487.0
510	3.6116		3509.5	3.0092		3509.3	2.5789		3509.1	2.2562		3508.9	2.0052		3508.7	1.80441		3508.4
520	3.6578		3530.9	3.0477		3530.7	2.6120		3530.5	2.2851		3530.3	2.0309		3530.1	1.82758		3529.9
530	3.7041		3552.4	3.0863		3552.2	2.6450		3552.0	2.3141		3551.8	2.0567		3551.6	1.85075		3551.4
540	3.7503		3574.0	3.1248		3573.8	2.6781		3573.6	2.3430		3573.4	2.0824		3573.2	1.87392		3573.0
550	3.7965		3595.6	3.1634		3595.4	2.7111		3595.2	2.3719		3595.0	2.1081		3594.9	1.89708		3594.7
560	3.8428		3617.3	3.2019		3617.1	2.7442		3616.9	2.4009		3616.8	2.1339		3616.6	1.92024		3616.4

续表

t	0.22MPa t_s=123.270℃		0.24MPa t_s=126.091℃		0.26MPa t_s=128.727℃		0.28MPa t_s=131.203℃		0.30MPa t_s=133.540℃		0.32MPa t_s=135.754℃	
	v' = 0.0010636	h' = 517.62	v' = 0.0010663	h' = 529.63	v' = 0.0010688	h' = 540.87	v' = 0.0010712	h' = 551.44	v' = 0.0010735	h' = 561.43	v' = 0.0010757	h' = 570.90
	v'' = 0.80984	h'' = 2710.6	v'' = 0.74645	h'' = 2714.5	v'' = 0.69251	h'' = 2718.2	v'' = 0.64604	h'' = 2721.5	v'' = 0.60556	h'' = 2724.7	v'' = 0.56999	h'' = 2727.6
℃	m³/kg	kJ/kg	m³/kg	kJ/kg	m³/kg	kJ/kg	m³/kg	kJ/kg	m³/kg	kJ/kg	m³/kg	kJ/kg
0	0.0010001	0.18	0.0010001	0.20	0.0010001	0.22	0.0010001	0.24	0.0010001	0.26	0.0010001	0.29
10	0.0010001	42.21	0.0010001	42.23	0.0010001	42.25	0.0010001	42.27	0.0010001	42.29	0.0010001	42.31
20	0.0010016	84.07	0.0010016	84.09	0.0010016	84.10	0.0010016	84.12	0.0010016	84.14	0.0010016	84.16
30	0.0010042	125.86	0.0010042	125.88	0.0010042	125.90	0.0010042	125.91	0.0010042	125.93	0.0010042	125.95
40	0.0010077	167.64	0.0010077	167.66	0.0010077	167.68	0.0010077	167.69	0.0010077	167.71	0.0010077	167.73
50	0.0010120	209.43	0.0010120	209.45	0.0010120	209.47	0.0010120	209.49	0.0010120	209.50	0.0010120	209.52
60	0.0010171	251.26	0.0010170	251.28	0.0010170	251.29	0.0010170	251.31	0.0010170	251.33	0.0010170	251.34
70	0.0010228	293.13	0.0010228	293.14	0.0010227	293.16	0.0010227	293.18	0.0010227	293.19	0.0010227	293.21
80	0.0010291	335.05	0.0010291	335.07	0.0010291	335.09	0.0010291	335.10	0.0010291	335.12	0.0010291	335.13
90	0.0010361	377.06	0.0010361	377.07	0.0010361	377.09	0.0010360	377.10	0.0010360	377.12	0.0010360	377.13
100	0.0010436	419.15	0.0010436	419.17	0.0010436	419.18	0.0010436	419.20	0.0010436	419.21	0.0010436	419.23
110	0.0010518	461.37	0.0010518	461.39	0.0010518	461.40	0.0010518	461.42	0.0010518	461.43	0.0010518	461.44
120	0.0010608	503.73	0.0010606	503.75	0.0010606	503.76	0.0010606	503.78	0.0010606	503.79	0.0010606	503.80
130	0.82533	2724.9	0.75476	2722.9	0.69503	2720.9	0.0010700	546.31	0.0010700	546.33	0.0010700	546.34
140	0.84814	2746.0	0.77583	2744.2	0.71464	2742.4	0.66218	2740.6	0.61670	2738.8	0.57689	2736.9
150	0.87071	2766.9	0.79667	2765.3	0.73402	2763.7	0.68030	2762.1	0.63374	2760.4	0.59299	2758.8
160	0.89309	2787.7	0.81731	2786.2	0.75319	2784.8	0.69822	2783.3	0.65057	2781.8	0.60887	2780.3
170	0.91529	2808.3	0.83778	2807.0	0.77219	2805.6	0.71596	2804.3	0.66722	2803.0	0.62457	2801.6
180	0.93736	2828.8	0.85810	2827.6	0.79104	2826.4	0.73355	2825.2	0.68372	2824.0	0.64012	2822.7
190	0.95929	2849.2	0.87830	2848.1	0.80976	2847.0	0.75101	2845.9	0.70009	2844.8	0.65553	2843.7
200	0.98113	2869.5	0.89839	2868.5	0.82838	2867.5	0.76837	2866.5	0.71635	2865.5	0.67084	2864.5
210	1.00286	2889.8	0.91838	2888.9	0.84690	2887.9	0.78562	2887.0	0.73251	2886.1	0.68604	2885.2
220	1.02452	2910.0	0.93830	2909.2	0.86534	2908.3	0.80280	2907.5	0.74859	2906.6	0.70116	2905.8
230	1.04611	2930.2	0.95814	2929.4	0.88371	2928.7	0.81990	2927.9	0.76460	2927.1	0.71621	2926.3
240	1.06764	2950.4	0.97793	2949.7	0.90201	2948.9	0.83694	2948.2	0.78054	2947.5	0.73120	2946.8
250	1.08912	2970.6	0.99766	2969.9	0.92027	2969.2	0.85393	2968.6	0.79644	2967.9	0.74613	2967.2
260	1.11055	2990.7	1.01734	2990.1	0.93847	2989.5	0.87087	2988.9	0.81228	2988.2	0.76101	2987.6
270	1.13194	3010.9	1.03699	3010.3	0.95664	3009.8	0.88777	3009.2	0.82808	3008.6	0.77585	3008.0
280	1.15330	3031.1	1.05660	3030.6	0.97477	3030.0	0.90464	3029.5	0.84385	3028.9	0.79066	3028.4
290	1.17463	3051.3	1.07618	3050.8	0.99287	3050.3	0.92147	3049.8	0.85959	3049.3	0.80544	3048.8

续表

t	0.22MPa $t_s=$123.270℃		0.24MPa $t_s=$126.091℃		0.26MPa $t_s=$128.727℃		0.28MPa $t_s=$131.203℃		0.30MPa $t_s=$133.540℃		0.32MPa $t_s=$135.754℃	
	v' 0.0010636	h' 517.62	v' 0.0010663	h' 529.63	v' 0.0010688	h' 540.87	v' 0.0010712	h' 551.44	v' 0.0010735	h' 561.43	v' 0.0010757	h' 570.90
	v'' 0.80984	h'' 2710.6	v'' 0.74645	h'' 2714.5	v'' 0.69251	h'' 2718.2	v'' 0.64604	h'' 2721.5	v'' 0.60556	h'' 2724.7	v'' 0.56999	h'' 2727.6
℃	m³/kg	kJ/kg	m³/kg	kJ/kg	m³/kg	kJ/kg	m³/kg	kJ/kg	m³/kg	kJ/kg	m³/kg	kJ/kg
300	1.19593	3071.6	1.09573	3071.1	1.01095	3070.6	0.93828	3070.1	0.87529	3069.7	0.82018	3069.2
310	1.21720	3091.9	1.11526	3091.4	1.02900	3091.0	0.95506	3090.5	0.89098	3090.0	0.83491	3089.6
320	1.23846	3112.2	1.13477	3111.8	1.04702	3111.3	0.97182	3110.9	0.90664	3110.5	0.84961	3110.0
330	1.25969	3132.5	1.15425	3132.1	1.06503	3131.7	0.98856	3131.3	0.92228	3130.9	0.86429	3130.5
340	1.28091	3152.9	1.17372	3152.6	1.08303	3152.2	1.00528	3151.8	0.93791	3151.4	0.87895	3151.0
350	1.30212	3173.4	1.19318	3173.0	1.10100	3172.6	1.02199	3172.3	0.95352	3171.9	0.89360	3171.5
360	1.32331	3193.9	1.21262	3193.5	1.11896	3193.2	1.03869	3192.8	0.96911	3192.4	0.90824	3192.1
370	1.34448	3214.4	1.23205	3214.1	1.13692	3213.7	1.05537	3213.4	0.98470	3213.1	0.92286	3212.7
380	1.36565	3235.0	1.25147	3234.7	1.15485	3234.4	1.07204	3234.0	1.00027	3233.7	0.93747	3233.4
390	1.38681	3255.7	1.27088	3255.4	1.17278	3255.0	1.08870	3254.7	1.01583	3254.4	0.95207	3254.1
400	1.40795	3276.4	1.29028	3276.1	1.19070	3275.8	1.10536	3275.5	1.03139	3275.2	0.96666	3274.9
410	1.42909	3297.2	1.30967	3296.9	1.20861	3296.6	1.12200	3296.3	1.04693	3296.0	0.98125	3295.7
420	1.45022	3318.0	1.32905	3317.7	1.22652	3317.4	1.13863	3317.1	1.06247	3316.8	0.99582	3316.6
430	1.47134	3338.9	1.34842	3338.6	1.24441	3338.3	1.15526	3338.0	1.07800	3337.8	1.01039	3337.5
440	1.49246	3359.8	1.36779	3359.5	1.26230	3359.3	1.17188	3359.0	1.09352	3358.8	1.02495	3358.5
450	1.51357	3380.8	1.38715	3380.6	1.28019	3380.3	1.18850	3380.1	1.10904	3379.8	1.03951	3379.5
460	1.53468	3401.9	1.40651	3401.6	1.29806	3401.4	1.20511	3401.2	1.12455	3400.9	1.05406	3400.7
470	1.55577	3423.0	1.42586	3422.8	1.31593	3422.6	1.22171	3422.3	1.14005	3422.1	1.06860	3421.8
480	1.57687	3444.2	1.44521	3444.0	1.33380	3443.8	1.23831	3443.5	1.15555	3443.3	1.08314	3443.1
490	1.59796	3465.5	1.46455	3465.3	1.35166	3465.0	1.25490	3464.8	1.17105	3464.6	1.09767	3464.4
500	1.61904	3486.8	1.48388	3486.6	1.36952	3486.4	1.27149	3486.2	1.18654	3486.0	1.11220	3485.7
510	1.64012	3508.2	1.50322	3508.0	1.38737	3507.8	1.28808	3507.6	1.20202	3507.4	1.12672	3507.2
520	1.66120	3529.7	1.52254	3529.5	1.40522	3529.3	1.30466	3529.1	1.21751	3528.9	1.14125	3528.7
530	1.68227	3551.2	1.54187	3551.0	1.42307	3550.8	1.32124	3550.6	1.23298	3550.4	1.15576	3550.2
540	1.70334	3572.8	1.56119	3572.6	1.44091	3572.4	1.33781	3572.2	1.24846	3572.0	1.17028	3571.8
550	1.72440	3594.5	1.58051	3594.3	1.45875	3594.1	1.35438	3593.9	1.26393	3593.7	1.18479	3593.5
560	1.74547	3616.2	1.59982	3616.0	1.47658	3615.8	1.37095	3615.7	1.27940	3615.5	1.19929	3615.3

续表

t	0.34MPa $t_s=137.858℃$			0.36MPa $t_s=139.865℃$			0.38MPa $t_s=141.784℃$			0.40MPa $t_s=143.623℃$			0.42MPa $t_s=145.390℃$			0.44MPa $t_s=147.090℃$		
	v' v''	h' h''		v' v''	h' h''		v' v''	h' h''		v' v''	h' h''		v' v''	h' h''		v' v''	h' h''	
℃	0.0010779 0.53846	579.92 2730.3		0.0010799 0.51032	588.53 2732.9		0.0010819 0.48505	596.76 2735.3		0.0010839 0.46222	604.67 2737.6		0.0010858 0.44150	612.27 2739.8		0.0010876 0.42260	619.60 2741.9	
	m³/kg	kJ/kg		m³/kg	kJ/kg		m³/kg	kJ/kg		m³/kg	kJ/kg		m³/kg	kJ/kg		m³/kg	kJ/kg	
0	0.0010001	0.31		0.0010000	0.33		0.0010000	0.35		0.0010000	0.37		0.0010000	0.39		0.0010000	0.41	
10	0.0010001	42.32		0.0010001	42.34		0.0010001	42.36		0.0010001	42.38		0.0010001	42.40		0.0010000	42.42	
20	0.0010016	84.18		0.0010016	84.20		0.0010016	84.22		0.0010015	84.24		0.0010015	84.25		0.0010015	84.27	
30	0.0010042	125.97		0.0010041	125.99		0.0010041	126.01		0.0010041	126.02		0.0010041	126.04		0.0010041	126.06	
40	0.0010077	167.75		0.0010077	167.76		0.0010076	167.78		0.0010076	167.80		0.0010076	167.82		0.0010076	167.83	
50	0.0010120	209.54		0.0010120	209.56		0.0010119	209.57		0.0010119	209.59		0.0010119	209.61		0.0010119	209.62	
60	0.0010170	251.36		0.0010170	251.38		0.0010170	251.39		0.0010170	251.41		0.0010170	251.43		0.0010170	251.44	
70	0.0010227	293.22		0.0010227	293.24		0.0010227	293.26		0.0010227	293.27		0.0010227	293.29		0.0010227	293.31	
80	0.0010291	335.15		0.0010290	335.16		0.0010290	335.18		0.0010290	335.20		0.0010290	335.21		0.0010290	335.23	
90	0.0010360	377.15		0.0010360	377.16		0.0010360	377.18		0.0010360	377.19		0.0010360	377.21		0.0010360	377.23	
100	0.0010436	419.24		0.0010436	419.26		0.0010436	419.27		0.0010436	419.29		0.0010435	419.30		0.0010435	419.32	
110	0.0010518	461.46		0.0010517	461.47		0.0010517	461.49		0.0010517	461.50		0.0010517	461.52		0.0010517	461.53	
120	0.0010605	503.82		0.0010605	503.83		0.0010605	503.85		0.0010605	503.86		0.0010605	503.88		0.0010605	503.89	
130	0.0010700	546.35		0.0010700	546.37		0.0010700	546.38		0.0010699	546.39		0.0010699	546.41		0.0010699	546.42	
140	0.54176	2735.1		0.51052	2733.2		0.0010800	589.12		0.0010800	589.13		0.0010800	589.14		0.0010800	589.16	
150	0.55702	2757.1		0.52504	2755.4		0.49642	2753.7		0.47066	2752.0		0.44734	2750.3		0.42614	2748.5	
160	0.57207	2778.8		0.53935	2777.3		0.51007	2775.8		0.48371	2774.2		0.45985	2772.7		0.43816	2771.1	
170	0.58693	2800.3		0.55347	2798.9		0.52352	2797.5		0.49657	2796.1		0.47217	2794.7		0.44999	2793.3	
180	0.60164	2821.5		0.56743	2820.3		0.53682	2819.0		0.50926	2817.8		0.48433	2816.5		0.46166	2815.2	
190	0.61621	2842.6		0.58126	2841.4		0.54998	2840.3		0.52182	2839.2		0.49635	2838.0		0.47318	2836.9	
200	0.63067	2863.5		0.59497	2862.4		0.56302	2861.4		0.53426	2860.4		0.50824	2859.3		0.48459	2858.3	
210	0.64503	2884.2		0.60858	2883.3		0.57596	2882.4		0.54660	2881.4		0.52004	2880.5		0.49589	2879.5	
220	0.65931	2904.9		0.62211	2904.1		0.58882	2903.2		0.55885	2902.3		0.53174	2901.5		0.50709	2900.6	
230	0.67351	2925.5		0.63556	2924.7		0.60160	2923.9		0.57103	2923.1		0.54337	2922.3		0.51823	2921.5	
240	0.68765	2946.1		0.64895	2945.3		0.61431	2944.6		0.58314	2943.9		0.55494	2943.1		0.52930	2942.4	
250	0.70174	2966.5		0.66228	2965.9		0.62697	2965.2		0.59519	2964.5		0.56644	2963.8		0.54030	2963.1	
260	0.71577	2987.0		0.67556	2986.4		0.63958	2985.7		0.60720	2985.1		0.57790	2984.5		0.55127	2983.8	
270	0.72977	3007.4		0.68881	3006.8		0.65215	3006.2		0.61916	3005.6		0.58932	3005.1		0.56218	3004.5	
280	0.74373	3027.8		0.70201	3027.3		0.66469	3026.7		0.63109	3026.2		0.60070	3025.6		0.57306	3025.1	
290	0.75766	3048.3		0.71519	3047.7		0.67719	3047.2		0.64298	3046.7		0.61204	3046.2		0.58391	3045.7	

续表

	0.34MPa $t_s=137.858$℃			0.36MPa $t_s=139.865$℃			0.38MPa $t_s=141.784$℃			0.40MPa $t_s=143.623$℃			0.42MPa $t_s=145.390$℃			0.44MPa $t_s=147.090$℃		
	v' 0.0010779		h' 579.92	v' 0.0010799		h' 588.53	v' 0.0010819		h' 596.76	v' 0.0010839		h' 604.67	v' 0.0010858		h' 612.27	v' 0.0010876		h' 619.60
	v'' 0.53846		h'' 2730.3	v'' 0.51032		h'' 2732.9	v'' 0.48505		h'' 2735.3	v'' 0.46222		h'' 2737.6	v'' 0.44150		h'' 2739.8	v'' 0.42260		h'' 2741.9
t ℃	m³/kg		kJ/kg	m³/kg		kJ/kg	m³/kg		kJ/kg	m³/kg		kJ/kg	m³/kg		kJ/kg	m³/kg		kJ/kg
300	0.77156		3068.7	0.72833		3068.2	0.68966		3067.7	0.65485		3067.2	0.62336		3066.7	0.59473		3066.2
310	0.78543		3089.1	0.74145		3088.7	0.70211		3088.2	0.66669		3087.7	0.63465		3087.3	0.60552		3086.8
320	0.79928		3109.6	0.75455		3109.1	0.71453		3108.7	0.67851		3108.3	0.64592		3107.8	0.61629		3107.4
330	0.81312		3130.1	0.76763		3129.7	0.72694		3029.2	0.69031		3128.8	0.65717		3128.4	0.62704		3128.0
340	0.82693		3150.6	0.78070		3150.2	0.73932		3149.8	0.70209		3149.4	0.66840		3149.0	0.63777		3148.6
350	0.84074		3171.1	0.79374		3170.8	0.75170		3170.4	0.71385		3170.0	0.67962		3169.6	0.64849		3169.2
360	0.85452		3191.7	0.80678		3191.4	0.76406		3191.0	0.72561		3190.6	0.69082		3190.3	0.65919		3189.9
370	0.86830		3212.4	0.81980		3212.0	0.77640		3211.7	0.73735		3211.3	0.70201		3211.0	0.66988		3210.6
380	0.88206		3233.0	0.83281		3232.7	0.78874		3232.4	0.74907		3232.1	0.71319		3231.7	0.68056		3231.4
390	0.89581		3253.8	0.84580		3253.5	0.80106		3253.1	0.76079		3252.8	0.72435		3252.5	0.69123		3252.2
400	0.90956		3274.6	0.85879		3274.2	0.81337		3273.9	0.77250		3273.6	0.73551		3273.3	0.70189		3273.0
410	0.92329		3295.4	0.87177		3295.1	0.82568		3294.8	0.78420		3294.5	0.74666		3294.2	0.71254		3293.9
420	0.93702		3316.3	0.88475		3316.0	0.83798		3315.7	0.79589		3315.4	0.75780		3315.1	0.72318		3314.9
430	0.95074		3337.2	0.89771		3336.9	0.85027		3336.7	0.80757		3336.4	0.76894		3336.1	0.73382		3335.9
440	0.96445		3358.2	0.91067		3358.0	0.86255		3357.7	0.81925		3357.4	0.78007		3357.2	0.74445		3356.9
450	0.97816		3379.3	0.92362		3379.0	0.87483		3378.8	0.83092		3378.5	0.79119		3378.3	0.75507		3378.0
460	0.99186		3400.4	0.93657		3400.2	0.88710		3399.9	0.84258		3399.7	0.80230		3399.4	0.76568		3399.2
470	1.00555		3421.6	0.94951		3421.4	0.89937		3421.1	0.85424		3420.9	0.81341		3420.6	0.77629		3420.4
480	1.01924		3442.8	0.96245		3442.6	0.91163		3442.4	0.86590		3442.1	0.82452		3441.9	0.78690		3441.7
490	1.03293		3464.1	0.97538		3463.9	0.92389		3463.7	0.87755		3463.5	0.83562		3463.2	0.79750		3463.0
500	1.04661		3485.5	0.98831		3485.3	0.93614		3485.1	0.88919		3484.9	0.84671		3484.6	0.80810		3484.4
510	1.06029		3507.0	1.00123		3506.7	0.94839		3506.5	0.90083		3506.3	0.85780		3506.1	0.81869		3505.9
520	1.07396		3528.5	1.01415		3528.2	0.96063		3528.0	0.91247		3527.8	0.86889		3527.6	0.82927		3527.4
530	1.08763		3550.0	1.02706		3549.8	0.97287		3549.6	0.92410		3549.4	0.87997		3549.2	0.83986		3549.0
540	1.10129		3571.6	1.03997		3571.5	0.98511		3571.3	0.93573		3571.1	0.89105		3570.9	0.85044		3570.7
550	1.11495		3593.3	1.05288		3593.2	0.99734		3593.0	0.94735		3592.8	0.90213		3592.6	0.86101		3592.4
560	1.12861		3615.1	1.06578		3614.9	1.00957		3614.7	0.95897		3614.6	0.91320		3614.4	0.87101		3614.2

续表

	0.46MPa t_s=148.729℃		0.48MPa t_s=150.313℃		0.50MPa t_s=151.844℃		0.55MPa t_s=155.468℃		0.60MPa t_s=158.838℃		0.65MPa t_s=161.990℃	
	v'	h'	v'	h'	v'	h'	v'	h'	v'	h'	v'	h'
	0.0010894	626.67	0.0010911	633.50	0.0010928	640.12	0.0010969	655.80	0.011009	670.42	0.0011046	684.14
	v''	h''	v''	h''	v''	h''	v''	h''	v''	h''	v''	h''
	0.40528	2743.9	0.38936	2745.7	0.37468	2747.5	0.34248	2751.7	0.31547	2755.5	0.29249	2758.9
t ℃	m³/kg	kJ/kg	m³/kg	kJ/kg	m³/kg	kJ/kg	m³/kg	kJ/kg	m³/kg	kJ/kg	m³/kg	kJ/kg
0	0.0010000	0.43	0.0010000	0.45	0.0010000	0.47	0.0009999	0.52	0.0009999	0.57	0.0009999	0.62
10	0.0010000	42.44	0.0010000	42.46	0.0010000	42.48	0.0010000	42.53	0.0010000	42.58	0.0009999	42.63
20	0.0010015	84.29	0.0010015	84.31	0.0010015	84.33	0.0010015	84.38	0.0010015	84.42	0.0010014	84.47
30	0.0010041	126.08	0.0010041	126.10	0.0010041	126.12	0.0010041	126.16	0.0010040	126.21	0.0010040	126.25
40	0.0010076	167.85	0.0010076	167.87	0.0010076	167.89	0.0010076	167.93	0.0010075	167.98	0.0010075	168.02
50	0.0010119	209.64	0.0010119	209.66	0.0010119	209.68	0.0010119	209.72	0.0010119	209.76	0.0010118	209.80
60	0.0010169	251.46	0.0010169	251.48	0.0010169	251.49	0.0010169	251.54	0.0010169	251.58	0.0010169	251.62
70	0.0010226	293.32	0.0010226	293.34	0.0010226	293.36	0.0010226	293.40	0.0010226	293.44	0.0010226	293.48
80	0.0010290	335.24	0.0010290	335.26	0.0010290	335.28	0.0010289	335.32	0.0010289	335.36	0.0010289	335.40
90	0.0010360	377.24	0.0010359	377.26	0.0010359	377.27	0.0010359	377.31	0.0010359	377.35	0.0010359	377.39
100	0.0010435	419.33	0.0010435	419.35	0.0010435	419.36	0.0010435	419.40	0.0010434	419.44	0.0010434	419.48
110	0.0010517	461.55	0.0010517	461.56	0.0010517	461.57	0.0010516	461.61	0.0010516	461.65	0.0010516	461.68
120	0.0010605	503.90	0.0010605	503.92	0.0010605	503.93	0.0010604	503.97	0.0010604	504.00	0.0010604	504.04
130	0.0010699	546.43	0.0010699	546.45	0.0010699	546.46	0.0010699	546.50	0.0010698	546.53	0.0010698	546.56
140	0.0010800	589.17	0.0010800	589.18	0.0010800	589.20	0.0010799	589.23	0.0010799	589.26	0.0010799	589.29
150	0.40677	2746.8	0.0010908	632.15	0.0010908	632.16	0.0010907	632.20	0.0010907	632.23	0.0010907	632.26
160	0.41835	2769.5	0.40019	2768.0	0.38347	2766.4	0.34698	2762.3	0.31655	2758.2	0.0011022	675.49
170	0.42974	2791.9	0.41117	2790.5	0.39408	2789.1	0.35677	2785.4	0.32567	2781.8	0.29933	2778.0
180	0.44096	2814.0	0.42198	2812.7	0.40451	2811.4	0.36639	2808.1	0.33461	2804.8	0.30770	2801.5
190	0.45203	2835.7	0.43264	2834.6	0.41480	2833.4	0.37586	2830.4	0.34339	2827.5	0.31591	2824.4
200	0.46298	2857.2	0.44318	2856.2	0.42496	2855.1	0.38519	2852.5	0.35204	2849.7	0.32398	2847.0
210	0.47383	2878.6	0.45361	2877.6	0.43501	2876.6	0.39442	2874.2	0.36058	2871.7	0.33194	2869.2
220	0.48459	2899.7	0.46396	2898.8	0.44497	2898.0	0.40355	2895.7	0.36903	2893.5	0.33980	2891.2
230	0.49527	2920.7	0.47422	2919.9	0.45486	2919.1	0.41260	2917.1	0.37739	2915.0	0.34758	2912.9
240	0.50588	2941.6	0.48442	2940.9	0.46467	2940.1	0.42159	2938.3	0.38568	2936.4	0.35529	2934.4
250	0.51644	2962.4	0.49456	2961.8	0.47443	2961.1	0.43051	2959.3	0.39391	2957.6	0.36293	2955.8
260	0.52694	2983.2	0.50465	2982.5	0.48414	2981.9	0.43938	2980.3	0.40208	2978.7	0.37052	2977.0
270	0.53741	3003.9	0.51470	3003.3	0.49380	3002.7	0.44821	3001.2	0.41021	2999.7	0.37806	2998.1
280	0.54783	3024.5	0.52470	3024.0	0.50343	3023.4	0.45700	3022.0	0.41831	3020.6	0.38556	3019.2
290	0.55822	3045.1	0.53468	3044.6	0.51302	3044.1	0.46575	3042.8	0.42636	3041.5	0.39303	3040.1

续表

t	0.46MPa, t_s=148.729℃			0.48MPa, t_s=150.313℃			0.50MPa, t_s=151.844℃			0.55MPa, t_s=155.468℃			0.60MPa, t_s=158.838℃			0.65MPa, t_s=161.990℃		
	v' 0.0010894	h' 626.67		v' 0.0010911	h' 633.50		v' 0.0010928	h' 640.12		v' 0.0010969	h' 655.80		v' 0.0011009	h' 670.42		v' 0.0011046	h' 684.14	
	v'' 0.40528	h'' 2743.9		v'' 0.38936	h'' 2745.7		v'' 0.37468	h'' 2747.5		v'' 0.34248	h'' 2751.7		v'' 0.31547	h'' 2755.5		v'' 0.29249	h'' 2758.9	
℃	m³/kg	kJ/kg		m³/kg	kJ/kg		m³/kg	kJ/kg		m³/kg	kJ/kg		m³/kg	kJ/kg		m³/kg	kJ/kg	
300	0.56859	3065.7		0.54462	3065.2		0.52258	3064.8		0.47448	3063.5		0.43439	3062.3		0.40047	3061.0	
310	0.57892	3086.3		0.55454	3085.9		0.53211	3085.4		0.48317	3084.2		0.44239	3083.1		0.40788	3081.9	
320	0.58924	3107.0		0.56444	3106.5		0.54163	3106.1		0.49185	3105.0		0.45037	3103.9		0.41527	3102.8	
330	0.59953	3127.6		0.57432	3127.2		0.55112	3126.7		0.50051	3125.7		0.45832	3124.6		0.42263	3123.6	
340	0.60981	3148.2		0.58418	3147.8		0.56060	3147.4		0.50914	3146.4		0.46626	3145.4		0.42998	3144.4	
350	0.62007	3168.9		0.59402	3168.5		0.57005	3168.1		0.51776	3167.2		0.47419	3166.2		0.43731	3165.3	
360	0.63032	3189.6		0.60385	3189.2		0.57950	3188.8		0.52637	3187.9		0.48209	3187.0		0.44463	3186.1	
370	0.64055	3210.3		0.61367	3209.9		0.58893	3209.6		0.53496	3208.7		0.48999	3207.9		0.45193	3207.0	
380	0.65078	3231.1		0.62347	3230.7		0.59835	3230.4		0.54354	3229.6		0.49787	3228.7		0.45922	3227.9	
390	0.66099	3251.9		0.63327	3251.5		0.60776	3251.2		0.55212	3250.4		0.50574	3249.6		0.46650	3248.8	
400	0.67119	3272.7		0.64305	3272.4		0.61716	3272.1		0.56068	3271.3		0.51361	3270.6		0.47378	3269.8	
410	0.68139	3293.6		0.65283	3293.3		0.62655	3293.0		0.56923	3292.3		0.52146	3291.6		0.48104	3290.8	
420	0.69157	3314.6		0.66260	3314.3		0.63594	3314.0		0.57777	3313.3		0.52931	3312.6		0.48829	3311.9	
430	0.70175	3335.6		0.67236	3335.3		0.64531	3335.0		0.58631	3334.3		0.53714	3333.7		0.49554	3333.0	
440	0.71192	3356.6		0.68211	3356.4		0.65468	3356.1		0.59484	3355.4		0.54497	3354.8		0.50278	3354.1	
450	0.72209	3377.7		0.69186	3377.5		0.66405	3377.2		0.60337	3376.6		0.55280	3376.0		0.51001	3375.3	
460	0.73225	3398.9		0.70160	3398.7		0.67340	3398.4		0.61189	3397.8		0.56062	3397.2		0.51724	3396.6	
470	0.74240	3420.2		0.71134	3419.9		0.68276	3419.7		0.62040	3419.1		0.56843	3418.5		0.52446	3417.9	
480	0.75255	3441.4		0.72107	3441.2		0.69210	3441.0		0.62891	3440.4		0.57624	3439.8		0.53168	3439.2	
490	0.76270	3462.8		0.73079	3462.6		0.70144	3462.3		0.63741	3461.8		0.58404	3461.2		0.53889	3460.6	
500	0.77284	3484.2		0.74052	3484.0		0.71078	3483.8		0.64591	3483.2		0.59184	3482.7		0.54610	3482.1	
510	0.78297	3505.7		0.75023	3505.5		0.72011	3505.3		0.65440	3504.7		0.59964	3504.2		0.55330	3503.7	
520	0.79310	3527.2		0.75995	3527.0		0.72944	3526.8		0.66289	3526.3		0.60743	3525.8		0.56050	3525.3	
530	0.80323	3548.8		0.76966	3548.6		0.73877	3548.4		0.67138	3547.9		0.61521	3547.4		0.56769	3546.9	
540	0.81335	3570.5		0.77936	3570.3		0.74809	3570.1		0.67986	3569.6		0.62300	3569.1		0.57488	3568.6	
550	0.82348	3592.2		0.78906	3592.0		0.75741	3591.8		0.68834	3591.4		0.63078	3590.9		0.58207	3590.4	
560	0.83359	3614.0		0.79876	3613.8		0.76672	3613.6		0.69681	3613.2		0.63855	3612.7		0.58926	3612.3	

t	0.70MPa t_s=164.956℃ 0.0011082 v' v'' 0.27268 m³/kg		0.75MPa t_s=167.758℃ 0.0011116 v' v'' 0.25543 m³/kg		0.80MPa t_s=170.415℃ 0.0011150 v' v'' 0.24026 m³/kg		0.85MPa t_s=172.944℃ 0.0011182 v' v'' 0.22681 m³/kg		0.90MPa t_s=175.358℃ 0.0011213 v' v'' 0.21481 m³/kg		0.95MPa t_s=177.668℃ 0.0011244 v' v'' 0.20403 m³/kg	
		697.06 h' 2762.0 h''		709.30 h' 2764.8 h''		720.94 h' 2767.5 h''		732.03 h' 2769.9 h''		742.64 h' 2772.1 h''		752.82 h' 2774.2 h''
℃	m³/kg	kJ/kg	m³/kg	kJ/kg	m³/kg	kJ/kg	m³/kg	kJ/kg	m³/kg	kJ/kg	m³/kg	kJ/kg
0	0.0009999	0.67	0.0009998	0.73	0.0009998	0.78	0.0009998	0.83	0.0009998	0.88	0.0009997	0.93
10	0.0009999	42.68	0.0009999	42.73	0.0009999	42.77	0.0009999	42.82	0.0009998	42.87	0.0009998	42.92
20	0.0010014	84.52	0.0010014	84.57	0.0010014	84.61	0.0010013	84.66	0.0010013	84.71	0.0010013	84.75
30	0.0010040	126.30	0.0010040	126.34	0.0010040	126.39	0.0010039	126.43	0.0010039	126.48	0.0010039	126.53
40	0.0010075	168.07	0.0010075	168.11	0.0010075	168.15	0.0010074	168.20	0.0010074	168.24	0.0010074	168.29
50	0.0010118	209.85	0.0010118	209.89	0.0010118	209.93	0.0010117	209.98	0.0010117	210.02	0.0010117	210.06
60	0.0010168	251.66	0.0010168	251.70	0.0010168	251.93	0.0010168	251.79	0.0010167	251.83	0.0010167	251.87
70	0.0010225	293.52	0.0010225	293.56	0.0010225	293.60	0.0010225	293.64	0.0010224	293.68	0.0010224	293.72
80	0.0010289	335.43	0.0010289	335.47	0.0010288	335.51	0.0010288	335.55	0.0010288	335.59	0.0010288	335.63
90	0.0010358	377.43	0.0010358	377.47	0.0010358	377.50	0.0010358	377.54	0.0010357	377.58	0.0010357	377.62
100	0.0010434	419.51	0.0010434	419.55	0.0010433	419.59	0.0010433	419.63	0.0010433	419.66	0.0010433	419.70
110	0.0010516	461.72	0.0010515	461.76	0.0010515	461.79	0.0010515	461.83	0.0010514	461.87	0.0010514	461.90
120	0.0010603	504.07	0.0010603	504.11	0.0010603	504.14	0.0010603	504.18	0.0010602	504.21	0.0010602	504.25
130	0.0010698	546.60	0.0010697	546.63	0.0010697	546.66	0.0010697	546.70	0.0010696	546.73	0.0010696	546.77
140	0.0010798	589.33	0.0010798	589.36	0.0010798	589.39	0.0010797	589.42	0.0010797	589.46	0.0010797	589.49
150	0.0010906	632.99	0.0010906	632.32	0.0010906	632.35	0.0010905	632.38	0.0010905	632.41	0.0010905	632.44
160	0.0011022	675.52	0.0011021	375.55	0.0011021	675.58	0.0011021	675.61	0.0011020	675.64	0.0011020	675.67
170	0.27673	2774.2	0.25713	2770.4	0.0011144	719.12	0.0011144	719.15	0.0011144	719.18	0.0011143	719.20
180	0.28461	2798.0	0.26459	2794.6	0.24706	2791.1	0.23158	2787.5	0.21781	2783.9	0.20548	2780.2
190	0.29234	2821.4	0.27190	2818.2	0.25400	2815.1	0.23820	2811.9	0.22414	2808.6	0.21156	2805.3
200	0.29992	2844.2	0.27905	2841.4	0.26079	2838.6	0.24466	2835.7	0.23032	2832.7	0.21748	2829.8
210	0.30738	2866.7	0.28609	2864.2	0.26746	2861.6	0.25100	2859.0	0.23637	2856.3	0.22328	2853.7
220	0.31475	2888.9	0.29303	2886.6	0.27402	2884.2	0.25724	2881.9	0.24231	2879.5	0.00896	2877.0
230	0.32203	2910.8	0.29988	2908.7	0.28049	2906.6	0.26338	2904.4	0.24816	2902.2	0.23454	2900.0
240	0.32923	2932.5	0.30665	2930.6	0.28688	2928.6	0.26944	2926.6	0.25393	2924.6	0.24005	2922.6
250	0.33637	2954.0	0.31336	2952.2	0.29321	2950.4	0.27543	2948.6	0.25963	2946.8	0.24548	2944.9
260	0.34346	2975.4	0.32001	2973.7	0.29948	2972.1	0.28137	2970.4	0.26527	2968.7	0.25086	2967.0
270	0.35050	2996.6	0.32661	2995.1	0.30571	2993.5	0.28726	2992.0	0.27086	2990.4	0.25618	2988.8
280	0.35750	3017.7	0.33317	3016.3	0.31189	3014.9	0.29310	3013.4	0.27640	3012.0	0.26146	3010.5
290	0.36446	3038.8	0.33970	3037.4	0.31803	3036.1	0.29891	3034.7	0.28191	3033.4	0.26670	3032.0

续表

t	0.70MPa, $t_s=164.956℃$			0.75MPa, $t_s=167.758℃$			0.80MPa, $t_s=170.415℃$			0.85MPa, $t_s=172.944℃$			0.90MPa, $t_s=175.358℃$			0.95MPa, $t_s=177.668℃$		
	v' 0.0011082	h' 697.06		v' 0.0011116	h' 709.30		v' 0.0011150	h' 720.94		v' 0.0011182	h' 732.03		v' 0.0011213	h' 742.64		v' 0.0011244	h' 752.82	
	v'' 0.27268	h'' 2762.0		v'' 0.25543	h'' 2764.8		v'' 0.24026	h'' 2767.5		v'' 0.22681	h'' 2769.9		v'' 0.21481	h'' 2772.1		v'' 0.20403	h'' 2774.2	
℃	m³/kg	kJ/kg		m³/kg	kJ/kg		m³/kg	kJ/kg		m³/kg	kJ/kg		m³/kg	kJ/kg		m³/kg	kJ/kg	
300	0.37139	3059.8		0.34619	3058.5		0.32414	3057.3		0.30468	3056.0		0.28739	3054.7		0.27191	3053.4	
310	0.37830	3080.7		0.35266	3079.5		0.33023	3078.3		0.31043	3077.2		0.29283	3076.0		0.27709	3074.8	
320	0.38518	3101.6		0.35910	3100.5		0.33629	3099.4		0.31615	3098.3		0.29825	3097.1		0.28224	3096.0	
330	0.39204	3122.5		0.36552	3121.5		0.34232	3120.4		0.32185	3119.3		0.30365	3118.3		0.28737	3117.2	
340	0.39888	3143.4		0.37193	3142.4		0.34834	3141.4		0.32753	3140.4		0.30903	3139.4		0.29248	3138.4	
350	0.40571	3164.3		0.37831	3163.4		0.35434	3162.4		0.33320	3161.4		0.31440	3160.5		0.29757	3159.5	
360	0.41252	3185.2		0.38468	3184.3		0.36033	3183.4		0.33884	3182.5		0.31974	3181.5		0.30265	3180.6	
370	0.41931	3206.1		0.39104	3205.3		0.36631	3204.4		0.34448	3203.5		0.32508	3202.6		0.30772	3201.8	
380	0.42610	3227.1		0.39739	3226.2		0.37227	3225.4		0.35010	3224.6		0.33040	3223.7		0.31277	3222.9	
390	0.43287	3248.0		0.40372	3247.2		0.37822	3246.4		0.35571	3245.6		0.33571	3244.8		0.31781	3244.0	
400	0.43964	3269.0		0.41005	3268.3		0.38416	3267.5		0.36131	3266.7		0.34101	3266.0		0.32284	3265.2	
410	0.44639	3290.1		0.41636	3289.3		0.39009	3288.6		0.36691	3287.8		0.34630	3287.1		0.32786	3286.4	
420	0.45314	3311.2		0.42267	3310.4		0.39601	3309.7		0.37249	3309.0		0.35158	3308.3		0.33287	3307.6	
430	0.45988	3332.3		0.42897	3331.6		0.40193	3330.9		0.37807	3330.2		0.35686	3329.5		0.33788	3328.8	
440	0.46661	3353.4		0.43527	3352.8		0.40784	3352.1		0.38364	3351.5		0.36212	3350.8		0.34288	3350.1	
450	0.47334	3374.7		0.44155	3374.0		0.41374	3373.4		0.38920	3372.7		0.36739	3372.1		0.34787	3371.5	
460	0.48006	3395.9		0.44783	3395.3		0.41964	3394.7		0.39476	3394.1		0.37264	3393.5		0.35285	3392.8	
470	0.48677	3417.3		0.45411	3416.7		0.42553	3416.1		0.40031	3415.5		0.37789	3414.9		0.35783	3414.3	
480	0.49348	3438.6		0.46038	3438.1		0.43141	3437.5		0.40585	3436.9		0.38314	3436.3		0.36281	3435.7	
490	0.50019	3460.1		0.46664	3459.5		0.43729	3459.0		0.41140	3458.4		0.38838	3457.8		0.36778	3457.3	
500	0.50689	3481.6		0.47290	3481.0		0.44317	3480.5		0.41693	3479.9		0.39361	3479.4		0.37274	3478.8	
510	0.51358	3503.1		0.47916	3502.6		0.44904	3502.1		0.42246	3501.5		0.39884	3501.0		0.37771	3500.5	
520	0.52027	3524.7		0.48541	3524.2		0.45491	3523.7		0.42799	3523.2		0.40407	3522.7		0.38266	3522.2	
530	0.52696	3546.4		0.49166	3545.9		0.46077	3545.4		0.43352	3544.9		0.40929	3544.4		0.38762	3543.9	
540	0.53365	3568.1		0.49791	3567.7		0.46663	3567.2		0.43904	3566.7		0.41451	3566.2		0.39256	3565.7	
550	0.54033	3589.9		0.50415	3589.5		0.47249	3589.0		0.44456	3588.5		0.41973	3588.1		0.39751	3587.6	
560	0.54700	3611.8		0.51038	3611.3		0.47834	3610.9		0.45007	3610.4		0.42494	3610.0		0.40245	3609.5	

续表

t	1.00MPa t_s=179.884℃			1.05MPa t_s=182.015℃			1.10MPa t_s=184.067℃			1.15MPa t_s=186.048℃			1.20MPa t_s=187.961℃			1.25MPa t_s=189.814℃		
	v' 0.0011274			v' 0.0011303			v' 0.0011331			v' 0.0011359			v' 0.0011386			v' 0.0011412			h' 806.69
	v'' 0.19429			v'' 0.18545			v'' 0.17738			v'' 0.16999			v'' 0.16320			v'' 0.15693			h'' 2784.1
℃	m³/kg		kJ/kg	m³/kg		kJ/kg	m³/kg		kJ/kg	m³/kg		kJ/kg	m³/kg		kJ/kg	m³/kg		kJ/kg
0	0.0009997		0.98	0.0009997		0.997	0.0009997		1.08	0.0009996		1.13	0.0009996		1.18	0.0009996		1.24
10	0.0009998		42.97	0.0009998		43.02	0.0009997		43.07	0.0009997		43.12	0.0009997		43.16	0.0009997		43.21
20	0.0010013		84.80	0.0010012		84.85	0.0010012		84.89	0.0010012		84.94	0.0010012		84.99	0.0010012		85.04
30	0.0010039		126.57	0.0010038		126.62	0.0010038		126.66	0.0010038		126.71	0.0010038		126.75	0.0010038		126.80
40	0.0010074		168.33	0.0010073		168.37	0.0010073		168.42	0.0010073		168.46	0.0010073		168.51	0.0010073		168.55
50	0.0010117		210.11	0.0010116		210.15	0.0010116		210.19	0.0010116		210.24	0.0010116		210.28	0.0010116		210.32
60	0.0010167		251.91	0.0010167		251.95	0.0010167		252.00	0.0010166		252.04	0.0010166		252.08	0.0010166		252.12
70	0.0010224		293.76	0.0010224		293.80	0.0010223		293.84	0.0010223		293.89	0.0010223		293.93	0.0010223		293.97
80	0.0010287		335.67	0.0010287		335.71	0.0010287		335.75	0.0010287		335.79	0.0010286		335.83	0.0010286		335.87
90	0.0010357		377.66	0.0010357		377.70	0.0010356		377.74	0.0010356		377.77	0.0010356		377.81	0.0010356		377.85
100	0.0010432		419.74	0.0010432		419.78	0.0010432		419.81	0.0010432		419.85	0.0010431		419.89	0.0010431		419.93
110	0.0010514		461.94	0.0010514		461.97	0.0010513		462.01	0.0010513		462.05	0.0010513		462.08	0.0010513		462.12
120	0.0010602		504.28	0.0010601		504.32	0.0010601		504.35	0.0010601		504.39	0.0010601		504.42	0.0010600		504.46
130	0.0010796		546.80	0.0010695		546.83	0.0010695		546.87	0.0010695		546.90	0.0010695		546.94	0.0010694		546.97
140	0.0010796		589.52	0.0010796		589.55	0.0010796		589.59	0.0010795		589.62	0.0010795		589.65	0.0010795		589.68
150	0.0010904		632.47	0.0010904		632.51	0.0010903		632.54	0.0010903		632.57	0.0010903		632.60	0.0010902		632.63
160	0.0011019		675.70	0.0011019		675.73	0.0011019		675.76	0.0011018		675.79	0.0011018		675.82	0.0011018		675.84
170	0.0011143		719.23	0.0011142		719.26	0.0011142		719.29	0.0011142		719.31	0.0011141		719.34	0.0011141		719.37
180				0.0011275		763.14	0.0011274		763.17	0.0011274		763.19	0.0011274		763.22	0.0011273		763.24
180	0.19436		2776.5	0.18895		2798.6	0.18061		2795.2	0.17207		2791.7	0.16424		2788.2	0.15702		2784.6
190	0.20022		2802.0															
200	0.20592		2826.8	0.19545		2823.8	0.18592		2820.7	0.17722		2817.6	0.16923		2814.4	0.16188		2811.2
210	0.21148		2851.0	0.20080		2848.2	0.19109		2845.5	0.18222		2842.7	0.17408		2839.8	0.16659		2837.0
220	0.21693		2874.6	0.20604		2872.1	0.19614		2869.6	0.18710		2867.1	0.17880		2864.5	0.17117		2861.9
230	0.22228		2897.8	0.21119		2895.5	0.20109		2893.2	0.19187		2891.0	0.18342		2888.6	0.17564		2886.3
240	0.22755		2920.6	0.21624		2918.5	0.20596		2916.4	0.19656		2914.4	0.18795		2912.2	0.18002		2910.1
250	0.23275		2943.0	0.22122		2941.2	0.21075		2939.3	0.20118		2937.4	0.19240		2935.4	0.18433		2933.5
260	0.23789		2965.2	0.22615		2963.5	0.21547		2961.8	0.20573		2960.0	0.19679		2958.2	0.18856		2956.5
270	0.24297		2987.2	0.23102		2985.6	0.22015		2984.0	0.21022		2982.4	0.20112		2980.8	0.19274		2979.1
280	0.24801		3009.0	0.23584		3007.5	0.22477		3006.0	0.21467		3004.5	0.20540		3003.0	0.19688		3001.5
290	0.25301		3030.6	0.24062		3029.3	0.22936		3027.9	0.21907		3026.5	0.20964		3025.1	0.20097		3023.6

续表

t	1.00MPa $t_s=179.884℃$			1.05MPa $t_s=182.015℃$			1.10MPa $t_s=184.067℃$			1.15MPa $t_s=186.048℃$			1.20MPa $t_s=187.961℃$			1.25MPa $t_s=189.814℃$		
	v' 0.0011274	h' 762.61		v' 0.0011303	h' 772.03		v' 0.0011331	h' 781.13		v' 0.0011359	h' 789.92		v' 0.0011386	h' 798.43		v' 0.0011412	h' 806.69	
	v'' 0.19429	h'' 2776.2		v'' 0.18545	h'' 2778.0		v'' 0.17738	h'' 2779.7		v'' 0.16999	h'' 2781.3		v'' 0.16320	h'' 2782.7		v'' 0.15693	h'' 2784.1	
℃	m³/kg	kJ/kg		m³/kg	kJ/kg		m³/kg	kJ/kg		m³/kg	kJ/kg		m³/kg	kJ/kg		m³/kg	kJ/kg	
300	0.25798	3052.1		0.24537	3050.8		0.23391	3049.6		0.22344	3048.2		0.21385	3046.9		0.20502	3045.6	
310	0.26291	3073.5		0.25009	3072.3		0.23843	3071.1		0.22779	3069.9		0.21803	3068.7		0.20905	3067.4	
320	0.26782	3094.9		0.25478	3093.7		0.24293	3092.6		0.23210	3091.4		0.22217	3090.3		0.21304	3089.1	
330	0.27271	3116.1		0.25945	3115.1		0.24740	3114.0		0.23639	3112.9		0.22630	3111.8		0.21701	3110.7	
340	0.27758	3137.4		0.26410	3136.3		0.25185	3135.3		0.24066	3134.3		0.23040	3133.2		0.22097	3132.2	
350	0.28243	3158.5		0.26874	3157.6		0.25628	3156.6		0.24491	3155.6		0.23449	3154.6		0.22490	3153.7	
360	0.28727	3179.7		0.27335	3178.8		0.26070	3177.9		0.24915	3176.9		0.23856	3176.0		0.22881	3175.1	
370	0.29209	3200.9		0.27795	3200.0		0.26510	3199.1		0.25337	3198.2		0.24261	3197.3		0.23272	3196.4	
380	0.29690	3222.0		0.28255	3221.2		0.26949	3220.3		0.25758	3219.5		0.24665	3218.7		0.23660	3217.8	
390	0.30170	3243.2		0.28712	3242.4		0.27387	3241.6		0.26177	3240.8		0.25068	3240.0		0.24048	3239.2	
400	0.30649	3264.4		0.29169	3263.6		0.27824	3262.9		0.26596	3262.1		0.25470	3261.3		0.24435	3260.5	
410	0.31127	3285.6		0.29625	3284.9		0.28260	3284.1		0.27014	3283.4		0.25872	3282.6		0.24820	3281.9	
420	0.31604	3306.9		0.30080	3306.1		0.28695	3305.4		0.27431	3304.7		0.26272	3304.0		0.25205	3303.3	
430	0.32080	3328.1		0.30535	3327.4		0.29130	3326.8		0.27847	3326.1		0.26671	3325.4		0.25589	3324.7	
440	0.32555	3349.5		0.30988	3348.8		0.29563	3348.1		0.28262	3347.4		0.27070	3346.8		0.25973	3346.1	
450	0.33030	3370.8		0.31441	3370.2		0.29996	3369.5		0.28677	3368.9		0.27468	3368.2		0.26355	3367.6	
460	0.33505	3392.2		0.31893	3391.6		0.30429	3391.0		0.29091	3390.3		0.27865	3389.7		0.26737	3389.1	
470	0.33978	3413.6		0.32345	3413.0		0.30860	3412.4		0.29505	3411.8		0.28262	3411.2		0.27119	3410.6	
480	0.34452	3435.1		0.32796	3434.6		0.31292	3434.0		0.29918	3433.4		0.28658	3432.8		0.27500	3432.2	
490	0.34924	3456.7		0.33247	3456.1		0.31722	3455.6		0.30330	3455.0		0.29054	3454.4		0.27880	3453.9	
500	0.35396	3478.3		0.33697	3477.7		0.32153	3477.2		0.30742	3476.6		0.29450	3476.1		0.28260	3475.5	
510	0.35868	3499.9		0.34147	3499.4		0.32583	3498.9		0.31154	3498.3		0.29844	3497.8		0.28640	3497.3	
520	0.36340	3521.6		0.34597	3521.1		0.33012	3520.6		0.31565	3520.1		0.30239	3519.6		0.29019	3519.1	
530	0.36811	3543.4		0.35046	3542.9		0.33441	3542.4		0.31976	3541.9		0.30633	3541.4		0.29397	3540.9	
540	0.37281	3565.2		0.35494	3564.7		0.33870	3564.3		0.32386	3563.8		0.31027	3563.3		0.29776	3562.8	
550	0.37752	3587.1		0.35943	3586.6		0.34298	3586.2		0.32797	3585.7		0.31420	3585.2		0.30154	3584.7	
560	0.38222	3609.0		0.36391	3608.6		0.34726	3608.1		0.33206	3607.7		0.31813	3607.2		0.30531	3606.8	

续表

t	1.30MPa $t_s=$191.609℃			1.35MPa $t_s=$193.350℃			1.40MPa $t_s=$195.042℃			1.45MPa $t_s=$196.688℃			1.50MPa $t_s=$198.289℃			1.55MPa $t_s=$199.850℃		
	v' 0.0011438	h' 814.70		v' 0.0011464	h' 822.49		v' 0.0011489	h' 830.07		v' 0.0011514	h' 837.46		v' 0.0011539	h' 844.67		v' 0.0011563	h' 851.70	
	v'' 0.15113	h'' 2785.4		v'' 0.14574	h'' 2786.6		v'' 0.14072	h'' 2787.8		v'' 0.13604	h'' 2788.9		v'' 0.13166	h'' 2789.9		v'' 0.12755	h'' 2790.8	
℃	v m³/kg	h kJ/kg		v m³/kg	h kJ/kg		v m³/kg	h kJ/kg		v m³/kg	h kJ/kg		v m³/kg	h kJ/kg		v m³/kg	h kJ/kg	
0	0.0009996	1.29		0.0009995	1.34		0.0009995	1.39		0.0009995	1.44		0.0009995	1.49		0.0009994	1.54	
10	0.0009996	43.26		0.0009996	43.31		0.0009996	43.36		0.0009996	43.41		0.0009995	43.46		0.0009995	43.51	
20	0.0010011	85.08		0.0010011	85.13		0.0010011	85.18		0.0010011	85.22		0.0010010	85.27		0.0010010	85.32	
30	0.0010037	126.84		0.0010037	126.89		0.0010037	126.93		0.0010037	126.98		0.0010036	127.03		0.0010036	127.07	
40	0.0010072	168.60		0.0010072	168.64		0.0010072	168.68		0.0010072	168.73		0.0010071	168.77		0.0010071	168.82	
50	0.0010115	210.36		0.0010115	210.41		0.0010115	210.45		0.0010115	210.49		0.0010114	210.54		0.0010114	210.58	
60	0.0010166	252.16		0.0010165	252.21		0.0010165	252.25		0.0010165	252.29		0.0010165	252.33		0.0010164	252.37	
70	0.0010223	294.01		0.0010222	294.05		0.0010222	294.09		0.0010222	294.13		0.0010222	294.17		0.0010221	294.21	
80	0.0010286	335.91		0.0010286	335.95		0.0010285	335.99		0.0010285	336.03		0.0010285	336.07		0.0010285	336.11	
90	0.0010355	377.89		0.0010355	377.93		0.0010355	377.97		0.0010355	378.01		0.0010354	378.04		0.0010354	378.08	
100	0.0010431	419.96		0.0010431	420.00		0.0010430	420.04		0.0010430	420.08		0.0010430	420.11		0.0010429	420.15	
110	0.0010512	462.16		0.0010512	462.19		0.0010512	462.23		0.0010511	462.27		0.0010511	462.30		0.0010511	462.34	
120	0.0010600	504.49		0.0010600	504.53		0.0010599	504.56		0.0010599	504.60		0.0010599	504.63		0.0010598	504.67	
130	0.0010694	547.00		0.0010694	547.04		0.0010693	547.07		0.0010693	547.11		0.0010693	547.14		0.0010692	547.17	
140	0.0010794	589.72		0.0010794	589.75		0.0010794	589.78		0.0010794	589.81		0.0010793	589.84		0.0010793	589.88	
150	0.0010902	632.66		0.0010902	632.69		0.0010901	632.72		0.0010901	632.75		0.0010901	632.78		0.0010900	632.81	
160	0.0011017	675.87		0.0011017	675.90		0.0011016	675.93		0.0011016	675.96		0.0011016	675.99		0.0011015	676.02	
170	0.0011140	719.40		0.0011140	719.42		0.0011140	719.45		0.0011139	719.48		0.0011139	719.51		0.0011138	719.53	
180	0.0011273	763.27		0.0011272	763.29		0.0011272	763.32		0.0011271	763.35		0.0011271	763.37		0.0011270	763.40	
190	0.0011415	807.54		0.0011414	807.56		0.0011414	807.58		0.0011413	807.61		0.0011413	807.63		0.0011412	807.65	
200	0.15509	2808.0		0.14879	2804.7		0.14294	2801.4		0.13748	2798.1		0.13238	2794.7		0.12761	2791.3	
210	0.15966	2834.1		0.15325	2831.1		0.14729	2828.2		0.14173	2825.2		0.13654	2822.2		0.13168	2819.1	
220	0.16411	2859.3		0.15758	2856.7		0.15151	2854.0		0.14585	2851.3		0.14056	2848.6		0.13562	2845.9	
230	0.16845	2883.9		0.16179	2881.6		0.15561	2879.1		0.14985	2876.7		0.14447	2874.3		0.13943	2871.8	
240	0.17270	2908.0		0.16592	2905.8		0.15962	2903.6		0.15375	2901.4		0.14827	2899.2		0.14314	2896.9	
250	0.17687	2931.5		0.16996	2929.5		0.16355	2927.6		0.15757	2925.5		0.15199	2923.5		0.14677	2921.5	
260	0.18097	2954.7		0.17394	2952.8		0.16740	2951.0		0.16132	2949.2		0.15564	2947.3		0.15032	2945.5	
270	0.18501	2977.5		0.17785	2975.8		0.17120	2974.1		0.16501	2972.4		0.15923	2970.7		0.15382	2969.0	
280	0.18901	3000.0		0.18172	2998.4		0.17495	2996.6		0.16865	2995.3		0.16276	2993.7		0.15725	2992.2	
290	0.19296	3022.2		0.18554	3020.8		0.17865	3019.4		0.17224	3017.9		0.16625	3016.5		0.16065	3015.0	

续表

t	1.30MPa $t_s=191.609℃$			1.35MPa $t_s=193.350℃$			1.40MPa $t_s=195.042℃$			1.45MPa $t_s=196.688℃$			1.50MPa $t_s=198.289℃$			1.55MPa $t_s=199.850℃$		
	v' 0.0011438		h' 814.70	v' 0.0011464		h' 822.49	v' 0.0011489		h' 830.07	v' 0.0011514		h' 837.46	v' 0.0011539		h' 844.67	v' 0.0011563		h' 851.70
	v'' 0.15113		h'' 2785.4	v'' 0.14574		h'' 2786.6	v'' 0.14072		h'' 2787.8	v'' 0.13604		h'' 2788.9	v'' 0.13166		h'' 2789.9	v'' 0.12755		h'' 2790.8
℃	m³/kg		kJ/kg	m³/kg		kJ/kg	m³/kg		kJ/kg	m³/kg		kJ/kg	m³/kg		kJ/kg	m³/kg		kJ/kg
300	0.19687		3044.3	0.18933		3043.0	0.18232		3041.6	0.17579		3040.3	0.16970		3038.9	0.16400		3037.6
310	0.20076		3066.2	0.19308		3064.9	0.18595		3063.7	0.17931		3062.4	0.17312		3061.2	0.16732		3059.9
320	0.20461		3088.0	0.19681		3086.8	0.18956		3085.6	0.18281		3084.4	0.17651		3083.3	0.17061		3082.1
330	0.20844		3109.6	0.20051		3108.5	0.19314		3107.4	0.18628		3106.3	0.17987		3105.2	0.17388		3104.1
340	0.21225		3131.2	0.20419		3130.1	0.19670		3129.1	0.18972		3128.0	0.18321		3127.0	0.17712		3125.9
350	0.21605		3152.7	0.20785		3151.7	0.20024		3150.7	0.19315		3149.7	0.18653		3148.7	0.18034		3147.7
360	0.21982		3174.1	0.21149		3173.2	0.20376		3172.3	0.19656		3171.3	0.18984		3170.4	0.18355		3169.4
370	0.22358		3195.6	0.21512		3194.7	0.20727		3193.8	0.19995		3192.9	0.19313		3192.0	0.18674		3191.1
380	0.22733		3217.0	0.21874		3216.1	0.21076		3215.3	0.20333		3214.4	0.19640		3213.5	0.18992		3212.7
390	0.23106		3238.3	0.22234		3237.5	0.21424		3236.7	0.20670		3235.9	0.19967		3235.1	0.19308		3234.3
400	0.23479		3259.7	0.22594		3259.0	0.21772		3258.2	0.21006		3257.4	0.20292		3256.6	0.19624		3255.8
410	0.23850		3281.1	0.22954		3280.4	0.22118		3279.6	0.21341		3278.9	0.20616		3278.1	0.19938		3277.4
420	0.24221		3302.5	0.23309		3301.8	0.22463		3301.1	0.21675		3300.4	0.20940		3299.7	0.20252		3298.9
430	0.24591		3324.0	0.23666		3323.3	0.22808		3322.6	0.22008		3321.9	0.21262		3321.2	0.20564		3320.5
440	0.24960		3345.4	0.24022		3344.8	0.23151		3344.1	0.22341		3343.4	0.21584		3342.8	0.20876		3342.1
450	0.25328		3366.9	0.24378		3366.3	0.23495		3365.6	0.22672		3365.0	0.21905		3364.3	0.21187		3363.7
460	0.25696		3388.5	0.24732		3387.8	0.23838		3387.2	0.23003		3386.6	0.22226		3385.9	0.21498		3385.3
470	0.26063		3410.0	0.25086		3409.4	0.24181		3408.8	0.23333		3408.3	0.22546		3407.6	0.21808		3407.0
480	0.26430		3431.6	0.25440		3431.0	0.24524		3430.5	0.23663		3430.0	0.00866		3429.3	0.22118		3428.7
490	0.26796		3453.3	0.25793		3452.7	0.24866		3452.2	0.23992		3451.7	0.23185		3451.1	0.22427		3450.4
500	0.27162		3475.0	0.26146		3474.4	0.25208		3474.0	0.24321		3473.5	0.23504		3472.9	0.22735		3472.2
510	0.27528		3496.7	0.26498		3496.2	0.25550		3495.8	0.24649		3495.3	0.23822		3494.7	0.23043		3494.1
520	0.27892		3518.5	0.26850		3518.0	0.25891		3517.6	0.24977		3517.1	0.24140		2516.6	0.23351		3516.0
530	0.28257		3540.4	0.27201		3539.9	0.26232		3539.5	0.25304		3539.0	0.24457		3538.5	0.23658		3537.9
540	0.28621		3562.3	0.27552		3561.8	0.26572		3561.4	0.25631		3561.9	0.24774		3560.5	0.23965		3559.9
550	0.28985		3584.3	0.27903		3583.8	0.26912		3583.4	0.25957		3583.9	0.25090		3582.5	0.24272		3581.9
560	0.29348		3606.3	0.28253		3605.8	0.27251		3605.4	0.26283		3605.0	0.25406		3604.5	0.24578		3604.0

续表

t	1.60MPa t_s=201.372℃			1.65MPa t_s=202.857℃			1.70MPa t_s=204.307℃			1.75MPa t_s=205.725℃			1.80MPa t_s=207.111℃			1.85MPa t_s=209.468℃		
	v'	h'		v'	h'		v'	h'		v'	h'		v'	h'		v'	h'	
	0.0011586	858.56		0.0011610	865.28		0.0011633	871.84		0.0011656	878.28		0.0011678	884.57		0.0011701	890.75	
	v''	h''		v''	h''		v''	h''		v''	h''		v''	h''		v''	h''	
	0.12369	2791.7		0.12005	2792.6		0.11662	2793.4		0.11338	2794.1		0.11032	2794.8		0.10741	2795.5	
℃	m³/kg	kJ/kg		m³/kg	kJ/kg		m³/kg	kJ/kg		m³/kg	kJ/kg		m³/kg	kJ/kg		m³/kg	kJ/kg	
0	0.0009994	1.59		0.0009994	1.64		0.0009994	1.70		0.0009993	1.75		0.0009993	1.80		0.0009993	1.85	
10	0.0009995	43.55		0.0009995	43.60		0.0009995	43.65		0.0009994	43.70		0.0009994	43.75		0.0009994	43.80	
20	0.0010010	85.36		0.0010010	85.41		0.0010009	85.46		0.0010009	85.51		0.0010009	85.55		0.0010009	85.60	
30	0.0010036	127.12		0.0010036	127.16		0.0010036	127.21		0.0010035	127.25		0.0010035	127.30		0.0010035	127.34	
40	0.0010071	168.86		0.0010071	168.91		0.0010071	168.95		0.0010070	168.99		0.0010070	169.04		0.0010070	169.08	
50	0.0010114	210.62		0.0010114	210.67		0.0010114	210.71		0.0010113	210.75		0.0010113	210.79		0.0010113	210.84	
60	0.0010164	252.42		0.0010164	252.46		0.0010164	252.50		0.0010164	252.54		0.0010163	252.58		0.0010163	252.62	
70	0.0010221	294.25		0.0010221	294.29		0.0010221	294.33		0.0010220	294.38		0.0010220	294.42		0.0010220	294.46	
80	0.0010284	336.15		0.0010284	336.19		0.0010284	336.23		0.0010284	336.27		0.0010283	336.31		0.0010283	336.35	
90	0.0010354	378.12		0.0010354	378.16		0.0010353	378.20		0.0010353	378.24		0.0010353	378.28		0.0010353	378.31	
100	0.0010429	420.19		0.0010429	420.23		0.0010429	420.26		0.0010428	420.30		0.0010428	420.34		0.0010428	420.38	
110	0.0010511	462.37		0.0010510	462.41		0.0010510	462.45		0.0010510	462.48		0.0010510	462.52		0.0010509	462.56	
120	0.0010598	504.70		0.0010598	504.74		0.0010598	504.78		0.0010597	504.81		0.0010597	504.85		0.0010597	504.88	
130	0.0010692	547.21		0.0010692	547.24		0.0010691	547.27		0.0010691	547.31		0.0010691	547.34		0.0010691	547.38	
140	0.0010793	589.91		0.0010792	589.94		0.0010792	589.97		0.0010792	590.01		0.0010791	590.04		0.0010791	590.07	
150	0.0010900	632.85		0.0010900	632.88		0.0010899	632.91		0.0010899	632.94		0.0010899	632.97		0.0010898	633.00	
160	0.0011015	676.05		0.0011015	676.08		0.0011014	676.11		0.0011014	676.14		0.0011013	676.17		0.0011013	676.20	
170	0.0011138	719.56		0.0011138	719.59		0.0011137	719.62		0.0011137	719.64		0.0011136	719.67		0.0011136	719.70	
180	0.0011270	763.42		0.0011270	763.45		0.0011269	763.47		0.0011269	763.50		0.0011268	763.52		0.0011268	763.55	
190	0.0011412	807.68		0.0011411	807.70		0.0011411	807.72		0.0011410	807.75		0.0011410	807.77		0.0011409	807.79	
200	0.0011564	852.39		0.0011564	852.41		0.0011563	852.43		0.0011563	852.45		0.0011562	852.47		0.0011562	852.49	
210	0.12712	2816.0		0.12284	2812.9		0.11880	2809.7		0.11498	2806.5		0.11138	2803.3		0.10796	2800.0	
220	0.13098	2843.1		0.12661	2840.3		0.12250	2837.5		0.00862	2834.6		0.11496	2831.7		0.11148	2828.8	
230	0.13470	2869.3		0.13026	2866.8		0.12608	2864.2		0.12213	2861.6		0.11840	2859.1		0.11487	2856.4	
240	0.13833	2894.7		0.13381	2892.4		0.12955	2890.1		0.12554	2887.8		0.12174	2885.4		0.11815	2883.1	
250	0.14187	2919.4		0.13727	2917.4		0.13294	2915.3		0.12885	2913.2		0.12499	2911.0		0.12133	2908.9	
260	0.14534	2943.6		0.14065	2941.7		0.13624	2939.8		0.13208	2937.9		0.12815	2935.9		0.12443	2934.0	
270	0.14874	2967.3		0.14397	2965.6		0.13949	2963.8		0.13525	2962.1		0.13125	2960.3		0.12747	2958.5	
280	0.15209	2990.6		0.14724	2989.0		0.14267	2987.4		0.13837	2985.8		0.13430	2984.1		0.13045	2982.5	
290	0.15539	3013.5		0.15046	3012.1		0.14581	3010.6		0.14143	3009.1		0.13729	3007.6		0.13337	3006.1	

续表

t	1.60MPa $t_s=201.372℃$ v' 0.0011586 v'' 0.12369 m³/kg	h' 858.56 h'' 2791.7 kJ/kg	1.65MPa $t_s=202.857℃$ v' 0.0011610 v'' 0.12005 m³/kg	h' 865.28 h'' 2792.6 kJ/kg	1.70MPa $t_s=204.307℃$ v' 0.0011633 v'' 0.11662 m³/kg	h' 871.84 h'' 2793.4 kJ/kg	1.75MPa $t_s=205.725℃$ v' 0.0011656 v'' 0.11338 m³/kg	h' 878.28 h'' 2794.1 kJ/kg	1.80MPa $t_s=207.111℃$ v' 0.0011678 v'' 0.11032 m³/kg	h' 884.57 h'' 2794.8 kJ/kg	1.85MPa $t_s=209.468℃$ v' 0.0011701 v'' 0.10741 m³/kg	h' 890.75 h'' 2795.5 kJ/kg
℃												
300	0.15866	3036.2	0.15364	3034.8	0.14891	3033.5	0.14445	3032.1	0.14024	3030.7	0.13626	3029.3
310	0.16189	3058.6	0.15678	3057.4	0.15197	3056.1	0.14744	3054.8	0.14316	3053.5	0.13911	3052.2
320	0.16509	3080.9	0.15989	3079.7	0.15501	3078.5	0.15040	3077.3	0.14605	3076.1	0.14193	3074.8
330	0.16826	3102.9	0.16298	3101.8	0.15801	3100.7	0.15333	3099.6	0.14890	3098.4	0.14472	3097.3
340	0.17141	3124.9	0.16605	3123.8	0.16100	3122.8	0.15624	3121.7	0.15174	3120.6	0.14748	3119.6
350	0.17454	3146.7	0.16909	3145.7	0.16396	3144.7	0.15912	3143.7	0.15455	3142.7	0.15023	3141.7
360	0.17766	3168.5	0.17212	3167.5	0.16691	3166.6	0.16199	3165.6	0.15735	3164.7	0.15296	3163.7
370	0.18075	3190.2	0.17513	3189.3	0.16984	3188.4	0.16484	3187.5	0.16013	3186.6	0.15567	3185.6
380	0.18384	3211.8	0.17813	3211.0	0.17275	3210.1	0.16768	3209.2	0.16290	3208.4	0.15837	3207.5
390	0.18691	3233.4	0.18111	3232.6	0.17565	3231.8	0.17051	3231.0	0.16565	3230.1	0.16105	3229.3
400	0.18997	3255.0	0.18409	3254.2	0.17855	3253.5	0.17332	3252.7	0.16839	3251.9	0.16373	3251.1
410	0.19302	3276.6	0.18705	3275.9	0.18143	3275.1	0.17613	3274.3	0.17112	3273.6	0.16639	3272.8
420	0.19606	3298.2	0.19001	3297.5	0.18430	3296.8	0.17892	3296.0	0.17385	3295.3	0.16904	3294.6
430	0.19910	3319.8	0.19295	3319.1	0.18717	3318.4	0.18171	3317.7	0.17656	3317.0	0.17169	3316.3
440	0.20213	3341.4	0.19589	3340.7	0.19002	3340.1	0.18449	3339.4	0.17927	3338.7	0.17432	3338.0
450	0.20515	3363.0	0.19882	3362.4	0.19287	3361.7	0.18726	3361.1	0.18197	3360.4	0.17696	3359.8
460	0.20816	3384.7	0.20175	3384.1	0.19572	3383.4	0.19003	3382.8	0.18466	3382.2	0.17958	3381.6
470	0.21117	3406.4	0.20467	3405.8	0.19856	3405.2	0.19279	3404.6	0.18735	3404.0	0.18220	3403.4
480	0.21417	3428.1	0.20759	3427.5	0.20139	3426.9	0.19555	3426.4	0.19003	3425.8	0.18481	3425.2
490	0.21717	3449.9	0.21049	3449.3	0.20422	3448.7	0.19830	3448.2	0.19271	3447.6	0.18742	3447.0
500	0.22016	3471.7	0.21340	3471.1	0.20704	3470.6	0.20104	3470.0	0.19538	3469.5	0.19002	3468.9
510	0.22315	3493.5	0.21630	2493.0	0.20986	3492.5	0.20378	3491.9	0.19805	3491.4	0.19262	3490.9
520	0.22613	3515.4	0.21920	3514.9	0.21267	3514.4	0.20652	3513.9	0.20071	3513.4	0.19521	3512.8
530	0.22911	3537.4	0.22209	3536.9	0.21548	3536.4	0.20925	3535.9	0.20337	3535.4	0.19780	3534.9
540	0.23208	3559.4	0.22498	3558.9	0.21829	3558.4	0.21198	3557.9	0.20602	3557.4	0.20039	3556.9
550	0.23506	3581.4	0.22786	3581.0	0.22109	3580.5	0.21471	3580.0	0.20868	3579.5	0.20297	3579.1
560	0.23803	3603.5	0.23074	3603.1	0.22389	3602.6	0.21743	3602.2	0.21132	3601.7	0.20555	3601.2

续表

t	1.90MPa t_s=209.797℃		1.95MPa t_s=211.099℃		2.0MPa t_s=212.375℃		2.1MPa t_s=214.855℃		2.2MPa t_s=217.244℃		2.3MPa t_s=219.552℃	
	v'	h'	v'	h'	v'	h'	v'	h'	v'	h'	v'	h'
	0.0011723	896.81	0.0011744	902.75	0.0011766	908.59	0.0011809	919.96	0.0011850	930.95	0.0011892	941.60
	v''	h''	v''	h''	v''	h''	v''	h''	v''	h''	v''	h''
	0.10465	2796.1	0.10203	2796.7	0.099536	2797.2	0.094890	2798.2	0.090652	2799.1	0.086769	2799.8
℃	m³/kg	kJ/kg	m³/kg	kJ/kg	m³/kg	kJ/kg	m³/kg	kJ/kg	m³/kg	kJ/kg	m³/kg	kJ/kg
0	0.0009993	1.90	0.0009992	1.95	0.0009992	2.00	0.0009992	2.10	0.0009991	2.21	0.0009991	2.31
10	0.0009994	43.85	0.0009993	43.90	0.0009993	43.94	0.0009993	44.04	0.0009992	44.14	0.0009992	44.24
20	0.0010009	85.65	0.0010008	85.69	0.0010008	85.74	0.0010008	85.83	0.0010007	85.93	0.0010007	86.02
30	0.0010035	127.39	0.0010034	127.44	0.0010034	127.48	0.0010034	127.57	0.0010033	127.66	0.0010033	127.75
40	0.0010070	169.13	0.0010069	169.17	0.0010069	169.21	0.0010069	169.30	0.0010068	169.39	0.0010068	169.48
50	0.0010113	210.88	0.0010112	210.92	0.0010112	210.97	0.0010112	211.05	0.0010111	211.14	0.0010111	211.22
60	0.0010163	252.67	0.0010163	252.71	0.0010162	252.75	0.0010162	252.83	0.0010161	252.92	0.0010161	253.00
70	0.0010220	294.50	0.0010220	294.54	0.0010219	294.58	0.0010219	294.66	0.0010218	294.74	0.0010218	294.82
80	0.0010283	336.39	0.0010283	336.43	0.0010282	336.47	0.0010282	336.55	0.0010282	336.63	0.0010281	336.71
90	0.0010352	378.35	0.0010352	378.39	0.0010352	378.43	0.0010351	378.51	0.0010351	378.59	0.0010350	378.66
100	0.0010428	420.41	0.0010427	420.45	0.0010427	420.49	0.0010427	420.56	0.0010426	420.64	0.0010426	420.71
110	0.0010509	462.59	0.0010509	462.63	0.0010508	462.67	0.0010508	462.74	0.0010507	462.81	0.0010507	462.88
120	0.0010596	504.92	0.0010596	504.95	0.0010596	504.99	0.0010595	505.06	0.0010595	505.13	0.0010594	505.20
130	0.0010690	547.41	0.0010690	547.44	0.0010690	547.48	0.0010689	547.55	0.0010688	547.61	0.0010688	547.68
140	0.0010791	590.11	0.0010790	590.14	0.0010790	590.17	0.0010789	590.24	0.0010789	590.30	0.0010788	590.37
150	0.0010898	633.03	0.0010898	633.06	0.0010897	633.09	0.0010897	633.16	0.0010896	633.22	0.0010895	633.28
160	0.0011013	676.23	0.0011012	676.26	0.0011012	676.28	0.0011011	676.34	0.0011011	676.40	0.0011010	676.46
170	0.0011136	719.73	0.0011135	719.75	0.0011135	719.78	0.0011134	719.84	0.0011133	719.89	0.0011132	719.95
180	0.0011267	763.57	0.0011267	763.60	0.0011267	763.62	0.0011266	763.68	0.0011265	763.73	0.0011264	763.78
190	0.0011409	807.81	0.0011408	807.84	0.0011408	807.86	0.0011407	807.91	0.0011406	807.95	0.0011405	808.00
200	0.0011561	852.51	0.0011561	852.53	0.0011560	852.55	0.0011559	852.59	0.0011558	852.63	0.0011557	852.68
210	0.10473	2796.7	0.0011726	897.75	0.0011725	897.77	0.0011724	897.80	0.0011723	897.84	0.0011722	897.87
220	0.10819	2825.9	0.10506	2822.9	0.102091	2819.9	0.096560	2813.8	0.091520	2807.5	0.086907	2801.2
230	0.11152	2853.8	0.10834	2851.1	0.105321	2848.4	0.099700	2843.0	0.094581	2837.4	0.089897	2831.8
240	0.11474	2880.7	0.11151	2878.3	0.108434	2875.9	0.102720	2871.0	0.097517	2866.0	0.092759	2860.9
250	0.11787	2906.7	0.11458	2904.6	0.111449	2902.4	0.105638	2897.9	0.100349	2893.4	0.095513	2888.9
260	0.12091	2932.0	0.11756	2930.1	0.114381	2928.1	0.108471	2924.0	0.103093	2920.0	0.098177	2915.8
270	0.12388	2956.7	0.12048	2954.9	0.117243	2953.1	0.111232	2949.4	0.105763	2945.7	0.100765	2941.9
280	0.12680	2980.9	0.12333	2979.2	0.120044	2977.5	0.113931	2974.2	0.108369	2970.8	0.103288	2967.3
290	0.12966	3004.6	0.12614	3003.0	0.122795	3001.5	0.116577	2998.4	0.110922	2995.3	0.105756	2992.1

续表

t	1.90MPa $t_s=209.797℃$			1.95MPa $t_s=211.099℃$			2.0MPa $t_s=212.375℃$			2.1MPa $t_s=214.855℃$			2.2MPa $t_s=217.244℃$			2.3MPa $t_s=219.552℃$		
	v' 0.0011723			v' 0.0011744			v' 0.0011766			v' 0.0011809			v' 0.0011850			v' 0.0011892		
	v'' 0.10465			v'' 0.10203			v'' 0.099536			v'' 0.094890			v'' 0.090652			v'' 0.086769		
		h' 896.81			h' 902.75			h' 908.59			h' 919.96			h' 930.95			h' 941.60	
		h'' 2796.1			h'' 2796.7			h'' 2797.2			h'' 2798.2			h'' 2799.1			h'' 2799.8	
℃	m³/kg	kJ/kg		m³/kg	kJ/kg		m³/kg	kJ/kg		m³/kg	kJ/kg		m³/kg	kJ/kg		m³/kg	kJ/kg	
300	0.13249	3027.9		0.12890	3026.5		0.125501	3025.0		0.119179	3022.2		0.100349	3019.3		0.108176	3016.4	
310	0.13527	3050.9		0.13163	3049.6		0.128170	3048.2		0.121742	3045.6		0.115896	3042.9		0.110557	3040.2	
320	0.13803	3073.6		0.13432	3072.4		0.130806	3071.2		0.124271	3068.7		0.118329	3066.2		0.112902	3063.7	
330	0.14075	3096.1		0.13699	3095.0		0.133413	3093.8		0.126772	3091.5		0.120733	3089.2		0.115218	3086.8	
340	0.14345	3118.5		0.13963	3117.4		0.135996	3116.3		0.129248	3114.1		0.123111	3111.9		0.117507	3109.7	
350	0.14614	3140.7		0.14225	3139.7		0.138558	3138.6		0.131702	3136.6		0.125467	3134.5		0.119774	3132.4	
360	0.14880	3162.8		0.14485	3161.8		0.141101	3160.8		0.134136	3158.9		0.127804	3156.9		0.122021	3155.0	
370	0.15144	3184.7		0.14744	3183.8		0.143628	3182.9		0.136554	3181.1		0.130123	3179.2		0.124251	3177.3	
380	0.15408	3206.6		0.15001	3205.8		0.146140	3204.9		0.138957	3203.1		0.132428	3201.4		0.126465	3199.6	
390	0.15670	3228.5		0.15256	3227.6		0.148638	3226.8		0.141347	3225.1		0.134718	3223.5		0.128666	3221.8	
400	0.15930	3250.3		0.15511	3249.5		0.151126	3248.7		0.143725	3247.1		0.136997	3245.5		0.130854	3243.9	
410	0.16190	3272.1		0.15765	3271.3		0.153602	3270.5		0.146093	3269.0		0.139266	3267.5		0.133032	3265.9	
420	0.16449	3293.8		0.16017	3293.1		0.156070	3292.4		0.148451	3290.9		0.141524	3289.4		0.135200	3288.0	
430	0.16707	3315.6		0.16269	3314.9		0.158528	3314.2		0.150800	3312.8		0.143774	3311.4		0.137359	3310.0	
440	0.16964	3337.4		0.16520	3336.7		0.160979	3336.0		0.153142	3334.6		0.146016	3333.3		0.139510	3331.9	
450	0.17221	3359.1		0.16770	3358.5		0.163423	3357.8		0.155476	3356.5		0.148251	3355.2		0.141654	3353.9	
460	0.17477	3380.9		0.17020	3380.3		0.165861	3379.7		0.157804	3378.4		0.150479	3377.1		0.143791	3375.9	
470	0.17732	3402.7		0.17269	3402.1		0.168292	3401.5		0.160126	3400.3		0.152701	3399.1		0.145922	3397.9	
480	0.17987	3424.6		0.17517	3424.0		0.170718	3423.4		0.162442	3422.2		0.154918	3421.1		0.148048	3419.9	
490	0.18241	3446.5		0.17765	3445.9		0.173139	3445.3		0.164753	3444.2		0.157129	3443.0		0.150168	3441.9	
500	0.18494	3468.4		0.18013	3467.8		0.175555	3467.3		0.167059	3466.2		0.159335	3465.1		0.152283	3464.0	
510	0.18748	3490.3		0.18260	3489.8		0.177966	3489.3		0.169360	3488.2		0.161537	3487.1		0.154394	3486.0	
520	0.19001	3512.3		0.18507	3511.8		0.180373	3511.3		0.171658	3510.3		0.163734	3509.2		0.156500	3508.2	
530	0.19253	3534.4		0.18753	3533.9		0.182776	3533.4		0.173951	3532.4		0.165928	3531.3		0.158602	3530.3	
540	0.19505	3556.5		0.18999	3556.0		0.185175	3555.5		0.176240	3554.5		0.168117	3553.5		0.160701	3552.5	
550	0.19757	3578.6		0.19244	3578.1		0.187571	3577.6		0.178526	3576.7		0.170303	3575.7		0.162796	3574.8	
560	0.20008	3600.8		0.19489	3600.3		0.189963	3599.9		0.180808	3598.9		0.172486	3598.0		0.164887	3597.1	

续表

t	2.4MPa $t_s=211.783℃$		2.5MPa $t_s=223.943℃$		2.6MPa $t_s=226.037℃$		2.7MPa $t_s=228.071℃$		2.8MPa $t_s=230.047℃$		2.9MPa $t_s=231.969℃$	
	v' / v''	h' / h''	v' / v''	h' / h''	v' / v''	h' / h''	v' / v''	h' / h''	v' / v''	h' / h''	v' / v''	h' / h''
	0.0011932	951.93	0.0011972	961.96	0.0012011	971.72	0.0012050	981.22	0.0012088	990.49	0.0012126	999.53
	0.083199	2800.4	0.079905	2800.9	0.076856	2801.4	0.074025	2801.7	0.071389	2802.0	0.068928	2802.2
℃	m³/kg	kJ/kg	m³/kg	kJ/kg	m³/kg	kJ/kg	m³/kg	kJ/kg	m³/kg	kJ/kg	m³/kg	kJ/kg
0	0.0009990	2.41	0.0009990	2.51	0.0009989	2.61	0.0009989	2.72	0.0009988	2.82	0.0009988	2.92
10	0.0009991	44.33	0.0009991	44.43	0.0009990	44.53	0.0009990	44.63	0.0009989	44.72	0.0009989	44.82
20	0.0010006	86.12	0.0010006	86.21	0.0010005	86.30	0.0010005	86.40	0.0010005	86.49	0.0010004	86.59
30	0.0010032	127.84	0.0010032	127.94	0.0010032	128.03	0.0010031	128.12	0.0010031	128.21	0.0010030	128.30
40	0.0010067	169.57	0.0010067	169.66	0.0010067	169.75	0.0010066	169.83	0.0010066	169.92	0.0010065	170.01
50	0.0010110	211.31	0.0010110	211.40	0.0010110	211.48	0.0010109	211.57	0.0010109	211.65	0.0010108	211.74
60	0.0010161	253.09	0.0010160	253.17	0.0010160	253.25	0.0010159	253.34	0.0010159	253.42	0.0010158	253.50
70	0.0010217	294.91	0.0010217	294.99	0.0010216	295.07	0.0010216	295.15	0.0010216	295.23	0.0010215	295.31
80	0.0010281	336.78	0.0010280	336.86	0.0010280	336.94	0.0010279	337.02	0.0010279	337.10	0.0010278	337.18
90	0.0010350	378.74	0.0010349	378.82	0.0010349	378.89	0.0010348	378.97	0.0010348	379.05	0.0010347	379.13
100	0.0010425	420.79	0.0010425	420.86	0.0010424	420.94	0.0010423	421.01	0.0010423	421.09	0.0010422	421.16
110	0.0010506	462.96	0.0010506	463.03	0.0010505	463.10	0.0010505	463.18	0.0010504	463.25	0.0010504	463.32
120	0.0010594	505.27	0.0010593	505.34	0.0010592	505.41	0.0010592	505.48	0.0010591	505.55	0.0010591	505.62
130	0.0010687	547.75	0.0010687	547.82	0.0010686	547.88	0.0010685	547.95	0.0010685	548.02	0.0010684	548.09
140	0.0010787	590.43	0.0010787	590.50	0.0010786	590.56	0.0010785	590.63	0.0010785	590.69	0.0010784	590.76
150	0.0010894	633.34	0.0010894	633.40	0.0010893	633.47	0.0010892	633.53	0.0010892	633.59	0.0010891	633.65
160	0.0011009	676.52	0.0011008	676.58	0.0011008	676.64	0.0011007	676.70	0.0011006	676.75	0.0011005	676.81
170	0.0011132	720.00	0.0011131	720.06	0.0011130	720.11	0.0011129	720.17	0.0011128	720.22	0.0011128	720.28
180	0.0011263	763.83	0.0011262	763.88	0.0011261	763.93	0.0011260	763.98	0.0011260	764.03	0.0011259	764.08
190	0.0011404	808.05	0.0011403	808.09	0.0011402	808.14	0.0011401	808.18	0.0011400	808.23	0.0011400	808.28
200	0.0011556	852.72	0.0011555	852.76	0.0011554	852.80	0.0011553	852.84	0.0011552	852.88	0.0011551	852.92
210	0.0011720	897.91	0.0011719	897.94	0.0011718	897.97	0.0011717	898.01	0.0011716	898.04	0.0011715	898.08
220	0.0011899	943.70	0.0011897	943.72	0.0011896	943.75	0.0011895	943.78	0.0011898	943.81	0.0011892	943.83
230	0.085595	2826.0	0.081628	2820.1	0.077957	2814.1	0.174549	2808.0	0.012087	990.27	0.0012086	990.29
240	0.088390	2855.7	0.084364	2850.5	0.080640	2845.2	0.077185	2839.7	0.073970	2834.2	0.070969	2828.6
250	0.091075	2884.2	0.086985	2879.5	0.083205	2874.7	0.079698	2869.9	0.076437	2864.9	0.073395	2859.9
260	0.093666	2911.6	0.089511	2907.4	0.085671	2903.0	0.082111	2898.7	0.078800	2894.2	0.075714	2889.7
270	0.096180	2938.1	0.091957	2934.2	0.088055	2930.3	0.084439	2926.4	0.081077	2922.3	0.077943	2918.3
280	0.098626	2963.8	0.094335	2960.3	0.090370	2956.7	0.086695	2953.1	0.083280	2949.5	0.080098	2945.8
290	0.101017	2988.9	0.096654	2985.7	0.092625	2982.4	0.088891	2979.1	0.085421	2975.7	0.082189	2972.4

续表

t	2.4MPa t_s=211.783℃ v' 0.0011932 v'' 0.083199 m³/kg	h' 951.93 h'' 2800.4 kJ/kg	2.5MPa t_s=223.943℃ v' 0.0011972 v'' 0.079905 m³/kg	h' 961.96 h'' 2800.9 kJ/kg	2.6MPa t_s=226.037℃ v' 0.0012011 v'' 0.076856 m³/kg	h' 971.72 h'' 2801.4 kJ/kg	2.7MPa t_s=228.071℃ v' 0.0012050 v'' 0.074025 m³/kg	h' 981.22 h'' 2801.7 kJ/kg	2.8MPa t_s=230.047℃ v' 0.0012088 v'' 0.071389 m³/kg	h' 990.49 h'' 2802.0 kJ/kg	2.9MPa t_s=231.969℃ v' 0.0012126 v'' 0.068928 m³/kg	h' 999.53 h'' 2802.2 kJ/kg
℃												
300	0.103359	3013.4	0.098925	3010.4	0.094830	3007.4	0.091036	3004.4	0.087510	3001.3	0.084226	2998.2
310	0.105660	3037.5	0.101154	3034.7	0.096992	3031.9	0.093136	3029.1	0.089554	3026.3	0.086218	3023.4
320	0.107926	3061.1	0.103346	3058.6	0.099117	3056.0	0.095199	3053.4	0.091560	3050.8	0.088170	3048.1
330	0.110161	3084.5	0.105507	3082.1	0.101210	3079.7	0.097229	3077.2	0.093532	3074.8	0.090089	3072.3
340	0.112369	3107.5	0.107641	3105.3	0.103275	3103.0	0.099232	3100.8	0.095476	3098.5	0.091978	3096.2
350	0.114554	3130.4	0.109751	3128.2	0.105317	3126.1	0.101210	3124.0	0.097395	3121.9	0.093843	3119.7
360	0.116719	3153.0	0.111841	3151.0	0.107337	3149.0	0.103166	3147.0	0.099293	3145.0	0.095685	3143.0
370	0.118867	3175.5	0.113913	3173.6	0.109340	3171.7	0.105104	3169.8	0.101171	3167.9	0.097508	3166.0
380	0.120999	3197.8	0.115969	3196.1	0.111326	3194.3	0.107026	3192.5	0.103033	3190.7	0.099315	3188.9
390	0.123117	3220.1	0.118011	3218.4	0.113298	3216.7	0.108934	3215.0	0.104881	3213.3	0.101106	3211.6
400	0.125223	3242.3	0.120041	3240.7	0.115258	3239.0	0.110828	3237.4	0.106715	3235.8	0.102885	3234.1
410	0.127317	3264.4	0.122060	3262.9	0.117206	3261.3	0.112711	3259.8	0.108538	3258.2	0.104652	3256.6
420	0.129402	3286.5	0.124068	3285.0	0.119144	3283.5	0.114584	3282.0	0.110350	3280.5	0.106408	3279.0
430	0.131478	3308.5	0.126068	3307.1	0.121073	3305.7	0.116448	3304.3	0.112154	3302.8	0.108155	3301.4
440	0.133546	3330.6	0.128059	3329.2	0.122994	3327.8	0.118304	3326.5	0.113948	3325.1	0.109893	3323.7
450	0.135607	3352.6	0.130043	3351.3	0.124907	3349.9	0.120152	3348.6	0.115736	3347.3	0.111624	3346.0
460	0.137661	3374.6	0.132020	3373.3	0.126814	3372.1	0.121993	3370.8	0.117516	3369.5	0.113348	3368.2
470	0.139708	3396.6	0.133991	3395.4	0.128714	3394.2	0.123827	3393.0	0.119290	3391.7	0.115065	3390.5
480	0.141750	3418.7	0.135957	3417.5	0.130608	3416.3	0.125656	3415.1	0.121058	3413.9	0.116777	3412.8
490	0.143787	3440.8	0.137916	3439.6	0.132497	3438.5	0.127480	3437.3	0.122820	3436.2	0.118482	3435.0
500	0.145819	3462.9	0.139871	3461.7	0.134382	3460.6	0.129298	3459.5	0.124578	3458.4	0.120183	3457.3
510	0.147846	3485.0	0.141822	3483.9	0.136261	3482.8	0.131112	3481.8	0.126331	3480.7	0.121879	3479.6
520	0.149869	3507.1	0.143768	3506.1	0.138136	3505.1	0.132921	3504.0	0.128079	3503.0	0.123571	3501.9
530	0.151887	3529.3	0.145710	3528.3	0.140007	3527.3	0.134727	3526.3	0.129824	3525.3	0.125259	3524.3
540	0.153902	3551.6	0.147648	3550.6	0.141874	3549.6	0.136528	3548.6	0.131564	3547.6	0.126942	3546.7
550	0.155913	3573.8	0.149582	3572.9	0.143737	3571.9	0.128326	3571.0	0.133301	3570.0	0.128622	3569.1
560	0.157921	3596.2	0.151513	3595.2	0.145597	3594.3	0.140120	3593.4	0.135034	3592.5	0.130299	3591.5

续表

t	3.0MPa $t_s=233.841℃$			3.1MPa $t_s=235.666℃$			3.2MPa $t_s=237.445℃$			3.3MPa $t_s=239.183℃$			3.4MPa $t_s=240.881℃$			3.5MPa $t_s=242.540℃$		
	v' 0.0012163		h' 1008.36	v' 0.0012200		h' 1016.99	v' 0.0012237		h' 1025.43	v' 0.0012274		h' 1033.71	v' 0.0012310		h' 1041.81	v' 0.0012345		h' 1049.76
	v'' 0.066626		h'' 2802.3	v'' 0.064467		h'' 2802.3	v'' 0.062439		h'' 2802.3	v'' 0.060529		h'' 2802.3	v'' 0.0858728		h'' 2802.1	v'' 0.057025		h'' 2802.0
℃	m³/kg		kJ/kg	m³/kg		kJ/kg	m³/kg		kJ/kg	m³/kg		kJ/kg	m³/kg		kJ/kg	m³/kg		kJ/kg
0	0.0009987		3.02	0.00099987		3.12	0.0009986		3.23	0.0009986		3.33	0.0009985		3.43	0.0009985		3.53
10	0.0009988		44.92	0.0009988		45.02	0.0009987		45.11	0.0009987		45.21	0.0009987		45.31	0.0009986		45.41
20	0.0010004		86.68	0.0010004		86.77	0.0010003		86.87	0.0010003		86.96	0.0010002		87.05	0.0010001		87.15
30	0.0010030		128.39	0.0010029		128.48	0.0010029		128.57	0.0010028		128.66	0.0010028		128.75	0.0010028		128.85
40	0.0010065		170.10	0.0010064		170.19	0.0010064		170.28	0.0010063		170.36	0.0010063		170.45	0.0010063		170.54
50	0.0010108		211.83	0.0010107		211.91	0.0010107		212.00	0.0010106		212.09	0.0010106		212.17	0.0010106		212.26
60	0.0010158		253.59	0.0010157		253.67	0.0010157		253.76	0.0010157		253.84	0.0010156		253.92	0.0010156		254.01
70	0.0010215		295.39	0.0010214		295.48	0.0010214		295.56	0.0010213		295.64	0.0010213		295.72	0.0010212		295.80
80	0.0010278		337.26	0.0010277		337.34	0.0010277		337.42	0.0010276		337.50	0.0010276		337.58	0.0010275		337.66
90	0.0010347		379.20	0.0010346		379.28	0.0010346		379.36	0.0010345		379.44	0.0010345		379.51	0.0010344		379.59
100	0.0010422		421.24	0.0010421		421.31	0.0010421		421.39	0.0010420		421.47	0.0010420		421.54	0.0010419		421.62
110	0.0010503		463.39	0.0010502		463.47	0.0010502		463.54	0.0010501		463.61	0.0010501		463.68	0.0010500		463.76
120	0.0010590		505.69	0.0010590		505.76	0.0010589		505.83	0.0010588		505.90	0.0010588		505.97	0.0010587		506.04
130	0.0010684		548.16	0.0010683		548.22	0.0010682		548.29	0.0010682		548.36	0.0010681		548.43	0.0010681		548.50
140	0.0010783		590.82	0.0010783		590.89	0.0010782		590.95	0.0010782		591.02	0.0010781		591.08	0.0010780		591.15
150	0.0010890		633.71	0.0010890		633.78	0.0010889		633.84	0.0010888		633.90	0.0010888		633.96	0.0010887		634.03
160	0.0011005		676.87	0.0011004		676.93	0.0011003		676.99	0.0011002		677.05	0.0011002		677.11	0.0011001		677.17
170	0.0011127		720.33	0.0011126		720.39	0.0011126		720.44	0.0011125		720.50	0.0011124		720.55	0.0011123		720.61
180	0.0011258		764.13	0.0011257		764.19	0.0011256		764.24	0.0011255		764.29	0.0011254		764.34	0.0011254		764.39
190	0.0011399		808.32	0.0011398		808.37	0.0011397		808.42	0.0011396		808.46	0.0011395		808.51	0.0011394		808.56
200	0.0011550		852.96	0.0011549		853.00	0.0011548		853.04	0.0011547		853.09	0.0011546		853.13	0.0011545		853.17
210	0.0011714		898.11	0.0011712		898.15	0.0011711		898.18	0.0011710		898.22	0.0011709		898.25	0.0011708		898.29
220	0.0011891		943.86	0.0011890		943.89	0.0011888		943.92	0.0011887		943.95	0.0011886		943.97	0.0011885		944.00
230	0.0012084		990.30	0.0012083		990.32	0.0012081		990.34	0.0012080		990.36	0.0012079		990.38	0.0012077		990.40
240	0.068162		2822.9	0.065530		2817.1	0.063055		2811.2	0.060723		2805.1	0.0012290		1037.61	0.0012288		1037.62
250	0.070551		2854.8	0.067885		2849.6	0.065380		2844.4	0.063021		2839.0	0.060796		2833.6	0.058693		2828.1
260	0.072829		2885.1	0.070125		2880.5	0.067587		2875.8	0.065198		2871.0	0.062945		2866.2	0.060818		2861.3
270	0.075015		2914.1	0.072272		2910.0	0.069697		2905.7	0.067275		2901.4	0.064992		2897.1	0.062836		2892.7
280	0.077124		2942.0	0.074340		2938.2	0.071727		2934.4	0.069269		2930.5	0.066954		2926.6	0.064768		2922.6
290	0.079169		2968.9	0.076342		2965.5	0.073689		2962.0	0.071194		2958.5	0.068844		2954.9	0.066626		2951.3

续表

	3.0MPa t_s=233.841°C		3.1MPa t_s=235.666°C		3.2MPa t_s=237.445°C		3.3MPa t_s=239.183°C		3.4MPa t_s=240.881°C		3.5MPa t_s=242.540°C	
	v' / v''	h' / h''	v' / v''	h' / h''	v' / v''	h' / h''	v' / v''	h' / h''	v' / v''	h' / h''	v' / v''	h' / h''
t / °C	0.0012163 / 0.066626 m³/kg	1008.36 / 2802.3 kJ/kg	0.0012200 / 0.064467 m³/kg	1016.99 / 2802.3 kJ/kg	0.0012237 / 0.062439 m³/kg	1025.43 / 2802.3 kJ/kg	0.0012274 / 0.060529 m³/kg	1033.71 / 2802.3 kJ/kg	0.0012310 / 0.058728 m³/kg	1041.81 / 2802.1 kJ/kg	0.0012345 / 0.057025 m³/kg	1049.76 / 2802.0 kJ/kg
300	0.081159	2995.1	0.078287	2991.9	0.075593	2988.7	0.073061	2985.5	0.070675	2982.2	0.068424	2979.0
310	0.083102	3020.5	0.080185	3017.6	0.077449	3014.7	0.074878	3011.7	0.072456	3008.7	0.070171	3005.7
320	0.085005	3045.4	0.082043	3042.7	0.079264	3040.0	0.076652	3037.3	0.074193	3034.5	0.071873	3031.8
330	0.086874	3069.9	0.083865	3067.4	0.081043	3064.8	0.078391	3062.3	0.075894	3059.7	0.073538	3057.2
340	0.088713	3093.9	0.085657	3091.5	0.082791	3089.2	0.080098	3086.8	0.077563	3084.4	0.075171	3082.0
350	0.090526	3117.5	0.087423	3115.4	0.084513	3113.2	0.081778	3110.9	0.079204	3108.7	0.076776	3106.5
360	0.092318	3140.9	0.089167	3138.9	0.086212	3136.8	0.083435	3134.7	0.080822	3132.7	0.078357	3130.6
370	0.094089	3164.1	0.090890	3162.1	0.087890	3160.2	0.085072	3158.2	0.082419	3156.3	0.079916	3154.3
380	0.095844	3187.0	0.092597	3185.2	0.089552	3183.4	0.086691	3181.5	0.083998	3179.7	0.081458	3177.8
390	0.097584	3209.8	0.094288	3208.1	0.091197	3206.4	0.088294	3204.6	0.085561	3202.8	0.082983	3201.1
400	0.099310	3232.5	0.095965	3230.8	0.092829	3229.2	0.089883	3227.5	0.087110	3225.9	0.084494	3224.2
410	0.101024	3255.1	0.097631	3253.5	0.094449	3251.9	0.091460	3250.3	0.088646	3248.7	0.085993	3247.1
420	0.102728	3277.5	0.099286	3276.0	0.096058	3274.5	0.093026	3273.0	0.090172	3271.5	0.087480	3270.0
430	0.104423	3299.9	0.100931	3298.5	0.097657	3297.1	0.094582	3295.6	0.091687	3294.2	0.088958	3292.7
440	0.106108	3322.3	0.102568	3320.9	0.099248	3319.5	0.096129	3318.2	0.093194	3316.8	0.090426	3315.4
450	0.107787	3344.6	0.104196	3343.3	0.100830	3342.0	0.097668	3340.6	0.094692	3339.3	0.091886	3338.0
460	0.109457	3367.0	0.105818	3365.7	0.102406	3364.4	0.099200	3363.1	0.096183	3361.8	0.093339	3360.5
470	0.111122	3389.3	0.107433	3388.0	0.103975	3386.8	0.100726	3385.5	0.097668	3384.3	0.094785	3383.1
480	0.112781	3411.6	0.109042	3410.4	0.105538	3409.2	0.102245	3408.0	0.099146	3406.8	0.096225	3405.6
490	0.114434	3433.9	0.110646	3432.7	0.107095	3431.6	0.103759	3430.4	0.100619	3429.2	0.097659	3428.1
500	0.116082	3456.2	0.112244	3455.1	0.108647	3454.0	0.105267	3452.8	0.102087	3451.7	0.099088	3450.6
510	0.117725	3478.5	0.113838	3477.4	0.110194	3476.4	0.106771	3475.3	0.103549	3474.2	0.100512	3473.1
520	0.119363	3500.9	0.115427	3499.8	0.111737	3498.8	0.108270	3497.7	0.105008	3496.7	0.101931	3495.6
530	0.120998	3523.3	0.117012	3522.3	0.113276	3521.2	0.109765	3520.2	0.106462	3519.2	0.103347	3518.2
540	0.122629	3545.7	0.118593	3544.7	0.114810	3543.7	0.111256	3542.7	0.107912	3541.8	0.104758	3540.8
550	0.124256	3568.1	0.120171	3567.2	0.116341	3566.2	0.112744	3565.3	0.109358	3564.3	0.106165	3563.4
560	0.125879	3590.6	0.121745	3589.7	0.117869	3588.8	0.114228	3587.8	0.110801	3586.9	0.107570	3586.0

续表

t	3.6MPa t_s=244.164℃		3.7MPa t_s=245.754℃		3.8MPa t_s=247.311℃		3.9MPa t_s=248.836℃		4.0MPa t_s=250.333℃		4.1MPa t_s=251.800℃	
	v'	0.0012381	v'	0.0012416	v'	0.0012451	v'	0.0012486	v'	0.0012521	v'	0.0012555
	h'	1057.56	h'	1065.22	h'	1072.74	h'	1080.13	h'	1087.41	h'	1094.56
	v''	0.055415	v''	0.053888	v''	0.052438	v''	0.051061	v''	0.049749	v''	0.048500
	h''	2801.7	h''	2801.4	h''	2801.1	h''	2800.8	h''	2800.3	h''	2799.9
℃	m³/kg	kJ/kg	m³/kg	kJ/kg	m³/kg	kJ/kg	m³/kg	kJ/kg	m³/kg	kJ/kg	m³/kg	kJ/kg
0	0.0009984	3.63	0.0009984	3.73	0.0009983	3.84	0.0009983	3.94	0.0009982	4.04	0.0009982	4.14
10	0.0009986	45.50	0.0009985	45.60	0.0009985	45.70	0.0009984	45.79	0.0009984	45.89	0.0009983	45.99
20	0.0010001	87.24	0.0010000	87.34	0.0010000	87.43	0.0010000	87.52	0.0009999	87.62	0.0009999	87.71
30	0.0010027	128.94	0.0010027	129.03	0.0010026	129.12	0.0010026	129.21	0.0010025	129.30	0.0010025	129.39
40	0.0010062	170.63	0.0010062	170.72	0.0010061	170.81	0.0010061	170.89	0.0010060	170.98	0.0010060	171.07
50	0.0010105	212.34	0.0010105	212.43	0.0010104	212.51	0.0010104	212.60	0.0010103	212.69	0.0010103	212.77
60	0.0010155	254.09	0.0010155	254.17	0.0010154	254.26	0.0010154	254.34	0.0010153	254.43	0.0010153	254.51
70	0.0010212	295.88	0.0010211	295.97	0.0010211	296.05	0.0010210	396.13	0.0010210	296.21	0.0010210	296.29
80	0.0010275	337.74	0.0010274	337.82	0.0010274	337.90	0.0010273	337.98	0.0010273	338.06	0.0010272	338.14
90	0.0010344	379.67	0.0010343	379.74	0.0010343	379.82	0.0010342	379.90	0.0010342	379.98	0.0010341	380.05
100	0.0010419	421.69	0.0010418	421.77	0.0010418	421.84	0.0010417	421.92	0.0010417	421.99	0.0010416	422.07
110	0.0010500	463.83	0.0010499	463.90	0.0010499	463.98	0.0010498	464.05	0.0010498	464.12	0.0010497	464.19
120	0.0010587	506.11	0.0010586	506.18	0.0010586	506.25	0.0010585	506.32	0.0010584	506.39	0.0010584	506.47
130	0.0010680	548.56	0.0010679	548.63	0.0010679	548.70	0.0010678	548.77	0.0010677	548.84	0.0010677	548.90
140	0.0010780	591.21	0.0010779	591.28	0.0010778	591.34	0.0010778	591.41	0.0010777	591.47	0.0010776	591.54
150	0.0010886	634.09	0.0010886	634.15	0.0010885	634.21	0.0010884	634.27	0.0010883	634.34	0.0010883	634.40
160	0.0011000	677.23	0.0010999	677.28	0.0010999	677.34	0.0010998	677.40	0.0010997	677.46	0.0010997	677.52
170	0.0011122	720.66	0.0011121	720.72	0.0011121	720.77	0.0011120	720.83	0.0011119	720.88	0.0011118	720.94
180	0.0011253	764.44	0.0011252	764.49	0.0011251	764.54	0.0011250	764.65	0.0011249	764.65	0.0011248	764.70
190	0.0011393	808.60	0.0011392	808.65	0.0011391	808.70	0.0011390	808.74	0.0011389	808.79	0.0011388	808.84
200	0.0011544	853.21	0.0011543	853.25	0.0011542	853.29	0.0011541	853.33	0.0011540	853.38	0.0011539	853.42
210	0.0011707	898.32	0.0011706	898.36	0.0011704	898.40	0.0011703	898.43	0.0011702	898.47	0.0011701	898.50
220	0.0011883	944.03	0.0011882	944.06	0.0011881	944.09	0.0011880	944.11	0.0011878	944.14	0.0011877	944.17
230	0.0012076	990.42	0.0012074	990.44	0.0012073	990.46	0.0012072	990.48	0.0012070	990.50	0.0012069	990.52
240	0.0012287	1037.62	0.0012285	1037.63	0.0012284	1037.64	0.0012282	1037.65	0.0012280	1037.66	0.0012279	1037.67
250	0.056702	2822.5	0.054812	2816.8	0.053017	2811.0	0.051308	2805.1	0.051716	1085.79	0.050150	1085.78
260	0.058804	2856.3	0.056895	2851.3	0.055082	2846.1	0.053358	2840.9	0.053628	2835.6	0.052047	2830.3
270	0.060797	2888.2	0.058864	2883.7	0.057030	2879.1	0.055287	2874.5	0.055441	2869.8	0.053841	2865.0
280	0.062700	2918.6	0.060742	2914.5	0.058885	2910.4	0.057120	2906.3	0.055441	2902.0	0.053841	2897.8
290	0.064530	2947.7	0.062544	2944.0	0.060661	2940.3	0.058872	2936.5	0.057171	2932.7	0.055550	2928.8

续表

t	3.6MPa t_s=244.164℃ v' 0.0012381 v'' 0.055415		3.7MPa t_s=245.754℃ v' 0.0012416 v'' 0.053888		3.8MPa t_s=247.311℃ v' 0.0012451 v'' 0.052438		3.9MPa t_s=248.836℃ v' 0.0012486 v'' 0.051061		4.0MPa t_s=250.333℃ v' 0.0012521 v'' 0.049749		4.1MPa t_s=251.800℃ v' 0.0012555 v'' 0.048500	
	h' 1057.56 h'' 2801.7		h' 1065.22 h'' 2801.4		h' 1072.74 h'' 2801.1		h' 1080.13 h'' 2800.8		h' 1087.41 h'' 2800.3		h' 1094.56 h'' 2799.9	
℃	m³/kg	kJ/kg	m³/kg	kJ/kg	m³/kg	kJ/kg	m³/kg	kJ/kg	m³/kg	kJ/kg	m³/kg	kJ/kg
300	0.066297	2975.6	0.064282	2972.3	0.062372	2968.9	0.060558	2965.5	0.058833	2962.0	0.057191	2958.5
310	0.068011	3002.7	0.065967	2999.6	0.064029	2996.5	0.062188	2993.4	0.060439	2990.2	0.058773	2987.0
320	0.069681	3028.9	0.067606	3026.1	0.065639	3023.3	0.063771	3020.4	0.061996	3017.5	0.060306	3014.6
330	0.071312	3054.6	0.069206	3051.9	0.067209	3049.3	0.065314	3046.7	0.063513	3044.0	0.061798	3041.3
340	0.072911	3099.6	0.070773	3077.2	0.068746	3074.8	0.066823	3072.3	0.064994	3069.8	0.063255	3067.3
350	0.074482	3104.2	0.072311	3102.0	0.070254	3099.7	0.068302	3097.4	0.066446	3095.1	0.064680	3092.8
360	0.076028	3128.4	0.073825	3126.3	0.071736	3124.2	0.069755	3122.0	0.067872	3119.9	0.066080	3117.7
370	0.077553	3152.3	0.075316	3150.3	0.073197	3148.3	0.071186	3146.3	0.069275	3144.3	0.067456	3142.3
380	0.079059	3175.9	0.076789	3174.1	0.074638	3172.2	0.072597	3170.3	0.070658	3168.4	0.068813	3166.4
390	0.080549	3199.3	0.078245	3197.5	0.076063	3195.7	0.073992	3194.0	0.072024	3192.1	0.070152	3190.3
400	0.082024	3222.5	0.079687	3220.8	0.077473	3219.1	0.075372	3217.4	0.073376	3215.7	0.071476	3214.0
410	0.083487	3245.5	0.081116	3243.9	0.078870	3242.3	0.076738	3240.7	0.074713	3239.1	0.072787	3237.4
420	0.084938	3268.4	0.082533	3266.9	0.080255	3265.4	0.078093	3263.8	0.076039	3262.3	0.074085	3260.7
430	0.086379	3291.2	0.083941	3289.8	0.081630	3288.3	0.079437	3286.8	0.077355	3285.4	0.075373	3283.9
440	0.087812	3314.0	0.085339	3312.6	0.082995	3311.2	0.080772	3309.7	0.078660	3308.3	0.076651	3306.9
450	0.089236	3336.6	0.086728	3335.3	0.084353	3333.9	0.082099	3332.6	0.079958	3331.2	0.077921	3329.9
460	0.090652	3359.2	0.088110	3357.9	0.085702	3356.6	0.083418	3355.3	0.081247	3354.0	0.079183	3352.7
470	0.092062	3381.8	0.089486	3380.6	0.087045	3379.3	0.084730	3378.1	0.082530	3376.8	0.080437	3375.6
480	0.093465	3404.4	0.090855	3403.2	0.088382	3402.0	0.086035	3400.8	0.083806	3399.6	0.081686	3398.4
490	0.094863	3426.9	0.092218	3425.8	0.089712	3424.6	0.087335	3423.4	0.085076	3422.3	0.082928	3421.1
500	0.096255	3449.5	0.093576	3448.4	0.091038	3447.2	0.088629	3446.1	0.086341	3445.0	0.084165	3443.9
510	0.097643	3472.0	0.094929	3470.9	0.092358	3469.9	0.089919	3468.8	0.087601	3467.7	0.085397	3466.6
520	0.099026	3494.6	0.096277	3493.5	0.093674	3492.5	0.091203	3491.4	0.088857	3490.4	0.086624	3489.3
530	0.100405	3517.2	0.097622	3516.2	0.094985	3515.1	0.092484	3514.1	0.090108	3513.1	0.087847	3512.1
540	0.101779	3539.8	0.098962	3538.8	0.096293	3537.8	0.093760	3536.8	0.091354	3535.8	0.089066	3534.8
550	0.103150	3562.4	0.100298	3561.5	0.097596	3560.5	0.095033	3559.5	0.092598	3558.6	0.090281	3557.6
560	0.104518	3585.1	0.101631	3584.1	0.098896	3583.2	0.096302	3582.3	0.093837	3581.4	0.091492	3580.4

续表

t	4.2MPa $t_s=253.241℃$			4.3MPa $t_s=254.656℃$			4.4MPa $t_s=256.045℃$			4.5MPa $t_s=257.411℃$			4.6MPa $t_s=258.754℃$			4.7MPa $t_s=260.074℃$		
	v'	h'		v'	h'		v'	h'		v'	h'		v'	h'		v'	h'	
	v''	h''		v''	h''		v''	h''		v''	h''		v''	h''		v''	h''	
	0.0012589	1101.61		0.0012623	1108.54		0.0012657	1115.38		0.0012691	1122.12		0.0012725	1128.76		0.0012758	1135.31	
	0.047307	2799.4		0.046168	2798.9		0.045079	2798.3		0.044037	2797.7		0.043038	2797.0		0.042081	2796.4	
℃	m³/kg	kJ/kg		m³/kg	kJ/kg		m³/kg	kJ/kg		m³/kg	kJ/kg		m³/kg	kJ/kg		m³/kg	kJ/kg	
0	0.0009981	4.24		0.0009981	4.35		0.0009980	4.45		0.0009980	4.55		0.009979	4.65		0.0009979	4.75	
10	0.0009983	46.09		0.0009982	46.18		0.0009982	46.28		0.0009981	46.38		0.0009981	46.48		0.0009980	46.57	
20	0.0009998	87.80		0.0009998	87.90		0.0009997	87.99		0.0009997	88.09		0.0009996	88.18		0.0009996	88.27	
30	0.0010024	129.48		0.0010024	129.57		0.0010024	129.66		0.0010023	129.75		0.0010023	129.85		0.0010022	129.94	
40	0.0010060	171.16		0.0010059	171.25		0.0010059	171.34		0.0010058	171.42		0.0010058	171.51		0.0010057	171.60	
50	0.0010102	212.86		0.0010102	212.94		0.0010102	213.03		0.0010101	213.12		0.0010101	213.20		0.0010100	213.29	
60	0.0010152	254.59		0.0010152	254.68		0.0010152	254.76		0.0010151	254.84		0.0010151	254.93		0.0010150	255.01	
70	0.0010209	296.37		0.0010209	296.46		0.0010208	296.54		0.0010208	296.62		0.0010207	296.70		0.0010207	296.78	
80	0.0010272	338.21		0.0010271	338.29		0.0010271	338.37		0.0010271	338.45		0.0010270	338.53		0.0010270	338.61	
90	0.0010341	380.13		0.0010340	380.21		0.0010340	380.29		0.0010339	380.36		0.0010339	380.44		0.0010338	380.52	
100	0.0010416	422.14		0.0010415	422.22		0.0010415	422.29		0.0010414	422.37		0.0010414	422.44		0.0010413	422.52	
110	0.0010496	464.27		0.0010496	464.34		0.0010495	464.41		0.0010495	464.49		0.0010494	464.56		0.0010494	464.63	
120	0.0010583	506.54		0.0010583	506.61		0.0010582	506.68		0.0010582	506.75		0.0010581	506.82		0.0010580	506.89	
130	0.0010676	548.97		0.0010676	549.04		0.0010675	549.11		0.0010674	549.18		0.0010674	549.24		0.0010673	549.31	
140	0.0010776	591.60		0.0010775	591.67		0.0010775	591.73		0.0010774	591.80		0.0010773	591.86		0.0010773	591.93	
150	0.0010882	634.46		0.0010881	634.52		0.0010881	634.59		0.0010880	634.65		0.0010879	634.71		0.0010879	634.77	
160	0.0010996	677.58		0.0010995	677.64		0.0010994	677.70		0.0010994	677.76		0.0010993	677.82		0.0010992	677.88	
170	0.0011117	721.00		0.0011117	721.05		0.0011116	721.11		0.0011115	721.16		0.0011114	721.22		0.0011113	721.27	
180	0.0011248	764.75		0.0011247	764.80		0.0011246	764.85		0.0011245	764.90		0.0011244	764.95		0.0011243	765.01	
190	0.0011387	808.88		0.0011386	808.93		0.0011386	808.98		0.0011385	809.02		0.0011384	809.07		0.0011383	809.12	
200	0.0011538	853.54		0.0011537	853.50		0.0011536	853.54		0.0011535	853.58		0.0011534	853.62		0.0011533	853.67	
210	0.0011700	898.54		0.0011699	898.57		0.0011698	898.61		0.0011697	898.64		0.0011695	898.68		0.0011694	898.71	
220	0.0011876	944.20		0.0011875	944.23		0.0011873	944.26		0.0011872	944.28		0.0011871	944.31		0.0011870	944.34	
230	0.0012067	990.54		0.0012066	990.56		0.0012064	990.58		0.0012063	990.60		0.0012062	990.62		0.0012060	990.64	
240	0.0012277	1037.68		0.0012275	1037.69		0.0012274	1037.70		0.0012272	1037.71		0.0012271	1037.72		0.0012229	1037.73	
250	0.0012509	1085.78		0.0012507	1085.78		0.0012505	1085.78		0.0012503	1085.77		0.0012501	1085.77		0.0012500	1085.77	
260	0.048654	2824.8		0.047223	2819.2		0.045853	2813.6		0.044540	2807.9		0.043278	2802.0		0.002756	1134.94	
270	0.050537	2860.2		0.049095	2855.3		0.047715	2850.3		0.046392	2845.3		0.045124	2840.2		0.043907	2835.0	
280	0.052314	2893.5		0.050857	2889.1		0.049463	2884.7		0.048128	2880.2		0.046849	2875.6		0.045622	2871.0	
290	0.054005	2925.0		0.052530	2921.0		0.051120	2917.1		0.049770	2913.0		0.048477	2909.0		0.047237	2904.9	

续表

t	4.2MPa t_s=253.241℃ v' 0.0012589 v'' 0.047307		4.3MPa t_s=254.656℃ v' 0.0012623 v'' 0.046168		4.4MPa t_s=256.045℃ v' 0.0012657 v'' 0.045079		4.5MPa t_s=257.411℃ v' 0.0012691 v'' 0.044037		4.6MPa t_s=258.754℃ v' 0.0012725 v'' 0.043038		4.7MPa t_s=260.074℃ v' 0.0012758 v'' 0.042081	
		h' 1101.61 h'' 2799.4		h' 1108.54 h'' 2798.9		h' 1115.38 h'' 2798.3		h' 1122.12 h'' 2797.7		h' 1128.76 h'' 2797.0		h' 1135.31 h'' 2796.4
℃	m³/kg	kJ/kg	m³/kg	kJ/kg	m³/kg	kJ/kg	m³/kg	kJ/kg	m³/kg	kJ/kg	m³/kg	kJ/kg
300	0.055625	2955.0	0.054130	2951.4	0.052702	2947.8	0.051336	2944.2	0.050027	2940.5	0.048772	2936.8
310	0.057185	2983.8	0.055670	2980.6	0.054223	2977.3	0.052838	2974.0	0.051512	2970.7	0.050242	2967.3
320	0.058696	3011.6	0.057159	3008.7	0.055692	3005.7	0.054288	3002.6	0.052944	2999.6	0.051657	2996.5
330	0.060164	3038.6	0.058606	3035.8	0.057117	3033.1	0.055693	3030.3	0.054331	3027.5	0.053025	3024.7
340	0.061597	3064.8	0.060015	3062.3	0.058505	3059.7	0.057061	3057.2	0.055679	3054.6	0.054355	3052.0
350	0.062998	3090.4	0.061393	3088.1	0.059861	3085.7	0.058396	3083.3	0.056994	3080.9	0.055651	3078.5
360	0.064373	3115.5	0.062744	3113.3	0.061190	3111.1	0.059703	3108.9	0.058281	3106.7	0.056919	3104.4
370	0.065724	3140.2	0.064072	3138.1	0.062495	3136.1	0.060987	3134.0	0.059544	3131.9	0.058162	3129.8
380	0.067056	3164.5	0.065379	3162.6	0.063779	3160.6	0.062249	3158.7	0.060785	3156.7	0.059384	3154.8
390	0.068369	3188.5	0.066669	3186.7	0.065045	3184.9	0.063493	3183.0	0.062008	3181.2	0.060586	3179.3
400	0.069667	3212.3	0.067942	3210.5	0.066295	3208.8	0.064721	3207.1	0.063215	3205.3	0.061773	3203.6
410	0.070952	3235.8	0.069202	3234.2	0.067531	3232.5	0.065935	3230.9	0.064407	3229.2	0.062945	3227.6
420	0.072224	3259.2	0.070449	3257.6	0.068755	3256.0	0.067136	3254.5	0.065587	3252.9	0.064104	3251.3
430	0.073486	3282.4	0.071686	3280.9	0.069968	3279.4	0.068326	3277.9	0.066755	3276.4	0.065251	3274.9
440	0.074738	3305.5	0.072913	3304.1	0.071171	3302.6	0.069506	3301.2	0.067914	3299.8	0.066389	3298.3
450	0.075981	3328.5	0.074131	3327.1	0.072365	3325.8	0.070677	3324.4	0.069063	3323.0	0.067517	3321.6
460	0.077216	3351.4	0.075341	3350.1	0.073551	3348.8	0.071841	3347.5	0.070204	3346.2	0.068638	3344.9
470	0.078444	3374.3	0.076544	3373.0	0.074730	3371.8	0.072996	3370.5	0.071338	3369.3	0.069751	3368.0
480	0.079666	3397.1	0.077741	3395.9	0.075902	3394.7	0.074146	3393.5	0.072465	3392.3	0.070857	3391.1
490	0.080882	3419.9	0.078931	3418.8	0.077069	3417.6	0.075289	3416.4	0.073587	3415.3	0.071957	3414.1
500	0.082092	3442.7	0.080116	3441.6	0.078229	3440.5	0.076427	3439.3	0.074702	3438.2	0.073051	3437.1
510	0.083298	3465.5	0.081296	3464.4	0.079385	3463.3	0.077559	3462.2	0.075812	3461.1	0.074140	3460.0
520	0.084498	3488.3	0.082471	3487.2	0.080536	3486.2	0.078687	3485.1	0.076918	3484.1	0.075224	3483.0
530	0.085694	3511.1	0.083642	3510.0	0.081682	3509.0	0.079810	3508.0	0.078019	3507.0	0.076304	3505.9
540	0.086887	3533.9	0.084808	3532.9	0.082825	3531.9	0.080929	3530.9	0.079116	3529.9	0.077380	3528.9
550	0.088075	3556.7	0.085971	3555.7	0.083963	3554.7	0.082044	3553.8	0.080209	3552.8	0.078452	3551.9
560	0.089259	3579.5	0.087130	3578.6	0.085098	3577.6	0.083156	3576.7	0.081298	3575.8	0.079520	3574.8

5.8.4 水和水蒸气的动力黏度（表 5-23）

表 5-23 水和水蒸气的动力黏度 $\mu \times 10^6$　　　　Pa·s

温度 t /℃	压力 p/MPa																
	0.1	1	2.5	5	10	15	20	25	30	35	40	45	50	55	60	65	70	75	80
0	1750	1750	1750	1750	1750	1740	1740	1740	1740	1730	1730	1730	1720	1720	1720	1720	1710	1710	1710
10	1300	1300	1300	1300	1300	1300	1290	1290	1290	1290	1290	1280	1280	1280	1280	1280	1280	1280
20	1000	1000	1000	1000	1000	1000	999	999	998	997	997	996	996	995	994	994	993	992	991
30	797	797	797	797	797	797	797	797	797	797	797	797	796	796	796	796	796	796	796
40	651	651	652	652	652	652	653	653	653	653	654	654	654	654	655	655	655	656	656
50	544	544	544	545	545	546	546	547	547	548	548	549	549	550	550	551	551	554	554
60	463	463	463	464	464	465	466	467	467	468	469	469	470	471	471	472	473	473	474
70	400	401	401	401	402	403	404	404	405	406	407	408	408	409	410	411	412	412	413
80	351	351	351	352	353	354	355	355	356	357	358	359	360	361	362	362	363	364	365
90	311	311	312	312	313	314	315	316	317	318	319	320	321	322	323	324	325	326	326
100	12.11	279	279	280	281	282	283	284	285	286	287	288	289	290	291	292	293	294	295
110	12.52	252	253	253	254	255	256	257	258	259	260	262	263	264	265	266	267	268	269
120	12.92	230	230	231	232	233	234	235	236	237	238	239	241	242	243	244	245	246	247
130	13.33	211	212	212	213	214	215	216	218	219	220	221	222	223	224	225	226	227	228
140	13.74	195	195	196	197	198	199	200	201	203	204	205	206	207	208	209	210	211	213
150	14.15	181	182	182	183	184	185	187	188	189	190	191	192	193	194	196	197	198	199
160	14.55	169	169	170	171	172	173	175	176	177	178	179	180	181	183	184	185	186	187
170	14.97	159	159	160	161	162	163	164	165	166	168	169	170	171	172	173	174	176	177
180	15.36	14.96	150	150	151	153	154	155	156	157	158	159	161	162	163	164	165	166	168
190	15.77	15.40	141	142	143	144	145	147	148	149	156	151	153	154	155	156	157	158	160
200	16.18	15.85	134	135	136	137	138	139	141	142	143	144	145	146	148	149	150	151	152
210	16.59	16.29	127	128	129	130	132	133	134	135	136	138	139	140	141	142	143	145	146
220	16.99	16.74	122	122	123	124	126	127	128	129	130	132	133	134	135	136	138	139	140
230	17.40	17.18	16.79	117	118	119	120	122	123	124	125	126	128	129	130	131	132	134	134
240	17.81	17.61	17.28	112	113	114	115	117	118	119	120	121	123	124	125	126	128	129	130
250	18.22	18.05	17.77	107	109	110	111	112	113	115	116	117	118	119	121	122	123	124	126
260	18.62	18.49	18.26	103	104	106	107	108	109	111	112	113	114	115	117	118	119	120	122
270	19.03	18.92	18.74	18.38	101	102	103	104	105	107	108	109	110	112	113	114	115	117	118
280	19.44	19.35	19.22	18.95	97.0	98.2	99.4	101	102	103	104	106	107	108	109	111	112	113	111
290	19.84	19.78	19.69	19.51	93.6	94.9	96.1	97.4	98.6	99.9	101	102	104	105	106	107	109	110	111
300	20.25	20.22	20.16	20.06	90.5	91.7	93.0	94.3	95.5	96.8	98.1	99.3	101	102	103	104	106	107	108
310	20.7	20.7	20.6	20.6	86.6	88.3	89.4	91.1	92.4	93.8	94.9	96.1	97.5	98.4	99.7	101	102	103	103
320	21.1	21.1	21.1	21.1	21.6	84.5	85.9	87.7	89.2	90.6	92.0	92.9	94.3	95.5	96.6	97.8	99.0	100	102
330	21.4	21.5	21.6	21.7	22.4	80.4	82.1	84.1	85.8	87.5	88.8	90.0	91.2	92.4	93.5	94.8	96.0	97.2	98.3
340	21.9	21.9	22.0	22.2	23.0	76.0	78.2	80.2	82.1	84.0	85.6	86.9	88.0	89.2	90.5	91.8	93.1	94.3	95.5

续表

温度 t /℃	压力 p/MPa																	
	0.1	1	2.5	5	10	15	20	25	30	35	40	45	50	55	60	65	70	75	80
350	22.3	22.3	22.4	22.7	23.6	25.4	73.0	75.9	78.5	80.2	82.1	83.6	84.8	86.2	87.5	88.9	90.2	91.4	92.6
360	22.7	22.8	22.9	23.2	24.1	25.7	66.8	70.6	73.7	76.3	78.3	80.3	81.5	83.2	84.7	86.2	87.4	88.7	90.0
370	23.1	23.2	23.4	23.7	24.6	26.0	29.6	64.3	68.5	72.0	74.2	76.7	78.3	80.2	81.9	83.5	84.9	86.2	87.5
380	23.5	23.6	23.8	24.2	25.0	26.3	28.8	53.7	63.2	67.5	70.6	73.0	75.1	77.3	79.1	80.9	82.3	83.7	84.9
390	23.9	24.0	24.2	24.6	25.4	26.6	28.6	34.9	56.1	63.0	67.0	69.9	72.3	74.3	76.3	78.2	79.7	81.2	82.6
400	24.3	24.4	24.6	25.0	25.8	26.9	28.6	32.1	45.7	57.3	62.8	66.5	69.3	71.7	73.7	75.5	77.3	79.0	80.3
410	24.7	24.8	25.0	25.4	26.1	27.2	28.7	31.3	38.1	50.4	58.1	62.8	66.2	68.9	71.1	73.1	74.9	76.4	77.9
420	25.1	25.3	25.4	25.7	26.5	27.5	28.8	31.0	35.2	44.1	52.8	58.7	62.8	65.9	68.5	70.7	72.6	74.3	75.9
430	25.5	25.7	25.8	26.1	26.9	27.8	29.1	30.9	32.2	39.4	47.8	54.4	59.2	62.8	65.7	68.2	70.3	72.1	73.8
440	26.0	26.1	26.2	26.5	27.2	28.1	29.3	30.9	32.0	37.4	43.9	50.3	55.5	59.6	62.9	65.6	67.9	69.9	71.8
450	26.4	26.5	26.6	26.9	27.6	28.5	29.6	31.0	32.0	36.3	41.2	46.9	52.1	56.4	60.0	63.0	65.5	67.7	69.7
460	26.8	26.9	27.0	27.5	28.0	28.8	29.8	31.2	32.0	35.6	39.4	44.2	49.1	53.5	57.2	60.4	63.1	65.5	67.6
470	27.2	27.3	27.4	27.7	28.4	29.2	30.1	31.4	32.1	35.2	38.3	42.3	46.6	50.8	54.6	57.9	60.8	63.3	65.4
480	27.6	27.7	27.8	28.1	28.8	29.5	30.5	31.6	32.3	35.0	37.6	40.9	44.7	48.6	52.2	55.6	58.5	61.1	63.4
490	28.0	28.1	28.2	28.5	29.2	29.9	30.8	31.9	32.5	34.9	37.1	39.9	43.3	48.6	50.2	53.4	56.4	59.1	61.5
500	28.4	28.5	28.7	28.9	29.5	30.3	31.1	32.1	32.7	34.9	36.9	39.3	42.2	45.3	48.5	51.6	54.5	57.2	59.6
510	28.8	28.9	29.1	29.3	29.9	30.6	31.4	32.4	33.0	35.0	36.7	38.9	41.4	44.2	47.1	50.0	52.8	55.5	57.9
520	29.2	29.3	29.5	29.7	30.3	31.0	31.8	32.7	33.2	35.1	36.7	38.6	40.8	43.3	46.0	48.7	51.4	53.9	56.3
530	29.6	29.7	29.9	30.1	30.7	31.4	32.1	33.0	33.5	35.3	36.7	38.4	40.4	42.7	45.1	47.6	50.1	52.5	54.9
540	30.0	30.1	30.3	30.5	31.1	31.7	32.5	33.3	33.8	35.4	36.8	38.4	40.2	42.2	44.4	46.7	49.1	51.4	53.6
550	30.4	30.5	30.7	30.9	31.5	32.1	32.8	33.6	34.1	35.7	36.9	38.3	40.0	41.9	43.9	46.0	48.2	50.4	52.5
560	30.8	30.9	31.1	31.3	31.9	32.5	33.2	34.0	34.4	35.9	37.1	38.4	39.9	41.6	43.5	45.5	47.5	49.6	51.6
570	31.2	31.3	31.5	31.7	34.3	32.9	33.5	34.3	34.7	36.1	37.2	38.5	39.9	41.5	43.2	45.0	46.9	48.9	50.8
580	31.7	31.7	31.9	32.1	32.6	33.2	33.9	34.6	35.9	36.4	37.4	38.6	39.9	41.4	43.0	44.7	46.5	48.3	50.1
590	32.1	32.1	32.3	32.5	33.0	33.6	34.2	35.0	35.3	36.7	37.6	38.8	40.0	41.3	42.8	44.4	46.1	47.8	49.6
600	32.5	32.6	32.7	32.9	33.4	34.0	34.6	35.3	35.7	36.9	37.9	38.9	40.1	41.4	42.8	44.2	45.8	47.4	49.1
610	32.9	33.0	33.1	33.3	33.8	34.4	35.0	35.7	36.0	37.2	38.1	39.1	40.2	41.4	42.7	44.1	45.6	47.1	48.7
620	33.3	33.4	33.5	33.7	34.2	34.8	35.4	36.0	36.4	37.5	38.4	39.4	40.4	41.5	42.8	44.1	45.4	46.9	48.4
630	33.7	33.8	33.9	34.4	34.6	35.1	35.7	36.4	36.7	37.8	38.7	39.6	40.6	41.7	42.8	44.0	45.4	46.7	48.1
640	34.1	34.2	34.3	34.5	35.0	35.5	36.1	36.7	37.0	38.1	38.9	39.8	40.8	41.8	42.9	44.1	45.3	46.6	48.0
650	34.5	34.6	34.7	34.9	35.4	35.9	36.5	37.1	37.4	38.5	39.2	40.1	41.0	42.0	43.0	44.1	45.3	46.6	47.8
660	34.9	35.0	35.1	35.3	35.8	36.3	36.8	37.4	37.8	38.8	39.5	40.4	41.2	42.2	43.2	44.2	45.4	46.5	47.7
670	35.3	35.4	35.5	35.7	36.2	36.7	37.2	37.8	38.1	39.1	39.8	40.6	41.5	42.4	43.3	44.3	45.4	46.5	47.7
680	35.7	35.8	35.9	36.1	36.6	37.1	37.6	38.2	38.5	39.4	40.2	40.9	41.7	42.6	43.5	44.5	45.5	46.6	47.7
690	36.1	36.2	36.3	36.5	37.0	37.5	38.0	38.5	38.8	39.8	40.5	41.2	42.0	42.8	43.7	44.7	45.6	46.7	47.7
700	36.5	36.6	36.7	36.9	37.4	37.9	38.4	38.9	39.2	40.1	40.8	41.5	42.3	43.1	43.9	44.8	45.8	46.8	47.8

5.9 固体、液体和天然气中的声速

5.9.1 固体中的声速（表 5-24）

表 5-24 固体中的声速

材　料	Material	横波声速(25℃) m/s	纵波声速(25℃) m/s
钢(1%碳,经淬火)	Steel,1% Carbon,hardened	3150	5880
碳钢	Carbon Steel	3230	5890
低碳钢	Mild Steel	3235	5890
钢(1%碳)	Steel,1% Carbon	3220	
302 不锈钢	302 Stainless Steel	3120	5660
303 不锈钢	303 Stainless Steel	3120	5660
304 不锈钢	304 Stainless Steel	3075	
316 不锈钢	316 Stainless Steel	3175	5310
347 不锈钢	347 Stainless Steel	3100	5740
410 不锈钢	410 Stainless Steel	2990	5390
430 不锈钢	430 Stainless Steel	3360	
铝	Aluminum	3100	6320
铝(轧制)	Aluminum(rolled)	3040	
铜	Copper	2260	4660
铜(经退火)	Copper(annealed)	2325	
铜(轧制)	Copper(rolled)	2270	
铜镍合金(70%铜,30%镍)	CuNi(70%Cu 30%Ni)	2540	5030
铜镍合金(90%铜,10%镍)	CuNi(90%Cu 10%Ni)	2060	4010
黄铜	Brass(Naval)	2120	4430
黄金(冷拉)	Gold(hard-drawn)	1200	3240
因考耐尔合金	Inconel	3020	5820
铁(电解的)	Iron(electrolytic)	3240	5900
铁(低碳纯软铁)	Iron(Armco)	3240	5900
可锻铸铁	Ductile Iron	3000	
铸铁	Cast Iron	2500	4550
蒙耐尔合金	Monel	2720	5350
镍	Nickel	2960	5630
锡(轧制)	Tin,rolled	1670	3320
钛	Titanium	3125	6100
钨(经退火)	Tungsten,annealed	2890	5180
钨(冷拉)	Tungsten,drawn	2640	
碳化钨	Tungsten,carbide	3980	
锌(轧制)	Zinc,rolled	2440	4170
硼硅酸玻璃(派热克斯玻璃)	Glass,Pyrex	3280	5610
玻璃(重硅石英玻璃)	Glass,heavy silicate flint	2380	

续表

材料	Material	横波声速(25℃) m/s	纵波声速(25℃) m/s
玻璃(轻钡王冠玻璃)	Glass, light borate crown	2840	5260
尼龙	Nylon	1150	2400
尼龙 6-6	Nylon, 6-6	1070	
聚乙烯(高密度)	Polyethylene(HD)		2310
聚乙烯(低密度)	Polyethylene(LD)	540	1940
聚氯乙烯	PVC, CPVC	1060	2400
丙烯酸树脂	Acrylic	1430	2730
石棉水泥	Asbestos Cement		2200
沥青环氧树脂	Tar Epoxy		2000
灰泥,砂浆	Mortar		2500
橡胶	Rubber		1900

5.9.2 液体中的声速（表 5-25）

表 5-25 液体中的声速

名称	Substance	分子式	全部数据均在25℃给出 除非另有说明			
			密度 g/ml	声速 m/s	$\Delta v/℃$ m/s/℃	运动黏度 $\times 10^{-6}$ m^2/s
乙酸酐	Acetic, anhydride(22)	$(CH_3CO)_2O$	1.082 (20℃)	1180	2.5	0.769
醋酸酐	Acetic acid, anhydride(22)	$(CH_3CO)_2O$	1.082 (20℃)	1180	2.5	0.769
乙腈	Acetic acid, nitrile	C_2H_3N	0.783	1290	4.1	0.441
醋酸乙酯(33)	Acetic acid, ethyl ester(33)	$C_4H_8O_2$	0.901	1085	4.4	0.467
醋酸甲酯	Acetic acid, methyl ester	$C_3H_6O_2$	0.934	1211		0.407
丙酮	Acetone	C_3H_6O	0.791	1174	4.5	0.399
乙腈	Acetonitrile	C_2H_3N	0.783	1290	4.1	0.441
乙酰甲基丙酮	Acetonylacetone	$C_6H_{10}O_2$	0.729	1399	3.6	
二氯乙烯	Acetylen dichloride	$C_2H_2Cl_2$	1.26	1015	3.8	0.400
四溴乙烷(47)	Acetylene tetrabromide(47)	$C_2H_2Br_4$	2.966	1027		
四氯乙烷(47)	Acetylene tetrachloride(47)	$C_2H_2Cl_4$	1.595	1147		1.156 (15℃)
酒精	Alcohol	C_2H_6O	0.789	1207	4.0	1.396
Alkazene-13	Alkazene-13	$C_{15}H_{24}$	0.86	1317	3.9	
Alkazene-25	Alkezene-25	$C_{10}H_{12}Cl_2$	1.20	1307	3.4	
2-氨基乙醇	2-Amino-ethanol	C_2H_7NO	1.018	1724	3.4	
2-氨基酰甲苯胺	2-Aminotolidine(46)	C_7H_9N	0.999 (20℃)	1618		4.394 (20℃)
4-氨基酰甲苯胺	4-Aminotolidine(46)	C_7H_9N	0.966 (45℃)	1480		1.863 (50℃)
氨(35)	Ammonia(35)	NH_3	0.771	1729 (−33℃)	6.68	0.292 (−33℃)
非晶性聚烯烃	Amorphous Polyolefin		0.98	962.6 (190℃)		26600

续表

名称	Substance	分子式	全部数据均在25℃给出 除非另有说明			
			密度	声速	$\Delta v/℃$	运动黏度 $\times 10^{-6}$
			g/ml	m/s	m/s/℃	m²/s
季戊醇	t-Amyl alcohol	$C_5H_{12}O$	0.81	1204		4.374
苯胺(41)	Aminobenzene(41)	$C_6H_5NO_2$	1.022	1639	4.0	3.63
苯胺(41)	Aniline(41)	$C_6H_5NO_2$	1.022	1639	4.0	3.63
氩(45)	Argon(45)	Ar	1.400 (−188℃)	853 (−188℃)		
连氮	Azine	C_6H_5N	0.982	1415	4.1	0.992 (20℃)
苯(29,40,41)	Benzene(29,40,41)	C_6H_6	0.879	1306	4.65	0.711
粗制苯(29,40,41)	Benzol(29,40,41)	C_6H_6	0.879	1306	4.65	0.711
溴(21)	Bromine(21)	Br_2	2.928	889	3.0	0.323
溴苯(46)	Bromo-benzene(46)	C_6H_5Br	1.522	1170 (20℃)		0.693
1-溴丁烷(46)	1-Bromo-butane(46)	C_4H_9Br	1.276 (20℃)	1019 (20℃)		0.49 (15℃)
溴乙烷(46)	Bromo-ethane(46)	C_2H_5Br	1.460 (20℃)	900 (20℃)		0.275
三溴甲烷(46,47)	Bromoform(46,47)	$CHBr_3$	2.89 (20℃)	918	3.1	0.654
正丁烷(2)	n-Butane(2)	C_4H_{10}	0.601 (0℃)	1085 (−5℃)	5.8	
2-丁醇	2-Butanol	$C_4H_{10}O$	0.81	1240	3.3	3.239
仲-丁醇	sec-Butylalcohol	$C_4H_{10}O$	0.81	1240	3.3	3.239
正丁基溴(46)	n-Butyl bromide(46)	C_4H_9Br	1.276 (20℃)	1019 (20℃)		0.49 (15℃)
正丁基氯(22,46)	n-Butyl chloride(22,46)	C_4H_9Cl	0.887	1140	4.57	0.529 (15℃)
叔丁基氯	tert Butyl chloride	C_4H_9Cl	0.84	984	4.2	0.646
油酸丁酯	Butyl oleate	$C_{22}H_{42}O_2$		1404	3.0	
2,3-丁二醇	2,3 Butylene glycol	$C_4H_{10}O_2$	1.019	1484	1.51	
镉(7)	Cadmium(7)	Cd		2237.7 (400℃)		1.355cp (440℃)
甲醇(40,41)	Carbinol(40,41)	CH_4O	0.791 (20℃)	1076	2.92	0.695
卡必醇	Carbitol	$C_6H_{14}O_3$	0.988	1458		
二氧化碳(26)	Carbon dioxide(26)	CO_2	1.101 (−37℃)	839 (−37℃)	7.71	0.137 (−37℃)
二硫化碳	Carbon disulphide	CS_2	1.261 (22℃)	1149		0.278
四氯化碳(33,35,47)	Carbon tetrachloride(33,35,47)	CCl_4	1.595 (20℃)	926	2.48	0.607
四氟化碳(14) 氟里昂(14)	Carbon tetrafluoride(14) (Freon 14)	CF_4	1.75 (−150℃)	875.2 (−150℃)	6.61	
十六烷(23)	Cetane(23)	$C_{16}H_{34}$	0.773 (20℃)	1338	3.71	4.32
氯苯	Chloro-benzene	C_6H_5Cl	1.106	1273	3.6	0.722

续表

名　　称	Substance	分子式	全部数据均在25℃给出 除非另有说明			
			密度	声速	$\Delta v/℃$	运动黏度 $\times 10^{-6}$
			g/ml	m/s	m/s/℃	m^2/s
氯丁烷(22,46)	1-Chloro-butane(22,46)	C_4H_9Cl	0.887	1140	4.57	0.529 (15℃)
二氟氯甲烷(氟里昂22)	Chloro-diFluoromethane(3) (Freon22)	$CHClF_2$	1.491 (−69℃)	893.9 (−50℃)	4.79	
氯仿(47)	Chloroform(47)	$CHCl_3$	1.489	979	3.4	0.55
1-氯丙烷(47)	1-Chloro-propane(47)	C_3H_7Cl	0.892	1058		0.378
三氟氯甲烷(5)	Chlorotrifluoromethane(5)	$CClF_3$		724 (−82℃)	5.26	
肉桂醛	Cinnamaldehyde	C_9H_8O	1.112	1554	3.2	
肉桂醛	Cinnamic aldehyde	C_9H_8O	1.112	1554	3.2	
胆胺,2-羟乙胺	Colamine	C_2H_7NO	1.018	1724	3.4	
邻甲酚(46)	o-Cresol(46)	C_7H_8O	1.047 (20℃)	1541 (20℃)		4.29 (40℃)
间甲酚(46)	m-Cresol(46)	C_7H_8O	1.034 (20℃)	1500 (20℃)		5.979 (40℃)
乙腈	Cyanomethane	C_2H_3N	0.783	1290	4.1	0.441
环己烷(15)	Cyclohexane(15)	C_6H_{12}	0.779 (20℃)	1248	5.41	1.31 (17℃)
环己醇	Cyclohexanol	$C_6H_{12}O$	0.962	1454	3.6	0.071 (17℃)
环己酮	Cyclohexanone	$C_6H_{10}O$	0.948	1423	4.0	
癸烷(46)	Decane(46)	$C_{10}H_{22}$	0.730	1252		1.26 (20℃)
1-癸烯(27)	1-Decene(27)	$C_{10}H_{20}$	0.746	1235	4.0	
正癸烯(27)	n-Decylene(27)	$C_{10}H_{20}$	0.746	1235	4.0	
丁二酮	Diacetyl	$C_4H_6O_2$	0.99	1236	4.6	
二戊基胺	Diamylamine	$C_{10}H_{23}N$		1256	3.9	
1,2-二溴乙烷(47)	1,2-Dibromo-ethane(47)	$C_2H_4Br_2$	2.18	995		0.79 (20℃)
反-1,2-二溴乙烯	trans-1,2-Dibromoethene	$C_2H_2Br_2$	2.231	935		
苯二甲酸二丁酯	Dibutyl phthalate	$C_8H_{22}O_4$		1408		
二氯丁醇	Dichloro-t-butyl alcohol	$C_4H_8Cl_2O$		1304	3.8	
2,3-二氯二噁烷	2,3-Dichlorodioxane	$C_2H_6Cl_2O_2$		1391	3.7	
二氟二氯甲烷(3)(氟里昂12)	Dichlorodifluoromethane(3) (Freon 12)	CCl_2F_2	1.516 (40℃)	774.1	4.24	
二氯乙烷(47)	1,2-Dichloro ethane(47)	$C_2H_4Cl_2$	1.253	1193		0.61
顺-1,2-二氯乙烯(3,47)	cis-1,2-Dichloro-ethene(3,47)	$C_2H_2Cl_2$	1.284	1061		
反-1,2-二氯乙烷(3,47)	trans-1,2-Dichloro-ethene(3,47)	$C_2H_2Cl_2$	1.257	1010		
一氟二氯乙烷(3)(氟里昂21)	Dichloro-fluoromethane(3) (Freon 21)	$CHCl_2F$	1.426 (0℃)	891 (0℃)	3.97	
1,2-二氯六氟环丁烷(47)	1,2-Dichlorohexafluorocyclobutane(47)	$C_4Cl_2F_6$	1.654	669		

续表

名　称	Substance	分子式	全部数据均在25℃给出 除非另有说明			
			密度	声速	$\Delta v/℃$	运动黏度 $\times 10^{-6}$
			g/ml	m/s	m/s/℃	m^2/s
1,3-二氯异丁烷	1,3-Dichloro-isobutane	$C_4H_8Cl_2$	1.14	1220	3.4	
二氯甲烷(3)	Dichloro methane(3)	CH_2Cl_2	1.327	1070	3.94	0.31
1,1-二氯-1,2,2,2-四氟乙烷	1,1-Dichloro-1,2,2,2-tetra fluoroethane	$CClF_2$-$CClF_2$	1.455	665.3 (−10℃)	3.73	
二乙醚	Diethyl ether	$C_4H_{10}O$	0.713	985	4.87	0.311
二甘醇	Diethylene glycol	$C_4H_{10}O_3$	1.116	1586	2.4	
二甘醇-乙醚	Diethylene glycol, monoethyl ether	$C_6H_{14}O_3$	0.988	1458		
吗啉	Diethylenimide oxide	C_4H_9NO	1.00	1442	3.8	
1,2-二氨基氟丁烷(43)	1,2-bis(DiFluoramino)butane(43)	$C_4H_8(NF_2)_2$	1.216	1000		
1,2-二氨基氟-2-二甲基丙烷(43)	1,2-bis(DiFluoramino)-2-methylpropane(43)	$C_4H_9(NF_2)_2$	1.213	900		
1,2-二氨基氟丙烷(43)	1,2-bis(DiFluoramino)propane(43)	$C_3H_6(NF_2)_2$	1.265	960		
2,2-二氨基氟丙烷(43)	2,2-bis(DiFluoramino)propane(43)	$C_3H_6(NF_2)_2$	1.254	890		
二羟二乙基醚	2,2-Dihydroxydiethyl ether	$C_4H_{10}O_3$	1.116	1586	2.4	
乙二醇	Dihydroxyethane	$C_2H_6O_2$	1.113	1658	2.1	
1,3-二甲基苯(46)	1,3-Dimethyl-benzene(46)	C_8H_{10}	0.868 (15℃)	1343 (20℃)		0.749 (15℃)
1,2-二甲基苯(29,46)	1,2-Dimethyl-benzene(29,46)	C_8H_{10}	0.897 (20℃)	1331.5	4.1	0.903 (20℃)
1,4-二甲基苯(46)	1,4-Dimethyl-benzene(46)	C_8H_{10}		1334 (20℃)		0.662
2,2-二甲基丁烷(29,33)	2,2-Dimethyl-butane(29,33)	C_6H_{14}	0.649 (20℃)	1079		
二甲基酮	Dimethyl ketone	C_3H_6O	0.791	1174	4.5	0.399
二甲基戊烷(47)	Dimethyl pentane(47)	C_7H_{16}	0.674	1063		
邻苯二甲酸二甲酯	Dimethyl phthalate	$C_8H_{10}O_4$	1.2	1463		
二碘甲烷	Diiodo-methane	CH_2I_2	3.235	980		
二氧杂环乙烷	Dioxane	$C_4H_8O_2$	1.033	1376		
十二烷(23)	Dodecane(23)	$C_{12}H_{26}$	0.749	1279	3.85	1.80
1,2-乙二醇	1,2-Ethanediol	$C_2H_6O_2$	1.113	1658	2.1	
乙腈	Ethanenitrile	C_2H_3N	0.783	1290		0.441
乙酸酐(22)	Ethanoic anhydride(22)	$(CH_3CO)_2O$	1.082	1180		0.769
乙醇	Ethanol	C_2H_6O	0.789	1207	4.0	1.39
乙醇酰	Ethanol amide	C_2H_7NO	1.018	1724	3.4	
乙氧基乙烷	Ethoxyethane	$C_4H_{10}O$	0.713	985	4.87	0.311
醋酸乙酯(33)	Ethyl acetate(33)	$C_4H_8O_2$	0.901	1085	4.4	0.489
乙醇	Ethyl alcohol	C_2H_6O	0.789	1207	4.0	1.396
乙苯(46)	Ethyl benzene(46)	C_8H_{10}	0.867 (20℃)	1338 (20℃)		0.797 (17℃)
溴乙烷(46)	Ethyl Bromide(46)	C_2H_5Br	1.461 (20℃)	900 (20℃)		0.275 (20℃)

续表

名　称	Substance	分子式	全部数据均在25℃给出 除非另有说明			
			密度	声速	$\Delta v/℃$	运动黏度 $\times 10^{-6}$
			g/ml	m/s	m/s/℃	m²/s
碘乙烷(46)	Ethyliodide(46)	C_2H_5I	1.950 (20℃)	876 (20℃)		0.29
乙醚	Ether	$C_4H_{10}O$	0.713	985	4.87	0.311
二乙醚	Ethyl ether	$C_4H_{10}O$	0.713	985	4.87	0.311
二溴乙烷(47)	Ethylene bromide(47)	$C_2H_4Br_2$	2.18	995		0.79
二氯乙烷(47)	Ethylene chloride(47)	$C_2H_4Cl_2$	1.253	1193		0.61
乙二醇	Ethylene glycol	$C_2H_6O_2$	1.113	1658	2.1	17.208 (20℃)
d-莳酮	d-Fenochone	$C_{10}H_{16}O$	0.947	1320		0.22
d-2-莳酮	d-2-Fenechanone	$C_{10}H_{16}O$	0.947	1320		0.22
氟	Fluorine	F	0.545 (-143℃)	403 (-143℃)	11.31	
氟化苯(46)	Fluoro-benzene(46)	C_6H_5F	1.024 (20℃)	1189		0.584 (20℃)
甲酸甲酯	Formaldehyde,Methyl ester	$C_2H_4O_2$	0.974	1127	4.02	
甲酰胺	Formamide	CH_3NO	1.134 (20℃)	1622	2.2	2.91
甲酰胺	Formic acid,amide	CH_3NO	1.134 (20℃)	1622		2.91
氟里昂 R12	Freon R12			774.2		
糠醛	Furfural	$C_5H_4O_2$	1.157	1444	3.7	
糠醇	Furfuryl alcohol	$C_5H_6O_2$	1.135	1450	3.4	
呋喃	Fural	$C_5H_4O_2$	1.157	1444	3.7	
2-糠醛	2-Furaldehyde	$C_5H_4O_2$	1.157	1444	3.7	
2-呋喃羧基乙醛	2-Furancarboxaldehyde	$C_5H_4O_2$	1.157	1444	3.7	
2-呋喃基甲醇	2-Furyl-Methanol	$C_5H_6O_2$	1.135	1450	3.4	
镓	Gallium	Ga	6.095	2870 (30℃)		
甘油	Glycerin	$C_3H_8O_3$	1.26	1904	2.2	757.1
甘油	Glycerol	$C_3H_8O_3$	1.26	1904	2.2	757.1
乙二醇	Glycol	$C_2H_6O_2$	1.113	1658	2.1	
50%乙二醇/50%水	50% Glycol/50% H_2O			1578		
氦(45)	Helium(45)	He_4	0.125 (-269℃)	183 (-269℃)		0.025
庚烷(22,23)	Heptane(22,23)	C_7H_{16}	0.684 (20℃)	1131	4.25	0.598 (20℃)
正庚烷(29,33)	n-Heptane(29,33)	C_7H_{16}	0.684 (20℃)	1180	4.0	
六氯环戊二烯(47)	Hexachloro-Cyclopentadiene(47)	C_5Cl_6	1.7180	1150		
十六烷(23)	Hexadecane(23)	$C_{16}H_{34}$	0.773 (20℃)	1338	3.71	4.32 (20℃)
环己醇	Hexalin	$C_6H_{12}O$	0.962	1454	3.6	70.69 (17℃)

续表

名称	Substance	分子式	全部数据均在25℃给出 除非另有说明			
			密度 g/ml	声速 m/s	$\Delta v/℃$ m/s/℃	运动黏度 $\times 10^{-6}$ m²/s
己烷(16,22,23)	Hexane(16,22,23)	C_6H_{14}	0.659	1112	2.71	0.446
正己烷(29,33)	n-Hexane(29,33)	C_6H_{14}	0.649 (20℃)	1079	4.53	
2,5-乙二酮	2,5-Hexanedione	$C_6H_{10}O_2$	0.729	1399	3.6	
正己醇	n-Hexanol	$C_6H_{14}O$	0.819	1300	3.8	
六氢化苯(15)	Hexahydrobenzene(15)	C_6H_{12}	0.779	1248	5.41	1.31 (17℃)
六氢酚	Hexahydrophenol	$C_6H_{12}O$	0.962	1454	3.6	
环乙烷(15)	Hexamethylene(15)	C_6H_{12}	0.779	1248	5.41	1.31 (17℃)
氢(45)	Hydrogen(45)	H_2	0.071 (-256℃)	1187 (-256℃)		0.003 (-256℃)
2-羟基甲苯(46)	2-Hydroxy-toluene(46)	C_7H_8O	1.047 (20℃)	1541 (20℃)		4.29 (40℃)
3-羟基甲苯(46)	3-Hydroxy-toluene(46)	C_7H_8O	1.034 (20℃)	1500 (20℃)		5.979 (40℃)
苯基碘(46)	Iodo-benzene(46)	C_6H_5I	1.823	1114 (20℃)		0.954
碘化乙烷(46)	Iodo-ethane(46)	C_2H_5I	1.950 (20℃)	876 (20℃)		0.29
碘化甲烷	Iodo-methane	CH_3I	2.28 (20℃)	978		0.211
醋酸异丁基酯(22)	Isobutyl acetate(22)	$C_6H_{12}O$		1180 (27℃)	4.85	
异丁醇	Isobutanol	$C_4H_{10}O$	0.81 (20℃)	1212gt		
异丁烷	Iso-Butane			1219.8		
异戊烷(36)	Isopentane(36)	C_5H_{12}	0.62 (20℃)	980	4.8	0.34
异丙酮(46)	Isopropanol(46)	C_3H_8O	0.785 (20℃)	1170 (20℃)		2.718
异丙醇(46)	Isopropyl alcohol(46)	C_3H_8O	0.785 (20℃)	1170 (20℃)		2.718
煤油	Kerosene		0.81	1324	3.6	
环六亚甲基酮	Ketohexamethylene	$C_6H_{10}O$	0.948	1423	4.0	
氟化锂(42)	Lithium fluoride(42)	LiF		2485 (900℃)	1.29	
汞(45)	Mercury(45)	Hg	13.594	1449 (24℃)		0.114
异丙叉丙酮	Mesityloxide	$C_6H_{16}O$	0.85	1310		
甲烷(25,28,38,39)	Methane(25,28,38,39)	CH_4	0.162 (-89℃)	405 (-89℃)	17.5	
甲醇(40,41)	Methanol(40,41)	CH_4O	0.791 (20℃)	1076	2.92	0.695

续表

名 称	Substance	分子式	全部数据均在25℃给出 除非另有说明			
			密度	声速	$\Delta v/℃$	运动黏度 $\times 10^{-6}$
			g/ml	m/s	m/s/℃	m²/s
乙酸甲酯	Methyl acetate	$C_3H_6O_2$	0.934	1211		0.407
邻-甲基苯胺(46)	o-Methylaniline(46)	C_7H_9N	0.999 (20℃)	1618		4.394 (20℃)
4-甲基苯胺	4-Methylaniline	C_7H_9N	0.966 (45℃)	1480		1.863 (50℃)
甲醇(40,44)	Methyl alcohol(40,44)	CH_4O	0.791 (20℃)	1076	2.92	0.695
甲苯(16,52)	Methyl benzene(16,52)	C_7H_8	0.867	1328 (20℃)	4.27	0.644
2-甲基丁烷(36)	2-Methyl-butane(36)	C_5H_{12}	0.62 (20℃)	980		0.34
乙醇	Methyl carbinol	C_2H_6O	0.789	1207	4.0	1.396
三氯乙烷(47)	Methyl-chloroform(47)	$C_2H_3Cl_3$	1.33	985		0.902 (20℃)
乙腈	Methyl-cyanide	C_2H_3N	0.783	1290		0.441
3-甲基环己醇	3-Methyl cyclohexanol	$C_7H_{14}O$	0.92	1400		
二氯甲烷(3)	Methylene chloride(3)	CH_2Cl_2	1.327	1070	3.94	0.31
二碘甲烷	Methylene iodide	CH_2I_2	3.235	980		
甲酸甲酯(22)	Methyl formate(22)	$C_2H_4O_2$	0.974 (20℃)	1127	4.02	
甲基碘	Methyl iodide	CH_3I	2.28 (20℃)	978		0.211
2-甲基萘	α-Methyl naphthalene	$C_{11}H_{10}$	1.090	1510	3.7	
2-甲基苯酚(46)	2-Methylphenol(46)	C_7H_8O	1.047 (20℃)	1541 (20℃)		4.29 (40℃)
3-甲基苯酚(46)	3-Methylphenol(46)	C_7H_8O	1.034 (20℃)	1500 (20℃)		5.979 (40℃)
均匀的牛奶	Milk, homogenized			1548		
吗啉	Morpholine	C_4H_9NO	1.00	1442	3.8	
石脑油	Naphtha		0.76	1225		
天然气(37)	Natural Gas(37)		0.316 (−103℃)	753 (−103℃)		
氖(45)	Neon(45)	Ne	1.207 (−246℃)	595 (−246℃)		
硝基苯(46)	Nitrobenzene(46)	$C_6H_5NO_2$	1.204 (20℃)	1415 (20℃)		1.514
氮(45)	Nitrogen(45)	N_2	0.808 (−199℃)	962 (−199℃)		0.217 (−199℃)
硝基甲烷(43)	Nitromethane(43)	CH_3NO_2	1.135	1300	4.0	0.549
壬烷(23)	Nonane(23)	C_9H_2O	0.718 (20℃)	1207	4.04	0.99 (20℃)
壬烯(27)	1-Nonene(27)	C_9H_{18}	0.736 (20℃)	1207	4.0	
辛烷(23)	Octane(23)	C_8H_{18}	0.703	1172	4.14	0.73

续表

名称	Substance	分子式	全部数据均在25℃给出 除非另有说明			
			密度 g/ml	声速 m/s	$\Delta v/℃$ m/s/℃	运动黏度 $\times 10^{-6}$ m^2/s
正辛烷(29)	n-Octane(29)	C_8H_{18}	0.704 (20℃)	1212.5	3.50	0.737
1-辛烯(27)	1-Octene(27)	C_8H_{16}	0.723 (20℃)	1175.5	4.10	
檫木樟脑油	Oil of Camphor Sassafrassy			1390	3.8	
汽油(SAE 20a.30)	Oil,Car(SAE 20a.30)		1.74	870		190
蓖麻油	Oil,Castor	$C_{11}H_{10}O_{10}$	0.969	1477	3.6	0.670
柴油	Oil,Diesel		0.80	1250		
燃料重油	Oil,Fuel AA gravity		0.99	1485	3.7	
润滑油	Oil(Lubricating X200)			1530		
橄榄油	Oil(Olive)		0.912	1431	2.75	100
花生油	Oil(Peanut)		0.936	1458		
鲸油	Oil(Sperm)		0.88	1440		
6号油	Oil,6			1509 (22℃)		
氧化二乙醇	2,2-Oxydiethanol	$C_4H_{10}O_3$	1.116	1586	2.4	
氧(45)	Oxygen(45)	O_2	1.155 (−186℃)	952 (−186℃)		0.173
五氯乙烷(47)	Pentachloro-ethane(47)	C_2HCl_5	1.687	1082		
五氯乙烷(47)	Pentalin(47)	C_2HCl_5	1.687	1082		
戊烷(36)	Pentane(36)	C_5H_{12}	0.626 (20℃)	1020		0.363
正戊烷(47)	n-Pentane(47)	C_5H_{12}	0.557	1006		0.41
过氯环戊二烯(47)	Perchlorocyclopentadiene(47)	C_5Cl_6	1.718	1150		
过氯乙烯(47)	Perchloro-ethylene(47)	C_2Cl_4	1.632	1036		
过氟-1-庚烯(47)	Perfluoro-1-Hepten(47)	C_7F_{14}	1.67	583		
过氟-正己烷(47)	Perfluoro-n-Hexane(47)	C_6F_{14}	1.672	508		
苯(29,40,41)	Phene(29,40,41)	C_6H_6	0.879	1306	4.65	0.711
β-苯基丙烯酸	β-Phenyl acrolein	C_9H_8O	1.112	1554	3.2	
苯基胺(41)	Phenylamine(41)	$C_6H_5NO_2$	1.022	1639	4.0	3.63
溴苯(46)	Phenyl bromide(46)	C_6H_5Br	1.522	1170 (20℃)		0.693
氯化苯	Phenyl chloride	C_6H_5Cl	1.106	1273	3.6	0.722
苯基碘(46)	Phenyl iodide(46)	C_6H_5I	1.823	1114 (20℃)		0.954 (15℃)
甲苯(16,52)	Phenyl methane(16,52)	C_7H_8	0.867 (20℃)	1328 (20℃)	4.27	0.644
3-苯基丙烯醛	3-Phenyl propenal	C_9H_8O	1.112	1554	3.2	
邻苯二甲酸	Phthalardione	$C_8H_4O_3$		1125 (152℃)		
邻苯二甲酸树脂,酸酐	Phthalic acid,anhydride	$C_8H_4O_3$		1125 (152℃)		

续表

名 称	Substance	分子式	全部数据均在25℃给出 除非另有说明			
			密度	声速	$\Delta v/℃$	运动黏度 $\times 10^{-6}$
			g/ml	m/s	m/s/℃	m²/s
邻苯二甲酸酐	Phthalic anhydride	$C_8H_4O_3$		1125 (152℃)		
环己酮	Pimelic ketone	$C_6H_{10}O$	0.948	1423	4.0	
有机玻璃	Plexiglas, Lucite, Acrylic			2651		
多萜树脂	Polyterpene Resin		0.77	1099.8 (190℃)		39000
溴化钾(42)	Potassium bromide(42)	KBr		1169 (900℃)	0.71	0.715cp (900℃)
氟化钾(42)	Potassium fluoride(42)	KF		1792 (900℃)	1.03	
碘化钾(42)	Potassium iodide(42)	KI		985 (900℃)	0.64	
硝酸钾(48)	Potassium nitrate(48)	KNO_3	1.859 (352℃)	1740.1 (352℃)	1.1	1.19 (327℃)
丙烷(2,13)(−45~−130℃)	Propane(2,13)(−45~−130℃)	C_3H_8	0.585 (−45℃)	1003 (−45℃)	5.7	
丙三醇	1,2,3-Propanetriol	$C_3H_8O_3$	1.26	1904	2.2	0.000757
1-丙醇(46)	1-Propanol(46)	C_3H_8O	0.78 (20℃)	1222 (20℃)		
2-丙醇	2-Propanol(46)	C_3H_8O	0.785 (20℃)	1170 (20℃)		2.718
2-丙酮	2-Propanone	C_3H_6O	0.791	1174	4.5	0.399
丙烯(17,18,35)	Propene(17,18,35)	C_3H_6	0.563 (−13℃)	963 (−13℃)	6.32	
乙酸正丙酯(22)	n-Propyl acetate(22)	$C_5H_{10}O_2$		1280 (2℃)	4.63	
正丙醇	n-Propyl-alcohol	C_3H_8O	0.78 (20℃)	1222 (20℃)		2.549
氯丙烷,丙基氯(47)	Propylchloride(47)	C_3H_7Cl	0.892	1058		0.378
丙烯(17,18,35)	Propylene(17,18,35)	C_3H_6	0.563 (−13℃)	963 (−13℃)	6.32	
吡啶	Pyridine	C_6H_5N	0.982	1.415	4.1	0.992 (20℃)
制冷剂11(3,4)	Refrigerant 11(3,4)	CCl_3F	1.49	828.3 (0℃)	3.56	
制冷剂12(3)	Refrigerant 12(3)	CCl_2F_2	1.516	774.1 (−40℃)	4.24	
制冷剂14(14)	Refrigerant 14(14)	CF_4	1.75 (−150℃)	875.24 (−150℃)	6.61	
制冷剂21(3)	Refrigerant 21(3)	$CHCl_2F$	1.426 (0℃)	891 (0℃)	3.97	
制冷剂22(3)	Refrigerant 22(3)	$CHClF_2$	1.491 (−69℃)	893.9 (50℃)	4.79	
制冷剂113(3)	Refrigerant 113(3)	$CCl_2F-CClF_2$	1.563	783.7 (0℃)	3.44	

续表

名　称	Substance	分子式	全部数据均在25℃给出 除非另有说明			
			密度	声速	$\Delta v/℃$	运动黏度 $\times 10^{-6}$
			g/ml	m/s	m/s/℃	m²/s
制冷剂114(3)	Refrigerant 114(3)	$CClF_2$-$CClF_2$	1.455	665.3 (−10℃)	3.73	
制冷剂115(3)	Refrigerant 115(3)	C_2ClF_5		656.4 (−50℃)	4.42	
制冷剂C318(3)	Refrigerant C318(3)	C_4F_8	1.62 (−20℃)	574 (−10℃)	3.88	
硒(8)	Selenium(8)	Se		1072 (250℃)	0.68	
有机硅树脂(30cp)	Silicone(30 cp)		0.993	990		30
氟化钠(42)	Sodium Fluoride(42)	NaF	0.877	2082 (1000℃)	1.32	
硝酸钠(48)	Sodium nitrate(48)	$NaNO_3$	1.884 (336℃)	1763.3 (336℃)	0.74	1.37 (336℃)
亚硝酸钠(48)	Sodium nitrite(48)	$NaNO_2$	1.805 (292℃)	1876.8 (292℃)		
3号溶剂	Solvesso #3		0.877	1370	3.7	
酒精	Spirit of wine	C_2H_6O	0.789	1207	4.0	1.396
硫(7,8,10)	Sulfur(7,8,10)	S		1177 (250℃)	−1.13	
硫酸(1)	Sulfuric Acid(1)	H_2SO_4	1.841	1257.6	1.43	11.16
碲(7)	Tellurium(7)	Te		991 (450℃)	0.73	
1,1,2,2-四溴乙烷(47)	1,1,2,2-Tetrabromoethane(47)	$C_2H_2Br_4$	2.966	1027		
1,1,2,2-四氯乙烷(67)	1,1,2,2-Tetrachloroethane(67)	$C_2H_2Cl_4$	1.595	1147		1.156 (15℃)
四氯乙烷(46)	Tetrachloroethane(46)	$C_2H_2Cl_4$	1.553 (20℃)	1170 (20℃)		1.19
四氯乙烯(47)	Tetrachloroethene(47)	C_2Cl_4	1.632	1036		
四氯化碳(33,47)	Tetrachloromethane(33,47)	CCl_4	1.595 (20℃)	926		0.607
十四烷(46)	Tetradecane(46)	$C_{14}H_3O$	0.763 (20℃)	1331 (20℃)		2.86 (20℃)
四乙烯乙二醇	Tetraethylene glycol	$C_8H_{18}O_5$	1.123	1586	3.0	
四氟化碳(14)(氟里昂14)	Tetrafluoro-methane (14) (Freon 14)	CF_4	1.75 (−150℃)	875.24 (−150℃)	6.61	
四氢-1,4-异噁唑	Tetrahydro-1,4-isoxazine	C_4H_9NO	1.000	1442	3.8	
甲苯(16,52)	Toluene(16,52)	C_7H_8	0.867 (20℃)	1328 (20℃)	4.27	0.644
邻甲基苯胺(46)	o-Toluidine(46)	C_7H_9N	0.999 (20℃)	1618		4.394 (20℃)
对甲基苯胺(46)	p-Toluidine(46)	C_7H_9N	0.966 (45℃)	1480		1.863 (50℃)
甲苯	Toluol	C_7H_8	0.866	1308	4.2	0.58

续表

名称	Substance	分子式	全部数据均在25℃给出 除非另有说明			
			密度 g/ml	声速 m/s	$\Delta v/℃$ m/s/℃	运动黏度 $\times 10^{-6}$ m²/s
三溴甲烷(46,47)	Tribromo-methane(46,47)	$CHBr_3$	2.89 (20℃)	918		0.654
1,1,1-三氯乙烷(47)	1,1,1-Trichloroethane(47)	$C_2H_3Cl_3$	1.33	985		0.902 (20℃)
三氯乙烯(47)	Trichloroethene(47)	C_2HCl_3	1.464	1028		
三氯氟甲烷(3)(氟里昂11)	Trichloro-fluoromethane(3)(Frein 11)	CCl_3F	1.49	828.3 (0℃)	3.56	
三氯甲烷(47)	Trichloro-methane(47)	$CHCl_3$	1.489	979	3.4	0.55
1,1,2-三氯-1,2,2-三氟乙烷	1,1,2-Trichloro-1,2,2-Trifluoro-Etham	$CCl_2F-CClF_2$	1.563	783.7 (0℃)		
三乙基胺(33)	Triethyl-amine(33)	$C_6H_{15}N$	0.726	1123	4.47	
三甘醇	Triethylene glycol	$C_6H_{14}O_4$	1.123	1608	3.8	
1,1,1-三氟-2氯-2-溴乙烷	1,1,1-Trifluoro-2-Chloro-2-Bromo-Ethane	$C_2HClBrF_3$	1.869	693		
1,2,2-三氟三氯乙烷(氟里昂113)	1,2,2-Trifluorotrichloro-ethane(Freon 113)	$CCl_2F-CClF_2$	1.563	783.7 (0℃)	3.44	
d-1,3,3-三甲基降茨烷	d-1,3,3-Trimethylnorcamphor	$C_{10}H_{16}O$	0.947	1320		0.22
三硝基甲苯(43)	Trinitrotoluene(43)	$C_7H_5(NO_2)_3$	1.64	1610 (81℃)		
松节油	Turpentine		0.88	1255		1.4
	Unisis 800		0.87	1346		
蒸馏水(49,50)	Water,distilled(49,50)	H_2O	0.996	1498	-2.4	1.00
重水	Water,heavy	D_2O		1400		
海水	Water,sea		1.025	1531	-2.4	1.00
木醇(40,41)	Wood Alcohol(40,41)	CH_4O	0.791 (20℃)	1076	2.92	0.695
氙(45)	Xenon(45)	Xe		630 (-109℃)		
间二甲苯(46)	m-Xylene(46)	C_8H_{10}	0.868 (15℃)	1343 (20℃)		0.749 (15℃)
邻二甲苯(29,46)	o-Xylene(29,46)	C_8H_{10}	0.897 (20℃)	1331.5	4.1	0.903 (20℃)
对二甲苯(46)	p-Xylene(46)	C_8H_{10}		1334 (20℃)		0.662
六氟二丙苯	Xylene hexafluoride	$C_8H_4F_6$	1.37	879		0.613
锌(7)	Zinc(7)	Zn		3298 (450℃)		

5.9.3 天然气中的声速 (GB/T 18604—2001)

美国 GRI (The Gas Research Institute)—93/0181 号报告中的 GRI 参比天然气与我国标准 GB/T 17747—1999 中所列举的典型天然气基本相同，其组分和特性见表 5-26。天然气中的声速见图 5-37 至图 5-39。

表 5-26 GRI 参比天然气混合物的组分和特性表

天然气混合物	Gulf Coast GRI 参比天然气混合物	Amarillo GRI 参比天然气混合物	Ekofisk GRI 参比天然气混合物	空 气
声速/(m/s)	430.5	420.0	416.2	340.78
真实相对速度 G_r	0.581078	0.608657	0.649521	1.00
高位发热量/(MJ/m³)	38.600	38.556	41.285	
摩尔分数/%				
甲烷	96.5222	90.6724	85.9063	
氮	0.2595	3.1284	1.0068	78.03
二氧化碳	0.5956	0.4676	1.4954	0.03
乙烷	1.8186	4.5279	8.4919	
丙烷	0.4596	0.8280	2.3015	
异丁烷	0.0977	0.1037	0.3486	
正丁烷	0.1007	0.1563	0.3506	
异戊烷	0.0473	0.0321	0.0509	
正戊烷	0.0324	0.0443	0.0480	
正己烷	0.0664	0.0393	0.0000	

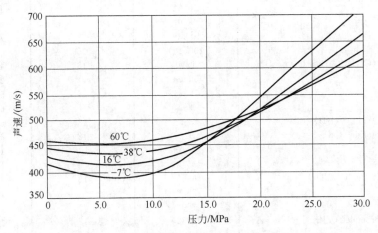

图 5-37 "Gulf Coast" ($G_r=0.58$) 天然气的声速

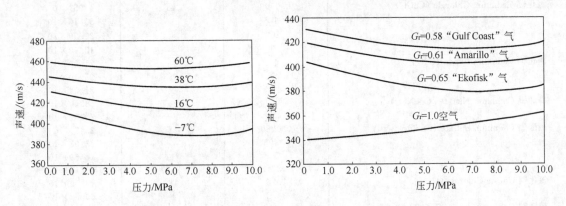

图 5-38 10MPa 下 "Gulf Coast" 天然气 ($G_r=0.58$) 的声速

图 5-39 几种天然气在 16℃ 下的声速

5.10 水溶液和纯液体的电导率

5.10.1 水溶液电导率（表5-27）

表 5-27 水溶液电导率

液 体 名 称	质量分数/%	温度/℃	电 导 率/(S/cm)
硝酸银 Silver Nitrate（$AgNO_3$）	5	18	2.56×10^{-2}
	60		21.01×10^{-2}
氯化钡 Barium Chloride（$BaCl_2$）	5	18	3.89×10^{-2}
	24		15.34×10^{-2}
硝酸钡 Barium Nitrate[$Ba(NO_3)_2$]	4.2	18	2.09×10^{-2}
乙醇,酒精 Ethyl Alcohole（C_2H_5OH）	95	25	2.6×10^{-7}
醋酸 Acetic Acid（CH_3CO_2H）	0.3	18	3.18×10^{-4}
	20		16.05×10^{-4}
	70		2.35×10^{-4}
	99.7		4×10^{-8}
	100(纯)	25	1.2×10^{-9}
丙酸 Propionic Acid（$C_2H_5CO_2H$）	1.00	18	4.79×10^{-4}
	20.02		10.42×10^{-4}
	69.99		8.5×10^{-7}
	100.00		7×10^{-8}
	100(纯)	25	$<10^{-9}$
丁酸 Butyric Acid（$C_3H_7CO_2H$）	1.00	18	4.55×10^{-4}
	50.04		2.96×10^{-4}
	70.01		5.6×10^{-7}
	100		6×10^{-8}
草酸,酢酸 Oxalic Acid[$(CO_2H)_2$]	3.5	18	5.08×10^{-2}
氯化钙 Calcium Chloride（$CaCl_2$）	5.0	18	6.43×10^{-2}
	25.0		17.81×10^{-2}
	35.0		13.66×10^{-2}
硝酸钙 Calcium Nitrate[$Ca(NO_3)_2$]	6.25	18	4.91×10^{-2}
	25.0		10.48×10^{-2}
	50		4.69×10^{-2}
溴化镉 Cadmium Bromide（$CdBr_2$）	0.0324	18	2.31×10^{-4}
	1		35.70×10^{-4}
	30		27.30×10^{-3}
氯化镉 Cadmium Chloride（$CdCl_2$）	0.0503	18	4.95×10^{-4}
	1		55.10×10^{-4}
	20		29.90×10^{-3}
	50		13.70×10^{-3}
碘化镉 Cadmium Iodide（CdI_2）	1	18	21.20×10^{-4}
	20		25.40×10^{-3}
	45		31.04×10^{-3}
硝酸镉 Cadmium Nitrate[$Cd(NO_3)_2$]	1	18	69.40×10^{-3}
	48		75.50×10^{-3}
硫酸镉 Cadmium Sulfate（$CdSO_4$）	0.0289	18	2.47×10^{-4}
	0.495		23.93×10^{-4}
	5		14.60×10^{-3}
	36		42.10×10^{-3}
氯化铜 Cupric Chloride（$CuCl_2$）	1.35	18	18.70×10^{-3}
	35.2		69.90×10^{-3}
硝酸铜 Copper Nitrate[$Cu(NO_3)_2$]	5	15	36.50×10^{-3}
	15		85.80×10^{-3}
	35		10.62×10^{-2}

续表

液 体 名 称	质量分数/%	温度/℃	电导率/(S/cm)
硫酸铜 Copper Sulfate ($CuSO_4$)	2.5	18	10.90×10^{-3}
	17.5		45.80×10^{-3}
氢溴酸 Hydrobromic Acid (HBr)	5	15	19.08×10^{-2}
	15		49.40×10^{-2}
	100(纯)		8×10^{-9}
甲酸,蚁酸 Formic Acid (HCO_2H)	4.94	18	55.00×10^{-4}
	39.95		98.40×10^{-4}
	100		2.80×10^{-4}
	100(纯)		5.6×10^{-5}
盐酸 Hydrochloride Acid (HCl)	5	15	39.48×10^{-2}
	40		51.52×10^{-2}
氢氟酸 Hydrofluoric Acid (HF)	0.004	18	2.50×10^{-4}
	0.121		21.00×10^{-4}
	4.80		59.30×10^{-3}
	29.8		34.11×10^{-2}
氢碘酸 Hydroiodic Acid (HI)	5	15	13.32×10^{-2}
硝酸 Nitric Acid (HNO_3)	6.2	18	31.23×10^{-2}
	31.0		78.19×10^{-2}
	62.0		49.04×10^{-2}
磷酸 Phosphoric Acid (H_3PO_4)	10	15	56.60×10^{-3}
	70		14.73×10^{-2}
	87		70.90×10^{-3}
硫酸 Sulfuric Acid (H_2SO_4)	5	18	20.85×10^{-2}
	85		98.50×10^{-3}
	99.4		85.00×10^{-4}
二溴化汞 Mercuric Bromide ($HgBr_2$)	0.223	18	16×10^{-6}
二氯化汞 Mercuric Chloride ($HgCl_2$)	0.229	18	44×10^{-6}
	5.08		421×10^{-6}
溴化钾 Potassium Bromide (KBr)	5	15	4.65×10^{-2}
	36		35.07×10^{-2}
醋酸钾 Potassium Acetate (KCH_3CO_2)	4.67	15	34.70×10^{-3}
	65.33		47.90×10^{-3}
氰化钾 Potassium Cyanide (KCN)	3.25		52.70×10^{-3}
碳酸钾 Potassium Carbonate (K_2NO_3)	5	15	56.10×10^{-3}
	50		14.69×10^{-2}
草酸钾 Potassium Oxalate ($K_2C_2O_4$)	5	18	48.80×10^{-3}
氯化钾 Potassium Chloride (KCl)	5	18	69.90×10^{-3}
	21		28.10×10^{-2}
氟化钾 Potassium Fluroide (KF)	5	18	65.20×10^{-3}
	40		25.22×10^{-2}
碘化钾 Potassium Iodide (KI)	5	18	33.80×10^{-2}
	55		42.26×10^{-3}
硝酸钾 Potassium Nitrate (KNO_3)	5	18	45.40×10^{-3}
	22		16.25×10^{-2}
氢氧化钾 Potassium Hydroxide (KOH)	4.2	15	14.64×10^{-2}
	42		42.12×10^{-2}
硫化钾 Potassium Sulfide (K_2S)	3.18	18	84.50×10^{-3}
	47.26		25.79×10^{-2}
硫酸钾 Potassium Sulfate (K_2SO_4)	5	18	45.80×10^{-3}
碳酸锂 Lithium Carbonate (Li_2CO_3)	0.20	18	34.30×10^{-4}
	0.63		88.50×10^{-4}
氯化锂 Lithium Chloride (LiCl)	2.5	18	41.00×10^{-3}
	40		84.80×10^{-2}

续表

液体名称	质量分数/%	温度/℃	电导率/(S/cm)
碘化锂 Lithium Iodide (LiI)	5	18	29.60×10^{-3}
	25		13.46×10^{-2}
氢氧化锂 Lithium Hydroxide (LiOH)	1.25	18	78.10×10^{-3}
	7.5		29.99×10^{-2}
硫酸锂 Lithium Sulfate (Li_2SO_4)	5	15	40.00×10^{-3}
	10		61.00×10^{-3}
氯化镁 Magnesium Chloride ($MgCl_2$)	5	18	68.30×10^{-3}
	30		10.61×10^{-2}
硝酸镁 Magnesium Nitrate [$Mg(NO_3)_2$]	5	18	43.80×10^{-3}
硫酸镁 Magnesium Sulfate ($MgSO_4$)	5	15	26.30×10^{-3}
氯化锰 Manganese Chloride ($MnCl_2$)	5	15	52.60×10^{-3}
	28		10.16×10^{-2}
醋酸钠 Sodium Acatate ($NaCH_3CO_2$)	5	18	29.50×10^{-3}
	32		56.90×10^{-3}
碳酸钠 Sodium Carbonate (Na_2CO_3)	5	18	45.10×10^{-3}
	15		83.60×10^{-3}
氯化钠 Sodium Chloride (NaCl)	5	18	67.20×10^{-3}
	10		12.11×10^{-2}
	26		21.51×10^{-2}
碘化钠 Sodium Iodide (NaI)	5	18	29.80×10^{-3}
	40		21.51×10^{-2}
硝酸钠 Sodium Nitrate ($NaNO_3$)	5	18	43.60×10^{-3}
	30		16.06×10^{-2}
氢氧化钠 Sodium Hydroxide (NaOH)	2	18	46.50×10^{-3}
	20		32.84×10^{-2}
	50		82.00×10^{-3}
硅酸钠 Sodium Silicate ($Na_2O \cdot nSiO_2$)	37	25	26×10^{-3}
	46		14×10^{-3}
硫化钠 Sodium Sulfide (Na_2S)	2.02	18	61.20×10^{-3}
	18.15		21.84×10^{-2}
硫酸钠 Sodium Sulfate (Na_2SO_4)	5	18	40.90×10^{-3}
	15		88.60×10^{-3}
氨水 Ammonia (NH_3)	0.10	15	2.51×10^{-4}
	8.03		10.38×10^{-4}
	30.5		1.93×10^{-4}
氯化铵 Ammonium Chloride (NH_4Cl)	5	18	91.80×10^{-3}
	25		40.25×10^{-2}
碘化铵 Ammonium Iodide (NH_4I)	10	18	77.20×10^{-3}
	50		42.00×10^{-2}
硝酸铵 Ammonium Nitrate (NH_4NO_3)	5	15	59.00×10^{-3}
	50		36.33×10^{-2}
硫酸铵 Ammonium Sulfate [$(NH_4)_2SO_4$]	5	15	55.20×10^{-3}
	31		23.21×10^{-2}
硝酸铅 Lead Nitrate [$Pb(NO_3)_2$]	5	15	19.10×10^{-3}
	30		66.80×10^{-3}
氯化锶 Strontium Chloride ($SrCl_2$)	5	18	48.30×10^{-3}
	22		15.83×10^{-2}
硝酸锶 Strontium Nitrate [$Sr(NO_3)_2$]	5	15	30.90×10^{-3}
	35		86.10×10^{-3}
氯化锌 Zinc Chloride ($ZnCl_2$)	2.5	15	27.60×10^{-3}
	30		92.60×10^{-3}
	60		36.90×10^{-3}
硫酸锌 Zinc Sulfate ($ZnSO_4$)	5	18	19.10×10^{-3}
	30		44.40×10^{-3}

5.10.2 纯液体电导率（表5-28）

表5-28 纯液体电导率

液体名称	温度/℃	电导率/(S/cm)	液体名称	温度/℃	电导率/(S/cm)
乙醛,醋醛 Acetaldehyde (CH₃CHO)	15	1.7×10^{-6}	乙醇,酒精 Ethyl Alcohol	25	1.3×10^{-9}
乙醛胺 Acetamide	100	$<43.0\times10^{-6}$	乙基苯酸酯 Ethyl Benzoate	25	1×10^{-9}
乙酸,醋酸 Acetic Acid	25	1.12×10^{-9}	乙基溴化酯 Ethyl Bromide	25	2×10^{-8}
醋酸酐 Acetic Anhydride	25	0.48×10^{-6}	乙(撑)二胺 Ethlene Diamine	25	$(9\sim20)\times10^{-8}$
丙酮 Acetone	25	6×10^{-8}	乙基碘化酯 Ethyl Iodide	25	$<2\times10^{-8}$
乙腈,氰化甲烷 Acetonitrile	20	7×10^{-6}	异乙基硫氰酸酯 Ethyl Iso thiocyanate	25	0.126×10^{-6}
乙酰苯,苯乙酮,海卜能 Acetophenone	25	6×10^{-9}	乙基硝酸酯 Ethyl Nitrate	25	0.53×10^{-6}
乙酰溴,溴化乙酰 Acetyl Bromide	25	2.4×10^{-6}	乙基硫氰酸酯 Ethyl Thiocyanate	25	1.2×10^{-6}
乙酰氯,氯化乙酰 Acetyl Chloride	25	0.4×10^{-6}	乙(烷)基胺 Ethylamine	0	0.4×10^{-6}
己二酸 Adipin Acid	25	0.7×10^{-6}	乙醚,二乙醚 Ethyl Ether	25	4×10^{-13}
	170	0.2×10^{-6}	溴化乙烯 Ethylene Bromide	19	$<2\times10^{-10}$
茜素,1,2-二羟基蒽醌 Alizarin	233	1.45×10^{-6}	氯化乙烯 Ethylene Chloride	25	0.03×10^{-6}
烯丙基醇 Allyl Alcohol	25	7×10^{-6}	硫酸乙烯 Ethylene Sulfate	25	0.53×10^{-6}
明矾 Alum	25	9×10^{-3}	氯化亚乙基 Ethlidene Chloride	25	$<1.7\times10^{-8}$
液氨 Ammonia	−79	1.3×10^{-7}	丁子酚,丁子香色酮 Eugenol	25	$<1.7\times10^{-8}$
苯胺 Aniline	25	2.4×10^{-8}	甲醛水 Formalin	25	4×10^{-6}
蒽,并三苯 Anthracene	230	3×10^{-10}	甲酰胺 Formamide	25	4×10^{-6}
三溴化砷 Arsenic Tribromide	35	1.5×10^{-6}	蚁酸,甲酸 Formic Acid	25	64×10^{-6}
三氯化砷 Arsenic Trichloride	25	1.2×10^{-6}	糠醛,呋喃甲醛 Furfural	25	1.5×10^{-6}
苯醛,苯甲醛 Benzaldehyde	25	1.5×10^{-7}	镓 Gallium	30	3.68×10^{4}
苯 Benzene	—	7.6×10^{-8}	四溴化锗 Germanium Tetrabromide	30	78×10^{-6}
安息香酸,苯(甲)酸 Benzoic Acid	125	3×10^{-9}	甘油,丙三醇 Glycerol	25	6.4×10^{-6}
苯基氰 Benzonitrile	25	5×10^{-8}	乙二醇,正醇,甘醇 Glycol	25	0.3×10^{-6}
苯甲醇 Benzyl Alcohol	25	1.8×10^{-8}	愈创木酚,磷甲氧基苯酚 Guaiacol	25	0.28×10^{-6}
液溴 Bromine	17.2	1.3×10^{-13}	庚烷 Heptane	—	$<10^{-13}$
溴代苯 Bromobenzene	25	$<2.0\times10^{-10}$	己烷 Hexane	18	$<10^{-18}$
溴仿,三溴甲烷 Bromoform	25	$<2\times10^{-8}$	溴化氢 Hydrogen Bromide	−80	8×10^{-9}
异丁基醇 Iso-Butyl Alcohol	25	$<2\times10^{-8}$	氯化氢 Hydrogen Chloride	−96	1×10^{-8}
卡普纶腈,聚己内酰胺腈 Capronitrile	25	3.7×10^{-6}	氰化氢 Hydrogen Cyanide	0	3.3×10^{-6}
二硫化碳 Carbon Disulfide	1	7.8×10^{-18}	碘化氢 Hydrogen Iodide	沸点	0.2×10^{-6}
四氯化碳 Carbon Tetrachloride	18	4.0×10^{-18}	硫化氢 Hydrogen Sulfide	沸点	10^{-11}
液氯 Chlorine	−70	$<1.0\times10^{-16}$	碘 Iodine	110	1.3×10^{-10}
氯乙酰酸 Chloroacetic Acid	60	1.4×10^{-6}	煤油 Kerosene	25	$<0.17\times10^{-8}$
M-氯苯胺 M-Chloroaniline	25	5×10^{-8}	汞 Mercury	0	1.06×10^{4}
氰 Cyanogen	—	$<7\times10^{-8}$	甲基乙酸酯 Methyl Acetate	25	3.4×10^{-6}
伞花烃,甲基异丙基苯 Cymene	25	$<2\times10^{-8}$	甲醇,木精 Methyl Alcohol	18	0.44×10^{-6}
二氯醋酸,二氯乙酸 Dichloroacetic Acid	25	$<7\times10^{-8}$	丁酮 Methyl Ethyl Ketone	25	0.1×10^{-6}
			甲基碘化酯 Methyl Iodide	25	$<2\times10^{-8}$
二氯(乙)醇 Dichlorohydrin		12×10^{-6}	甲基硝酸酯 Methyl Nitrate	25	4.5×10^{-6}
碳酸二乙酯 Diethyl Carbonate	25	1.7×10^{-8}	甲基硫氰酸酯 Methyl Thiocyanate	25	1.5×10^{-6}
草酸二乙酯 Diethyl Oxalate	25	0.76×10^{-6}	萘 Naphthalene	82	4×10^{-10}
硫酸二乙酯 Diethyl Sulfate	25	0.26×10^{-6}	硝基苯 Nitrobenzene	0	5×10^{-9}
二乙胺 Diethylamine	−33.6	2.2×10^{-9}	硝基甲烷 Nitromethane	18	0.6×10^{-6}
二甲替酰胺 Diethylformamide	25	$(6\sim20)\times10^{-8}$	O或M硝基甲苯(炸药)O-OR M-Nitrotoluene	25	0.2×10^{-6}
硫酸二甲酯 Dimethyl Sulfate	0	0.16×10^{-6}	壬烷 Nonane	25	1.7×10^{-8}
表氯醇,氯甲代氧丙环 Epichlorohydrin	25	3.4×10^{-8}	油酸 Oleic Acid	15	$<2\times10^{-10}$
			戊烷 Pentane	19.5	$<2\times10^{-10}$
乙酸乙酯 Ethyl Acetate	25	$<1\times10^{-9}$	石油 Petroleum	—	3×10^{-13}
乙酰乙酸乙酯 Ethyl Acetoacetate	25	4×10^{-8}	苯乙醚 Phenetole	25	1.7×10^{-8}

续表

液体名称	温度/℃	电导率/(S/cm)	液体名称	温度/℃	电导率/(S/cm)
酚 Phenol	25	1.7×10^{-8}	喹啉,氮萘 Quinoline	25	2.2×10^{-8}
苯异硫氰酸 Phenyl Iso Thiocyanate	25	1.4×10^{-6}	水杨酸醛 Salicylaldehyde	25	1.6×10^{-7}
光气 Phosgene	25	7×10^{-9}	氯璜酰 Sulfonyl Chloride	25	2.0×10^{-6}
磷酸 Phosphorus	25	0.4×10^{-6}	硫 Sulfur	115	10^{-12}
磷酸氯,三氯氧化磷 Phosphorus Oxychloride	25	2.2×10^{-6}	硫 Sulfur	440	1.2×10^{-7}
			二氧化硫 Sulfur Dioxide	35	1.5×10^{-8}
蒎烯 Pinene	23	$<2\times10^{-10}$	甲苯 Toluene	—	$<10^{-14}$
呱啶,氮己环 Piperidine	25	0.2×10^{-6}	O-甲胺 O-Toluidine	25	$<2.0\times10^{-6}$
丙醛 Propional Dehyde	25	0.85×10^{-6}	P-甲苯胺 P-Toluidine	100	6.2×10^{-8}
丙酸 Propionic Acid	25	$<10^{-9}$	三氯醋酸 Trichloroacetic Acid	25	3×10^{-9}
丙腈 Propionitrile	25	0.1×10^{-6}	三甲胺 Trimethylamine	−33.5	2.2×10^{-10}
丙醇 Propyl Alcohole	25	2×10^{-8}	松节油 Turpetine	—	2.0×10^{-13}
M-丙醇 M-Propyl Alcohole	25	2.2×10^{-8}	异三戊酸甘油酸 Iso-Valeric Acid	80	$<4.0\times10^{-13}$
异丙醇 Iso-Propyl Alcohole	25	3.5×10^{-6}	水(蒸馏)Water(Dist.)	—	4×10^{-8}
M-丙基溴 M-Propyl Bromide	25	$<2\times10^{-8}$	二甲苯 Xylene	—	$<10^{-15}$
吡啶,氮苯 Pyridine C_5H_5N	18	5.3×10^{-8}			

5.10.3 其他杂项液体电导率（表5-29）

表5-29 其他杂项液体电导率

液体名称	温度/℃	电导率/(S/cm)	液体名称	温度/℃	电导率/(S/cm)
糖蜜	10	3×10^{-4}	己二酸 Adipic Acid	25	0.7×10^{-6}
	50	5×10^{-3}	氯化铝 Aluminum Chloride	25	25×10^{-2}
糖液	25	$(1\sim3)\times10^{-6}$	水化氧化铝溶液 Alumina Hydrate Solution	25	35×10^{-2}
纯砂糖溶液	10	3×10^{-6}			
半纯砂糖溶液	30	5.85×10^{-4}	甲盐酸酯 Carbamate	25	4×10^{-4}
杜松子酒(90度)	25	1×10^{-5}	亚砷铜铵 Chemonite	25	5×10^{-3}
伏特加酒(100度)	25	4×10^{-6}	氯化乙醚 Chlorinated Ether	25	18×10^{-6}
巧克力利口酒 Choclate Liqueur	—	$<10^{-13}$	异苯二酸聚酯树脂 Isophthalic Polyester Resin	25	$<4\times10^{-8}$
豆油	25	$<4\times10^{-8}$			
	104	$<10^{-13}$	异丙醇 Isoproponol	25	1.8×10^{-6}
花生酱(无糖)	30	$<10^{-13}$	内酰胺 Lactam	25	43×10^{-6}
花生酱(加糖)	28	1×10^{-3}	橡胶浆 Laxtex	25	5×10^{-3}
动物性脂肪	70	$<10^{-13}$	甲基异丁酮 Methl Isobutyl Ketone	25	4×10^{-6}
石蜡 Paraffin Wax	66	$<10^{-13}$	丙二醇 Propylene Glycol	25	4×10^{-8}
墨水	60	2×10^{-6}	铝酸钠 Sodium Aluminate	25	70×10^{-3}
黑液	93	5×10^{-3}	尿素(纯)Urea(Pure)	145	5×10^{-3}
乳酸银 31-56 三醇 Acetol 31-56 Triol	25	0.77×10^{-6}	(66%)	25	1×10^{-4}

5.11 物质的相对介电常数

(1) 相对介电常数表达式

$$\varepsilon_r = \varepsilon/\varepsilon_0$$

式中 ε_r——物质的相对介电常数，无量纲量；
ε——物质的介电常数，F/m；
ε_0——真空介电常数，$\varepsilon_0 = 8.854188\times10^{-12}$ F/m。

(2) 相对介电常数 也称为相对电容率，是物质的电容率与真空电容率之比，是用以确定电信号在物质中相对传递速度的物理参数。信号的传递速度基本上与相对介电常数的平方成反比，低的 ε_r 对应高的信号传递速度，而高的 ε_r 则对应相对低得多的信号传递速度。

(3) **空气的相对介电常数**　$\varepsilon_{空气}=1.00059\approx1.0$。

(4) **介质损耗因子**　是损耗角的正切函数，定义为

$$\tan\delta=\frac{2\sigma}{\varepsilon_r\nu}$$

式中　σ——电导率；

ε_r——相对介电常数；

ν——频率。

该正切函数基本上与波长无关。

5.11.1　烃类和石油产品的相对介电常数（表 5-30）

表 5-30　烃类和石油产品的相对介电常数

材料		温度		相对介电常数
		℃	℉	
（正）己烷	n-Hexane	0	32	1.918
		20	68	1.890
		60	140	1.817
（正）庚烷	n-Heptane	0	32	1.958
		20	68	1.930
		60	140	1.873
苯	Benzene	10	50	2.296
		20	68	2.283
		60	140	2.204
环己胺	Cyclohexane	20	68	2.055
石油产品	Petroleum products			
汽油	Gasoline	20	68	1.8~2.0
煤油	Kerosene	20	68	2.0~2.2
润滑油	Lubricating oil	20	68	2.1~2.6

5.11.2　无机化合物的相对介电常数（表 5-31）

表 5-31　无机化合物的相对介电常数

化合物		相对介电常数	化合物		相对介电常数
Air	空气	1.0	Barium chloride(anhydrous)	氯化钡(无水的)	11.0
Air(dry)(68℉)	空气(干)(68℉)	1.00	Barium chloride($2H_2O$)	氯化钡(二个水的)	9.4
Alumina	氧化铝	4.5	Barium nitrate	硝酸钡	5.8
Aluminum hydroxide	氢氧化铝	2.2	Barium sulfate(60℉)	硫酸钡(60℉)	11.4
Ammonia(−74℉)	氨水(−74℉)	25.0	Bromine(68℉)	溴(68℉)	3.1
Ammonia(−30℉)	氨水(−30℉)	22.0	Bromine(32℉)	溴(32℉)	1.01
Ammonia(40℉)	氨水(40℉)	18.9	Carbon dioxide(68℉)	二氧化碳(68℉)	1.00
Ammonia(69℉)	氨水(69℉)	16.5	Calcium fluoride	氟化钙	7.4
Ammonium chloride	氯化铵	7.0	Calcite	方解石	8.0
Antimony trichloride	三氯化锑	5.3	Calcium	钙	3.0
Argon(−376℉)	氩(−376℉)	1.5	Calcium carbonate	碳酸钙	6.1~9.1
Argon(68℉)	氩(68℉)	1.00	Calcium oxide,granule	氧化钙,颗粒	11.8
Arsenic tribromide(98℉)	三溴化砷(98℉)	9.0	Calcium sulfate	硫酸钙	5.6
Arsenic trichloride(70℉)	三氯化砷(70℉)	12.4	Calcium superphosphate	过硫酸钙	14~15
Asbestos	石棉	3.0~4.8	Carbon black	炭黑	2.5~3.0
Ash(Fly)	石灰(飞)	1.7~2.6	Carbon dioxide(32℉)	二氧化碳(32℉)	1.6

续表

化 合 物		相对介电常数	化 合 物		相对介电常数
Carbon dioxide, liquid	二氧化碳液体	1.6	Lead sulfite	亚硫酸铅	17.9
Cement	水泥	1.5～2.1	Lime	石灰	2.2～2.5
Cement, Portland	水泥,卜特兰	2.5～2.6	Liquefied air	液态空气	1.5
Charcoal	木炭	1.81	Liquefied hydrogen	液态氢	1.2
Chlorine(−50°F)	氯(−50°F)	2.1	Lithium chloride	氯化锂	11.1
Chlorine(32°F)	氯(32°F)	2.0	Manganese dioxide	二氧化锰	5.2
Chlorine(142°F)	氯(142°F)	1.5	Magnesium oxide	氧化镁	9.7
Chlorine liquid	氯,液体	2.0	Magnesium sulfate	硫酸镁	8.2
Chromite	铬铁矿	4.0～4.2	Malachite	孔雀石	7.2
Clay	黏土	1.8～2.8	Mercuric chloride	氯化汞	3.2
Cupric oxide(60°F)	氧化铜(60°F)	18.1	Mercurous chloride	氯化汞	9.4
Cupric sulfate(Anhydrous)	硫酸铜(无水)	10.3	Mercury(298°F)	汞(298°F)	1.00
Cupric sulfate(5H$_2$O)	硫酸铜(五水)	7.8	Mica	云母	6.9～9.2
Deuterium(68°F)	氘(68°F)	1.3	Neon(68°F)	氖(68°F)	1.00
Diamond	钻石	5.68	Nitric acid(14°F)	硝酸(14°F)	50.0
Dolomite	白云石	6.8～8.0	Nitrogen(336°F)	氮(336°F)	1.45
Ferrochromium	铁与铬的合金	1.5～1.8	Nitrogen(68°F)	氮(68°F)	1.00
Ferromanganese	铁锰齐	5.0～5.2	Nitrous oxide(32°F)	氧化氮(32°F)	1.6
Ferrous oxide(60°F)	氧化亚铁(60°F)	14.2	Oxygen(−315°F)	氧气(−315°F)	1.51
Ferrous sulfate(58°F)	硫酸亚铁(58°F)	14.2	Oxygen(68°F)	氧气(68°F)	1.00
Fluorine(−332°F)	氟(−332°F)	1.5	Phosgene(32°F)	光气,碳酰氯(32°F)	4.7
Fluorspar	氟石	6.8	Phosphine(−76°F)	磷化氢(−76°F)	2.5
Fly ash	飞石灰	1.7～2.6	Phosphorus, red	红磷	4.1
Fuller's earth	漂白土	1.8～2.2	Phosphorus, yellow	黄磷	3.6
Glass	玻璃	3.7～10	Phosphoryl chloride(70°F)	三氯氧化磷(70°F)	13.0
Graphite	石墨	12～15	Potassium aluminum Sulfate	硫酸铝钾	3.8
Gypsum(68°F)	石膏(68°F)	6.3	Potassium carbonate(60°F)	碳酸钾(60°F)	5.6
Helium, liquid	氦,液体	1.05	Potassium chlorate	氯酸钾	5.1
Hydrazine(68°F)	肼(68°F)	52.0	Potassium chloride	氯化钾	4.6
Hydrochloric acid(68°F)	盐酸(68°F)	4.6	Potassium iodide	碘化钾	5.6
Hydrocyanic acid(70°F)	氢氰酸(70°F)	2.3	Potassium nitrate	硝酸钾	5.0
Hydrocyanic acid(32°F)	氢氰酸(32°F)	158.0	Potassium sulfate	硫酸钾	5.9
Hydrogen(440°F)	氢(440°F)	1.23	Quartz(68°F)	石英(68°F)	4.49
Hydrogen(212°F)	氢(212°F)	1.00	Rutile	金红石	6.7
Hydrogen iodide(72°F)	碘化氢(72°F)	2.9	Salt	食盐	3.0～15.0
Hydrogen bromide(24°F)	溴化氢(24°F)	3.8	Sand(dry)	沙(干)	2.5～5.0
Hydrogen bromide(−120°F)	溴化氢(−120°F)	7.0	Selenium(68°F)	硒(68°F)	6.1
Hydrogen chloride(82°F)	氯化氢(82°F)	4.6	Silicon	硅	11.0～12.0
Hydrogen chloride(−188°F)	氯化氢(−188°F)	12.0	Silicon dioxide	二氧化硅	4.5
Hydrogen cyanide(70°F)	氰化氢(70°F)	95.4	Silicon tetrachloride(60°F)	四氯化硅(60°F)	2.4
Hydrogen fluoride(32°F)	氟化氢(32°F)	84.2	Silver bromide	溴化银	12.2
Hydrogen fluoride(−100°F)	氟化氢(−100°F)	17.0	Silver chloride	氯化银	11.2
Hydrogen peroxide(32°F)	过氧化氢(32°F)	84.2	Silver cyanide	氰化银	5.6
Hydrogen peroxide 100%	过氧化氢 100%	70.7	Slaked lime	熟石灰	2.0～3.5
Hydrogen peroxide 35%	过氧化氢 35%	121.0	Sodium carbonate(anhydrous)	碳酸钠(无水)	8.4
Hydrogen sulfide(−84°F)	硫化氢(−84°F)	9.3	Sodium carbonate(10H$_2$O)	碳酸钠(10 水)	5.3
Hydrogen sulfide(48°F)	硫化氢(48°F)	5.8	Sodium chloride	氯化钠	5.9
Hydrofluoric acid(32°F)	氢氟酸(32°F)	83.6	Sodium cyanide	氰化钠	7.55
Iodine(107°F)	碘(107°F)	118.0	Sodium dichromate	重铬酸钠	2.9
Iodine(granular)	碘(粒状的)	4.0	Sodium nitrate	硝酸钠	5.2
Iron oxide	氧化铁	14.2	Sodium oleate(68°F)	油酸钠(68°F)	2.7
Lead oxide	氧化铅	25.9	Sodium perchlorate	高氯酸钠	5.4
Lead acetate	醋酸铅	2.5	Sodium phosphate	磷酸钠	1.6～1.9
Lead nitrate	硝酸铅	37.7	Sodium perchlorate	亚磷酸钠	5.4
Lead sulfate	硫酸铅	14.3	Sodium sulfide	硫酸钠	5.0

续表

化 合 物		相对介电常数	化 合 物		相对介电常数
Sulfur	硫	1.6~1.7	Water(80°F)	水(80°F)	80.0
Sulfur dioxide(32°F)	二氧化硫(32°F)	15.6	Water(212°F)	水(212°F)	55.3
Sulfur trioxide(70°F)	三氧化硫(70°F)	3.6	Water(390°F)	水(390°F)	34.5
Sulfur, liquid	硫,液体	3.5	Water(steam)	水(蒸汽)	1.01
Sulfuric acid(68°F)	硫酸(68°F)	84.0	Zinc oxide	氧化锌	1.7~2.5
Sulfuric acid(25°F)	硫酸(25°F)	100.0	Zinc sulfide	硫化锌	8.2
Water(32°F)	水(32°F)	88.0	Zircon	锆	12.0
Water(68°F)	水(68°F)	80.10	Zirconium oxide	氧化锆	12.5

5.11.3 有机化合物的相对介电常数（表5-32）

表5-32 有机化合物的相对介电常数

化 合 物		相对介电常数	化 合 物		相对介电常数
Acetaldehyde(41°F)	乙醛(41°F)	21.8	Benzoyl chloride(70°F)	苯甲酰氯(70°F)	22.1
Acetamide(68°F)	乙酰胺(68°F)	41.0	Benzoyl chloride(32°F)	苯甲酰氯(32°F)	23.0
Acetamide(180°F)	乙酰胺(180°F)	59.0	Benzyl alcohol(68°F)	苯甲醇(68°F)	13.0
Acetanilide(71°F)	乙酰苯胺(71°F)	2.9	Biphenyl	联苯	20.0
Acetic acid(68°F)	醋酸(68°F)	6.2	Bromobenzene(68°F)	溴苯(68°F)	5.4
Acetic acid(36°F)	醋酸(36°F)	4.1	Butane(30°F)	丁烷(30°F)	1.4
Acetic anhydride(66°F)	乙酸酐(66°F)	21.0	Butanol(L)(68°F)	丁醇(液)(68°F)	17.8
Acetone(77°F)	丙酮(77°F)	20.7	Butanone(68°F)	丁酮(68°F)	18.5
Acetone(127°F)	丙酮(127°F)	17.7	Butyric anhydride(20°F)	丁酸酐(20°F)	12.0
Acetone(32°F)	丙酮(32°F)	1.0159	n-Butyl Alcohol(77°F)	正丁醇(77°F)	17.51
Acetonitrile(68°F)	乙腈(68°F)	37.5	iso-Butyl alcohol(−112°F)	异丁醇(−112°F)	31.7
Acetonitrile(70°F)	乙腈(70°F)	37.5	iso-Butyl alcohol(68°F)	异丁醇(68°F)	16.68
Acetophenone(75°F)	乙酰苯(75°F)	17.3	iso-Butyl alcohol(32°F)	异丁醇(32°F)	20.5
Acetyl chloride(68°F)	乙酰基氯(68°F)	15.8	iso-Butyl alcohol(68°F)	异丁醇(68°F)	18.7
Acetyl acetone(68°F)	乙酰丙酮(68°F)	25.0	iso-Butylamine(70°F)	异丁胺(70°F)	4.5
Acetylene(32°F)	乙炔(32°F)	1.0217	iso-Butylbenzene(62°F)	异丁苯(62°F)	2.3
Acetylmethyl hexyl ketone(66°F)	乙酰甲基己酮(66°F)	27.9	iso-Butylbenzoate(68°F)	苯甲酸异丁酯(68°F)	5.9
			iso-Butyl nitrate(66°F)	硝酸异丁酯(66°F)	11.9
Allyl alcohol(58°F)	烯丙醇(58°F)	22.0	Butylamine(70°F)	丁胺(70°F)	5.4
Amyl acetate(68°F)	醋酸戊酯(68°F)	5.1	iso-Butylamine(70°F)	异丁胺(70°F)	4.5
iso-Amyl acetate(68°F)	醋酸异戊酯(68°F)	5.6	iso-Butyl formate(66°F)	甲酸异丁酯(66°F)	6.5
iso-Amyl alcohol(74°F)	异戊醇(74°F)	15.3	iso-Butyl nitrate(66°F)	硝酸异丁酯(66°F)	11.9
Amyl alcohol(−180°F)	戊醇(−180°F)	35.5	Butyraldehyde(79°F)	丁醛(79°F)	13.4
Amyl alcohol(68°F)	戊醇(68°F)	15.8	n-Butyric acid(68°F)	丁酸(68°F)	2.9
Amyl alcohol(140°F)	戊醇(140°F)	11.2	Butyric Anhydride(68°F)	丁酸酐(68°F)	12.0
Amyl formate(66°F)	甲酸戊酯(66°F)	5.7	Butyronitrile(70°F)	丁腈(70°F)	20.7
Amyl nitrate(62°F)	硝酸戊酯(62°F)	9.1	iso-Butyric acid(68°F)	异丁酸(68°F)	2.6
Aniline(32°F)	苯胺(32°F)	7.8	iso-Butyric anhydride(68°F)	异丁酸酐(68°F)	13.9
Aniline(68°F)	苯胺(68°F)	7.21	iso-Butyyronitrile(77°F)	异丁腈(77°F)	20.8
Aniline(212°F)	苯胺(212°F)	5.5	Caproic acid(160°F)	己酸(160°F)	2.6
Anisole(68°F)	苯甲醚(68°F)	4.3	Caprolactam	己内酰胺	1.7
Benzaldehyde(68°F)	苯甲醛(68°F)	17.8	iso-Capronitrile(68°F)	异己内酰胺(68°F)	15.7
Benzene(50°F)	苯(50°F)	2.29	Carbon disulfide, liquid	二硫化碳,液体	2.6
Benzene(68°F)	苯(68°F)	2.28	Carbon tetrachloride(68°F)	四氯化碳(68°F)	2.24
Benzene(140°F)	苯(140°F)	2.20	Cellulose acetate	醋酸纤维素	3.2~7.0
Benzonitrile(68°F)	苯基腈(68°F)	26.0	Cellulose nitrate(proxylin)	硝酸纤维素(生氧)	6.4
Benzophenone(122°F)	二苯甲酮(122°F)	11.4	Chlorobenzene(77°F)	氯苯(77°F)	5.62
Benzophenone(68°F)	二苯甲酮(68°F)	13.0	Chlorobenzene(68°F)	氯苯(68°F)	5.6

续表

化 合 物		相对介电常数	化 合 物		相对介电常数
Chlorobenzene(100°F)	氯苯(100°F)	4.7	Ethyl alcohol (Ethanol)(77°F)	乙醇(77°F)	24.55
Chlorobenzene(230°F)	氯苯(230°F)	4.1			
Chloroform(32°F)	氯仿(32°F)	5.5	Ethylamine(70°F)	乙胺(70°F)	6.3
Chloroform(68°F)	氯仿(68°F)	4.81	Ethylene chloride(68°F)	二氯乙烷(68°F)	10.5
Chloroform(212°F)	氯仿(212°F)	3.7	Ethylene diamine(64°F)	乙二胺(64°F)	16.0
Cholesterol(80°F)	胆固醇(80°F)	2.9	Ethylene diamine(18°F)	乙二胺(18°F)	16.0
Chlorine(170°F)	氯(170°F)	1.7	Ethylene dichloride(68°F)	二氯化乙烯(68°F)	10.36
Cocaine(68°F)	可卡因(68°F)	3.1	Ethylene glycol(68°F)	乙二醇(68°F)	37.0
o-Cresol(77°F)	邻甲苯酚(77°F)	11.5	Ethylene glycol, dimethyl ether(77°F)	乙二醇,二甲醚(77°F)	7.20
m-Cresol(75°F)	间甲苯酚(75°F)	5.0			
p-Cresol(24°F)	对甲苯酚(24°F)	5.0	Ethylene oxide(−1°F)	环氧乙烷(−1°F)	13.5
p-Cresol(70°F)	对甲苯酚(70°F)	5.6	Ethylene oxide(77°F)	环氧乙烷(77°F)	14.0
p-Cresol(137°F)	对甲苯酚(137°F)	9.9	Ethyl ether(−148°F)	乙醚(−148°F)	8.1
Cumene(68°F)	异丙基苯(68°F)	2.4	Ethyl ether(−40°F)	乙醚(−40°F)	5.7
Cyanogen(73°F)	氰(73°F)	2.6	Ethyl ether(68°F)	乙醚(68°F)	4.34
Cyclohexane(68°F)	环己烷(68°F)	2.02	Ethyl formate(77°F)	甲酸乙酯(77°F)	7.1
Cyclohexanol(77°F)	环己醇(77°F)	15.0	Ethyl nitrate(68°F)	硝酸乙酯(68°F)	19.7
Cyclohexanone(68°F)	环己酮(68°F)	18.2	Fluorotoluene(86°F)	氟代甲苯(86°F)	4.2
Cyclohexene(68°F)	环己烯(68°F)	18.3	Formalin	福尔马林	23.0
Cyclohexylamine(−5°F)	环己胺(−5°F)	5.3	Formamide(68°F)	甲酰胺(68°F)	84.0
Cyclopentane(68°F)	环戊烷(68°F)	1.97	Formic acid(60°F)	蚁酸(60°F)	58.0
Decahydronaphthalene(68°F)	十水合石脑油(68°F)	2.2	Furan(77°F)	呋喃(77°F)	3.0
Decanal	癸醛	8.1	Furfural(68°F)	糠醛(68°F)	42.0
Decane(68°F)	癸烷(68°F)	2.0	Furfuraldehyde(68°F)	四氢糠醛(68°F)	41.9
Decanol(68°F)	癸醇(68°F)	8.1	Glycerin(68°F)	甘油(68°F)	43.0
o-Dichlorobenzene(68°F)	邻二氯苯(68°F)	9.93	Glycerol(77°F)	甘油(77°F)	42.5
o-Dichlorobenzene(77°F)	邻二氯苯(77°F)	7.5	Glycerol(32°F)	甘油(32°F)	47.2
m-Dichlorobenzene(77°F)	间二氯苯(77°F)	5.0	n-Heptane(32°F)	正庚烷(32°F)	1.96
p-Dichlorobenzene(68°F)	对二氯苯(68°F)	2.86	n-Heptane(68°F)	正庚烷(68°F)	1.93
p-Dichlorobenzene(120°F)	对二氯苯(120°F)	2.4	n-Heptane(140°F)	正庚烷(140°F)	1.87
1,1-Dichloroethane	1,1-二氯乙烷	10.7	n-Hexane(32°F)	正己烷(32°F)	1.92
Dichloroethylene(62°F)	二氯乙烯(62°F)	4.6	n-Hexane(68°F)	正己烷(68°F)	1.89
Dichloromethane(68°F)	二氯甲烷(68°F)	8.93	n-Hexane(77°F)	正己烷(77°F)	1.89
Dichlorostyrene(76°F)	二氯苯乙烯(76°F)	2.6	Hexylene(62°F)	己烯(62°F)	2.0
Dichlorotoluene(68°F)	二氯甲苯(68°F)	6.9	Isoprene(77°F)	异戊二烯(77°F)	2.1
Diethylamine(68°F)	二乙胺(68°F)	3.7	Methane(−280°F)	甲烷(−280°F)	1.7
Diethylaniline(66°F)	二乙苯胺(66°F)	5.5	Methanol(77°F)	甲醇(77°F)	32.70
Dimethylamine(64°F)	二甲基胺(64°F)	2.5	Methyl alcohol (methanol)(−112°F)	甲醇(−112°F)	56.6
Di-isoamylene(62°F)	二异戊烯(62°F)	2.4			
Dimethylacetamide(77°F)	二甲基乙酰胺(77°F)	37.78	Methyl alcohol (methanol)(32°F)	甲醇(32°F)	37.5
N,N-Dimethylformamide(77°F)	N,N-二甲基甲酰胺(77°F)	36.71			
Dimethyl sulfoxide(68°F)	二甲基亚砜(68°F)	46.68	Methyl alcohol (methanol)(68°F)	甲醇(68°F)	33.1
Dimethyl sulfide(68°F)	二甲基硫醚(68°F)	6.3			
Dimethylamine(32°F)	二甲胺(32°F)	6.3	Methyl ethyl ketone(72°F)	甲基乙基酮(72°F)	18.4
Dimethylaniline(68°F)	二甲基苯胺(68°F)	4.4	Methyl ethyl ketone(77°F)	甲基乙基酮(77°F)	18.51
Dimethylpentane(68°F)	二甲基戊烷(68°F)	1.9	Methyl formate(68°F)	甲酸甲酯(68°F)	8.5
Epichlorohydrin(68°F)	环氧氯丙烷(68°F)	22.9	Mineral oil(80°F)	矿物油(80°F)	2.1
Ethanediamine(68°F)	乙烷(68°F)	14.2	Naphthalene(185°F)	萘(185°F)	2.3
Ethanethiol(58°F)	乙硫醇(58°F)	6.9	Naphthalene(68°F)	萘(68°F)	2.5
Ethanol(77°F)	乙醇(77°F)	24.3	Nitrobenzene(68°F)	硝基苯(68°F)	35.72
Ethyl acetate(68°F)	乙酸乙酯(68°F)	6.4	Nitrobenzene(77°F)	硝基苯(77°F)	34.8
Ethyl acetate(77°F)	乙酸乙酯(77°F)	6.02	Nitrobenzene(176°F)	硝基苯(176°F)	26.3
Ethyl alcohol(Eahanol)(68°F)	乙醇(68°F)	25.7	Nitrocellulose	硝化纤维	6.2~7.5

续表

化 合 物		相对介电常数	化 合 物		相对介电常数
Nitroglycerin(68°F)	硝化甘油(68°F)	19.0	n-Propyl alcohol(68°F)	正丙醇(68°F)	21.8
Nitromethane(68°F)	硝基甲烷(68°F)	39.4	iso-Propyl alcohol(68°F)	异丙醇(68°F)	18.3
o-Nitrotoluene(68°F)	邻硝基甲苯(68°F)	27.4	iso-Propylamine(68°F)	异丙胺(68°F)	5.5
m-Nitrotoluene(68°F)	间硝基甲苯(68°F)	23.8	Propyl benzene(68°F)	丙苯(68°F)	2.4
p-Nitrotoluene(137°F)	对硝基甲苯(137°F)	22.2	iso-Propyl benzene(68°F)	异丙苯(68°F)	2.4
Nonane(68°F)	壬烷(68°F)	2.0	Propyl formate(66°F)	甲酸丙酯(66°F)	7.9
Octane(24°F)	辛烷(24°F)	1.06	Propyl nitrate(64°F)	硝酸丙酯(64°F)	14.2
Octane(68°F)	辛烷(68°F)	2.0	iso-Propyl nitrate(66°F)	硝酸异丙酯(66°F)	11.5
iso-Octane(68°F)	异辛烷(68°F)	1.94	Propylene(liquid)	丙烯(液)	11.9
1-Octanol(68°F)	1-辛醇(68°F)	10.3	Pyridine(68°F)	吡啶(68°F)	12.5
Octanone(68°F)	辛酮(68°F)	10.3	Salicylaldehyde(68°F)	水杨酸(68°F)	13.9
Octene(76°F)	辛烯(76°F)	2.1	Sorbitol(176°F)	山梨糖醇(176°F)	33.5
Octyl alcohol(64°F)	辛烷醇(64°F)	3.4	Stearic acid(160°F)	硬脂酸(160°F)	2.3
Oleic acid(68°F)	油酸(68°F)	2.5	Sucrose	蔗糖	3.3
Paraldehyde(68°F)	三聚乙醛(68°F)	14.5	Tartaric acid(68°F)	酒石酸(68°F)	6.0
Paraldehyde(77°F)	三聚乙醛(77°F)	13.9	Tartaric acid(14°F)	酒石酸(14°F)	35.9
Pentadiene 1,3(77°F)	1,3-戊二烯(77°F)	2.3	Tetrabromoethane(72°F)	四溴乙烷(72°F)	7.0
n-Pentane(68°F)	正戊烷(68°F)	1.83	Tetrachloroethylene(70°F)	四氯乙烯(70°F)	2.5
Pentanol(77°F)	戊醇(77°F)	13.9	Tetrafluoroethylene	四氟乙烯	2.0
Pentanone(2)(68°F)	戊酮(2)(68°F)	15.4	Tetrahydrofuran(68°F)	四氢呋喃(68°F)	7.58
Pentene(1)(68°F)	戊烯(1)(68°F)	2.1	Thiophene(60°F)	噻吩(60°F)	2.8
Phenanthrene(68°F)	菲(68°F)	2.8	Tobacco	烟碱	1.6~1.7
Phenanthrene(110°F)	菲(110°F)	2.72	Toluene(68°F)	甲苯(68°F)	2.39
Phenanthrene(230°F)	菲(230°F)	2.7	Trichloroethane	三氯乙烷	7.5
Phenetole(70°F)	苯乙醚(70°F)	4.5	Trichloroethylene(61°F)	三氯乙烯(61°F)	3.4
Phenol(118°F)	苯酚(118°F)	9.9	Trichlorololuene(70°F)	三氯甲苯(70°F)	6.0
Phenol(104°F)	苯酚(104°F)	15.0	Trichloropropane(76°F)	三氯丙烷(76°F)	2.4
Phenol(50°F)	苯酚(50°F)	4.3	1,1,2-Trichlorotrifluoro-ethane(77°F)	1,1,2-三氯三氟乙烷(77°F)	2.41
Phenylacetaldehyde(68°F)	苯乙醛(68°F)	4.8			
Phenylacetic(68°F)	苯乙酸(68°F)	3.0	Triethylamine(68°F)	三乙胺(68°F)	2.42
Phenylacetonitrile(80°F)	苯乙腈(80°F)	18.0	Trimethylamine(77°F)	三甲胺(77°F)	2.5
Phenylethanol(68°F)	苯乙醇(68°F)	13.0	Trintrobenzene(68°F)	三硝基苯(68°F)	2.2
Phenylethylene(77°F)	苯乙烯(77°F)	2.4	Trinitrotoluene(69°F)	三硝基甲苯(69°F)	22.0
Piperidine(68°F)	哌啶(68°F)	5.9	Undecane(68°F)	十一烷(68°F)	2.0
Propane(liquid,32°F)	丙烷(液,32°F)	1.6	Undecanone(58°F)	十一烷酮(58°F)	8.4
Propanediol(68°F)	丙二醇(68°F)	32.0	Urea(71°F)	尿素(71°F)	3.5
Propene(68°F)	丙烯(68°F)	1.9	o-Xylene(68°F)	邻二甲苯(68°F)	2.57
Propionaldehyde(62°F)	丙醛(62°F)	18.9	m-Xylene(68°F)	间二甲苯(68°F)	2.37
Propionic acid(58°F)	丙酸(58°F)	3.1	p-Xylene(68°F)	对二甲苯(68°F)	2.3

5.11.4 石油、煤及其产品的相对介电常数（表5-33）

表5-33 石油、煤及其产品的相对介电常数

化 合 物		相对介电常数	化 合 物		相对介电常数
Asphalt(75°F)	石油沥青(75°F)	2.6	Kerosene(70°F)	灯油(70°F)	1.8
Bunker C oil	船用油C	2.6	Liquefied petroleum gas(LPG)	液化石油气	1.6~1.9
Coal tar	煤焦油	2.0~3.0	Lubricating oil(68°F)	润滑油(68°F)	2.1~2.6
Coal,powder,fine	煤,能量,精炼	2.0~4.0	Paraffin oil	石蜡油	2.19
Coke	焦炭	1.1~2.2	Paraffin wax	石蜡	2.1~2.5
Gasoline(70°F)	汽油(70°F)	2.0	Petroleum(68°F)	石油(68°F)	2.1
Heavy oil	重油	3.0	Vaseline	凡士林	2.08

5.11.5 聚合物的相对介电常数（表 5-34）

表 5-34 聚合物的相对介电常数

化合物		相对介电常数	正切损失 $\tan\delta \times 10^4$
Phenol formaldehyde resin	酚醛树脂	4.5~5.0	
Phenyl urethane	苯氨甲酸乙酯	2.7	
Polyamide	聚胺	2.5~2.6	
Polybutylene	聚丁烯	2.2~2.3	
Polycaprolactam	聚己内酰胺	2.0~2.5	
Polycarbonate resin	聚碳酸酯树脂	2.9~3.0	
Polyester resin	聚酯树脂	2.8~5.2	
Polyether chloride	聚醚氯	2.9	
Polyether resin	聚醚树脂	2.8~8.1	
Polyether resin, unsaturated	聚醚树脂,不饱和的	2.8~5.2	
Polyethylene	聚乙烯	2.2~2.4	2~3
Polypropylene	聚丙烯	1.5~1.8	
Polystyrene	聚苯乙烯	2.4~2.6	2~4
Polytetrafluoroethylene	聚四氟乙烯	2.0	2
Polyvinyl alcohol	聚乙烯醇	1.9~2.0	
Polyvinyl chloride	聚乙烯氯	3.4	
Polyvinyl chloride resin	聚乙烯氯树脂	5.8~6.8	
Rubber	橡胶	2.8~4.6	20~280
Starch	淀粉	1.7~5.0	
Urea formaldehyde	尿素甲醛	6.4~6.9	
Urea resin	尿素树脂	6.2~9.5	
Urethane(121°F)	氨基甲酸乙酯(121°F)	14.2	
Urethane(74°F)	氨基甲酸乙酯(74°F)	3.2	
Urethane resin	氨基甲酸乙酯树脂	6.5~7.1	
Vinyl alcohol resin	乙烯醇树脂	2.6~3.5	
Vinyl chloride resin	乙烯氯树脂	2.8~6.4	600

5.12 溶液的浓度和密度

表中各种溶液的浓度表示方法如下：

(1)（物质的量）浓度 $c = \dfrac{溶质物质的量}{溶液的体积}$，单位 $mol \cdot L^{-1}$；

(2) 质量分数 $w = \dfrac{溶质的质量}{溶液的质量}$，以 % 表示；

(3) 质量浓度 g/L，指 1L 溶液中所含溶质的 g 数。

5.12.1 硝酸溶液的浓度和密度（表 5-35）

表 5-35 硝酸溶液的浓度和密度（20℃）

密度 ρ/g·ml^{-1}	HNO$_3$ 浓度		密度 ρ/g·ml^{-1}	HNO$_3$ 浓度		密度 ρ/g·ml^{-1}	HNO$_3$ 浓度		密度 ρ/g·ml^{-1}	HNO$_3$ 浓度	
	w/%	c/mol·L^{-1}		w/%	c/mol·L^{-1}		w/%	c/mol·L^{-1}		w/%	c/mol·L^{-1}
1.000	0.3333	0.05231	1.025	4.883	0.7943	1.050	9.259	1.453	1.075	13.48	2.301
1.005	1.255	0.2001	1.030	5.784	0.9454	1.055	10.12	1.694	1.080	14.31	2.453
1.010	2.164	0.3463	1.035	6.661	1.094	1.060	10.97	1.845	1.085	15.13	2.605
1.015	3.073	0.4950	1.040	7.530	1.243	1.065	11.81	1.997	1.090	15.95	2.759
1.020	3.982	0.6445	1.045	8.398	1.393	1.070	12.65	2.148	1.095	16.76	2.913

续表

密度 $\rho/\text{g}\cdot\text{ml}^{-1}$	HNO$_3$ 浓度		密度 $\rho/\text{g}\cdot\text{ml}^{-1}$	HNO$_3$ 浓度		密度 $\rho/\text{g}\cdot\text{ml}^{-1}$	HNO$_3$ 浓度		密度 $\rho/\text{g}\cdot\text{ml}^{-1}$	HNO$_3$ 浓度	
	$w/\%$	$c/\text{mol}\cdot\text{L}^{-1}$		$w/\%$	$c/\text{mol}\cdot\text{L}^{-1}$		$w/\%$	$c/\text{mol}\cdot\text{L}^{-1}$		$w/\%$	$c/\text{mol}\cdot\text{L}^{-1}$
1.100	17.58	3.068	1.220	35.93	6.956	1.340	55.13	11.72	1.460	82.39	19.09
1.105	18.39	3.224	1.225	36.70	7.135	1.345	56.04	11.96	1.465	83.91	19.51
1.110	19.19	3.381	1.230	37.48	7.315	1.350	56.95	12.20	1.470	85.50	19.95
1.115	20.00	3.539	1.235	38.25	7.497	1.355	57.87	12.44	1.475	87.29	20.43
1.120	20.79	3.696	1.240	39.02	7.679	1.360	58.78	12.68	1.480	89.07	20.92
1.125	21.59	3.854	1.245	39.80	7.863	1.365	59.69	12.93	1.485	91.13	21.48
1.130	22.38	4.012	1.250	40.58	8.049	1.370	60.67	13.19	1.490	93.49	22.11
1.135	23.16	4.171	1.255	41.36	8.237	1.375	61.69	13.46	1.495	95.46	22.65
1.140	23.94	4.330	1.260	42.14	8.426	1.380	62.70	13.73	1.500	96.73	23.02
1.145	24.71	4.489	1.265	42.92	8.616	1.385	63.72	14.01	1.501	96.98	23.10
1.150	25.48	4.649	1.270	43.70	8.808	1.390	64.74	14.29	1.502	97.23	23.18
1.155	26.24	4.810	1.275	44.48	9.001	1.395	65.84	14.57	1.503	97.49	23.25
1.160	27.00	4.970	1.280	45.27	9.195	1.400	66.97	14.88	1.504	97.74	23.33
1.165	27.76	5.132	1.285	46.06	9.394	1.405	68.10	15.18	1.505	97.99	23.40
1.170	28.51	5.293	1.290	46.85	9.590	1.410	69.23	15.49	1.506	98.25	23.48
1.175	29.25	5.455	1.295	47.63	9.739	1.415	70.39	15.81	1.507	98.50	23.56
1.180	30.00	5.618	1.300	48.42	9.900	1.420	71.63	16.14	1.508	98.76	23.63
1.185	30.74	5.780	1.305	49.21	10.19	1.425	72.86	16.47	1.509	99.01	23.71
1.190	31.47	5.943	1.310	50.00	10.39	1.430	74.09	16.81	1.510	99.26	23.79
1.195	32.21	6.107	1.315	50.85	10.61	1.435	75.35	17.16	1.511	99.52	23.86
1.200	32.94	6.273	1.320	51.71	10.83	1.440	76.71	17.53	1.512	99.77	23.94
1.205	33.68	6.440	1.325	52.56	11.05	1.445	78.07	17.90	1.513	100.00	24.01
1.210	34.41	6.607	1.330	53.41	11.27	1.450	79.43	18.28			
1.215	35.16	6.778	1.335	54.27	11.49	1.455	80.88	18.68			

5.12.2 硫酸溶液的浓度和密度（表 5-36）

表 5-36 硫酸溶液的浓度和密度（20℃）

密度 $\rho/\text{g}\cdot\text{ml}^{-1}$	H$_2$SO$_4$ 浓度		密度 $\rho/\text{g}\cdot\text{ml}^{-1}$	H$_2$SO$_4$ 浓度		密度 $\rho/\text{g}\cdot\text{ml}^{-1}$	H$_2$SO$_4$ 浓度		密度 $\rho/\text{g}\cdot\text{ml}^{-1}$	H$_2$SO$_4$ 浓度	
	$w/\%$	$c/\text{mol}\cdot\text{L}^{-1}$		$w/\%$	$c/\text{mol}\cdot\text{L}^{-1}$		$w/\%$	$c/\text{mol}\cdot\text{L}^{-1}$		$w/\%$	$c/\text{mol}\cdot\text{L}^{-1}$
1.000	0.2609	0.02660	1.090	13.36	1.484	1.180	25.21	3.033	1.270	36.19	4.686
1.005	0.9855	0.1010	1.095	14.04	1.567	1.185	25.84	3.122	1.275	36.78	4.781
1.010	1.731	0.1783	1.100	14.73	1.652	1.190	26.47	3.211	1.280	37.36	4.876
1.015	2.485	0.2595	1.105	15.41	1.735	1.195	27.10	3.302	1.285	37.95	4.972
1.020	3.242	0 3372	1.110	16.08	1.820	1.200	27.72	3.301	1.290	38.53	5.068
1.025	4.000	0.4180	1.115	16.76	1.905	1.205	28.33	3.481	1.295	39.10	5.163
1.030	4.746	0.4983	1.120	17.43	1.990	1.210	28.95	3.572	1.300	39.68	5.259
1.035	5.493	0.5796	1.125	18.09	2.075	1.215	29.57	3.663	1.305	40.25	5.356
1.040	6.237	0.6613	1.130	18.76	2.161	1.220	30.18	3.754	1.310	40.82	5.452
1.045	6.956	0.7411	1.135	19.42	2.247	1.225	30.79	3.846	1.315	41.39	5.549
1.050	7.704	0.825	1.140	20.08	2.334	1.230	31.40	3.938	1.320	41.95	5.646
1.055	8.415	0.9054	1.145	20.73	2.420	1.235	32.01	4.031	1.325	42.51	5.743
1.060	9.129	0.9865	1.150	21.38	2.507	1.240	32.61	4.123	1.330	43.07	5.840
1.065	9.843	1.066	1.155	22.03	2.594	1.245	33.22	4.216	1.335	43.62	5.938
1.070	10.56	1.152	1.160	22.67	2.681	1.250	33.82	4.310	1.340	44.17	6.035
1.075	11.26	1.235	1.165	23.31	2.768	1.255	34.42	4.404	1.345	44.72	6.132
1.080	11.96	1.317	1.170	23.95	2.857	1.260	35.01	4.498	1.350	45.26	6.229
1.085	12.66	1.401	1.175	24.58	2.945	1.265	35.60	4.592	1.355	45.80	6.327

续表

密度 ρ/g·ml^{-1}	H$_2$SO$_4$ 浓度		密度 ρ/g·ml^{-1}	H$_2$SO$_4$ 浓度		密度 ρ/g·ml^{-1}	H$_2$SO$_4$ 浓度		密度 ρ/g·ml^{-1}	H$_2$SO$_4$ 浓度	
	w/%	c/mol·L^{-1}		w/%	c/mol·L^{-1}		w/%	c/mol·L^{-1}		w/%	c/mol·L^{-1}
1.360	46.33	6.424	1.495	59.70	9.100	1.630	71.67	11.91	1.765	83.57	15.04
1.365	46.86	6.522	1.500	60.17	9.202	1.635	72.09	12.02	1.770	84.08	15.17
1.370	47.39	6.620	1.505	60.62	9.303	1.640	72.52	12.13	1.775	84.61	15.31
1.375	47.92	6.718	1.510	61.08	9.404	1.645	72.95	12.24	1.780	85.16	15.46
1.380	48.45	6.817	1.515	61.54	9.506	1.650	73.37	12.34	1.785	85.74	15.61
1.385	48.97	6.915	1.520	62.00	9.608	1.655	73.80	12.45	1.790	86.35	15.76
1.390	49.48	7.012	1.525	62.45	9.711	1.660	74.22	12.56	1.795	86.99	15.92
1.395	49.99	7.110	1.530	62.91	9.813	1.665	74.64	12.67	1.800	87.69	16.09
1.400	50.50	7.208	1.535	63.36	9.916	1.670	75.07	12.78	1.805	88.43	16.27
1.405	51.61	7.307	1.540	63.81	10.02	1.675	75.49	12.89	1.810	89.23	16.47
1.410	51.52	7.406	1.545	64.26	10.12	1.680	75.92	13.00	1.815	90.12	16.68
1.415	52.02	7.505	1.550	64.71	10.23	1.685	76.34	13.12	1.820	91.11	16.91
1.420	52.51	7.603	1.555	65.15	10.33	1.690	76.77	13.23	1.821	91.33	16.96
1.425	53.01	7.702	1.560	65.59	10.43	1.695	77.20	13.34	1.822	91.56	17.01
1.430	53.50	7.801	1.565	66.03	10.54	1.700	77.63	13.46	1.823	91.78	17.06
1.435	54.00	7.901	1.570	66.47	10.64	1.705	78.06	13.57	1.824	92.00	17.11
1.440	54.49	8.000	1.575	66.91	10.74	1.710	78.49	13.69	1.825	92.25	17.17
1.445	54.97	8.099	1.580	67.35	10.85	1.715	78.93	13.80	1.826	92.51	17.22
1.450	55.45	8.198	1.585	67.79	10.96	1.720	79.37	13.92	1.827	92.77	17.28
1.455	55.93	8.297	1.590	68.23	11.06	1.725	79.81	14.04	1.828	93.03	17.34
1.460	56.41	8.397	1.595	68.66	11.16	1.730	80.25	14.16	1.829	93.33	17.40
1.465	56.89	8.497	1.600	69.09	11.27	1.735	80.70	14.28	1.830	93.64	17.47
1.470	57.36	8.598	1.605	69.53	11.38	1.740	81.16	14.40	1.831	93.94	17.54
1.475	57.84	8.699	1.610	69.96	11.48	1.745	81.62	14.52	1.832	94.32	17.62
1.480	58.31	8.799	1.615	70.39	11.59	1.750	82.09	14.65	1.833	94.72	17.70
1.485	58.78	8.899	1.620	70.82	11.70	1.755	82.57	14.78	1.834	95.12	17.79
1.490	59.24	9.000	1.625	71.25	11.80	1.760	83.06	14.90	1.835	95.72	17.91

5.12.3 盐酸溶液的浓度和密度（表 5-37）

表 5-37　盐酸溶液的浓度和密度（20℃）

密度 ρ/g·ml^{-1}	HCl 浓度		密度 ρ/g·ml^{-1}	HCl 浓度		密度 ρ/g·ml^{-1}	HCl 浓度		密度 ρ/g·ml^{-1}	HCl 浓度		密度 ρ/g·ml^{-1}	HCl 浓度	
	w/%	c/mol·L^{-1}		w/%	c/mol·L^{-1}		w/%	c/mol·L^{-1}		w/%	c/mol·L^{-1}		w/%	c/mol·L^{-1}
1.000	0.3600	0.09872	1.055	11.52	3.333	1.110	22.33	6.796	1.165	33.16	10.595			
1.005	1.360	0.3748	1.060	12.51	3.638	1.115	23.29	7.122	1.170	34.18	10.97			
1.010	2.364	0.6547	1.065	13.50	3.944	1.120	24.25	7.449	1.175	35.20	11.34			
1.015	3.374	0.9391	1.070	14.495	4.253	1.125	25.22	7.782	1.180	36.23	11.73			
1.020	4.388	1.227	1.075	15.485	4.565	1.130	26.20	8.118	1.185	37.27	12.11			
1.025	5.408	1.520	1.080	16.47	4.878	1.135	27.18	8.459	1.190	38.32	12.50			
1.030	6.433	1.817	1.085	17.45	5.192	1.140	28.18	8.809	1.195	39.37	12.90			
1.035	7.464	2.118	1.090	18.43	5.509	1.145	29.17	9.159	1.198	40.00	13.14			
1.040	8.490	2.421	1.095	19.41	5.829	1.150	30.14	9.505						
1.045	9.510	2.725	1.100	20.39	6.150	1.155	31.14	9.863						
1.050	10.52	3.029	1.105	21.36	6.472	1.160	32.14	10.225						

5.12.4 磷酸溶液的浓度和密度（表5-38）

表5-38 磷酸溶液的浓度和密度（20℃）

密度 ρ/g·ml^{-1}	H$_3$PO$_4$ 浓度		密度 ρ/g·ml^{-1}	H$_3$PO$_4$ 浓度		密度 ρ/g·ml^{-1}	H$_3$PO$_4$ 浓度		密度 ρ/g·ml^{-1}	H$_3$PO$_4$ 浓度	
	w/%	c/mol·L^{-1}		w/%	c/mol·L^{-1}		w/%	c/mol·L^{-1}		w/%	c/mol·L^{-1}
1.000	0.296	0.030	1.220	35.50	4.420	1.440	61.92	9.099	1.660	82.96	14.06
1.005	1.222	0.1253	1.225	36.17	4.522	1.445	62.45	9.208	1.665	83.39	14.17
1.010	2.148	0.2214	1.230	36.84	4.624	1.450	62.98	9.322	1.670	83.82	14.29
1.015	3.074	0.3184	1.235	37.51	4.727	1.455	63.51	9.432	1.675	84.25	14.40
1.020	4.000	0.4164	1.240	38.17	4.829	1.460	64.03	9.543	1.680	84.68	14.52
1.025	4.926	0.5152	1.245	38.83	4.932	1.465	64.55	9.651	1.685	85.11	14.63
1.030	5.836	0.6134	1.250	39.49	5.036	1.470	65.07	9.761	1.690	85.54	14.75
1.035	6.745	0.7124	1.255	40.14	5.140	1.475	65.58	9.870	1.695	85.96	14.87
1.040	7.643	0.8110	1.260	40.79	5.245	1.480	66.09	9.982	1.700	86.38	14.98
1.045	8.536	0.911	1.265	41.44	5.350	1.485	66.60	10.09	1.705	86.80	15.10
1.050	9.429	1.010	1.270	42.09	5.454	1.490	67.10	10.21	1.710	87.22	15.22
1.055	10.32	1.111	1.275	42.73	5.559	1.495	67.60	10.31	1.715	87.64	15.33
1.060	11.19	1.210	1.280	43.37	5.655	1.500	68.10	10.42	1.720	88.06	15.45
1.065	12.06	1.311	1.285	44.00	5.771	1.505	68.60	10.53	1.725	88.48	15.57
1.070	12.92	1.411	1.290	44.63	5.875	1.510	69.09	10.64	1.730	88.90	15.70
1.075	13.76	1.510	1.295	45.26	5.981	1.515	69.58	10.76	1.735	89.31	15.81
1.080	14.60	1.609	1.300	45.88	6.087	1.520	70.07	10.86	1.740	89.72	15.93
1.085	15.43	1.708	1.305	46.49	6.191	1.525	70.56	10.98	1.745	90.13	16.04
1.090	16.26	1.807	1.310	47.10	6.296	1.530	71.04	11.09	1.750	90.54	16.16
1.095	17.07	1.906	1.315	47.70	6.400	1.535	71.52	11.20	1.755	90.95	16.29
1.100	17.87	2.005	1.320	48.30	6.506	1.540	72.00	11.32	1.760	91.36	16.41
1.105	18.68	2.105	1.325	48.89	6.610	1.545	72.48	11.43	1.765	91.77	16.53
1.110	19.46	2.204	1.330	49.48	6.716	1.550	72.95	11.53	1.770	92.17	16.65
1.115	20.25	2.304	1.335	50.07	6.822	1.555	73.42	11.65	1.775	92.57	16.77
1.120	21.03	2.403	1.340	50.66	6.928	1.560	73.89	11.76	1.780	92.97	16.89
1.125	21.80	2.502	1.345	51.25	7.034	1.565	74.36	11.88	1.785	93.37	17.00
1.130	22.56	2.602	1.350	51.84	7.141	1.570	74.83	11.99	1.790	93.77	17.13
1.135	23.32	2.702	1.355	52.42	7.247	1.575	75.30	12.11	1.795	94.17	17.25
1.140	24.07	2.800	1.360	53.00	7.355	1.580	75.76	12.22	1.800	94.57	17.37
1.145	24.82	2.900	1.365	53.57	7.463	1.585	76.22	12.33	1.805	94.97	17.50
1.150	25.57	3.000	1.370	54.14	7.570	1.590	76.68	12.45	1.810	95.37	17.62
1.155	26.31	3.101	1.375	54.71	7.678	1.595	77.14	12.56	1.815	95.76	17.74
1.160	27.05	3.203	1.380	55.28	7.784	1.600	77.60	12.67	1.820	96.15	17.85
1.165	27.78	3.304	1.385	55.85	7.894	1.605	78.05	12.78	1.825	96.54	17.98
1.170	28.51	3.404	1.390	56.42	8.004	1.610	78.50	12.90	1.830	96.93	18.10
1.175	29.23	3.505	1.395	56.98	8.112	1.615	78.95	13.01	1.835	97.32	18.23
1.180	29.94	3.606	1.400	57.54	8.221	1.620	79.40	13.12	1.840	97.71	18.34
1.185	30.65	3.707	1.405	58.09	8.328	1.625	79.85	13.24	1.845	98.10	18.47
1.190	31.35	3.806	1.410	58.64	8.437	1.630	80.30	13.36	1.850	98.48	18.60
1.195	32.05	3.908	1.415	59.19	8.547	1.635	80.75	13.48	1.855	98.86	18.72
1.200	32.75	4.010	1.420	59.74	8.658	1.640	81.20	13.59	1.860	99.24	18.84
1.205	33.44	4.112	1.425	60.29	8.766	1.645	81.64	13.71	1.865	99.62	18.96
1.210	34.13	4.215	1.430	60.84	8.878	1.650	82.08	13.82	1.870	100.00	19.08
1.215	34.82	4.317	1.435	61.38	8.989	1.655	82.52	13.94			

5.12.5 高氯酸溶液的浓度和密度（表5-39）

表5-39 高氯酸溶液的浓度和密度（20℃）

密度 ρ/g·ml^{-1}	HClO$_4$ 浓度		密度 ρ/g·ml^{-1}	HClO$_4$ 浓度		密度 ρ/g·ml^{-1}	HClO$_4$ 浓度		密度 ρ/g·ml^{-1}	HClO$_4$ 浓度	
	w/%	c/mol·L^{-1}		w/%	c/mol·L^{-1}		w/%	c/mol·L^{-1}		w/%	c/mol·L^{-1}
1.005	1.00	0.1004	1.175	26.20	3.064	1.345	44.35	5.937	1.515	58.17	8.772
1.010	1.90	0.1910	1.180	26.82	3.150	1.350	44.81	6.021	1.520	58.54	8.857
1.015	2.77	0.2799	1.185	27.44	3.237	1.355	45.26	6.104	1.525	58.91	8.942
1.020	3.61	0.3665	1.190	28.05	3.323	1.360	45.71	6.188	1.530	59.28	9.028
1.025	4.43	0.4520	1.195	28.66	3.409	1.365	46.16	6.272	1.535	59.66	9.116
1.030	5.25	0.5383	1.200	29.26	3.495	1.370	46.61	6.356	1.540	60.04	9.203
1.035	6.07	0.6253	1.205	29.86	3.582	1.375	47.05	6.439	1.545	60.41	9.290
1.040	6.88	0.7122	1.210	30.45	3.667	1.380	47.49	6.523	1.550	60.78	9.377
1.045	7.68	0.7989	1.215	31.04	3.754	1.385	47.93	6.608	1.555	61.15	9.465
1.050	8.48	0.8863	1.220	31.61	3.839	1.390	48.37	6.692	1.560	61.52	9.553
1.055	9.28	0.9745	1.225	31.18	3.924	1.395	48.80	6.776	1.565	61.89	9.641
1.060	10.06	1.061	1.230	32.74	4.008	1.400	49.23	6.860	1.570	62.26	9.730
1.065	10.83	1.148	1.235	33.29	4.092	1.405	49.68	6.948	1.575	62.63	9.819
1.070	11.58	1.233	1.240	33.85	4.178	1.410	50.10	7.032	1.580	63.00	9.908
1.075	12.33	1.319	1.245	34.40	4.263	1.415	50.51	7.114	1.585	63.37	9.998
1.080	13.08	1.406	1.250	34.95	4.349	1.420	50.90	7.196	1.590	63.74	10.09
1.085	13.83	1.494	1.255	35.49	4.433	1.425	51.31	7.278	1.595	64.12	10.18
1.090	14.56	1.580	1.260	36.03	4.519	1.430	51.71	7.360	1.600	64.50	10.27
1.095	15.28	1.665	1.265	36.56	4.604	1.435	52.11	7.443	1.605	64.88	10.37
1.100	16.00	1.752	1.270	37.08	4.687	1.440	52.51	7.527	1.610	65.26	10.46
1.105	16.72	1.839	1.275	37.60	4.772	1.445	52.89	7.607	1.615	65.63	10.55
1.110	17.45	1.928	1.280	38.10	4.854	1.450	53.27	7.689	1.620	66.01	10.64
1.115	18.16	2.015	1.285	38.60	4.937	1.455	53.65	7.770	1.625	66.39	10.74
1.120	18.88	2.105	1.290	39.10	5.021	1.460	54.03	7.852	1.630	66.76	10.83
1.125	19.57	2.191	1.295	39.60	5.105	1.465	54.41	7.934	1.635	67.13	10.93
1.130	20.26	2.279	1.300	40.10	5.189	1.470	54.79	8.017	1.640	67.51	11.02
1.135	20.95	2.367	1.305	40.59	5.273	1.475	55.17	8.100	1.645	67.89	11.12
1.140	21.64	2.456	1.310	41.08	5.357	1.480	55.55	8.183	1.650	68.26	11.21
1.145	22.32	2.544	1.315	41.56	5.440	1.485	55.93	8.267	1.655	68.64	11.31
1.150	22.99	2.632	1.320	42.02	5.521	1.490	56.31	8.352	1.660	69.02	11.40
1.155	23.65	2.719	1.325	42.49	5.604	1.495	56.69	8.436	1.665	69.40	11.50
1.160	24.30	2.806	1.330	42.97	5.689	1.500	57.06	8.519	1.670	69.77	11.60
1.165	24.94	2.892	1.335	43.43	5.771	1.505	57.44	8.605	1.675	70.15	11.70
1.170	25.57	2.978	1.340	43.89	5.854	1.510	57.81	8.689			

5.12.6 氢氧化钾溶液的浓度和密度（表5-40）

表5-40 氢氧化钾溶液的浓度和密度（20℃）

密度 ρ/g·ml^{-1}	KOH 浓度		密度 ρ/g·ml^{-1}	KOH 浓度		密度 ρ/g·ml^{-1}	KOH 浓度		密度 ρ/g·ml^{-1}	KOH 浓度	
	w/%	c/mol·L^{-1}		w/%	c/mol·L^{-1}		w/%	c/mol·L^{-1}		w/%	c/mol·L^{-1}
1.000	0.197	0.0351	1.030	3.48	0.6395	1.060	6.74	1.27	1.090	9.96	1.94
1.005	0.743	0.133	1.035	4.03	0.744	1.065	7.28	1.38	1.095	10.49	2.05
1.010	1.295	0.233	1.040	4.58	0.848	1.070	7.82	1.49	1.100	11.03	2.16
1.015	1.84	0.333	1.045	5.12	0.954	1.075	8.36	1.60	1.105	11.56	2.28
1.020	2.38	0.4335	1.050	5.66	1.06	1.080	8.89	1.71	1.110	12.08	2.39
1.025	2.93	0.536	1.055	6.20	1.17	1.085	9.43	1.82	1.115	12.61	2.51

续表

密度 ρ/g·ml^{-1}	KOH 浓度		密度 ρ/g·ml^{-1}	KOH 浓度		密度 ρ/g·ml^{-1}	KOH 浓度		密度 ρ/g·ml^{-1}	KOH 浓度	
	w/%	c/mol·L^{-1}		w/%	c/mol·L^{-1}		w/%	c/mol·L^{-1}		w/%	c/mol·L^{-1}
1.120	13.14	2.62	1.225	23.87	5.21	1.330	33.97	8.05	1.435	43.48	11.12
1.125	13.66	2.74	1.230	24.37	5.34	1.335	34.43	8.19	1.440	43.92	11.28
1.130	14.19	2.86	1.235	24.86	5.47	1.340	34.90	8.335	1.445	44.36	11.42
1.135	14.705	2.975	1.240	25.36	5.60	1.345	35.36	8.48	1.450	44.79	11.58
1.140	15.22	3.09	1.245	25.85	5.74	1.350	35.82	8.62	1.455	45.23	11.73
1.145	15.74	3.21	1.250	26.34	5.87	1.355	36.28	8.76	1.460	45.66	11.88
1.150	16.26	3.33	1.255	26.83	6.00	1.360	36.735	8.905	1.465	46.095	12.04
1.155	16.78	3.45	1.260	27.32	6.135	1.365	37.19	9.05	1.470	46.53	12.19
1.160	17.29	3.58	1.265	27.80	6.27	1.370	37.65	9.19	1.475	46.96	12.35
1.165	17.81	3.70	1.270	28.29	6.40	1.375	38.105	9.34	1.480	47.39	12.50
1.170	18.32	3.82	1.275	28.77	6.54	1.380	38.56	9.48	1.485	47.82	12.66
1.175	18.84	3.945	1.280	29.25	6.67	1.385	39.01	9.63	1.490	48.25	12.82
1.180	19.35	4.07	1.285	29.73	6.81	1.390	39.46	9.78	1.495	48.675	12.97
1.185	19.86	4.195	1.290	30.21	6.95	1.395	39.92	9.93	1.500	49.10	13.13
1.190	20.37	4.32	1.295	30.68	7.08	1.400	40.37	10.07	1.505	49.53	13.29
1.195	20.88	4.45	1.300	31.15	7.22	1.405	40.82	10.22	1.510	49.55	13.45
1.200	21.38	4.57	1.305	31.62	7.36	1.410	41.26	10.37	1.515	50.38	13.60
1.205	21.88	4.70	1.310	32.09	7.49	1.415	41.71	10.52	1.520	50.80	13.76
1.210	22.38	4.83	1.315	32.56	7.63	1.420	42.155	10.67	1.525	51.22	13.92
1.215	22.88	4.955	1.320	33.03	7.77	1.425	42.60	10.82	1.530	51.64	14.08
1.220	23.38	5.08	1.325	33.50	7.91	1.430	43.04	10.97	1.535	52.05	14.24

5.12.7 氢氧化钠溶液的浓度和密度（表 5-41）

表 5-41 氢氧化钠溶液的浓度和密度（20℃）

密度 ρ/g·ml^{-1}	NaOH 浓度		密度 ρ/g·ml^{-1}	NaOH 浓度		密度 ρ/g·ml^{-1}	NaOH 浓度		密度 ρ/g·ml^{-1}	NaOH 浓度	
	w/%	c/mol·L^{-1}		w/%	c/mol·L^{-1}		w/%	c/mol·L^{-1}		w/%	c/mol·L^{-1}
1.000	0.159	0.0398	1.110	10.10	2.802	1.220	20.07	6.122	1.330	30.20	10.04
1.005	0.602	0.151	1.115	10.555	2.942	1.225	20.53	6.286	1.335	30.67	10.23
1.010	1.045	0.264	1.120	11.01	3.082	1.230	20.98	6.451	1.340	31.14	10.43
1.015	1.49	0.378	1.125	11.46	3.224	1.235	21.44	6.619	1.345	31.62	10.63
1.020	1.94	0.494	1.130	11.92	3.367	1.240	21.90	6.788	1.350	32.10	10.83
1.025	2.39	0.611	1.135	12.37	3.510	1.245	22.36	6.958	1.355	32.58	11.03
1.030	2.84	0.731	1.140	12.83	3.655	1.250	22.82	7.129	1.360	33.06	11.24
1.035	3.29	0.851	1.145	13.28	3.801	1.255	23.275	7.302	1.365	33.54	11.45
1.040	3.745	0.971	1.150	13.73	3.947	1.260	23.73	7.475	1.370	34.03	11.65
1.045	4.20	1.097	1.155	14.18	4.095	1.265	24.19	7.650	1.375	34.52	11.86
1.050	4.655	1.222	1.160	14.64	4.244	1.270	24.645	7.824	1.380	35.01	12.08
1.055	5.11	1.347	1.165	15.09	4.395	1.275	25.10	8.000	1.385	35.505	12.29
1.060	5.56	1.474	1.170	15.54	4.545	1.280	25.56	8.178	1.390	36.00	12.51
1.065	6.02	1.602	1.175	15.99	4.697	1.285	26.02	8.357	1.395	36.495	12.73
1.070	6.47	1.731	1.180	16.44	4.850	1.290	26.48	8.539	1.400	36.99	12.95
1.075	6.93	1.862	1.185	16.89	5.004	1.295	26.94	8.722	1.405	37.49	13.17
1.080	7.38	1.992	1.190	17.345	5.160	1.300	27.41	8.906	1.410	37.99	13.39
1.085	7.83	2.123	1.195	17.80	5.317	1.305	27.87	9.092	1.415	38.49	13.61
1.090	8.28	2.257	1.200	18.255	5.476	1.310	28.33	9.278	1.420	38.99	13.84
1.095	8.74	2.391	1.205	18.71	5.636	1.315	28.80	9.466	1.425	39.495	14.07
1.100	9.19	2.527	1.210	19.16	5.796	1.320	29.26	9.656	1.430	40.00	14.30
1.105	9.645	2.664	1.215	19.62	5.958	1.325	29.73	9.847	1.435	40.515	14.53

密度 $\rho/g\cdot ml^{-1}$	NaOH 浓度 $w/\%$	$c/mol\cdot L^{-1}$	密度 $\rho/g\cdot ml^{-1}$	NaOH 浓度 $w/\%$	$c/mol\cdot L^{-1}$	密度 $\rho/g\cdot ml^{-1}$	NaOH 浓度 $w/\%$	$c/mol\cdot L^{-1}$	密度 $\rho/g\cdot ml^{-1}$	NaOH 浓度 $w/\%$	$c/mol\cdot L^{-1}$
1.440	41.03	14.77	1.465	43.64	15.98	1.490	46.27	17.23	1.515	48.905	18.52
1.445	41.55	15.01	1.470	44.17	16.23	1.495	46.80	17.49	1.520	49.44	18.78
1.450	42.07	15.25	1.475	44.695	16.48	1.500	47.33	17.75	1.525	49.97	19.05
1.455	42.59	15.49	1.480	45.22	16.73	1.505	47.85	18.00	1.530	50.50	19.31
1.460	43.12	15.74	1.485	45.75	16.98	1.510	48.38	18.26			

5.12.8 氨水的浓度和密度(表 5-42)

表 5-42 氨水的浓度和密度(20℃)

密度 $\rho/g\cdot ml^{-1}$	NH_3 浓度 $w/\%$	$c/mol\cdot L^{-1}$	密度 $\rho/g\cdot ml^{-1}$	NH_3 浓度 $w/\%$	$c/mol\cdot L^{-1}$	密度 $\rho/g\cdot ml^{-1}$	NH_3 浓度 $w/\%$	$c/mol\cdot L^{-1}$	密度 $\rho/g\cdot ml^{-1}$	NH_3 浓度 $w/\%$	$c/mol\cdot L^{-1}$
0.998	0.0465	0.0273	0.968	7.26	4.12	0.938	15.47	8.52	0.908	24.68	13.16
0.996	0.512	0.299	0.966	7.77	4.41	0.936	16.06	8.83	0.906	25.33	13.48
0.994	0.977	0.570	0.964	8.29	4.69	0.934	16.65	9.13	0.904	26.00	13.80
0.992	1.43	0.834	0.962	8.82	4.98	0.932	17.24	9.44	0.902	26.67	14.12
0.990	1.89	1.10	0.960	9.34	5.27	0.930	17.85	9.75	0.900	27.33	14.44
0.988	2.35	1.365	0.958	9.87	5.55	0.928	18.45	10.06	0.898	28.00	14.76
0.986	2.82	1.635	0.956	10.405	5.84	0.926	19.06	10.37	0.896	28.67	15.08
0.984	3.30	1.91	0.954	10.95	6.13	0.924	19.67	10.67	0.894	29.33	15.40
0.982	3.78	2.18	0.952	11.49	6.42	0.922	20.27	10.97	0.892	30.00	15.71
0.980	4.27	2.46	0.950	12.03	6.71	0.920	20.88	11.28	0.890	30.658	16.04
0.978	4.76	2.73	0.948	12.58	7.00	0.918	21.50	11.59	0.888	31.37	16.36
0.976	5.25	3.01	0.946	13.14	7.29	0.916	22.125	11.90	0.886	32.09	16.69
0.974	5.75	3.29	0.944	13.71	7.60	0.914	22.75	12.21	0.884	32.84	17.05
0.972	6.25	3.57	0.942	14.29	7.91	0.912	23.39	12.52	0.882	33.595	17.40
0.970	6.75	3.84	0.940	14.88	8.21	0.910	24.03	12.84	0.880	34.35	17.75

5.12.9 碳酸钠溶液的浓度和密度(表 5-43)

表 5-43 碳酸钠溶液的浓度和密度(20℃)

密度 $\rho/g\cdot ml^{-1}$	Na_2CO_3 浓度 $w/\%$	$c/mol\cdot L^{-1}$	密度 $\rho/g\cdot ml^{-1}$	Na_2CO_3 浓度 $w/\%$	$c/mol\cdot L^{-1}$	密度 $\rho/g\cdot ml^{-1}$	Na_2CO_3 浓度 $w/\%$	$c/mol\cdot L^{-1}$	密度 $\rho/g\cdot ml^{-1}$	Na_2CO_3 浓度 $w/\%$	$c/mol\cdot L^{-1}$
1.000	0.19	0.018	1.050	4.98	0.493	1.100	9.75	1.012	1.150	14.35	1.557
1.005	0.67	0.0635	1.055	5.47	0.544	1.105	10.22	1.065	1.155	14.75	1.607
1.010	1.14	0.109	1.060	5.95	0.595	1.110	10.68	1.118	1.160	15.20	1.663
1.015	1.62	0.155	1.065	6.43	0.646	1.115	11.14	1.172	1.165	15.60	1.714
1.020	2.10	0.202	1.070	6.90	0.696	1.120	11.60	1.226	1.170	16.03	1.769
1.025	2.57	0.248	1.075	7.38	0.748	1.125	12.05	1.279	1.175	16.45	1.823
1.030	3.05	0.296	1.080	7.85	0.800	1.130	12.52	1.335	1.180	16.87	1.878
1.035	3.54	0.346	1.085	8.33	0.853	1.135	13.00	1.392	1.185	17.30	1.934
1.040	4.03	0.395	1.090	8.80	0.905	1.140	13.45	1.446	1.190	17.70	1.987
1.045	4.50	0.444	1.095	9.27	0.958	1.145	13.90	1.501			

5.12.10 甲酸溶液的浓度和密度（表5-44）

表5-44 甲酸溶液的浓度和密度　　　　　　　　　　g/cm³

浓度 /%(质量)	温度/℃				浓度 /%(质量)	温度/℃			
	0	15	20①	30		0	15	20①	30
1	1.0028	1.0019	1.0010	10.0	0.9980	51	1.1374	1.1248	1.1223	572.8	1.1120
2	1.0059	1.0045	1.0044	20.1	1.0004	52	1.1399	1.1271	1.1244	585.2	1.1142
3	1.0090	1.0072	1.0070	30.2	1.0028	53	1.1424	1.1294	1.1269	597.7	1.1164
4	1.0120	1.0100	1.0093	40.4	1.0053	54	1.1448	1.1318	1.1295	610.1	1.1186
5	1.0150	1.0124	1.0115	50.6	1.0075	55	1.1472	1.1341	1.1320	622.6	1.1208
6	1.0179	1.0151	1.0141	60.8	1.0101	56	1.1497	1.1365	1.1342	635.1	1.1230
7	1.0207	1.0177	1.0170	71.0	1.0125	57	1.1523	1.1388	1.1361	647.5	1.1253
8	1.0237	1.0204	1.0196	81.4	1.0149	58	1.1548	1.1411	1.1381	660.1	1.1274
9	1.0266	1.0230	1.0221	91.9	1.0173	59	1.1573	1.1434	1.1401	672.7	1.1295
10	1.0295	1.0256	1.0246	102.5	1.0197	60	1.1597	1.1458	1.1424	685.4	1.1317
11	1.0324	1.0281	1.0271	113.2	1.0221	61	1.1621	1.1481	1.1448	698.2	1.1338
12	1.0351	1.0306	1.0296	124.0	1.0244	62	1.1645	1.1504	1.1473	711.2	1.1360
13	1.0379	1.0330	1.0321	134.9	1.0267	63	1.1669	1.1526	1.1493	724.2	1.1382
14	1.0407	1.0355	1.0345	145.8	1.0290	64	1.1694	1.1549	1.1517	737.2	1.1403
15	1.0435	1.0380	1.0370	156.6	1.0313	65	1.1718	1.1572	1.1543	750.3	1.1425
16	1.0463	1.0405	1.0393	167.2	1.0336	66	1.1742	1.1595	1.1565	763.3	1.1446
17	1.0491	1.0430	1.0417	177.8	1.0358	67	1.1766	1.1618	1.1584	776.4	1.1467
18	1.0518	1.0455	1.0441	188.3	1.0381	68	1.1790	1.1640	1.1604	789.5	1.1489
19	1.0545	1.0480	1.0464	198.9	1.0404	69	1.1813	1.1663	1.1628	802.7	1.1510
20	1.0571	1.0505	1.0488	209.8	1.0427	70	1.1835	1.1685	1.1655	815.9	1.1531
21	1.0598	1.0532	1.0512	220.5	1.0451	71	1.1858	1.1707	1.1677	829.2	1.1552
22	1.0625	1.0556	1.0537	231.5	1.0473	72	1.1882	1.1729	1.1702	842.6	1.1573
23	1.0652	1.0580	1.0561	242.7	1.0496	73	1.1906	1.1751	1.1728	856.0	1.1595
24	1.0679	1.0604	1.0585	253.9	1.0518	74	1.1929	1.1773	1.1752	869.4	1.1615
25	1.0706	1.0627	1.0609	265.2	1.0540	75	1.1953	1.1794	1.1769	882.7	1.1636
26	1.0733	1.0652	1.0633	276.5	1.0564	76	1.1976	1.1816	1.1785	896.0	1.1656
27	1.0760	1.0678	1.0656	287.8	1.0587	77	1.1999	1.1837	1.1801	909.2	1.1676
28	1.0787	1.0702	1.0681	299.1	1.0609	78	1.2021	1.1859	1.1818	922.4	1.1697
29	1.0813	1.0726	1.0705	310.5	1.0632	79	1.2043	1.1881	1.1837	935.6	1.1717
30	1.0839	1.0750	1.0729	321.9	1.0654	80	1.2065	1.1902	1.1806	948.8	1.1737
31	1.0866	1.0774	1.0753	333.4	1.0676	81	1.2088	1.1924	1.1876	961.7	1.1758
32	1.0891	1.0798	1.0777	344.9	1.0699	82	1.2110	1.1944	1.1896	974.9	1.1778
33	1.0916	1.0821	1.0800	356.4	1.0721	83	1.2132	1.1965	1.1914	988.3	1.1798
34	1.0941	1.0844	1.0823	368.0	1.0743	84	1.2154	1.1985	1.1929	1002	1.1817
35	1.0966	1.0867	1.0847	379.6	1.0766	85	1.2176	1.2005	1.1953	1016	1.1837
36	1.0993	1.0892	1.0871	391.3	1.0788	86	1.2196	1.2025	1.1976	1031	1.1856
37	1.1018	1.0916	1.0895	403.0	1.0810	87	1.2217	1.2045	1.1994	1046	1.1875
38	1.1043	1.0940	1.0919	414.8	1.0832	88	1.2237	1.2064	1.2012	1059	1.1893
39	1.1069	1.0964	1.0940	426.6	1.0854	89	1.2258	1.2084	1.2028	1072	1.1910
40	1.1095	1.0988	1.0963	438.5	1.0876	90	1.2278	1.2102	1.2044	1084	1.1927
41	1.1122	1.1012	1.0990	450.4	1.0898	91	1.2297	1.2121	1.2059	1097	1.1945
42	1.1148	1.1036	1.1015	462.4	1.0920	92	1.2316	1.2139	1.2078	1111	1.1961
43	1.1174	1.1060	1.1038	474.5	1.0943	93	1.2335	1.2157	1.2099	1125	1.1978
44	1.1199	1.1084	1.1062	486.6	1.0965	94	1.2354	1.2174	1.2117	1139	1.1994
45	1.1224	1.1109	1.1085	498.8	1.0987	95	1.2372	1.2191	1.2140	1153	1.2008
46	1.1240	1.1133	1.1108	511.0	1.1009	96	1.2390	1.2208	1.2158	1167	1.2022
47	1.1274	1.1156	1.1130	523.3	1.1031	97	1.2408	1.2224	1.2170	1180	1.2036
48	1.1299	1.1179	1.1157	535.6	1.1053	98	1.2425	1.2240	1.2183	1190	1.2048
49	1.1324	1.1202	1.1185	548.0	1.1076	99	1.2441	1.2257	1.2202	1208	1.2061
50	1.1349	1.1225	1.1207	560.4	1.1098	100	1.2456	1.2273	1.2212	1221	1.2073

① 后一栏数字为与其相对应的浓度（g/L）。

5.12.11 乙酸溶液的浓度和密度（表5-45）

表5-45 乙酸溶液的浓度和密度 g/cm³

浓 度			温 度/℃						
/%(质量)	g/L①	mol/L①	0	10	15	20	25	30	40
0			0.9999	0.9997	0.9991	0.9982	0.9971	0.9957	0.9922
1	10.00	0.17	1.0016	1.0013	1.0006	0.9996	0.9987	0.9971	0.9934
2	20.02	0.33	1.0033	1.0029	1.0021	1.0012	1.0000	0.9984	0.9946
3	30.08	0.50	1.0051	1.0044	1.0036	1.0025	1.0013	0.9997	0.9958
4	40.16	0.67	1.0070	1.0060	1.0051	1.0040	1.0027	1.0011	0.9970
5	50.28	0.84	1.0088	1.0076	1.0066	1.0055	1.0041	1.0024	0.9982
6	60.41	1.01	1.0106	1.0092	1.0081	1.0069	1.0055	1.0037	0.9994
7	70.60	1.18	1.0124	1.0108	1.0096	1.0083	1.0068	1.0050	1.0006
8	80.78	1.35	1.0142	1.0124	1.0111	1.0097	1.0081	1.0063	1.0018
9	91.04	1.52	1.0159	1.0140	1.0126	1.0111	1.0094	1.0076	1.0030
10	101.3	1.69	1.0177	1.0156	1.0141	1.0125	1.0107	1.0089	1.0042
11	111.6	1.86	1.0194	1.0171	1.0155	1.0139	1.0120	1.0102	1.0054
12	121.8	2.03	1.0211	1.0187	1.0170	1.0154	1.0133	1.0115	1.0065
13	132.2	2.20	1.0228	1.0202	1.0184	1.0168	1.0146	1.0127	1.0077
14	142.5	2.37	1.0245	1.0217	1.0199	1.0182	1.0159	1.0139	1.0088
15	152.9	2.55	1.0262	1.0232	1.0213	1.0195	1.0172	1.0151	1.0099
16	163.3	2.72	1.0278	1.0247	1.0227	1.0209	1.0185	1.0163	1.0110
17	173.8	2.89	1.0295	1.0262	1.0241	1.0223	1.0198	1.0175	1.0121
18	184.2	3.07	1.0311	1.0276	1.0255	1.0236	1.0210	1.0187	1.0132
19	194.8	3.24	1.0327	1.0291	1.0269	1.0250	1.0223	1.0198	1.0142
20	205.3	3.42	1.0343	1.0305	1.0283	1.0263	1.0235	1.0210	1.0153
21	215.8	3.59	1.0358	1.0319	1.0297	1.0276	1.0248	1.0222	1.0164
22	226.3	3.77	1.0374	1.0333	1.0310	1.0288	1.0260	1.0233	1.0174
23	236.9	3.95	1.0389	1.0347	1.0323	1.0301	1.0272	1.0244	1.0185
24	247.4	4.12	1.0404	1.0361	1.0336	1.0313	1.0283	1.0256	1.0195
25	2582	4.30	1.0419	1.0375	1.0349	1.0326	1.0295	1.0267	1.0205
26	268.7	4.48	1.0434	1.0388	1.0362	1.0338	1.0307	1.0278	1.0215
27	279.4	4.65	1.0449	1.0401	1.0374	1.0349	1.0318	1.0289	1.0225
28	290.0	4.83	1.0463	1.0414	1.0386	1.0361	1.0329	1.0299	1.0234
29	300.7	5.01	1.0477	1.0427	1.0399	1.0372	1.0340	1.0310	1.0244
30	311.4	5.19	1.0491	1.0440	1.0411	1.0384	1.0350	1.0320	1.0253
31	322.2	5.37	1.0505	1.0453	1.0423	1.0395	1.0361	1.0330	1.0262
32	332.9	5.55	1.0519	1.0465	1.0435	1.0406	1.0372	1.0341	1.0272
33	343.7	5.72	1.0532	1.0477	1.0446	1.0417	1.0382	1.0351	1.0281
34	354.4	5.90	1.0545	1.0489	1.0458	1.0428	1.0392	1.0361	1.0289
35	3653	6.08	1.0558	1.0501	1.0469	1.0438	1.0402	1.0371	1.0298
36	376.1	6.26	1.0571	1.0513	1.0480	1.0449	1.0412	1.0380	1.0306
37	386.9	6.44	1.0584	1.0524	1.0491	1.0459	1.0422	1.0390	1.0314
38	397.7	6.62	1.0596	1.0535	1.0501	1.0469	1.0432	1.0399	1.0322
39	408.6	6.81	1.0608	1.0546	1.0512	1.0479	1.0441	1.0408	1.0330
40	419.5	6.99	1.0621	1.0557	1.0522	1.0488	1.0450	1.0416	1.0338
41	430.4	7.17	1.0633	1.0568	1.0532	1.0498	1.0460	1.0425	1.0346
42	441.2	7.35	1.0644	1.0578	1.0542	1.0507	1.0469	1.0433	1.0353
43	452.2	7.53	1.0656	1.0588	1.0551	1.0516	1.0477	1.0441	1.0361
44	463.1	7.71	1.0667	1.0598	1.0561	1.0525	1.0486	1.0449	1.0368
45	474.0	7.89	1.0679	1.0608	1.0570	1.0534	1.0495	1.0456	1.0375
46	484.9	8.08	1.0689	1.0618	1.0579	1.0542	1.0503	1.0464	1.0382
47	498.1	8.26	1.0699	1.0627	1.0588	1.0551	1.0511	1.0471	1.0389

续表

浓度 /%(质量)	g/L[①]	mol/L[①]	温度/℃ 0	10	15	20	25	30	40
48	506.8	8.44	1.0709	1.0636	1.0597	1.0559	1.0518	1.0479	1.0395
49	517.8	8.62	1.0720	1.0645	1.0605	1.0567	1.0526	1.0486	1.0402
50	528.8	8.80	1.0729	1.0654	1.0613	1.0575	1.0534	1.0492	1.0408
51	539.7	8.99	1.0738	1.0663	1.0622	1.0582	1.0542	1.0499	1.0414
52	550.6	9.17	1.0748	1.0671	1.0629	1.0590	1.0549	1.0506	1.0421
53	561.6	9.35	1.0757	1.0679	1.0637	1.0597	1.0555	1.0512	1.0427
54	572.6	9.54	1.0765	1.0687	1.0644	1.0604	1.0562	1.0518	1.0432
55	583.6	9.72	1.0774	1.0694	1.0651	1.0611	1.0568	1.0525	1.0438
56	594.6	9.90	1.0782	1.0701	1.0658	1.0618	1.0574	1.0531	1.0443
57	605.6	10.08	1.0790	1.0708	1.0665	1.0624	1.0580	1.0536	1.0448
58	616.5	10.27	1.0798	1.0715	1.0672	1.0631	1.0586	1.0542	1.0453
59	627.5	10.45	1.0805	1.0722	1.0678	1.0637	1.0592	1.0547	1.0458
60	638.5	10.63	1.0813	1.0728	1.0684	1.0642	1.0597	1.0552	1.0462
61	649.5	10.82	1.0820	1.0734	1.0690	1.0648	1.0602	1.0557	1.0466
62	660.4	11.00	1.0826	1.0740	1.0696	1.0653	1.0607	1.0562	1.0470
63	671.4	11.18	1.0833	1.0746	1.0701	1.0658	1.0612	1.0566	1.0473
64	682.4	11.36	1.0838	1.0752	1.0706	1.0662	1.0616	1.0571	1.0477
65	693.3	11.54	1.0844	1.0757	1.0711	1.0666	1.0621	1.0575	1.0480
66	704.2	11.73	1.0850	1.0762	1.0716	1.0671	1.0624	1.0578	1.0483
67	715.2	11.91	1.0856	1.0767	1.0720	1.0675	1.0628	1.0582	1.0486
68	726.1	12.09	1.0860	1.0771	1.0725	1.0678	1.0631	1.0585	1.0489
69	737.1	12.27	1.0865	1.0775	1.0729	1.0682	1.0634	1.0588	1.0491
70	748.0	12.46	1.0869	1.0779	1.0732	1.0685	1.0637	1.0590	1.0493
71	758.9	12.64	1.0874	1.0783	1.0736	1.0687	1.0640	1.0592	1.0495
72	769.7	12.82	1.0877	1.0786	1.0738	1.0690	1.0642	1.0594	1.0496
73	780.6	13.00	1.0881	1.0789	1.0741	1.0693	1.0644	1.0595	1.0497
74	791.4	13.18	1.0884	1.0792	1.0743	1.0694	1.0645	1.0596	1.0498
75	802.2	13.36	1.0887	1.0794	1.0745	1.0696	1.0647	1.0597	1.0499
76	813.1	13.54	1.0889	1.0796	1.0746	1.0698	1.0648	1.0598	1.0499
77	823.9	13.72	1.0891	1.0797	1.0747	1.0699	1.0648	1.0598	1.0499
78	834.6	13.90	1.0893	1.0798	1.0747	1.0700	1.0648	1.0598	1.0498
79	845.3	14.08	1.0894	1.0798	1.0747	1.0700	1.0648	1.0597	1.0497
80	856.0	14.25	1.0895	1.0798	1.0747	1.0700	1.0647	1.0596	1.0495
81	866.5	14.43	1.0895	1.0797	1.0745	1.0699	1.0646	1.0594	1.0493
82	877.0	14.61	1.0895	1.0796	1.0743	1.0698	1.0644	1.0592	1.0490
83	888.0	14.78	1.0895	1.0795	1.0741	1.0696	1.0642	1.0589	1.0487
84	899.0	14.96	1.0893	1.0793	1.0738	1.0693	1.0638	1.0585	1.0483
85	908.6	15.73	1.0891	1.0790	1.0735	1.0689	1.0635	1.0582	1.0479
86	918.8	15.30	1.0887	1.0787	1.0731	1.0685	1.0630	1.0576	1.0473
87	929.1	15.47	1.0883	1.0783	1.0726	1.0680	1.0626	1.0571	1.0467
88	939.3	15.64	1.0877	1.0778	1.0721	1.0675	1.0620	1.0564	1.0460
89	949.4	15.81	1.0872	1.0773	1.0715	1.0668	1.0613	1.0557	1.0453
90	959.5	15.98	1.0865	1.0766	1.0708	1.0661	1.0605	1.0549	1.0445
91	969.3	16.14	1.0857	1.0758	1.0700	1.0652	1.0597	1.0541	1.0436
92	979.2	16.31	1.0848	1.0749	1.0690	1.0643	1.0587	1.0530	1.0426
93	988.8	16.47	1.0838	1.0739	1.0680	1.0632	1.0577	1.0518	1.0414
94	998.2	16.62	1.0826	1.0724	1.0667	1.0619	1.0564	1.0506	1.0401
95	100.7	16.78	1.0813	1.0714	1.0652	1.0605	1.0551	1.0491	1.0386
96	1016	16.93	1.0798		1.0632	1.0588	1.0535	1.0473	1.0368
97	1025	17.07	1.0780		1.0611	1.0570	1.0516	1.0454	1.0348
98	1034	17.22	1.0759		1.0590	1.0549	1.0495	1.0431	1.0325
99	1042	17.35	1.0730		1.0567	1.0524	1.0468	1.0407	1.0299
100	1050	17.48	1.0697		1.0545	1.0498	1.0440	1.0380	1.0271

① 温度为 20℃ 时的值。

5.12.12 甲醇溶液的浓度和密度（表 5-46）

表 5-46 甲醇溶液的浓度和密度   g/cm³

浓度 /%(质量)	温度/℃				浓度 /%(质量)	温度/℃			
	0	10	20①			0	10	20①	
1	0.9981	0.9980	0.9965	10.00	51	0.9269	0.9202	0.9135	465.8
2	0.9963	0.9962	0.9948	19.90	52	0.9250	0.9182	0.9114	473.9
3	0.9946	0.9945	0.9931	29.80	53	0.9230	0.9162	0.9094	481.9
4	0.9930	0.9929	0.9914	39.66	54	0.9211	0.9142	0.9073	489.9
5	0.9914	0.9912	0.9896	49.50	55	0.9191	0.9122	0.9052	497.8
6	0.9899	0.9896	0.9880	59.28	56	0.9172	0.9101	0.9032	505.8
7	0.9884	0.9881	0.9863	69.05	57	0.9151	0.9080	0.9010	513.6
8	0.9870	0.9865	0.9847	78.78	58	0.9131	0.9060	0.8988	521.3
9	0.9856	0.9849	0.9831	88.49	59	0.9111	0.9039	0.8968	529.0
10	0.9842	0.9834	0.9815	98.15	60	0.9090	0.9018	0.8946	536.8
11	0.9829	0.9820	0.9799	107.8	61	0.9068	0.8998	0.8924	544.4
12	0.9816	0.9805	0.9784	117.4	62	0.9046	0.8977	0.8902	551.9
13	0.9804	0.9791	0.9768	127.0	63	0.9024	0.8955	0.8879	559.4
14	0.9792	0.9778	0.9754	136.6	64	0.9002	0.8933	0.8856	566.8
15	0.9780	0.9764	0.9740	146.1	65	0.8980	0.8911	0.8834	574.2
16	0.9769	0.9751	0.9725	155.6	66	0.8958	0.8888	0.8811	581.5
17	0.9758	0.9739	0.9710	165.2	67	0.8935	0.8865	0.8787	588.7
18	0.9747	0.9726	0.9696	174.5	68	0.8913	0.8842	0.8763	595.9
19	0.9736	0.9713	0.9681	183.9	69	0.8891	0.8818	0.8738	603.0
20	0.9725	0.9700	0.9666	193.3	70	0.8869	0.8794	0.8715	610.1
21	0.9714	0.9687	0.9651	202.8	71	0.8847	0.8770	0.8690	617.0
22	0.9702	0.9673	0.9636	212.0	72	0.8824	0.8747	0.8665	623.9
23	0.9690	0.9660	0.9622	221.5	73	0.8801	0.8724	0.8641	630.8
24	0.9678	0.9646	0.9607	230.6	74	0.8778	0.8699	0.8616	637.6
25	0.9666	0.9632	0.9592	240.4	75	0.8754	0.8676	0.8592	644.4
26	0.9654	0.9618	0.9576	249.6	76	0.8729	0.8651	0.8567	651.1
27	0.9642	0.9604	0.9562	258.6	77	0.8705	0.8626	0.8542	657.8
28	0.9629	0.9590	0.9546	267.3	78	0.8680	0.8602	0.8518	664.4
29	0.9616	0.9575	0.9531	276.7	79	0.8657	0.8577	0.8494	671.0
30	0.9604	0.9560	0.9515	285.5	80	0.8634	0.8551	0.8469	677.5
31	0.9590	0.9546	0.9499	294.7	81	0.8610	0.8527	0.8446	684.1
32	0.9576	0.9531	0.9483	303.5	82	0.8585	0.8501	0.8420	690.4
33	0.9563	0.9516	0.9466	312.6	83	0.8560	0.8475	0.8394	696.6
34	0.9549	0.9500	0.9450	321.3	84	0.8535	0.8449	0.8366	702.7
35	0.9534	0.9484	0.9433	330.3	85	0.8510	0.8422	0.8340	707.8
36	0.9520	0.9469	0.9416	339.0	86	0.8483	0.8394	0.8314	715.0
37	0.9505	0.9453	0.9398	347.9	87	0.8456	0.8367	0.8286	720.8
38	0.9490	0.9437	0.9381	356.5	88	0.8428	0.8340	0.8258	726.7
39	0.9475	0.9420	0.9363	365.4	89	0.8400	0.8314	0.8230	732.5
40	0.9459	0.9403	0.9345	373.8	90	0.8374	0.8287	0.8202	738.2
41	0.9443	0.9387	0.9327	382.7	91	0.8347	0.8261	0.8174	743.9
42	0.9427	0.9370	0.9309	391.0	92	0.8320	0.8234	0.8146	749.4
43	0.9411	0.9352	0.9290	399.8	93	0.8293	0.8208	0.8118	755.0
44	0.9395	0.9334	0.9272	408.0	94	0.8266	0.8180	0.8090	760.5
45	0.9377	0.9316	0.9252	418.7	95	0.8240	0.8152	0.8062	765.9
46	0.9360	0.9298	0.9234	428.9	96	0.8212	0.8124	0.8034	771.5
47	0.9342	0.9279	0.9214	435.3	97	0.8186	0.8096	0.8005	776.8
48	0.9342	0.9260	0.9196	441.4	98	0.8158	0.8068	0.7976	781.6
49	0.9306	0.9306	0.9177	450.0	99	0.8130	0.8040	0.7948	786.8
50	0.9287	0.9287	0.9156	457.8	100	0.8102	0.8009	0.7917	791.7

① 后一列为20℃时溶液的浓度（g/L）。

5.12.13 乙醇溶液的浓度和密度（表 5-47）

表 5-47　乙醇溶液的浓度和密度　　　　　　　　　　　g/cm³

浓度 /%(质量)	温度/℃								
	10	15	20①			25	30	35	40
1	0.99785	0.99725	0.99636	10.00	1.3	0.99520	0.99379	0.99217	0.99034
2	0.99602	0.99542	0.99453	19.89	2.5	0.99336	0.99194	0.99031	0.98846
3	0.99426	0.99365	0.99275	29.78	3.7	0.99157	0.99014	0.98849	0.98663
4	0.99258	0.99195	0.99103	39.64	5.0	0.98984	0.98839	0.98672	0.98485
5	0.99098	0.99032	0.98938	49.47	6.2	0.98817	0.98670	0.98501	0.98311
6	0.98946	0.98877	0.98780	59.27	7.4	0.98656	0.98507	0.98335	0.98142
7	0.98801	0.98729	0.98627	69.04	8.7	0.98500	0.98347	0.98172	0.97975
8	0.98660	0.98584	0.98478	78.78	9.9	0.98346	0.98189	0.98009	0.97808
9	0.98524	0.98442	0.98331	88.50	11.2	0.98193	0.98031	0.97846	0.97641
10	0.98393	0.98304	0.98187	98.19	12.4	0.98043	0.97875	0.97685	0.97475
11	0.98267	0.98171	0.98047	107.9	13.6	0.97897	0.97723	0.97527	0.97312
12	0.98145	0.98041	0.97910	117.5	14.8	0.97753	0.97573	0.97371	0.97150
13	0.98026	0.97914	0.97775	127.2	16.1	0.97611	0.97424	0.97216	0.96989
14	0.97911	0.97790	0.97643	136.7	17.3	0.97472	0.97278	0.97063	0.96829
15	0.97800	0.97669	0.97514	146.4	18.5	0.97334	0.97133	0.96911	0.96670
16	0.97692	0.97552	0.97387	155.8	19.7	0.97199	0.96990	0.96760	0.96512
17	0.97583	0.97433	0.97259	165.4	20.9	0.97062	0.96844	0.96607	0.96352
18	0.97473	0.97313	0.97129	174.8	22.1	0.96923	0.96697	0.96452	0.96189
19	0.97363	0.97191	0.96997	184.4	23.3	0.96782	0.96547	0.96294	0.96023
20	0.97252	0.97068	0.96864	193.7	24.5	0.96639	0.96395	0.96134	0.95856
21	0.97139	0.96944	0.96729	203.2	25.7	0.96495	0.96242	0.95973	0.95687
22	0.97024	0.96818	0.96592	212.5	26.9	0.96348	0.96087	0.95809	0.95516
23	0.96907	0.96689	0.96453	221.9	28.0	0.96199	0.95929	0.95643	0.95343
24	0.96787	0.96558	0.96312	231.1	29.2	0.96048	0.95769	0.95476	0.95168
25	0.96665	0.96424	0.96118	240.5	30.4	0.95895	0.95607	0.95306	0.94991
26	0.96539	0.96287	0.96020	249.7	31.6	0.95738	0.95442	0.95133	0.94810
27	0.96406	0.96144	0.95867	258.9	32.7	0.95576	0.95272	0.94955	0.94625
28	0.95268	0.95996	0.95710	268.0	33.9	0.95410	0.95098	0.94774	0.94438
29	0.96125	0.95844	0.95548	277.1	35.0	0.95241	0.94922	0.94590	0.94248
30	0.95977	0.95686	0.95382	286.1	36.2	0.95067	0.94741	0.94403	0.94055
31	0.95823	0.95524	0.95212	295.2	37.3	0.94890	0.94557	0.94214	0.93860
32	0.95665	0.95357	0.95038	304.1	38.4	0.94709	0.94370	0.94021	0.93662
33	0.95502	0.95186	0.94860	313.1	39.6	0.94525	0.94180	0.93825	0.93461
34	0.95334	0.95011	0.94679	321.9	40.7	0.94337	0.93986	0.93626	0.93257
35	0.95162	0.94832	0.94494	330.7	41.8	0.94146	0.93790	0.93425	0.93051
36	0.94986	0.94650	0.94306	339.5	42.9	0.93952	0.93591	0.93221	0.92843
37	0.94805	0.94464	0.94114	348.2	44.0	0.93756	0.93390	0.93016	0.92634
38	0.94620	0.94273	0.93919	356.9	45.1	0.93556	0.93186	0.92808	0.92422
39	0.94431	0.94079	0.93720	365.5	46.2	0.93353	0.92979	0.92597	0.92208
40	0.94238	0.93882	0.93518	374.1	47.3	0.93148	0.92770	0.92385	0.91992
41	0.94042	0.93682	0.93314	382.6	48.4	0.92940	0.92558	0.92170	0.91774
42	0.93842	0.93478	0.93107	391.1	49.5	0.92729	0.92344	0.91952	0.91554
43	0.93639	0.93271	0.92897	399.5	50.6	0.92516	0.92128	0.91733	0.91332
44	0.93433	0.93062	0.92685	407.8	51.7	0.92301	0.91910	0.91513	0.91108
45	0.93226	0.92852	0.92472	416.1	52.7	0.92085	0.91692	0.91291	0.90884
46	0.93017	0.92640	0.92257	424.4	53.7	0.91868	0.91472	0.91069	0.90660
47	0.92806	0.92426	0.92041	432.6	54.7	0.91649	0.91250	0.90845	0.90434
48	0.92593	0.92211	0.91823	440.7	55.8	0.91429	0.91028	0.90621	0.90207

续表

浓 度 /%(质量)	温 度/℃								
	10	15	20①			25	30	35	40
49	0.92379	0.91995	0.91604	448.8	56.8	0.91208	0.90805	0.90396	0.89979
50	0.92126	0.91776	0.91384	456.9	57.8	0.90985	0.90580	0.90168	0.89750
51	0.91943	0.91555	0.91160	464.9	58.8	0.90760	0.90353	0.89940	0.89519
52	0.91723	0.91333	0.90936	472.9	59.8	0.90534	0.90125	0.89710	0.89288
53	0.91502	0.91110	0.90711	480.8	60.8	0.90307	0.89896	0.89479	0.89056
54	0.91279	0.90885	0.90485	488.6	61.8	0.90079	0.89667	0.89248	0.88823
55	0.91055	0.90659	0.90258	496.4	62.8	0.89850	0.89437	0.89016	0.88589
56	0.90831	0.90433	0.90031	504.2	63.8	0.89621	0.89206	0.88784	0.88356
57	0.90607	0.90207	0.89803	511.9	64.8	0.89392	0.88975	0.88552	0.88122
58	0.90381	0.89980	0.89574	519.5	65.8	0.89162	0.88744	0.88319	0.87888
59	0.90154	0.89752	0.89344	527.1	66.7	0.88931	0.88512	0.88085	0.87653
60	0.89927	0.89523	0.89113	534.7	67.7	0.89699	0.88278	0.87851	0.87417
61	0.89698	0.89293	0.88882	544.2	68.6	0.89446	0.88044	0.87615	0.87180
62	0.89468	0.89062	0.88650	549.6	69.6	0.89233	0.87809	0.87379	0.86943
63	0.89237	0.88830	0.88417	557.0	70.5	0.87998	0.87574	0.87142	0.86705
64	0.89006	0.88597	0.88183	564.4	71.5	0.87763	0.87337	0.86905	0.86466
65	0.88774	0.88364	0.87948	571.7	72.4	0.87527	0.87100	0.86667	0.86227
66	0.88541	0.88130	0.87713	578.9	73.3	0.87291	0.86863	0.86429	0.85987
67	0.88308	0.87895	0.87477	586.1	74.2	0.87054	0.86625	0.86190	0.85747
68	0.88074	0.87660	0.87241	593.2	75.0	0.86817	0.86387	0.85950	0.85407
69	0.87839	0.87424	0.87004	600.3	75.9	0.86579	0.86148	0.85710	0.85266
70	0.87602	0.87187	0.86766	607.4	76.9	0.86340	0.85908	0.85470	0.85025
71	0.87365	0.86949	0.86527	614.4	77.7	0.86100	0.85667	0.85228	0.84783
72	0.87127	0.86710	0.86287	621.3	78.6	0.85859	0.85426	0.84936	0.84540
73	0.86888	0.86470	0.86047	628.2	79.4	0.85618	0.85184	0.84743	0.84297
74	0.86648	0.86229	0.85806	635.0	80.3	0.85376	0.84941	0.84500	0.84053
75	0.86408	0.85988	0.85564	641.7	81.3	0.85134	0.84698	0.84257	0.83809
76	0.86168	0.85747	0.85322	648.4	82.2	0.84891	0.84455	0.84013	0.83564
77	0.85927	0.85505	0.85079	655.1	83.1	0.84647	0.84211	0.83768	0.83319
78	0.85685	0.85262	0.84835	661.7	83.9	0.84403	0.83966	0.83523	0.83074
79	0.85442	0.85018	0.84590	668.2	84.7	0.84158	0.83720	0.83277	0.82827
80	0.85197	0.84772	0.84344	674.7	85.5	0.83911	0.83473	0.83029	0.82578
81	0.84950	0.84525	0.84096	661.2	86.3	0.83664	0.83224	0.82780	0.82329
82	0.84702	0.84277	0.83848	687.6	87.1	0.83415	0.82974	0.82530	0.82079
83	0.84453	0.84028	0.83599	693.9	87.9	0.83164	0.82724	0.82279	0.81828
84	0.84203	0.83777	0.83348	700.1	88.7	0.82913	0.82473	0.82027	0.81576
85	0.83951	0.83525	0.83095	706.3	89.5	0.82660	0.82220	0.81774	0.81322
86	0.83697	0.83271	0.82840	712.4	90.3	0.82405	0.81965	0.81519	0.81067
87	0.83441	0.83014	0.82583	718.4	91.0	0.82148	0.81708	0.81262	0.80811
88	0.83181	0.82754	0.82323	724.4	91.8	0.81888	0.81448	0.81003	0.80552
89	0.82919	0.82492	0.82062	730.3	92.5	0.81626	0.81186	0.80742	0.80291
90	0.82654	0.82227	0.81797	736.2	93.3	0.81362	0.80922	0.80478	0.80028
91	0.82386	0.81959	0.81529	741.9	94.0	0.81094	0.80655	0.80211	0.79761
92	0.82114	0.81688	0.81257	747.6	94.7	0.80823	0.80384	0.79941	0.79491
93	0.81839	0.81413	0.80983	753.1	95.4	0.80549	0.80111	0.79669	0.79220
94	0.81561	0.81134	0.80705	758.6	96.1	0.80272	0.89835	0.79393	0.78947
95	0.81278	0.80852	0.80424	764.0	96.8	0.79991	0.89555	0.79114	0.78670
96	0.80991	0.80566	0.80138	769.3	97.5	0.79706	0.79271	0.78831	0.78388
97	0.80698	0.80274	0.79846	774.5	98.1	0.79415	0.78981	0.78542	0.78100
98	0.80399	0.79975	0.79547	779.6	98.8	0.79117	0.78684	0.78247	0.77806
99	0.80094	0.79670	0.79243	784.5	99.4	0.78814	0.78382	0.77946	0.77507
100	0.79784	0.79360	0.78934	789.3	100.0	0.78506	0.78075	0.77641	0.77203

① 后两栏分别表示与其相对应的浓度(g/L)和体积分数(%)。

5.13 常用材料的密度（表5-48）

表5-48 常用材料的密度

材料名称	密度/g·cm⁻³	材料名称	密度/g·cm⁻³	材料名称	密度/g·cm⁻³
工业纯铁	7.87	铱	22.4	大理石	2.6~2.7
铸铁	6.6~7.7	铈	6.9	花岗岩	2.6~3
钢材	7.85	钽	16.6	石灰石、滑石	2.6~2.8
铸钢	7.8	碲	6.24	石英	2.5~2.8
不锈钢（含铬13%）	7.75	银	10.5	金刚石	3.5~3.6
铜	8.9	金	19.30	金刚砂	4
白铜、黄铜	8.5~8.85	铂	21.4	普通刚玉	3.85~3.9
铝、铝合金	2.5~2.95	钾	0.86	白刚玉	3.9
镁合金	1.74~1.81	钠	0.97	云母	2.7~3.1
锌铝合金	6.3~6.9	钙	1.55	地沥青	0.9~1.5
铸锌	6.86	硼	2.34	石蜡	0.9
锌板	7.2	硅	2.33	工业橡胶	1.3~1.8
铜板	11.37	硒	4.84	皮革	0.4~1.2
工业镍	8.9	砷	5.70	普通玻璃	2.4~2.7
钨钴合金	14.4~15.3	红松、红皮云杉	0.417~0.44	陶瓷	2.3~2.45
锡	7.3	杉木	0.376~0.384	碳化钙（电石）	2.22
钨	19.3	马尾松,榆木	0.533~0.548	电木	1.3~1.4
钴	8.9	柏木	0.588	有机玻璃	1.18
钛	4.51	水曲柳	0.686	石棉板	1~1.3
汞	13.6	柞木	0.766	磷酸	1.78
锰	7.43	软木	0.1~0.4	盐酸	1.2
铬	7.19	胶合板	0.56	硫酸（87%）	1.8
钒	6.11	刨花板	0.4	硝酸	1.54
钼	10.2	竹材	0.9	汽油	0.66~0.75
铌	8.57	木炭	0.3~0.5	煤油	0.78~0.82
锑	6.62	石墨	1.9~2.3	石油（原油）	0.82
钡	3.5	石膏	2.3~2.4	各类机油	0.9~0.95
镉	8.64	混凝土	1.8~2.45	水（4℃）	1.0
铍	1.85	普通黏土砖	1.7		
铋	9.84	黏土耐火砖	2.1		

5.14 常用材料的线胀系数（表5-49）

表5-49 常用材料的线胀系数 $\lambda \times 10^6$ ℃⁻¹

t/℃	−100~0	20~100	20~200	20~300	20~400	20~500	20~600	20~700	20~800	20~900	20~1000
15钢、A3钢	10.6	11.75	12.41	13.45	13.60	13.85	13.90				
A3F、B3钢	—	11.5									
10钢	—	11.60	12.60		13.00		14.60				
20钢	—	11.16	12.12	12.78	13.38	13.93	14.38	14.81	12.93	12.48	13.16
45钢	10.6	11.59	12.32	13.09	13.71	14.18	14.67	15.08	12.50	13.56	14.40
1Cr13,2Cr13	—	10.50	11.00	11.50	12.00	12.00					

续表

$t/℃$	$-100\sim 0$	$20\sim 100$	$20\sim 200$	$20\sim 300$	$20\sim 400$	$20\sim 500$	$20\sim 600$	$20\sim 700$	$20\sim 800$	$20\sim 900$	$20\sim 1000$
Cr17	10.05	10.00	10.00	10.50	10.50	11.00					
12Cr1MoV	—	9.80~10.63	11.30~12.35	12.30~13.35	13.00~13.60	12.84~14.15	13.80~14.60	14.20~14.86			
10CrMo910	—	12.50	13.60	13.60	14.00	14.40	14.70		13.50		
Cr6SiMo	—	11.50	12.00		12.50		13.00				
X20CrMoWV$_{121}$ 和 X20CrMoV$_{121}$	—	10.80	11.20	11.60	11.90	12.10	12.30				
1Cr18Ni9Ti	16.2	16.60	17.00	17.20	17.50	17.90	18.20	18.60			
普通碳钢	—	10.60~12.20	11.30~13.00	12.10~13.50	12.90~13.90		13.50~14.30	14.70~15.00			
工业用铜	—	16.60~17.10	17.10~17.20	17.60	18.00~18.10		18.60				
红铜	—	17.20	17.50	17.90							
黄铜	16.0	17.80	18.80	20.90							
12Cr3MoVSiTiB①	—	10.31	11.46	11.92	12.42	13.14	13.31	13.54			
12CrMo①	—	11.20	12.50	12.70	12.90	13.20	13.50	13.80			
灰口铸铁②	8.3	10.5									

$t/℃$	—	$0\sim 425$	$0\sim 485$	$0\sim 540$	$0\sim 595$	$0\sim 650$	$0\sim 705$
Cr5Mo③	—	12.30	12.50	12.70	12.80	13.00	13.10

① 采用该列数据时,工作温度下的管道内径或节流件开孔直径,应采用下式计算:$D=D_{20}[1+\lambda_D(t-25)]$;$d=d_{20}[1+\lambda_d(t-25)]$。

② 灰口铸铁的第二栏应为 10~100℃ 范围。

③ 采用该列数据时,工作温度下的管道内径或节流件开孔直径,应采用下式计算:$D=D_{20}[1+\lambda_D(t-0)]$;$d=d_{20}[1+\lambda_d(t-0)]$。

第6章 过程分析仪表

6.1 分析化学中常用的量、符号和常见缩略语

见表 6-1～表 6-3。

表 6-1 分析化学中常用的量及其单位的名称和符号

量的名称	量的符号	单位名称	单位符号	倍数与分数单位
物质的量	n_B	摩[尔]	mol	mmol 等
质量	m	千克	kg	g、mg、μg 等
体积	V	立方米	m^3	$L(dm^3)$,mL 等
摩尔质量	M_B	千克每摩[尔]	kg/mol	g/mol 等
摩尔体积	V_m	立方米每摩[尔]	m^3/mol	L/mol 等
物质的量浓度	c_B	摩每立方米	mol/m^3	mol/L 等
质量分数	w_B			
质量浓度	ρ_B	千克每立方米	kg/m^3	g/L、g/mL 等
体积分数	φ_B			
滴定度	$T_{s/x}, T_s$	克每毫升	g/mL	
密度	ρ	千克每立方米	kg/m^3	g/mL、g/m^3
相对原子质量	A_r			
相对分子质量	M_r			

表 6-2 物理化学量的符号及其说明

说明：表中带★者为非法定计量单位或一部分量的表示方法，鉴于历史原因，有不少在我国仍应用较多，而且以往的许多文献就是采用这些单位和量的，故本表仍将它们列在其中。

(1) 关于原子、分子的量及化学反应

量	符号	简 要 说 明
阿伏伽德罗数	N_A	1mol 的物质所含的基本单元数。$N_A=6.0221367\times10^{23} mol^{-1}$
玻耳兹曼常数	k	按个别分子表示的气体常数。$k=1.380658\times10^{-23} J\cdot K^{-1}$
电子电荷	e	$e=1.60217733\times10^{-19} C$
电子质量	m_e	$m_e=9.1093897\times10^{-31} kg$
电子荷质比	e/m_e	电子电荷对于电子质量的比。$e/m_e=1.7588047\times10^{11} C\cdot kg^{-1}$
中子质量	m_n	$m_n=1.6749286\times10^{-27} kg=1.00866489u$
质子质量	m_p	$m_p=1.6726231\times10^{-27} kg=1.00727648u$
原子质量常量	m_u	碳-12 原子质量的 1/12。$m_u=1u=1.6605402\times10^{-27} kg$
相对原子质量	A_r	具有天然核素组成的一种元素的一个原子的平均质量对核素 C-12 一个原子的质量的 1/12 的比值
原子质量	m_a	某指定核素的中性原子处于基态的静止质量
平衡常数	K	可逆反应的平衡常数。对 $mA+nB \rightleftharpoons pC+qD$ 则 $K=[C]^p[D]^q/[A]^m[B]^n$
酸的离解常数	K_a	对弱酸 $HA \rightleftharpoons H^++A^-$ 的离解常数 $K_a=[H^+][A^-]/[HA]$ 对弱碱的共轭酸 $BH^+ \rightleftharpoons B+H^+$ 的离解常数 $K_a=[B][H^+]/[BH^+]$
碱的离解常数	K_b	对弱碱 $B+H_2O \rightleftharpoons BH^++OH^-$ 的离解常数 $K_b=[BH^+][OH^-]/[B]$ 或 $BOH \rightleftharpoons B^++OH^-$ 的离解常数 $K_b=[B^+][OH^-]/[BOH]$

续表

量	符号	简要说明
水的离子积	K_w	$K_w = a_{H^+} \cdot a_{OH^-}$
溶度积	K_{sp}	在难溶强电解质的饱和溶液中,有关离子浓度的一定幂的乘积,它在一定温度下是一个常数,称为溶度积
质量摩尔浓度	m	溶质的物质的量除以溶剂的质量
物质的量浓度,摩尔浓度★	c	溶质的物质的量除以混合物的体积
摩尔分数	x	溶质的物质的量与溶液(溶质加溶剂)物质的量之比

(2) 电分析化学

量	符号	简要说明
法拉第常数	F	电化学中常用的一种电量单位。$F = 9.6485309 \times 10^4 \text{C} \cdot \text{mol}^{-1}$
离子电荷	z	某种离子的电荷数
离子强度	I, μ★	存在于溶液中的每种离子的质量摩尔浓度(m_i)乘以该离子的电荷数(z_i)的平方所得诸项之和的一半。$I = \sum m_i z_i^2 / 2$
电导率(比电导★)	κ	长1cm,截面积1cm^2导体的电导
摩尔电导率	Λ_m	电导率除以物质的量浓度。$\Lambda_m = \kappa/c$
迁移数	t_+, t_-	某一种离子迁移的电量与通过溶液的总电量之比
阳极电流	i_a	总的净电流的阳极组分,一般指定为负值
阴极电流	i_c	总的净电流的阴极组分,一般指定为正值
扩散电流	i_d	仅由扩散速度所控制,在极度浓度极化条件下所得的与电位无关的电流
极限电流	i_l	仅由传质(通常包括搅拌)速度所控制的,在极度浓差极化条件下所得的与电位无关的电流
残余电流	i_r	单独由于支持电介质产生的电流
半波电位	$E_{1/2}$	当电流等于扩散电流的一半时指示电极的电位,如没有指出其他参考电极时常指饱和甘汞电极
电极电位	E	指示电极或工作电极的电位,常指对标准氢电极
标准电位	E_0	半反应的标准电位,常指对标准氢电极
半中和电位	HNP	在非水溶剂中酸或碱的半中和电位。在电位滴定曲线上相当于到达等计量点所需的强碱或酸溶液的一半体积时,玻璃指示电极与饱和甘汞参考电极之间的电位差
	ΔHNP	对所测的酸(或碱)与标准酸(或碱)在相同情况下HNP值的差
式量电位	E_0'	在特定条件下氧化态与还原态的浓度比为1时的实际电位

(3) 光分析化学

量	符号	简要说明
频率	ν, f	周期除以时间
普朗克常数	h	$h = 6.6260755 \times 10^{-34} \text{J} \cdot \text{s}$
光量子		基本粒子的一种,是辐射能的最小单位;稳定,不带电,静止质量等于零。其能量表示为$E = h\nu$;动量表示为$P = h/\lambda$
光速	c	真空中光速 $c = 299792458 \text{m} \cdot \text{s}^{-1}$
波长	λ	对于光波而言 $\lambda = c/\nu$
波数	σ	指每厘米中所含光波的数目(波长的倒数)
最大吸收波长	λ_{max}	光吸收曲线中吸收峰值所在的波长
透射比	$\tau(\lambda)$	透射辐射(光)通量和入射辐射(光)通量之比
吸光度	A	在数值上等于以10为底透射比倒数的对数,$A = -\lg[\tau(\lambda)]$
质量吸收系数	α	$\alpha = A/b\rho$,式中b为光程,常用单位cm;ρ为质量浓度,常用单位$\text{g} \cdot \text{L}^{-1}$
摩尔吸收系数	κ, ε★	$\kappa = A/bc$,式中b为光程,常用单位cm;c为物质的量浓度,常用单位$\text{mol} \cdot \text{L}^{-1}$
等吸收点		在某波长处,两种或两种以上物质的吸收系数相等或同浓度下吸光度相等,称它们具有等吸收点
折射率	n	$n = \sin i / \sin r$,式中i, r分别为入射角和折射角
摩尔折射率	R	$R = \dfrac{M(n^2-1)}{\rho(n^2+2)}$,式中,$M$为物质的摩尔质量,$\rho$为物质的密度
比旋光度★	$[\alpha]_D^t$	$[\alpha]_D^t = 100\alpha/lc$,式中,$\alpha$为温度$t$时用钠盐D线所测得的旋光度,$l$为旋光管的长度(以dm为单位),$c$为100mL溶液中含有样品的质量(以g为单位)

表 6-3 工业分析常见缩略语

缩略语	英 文 名 称	中 文 名 称
AAS	atomic-absorption spectrophotometry	原子吸收分光光度法
AES	atomic-emission spectrometry	原子发射光谱法
AFS	atomic-fluorescence spectrophotometry	原子荧光分光光度法
amu	atomic mass unit	原子质量单位
bp	boiling point	沸点
DSC	differential scanning calorimetry	差热扫描量热法
DTA	differential thermal analysis	差热分析
ECD	electron capture detector	电子捕获检测器
emu	electromagnetic unit	电磁单位
FID	flame ionization detector	火焰离子化检测器
fp	freezing point	凝固点
FPD	flame photometric detector	火焰光度检测器
FT	Fourier transform	傅里叶变换
GC	gas chromatography	气相色谱法
GLC	gas-liquid chromatography	气液色谱法
GSC	gas-solid chromatography	气固色谱法
HPLC	high performance liquid chromatography	高效液相色谱法
IC	ion chromatography	离子色谱法
IE	indicated electrode	指示电极
IR	infrared spectrometry	红外光谱法
ISE	ion-selective electrode	离子选择性电极
MS	mass spectrum	质谱
NCE	normal calomel electrode	甘汞电极
NHE	normal hydrogen electrode	标准氢电极
NMR	nuclear magnetic resonance	核磁共振
PFGC	programmed flow gas chromatography	程序变流气相色谱法
PPGC	programmed pressure gas chromatography	程序变压气相色谱法
PTGC	programmed temperature gas chromatography	程序升温气相色谱法
RE	reference electrode	参比电极
RGS	reaction gas chromatography	反应气相色谱法
RS	Raman spectrum	拉曼光谱
SD	standard derivation	标准偏差
STP	standard temperature and pressure	标准温度和压力
TCD	thermal conductivity detector	热导检测器
SCE	saturated calomel electrode	饱和甘汞电极
sf	surfactant	表面活性剂
UV	ultraviolet	紫外
XPS	X-ray photo electron spectroscopy	X射线光电子能谱

6.2 吸收光谱法所涉及的光谱名称、波长范围、量子跃迁类型和光学分析方法

电磁辐射波谱和各种波谱分析法见表 6-4。

吸收光谱法是波谱分析法中的一种。电磁辐射与物质相互作用时产生辐射的吸收，引起原子、分子内部量子化能级之间的跃迁，测量辐射波长或强度变化的一类光学分析方法，称为吸收光谱法。吸收光谱法所涉及的光谱名称、波长范围、量子跃迁类型和光学分析方法见表 6-5。

各种色光的波长见表 6-6。

表 6-4　电磁辐射波谱和各种波谱分析法一览表

波长	纳米/nm	10^{-3}	10^{-2}	10^{-1}	1	10	10^2	10^3	10^4	10^5	10^6	10^7	10^8	10^9
	微米/μm	10^{-6}	10^{-5}	10^{-4}	10^{-3}	10^{-2}	10^{-1}	1	10	10^2	10^3	10^4	10^5	10^6
	埃/Å[①]	10^{-2}	10^{-1}	1	10	10^2	10^3	10^4	10^5	10^6	10^7	10^8	10^9	10^{10}
波段		γ射线		X射线		紫外光		可见光	红外光		微波		射频	
谱型		γ射线(光)谱 莫斯鲍尔(波)谱		X射线(光)谱		真空紫外 紫外吸收光谱	近紫外	比色,可见 吸收光谱	红外吸收光谱		顺磁共振; 微波波谱		核磁共 振波谱	
跃迁类型		核反应		内层电子跃迁		外层电子跃迁			分子振动		分子转动; 电子自旋;核自旋			
辐射源		原子反应堆, 粒子加速器		X射线管		氢(或氘) 灯或氙灯		钨灯	碳化硅热棒;涅 恩斯特辉光管		速调管		电子振荡器	
单色器		脉冲-高度 鉴别器		晶体光栅		石英棱镜;光栅		玻璃棱 镜;光栅 滤光片	盐棱:LiF;NaCl; KBr;CaBr$_2$		单色光源			
检测器		盖革-弥勒管,闪烁计数器,半导体探 测器				光电管, 光电倍增管		光电池; 光电管 肉眼	温差电堆; 测热辐射计; 气动检测器		晶体二 极管		二极管; 三极管; 晶体三极管	
频率/Hz		10^{20}	10^{19}	10^{18}	10^{17}	10^{16}	10^{15}	10^{14}	10^{13}	10^{12}	10^{11}	10^{10}	10^9	
波数/cm^{-1}		10^{10}	10^9	10^8	10^7	10^6	10^5	10^4	10^3	10^2	10	1	0.1	
能量/eV		10^6	10^5	10^4	10^3	10^2	10	1	10^{-1}	10^{-2}	10^{-3}	10^{-4}	10^{-5}	

① 1Å=0.1nm。

表 6-5　吸收光谱法所涉及的光谱名称、波长范围、量子跃迁类型和光学分析方法

光谱名称	波长范围	量子跃迁类型	光学分析方法
X射线	0.1~10nm	K层和L层电子	X射线光谱法
远紫外线	10~200nm	中层电子	真空紫外光度法
近紫外线	200~400nm	价电子	紫外光度法
可见光	400~780nm	价电子	比色及可见光度法
近红外线	0.78~2.5μm	分子振动	近红外光谱法
中红外线	2.5~25μm	分子振动	中红外光谱法
远红外线	25~1000μm	分子转动和低位振动	远红外光谱法
微波	0.1~100cm	分子转动	微波光谱法
无线电波	1~1000m	核自旋	核磁共振光谱法

说明：表 6-5 中波长范围的界限不是绝对的，各波段之间连续过渡，因而有关书籍、资料中对波长范围的划分不尽相同。

表 6-6　各种色光的波长

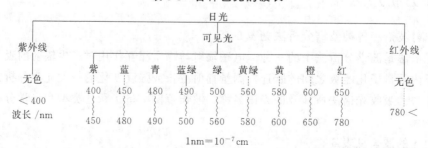

1nm=10^{-7}cm

6.3 红外线和紫外线气体分析仪适用的测量组分和最小测量范围

见表 6-7 和表 6-8。

说明：表 6-7 和表 6-8 仅供参考，各厂家生产的红外和紫外分析仪适用的测量组分和最小测量范围不尽相同，随着技术进步和产品更新，表中数据也可能有所变化。

表 6-7 红外线气体分析仪适用的测量组分和最小测量范围

序号	名称	分子式	最小测量范围/10^{-6}	序号	名称	分子式	最小测量范围/10^{-6}
1	乙炔	C_2H_2	300	25	氟里昂 22	$CHClF_2$	100
2	氨	NH_3	300	26	氟里昂 113	$C_2Cl_3F_3$	300
3	丁二烯	C_4H_6	300	27	氟里昂 114	$C_2Cl_2F_4$	300
4	丁烷	C_4H_{10}	100	28	氟里昂 134a	$C_2H_2F_4$	100
5	丁醇	$C_4H_{10}O$	1000	29	n-庚烷	C_7H_{16}	500
6	丁酮	C_4H_8O	1000	30	n-己烷	C_6H_{14}	300
7	丁烯	C_4H_8	500	31	甲烷	CH_4	100
8	二氧化碳	CO_2	20	32	甲醇	CH_3OH	500
9	二硫化碳	CS_2	500	33	甲缩醛	$C_3H_8O_2$	1000
10	一氧化碳	CO	20	34	氯化甲烷	CH_3Cl	500
11	三氯甲烷	$CHCl_3$	3000	35	一氧化氮	NO	75
12	环乙烷	C_6H_{12}	300	36	二氧化氮	NO_2	50
13	环乙酮	$C_6H_{10}O$	500	37	n-戊烷	C_5H_{12}	300
14	二氯乙烷	$C_2H_4Cl_2$	500	38	丙二烯	C_3H_4	500
15	二氯乙烯	$C_2H_2Cl_2$	500	39	丙烷	C_3H_8	100
16	二氯甲烷	CH_2Cl_2	200	40	丙醇	C_3H_7OH	1000
17	乙烷	C_2H_6	100	41	丙烯	C_3H_6	300
18	乙醇	C_2H_5OH	1000	42	二氧化硫	SO_2	40
19	乙烯	C_2H_4	300	43	四氯乙烯	C_2Cl_4	500
20	甲醛	CH_2O	1000	44	甲苯	C_7H_8	500
21	氟里昂 11	CCl_3F	100	45	三氯乙烷	$C_2H_3Cl_3$	1000
22	氟里昂 12	CCl_2F_2	100	46	三氯乙烯	C_2HCl_3	1000
23	氟里昂 13	$CClF_3$	100	47	水	H_2O	1000
24	氟里昂 13B1	$CBrF_3$	300	48	o-二甲苯	C_8H_{10}	500

表 6-8 紫外线气体分析仪适用的测量组分和最小测量范围

测量组分	最小测量范围/10^{-6}	测量组分	最小测量范围/10^{-6}
一氧化氮	0～100	硫化氢	0～500
氮氧化物	0～100	氯气	0～1000
二氧化硫	0～200		

6.4 常见气体的热导率、相对热导率及热导率的温度系数

见表 6-9。

表 6-9 各种气体在 0℃ 时的热导率 λ_0、相对热导率及热导率温度系数 β

气体名称	热导率 λ_0 /[cal/(cm·s·℃)×10^{-5}] (0℃)	相对热导率 λ_0/λ_{A0} (0℃)	相对热导率 $\lambda_{100}/\lambda_{A100}$ (100℃)	热导率温度系数 β (0～100℃)/℃$^{-1}$
空气	5.83	1.00	1.00	0.0028
氢 H_2	41.60	7.15	7.10	0.0027
氦 He	34.80	5.91	5.53	0.0018

续表

气体名称	热导率 λ_0 /[cal/(cm·s·℃)×10^{-5}] (0℃)	相对热导率 λ_0/λ_{A0} (0℃)	相对热导率 $\lambda_{100}/\lambda_{A100}$ (100℃)	热导率温度系数 β (0~100℃)/℃$^{-1}$
氘 D_2	34.00	5.85	—	—
氮 N_2	5.81	0.996	0.996	0.0028
氧 O_2	5.89	1.013	1.014	0.0028
氖 Ne	11.10	1.9	1.84	0.0024
氩 Ar	3.98	0.684	0.696	0.0030
氪 Kr	2.12	0.363	—	—
氙 Xe	1.24	0.213	—	—
氯 Cl_2	1.88	0.328	0.370	—
氯化氢 HCl	—	—	0.635	—
水 H_2O	—	—	0.775	—
氨 NH_3	5.20	0.89	1.04	0.0048
一氧化碳 CO	5.63	0.96	0.962	0.0028
二氧化碳 CO_2	3.5	0.605	0.7	0.0048
二氧化硫 SO_2	2.40	0.35	—	—
硫化氢 H_2S	3.14	0.538	—	—
二硫化碳 CS_2	3.7	0.285	—	—
甲烷 CH_4	7.21	1.25	1.45	0.0048
乙烷 C_2H_6	4.36	0.75	0.97	0.0065
乙烯 C_2H_4	4.19	0.72	0.98	0.0074
乙炔 C_2H_2	4.53	0.777	0.9	0.0048
丙烷 C_3H_8	3.58	0.615	0.832	0.0073
丁烷 C_4H_{10}	3.22	0.552	0.744	0.0072
戊烷 C_5H_{12}	3.12	0.535	0.702	—
己烷 C_6H_{14}	2.96	0.508	0.662	—
苯 C_6H_6	—	0.37	0.583	—
氯仿 $CHCl_3$	1.58	0.269	0.328	—
汽油	—	0.37	—	0.0098

注：1. 表中 λ_0、λ_{100} 分别表示某种气体在 0℃ 和 100℃ 时的热导率；表中 λ_{A0}、λ_{A100} 分别表示空气在 0℃ 和 100℃ 时的热导率。

2. 热导率又称为导热系数，法定计量单位为 W/(m·K)，1cal/(cm·s·℃)=4.1868×10^2W/(m·K)。

6.5　常见气体的磁化率和背景气体对氧分析仪零点的影响

见表 6-10～表 6-12。

说明：由于采用的参比条件不同（如温度、压力），目前各种书籍和手册中给出的磁化率数据不完全相同，有些数据存在明显错误。

表 6-10　常见气体的体积磁化率（0℃）

气体名称	化学符号	$k×10^{-6}$(C.G.S.M)	气体名称	化学符号	$k×10^{-6}$(C.G.S.M)
氧	O_2	+146	氦	He	−0.083
一氧化碳	CO	+53	氢	H_2	−0.164
空气	—	+30.8	氖	Ne	−0.32
二氧化氮	NO_2	+9	氮	N_2	−0.58
氧化亚氮	N_2O	+3	水蒸气	H_2O	−0.58
乙烯	C_2H_4	+3	氯	Cl_2	−0.6
乙炔	C_2H_2	+1	二氧化碳	CO_2	−0.84
甲烷	CH_4	−1	氨	NH_3	−0.84

表 6-11　常见气体的相对磁化率（0℃）

气体名称	相对磁化率	气体名称	相对磁化率	气体名称	相对磁化率
氧	+100	氢	−0.11	二氧化碳	−0.57
一氧化氮	+36.2	氖	−0.22	氨	−0.57
空气	+21.1	氮	−0.40	氩	−0.59
二氧化氮	+6.16	水蒸气	−0.40	甲烷	−0.68
氪	−0.06	氯	−0.41		

表 6-12　背景气体对顺磁式氧分析仪零点的影响

背景气体 （浓度为 100%V/V）	零点偏差 （氧气浓度%V/V）	背景气体 （浓度为 100%V/V）	零点偏差 （氧气浓度%V/V）
有 机 气 体		惰 性 气 体	
醋酸 CH_3COOH	−0.64	氩 Ar	−0.25
乙炔 C_2H_2	−0.29	氦 He	+0.33
1,2-丁二烯 C_4H_6	−0.65	氪 Kr	−0.55
1,3-丁二烯 C_4H_6	−0.49	氖 Ne	+0.17
异丁烷 C_4H_{10}	−1.30	氙 Xe	−1.05
正丁烷 C_4H_{10}	−1.26		
正丁烯 C_4H_8	−0.96	无 机 气 体	
异丁烯 C_4H_8	−1.06	氨 NH_3	−0.20
环己烷 C_6H_{12}	−1.84	二氧化碳 CO_2	−0.30
二氯二氟甲烷 CCl_2F_2	−1.32	一氧化碳 CO	+0.07
乙烷 C_2H_6	−0.49	氯气 Cl_2	−0.94
乙烯 C_2H_4	−0.22	氧化亚氮 N_2O	−0.23
正庚烷 C_7H_{16}	−2.4	氢气 H_2	+0.26
正己烷 C_6H_{14}	−2.02	溴化氢 HBr	−0.76
甲烷 CH_4	−0.18	氯化氢 HCl	−0.35
甲醇 CH_3OH	−0.31	氟化氢 HF	−0.10
正辛烷 C_8H_{18}	−2.78	碘化氢 HI	−1.19
正戊烷 C_5H_{12}	−1.68	硫化氢 H_2S	−0.44
异戊烷 C_5H_{12}	−1.49	氧气 O_2	+100
丙烷 C_3H_8	−0.87	氮气 N_2	0.00
丙烯 C_3H_6	−0.64	二氧化氮 NO_2	+20.00
三氯氟甲烷 CCl_3F	−1.63	一氧化氮 NO	+42.94
乙烯基氯 C_2H_3Cl	−0.77	二氧化硫 SO_2	−0.20
乙烯基氟 C_2H_3F	−0.55	六氟化硫 SF_6	−1.05
1,2-二氯乙烯 $C_2H_2Cl_2$	−1.22	水 H_2O	−0.03

注：1. 此表是在参比气温度为 60℃、压力为 1000hPa 绝压、并以 N_2 作为参比气情况下，各顺磁性或逆磁性气体测得的零点误差（根据 IEC1207/3）。

2. 其他温度下的零点偏差的变换为表中的零点偏差乘一个温度修正系数（k）：
　　逆磁性气体　$k=333K/[t(℃)+273K]$（所有逆磁性气体零点偏差为负值）
　　顺磁性气体　$k=[333K/(t(℃)+273K)]^2$

6.6 氧化锆探头理论电势输出值

见表 6-13。其计算公式如下：

$$E = 1000 \frac{RT}{nF} \ln \frac{p_0}{p_1}$$

式中　E——氧浓差电动势，mV；
　　　R——气体常数，8.3145J/(mol·K)；
　　　T——氧化锆探头的工作温度，K [K=273.15+t(℃)]；
　　　n——参加反应的电子数（对氧而言，n=4）；
　　　F——法拉第常数，96500C；
　　　p_0——参比气体的氧分压；
　　　p_1——被测气体的氧分压。

表 6-13　氧化锆探头理论电势输出值表

氧百分浓度 (体积)	氧浓差电势/mV					
	600℃	650℃	700℃	750℃	800℃	850℃
1.00	56.89	60.15	63.41	66.67	69.92	73.18
1.50	49.27	52.09	54.91	57.73	60.55	63.37
2.00	43.86	46.37	48.88	51.39	53.90	56.41
2.50	39.66	41.93	44.20	46.47	48.63	51.02
3.00	36.23	38.31	40.38	42.46	44.53	46.61
3.50	33.33	35.24	37.15	39.06	40.97	42.88
4.00	30.82	32.59	34.35	36.12	37.88	39.65
4.50	28.61	30.24	31.88	33.52	35.16	36.80
5.00	26.63	28.15	29.67	31.20	32.72	34.25
5.50	24.83	26.26	27.68	29.10	30.52	31.94
6.00	23.20	24.53	25.85	27.18	28.51	29.84
6.50	21.69	22.93	24.18	25.42	26.66	27.90
7.00	20.30	21.46	22.62	23.79	24.95	26.11
7.50	19.00	20.09	21.18	22.26	23.35	24.44
8.00	17.79	18.81	19.82	20.84	21.86	22.88
8.50	16.65	17.60	18.55	19.51	20.46	21.41
9.00	15.57	16.46	17.36	18.25	19.14	20.03
9.50	14.56	15.39	16.22	16.95	17.95	18.72
10.00	13.59	14.37	15.15	15.93	16.70	17.48

如被测气体的总压力与参比气体的总压力相同，则上式可改写为

$$E = 1000 \frac{RT}{4F} \ln \frac{c_0}{c_1}$$

式中　c_0——参比气体中氧的体积百分含量，一般用空气作参比气，取 c_0=20.6%（干空气氧含量为 20.9%，25℃、相对湿度 50%时氧含量约为 20.6%）；
　　　c_1——被测气体中氧的体积百分含量，O_2%。

从上式可以看出，当参比气体中的氧含量 c_0=20.6%时，氧浓度差电动势仅是被测气体中氧含量 c_1 和温度 T 的函数。把上式的自然对数换为常用对数，得

$$E = 2302.5 \frac{RT}{4F} \lg \frac{20.6}{c_1} = 0.0496 T \lg \frac{20.6}{c_1} = 0.0496(273.15+t) \lg \frac{20.6}{c_1}$$

实际工作中，可按上式计算氧化锆探头理论电势输出值。750℃下氧含量为 10%～20.6%时的 E 值可查表 6-14。

表 6-14　750℃下氧含量为 10%～20.6%时的 E 值　　　　　mV

$p/\%O_2$	0	0.1	0.2	0.3	0.4	0.5	0.6	0.7	0.8	0.9
10	15.93	15.73	15.48	15.27	15.07	14.87	14.66	14.46	14.25	14.05
11	13.83	13.63	13.43	13.23	13.03	12.84	12.66	12.47	12.29	12.09
12	11.91	11.73	11.54	11.36	11.19	10.92	10.83	10.66	10.49	10.31
13	10.14	9.98	9.81	9.64	9.48	9.31	9.15	8.99	8.83	8.67
14	8.51	8.35	8.20	8.04	7.89	7.74	7.59	7.44	7.29	7.14
15	6.99	6.84	6.70	6.55	6.41	6.27	6.13	5.99	5.85	5.71
16	5.57	5.43	5.29	5.16	5.02	4.89	4.76	4.62	4.49	4.36
17	4.23	4.10	3.97	3.85	3.72	3.59	3.47	3.34	3.22	3.10
18	2.97	2.85	2.73	2.61	2.49	2.37	2.25	2.13	2.01	1.90
19	1.78	1.67	1.55	1.44	1.32	1.21	1.10	0.98	0.87	0.76
20	0.65	0.54	0.43	0.32	0.21	0.11	0	-0.11	-0.21	-0.32

6.7　气体在 FID 和 TCD 上的定量校正因子

气相色谱仪用质量校正因子用 f 表示，它是相对响应值 S_m 的倒数。S_m 是单位量被测物质与单位量标准物质响应值之比。按计算单位分，校正因子可以表示为质量校正因子 f_m、摩尔校正因子 f_M。其中：

$$f_m = \frac{A_S W_i}{A_i W_S}$$

$$f_M = \frac{A_S M_i}{A_i M_S}$$

式中　A_S——标准物质的峰面积；

　　　A_i——被测物质的峰面积；

　　　W_S——标准物质的质量；

　　　W_i——被测物质的质量；

　　　M_S——标准物质的物质的量，mol；

　　　M_i——被测物质的物质的量，mol。

通常，校正因子都是相对某一标准物质测定的，热导检测器用苯作标准，火焰离子化检测器用庚烷作标准。如果改用另外的标准物质，则校正因子需经换算后才能使用。换算公式为：

$$f_M(i,s) = f_M(s,\phi)/f_M(i,\phi)$$

$$f_m(i,s) = f_m(s,\phi)/f_m(i,\phi)$$

式中，$f(s,\phi)$、$f(i,\phi)$ 分别代表实测标准物质和被测物质相对于苯（假定为热导检测器，采用苯作标准）的校正因子。

气体在 FID 和 TCD 上的质量校正因子见表 6-15 和表 6-16。它们是用 H_2 作载气，以苯为基准物测得的。

表 6-15　气体在 FID 上的质量校正因子

气体名称	f_m	气体名称	f_m	气体名称	f_m
甲烷	1.15	乙烯	1.10	正丙苯	1.11
乙烷	1.15	1-己烯	1.14	甲醇	4.76
丙烷	1.15	苯	1.00	乙醇	2.48
丁烷	1.09	甲苯	1.04	正丙醇	1.85
戊烷	1.08	乙基苯	1.09	异丙醇	2.13
己烷	1.09	对二甲苯	1.12	正丁醇	1.69
庚烷	1.12	间二甲苯	1.08	异丁醇	1.64
辛烷	1.15	邻二甲苯	1.10	仲丁醇	1.79
壬烷	1.14	1,2,3-三甲苯	1.14	叔丁醇	1.52
异戊烷	1.06	1,2,4-三甲苯	1.15	丙酮	2.27
环戊烷	1.08	1,3,5-三甲苯	1.14	环己烷	1.11
乙炔	1.04	异丙苯	1.15	苯胺	1.49

表 6-16　气体在 TCD 上的质量校正因子

名称	f_M	名称	f_M	名称	f_M
甲烷	2.80	2-甲基-1-丁烯	1.01	正丙苯	0.69
乙烷	1.96	1-戊烯	1.01	氩	2.38
丙烷	1.55	反-2-戊烯	0.96	氮	2.38
丁烷	1.18	顺-2-戊烯	1.02	氧	2.50
戊烷	0.95	丙二烯	1.89	二氧化碳	2.08
己烷	0.81	1,3-丁二烯	1.25	一氧化碳	2.38
异丁烷	1.22	环戊二烯	1.47	硫化氢	2.63
异戊烷	0.98	甲基乙炔	1.72	丙酮	1.16
新戊烷	1.01	环戊烯	1.25	甲醇	1.82
乙烯	2.08	苯	1.00	乙醇	1.39
丙烯	1.54	甲苯	0.86	1-溴丙烷	0.93
异丁烯	1.22	乙基苯	0.78	二氯甲烷	1.06
1-丁烯	1.23	间二甲苯	0.76	氯仿	0.93
反-2-丁烯	1.18	对二甲苯	0.76	四氯化碳	0.83
顺-2-丁烯	1.15	邻二甲苯	0.79	三氯乙烯	0.87
3-甲基-1-丁烯	1.01	异丙苯	0.70		

6.8　pH 测量用标准缓冲溶液（JB/T 8276—1999）

pH 标准缓冲溶液是 pH 值测定的基准。按 JB/T 8276—1999《pH 测量用缓冲溶液制备方法》配制出的标准缓冲溶液及其 pH 值见表 6-17，配制方法见表 6-18。

表 6-17　标准缓冲溶液的 pH 值（JB/T 8276—1999）

温度/℃ \ 溶液	0.05mol/kg 四草酸氢钾	25℃饱和 酒石酸氢钾	0.05mol/kg 邻苯二甲酸氢钾	0.025mol/kg 混合磷酸盐	0.01mol/kg 四硼酸钠	25℃饱和 氢氧化钙
0	1.67	—	4.00	6.98	9.46	13.42
5	1.67	—	4.00	6.95	9.39	13.21
10	1.67	—	4.00	6.92	9.33	13.01
15	1.67	—	4.00	6.90	9.28	12.82
20	1.68	—	4.00	6.88	9.23	12.64
25	1.68	3.56	4.00	6.86	9.18	12.46

续表

温度/℃ \ 溶液	0.05mol/kg 四草酸氢钾	25℃饱和 酒石酸氢钾	0.05mol/kg 邻苯二甲酸氢钾	0.025mol/kg 混合磷酸盐	0.01mol/kg 四硼酸钠	25℃饱和 氢氧化钙
30	1.68	3.55	4.01	6.85	9.14	12.29
35	1.69	3.55	4.02	6.84	9.11	12.13
40	1.69	3.55	4.03	6.84	9.07	11.98
45	1.70	3.55	4.04	6.84	9.04	11.83
50	1.71	3.56	4.06	6.83	9.03	11.70
55	1.71	3.56	4.07	6.88	8.99	11.55
60	1.72	3.57	4.09	6.84	8.97	11.46
70	1.74	3.60	4.12	6.85	8.93	—
80	1.76	3.62	4.16	6.86	8.89	—
90	1.78	3.65	4.20	6.88	8.86	—
95	1.80	3.66	4.22	6.89	8.84	—

注：pH计校准时常用的标准缓冲溶液一般是邻苯二甲酸氢钾（pH≈4）、混合磷酸盐（pH≈7）和四硼酸钠（pH≈9）。

表 6-18 pH标准缓冲溶液的配制方法（JB/T 8276—1999）

试剂名称	分子式	浓度/(mol/kg)	试剂的干燥与预处理	配制方法
四草酸氢钾	$KH_3(C_2O_4)_2 \cdot 2H_2O$	0.05	52～56℃下干燥至质量恒定	12.61g四草酸氢钾溶于水，定量稀释至1L
酒石酸氢钾	$KHC_4H_4O_6$	25℃饱和	不必预先干燥	酒石酸氢钾（>6.4g）溶于23～27℃水中直至饱和
邻苯二甲酸氢钾	$KHC_8H_4O_4$	0.05	110～120℃下干燥至质量恒定	10.12g邻苯二甲酸氢钾溶于水，定量稀释至1L
磷酸氢二钠 磷酸二氢钾	Na_2HPO_4 KH_2PO_4	0.025 0.025	110～120℃下干燥至质量恒定	3.533g磷酸氢二钠和3.387g磷酸二氢钾溶于已除去CO_2的蒸馏水中水中，定量稀释至1L
四硼酸钠	$Na_2B_4O_7 \cdot 10H_2O$	0.01	$Na_2B_4O_7 \cdot 10H_2O$放在含有NaCl和蔗糖饱和液的干燥器中	3.80g四硼酸钠溶于已除去CO_2的蒸馏水中，定量稀释至1L
氢氧化钙	$Ca(OH)_2$	25℃饱和	不必预先干燥	氢氧化钙（>2g）溶于23～27℃水中直至饱和，储存于聚乙烯瓶中

注：市场上销售的"成套pH缓冲剂"就是这几种物质的小包装产品，配制时不需要再干燥和称量，直接将袋内试剂溶解后转入规定体积的容量瓶中，加水稀释至刻度，摇匀，即可使用。

6.9 电导仪测量用校准溶液（JB/T 8277—1999）

按 JB/T 8277—1999《电导率仪测量用校准溶液制备方法》配制的氯化钾溶液在不同浓度不同温度时的电导率值如表 6-19 所示。配制方法见表 6-20。

表 6-19 氯化钾溶液的电导率值（JB/T 8277—1999）

近似浓度/(mol/L)	电导率/(S/cm)				
	15℃	18℃	20℃	25℃	35℃
1	0.09212	0.09780	0.10170	0.11131	0.13110
0.1	0.010455	0.011163	0.11644	0.012852	0.015353
0.01	0.0011414	0.0012200	0.0012737	0.0014083	0.0016876
0.001	0.0001185	0.0001267	0.0001322	0.0001466	0.0001765

注：表中所列之值未包括水本身的电导率，所以在测定电极常数时，应先用水做空白实验，即先求出水的电导率再加在上表的数据中进行计算。另外，在测定时还需注意空气中CO_2的影响，CO_2溶于水中会带来测量误差。

表 6-20 氯化钾溶液的组成 (JB/T 8277—1999)

近似浓度/(mol/L)	容量浓度 gKCl/L 溶液 (20℃空气中)	近似浓度/(mol/L)	容量浓度 gKCl/L 溶液 (20℃空气中)
1	74.2650	0.01	0.7440
0.1	7.4365	0.001	将 100mL 0.01mol/L 溶液稀释 10 倍

6.10 水中饱和溶解氧浓度 (HJ/T 99—2003)

见表 6-21。

表 6-21 水中饱和溶解氧浓度 (HJ/T 99—2003)

| 温度/℃ | 水中盐类离子量(以 Cl 计)/(mg/L) | | | | | 100mg/L 盐离子的溶解氧量校正值/(mg/L) |
| | 0 | 5000 | 10000 | 15000 | 20000 | |
	溶解氧量/(mg/L)					
0	14.16	13.40	12.63	11.87	11.10	0.0153
1	13.77	13.03	12.29	11.55	10.80	0.0148
2	13.40	12.68	11.97	11.25	10.52	0.0144
3	13.04	12.35	11.65	10.95	10.25	0.0140
4	12.70	12.03	11.35	10.67	9.99	0.0135
5	12.37	11.72	11.06	10.40	9.74	0.0131
6	12.06	11.42	10.79	10.15	9.51	0.0128
7	11.75	11.15	10.52	9.90	9.28	0.0124
8	11.47	10.87	10.27	9.67	9.06	0.0120
9	11.19	10.61	10.03	9.44	8.85	0.0117
10	10.92	10.36	9.79	9.23	8.66	0.0113
11	10.67	10.12	9.57	9.02	8.47	0.0110
12	10.43	9.90	9.36	8.82	8.29	0.0107
13	10.20	9.68	9.16	8.64	8.11	0.0104
14	9.97	9.47	8.97	8.46	7.95	0.0101
15	9.76	9.27	8.78	8.29	7.79	0.0099
16	9.56	9.06	8.60	8.12	7.63	0.0096
17	9.37	8.90	8.44	7.97	7.49	0.0094
18	9.18	8.73	8.27	7.82	7.36	0.0091
19	9.01	8.57	8.12	7.67	7.22	0.0089
20	8.84	8.41	7.97	7.54	7.10	0.0087
21	8.68	8.26	7.83	7.40	6.97	0.0086
22	8.53	8.11	7.70	7.26	6.85	0.0084
23	8.39	7.98	7.57	7.16	6.74	0.0082
24	8.25	7.85	7.44	7.04	6.65	0.0081
25	8.11	7.72	7.32	6.95	6.52	0.0079
26	7.99	7.60	7.21	6.82	6.42	0.0078
27	7.87	7.48	7.10	6.71	6.32	0.0077
28	7.75	7.37	6.99	6.61	6.22	0.0076
29	7.64	7.26	6.88	6.51	6.12	0.0076
30	7.53	7.16	6.78	6.41	6.03	0.0075

续表

温度/℃	水中盐类离子量(以 Cl 计)/(mg/L)					100mg/L 盐离子的溶解氧量校正值/(mg/L)
	0	5000	10000	15000	20000	
	溶解氧量/(mg/L)					
31	7.43	7.06	6.66	6.31	5.93	0.0075
32	7.32	6.96	6.59	6.21	5.84	0.0074
33	7.23	6.86	6.49	6.12	5.75	0.0074
34	7.13	6.77	6.40	6.03	5.65	0.0074
35	7.04	6.67	6.30	5.93	5.56	0.0074

6.11 Formazine 浊度标准溶液的配制方法（JJG 880—1994）

根据国家计量检定规程 JJG 880—1994《浊度计》，Formazine 浊度标准溶液的配制方法如下。

(1) 准确称取 1.000g 分析纯硫酸肼，溶于零浊度水。溶液转入 100mL 容量瓶中，稀释至刻度，摇匀、过滤后备用（用 0.2μm 孔径的微孔滤膜过滤，下同）。

(2) 准确称取 10.00g 分析纯六次甲基四胺，溶于零浊度水，并转入 100mL 容量瓶中，稀释至刻度，摇匀、过滤后备用。

(3) 准确移取上述两种溶液各 5.00mL，至 100mL 容量瓶中，摇匀。该容量瓶放置在 (25±1)℃的恒温箱或恒温水浴中，静置 24h。加入零浊度水稀释至刻度，摇匀后使用。根据 ISO 7027 规定，该悬浮液的浊度值定为 400 度。

(4) 不同浊度值的 Formazine 标准溶液，是用零浊度水和经检定合格的容量器具，按比例准确稀释 Formazine 浊度标准物质而获得。

(5) 400 度 Formazine 标准物质需存放在电冰箱的冷藏室内（4~8℃）保存。已稀至低浊度值的标准溶液不稳定，不宜保存，应随用随配。

零浊度水的制备方法如下。

选用孔径为 0.1μm（或 0.2μm）的微孔滤膜。过滤蒸馏水（或电渗析水、离子交换水），需要反复过滤 2 次以上，所获的滤液即为零浊度水，该水储存于清洁的、并用该水冲洗后的玻璃瓶中。

6.12 我国纯气质量标准及其允许杂质范围

6.12.1 各级纯气的等级划分（表 6-22）

表 6-22 各级纯气的等级划分

等级	纯度	杂质含量	等级	纯度	杂质含量
6.5N	99.99995%	0.5ppm	4N	99.99%	100ppm
6N	99.9999%	1ppm	3.5N	99.95%	500ppm
5.5N	99.9995%	5ppm	3N	99.9%	1000ppm
5N	99.999%	10ppm	2.5N	99.5%	5000ppm
4.5N	99.995%	50ppm	2N	99%	10000ppm

注：表中的"N"是英文 Nine 的缩写，表示其纯度百分比中有几个"9"。高纯气体的纯度≥5N，超纯气体的纯度则≥6N。

6.12.2 高纯氮的主要技术指标和纯化方法（表 6-23 和表 6-24）

表 6-23 高纯氮的主要技术指标（GB/T 8980—1996《高纯氮》）

项 目		指　　　标		
		优等品	一等品	合格品
氮气纯度/%	≥	99.9996	99.9993	99.999
氧含量/ppm	≤	1.0	2.0	3.0
氢含量/ppm	≤	0.5	1.0	1.0
CO、CO_2、CH_4 总含量/ppm	≤	1.0	2.0	3.0
水分含量/ppm	≤	1.0	2.6	5.0

注：表中纯度和含量均以体积分数表示。

表 6-24 常用的氮气纯化方法、纯化效果和适用范围

纯化方法	纯化材料	纯化前的氮气纯度/%	纯化效果		适用范围
			脱除杂质	脱除深度	
脱氧剂法	Cu、Ag 脱氧剂 Ni、Mn 脱氧剂	99.9~99.999	O_2	1~5ppm ≤0.1ppm	高纯 N_2 中不含余 H_2
吸附法	硅胶、分子筛、活性炭	99.2~99.999	H_2O CO_2	H_2O：0.5ppm CO_2：0.5ppm	用于 N_2 去除 H_2O、CO_2 等杂质

6.12.3 纯氢、高纯氢和超纯氢的主要技术指标和纯化方法（表 6-25 和表 6-26）

表 6-25 纯氢、高纯氢和超纯氢的主要技术指标

（CB/T 7445—1995《纯氢、高纯氢和超纯氢》）

项 目		指　　　标		
		超纯氢	高纯氢	纯氢
氢纯度/%	≥	99.9999	99.999	99.99
氧（氩）含量/ppm	≤	0.2	1	5
氮含量/ppm	≤	0.4	5	60
一氧化碳含量/ppm	≤	0.1	1	5
二氧化碳含量/ppm	≤	0.1	1	5
甲烷含量/ppm	≤	0.2	1	10
水分含量/ppm	≤	1.0	3	30

注：表中纯度和含量均以体积分数表示。

表 6-26 常用的氢气纯化方法、纯化效果和主要用途

纯化方法	纯化材料	纯化前的氢气纯度/%	纯化效果		主要用途
			脱除杂质	脱除深度	
吸附干燥法	硅胶、分子筛、氧化铝	≥99% 的氢气	H_2O、CO_2	H_2O<5ppm（初级） H_2O<0.5ppm CO_2<0.5ppm	用于氢气的初级或终端纯化
低温吸附法	硅胶、活性炭、分子筛（液氮）	≥99.99% 的纯氢	各种杂质	N_2、O_2、总碳氢均<0.1ppm H_2O<0.5ppm	用于氢气的精纯化
催化反应法	Pd、Pt、Cu、Ni 等金属成的催化剂	>99% 的氢气	O_2	O_2<0.1ppm	用于脱除氢气中的氧
钯合金扩散法	钯合金膜	≥99.5% 的氢气（其中 O_2<0.1%）	各种杂质	H_2≥99.9999%	用于氢气的精制纯化

6.12.4 高纯氧的主要技术指标和纯化方法（表 6-27 和表 6-28）

表 6-27 高纯氧的主要技术指标（GB/T 14599—1993《高纯氧》）

项 目		指 标		
		优等品	一等品	合格品
氧纯度/%	≥	99.999	99.998	99.995
氩含量/ppm	≤	2	5	10
氮含量/ppm	≤	5	10	20
二氧化碳含量/ppm	≤	0.5	1	1
总烃含量(以甲烷计)/ppm	≤	0.5	1	2
露点/℃	≤	−72	−70	−69
水分含量/ppm	≤	2	(2.5)	3

注：表中纯度及含量均以体积分数表示。

表 6-28 氧气的纯化方法、纯化效果和适用范围

纯化方法	纯化材料	纯化前的氧气纯度/%	纯化效果		适用范围
			脱除杂质	脱除深度	
催化反应法	Pt、Pd 催化剂	≥99.5	H_2、CH_4	$H_2<0.5ppm$ $CH_4<0.5ppm$	仅用于去除氢、烃类杂质
吸附法	氯化钙、分子筛(液氮)	≥99.5	H_2O、CO_2	$H_2O<0.5ppm$ $CO_2<0.5ppm$	空分氧、电解氧的纯化

6.12.5 高纯氩的主要技术指标和纯化方法（表 6-29 和表 6-30）

表 6-29 高纯氩的主要技术指标（GB/T 10624—1995《高纯氩》）

项 目		指 标		
		优等品	一级品	合格品
氩纯度/%	≥	99.9996	99.9993	99.999
氮含量/ppm	≤	2	4	5
氧含量/ppm	≤	1	1	2
氢含量/ppm	≤	0.5	1	1
总碳含量(以甲烷计)/ppm	≤	0.5	1	2
水分含量/ppm	≤	1	2.6	4

注：1. 表中纯度和含量为体积分数。
2. 表中氩纯度未扣除水分含量。

表 6-30 氩气的纯化方法、纯化效果和适用范围

纯化方法	纯化材料	纯化前的氩气纯度/%	纯化效果		适用范围
			脱除杂质	脱除深度	
催化反应法	Pd、Ag 催化剂，Mn、Ni 脱氧剂	≥99.99	O_2、H_2、CO_2、烃类	0.1~1ppm	用于纯氩气的精制
吸附法	分子筛	≥99.99	H_2O、CO_2	$H_2O<0.5ppm$ $CO_2<0.5ppm$	用于纯氩气的精制

6.12.6 高纯氦的主要技术指标（表6-31）

表6-31 高纯氦的主要技术指标（GB/T 4844.3—1995《高纯氦》）

项 目		指 标		
		优等品	一等品	合格品
氦气纯度/%	≥	99.9996	99.9993	99.999
氖含量/ppm	≤	1	2	4
氢含量/ppm	≤	0.1	0.5	1
氧(氩)含量/ppm	≤	0.5	1	1
氮含量/ppm	≤	1	1	2
一氧化碳含量/ppm	≤	0.1	0.2	0.5
二氧化碳含量/ppm	≤	0.2	0.2	0.5
甲烷含量/ppm	≤	0.1	0.2	0.5

注：表中的纯度和含量均为体积分数。

6.13 分析仪表常用气瓶

6.13.1 分析仪表常用的气瓶种类（表6-32）

表6-32 分析仪表常用的气瓶种类

序号	内容积/L	外径/mm	高度/mm	质量/kg	材 质
1	0.75	64	266	0.83	铝合金
2	2	108	350	1.87	铝合金
3	4	140	548	5.55	铝合金
4	8	140	880	8.75	铝合金
5	4	120	470	6.6	锰钢
6	40	230	1500	65	锰钢

注：在线分析仪表使用的高纯气体通常用40L钢瓶盛装，标准气体一般用8L铝合金瓶盛装。

6.13.2 气瓶的压力等级（表6-33）

表6-33 气瓶的压力等级

压力类别	高 压	低 压
公称工作压力/MPa	30,20,15,12.5,8	5,3,2,1
水压试验压力/MPa	45,30,22.5,18.8,12	7.5,4.5,3,1.5

6.13.3 气瓶的漆色及标志（表6-34）

表6-34 部分气瓶的漆色及标志（GB 7144《气瓶颜色标志》）

气瓶名称	外表面颜色	字 样	字样颜色	气瓶名称	外表面颜色	字 样	字样颜色
氧气瓶	天蓝	氧	黑	氦气瓶	黄	氦	黑
氢气瓶	深绿	氢	红	烷烃气瓶	褐	（气体名称）	白
氮气瓶	黑	氮	黄	烯烃气瓶	褐	（气体名称）	黄
氩气瓶	灰	氩	绿	二氧化硫气瓶	灰	二氧化硫	黑
氦气瓶	灰	氦	绿	二氧化碳气瓶	铝白	二氧化碳	黑
氖气瓶	灰	氖	绿	氧化氮气瓶	灰	氧化氮	黑
压缩空气瓶	黑	空气	白	氟氯烷气瓶	铝白	氟氯烷	黑
硫化氢气瓶	白	硫化氢	红	其他可燃性气体气瓶	灰	（气体名称）	红
氯气瓶	黄绿	氯	白	其他非可燃性气体气瓶	灰	（气体名称）	黑

6.13.4 不能储装于铝合金钢瓶的气体组分（表6-35）

表6-35 不能储装于铝合金钢瓶的气体组分

序号	气体名称	分子式	序号	气体名称	分子式
1	乙炔	C_2H_2	8	溴甲烷	CH_3Br
2	氯气	Cl_2	9	氯甲烷	CH_3Cl
3	氟	F_2	10	三氟化硼	BF_3
4	氯化氢	HCl	11	三氟化氯	ClF_3
5	氟化氢	HF	12	碳酰氯	$COCl_2$
6	溴化氢	HBr	13	亚硝酰氯	$NOCl$
7	氯化氰	$CNCl$	14	三氟溴乙烯	$CF_2=CFBr$

6.13.5 常见的不能化学匹配的气体组分（表6-36）

表6-36 常见的不能化学匹配的气体组分

序号	组分	不能匹配的组分
1	氨(NH_3)	HF、HCl、HBr、HI、BCl_3、BF_3、F_2、Cl_2、Br_2、CO_2
2	氟(F_2)	Cl_2、Br_2、I_2、H_2、H_2O、HCl、HBr、HI、(无机物)
3	二氧化碳(CO_2)	NH_3、胺类
4	二氧化氮(NO_2)	F_2、CO_2、Br_2、H_2O(有机物)
5	丙炔(C_3H_6)	HF、HCl、HBr、HI、HCN、F_2、Cl_2、Br_2、I_2、BF_3、BCl_3、胺类

6.13.6 不宜在钢瓶中存放或不宜长期存放的气体组分

（1）一些腐蚀性和极性很强的组分，如NH_3、SO_2、H_2S、H_2O、NO_2等不宜在钢瓶中存放。

（2）一些酸性、碱性强的组分（如HF、HCl、NH_3等），或酸碱性组分共存（如NH_3和CO_2共存），易在钢瓶中造成腐蚀或进行中和反应。

（3）一些易分解或易聚合的组分不宜在钢瓶中存放。如有机物中含双键和三键的烯、炔烃，共存在钢瓶中，易聚合或生成另外的组分。

（4）沸点相差太大的组分，不宜共存在同一钢瓶中，否则放置时间长后易分层，使输出组分浓度发生变化。

（5）沸点太低的或临界压力低的组分，在钢瓶加压过程中要液化，不宜使用。

6.14 常用干燥剂及其除水能力（表6-37）

表6-37 常用干燥剂及其除水能力

干燥剂	适合干燥的气体	不适合干燥的气体	干燥吸收后1L空气中剩余的水分含量
$CaCl_2$	永久性气体、HCl、SO_2、烷烃、烯烃、醚、酯、烷基卤化物等	醇、酮、胺、酚类、脂肪酸等	$0.14\sim0.25$mg/L
硅胶	永久性气体、低碳有机物等		6×10^{-3}
KOH(熔凝)	氨、胺类、碱类等	酮、醛、酯、酸类等	2×10^{-3}
P_2O_5	永久性气体、Cl_2、烷烃、卤代烷等	碱、酮类、易聚合物等	20×10^{-6}
分子筛	永久性气体、裂解气、烯烃、炔烃、H_2S、酮、苯、丙烯晴等	极性强的组分、酸、碱性气体等	$<10\times10^{-6}$

6.15 部分高效脱氧剂性能（表 6-38）

表 6-38 部分高效脱氧剂性能

脱氧剂名称	活 性 铜	活 性 镍	银 X 分子筛	氧 化 锰
组成	活性铜负载在氧化铝上	活性镍负载在氧化铝上	银离子交换在13X分子筛上	活性氧化锰水泥
外观	黑色	黑色	灰色	灰褐色,还原后呈绿色
脱氧空速①/h^{-1}	~10000	~10000	~10000	~10000
脱氧容量/(mL/g)	15~35	2~10	3~12	5~16
脱氧深度/$\times 10^{-6}$	<0.1	<0.1	<0.1	<0.1
脱氧温度/℃	250~350	常温~250	常温~120	常温~150
还原条件	氢气空速①100~500,250℃,4h	氢气空速①100~500,250℃,4h	氢气空速①100~500,110℃,4h	氢气空速①100~500,350℃,6~8h

① 空速指单位时间内通过单位体积脱氧剂的气体体积。

6.16 粉尘的种类、性质和工业烟尘的粒径分布

见表 6-39~表 6-44。

表 6-39 粉尘的种类及除尘方法

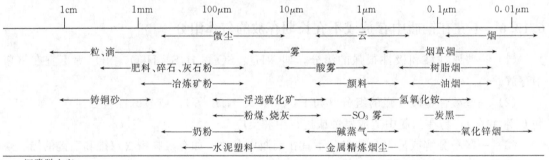

表 6-40 粗过滤器孔径选择表

工业领域	取 样 点	粗过滤器孔径/μm	工业领域	取 样 点	粗过滤器孔径/μm
水泥	湿式电集尘器入口	20	铜冶炼	焙烧炉	15~20
水泥	湿式电集尘器出口	10	玻璃	熔化炉	10
水泥	干法回转窑入口	20~30	能源	锅炉	10~15
水泥	干法预热分解窑	15~20	硫酸	制酸原料气	5~10
炼钢	转炉	20			

表 6-41 各种粉尘的性质（一）

尘源	平均粒径/μm	密度/(g/cm³) 真密度①	密度/(g/cm³) 松密度	含尘浓度/(g/m³)(标)	比电阻/(Ω·cm)
细煤粉锅炉	约20	2.1	0.6	20～50	10^{11}(<100℃)
重油锅炉	约10	2.0	0.2	0.1～0.3	10^4～10^6
烧结炉	5～10	3～4	1.0	0.5～2.5	10^{10}～10^{12}
转炉	约0.2	5	0.7	20～70	10^8～10^{11}
电炉	0.2～10	4.5	0.6～1.5	3～30	10^9～10^{12}
化铁炉	约15	2.0	0.8	3～5	10^6～10^{12}
水泥(窑、干燥机)	10～20	3	0.6	10～40	10^6～10^{12}
骨料干燥器	约20	2.5	1.1	50	10^{11}～10^{12}
黑液回收锅炉	约0.2	3.1	0.13	约5	10^{11}～10^{12}
铜精炼炉	<0.1	4～5	0.2	25～80	10^9
黄铜熔化炉	0.1～0.15	4～8	0.25～1.2	约10	10^8～10^{11}
锌精炼炉	约3	5	0.5	5～10	
铝精炼炉	<1	6	—	约5	约10^{12}
铝再精炼炉	约0.5	约6	约1.2	10～30	10^{11}～10^{14}
铝二次精炼炉	0.1～0.2	3.0	0.3	约10	10^{11}～10^{12}
碳	0.1～10	2	约0.3	0.3～10	<10^4
铸造砂	0.1～15	2.7	约1	0.5～15	—

① 若粉尘内含有空心微珠，如锅炉飞灰，此密度应为视密度。

表 6-42 各种粉尘的性质（二）

粉尘名称	安息角/(°)	介电率	爆炸下限浓度/(g/m³)(全部通过200目的粉尘)	粉尘名称	安息角/(°)	介电率	爆炸下限浓度/(g/m³)(全部通过200目的粉尘)
铝粉	35～45	—	35～45	滑石粉	约45	5～10	—
锌粉	25～55	12	500	飘尘	40～45	3～8	—
铁粉(还原)	约38	—	120	白砂糖	50～55	3	20～30
黏土	约35	—	—	淀粉	43～50	5～7	50～100
硅砂	28～41	4	—	硫黄粉末	35	3～5	35
水泥	53～57	5～10	—	合成树脂粉	40～55	2～8	20～70
氧化铝粉	35～45	6～9	40	小麦粉	55	2.5～3	20～50
重质碳酸钙	约45	8	—	煤粉			35
玻璃球	22～25	5～8					

表 6-43 无集尘器的燃煤设备烟尘的粒径分布

燃煤设备类型		粉尘量/(lb/t)	>44μm%	20～44μm%	10～20μm%	5～10μm%	<5μm%
烧细煤粉设备	普通型	16A	25	23	20	17	15
	干、湿式燃烧炉	17A	25	23	20	17	15
	湿式(无烟尘再注入)	13A	25	23	20	17	15
	湿式(有烟尘再注入)	24A	25	23	20	17	15
旋风器式燃烧炉		2A	10	7	8	10	65
撒料式自动加煤机	无飞煤灰再注入利用	13A	61	18	11	6	4
	有飞煤灰再注入利用	20A	61	18	11	6	4
其他自动加煤机		5A	70	16	8	4	2

注：A表示煤中含灰分的百分数。

表 6-44　其他工业烟尘的粒径分布

行业	工业设备	相对密度	>44μm%	20～44μm%	10～20μm%	5～10μm%	<5μm%
钢铁工业	烧结炉	—	85	15	15	—	—
	熔矿炉	—	68	—	—	—	—
	平炉	5	5	20	17	22	46
	电炉	4	14.5	14.5	8	7.5	70
	碱性(氧)炼钢炉	—	—	—	—	0.5	99.5
	转炉	—	—	100	—	—	—
垃圾	城市垃圾焚化	—	40	20	15	10	15
涂料	制清漆热处理	—	—	—	20	25	70
食品	各种磨粉机	1.54	38	34	14	11	3
炼铜	焙烧炉	—	25	23	20	17	15
第二次金属冶炼	铝熔炼炉	—	3	10	23	30	34
	铜熔炼炉	—	—	—	—	—	100
	炼铅炉	—	—	—	2	3	95
	电炼钢炉	—	4	8	12	16	60
	平炉炼钢	—	5	10	10	12	62
	灰生铁圆顶炉	—	48	14	12	8	18
水泥	回转窑	—	8	20	25	25	22
混凝土	搅拌机	—	14	25	27	21	13
玻璃制造	倾注炉	—	10	15	15	15	45
	熔化炉	—	—	1	19	55	25

6.17　各种筛系列的筛孔尺寸

见表 6-45 和表 6-46。

表 6-45　各种筛系列比较

国际标准筛孔尺寸/mm	ASTM 标准筛		Tyler 筛		日本筛		法国筛		前苏联筛筛孔尺寸/mm
	筛号	筛孔尺寸/mm	筛号	筛孔尺寸/mm	筛号	筛孔尺寸/mm	筛号	筛孔尺寸/mm	
4.00	No.5	4.00	5	3.962	5	4.00	37	4.000	4.0
—	No.6	3.36	6	3.327	6	3.36	—	—	3.3
2.80	No.7	2.83	7	2.794	7	2.83	—	—	2.8
—	No.8	2.38	8	2.362	8	2.38	35	2.500	2.3
2.00	No.10	2.00	9	1.981	9.2	2.00	34	2.000	2.0
—	No.12	1.68	10	1.651	10.5	1.68	33	1.600	1.7
1.40	No.14	1.41	12	1.397	12	1.41	—	—	1.4
—	No.16	1.19	14	1.168	14	1.19	—	—	1.2
1.00	No.18	1.00	16	0.991	16	1.00	31	1.000	1.0
—	No.20	0.841	20	0.833	20	0.840	—	—	0.85
0.710	No.25	0.707	24	0.701	24	0.710	—	—	0.70
—	No.30	0.593	28	0.589	28	0.590	—	—	0.60
0.500	No.35	0.500	32	0.495	32	0.500	28	0.500	0.50
—	No.40	0.420	35	0.417	35	0.420	—	—	0.42

续表

国际标准筛孔尺寸/mm	ASTM 标准筛		Tyler 筛		日本筛		法国筛		前苏联筛筛孔尺寸/mm
	筛号	筛孔尺寸/mm	筛号	筛孔尺寸/mm	筛号	筛孔尺寸/mm	筛号	筛孔尺寸/mm	
0.355	No. 45	0.354	42	0.351	42	0.350	—	—	0.35
—	No. 50	0.297	48	0.295	48	0.297	—	—	0.30
0.250	No. 60	0.250	60	0.246	55	0.250	25	0.250	0.25
—	No. 70	0.210	65	0.208	65	0.210	—	—	0.21
0.180	No. 80	0.177	80	0.175	80	0.177	—	—	0.18
—	No. 100	0.149	100	0.147	100	0.149	—	—	0.15
0.125	No. 120	0.125	115	0.127	120	0.125	22	0.125	0.125
—	No. 140	0.105	150	0.104	145	0.105	—	—	0.105
0.090	No. 170	0.088	170	0.080	170	0.088	—	—	0.085
—	No. 200	0.074	200	0.074	200	0.074	—	—	0.075
0.063	No. 230	0.063	250	0.061	250	0.062	19	0.063	0.063
—	No. 270	0.053	270	0.053	280	0.053	—	—	0.053
0.045	No. 325	0.044	325	0.043	325	0.044	—	—	0.042
—	No. 400	0.037	400	0.038	—	—	—	—	—

注：1. 国际标准筛又称 ISO 标准筛，标准号为 ISO 565—83。
2. 中国筛标准制定较晚，标准号为 GB 6003—85，基本上直接采用 ISO 标准。
3. 美国有 ASTM 标准筛和 Tyler 筛（泰勒筛），筛孔间比率为 $\sqrt{2}$。不同的只是 ASTM 标准筛以 18 号筛为基准，筛孔尺寸为 1mm，泰勒筛以 100 目筛为基准，每英寸有 200 个筛孔。这两种筛系列差别不大，特别是高网目时，可以互相替用。
4. 以前，泰勒筛用"目"来划分，"目"是指在给定长度（西方用英寸）上的筛孔数。现在，国际和各国筛系列（包括泰勒筛）已不再用"目"，而采用筛孔尺寸来划分。
5. 英国新的筛标准已与 ISO 标准筛一致。

表 6-46 德国标准筛

筛号	每平方厘米的筛孔数	筛孔尺寸/mm	金属丝直径/mm	筛号	每平方厘米的筛孔数	筛孔尺寸/mm	金属丝直径/mm
1	1	6	3.4	16	256	0.385	0.24
2	4	3	2.0	20	400	0.30	0.20
3	9	2	1.5	24	576	0.25	0.17
4	16	1.5	1.00	30	900	0.20	0.13
5	25	1.2	0.80	40	1600	0.15	0.10
6	36	1.02	0.65	50	2500	0.12	0.08
8	64	0.75	0.50	60	3600	0.102	0.065
10	100	0.60	0.40	70	4900	0.088	0.055
11	121	0.54	0.37	80	6400	0.075	0.050
12	144	0.49	0.34	90	8100	0.066	0.045
14	196	0.43	0.28	100	10000	0.06	0.040

第7章 防火、防爆、防毒、外壳防护等级

7.1 火灾危险性及火灾危险场所分类（GB 50160—1992）

7.1.1 可燃物质的火灾危险性分类

（1）可燃气体的火灾危险性分类及举例（表 7-1 和表 7-2）

表 7-1 可燃气体的火灾危险性分类

类别	可燃气体与空气混合物的爆炸下限
甲	<10%（体积）
乙	≥10%（体积）

表 7-2 可燃气体的火灾危险性分类举例

类别	名 称
甲	乙炔、环氧乙烷、氢气、合成气、硫化氢、乙烯、氰化氢、丙烯、丁烯、丁二烯、顺丁烯、反丁烯、甲烷、乙烷、丙烷、丁烷、丙二烯、环丙烷、甲胺、环丁烷、甲醛、甲醚、氯甲烷、氯乙烯、异丁烷
乙	一氧化碳、氨、溴甲烷

（2）液化烃、可燃液体的火灾危险性分类及举例（表 7-3 和表 7-4）

表 7-3 液化烃、可燃液体的火灾危险性分类

类别		名 称	特 征
甲	A	液化烃	15℃时的蒸汽压力>0.1MPa 的烃类液体及其他类似的液体
甲	B	可燃液体	甲$_A$ 类以外，闪点<28℃
乙	A	可燃液体	闪点≥28℃至≤45℃
乙	B	可燃液体	闪点>45℃至<60℃
丙	A	可燃液体	闪点≥60℃至≤120℃
丙	B	可燃液体	闪点>120℃

注：1. 操作温度超过其闪点的乙类液体，应视为甲$_B$ 类液体。
2. 操作温度超过其闪点的丙类液体，应视为乙$_A$ 类液体。

表 7-4 液化烃、可燃液体的火灾危险性分类举例

类别		名 称
甲	A	液化甲烷、液化天然气、液化氯甲烷、液化顺式-2-丁烯、液化乙烯、液化乙烷、液化反式-2-丁烯、液化环丙烷、液化丙烯、液化丙烷、液化环丁烷、液化新戊烷、液化丁烯、液化氯乙烯、液化环氧乙烷、液化丁二烯、液化异丁烷、液化石油气，二甲胺
甲	B	异戊二烯、异戊烷、汽油、戊烷、二硫化碳、异己烷、己烷、石油醚、异庚烷、环己烷、辛烷、异辛烷、苯、庚烷、石脑油、原油、甲苯、乙苯、邻二甲苯、间、对二甲苯、异丙醇、乙醚、乙醛、环氧丙烷、甲酸甲酯、乙胺、二乙胺、丙酮、丁醛、二氯甲烷、三乙胺、醋酸乙烯、甲乙酮、丙烯腈、醋酸甲酯、醋酸异丙酯、二氯乙烯、甲醇、异丙醇、乙醇、醋酸丙酯、醋酸异丁酯、甲酸丁酯、吡啶、二氯乙烷、甲酸戊酯、醋酸戊酯、甲酸戊酯、丙烯酸甲酯
乙	A	丙苯、环氧氯丙烷、苯乙烯、喷气燃料、煤油、丁醇、氯二胺、戊醇、环己酮、冰醋酸、异戊醇
乙	B	−35号轻柴油、环戊烷、硅酸乙酯、氯乙醇、丁醇、氯丙醇、二甲基甲酰胺

续表

类别		名称
丙	A	轻柴油,重柴油,苯胺,锭子油,酚,甲酚,糠醛,20号重油,苯甲醛,环己醇,甲基丙烯酸,甲酸,环己醇,乙二醇丁醚,甲醛,糠醇,辛醇,乙醇胺,丙二醇,乙二醇,二甲基乙酰胺
	B	蜡油,100号重油,渣油,变压器油,润滑油,二乙二醇醚,三乙二醇醚,邻苯二甲酸二丁酯,甘油,联苯-联苯醚混合物

(3) 甲、乙、丙类固体的火灾危险性分类举例（表7-5）

表7-5 甲、乙、丙类固体的火灾危险性分类举例

类别	名称
甲	黄磷,硝化棉,硝化纤维胶片,喷漆棉,火胶棉,赛璐珞棉,锂,钠,钾,钙,锶,铷,铯,氢化锂,氢化钾,氢化钠,磷化钙,碳化钙,四氢化锂铝,钠汞齐,碳化铝,过氧化钾,过氧化钠,过氧化钡,过氧化锶,过氧化钙,高氯酸钾,高氯酸钠,高氯酸钡,高氯酸铵,高氯酸镁,高锰酸钾,高锰酸钠,硝酸钾,硝酸钠,硝酸铵,硝酸钡,氯酸钾,氯酸钠,氯酸铵,次亚氯酸钙,过氧化二乙酰,过氧化二苯甲酰,过氧化二异丙苯,过氧化氢异丙苯,(邻、间、对)二硝基苯,2-二硝基苯酚,二硝基甲苯,二硝基萘,三硫化四磷,五硫化二磷,赤磷,氨基化钠
乙	硝酸镁,硝酸钙,亚硝酸钾,过硫酸钾,过硫酸钠,过硫酸铵,过硼酸钠,重铬酸钾,重铬酸钠,高锰酸钙,高锰酸银,高碘酸钾,溴酸钠,碘酸钠,亚氯酸钠,五氧化二碘,三氧化铬,五氧化二磷,萘,蒽,菲,樟脑,硫磺,铁粉,铝粉,锰粉,钛粉,咔唑,三聚甲醛,松香,均四甲苯,聚合甲醛偶氮二异丁腈,赛璐珞片,联苯胺,噻吩,苯磺酸钠,环氧树脂,酚醛树脂,聚丙烯腈,季戊四醇,尼龙,己二酸,炭黑,聚氨酯,精对苯二甲酸
丙	石蜡,沥青,苯二甲酸,聚酯,有机玻璃,橡胶及其制品,玻璃钢,聚乙烯醇,ABS塑料,SAN塑料,乙烯树脂,聚碳酸酯,聚丙烯酰胺,己内酰胺,尼龙6,尼龙66,丙纶纤维,蒽醌,(邻、间、对)苯二酚,聚苯乙烯,聚乙烯,聚丙烯,聚氯乙烯

7.1.2 工艺装置或装置内单元的火灾危险性分类举例（表7-6～表7-8）

表7-6 炼油部分

类别	装置(单元)名称
甲	加氢裂化,加氢精制,制氢,催化重整,催化裂化,气体分馏,烷基化,叠合,丙烷脱沥青,气体脱硫,液化石油气硫醇氧化,液化石油气化学精制,喷雾蜡脱油,延迟焦化,热裂化,常减压蒸馏,汽油再蒸馏,汽油电化学精制,酮苯脱蜡脱油,汽油硫醇氧化,减粘裂化,硫磺回收
乙	酚精制,糠醛精制,煤油电化学精制,煤油硫醇氧化,空气分离,煤油尿素脱蜡,煤油分子筛脱蜡
丙	轻柴油电化学精制,润滑油和蜡的白土精制,轻柴油分子筛脱蜡,蜡成型,石蜡氧化,沥青氧化

表7-7 石油化工部分

类别	装置(单元)名称
	Ⅰ. 基本有机化工原料及产品
甲	管式炉(含卧式、立式、毫秒炉等各型炉)蒸汽裂解制乙烯、丙烯装置;裂解汽油加氢装置;芳烃抽提装置;对二甲苯装置;对二甲苯二酯装置;环氧乙烷装置;石脑油催化重整装置;制氢装置;环己烷装置;丙烯腈装置;苯乙烯装置;碳四抽提丁二烯装置;丁烯氧化脱氢制丁二烯装置;甲烷部分氧化制乙炔装置;乙烯直接法制乙醛装置;苯酚丙酮装置;乙烯氧氯化法制氯乙烯装置;乙烯直接水合法制乙醇装置;对苯二甲酸装置(精对苯二甲酸装置);合成甲醇装置;乙醛氧化制乙酸(醋酸)装置的乙醛储罐、乙醛氧化单元;环氧氯丙烷装置的丙烯储罐和丙烯压缩、氯化、精馏、次氯酸化单元;羰基合成制丁醇装置的一氧化碳、氢气、丙烯储罐组和压缩、合成、蒸馏缩合、丁醛加氢单元;羰基合成制异辛醇装置的一氧化碳、氢气、丙烯储罐组和压缩、合成丁醛、缩合脱水、2-乙基己烯醛加氢单元;烷基苯装置的煤油加氢、分子筛脱蜡(正戊烷,异辛烷,对二甲脱附)、正构烷烃(C_{10}～C_{13})催化脱氢、单烯烃(C_{10}～C_{13})与苯用HF催化烷基化和苯、脱H剂、液化石油气、轻质油等储运单元;合成洗衣粉装置的硫磺储运单元
乙	乙醛氧化制乙酸(醋酸)装置的乙酸精制单元和乙酸、氧气储罐组;乙酸裂解制醋酐装置;环氧氯丙烷装置的中和环化单元、环氧氯丙烷储罐组;羰基合成制丁醇装置的蒸馏精制单元和丁醇储罐组;烷基苯装置的原料煤油、脱蜡煤油、轻蜡、燃料油储运单元;合成洗衣粉装置的烷基苯与SO_3磺化单元
丙	乙二醇装置的乙二醇蒸发脱水精制单元和乙二醇储罐组;羰基合成制异辛醇装置的异辛醇蒸馏精制单元和异辛醇储罐组;烷基苯装置的热油(联苯十联苯醚)系统、含HF物质中和处理系统单元;合成洗衣粉装置的烷基苯硫酸与苛性钠中和、烷基苯硫酸钠与添加剂(羧甲基纤维素,三聚磷酸钠等)合成单元

续表

类别	装置（单元）名称
Ⅱ. 合成橡胶	
甲	丁苯橡胶和丁腈橡胶装置的单体、化学品储存、聚合、单体回收单元；乙丙橡胶、异戊橡胶和顺丁橡胶装置的单体、催化剂、化学品储存和配制、聚合、胶乳储存混合、凝ированные、单体与溶剂回收单元；氯丁橡胶装置的乙炔催化合成乙烯基乙炔、催化加成或丁二烯氯化成氯丁二烯，聚合、胶乳储存混合、凝聚单元
丙	丁苯橡胶和丁腈橡胶装置的化学品配制、胶乳混合、后处理（凝聚、干燥、包装）、储运单元；乙丙橡胶、顺丁橡胶、氯丁橡胶和异戊橡胶装置的后处理（脱水、干燥、包装）、储运单元
Ⅲ. 合成树脂及塑料	
甲	高压聚乙烯装置的乙烯储罐、乙烯压缩、催化剂配制、聚合、造粒单元；低密度聚乙烯装置的丁二烯、H_2、丁基铝储运、净化、催化剂配制、聚合、溶剂回收单元；低压聚乙烯装置的乙烯、化学品储运、配料、聚合、醇解、过滤、溶剂回收单元；聚氯乙烯装置的氯乙烯储运、聚合单元；聚乙烯醇装置的乙炔、甲醇储运、配料、合成醋酸乙烯、聚合、精馏、回收单元；本体法连续制聚苯乙烯装置的通用型聚苯乙烯的乙苯储运、脱氢、配料、聚合、脱气及高抗冲聚苯乙烯的橡胶溶解配料，其余单元同通用型ABS塑料装置的丙烯腈、丁二烯、苯乙烯储运、预处理、配料、聚合、凝聚单元；SAN塑料装置的苯乙烯、丙烯腈储运、配料、聚合脱气、凝聚单元；聚丙烯装置的本体法连续聚合的丙烯储运、催化剂配制、聚合、闪蒸、干燥、单体精制与回收及溶剂法的丙烯储运、催化剂配制、聚合、醇解、洗涤、过滤、溶剂回收单元
乙	聚乙烯醇装置的醋酸储运单元
丙	高压聚乙烯装置的掺和、包装、储运单元 低密度聚乙烯装置的后处理（挤压造料、包装）、储运单元 低压聚乙烯装置的后处理（干燥、包装）、储运单元 聚氯乙烯装置的过滤、干燥、包装、储运单元 聚乙烯醇装置的干燥、包装、储运单元 本体法连续制聚苯乙烯装置的造粒、包装、储运单元 ABS塑料和SAN塑料装置的干燥、造粒、包装、储运单元 聚苯乙烯装置的本体法连续聚合的造粒、料仓、包装、储运及溶剂法的干燥、掺和、包装、储运单元
Ⅳ. 合成氨及氨加工产品	
甲	合成氨装置的烃类蒸汽转化或部分氧化法制合成气（N_2+H_2+CO）、脱硫、变换、脱CO_2、铜洗、甲烷化、压缩、合成、原料烃类单元和煤气储罐组 硝酸铵装置的结晶或造粒、输送、包装、储运单元
乙	合成氨装置的氨冷冻、吸收单元和液氨储罐 合成尿素装置的氨储罐组和尿素合成、气提、分解、吸收、液氨泵、甲胺泵单元 硝酸装置 硝酸铵装置的中和、浓缩、氨储运单元
丙	合成尿素装置的蒸发、造粒、包装、储运单元

表 7-8　石油化纤部分

类别	装置（单元）名称
甲	涤纶装置（DMT法）的催化剂、助剂的储存、配制、对苯二甲酸二甲酯与乙二醇的酯交换、甲醇回收单元；锦纶装置（尼龙6）的环己烷氧化、环己醇与环己酮分馏、环己醇脱氢、己内酰胺用苯萃取精制、环己烷储运单元；尼纶装置（尼龙66）的环己烷储运、环己烷氧化、环己醇与环己酮氧化制己二酸、己二腈加氢制己胺单元；腈纶装置的丙烯腈、丙烯酸甲酯、醋酸乙烯、二甲胺、异丙醚、异丙醇储运和聚合单元；硫氰酸钠（NaSCN）回收的萃取单元，二甲基乙酰胺（DMAC）的制造单元；维尼纶装置的原料中间产品储罐组和乙炔或乙烯与乙酸催化合成乙酸乙烯、甲醇醇解生产聚乙烯醇、甲醇氧化生产甲醛、缩合为聚乙烯醇缩甲醛单元；聚酯装置的催化剂、助剂的储存、配制、己二腈加氢制己二胺单元
乙	锦纶装置（尼龙6）的环己酮肟化，贝克曼重排单元 尼纶装置（尼龙66）的己二酸氨化，脱水制己二腈单元 煤油、次氯酸钠库
丙	涤纶装置（DMT法）的对苯二甲酸乙二酯缩聚、造粒、熔融、纺丝、长丝加工、中间库、成品库单元；涤纶装置（PTA法）的酯化、聚合单元；锦纶装置（尼龙6）的聚合、切片、料仓、熔融、纺丝、长丝加工、储运单元 尼纶装置（尼龙66）的成盐（己二胺己二酸盐）、结晶、料仓、熔融、纺丝、长丝加工、包装、储运单元 腈纶装置的纺丝（NaSCN为溶剂除外）、后干燥、长丝加工、毛条、打包、储运单元 维尼纶装置的聚乙烯醇熔融抽丝、长丝加工、包装、储运单元 维尼纶装置的丝束干燥及干热拉伸、长丝加工、包装、储运单元 聚酯装置的酯化、缩聚、造粒、纺丝、长丝加工、料仓、中间库、成品库单元

7.2 爆炸性危险场所的划分

7.2.1 中国对爆炸性危险场所的划分（GB 50058—1992）

中国对爆炸性危险场所的划分采用与 IEC 等效的方法。国家标准 GB 50058—1992 中规定，爆炸性气体危险场所按其危险程度大小，划分为 0 区、1 区、2 区三个级别，爆炸性粉尘危险场所划分为 10 区、11 区两个级别，详见表 7-9。

表 7-9 国家对爆炸性危险场所的划分（GB 50058—1992）

爆炸性物质	区域划分	区 域 定 义
气 体	0 区	连续出现或长期出现爆炸性气体混合物的环境
	1 区	在正常运行时可能出现爆炸性气体混合物的环境
	2 区	在正常运行时不可能出现爆炸性气体混合物的环境，或即使出现也仅是短时存在的爆炸性气体混合物的环境
粉 尘	10 区	连续出现或长期出现爆炸性粉尘的环境
	11 区	有时会将积留下的粉尘扬起而偶然出现爆炸性粉尘混合物的环境

7.2.2 IEC（国际电工技术委员会）对爆炸性危险场所的划分（IEC 79-10）

IEC 79-10 将爆炸性气体危险场所划分为 0 区（Zone 0）、1 区（Zone 1）、2 区（Zone 2），其定义与中国相同。对爆炸性粉尘危险场所尚未划分。

德国、意大利、日本、英国、澳大利亚等国对爆炸性气体危险场所的划分与 IEC 相同。

7.2.3 NEC（美国国家电气规范）对爆炸性危险场所的划分（NEC 500）

(1) 危险场所级别

Class Ⅰ——1 级，为可燃性气体、蒸气场所；
Class Ⅱ——2 级，为可燃性粉尘场所；
Class Ⅲ——3 级，为易燃性纤维场所。

(2) 危险场所区别

Division 1——1 区（相当于 IEC 和中国的 0 区、1 区）；
Division 2——2 区（相当于 IEC 和中国的 2 区）。

危险场所级别和区别的定义见表 7-10。美国、加拿大等一些北美国家按 NEC 500 进行划分。

表 7-10 NEC 对爆炸性危险场所的划分（NEC 500）

分类		场 所
级	区	
Ⅰ	1	空气中存在或可能出现易燃性气体或蒸气，其数量足以形成爆炸性或可燃性的场所 ① 在正常工作情况下，易燃性气体或蒸气浓度呈持续性、间断性或周期性存在的场所 ② 由于修理或保养操作或由于泄漏原因所引起的易燃性气体或蒸气的危险浓度经常存在的场所 ③ 由于损坏设备或流程的误操作，而可能： a. 排出了有危险浓度的易燃性气体或蒸气的场所； b. 导致其他电气设备同时发生故障的场所

分类		场所
级	区	
I	2	① 处理、加工或使用易燃性、挥发性的液体蒸气或气体的场所。但这类场所危险性物质通常是封闭在密封容器中，当这种密封容器发生破裂或损坏时，或在非正常操作时，危险性物质会泄漏的场所 ② 通常采用通风装置以防止可燃性蒸气或气体形成危险浓度的地方，但由于通风装置的故障或非正常操作时，会发生危险性物质泄漏的场所 ③ 与1级1区邻近的场所，危险浓度的易燃性气体或蒸气可能偶尔流通的场所
II		存在可燃性粉尘的危险场所
	1	① 在正常情况下，易燃性粉尘持续地、间歇地或周期地悬浮在空中，其数量足以形成爆炸性或可燃性混合物的场所 ② 由于机械故障或由于机器或设备的非正常操作而可能产生这种混合物的场所 ③ 导电性粉尘可能存在的场所
	2	易燃性粉尘通常在空中不呈悬浮状或由于设备或仪器的正常操作，不大可能使易燃性粉尘成为悬浮状，但其数量足以形成爆炸性或可燃性混合物的场所，但是： ① 这种场所，粉尘的附着与积累足以干扰电气设备或仪器散热 ② 这种场所，在电气设备上面、里面或邻近处，附着物或积累物可能被设备的电弧或火花或烧着的物质点燃
III	1	存在着可燃性纤维或飞絮的场所，但这种纤维或飞絮不可能在空中悬浮，其数量足以形成可燃性混合物的场所 处理生产或使用可燃性飞絮的易燃性纤维的场所
	2	储存或处理(生产工序除外)可燃性纤维的场所

7.3 爆炸性气体和粉尘的分级分组

7.3.1 中国对爆炸性气体的分级分组（GB 50058—1992）

根据 GB 50058—1992，爆炸性气体混合物应按其最大试验安全间隙（MESG）或最小点燃电流比（MICR）进行分级，即按传爆级别进行分级，并按引燃温度进行分组。其分级和分组见表 7-11 和表 7-12。部分气体的分级分组举例见表 7-13。

表 7-11 爆炸性气体混合物的传爆级别

传爆级别	最大试验安全间隙(MESG)（适用于隔爆型）	最小点燃电流比(MICR)（适用于本安型）
IIA	≥0.9mm	≥0.8
IIB	0.5～0.9mm	0.45～0.8
IIC	<0.5mm	<0.45

注：1. MICR 为可燃性气体混合物最小点燃电流与甲烷最小点燃电流的比值。
2. 爆炸性气体混合物的传爆级别也是电气设备的防爆级别，两者是一致的，均分为IIA、IIB、IIC三级。

表 7-12 爆炸性气体混合物的引燃温度组别

温度组别	引燃温度 t
T1	$t>450℃$
T2	$450℃≥t>300℃$
T3	$300℃≥t>200℃$
T4	$200℃≥t>135℃$
T5	$135℃≥t>100℃$
T6	$100℃≥t>85℃$

注：爆炸性气体混合物的引燃温度组别与电气设备最高表面温度组别一一对应，如 T4 组气体，引燃温度为 $200℃≥t>135℃$，应选用表面温度组别为 T4 的仪表，最高允许表面温度≤135℃。

7.3.2 中国对爆炸性粉尘的分组（GB 50058—1992）

爆炸性粉尘可分为以下四种。

表 7-13 部分气体的分级分组举例（按 GB 50058—1992 和 GB 3836.1—2000 归纳整理）

传爆级别	引燃温度组别					
	T1	T2	T3	T4	T5	T6
ⅡA	甲烷,乙烷,丙烷,苯乙烯,苯,甲苯,二甲苯,三甲苯,萘,一氧化碳,苯酚,甲酚,丙酮,醋酸甲酯,醋酸,氯乙烷,氯苯,氨,乙腈,苯胺	丁烷,环戊烷,丙烯,乙苯,异丙苯,甲醇,乙醇,丙醇,丁醇,甲酸酯,甲酸乙酯,醋酸乙酯,甲基丙烯酸甲酯,醋酸乙烯酯,二氯乙烷,氯乙烯,甲胺,二甲胺	戊烷,己烷,庚烷,辛烷,壬烷,癸烷,环己烷,松节油,石脑油,石油,汽油,燃料油,煤油,柴油,戊醇,己醇,环己醇	乙醛,三甲胺		亚硝酸乙酯
ⅡB	丙炔,环丙烷,丙烯腈,氰化氢,民用煤气	乙烯,丁二烯,环氧乙烷,环氧丙烷,丙烯酸甲酯,丙烯酸乙酯,呋喃	二甲醚,丁烯醛,丙烯醛,四氢呋喃,硫化氢	乙基甲基醚,二乙醚,二丁醚,四氟乙烯		
ⅡC	氢,水煤气	乙炔			二硫化碳	硝酸乙酯

(1) 爆炸性粉尘 这种粉尘即使在空气中氧气很少的环境中也能着火,呈悬浮状态时能产生剧烈的爆炸,如镁、铝、铝青铜等粉尘。

(2) 可燃性导电粉尘 与空气中的氧起发热反应而燃烧的导电性粉尘,如石墨、炭黑、焦炭、煤、铁、锌、钛等粉尘。

(3) 可燃性非导电粉尘 与空气中的氧起发热反应而燃烧的非导电性粉尘,如聚乙烯、苯酚树脂、小麦、玉米、砂糖、染料、可可、木质、米糠、硫磺等粉尘。

(4) 可燃纤维 与空气中的氧起发热反应而燃烧的纤维,如棉花纤维、麻纤维、丝纤维、毛纤维、木质纤维、人造纤维等。

爆炸性粉尘按其引燃温度进行分组,见表 7-14。爆炸性粉尘场所电气设备最高允许表面温度见表 7-15。

表 7-14 爆炸性粉尘引燃温度组别

温度组别	引燃温度 $t/℃$
T11	$t > 270$
T12	$200 < t \leq 270$
T13	$150 < t \leq 200$

表 7-15 爆炸性粉尘场所电气设备最高允许表面温度

引燃温度组别	无过负荷的设备	有过负荷的设备
T11	215℃	195℃
T12	160℃	145℃
T13	120℃	110℃

注：确定粉尘温度组别时,应取粉尘云的引燃温度和粉尘层的引燃温度两者中的低值。

7.3.3 NEC 对爆炸性气体和粉尘的分组（NEC 500）

见表 7-16 和表 7-17。

表 7-16 NEC 对爆炸性气体和粉尘的分组

组 别	有代表性的爆炸性气体或粉尘	组 别	有代表性的爆炸性气体或粉尘
A 组——Group A	乙炔	E 组——Group E	金属粉尘
B 组——Group B	氢气、丁二烯、氧化乙烯等	F 组——Group F	煤炭粉尘
C 组——Group C	乙烯、一氧化碳、环氧丙烷等	G 组——Group G	谷物粉尘
D 组——Group D	甲烷、一辛烷、天然气、汽油、苯等		

表 7-17　NEC 对爆炸性气体和粉尘的引燃温度分组

引燃温度组别	电气设备最高允许表面温度/℃	引燃温度组别	电气设备最高允许表面温度/℃
T1	450	T3A	180
T2	300	T3B	165
T2A	280	T3C	160
T2B	260	T4	135
T2C	230	T4A	120
T2D	215	T5	100
T3	200	T6	85

7.4　中、外电气防爆标志的构成和对照

7.4.1　中国电气防爆标志的构成（GB 3836—2000）

中国电器防爆标志一般由以下 5 个部分构成：

(1) 防爆总标志 Ex　表示该设备为防爆电气设备；

(2) 防爆型式　表明该设备采用何种措施进行防爆，如 d 为隔爆型，i 为本安型等，见表 7-18；

(3) 防爆设备类别　分为两大类，Ⅰ为煤矿井下用电气设备，Ⅱ为工厂用电气设备；

(4) 防爆级别　分为 A、B、C 三级，说明Ⅱ类电气设备防爆能力的强弱；

(5) 温度组别　分为 T1～T6 六组，说明该设备的最高表面温度允许值。

表 7-18　我国电气设备的防爆型式（GB 3836—2000）

结构型式	标志	结构型式	标志	结构型式	标志
隔爆型	d	正压型	p	无火花型	n
增安型	e	充油型	o	浇封型	m
本质安全型	ia,ib	充砂型	q	特殊型	s

注：1. 本质安全型有 ia、ib 两种，其区别如下。

ia 型——在正常工作状态下，以及电路中存在一个故障或两个故障时，均不能点燃爆炸性气体混合物。在 ia 型电路中，工作电流被限制在 100mA 以下。

ib 型——在正常工作状态下，以及电路中存在一个故障时，不能点燃爆炸性气体混合物。在 ib 电路中，工作电流被限制在 150mA 以下。

ia 型仪表适用于 0 区和 1 区，ib 型仪表仅适用于 1 区。或者说，从本质安全角度讲，ib 仪表适用于煤矿井下，ia 型仪表适用于工厂。

2. 仪表防爆型式的选择如下：

0 区——只能选 ia 型和专为 0 区设计的 s 型；

1 区——可选除 n 型以外的其他型式，但 s 型是指专为 1 区设计的 s 型；

2 区——所有防爆型式均可选。

7.4.2　美、中工厂用电气防爆标志简明对照表（表 7-19）

表 7-19　美、中工厂用电气防爆标志简明对照表

美国保险商实验室(UL)标准	中国标准 GB 3836
1. 防爆结构型式	1. 防爆结构型式
隔爆型:无符号	隔爆型:d
正压型:无符号	正压型:p

续表

美国保险商实验室(UL)标准		中国标准 GB 3836
充油型:无符号		充油型:o
本安型:无符号		本安型:i
充砂型:无符号		充砂型:q
增安型:无符号		增安型:c
—		无火花型:n
—		浇封型:m
		特殊型:s
2. 防爆级别(NEC 500-2)		2. 防爆级别
乙炔	A	ⅡC
氢气	B	
丁二烯、丙烯醛、氧化乙烯		ⅡB
环丙烷、氢化氰、乙醚、乙烯	C	
丙酮		ⅡA
丙烯腈		ⅡB
氨、苯、丁烷、丁醇、乙烷、乙醇、汽油、庚烷、己烷、甲烷(天然气)、甲醇、丁酮、辛烷、石脑油、戊烷、戊醇、丙醇、丙烷、丙烯、苯乙烯、二甲苯、氯乙烯、乙酸乙烯酯、乙酸乙酯	D	ⅡA
3. 温度组别		3. 温度组别
T1(450℃)		T1
T2(300℃)　　T2C(230℃)		
T2A(280℃)　T2D(215℃)		T2
T2B(260℃)		
T3(200℃)　　T3B(165℃)		T3
T3A(180℃)　T3C(160℃)		
T4(135℃)　　T4A(120℃)		T4
T5(100℃)		T5
T6(85℃)		T6

标志示例　Class 1, Division 1, Group B、C、D, T4A，其含义为：

Class 1——1级，适用于可燃性气体、蒸气场所；

Division 1——适用于1区；

Group B、C、D——适用于B、C、D组气体；

T4A——最高表面温度≤120℃。

上述防爆标志对应于中国的ⅡA、ⅡB、ⅡCT4，可用于0区、1区危险场所。但应注意，该表不能用于乙炔场所。

7.4.3　日、中工厂用电气防爆标志简明对照表（表 7-20）

表 7-20　日、中工厂用电气防爆标志简明对照表

日本标准 JIS C 0903—1983	中国标准 GB 3836
1. 防爆结构型式：	1. 防爆结构型式：
隔爆型:d	隔爆型:d
增安型:e	增安型:e
本安型:i	本安型:i
正压型:f	正压型:p
充油型:o	充油型:o
—	充砂型:q
—	无火花型:n
—	浇封型:m
特殊型:s	特殊型:s

续表

日本标准 JIS C 0903—1983	中国标准 GB 3836
2. 防爆级别： 　　　　1 　　　　2	2. 防爆级别： 　　　　ⅡA 　　　　ⅡB
3 　　3a(防水煤气、氢气) 　　3b(防二硫化碳) 　　3c(防乙炔) 　　3n(防所有3级爆炸性气体)	ⅡC
3. 温度组别： 　　　　G1 　　　　G2 　　　　G3 　　　　G4 　　　　G5 　　　　G6	3. 温度组别： 　　　　T1 　　　　T2 　　　　T3 　　　　T4 　　　　T5 　　　　T6
4. 标志示例： 　　　　ia3nG5 　　　　ds2G4 　　　　d3aG4 　　　　ib2G4	4. 对应标志： 　　　　iaⅡCT5 　　　　dsⅡBT4 　　　　dⅡCT4 　　　　ibⅡBT4

7.4.4　欧洲共同体、中国工厂用电气防爆标志简明对照表（表7-21）

表 7-21　欧洲共同体、中国工厂用电气防爆标志简明对照表

欧洲电工技术委员会标准 EN50014～EN50020	中国标准 GB 3836
1. 防爆结构型式： 　充油型：o 　正压型：p 　充砂型：q 　隔爆型：d 　增安型：e 　本安型：i 　特殊型：s 　— 　—	1. 防爆结构型式： 　充油型：o 　正压型：p 　充砂型：q 　隔爆型：d 　增安型：e 　本安型：i 　特殊型：s 　无火花型：n 　浇封型：m
2. 防爆级别： 　　　ⅡA 　　　ⅡB 　　　ⅡC	2. 防爆级别： 　　　ⅡA 　　　ⅡB 　　　ⅡC
3. 温度组别： 　　　T1 　　　T2 　　　T3 　　　T4 　　　T5 　　　T6	3. 温度组别： 　　　T1 　　　T2 　　　T3 　　　T4 　　　T5 　　　T6
4. 标志示例： 　　〈EX〉 EEx dⅡCT4 　　〈EX〉 EEx deⅡCT6	4. 对应标志： 　　　dⅡCT4 　　　deⅡCT6

注：EN50014～EN50020为欧洲共同体所属欧洲电工技术委员会标准。经欧洲共同体注册认可的防爆产品在欧共体国家内部是可以接受的，无需再认证。

7.4.5 欧洲和北美主要防爆检验及测试机构（表 7-22）

表 7-22 欧洲和北美主要防爆检验及测试机构

机构名称	国家	所用标识	机构名称	国家	所用标识
CENELEC	欧共体国家	εx,EEx	INIEX	比利时	Ex
BASEEFA SCS	英国	Ex,FLP SCS	DEMKO	丹麦	Ex
PTB BVS	德国	Ex,Sch	KEMA	荷兰	KEMA KEUR
INERIS LCIE	法国	MS,AE	Underwriters Laboratory(UL) Factory Mutual(FM)	美国	UL Factory Mutual System Approved
LOM	西班牙				
CESI	意大利	AD-PE	CSA	加拿大	CSA

注：中国仪表防爆检验机构为国家级仪器仪表防爆安全监督检验站（上海），所用标识为 NEPSI。

7.5 可燃性气体、蒸气特性表（表 9-23）

(1) 所谓可燃性气体是指可以产生燃烧的气体 但不是所有的可燃性气体都需要进行检测和报警，只有容易造成火灾和爆炸危险的易燃、易爆气体才需要进行检测和报警。

SH 3063—1999《石油化工企业可燃气体和有毒气体检测报警设计规范》中规定，在石油化工现场，应设置可燃性气体检测报警器进行检测和报警的气体如下：

① 气体的爆炸下限浓度（LEL，V%）为 10% 以下或爆炸上限与爆炸下限之差大于 20% 的甲类气体；

② 液化烃、甲 B、乙 A 类可燃液体气化后形成的蒸气。

液化烃——属于甲 A 类液体，是指 15℃ 时蒸气压力大于 0.1MPa 的烃类液体，如液化石油气、液化乙烯、液化丙烯、液化甲烷、液化环氧乙烷等。

甲 B 类液体——是指除甲 A 类液体以外，闪点小于 28℃ 的易燃液体。

乙 A 类液体——是指 28℃≤闪点≤45℃ 的易燃液体。

气体、液体的火灾危险性分类，详见 GB 50160—1992《石油化工企业设计防火规范》。

(2) 物质的可燃性性质 物质（特别是有机化合物）的闪点、燃烧极限（爆炸极限）、自燃温度三个性质被用来指示或确定安全操作温度的界限，也是防火、防爆技术中常用到的几个温度界限。目前的出版物中，对这三个性质的表述（包括用语和定义）并不完全一致，容易引起混乱，为此有必要做一说明。

① 闪点——可燃液体表面挥发的蒸气与空气形成的混合气体，当接触火焰时会产生瞬间燃烧，这种现象称为闪燃，引起闪燃的最低温度称为闪点。

闪点的测定方法有闭口杯法（ASTM D56，ASTM D93，ASTM D3828）和开口杯法（ASTM D92，ASTM D-1310）两种，通常更推荐前者。

闪点也可以根据以下公式进行估算：

$$p^{sat} = \frac{p}{1+4.76(2\beta-1)}$$

$$\beta = N_C + N_S + \frac{(N_H - N_X)}{4} - \frac{N_O}{2}$$

式中　　　　　　p^{sat}——闪点温度下化合物的蒸气压；
　　　　　　　　p——系统的总压力；
N_C、N_S、N_H、N_X、N_O——化合物分子中碳（C）、硫（S）、氢（H）、卤素（X）、氧（O）原子的个数。

表 7-23　可燃性气体、蒸气特性表（SH 3063—1999）

序号	物质名称	引燃温度/℃/组别	沸点/℃	闪点/℃	爆炸浓度/V% 下限	爆炸浓度/V% 上限	火灾危险性分类	蒸气密度/(kg/m³)
1	甲烷	540/T1	−161.5	气体	5.0	15.0	甲	0.77
2	乙烷	515/T1	−88.9	气体	3.0	15.5	甲	1.34
3	丙烷	466/T1	−42.1	气体	2.1	9.5	甲	2.07
4	丁烷	405/T2	−0.5	气体	1.9	8.5	甲	2.59
5	戊烷	260/T3	36.07	<−40.0	1.4	7.8	甲B	3.22
6	己烷	225/T3	68.9	−22.8	1.1	7.5	甲B	3.88
7	庚烷	215/T3	98.3	−3.9	1.1	6.7	甲B	4.53
8	辛烷	220/T3	125.67	13.3	1.0	6.5	甲B	5.09
9	壬烷	205/T3	150.77	31.0	0.7	5.6	乙A	5.73
10	癸烷	210/T3	173.9	46.0	0.8	5.4	乙B	6.34
11	环丙烷	500/T1	−33.9	气体	2.4	10.4	甲	1.94
12	环戊烷	380/T2	469.4	<−6.7	1.4		甲B	3.10
13	异丁烷	460/T1	−11.7	气体	1.8	8.4	甲	2.59
14	环己烷	245/T3	81.7	−20.0	1.3	8.0	甲B	3.75
15	异戊烷	420/T2	27.8	<−51.1	1.4	7.6	甲B	3.21
16	异辛烷	410/T2	99.24	−12.0	1.0	6.0	甲B	5.09
17	乙基环丁烷	210/T3	71.1	<−15.6	1.2	7.7	甲B	3.75
18	乙基环戊烷	260/T3	103.3	<21	1.1	6.7	甲B	4.40
19	乙基环己烷	262/T3	131.7	35	0.9	6.6	乙A	5.04
20	甲基环己烷	250/T3	101.1	−3.9	1.2	6.7	甲B	4.40
21	萘烷	250/T3	194.4	57.8	0.7	4.9	乙B	6.21
22	乙烯	425/T2	−103.7	气体	2.7	36	甲	1.29
23	丙烯	460/T1	−47.2	气体	2.0	11.1	甲	1.94
24	丁烯-1	385/T2	−6.1	气体	1.6	10.0	甲	2.46
25	顺丁烯-2	325/T2	3.7	气体	1.7	9.0	甲	2.46
26	反丁烯-2	324/T2	1.1	气体	1.8	9.7	甲	2.46
27	丁二烯	420/T2	−4.44	气体	2.0	12	甲	2.42
28	异丁烯	465/T1	−6.7	气体	1.8	9.6	甲	2.46
29	乙炔	305/T2	−84	气体	2.5	100	甲	1.16
30	丙炔	/T1	−2.3	气体	1.7		甲	1.81
31	苯	560/T1	80.1	−11.1	1.3	7.1	甲B	3.62
32	甲苯	480/T1	110.6	4.4	1.2	7.1	甲B	4.01
33	乙苯	430/T2	136.2	15	1.0	6.7	甲B	4.73
34	邻-二甲苯	465/T1	144.4	17	1.0	6.0	甲B	4.78
35	间-二甲苯	530/T1	138.9	25	1.1	7.0	甲	4.78
36	对-二甲苯	530/T1	138.3	25	1.1	7.0	甲B	4.78

续表

序号	物质名称	引燃温度/℃/组别	沸点/℃	闪点/℃	爆炸浓度/V% 下限	爆炸浓度/V% 上限	火灾危险性分类	蒸气密度/(kg/m³)
37	苯乙烯	490/T1	146.1	32	1.1	6.1	乙A	4.64
38	甲基苯乙烯	495/T1	172.2	56.7	0.7		乙B	5.30
39	一氧化碳	609/T1	−191.5	气体	12.5	74	乙	1.29
40	环氧乙烷	429/T2	10.56	<−17.8	3.6	100	甲A	1.94
41	环氧丙烷	430/T2	33.9	−37.2	2.8	37	甲B	2.59
42	甲基醚	350/T2	−23.9	气体	3.4	27	甲	2.07
43	乙醚	170/T4	35	−45	1.9	36	甲B	3.36
44	乙基甲基醚	190/T4	10.6	−37.2	2.0	10.1	甲A	2.72
45	二甲醚	240/T3	−23.7	气体	3.4	27	甲	2.06
46	二丁醚	194/T4	141.1	25	1.5	7.6	甲B	5.82
47	甲醇	385/T2	63.9	11	6.7	36	甲B	1.42
48	乙醇	422/T2	78.3	12.8	3.3	19	甲B	2.06
49	丙醇	440/T2	97.2	25	2.1	13.5	甲B	2.72
50	丁醇	365/T2	117.0	28.9	1.4	11.2	乙A	3.36
51	戊醇	300/T3	138.0	32.7	1.2	10	乙A	3.88
52	异丙醇	399/T2	82.8	11.7	2.0	12	甲B	2.72
53	异丁醇	426/T2	108.0	31.6	1.7	19.0	乙A	3.30
54	甲醛	430/T2	−19.4	气体	7.0	73	甲	1.29
55	乙醛	175/T4	21.1	−37.8	4.0	60	甲A	1.94
56	丙醛	207/T3	48.9	−9.4 −7.2	2.9	17	甲B	2.59
57	丙烯醛	235/T3	51.7	−26.1	2.8	31	甲B	2.46
58	丙酮	465/T1	56.7	−17.8	2.6	12.8	甲B	2.59
59	丁醛	230/T3	76	−6.7	2.5	12.5	甲B	3.23
60	甲乙酮	515/T1	79.6	−6.1	1.8	10	甲B	3.23
61	环己酮	420/T2	156.1	43.9	1.1	8.1	乙A	4.40
62	乙酸	465/T1	118.3	42.8	5.4	16	乙A	2.72
63	丁醛	230/T3	76	−6.7	2.5	12.5	甲A	3.23
64	甲酸甲酯	465/T1	32.2	−18.9	5.0	23	甲B	2.72
65	甲酸乙酯	455/T1	54.4	−20	2.8	16	甲B	3.37
66	醋酸甲酯	501/T1	60	−10	3.1	16	甲B	3.62
67	醋酸乙酯	427/T2	77.2	−4.4	2.2	11.0	甲B	3.88
68	醋酸丙酯	450/T2	101.7	14.4	2.0	3.0	甲B	4.53
69	醋酸丁酯	425/T2	127	22	1.7	7.6	甲B	5.17
70	醋酸丁烯酯	427/T2	71.7	7.0	2.6		甲B	3.88
71	丙烯酸甲酯	415/T2	79.7	−2.9	2.8	25	甲B	3.88
72	呋喃	390/T2	31.1	<0	2.3	14.3	甲B	2.97
73	四氢呋喃	321/T2	66.1	−14.4	2.0	11.8	甲B	3.23
74	氯代甲烷	623/T1	−23.9	气体	10.7	17.4	甲	2.33
75	氯乙烷	519/T1	12.2	−50	3.8	15.4	甲A	2.84
76	溴乙烷	511/T1	37.8	<−20	6.7	11.3	甲B	4.91

续表

序号	物质名称	引燃温度/℃/组别	沸点/℃	闪点/℃	爆炸浓度/V% 下限	爆炸浓度/V% 上限	火灾危险性分类	蒸气密度/(kg/m³)
77	氯丙烷	520/T2	46.1	<-17.8	2.6	11.1	甲B	3.49
78	氯丁烷	245/T2	76.6	-9.4	1.8	10.1	甲B	4.14
79	溴丁烷	265/T2	102	18.9	2.6	6.6	甲B	6.08
80	氯乙烯	413/T2	-13.9	气体	3.6	33	甲	2.84
81	烯丙基氯	485/T1	45	-32	2.9	11.1	甲B	3.36
82	氯苯	640/T1	132.2	28.9	1.3	7.1	乙A	5.04
83	1,2-二氯乙烷	412/T2	83.9	13.3	6.2	16	甲B	4.40
84	1,1-二氯乙烯	570/T1	37.2	-17.8	7.3	16	甲B	4.40
85	硫化氢	260/T3	-60.4	气体	4.3	45.5	甲	1.54
86	二硫化碳	90/T6	46.2	-30	1.3	5.0	甲B	3.36
87	乙硫醇	300/T3	35.0	<26.7	2.8	10.0	甲B	2.72
88	氨	651/T1	-33.4	气体	16.0	25.0	乙	0.78
89	乙腈	524/T1	81.6	5.6	4.4	16.0	甲B	1.81
90	丙烯腈	481/T1	77.2	0	3.0	17.0	甲B	2.33
91	硝基甲烷	418/T2	101.1	35.0	7.3	63	乙A	2.72
92	硝基乙烷	414/T2	113.8	27.8	3.4	5.0	甲B	3.36
93	亚硝酸乙酯	90/T6	17.2	-35	3.0	50	甲B	3.36
94	氰化氢	538/T1	26.1	-17.8	5.6	40	甲B	1.16
95	甲胺	430/T2	-6.5	气体	4.9	20.1	甲	2.72
96	二甲胺	400/T2	7.2	气体	2.8	14.4	甲	2.07
97	吡啶	550/T1	115.5	<2.8	1.7	12	甲B	3.53
98	氢	510/T1	-253	气体	4.0	75	甲	0.09
99	天然气	484/T1		气体	3.8	13	甲	
100	城市煤气	520/T1	<-50	气体	4.0		甲	0.65
101	液化石油气				1.0	15	甲A	
102	轻石脑油	285/T3	36~68	<-20.0	1.2		甲B	≥3.22
103	重石脑油	233/T3	65~177	-22~20	0.6		甲B	≥3.61
104	汽油	280/T3	50~150	<-20	1.1	5.9	甲B	4.14
105	喷气燃料	200/T3	80~250	<28	0.6		乙A	6.47
106	煤油	223/T3	150~300	≤45	0.6		乙A	6.47
107	原油						甲B	

注：1. 本表数值来源基本上以《化学易燃品参考资料》（北京消防研究所译自美国防火手册）为主，并与《压力容器中化学介质毒性危险和爆炸危险程度分类》（HGJ 43—1991）、《石油化工工艺计算图表》、《可燃气体报警器》（JJC 693—1990）进行了对照，仅调整了个别栏目的数值。

2. "蒸气密度"一栏是标准状态（0℃，101.325kPa）下的密度，该栏数值是在原"蒸气比重"数值上乘以1.293（干空气在标准状态下的密度）。

p^{sat}和闪点温度是一一对应的。由上式可以看出，闪点随系统总压力 p 的升高而升高，因此在不同大气压力条件下测得的闪点，皆应换算成在101.3kPa大气压力条件下的温度，才可作为闪点的正确测量结果。

② 燃点——又称着火点，若上述混合气体能被接近的火焰点着，并在移去火焰之后仍

能继续燃烧（燃烧时间不少于 5s）的最低温度称为该液体的燃点或着火点。可燃液体的燃点约高于其闪点 1~5℃。

③ 自燃温度——又称自燃点，是指可燃物质（包括气体、液体和固体）在没有火焰、电火花等火源直接作用下，在空气或氧气中被加热而引起燃烧的最低温度。

一般，液体相对密度越小，其闪点和燃点越低，而自燃点越高；液体相对密度越大，其闪点和燃点越高，而自燃点越低。换句话说，液体的闪点和燃点随其相对密度增大而逐渐升高，自燃点逐渐降低。

④ 引燃温度——我国防爆标准中所用的"引燃温度"一词和自燃温度、自燃点属于同一概念，引燃温度组别就是按其自燃点划分的。使用中应当注意，不要把"引燃温度"和"燃点温度"混同起来。"引燃温度"是指由于温度升高而引起的物质自燃的最低温度，"燃点温度"是指将物质点燃所需的最低温度，显然，"引燃温度"远高于"燃点温度"。

⑤ 燃烧极限——和爆炸极限是同义语，分为燃烧（爆炸）下限和燃烧（爆炸）上限。这一性质是对于可燃性（爆炸性）气体混合物而言的，用可燃气体或蒸气在空气中的体积百分含量来表示。在上、下限范围内，混合气体一经点燃，火焰将扩散开去，扩散所形成的剧烈冲击波称为爆炸。

燃烧（爆炸）的上、下限值一般是指在 298K（15℃）和 101325Pa 下的数值，如果温度和压力升高，则其下限降低而上限升高。

燃烧（爆炸）下限的蒸气压相对应的温度与闪点温度相同。

燃烧（爆炸）上限的蒸气压相对应的温度不高于且通常远低于自燃温度。

7.6 爆炸性粉尘特性表（表 7-24）

表 7-24 爆炸性粉尘特性表（GB 50058—1992）

粉尘种类	粉尘名称	温度组别	高温表面堆积粉尘层(5mm)的引燃温度/℃	粉尘云的引燃温度/℃	爆炸下限浓度/(g/m³)	粉尘平均粒径/μm	危险性质
金属	铝（表面处理）	T11	320	590	37~50	10~15	爆
	铝（含脂）	T12	230	400	37~50	10~20	爆
	铁		240	430	153~204	100~150	可、导
	镁	T11	340	470	44~59	5~10	爆
	红磷		305	360	48~64	30~50	可
	炭黑	T12	535	>600	36~45	10~20	可、导
	钛		290	375			可、导
	锌		430	530	212~284	10~15	可、导
	电石		325	555	<200		可
	钙硅铝合金(8%钙-30%硅-55%铝)	T11	290	465			可、导
	硅铁合金(45%硅)		>450	640			可、导
	黄铁矿		445	555	<90		可、导
	锆石		305	360	92~123	5~10	可、导

续表

粉尘种类	粉尘名称	温度组别	高温表面堆积粉尘层(5mm)的引燃温度/℃	粉尘云的引燃温度/℃	爆炸下限浓度/(g/m³)	粉尘平均粒径/μm	危险性质
化学药品	硬脂酸锌	T11	熔融	315		8~15	可
	萘		熔融	575	28~38	30~100	可
	蒽		熔融升华	505	29~39	40~50	可
	己二酸		熔融	580	65~90		可
	苯二(甲)酸		熔融	650	61~83	80~100	可
	无水苯二(甲)酸(粗制品)		熔融	605	52~71		可
	苯二甲酸腈		熔融	>700	37~50		可
	无水马来酸(粗制品)		熔融	500	82~112		可
	醋酸钠酯		熔融	520	51~70	5~8	可
	结晶紫		熔融	475	46~70	15~30	可
	四硝基咔唑		熔融	395	92~123		可
	二硝基甲酚		熔融	340		40~60	可
	阿斯匹林		熔融	405	31~41	60	可
	肥皂粉		熔融	575		80~100	可
	青色染料		350	465		300~500	可
	萘酚染料		395	415	133~184		可
合成树脂	聚乙烯	T11	熔融	410	26~35	30~50	可
	聚丙烯		熔融	430	25~35		可
	聚苯乙烯		熔融	475	27~37	40~60	可
	苯乙烯(70%)与丁二烯(30%)粉状聚合物		熔融	420	27~37		可
	聚乙烯醇		熔融	450	42~55	5~10	可
	聚丙烯腈		熔融炭化	505	35~55	5~7	可
	聚氨酯(类)		熔融	425	46~63	50~100	可
	聚乙烯四酰		熔融	480	52~71	<200	可
	聚乙烯氮戊环酮		熔融	465	42~58	10~15	可
	聚氯乙烯		熔融炭化	595	63~86	4~5	可
	氯乙烯(70%)与苯乙烯(30%)粉状聚合物		熔融炭化	520	44~60	30~40	可
	酚醛树脂(酚醛清漆)		熔融炭化	520	36~40	10~20	可
	有机玻璃粉		熔融炭化	485			可
天然树脂	骨胶(虫胶)	T11	沸腾	475		20~50	可
	硬质橡胶		沸腾	360	36~49	20~30	可
	软质橡胶		沸腾	425		80~100	可
	天然树脂		熔融	370	38~52	20~30	可
	珐玡树脂		熔融	330	30~41	20~50	可
	松香		熔融	325		50~80	可
沥青蜡类	硬蜡	T11	熔融	400	26~36	50~80	可
	绕组沥青		熔融	620		50~80	可
	硬沥青		熔融	620		50~150	可
	煤焦油沥青		熔融	580			可

续表

粉尘种类	粉尘名称	温度组别	高温表面堆积粉尘层(5mm)的引燃温度/℃	粉尘云的引燃温度/℃	爆炸下限浓度/(g/m³)	粉尘平均粒径/μm	危险性质
农产品	裸麦粉	T11	325	415	67~93	30~50	可
	裸麦谷物粉(未处理)		305	430		50~100	可
	裸麦筛落粉(粉碎品)		305	415		30~40	可
	小麦粉		炭化	410		20~40	可
	小麦谷物粉		290	420		15~30	可
	小麦筛落粉(粉碎品)		290	410		3~5	可
	乌麦、大麦谷物粉	T12	270	440		50~150	可
	筛米糠		270	420		50~100	可
	玉米淀粉		炭化	410		2~30	可
	马铃薯淀粉		炭化	430		60~80	可
	布丁粉	T12	炭化	395		10~20	可
	糊精粉		炭化	400	71~99	20~30	可
	砂糖粉		熔融	360	77~107	20~40	可
	乳糖		熔融	450	83~115		
纤维鱼粉	可可子粉(脱脂品)	T12	245	460		30~40	可
	咖啡粉(精制品)		收缩	600		40~80	可
	啤酒麦芽粉		285	405		100~500	可
	紫苜蓿		280	480		200~500	可
	亚麻粕粉		285	470			可
	菜种渣粉	T11	炭化	465		400~600	可
	鱼粉		炭化	485		80~100	可
	烟草纤维		290	485		50~100	可
	木棉纤维		385				
	人造短纤维		305				可
	亚硫酸盐纤维		380				可
	木质纤维	T12	250	445		40~80	可
	纸纤维		360				可
	椰子粉		280	450		100~200	可
	软木粉	T11	325	460	44~59	30~40	可
	针叶树(松)粉		325	440		70~150	可
	硬木(丁钠橡胶)粉		315	420		70~100	可
燃料	泥煤粉(堆积)	T12	260	450		60~90	可、导
	褐煤粉(生褐煤)		260		49~68	2~3	可
	褐煤粉		230	185		3~7	可、导
	有烟煤粉	T12	235	595	41~57	5~11	可、导
	瓦斯煤粉		225	580	35~48	5~10	可、导
	焦炭用煤粉		280	610	33~45	5~10	可、导
	贫煤粉		285	680	34~45	5~7	可、导
	无烟煤粉	T11	>430	>600		100~130	可、导
	木炭粉(硬质)		340	595	39~52	1~2	可、导
	泥煤焦炭粉		360	615	40~54	1~2	可、导
	褐煤焦炭粉	T12	235			4~5	可、导
	煤焦炭粉	T11	430	>750	37~50	4~5	可、导

注：危险性质栏中用"爆"表示爆炸性粉尘；用"可、导"表示可燃性导电粉尘，用"可"表示可燃性非导电粉尘。

7.7 防毒

7.7.1 职业性接触毒物危害程度分级

某些侵入人体的少量物质，引起局部刺激或整个机体功能障碍的任何疾病都称为中毒，这类物质称为毒物。根据毒物侵入的途径，中毒分为摄入中毒、呼吸中毒和接触中毒。

毒物的剂量与效应之间的关系称为毒物的毒性，习惯上用半致死剂量（LD50）或半致死浓度（LC50）作为衡量急性毒性大小的指标，将毒物的毒性分为剧毒、高毒、中等毒、低毒、微毒五级。上述分级未考虑其慢性毒性及致癌作用，中国国家标准 GB 5044—85《职业性接触毒物危害程度分级》根据毒物的 LD50 值、急慢性中毒的状况与后果、致癌性、工作场所最高允许浓度等 6 项指标全面权衡，将毒物的危害程度分为 Ⅰ～Ⅳ 级，表 7-25 列出了该标准对中国常见的 56 种毒物的危害程度分级。

表 7-25 职业性接触毒物危害程度分级（GB 5044—85）

级别	毒物名称
Ⅰ级（极度危害）	汞及其化合物、苯、砷及其无机化合物(非致癌的除外)、氯乙烯、铬酸盐与重铬酸盐、黄磷、铍及其化合物、对硫磷、羰基镍、八氟异丁烯、氯甲醚、锰及其无机化合物、氰化物
Ⅱ级（高度危害）	三硝基甲苯、铅及其化合物、二硫化碳、氯、丙烯腈、四氯化碳、硫化氢、甲醛、苯胺、氟化氢、五氯酚及其钠盐、镉及其化合物、敌百虫、氯丙烯、钒及其化合物、溴甲烷、硫酸二甲酯、金属镍、甲苯二异氰酸酯、环氧氯丙烷、砷化氢、敌敌畏、光气、氯丁二烯、一氧化碳、硝基苯
Ⅲ级（中度危害）	苯乙烯、甲醇、硝酸、硫酸、盐酸、甲苯、二甲苯、三氯乙烯、二甲基甲酰胺、六氟丙烯、苯酚、氮氧化物
Ⅳ级（轻度危害）	溶剂汽油、丙酮、氢氧化钠、四氟乙烯、氨

7.7.2 有毒性气体、蒸气特性表（表 7-26）

所谓有毒性气体是指对人体有毒害作用的气体。不是所有的有毒性气体都需要进行检测和报警，只有极度危害（Ⅰ级）和高度危害（Ⅱ级）气体才需要进行检测和报警。

表 7-26 有毒性气体、蒸气特性表（SH 3063—1999）

物质名称	相对密度（气体）	熔点/℃	沸点/℃	闪点/自燃点/℃	爆炸极限/V%		最高允许浓度/(mg/m³)	火灾危险性分类	危害程度分级
					下限	上限			
一氧化碳	0.97	−199.1	−191.4	<−50/610	12.5	74.2	30	乙	Ⅱ（高度危害）
氯乙烯	2.15	−160	−13.9	−78/472.22	4	22		甲	Ⅰ（极度危害）
硫化氢	1.19	−85.5	−60.4	<−50/260	4	46	10	甲	Ⅱ
氯	2.48	−101	−34.5				1		Ⅱ
氰化氢	0.93	−13.2	25.7	−17.8/538	5.6	40	0.3	甲	Ⅰ
丙烯腈	1.83	−83.6	77.3	−5/480	2.8	28	2	甲B	Ⅱ
环氧乙烷	1.52	−112.2	10.4	<−17.8/429	3	100	5	甲	Ⅱ

注：1. 本表第 1～7 栏数值来源基本上以《常用化学危险物品安全手册》为主，并与《工业企业卫生标准》（TJ 36—79）及《有毒化学品卫生与安全实用手册》进行了对照，第 8 栏数值摘自《石油化工企业设计防火规范》（GB 50160—1992）；第 9 栏数值摘自《职业性接触毒物危害程度分级》（GB 5044—85）。

2. 环氧乙烷危害程度分级中的 Ⅱ 来自《石油化工企业职业安全卫生设计规范》（SH 3047—1993）。

SH 3063—1999《石油化工企业可燃气体和有毒气体检测报警设计规范》中规定，在石油化工现场，应设置有毒气体检测报警器进行检测和报警的气体有如下7种：硫化氢、氰化氢、氯气、一氧化碳、丙烯腈、环氧乙烷、氯乙烯。

氨属于轻度危害气体，SH 3063—1999中不规定检测，有些国家标准中规定氨也作为有毒气体进行检测。

7.8 外壳防护等级

由于仪表的安装使用场所不同，其环境条件也不一样。工业仪表为了能适应各种不同的使用场所，就必须具备一定的环境防护能力，这种防护能力是通过仪表的外壳设计来实现的，同一种仪表封装在不同的外壳中，就具有了不同的防护能力。

目前，世界上关于工业仪表的防护标准主要有两个：一个是IEC（国际电工技术委员会）的标准IEC 529—1989，主要用于欧洲地区；另一个是NEMA（美国电气制造商协会）的标准NEMA ICSI-110—1973，主要用于美国及北美地区。在IEC标准中，仪表的防护等级是指不同级别的防尘、防水能力。在NEMA标准中，除了防尘、防水之外，还包括了防爆。中国国标GB 4208—1993等同采用IEC标准。

7.8.1 外壳防护等级（IP代码）（GB 4208—1993，IEC 529—1989）

在IEC标准和国标GB 4208中，使用IP代码来表示外壳的防护等级。IP代码由特征字母IP（International Protection 国际防护）、第一位特征数字、第二位特征数字组成。第一位特征数字表示防尘，第二位特征数字表示防水。不要求规定特征数字时，该处由字母X代替，例如：IP34、IPX5、IP2X。

IP代码的组成及含义见表7-27～表7-29。

表7-27 IP代码的组成及含义

组成	数字或字母	对设备防护的含义	对人员防护的含义	组成	数字或字母	对设备防护的含义	对人员防护的含义
代码字母	IP	—	—	代码字母	IP	—	—
第一位特征数字		防止固体异物进入	防止接近危险部件	第二位特征数字		防止进水造成有害影响	
	0	无防护	无防护		6	猛烈喷水	
	1	≥φ50mm	手背		7	短时间浸水	
	2	≥φ12.5mm	手指		8	连续浸水	
	3	≥φ2.5mm	工具	附加字母（可选择）			防止接近危险部件
	4	≥φ1.0mm	金属线		A		手背
	5	防尘	金属线		B		手指
	6	尘密	金属线		C		工具
第二位特征数字		防止进水造成有害影响			D		金属线
	0	无防护		补充字母（可选择）		专门补充的信息	—
	1	垂直滴水			H	高压设备	
	2	15°滴水			M	做防水试验时试样运行	
	3	淋水			S	做防水试验时试样静止	
	4	溅水			W	气候条件	
	5	喷水					

表 7-28 对第一位特征数字的简要说明

第一位特征数字	简要说明		第一位特征数字	简要说明	
	对人员防护	对设备防护		对人员防护	对设备防护
0	无防护	无防护	4	防止金属线接近危险部件	防止直径不小于1.0mm的固体异物
1	防止手背接近危险部件	防止直径不小于50mm的固体异物	5	防止金属线接近危险部件	不能完全防止尘埃进入，但进入的灰尘量不得影响设备的正常运行，不得影响安全
2	防止手指接近危险部件	防止直径不小于12.5mm的固体异物			
3	防止工具接近危险部件	防止直径不小于2.5mm的固体异物	6	防止金属线接近危险部件	无灰尘进入

表 7-29 对第二位特征数字的简要说明

第二位特征数字	简要说明	含义	第二位特征数字	简要说明	含义
0	无防护	—	5	防喷水	向外壳各方向喷水无有害影响
1	防止垂直方向滴水	垂直方向滴水应无有害影响	6	防强烈喷水	向外壳各个方向强烈喷水无有害影响
2	防止当外壳在15°范围内倾斜时垂直方向滴水	当外壳的各垂直面在15°范围内倾斜时，垂直滴水应无有害影响	7	防短时间浸水影响	浸入规定压力的水中经规定时间后外壳进水量不致达有害程度
3	防淋水	各垂直面在60°范围内淋水，无有害影响	8	防持续潜水影响	按生产厂和用户双方同意的条件（应比数字为7严酷）持续潜水后外壳进水量不致达有害程度
4	防溅水	向外壳各方向溅水无有害影响			

7.8.2 NEMA外壳防护类型及其与IP代码的对应关系（NEMA ICSI-110—1973）

NEMA外壳防护类型是美国电气制造商协会（NEMA）制定的电气设备外壳防护标准。NEMA的外壳防护标准除了防尘、防水之外，还包括防爆。NEMA外壳类型、定义及其与IP外壳防护等级的对照见表7-30和表7-31。

表 7-30 NEMA外壳类型、定义及其与IP外壳防护等级的对照

NEMA外壳类型	NEMA定义	IEC外壳防护等级
1	通用。能防粉尘、防晒、防直接溅射，但不能绝对防尘。主要能防止与带电部件接触。一般用于室内和标准大气环境下使用	IP10
2	不透水。与类型1外壳相似，但需设置附加防漏罩。使用场所有时会出现严重的冷凝现象（如冷却场所或洗衣房）	IP11
3和3S	不受气候变化影响，可防止灾害天气，如暴雨和冰雪的影响。一般用于露天场所，如码头、建筑工地、隧洞以及地铁等场所	IP54
3R	室外使用。一定程度上能防雨、防结冰。装有避雷针、排雨水管和结冰消除装置，并通过防锈测试	IP14
4和4X	防水及全天候使用。能耐65GPM、喷嘴距离不小于10ft、持续时间为5min的水的冲击。可在码头、乳品厂、啤酒厂或室外场合使用	IP56
5	防尘。能提供密封垫防护或类似的密封防护，起到隔尘作用。通常用于钢铁厂及水泥厂	IP52
6和6P	可浸入水中使用，但取决于时间和压力的特定条件。一般用于露天开采、矿山、探井等场所	IP67
7	危险场所使用。在NEC标准定义的Class Ⅰ，Group A、B、C以及D类爆炸性危险场所的室内使用	—

续表

NEMA外壳类型	NEMA 定义	IEC 外壳防护等级
8	危险场所使用。在 NEC 标准定义的 ClassⅠ,GroupA、B、C 以及 D 类爆炸性危险场所的室内以及室外使用	—
9	危险场所使用。在 NEC 标准定义的 ClassⅡ,GroupE、F 以及 G 类爆炸性危险场所的室内或室外使用	—
10	符合美国矿山安全及人身健康管理局(MSHA)30CFR18 文件的要求(1978 年制定)	—
11	通用。防止腐蚀性液体和气体的影响,能满足防漏和防腐蚀检测要求	—
12 和 12K	通用。室内使用。能防粉尘、防下落污物以及防非腐蚀性液滴。符合防漏、防尘和防锈检测要求	IP52
13	通用。主要提供防粉尘、防水溅、防油污以及防非腐蚀性冷却剂。符合防油污和防锈检测要求	IP54

注：1. NEMA 标准和 IEC 标准对电气设备外壳防护等级的分类方法和定义不同,两者之间不存在对等关系,表中所列的仅是一定程度上的对应关系。

2. NEMA 标准能满足或超过 IEC 标准。因此,表中对应关系可以正向替换,而不能反向替换,如 NEMA 13 型适用于 IP 54 型外壳的应用场合,而 IP 54 型不一定适用于 NEMA 13 型外壳的所有应用场合。

表 7-31　IP 外壳防护等级与 NEMA 外壳类型的对应关系

IP 等级	NEMA 类型	IP 等级	NEMA 类型
IP10	NEMA1	IP30.31.32.33	NEMA4
IP20.21.22.23	NEMA1	IP40.41.42.43	NEMA4
IP10	NEMA2	IP50.51.52.53.54.55.56	NEMA4
IP20.21.22.23	NEMA2	IP60.61.62.63.64.65.66	NEMA4
IP30	NEMA2	IP10	NEMA4X
IP10	NEMA3	IP20.21.22.23	NEMA4X
IP20.21.22.23	NEMA3	IP30.31.32.33	NEMA4X
IP30.31.32.33	NEMA3	IP40.41.42.43	NEMA4X
IP40.41.42.43	NEMA3	IP50.51.52.53.54.55.56	NEMA4X
IP50.51.52.53.54.55.56	NEMA3	IP60.61.62.63.64.65.66	NEMA4X
IP60.61.62.63.64	NEMA3	IP10	NEMA12
IP10	NEMA3R	P20.21.22.23	NEMA12
IP20.21.22.23	NEMA3R	IP30.31.32.33	NEMA12
IP30.31.32	NEMA3R	IP40.41.42.43	NEMA12
IP10	NEMA3S	IP50.51.52.53.54.55.56	NEMA12
IP20.21.22.23	NEMA3S	IP60.61.62.63.64.65	NEMA12
IP30.31.32.33	NEMA3S	IP10	NEMA13
IP40.41.42.43	NEMA3S	IP20.21.22.23	NEMA13
IP50.51.52.53.54.55.56	NEMA3S	IP30.31.32.33	NEMA13
IP60.61.62.63.64	NEMA3S	IP40.41.42.43	NEMA13
IP10	NEMA4	IP50.51.52.53.54.55.56	NEMA13
IP20.21.22.23	NEMA4	IP60.61.62.63.64.65	NEMA13

注：1. 上述对应关系只是近似的,不具有绝对性。

2. IEC 标准的 IP 外壳防护等级与美国 NEMA 标准的 7、8、9、10 和 11 电气设备外壳的防护类型没有对应关系。

第8章 腐蚀数据和选材图表

金属的腐蚀，主要是化学作用或电化学作用引起的破坏，相比较而言，电化学腐蚀更普遍、更复杂。金属腐蚀破坏的类型，可分为全面腐蚀和局部腐蚀两大类。局部腐蚀又可分为电偶腐蚀（双金属接触腐蚀）、缝隙腐蚀、孔蚀、晶间腐蚀、应力腐蚀开裂、腐蚀疲劳、冲刷腐蚀等多种形式，相比较而言，解决局部腐蚀问题要困难和复杂得多。

就仪表的防腐蚀措施而言，主要有以下四种：
(1) 直接接触介质的部分采用相应的耐腐蚀材料；
(2) 在接触腐蚀介质的仪表零部件表面、内壁涂覆（包括喷涂、电镀、堆焊、衬里）耐腐蚀材料；
(3) 用耐腐蚀的隔离液进行隔离防腐；
(4) 用中性气体进行吹扫隔离防腐。

腐蚀是一种很复杂的现象，不但与腐蚀性介质的组成和浓度有关，而且与介质的温度、pH 值、杂质含量、水的含量（对气体而言）、流动速度等多种因素有关，耐腐蚀材料的品种繁多，性能各异。因此，正确选材是一项复杂的工作，不但需要腐蚀基本理论知识，对材料的广泛知识，而且需要有较为丰富的实践经验。

本书选录了一部分耐腐蚀材料选用图表，仅供读者选材时初步参考，防腐蚀是一门庞大繁杂的学问，仅靠这些图表是远远不够的，详细的腐蚀数据和选材知识可参阅有关书籍、手册。

8.1 仪表常用耐腐蚀材料

8.1.1 耐腐蚀金属和合金材料

(1) 不锈钢 不锈钢是铬或铬镍含量较高的合金钢，通常把耐大气腐蚀的合金钢称为不锈钢，把在酸和其他强腐蚀性介质中耐腐蚀的合金钢称为耐酸钢。不锈钢的良好耐腐蚀性能是由于钢中含有足够量的铬（>13%），使钢容易钝化，即钢容易被氧化性介质氧化生成一层很薄的致密的附着力好的钝化膜。

在大气中，不锈钢的铬含量只要在 13% 以上就会自钝化而耐蚀；在化学介质中，不锈钢的铬含量要在 17% 以上时才能自钝化；在某些腐蚀性很强的介质中，尚需进一步提高铬的百分含量（≥18%）。

按金相显微组织划分，不锈钢可分为奥氏体型、奥氏体-铁素体双相型、铁素体型、马氏体型、沉淀硬化型五类。其中，奥氏体不锈钢最为重要，其产量和用量约占不锈钢总量的 70%，奥氏体不锈钢的品种繁多，用途也最为广泛。在仪表中使用的奥氏体不锈钢主要有以下两类。

① 18-8 型不锈钢。18-8 型不锈钢又称为镍铬不锈钢、Cr18Ni9 不锈钢，其产量和用量约占奥氏体不锈钢的 70%，占不锈钢总量的 50%。能耐大气、水、强氧化性酸、有机酸、30%以下的碱液及氢氧化物，但不耐非氧化性酸（硫酸、盐酸），大量用于仪表作一般防腐蚀材料。常用的品种如下：0Cr18Ni9（304SS）、1Cr18Ni9（302SS）、1Cr18Ni9Ti（321SS）。

② 18-8+Mo 型不锈钢。又称为钼二钛不锈钢、316 不锈钢。它耐硫酸和氯化物的腐蚀比 Cr18Ni9 不锈钢好，但不耐盐酸，可作镍的代用品，可耐高浓度碱及氢氧化物的腐蚀，可作为控制阀的阀座、阀芯、涡轮流量变送器、差压及压力变送器的测量机构和膜片材料。常用的品种如下：0Cr18Ni12Mo2Ti（316SS）、0Cr18Ni12Mo3Ti（317SS）、00Cr17Ni14Mo2（316LSS）、00Cr17Ni14Mo3（317LSS）。

(2) 镍合金　仪表中常用的有以下几种。

① 蒙乃尔合金（Menel）。即镍铜合金，含 68%左右的镍，28%左右的铜，以 Menel-400（0Ni67Cu30Fe）为代表。蒙乃尔合金因含镍量高，除了有良好的耐碱性外，耐非氧化性酸，特别对氢氟酸具有良好的耐腐性，但不耐强氧化性酸和溶液，可作为控制阀、变送器的测量机构、膜片等耐腐蚀材料。

② 哈氏合金（Hastelloy）。即镍钼合金，哈氏合金 B 含 60%~65%镍，26%~30%钼，4%~7%铁。哈氏合金 C 含 54%~60%镍，14%~16%铬，15%~18%钼，3%~4.5%钨，4%~7%铁。Hastelloy C-276 是哈氏合金 C 的第二代产品，其组成为 00Cr15Ni60Mo16W。

哈氏合金能耐盐酸、硫酸、硝酸以及其他各种酸类，也耐碱和氢氧化物的腐蚀，可作为控制阀和仪表测量机构及膜片材料。

③ 因考耐尔合金（Inconel）。以 Inconel-600（0Cr15Ni75Fe）为代表。因考耐尔合金因含镍量高，主要用于高温耐碱和硫化物的材料，可用作控制阀的防腐蚀材料。

(3) 钛及钛合金　能耐氯化物和次氯酸、湿氯、氧化性酸、有机酸和碱等的腐蚀，但不耐硫酸和氢氟酸的腐蚀。因价格较贵，一般作为仪表防腐镀层或薄层衬里。

(4) 钽　其耐腐性能和玻璃相似，除了氢氟酸、氟、发烟硫酸、碱外，几乎能耐一切化学介质（包括沸点的盐酸、硝酸和 175℃以下的硫酸）的腐蚀，由于价格很贵，仅用作仪表防腐膜片。

8.1.2 耐腐蚀非金属材料

非金属材料与金属相比较，其特点是具有优良的耐腐蚀性能，原料来源丰富，价格低廉，但机械强度低，刚性小，热稳定性差。在选用非金属材料时，应特别注意其允许使用温度范围。仪表常用的非金属材料及其使用温度范围见表 8-1。

表 8-1　仪表常用非金属材料及其使用温度范围

材料名称(英文缩写)	国外牌号	使用温度范围/℃
聚氯乙烯(PVC)		-40~+60
聚乙烯(PE)		-70~+60~70
聚丙烯(PP)		-14~+110~120
ABS 塑料		-40~+80
环氧树脂(Epoxy)		≤100
聚四氟乙烯(PTFE)	Teflon, Fluon	-200~+260

续表

材料名称(英文缩写)	国外牌号	使用温度范围/℃
聚三氟氯乙烯(PCTFE)	Kel-F	$-195 \sim +200$
聚全氟乙丙烯(FEP)	Teflon FEP	$-260 \sim +204$
聚偏二氟乙烯(PVDF)	Kunar	$-20 \sim +140$
聚苯硫醚(PPS)	Ryton	$-148 \sim +250$
氯化聚醚(CPE)	Penten	$-30 \sim +120$
聚醚醚酮(PEEK)		$-50 \sim +240$
天然橡胶(NR)		$-54 \sim +85$
丁腈橡胶(NBR)	Nitril,Buna-N,GR-N	$-54 \sim +120$
乙丙橡胶(EPR)	Vistalon,Nordol	$-60 \sim +150$
氟橡胶(FKM)	Viton-全氟丙烯与偏二氟乙烯共聚物	$-40 \sim +230$
氟橡胶(FKM)	Kel-F-三氟氯乙烯与偏二氟乙烯共聚物	$-40 \sim +205$
氯丁橡胶(CR)	Neoprene,GR-M	$-50 \sim +107$
丁基橡胶(IIR)	Butyl,GR-I	$-51 \sim +90 \sim 110$
高铝玻璃		$\leqslant 100 \sim 200$（允许温差<150℃）
硼玻璃		$\leqslant 200 \sim 300$（允许温差<150℃）
耐酸陶瓷		$\leqslant 100 \sim 150$（允许温差<50℃）
玻璃纤维增强树脂(GFRP)	用玻璃纤维增强的环氧、聚酯、酚醛树脂，又称"玻璃钢"	<200

8.2 材料的耐腐蚀等级

材料的耐腐蚀性能可用腐蚀速度来衡量，腐蚀速度越小，耐腐蚀性能越好。金属和合金的耐腐蚀性评定标准见表8-2。

表8-2 金属和合金的耐腐蚀性评定标准

腐蚀速度/(mm/a)	等级	耐腐蚀性评定	备注
<0.1	1	耐蚀	我国通用
$0.1 \sim 1.0$	2	可用	
>1.0	3	不可用	
<0.05		耐蚀	
<0.5		尚耐蚀	美国 NACE 标准
$0.5 \sim 1.27$		特殊情况可用	
>1.27		不耐蚀	

金属的腐蚀速度可以用不同的单位来表示，我国常用的单位为 mm/a（毫米/年）。各种腐蚀速度单位之间的换算见表8-3。

表 8-3 各种腐蚀速度单位之间的换算

腐蚀速度或重量损失	换算成(mm/a)时应乘的系数	腐蚀速度或重量损失	换算成(mm/a)时应乘的系数
克/米^2·小时	8.64/d	毫米/年	1
克/米^2	0.360/d	毫米/月	12
克/分米^2	36/d	英寸/年	25.4
毫克/分米^2	0.036/d	英寸/月	305
毫克/厘米^2	3.6/d	密耳(毫英寸)/年	0.025
磅/英尺^2	1760/d	密耳(毫英寸)/月	0.305
磅/英尺^2·年	4.88/d		

注:1. 表中 d 为材料相对密度。

  碳钢、合金钢   7.85
  不锈钢   7.90
  纯铝   2.71
  纯钛   4.50
  纯铜   8.90
  纯铅   11.34

 2. 1mil(密耳)=$\frac{1}{1000}$in=0.0254mm。

8.3 几种合金材料在各种酸中的腐蚀速度

8.3.1 蒙乃尔合金在各种酸中的等腐蚀曲线

含有 0.15% C、67% Ni、30% Cu 的蒙乃尔合金在各种酸中的耐腐蚀性如图 8-1 至图 8-6 所示,图中腐蚀速度单位为 mm/a。

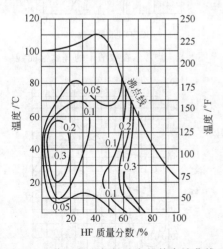

图 8-1 蒙乃尔在氢氟酸中的等腐蚀曲线

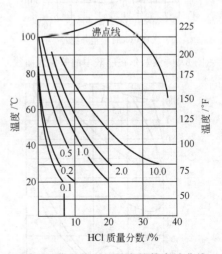

图 8-2 蒙乃尔在盐酸中的等腐蚀曲线

8.3.2 哈氏合金 B 在各种酸中的等腐蚀曲线

含 0.05% C、61% Ni、26%~30% Mo、4%~7% Fe 的 Hastelloy B 在各种酸中的耐蚀性列于图 8-7 至图 8-12。

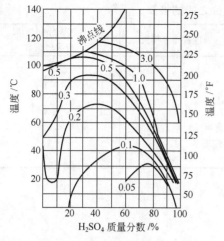

图 8-3 蒙乃尔在硫酸中的等腐蚀曲线

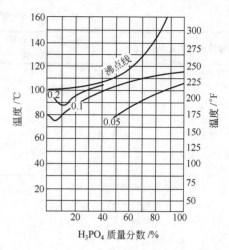

图 8-4 蒙乃尔在磷酸中的等腐蚀曲线

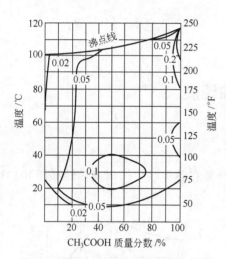

图 8-5 蒙乃尔在醋酸中的等腐蚀曲线

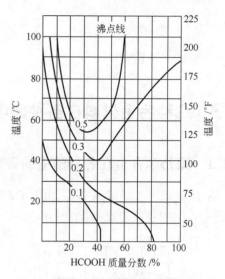

图 8-6 蒙乃尔在蚁酸中的等腐蚀曲线

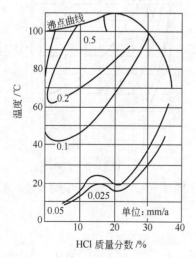

图 8-7 Hastelloy B 合金在盐酸中的等腐蚀曲线

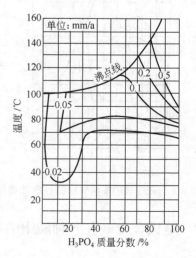

图 8-8 Hastelloy B 合金在磷酸中的等腐蚀曲线

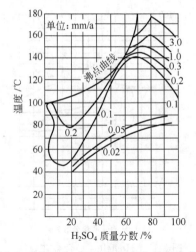
图 8-9 Hastelloy B 在硫酸中的等腐蚀曲线

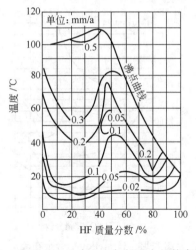
图 8-10 Hastelloy B 合金在氢氟酸中的等腐蚀曲线

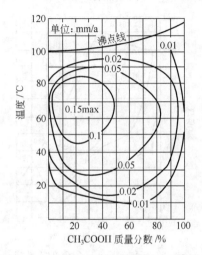
图 8-11 Hastelloy B 合金在醋酸（乙酸）中的等腐蚀曲线

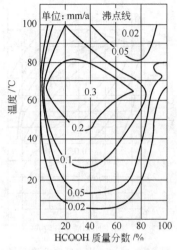
图 8-12 Hastelloy B 合金在甲酸（蚁酸）中的等腐蚀曲线

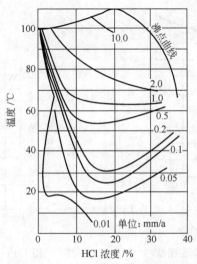
图 8-13 Hastelloy C 合金在盐酸中的等腐蚀曲线

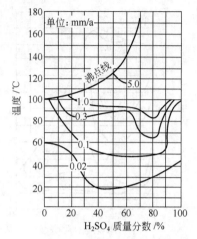

图 8-14 Hastelloy C 合金在硫酸中的等腐蚀曲线

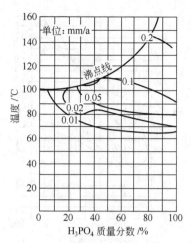

图 8-15 Hastelloy C 合金在磷酸中的等腐蚀曲线

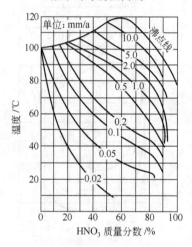

图 8-16 Hastelloy C 合金在硝酸中的等腐蚀曲线

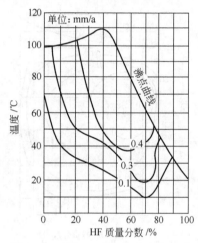

图 8-17 Hastelloy C 合金在氢氟酸中的等腐蚀曲线

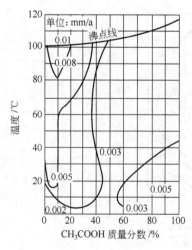

图 8-18 Hastelloy C 合金在醋酸（乙酸）中的等腐蚀曲线

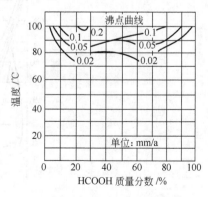

图 8-19 Hastelloy C 合金在甲酸（蚁酸）中的等腐蚀曲线

8.3.3 哈氏合金 C 在各种酸中的等腐蚀曲线

含有 0.08% C、54% Ni、14%～16% Cr、15%～17% Mo、3%～4.5% W、4%～7% Fe 的 Hastelloy C 合金在各种酸中的耐腐蚀性列于图 8-13 至图 8-19。

8.3.4 钛在各种酸中的等腐蚀曲线

含有 0.02% C、0.05% Fe 的钛在盐酸、硝酸、磷酸、醋酸中的耐腐蚀性列于图 8-20 至图 8-23，图中腐蚀速度单位为 mm/a（毫米/年）。

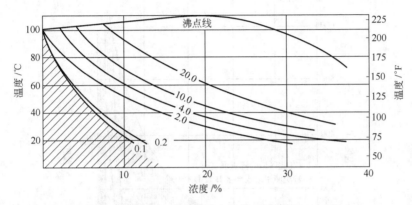

图 8-20　钛在盐酸中的等腐蚀曲线

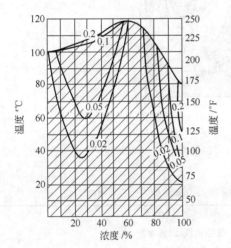

图 8-21　钛在硝酸中的等腐蚀曲线

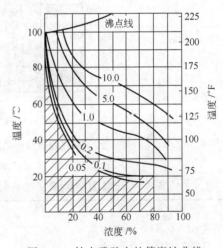

图 8-22　钛在磷酸中的等腐蚀曲线

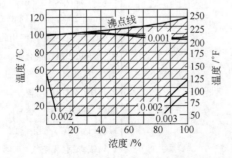

图 8-23　钛在醋酸中的等腐蚀曲线

8.4 各种介质的腐蚀图和选材表

8.4.1 硫酸的腐蚀图和选材表

见图 8-24 和表 8-4。

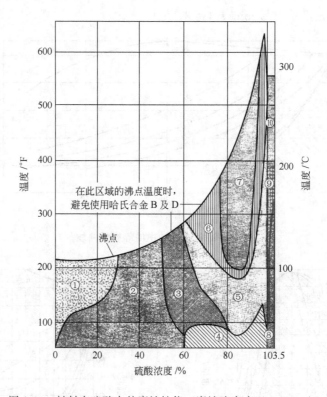

图 8-24 材料在硫酸中的腐蚀性能（腐蚀速率小于 0.5mm/a）

表 8-4 硫酸图中标识（在各阴影区内材料的腐蚀速率小于 0.5mm/a）

① 区	② 区
10%铝青铜(无空气)　不透性石墨	玻璃　镍铬铸铁(20%以下,24℃)
Lllium G 镍铬(钼铜铁)合金　钨	高硅铁　不透性石墨
玻璃　Nionel 镍铁铝合金	哈氏合金 B 及 D　钽
哈氏合金 B 及 D　酚醛(石棉)塑料	Durimet 20 合金(用到 65℃)　金
Durimet 20 合金　金	Worthite 铁镍铬合金(用到 65℃)　铂
Worthite 铁镍铬合金　银	铅　Nionel 镍铁铬合金
铅　锆	铜(无空气)　铁
铜(不含空气)　钼	蒙乃尔(无空气)　银
蒙乃尔(不含空气)　钽	酚醛(石棉)塑料　钨
橡胶(用到 76℃)	橡胶(达 76℃)　钼
316 型不锈钢(达 10%,充气)	10%铝青铜(无空气)
	316 型不锈钢(达 25%,24℃,充气)

续表

③ 区	④ 区
玻璃　不透性石墨	钢　镍铸铁
高硅铁　钽	316 型不锈钢(80%以上)　玻璃
哈氏合金 B 及 D　金	不透性石墨(96%以下)　高硅铁
Durimet 20 合金（达 65℃)　铂	哈氏合金 B 及 D　钽
Worthite 铁镍铬合金(达 65℃)　铅	Durimet 20 合金　锆(80%以下，充气)
蒙乃尔(不含空气)　锆、钼	Worthite 铁镍铬合金　铂、金
⑤ 区	⑥ 区
铅(用到 80℃，及 96% H_2SO_4)	玻璃　铂
不透性石墨(用到 80℃，及 96% H_2SO_4)	高硅铁
哈氏合金 B 和 D　高硅铁	钽
Durimet 20 合金(达 65℃)　钽、金、铂	金
Worthite 铁镍铬合金(达 65℃)　玻璃	哈氏合金 B 和 D(0.5~1.25mm/a)
⑦ 区	⑧ 区
玻璃　金	Worthite 铁镍铬合金　玻璃
高硅铁　铂	哈氏合金 C　钢
钽	18 Cr-8Ni　金、铂
⑨ 区	⑩ 区
Worthite 铁镍铬合金　玻璃	玻璃
18 Cr-8Ni　金	金
Durimet 20 合金　铂	铂

8.4.2　盐酸的腐蚀图和选材表

见图 8-25 和表 8-5。

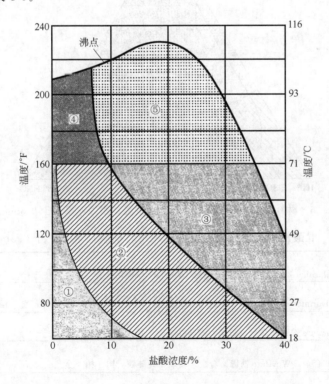

图 8-25　材料在盐酸中的腐蚀性能（腐蚀速率小于 0.5mm/a）

表 8-5 盐酸图中标识（在各阴影区内材料的腐蚀速率小于 0.5mm/a）

① 区
Chlorimet 2 镍钼合金　玻璃　银　铂　钽　哈氏合金 B　Durichlor 含钼高硅铁(不含 $FeCl_3$)　酚醛石棉塑料　聚偏二氯乙烯　橡胶　硅青铜(不含空气)　铜(不含空气)　镍(不含空气)　蒙乃尔(不含空气)　锆　钨　钛(室温 10% 以下的 HCl)
② 区
Chlorimet 2 镍钼合金　玻璃　银　铂　钽　哈氏合金 B　Durichlor 含钼高硅铁(不含 $FeCl_3$)　酚醛石棉塑料　聚偏二氯乙烯　橡胶　硅青铜(不含空气)　锆　钼　不透性石墨
③ 区
Chlorimet 2 镍钼合金　玻璃　银　铂　钽　哈氏合金 B(不含氟)　Durichlor 含钼高硅铁(不含 $FeCl_3$)　酚醛石棉塑料　聚偏二氯乙烯　橡胶　钼　锆　不透性石墨
④ 区
Chlorimet 2 镍钼合金　玻璃　银　铂　钽　哈氏合金 B(不含氟)　Durichlor 含钼高硅铁(不含 $FeCl_3$)　蒙乃尔(不含空气，0.5% HCl 以下)　锆　不透性石墨　钨
⑤ 区
Chlorimet 2 镍钼合金　玻璃　银　铂　钽　哈氏合金 B(不含氟)　锆　不透性石墨

8.4.3 硝酸及混合酸的腐蚀图和选材表

见图 8-26 和表 8-6。

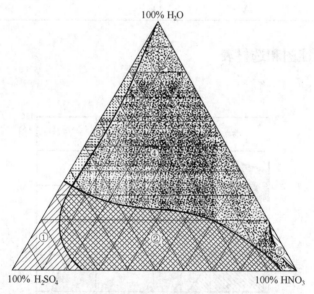

图 8-26　材料在混合酸中的腐蚀性能（室温，腐蚀速率小于 0.5mm/a）

表 8-6　混酸图中标识（在各阴影区内材料的腐蚀速率小于 0.5mm/a）

① 区
钢　玻璃　钽　金　Durimet 20 合金　高硅铁　铂　Worthite 铁镍铬合金
② 区
铸铁　钢　18Cr-8Ni　Durimet 20 合金　Worthite 铁镍铬合金　玻璃　高硅铁　钽　铂　金　铅
③ 区
Durimet 20 合金　Worthite 铁镍铬合金　玻璃　高硅铁　钽　铂　金
④ 区
18Cr-8Ni　Durimet 20 合金　Worthite 铁镍铬合金　玻璃　高硅铁　钽　铂　金
⑤ 区
18Cr-8Ni　Durimet 20 合金　Worthite 铁镍铬合金　玻璃　高硅铁　钽　铂　金　铝

8.4.4 氢氟酸的腐蚀图和选材表

见图 8-27 和表 8-7。

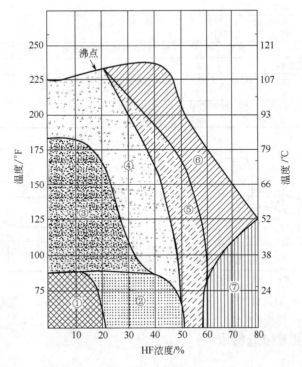

图 8-27 材料在氢氟酸中的腐蚀性能（腐蚀速率小于 0.5mm/a）

表 8-7 氢氟酸图中标识（在各阴影区内材料的腐蚀速率小于 0.5mm/a）

① 区
蒙乃尔(无空气) 铜(无空气) 70Cu-30Ni(无空气) 铅(无空气) 镍(无空气) 20号合金 镍铸铁 哈氏合金C 铂 银 金 不透性石墨 酚醛石墨塑料 橡胶 25Cr-20Ni钢
② 区
蒙乃尔(无空气) 70Cu-30Ni(无空气) 铜(无空气) 铅(无空气) 镍(无空气) 20号合金 哈氏合金C 铂 银 金 不透性石墨 橡胶 酚醛石墨塑料
③ 区
蒙乃尔(无空气) 70Cu-30Ni(无空气) 铜(无空气) 铅(无空气) 20号合金 哈氏合金C 铂 银 金 不透性石墨 酚醛石墨塑料 橡胶
④ 区
蒙乃尔(无空气) 70Cu-30Ni(无空气) 铜(无空气) 铅(无空气) 哈氏合金C 铂 银 金 不透性石墨 酚醛石墨塑料 橡胶
⑤ 区
蒙乃尔(无空气) 70Cu-30Ni(无空气) 铅(无空气) 哈氏合金C 铂 银 金 不透性石墨 酚醛石墨塑料
⑥ 区
蒙乃尔(无空气) 哈氏合金C 铂 银 金 酚醛石墨塑料
⑦ 区
碳钢 蒙乃尔(无空气) 哈氏合金C 铂 银 金 酚醛石墨塑料

8.4.5 磷酸的腐蚀图和选材表

见图 8-28 和表 8-8。

表 8-8　磷酸选材表

I	18-8 型　18-8＋Mo 型　哈氏合金 B、C　铜(无空气)　蒙乃尔(无空气)　银　金　铂　钽　钛及合金(25％,30℃)　锆(＜50％)　玻璃　搪瓷　陶瓷　石墨　聚氯乙烯(＜65℃)　聚乙烯(＜60℃)　环氧树脂　氟塑料　不饱和聚酯(＜65℃)　氯化聚醚　石棉酚醛　橡胶　丁腈橡胶　氯丁橡胶(＜65℃)
II	18-8 型(＜100℃)　18-8＋Mo 型(＜100℃)　哈氏合金 B　哈氏合金 C(＜110℃)　金　铂　钽　银　锆　玻璃　陶瓷　搪瓷　石墨酚醛　环氧树脂　氟塑料
III	哈氏合金 B　金　铂　钽　玻璃　陶瓷　搪瓷　石墨　环氧树脂　呋喃树脂　石棉酚醛　氟塑料
IV	玻璃　陶瓷　搪瓷　氟塑料
V	18-8 型(＜90℃)　18-8＋Mo 型　哈氏合金 B、C　玻璃　陶瓷　搪瓷　蒙乃尔(＜110℃)　氟塑料
VI	18-8 型　18-8＋Mo 型　蒙乃尔　铜　哈氏合金 B、C　Cr13 型(90％,＜20℃)　Cr17 型(90％,＜20℃)　金　银　铂　钽　玻璃　陶瓷　搪瓷

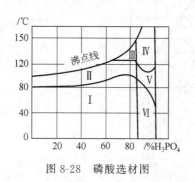

图 8-28　磷酸选材图

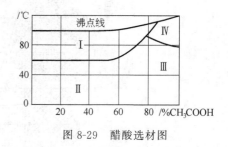

图 8-29　醋酸选材图

8.4.6　醋酸的腐蚀图和选材表

见图 8-29 和表 8-9。

表 8-9　醋酸选材表

I	18-8 型(＜90℃)　18-8＋Mo 型　A4 钢　哈氏合金 B、C　蒙乃尔(无空气)　银　金　铂　钛　钽　锆　玻璃　搪瓷　环氧树脂(10％,＜90℃)　呋喃树脂　氯丁橡胶(20％～50％,＜80℃)
II	18-8 型　18-8＋Mo 型　A4 钢　Cr17 型(＜20℃)　铜(室温)　铝(＜40℃)　蒙乃尔　哈氏合金 B、C　银　金　铂　钽　钛　锆　玻璃　搪瓷　陶瓷　石墨　氟塑料　石棉酚醛　聚氯乙烯(＜65℃)　环氧树脂(25％)　氯化聚醚　丁腈橡胶　丁基橡胶　氯丁橡胶
III	18-8 型　18-8＋Mo 型　A4 钢　哈氏合金 B、C　蒙乃尔　银　金　铂　钽　钛　锆　铝(＜50℃)　玻璃　搪瓷　陶瓷　石墨　石棉酚醛　氟塑料(99％,＜50℃)　橡胶　丁基橡胶
IV	银　金　铂　钽　钛　锆　A4 钢　蒙乃尔　哈氏合金 B、C　18-8＋Mo 型(＜100℃)　玻璃　搪瓷　陶瓷

8.4.7　氢氧化钠的腐蚀图和选材表

见图 8-30 和表 8-10。

表 8-10　氢氧化钠选材表

I	碳钢　铸铁　Cr13 型　18-8 型　18-8＋Mo 型　铜　铝青铜　锡青铜　白铜　镍　蒙乃尔　哈氏合金 B、C　金　铂　银　钛　聚偏二氯乙烯　聚氯乙烯　聚乙烯　氯化聚醚　氟塑料　酚醛　呋喃树脂　环氧树脂　橡胶
II	18-8 型　18-8＋Mo 型　镍　蒙乃尔　银　钛　哈氏合金 B、C　金(＜50℃)　铂(＜50℃)　聚乙烯(＜30％)　呋喃树脂　环氧树脂(＜30％)　石墨酚醛(＜50％,＜100℃)　聚苯乙烯(＜50％,＜95℃)　氟塑料
III	18-8 型(＜100℃)　18-8＋Mo 型(＜100℃)　蒙乃尔　银　镍　哈氏合金 B、C　氟塑料　呋喃树脂(＜100℃)
IV	蒙乃尔(＜70％,＜180℃)　金(＞70％)　铂(＞70％)　银　镍
V	碳钢　Cr13 型　Cr17 型　Cr25 型　18-8 型　18-8＋Mo 型

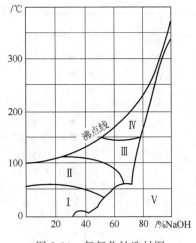

图 8-30 氢氧化钠选材图

8.4.8 其他介质的选材表

见表 8-11。

表 8-11 其他介质的材料选用表

介 质	浓度/%	温度/℃	可 用 材 料
甲酸 HCOOH 沸点 100.8℃	任	<10℃	18-8 型
	任	<35℃	18-8+Mo 型
	任	<100℃	哈氏合金 B、C 金 铂 钽 钛 银 陶瓷 石墨 玻璃 搪瓷 橡胶(<38℃) 苯乙烯橡胶 氯丁橡胶 丁基橡胶 丁腈橡胶(<38℃)
	任	20℃	铝
	<10%	室温	Cr13 型
	任	沸点	环氧树脂 石棉酚醛 聚偏二氯乙烯 呋喃树脂 聚氯乙烯(30℃) 聚乙烯(60℃)
一氯醋酸 $CH_2Cl\text{-}COOH$ 熔点(50~62℃) 沸点 181.85℃	100%	20℃	18-8 型 18-8+Mo 型
	80%	50℃	18-8 型 18-8+Mo 型
	10%	20℃	18-8 型 18-8+Mo 型
	任	<75℃	蒙乃尔
	任	<100℃	金 钽 铂 钛 玻璃 搪瓷 陶瓷
	100%	<150℃	哈氏合金 B、C
	100%	<40℃	酚醛塑料
	10%	沸点	环氧树脂 聚偏二氯乙烯
草酸 $(COOH)_2$ 熔点 187℃ 7100℃升华	10%	20℃	18-8 型 18-8+Mo 型
	<90%	25℃	18-8+Mo 型
	任	<100℃	硅黄铜(无空气)
	<90%	<100℃	青铜(无空气)
	任	<100℃	哈氏合金 B、C 金 铂 钽 锆
	任	<100℃	玻璃 搪瓷 陶瓷 石墨 聚氯乙烯(<65℃) 环氧树脂 石棉酚醛 聚乙烯 聚偏二氯乙烯
	任	室温	橡胶(15%,30℃) 丁腈橡胶(15%,30℃) 丁基橡胶(25%)
柠檬酸 $HOOC(CH_2COOH)_2$ 熔点 100℃	50%	<100℃	18-8 型(<75℃) 18-8+Mo 型 钛(<75℃)
	任	<100℃	哈氏合金 B、C 金 铂 钽 玻璃 陶瓷 搪瓷 石墨 环氧树脂 石棉酚醛
	任	<20℃	铝
	任	<60℃	聚氯乙烯 聚乙烯 呋喃树脂
	<80%	<60℃	氯丁橡胶 丁腈橡胶 丁基橡胶

续表

介 质	浓度/%	温度/℃	可 用 材 料
乳酸 $CH_3CHOH \cdot COOH$ 沸点 119℃ 熔点 16.8℃	<80%	室温	铝
	任	20℃	18-8 型
	<70%	50℃	18-8 型
	50%	90℃	18-8+Mo 型
	100%	<100℃	哈氏合金 B、C
	任	沸点	钛 锆 金 铂 钽 玻璃 搪瓷 陶瓷 环氧树脂 石棉酚醛 聚偏二氯乙烯 聚氯乙烯(60℃)
	任	<120℃	氟塑料 呋喃树脂 氯化聚醚
苯酚 C_6H_5OH 沸点 180℃	90%~100%	100℃	铝 碳钢 Cr17 型 18-8 型 18-8+Mo 型 镍 蒙乃尔 哈氏合金 B、C 锆 石墨
	90%~100%	200℃	金 铂 钽 银 玻璃 陶瓷 搪瓷
	100%	150℃	碳钢 Cr17 型 18-8 型 18-8+Mo 型 镍 蒙乃尔 哈氏合金 B、C Cr13 型
	100%	<100℃	铜
	10%	100℃	蒙乃尔
	任	25℃	氟塑料
	任	100℃	石棉酚醛 呋喃树脂 聚酰胺树脂 环氧树脂
氢氰酸 HCN 沸点 25.7℃ 熔点 13.3℃	10%	<100℃	18-8 型 18-8+Mo 型
	100%	<100℃	18-8 型 18-8+Mo 型 碳钢 哈氏合金 B、C 铝 蒙乃尔 硅黄铜
	任	<100℃	铂 钽 玻璃 陶瓷 搪瓷 石墨
	任	<50℃	氟塑料 石棉酚醛 环氧树脂 聚偏二氯乙烯
氯磺酸 SO_2HCl 沸点 152℃	50%	<25℃	哈氏合金 B、C
	90%	<25℃	18-8+Mo 型
	100%	<100℃	碳钢 铸铁 哈氏合金 B、C 钛
	100%	<50℃	18-8 型 18-8+Mo 型
	任	<100℃	金 铂 钽 玻璃 陶瓷 搪瓷
硼酸 H_3BO_3 溶解度:5%(20℃) 40%(100℃)	4%	20℃	碳钢 铸铁
	任	<100℃	18-8 型 18-8+Mo 型(<150℃) 钛 锆
	任	70~200℃	金 铂 钽 哈氏合金 B、C 玻璃 搪瓷 陶瓷
	任	<100℃	银 石墨
	任	75℃	Cr13 型 Cr17 型
	任	150℃	铜及其合金 铝
	饱	20℃	镍
	任	70℃	环氧树脂 聚氯乙烯 石棉酚醛 聚偏二氯乙烯 聚乙烯 呋喃树脂 丁基橡胶 氯丁橡胶 丁腈橡胶
铬酸 H_2CrO_4	10%	<50℃	蒙乃尔
	10%	25℃	铝
	40%	<100℃	铅
	50%	<25℃	18-8 型 18-8+Mo 型
	<50%	<100℃	哈氏合金 B、C 钛 锆
	任	<100℃	金 铂 钽 玻璃 陶瓷 搪瓷 氟塑料
	50%	<65℃	聚氯乙烯 聚乙烯
			聚偏二氯乙烯(10%,<65℃;60%,<30℃)
			石棉酚醛(<10%,<30℃)
			聚苯乙烯(<10%,<25℃)
			丁腈橡胶(<5%,<50℃)
			丁基橡胶(<10%,<40℃)
			硅橡胶(<50%,<60℃)

续表

介 质	浓度/%	温度/℃	可 用 材 料
氯酸 HClO$_3$	40%	<90℃	铂 钽
	2%	<20℃	钛
	20%	40~60℃	聚氯乙烯 聚异丁烯
	100%	100℃	金 铂 钽 玻璃 陶瓷 搪瓷
	饱	<90℃	氟塑料
	10%	20℃	金 铂 钽 玻璃 陶瓷 搪瓷
醋酐		≤30℃	铝 铝合金(铝硅合金 铝镁合金) 酚醛 氟塑料
		<50℃	橡胶 苯乙烯橡胶
		沸点	18-8型 18-8+Mo型 哈氏合金B、C 金 银 铂 钽 钛及钛合金(≤100℃) 玻璃 陶瓷 搪瓷 石墨
氟 F$_2$	干 气	<100	碳钢 Cr17型 石棉酚醛 石墨 三氟 四氟
		<150	镍 钛 金 铂 银
		<200	18-8型 18-8+Mo型 Cr25Ni20 蒙乃尔(<400℃) 三氟 四氟
	100 (湿)	<25	18-8型 18-8+Mo型 铜 锡青铜 铝青铜 镍铝 蒙乃尔 四氟
氯 Cl$_2$	干 气	≤30	碳钢 铸铁 Cr13型 Cr25Mo型 Cr25Ni20 18-8型 18-8+Mo型 司太莱 蒙乃尔 哈氏合金C 铝 铂 铅 铝合金 呋喃树脂 四氟(<20℃)
		<100	聚偏二氯乙烯 聚氯乙烯(<60℃) 三氟 酚醛 石墨
		<300	镍(<250℃) 陶瓷 玻璃 搪瓷
	湿 气	<25	磷青铜 聚偏二氯乙烯 聚异丁烯 丁腈橡胶 四氟
		60	聚氯乙烯
		75	钛 哈氏合金B、C
		120	不饱和聚酯 玻璃 陶瓷 搪瓷
		170	酚醛
溴 Br$_2$	100	<25	铝 铅
		<100	镍 银 司太莱 蒙乃尔(<50℃) 玻璃 陶瓷 四氟
		<250	哈氏合金B、C 钽
	湿气	<100	哈氏合金C 银 玻璃 陶瓷
碘 I	干 气	20	碳钢 铸铁 Cr13型 18-8型 18-8+Mo型 蒙乃尔 铝 聚乙烯 四氟
		100	玻璃 陶瓷 搪瓷
硫化氢 H$_2$S	100 (干)	25	聚偏二氯乙烯
		<100	司太莱 玻璃 陶瓷 石墨 石棉酚醛 四氟 搪瓷 丁基橡胶(<80℃) 聚氯乙烯(<60℃) 聚乙烯(<60℃) 呋喃树脂(<50℃)
		<250	碳钢 Cr13型 Cr17型 Cr5Mo Cr25Ti 18-8型 18-8+Mo型 蒙乃尔 铝 镍 铂 钽
	湿 气	25	18-8型 哈氏合金B、C 铝 钛 金 铂 石墨 环氧树脂 聚氯乙烯
		<100	18-8+Mo型(<50℃) 聚异丁烯(<80℃) 玻璃 陶瓷 丁基橡胶 石棉酚醛 四氟
氯化氢 无水 HCl	干 燥	<100	银(<50℃) 玻璃 陶瓷 搪瓷 石墨 丁基橡胶(<50℃) 氯丁橡胶(<50℃) 聚氯乙烯(<65℃)
		<260	碳钢 铸铁(<150℃) 蒙乃尔(<200℃) Cr5Mo(<200℃)
		>500	铜 铝青铜 铝黄铜 镍 金(<800℃) 铂(<1100℃) 玻璃 石墨

续表

介 质	浓度/%	温度/℃	可用材料
三氧化硫 SO_3	100	25	铜 锡青铜 铝青铜 黄铜 铝 铅 酚醛 聚偏二氯乙烯
		<100	蒙乃尔 镍 玻璃 陶瓷
		<370	碳钢(<600℃) 铸铁 18-8型 18-8+Mo型 金 铂 哈氏合金C(<90%~100%)
	90	25	金 铂 铅 陶瓷 玻璃
		<200	18-8+Mo型 石墨(<150℃)
	6.6%（在空气流中）	<260	碳钢 Cr13型 Cr17型 18-8型 18-8+Mo型 （含SO_2 0.6%和H_2O 75克/米³）
	7.2%（在空气流中）	250	碳钢 18-8+Mo型 18-8型(<400℃) Cr25(<400℃) （含SO_2 0.4%）
		<250	Cr13型 Cr17型
二氧化硫 SO_2	>90	<150	18-8型(80~150℃) 18-8+Mo型 哈氏合金C 铅 石墨 酚醛(<25℃) 聚偏二氯乙烯(<25℃)
	100	<150	铜 锡青铜 铝青铜 铝 钛(<50℃) 玻璃 陶瓷 石墨
		<300	碳钢 铸铁 Cr13型 Cr17型 18-8型 18-8+Mo型 蒙乃尔 哈氏合金C 镍 金 铂
	8.6	60 235	18-8型 18-8+Mo型 1Cr13 4Cr13 Cr17型 Cr25型
	3.25	90	18-8型 （相对湿度100%）
	5	<100	哈氏合金B 钛(<70℃)
	任	≤30	18-8型 铅 硬铅
	任何浓度	<100	呋喃树脂 不饱和聚酯 四氟 石墨 聚异丁烯(<80℃) 聚氯乙烯(<40℃)
		<200	18-8+Mo型 哈氏合金C 金 铂 玻璃 陶瓷 搪瓷
二氧化碳 CO_2	100	<50	聚异丁烯 聚氯乙烯 丁基橡胶 氯丁橡胶 聚偏二氯乙烯(<25℃) 石墨(<25℃)
		<260	铝 铅(<150℃)
		<370	碳钢 铸铁 Cr13型 18-8型(<315℃) 18-8+Mo型(<800℃) 铜及铜合金(<480℃) 蒙乃尔 哈氏合金B、C 金 铂 镍 玻璃 陶瓷
	任	沸	四氟 石棉酚醛
	湿气体水溶液	100	Cr17型 18-8型 18-8+Mo型 Cr25Ni20 蒙乃尔 哈氏合金C 铝 金 铂 镍(<65℃) 玻璃 陶瓷 搪瓷 聚异丁烯(<60℃) 聚氯乙烯(<60℃) 丁腈橡胶(<20℃)
氨 NH_3	<40	<25	碳钢 Cr13型 Cr17型 18-8型 18-8+Mo型 (40%~50%)
	10	20	司太莱
		≤30	三氟 四氟
	<40	<80	哈氏合金B、C 钛 环氧树脂 酚醛 丁腈橡胶 呋喃树脂 聚氯乙烯树脂(<40℃) 聚乙烯(25%,<70℃)
	<30	<100	碳钢 Cr13型 Cr17型 铸铁 18-8型 18-8+Mo型 铅 金 铂 铝(<50℃) 玻璃 陶瓷 石墨 聚苯乙烯(<75℃) 丁腈橡胶 氯丁橡胶(<50℃)
	100	<100	铝 铅 金 铂 石墨 玻璃 陶瓷
		<260	蒙乃尔 镍
		<320	碳钢 铸铁 18-8型 18-8+Mo型 铜 锡青铜 铝青铜 哈氏合金B、C

续表

介 质	浓度/%	温度/℃	可用材料
氢氧化钾 KOH	<30	<75	铸铁 Cr13型 Cr17型 Cr25型
	<50	<100	碳钢 镍 金 铂 银 聚异丁烯 丁基橡胶（<75℃） 氯丁橡胶（<75℃）
	<60	<100	18-8型 18-8+Mo型 蒙乃尔 哈氏合金B,C 司太莱 镍 石墨 四氟 呋喃树脂 聚氯乙烯（<60℃） 聚乙烯（<40℃）
氢氧化钙 Ca(OH)$_2$	溶液	<100	碳钢 铸铁 18-8型（<20%） 蒙乃尔 18-8+Mo型 哈氏合金B,C 铜及铜合金 镍 Cr13型 Cr17型 金 铂 银 玻璃 搪瓷 酚醛 呋喃树脂 聚氯乙烯树脂 聚乙烯 三氟 四氟 环氧树脂 氯化聚醚 丁腈橡胶
	任	<沸	石棉酚醛
硝酸铵 NH$_4$NO$_3$	任	<60	酚醛 呋喃树脂 聚氯乙烯 聚异丁烯 聚乙烯 氯化聚醚 三氟 丁腈橡胶 氯丁橡胶
	任	<100	Cr13型 Cr17型 Cr25型 18-8型 18-8+Mo型 铝（<80℃） 金 铂 玻璃 陶瓷 环氧树脂 四氟 石墨
硫酸铵 (NH$_4$)$_2$SO$_4$	<10	<20	铝
	<40	<100	18-8+Mo型 铅 蒙乃尔 哈氏合金C 钛 金 铂 酚醛 环氧树脂 丁基橡胶（<75℃） 氯丁橡胶（<75℃） 石墨
	任	<60	聚氯乙烯 聚乙烯 氯化聚醚 三氟 聚异丁烯
	任	<100	四氟 玻璃 陶瓷 搪瓷
	100	<250	18-8型 18-8+Mo型
氯化铵 NH$_4$Cl	<10	<20	铝
	<30	<100	18-8型（<75℃） 钛
	<40	<100	镍 哈氏合金C
	任	<沸	18-8+Mo型（<100℃） 铂（<100℃） 玻璃 陶瓷 搪瓷 刚玉 石墨 酚醛 呋喃树脂 聚氯乙烯（<60℃） 三氟 四氟 氯化聚醚 环氧树脂 聚苯乙烯（<20℃） 聚异丁烯（<80℃） 橡胶
碳酸铵 (NH$_4$)$_2$CO$_3$	稀	<20	碳钢
	稀	<沸	铝
	<50	<75	氯丁橡胶 丁基橡胶
	任	<30	Cr13型
	任	<60	酚醛 聚氯乙烯 三氟 四氟 聚乙烯 环氧树脂 聚苯乙烯 不饱和聚酯
	任	<100	Cr17型 18-8型 18-8+Mo型 哈氏合金B,C 金 铂 玻璃 陶瓷 呋喃树脂 石墨
硫酸钠 Na$_2$SO$_4$	<20	<100	碳钢 铸铁 Cr13型
	<30	<100	Cr17型 Cr25型 18-8型 18-8+Mo型 铜及铜合金（无空气） 铝 铅 蒙乃尔 哈氏合金B,C 金 铂 银 橡胶 聚偏二氯乙烯 聚氯乙烯（<60℃）
	任	<沸	玻璃 陶瓷 石墨 四氟 石棉酚醛
硫酸锌 ZnSO$_4$	<10	<20	铝
	<40	<100	铜（无空气） 锡青铜（无空气） 铝青铜（无空气） 哈氏合金B,C 银 金 石墨 橡胶
	任	<100	酚醛 呋喃树脂 不饱和聚酯 聚氯乙烯 环氧树脂 聚苯乙烯
	任	<沸	18-8型 18-8+Mo型 玻璃 陶瓷 搪瓷
硫酸铝 Al$_2$(SO$_4$)$_3$	<20	<50	聚氯乙烯 聚偏二氯乙烯 酚醛 环氧树脂
	<25	<20	铝 镍 蒙乃尔
	<50	<100	18-8型 18-8+Mo型 铅 钛
	<60	<100	金 银 铂
	任	<150	四氟（<100℃） 石棉酚醛 搪瓷
	任	<沸	哈氏合金B,C 司太莱 玻璃 陶瓷 石墨
	饱和	<60	环氧树脂 酚醛 呋喃树脂 氯化聚醚 橡胶 聚氯乙烯 三氟
	饱和	<100	18-8型 18-8+Mo型 金 银 铂

续表

介 质	浓度/%	温度/℃	可 用 材 料
硫酸铜 CuSO$_4$	<40 <30	<80 <100	金 铂 银 哈氏合金C 铅 钛 石墨
	任	<140	酚醛 呋喃树脂 聚氯乙烯(<60℃) 聚苯乙烯(<75℃) 聚乙烯(<55℃) 环氧树脂(<90℃) 不饱和聚酯(<120℃) 丁基橡胶(<80℃) 氯丁橡胶(<80℃)
	任	<沸	18-8型 18-8+Mo型 Cr13型 Cr17型 玻璃 陶瓷 搪瓷
硫酸铁 Fe$_2$(SO$_4$)$_3$	<10	<100	18-8型 18-8+Mo型 金 铂 玻璃 陶瓷 搪瓷
	<30	<20	钛 金 铂 哈氏合金C(<80℃)
	任	<140	氯丁橡胶(<80℃) 丁基橡胶(<80℃) 酚醛 呋喃树脂 聚氯乙烯(<60℃) 聚苯乙烯(<75℃) 聚乙烯(<55℃) 环氧树脂(<90℃) 不饱和聚酯(<120℃)
	任	<沸	铅 玻璃 陶瓷 搪瓷 四氟
硫酸氢钠 NaHSO$_4$	<10	<20	碳钢 铝
	<10	<80	Cr13型 Cr17型 18-8型 18-8+Mo型
	<30	<100	铅 蒙乃尔 哈氏合金B 金 铂 玻璃 陶瓷 搪瓷 石墨
	<50	100	镍
	任	<沸	石棉酚醛 四氟(<100℃)
硫酸亚铁 FeSO$_4$	<10	100	Cr13型 Cr17型 18-8型 18-8+Mo型
	<30	<20	铜 铝青铜 锡青铜
	<40	<20	Cr13型 Cr17型
	<40	<100	钛
	任	<140	18-8型(<20℃) 18-8+Mo型(<20℃) 金(<100℃) 铂(<100℃) 丁腈橡胶(<55℃) 丁基橡胶(<80℃) 酚醛 呋喃树脂 聚苯乙烯(<65℃) 聚氯乙烯(<60℃) 聚乙烯(<65℃) 不饱和聚酯(<130℃) 环氧树脂(<90℃)
	任	<沸	铅 哈氏合金B、C 玻璃 陶瓷 搪瓷 石墨
氯化钠 NaCl	<20	<20	碳钢 铸铁 Cr13型 Cr17型
	<30	<100	18-8型 18-8+Mo型 蒙乃尔 哈氏合金B、C 钛 金 铂 丁基橡胶(<30℃) 氯丁橡胶(<80℃) 聚异丁烯 石墨
	任	<沸	酚醛 聚氯乙烯(<60℃) 呋喃树脂 三氟 四氟 玻璃 陶瓷 搪瓷
氯化铁 FeCl$_3$	<10	<20	司太莱
	<25	<100	酚醛 不饱和聚酯 呋喃树脂(<90℃)
	<40	<75	哈氏合金C
	<50	<150	钛
	>50	<140	酚醛 呋喃树脂 聚苯乙烯(<75℃) 环氧树脂(<90℃) 不饱和聚酯(<120℃)
	任	<沸	钛 钽 玻璃 陶瓷 搪瓷 丁基橡胶(<75℃) 氯丁橡胶(<75℃) 聚氯乙烯(<40℃) 四氟 石墨
氯化铝 AlCl$_3$	<30	<80	蒙乃尔(<20℃) 钛(<50℃) 聚氯乙烯(<60℃) 酚醛 聚偏二氯乙烯
	<25	<70	呋喃树脂 聚苯乙烯 环氧树脂 不饱和聚酯
	<50	<65	丁腈橡胶
	>80	<65	聚乙烯
	100	<150	镍
	任	<沸	玻璃 陶瓷 搪瓷(<150℃) 石墨 氯丁橡胶(<75℃) 丁基橡胶(<75℃) 聚氯乙烯(<60℃) 聚苯乙烯(<20℃) 四氟

续表

介 质	浓度/%	温度/℃	可 用 材 料
氯化汞(升汞) HgCl₂	<10	<100	钛
	<30	<100	哈氏合金C(<75℃) 金 铂
	<0.1	<沸	18-8+Mo型
	任	<沸	玻璃 陶瓷 搪瓷 石墨(<80℃) 酚醛 呋喃树脂 聚苯乙烯 环氧树脂 不饱和聚酯
氯化亚铜 CuCl	<40	<100	钛(<沸) 金 铂 铅(<75℃) 哈氏合金C(<50℃)
	任	<沸	玻璃 陶瓷 搪瓷 石墨(<80℃) 四氟(<100℃) 酚醛(<120℃) 聚苯乙烯 聚氯乙烯(<60℃) 环氧树脂 不饱和聚酯 氯化聚醚 聚偏二氯乙烯 呋喃树脂 聚乙烯(<65℃) 丁基橡胶(<60℃) 丁腈橡胶 氯丁橡胶(<60℃)
硝酸钠 NaNO₃	<40	<20	铜 锡青铜 铝青铜 铝 钛 哈氏合金C
	<10	<100	蒙乃尔 镍 金 铂
	<50	<100	Cr13型 Cr17型 18-8型 18-8+Mo型
	任	<100	酚醛 呋喃树脂 环氧树脂 不饱和聚酯 四氟 聚苯乙烯(<75℃) 聚偏二氯乙烯(<30℃) 聚异丁烯(<60℃) 聚氯乙烯(<60℃)
	任	<沸	玻璃 陶瓷 石墨
	<50	<75	丁基橡胶 氯丁橡胶 丁腈橡胶
	熔	<360	Cr13型 Cr17型 18-8型 18-8+Mo型
硝酸钾 KNO₃	<80	<100	铸铁 碳钢(pH>7) 铜及铜合金 蒙乃尔 镍 哈氏合金C 铝 钛 金 铂 银 司太莱
	任	<100	四氟 聚苯乙烯(<20℃) 聚氯乙烯(<60℃)
	任		氯丁橡胶(<65℃) 硬橡胶(<60℃) 石墨
	任	<沸	Cr13型 Cr17型 18-8型 18-8+Mo型 玻璃 陶瓷 搪瓷
	熔	<360	18-8型 18-8+Mo型
硝酸铝 Al(NO₃)₃	<10	<100	Cr13型 Cr17型 18-8型 18-8+Mo型 钛
	<35	<60	氯化聚醚 三氟 环氧树脂 石墨
	任	<沸	玻璃 陶瓷 搪瓷 氯丁橡胶(<60℃)
硝酸银 AgNO₃	<60	<50	聚偏二氯乙烯 聚氯乙烯 酚醛 丁基橡胶 氯丁橡胶
	<60	<100	Cr13型 Cr17型 18-8型 18-8+Mo型 Cr25Ni20 金 铂
	任	<100	玻璃 陶瓷 搪瓷 石墨 聚异丁烯 四氟 聚苯乙烯(<20℃)
	熔	<250	18-8型 18-8+Mo型
碳酸钠 Na₂CO₃	<10	<60	石墨酚醛 氯化聚醚 三氟
	<30	<100	铸铁 碳钢 铜 锡青铜 硅黄铜 蒙乃尔 镍 哈氏合金B,C 金 铂 银 丁基橡胶(<75℃) 氯丁橡胶(<75℃)
	<50	<60	环氧树脂 聚偏二氯乙烯(<50℃)
	任	<沸	Cr13型 Cr17型 18-8型 18-8+Mo型 石墨 石棉酚醛 四氟(<100℃) 聚氯乙烯(<60℃) 聚乙烯(<60℃) 橡胶(<65℃) 呋喃树脂(<100℃) 聚苯乙烯(<80℃)
	100	900	镍
碳酸钾 K₂CO₃	<50	<75	碳钢 铸铁
	<50	<沸	Cr13型 Cr17型 18-8型 18-8+Mo型
	<70	<100	Cr13型 Cr17型 18-8型 18-8+Mo型 蒙乃尔 镍 铜及铜合金(无空气) 钛 哈氏合金B,C 金 银 石墨
	任	<沸	铂 石棉酚醛(<90℃) 四氟(<100℃) 呋喃树脂(<30℃)
	任	<60	丁基橡胶 氯丁橡胶 橡胶 聚氯乙烯 聚乙烯

续表

介 质	浓度/%	温度/℃	可 用 材 料
碳酸氢钠 NaHCO$_3$	<20	<100	碳钢 铸铁 Cr13型 Cr17型 18-8型 18-8+Mo型 铜及铜合金 蒙乃尔 镍 哈氏合金B、C 钛 金 铂 银
	任	<60	Cr13型 Cr17型 18-8型 18-8+Mo型 环氧树脂 三氟 聚乙烯 陶瓷(<沸点)
醋酸铅 Pb(CH$_3$COO)$_2$	<10	<20	铝
	<10	<100	镍 石墨 聚氯乙烯(<40℃)
	<20	<沸	Cr17型 18-8型 18-8+Mo型
	任	<100	Cr13型 Cr17型 18-8型 18-8+Mo型 金 铂 玻璃
	任	<沸	陶瓷 搪瓷 酚醛(<120℃) 聚异丁烯(<40℃) 聚苯乙烯(<60℃) 四氟(<100℃) 丁基橡胶(<60℃)
醋酸铜 Cu(CH$_3$COO)$_2$	<10	<75	丁基橡胶 氯丁橡胶 聚偏二氯乙烯 酚醛
	<10	<沸	Cr13型 Cr17型 18-8型 18-8+Mo型 铜(无空气) 铝 青铜(无空气) 蒙乃尔 镍 哈氏合金B、C 金 铂 银 玻璃(<100℃)
	<25	<20	搪瓷
	任	<沸	陶瓷
次氯酸钠 NaClO	<10	<40	搪瓷 聚氯乙烯 三氟 氯化聚醚
	<20	<20	酚醛 呋喃树脂 聚异丁烯 聚乙烯 不饱和聚酯
	<20	<100	哈氏合金C
	<40	<20	18-8+Mo型
	溶液	<沸	18-8+Mo型
	<30	<100	钛 金 铂 氯丁橡胶(<60℃) 丁基橡胶(<60℃)
	任	<沸	玻璃 陶瓷 聚氯乙烯(<20℃) 四氟(<100℃) 聚苯乙烯(<75℃)
次氯酸钙 Ca(ClO)$_2$	<10	<100	18-8+Mo型
	<20	<60	丁基橡胶 氯丁橡胶 聚氯乙烯 酚醛 呋喃树脂
	<30	<50	哈氏合金C
	<70	<100	钛 金 铂
	任	<沸	四氟(<20℃)陶瓷
氯酸钾 KClO$_3$	<1	<40	聚氯乙烯 聚异丁烯(<60℃) 橡胶 丁腈橡胶 苯乙烯橡胶
	<20	<100	铜合金 铝(无氯化物) 丁基橡胶(<60℃)
	<30	<100	Cr13型 Cr17型 18-8型 18-8+Mo型 哈氏合金B、C 钛 金 铂 银 石墨
	任	<30	酚醛 呋喃树脂
	任	<100	陶瓷 玻璃 搪瓷
过氧化氢(双氧水) H$_2$O$_2$	<10	<30	聚偏二氯乙烯
	<30	<20	Cr13型 Cr17型 Cr25型 丁腈橡胶
	<30 (无酸)	<100	Cr17型
	<40 (无酸)	<100	Cr13型 18-8型 18-8+Mo型
	<85	<65	搪瓷 玻璃
	<50	<100	钛
	任	<20	酚醛 呋喃树脂 聚氯乙烯 三氟 四氟 聚乙烯 不饱和聚酯 蒙乃尔 哈氏合金C 铂
	任	<50	铝 石棉酚醛(<沸)

续表

介 质	浓度/%	温度/℃	可 用 材 料
甲醛 HCHO	<30	<20	铝
	<47	<30	聚乙烯 聚苯乙烯 聚偏二氯乙烯 环氧树脂
	<40	<20	碳钢 铸铁 聚异丁烯
	<40	<沸	Cr13型 Cr17型 Cr25型 18-8型 18-8+Mo型 铜 铜合金 钛 石墨
	任	<60	聚氯乙烯
	任	<70	氯丁橡胶
	任	<沸	酚醛 呋喃树脂 三氟 四氟 环氧树脂 玻璃 陶瓷 搪瓷 氟橡胶
	蒸汽	200~400	18-8型 18-8+Mo型 Cr25Ni20 铜 铜合金 镍 蒙乃尔 银
乙醛 CH₃CHO	<40	<30	聚氯乙烯 聚异丁烯
	90~100	<100	18-8型
	100	<25	碳钢 铸铁
	任	<30	Cr13型 Cr17型 Cr25型 18-8型 蒙乃尔 铅 铂
	100	<300	镍 玻璃 陶瓷 铝(<100℃)
	任	<100	18-8+Mo型 酚醛(<60℃) 三氟 四氟 玻璃 陶瓷 搪瓷 石墨
	任	200~400	镍 银
丙烯醛 CH₂=CHCHO	<10	<50	碳钢 Cr13型 Cr17型 18-8型(<100℃) 18-8+Mo型 铜 铜合金 铝
	<40	<25	铝
	100	<100	碳钢 铸铁 Cr13型 Cr17型 18-8型 18-8+Mo型 铜 铜合金 铝
巴豆醛 CH₃CH=CHCHO	<10	<100	18-8型 18-8+Mo型
	80	<100	18-8型 18-8+Mo型
	100	<100	碳钢(无空气) 铸铁(无空气) Cr13型 Cr17型 18-8型 18-8+Mo型 铜 铜合金 蒙乃尔 镍 哈氏合金B、C 铝(变色,点蚀) 铅(无酸) 钛 金 铂 银 玻璃 陶瓷
	任	<25	铝(变色,点蚀)
甲醇 CH₃OH	任	<30	碳钢 铸铁 呋喃树脂
	任	<55	Cr13型 Cr17型 Cr25型 18-8型 聚氯乙烯 聚苯乙烯 环氧树脂 氯丁橡胶
	任	<70	酚醛 丁腈橡胶 苯乙烯橡胶 丁基橡胶
	任	<100	18-8+Mo型 铜 铜合金 铝(水>1.0%) 蒙乃尔 镍 哈氏合金B、C 钛 金 铂 银 三氟 四氟 玻璃 陶瓷
乙醇 C₂H₅OH	任	<30	碳钢 铸铁 聚酰胺 苯乙烯橡胶
	任	<40	聚氯乙烯 聚异丁烯 氯丁橡胶
	任	<沸	Cr13型 Cr17型 Cr25型 18-8型 18-8+Mo型 铜 铜合金 蒙乃尔 铝(水>0.8%) 铅 钛 哈氏合金B、C 金 铂 银 玻璃 陶瓷 酚醛 呋喃树脂 聚苯乙烯 环氧树脂 四氟 不饱和聚酯 丁腈橡胶 丁基橡胶
丁醇 C₄H₉OH	<100	<20	聚异丁烯
	100	<100	碳钢 铸铁 Cr13型 Cr17型 18-8型 18-8+Mo型 铜 铜合金 蒙乃尔 镍 钛 金 铂 银 陶瓷 玻璃 石墨
	任	<30	Cr13型 Cr17型 Cr25型 18-8型 18-8+Mo型 铜 铜合金 蒙乃尔 镍 铂 银 玻璃 陶瓷
	任	<40	酚醛 呋喃树脂 聚氯乙烯 四氟(<60℃)
	任	<100	铝(水>1.0%)

续表

介 质	浓度/%	温度/℃	可 用 材 料
乙二醇 HOCH$_2$CH$_2$OH	<25	<100	酚醛 呋喃树脂
	<50	<100	铝
	100	<100	碳钢 铸铁 Cr13型 Cr17型 18-8型 18-8+Mo型 铜 铜合金 蒙乃尔 镍 钛 银
	任	<100	金 铂 玻璃 陶瓷 酚醛(130℃) 呋喃树脂(<130℃) 聚苯乙烯(<75℃) 环氧树脂(<90℃) 不饱和聚酯(<120℃) 氯丁橡胶(<65℃) 苯乙烯橡胶(<65℃) 丁腈橡胶(<40℃) 丁基橡胶(<90℃)
甘油(丙三醇) CH$_2$OH(CH$_2$OH)$_2$	任	<沸	Cr13型 Cr17型 Cr25型 18-8型 18-8+Mo型 铜 铜合金 蒙乃尔 镍 铝
	任	<100	金 铂 玻璃 陶瓷 环氧树脂 聚异丁烯 聚氯乙烯(<60℃) 聚乙烯(<60℃) 聚苯乙烯(<75℃) 丁腈橡胶(<70℃) 氯丁橡胶(<70℃) 丁基橡胶(<70℃)
乙醚 C$_2$H$_5$OC$_2$H$_5$	100	<25	碳钢 铸铁
	100	<100	碳钢 铸铁 Cr13型 Cr17型 18-8型 18-8+Mo型 铜 铜合金 铝 玻璃 陶瓷 聚偏二氯乙烯(<50℃) 四氟
丙酮 CH$_3$COCH$_3$	任	<25	Cr13型 呋喃树脂 不饱和聚酯
	任	<50	聚酰胺
	任	<100	Cr17型 Cr25型 18-8型 18-8+Mo型 铜(无空气) 铜合金(无空气) 蒙乃尔 镍 哈氏合金B,C 铝 铅 钛 金 铂 银 玻璃 陶瓷 石墨 氟橡胶 丁基橡胶(<50℃) 氯化聚醚(<80℃) 三氟(<200℃) 四氟(<200℃)
	100	<100	碳钢(<200℃) 铸铁 Cr13型
氯仿(三氯甲烷) CHCl$_3$	蒸汽	<500	铝
	任	<沸	蒙乃尔 镍 哈氏合金B,C 铂 银 铅 三氟 四氟 玻璃 陶瓷
	100	<100	碳钢 铸铁 Cr13型 Cr17型 18-8型 18-8+Mo型 铜 铜合金 铝(<75℃) 钛 金 铂 银 玻璃 陶瓷 石墨 呋喃树脂 酚醛(<25℃)
四氯化碳 CCl$_4$	90~100	<100	蒙乃尔 镍
	100	<25	碳钢 Cr13型 Cr17型 铝 环氧树脂(<50℃) 聚酰胺
	100	<沸	18-8型 18-8+Mo型 铜 铜合金 银 铂 钛 玻璃 陶瓷 酚醛 呋喃树脂 四氟 氯化聚醚
氯乙烯 CH$_2$=CHCl	任	<100	18-8+Mo型(<425℃) 金 铂 玻璃 陶瓷
	90~100	<100	蒙乃尔 镍 哈氏合金B 酚醛(<20℃)
	100	<100	碳钢(<75℃) 铸铁 Cr13型 Cr17型 18-8型 18-8+Mo型 铜 铜合金 铝 铅 钛 银
二氯乙烯 CHCl=CHCl	90~100	<100	蒙乃尔 镍
	100	<100	碳钢 铸铁 Cr13型 Cr17型 18-8型 18-8+Mo型 铜 铜合金 铝(<75℃) 铅 钛 金 铂 银 玻璃 陶瓷 石墨
三氯乙烯 CHCl=CCl$_2$	90~100	<100	18-8+Mo型 蒙乃尔 镍 哈氏合金B,C 钛 金 铂 玻璃 陶瓷
	100	<25	铜 铜合金
	100	<沸	铸铁 Cr13型 Cr17型 18-8型 酚醛 呋喃树脂 四氟 石墨
	100	<150	碳钢 黄铜 铝

续表

介质	浓度/%	温度/℃	可用材料
苯 C_6H_6 甲苯 $C_6H_5CH_3$	100	<沸	碳钢 铸铁 Cr13型 Cr17型 18-8型 18-8+Mo型 铜（无硫） 铜合金（无硫） 哈氏合金B、C 铝 钛 酚醛 呋喃树脂 三氟 四氟 聚酰胺 搪瓷 石墨 环氧树脂(<75℃) 聚乙烯(<60℃) 不饱和聚酯(<60℃) 氯化聚醚(<60℃)
硝基苯 $C_6H_5NO_2$	<70	<100	金 铂 玻璃 陶瓷
	100	<100	Cr13型 Cr17型 18-8型 18-8+Mo型 铜 铜合金 铝 玻璃 陶瓷 石墨
苯胺 $C_6H_5NH_2$	<10	<25	Cr13型 Cr17型 18-8型 18-8+Mo型 铅 环氧树脂 聚偏二氯乙烯
	任	<25	银 呋喃树脂 氯化聚醚
	任	<100	金 铂 玻璃 陶瓷 搪瓷 酚醛(<55℃)
	100	<25	碳钢 铸铁 Cr13型 Cr17型 Cr25型
	100	<100	蒙乃尔 镍 哈氏合金B、C 银 铝 铅 钛
	100	<260	18-8型 18-8+Mo型

8.5 常用隔离液的性质及用途

见表8-12。

表8-12 常用隔离液的性质及用途

名称	比密度 15℃/15℃	黏度/mPa·s 15℃	黏度/mPa·s 20℃	蒸汽压/Pa 20℃	沸点/℃	凝固点/℃	闪点/℃	性质与用途
水	1.00	1.125	1.01	2380	100.0	0	—	适用于不溶于水的油
甘油水溶液（密度比50%）	1.1295	7.5	5.99	1400	106	−23	—	溶于水，适用于油类、蒸汽、氧气、水煤气、半水煤气及 C_1、C_2、C_3 等烃类
乙二醇	1.117	25.66	20.9	16.3	197.8	−12.95	118	有吸水性，能溶于水、醇及醚。适用于油类物质及液化气体、氨
乙二醇水溶液（密度比50%）	1.068	4.36	3.76	1809	107	−35.6	不着火	溶于水，醇及醚。适用于油类物质及液化气体
乙醇溶于乙二醚中（密度比36%）	1.00	—	—	5742	78	−51		溶于水，适用于丙烷、丁烷等介质
磷苯二甲酸二丁酯	(20℃)1.0484	20.3	—	(15℃)<1.36	330	−35	171	不溶于水，适用于盐类、酸类等水溶液及硫化氢、二氧化碳等气体介质
乙醇	0.704	1.3	1.2	5970	78.5	<−130	9	溶于水，适用于丙烷、丁烷等介质
四氯化碳	1.61	1.0	—	11844	76.7	−23		不溶于水，与醚、醇、苯、油等可任意混合，有毒。适用于酸类介质
煤油	0.82	2.2	2.0	145000	14.9	−28.9	48.9	不溶于水，适用于腐蚀性无机液体
磺化煤油	0.82	—	—			−10		煤油经磺化处理。适用于乙炔、氢等介质

续表

名 称	比密度 15℃/15℃	黏度/mPa·s		蒸汽压 /Pa	沸点 /℃	凝固点 /℃	闪点 /℃	性质与用途
		15℃	20℃	20℃				
五氯乙烷	(25℃/4℃)1.67	—	—	185	161~162	−29	—	不溶于水,能与醇、醚等有机物混合,有毒。适用于硝酸
甲基硅油	(25℃/25℃)0.93~0.94	(25℃)10(±1%)mm²/s	—	15	≥2.00/68Pa	−65	≥155	具有优良的电气绝缘性、憎水性和防潮性,黏度温度系数小,挥发性小,压缩率大,表面张力小,可在−50~+200℃使用,适用于除湿氯气以外的气体、液体
	(25℃/25℃)0.95~0.96	(25℃)20(±10%)mm²/s	—	15	≥200/68Pa	−60	≥260	
氟油	1.91	—	—	—	—	<−35	—	适用于氯气
全氟三丁胺	(23℃)1.856	(25℃)2.74	—	—	170~180	−60	—	不燃烧,不溶于水及一般溶剂,对硝酸、硫酸、王水、盐酸、烧碱不起反应。适用于强酸、氯气
变压器油	0.9	—	—	—	—	—	—	适用于液氨、氨水、NaOH、硫化胺、硫酸、水煤气、半水煤气等
5%的碱溶液	1.06	—	—	—	—	—	—	适用于水煤气、半水煤气
40% $CaCl_2$ 水溶液	1.36	—	—	—	—	—	—	适用于丙酮、苯、石油气

资料来源:SH3021—2001《石油化工仪表及管道隔离和吹洗设计规范》。

第 9 章　常用钢材和管材

9.1　钢铁产品牌号

9.1.1　常用钢简介

(1) 碳素结构钢　碳素结构钢在 1988 年以前称为普通碳素结构钢，并分为甲类钢、乙类钢、特类钢三类。GB/T 700—1988 国家标准制定时，非等效采用国际标准 ISO 630：1980《结构钢》，对普通碳素结构钢体系进行了改革，以钢的屈服强度表示钢的牌号，并按钢中硫、磷含量高低划分质量等级，改名为碳素结构钢。标准中设 Q195、Q215、Q235、Q255、Q275 五个牌号，牌号中字母 Q 代表钢的屈服点，其后数值代表钢的屈服点值 (MPa)。

根据冶炼时脱氧程度的不同，该类钢又可分为沸腾钢 (F)、半镇静钢 (b)、镇静钢 (Z、TZ)。

该类钢产量最大，用途很广。由于含碳量较低，不含合金元素，具有适当的强度，良好的塑性、韧性、工艺性能和加工成形性能，多轧制成板材、型材及异型材，用于制造厂房、桥梁、船舶等建筑工程结构或机械构件及零部件。一般在热轧状态下使用。

(2) 低合金高强度结构钢　低合金高强度结构钢曾称为普通低合金钢、低合金结构钢。由于这类钢种的生产和使用在我国迅速发展，为了使钢种系列和技术标准与国际接轨，在修订和制定标准时参照采用了 ISO 4950 和 ISO 4951 高屈服强度钢标准，改名为低合金高强度结构钢。新标准中将牌号改由钢的屈服点汉语拼音字母（"Q"）、屈服点数值、质量等级（A、B、C、D、E）三部分组成。在 GB/T 1591—1994 中设立 Q295、Q345、Q390、Q420、Q460 等 5 个牌号；在 GB/T 16270—1996 中设立 Q420、Q460、Q500、Q550、Q620、Q690 等 6 个牌号。

这类钢中合金元素总含量通常不超过 3%。除 Mn、Si 主合金元素外，还有添加元素 V、Ti、Nb、Al、Cr、Ni、Re、N 等。

低合金高强度结构钢比碳素结构钢具有较高或高的强度和韧性，同时有良好的焊接性能、冷、热压力加工性能和耐蚀性，部分钢种还具有较低的脆性转变温度。而其生产工艺与碳素结构钢类似，其中有的合金元素是炼钢生铁中就含有的，故该类钢具有良好的使用价值和经济价值。

(3) 优质碳素结构钢　优质碳素结构钢按冶金质量分为优质钢（S、P 含量≤0.035%）、高级优质钢（钢号后加 "A"，S、P 含量≤0.030%）、特级优质钢（钢号后加 "E"，S 含量≤0.020%、P 含量≤0.025%）；按钢中碳含量分为低碳钢（C 含量≤0.25%）、中碳钢（C 含量 0.30%～0.60%）、高碳钢（C 含量＞0.60%）。

低碳钢的强度低，塑性、韧性高，加工性能及焊接性能好，用于制造承载较小、要求韧性高的零件。如 08F、08、08Al 是常用的冲压用钢。常用于冲制搪瓷制品、汽车外壳等；15、20、20Mn 等是常用的渗碳钢，用于制造对心部强度要求不高的渗碳零件，如受力不大的小轴、螺栓、铆钉等。

中碳钢的强度、硬度适中，塑性、韧性稍低，冷热变形能力和切削性能良好，焊接性能较差，经调质处理后有较高的综合力学性能。常用调质钢为 40、45、50 钢。但由于碳素钢的淬透性不高，零件尺寸愈大，调质处理的强化效果愈差，因此只有中小型零件采用调质处理才能获得较好的效果，大型零件常采用正火或正火加高温回火处理。当零件要求有较高的耐磨性时，可在调质或正火加高温回火后进行表面淬火和低温回火。常用于制造截面尺寸不大的轴类、杆类等零件。

高碳钢有较高的强度、硬度、弹性和耐磨性，常用于制造弹簧和受磨损的零件。

(4) 合金结构钢 合金结构钢的综合力学性能优于优质碳素结构钢。淬透性高，回火稳定性好，有的还具有耐热、耐蚀、耐低温等特性。按其冶金质量分为优质钢、高级优质钢（牌号后加"A"）和特级优质钢（牌号后加"E"）；按钢的用途及最终热处理方法分为表面硬化钢（渗碳、氮化、表面淬火）和调质钢。表面硬化钢中的渗碳钢，含碳量不超过 0.25%，主要加入 Mn、Cr、Ni、B 等合金元素，提高淬透性，保证零件淬火后心部具有高的强度和良好的韧性；还常加入 W、Mo、V、Ti 等辅助合金元素，细化晶粒，强化表面和心部组织，提高表面耐磨性和心部韧性。调质钢为中碳钢，主要加入 Cr、Ni、Mn、Si、B 等合金元素，具有优良的淬透性，调质后获得良好的综合力学性能；还常加入 Mo、V、Ti 等辅助合金元素，细化晶粒，降低回火脆性；有一些调质钢调质处理后可进行表面火焰淬火或高频表面淬火，进一步改善零件表面耐磨性。氮化钢经氮化处理后，有高的表面硬度，抗过热性能好，高的疲劳极限，良好的耐热性和耐蚀性。

(5) 弹簧钢 弹簧钢是制造弹簧和其他弹性元件的专用材料。由于弹簧主要是在冲击、振动或长期均匀交变应力的动负荷条件下工作，故弹簧钢一般具有高的抗拉强度、弹性极限、屈服点、屈强比，高的疲劳强度（尤其是缺口疲劳强度），高的冲击韧性和塑性；较高的弹性模量和较小的弹性模量温度系数；足够的淬透性，不易脱碳和石墨化，低的过热敏感性。对处于特殊环境中工作的弹簧，还要求钢材具有高温强度、抗氧化、耐腐蚀、低磁性等特殊性能。

(6) 不锈钢 不锈钢是不锈耐酸钢的简称，包括不锈钢和耐酸钢两类。在空气中能抵抗腐蚀的钢叫不锈钢，在酸、碱、盐等及其溶液和其他腐蚀介质中能抵抗腐蚀的钢叫耐酸钢。

这类钢按其组织特征分为奥氏体型、奥氏体-铁素体型、铁素体型、马氏体型和沉淀硬化型五类。

奥氏体型钢主要合金元素为铬和镍，其次有钛、铌、钼、氮、锰等。具有稳定的奥氏体组织，加热无相变，无铁磁性。这类钢韧性高，脆性转变温度低，具有良好的耐蚀性和高温强度，较好的抗氧化性，良好的压力加工和焊接性能，但屈服强度较低，且不能采用热处理方法强化。

铁素体型钢主要合金元素为铬，其含量通常等于大于 13%，不含镍，有些钢种还添加钼、钛、硫等。加热时无相变，且存在加热晶粒长大不可逆性，不能用热处理方法改变。高铬铁素体型不锈钢存在 475℃ 和 σ 相析出产生的脆性，可用加热到 550℃ 或 800℃ 以上然后快冷加以消除。这类钢具有良好的抗氧化性介质腐蚀的能力，并具有良好的热加工性及一定的冷加工性能。但缺口敏感性和脆性转变温度较高，加热后对晶间腐蚀也较为敏感。

奥氏体-铁素体型钢是在 18-8 型奥氏体不锈钢的基础上添加更多的铬、钼和硅元素，或降低含碳量制成。其屈服强度约为奥氏体型不锈钢的两倍，可焊性良好，韧性较高，应力腐蚀、晶间腐蚀及焊接热裂倾向较奥氏体型钢小。

马氏体型钢主要合金元素是铬，其含量 13% 以上，含碳量较高，热处理时有相变，可采用热处理方法强化。淬透性较高，含碳高的钢空淬也能得到马氏体。钢在淬火回火状态使用，有较高的强度、硬度和耐磨性。

沉淀硬化型钢经沉淀硬化热处理后具有高的强度，耐蚀性优于铁素体型钢而略低于奥氏体型钢。

(7) 耐热钢 耐热钢是在高温下有良好的化学稳定性和较高强度的合金钢，包括抗氧化钢（或称高温不起皮钢）和热强钢。

抗氧化钢在高温下能抵抗氧和其他介质的侵蚀，具有一定强度。提高钢抗氧化性能的有效方法是在钢中添加铬、铝、硅等合金元素，其中铬是主要合金元素。这些元素的特点是能在高温下与氧形成致密的氧化膜，并牢固地结合在钢的表面，以防止钢继续被介质侵蚀破坏。

热强钢在高温下具有较高的强度、韧性和一定的抗氧化性。提高钢在高温下强度、韧性和耐磨性的主要方法是在钢中加入铬、钼、钨和镍等合金元素，并正确地施以热处理工艺。

该类钢按金相组织分为奥氏体型、铁素体型、马氏体型、沉淀硬化型、珠光体型钢。

(8) 专用钢 最新国家标准和行业标准中的专门用途钢的牌号，包括船舶、桥梁、锅炉、压力容器、石油及天然气管道、搪瓷板、焊接气瓶等用钢共 7 类。从化学成分看，包括非合金钢、低合金钢和合金钢，但以低合金钢为主，其中制作结构件用的主要是低合金高强度钢。

(9) 焊条用钢及合金 焊条用钢及合金的产品主要是冷拉丝材，又称焊丝，用作焊条的焊芯。焊接时焊丝在高温电弧的作用下端头熔化形成熔滴，过渡到熔池中与母材融合而成为焊缝金属。为确保焊缝金属的强度、塑性、韧性及抗裂性等质量要求，对焊丝的硫、磷及碳含量范围控制比一般钢材都要严格。

(10) 耐蚀合金 耐蚀合金是耐特种介质腐蚀的超级合金。按合金的基本组成元素分为铁基耐蚀合金和铁镍基耐蚀合金；按合金的主要强化特征分为固溶强化型合金和时效强化型合金；按合金的制备工艺分为变形合金和铸造合金。这类合金除在各种介质中具有不同的耐蚀性外，还分别兼有耐热性、无磁性、耐磨性和高强度等性能，在核能、化工、石油、有色金属冶炼等方面具有重要用途。

9.1.2 中国钢铁产品牌号表示方法

根据国家标准《钢铁产品牌号表示方法》（GB 221—2000）的规定，我国钢号采用汉语拼音字母、化学元素、阿拉伯数字相结合的表示方法。化工设备常用钢铁产品牌号表示方法和示例见表 9-1。

9.1.3 有关国家钢铁产品牌号表示方法

(1) 美国钢号表示法 美国对结构钢、不锈耐热钢的编号各不相同。

① 结构钢。一般采用美国钢铁协会（AISI）和美国汽车工程师协会（SAE）的编号系

表 9-1 化工设备常用钢铁产品牌号表示方法和示例

产品种类	牌号表示方法	产品名称	牌号示例
1. 铸铁 (GB/T 5612—85)	QT 400-17 　　│　│ 　　│　└─抗拉强度为400MPa和伸长率为17%的组数字时只表示抗拉强度 　　└─球墨铸铁代号 ST Si 15 Mo 4 Cu 　│　│　│　│　│　└─铜的元素符号 　│　│　│　│　└─钼的名义百分含量 　│　│　│　└─钼的元素符号 　│　│　└─硅的名义百分含量 　│　└─硅的元素符号 　└─耐蚀铸铁符号	HT 灰铸铁 RuT 蠕墨铸铁 QT 球墨铸铁 KTH 黑心可锻铸铁 KTB 白心可锻铸铁 KTZ 珠光体可锻铸铁 MT 耐磨铸铁 MQT 耐磨球墨铸铁 KmTB 抗磨白口铸铁 KmTQ 抗磨球墨铸铁 LT 冷硬铸铁 ST 耐蚀铸铁 STQ 耐蚀球墨铸铁 RT 耐热铸铁 RTQ 耐热球墨铸铁 AT 奥氏体球墨铸铁	HT150 RuT400 QT400-17 KTH300-06 KTB350-04 KTZ450-06 MTCu1PTi-150 MQTMn6 KmTBMn5Mo2Cu KmTQMn6 LTCrMoK STSi15R STQA15Si5 RTCr2 RTQA16
2. 铸钢 (GB/T 5613—85)	ZG 15 Cr1 Mo1 V 　│　│　│　│　└─钒元素符号,其名义含量小于0.9% 　│　│　│　└─钼元素及其百分含量 　│　│　└─铬元素及其百分含量 　│　└─碳的名义万分含量 　└─铸钢代号 ZG200-400 　│　│　└─抗拉强度(MPa) 　│　└─屈服强度 　└─铸钢代号	合金铸钢 工程用铸钢	ZG15Cr1Mo1V ZG50CrMo ZG40Mn ZG200-400 ZG340-610
3. 铸造高温合金	K 2 11 　│　│　└─合金顺序号 　│　└─分类号,与变形高温合金的第1位数字一样 　└─代表铸造高温合金	铸造高温合金	K211 K418
4. 碳素结构钢 (GB/T 700—88)	Q 235 A F 　│　│　│　└─脱氧方法 ┌F—沸腾钢 　│　│　│　　　　　　　├b—半镇静钢 　│　│　│　　　　　　　├Z—镇静钢 　│　│　│　　　　　　　└TZ—特殊镇静钢 　│　│　└─质量等级代号,有A、B、C、D 　│　└─屈服点(MPa) 　└─代表碳素钢 Z,TZ可省略	普通碳素钢	Q235-AF Q195 Q215 Q225 Q275
5. 优质碳素结构钢 (GB/T 699—1999)	50 Mn F A 　│　│　│　└─质量等级 ┌无符号—优质 　│　│　│　　　　　　　└A—高级优质 　│　│　└─脱氧方法与普通碳素钢相同 　│　└─锰含量较高(0.70%~1.00%)时标出锰元素符号 　└─碳的名义万分含量 专门用途的该类钢在其数字后注专用符号	普通含锰量优质碳素结构钢 较高含锰量优质碳素结构钢 锅炉用优质碳素结构钢	10,10F 45,45A 45Mn,50Mn 20g

续表

产品种类	牌号表示方法	产品名称	牌号示例
6. 碳素工具钢	T 8 Mn A 　　　　└─ 质量等级 ｛无符号—优质 　　　　　　　　　　A—高级优质 　　　└─ 锰含量较高(0.40%～0.60%)的钢,标出锰元素符号 　　└─ 碳的名义千分含量 └─ 代表工具钢	普通含锰量碳素工具钢	T9
		较高含锰量碳素工具钢	T8Mn
		高级优质碳素工具钢	T9A
7. 合金钢	数字或符号　元素代号　数字A 　　　　　　所有合金　(仅高级合金钢, 　　　　　　元素符号　尾部加注"A") 数字表示含碳量的平均值,专门用途的低合金钢,合金结构钢在牌号首部(或尾部)加注专门用途的符号,低合金钢、合金结构钢和弹簧钢用两位数字表示平均含碳量的万分之几,不锈耐酸钢、耐热钢含碳量用千分数表示,平均含碳量＜0.1%,用"0"表示;平均含碳量≤0.03%,用"00"表示 合金工具钢平均含碳量≥1.00%时,不标含碳量,否则用千分数表示 高速工具钢和滚珠轴承钢不标含碳量,滚珠轴承钢注用途符号"G"	低合金钢	10MnPNbRE 15MnV
	平均合金含量小于1.5%的,在牌号中只标出元素符号,不注其含量 平均合金含量为1.5%～2.49%,2.50%～3.49%,…,22.50%～23.49%,……时,相应地注为2,3,…,23,…… 铬轴承钢的铬含量用千分数表示 低铬合金工具钢的铬平均含量低于1%时,铬含量用千分数表示,但须在含量数字前加注"0",如"Cr06"	合金结构钢	25Cr2MoVA 20MnVB
		合金弹簧钢	15Si2Mn 60Si2MnV
		合金工具钢	Cr60 3Cr2W8V
		高速工具钢	W12Cr4V4Mo
		滚珠轴承钢	GCr15 GCr15Mo
		不锈耐酸钢	0Cr13,4Cr13 00Cr18Ni10
		耐热钢	4Cr9Si2 1Cr18Ni12Ti
8. 焊接用钢和焊接用合金	在钢牌号前加"H"表示焊接用钢,在合金钢牌号前加"H"表示焊接用合金	焊接用碳素结构钢	H10,H08MnA
		焊接用合金结构钢	H08Mn2Si, H30CrMnSiA
		焊接用不锈耐热钢	H00Cr19Ni9, H1Cr25Ni3
		焊接用高温合金 焊接耐蚀合金	HGH3044 HGH1040 HNS311
9. 特殊性能合金	NS 3 1 2 　　　　└─ 不同合金牌号的顺序号 　　　├─ 1—NiCr 系合金 　　　├─ 2—NiMo 系合金 　　　├─ 3—NiCrMo 系合金 　　　└─ 4—NiCrMoCu 系合金 　　├─ 1—固溶强化型铁镍合金 　　├─ 2—时效硬化型铁镍基合金 　　├─ 3—固溶强化型镍基合金 　　└─ 4—时效硬化型镍基合金 └─ 耐蚀合金符号	耐蚀合金	NS111 NS322 NS333 NS411

续表

产品种类	牌号表示方法	产品名称	牌号示例
9. 特殊性能合金	GH 1 140 └─ 牌号的顺序号 └─ 1—固溶强化铁基合金 　 2—时效硬化铁基合金 　 3—固溶强化镍基合金 　 4—时效硬化镍基合金 └─ 高温合金符号	变形高温合金	GH1040 GH2302 GH3044 GH4033
	4 J 20 └─ 牌号的顺序号 └─ 精密合金符号 └─ 合金类别： 　 1—软磁合金 　 2—变形永磁合金 　 3—弹性合金 　 4—膨胀合金 　 5—热双金属 　 6—精密电阻合金	精密合金	1J79 4J36 4J79
	YG 3 A └─ A—含 TaC 的合金 　 C—粗晶粒合金 　 X—细晶粒合金 └─ 合金的百分含量 └─ G—钨钴合金 　 T—钨钛钴合金 　 W—通用合金，其后数字为序号 　 N—碳化钛基合金 └─ 硬质合金符号	硬质合金	YCT3X, YG6A YT5 YW4 YN05
	牌号表示方法与不锈钢相同，其中 NiCr 基合金不标注其含碳量	高电阻电热合金	0Cr25A15, Cr15Ni60

统，也有采用美国联邦标准（FS）体系的。

a. SAE 标准的钢号表示法。一般由四位数字组成，前两位表示钢类，后两位表示平均含碳量的万分之几。具体编制方法为：

1×××——碳素钢；

10××——碳素钢，如 1035 为含碳 0.35% 的碳素钢；

11××——易切碳素钢，如 1138 为含碳 0.34%～0.40%，含锰 0.70%～1.0%，含硫 0.08%～0.13% 的易切碳素钢；

13××——锰结构钢，如 1335 为含碳 0.33%～0.38%，1.6%～1.9% Mn 的 35Mn2 钢；

2×××——镍钢，第二位数字表示平均含镍量的百分数近似整数值，如 2517 表示平均含镍 5%，含碳 0.17% 的镍钢；

3×××——镍铬钢，第二位数字也表示平均含镍量百分数近似整数值，如 3310 为含镍 3.25%～3.75%，含铬 1.40%～1.75%，含碳 0.08%～0.13% 的镍铬钢；

4×××——钼钢，第二位数字表示是否尚有其他合金元素以及含量等，如 40××、44××、45×× 为含钼不同的钼钢，41×× 为铬钼钢，43××、47×× 为不同镍铬钼含量的合金钢，46××、48×× 为不同镍钼含量的钢。例如，4815 为含 Ni 3.25%～3.75%、含 Mo

0.2%~0.3%、含 C 0.13%~0.18%的镍钼钢；

5×××——铬钢，第二位数字表示含铬量的平均百分数近似值，如 5135 为含 Cr 0.80%~1.05%、含 C 0.33%~0.38%的铬钢；

6×××——钒钢，如 6150 为含 Cr 0.80%~1.10%，V>0.15%，含 C 0.48%~0.53%的铬钒钢；

8×××——低镍铬钼钢，第二位数字表示不同镍、铬、钼含量的钢；

9×××——主要由第二位数字决定属于哪类钢，其中 92×× 是含 Si 2%的硅锰钢；93××、94××、97××、98××为不同 Ni、Cr、Mo 含量的镍铬钼钢。

b. AISI 标准的钢号表示法。与 SAE 标准相同。所不同的是数字前冠以 C 表示平炉钢，B 表示酸性转炉钢，E 表示电炉钢，TS 表示试验性标准钢号。

② 不锈钢和耐热钢

a. AISI 编号系统。钢号由三位数字构成，第一位表示钢的种类，其他两位则只表示序号，具体编排系统为：

2××——铬锰镍氮奥氏体钢，如 202 为含 C≤0.15%、含 Mn≤10.0%、含 Si≤1.0%、含 Cr 17%~19%、含 Ni 4%~6%、含 N≤0.25%的不锈钢；

3××——铬镍奥氏体钢，如 302 为相当于我国的 1Cr18Ni9 奥氏体不锈钢；

4××——高铬马氏体和低碳高铬铁素体不锈耐热钢，例如，403 相当于我国的 1Cr13 钢，430 相当于我国的 1Cr17 钢；

5××——低铬马氏体钢，如 501 相当于我国的 Cr5Mo 耐热钢。

b. SAE 编号系统。钢号由五位数字组成，前三位数字表示钢类，后两位数字只表示顺序号。如 30316 相当于 AISI 的 316 钢。

③ UNS 系统钢号表示法。美国的钢号由于采用的标准体系较多，各类钢的钢号表示方法没有形成统一体系。为了避免可能产生的混乱，适应新材料的发展和微机时代的要求，由 SAE 学会和 ASTM 学会等团体于 1974 年提出了"金属与合金牌号的统一数字系统方案"（Unified Numbering System for Metals and Alloys），简称 UNS 系统，以后又进一步修订完善。

UNS 系统的钢号系列，基本上是在美国各学会或部门标准原有钢号系列的基础上稍加变动、调整和统一而编制出来的。它的钢号系列都采用一个代表钢或合金的前缀字母和五位数字组成，例如：

G×××××——碳素钢和合金结构钢；

H×××××——保证淬透性钢（H 钢）；

T×××××——工具钢；

S×××××——不锈钢和耐热钢；

N×××××——镍和镍基合金；

J×××××——碳素铸钢和合金铸钢，含不锈铸钢、耐热铸钢；

F×××××——铸铁；

W×××××——焊接材料。

④ ASTM/ASME 用钢标准号。在化工设备用钢和钢材中，广泛接触的是美国材料和试验协会（ASTM）和美国机械工程师协会（ASME）的标准。ASTM/ASME 用钢标准有 100 余个，ASTM 用钢标准号开始冠以字母 A 表示铁基材料（ASME 中为 SA），接着是序号数字，最后表示年号。

应当注意，ASTM/ASME 用钢标准号是其用钢标准的代号，而非钢铁材料牌号，牌号仍采用 AISI、SAE、UNS 编号。

(2) 前苏联钢号表示法　前苏联国家质量管理和标准委员会（ГОСТ）标准中钢号的编号方法与我国基本相似，只是钢号中的化学元素名称和冶炼、浇注以及用途等一律采用俄文字母来表示。前苏联钢号中字母和化学元素符号的对应关系如下：

Г—Mn　Х—Cr　Ф—V　P—B　С—Si　Н—Ni

Т—Ti　К—Co　М—Mo　В—W　Ю—Al　Д—Cu

例如 38ХМЮ 相当于我国的 38CrMoAl，12Х2Н4 相当于我国的 12Cr2Ni4 等。

前苏联钢号中还用俄文字母表示钢材的冶炼、用途等特征：

У——高碳工具钢，相当于中国的 T，例如 У10、У12 相当于中国的 T10 和 T12；

А——高级优质钢，例如 У10А 相当于中国的 T10A；

Р——高速钢，如 Р18 相当于中国牌号的 W18Cr4V；

Ш——滚动轴承钢，相当于中国的 G，例如，ШХ15 相当于中国的 GCr15；

Я——铬镍不锈钢，例如，Я1、Я1Т 相当于中国的 1Cr18Ni9、1Cr18Ni9Ti；

Ж——铬不锈钢，如 Ж1 相当于中国的 1Cr13。

此外，ЗИ 代表电炉钢，КП 代表沸腾钢。

(3) 日本钢号表示法　JIS 是日本工业标准化协会的代号。钢号原则上由三部分组成：第一部分采用英文字母，表示材料分类，如 S 表示钢；第二部分常用几个字母组合，表示用途、钢材种类或化学成分等；第三部分一般为数字，表示钢种的顺序编号，或强度值下限。有的钢号在数字后还附加 A、B、C 等字母，表示不同等级、种类或厚度。下面介绍几种主要钢类的编号。

① 结构钢

S××C——碳素结构钢，××表示含碳量，如 S10C 为平均含碳 0.10% 的碳素结构钢。对于主要用作渗碳钢的钢号，则在末尾标 K，如 S15CK。

SNC×——镍铬钢。×为钢种序号（下同），如 SNC2 等。

SNCM×——镍铬钼钢，如 SNCM1、SNCM22 等。

SCr×——铬钢，如 SCr1、SCr22 等。

SCM×——铬钼铜，如 SCM1、SCM23 等。

SACM×——铬钼铝钢，如 SACM1。

② 特殊用途钢

SUH×——耐热钢。

SUS×——不锈耐酸钢。

SUP×——弹簧钢。

SUJ×——滚动轴承钢。

③ 结构用钢

SM××——焊接结构用轧钢。××表示强度极限下限。

SS××——普通结构用轧钢。××表示强度极限下限。

④ 压力容器用钢

SB××——锅炉以及压力容器用碳素钢。

SPV××——常温压力容器用钢板。

SGV×× ——中、常温压力容器用碳素钢板。

⑤ 钢管

STB×× ——锅炉、热交换器用碳素钢管。

STPG×× ——压力管道用碳素钢管。

STH×× ——高压气体容器用无缝钢管。

STK×× ——普通结构用碳素钢管。

SGP×× ——配管用碳素钢钢管。

STS×× ——高压管道用碳素钢管。

STPT×× ——高温管道用碳素钢管。

STPL×× ——低温管道用钢管。

STBA×× ——锅炉、热交换器用合金钢管。××为钢种序号。

STPA×× ——管道用合金钢管。

SUS×××TP ——配管用不锈钢管。

SUS×××TB ——锅炉和热交换器用不锈钢管。

⑥ 锻材

SF×× ——碳素钢锻材。

SFV× ——压力容器用调质型碳素钢与低合金钢锻件。×为钢种序号。

SFHV×× ——高温压力容器用合金钢锻件。××为钢种序号。

SUSF××× ——高温压力容器部件用不锈钢锻件。×××为不锈钢钢号数字系列。

SFCM××，SFNCM×× ——铬钼钢锻材，镍铬钼钢锻材。××表示强度极限值下限。

(4) 德国钢号表示法 DIN 是德国标准化协会代号，关于钢号表示法有 DIN 17006 和 DIN 17007 两种体系。

DIN 17006 标准规定一个钢号由三部分组成：主体部分用钢的抗拉强度或化学成分表示；主体前面是表示钢的冶炼方法或原始特性的缩写字母；主体后面是代表所保证的性能范围的数字和热处理状态的缩写字母。

① DIN 17006 按照材料强度的表示方法。这种表示方法仅适用于非合金钢。钢号主体由 "St" 字母和抗拉强度下限数值组成。必要时加注非主体部分。例如，St34、St42、St52 为抗拉强度分别不小于 340MPa、420MPa 和 520MPa 的低碳钢。

② DIN 17006 按照化学成分的表示方法

a. 碳钢。钢号主体是由碳的化学符号 "C" 后注上含碳量为万分之几的数字所组成。举例如下。

C10、CK10 ——平均含 C 0.10% 的碳素钢，K 表示 S、P 含量较低。

C15、C15E ——平均含 C 0.15% 的渗碳钢，后面 "E" 表示经渗碳淬火的。

C35、C35N ——平均含 C 0.35% 的调质钢，"N" 表示经正火的。

如需标明强度，则将强度值列于代表热处理状态的字母之后，例如，C35N50 为经正火的含 C 0.35% 的调质钢，其 $\sigma_b \geq 500$MPa。

b. 低合金钢（合金元素总量<5%）。钢号主体是由表示含碳量万分之几的数字、合金元素符号和含量值的数字组成。合金元素采用化学符号，并按其含量多少依次排列；含量相同时按字母次序排列。合金元素含量值的表示法如下所示：

合金元素 Cr、Co、Mn、Ni、Si、W，其平均含量的百分数乘以 4；

合金元素 Al、Cu、Mo、Nb、Ta、Ti、V，其平均含量的百分数乘以 10；

合金元素 C、N、P、S，其平均含量的百分数乘以 100。

遇有小数时，用四舍五入法化为整数。例如，15Cr3 为平均含 C 0.15%，含铬 0.75%的铬钢；24CrMoV5.5 为平均含 C 0.24%，含铬 1.25%，含钼 0.50%的铬钼钒钢。

c. 高合金钢（合金元素总量>5%）。钢号以"X"开头，表示高合金钢；随后是钢的含碳量万分之几的数字和按含量多少依次排列的合金元素的化学符号；最后是主要合金元素含量的平均百分数。例如 X10CrNiTi189＝1Cr18Ni9Ti。

③ DIN 17007 按照数字材料号的表示方法。DIN 17007 系统为数字材料号（W-Nr）表示方法。材料号系由七位数字组成。

第一位数字表示金属类别，如 1 表示钢和铸钢。随后是小数点。

第二、三位数字表示钢种类别，如 11～12 表示优质碳素结构钢，40～45 表示不锈钢，47～48 表示耐热钢。

第四、五位数字按其碳含量或按合金含量区分。

第六、七位数字为附加数字，表示钢的制造方法和热处理状态，一般在标准中不予标出。例如，1.7362 表示 C 含量≤0.15%，Cr 含量为 4.50%～5.50%，Mo 含量为 0.45%～0.65%的高压容器用铬钼钢，与 DIN 17006 系统 12CrMo195 钢号对应。

（5）英国钢号表示法 英国常用 BS 标准（British Standards）的钢号。BS 钢号主要是根据用途以"BS××××"编号来表示。但它不能表示出化学成分。其中"BS 970"（1950）包括了大部分优质钢的钢号，"BS 1501～1506"（1958）代表化工与石油用钢，"BS 1630"（1950）代表不锈铸钢。现简释如下。

BS 970 标准对碳素钢、合金钢和不锈钢钢号的基本结构如下：

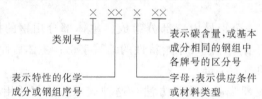

钢号中第四位为字母，含义如下：

A——保证化学成分；

M——保证力学性能；

S——不锈钢。

① 碳素钢。第一位数字 0 表示普通含锰量碳素钢，第一位数字 1 表示较高含锰量碳素钢。例如：

BS 040A10 表示平均含碳 0.10%，含锰 0.40%，保证化学成分的普通含锰量碳素钢；

BS 120M19 表示平均含碳 0.19%，含锰 1.20%，保证力学性能的较高含锰量碳素钢。

② 合金钢。包括合金结构钢、轴承钢、弹簧钢等，第一位数字为 5～9。例如，BS 655A12 表示含碳 0.10%～0.15%，含铬 0.75%～1.00%，含镍 3.00%～3.50%的铬镍钢。

③ 不锈钢。第一、二、三位数字表示钢的类型和系列，并且一部分与美国 AISI 标准不锈钢号系列基本相一致。例如：

BS 304S12 为 18-8 型奥氏体不锈钢，近似于美国 AISI 304L 不锈钢；

BS 403S17 为 Cr13 型铁素体不锈钢，近似于美国 AISI 403 钢。

9.1.4 常用钢牌号对照表

为了方便设计和查阅文献,本节将常用钢的牌号、统一数字代号和各国标准中的牌号列成表格,见表 9-2 至表 9-8。各种标准中,GB/T 指中国推荐国家标准,ISO 指国际标准化组织标准,ГОСТ 指前苏联标准,ASTM 指美国试验与材料协会标准,JIS 指日本工业标准,DIN 指原联邦德国国家标准,BS 指英国标准,NF 指法国国家标准。

钢材牌号的对照是一个比较复杂的问题,根据关注指标的不同,可以得出不同的对应结果。所以,这里的对照关系仅供设计人员参考,实际工作中还应核对其具体指标。

表 9-2 碳素结构钢牌号对照表

标准	GB/T	ISO	ГОСТ	ASTM	JIS	DIN	BS	NF.BS
标准号	700	630	535,380	A283M A573M	G3101 G3103 G3106 G3131	EN10025	BS970	EN10025
牌号	Q215A	HR1	СТ2КП-2	Gr. C	SS330	Fe360C	040A12	Fe360C
	Q215B		СТ2КП-3	Cr. 58	SS330		040A12	
	Q235A	E235B	СТ3КП-2	Gr. D	SM400A		080A15	
	Q235B	E235B	СТ3КП-3	Gr. D	SM400A	S235JR	080A15	S235JR
	Q235C	E235C	СТ3КП-4	Gr. D	SM400A	S235J0	080A15	S235J0
	Q235D	E235D	СТ3КП-4	Gr. D	SM400A	S235J2G3		S235J2G3
	Q255A		СТ4КП-2		SM400			
	Q255B		СТ4КП-3		SM400			

表 9-3 低合金高强度结构钢牌号对照表

标准	GB/T	ISO	ГОСТ	ASTM	JIS	DIN	BS	NF
标准号	1591 16270	4950,4951,4996	19281	A520,572,633,656,678,808M	G3135 等		EN10025 等	
牌号	Q295A		295	Gr. 42 [290]	SPFC 490		E295 S275JR	
	Q295B			[290] [290]	Gr. A			
	Q345A	E355 CC		Gr. B			E335	
	Q345B		HS355C	345 (345)	Gr. A	A808M	S355JR	
	Q345C		HS355D	Gr. 50	Gr. C	SPFC 590	S355JO	
	Q345D	E355 DD	E355DD		Gr. D		S355J2	
	Q345E		E355E				S355NL	S355ML
	Q390A	E390CC			STKT 540			
	Q390B		HS390C	390				
	Q390C		HS390					
	Q390D	E390DD						
	Q390E						S390J6Q	
	Q420A	HS420D		Gr. B			Gr. B	
	Q420B	S420C	E420CC					
	Q420C	HS420D	E420DD	Gr. 60 C415	Gr. E	SEV295 SEV345	① S420NL ② S420ML	
	Q420D							
	Q420E			Type 7	Gr. B			

续表

标准	GB/T	ISO	ГОСТ	ASTM	JIS	DIN	BS	NF
标准号	1591 16270	4950,4951,4996	19281	A529,572,633,656,678,808M	G3135 等	EN10025 等		
牌号	Q460C	E460CC E460DD HS460D		Gr. 65 [450]	SM570 SMA570W SMA570P	S460NL		S460ML
	Q460D	E460DD E460E						
	Q460E	E460E E460E						
	Q500D				SPFC 980Y	S500Q S500QL S500QL1		
	Q500E							
	Q550D	E550DD		Type 7		S550Q S550QL S550QL1		
	Q550E	E550E		Type 7				
	Q620D					S620Q S620QL S620QL1		
	Q620E							
	Q690D			Type C	SHY 685N	S690Q S690QL S690QL1		
	Q690E							

表 9-4 优质碳素结构钢牌号对照表

标准	GB/T	ISO	ГОСТ	ASTM	JIS	DIN	BS	NF
标准号	699	683-1,11	1050	A29M	G3131,G4051		EN10083,BS970	
牌号	08F		08КП	1008	SPHD SPHE	St22	040A10	FM8
	10F		10КП	1010	SPHD SPHE		040A12	FM10
	15F		15КП	1015		Fe360B	Fe360B	FM15
	08		08	1008	SPHE S10C	CK10	040A10	FM8
	10	C101	10	1010	S10C		045A10	XC10
	15	C15E4	15	1015	S15C		080M15	XC12
	20		20	1020	S20C	C22	1C22	C22
	25	C25E4	25	1025	S25C	C25	1C25	C25
	30	C30E4	30	1030	S30C	C30	080A30	C30
	35	C35E4	35	1035	S35C	C35	1C35	C35
	40	C40E4	40	1040	S40C	C40	080M40 1C40	C40
	45	C45E4	45	1045	S45C	C45	1C45	C45
	15Mn		15Г	1019			080A15	
	20Mn		20Г	1022			070M20	
	25Mn		25Г	1026			080M30	
	30Mn		30Г	1030			080M30	
	35Mn		35Г	1037			080M40	
	40Mn		40Г		SWRH42B	C40	080M40 1C40	C40
	45Mn	Sh,SM	45Г	1046	SWRH47B	C45	1C45	C45
	50Mn	Type SC Type DC	50Г	1053	SWRH52B	C50	080M50 1C50	C50
	60Mn	Type SC Type DC		1060	SWRH62B	C60	1C60	C60

表 9-5 合金结构钢牌号对照表

标准	GB/T	ISO	ГOCT	ASTM	JIS	DIN	BS	NF
标准号	3077	683-1	4543	A29M,A322	G4104 G4105		EN10083,BS970,A35-551	
牌号	40MnB			1541B			39MnCrB6-2	
	30Cr		30X	5130	G51300	SCr430		
	35Cr	35Cr4	35X	5135	G51350	SCr435	34Cr4	
	40Cr	41Cr4	40X	5140	G51400	SCr440	41Cr4	
	15CrMo		15XM					
	20CrMo		20XM			SCM420	708H20 708M20	18CD4
	30CrMo		30XM	4130	G41300	SCM430		
	35CrMo	34CrMo4	35XM			SCM435	34CrMo4	
	12CrMoV							
	35CrMoV							
	38CrMoAl	41CrAlMo74	38XMЮA				905M39	
	20CrMnMoH	18CrMo4H 18CrMoS4H			SCM420H (SCM22H)		708H20	20MC5H

表 9-6 不锈钢牌号对照表

奥氏体型不锈钢								
标准	GB/T	ISO	ГOCT	ASTM	JIS	DIN	BS	NF
标准号	1220	683-13	5632	A276	G4303	17440	970	EN10088
牌号	1Cr18Mn8Ni5N	A-3	12X17Г9AH4	S20200 (202)	SUS202	X12CrMnNiN 18-9-5		
	1Cr17Ni7	14			SUS301	X12CrNi177		Z12CN18-09
	1Cr18Ni9	12	12X18H9	S30200 (302)	SUS302	X10CrNiS189	302 S31	Z12CN18-09
	0Cr18Ni9	11(10)	08X18H10	S30400 (304)	SUS304	X5CrNi1810	304 S31(15) (1.4301)	
	00Cr19Ni10	10	03X18H11	S30403 304L		X2CrNi1911	304 S11(12) (1.4306)	
	0Cr19Ni9N			S30451 (304N)	SUS 304N1			
	0Cr19Ni10NbN			S30452 (XM-21)	SUS 304N2			
	00Cr18Ni10N	10N		S30453 (304LN)	SUS304LN	X2CrNiN1810		
	1Cr18Ni12	13		S30500(305)	SUS 305	X4CrNi1812		
	0Cr23Ni13	15		S30908 (309S)	SUS 309S			Z15CN23-13
	0Cr25Ni20	16		S31008 (310S)	SUS 310S		310 S31(24)	28CN2520
	0Cr17Ni12Mo2	20(20a)		S31600 (316)	SUS 316	X5CrNiMo17-12-2	316 S31(16) (1.4401)	
	1Cr18Ni12Mo2Ti	21	10X17H 13M2T				320 S31 (17)	

续表

奥氏体型不锈钢								
标准	GB/T	ISO	ГOCT	ASTM	JIS	DIN	BS	NF
标准号	1220	683-13	5632	A276	G4303	17440	970	EN10088
牌号	0Cr18Ni12Mo2Ti	21	08X18H13M2T	S31635 (316Ti)	SUS 316Ti	X6CrNiMoTi17-12-2	320 S31(17) (1.4571)	
	00Cr17Ni14Mo2	19、19a	03X17H14M2	S31603 (316L)	SUS 316L	X2CrNiMo17-13-2	316 S31(11) (1.4404)	
	0Cr17Ni12Mo2N			S31651 (316N)	SUS 316N	X5CrNiMo17-12-2		
	00Cr17Ni13Mo2N	19N、19aN		S31653 (316LN)	SUS316LN	X2CrNiMo17-11-2		
	0Cr18Ni12Mo2Cu2				SUS 316J1			
	00Cr18Ni14Mo2Cu2				SUS 316J1L			
	0Cr19Ni13Mo3			S31700 (317)	SUS317	X2CrNiMo17-13-3 (1.4436)	316S33(16)	
	00Cr19Ni13Mo3	24			SUS 317L	X2CrNiMo18-15-4 (1.4435)	317S12	
	1Cr18Ni12Mo3Ti	21	10X17H13M3T	S31635 (316Ti)		X6CrNiMoTi17-12-2	320S31(17)	
	0Cr18Ni12Mo3Ti	21	08X17H15M3T	S31635 (316Ti)		X6CrNiMoTi17-12-2	320S31 (17)	
	0Cr18Ni16Mo5				SUS317J1			
	1Cr18Ni9Ti	11		S32100 (321)	SUS321	X6CrNiTi1810	321S31	X6CrNiTi1810
	0Cr18Ni10Ti	15(11)		S32100(321)	SUS321	X6CrNiTi18-10 (1.4541)	321S31	
	0Cr18Ni11Nb	16(12)	08X18H12Б	S34700(347)	SUS347	X6CrNiNb1810 (1.4550)	347S31	
	0Cr18Ni9Cu3				SUSXM7	X3CrNiCu18-9-4		Z3CNU1810
	0Cr18Ni13Si4				SUSXM15J1			
	1Cr17Ni12Mo2							
	1Cr18Ni11Ti			S32100 (321)	SUS321	X6CrNiTi1810		
	1Cr19Ni11Nb			S43700 (347)	SUS347	X6CrNiNb1810		
	00Cr18Ni13Mo3			S31654				
	00Cr18Ni14Mo3				SUS316L	X2CrNiMo18-14-3		
	00Cr18Ni15Mo3N				SUS316LN	X2CrNi18-15-4		
奥氏体-铁素体型不锈钢								
	0Cr26Ni5Mo2				SUS329J1			
	1Cr18Ni11Si4AlTi		15X18H12C4TЮ					
	00Cr18Ni5Mo3Si2							
	00Cr24Ni6Mo3N				SUS329J2L			

续表

标准	GB/T	ISO	ГОСТ	ASTM	JIS	DIN	BS	NF
标准号	1220 等	683-13	5632	A276	G4303	17440	970	EN10088
牌号	00Cr17				SUS430LX			
	0Cr13Al	2		S40500(405)		X6CrAl13		
	00Cr12				SUS410L			Z3CT12
	00Cr30Mo2				SUS447J1			
	00Cr27Mo			S44627(XM-27)	SUSXM27			
	1Cr15			S42900(429)	SUS429			
	00Cr17Mo				SUS430LX			
	00Cr18Mo2			S44400(UNS)	SUS444			

马氏体型不锈钢

	1Cr12	3		S40300(403)	SUS403		X6Cr13 410S21	
	1Cr13	3	12X13	S41000(410)	SUS410	X12Cr13	410S21	
	0Cr13	1		S40500(405)	SUS405		X6Cr13 403S17	
	1Cr13Mo	X12CrMo126			SUS410J1			
	2Cr13	4	20X13	S42000(420)			X20Cr13 420S29	
	3Cr13	5	30X13	S42000(420)	SUS420J1		X30Cr13 420S37	
	3Cr13Mo							
	4Cr13		40X13				X46Cr13	
	1Cr17Ni2	9b	14X17H2	S43100(431)	SUS431		X17CrNi16-2 431S29	
	7Cr17				SUS440A			
	8Cr17				SUS440B			
	9Cr18		95X18		SUS440C			
	11Cr17				SUS440C			
	9Cr18Mo			S44004(440C)	SUS440C			
	9Cr18MoV						X90CrMoV18	
	3Cr16				SUS429J1			

沉淀硬化型不锈钢

标准号	1220	683-16	5632	A564M	G4303	17224	EN10088-3	
牌号	0Cr17Ni4Cu4Nb	1		S17400	SUS630			
	0Cr17Ni7Al	2	09X17H7Ю	17700	SUS631		X7CrNiAl17-7	
	0Cr15Ni7Mo2Al	3						

表 9-7 耐热钢牌号对照表

标准	GB/T	ISO	ГОСТ	ASTM	JIS	DIN	BS	NF
标准号	1221 4238	683-13,16 4955 4956	5632	A276 A564M	G4311 G4303	17740	970	A35-578
牌号	2Cr23Ni13		20X23H13	S30900 (309)	SUH 309			
	2Cr25Ni20	17	20X25H20C2	S31000 (310)	SUH 310		310S31	Z15CN52520
	1Cr16Ni35	18			SUH330			
	0Cr18Ni9	11(10)	0X18H10	S30400 (304)	SUS304	X5CrNi1810	304S15	Z8CNNb1810
	0Cr23Ni13	15		S30908 (309S)	SUS309S			Z15CN2313
	0Cr25Ni20	16		S31008 (310S)	SUS310S		310S31	Z15CNS2520
	0Cr17Ni12Mo2	20,20a		S31600 (316)	SUS316	X5CrNiMo- 17-12-2	316S31	Z6CNDT-17-12
	20Cr20Mn9Ni2Si2N							
	0Cr19Ni13Mo3			S31700 (317)	SUS317		317S16	
	1Cr18Ni9Ti	11	12X18H10T				321S20	
	0Cr18Ni10Ti	15(11)	08X18H10T	S32100 (321)	SUS321	X6CrNiTi1810	321S31	Z6CNT1810
	0Cr18Ni11Nb	16(12)	08X18H12Б	S34700 (347)	SUS347	X6CrNiNb1810	347S31 (17)	Z6CNNb1810
	0Cr18Ni13Si4				SUSXM 15J1			
	1Cr20Ni14Si2	13						Z17CNS20-12
	1Cr25Ni20Si2	16		S31400 (314)			310S24	Z15CNS2520
	1Cr18Ni9Si3			S30215 (302B)	SUS302B			
	0Cr13Al	2		S40500 (405)	SUS405	X6CrAl13		
	00Cr12				SUS410L	X6Cr13		Z3CT12
	1Cr17	8(4)		S43000 (430)				
	2Cr25N	7		S44600 (446)	SUH446			
	1Cr11MoV		15Cr11MФ					
	1Cr12Mo		X12CrMo126					
	1Cr12WMoV							
	2Cr12NiMoWV				SUH616			
	1Cr13	3	12X13	S41000 (410)	SUS410 (03)	X12Cr13	410S31	Z13C13
	1Cr13Mo		X12CrMo126		SUS410J1			
	2Cr13	4	20X13	S42000 (420)	SUS420J1	X20Cr13	420S37 (29)	Z20C13

续表

标准	GB/T	ISO	ГОСТ	ASTM	JIS	DIN	BS	NF
标准号	1221 4238	683-13,16 4955 4956	5632	A276 A564M	G4311 G4303	17740	970	A35-578
牌号	1Cr17Ni2	9b	14X17H2	S43100 (431)	SUS431	X17CrNi16-2	431S29	
	1Cr11Ni2W2MoV		11X11H2B2MΦ					
	1Cr5Mo		15X5M					
	0Cr17Ni4Cu4Nb	1		S17400	SUS630			
	0Cr17Ni7Al	2	09X17H710	17700	SUS631	X7CrNiAl177		

表 9-8 耐蚀合金牌号对照表

标准	GB/T	ISO	ГОСТ	ASTM	JIS	DIN	BS	NF
标准号	15007							
牌号	NS111			N08800 (Incoloy800)	NCF800 (NCF2B)		NA15Ni-Fe-Cr	
	NS112			N08810 (Incoloy800H)				
	NS113							
	NS131							
	NS141							
	NS142			N08825 (Incoloy825)	NCF825	NiCr21MoZ. 4858	NA16Ni-Fe-Cr-Mo	
	NS143			N08020 (Incoloy20Cb3)				
	NS311							
	NS312			N06600 (Inconel600)	NCF600 (NCF1B)	NiCr15Fe Z. 4816	NA14Ni-Cr-Fe	
	NS313					NiCr23Fe Z. 4851		
	NS314							
	NS315			N06690 (Inconel690)				
	NS321			N10001 (Hastelloy B)				
	NS322			N10665 (Hastelloy B-2)		NiMo28 Z. 4617		
	NS331							
	NS332							
	NS333			(Hastelloy C)				
	NS334			N10276 (Inconel 625)		NiMo16Cr15W Z. 4819		
	NS335			N06455 (Hastelloy C-4)		NiMo16Cr16Ti Z. 4610		
	NS336			N06625 (Inconel 625)		NiCr22Mo9Nb Z. 4856	NA21Ni-Cr-Mo-Nb	
	NS341							
	NS411							

9.2 常用钢材

9.2.1 钢板每平方米面积的理论质量（表9-9）

表9-9 钢板每平方米面积的理论质量

厚度/mm	理论质量/kg	厚度/mm	理论质量/kg	厚度/mm	理论质量/kg
0.2	1.570	3.2	25.12	26	204.10
0.25	1.963	3.5	27.48	27	212.00
0.27	2.120	3.8	29.83	28	219.80
0.30	2.355	4.0	31.40	29	227.70
0.35	2.748	4.5	35.33	30	235.50
0.40	3.140	5.0	39.25	32	251.20
0.45	3.533	5.5	43.18	34	266.90
0.50	3.925	6.0	47.10	36	282.60
0.55	4.318	7.0	54.95	38	298.30
0.60	4.710	8.0	62.80	40	314.00
0.70	5.495	9.0	70.05	42	329.70
0.75	5.888	10.0	78.50	44	345.40
0.80	6.280	11.0	86.35	46	361.10
0.90	7.065	12	94.20	48	376.80
1.00	7.850	13	102.10	50	392.50
1.10	8.635	14	109.90	55	431.75
1.20	9.420	15	117.80	60	471.00
1.25	9.813	16	125.60	65	510.25
1.40	10.990	17	133.50	70	549.50
1.50	11.78	18	141.30	75	588.75
1.60	12.56	19	149.20	80	628.00
1.80	14.13	20	157.00	85	667.25
2.00	15.70	21	164.90	90	706.5
2.20	17.27	22	172.70	95	745.75
2.50	19.63	23	180.60	100	785.00
2.80	21.98	24	188.40		
3.0	23.55	25	196.30		

9.2.2 冷轧钢板和钢带（表9-10）

钢板有冷轧钢板和热轧钢板，仪表盘、箱、柜制造用的钢板一般都采用冷轧钢板。

表 9-10 冷轧钢板和钢带（GB 708—88）

厚度/mm	宽度/mm 最小和最大长度/m																			
	600	650	700	(710)	750	800	850	900	950	1000	1100	1250	1400	(1420)	1500	1600	1700	1800	1900	2000
0.20 0.25 0.30 0.35 0.40 0.45	1.20 2.50	1.30 2.50	1.40 2.50	1.40 2.50	1.50 2.50	1.50 2.50	1.50 2.50													
0.50 0.60 0.65	1.20 2.50	1.30 2.50	1.40 2.50	1.40 2.50	1.50 2.50	1.50 2.50	1.50 2.50	1.50 3.0	1.50 3.0	1.50 3.0	1.50 3.0	1.50 3.50								
0.70 0.75	1.20 2.50	1.30 2.50	1.40 2.50	1.40 2.50	1.50 2.50	1.50 3.0	1.50 3.0	1.50 3.0	1.50 3.0	1.50 3.0	1.50 3.0	1.50 3.50								
0.80 0.90 1.00	1.20 3.0	1.30 3.0	1.40 3.0	1.40 3.0	1.50 3.0	1.50 3.0	1.50 3.0	1.50 3.50	1.50 3.50	1.50 3.50	1.50 3.50	1.50 4.0	2.0 4.0	2.0 4.0	2.0 3.0					
1.10 1.20 1.30	1.20 3.0	1.30 3.0	1.40 3.0	1.40 3.0	1.50 3.0	1.50 3.0	1.50 3.0	1.50 3.50	1.50 3.50	1.50 3.50	1.50 3.50	1.50 4.0	2.0 4.0	2.0 4.0	2.0 4.0					
1.40 1.50 1.60 1.70 1.80 2.00	1.20 3.0	1.30 3.0	1.40 3.0	1.40 3.0	1.50 3.0	1.50 3.0	1.50 3.0	1.50 3.50	1.50 3.50	1.50 4.0	1.50 4.0	1.50 4.0	2.0 4.0	2.0 4.0	2.0 4.0	2.0 4.0	2.0 4.20	2.0 4.20		
2.20 2.50	1.20 3.0	1.30 3.0	1.40 3.0	1.40 3.0	1.50 3.0	1.50 3.0	1.50 3.0	1.50 3.50	1.50 3.50	1.50 4.0	1.50 4.0	2.0 6.0	2.0 6.0	2.0 6.0	2.0 6.0	2.0 6.0	2.0 6.0	2.50 6.0	2.50 6.0	2.50 6.0
2.80 3.00 3.20	1.20 3.0	1.30 3.0	1.40 3.0	1.40 3.0	1.50 3.0	1.50 3.0	1.50 3.0	1.50 3.50	1.50 3.50			2.0 6.0	2.0 6.0	2.0 6.0	2.0 6.0	2.0 6.0	2.50 6.0	2.50 6.0	2.50 6.0	2.50 6.0
3.50 3.80 3.90												2.0 4.50	2.0 4.50	2.0 4.50	2.0 4.75	2.0 2.75	2.0 2.75	2.50 2.70	2.50 2.70	2.50 2.70
4.00 4.20 4.50												2.0 4.50	2.0 4.50	2.0 4.50	2.0 4.50	1.50 2.50	1.50 2.50	1.50 2.50	1.50 2.50	1.50 2.50
4.80 5.00												2.0 4.50	2.0 4.50	2.0 4.50	2.0 4.50	1.50 2.30	1.50 2.30	1.50 2.30	1.50 2.30	1.50 2.30

9.2.3 热轧钢板和钢带（表 9-11）

表 9-11 热轧钢板和钢带（GB 709—88）

厚度 /mm	宽度 /mm 最小和最大长度 /m																												
	0.60	0.65	0.7	0.71	0.75	0.8	0.85	0.9	0.95	1.0	1.1	1.25	1.4	1.42	1.5	1.6	1.7	1.8	1.9~2.0	2.1	2.2~2.3	2.4~2.5	2.6~2.8	2.9	3.0	3.2	3.4	3.6	3.8
0.5,0.55,0.6	1.2	1.4	1.42	1.42	1.5	1.5	1.7	1.8	1.9	2.0																			
0.65,0.7,0.75		2.0	1.42	1.42	1.50	1.50	1.70	1.80	1.90	2.0																			
0.8,0.9			2.0	1.42	1.5	1.5	1.7	1.8	1.90	2.0																			
1.0			2.0	1.42	1.5	1.6	1.7	1.8	1.9	2.0																			
1.2,1.3,1.4			2.0		2.0	2.0	2.0	2.0	2.0	2.0	2.0	2.5 / 3.0																	
1.5,1.6,1.8			2.0		2.0	2.0	2.0	2.0	2.0	2.0	2.0/6.0	2.0/6.0	2.0/6.0	2.0/6.0	2.0/6.0	2.0/6.0	2.0/6.0												
2.0,2.2			2.0		2.0	2.0	2.0	2.0	2.0	2.0	2.0/6.0	2.0/6.0	2.0/6.0	2.0/6.0	2.0/6.0	2.0/6.0	2.0/6.0	2.0/6.0	2.0/6.0										
2.5,2.8			2.0		2.0	2.0	2.0	2.0	2.0	2.0	2.0/6.0	2.0/6.0	2.0/6.0	2.0/6.0	2.0/6.0	2.0/6.0	2.0/6.0	2.0/6.0	2.0/6.0										
3.0,3.2,3.5, 3.8,3.9			2.0		2.0	2.0	2.0	2.0	2.0	2.0	2.0/6.0	2.0/6.0	2.0/6.0	2.0/6.0	2.0/6.0	2.0/6.0	2.0/6.0	2.0/6.0	2.0/6.0										
4.0,4.5,5.5										2.0/6.0	2.0/6.0	2.0/6.0	2.0/6.0	2.0/6.0	2.0/6.0	2.0/6.0	2.0/6.0	2.0/6.0	2.0/6.0										
6,7										2.0/6.0	2.0/6.0	2.0/6.0	2.0/6.0	2.0/6.0	2.0/6.0	2.0/6.0	2.0/6.0	2.0/6.0	2.0/6.0	3.0/12.0	3.0/12.0	3.0/12.0							
8,9,10										2.5/6.5	2.5/6.5	2.5/12.0	2.5/12.0	2.5/12.0	3.0/12.0	3.0/12.0	3.0/12.0	3.0/12.0	3.0/12.0	3.0/12.0	3.0/12.0	3.5/9.0	3.5/8.2						
11,12																	3.0/12.0	3.0/12.0	3.0/12.0	3.0/12.0	4.5/9.0	4.0/9.0	3.5/9.0	3.5/10.0	3.0/10.0				
13,14,15,16 17,18,19,20 21,22,25																	3.5/11.0	4.0/10.0	4.0/10.0	4.5/12.0	4.5/12.0	4.0/11.0	3.5/10.0	3.5/10.0	3.0/10.0				
26,28,30 32,34,36 38,40													2.5/12.0	2.5/12.0	2.5/12.0	3.0/12.0	3.0/11.0	3.0/12.0	4.0/12.0	4.0/12.0	4.5/12.0	4.0/11.0	3.5/10.0	3.5/10.0	3.0/9.5	3.2/9.5	3.4/9.5	3.6/9.5	

续表

厚度/mm	宽 度/mm																													
	0.60	0.65	0.7	0.71	0.75	0.8	0.85	0.9	0.95	1.0	1.1	1.25	1.4	1.42	1.5	1.6	1.7	1.8	1.9~2.0	2.1	2.2~2.3	2.4~2.5	2.6	2.7~2.8	2.9	3.0	3.2	3.4	3.6	3.8
	最小和最大长度/m																													
42,45,48 50,52,55																														3.8
60,65,70 75,80,85												2.5	3.0	3.0	3.0	3.0	3.5	3.5	3.5	3.5	3.5	3.5	3.0	3.0	3.0	3.0	3.2	3.4	3.6	3.6
90,95,100 105,110,120 125,130,140														9.0	9.0	9.0	9.0	9.0	9.0	9.0	9.0	9.0	9.0	9.0	9.0	9.0	9.0	9.0	9.0	
150,160,170 180,190,200																												7.0	8.0	8.5	9.0

9.2.4 热轧圆钢和方钢（表 9-12）

表 9-12 热轧圆钢和方钢的尺寸及理论质量（GB/T 702—2004）

圆钢公称直径 d / 方钢公称边长 a /mm	理论质量/(kg/m)		圆钢公称直径 d / 方钢公称边长 a /mm	理论质量/(kg/m)	
	圆钢	方钢		圆钢	方钢
6	0.222	0.283	26	4.17	5.31
8	0.395	0.502	28	4.83	6.15
10	0.617	0.785	30	5.55	7.06
12	0.888	1.13	32	6.31	8.04
14	1.21	1.54	34	7.13	9.07
16	1.58	2.01	36	7.99	10.2
18	2.00	2.54	38	8.90	11.3
20	2.47	3.14	40	9.86	12.6
22	2.98	3.80	45	12.5	15.9
24	3.55	4.52	50	15.4	19.6
55	18.6	23.7			

圆钢公称直径 d / 方钢公称边长 a /mm	理论质量/(kg/m)	
	圆钢	方钢
55	18.6	23.7
60	22.2	28.3
65	26.0	33.2
70	30.2	38.5
75	34.7	44.2
80	39.5	50.2
85	44.5	56.7
90	49.9	63.6
95	55.6	70.8
100	61.7	78.5

注：表中的理论质量是按密度为 7.85g/cm^3 计算的。

表 9-13 热轧扁钢 (GB 704—88)

理论质量/kg·m⁻¹

宽度/mm	厚度/mm																					
	3	4	5	6	7	8	9	10	12	14	16	18	20	22	25	28	30	32	36	40	45	50	56	60
10	0.24	0.31	0.39	0.47	0.55	0.63																		
12	0.28	0.38	0.47	0.57	0.66	0.75																		
14	0.33	0.44	0.55	0.66	0.77	0.88																		
16	0.38	0.50	0.63	0.75	0.88	1.00	1.15	1.26																
18	0.42	0.57	0.71	0.85	0.99	1.13	1.27	1.41																
20	0.47	0.63	0.78	0.94	1.10	1.26	1.41	1.57	1.88															
22	0.52	0.69	0.86	1.04	1.21	1.38	1.55	1.73	2.07															
25	0.59	0.78	0.98	1.18	1.37	1.57	1.77	1.96	2.36	2.75	3.14													
30	0.71	0.94	1.18	1.41	1.65	1.88	2.12	2.36	2.83	3.30	3.77	4.24	4.71											
35	0.82	1.10	1.37	1.65	1.92	2.20	2.47	2.75	3.30	3.85	4.40	4.95	5.50	6.04	6.87	7.69								
40	0.94	1.26	1.57	1.88	2.20	2.51	2.83	3.14	3.77	4.40	5.62	5.65	6.28	6.91	7.85	8.79								
45	1.06	1.41	1.77	2.12	2.47	2.83	3.18	3.53	4.24	4.95	5.65	6.36	7.07	7.77	8.83	9.89	10.60	11.30	12.72					
50	1.18	1.57	1.96	2.36	2.75	3.14	3.53	3.93	4.71	5.50	6.28	7.06	7.85	6.64	9.81	10.90	11.78	12.56	14.13					

9.2.5 热轧扁钢（表 9-13）

9.2.6 热轧等边角钢（表 9-14）

表 9-14 常用热轧等边角钢（GB 9788—86）

型号	尺寸/mm			截面面积/cm²	理论质量/kg·m⁻¹	型号	尺寸/mm			截面面积/cm²	理论质量/kg·m⁻¹
	b	d	r				b	d	r		
2	20	3	3.5	1.132	0.889	6.3	63	8	7	0.515	7.469
		4		1.459	1.145			10		11.657	9.151
2.5	25	3		1.432	1.124	7	70	4	8	5.570	4.372
		4		1.859	1.459			5		6.875	5.397
3.0	30	3		1.749	1.373			6		8.160	6.406
		4		2.276	1.786			7		9.424	7.398
3.6	36	3	4.5	2.109	1.656			8		10.667	8.373
		4		2.756	2.163	7.5	75	5	9	7.412	5.818
		5		3.382	2.654			6		8.797	6.905
4	40	3	5	2.359	1.852			7		10.160	7.976
		4		3.086	2.422			8		11.503	9.030
		5		3.791	2.976			10		14.126	11.089
4.5	45	3	5	2.659	2.088	8	80	5	9	7.912	6.211
		4		3.486	2.736			6		9.397	7.376
		5		4.292	3.369			7		10.860	8.525
		6		5.076	3.985			8		12.303	9.658
5	50	3	5.5	2.971	2.332			10		15.126	11.874
		4		3.897	3.059	9	90	6	10	10.637	8.350
		5		4.803	3.770			7		12.301	9.656
		6		5.688	4.465			8		13.944	10.946
5.6	56	3	6	3.343	2.624			10		17.167	13.476
		4		4.390	3.446			12		20.306	15.940
		5		5.415	4.251	10	100	6	12	11.932	9.366
		8		8.367	6.568			7		13.796	10.830
6.3	63	4	7	4.978	3.907			8		15.638	12.276
		5		6.143	4.822			10		19.261	15.120
		6		7.288	5.721			12		22.800	17.898

注：1. 常用材料：A3，A3F，B3，B3F，16Mn，AY3，AY3F，BJ3，BJ3F。
2. 长度：2～4 号 3～9m；5～8 号 4～12m；9～10 号 4～19m。

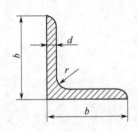

常用热轧等边角钢

b—边宽；d—边厚；r—内圆弧半径

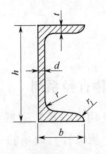

常用热轧槽钢

h—高度；b—腿宽；d—腰厚；t—平均腿厚；
r—内圆弧半径；r_1—腿端圆弧半径

9.2.7 热轧槽钢（表9-15）

表9-15 常用热轧槽钢（GB 707—88）

型号	尺寸/mm						截面面积 /cm²	理论质量 /kg·m⁻¹
	h	b	d	t	r	r_1		
5	50	37	4.5	7.0	7.0	3.5	6.928	5.438
6.3	63	40	4.8	7.5	7.5	3.8	8.451	6.634
8	80	43	5.0	8.0	8.0	4.0	10.248	8.045
10	100	48	5.3	8.5	8.5	4.2	12.748	10.007
12.6	126	53	5.5	9.0	9.0	4.5	15.692	12.318
14a	140	58	6.0	9.5	9.5	4.8	18.516	14.535
14b	140	60	8.0	9.5	9.5	4.8	21.316	16.733

注：1. 常用材料 A3、A3F、16Mn。
2. 长度：5～8号 5～12m，10～14号 9～19m。

9.2.8 热镀锌低碳钢丝（表9-16）

表9-16 热镀锌低碳钢丝（GB 3021—82）

直径/mm	理论质量/kg·km⁻¹	直径/mm	理论质量/kg·km⁻¹	直径/mm	理论质量/kg·km⁻¹
0.20	0.247	0.80	3.95	2.80	48.3
0.25	0.385	0.90	4.99	3.00	55.5
0.30	0.555	1.00	6.17	3.50	75.5
0.35	0.755	1.20	8.88	4.00	98.7
0.40	0.987	1.40	1.21	4.50	125
0.45	1.25	1.60	15.8	5.00	154
0.50	1.54	1.80	20.0	5.50	187
0.55	1.87	2.00	24.7	6.00	222
0.60	2.22	2.20	29.8	>6.00	
0.70	3.02	2.50	38.5		

注：1. 本标准适用于捆绑、索拉、编织等。
2. 钢丝的抗拉强度分两组：Ⅰ组为30～50kgf/mm²；Ⅱ组为30～55kgf/mm²。
3. 镀锌钢丝的材料应用（GB 343—82）中的冷拉普通碳素钢丝镀制而成。
4. 目前生产直径为0.5～5mm的钢丝。
5. 目前生产常用材料为 B1F、B2F、B3F。

9.3 钢管

9.3.1 钢管的公称直径系列

公称直径 DN 是用以表示管道系统中除已用外径表示的组成件以外的所有组成件（如钢管、法兰、阀门、接头等）通用的一个尺寸数字。在一般情况下，它是一个完整的数字，与组成件的尺寸接近，但不相等。

公称直径 DN 有公制（SI）和英制两种。在两种制度中的钢管具体尺寸和相应的螺纹尺寸是一致的。公制和英制公称直径 DN 对照见表9-17。

表 9-17 公制和英制公称直径对照表

公制/mm	英制/in	公制/mm	英制/in	公制/mm	英制/in	公制/mm	英制/in	公制/mm	英制/in
6	1/8	50	2	200	8	600	24	1500	60
8	1/4	(65)	2½	(225)	9	700	28	1600	64
10	3/8	80	3	250	10	800	32	1800	72
15	1/2	90	3½	300	12	900	36	2000	80
20	3/4	100	4	350	14	1000	40	2200	88
25	1	(125)	5	400	16	1100	44		
(32)	1¼	150	6	450	18	1200	48		
40	1½	(175)	7	500	20	1400	56		

注：1. 公称直径的公制和英制换算关系为 1in＝25mm（不同于长度单位换算 1in＝25.4mm，应注意）。

2. 日本对公称直径的公制和英制分别用 A、B 表示，例如：

公制　DN100mm，日本表示为 100A。

英制　DN4in，日本表示为 4B。

9.3.2 钢管的外径系列

中国目前使用着两套配管的钢管尺寸系列。一套是国际上通用的配管系列，也是国内石油化工引进装置中广泛使用的钢管尺寸系列，俗称为"英制管"，各国的"英制管"外径尺寸略有差异，但大致是相同的。另一套钢管尺寸系列是数十年来国内广泛使用的钢管外径尺寸系列，俗称"公制管"。两套钢管外径系列如表 9-18 所示。

表 9-18 钢管外径系列

公称通径 DN	10	15	20	25	32	40	50	65	80
英制管	17.2	21.3	26.9	33.7	42.4	48.3	60.3	(73)76.1	88.9
公制管	14	18	25	32	38	45	57	76	89
公称通径 DN	100	125	150	200	250	300	350	400	450	500
英制管	114.3	(141.3)139.7	168.3	219.1	273	323.9	355.6	406.4	457	508
公制管	108	133	159	219	273	325	377	426	480	530
公称通径 DN	600	700	800	900	1000	1200	1400	1600	1800	2000
英制管	610	711	813	914	1016	1219	1422	1626	1829	2032
公制管	630	720	820	920	1020	1220	1420	1620	1820	2020

表列的"英制管"系列是 ISO 4200 中的第一系列，也是原化工部 HG 20553—1993 标准中所列的 Ia 系列钢管外径尺寸。这个系列所列的钢管尺寸规格已为多数国家所认定，大部分与 ANSI、JIS 标准一致。括号内尺寸是美国 ANSI 所采用的钢管外径尺寸，与 ISO 有所差异。

表列的"公制管"系列是国内设计部门十分熟悉的钢管尺寸系列，也是原化工部 HG 20553—1993 标准所列的第 II 系列钢管外径尺寸。

9.3.3 输送低压流体用焊接钢管（水煤气管）（表 9-19）

表 9-19 输送低压流体用焊接钢管（水煤气管）（GB/T 3091—2001）

公称口径/mm	公称外径/mm	普通钢管		加厚钢管	
		公称壁厚/mm	理论质量/(kg/m)	公称壁厚/mm	理论质量/(kg/m)
6	10.2	2.0	0.40	2.5	0.47
8	13.5	2.5	0.68	2.8	0.74

续表

公称口径/mm	公称外径/mm	普通钢管		加厚钢管	
		公称壁厚/mm	理论质量/(kg/m)	公称壁厚/mm	理论质量/(kg/m)
10	17.2	2.5	0.91	2.8	0.99
15	21.3	2.8	1.28	3.5	1.54
20	26.9	2.8	1.66	3.5	2.02
25	33.7	3.2	2.41	4.0	2.93
32	42.4	3.5	3.36	4.0	3.79
40	48.3	3.5	3.87	4.5	4.86
50	60.3	3.8	5.29	4.5	6.19
65	76.1	4.0	7.11	4.5	7.95
80	88.9	4.0	8.38	5.0	10.35
100	114.3	4.0	10.88	5.0	13.48
125	139.7	4.0	13.39	5.5	18.20
150	168.3	4.5	18.18	6.0	24.02

注：1. 本标准适用于输送水、煤气、空气、油、取暖蒸汽及电线、补偿导线穿管用。
2. 钢管分镀锌钢管和不镀锌钢管，带螺纹钢管和不带螺纹钢管。
3. 表中理论质量为不镀锌质量，钢管镀锌后的理论质量比镀锌前增加3%～6%。
4. 公称口径系近似内径的名义尺寸，它不表示公称外径减去两个公称壁厚所得的内径。
5. 钢管的通常长度为4～12m。
6. 材料为碳素结构钢（GB/T 700）。

9.3.4 普通碳素钢电线套管（表9-20）

表9-20 普通碳素钢电线套管（GB 3640—88）

公称尺寸/mm	外径/mm	外径允许偏差/mm	壁厚/mm	理论质量(不计管接头)/kg·m^{-1}
13	12.70	±0.20	1.60	0.438
16	15.88	±0.20	1.60	0.581
19	19.05	±0.25	1.80	0.766
25	25.40	±0.25	1.80	1.048
32	31.75	±0.25	1.80	1.329
38	38.10	±0.25	1.80	1.611
51	50.80	±0.30	2.00	2.407
64	63.50	±0.30	2.50	3.760
76	76.20	±0.30	3.20	5.761

注：1. 钢管长度：3～9m。
2. 交货时，每支钢管应附带一个管接头，在计算钢管理论质量时，应另外加管接头质量。
3. 本标准适用于电线、补偿导线穿管用的普通碳素钢电焊钢管。

9.3.5 输送流体用无缝钢管（表 9-21）

表 9-21 输送流体用无缝流体无缝钢管（GB 8163—87）

热轧钢管品种

外径/mm	壁厚 理论质量/kg·m⁻¹									
	3	3.5	4	4.5	5	6	7	8	9	10
32	2.15	2.46	2.76	3.05	3.33	3.85	4.32	4.73		
38	2.59	2.98	3.35	3.72	4.07	4.74	5.35	5.92		
45	3.11	3.58	4.04	4.49	4.93	5.77	6.56	7.30	7.99	8.63
57	3.99	4.62	5.23	5.83	6.41	7.55	8.63	9.67	10.65	11.59
76	5.40	6.26	7.10	7.93	8.75	10.36	11.91	13.42	14.87	16.28
89		7.38	8.38	9.38	10.36	12.23	14.15	15.98	17.76	19.48
108			10.26	11.49	12.70	15.09	17.43	19.73	21.97	24.17
133			12.72	14.26	15.78	18.79	21.75	24.66	27.52	30.33
159				17.14	18.99	22.64	26.24	29.79	33.29	36.75
194					23.30	27.82	32.28	36.63	41.06	45.38
219						31.52	36.60	41.63	46.61	51.54
245							41.08	46.76	52.38	57.95
273							45.92	52.28	58.59	64.86
325								62.54	70.13	77.68
377									81.67	90.51
426									92.55	102.59

冷拔（轧）钢管品种

外径/mm	壁厚 理论质量/kg·m⁻¹								
	0.25	0.5	1.0	1.5	2.0	2.5	3.0	3.5	4.0
6	0.0354	0.068	0.123	0.166	0.197				
7	0.0416	0.080	0.148	0.203	0.247	0.277			
8	0.0477	0.092	0.173	0.240	0.296	0.339			
10	0.060	0.117	0.222	0.314	0.395	0.462	0.518	0.561	
12	0.072	0.142	0.271	0.388	0.493	0.586	0.666	0.734	0.789
14	0.085	0.166	0.321	0.462	0.592	0.709	0.814	0.906	0.986
18	0.109	0.216	0.419	0.610	0.789	0.956	1.11	1.25	1.38
22		0.265	0.518	0.758	0.986	1.20	1.41	1.60	1.78
25		0.302	0.592	0.869	1.13	1.39	1.63	1.86	2.07
32		0.388	0.765	1.13	1.48	1.82	2.15	2.46	2.76
38		0.462	0.912	1.35	1.78	2.19	2.59	2.98	3.35
45			1.09	1.61	2.12	2.62	3.11	3.58	4.04
50			1.21	1.79	2.37	2.93	3.48	4.01	4.54
57			1.38	2.05	2.71	3.36	4.00	4.62	5.23
65			1.58	2.35	3.11	3.85	4.59	5.31	6.02
70			1.70	2.53	3.35	4.16	4.96	5.74	6.51

注：1. 钢管分热轧和冷拔（轧）两种。
2. 长度：热轧钢管3～12m，冷拔（轧）钢管3～10.5m。
3. 钢管材料：10、20、09MnV、16Mn。
4. 输送流体用无缝钢管新标准号为 GB/T 8163—1999，但新标准中未具体规定钢管的外径和壁厚系列。

9.3.6 不锈钢无缝钢管（表 9-22）

表 9-22 不锈钢无缝钢管（GB 2270—80）

外径/mm	热轧钢管的品种 壁厚/mm						外径/mm	冷拔(轧)钢管的品种 壁厚/mm						
	4.5	5	6	7	8	9	10		0.5	1.0	1.5	2.0	2.5	3.0	3.5	4.0
	理论质量/kg·m⁻¹								理论质量/kg·m⁻¹							
57	5.87	6.46	7.60	8.69	9.74	10.73	11.67	6	0.0683	0.124	0.168	0.199				
60	6.20	6.83	8.05	9.22	10.33	11.40	12.42	8	0.0932	0.174	0.242	0.298				
65	6.76	7.45	8.79	10.10	11.33	12.52	13.66	10	0.118	0.224	0.317	0.397	0.466			
70		8.07	9.54	10.95	12.32	13.64	14.90	14	0.168	0.323	0.466	0.596	0.714	0.820	0.913	
76		8.82	10.43	12.00	13.51	14.98	16.39	18	0.217	0.422	0.615	0.795	0.963	1.12	1.26	1.39
80		9.32	12.52	12.69	14.31	15.87	17.39	22	0.267	0.522	0.764	0.994	1.21	1.42	1.61	1.79
89		10.43	12.37	14.26	16.10	17.88	19.62	25	0.304	0.596	0.876	1.14	1.40	1.64	1.87	2.09
100		11.80	14.01	16.17	18.28	20.34	22.36	32	0.391	0.770	1.14	1.49	1.83	2.16	2.48	2.78
108		12.79	15.20	17.56	19.87	22.13	24.34	38	0.466	0.919	1.36	1.79	2.20	2.61	3.00	3.38
121		14.41	17.14	19.82	22.46	25.04	27.57	45	0.553	1.09	1.62	2.14	2.64	3.13	3.61	4.07
133		15.90	18.93	21.91	24.84	27.72	30.55	50	0.615	1.22	1.81	2.38	2.95	3.50	4.04	4.57
159		19.13	22.80	26.43	30.01	33.53	37.01	57	0.702	1.39	2.67	2.73	3.38	4.02	4.65	5.27
180				30.08	34.18	38.23	42.23	65			2.37	3.13	3.88	4.62	5.35	6.06
194				32.52	36.96	41.36	45.71	76					4.56	5.44	6.30	7.15
219				36.86	41.93	46.95	51.92	89					5.37	6.41	7.43	8.44
225				37.91	43.12	48.29	53.41	108							9.09	10.23

注：1. 常用材料 0Cr13, 1Cr13, 2Cr13, 3Cr13, 1Cr17Ni2, 0Cr18Ni9Ti, 00Cr18Ni10, 1Cr18Ni9, 1Cr18Ni9Ti, 00Cr17Ni14Mo2, 00Cr17Ni4Mo3, 0Cr18Ni12Mo2Ti, 1Cr18Ni12Mo2Ti, 1Cr18Ni12Mo3Ti, 1Cr23Ni18, 1Cr18Ni1Nb。

2. 钢管长度：热轧钢管 1.5～10m。冷拔（轧）钢管，壁厚 0.5～1.0mm，长为 1～7m；壁厚>1mm，长为 1.5～8m。

9.3.7 化肥设备用高压无缝钢管（表 9-23）

表 9-23 化肥设备用高压无缝钢管（GB 6479—86）

外径×壁厚/mm	理论质量/kg·m⁻¹	外径×壁厚/mm	理论质量/kg·m⁻¹	外径×壁厚/mm	理论质量/kg·m⁻¹
14×4	0.986	68×9	13.9	133×17	48.63
15×4	1.09	68×10	14.30	154×23	74.30
15×4.5	1.17	68×13	17.63	159×18	62.59
19×5	1.73	70×10	14.80	159×19	65.60
24×4.5	2.16	83×9	16.42	159×20	68.55
24×6	2.66	83×10	18.00	159×28	90.45
25×5	2.47	83×11	19.53	168×28	96.67
25×6	2.81	83×15	25.15	180×19	75.43
25×7	3.11	102×11	24.68	180×22	85.72
35×6	4.29	102×14	30.38	18×30	110.97
35×9	5.77	102×17	35.64	219×35	158.81
43×7	6.21	102×21	41.95	273×18	113.19
43×10	8.14	108×14	32.45	273×20	124.78
49×8	8.09	127×14	39.01	273×34	200.39
49×10	9.62	127×17	46.12	273×40	229.83
57×9	10.66	127×21	54.89		

注：1. 本标准适用于工作温度为-40～400℃，工作压力为 10～32MPa。

2. 钢管长度：4～12m。

3. 钢管材料：10, 20g, 16Mn, 15MnV, 10MoWVNb, 12CrMo, 15CrMo, 1Cr5Mo, 12Cr2Mo。

4. 标记：用 10 钢制造的外径 89mm，壁厚为 6mm 的热轧钢管，直径和壁厚为普通级精度，长度为 4000mm，其标记为：钢管 10-89×6×4000-GB 6479-86。

5. 化肥设备用高压无缝钢管新标准号为 GB/T 6479—2000，但新标准中未具体规定钢管的外径和壁厚系列。

9.3.8 美国焊接和无缝轧制钢管、不锈钢钢管数据（表 9-24）

表 9-24 美国焊接和无缝轧制钢管、不锈钢钢管数据
（ASME B36.10M《焊接和无缝轧制钢管》和 ASME B36.19M《不锈钢钢管》）

公称管径 /in(mm)	外径 /in[①]	识别标记 钢管 分类[②]	识别标记 钢管 壁厚代号	不锈钢管壁厚代号	管壁厚度 t/in	内径 /in	管子质量 /(lb/ft)[①]
1/8	0.405	—	—	10S	0.049	0.307	0.19
		STD	40	40S	0.068	0.269	0.24
		XS	80	80S	0.095	0.215	0.31
1/4 (8)	0.504	—	—	10S	0.065	0.410	0.33
		STD	40	40S	0.068	0.364	0.42
		S	80	80S	0.119	0.302	0.54
3/8 (10)	0.675	—	—	10S	0.065	0.545	0.42
		STD	40	40S	0.091	0.493	0.57
		XS	80	80S	0.126	0.423	0.74
1/2 (15)	0.840	—	—	5S	0.065	0.710	0.54
		—	—	10S	0.083	0.674	0.67
		STD	40	40S	0.109	0.622	0.85
		XS	80	80S	0.147	0.546	1.09
		—	160	—	0.187	0.466	1.31
		XXS	—	—	0.294	0.252	1.71
3/4 (20)	1.050	—	—	5S	0.065	0.920	0.69
		—	—	10S	0.083	0.884	0.86
		STD	40	40S	0.113	0.824	1.13
		XS	80	80S	0.154	0.742	1.47
		—	160	—	0.219	0.612	1.94
		XXS	—	—	0.308	0.434	2.44
1 (25)	1.315	—	—	5S	0.065	1.185	0.69
		—	—	10S	0.109	1.097	0.86
		STD	40	40S	0.133	1.049	1.13
		XS	80	80S	0.179	0.957	1.47
		—	160	—	0.25	0.815	1.94
		XXS	—	—	0.358	0.599	2.44
1½ (40)	1.90	—	—	5S	0.065	1.77	1.28
		—	—	10S	0.109	1.682	2.09
		STD	40	40S	0.145	1.61	2.72
		XS	80	80S	0.2	1.5	3.63
		—	160	—	0.281	1.338	4.86
		XXS	—	—	0.40	1.1	6.41
2 (50)	2.375	—	—	5S	0.065	2.245	1.61
		—	—	10S	0.109	2.157	2.64
		STD	40	40S	0.154	2.067	3.65
		XS	80	80S	0.218	1.939	5.02
		—	160	—	0.344	1.687	7.46
		XXS	—	—	0.436	1.503	9.03

续表

公称管径 /in(mm)	外径 /in[①]	识别标记		不锈钢管壁厚代号	管壁厚度 t/in	内径 /in	管子质量 /(lb/ft)[①]
		钢管					
		分类[②]	壁厚代号				
3 (80)	3.50	—	—	5S	0.083	3.334	3.03
		—	—	10S	0.12	3.26	4.33
		STD	40	40S	0.216	3.068	7.58
		XS	80	80S	0.3	2.9	10.25
		—	160	—	0.438	2.624	14.32
		XXS	—	—	0.6	2.3	18.58
4 (100)	4.5	—	—	5S	0.083	4.334	3.92
		—	—	10S	0.12	4.26	5.61
		STD	40	40S	0.237	4.026	10.79
		XS	80	80S	0.337	3.826	14.98
		—	120	—	0.438	3.624	19.00
		—	160	—	0.531	3.438	22.51
		XXS	—	—	0.674	3.152	27.54
5 (125)	5.563	—	—	5S	0.109	5.345	6.30
		—	—	10S	0.134	5.295	7.77
		STD	40	40S	0.256	5.047	14.62
		XS	80	80S	0.375	4.813	20.78
		—	120	—	0.50	5.563	27.04
		—	160	—	0.625	4.313	32.96
		XXS	—	—	0.75	4.063	38.55
6 (150)	6.625	—	—	5S	0.109	6.407	7.60
		—	—	10S	0.134	6.357	9.29
		STD	40	40S	0.280	6.065	18.97
		XS	80	80S	0.432	5.761	28.57
		—	120	—	0.562	5.501	36.39
		—	160	—	0.719	5.187	45.35
		XXS	—	—	0.864	4.897	53.16
8 (200)	8.625	—	—	5S	0.109	8.407	9.93
		—	—	10S	0.148	8.329	13.40
		—	20	—	0.25	8.125	22.36
		—	30	—	0.277	8.071	24.70
		STD	40	40S	0.322	7.981	28.55
		—	60	—	0.406	7.813	35.64
		XS	80	80S	0.50	7.625	43.39
		—	100	—	0.594	7.437	50.95
		—	120	—	0.719	7.187	60.71
		—	140	—	0.812	7.001	67.76
		XXS	—	—	0.875	6.875	72.42
		—	160	—	0.906	6.813	74.69
10 (250)	10.75	—	—	5S	0.134	10.482	15.19
		—	—	10S	0.165	10.42	18.65
		—	20	—	0.25	10.25	28.04
		—	30	—	0.307	10.136	34.24
		STD	40	40S	0.365	10.02	40.48
		XS	60	80S	0.50	9.75	54.74
		—	80	—	0.594	9.562	64.43
		—	100	—	0.719	9.312	77.03
		—	120	—	0.844	9.062	89.29
		XXS	140	—	1.0	8.75	104.13
		—	160	—	1.125	8.50	115.64

续表

公称管径 /in(mm)	外径 /in[①]	识别标记		不锈钢管壁厚代号	管壁厚度 t/in	内径 /in	管子质量 /(lb/ft)[①]
		钢管					
		分类[②]	壁厚代号				
12 (300)	12.75	—	—	5S	0.156	12.438	20.98
		—	—	10S	0.180	12.39	24.17
		—	20	—	0.25	12.25	33.38
		—	30	—	0.33	12.09	43.77
		STD	—	40S	0.375	12.0	49.56
		—	40	—	0.406	11.938	53.52
		XS	—	80S	0.50	11.75	65.42
		—	60	—	0.562	11.626	73.15
		—	80	—	0.688	11.374	88.83
		—	100	—	0.844	11.062	107.32
		XXS	120	—	1.0	10.75	125.49
		—	140	—	1.125	10.50	139.67
		—	160	—	1.312	10.126	160.27
14 (350)	14.00	—	—	5S	0.156	13.688	23.07
		—	—	10S	0.188	13.624	27.73
		—	10	—	0.25	13.50	36.71
		—	20	—	0.312	13.376	45.61
		STD	30	—	0.375	13.25	54.57
		—	40	—	0.438	13.124	63.44
		XS	—	—	0.50	13.00	72.09
		—	60	—	0.594	12.812	85.05
		—	80	—	0.75	12.50	106.13
		—	100	—	0.938	12.124	130.85
		—	120	—	1.094	11.812	150.79
		—	140	—	1.25	11.50	170.28
		—	160	—	1.406	11.188	189.11
16 (400)	16.00	—	—	5S	0.165	15.67	27.90
		—	—	10S	0.188	15.624	31.75
		—	10	—	0.250	15.50	42.05
		—	20	—	0.312	15.376	52.27
		STD	30	—	0.375	15.25	62.58
		XS	40	—	0.50	15.00	82.77
		—	60	—	0.656	14.688	107.5
		—	80	—	0.844	14.132	136.61
		—	100	—	1.031	13.938	164.82
		—	120	—	1.219	13.562	192.43
		—	140	—	1.438	13.124	223.64
		—	160	—	1.594	12.812	245.25
18 (450)	18.0	—	—	5S	0.165	17.67	31.43
		—	—	10S	0.188	17.624	35.76
		—	10	—	0.25	17.50	47.39
		—	20	—	0.312	17.376	58.94
		STD	—	—	0.375	17.25	70.59
		—	30	—	0.438	17.124	82.15
		XS	—	—	0.50	17.00	93.45
		—	40	—	0.562	16.876	104.67
		—	60	—	0.75	16.50	138.17
		—	80	—	0.938	16.124	170.92
		—	100	—	1.156	15.688	207.96
		—	120	—	1.375	15.25	244.14
		—	140	—	1.562	14.876	274.22
		—	160	—	1.781	14.438	308.5

续表

公称管径 /in(mm)	外径 /in[①]	识别标记		不锈钢管壁厚代号	管壁厚度 t/in	内径 /in	管子质量 /(lb/ft)[①]
		钢管					
		分类[②]	壁厚代号				
20 (500)	20.00	—	—	5S	0.188	19.624	39.78
		—	—	10S	0.218	19.564	46.06
		—	10	—	0.25	19.50	52.73
		STD	20	—	0.375	19.25	78.60
		XS	30	—	0.50	19.00	104.13
		—	40	—	0.594	18.812	123.11
		—	60	—	0.812	18.376	166.40
		—	80	—	1.031	17.938	208.87
		—	100	—	1.281	17.438	256.10
		—	120	—	1.50	17.00	296.37
		—	140	—	1.75	16.50	341.09
		—	160	—	1.969	16.062	379.17
22 (550)	22.00	—	—	5S	0.188	21.624	43.80
		—	—	10S	0.218	21.564	50.71
		—	10	—	0.250	21.50	58.07
		STD	20	—	0.375	21.25	86.61
		XS	30	—	0.50	21.00	114.81
		—	60	—	0.875	20.25	197.41
		—	80	—	1.125	19.75	250.81
		—	100	—	1.375	19.25	320.88
		—	120	—	1.625	18.75	353.61
		—	140	—	1.875	18.25	403.00
		—	160	—	2.125	17.75	451.06
24 (600)	24.00	—	—	5S	0.218	23.564	55.37
		—	10	10S	0.25	23.50	63.41
		STD	20	—	0.375	23.25	94.62
		XS	—	—	0.50	23.00	125.49
		—	30	—	0.562	22.876	140.68
		—	40	—	0.688	22.624	171.29
		—	60	—	0.969	22.062	238.35
		—	80	—	1.219	21.562	296.58
		—	100	—	1.531	20.938	367.39
		—	120	—	1.812	20.376	429.39
		—	140	—	2.062	19.876	483.12
		—	160	—	2.344	19.312	542.13
26 (650)	26.00	—	10	—	0.312	25.376	85.60
		STD	—	—	0.375	25.25	102.63
		XS	20	—	0.50	25.00	136.17
28 (700)	28.00	—	10	—	0.312	27.376	92.26
		STD	—	—	0.375	27.25	110.64
		XS	20	—	0.50	27.00	146.85
		—	30	—	0.625	26.75	182.73
30 (750)	30.00	—	—	5S	0.25	29.50	79.43
		—	10	10S	0.312	29.376	98.93
		STD	—	—	0.375	29.25	118.65
		XS	20	—	0.50	29.00	157.53
		—	30	—	0.625	28.75	196.08

[①] 1in=25.4mm；1lb/ft=1.488kg/m。
[②] STD—标准管；XS—厚壁管；XXS—超厚壁管。

9.3.9 钢铁制品的公称压力、试验压力和在不同操作温度下的最大操作压力

（表 9-25 至表 9-27）

表 9-25 碳钢制品的公称压力、试验压力和最大操作压力

公称压力 p_g /(kgf/cm²)[①]	试验压力 (用<100℃水)p_s /(kgf/cm²)[①]	操作温度/℃						
		<200	250	300	350	400	425	450
		最大操作压力 p/(kgf/cm²)[①]						
1	2	1	1	1	0.7	0.6	0.6	0.5
2.5	4	2.5	2.3	2	1.8	1.6	1.4	1.1
4	6	4	3.7	3.3	2.9	2.6	2.3	1.8
6	9	6	5.5	5	4.4	3.8	3.5	2.7
10	15	10	9.2	8.2	7.3	6.4	5.8	4.5
16	24	16	15	13	12	10	9	7
25	38	25	23	20	18	16	14	11
40	60	40	37	33	30	28	23	18
64	96	64	59	52	47	41	37	29
100	150	100	92	82	73	64	58	45
160	240	160	147	131	117	102	93	72
200	300	200	184	164	146	128	116	90
250	350	250	230	205	182	160	145	112
320	430	320	294	262	234	205	185	144

[①] $1\text{kgf/cm}^2 = 10^5 \text{Pa}$。

表 9-26 含钼≥0.4%的钼钢及铬钼钢制品的公称压力、试验压力和最大操作压力

公称压力 p_g /(kgf/cm²)[①]	试验压力 p_s (用<100℃水) /(kgf/cm²)[①]	操作温度/℃							
		<350	400	425	450	475	500	510	520	530
		最大操作压力 p/(kgf/cm²)[①]							
1	2	1	0.9	0.9	0.8	0.7	0.6	0.5	0.4	0.4
2.5	4	2.5	2.3	2.1	2.0	1.8	1.4	1.2	1.1	0.9
4	6	4	3.6	3.4	3.2	2.8	2.2	2.0	1.7	1.4
6	9	6	5.5	5.1	4.8	4.3	3.3	3	2.6	2.2
10	15	10	9.1	8.6	8.1	7.1	5.5	5	4.3	3.6
16	24	16	15	14	13	11	9	8	7	6
25	38	25	23	21	20	18	14	12	11	9
40	60	40	36	34	32	28	22	20	17	14
64	96	64	58	55	52	45	35	32	28	23
100	150	100	91	86	81	71	55	50	43	36
160	240	160	145	137	130	114	88	80	69	57
200	300	200	182	172	162	142	100	100	86	72
250	350	250	227	215	202	177	137	125	108	90
320	430	320	291	275	259	227	176	160	137	115

[①] $1\text{kgf/cm}^2 = 10^5 \text{Pa}$。

表 9-27　1Cr18Ni9Ti 不锈钢制品的公称压力、试验压力和最大操作压力

公称压力 p_g /(kgf/cm²)①	试验压力 p_s /(kgf/cm²)①	操作温度/℃										
		250	300	350	400	425	450	475	500	525	550	575	600
		最大操作压力 p/(kgf/cm²)①										
16	24	16	14	13	12	11.5	11	10.5	9.5	8.5	7	5.5	4
25	38	25	22	20	19	18	17	16	15	13	11	8.5	6
40	60	40	35	33	31	29	27.5	26	24	21	17.5	14	10
64	96	64	56	53	49	46	44	42	38	34	28	22	16
100	150	100	87	82	78	73	69	65	59	52	44	34	24
160	240	160	140	132	123	116	110	103	95	85	70	55	40

① $1\text{kgf/cm}^2 = 10^5 \text{Pa}$。

9.3.10　常用 Tube 管和管接头

(1) Pipe 管和 Tube 管的区别　Pipe 管和 Tube 管是两种规格系列的管子，其管径尺寸、连接方式、表示方法和使用范围均不相同。

① Pipe 管是大管径的管子，管径一般在 15～1500mm（1/2～60in）之间。也有小于或大于此范围的 Pipe 管，但使用量很少。而 Tube 管是小管径的管子，管径一般在 1/8″～1/2″（3～12mm）之间。

② Pipe 管的连接方式有法兰连接、螺纹连接和焊接连接三种，大多数场合用法兰连接，低压场合允许用螺纹连接。而 Tube 管的管壁很薄，不允许在上面套螺纹，经过退火处理后，采用卡套方式连接，也叫压接连接。

③ Pipe 管用公称直径 DN 表示管子的管径规格。采用公称直径后，使得管子和管件之间的连接得以简化和统一，这也就是 Pipe 管用 DN 表示管径的原因所在。

Tube 管用外径 OD 表示管子的管径规格，如 1/4″OD Tube 表示外径为 1/4″的 Tube 管。因为 Tube 管采用卡套方式连接，这种连接方式关心的是外径，外径相同的管子和管件之间可以用卡套连接起来，这就是 Tube 管用 OD 表示管径的原因所在。

④ Pipe 管的壁厚是标准的，一般用壁厚系列号（英文缩写为 Sch. No.，Schedule Number）来表示，Sch. No. 也称为耐压级别号，从 Sch. No. 5 到 Sch. No. 160。不同管径或材质的管子，各有其标准壁厚系列。或者说，Sch. No. 相同但管径或材质不同的管子，其实际壁厚并不相同。

Tube 管的壁厚用其实际厚度尺寸（英寸或 mm）表示。

⑤ Pipe 管应用十分广泛，工艺管道和公用工程管道均采用 Pipe 管。而 Tube 管仅用于仪表系统的测量管路、气动信号管路和在线分析仪的样品管路中。

(2) 常用 Tube 管的类型、规格和有关参数　常用的 Tube 管有以下几种：按材质分，主要有 316 不锈钢和 304 不锈钢两种；按成型工艺分，有无缝钢管（先热轧后冷拔而成）和焊接钢管（用带钢焊接而成）两种；按其外径和壁厚尺寸采用的计量单位制有英寸制 Tube 管和米制 Tube 管两种。

常用 Tube 管的外径和壁厚、最高允许工作压力及其温度降级系数见表 9-28 至表 9-32。

表 9-28　常用米制 Tube 管的规格和最高允许工作压力

（材料 316SS 或 6Mo）　　　　　　　　　　　　　　　　bar

Tube 外径/mm	壁厚/mm				
	0.5	0.7	1.0	1.5	2.0
6	205	310	515	725	
8	170	225	410	530	
10	130	180	310	490	
12	105	150	245	375	480
16			160	245	350

注：1. 表中的工作压力系 ASTM A-269 实测值，安全系数为 4∶1［安全系数＝胀破（炸裂）压力∶工作压力］；
2. 表中的工作压力在 Tube 管温度 －20～＋100℃ 范围内有效，如温度升高，应乘以温度降级系数，见表 9-29。

表 9-29　米制 Tube 管温度降级系数

Tube 温度		温度降级系数		Tube 温度		温度降级系数	
/℉	/℃	316SS	304SS	/℉	/℃	316SS	304SS
100	38	1.00	1.00	700	371	0.82	0.59
200	93	1.00	0.84	800	427	0.80	0.56
300	149	1.00	0.75	900	482	0.78	0.54
400	204	0.97	0.69	1000	538	0.77	0.52
500	260	0.90	0.65	1100	593	0.62	0.47
600	316	0.85	0.61	1200	649	0.37	0.32

例如：12mm 外径×1.00 壁厚无缝 316SSTube 管，在室温下工作压力为 245bar（见表 9-28）。如果在 800℉（427℃）温度下工作，其温度降级系数为 0.80（见表 9-29），则在该温度下的最大允许工作压力为 245bar×0.80＝196bar。

表 9-30　常用英寸制 Tube 管的规格最高允许工作压力

（316 或 304 无缝钢管）　　　　　　　　　　　　　　　psi

Tube 外径/英寸	壁厚/英寸				
	0.028	0.035	0.049	0.065	0.083
1/8	8600	10900			
1/4	4000	5100	7500	10300	
3/8		3300	4800	6600	
1/2		2500	3500	4800	6300

表 9-31　常用英寸制 Tube 管的规格和最高允许工作压力

（316 或 304 焊接钢管）　　　　　　　　　　　　　　　psi

Tube 外径/英寸	壁厚/英寸				
	0.028	0.035	0.049	0.065	0.083
1/8	7300	9300			
1/4	3400	4400	6400	8700	
3/8		2800	4100	5600	
1/2		2100	3000	4100	5300

注：1. 表 9-30、表 9-31 中数据符合 ASME/ANSI B31.3 化工装置和炼油厂配管标准（1987 年版）。
2. 所有工作压力值是在环境温度（72℉或 22℃）下的压力值。其温度降级系数见表 9-32。
3. 压力安全系数为 4∶1。
4. 单位换算 1 英寸＝25.4mm，1psi＝6.89kPa≈0.07bar。

表 9-32　英寸制 Tube 管温度降级系数

Tube 温度		温度降级系数		Tube 温度		温度降级系数	
/°F	/°C	316SS	304SS	/°F	/°C	316SS	304SS
100	38	1.00	1.00	700	371	0.82	0.80
200	93	1.00	1.00	800	427	0.80	0.76
300	149	1.00	1.00	900	482	0.78	0.73
400	204	0.97	0.94	1000	538	0.77	0.69
500	260	0.90	0.88	1100	593	0.62	0.49
600	316	0.85	0.82	1200	649	0.37	0.30

例如：1/2″外径×0.049 壁厚（约为 12.7mm 外径×1.25mm 壁厚）的无缝 316SS Tube 管，在室温下工作压力为 3500psi（约为 245bar）。如果在 800°F（427℃）温度下操作，其温度降级系数为 0.80，在该温度下，最大允许工作压力为 3500psi×0.80＝2800psi（约为 196bar）。

(3) Tube 管使用的管接头　Tube 管使用的管接头的种类繁多，但可归纳为以下几个大类。

① 中间接头（Union）——用于 Tube 管和 Tube 管之间的连接，或者说两边均采用卡套连接的接头。主要有以下几种：直通中间接头 Union、三通中间接头 Union Tee、四通中间接头 Union Cross、弯通中间接头 Union Elbow（有 90°和 45°弯通两种）、穿板接头 Bulkhead Union。

② 异径接头（Reducing Union）——用于不同管径 Tube 管之间的连接，俗称大小头，也是一种中间接头。

③ 终端接头（Connector）——用于 Tube 管和仪表、辅助设备等的连接。这种接头一边采用卡套和 Tube 管连接，一边采用螺纹和仪表、辅助设备等连接，是 Tube 管终端处的连接件，所以称为终端接头。主要有以下几种：直通终端接头 Connector、三通终端接头 Connector Tee、弯通终端接头 Connector Elbow（有 90°和 45°弯通两种）、穿板接头 Bulkhead Connector。

④ 压力表接头（Gauge Connector）——用于 Tube 管和压力表之间的连接，也是一种终端接头。主要有直通（Gauge Connector）和三通（Gauge Connector Tee）两种。

其他如短管接头（Adapter）、管堵头（Plug）、管帽（Cap）等，不再赘述。

如果按连接方式分，Tube 管使用的管接头有两种连接方式。

① 卡套式连接。卡套式连接用于接头和 Tube 管的连接，是靠圆环形卡箍的压紧力实现连接和密封的，所以也叫压接式连接。圆环形卡箍有单卡箍（单卡套，Single Ferrule）和双卡箍（双卡套，Twin Ferrule）两种。

② 螺纹式连接。螺纹式连接用于接头和仪表、辅助设备等的连接，常用的螺纹有以下两种。

a. 圆锥管螺纹——有 NPT 螺纹（60°牙形角）和 BSPT 螺纹（55°牙形角）两种。圆锥管螺纹带有一定的锥度（锥度角 1°47′），越拧越紧，利用其本身的形变就可以起到密封作用，所以也叫"用螺纹密封的管螺纹"。实际使用时，一般要加密封剂，如 PTFE 带、化合管封剂等，以防出现泄漏。

b. 圆柱管螺纹——有 Straight 螺纹（60°牙形角）和 BSPP 螺纹（55°牙形角）两种。圆柱管螺纹不带锥度，是一种直形的管螺纹，本身无密封作用，所以也叫"非螺纹密封的管螺纹"。连接时靠垫圈（垫片）实现密封。

此外，在接头外表面上的螺纹叫阳螺纹，用 M（Male）标注；在接头内表面上的螺纹叫阴螺纹，用 F（Female）标注。顺时针旋转拧紧的螺纹叫右旋螺纹，反时针旋转拧紧的螺纹叫左旋螺纹，左旋螺纹在其型号后标注 LH，右旋螺纹不标注。

Tube 管接头使用的螺纹大多为 NPT 圆锥管螺纹，除一部分气瓶上采用左旋螺纹外，其他场合一般均为右旋螺纹。

由于Tube管使用的管接头种类繁多，管接头生产厂家的型号、规格编制方法又不一致，本手册不再提供这方面的资料。其实，根据所需管接头的尺寸、类型和连接方式，就可以按照产品样本方便地对管接头进行选择。

9.4 其他常用管材

9.4.1 常用铜及铜合金拉制管（表9-33）

表9-33 常用铜及铜合拉制管

外径/mm	壁厚/mm	质量/(kg/m) 纯铜(GB 1527—79)	质量/(kg/m) 黄铜(GB 1529—79)	外径/mm	壁厚/mm	质量/(kg/m) 纯铜(GB 1527—79)	质量/(kg/m) 黄铜(GB 1529—79)	外径/mm	壁厚/mm	质量/(kg/m) 纯铜(GB 1527—79)	质量/(kg/m) 黄铜(GB 1529—79)
3	0.5	0.035	0.0334	12	1.0	0.307	0.294	22	3.0	1.593	1.521
4	0.5	0.049	0.0467		1.5	0.440	0.420		4.0	2.012	1.922
5	0.5	0.063	0.0601		2.0	0.559	0.534	25	2.0	1.286	1.228
	1.0	0.112	0.107	16	1.0	0.419	0.400		2.5	1.572	1.501
6	0.5	0.077	0.0734		1.5	0.608	0.581		3.0	1.844	1.761
	1.0	0.140	0.134		2.0	0.782	0.741		4.0	2.348	2.243
	1.5	0.189			2.5	0.942	0.891	28	2.0	1.453	1.388
8	0.5	0.105	0.100	18	1.5	0.692	0.661		3.0	2.096	2.002
	1.0	0.196	0.187		2.0	0.894	0.854		4.0	2.683	2.562
	2.0	0.335	0.320		3.0	1.258	1.201		5.0	3.214	3.069
10	0.5	0.133	0.127	20	1.5	0.775	0.741	30	2.0	1.565	1.495
	1.0	0.252	0.240		2.0	1.006	0.961		2.5	1.922	1.836
	1.5	0.356	0.340		3.0	1.425	1.361		3.0	2.264	2.162
	2.0	0.447	0.427	22	2.0	1.118	1.068		4.0	2.906	2.776

注：1. 常用材料：纯铜：T_2，T_3，T_4，TU_1，TU_2，TP1，TP2。
　　　　　　黄铜：H62，H68，H96，HSn62-1，HSn70-1。
2. 纯铜管长度：外径≤100mm，长度1～7m；
　黄铜管长度：外径≤50mm，长度1～7m。
3. 管材的供应状态：纯铜：Y——硬，M——软；
　　　　　　　　黄铜：Y_2——半硬，M——软。
4. 铜及铜合金拉制管新的标准号为GB/T 1527—1997和GB/T 16866—1997，其规定和上表基本相同。

9.4.2 化工用硬聚氯乙烯管（表9-34）

表9-34 化工用硬聚氯乙烯管（GB 4219—84）

外径/mm	外径公差/mm	压力等级/MPa 0.5 壁厚及公差/mm	0.5 近似质量/(kg/m)	0.6 壁厚及公差/mm	0.6 近似质量/(kg/m)	1.0 壁厚及公差/mm	1.0 近似质量/(kg/m)	1.6 壁厚及公差/mm	1.6 近似质量/(kg/m)
10	±0.2							$2.0_0^{+0.4}$	0.05
12	±0.2							$2.0_0^{+0.4}$	0.10
16	±0.2							$2.0_0^{+0.4}$	0.14
20	±0.3					$2.0_0^{+0.4}$	0.17	$2.3_0^{+0.5}$	0.21

续表

外径/mm	外径公差/mm	压力等级/MPa							
		0.5		0.6		1.0		1.6	
		壁厚及公差/mm	近似质量/(kg/m)	壁厚及公差/mm	近似质量/(kg/m)	壁厚及公差/mm	近似质量/(kg/m)	壁厚及公差/mm	近似质量/(kg/m)
25	±0.3					$2.0_0^{+0.4}$	0.18	$2.8_0^{+0.5}$	0.32
32	±0.3					$2.4_0^{+0.5}$	0.36	$3.6_0^{+0.6}$	0.52
40	±0.4			$2.0_0^{+0.4}$	0.36	$3.0_0^{+0.6}$	0.57	$4.5_0^{+0.9}$	0.91
50	±0.4			$2.4_0^{+0.5}$	0.60	$3.7_0^{+0.7}$	0.88	$5.6_0^{+1.2}$	1.27
63	±0.5			$3.0_0^{+0.6}$	0.92	$4.7_0^{+0.9}$	1.40	$7.1_0^{+1.2}$	2.01
75	±0.5			$3.6_0^{+0.7}$	1.43	$5.5_0^{+1.1}$	2.25	$8.4_0^{+1.4}$	2.82
90	±0.7	$3.5_0^{+0.7}$	1.47	$4.3_0^{+0.9}$	1.80	$6.6_0^{+1.1}$	2.53	$10.1_0^{+1.7}$	3.84
110	±0.8	$4.2_0^{+0.8}$	2.18	$5.3_0^{+1.0}$	2.68	$8.1_0^{+1.3}$	3.82		
125	±1.0	$4.8_0^{+1.0}$	2.85	$6.0_0^{+1.1}$	3.45	$9.2_0^{+1.5}$	4.63		

注:1. 管材规格用 D(外径)×δ(壁厚) 表示。
  2. 管材长度规格有 (4 ± 0.05)m,(6 ± 0.05)m。

9.4.3 尼龙1010单管及管缆(表9-35和表9-36)

表9-35 尼龙1010单管的规格

序号	规格(外径×壁厚)/mm	公差		序号	规格(外径×壁厚)/mm	公差	
		外径/mm	壁厚/mm			外径/mm	壁厚/mm
1	$\phi 4\times 1$	4±0.1	1±0.1	6	$\phi 12\times 1$	12±0.1	1±0.1
2	$\phi 5\times 1$	6±0.1	1±0.1	7	$\phi 12\times 2$	12±0.15	2±0.15
3	$\phi 8\times 1$	8±0.1	1±0.1	8	$\phi 14\times 2$	14±0.15	2±0.15
4	$\phi 8\times 2$	8±0.15	2±0.15	9	$\phi 18\times 2$	18±0.15	2±0.15
5	$\phi 10\times 1$	10±0.1	1±0.1				

注:$\phi 6\times 1$ 单管主要用于管缆,其他单管可用作输油、输液管。

表9-36 尼龙1010管缆的规格

序号	管缆芯数	外径及公差/mm	长度/m	序号	管缆芯数	外径及公差/mm	长度/m
1	1	8±0.2	20~50	5	7	23±1	30m以上,最长不规定
2	3	18±1	20~50	6	12		30m以上,最长不规定
3	4	19±1	30m以上,最长不规定	7	19		30m以上,最长不规定
4	5	21±1	30m以上,最长不规定				

9.4.4 聚乙烯单管及管缆(表9-37至表9-40)

表9-37 聚乙烯塑料单管的规格

内径规格/mm	外径规格/mm	长度/m	内径规格/mm	外径规格/mm	长度/m
$\phi 2.5$	$\phi 4$	<20	$\phi 8$	$\phi 10$	<100
$\phi 4$	$\phi 6$	<50	$\phi 9$	$\phi 12$	<100
$\phi 6$	$\phi 8$	<51			

表 9-38　单管外径为 6mm 的管缆规格

管缆规格	单管外径/mm	壁厚/mm	管缆外径/mm	每百米重/kg
一芯	6	1±0.2	9	4.7
二芯	6	1±0.2	16	9.2
三芯	6	1±0.2	17	17.7
四芯	6	1±0.2	18	18.0
五芯	6	1±0.2	19	20.5
七芯	6	1±0.2	21	24.4
十二芯	6	1±0.2	27	38.6
十九芯	6	1±0.2	34	50.4

表 9-39　单管外径为 8mm 的管缆规格

管缆规格	单管外径/mm	壁厚/mm	管缆外径/mm	管缆规格	单管外径/mm	壁厚/mm	管缆外径/mm
一芯	8	1±0.2	11	五芯	8	1±0.2	25.5
二芯	8	1±0.2	18.1	七芯	8	1±0.2	29.6
三芯	8	1±0.2	19.2	十二芯	8	1±0.2	32.2
四芯	8	1±0.2	23.5				

表 9-40　单管外径为 10mm 的管缆规格

管缆规格	单管外径/mm	壁厚/mm	管缆外径/mm	管缆规格	单管外径/mm	壁厚/mm	管缆外径/mm
一芯	10	1±0.2	13	四芯	10	1±0.2	27.6
二芯	10	1±0.2	20.5	五芯	10	1±0.2	30.3
三芯	10	1±0.2	22.2	七芯	10	1±0.2	33.9

9.4.5　挠性连接管

挠性连接管有很多系列产品，如 ANG 系列防爆安全型挠性管、BNG 系列隔爆型挠性管、FNG 系列防尘型挠性管、NGe 系列增安型防爆挠性管、NGZ 系列防尘、防水、防溅型挠性管和 FHG 系列封闭式连接软管等。

ANG、BNG 系列产品适用于有爆炸性危险场所，作为防爆电气设备进线连接防爆软管，如防爆电机、现场仪表以及钢管穿线弯曲难度较大的地方安装使用。

该系列产品两端为螺纹活接头，材质为 20 钢，表面镀锌。外形结构见图 9-1。

活接头形式：

a. 一端可为外螺纹，另一端为内螺纹；

b. 也可两端均为外螺纹或均匀内螺纹；

c. 一端可为英制，另一端为公制螺纹；

d. 可为异径接头，如 13mm×700mm 规格的连接管，内螺纹可为 G3/4″，外螺纹为 G1/2″，或任意变换大小螺纹尺寸，可根据使用要求加工生产；

型号说明：

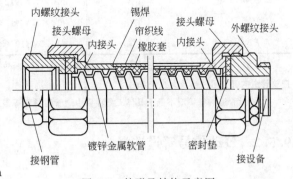

图 9-1　外形及结构示意图

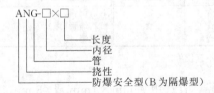

技术参数及规格见表9-41。

表 9-41 技术参数及规格表

序号	规格 /mm×mm	连接管 内径/mm	连接螺纹尺寸 英制(G)	连接螺纹尺寸 公制(M)	承受水压/0.1MPa ANG	承受水压/0.1MPa BNG	自然弯曲半径 /cm≥	适用场所等级 ANG	适用场所等级 BNG
1	13×700	13	1/2″	20×1.5 22×1.5			25		
2	20×700	20	3/4″	24×1.5 27×1.5			30		
3	25×700	25	1″	32×1.5			50		
4	32×1000	32	1¼″	40×1.5	2.5	10	60	Q-2级	Q-1级
5	38×1000	38	1½″	50×1.5			80		
6	51×1200	51	2″	60×1.5			90		
7	64×1200	64	2½″	75×1.5			100		
8	75×1400	75	3″	90×1.5			110		

活接头螺纹加工精度为3级,螺纹连接齿合扣数不小于6扣,活接头两端分别与镀锌金属软管焊接,外包帘织线强力层,再模压硫化一层橡胶套管。

9.5 管子的选择

9.5.1 仪表测量管道管径选择(SH/T 3019—2003《石油化工仪表管道线路设计规范》)(表9-42)

表 9-42 测量管道的管径选择

公称压力/MPa	外径×壁厚/(mm×mm)
$PN \leqslant 6.3$	$\phi 10 \times 1.5$、$\phi 12 \times 1.5$、$\phi 14 \times 2$、$\phi 18 \times 3$、$\phi 22 \times 3$
$PN \leqslant 16$	$\phi 10 \times 1.5$、$\phi 12 \times 2$、$\phi 14 \times 3$、$\phi 18 \times 4$、$\phi 22 \times 4$
$PN \leqslant 32$	$\phi 14 \times 4$、$\phi 19 \times 5$

注:1. 分析仪表的取样管道管径,宜选用$\phi 6mm \times 1mm$,$\phi 8mm \times 1mm$或$\phi 10mm \times 1mm$,其快速回路的返回管道及排放管道的管径可适当放大。

2. 测量管道的壁厚应不低于具体工程项目中"管道材料等级表"的要求。

9.5.2 气动信号管道选择

(1) 气动信号管道的材质,可按表9-43选用。

表 9-43 气动信号管道材质选择(SH/T 3019—2003)

材质及型式	控制室	一般场所	腐蚀性场所	材质及型式	控制室	一般场所	腐蚀性场所
紫铜管	☆	☆	○	不锈钢管	○	☆	☆
PVC护套紫铜管	☆	☆	○	聚乙烯管(缆)	○	☆	○
PVC护套紫铜管缆	○	☆	○	尼龙管(缆)	○	☆	○

注:"☆"表示适用;"○"表示不宜使用。

(2) 气动信号管道的管径,宜选用$\phi 6mm \times 1mm$或$\phi 8mm \times 1mm$。根据需要也可选用其

他规格。

(3) 聚乙烯管及尼龙管（缆）的使用环境温度应符合产品的适用温度范围。存在火灾危险的场所及重要的场合，不宜选用此类材质。

(4) 生产装置有防静电要求时，禁止使用聚乙烯管及尼龙管（缆）。

(5) 生产装置内设置接管箱时，从控制室至接管箱宜选用多芯管缆。聚乙烯及尼龙管缆的备用芯数不应少于工作芯数的20%，紫铜管缆的备用芯数不应少于工作芯数的10%。从接管箱至调节阀或现场仪表的气动管线，宜选用PVC护套紫铜管或不锈钢管。

9.5.3 仪表供气系统配管管径选择（SH3020—2001《石油化工仪表供气设计规范》）（表9-44）

表9-44 供气配管管径选择表

管径	DN15	DN20	DN25	DN40	DN50	DN65	DN80
	1/2″	3/4″	1″	1½″	2″	2½″	3″
供气点数	1～4	5～15	16～25	26～60	61～150	151～250	251～500

注：1. 采用集中供气时，供气主管直径一般为40～50mm。
2. 仪表盘后的供气配管，可采用$\phi 6 \times 1$的紫铜管或聚乙烯单管。

9.5.4 蒸汽伴热保温系统配管要求（SH 3126—2001《石油化工仪表及管道伴热和隔热设计规范》）

(1) 蒸汽伴热管的材质和管径，可按表9-45选取。

表9-45 蒸汽伴热管材质和管径

伴热管材质	伴热管外径×壁厚/mm	伴热管材质	伴热管外径×壁厚/mm
紫铜管	$\phi 8 \times 1$	不锈钢管	$\phi 10 \times 1 (\phi 10 \times 1.5)$
紫铜管	$\phi 10 \times 1$	不锈钢管	$\phi 14 \times 2 (\phi 18 \times 3)$
不锈钢管	$\phi 8 \times 1$	碳钢管	$\phi 14 \times 2 (\phi 18 \times 3)$

(2) 总管、支管的选择，应满足下列要求。
① 伴热总管和支管应采用无缝钢管。
② 伴热总管和支管的管径按表9-46选择。

表9-46 伴热总管和支管管径与饱和蒸汽流量、流速关系

公称直径 DN	规格外径×壁厚/mm	蒸汽压力/MPa(A)					
		1.0		0.6		0.3	
		蒸汽量/(t/h)	流速/(m/s)	蒸汽量/(t/h)	流速/(m/s)	蒸汽量/(t/h)	流速/(m/s)
15	$\phi 22 \times 2.5$	<0.04	<9	<0.03	<11	<0.02	<11
20	$\phi 27 \times 2.5$	<0.7	<10	<0.05	<12	<0.03	<13
25	$\phi 34 \times 2.5$	0.07～0.13	<11	0.05～0.10	<13	0.03～0.06	<15
40	$\phi 48 \times 3$	0.13～0.34	<13	0.10～0.26	<17	0.06～0.16	<20
50	$\phi 60 \times 3$	0.34～0.64	<15	0.26～0.5	<19	0.16～0.3	<23
80	$\phi 89 \times 3.5$	0.64～1.9	<20	0.5～1.4	<23	0.3～0.8	<26
100	$\phi 100 \times 3$	1.9～3.8	<24	1.4～2.7	<26	0.8～1.5	<29

③ 最多伴热点数按表9-47选取。

表9-47 最多伴热点数

伴热支管外径× 壁厚/mm	蒸汽压力/MPa(A)			伴热支管外径× 壁厚/mm	蒸汽压力/MPa(A)		
	1.0	0.6	0.3		1.0	0.6	0.3
	最多伴热点数/个				最多伴热点数/个		
φ22×2.5	10	7	4	φ48×3	91	76	57
φ27×2.5	18	14	10	φ60×3	172	147	107
φ34×2.5	35	29	21	φ89×3.5	535	414	255

(3) 冷凝、冷却回水管的选择，应满足下列要求。

① 一般情况下，蒸汽伴热系统应设置冷凝、冷却回水总管，并将冷凝、冷却回水集中排放。

② 蒸汽伴热冷凝回水支管管径宜按表9-47中伴热支管管径或大一级选用。

(4) 每个蒸汽伴热系统应单独设置一台凝液疏水器。

9.5.5 电线、电缆保护管管径选择

(1) 管材的材质及规格　保护管也是仪表工程量较大的一种管线，是用来保护电缆、电线和补偿导线的。用作保护管的管材，有镀锌焊接钢管（即镀锌水煤气管）、电气管（即镀锌有缝钢管）和硬聚氯乙烯管。电气管虽然轻巧美观，但因其管壁薄，内径小，一般基本不用，硬聚氯乙烯管只在强腐蚀性场所使用，通常普遍采用镀锌焊接钢管。

① 镀锌焊接钢管的规格，见表9-48。

表9-48 镀锌焊接钢管规格

公称直径 DN/in	1/2	3/4	1	1¼	1½	2	2½	3	4
公称直径 DN/mm	15	20	25	32	40	50	70	80	100
外径/mm	21.25	26.75	33.5	42.25	48	60	75.5	88.5	114
壁厚/mm	2.75	2.75	3.25	3.25	3.5	3.5	3.75	4.0	4.0
内径/mm	15.75	21.25	27	35.75	41	53	68	80.5	106
质量/kg·m^{-1}	1.44	2.01	2.91	3.77	4.58	6.16	7.88	9.81	13.44

② 电气管的规格，见表9-49。

表9-49 电气管的规格

公称直径 DN/in	1/2	5/8	3/4	1	1¼	1½	2
公称直径 DN/mm	15	18	20	25	32	40	50
外径/mm	12.7	15.87	19.05	25.4	31.75	38.1	50.8
壁厚/mm	1.6	1.6	1.8	1.8	1.8	1.8	2.0
内径/mm	9.5	12.67	15.45	21.6	28.15	34.5	46.8
质量/kg·m^{-1}	0.451	0.562	0.765	1.035	1.335	1.611	2.40

(2) 保护管管径的选择　在施工过程中，尽管保护管已按设计施工完毕，但遇特殊情况需要增加电缆或电线的根数，也时有发生。为便于对各种保护管允许容纳的电缆（线）的根数、截面的大小有所了解，对保护管管径的如何选用介绍如下。

① BV、BLV 型电线穿保护管

a. 穿电线管，见表 9-50。

表 9-50 穿电线管

标准截面 /mm²	管内电线根数																																				
	2	3	4	5	6	7	8	9	10	11	12	13	14	15	16	17	18	19	20	21	22	23	24	25	26	27	28	29	30	31	32	33	34	35	36	37	38
1.0	1/2″		5/8″			3/4″				1″							1¼″											1½″									
1.5					3/4″				1″								1¼″											1½″									
2.5	5/8″		3/4″										1½″												2″												

b. 穿镀锌水煤气管，见表 9-51。

表 9-51 穿镀锌水煤气管

1.0													1¼″					
1.5	1/2″			3/4″			1″											
2.5			1″									1½″		2″				

c. 穿硬聚氯乙烯管，见表 9-52。

表 9-52 穿硬聚氯乙烯管

1.0								ND32	
1.5	DN15	DN20			DN25				DN40
2.5		DN25					DN40	DN50	

② 补偿导线穿保护管，见表 9-53。

表 9-53 补偿导线穿保护管

截面 /mm²	保护管型号	管内导线根数						
		1	2	3	4	5 6	7 8	9	10 11	12
2.5	电线管	3/4″	1″	1¼″	1½″	2″	—	—	—
	镀锌水煤气管	1/2″	3/4″	1″	1¼″	1½″	2″	2½″	3″
	硬质氯乙烯管	DN15	DN20	DN25	DN32	DN40	DN50	DN65	DN80

③ KVV 控制电缆穿保护管，见表 9-54。

表 9-54 KVV 控制电缆穿保护管

截面/mm²	保护管型号	管内电缆根数														
		1	2	3	4	5	6	7	8	9	10	11	12	13	14	15
4×1.5	电线管	3/4″	1″	1¼″		1½″		2″			—	—	—	—	—	—
	镀锌水煤气管	1/2″	3/4″	1″		1¼″		1½″			2″	2½″		3″		
	硬聚氯乙烯管	DN15	DN20	DN25		DN32		DN40			DN50	DN65		DN80		

注意：a. 补偿导线截面为 1.5mm² 时，可用截面 2.5mm² 的选择表。

b. 多芯控制电缆穿保护管，可按表 9-55 选择。

表 9-55　多芯控制电缆穿保护管管径选择表

截面/mm²	管内电缆芯数	2	3	4	5	7	10	14	19	24	30	37
1.5	镀锌水煤气管	1/2″				3/4″		1″	1¼″	1½″	2″	

c. 铠装电缆多是埋地敷设，若穿保护管，可按多芯控制电缆穿管提高一级管径。如铠装电缆 10×1.5，可按 KVV14×1.5 电缆选择管径。

d. 屏蔽电缆穿保护管，如按电缆的芯数考虑，可按多芯控制电缆穿管表选择管径的规格；如按电缆的根数考虑，则按补偿导线穿管表选择管径的规格。

第10章 法兰、螺纹

10.1 国际、国内管法兰标准简介

管法兰及其垫片、紧固件统称为法兰接头。法兰接头是使用极为普遍、涉及面极为广泛的一种零部件。由于现行的国际、国内管法兰标准较多,给使用者带来许多不便,为此,对国际、国内管法兰标准作一简介和归类。

10.1.1 国际管法兰标准简介

国际上管法兰标准主要有两个体系,即以德国 DIN 管法兰为代表的欧洲管法兰体系和以美国 ANSI 管法兰为代表的美洲管法兰体系。除此之外,还有日本 JIS 管法兰,但在石油化工装置中一般仅用于公用工程,而且在国际上影响较小。现将各国管法兰标准简介于下。

(1) 德国及前苏联管法兰标准 德国管法兰标准的公称压力为 1~400bar 共 13 挡,公称通径为 6~4000mm。

前苏联于 1980 年颁布的 ГОСТ 管法兰标准的公称压力为 0.1~20.0MPa 共 11 个等级,公称通径为 10~3000mm。除 20MPa 级外,其他各级法兰的连接尺寸与德国法兰可以互换。

以德国 DIN 标准为代表(包括前苏联标准),形成了国际上较常用的欧洲体系管法兰(简称 DIN 体系)。

(2) 美国管法兰标准 美国 ANSI B16.5《钢制管法兰及法兰管件》是一套完整的、系统性较强、使用广泛的管法兰标准。其公称压力等级为 Class 150~2500lba 共 7 挡,公称通径为 15~600mm。除此之外,美国还有 ANSI B16.47 大直径管法兰标准($DN>600mm$)。以 ANSI B16.5 和 ANSI B16.47 为代表,形成了美洲管法兰体系(简称 ANSI 体系)。

(3) 英国和法国管法兰标准 英、法两国各有两套管法兰标准:一套标准属欧洲体系,以德国 DIN 管法兰标准为蓝本,公称压力及连接尺寸与德国标准相同,另一套以美国的 ANSI 管法兰标准为蓝本,法兰公称压力及连接尺寸与美国标准相同。

(4) 国际标准化组织管法兰标准 ISO 7005-1 是国际标准化组织于 1992 年颁布的一项标准,该标准实际上是把美国与德国两套管法兰系列合并而成的管法兰标准。

管法兰的公称压力分两个系列:第一系列为 1.0、1.6、2.0、5.0、11.0、15.0、26.0、42.0MPa,法兰尺寸按照欧洲体系;第二系列为 0.25、0.6、2.5、4.0MPa,法兰尺寸按照美洲体系。需要说明的是,为了区分欧洲体系与美洲体系管法兰的压力等级,ISO 7005-1 (1992) 将原美洲体系中的 600lb、1500lb 的 SI 制压力等级更改为 11.0 和 26.0MPa(在 1992 年以前一般称为 10.0 和 25.0MPa)。

上述管法兰标准可归纳为下面几个特点:

① 除前苏联 ГОСТ 标准外,都是以英制管为对象;

② 德国与美国两大体系管法兰的公称压力等级基本上是不同的,相互交叉但也有重复;
③ 两个体系的管法兰连接尺寸完全不同,无法互配;
④ 两个体系的管法兰以压力等级来区分最为合适,即欧洲体系为 0.25、0.6、1.0、1.6、2.5、4.0、6.3、10.0、16.0、25.0、32.0、40.0MPa,美洲体系为 1.0、2.0、5.0、11.0、15.0、26.0、42.0MPa。

国外主要国家和国际管法兰标准大致情况见表 10-1。

表 10-1 国外主要国家和国际管法兰标准大致情况

管法兰标准	大 致 情 况	配管系列
国际标准 ISO 7005-1(1992)	系列1:PN 10,16,20,50,110,150,260,420bar(ANSI 体系) 系列2:PN 2.5,6,25,40bar(DIN 体系) DN 10～4000mm	"英制管"
德国 DIN (系列标准)	PN 1,2.5,6,10,16,25,40,63,100,160,250,320,400bar DN 6～4000mm	"英制管"
美国 ANSI B16.5	PN Class 150,300,400,600,900,1500,2500lb 与 SI 制压力等级的对应关系如下: 　　150lb—2.0MPa　　　　300lb—5.0MPa 　　400lb—6.8MPa　　　　600lb—10.0MPa(ISO 将其改为 11.0MPa) 　　900lb—15.0MPa　　　1500lb—25.0MPa(ISO 将其改为 26.0MPa) 　　2500lb—42.0MPa DN15～600mm	"英制管"
前苏联 ГОСТ (系列标准)	PN 0.1、0.25、0.6、1.0、1.6、2.5、4.0、6.3、10.0、16.0、20.0 MPa,DIN 体系 (除 20.0MPa 外,连接尺寸与德国法兰可以互换) DN 10～3000mm	"公制管"
英国 BS 4504	DIN 体系,公称压力及连接尺寸与德国标准一致	"英制管"
英国 BS 1560	ANSI 体系,公称压力及连接尺寸与美国标准一致	"英制管"
法国 NF E29	DIN 体系,公称压力及连接尺寸与德国标准一致	"英制管"
法国 NF E29	ANSI 体系,公称压力及连接尺寸与美国标准一致	"英制管"
日本 JPI 7S-15	ANSI 体系,公称压力及连接尺寸与美国标准一致	"英制管"
日本 JIS B 2201～2217	压力额定值:2、5、10、16、20、30、40、63kgf/cm²(用 2K、5K、10K……标记) DN 10～1500mm	"英制管"

10.1.2 国内管法兰标准简介

(1) 原化工部管法兰标准 原化工部早在 20 世纪 50 年代就颁布了 HG 5003～5028—58 管法兰标准,是前苏联 50 年代管法兰标准的翻版,配管也采用前苏联的公制管,该标准一直沿用了 30 多年。

1991 年颁布的化工部工程建设标准 HGJ 44～76—91,是一套与德国 DIN 标准接近的管法兰标准,但配管仍采用公制管。自颁布以来,在化工、炼油、冶金、电力、轻工、医药、化纤等工业部门广泛使用,在使用过程中也反映出一些问题,特别是随着引进装置及国内外合作设计的增多,迫切需要编制一套美洲体系的管法兰标准,同时也需要解决欧洲体系管法兰与英制管的配用等问题。

1997 年颁布的化工部标准 HG 20592～50614—97《钢制管法兰、垫片、紧固件》,是在 HGJ 44～76—91 的基础上,参照 ISO 7005-1、ANSI B16.5、和 DIN 系列标准修订而成的。该标准包括国际通用的欧洲和美洲两大体系管法兰,配管适用于公制管和英制管,形成了一套内容完整、体系清晰、适合国情并与国际接轨的管法兰、垫片、紧固件标准。该标准改变了国内管法兰标准体系零乱、配套性差、内容陈旧的状况,是目前国内较好

(2) 原机械部管法兰标准 JB 75～86—59 管法兰标准是原机械部 20 世纪 50 年代的老标准，也是前苏联 50 年代管法兰标准的翻版，配管采用公制管。

1994 年机械部颁布的 JB/T 74～90—94《管路法兰及垫片》，是在老标准的基础上修订、扩充而成的，其中的第一系列是适用于公制管的欧洲体系管法兰，第二系列与老标准 JB 75～86—59 相同。

(3) 中国石化总公司管法兰标准 1992 年中石化颁布的 SH 3406—1992（后经修订标准号改为 SH 3406—1996)《石油化工钢制管法兰》，是等效采用美国 ANSI B16.5 的美洲体系管法兰标准，配管采用英制管。

(4) 国家管法兰标准 1988 年颁布的 GB 9112～9131—88《钢制管法兰》国家标准采纳了 ISO 7500-1 的编制原则，但由于存在问题，该标准并未在化工、石化行业得到推广应用。该标准把欧洲和美洲两大体系管法兰标准混合编制，造成使用中体系混淆，欧洲体系管法兰部分仅适用英制管，与管内传统的钢管外径系列不符。法兰、垫片、紧固件是组成法兰接头的三大要素，该标准不够配套，使用不方便（2000 年经修订后颁布的 GB 9112～9131—2000《钢制管法兰》国家标准，已解决了上述问题。）

国内有关管法兰标准大致情况见表 10-2。

表 10-2 国内有关管法兰标准大致情况

管法兰标准	大 致 情 况	配管系列
HG 5003～5028—58 （原化工部标准）	PN 1、2.5、6、10、16、25、40、64kgf/cm^2 近似于 DIN 标准的前苏联 20 世纪 50 年代管法兰系列	"公制管"
JB 75～86—59 （原机械部标准）	PN 1、2.5、6、10、16、25、40、64、100、160、200kgf/cm^2 近似于 DIN 标准的前苏联 50 年代管法兰系列	"公制管"
GB 9112～9131—88 （国家标准）	与 ISO 7005-1 相近似 PN 0.25、0.6、1.0、1.6、2.5、4.0MPa 为 DIN 体系 PN 2.0、5.0、10.0、15.0、25.0MPa 为 ANSI 体系	"英制管"
HGJ 44～76—91 （原化工部工程建设标准）	PN 0.25、0.6、1.0、1.6、2.5、4.0、6.3、10.0、16.0MPa DIN 体系	"公制管"
SH 3406—92(96) （中国石化总公司标准）	PN 2.0、5.0、6.8、10.0、15.0、25.0、42.0MPa ANSI 体系	"英制管"
JB/T 74～90—94 （原机械部标准）	第一系列：PN 0.25、0.6、1.0、1.6、2.5、4.0、6.3、10.0MPa 第二系列：PN 0.25、0.6、1.0、1.6、2.5、4.0、6.3、10.0、16.0、20.0MPa（与原机标 JB 75～86—59 相同）	"公制管"
HG 20592～50614—97 （原化工部标准）欧洲体系	PN 0.25、0.6、1.0、1.6、2.5、4.0、6.3、10.0、16.0、25.0MPa	"英制管" "公制管"
HG 20615～50635—97 （原化工部标准）美洲体系	PN 2.0、5.0、11.0、15.0、26.0、42.0MPa	"英制管"
GB/T 9112～9131—2000 （国家标准）欧洲体系,美洲体系	与 HG 20592～50635—97 基本相同	"英制管" "公制管"

10.1.3 不同标准管法兰的配合使用

所谓配合使用，是指法兰类型相同、密封面形式相同、连接尺寸和密封面尺寸相同或基本相同，可以连接在一起使用的不同标准的管法兰。可以配合使用的欧洲体系管法兰标准见表 10-3，可以配合使用的美洲体系管法兰标准见表 10-4，各标准中密封面名称对照见表 10-5。

表 10-3　可以配合使用的欧洲体系管法兰标准

标　准　号	标　准　名　称	压力等级 PN/MPa
HG 20592～20614(1997) 欧洲体系	钢制管法兰	0.25、0.6、1.0、1.6、2.5、4.0、6.3、10.0、16.0、25.0
ISO 7005-1(1992)	钢法兰	0.25、0.6、1.0、1.6、2.5、4.0
DIN 2527(1992)	法兰盖	0.25～10.0
DIN 2543～2549(1977)	铸钢整体法兰	1.6～25.0
DIN 2566(1975)	螺纹法兰	1.0、1.6
DIN 2628～2638(1975)	带颈对焊法兰	0.25～25.0
DIN 2573、DIN 2576(1975)	板式平焊法兰	0.6、1.0
DIN 2641、DIN 2642(1976)	翻边环板式活套法兰	0.6、1.0
DIN 2655、DIN 2656(1975)	平焊环板式活套法兰	0.25～4.0
DIN 2673(1962)	带颈对焊环板式活套法兰	1.0
BS 4504-3.1(1989)	钢法兰	0.25、0.6、1.0、1.6、2.5、4.0
NF E29-203(1989)	钢法兰	0.25、0.6、1.0、1.6、2.5、4.0
JB74～90(1994)	管路法兰	0.25、0.6、1.0、1.6、2.5、4.0、6.3、10.0①
HGJ 44～76(1991) HG 20527(1992) HG 20529(1992)	钢制管法兰	0.25、0.6、1.0、1.6、2.5、4.0、6.3、10.0、16.0②
GB/T 9112～9124(1988)	钢制管法兰	0.25、0.6、1.0、1.6、2.5、4.0

注：1. JB 74～90 (1994) 管路法兰中的 PN16.0、PN20.0MPa 者，与表中标准法兰不能配合使用。

2. JB 74～90 (1994) 管路法兰中仅三个法兰：PN0.25MPa—DN500、PN0.6MPa—DN500、PN1.0MPa—DN80 与表中标准法兰不能配合使用。

3. 除注 1、2 外，表中其他标准法兰的连接尺寸完全一致。

4. 密封面尺寸，表中标准法兰的凹凸面和榫槽面尺寸完全一致，突台面直径各标准略有不同（有几毫米的差别），但不影响互配。

表 10-4　可以配合使用的美洲体系管法兰标准

标　准　号	标　准　名　称	压力等级 PN/MPa
HG 20615～20635(1997)美洲体系	钢制管法兰	PN 2.0、5.0、11.0、15.0、26.0、42.0
ISO 7005-1(1992)	钢法兰	PN 2.0、5.0、11.0、15.0、26.0、42.0
ANSI B16.5(1988)	管法兰和法兰管件	Class 150、300、400、600、900、1500、2500
BS 1560 section 3.1(1989)	钢法兰及法兰管件	Class 150、300、600、900、1500、2500
NF E29-203	钢法兰	PN 2.0、5.0、10、15.0、25.0、42.0
JPI 7S-15-93	钢法兰及法兰管件	Class 150、300、600、900、1500、2500
GB 9112～9123-88	钢制管法兰	PN 2.0、5.0、10、15.0、25.0、42.0
SH 3406—92(96)	钢制管法兰	PN 2.0、5.0、10、15.0、25.0、42.0

注：1. 表中标准法兰的尺寸，ANSI、BS、NF、JPI 采用英寸制数据，而 HG、ISO、GB、SH 采用 SI 制数据（米制、公制），以 ISO 7005-1 为依据。

2. 连接尺寸和密封面尺寸各标准是一致的，ISO 在将 ANSI 的英寸制数据转化为 SI 制数据时进行了圆整，带来一些微小差别，但不影响互配。

3. ISO、BS、GB 及 HG 标准中已取消与 Class 400 对应的压力等级。

表 10-5　各标准中密封面名称对照表

国外代号	HG 20592～20635—97	GB 9112～9131—88	JB/T 74～90—94	SH 3406—96	SYJ（原石油部标准）	一些书籍资料中的名称
FF	全平面	平面	—	全平面		宽面
RF	突面	凸面	凸面	凸台面	光滑面	光面
MF	凹凸面	凹凸面	凹凸面	凹凸面	凹凸面	凹凸面
TG	榫槽面	榫槽面	榫槽面	榫槽面	—	榫槽面
RJ,RTJ	环连接面	环连接面	环连接面	环槽面	梯形槽面	梯形槽面

注：FF——Flat Face；RF——Raised Face；MF——Male and Female Face；TG——Tongue and Groove Face；RJ——Ring-joint Face；RTJ——Ring and Trapezoid Face。

10.2 欧洲体系钢制管法兰、垫片、紧固件 (HG 20592～20614—1997)

10.2.1 公称通径和公称压力

公称通径和钢管外径见表10-6和表10-7。其中，钢管外径系列 A 为国际通用系列（俗称英制管），B 为国内沿用系列（俗称公制管）。

表10-6 公称通径和钢管外径　　　　　　　　　　　　　　　mm

公称通径 DN		10	15	20	25	32	40	50	65	80
钢管外径	A	17.2	21.3	26.9	33.7	42.4	48.3	60.3	76.1	88.9
	B	14	18	25	32	38	45	57	76	89
公称通径 DN		100	125	150	200	250	300	350	400	450	500
钢管外径	A	114.3	139.7	168.3	219.1	273	323.9	355.6	406.4	457	508
	B	108	133	159	219	273	325	377	426	480	530
公称通径 DN		600	700	800	900	1000	1200	1400	1600	1800	2000
钢管外径	A	610	711	813	914	1016	1219	1422	1626	1829	2032
	B	630	720	820	920	1020	1220	1420	1620	1820	2020

表10-7 PN25.0MPa (250bar) 管法兰适用的钢管外径系列　　　mm

公称通径 DN		10～65	80	100	125	150	200	250
钢管外径	A	同表3-1	101.6	127	152.4	177.8	244.5	298.5
	B		102	127	159	180	—	—

法兰的公称压力 PN 包括下列10个等级：0.25MPa(2.5bar)、0.6MPa(6bar)、1.0MPa(10bar)、1.6MPa(16bar)、2.5MPa(25bar)、4.0MPa(40bar)、6.3MPa(63bar)、10.0MPa(100bar)、16.0MPa(160bar)、25.0MPa(250bar)。

10.2.2 法兰类型

法兰类型见图10-1。

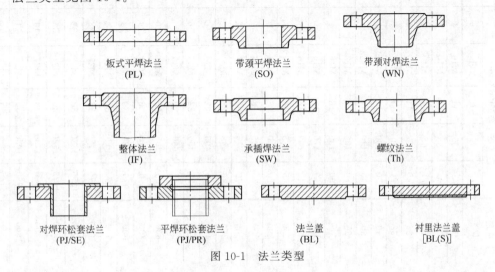

图10-1 法兰类型

表 10-8 连接尺寸 mm

公称通径 DN	PN0.25MPa(2.5bar)					PN0.6MPa(6bar)					PN1.0MPa(10bar)					PN1.6MPa(16bar)				
	D	K	L	Th	n	D	K	L	Th	n	D	K	L	Th	n	D	K	L	Th	n
10	75	50	11	M10	4	75	50	11	M10	4	90	60	14	M12	4	90	60	14	M12	4
15	80	55	11	M10	4	80	55	11	M10	4	95	65	14	M12	4	95	65	14	M12	4
20	90	65	11	M10	4	90	65	11	M10	4	105	75	14	M12	4	105	75	14	M12	4
25	100	75	11	M10	4	100	75	11	M10	4	115	85	14	M12	4	115	85	14	M12	4
32	120	90	14	M12	4	120	90	14	M12	4	140	100	18	M16	4	140	100	18	M16	4
40	130	100	14	M12	4	130	100	14	M12	4	150	110	18	M16	4	150	110	18	M16	4
50	140	110	14	M12	4	140	110	14	M12	4	165	125	18	M16	4	165	125	18	M16	4
65	160	130	14	M12	4	160	130	14	M12	4	185	145	18	M16	4(8)[①]	185	145	18	M16	4(8)[①]
80[②]	190	150	18	M16	4	190	150	18	M16	4	200	160	18	M16	8	200	160	18	M16	8
100	210	170	18	M16	4	210	170	18	M16	8	220	180	18	M16	8	220	180	18	M16	8
125	240	200	18	M16	8	240	200	18	M16	8	250	210	18	M16	8	250	210	18	M16	8
150	265	225	18	M16	8	265	225	18	M16	8	285	240	22	M20	8	285	240	22	M20	8
200	320	280	18	M16	8	320	280	18	M16	8	340	295	22	M20	8	340	295	22	M20	12
250	375	335	18	M16	12	375	335	22	M16	12	395	350	22	M20	12	405	355	26	M24	12
300	440	395	22	M20	12	440	395	22	M20	12	445	400	22	M20	12	460	410	26	M24	12
350	490	445	22	M20	12	490	445	22	M20	16	505	460	22	M20	16	520	470	26	M24	16
400	540	495	22	M20	16	540	495	22	M20	16	565	515	26	M24	16	580	525	30	M27	16
450	595	550	22	M20	16	595	550	22	M20	20	615	565	26	M24	20	640	585	30	M27	20
500	645	600	22	M24	20	645	600	22	M20	20	670	620	26	M24	20	715	650	33	M30×2	20
600	755	705	26	M24	20	755	705	26	M24	20	780	725	30	M27	20	840	770	36	M33×2	20
700	860	810	26	M24	24	860	810	30	M24	24	895	840	30	M27	24	910	840	36	M33×2	24
800	975	920	30	M27	24	975	920	30	M27	24	1015	950	33	M30×2	24	1025	950	39	M36×3	24
900	1075	1020	30	M27	24	1075	1020	30	M27	28	1115	1050	33	M30×2	28	1125	1050	39	M36×3	28
1000	1175	1120	30	M27	28	1175	1120	30	M27	28	1230	1160	36	M33×2	28	1255	1170	42	M39×3	28
1200	1375	1320	30	M27	32	1405	1340	33	M30×2	32	1455	1380	39	M36×3	32	1485	1390	48	M45×3	32
1400	1575	1520	30	M27	36	1630	1560	36	M33×2	36	1675	1590	42	M39×3	36	1685	1590	48	M45×3	36
1600	1790	1730	30	M27	40	1830	1760	36	M33×2	40	1915	1820	48	M45×3	40	1930	1820	55	M52×4	40
1800	1990	1930	30	M27	44	2045	1970	39	M36×3	44	2115	2020	48	M45×3	44	2130	2020	55	M52×4	44
2000	2190	2130	30	M27	48	2265	2180	42	M39×3	48	2325	2230	48	M45×3	48	2345	2230	60	M56×4	48

续表

公称通径 DN	PN2.5MPa(25bar)					PN4.0MPa(40bar)					PN6.3MPa(63bar)				
	D	K	L	Th	n	D	K	L	Th	n	D	K	L	Th	n
10	90	60	14	M12	4	90	60	14	M12	4	100	70	14	M12	4
15	95	65	14	M12	4	95	65	14	M12	4	105	75	14	M12	4
20	105	75	14	M12	4	105	75	14	M12	4	130	90	18	M16	4
25	115	85	14	M12	4	115	85	14	M12	4	140	100	18	M16	4
32	140	100	18	M16	4	140	100	18	M16	4	155	110	22	M20	4
40	150	110	18	M16	4	150	110	18	M16	4	170	125	22	M20	4
50	165	125	18	M16	4	165	125	18	M16	4	180	135	22	M20	4
65	185	145	18	M16	8	185	145	18	M16	8	205	160	22	M20	8
80②	200	160	18	M16	8	200	160	18	M16	8	215	170	22	M20	8
100	235	190	22	M20	8	235	190	22	M20	8	250	200	26	M24	8
125	270	220	26	M24	8	270	220	26	M24	8	295	240	30	M27	8
150	300	250	26	M24	8	300	250	26	M24	8	345	280	33	M30×2	8
200	360	310	26	M24	12	375	320	30	M27	12	415	345	36	M33×2	12
250	425	370	30	M27	12	450	385	33	M30×2	12	470	400	36	M33×2	12
300	485	430	30	M27	16	515	450	33	M30×2	16	530	460	36	M33×2	16
350	555	490	33	M30×2	16	580	510	36	M33×2	16	600	525	39	M36×3	16
400	620	550	36	M33×2	16	660	585	39	M36×3	16	670	585	42	M39×3	16
450	670	600	36	M33×2	20	685	610	39	M36×3	20					
500	730	660	36	M33×2	20	755	670	42	M39×3	20					
600	845	770	39	M36×3	20	890	795	48	M45×3	20					
700	960	875	42	M39×3	24										
800	1085	990	48	M45×3	24										
900	1185	1090	48	M45×3	28										
1000	1320	1210	55	M52×4	28										
1200	1530	1420	55	M52×4	32										

401

续表

公称通径 DN	PN10.0MPa(100bar)					PN16.0MPa(160bar)					PN25.0MPa(250bar)				
	D	K	L	Th	n	D	K	L	Th	n	D	K	L	Th	n
10	100	70	14	M12	4	100	70	14	M12	4	125	85	18	M16	4
15	105	75	14	M12	4	105	75	14	M12	4	130	90	18	M16	4
20	130	90	18	M16	4	130	90	18	M16	4	135	95	18	M16	4
25	140	100	18	M16	4	140	100	18	M16	4	150	105	22	M20	4
32	155	110	22	M20	4	155	110	22	M20	4	165	120	22	M20	4
40	170	125	22	M20	4	170	125	22	M20	4	185	135	26	M24	4
50	195	145	26	M24	4	195	145	26	M24	4	200	150	26	M24	8
65	220	170	26	M24	8	220	170	26	M24	8	230	180	26	M24	8
80	230	180	26	M24	8	230	180	26	M24	8	255	200	30	M27	8
100	265	210	30	M27	8	265	210	30	M27	8	300	235	33	M30×2	8
125	315	250	33	M30×2	8	315	250	33	M30×2	8	340	275	33	M30×2	12
150	355	290	33	M30×2	12	355	290	33	M30×2	12	390	320	36	M33×2	12
200	430	360	36	M33×2	12	430	360	36	M33×2	12	485	400	42	M39×3	12
250	505	430	39	M36×3	12	515	430	42	M39×3	12	585	490	48	M45×3	16
300	585	500	42	M39×3	16	585	500	42	M39×3	16	690	590	52	M48×3	16
350	655	560	48	M45×3	16										
400	715	620	48	M45×3	16										

① 也可采用8个螺栓孔。
② PN1.0~4.0MPa，DN80法兰的连接尺寸相同。

10.2.3 连接尺寸

法兰的连接尺寸见表 10-8。表中黑线框内为不同压力等级具有相同连接尺寸的法兰。表中代号：D—法兰外径；K—螺栓孔中心圆直径；L—螺栓孔直径；Th—螺纹规格；n—螺栓数量。

10.2.4 密封面型式

法兰密封面型式及其 DN、PN 范围见表 10-9。

各种工况下密封面型式的选用见表 10-10。

表 10-9 密封面型式

密封面型式		代号	公称压力 PN/MPa									
			0.25	0.6	1.0	1.6	2.5	4.0	6.3	10.0	16.0	25.0
突面		RF	DN10～2000				DN10～1200	DN10～600	DN10～400		DN10～300	
凹凸面		MFM										
	凹面	FM	—				DN10～600		DN10～400		DN10～300	—
	凸面	M										
榫槽面		TG										
	榫面	T	—				DN10～600		DN10～400		DN10～300	
	槽面	G										
全平面		FF	DN10～600		DN10～2000			—				
环连接面		RJ	—						DN15～400		DN15～300	

表 10-10 法兰密封面型式选用表

法兰类型	使用工况			
	一般	易燃、易爆、高度和极度危害	$PN \geqslant 10.0\text{MPa}$ 高压	配用铸铁法兰
整体法兰(IF) 带颈对焊法兰(WN)	突面(RF)	突面(RF) 凹凸面(MFM) 榫槽面(TG)	突面(RF) 环连接面(RJ)	全平面(FF)
螺纹法兰(Th) 板式平焊法兰(PL)	突面(RF)	(注)	—	全平面(FF)
对焊环松套法兰(PJ/SE)	突面(RF)	突面(RF)	—	—
平焊环松套法兰(PJ/PR)	突面(RF)	突面(RF) 凹凸面(MFM) 榫槽面(TG)	—	—
承插焊法兰(SW)	突面(RF)	突面(RF) 凹凸面(MFM) 榫槽面(TG)	—	—
带颈平焊法兰(SO)	突面(RF)	突面(RF) 凹凸面(MFM) 榫槽面(TG)	—	全平面(FF)
法兰盖(BL)	突面(RF)	突面(RF) 凹凸面(MFM) 榫槽面(TG)	突面(RF) 环连接面(RJ)	全平面(FF)
衬里法兰盖[BL(S)]	突面(RF)	突面(RF) 凸面(M) 榫面(T)	—	—

注：表中带括号注者不推荐使用。

10.2.5 密封面尺寸

突面、凹凸面、榫槽面法兰的密封面尺寸见图 10-2 和表 10-11。

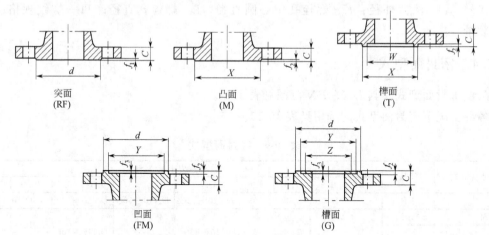

图 10-2 突面（RF）、凹凸面（MFM）、榫槽面（TG）的密封面尺寸

表 10-11 密封面尺寸（突面、凹凸面、榫槽面） mm

公称通径 DN	d						f_1	f_2	f_3	W	X	Y	Z
	PN/MPa(bar)												
	0.25 (2.5)	0.6 (6)	1.0 (10)	1.6 (16)	2.5 (25)	≥4.0 (≥40)							
10	33	33	41	41	41	41				24	34	35	23
15	38	38	46	46	46	46				29	39	40	28
20	48	48	56	56	56	56				36	50	51	35
25	58	58	65	65	65	65				43	57	58	42
32	69	69	76	76	76	76		4	3	51	65	66	50
40	78	78	84	84	84	84				61	75	76	60
50	88	88	99	99	99	99				73	87	88	72
65	108	108	118	118	118	118				95	109	110	94
80	124	124	132	132	132	132				106	120	121	105
100	144	144	156	156	156	156	2			129	149	150	128
125	174	174	184	184	184	184				155	175	176	154
150	199	199	211	211	211	211		4.5	3.5	183	203	204	182
200	254	254	266	266	274	284				239	259	260	238
250	309	309	319	319	330	345				292	312	313	291
300	363	363	370	370	389	409				343	363	364	342
350	413	413	429	429	448	465				395	421	422	394
400	463	463	480	480	503	535				447	473	474	446
450	518	518	530	548	548	560		5	4	497	523	524	496
500	568	568	582	609	609	615				549	575	576	548
600	667	667	682	720	720	735				649	675	676	648
700	772	772	794	794	820								
800	878	878	901	901	928								
900	978	978	1001	1001	1028								
1000	1078	1078	1112	1112	1140								
1200	1295	1295	1328	1328	1350		5			—			
1400	1510	1510	1530	1530									
1600	1710	1710	1750	1750									
1800	1918	1918	1950	1950									
2000	2125	2125	2150	2150									

注：凹凸面和榫槽面适用于 PN1.0~16.0MPa 的法兰。

环连接面法兰的密封面尺寸见图 10-3 和表 10-12。

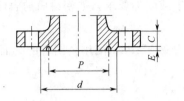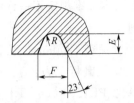

图 10-3 环连接面（RJ）密封面尺寸

表 10-12 环连接面尺寸   mm

公称通径 DN	PN6.3MPa(63bar)					PN10.0MPa(100bar)					PN16.0MPa(160bar)					PN25.0MPa(250bar)				
	d	P	E	F	R_{max}	d	P	E	F	R_{max}	d	P	E	F	R_{max}	d	P	E	F	R_{max}
15	55	35				55	35				58	35				70	40			
20	68	45				68	45				70	45				75	45			
25	78	50	6.5	9		78	50	6.5	9		80	50	6.5	9		82	50	6.5	9	
32	86	65				86	65				86	65				96	65			
40	102	75				102	75				102	75				108	75			
50	112	85				116	85				118	95				122	95			
65	136	110				140	110				142	110			0.8	152	110			0.8
80	146	115				150	115				152	130	8	12		166	135	8	12	
100	172	145			0.8	176	145			0.8	178	160				198	160			
125	208	175				212	175	8	12		215	190				238	195			
150	245	205	8	12		250	205				255	205	10	14		278	210	10	14	
200	306	265				312	265				322	275	11	17		346	275	11	17	
250	362	320				376	320				388	330				438	330			
300	422	375				448	375				456	380	14	23		528	380	14	23	
350	475	420				505	420	11	17		—									
400	540	480				565	480													

10.2.6 法兰标记

(1) 标记

法兰应按下列规定标记

                a 法兰（法兰盖）   b   c—d   e   f   g   h

a. 标准号。各种类型管法兰均以本标准的标准号统一标记：HG 20592。

b. 法兰类型代号。螺纹法兰采用按 GB 7306 规定的锥管螺纹时，标记为"Th（Rc）"或"Th（Rp）"。

螺纹法兰采用按 GB/T 12716 规定的锥管螺纹时，标记为"Th（NPT）"。

螺纹法兰如未标记螺纹代号，则为 Rp。

c. 法兰公称通径 DN（mm）与适用钢管外径系列。

整体法兰、法兰盖、衬里法兰盖、螺纹法兰，适用钢管外径系列的标记可省略。

适用于国际通用系列钢管（俗称英制管）的法兰，标记为"DN（A）"。

适用于国内沿用系列钢管（俗称公制管）的法兰，适用钢管外径系列的标记可省略。

d. 法兰公称压力 PN，MPa。

e. 密封面型式代号。

f. 应由用户提供的钢管壁厚。带颈对焊法兰、对焊环松套法兰应标注钢管壁厚。

g. 材料牌号。

h. 其他。采用与本标准规定不一致的要求或附加要求，如密封面的表面粗糙度等。

（2）标记示例

示例（1） 公称通径1200mm、公称压力0.6MPa、配用公制管的突面板式平焊钢制管法兰，材料为Q235-A，其标记为：

　　HG 20592　法兰 PL1200-0.6　RF Q235A

示例（2） 公称通径300mm、公称压力2.5MPa、配用英制管的凸面带颈平焊钢制管法兰，材料为20钢，其标记为：

　　HG 20592　法兰 SO300（A）-2.5　M 20

示例（3） 公称通径100mm、公称压力10.0MPa、配用公制管的凹面带颈对焊钢制管法兰，材料为16Mn，钢管壁厚为8mm，其标记为：

　　HG 20592　法兰 WN100-10.0　FM S=8mm　16Mn

示例（4） 公称通径40mm、公称压力6.3MPa、配用英制管的突面承插焊钢制管法兰，材料为304，其标记为：

　　HG 20592　法兰 SW40（A）-6.3　RF 304

示例（5） 公称通径为300mm、公称压力为10.0MPa、槽面钢制管法兰盖，材料为16Mn，其标记为：

　　HG 20592　法兰盖 BL300-10.0　G 16Mn

10.2.7 法兰的压力-温度等级

法兰用材的公称压力和工作温度范围见表10-13。

法兰在工作温度下的最高无冲击工作压力（压力-温度等级）见表10-14至表10-20。

表10-13　管法兰用材的公称压力和工作温度范围

类　别	钢　号（标　准　号）	公称压力 P_N/MPa	工作温度/℃
Q235	Q235A(GB 3274)	≤1.0	0～+350
	Q235B(GB 3274)	≤1.6	0～+350
20	20(GB 711)	≤4.0	0～+350
	20R(GB 6654)	≤25.0	-20～+475
	20(JB 4726)	≤25.0	-20～+475
	09Mn2VD(JB 4727)	≤25.0	-50～+350
	09MnNiD(JB 4727)	≤25.0	-70～+350
16Mn	16MnR(GB 6654)	≤25.0	-20～+475
	16MnDR(GB 3531)	≤25.0	-40～+350
	16Mn(JB 4726)	≤25.0	-20～+475
	16MnD(JB 4727)	≤25.0	-40～+350
1Cr-0.5Mo	15CrMoR(GB 6654)	≤25.0	>-20～+550
	15CrMo(JB 4726)		
2¼Cr-1Mo	12Cr2Mo1R(GB 150、GB 6654)	≤25.0	>-20～+575
	12Cr2Mo1(JB 4726)		
5Cr-0.5Mo	1Cr5Mo(JB 4726)	≤25.0	>-20～+600
304L	00Cr19Ni10(GB 4237、JB 4728)		-196～+425
304	0Cr18Ni9(GB 4237、JB 4728)		-196～+700
321	0Cr18Ni10Ti(GB 4237、JB 4728) (1Cr18Ni9Ti)	≤25.0	-196～+700
316L	00Cr17Ni14Mo2(GB 4237、JB 4728)		-196～+425
316	0Cr17Ni12Mo2(GB 4237、JB 4728)		-196～+700

表 10-14 最高无冲击工作压力　　　　　　　　　　　　　　　　　　　　　　MPa

公称压力 PN /MPa	法兰材料 类别	工作温度 /℃													
		≤20	100	150	200	250	300	350	400	425	450	475	500	510	520	530
1.6	Q235	1.6	1.6	1.44	1.28	1.12	0.96									
	20	1.6	1.6	1.44	1.28	1.12	0.96	0.8	0.56							
	16Mn	1.6	1.6	1.57	1.52	1.44	1.28	1.12	0.88	0.72						
	1Cr-0.5Mo	1.6	1.6	1.6	1.6	1.6	1.6	1.52	1.456	1.424	1.392	1.312	1.184	0.992	0.784	0.608
	2¼Cr-1Mo	1.6	1.6	1.6	1.6	1.6	1.6	1.456	1.424	1.392	1.28	0.88	0.8	0.704	0.608	
	5Cr-0.5Mo	1.6	1.6	1.6	1.6	1.6	1.6	1.6	1.6							
	304L	1.43	1.29	1.15	1.05	0.97	0.9	0.86	0.82		0.8					
	304	1.5	1.36	1.22	1.12	1.03	0.96	0.92	0.89		0.87		0.85			
	321	1.58	1.48	1.39	1.32	1.24	1.19	1.14	1.11		1.08		1.06			
	316L	1.54	1.42	1.29	1.19	1.12	1.03	0.99	0.96		0.92					
	316	1.6	1.5	1.36	1.26	1.19	1.11	1.07	1.02		1.0		0.99			

表 10-15 最高无冲击工作压力　　　　　　　　　　　　　　　　　　　　　　MPa

公称压力 PN /MPa	法兰材料 类别	工作温度 /℃													
		≤20	100	150	200	250	300	350	400	425	450	475	500	510	520	530
2.5	20	2.5	2.5	2.25	2.0	1.75	1.5	1.25	0.88							
	16Mn	2.5	2.5	2.45	2.38	2.25	2.0	1.75	1.38	1.13						
	1Cr-0.5Mo	2.5	2.5	2.5	2.5	2.5	2.5	2.38	2.28	2.23	2.18	2.05	1.85	1.55	1.23	0.95
	2¼Cr-1Mo	2.5	2.5	2.5	2.5	2.5	2.5	2.5	2.28	2.23	2.18	2.0	1.38	1.25	1.1	0.95
	5Cr-0.5Mo	2.5	2.5	2.5	2.5	2.5	2.5	2.5	2.5							
	304L	2.23	2.01	1.8	1.63	1.52	1.41	1.34	1.29		1.24					
	304	2.34	2.12	1.91	1.74	1.61	1.5	1.43	1.39		1.36		1.33			
	321	2.47	2.31	2.17	2.06	1.94	1.86	1.79	1.73		1.69		1.66			
	316L	2.41	2.21	2.01	1.86	1.74	1.61	1.54	1.5		1.44					
	316	2.5	2.34	2.12	1.97	1.86	1.73	1.67	1.6		1.57		1.54			

表 10-16 最高无冲击工作压力　　　　　　　　　　　　　　　　　　　　　　MPa

公称压力 PN /MPa	法兰材料 类别	工作温度 /℃													
		≤20	100	150	200	250	300	350	400	425	450	475	500	510	520	530
4.0	20	4.0	4.0	3.6	3.2	2.8	2.4	2.0	1.4							
	16Mn	4.0	4.0	3.92	3.8	3.6	3.2	2.8	2.2	1.8						
	1Cr-0.5Mo	4.0	4.0	4.0	4.0	4.0	4.0	3.8	3.64	3.56	3.48	3.28	2.96	2.48	1.96	1.52
	2¼Cr-1Mo	4.0	4.0	4.0	4.0	4.0	4.0	4.0	3.64	3.56	3.48	3.2	2.2	2.0	1.76	1.52
	5Cr-0.5Mo	4.0	4.0	4.0	4.0	4.0	4.0	4.0	4.0							
	304L	3.57	3.22	2.88	2.61	2.44	2.26	2.15	2.06		1.99					
	304	3.75	3.4	3.06	2.79	2.58	2.4	2.29	2.22		2.17		2.13			
	321	3.95	3.7	3.47	3.29	3.11	2.97	2.86	2.77		2.7		2.65			
	316L	3.86	3.54	3.22	2.97	2.79	2.58	2.47	2.4		2.31					
	316	4.0	3.75	3.4	3.15	2.97	2.77	2.67	2.56		2.51		2.47			

表 10-17 最高无冲击工作压力　　　　　　　　　　　　　　　　　　　　　　MPa

公称压力 PN /MPa	法兰材料 类别	工作温度 /℃													
		≤20	100	150	200	250	300	350	400	425	450	475	500	510	520	530
6.3	20	5.28	5.10	4.85	4.47	4.10	3.72	3.15	2.21							
	16Mn	6.3	6.3	6.17	5.99	5.67	5.04	4.41	3.47	2.84						
	1Cr-0.5Mo	6.3	6.3	6.3	6.3	6.3	6.3	5.99	5.73	5.61	5.48	5.17	4.66	3.91	3.09	2.39
	2¼Cr-1Mo	6.3	6.3	6.3	6.3	6.3	6.3	6.3	5.73	5.61	5.48	5.04	3.47	3.15	2.77	2.39
	5Cr-0.5Mo	6.3	6.3	6.3	6.3	6.3	6.3	6.3	6.3							
	304L	5.61	5.04	4.54	4.1	3.84	3.53	3.4	3.28		3.15					
	304	5.92	5.36	4.79	4.41	4.03	3.78	3.59	3.53		3.4		3.34			
	321	6.24	5.8	5.48	5.17	4.91	4.66	4.54	4.35		4.28		4.16			
	316L	6.05	5.54	5.04	4.66	4.41	4.03	3.91	3.78		3.65					
	316	6.3	6.11	5.8	5.48	5.23	4.91	4.73	4.6		4.47		4.41			

表 10-18 最高无冲击工作压力　　　　　　　　　　　　　　　　　MPa

公称压力 PN /MPa	法兰材料类别	工作温度 /℃													
		≤20	100	150	200	250	300	350	400	425	450	475	500	510	520	530
10.0	20	8.4	8.1	7.7	7.1	6.5	5.9	5.0	3.5							
	16Mn	10.0	10.0	9.8	9.5	9.0	8.0	7.0	5.5	4.5						
	1Cr-0.5Mo	10.0	10.0	10.0	10.0	10.0	10.0	9.5	9.1	8.9	8.7	8.2	7.4	6.2	4.9	3.8
	2¼Cr-1Mo	10.0	10.0	10.0	10.0	10.0	10.0	10.0	9.1	8.9	8.7	8.0	5.5	5.0	4.4	3.8
	5Cr-0.5Mo	10.0	10.0	10.0	10.0	10.0	10.0	10.0	10.0							
	304L	8.9	8.0	7.2	6.5	6.1	5.6	5.4	5.2		5.0					
	304	9.4	8.5	7.6	7.0	6.4	6.0	5.7	5.6		5.4		5.3			
	321	9.9	9.2	8.7	8.2	7.8	7.4	7.2	6.9		6.8		6.6			
	316L	9.6	8.8	8.0	7.4	7.0	6.4	6.2	6.0		5.8					
	316	10.0	9.4	8.5	7.9	7.4	6.9	6.7	6.4		6.3		6.2			

表 10-19 最高无冲击工作压力　　　　　　　　　　　　　　　　　MPa

公称压力 PN /MPa	法兰材料类别	工作温度 /℃													
		≤20	100	150	200	250	300	350	400	425	450	475	500	510	520	530
16.0	20	13.4	13.0	12.3	11.4	10.4	9.4	8.0	5.6							
	16Mn	16.0	16.0	15.7	15.2	14.4	12.8	11.2	8.8	7.2						
	1Cr-0.5Mo	16.0	16.0	16.0	16.0	16.0	16.0	15.2	14.6	14.2	13.9	13.1	11.8	9.9	7.8	6.1
	2¼Cr-1Mo	16.0	16.0	16.0	16.0	16.0	16.0	16.0	14.6	14.2	13.9	12.8	8.8	8.0	7.0	6.1
	5Cr-0.5Mo	16.0	16.0	16.0	16.0	16.0	16.0	16.0	16.0							
	304L	14.3	12.9	11.5	10.5	9.7	9.0	8.6	8.2		8.0		7.8			
	304	15.0	13.6	12.2	11.2	10.3	9.6	9.2	8.9		8.7		8.5			
	321	15.8	14.8	13.9	13.2	12.4	11.9	11.4	11.1		10.8		10.6			
	316L	15.4	14.2	12.9	11.9	11.2	10.3	9.9	9.6		9.2		9.1			
	316	16.0	15.0	13.6	12.6	11.9	11.1	10.7	10.2		10.0		9.9			

表 10-20 最高无冲击工作压力　　　　　　　　　　　　　　　　　MPa

公称压力 PN /MPa	法兰材料类别	工作温度 /℃													
		≤20	100	150	200	250	300	350	400	425	450	475	500	510	520	530
25.0	20	21.0	20.25	19.25	17.75	16.25	14.75	12.5	8.8							
	16Mn	25.0	25.0	24.5	23.8	22.5	20.0	17.5	13.8	11.3						
	1Cr-0.5Mo	25.0	25.0	25.0	25.0	25.0	25.0	23.8	22.8	22.3	21.8	20.5	18.5	15.5	12.3	9.5
	2¼Cr-1Mo	25.0	25.0	25.0	25.0	25.0	25.0	25.0	22.8	22.3	21.8	20.0	13.8	12.5	11.0	9.5
	5Cr-0.5Mo	25.0	25.0	25.0	25.0	25.0	25.0	25.0	25.0							
	304L	22.3	20.1	18.0	16.3	15.2	14.1	13.4	12.9		12.4					
	304	23.4	21.2	19.1	17.4	16.1	15.0	14.3	13.9		13.6		13.3			
	321	24.7	23.1	21.7	20.6	19.4	18.6	17.9	17.3		16.9		16.6			
	316L	24.1	22.1	20.1	18.6	17.4	16.1	15.4	15.0		14.4					
	316	25.0	23.4	21.2	19.7	18.6	17.3	16.7	16.0		15.7		15.4			

10.2.8 法兰垫片、紧固件的选用

见表 10-21 至表 10-23。

表 10-21　欧洲体系管法兰垫片、紧固件选用表

垫片型式	使用压力 PN/MPa	密封面型式①	密封面表面粗糙度	法兰型式	垫片最高使用温度/℃
橡胶垫片⑤	≤1.6	突面、凹凸面、榫槽面、全平面	密纹水线或 R_a6.3～12.5	各种型式	200
石棉橡胶板垫片⑥	≤2.5	突面、凹凸面、榫槽面、全平面	密纹水线或 R_a6.3～12.5	各种型式	300
合成纤维橡胶垫片	≤4.0	突面、凹凸面、榫槽面、全平面	密纹水线或 R_a6.3～12.5	各种型式	290
聚四氟乙烯垫片（改性或填充）	≤4.0	突面、凹凸面、榫槽面、全平面	密纹水线或 R_a6.3～12.5	各种型式	260
柔性石墨复合垫	1.0～6.3	突面、凹凸面、榫槽面	密纹水线或 R_a6.3～12.5	各种型式	650(450)
聚四氟乙烯包覆垫	0.6～4.0	突面	密纹水线或 R_a6.3～12.5	各种型式	150(200)
缠绕垫	1.6～16.0	突面、凹凸面、榫槽面	R_a3.2～6.3	带颈平焊法兰 带颈对焊法兰 整体法兰 承插焊法兰 对焊环松套法兰 法兰盖	650
金属包覆垫	2.5～10.0	突面	R_a1.6～3.2（碳钢） R_a0.8～1.6（不锈钢）	带颈对焊法兰 整体法兰 法兰盖	500
齿形组合垫	1.6～25.0	突面、凹凸面	R_a3.2～6.3	带颈对焊法兰 整体法兰 法兰盖	650
金属环垫	6.3～25.0	环连接面	R_a0.8～1.6（碳钢、铬钼钢） R_a0.4～0.8（不锈钢）	带颈对焊法兰 整体法兰 法兰盖	600

垫片型式	紧固件型式	紧固件性能等级或材料牌号②③④				
		200℃	250℃	300℃	500℃	550℃
橡胶垫片⑤	六角螺栓 双头螺柱 全螺纹螺柱	8.8级 35CrMoA 25Cr2MoVA				
石棉橡胶板垫片⑥	六角螺栓 双头螺柱 全螺纹螺柱		8.8级 35CrMoA 25Cr2MoVA	35CrMoA 25Cr2MoVA		
合成纤维橡胶垫片	六角螺栓 双头螺柱 全螺纹螺柱		8.8级 35CrMoA 25Cr2MoVA	35CrMoA 25Cr2MoVA		
聚四氟乙烯垫片（改性或填充）	六角螺栓 双头螺柱 全螺纹螺柱		8.8级 35CrMoA 25Cr2MoVA	35CrMoA 25Cr2MoVA		
柔性石墨复合垫	六角螺栓 双头螺柱 全螺纹螺柱		8.8级 35CrMoA 25Cr2MoVA		35CrMoA 25Cr2MoVA	25Cr2MoVA
聚四氟乙烯包覆垫	六角螺栓 双头螺柱 全螺纹螺柱	8.8级 35CrMoA 25Cr2MoVA				
缠绕垫	双头螺柱 全螺纹螺柱				35CrMoA 25Cr2MoVA	25Cr2MoVA
金属包覆垫	双头螺柱 全螺纹螺柱				35CrMoA 25Cr2MoVA	
齿形组合垫	双头螺柱 全螺纹螺柱				35CrMoA 25Cr2MoVA	25Cr2MoVA
金属环垫	双头螺柱 全螺纹螺柱				35CrMoA 25Cr2MoVA	25Cr2MoVA

① 凹凸面、榫槽面仅用于 PN1.0～16.0MPa、DN10～600mm 的整体法兰、带颈对焊法兰、带颈平焊法兰、承插焊法兰、平焊环松套法兰、法兰盖和衬里法兰盖。
② 表列紧固件使用温度系指紧固件的金属温度。
③ 表列螺栓、螺柱材料可使用在此表列温度低的温度范围（不低于-20℃），但不宜使用在比表列温度高的温度范围。
④ 表列紧固件材料，除 35CrMoA 外，使用温度下限为-20℃，35CrMoA 使用温度低于-20℃时，应进行低温夏比冲击试验，最低使用温度-100℃。
⑤ 各种天然橡胶及合成橡胶使用温度范围不同，详见 HG 20606。
⑥ 石棉橡胶板的 pt≤650MPa·℃。

表 10-22 欧洲体系管法兰紧固件使用压力和温度范围

螺栓、螺柱的型式（标准号）	产品等级	规格	性能等级（商品级）	公称压力 PN /MPa(bar)	使用温度/℃	材料牌号（专用级）	公称压力 PN /MPa(bar)	使用温度/℃
六角头螺栓 (GB 5782 粗牙) (GB 5785 细牙)	A 级和 B 级	M10~M27（粗牙） M30×2~M56×4（细牙）	8.8 A2-50 A2-70	≤1.6(16)	>-20~+250 -196~+500 -196~+100	35CrMoA 25Cr2MoVA 0Cr18Ni9 0Cr17Ni12Mo2	≤10.0(100)	>-20~+250 -196~+500 -196~+600 -196~+600
双头螺柱 (GB 901 商品级) (HG 20613 专用级)	B 级	M10~M27（粗牙） M30×2~M56×4（细牙）	8.8 A2-50 A2-70					
全螺纹螺柱 (HG 20613 专用级)	B 级	M10~M27（粗牙） M30×2~M56×4（细牙）	8.8		>-20~+250 -196~+500 -196~+100	35CrMoA 25Cr2MoVA 0Cr18Ni9 0Cr17Ni12Mo2	≤25.0(250)	-100~+500 >-20~+550 -196~+600 -196~+600

表 10-23 欧洲体系管法兰六角螺栓、螺柱与螺母的配用

等级	六角螺栓、螺柱			螺母		公称压力 PN /MPa(bar)	工作温度/℃
	型式及产品等级（标准号）	规格	性能等级或材料牌号	型式及产品等级（标准号）	性能等级或材料牌号		
商品级	六角螺栓 A 级和 B 级 (GB 5782, GB 5785)	M10~M27 M30×2~M56×4	8.8 级	1 型六角螺母 A 级和 B 级 (GB 6170, GB 6171)	8 级	≤1.6(16)	>-20~+250
	双头螺柱 B 级 (GB 901)	M10~M27 M30×2~M56×4	8.8 级	1 型六角螺母 A 级和 B 级 (GB 6170, GB 6171)	8 级	≤4.0(40)	>-20~+250
专用级	双头螺柱 B 级 (HG 20613)	M10~M27 M30×2~M56×4	35CrMo 25Cr2MoVA 0Cr18Ni9 0Cr17Ni12Mo2	六角螺母 (HG 20613)	30CrMo 0Cr17Ni12Mo2	≤10.0(100)	-100~+500 >-20~+550 -196~+600
	全螺纹螺柱 B 级 (HG 20613)	M10~M27 M30×2~M56×4	35CrMo 25Cr2MoVA 0Cr18Ni9 0Cr17Ni12Mo2	六角螺母 (HG 20613)	30CrMo 0Cr17Ni12Mo2	≤25.0(250)	-100~+500 >-20~+550 -196~+600

10.3 美洲体系钢制管法兰、垫片、紧固件(HG 20615~20635—1997)

10.3.1 公称通径和公称压力

公称通径和钢管外径见表10-24。

表10-24 公称通径和钢管外径　　　　　　　　　　mm

公称通径	NPS(in)	1/2	3/4	1	1¼	1½	2	2½	3	4
	DN	15	20	25	32	40	50	65	80	100
钢管外径		21.3	26.9	33.7	42.4	48.3	60.3	76.1	88.9	114.3
公称通径	NPS(in)	5	6	8	10	12	14	16	18	20	22
	DN	125	150	200	250	300	350	400	450	500	550
钢管外径		139.7	168.3	219.1	273.0	323.9	355.6	406.4	457	508	559
公称通径	NPS(in)	24	26	28	30	32	34	36	38	40
	DN	600	650	700	750	800	850	900	950	1000
钢管外径		610	660	711	762	813	864	914	965	1016
公称通径	NPS(in)	42	44	46	48	50	52	54	56	58	60
	DN	1050	1100	1150	1200	1250	1300	1350	1400	1450	1500
钢管外径		1067	1118	1168	1219	1270	1321	1372	1422	1473	1524

法兰的公称压力 PN 包括下列6个等级:2.0MPa(Class 150)、5.0MPa(Class 300)、11.0MPa(Class 600)、15.0MPa(Class900)、26.0MPa(Class 1500)、42.0MPa(Class 2500)。

10.3.2 法兰类型

法兰类型见图10-4。

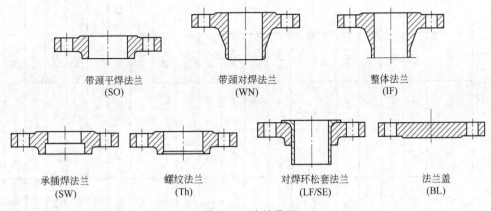

图10-4 法兰类型

10.3.3 连接尺寸

法兰连接尺寸见表10-25。表中里线框内为不同压力等级具有相同连接尺寸的法兰。表中代号:D—法兰外径;K—螺栓孔中心圆直径;L—螺栓孔直径;Th—螺纹规格;n—螺栓数量。

表 10-25　DN≤600mm 法兰连接尺寸　　mm

公称通径		NPS (in)	PN2.0MPa(Class 150)				PN5.0MPa(Class 300)				PN11.0MPa(Class 600)			
DN			D	K	L	Th	n	D	K	L	Th	n	D	K	L	Th	n
15	1/2	90	60.5	16	M14	4	95	66.5	16	M14	4	95	66.5	16	M14	4
20	3/4	100	70	16	M14	4	120	82.5	18	M16	4	120	82.5	18	M16	4
25	1	110	79.5	16	M14	4	125	89	18	M16	4	125	89	18	M16	4
32	1¼	120	89	16	M14	4	135	98.5	18	M16	4	135	98.5	18	M16	4
40	1½	130	98.5	18	M14	4	155	114.5	22	M20	4	155	114.5	22	M20	4
50	2	150	120.5	18	M16	4	165	127	18	M16	8	165	127	18	M16	8
65	2½	180	139.5	18	M16	4	190	149	22	M20	8	190	149	22	M20	8
80	3	190	152.5	18	M16	4	210	168.5	22	M20	8	210	168.5	22	M20	8
100	4	230	190.5	18	M16	8	255	200	22	M20	8	275	216	26	M24	8
125	5	255	216	22	M20	8	280	235	22	M20	8	330	267	29.5	M27	8
150	6	280	241.5	22	M20	8	320	270	22	M24	12	355	292	29.5	M27	12
200	8	345	298.5	22	M20	8	380	330	26	M27	12	420	349	32.5	M30	12
250	10	405	362	26	M24	12	445	387.5	29.5	M30	16	510	432	35.5	M33	16
300	12	485	432	26	M24	12	520	451	32.5	M30	16	560	489	35.5	M33	20
350	14	335	476	29.5	M27	12	585	514.5	32.5	M33	20	605	527	39	M36×3	20
400	16	600	540	29.5	M27	16	650	571.5	35.5	M33	20	685	603	42	M39×3	20
450	18	635	578	32.5	M30	16	710	628.5	35.5	M33	24	745	654	45	M42×3	20
500	20	700	635	32.5	M30	20	775	686	35.5	M33	24	815	724	45	M42×3	24
550	22	750	692	35.5	M33	20	840	743	42	M39×3	24	870	778	48	M45×3	24
600	24	815	749.5	35.5	M33	20	915	813	42	M39×3	24	940	838	51	M48×3	24

续表

公称通径		PN15.0MPa(Class 900)					PN26.0MPa(Class 1500)					PN42.0MPa(Class 2500)				
NPS (in)	DN	D	K	L	Th	n	D	K	L	Th	n	D	K	L	Th	n
1/2	15	120	82.5	22	M20	4	120	82.5	22	M20	4	135	89	22	M20	4
3/4	20	130	89	22	M20	4	130	89	22	M20	4	140	95	22	M20	4
1	25	150	101.5	26	M24	4	150	101.5	26	M24	4	160	108	26	M24	4
1¼	32	160	111	26	M27	4	160	111	26	M27	4	185	130	29.5	M27	4
1½	40	180	124	29.5	M24	4	180	124	29.5	M24	4	205	146	32.5	M30	4
2	50	215	165	26	M24	8	215	165	26	M24	8	235	171.5	29.5	M27	8
2½	65	245	190.5	29.5	M27	8	245	190.5	29.5	M27	8	265	197	32.5	M30	8
3	80	240	190.5	26	M24	8	265	203	32.5	M30	8	305	228.5	35.5	M33	8
4	100	290	235	32.5	M30	8	310	241.5	35.5	M33	8	355	273	42	M39×3	8
5	125	350	279.5	35.5	M33	8	375	292	42	M39×3	8	420	324	48	M45×3	8
6	150	380	317.5	32.5	M30	12	395	317.5	39	M36×3	12	485	368.5	55	M52×3	8
8	200	470	393.5	39	M36×3	12	485	393.5	45	M42×3	12	550	438	55	M52×3	12
10	250	545	470	39	M36×3	16	585	482.5	51	M48×3	12	675	593.5	68	M64×3	12
12	300	610	533.5	39	M36×3	20	675	571.5	55	M52×3	16	760	619	74	M70×3	12
14	350	640	559	42	M39×3	20	750	635	60	M56×3	16					
16	400	705	616	45	M42×3	20	825	705	68	M64×3	16					
18	450	785	686	51	M48×3	20	915	774.5	74	M70×3	16					
20	500	855	749.5	55	M52×3	20	985	832	80	M76×3	16					
24	600	1040	901.5	68	M64×3	20	1170	990.5	94	M90×3	16					

10.3.4 密封面型式

法兰密封面型式及其 DN、PN 范围见表10-26。
各种工况下法兰密封面型式的选用见表10-27。

表10-26 密封面型式

密封面型式	代号	公称压力 PN/MPa(Class)					
		2.0(Class 150)	5.0(Class 300)	11.0(Class 600)	15.0(Class 900)	26.0(Class 1500)	42.0(Class 2500)
突面	RF	DN15~1500		DN15~900		DN15~600	DN15~300
全平面	FF	DN15~600					
环连接面	RJ	DN25~600		DN15~600			DN15~300
凹凸面	MFM	—		DN15~600			DN15~300
榫槽面	TG	—		DN15~600			DN15~3000

表10-27 法兰密封面型式选用表

法兰型式	密封面型式	压力等级/MPa(Class)	使用场合
带颈平焊法兰(SO)	突面(RF)	2.0(Class 150) 5.0(Class 300)	公用工程及非易燃易爆介质;密封要求不高;工作温度-45~+200℃
螺纹法兰(Th)	突面(RF)	2.0(Class 150)	DN≤150,公用工程、仪表等习惯使用锥管螺纹连接的场合。使用压力较高时,推荐采用NPT螺纹
对焊环松套法兰(LF/SE)	突面(RF)	2.0(Class 150) 5.0(Class 300)	不锈钢、镍基合金、钛等配管的法兰连接
承插焊法兰(SW)	突面(RF) 环连接面(RJ)	2.0(Class 150)~ 11.0(Class 600)	DN≤50,非剧烈循环场合(温度、压力交变载荷),经常使用
带颈对焊法兰(WN) 整体法兰(IF)	突面(RF)	2.0(Class 150)~ 15.0(Class 900)	经常使用
	环连接面(RJ)	11.0(Class 600)~ 42.0(Class 2500)	高温或高压 PN≥11.0MPa(Class 600)
—	全平面(FF)	2.0(Class 150)	与铸铁法兰、管件、阀门(Class 125)配合使用场合
—	凹凸面(MFM) 榫槽面(TG)	≥5.0(Class 300)	仅用于阀盖与阀体连接等构件内部连接场合,极少用于与外部配管、阀门的连接

注:法兰盖的密封面型式选用与配合连接的法兰相同。

10.3.5 密封面尺寸

突面法兰的密封面尺寸见图10-5和表10-28。
凹凸面、榫槽面法兰的密封面尺寸见图10-6和表10-29。
环连接面法兰的密封面尺寸见图10-7和表10-30。

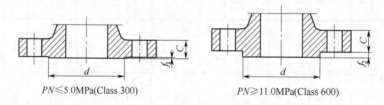

图10-5 突面(RF)法兰的密封面尺寸

表 10-28　DN≤600mm 突面法兰的密封面尺寸　　　　　　　mm

公称通径		突台外径 d	突台高度	
NPS(in)	DN		f_1	f_2
			PN≤5.0MPa(Class 300)	PN≥11.0MPa(Class 600)
1/2	15	35	1.6	6.4
3/4	20	43		
1	25	51		
1¼	32	63.5		
1½	40	73		
2	50	92		
2½	65	105		
3	80	127		
4	100	157.5		
5	125	186		
6	150	216		
8	200	270		
10	250	324		
12	300	381		
14	350	413		
16	400	470		
18	450	533.5		
20	500	584		
22	550	641		
24	600	692		

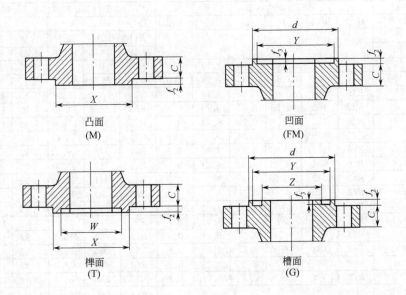

凸面 (M)　　　凹面 (FM)

榫面 (T)　　　槽面 (G)

图 10-6　PN≥5.0MPa (Class 300) 凹凸面 (MFM)、榫槽面 (TG) 法兰的密封面尺寸

表 10-29　$PN \geqslant 5.0\text{MPa}$（Class 300）凹凸面（MFM）、榫槽面（TG）法兰密封面尺寸　　mm

公称通径		d	W	X	Y	Z	f_2	f_3
NPS(in)	DN							
1/2	15	46	25.5	35	36.5	24		
3/4	20	54	33.5	43	44.5	32		
1	25	62	38	51	52.5	36.5		
1¼	32	75	47.5	63.5	65	46		
1½	40	84	54	73	74.5	52.5		
2	50	103	73	92	93.5	71.5		
2½	65	116	85.5	105	106.5	84		
3	80	138	108	127	128.5	106.5		
4	100	168	132	157.5	159	130.5		
5	125	197	160.5	186	187.5	159	6.4	5
6	150	227	190.5	216	217.5	189		
8	200	281	238	270	271.5	236.5		
10	250	335	285.5	324	325.5	284		
12	300	392	343	381	382.5	341.5		
14	350	424	374.5	413	414.5	373		
16	400	481	425.5	470	471.5	424		
18	450	544	489	533.5	535	487.5		
20	500	595	533.5	584.5	586	532		
24	600	703	641.5	692	693.5	640		

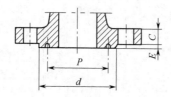 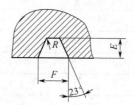

图 10-7　环连接面（RJ）法兰的密封面尺寸

表 10-30　环连接面尺寸　　mm

公称通径		PN2.0MPa(Class 150)					PN5.0MPa(Class 300)和PN11.0MPa(Class 600)				
NPS(in)	DN	环号	d_{min}	P	E	F	R_{max}	环号	d_{min}	P	E	F	R_{max}
1/2	15			—				R11	51	34.14	5.56	7.14	0.8
3/4	20			—				R13	63.5	42.88	6.35	8.74	0.8
1	25	R15	63.5	47.62	6.35	8.74	0.8	R16	70	50.8	6.35	8.74	0.8
1¼	32	R17	73	57.15	6.35	8.74	0.8	R18	79.5	60.32	6.35	8.74	0.8
1½	40	R19	82.5	65.07	6.35	8.74	0.8	R20	90.5	68.27	6.35	8.74	0.8
2	50	R22	102	82.55	6.35	8.74	0.8	R23	108	82.55	7.92	11.91	0.8
2½	65	R25	121	101.6	6.35	8.74	0.8	R26	127	101.6	7.92	11.91	0.8
3	80	R29	133	114.3	6.35	8.74	0.8	R31	146	123.82	7.92	11.91	0.8
4	100	R36	171	149.22	6.35	8.74	0.8	R37	175	149.22	7.92	11.91	0.8
5	125	R40	194	171.45	6.35	8.74	0.8	R41	210	180.98	7.92	11.91	0.8
6	150	R43	219	193.68	6.35	8.74	0.8	R45	241	211.12	7.92	11.91	0.8
8	200	R48	273	247.65	6.35	8.74	0.8	R49	302	269.88	7.92	11.91	0.8
10	250	R52	330	304.8	6.35	8.74	0.8	R53	356	323.85	7.92	11.91	0.8
12	300	R56	406	381	6.35	8.74	0.8	R57	413	381	7.92	11.91	0.8
14	350	R59	425	396.88	6.35	8.74	0.8	R61	457	419.1	7.92	11.91	0.8
16	400	R64	483	454.03	6.35	8.74	0.8	R65	508	469.9	7.92	11.91	0.8
18	450	R68	546	517.53	6.35	8.74	0.8	R69	575	533.4	7.92	11.91	0.8
20	500	R72	597	558.8	6.35	8.74	0.8	R73	635	584.2	9.52	13.49	1.5
22	550			—				R77	686	635	11.13	15.09	1.5
24	600	R76	711	673.1	6.35	8.74	0.8	R81	749	692.15	11.13	16.66	1.5

续表

公称通径		PN15.0MPa(Class 900)					PN26.0MPa(Class 1500)				
NPS(in)	DN	环号	d_{min}	P	E	F	R_{max}	环号	d_{min}	P	E	F	R_{max}
1/2	15	R12	60.5	39.67	6.35	8.74	0.8	R12	60.5	39.67	6.35	8.74	0.8
3/4	20	R14	66.5	44.45	6.35	8.74	0.8	R14	66.5	44.45	6.35	8.74	0.8
1	25	R16	71.5	50.8	6.35	8.74	0.8	R16	71.5	50.8	6.35	8.74	0.8
1¼	32	R18	81	60.32	6.35	8.74	0.8	R18	81	60.32	6.35	8.74	0.8
1½	40	R20	92	68.27	6.35	8.74	0.8	R20	92	68.27	6.35	8.74	0.8
2	50	R24	124	95.25	7.92	11.91	0.8	R24	124	95.25	7.92	11.91	0.8
2½	65	R27	137	107.95	7.92	11.91	0.8	R27	137	107.95	7.92	11.91	0.8
3	80	R31	156	123.82	7.92	11.91	0.8	R35	168	136.52	7.92	11.91	0.8
4	100	R37	181	149.22	7.92	11.91	0.8	R39	194	161.92	7.92	11.91	0.8
5	125	R41	216	180.98	7.92	11.91	0.8	R44	229	193.68	7.92	11.91	0.8
6	150	R45	241	211.12	7.92	11.91	0.8	R46	248	211.12	9.52	13.49	1.5
8	200	R49	308	269.88	7.92	11.91	0.8	R50	318	269.88	11.13	16.66	1.5
10	250	R53	362	323.85	7.92	11.91	0.8	R54	371	323.85	11.13	16.66	1.5
12	300	R57	419	381	7.92	11.91	0.8	R58	438	381	14.27	23.01	1.5
14	350	R62	467	419.1	11.13	16.66	1.5	R63	489	419.1	15.88	26.97	2.4
16	400	R66	524	469.9	11.13	16.66	1.5	R67	546	469.9	17.48	30.18	2.4
18	450	R70	594	533.4	12.7	19.84	1.5	R71	613	533.4	17.48	30.18	2.4
20	500	R74	648	584.2	12.7	19.84	1.5	R75	673	584.2	17.48	33.32	2.4
24	600	R78	772	692.15	15.88	26.97	2.4	R79	794	692.15	20.62	36.53	2.4

公称通径		PN42.0MPa(Class 2500)					公称通径		PN42.0MPa(Class 2500)				
1/2	15	R13	65	42.88	6.35	8.74	0.8	3	80	R32	168	127	9.52	13.49	1.5
3/4	20	R16	73	50.8	6.35	8.74	0.8	4	100	R38	203	157.18	11.13	16.66	1.5
1	25	R18	82.5	60.32	6.35	8.74	0.8	5	125	R42	241	190.5	12.7	19.84	1.5
1¼	32	R21	102	72.24	7.92	11.91	0.8	6	150	R47	279	228.6	12.7	19.84	1.5
1½	40	R23	114	82.55	7.92	11.91	0.8	8	200	R51	340	279.4	14.27	23.01	1.5
2	50	R26	133	101.6	7.92	11.91	0.8	10	250	R55	425	342.9	17.48	30.18	2.4
2½	65	R28	149	111.12	9.52	13.49	1.5	12	300	R60	495	406.4	17.48	33.32	2.4

10.3.6 法兰标记

(1) 标记

法兰按下列规定标记：

$\boxed{a}$ 法兰（法兰盖） $\boxed{b}$ $\boxed{c}-\boxed{d}$ $\boxed{e}$ $\boxed{f}$ $\boxed{g}$ $\boxed{h}$

a. 标准号。各种类型管法兰（美洲体系）均以本标准的标准号统一标记：HG 20615。

b. 法兰类型代号。螺纹法兰采用按 GB 7306 规定的锥管螺纹时，标记为"Th(Rc)"。螺纹法兰采用按 GB/T 12716 规定的锥管螺纹时，标记为"Th(NPT)"。

c. 法兰公称通径 DN，mm。

d. 法兰公称压力 PN，MPa。

e. 密封面型式代号。

f. 应由用户提供的钢管壁厚（管表号）。带颈对焊法兰、对焊环松套法兰以及 PN≥

11.0MPa（Class 600）的承插焊法兰应标注钢管壁厚。

g. 材料牌号。

h. 其他。采用与本标准规定不一致的要求或附加要求，如密封面的表面粗糙度等。

（2）标记示例

示例（1） 公称通径1200mm、公称压力2.0MPa的突面大直径钢制管法兰，材料为20钢，钢管壁厚等级Sch40，其标记为：

    HG 20615 法兰 WN 1200-2.0 RF Sch40 20

示例（2） 公称通径300mm、公称压力2.0MPa的全平面带颈平焊钢制管法兰，材料为20钢，其标记为：

    HG 20615 法兰 SO 300-2.0 FF 20

示例（3） 公称通径100mm、公称压力11.0MPa的凸面带颈对焊钢制管法兰，材料为16Mn，钢管壁厚等级Sch80，其标记为：

    HG 20615 法兰 WN 100-11.0 M Sch80 16Mn

示例（4） 公称通径40mm、公称压力5.0MPa的突面承插焊钢制管法兰，材料为304，其标记为：

    HG 20615 法兰 SW 40-5.0 RF 304

示例（5） 公称通径为300mm、公称压力为11.0MPa的环连接面钢制管法兰盖，材料为16Mn，其标记为：

    HG 20615 法兰盖 BL 300-11.0 RJ 16Mn

10.3.7 法兰的压力-温度等级

法兰用材的公称压力和工作温度范围见表10-31。

法兰在工作温度下的最高工作压力额定值见表10-32。

表10-31 管法兰用材的公称压力和工作温度范围

类别	钢号（标准号）	公称压力 P_N/MPa	工作温度/℃
Q235	Q235B(GB 3274)	≤2.0	0～+350
20	20(GB 711)	≤5.0	0～+350
	20R(GB 6654)	≤42.0	>-20～+425(475)
	20(JB 4726)	≤42.0	>-20～+425(475)
16Mn	16MnR(GB 6654)	≤42.0	>-20～+425(475)
	16MnDR(GB 3531)	≤42.0	-40～+350
	16Mn(JB 4726)	≤42.0	>-20～+425(475)
	16MnD(JB 4727)	≤42.0	-40～+350
09Mn	09Mn2VD(JB 4727)、09Mn2VDR(GB 3531)	≤42.0	-50～+350
	09MnNiD(JB 4727)、09MnNiDR(GB 3531)	≤42.0	-70～+350
1Cr-0.5Mo	15CrMoR(GB 6654)	≤42.0	>-20～+550(590)
	15CrMo(JB 4726)		
2¼Cr-1Mo	12Cr2Mo1R(GB 150、GB 6654)	≤42.0	>-20～+575(590)
	12Cr2Mo1(JB 4726)		
5Cr-0.5Mo	1Cr5Mo(JB 4726)	≤42.0	>-20～+600
304	0Cr18Ni9(GB 4237、JB 4728)		-196～+700(800)
316	0Cr17Ni12Mo2(GB 4237、JB 4728)		-196～+700(800)
304L	00Cr19Ni10(GB 4237、JB 4728)	≤42.0	-196～+425
316L	00Cr17Ni14Mo2(GB 4237、JB 4728)		-196～+425
321	0Cr18Ni10Ti(GB 4237、JB 4728)(1Cr18Ni9Ti)		-196～+700(800)

表 10-32 最高工作压力额定值　　　　　MPa

温度/℃	PN2.0 (Class 150)	PN5.0 (Class 300)	PN11.0 (Class 600)	PN15.0 (Class 900)	PN26.0 (Class 1500)	PN42.0 (Class 2500)
≤38	2.0	5.17	10.34	15.52	25.86	43.1
50	1.92	5.17	10.34	15.52	25.86	43.1
100	1.77	5.15	10.31	15.46	25.77	42.95
150	1.58	5.02	10.04	15.06	25.1	41.83
200	1.4	4.88	9.76	14.64	24.30	40.66
250	1.21	4.63	9.27	13.9	23.17	38.61
300	1.02	4.24	8.49	12.73	21.21	35.35
350	0.84	4.02	8.05	12.07	20.12	33.53
375	0.74	3.88	7.76	11.64	19.4	32.34
400	0.65	3.66	7.32	10.98	18.29	30.49
425	0.56	3.51	7.02	10.53	17.55	29.25
450	0.47	3.38	6.76	10.14	16.9	28.17
475	0.37	3.17	6.33	9.5	15.83	26.38
500	0.28	2.78	5.56	8.34	13.9	23.16
525	0.19	2.58	5.16	7.74	12.9	21.49
550	0.13①	2.5	4.99	7.49	12.48	20.8
575		2.41	4.82	7.23	12.05	20.08
600		2.14	4.29	6.43	10.72	17.86
625		1.83	3.65	5.48	9.13	15.21
650		1.41	2.82	4.24	7.06	11.77
675		1.26	2.53	3.79	6.32	10.53
700		0.99	1.99	2.98	4.97	8.29
725		0.77	1.54	2.31	3.85	6.42
750		0.59	1.1	1.76	2.94	4.9
775		0.46	0.91	1.37	2.28	3.8
800		0.35	0.7	1.05	1.75	2.92

① PN2.0MPa（Class 150）的最高额定工作压力值为540℃时的值。

注：各种材料的法兰在不同温度下的最高无冲击工作压力可查阅 HG 20625—1997。

10.3.8 法兰垫片、紧固件选用

见表 10-33 至表 10-35。

表 10-33 美洲体系管法兰垫片、紧固件选用表

垫片型式	使用压力 PN/MPa	密封面型式①	密封面表面粗糙度	法兰型式	垫片最高使用温度/℃
橡胶垫片⑤	2.0	突面、全平面	密纹水线或 R_a6.3～12.5	各种型式	200
石棉橡胶板垫片⑥	2.0	突面、全平面	密纹水线或 R_a6.3～12.5	各种型式	300
合成纤维橡胶垫片	2.0～5.0	突面、凹凸面、榫槽面、全平面	密纹水线或 R_a6.3～12.5	各种型式	290
聚四氟乙烯垫片（改性或填充）	2.0～5.0	突面、凹凸面、榫槽面、全平面	密纹水线或 R_a6.3～12.5	各种型式	260
柔性石墨复合垫	2.0～11.0	突面、凹凸面、榫槽面	密纹水线或 R_a6.3～12.5	各种型式	650(450)
聚四氟乙烯包覆垫	2.0～5.0	突面	密纹水线或 R_a6.3～12.5	各种型式	150(200)
缠绕垫	2.0～26.0	突面、凹凸面、榫槽面	R_a3.2～6.3	带颈平焊法兰 带颈对焊法兰 整体法兰 承插焊法兰 对焊环松套法兰 法兰盖	650

续表

垫片型式	使用压力 PN/MPa	密封面型式①	密封面表面粗糙度	法兰型式	垫片最高使用温度/℃
金属包覆垫	5.0～15.0	突面	R_a1.6～3.2(碳钢) R_a0.8～1.6(不锈钢)	带颈对焊法兰 整体法兰 法兰盖	500
齿形组合垫	5.0～42.0	突面	R_a3.2～6.3	带颈平焊法兰 带颈对焊法兰 整体法兰 承插焊法兰 法兰盖	650
金属环垫	11.0～42.0	环连接面	R_a0.8～1.6(碳钢、铬钼钢) R_a0.4～0.8(不锈钢)	带颈对焊法兰 整体法兰 承插焊法兰 法兰盖	600

垫片型式	紧固件型式	紧固件性能等级或材料牌号②③④				
		200℃	250℃	300℃	500℃	550℃
橡胶垫片⑤	六角螺栓 双头螺柱 全螺纹螺柱	8.8级 35CrMoA 25Cr2MoVA				
石棉橡胶板垫片⑥	六角螺栓 双头螺柱 全螺纹螺柱		8.8级 35CrMoA 25Cr2MoVA	35CrMoA 25Cr2MoVA		
合成纤维橡胶垫片	六角螺栓 双头螺柱 全螺纹螺柱		8.8级 35CrMoA 25Cr2MoVA	35CrMoA 25Cr2MoVA		
聚四氟乙烯垫片(改性或填充)	六角螺栓 双头螺柱 全螺纹螺柱		8.8级 35CrMoA 25Cr2MoVA	35CrMoA 25Cr2MoVA		
柔性石墨复合垫	六角螺栓 双头螺柱 全螺纹螺柱		8.8级 35CrMoA 25Cr2MoVA		35CrMoA 25Cr2MoVA	25Cr2MoVA
聚四氟乙烯包覆垫	六角螺栓 双头螺柱 全螺纹螺柱	8.8级 35CrMoA 25Cr2MoVA				
缠绕垫	双头螺柱 全螺纹螺柱				35CrMoA 25Cr2MoVA	25Cr2MoVA
金属包覆垫	双头螺柱 全螺纹螺柱				35CrMoA 25Cr2MoVA	
齿形组合垫	双头螺柱 全螺纹螺柱				35CrMoA 25Cr2MoVA	25Cr2MoVA
金属环垫	双头螺柱 全螺纹螺柱				35CrMoA 25Cr2MoVA	25Cr2MoVA

① 凹凸面、榫槽面仅用于 $PN \geq 5.0$ MPa (Class 300)、DN15～600mm 的整体法兰、带颈对焊法兰、带颈平焊法兰、承插焊法兰和法兰盖。

② 表列紧固件使用温度系指紧固件的金属温度。

③ 表列螺栓、螺柱材料可使用在比表列温度低的温度范围（不低于－20℃），但不宜使用在比表列温度高的温度范围。

④ 表列紧固件材料，除 35CrMoA 外，使用温度下限为－20℃，35CrMoA 使用温度低于－20℃时，应进行低温夏比冲击试验，最低使用温度－100℃。

⑤ 各种天然橡胶及合成橡胶使用温度范围不同，详见 HG 20627。

⑥ 石棉橡胶板的 $pt \leq 650$MPa·℃。

表 10-34　美洲体系管法兰紧固件使用压力和温度范围

螺栓、螺柱的型式	性能等级	产品等级	规格	公称压力 PN/MPa(Class)	使用温度/℃
六角头螺栓 (GB 5782)	8.8级	A级和B级	M14~M33	≤2.0 (Class150)	>-20~+250
	A2-50		M14~M33		-196~+500
	A2-70		M36×3~M90×3		-196~+100
双头螺柱 (HG 20634)	35CrMoA		M14~M33	≤11.0 (Class 600)	-100~+500
	25Cr2MoVA		M36×3~M90×3		>-20~+550
	0Cr18Ni9				-196~+600
	0Cr17Ni12Mo2				-196~+600
全螺纹螺柱 (HG 20634)	35CrMoA		M14~M33	≤42.0 (Class 2500)	-100~+500
	25Cr2MoVA		M36×3~M90×3		>-20~+550
	0Cr18Ni9				-196~+600
	0Cr17Ni12Mo2				-196~+600

表 10-35　美洲体系管法兰六角螺栓、螺柱与螺母的配用

六角螺栓、螺柱		螺母		公称压力 PN/MPa(bar)	工作温度/℃
型式及产品等级（标准号）	性能等级或材料牌号	型式及产品等级（标准号）	性能等级或材料牌号		
六角螺栓A级和B级 (GB 5782)	8.8级	1型六角螺母A级和B级 (GB 6170)	10级	≤2.0 (Class 150)	>-20~+250
	A2-50		A2-50		-196~+500
	A2-70		A2-70		-196~+100
双头螺柱B级 (HG 20634)	35CrMoA	管法兰专用螺母 (HG 20634)	30CrMo	≤11.0 (Class 600)	-100~+500
	25Cr2MoVA		30CrMo		>-20~+550
	0Cr18Ni9		0Cr18Ni9		-196~+600
	0Cr17Ni12Mo2		0Cr17Ni12Mo2		-196~+600
全螺纹螺柱B级 (HG 20634)	35CrMoA	管法兰专用螺母 (HG 20634)	30CrMo	≤42.0 (Class 2500)	-100~+500
	25Cr2MoVA				>-20~+550
	0Cr18Ni9		0Cr18Ni9		-196~+600
	0Cr17Ni12Mo2		0Cr17Ni12Mo2		

规格：M14~M33，M36×3~M90×3

10.4 常用螺纹

10.4.1 普通螺纹（GB 193—81）

（1）普通公制螺纹的直径与螺距系列（表10-36）

表10-36 普通公制螺纹的直径与螺距系列　　　　　mm

公称直径 D、d			螺距 P									
第一系列	第二系列	第三系列	粗牙	细牙								
				4	3	2	1.5	1.25	1	0.75	0.5	0.35	0.25	0.2
1			0.25											0.2
	1.1		0.25											0.2
1.2			0.25											0.2
	1.4		0.3											0.2
1.6			0.35											0.2
	1.8		0.35											0.2
2			0.4										0.25	
	2.2		0.45										0.25	
2.5			0.45									0.35		
3			0.5									0.35		
	3.5		(0.6)									0.35		
4			0.7								0.5			
	4.5		(0.75)								0.5			
5			0.8								0.5			
		5.5									0.5			
6			1							0.75	0.5			
		7	1							0.75	0.5			
8			1.25						1	0.75	0.5			
		9	(1.25)						1	0.75	0.5			
10			1.5					1.25	1	0.75	0.5			
		11	(1.5)						1	0.75	0.5			
12			1.75				1.5	1.25	1	0.75	0.5			
	14		2				1.5	1.25*	1	0.75	0.5			
		15					1.5		(1)					
16			2				1.5		1	0.75	0.5			
		17					1.5	1.5	(1)					
	18		2.5			2	1.5		1	0.75	0.5			
20			2.5			2	1.5		1	0.75	0.5			
	22		2.5			2	1.5		1	0.75	0.5			
24			3			2	1.5		1	0.75				
		25				2	1.5		(1)					
		26					1.5							
	27		3			2	1.5		1	0.75				
		28				2	1.5		1					
30			3.5		(3)	2	1.5		1	0.75				
		32				2	1.5							
	33		3.5		(3)	2	1.5		1	0.75				
		35**					1.5							
36			4		3	2	1.5		1					
		38					1.5							
	39		4		3	2	1.5		1					
		40			(3)	(2)	1.5							
42			4.5	(4)	3	2	1.5		1					
	45		4.5	(4)	3	2	1.5		1					
48			5	(4)	3	2	1.5		1					
		50			(3)	(2)	1.5							
	52		5	(4)	3	2	1.5		1					
		55		(4)	(3)	2	1.5							
56			5.5	4	3	2	1.5		1					
		58		(4)	(3)	2	1.5							
		60	(5.5)	4	3	2	1.5		1					

注：1. 螺纹直径应优先选用第一系列，其次是第二系列，第三系列尽可能不用。

2. 表中粗黑线右下方的螺距和括号内的螺距应尽可能不用。

(2) 螺纹标记

① 粗牙普通螺纹用字母"M"及"公称直径"表示。

② 细牙普通螺纹用字母"M"及"公称直径×螺距"表示。

③ 当螺纹为左旋时，在螺纹代号之后加"左"字。例如：

M24　表示公称直径为24mm的粗牙普通螺纹；

M24×1.5　表示公称直径为24mm，螺距为1.5mm的细牙普通螺纹；

M24×1.5 左　表示公称直径为24mm，螺距为1.5mm，方向为左旋的细牙普通螺纹。

10.4.2　55°非密封管螺纹（圆柱管螺纹）（GB 7307—2001，ISO 228/1—1994）

圆柱管螺纹在英美国家简称BSPP螺纹、直形螺纹。

(1) 圆柱管螺纹的尺寸和螺距系列（表10-37）

表10-37　圆柱管螺纹的尺寸和螺距系列

尺寸代号	每25.4mm 内的牙数 n	螺距 P/mm	牙高 h/mm	尺寸代号	每25.4mm 内的牙数 n	螺距 P/mm	牙高 h/mm
1/16	28	0.907	0.581	1¾	11	2.309	1.479
1/8	28	0.907	0.581	2	11	2.309	1.479
1/4	19	1.337	0.856	2¼	11	2.309	1.479
3/8	19	1.337	0.856	2½	11	2.309	1.479
1/2	14	1.814	1.162	2¾	11	2.309	1.479
5/8	14	1.814	1.162	3	11	2.309	1.479
3/4	14	1.814	1.162	3½	11	2.309	1.479
7/8	14	1.814	1.162	4	11	2.309	1.479
1	11	2.309	1.479	4½	11	2.309	1.479
1⅛	11	2.309	1.479	5	11	2.309	1.479
1¼	11	2.309	1.479	5½	11	2.309	1.479
1½	11	2.309	1.479	6	11	2.309	1.479

(2) 螺纹标记

① 圆柱管螺纹的标记由螺纹特征代号、尺寸代号和公差等级代号组成。

螺纹特征代号用字母G表示。

螺纹尺寸代号按表10-37中的第一栏标记。

螺纹公差等级代号：对外螺纹分A、B两级标记；对内螺纹则不标记。

1½螺纹的标记示例如下：

　　内螺纹 G1½

　　A级外螺纹 G1½A

　　B级外螺纹 G1½B

② 当螺纹为左旋时，在公差等级代号后加注"LH"。例如：

　　G1½-LH；G1½A-LH

③ 内、外螺纹装配在一起时，内、外螺纹的标记用斜线分开，左边表示内螺纹，右边表示外螺纹。例如：

　　右旋螺纹　G1½/G1½A；G1½/G1½B

左旋螺纹　G1½/G1½A-LH

10.4.3　55°密封管螺纹（圆锥管螺纹）（GB/T 7306—2000，ISO 7/1—1994）

55°圆锥管螺纹在英美国家简称 BSPT 螺纹，锥形螺纹。

(1) 55°圆锥管螺纹的尺寸和螺距系列（表10-38）

表10-38　55°圆锥管螺纹的尺寸和螺距系列

尺寸代号	每25.4mm内的牙数 n	螺距 P/mm	牙高 h/mm	尺寸代号	每25.4mm内的牙数 n	螺距 P/mm	牙高 h/mm
1/16	28	0.907	0.581	1½	11	2.309	1.479
1/8	28	0.907	0.581	2	11	2.309	1.479
1/4	19	1.337	0.856	2½	11	2.309	1.479
3/8	19	1.337	0.856	3	11	2.309	1.479
1/2	14	1.814	1.162	3½	11	2.309	1.479
3/4	14	1.814	1.162	4	11	2.309	1.479
1	11	2.309	1.479	5	11	2.309	1.479
1¼	11	2.309	1.479	6	11	2.309	1.479

(2) 螺纹标记

① 管螺纹的标记由螺纹特征代号和尺寸代号组成。

螺纹特征代号：

R_c——表示圆锥内螺纹；

R_p——表示圆柱内螺纹；

R_1——表示与 R_p 配合的圆锥外螺纹；

R_2——表示与 R_c 配合的圆锥外螺纹。

螺纹的尺寸代号见表10-38第一栏。

3/4″螺纹的标记示例如下：

圆锥内螺纹　R_c3/4

圆柱内螺纹　R_p3/4

圆锥外螺纹　$R_1$3/4 或 $R_2$3/4

② 当螺纹为左旋时，在尺寸代号后加注"LH"。例如：

R3/4-LH

③ 内、外螺纹装配在一起时，内、外螺纹的标记用斜线分开，左边表示内螺纹，右边表示外螺纹。其标记示例如下：

圆锥内螺纹与圆锥外螺纹的配合　R_c3/4/$R_2$3/4

圆柱内螺纹与圆锥外螺纹的配合　R_p3/4/$R_1$3/4

左旋圆锥内螺纹与圆锥外螺纹的配合　R_c3/4/$R_1$3/4-LH

10.4.4　60°密封管螺纹（NPT 螺纹）（GB/T 12716—2002，ASME B1.20.1—1992）

见表10-39。

表 10-39　NPT 螺纹的尺寸系列

螺纹的尺寸代号	每 25.4mm 内的螺纹牙数 n	螺纹的尺寸代号	每 25.4mm 内的螺纹牙数 n	螺纹的尺寸代号	每 25.4mm 内的螺纹牙数 n	螺纹的尺寸代号	每 25.4mm 内的螺纹牙数 n
1/16	27	1/2	14	1½	11.5	3½	8
1/8	27	3/4	14	2	11.5	4	8
1/4	18	1	11.5	2½	8	5	8
3/8	18	1¼	11.5	3	8	6	8

螺纹标记

① 管螺纹的标记由螺纹特征代号和螺纹尺寸代号组成。对左旋螺纹，其后加注"LH"（右旋螺纹不标）。

② 60°圆锥管螺纹的螺纹特征代号为 NPT。

③ 标记示例：

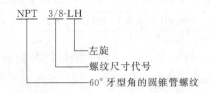

10.4.5　管子螺纹连接时的啮合长度（见表 10-40）

表 10-40　管子螺纹连接时的啮合长度

（为取得紧密连接的管道上的螺纹长度）

公称管道口径/英寸	尺寸 A/英寸	公称管道口径/英寸	尺寸 A/英寸
1/8	0.27	1½	0.68
1/4	0.39	2	0.70
3/8	0.41	2½	0.93
1/2	0.53	3	1.02
3/4	0.55	4	1.09
1	0.66	5	1.19
1¼	0.68	6	1.21

注：根据 ASME B1.20.1—1992 标准，尺寸 A 为 L_1（用手旋紧的接合）和 L_3（扳手旋合的内部螺纹长度）之和。

第11章 电线、电缆、补偿导线

11.1 电线电缆型号编制及其字母含义

电线电缆产品型号一般由7个部分组成,其组成依照下列规律编制:

类别、用途	导体	绝缘	护层	特征	外护层	-派生
1	2	3	4	5	6	7

其中1~5项以汉语拼音字母表示,6、7项一般以阿拉伯数字表示。自第2项到第7项从结构上是按由内向外顺序标出。

表11-1列出的是常见部分产品型号内字母含义。每一产品不一定包括表中所有内容,只表达其主要特性。常用的材料代号(如铜T、橡皮X等)可以省略。有些企业标准级的产品以及一些尚未形成系列的产品,没有完全按统一的规定命名。

表11-1 电线电缆产品型号字母含义

	类别、用途	导体	绝缘	护层	特征	外护层	派生
	1	2	3	4	5	6	7
电气装备用电线电缆	A—安装线 B—绝缘线 C—船用电缆 F—飞机用线 G—高压电线 J—电机引接线 K—控制电缆 N—农用电缆 Q—汽车用线 R—软线 U—矿用 W—地球物理工作用 X—X射线引用 RS—电阻温度计用耐热线 SB—无线电装置用线	G—铁芯 L—铝芯 J—钢芯 T—铜芯 (一般省略)	B—棉纱、玻璃丝编织 F—氟塑料 K—卡普龙 M—棉纱 Q—漆 S—丝 V—聚氯乙烯塑料 X—橡皮 XD—丁基橡胶 Y—聚乙烯塑料 XY—交联聚烯塑料	F—复合物 H—橡皮套 HD—耐寒 HF—非燃 HQ—丁腈 HS—防水 HY—耐油 N—尼龙 Q—铅包 V—聚氯乙烯塑料护套 Y—聚乙烯塑料护套 P—屏蔽型 P_2—铜带屏蔽型	B—扁型;平型 S—绞型 C—重型 Z—中型;直流 Q—轻型 E—双层 J—交流 T—耐热 H—H级(引接线) Y—Y级(引接线)	02—聚氯乙烯套 03—聚乙烯套 20—裸钢带铠装 22—钢带铠装聚氯乙烯套 23—钢带铠装聚乙烯套 30—裸细圆钢丝铠装 40—裸粗圆钢丝铠装	1—第一种 2—第二种 0.3—拉断力0.3t 50~150—额定电压,kV 105—耐热105℃

举例:1. KYV——铜芯聚乙烯绝缘聚氯乙烯护套控制电缆。

2. KVVRP——铜芯聚氯乙烯绝缘聚氯乙烯护套屏蔽型软控制电缆。

3. BLV-105——铝芯耐热105℃聚氯乙烯塑料绝缘电线。

11.2 聚氯乙烯绝缘电线

该产品供交流额定电压500V及以下或直流电压1000V及以下的电器装置、电工仪器仪表、电信设备、动力及照明线路固定敷设用。但截面在0.5mm²及以下者仅用在交流250V

或直流 500V 及以下的电器设备内部接线。

(1) 型号、名称及使用范围（表 11-2）

表 11-2 聚氯乙烯绝缘电线型号、名称及使用范围

型号	名 称	使用范围	型 号	名 称	使用范围
BV	铜芯聚氯乙烯绝缘电线	可明敷或暗敷，护套线可直接埋地，线芯长期允许工作温度不超过65℃，安装温度不低于−15℃	BVR	铜芯聚氯乙烯软电线	安装要求柔软时用
BLV	铝芯聚氯乙烯绝缘电线				
BVV	铜芯聚氯乙烯绝缘聚氯乙烯护套电线		BV-105	铜芯耐热105℃聚氯乙烯绝缘电线	用于高温场所（线芯长期允许工作温度不超过105℃）
BLVV	铝芯聚氯乙烯绝缘聚氯乙烯护套电线		BLV-105	铝芯耐热105℃聚氯乙烯绝缘电线	

(2) 主要数据（表 11-3 至表 11-5）

表 11-3 BV、BV-105、BLV、BLV-105 型 1 芯及 2 芯平型电线主要数据

标称截面 /mm²	线芯结构 根数/线径 /mm	电线最大外径 /mm		参考质量/(kg/km)			
				BV、BV-105		BLV、BLV-105	
		1 芯	2 芯平型	1 芯	2 芯平型	1 芯	2 芯平型
0.03	1/0.20	0.8	0.8×1.6	0.77	1.54		
0.06	1/0.30	1.0	1.0×2.0	1.41	2.84		
0.12	1/0.40	1.1	1.1×2.2	2.1	4.2		
0.2	1/0.50	1.4	1.4×2.8	3.4	6.9		
0.3	1/0.60	1.5	1.5×3.0	4.4	8.8		
0.4	1/0.70	1.7	1.7×3.4	6.4	10.9		
0.5	1/0.80	2.0	2.0×4.0	7.4	15.0		
0.75	1/0.97	2.4	2.4×4.8	10.2	20.7		
1	1/1.13	2.6	2.6×5.2	13.7	27.6		
1.5	1/1.37	3.3	3.3×6.6	21.0	42.5	11.5	23
2.5	1/1.76	3.7	3.7×7.4	30.9	62.4	15.5	31
4	1/2.24	4.2	4.2×8.4	46.2	93.0	21.3	42.6
6	1/2.73	4.8	4.8×9.6	65.4	131.6	28.2	56.4
10	7/1.33	6.6	6.6×13.2	114.2	229.6	51.9	103.8
16	7/1.70	7.8	—	173.4		75.9	

表 11-4 BV、BV-105 型 2 芯及 3 芯绞型电线主要数据

标称截面 /mm²	线芯结构 根数/线径 /mm	电线最大外径 /mm		参考质量 /(kg/km)		标称截面 /mm²	线芯结构 根数/线径 /mm	电线最大外径 /mm		参考质量 /(kg/km)	
		2 芯	3 芯	2 芯	3 芯			2 芯	3 芯	2 芯	3 芯
0.3	1/0.20	1.6	1.7	1.5	2.3	0.3	1/0.60	3.0	3.3	9.0	13.5
0.06	1/0.30	2.0	2.1	2.8	4.3	0.4	1/0.70	3.4	3.6	11.1	16.7
0.12	1/0.40	2.2	2.4	4.3	6.4	0.5	1/0.80	4.0	4.3	15.2	22.8
0.2	1/0.50	2.9	3.1	7.0	10.5	0.75	1/0.97	4.8	5.1	21.1	31.5

表 11-5 BVR 型电线主要数据

标称截面 /mm²	线芯结构 根数/线径 /mm	电线最大外径 /mm	参考质量 /(kg/km)	标称截面 /mm²	线芯结构 根数/线径 /mm	电线最大外径 /mm	参考质量 /(kg/km)
0.75	7/0.37	2.5	4.4	4	19/0.52	4.6	12.6
1	7/0.43	2.7	5.1	6	19/0.64	5.3	14.3
1.5	7/0.52	3.5	8.4	10	49/0.52	7.4	28.3
2.5	19/0.41	4.0	10.4	16	49/0.64	8.5	35.0

11.3 聚氯乙烯绝缘软电线

该产品供交流额定电压250V及以下或直流电压500V及以下的各种电器、仪表、电信设备、自动化装置等安装接线用。但截面在0.06mm^{2}及以下者仅用在低电压设备内部的接线。

(1) 型号、名称及使用范围（表11-6）

表11-6 聚氯乙烯绝缘软电线型号、名称及使用范围

型号	名称	使用范围	型号	名称	使用范围
RV	铜芯聚氯乙烯绝缘软线	线芯长期允许工作温度不超过65℃ 安装温度不低于−15℃	RV-105	铜芯耐热聚氯乙烯绝缘软线	高温环境用,线芯长期允许温度不超过+105℃
RVB	铜芯聚氯乙烯绝缘平型软线				
RVS	铜芯聚氯乙烯绝缘绞型软线		RVV	铜芯聚氯乙烯绝缘聚氯乙烯护套软线	用RV,用于交流500V及以下或直流1000V及以下

(2) 主要数据（表11-7和表11-8）

表11-7 RV、RV-105型软线主要数据

标称截面/mm^2	线芯结构 根数/线径/mm	电线最大外径/mm	参考质量/(kg/km)	标称截面/mm^2	线芯结构 根数/线径/mm	电线最大外径/mm	参考质量/(kg/km)
0.012	7/0.05	0.7	0.65	0.75	42/0.15	2.7	11.8
0.03	7/0.07	0.9	1.0	1	32/0.20	2.9	14.6
0.06	7/0.10	1.2	1.8	1.5	48/0.20	3.2	20.0
0.12	7/0.15	1.4	2.6	2	64/0.20	4.1	28.6
0.2	12/0.15	1.6	3.8	2.5	77/0.20	4.5	35.1
0.3	16/0.15	1.9	5.3	4	77/0.26	5.3	52.9
0.4	23/0.15	2.1	6.8	6	77/0.32	6.7	77.6
0.5	28/0.15	2.2	8.0				

表11-8 RVS、RVB型2芯平型和绞型软线主要数据

标称截面/mm^2	线芯结构 芯数×根数/线径/mm	电线最大外径/mm		参考质量/(kg/km)		标称截面/mm^2	线芯结构 芯数×根数/线径/mm	电线最大外径/mm		参考质量/(kg/km)	
		RVB型	RVS型	RVB型	RVS型			RVB型	RVS型	RVB型	RVS型
0.12	2×7/0.15	1.6×3.2	3.2	6.4	6.8	0.75	2×42/0.15	2.9×5.8	5.8	25.9	26.9
0.2	2×12/0.15	2.0×4.0	4.0	10.5	10.8	1	2×32/0.20	3.1×6.2	6.2	31.7	33.0
0.3	2×16/0.15	2.1×4.2	4.2	12.3	12.4	1.5	2×48/0.20	3.4×6.8	6.8	42.9	44.7
0.4	2×23/0.15	2.3×4.6	4.6	15.6	16.1	2	2×64/0.20	4.1×8.2	8.2	57.5	59.9
0.5	2×28/0.15	2.4×4.8	4.8	17.5	18.6	2.5	2×77/0.20	4.5×9.0	9.0	70.4	73.3

11.4 聚氯乙烯绝缘和护套控制电缆

(1) 使用特性

① 额定电压U_0/U为450V/750V。

注：U_0——任一主绝缘导体和"地"（金属屏蔽、金属套或周围介质）之间的电压有效值。

U——多芯或单芯电缆（电线）系统任一两相导体之间的电压有效值。

② 电缆导体的长期允许工作温度为70℃。

③ 电缆的敷设温度应不低于0℃。

④ 推荐的允许弯曲半径：

无铠装层的电缆，应不小于电缆外径的6倍；

有铠装或铜带屏蔽结构的电缆，应不小于电缆外径的12倍；

有屏蔽层结构的软电缆，应不小于电缆外径的6倍。

(2) 型号、名称及使用范围（表11-9）

表11-9 电缆型号、名称及使用范围

型号	名称	主要使用范围
KVV	铜芯聚氯乙烯绝缘聚氯乙烯护套控制电缆	敷设在室内、电缆沟、管道固定场合
KVVP	铜芯聚氯乙烯绝缘聚氯乙烯护套编织屏蔽控制电缆	敷设在室内、电缆沟、管道等要求屏蔽的固定场合
$KVVP_2$	铜芯聚氯乙烯绝缘聚氯乙烯护套铜带屏蔽控制电缆	敷设在室内、电缆沟、管道等要求屏蔽的固定场合
KVV_{22}	铜芯聚氯乙烯绝缘聚氯乙烯护套钢带铠装控制电缆	敷设在室内、电缆沟、管道、直埋等能承受较大机械外力等固定场合
KVV_{32}	铜芯聚氯乙烯绝缘聚氯乙烯护套细钢丝铠装控制电缆	敷设在室内、电缆沟、管道、竖井等能承受较大机械拉力等固定场合
KVVR	铜芯聚氯乙烯绝缘聚氯乙烯护套控制软电缆	敷设在室内移动要求柔软等场合
KVVRP	铜芯聚氯乙烯绝缘聚氯乙烯护套编织屏蔽控制软电缆	敷设在室内移动要求柔软、屏蔽等场合

(3) 规格（表11-10）

表11-10 聚氯乙烯绝缘和护套控制电缆规格

型号	额定电压/V	导体标称截面/mm²							
		0.5	0.75	1.0	1.5	2.5	4	6	10
		芯数							
KVV	450/750	—	2～61				2～14		2～10
KVVP		—	2～61				2～14		2～10
$KVVP_2$		—	4～61				4～14		4～10
KVV_{22}		—	7～61			4～61	4～14		4～10
KVV_{32}			19～61		7～61		4～14		4～10
KVVR		1～61					—		—
KVVRP		4～61			4～48		—		—

注：推荐的芯数系列为：2、3、4、5、7、8、10、12、14、16、19、24、27、30、37、44、48、52和61芯。

(4) 导体结构（表11-11）

表11-11 聚氯乙烯绝缘和护套控制电缆导体结构

标称截面/mm²	导体结构		20℃时导体电阻/(Ω/km)不大于		标称截面/mm²	导体结构		20℃时导体电阻/(Ω/km)不大于	
	种类	根数/单线标称直径/mm	不镀锡	镀锡		种类	根数/单线标称直径/mm	不镀锡	镀锡
0.5	3	16/0.20	39.0	40.1	1.5	3	30/0.25	13.3	13.7
0.75	1	1/0.97	24.5	24.8	2.5	1	1/1.78	7.41	7.56
0.75	2	7/0.37	24.5	24.8	2.5	2	7/0.68	7.41	7.56
0.75	3	24/0.20	26.0	26.7	2.5	3	50/0.25	7.98	8.21
1.0	1	1/1.13	18.1	18.2	4	1	1/2.25	4.61	4.70
1.0	2	7/0.43	18.1	18.2	4	2	7/0.85	4.61	4.70
1.0	3	32/0.20	19.5	20.0	6	1	1/2.76	3.08	3.11
1.5	1	1/1.38	12.1	12.2	6	2	7/1.04	3.08	3.11
1.5	2	7/0.52	12.1	12.2	10	2	7/1.35	1.83	1.84

(5) 表示方法

① 产品用型号、规格及标准编号表示。

② 同一品种采用规定的不同导体结构时，较硬导体用（A）表示，较软导体用（B）表示，在规格后标明。

③ 电缆中的绿/黄双色绝缘线芯应与其他线芯分别表示。

绿/黄双色线芯——电缆中的接地线芯或类似保护目的用线芯。

其他线芯识别：

5芯以下电缆，一般用颜色识别：浅蓝色——中性线芯；黑色、棕色等——主线芯。

5芯以上电缆，一般用数字识别（绝缘色为黑色，数字为白色）；0——中性线芯；1、2、3…——主线芯。

④ 举例

a. 铜芯聚氯乙烯绝缘、聚氯乙烯护套控制电缆，固定敷设用，额定电压450/750V，24芯，1.5mm^2，有绿/黄双色绝缘线芯，表示为：

较硬导体结构者

$$KVV-450/750 23\times1.5(A)+1\times1.5 GB\ 9330.2-88$$

较软导体结构者

$$KVV-450/750 23\times1.5(B)+1\times1.5 GB9330.2-88$$

b. 铜芯聚氯乙烯绝缘聚氯乙烯护套铜带屏蔽控制电缆，固定敷设用，额定电压450/750V，24芯，1.5mm^2，铜带屏蔽，无绿/黄双色绝缘线芯，表示为：

$$KVVP_2-450/750 24\times1.5 GB\ 9330.2-88$$

c. 铜芯聚氯乙烯绝缘聚氯乙烯护套编织屏蔽控制软电缆，移动场合用，额定电压450/750V，24芯，1.0mm^2，编织屏蔽，无绿/黄双色绝缘线芯，表示为：

$$KVVRP-450/750 24\times1.0 GB\ 9330.2-88$$

(6) 电缆结构及外形尺寸 见表11-12至表11-14。

这里仅介绍KVVP、KVVP$_2$、KVVRP型，其他从略。

表11-12 KVVP型450/750V铜芯聚氯乙烯绝缘聚氯乙烯护套编织屏蔽控制电缆

芯数×标称截面 /mm^2	导体种类	绝缘标称厚度 /mm	屏蔽单线标称直径 /mm	护套标称厚度 /mm	平均外径/mm		70℃最小绝缘电阻 /(MΩ·km)
					下限	上限	
2×0.75	2	0.6	0.15	1.2	7.8	9.8	0.014
2×1.0	2	0.6	0.15	1.2	8.2	10.5	0.013
2×1.5	2	0.7	0.15	1.2	9.2	11.5	0.010
2×2.5	2	0.8	0.15	1.2	10.0	12.5	0.009
2×4	2	0.8	0.20	1.5	11.5	14.5	0.0077
2×6	2	0.8	0.20	1.5	13.0	16.0	0.0065
2×10	2	1.0	0.20	1.5	15.5	19.0	0.0065
3×0.75	2	0.6	0.15	1.2	8.2	10.5	0.014
3×1.0	2	0.6	0.15	1.2	8.6	10.5	0.013
3×1.5	2	0.7	0.15	1.2	9.6	12.0	0.010
3×2.5	2	0.8	0.15	1.2	10.5	13.5	0.009
3×4	2	0.8	0.20	1.5	12.5	15.5	0.0077
3×6	2	0.8	0.20	1.5	13.5	17.0	0.0065
3×10	2	1.0	0.20	1.5	16.5	20.0	0.0065
4×0.75	2	0.6	0.15	1.2	8.8	11.0	0.014
4×1.0	2	0.6	0.15	1.2	9.2	11.5	0.013
4×1.5	2	0.7	0.15	1.2	10.0	12.5	0.010
4×2.5	2	0.8	0.15	1.2	12.5	15.0	0.009
4×4	2	0.8	0.20	1.5	13.5	16.5	0.0077

续表

芯数×标称截面 /mm²	导体种类	绝缘标称厚度 /mm	屏蔽单线标称直径 /mm	护套标称厚度 /mm	平均外径/mm		70℃ 最小绝缘电阻 /(MΩ·km)
					下限	上限	
4×6	2	0.8	0.20	1.5	15.0	18.0	0.0065
4×10	2	1.0	0.20	1.7	18.0	22.0	0.0065
5×0.75	2	0.6	0.15	1.2	9.4	11.5	0.014
5×1.0	2	0.6	0.15	1.2	9.8	12.0	0.013
5×1.5	2	0.7	0.15	1.2	11.0	13.5	0.010
5×2.5	2	0.8	0.20	1.5	13.5	16.5	0.009
5×4	2	0.8	0.20	1.5	14.5	18.0	0.0077
5×6	2	0.8	0.20	1.5	16.0	19.5	0.0065
5×10	2	1.0	0.20	1.7	19.5	24.0	0.0065
7×0.75	2	0.6	0.15	1.2	10.0	12.5	0.014
7×1.0	2	0.6	0.15	1.2	10.5	13.0	0.013
7×1.5	2	0.7	0.15	1.5	12.5	15.0	0.010
7×2.5	2	0.8	0.20	1.5	14.5	17.5	0.009
7×4	2	0.8	0.20	1.5	15.5	19.0	0.0077
7×6	2	0.8	0.20	1.5	17.5	21.0	0.0065
7×10	2	1.0	0.20	1.7	21.5	26.0	0.0065
8×0.75	2	0.6	0.15	1.2	11.0	13.5	0.014
8×1.0	2	0.6	0.15	1.5	12.0	15.0	0.013
8×1.5	2	0.7	0.15	1.5	14.0	17.0	0.010
8×2.5	2	0.8	0.20	1.5	16.0	19.0	0.009
8×4	2	0.8	0.20	1.7	18.0	21.5	0.0077
8×6	2	0.8	0.20	1.7	19.5	24.0	0.0065
8×10	2	1.0	0.20	1.7	24.0	29.0	0.0065
10×0.75	2	0.6	0.20	1.5	13.0	16.0	0.014
10×1.0	2	0.6	0.20	1.5	13.5	16.5	0.013
10×1.5	2	0.7	0.20	1.5	15.5	18.5	0.010
10×2.5	2	0.8	0.20	1.5	17.5	21.0	0.009
10×4	2	0.8	0.20	1.7	20.0	24.0	0.0077
10×6	2	0.8	0.25	1.7	22.5	27.0	0.0065
10×10	2	1.0	0.25	1.7	27.0	32.5	0.0065
12×0.75	2	0.6	0.20	1.5	13.0	16.0	0.014
12×1.0	2	0.6	0.20	1.5	14.0	17.0	0.013
12×1.5	2	0.7	0.20	1.5	16.0	19.0	0.010
12×2.5	2	0.8	0.20	1.7	18.5	22.5	0.009
12×4	2	0.8	0.20	1.7	20.5	25.0	0.0077
12×6	2	0.8	0.25	1.7	23.0	27.5	0.0065
14×0.75	2	0.6	0.20	1.5	14.0	17.0	0.014
14×1.0	2	0.6	0.20	1.5	14.5	17.5	0.013
14×1.5	2	0.7	0.20	1.5	16.5	20.0	0.010
14×2.5	2	0.8	0.20	1.7	19.5	23.5	0.009
14×4	2	0.8	0.20	1.7	21.5	26.0	0.0077
14×6	2	0.8	0.25	1.7	24.0	29.0	0.0065
16×0.75	2	0.6	0.20	1.5	14.5	17.0	0.014
16×1.0	2	0.6	0.20	1.5	15.0	18.5	0.013
16×1.5	2	0.7	0.20	1.5	17.5	21.0	0.010
16×2.5	2	0.8	0.20	1.7	20.5	24.5	0.009
19×0.75	2	0.6	0.20	1.5	15.0	18.0	0.014
19×1.0	2	0.6	0.20	1.5	16.0	19.0	0.013
19×1.5	2	0.7	0.20	1.7	18.5	22.5	0.010
19×2.5	2	0.8	0.20	1.7	21.5	25.5	0.009
24×0.75	2	0.6	0.20	1.5	17.0	20.5	0.014
24×1.0	2	0.6	0.20	1.7	18.5	22.0	0.013
24×1.5	2	0.7	0.20	1.7	21.5	25.5	0.010
24×2.5	2	0.8	0.25	1.7	25.0	29.5	0.009

芯数×标称截面 /mm²	导体种类	绝缘标称厚度 /mm	屏蔽单线标称直径 /mm	护套标称厚度 /mm	平均外径/mm 下限	平均外径/mm 上限	70℃ 最小绝缘电阻 /(MΩ·km)
27×0.75	2	0.6	0.20	1.5	17.5	21.0	0.014
27×1.0	2	0.6	0.20	1.7	19.0	22.5	0.013
27×1.5	2	0.7	0.20	1.7	21.5	26.0	0.010
27×2.5	2	0.8	0.25	1.7	25.5	30.5	0.009
30×0.75	2	0.6	0.20	1.7	18.5	22.0	0.014
30×1.0	2	0.6	0.20	1.7	19.5	23.5	0.013
30×1.5	2	0.7	0.25	1.7	22.5	27.0	0.010
30×2.5	2	0.8	0.25	1.7	26.5	31.5	0.009
37×0.75	2	0.6	0.20	1.7	19.5	23.5	0.014
37×1.0	2	0.6	0.20	1.7	21.0	25.0	0.013
37×1.5	2	0.7	0.25	1.7	24.5	29.0	0.010
37×2.5	2	0.8	0.25	2.0	29.0	34.0	0.009
44×0.75	2	0.6	0.25	1.7	22.0	26.5	0.014
44×1.0	2	0.6	0.25	1.7	23.5	28.0	0.013
44×1.5	2	0.7	0.25	1.7	27.0	32.0	0.010
44×2.5	2	0.8	0.30	2.0	32.5	38.5	0.009
48×0.75	2	0.6	0.25	1.7	22.5	26.5	0.014
48×1.0	2	0.6	0.25	1.7	23.5	28.0	0.013
48×1.5	2	0.7	0.25	1.7	27.5	32.5	0.010
48×2.5	2	0.8	0.30	2.0	33.0	39.0	0.009
52×0.75	2	0.6	0.25	1.7	23.0	27.5	0.014
52×1.0	2	0.6	0.25	1.7	24.5	29.0	0.013
52×1.5	2	0.7	0.25	1.7	29.0	34.0	0.010
52×2.5	2	0.8	0.30	2.2	34.5	40.5	0.009
61×0.75	2	0.6	0.25	1.7	24.0	29.0	0.014
61×1.0	2	0.6	0.25	1.7	25.5	30.5	0.013
61×1.5	2	0.7	0.25	2.0	30.5	36.0	0.010
61×2.5	2	0.8	0.30	2.2	36.5	42.5	0.009

表 11-13 KVVP₂ 型 450/750V 铜芯聚氯乙烯绝缘聚氯乙烯护套铜带屏蔽控制电缆

芯数×标称截面 /mm²	导体种类	绝缘标称厚度 /mm	屏蔽铜带厚度 /mm	护套标称厚度 /mm	平均外径/mm 下限	平均外径/mm 上限	70℃ 最小绝缘电阻 /(MΩ·km)
4×0.75	1	0.6	0.05~0.15	1.2	8.0	10.0	0.012
4×1.0	1	0.6	0.05~0.15	1.2	8.4	10.5	0.011
4×1.5	1	0.7	0.05~0.15	1.2	9.4	11.5	0.011
4×2.5	1	0.8	0.05~0.15	1.5	11.0	14.0	0.010
4×4	1	0.8	0.05~0.15	1.5	12.5	15.0	0.0085
4×6	1	0.8	0.05~0.15	1.5	13.5	16.0	0.0070
4×10	2	1.0	0.05~0.15	1.7	17.5	21.5	0.0065
5×0.75	1	0.6	0.05~0.15	1.2	8.6	11.0	0.012
5×1.0	1	0.6	0.05~0.15	1.2	9.0	11.0	0.011
5×1.5	1	0.7	0.05~0.15	1.5	10.0	12.5	0.0111
5×2.5	1	0.8	0.05~0.15	1.5	12.0	15.0	0.010
5×4	1	0.8	0.05~0.15	1.5	13.5	16.0	0.0085
5×6	1	0.8	0.05~0.15	1.5	14.5	17.5	0.0070
5×10	2	1.0	0.05~0.15	1.7	19.0	23.5	0.0065
7×0.75	1	0.6	0.05~0.15	1.2	9.2	11.5	0.012
7×1.0	1	0.6	0.05~0.15	1.2	9.6	12.0	0.011
7×1.5	1	0.7	0.05~0.15	1.5	11.5	14.0	0.011
7×2.5	1	0.8	0.05~0.15	1.5	13.0	16.0	0.010
7×4	1	0.8	0.05~0.15	1.5	14.5	17.5	0.0085
7×6	1	0.8	0.05~0.15	1.5	16.0	19.0	0.0070
7×10	2	1.0	0.05~0.15	1.7	20.5	25.0	0.0065

续表

芯数×标称截面 /mm²	导体种类	绝缘标称厚度 /mm	屏蔽铜带厚度 /mm	护套标称厚度 /mm	平均外径/mm 下限	平均外径/mm 上限	70℃ 最小绝缘电阻 /(MΩ·km)
8×0.75	1	0.6	0.05~0.15	1.5	10.0	12.5	0.012
8×1.0	1	0.6	0.05~0.15	1.5	11.0	13.5	0.011
8×1.5	1	0.7	0.05~0.15	1.5	12.5	15.5	0.011
8×2.5	1	0.8	0.05~0.15	1.5	14.5	17.5	0.010
8×4	1	0.8	0.05~0.15	1.7	16.0	19.0	0.0085
8×6	1	0.8	0.05~0.15	1.7	18.0	21.0	0.0070
8×10	2	1.0	0.05~0.15	1.7	23.0	28.0	0.0065
10×0.75	1	0.6	0.05~0.15	1.5	11.5	14.5	0.012
10×1.0	1	0.6	0.05~0.15	1.5	12.5	15.0	0.011
10×1.5	1	0.7	0.05~0.15	1.5	14.0	17.0	0.011
10×2.5	1	0.8	0.05~0.15	1.7	16.5	19.5	0.010
10×4	1	0.8	0.05~0.15	1.7	18.5	21.5	0.0085
10×6	1	0.8	0.05~0.15	1.7	20.5	23.5	0.0070
10×10	2	1.0	0.05~0.15	1.7	26.0	31.5	0.0065
12×0.75	1	0.6	0.05~0.15	1.5	12.0	14.5	0.012
12×1.0	1	0.6	0.05~0.15	1.5	12.5	15.5	0.011
12×1.5	1	0.7	0.05~0.15	1.5	14.5	17.5	0.011
12×2.5	1	0.8	0.05~0.15	1.7	17.0	20.5	0.010
12×4	1	0.8	0.05~0.15	1.7	19.0	22.5	0.0085
12×6	1	0.8	0.05~0.15	1.7	21.0	24.5	0.0070
14×0.75	1	0.6	0.05~0.15	1.5	12.5	15.5	0.012
14×1.0	1	0.6	0.05~0.15	1.5	13.5	16.0	0.011
14×1.5	1	0.7	0.05~0.15	1.5	15.0	18.0	0.011
14×2.5	1	0.8	0.05~0.15	1.7	18.0	21.0	0.010
14×4	1	0.8	0.05~0.15	1.7	20.0	23.5	0.0085
14×6	1	0.8	0.05~0.15	1.7	22.0	25.5	0.0070
16×0.75	1	0.6	0.05~0.15	1.5	13.0	16.0	0.012
16×1.0	1	0.6	0.05~0.15	1.5	14.0	16.5	0.011
16×1.5	1	0.7	0.05~0.15	1.5	16.0	19.0	0.011
16×2.5	1	0.8	0.05~0.15	1.7	19.0	22.0	0.010
19×0.75	1	0.6	0.05~0.15	1.5	14.0	16.5	0.012
19×1.0	1	0.6	0.05~0.15	1.5	14.5	17.5	0.011
19×1.5	1	0.7	0.05~0.15	1.7	16.5	20.0	0.011
19×2.5	1	0.8	0.05~0.15	1.7	20.0	23.0	0.010
24×0.75	1	0.6	0.05~0.15	1.5	16.0	19.0	0.012
24×1.0	1	0.6	0.05~0.15	1.7	17.0	20.5	0.011
24×1.5	1	0.7	0.05~0.15	1.7	20.0	23.0	0.011
24×2.5	1	0.8	0.05~0.15	1.7	23.0	26.5	0.010
27×0.75	1	0.6	0.05~0.15	1.7	16.0	19.0	0.012
27×1.0	1	0.6	0.05~0.15	1.7	17.5	20.5	0.011
27×1.5	1	0.7	0.05~0.15	1.7	20.0	23.5	0.011
27×2.5	1	0.8	0.05~0.15	1.7	23.5	27.0	0.010
30×0.75	1	0.6	0.05~0.15	1.7	17.0	20.0	0.012
30×1.0	1	0.6	0.05~0.15	1.7	18.0	21.5	0.011
30×1.5	1	0.7	0.05~0.15	1.7	21.0	24.0	0.011
30×2.5	1	0.8	0.05~0.15	1.7	24.5	28.0	0.010
37×0.75	1	0.6	0.05~0.15	1.7	18.5	21.5	0.012
37×1.0	1	0.6	0.05~0.15	1.7	19.5	22.5	0.011
37×1.5	1	0.7	0.05~0.15	1.7	22.5	26.0	0.011
37×2.5	1	0.8	0.05~0.15	2.0	26.0	30.0	0.010
44×0.75	1	0.6	0.05~0.15	1.7	20.5	24.0	0.012
44×1.0	1	0.6	0.05~0.15	1.7	21.5	25.0	0.011
44×1.5	1	0.7	0.05~0.15	1.7	25.0	29.0	0.011
44×2.5	1	0.8	0.05~0.15	2.0	30.0	34.5	0.010
48×0.75	1	0.6	0.05~0.15	1.7	21.5	24.0	0.012
48×1.0	1	0.6	0.05~0.15	1.7	22.0	25.5	0.011
48×1.5	1	0.7	0.05~0.15	1.7	25.5	29.5	0.011
48×2.5	1	0.8	0.05~0.15	2.0	30.5	35.0	0.010

续表

芯数×标称截面 /mm²	导体种类	绝缘标称厚度 /mm	屏蔽铜带厚度 /mm	护套标称厚度 /mm	平均外径/mm 下限	平均外径/mm 上限	70℃ 最小绝缘电阻 /(MΩ·km)
52×0.75	1	0.6	0.05~0.15	1.7	21.5	24.5	0.012
52×1.0	1	0.6	0.05~0.15	1.7	22.5	26.0	0.011
52×1.5	1	0.7	0.05~0.15	2.0	26.0	30.0	0.011
52×2.5	1	0.8	0.05~0.15	2.2	31.5	36.0	0.010
61×0.75	1	0.6	0.05~0.15	1.7	22.5	26.0	0.012
61×1.0	1	0.6	0.05~0.15	1.7	24.0	27.5	0.011
61×1.5	1	0.7	0.05~0.15	2.0	28.5	32.5	0.011
61×2.5	1	0.8	0.05~0.15	2.2	34.0	38.5	0.010

表 11-14　KVVRP 型 450/750V 铜芯聚氯乙烯绝缘聚氯乙烯护套编织屏蔽控制软电缆

芯数×标称截面 /mm²	导体种类	绝缘标称厚度 /mm	屏蔽单线标称直径 /mm	护套标称厚度 /mm	平均外径/mm 下限	平均外径/mm 上限	70℃ 最小绝缘电阻 /(MΩ·km)
4×0.5	3	0.6	0.15	1.2	8.6	10.5	0.013
4×0.75	3	0.6	0.15	1.2	9.0	11.0	0.011
4×1.0	3	0.6	0.15	1.2	9.4	11.5	0.010
4×1.5	3	0.7	0.15	1.2	10.0	12.5	0.010
4×2.5	3	0.8	0.20	1.5	12.5	15.0	0.009
5×0.5	3	0.6	0.15	1.2	9.0	11.0	0.013
5×0.75	3	0.6	0.15	1.2	9.6	11.5	0.011
5×1.0	3	0.6	0.15	1.2	10.0	12.0	0.010
5×1.5	3	0.7	0.15	1.2	11.0	13.5	0.010
5×2.5	3	0.8	0.20	1.5	13.5	16.0	0.009
7×0.5	3	0.6	0.15	1.2	9.8	11.5	0.013
7×0.75	3	0.6	0.15	1.2	10.0	12.5	0.011
7×1.0	3	0.6	0.15	1.2	10.5	13.0	0.010
7×1.5	3	0.7	0.15	1.5	12.5	15.0	0.010
7×2.5	3	0.8	0.20	1.5	15.0	17.5	0.009
8×0.5	3	0.6	0.15	1.2	10.5	13.0	0.013
8×0.75	3	0.6	0.15	1.2	11.0	13.5	0.011
8×1.0	3	0.6	0.15	1.5	12.5	15.0	0.010
8×1.5	3	0.7	0.20	1.5	14.0	17.0	0.010
8×2.5	3	0.8	0.20	1.5	16.5	19.0	0.009
10×0.5	3	0.6	0.15	1.5	12.0	14.5	0.013
10×0.75	3	0.6	0.20	1.5	13.5	15.5	0.011
10×1.0	3	0.6	0.20	1.5	14.0	16.5	0.010
10×1.5	3	0.7	0.20	1.5	15.5	18.5	0.010
10×2.5	3	0.8	0.20	1.5	18.5	21.0	0.009
12×0.5	3	0.6	0.15	1.5	12.5	15.0	0.013
12×0.75	3	0.6	0.20	1.5	13.5	16.0	0.011
12×1.0	3	0.6	0.20	1.5	14.0	17.0	0.010
12×1.5	3	0.7	0.20	1.5	16.0	19.0	0.010
12×2.5	3	0.8	0.20	1.7	19.0	22.5	0.009
14×0.5	3	0.6	0.20	1.5	13.5	16.0	0.013
14×0.75	3	0.6	0.20	1.5	14.0	16.5	0.011
14×1.0	3	0.6	0.20	1.5	15.0	17.5	0.010
14×1.5	3	0.7	0.20	1.5	16.5	20.0	0.010
14×2.5	3	0.8	0.20	1.7	20.0	23.0	0.009
16×0.5	3	0.6	0.20	1.5	14.0	16.5	0.013
16×0.75	3	0.6	0.20	1.5	15.0	17.5	0.011
16×1.0	3	0.6	0.20	1.5	15.5	18.5	0.010
16×1.5	3	0.7	0.20	1.5	17.5	20.5	0.010

续表

芯数×标称截面 /mm²	导体种类	绝缘标称厚度 /mm	屏蔽单线标称直径 /mm	护套标称厚度 /mm	平均外径/mm 下限	平均外径/mm 上限	70℃ 最小绝缘电阻 /(MΩ·km)
16×2.5	3	0.8	0.20	1.7	21.0	24.5	0.009
19×0.5	3	0.6	0.20	1.5	14.5	17.0	0.013
19×0.75	3	0.6	0.20	1.5	15.5	18.0	0.011
19×1.0	3	0.6	0.20	1.5	16.5	19.0	0.010
19×1.5	3	0.7	0.20	1.7	18.5	22.0	0.010
19×2.5	3	0.8	0.20	1.7	22.0	25.5	0.009
24×0.5	3	0.6	0.20	1.5	16.5	19.5	0.013
24×0.75	3	0.6	0.20	1.5	18.0	20.5	0.011
24×1.0	3	0.6	0.20	1.7	19.0	22.0	0.010
24×1.5	3	0.7	0.20	1.7	21.5	25.0	0.010
24×2.5	3	0.8	0.25	1.7	26.0	29.5	0.009
27×0.5	3	0.6	0.20	1.5	17.0	19.5	0.013
27×0.75	3	0.6	0.20	1.5	18.0	21.0	0.011
27×1.0	3	0.6	0.20	1.7	19.5	22.5	0.010
27×1.5	3	0.7	0.20	1.7	22.0	25.5	0.010
27×2.5	3	0.8	0.25	1.7	26.5	30.0	0.009
30×0.5	3	0.6	0.20	1.5	17.5	20.5	0.013
30×0.75	3	0.6	0.20	1.7	19.0	22.0	0.011
30×1.0	3	0.6	0.20	1.7	20.0	23.5	0.010
30×1.5	3	0.7	0.25	1.7	23.0	27.0	0.010
30×2.5	3	0.8	0.25	1.7	27.5	31.0	0.009
37×0.5	3	0.6	0.20	1.7	19.0	22.0	0.013
37×0.75	3	0.6	0.20	1.7	20.5	23.5	0.011
37×1.0	3	0.6	0.20	1.7	21.5	25.0	0.010
37×1.5	3	0.7	0.25	1.7	24.5	28.5	0.010
37×2.5	3	0.8	0.25	2.0	30.0	34.0	0.009
44×0.5	3	0.6	0.20	1.7	21.0	24.5	0.013
44×0.75	3	0.6	0.25	1.7	23.0	26.0	0.011
44×1.0	3	0.6	0.25	1.7	24.0	27.0	0.010
44×1.5	3	0.7	0.25	1.7	27.5	32.0	0.010
44×2.5	3	0.8	0.30	2.0	34.0	38.0	0.009
48×0.5	3	0.6	0.20	1.7	21.5	24.5	0.013
48×0.75	3	0.6	0.25	1.7	23.5	26.5	0.011
48×1.0	3	0.6	0.25	1.7	24.5	28.0	0.010
48×1.5	3	0.7	0.25	1.7	28.0	32.0	0.010
48×2.5	3	0.8	0.30	2.0	34.5	38.5	0.009
52×0.5	3	0.6	0.20	1.7	22.0	25.0	0.013
52×0.75	3	0.6	0.25	1.7	24.0	27.0	0.011
52×1.0	3	0.6	0.25	1.7	25.0	29.0	0.010
61×0.5	3	0.6	0.25	1.7	23.5	27.0	0.013
61×0.75	3	0.6	0.25	1.7	25.0	28.5	0.011
61×1.0	3	0.6	0.25	1.7	26.5	30.5	0.010

(7) 性能要求及试验方法

参见下述标准：

GB 9330.1　塑料绝缘控制电缆　一般规定

GB 9330.2　塑料绝缘控制电缆　聚氯乙烯绝缘和护套控制电缆

GB 2951　电线电缆　机械物理性能试验方法

GB 3048　电线电缆　电性能试验方法

GB 2952　电缆外护层

11.5　DCS电缆、本安电缆、计算机控制电缆和耐火控制电缆

(1) 产品简介（表11-15至表11-18）。

表11-15　集散型仪表信号电缆（DCS电缆）

特点及用途	DCS电缆为计算机控制电缆的升级换代产品,主要特征在于每个线对(或三线组)均有单独屏蔽,俗称"对屏"。对屏分镀锡铜线编织屏蔽、铝塑复合带绕包屏蔽、铜塑复合带绕包屏蔽三种。用于以计算机为主的控制系统,尤其适用于DCS系统
执行标准	津Q/12QT3091—1998,等效采用英国BS5308标准
使用特性	交流额定电压 U_0/U:300/500V 电缆最高工作温度:聚乙烯绝缘70℃;交联聚乙烯绝缘90℃;低烟无卤阻燃聚烯烃绝缘70℃;辐照交联型90℃和125℃ 最低环境温度:固定敷设:−40℃;非固定敷设:−15℃ 安装敷设温度:不低于0℃ 电缆允许最小弯曲半径:非铠装不小于电缆外径的6倍 　　　　　　　　　　铜带屏蔽或铠装不小于电缆外径的12倍
主要技术指标	工作电容:≤90pF/m 电容不平衡:≤1pF/m 电感/电阻:≤25μH/Ω 屏蔽抑制系数:≤0.01 20℃时绝缘电阻:≥5000MΩ·km(阻燃型≥1000MΩ·km) 试验电压:2000V/min 阻燃特性:A类(按GB 12666.5—1990试验)

表11-16　本安防爆电路用DCS电缆

特点及用途	为低电容、低电感DCS电缆,具有优异的屏蔽性能和抗干扰性能,因此防爆安全性明显高于一般DCS电缆和计算机控制电缆。用于爆炸危险场合及其他防爆安全要求较高的场合
执行标准	津Q/12QT3091—1998,等效采用英国BS5308标准
使用特性	同DCS电缆
主要技术指标	工作电容:≤80pF/m 电容不平衡:≤1pF/m 分布电感:≤0.6μH/m 电感/电阻:≤25μH/Ω 电磁干扰感应电压(干扰磁场400A/m):≤5mV 静电感应电压(静电电压20kV):≤1V 辐射场透入强度(干扰场200MHz,120dB):≤66dB 20℃时绝缘电阻:≥5000MΩ·km(阻燃型≥1000MΩ·km) 试验电压:2000V/min 阻燃特性:A类(按GB 12666.5—1990试验)

表11-17　计算机控制电缆

特点及用途	用于连接计算机外围设备主生产现场,以及各种电器、仪表、自动装置等需要的屏蔽控制电缆					
执行标准	津Q/12QT3101—1998					
使用特性	额定电压:交流250V 导体线芯最高工作温度:聚乙烯绝缘70℃;交联聚乙烯绝缘90℃;低烟无卤阻燃聚烯烃绝缘70℃;辐照交联型90℃和125℃ 最低环境温度:固定敷设−40℃;非固定敷设−15℃ 电缆允许弯曲半径:不小于电缆外径的6倍,铜带屏蔽或铠装的不小于电缆外径的12倍					
主要技术指标	20℃时绝缘电阻:≥25MΩ·km 20℃时导体直流电阻:≤Ω/km					
	截面/mm²	0.5	0.75	1.0	1.5	2.5
	单根导体	36.0	24.5	18.1	12.1	7.41
	多股绞合导体	39.0	26.0	19.5	13.3	7.98
	屏蔽抑制系数:≤0.01 试验电压:2000V/min 阻燃特性:A类(按GB 12666.5—1990试验)					

表 11-18　耐火控制电缆

特点及用途	具有较高的耐火能力,经受火焰直接燃烧的情况下,在一定时间内不发生短路和断路故障。因此,在火灾发生时,有利于灭火及减少损失。适用于火灾危险性较大,消防安全重要性较高的场合
执行标准	津 Q/12QT3127—1998,等效采用 IEC331 标准
使用特性	交流额定电压 U_0/U:450/750V 导体线芯最高长期允许工作温度及最低环境温度:聚氯乙烯绝缘及护套$-25\sim70℃$和$-15\sim105℃$两种;交联聚乙烯绝缘$-15\sim90℃$;低烟无卤阻燃聚烯烃绝缘$-15\sim70℃$;辐照交联型$-15\sim90℃$和$-15\sim125℃$两种 安装敷设温度:不低于 0℃ 电缆允许弯曲半径:不低于电缆外径的 8 倍,铠装电缆应不低于电缆外径的 12 倍
主要技术指标	20℃时导体直流电阻:≤Ω/km | 截面/mm² | 0.5 | 0.75 | 1.0 | 1.5 | 2.5 | 4.0 | 6.0 | | 单股导体 | 36.0 | 24.5 | 18.1 | 12.1 | 7.41 | 4.61 | 3.08 | | 多股绞合导体 | 39.0 | 26.0 | 19.5 | 13.3 | 7.98 | 4.95 | 3.30 | 试验电压:3.0kV/min 绝缘电阻:≥1000MΩ·km 耐火特性:①符合 IEC331 规定:火焰温度 750℃,电压 500V,燃烧 3h,冷却时间 12h,3A 保险丝不熔断 ②符合 GB 12666.5—1990 规定:火焰温度 1000℃,电压 500V,燃烧 90min,3A 保险丝不熔断(A 类) 阻燃特性:A 类(按 GB 12666.5—1990 试验)

(2) 型号说明

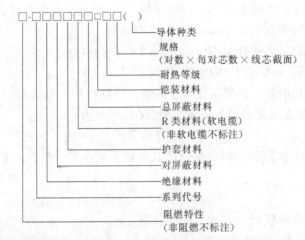

(3) 代号名称及含义（表 11-19）

表 11-19　代号名称及含义

项目	代号	代号含义	项目	代号	代号含义
阻燃特性	/	非阻燃可省略	绝缘材料①	Y_D	低烟无卤阻燃聚烯烃(Y_{DJ}辐照交联型)
	ZA	普通阻燃		V_D	低烟低卤阻燃聚氯乙烯
	ZB	低烟低卤阻燃		F	聚全氟乙丙烯(200℃),可熔性聚四氟乙烯 PFA(260℃)
	ZC	低烟无卤阻燃			
系列代号	J	集散型仪表信号电缆(DCS 电缆)	护套材料②	Y	耐光热聚乙烯
	IJ	本安电路用 DCS 电缆		V	聚氯乙烯
	JK	计算机控制电缆		V_D	低烟低卤阻燃聚氯乙烯
	TK	耐火控制电缆		Y_D	低烟无卤阻燃聚烯烃
绝缘材料①	Y	聚乙烯或阻燃聚乙烯		F	聚全氟乙丙烯(200℃),可熔性聚四氟乙烯 PFA(260℃)
	Y_J	交联聚乙烯	屏蔽材料	P	镀锡铜线或铜线编织
	B	聚丙烯		P_1	铝塑复合带
	V	聚氯乙烯			

续表

项目	代号	代号含义	项目	代号	代号含义
屏蔽材料	P_2	铜带或铜塑复合带	异体种类③	B	7股绞合导体（A、B两种在规格后括号中表示）
铠装材料	22	钢带		R	多股绞合导体
	32	钢丝			
耐热等级	70	最高工作温度70℃,可省略	推荐规格		对数×每对芯数×导体线芯标称截面（mm^2）
	90	最高工作温度90℃			对数:1,2,3,4,5,7,8,10,12,14,16,19,24
	105	最高工作温度105℃			
	200	最高工作温度200℃			每对芯数:2,3
	260	最高工作温度260℃			导体线芯截面:0.5,0.75,1.0,1.25,1.5,2.5
异体种类③	A	单股导体			

① DCS电缆（J、IJ）常用Y、YB、Y_D，控制电缆（JK、TK）常用V、V_D、Y_D。
② 控制电缆（JK、K）无Y，导体种类无B。JK的结构型式：T——单根成缆，D——对绞成缆。
③ 控制电缆（JK、TK）无B类导体。

(4) 标记示例

① 铜芯聚丙烯绝缘，阻燃105℃，聚氯乙烯护套，镀锡铜线编织对屏和总屏，钢带铠装DCS软电缆，有12个线对，导体线芯截面为1.5mm^2，型号为：

$$ZA\text{-}JBPVRP_{22}\text{-}105 \quad 12\times2\times1.5$$

② 铜芯聚丙烯绝缘，阻燃105℃，聚氯乙烯护套，铝塑复合带对屏，铜线编织总屏，本安型DCS电缆，导体线芯截面1.5mm^2，2对，型号为：

线芯采用单股铜线：ZA-IJBP$_L$VP-105　2×2×1.5 (A)

线芯采用7股绞线：ZA-IJBP$_L$VP-105　2×2×1.5 (B)

③ 聚氯乙烯绝缘和护套，铝塑复合带总屏蔽，计算机控制软电缆，10芯，线芯为多股绞合导体，结构为单根式成缆，线芯截面1.0mm^2，型号为：

$$JKVVRP_L(T) \quad 10\times1.0$$

④ 铜芯氟塑料绝缘和护套，铜线编织屏蔽，耐火软电缆，5芯，多股铜导体，线芯截面为2.5mm^2，型号为：

$$TKFFRP\text{-}200 \quad 5\times2.5$$

(5) 结构尺寸及参考质量　见表11-20和表11-21。

这里仅介绍铜芯聚乙烯绝缘、聚氯乙烯护套、对屏和总屏型DCS电缆，其他从略。

表11-20　JYPVP，JYPVRP，JYP$_L$VP$_L$，JYP$_L$VRP$_L$，JYP$_2$VP$_2$，JYP$_2$VRP$_2$（对绞式）

对数×2×标称截面	线芯结构（根数/直径）/mm			最大外径/mm			参考质量/(kg/km)		
	A	B	R	JYPV(R)P	JYP$_L$V(R)P$_L$	JYP$_2$V(R)P$_2$	JYPV(R)P	JYP$_L$V(R)P$_L$	JYP$_2$V(R)P$_2$
1×2×0.5	1/0.80	7/0.30	19/0.18	7.8	7.1	8.4	73	45	50
1×2×0.75	1/0.97	7/0.37	19/0.23	8.6	8.0	9.0	85	55	60
1×2×1.0	1/1.13	7/0.43	19/0.26	9.0	8.5	9.4	95	63	69
1×2×1.25	1/1.26	7/0.48	19/0.29	9.6	9.0	9.8	106	72	78
1×2×1.5	1/1.38	7/0.52	19/0.32	10.2	9.3	10.2	115	79	86
1×2×2.5	1/1.78	7/0.68	19/0.41	11.3	10.5	11.2	149	109	117
2×2×0.5	1/0.80	7/0.30	19/0.18	16.9	15.4	18.6	175	117	230
2×2×0.75	1/0.97	7/0.37	19/0.23	18.3	16.8	19.6	205	144	275
2×2×1.0	1/1.13	7/0.43	19/0.26	19.3	17.6	20.6	234	165	310
2×2×1.25	1/1.26	7/0.48	19/0.29	20.6	19.0	21.5	263	190	342
2×2×1.5	1/1.38	7/0.52	19/0.32	21.0	19.8	22.4	287	211	373
2×2×2.5	1/1.78	7/0.68	19/0.41	22.7	21.5	24.3	388	291	478

续表

对数×2×标称截面	线芯结构(根数/直径)/mm			最大外径/mm			参考质量/(kg/km)		
	A	B	R	JYPV(R)P	JYP$_L$V(R)P$_L$	JYP$_2$V(R)P$_2$	JYPV(R)P	JYP$_L$V(R)P$_L$	JYP$_2$V(R)P$_2$
3×2×0.5	1/0.80	7/0.30	19/0.18	17.8	16.3	19.3	211	146	245
3×2×0.75	1/0.97	7/0.37	19/0.23	19.3	17.8	20.4	256	183	199
3×2×1.0	1/1.13	7/0.43	19/0.26	20.4	18.6	21.6	290	212	360
3×2×1.25	1/1.26	7/0.48	19/0.29	21.9	19.7	22.7	328	244	395
3×2×1.5	1/1.38	7/0.52	19/0.32	22.3	20.8	23.5	360	271	434
3×2×2.5	1/1.78	7/0.68	19/0.41	24.7	23.5	25.5	503	419	605
4×2×0.5	1/0.80	7/0.30	19/0.18	19.8	17.7	21.8	258	182	314
4×2×0.75	1/0.97	7/0.37	19/0.23	21.1	19.4	23.0	314	229	373
4×2×1.0	1/1.13	7/0.43	19/0.26	22.3	20.2	24.2	359	267	427
4×2×1.25	1/1.26	7/0.48	19/0.29	23.9	21.7	25.4	419	309	483
4×2×1.5	1/1.38	7/0.52	19/0.32	24.9	23.5	26.4	486	354	536
4×2×2.5	1/1.78	7/0.68	19/0.41	27.0	25.7	28.6	651	499	710
5×2×0.5	1/0.80	7/0.30	19/0.18	21.6	19.6	23.3	308	221	369
5×2×0.75	1/0.97	7/0.37	19/0.23	23.0	21.1	24.6	387	277	439
5×2×1.0	1/1.13	7/0.43	19/0.26	24.4	22.6	26.0	468	334	514
5×2×1.25	1/1.26	7/0.48	19/0.29	26.7	23.8	27.4	532	386	580
5×2×1.5	1/1.38	7/0.52	19/0.32	27.1	25.3	28.6	584	432	640
5×2×2.5	1/1.78	7/0.68	19/0.41	29.6	28.1	31.3	793	610	876
7×2×0.5	1/0.80	7/0.30	19/0.18	23.4	21.5	24.8	398	282	445
7×2×0.75	1/0.97	7/0.37	19/0.23	25.0	23.2	26.5	516	367	552
7×2×1.0	1/1.13	7/0.43	19/0.26	27.1	24.8	28.0	592	432	643
7×2×1.25	1/1.26	7/0.48	19/0.29	28.9	26.2	29.6	674	503	726
7×2×1.5	1/1.38	7/0.52	19/0.32	29.6	27.9	31.1	753	561	799
7×2×2.5	1/1.78	7/0.68	19/0.41	32.6	31.2	34.1	1024	814	1095
8×2×0.5	1/0.80	7/0.30	19/0.18	25.1	22.9	26.3	485	336	520
8×2×0.75	1/0.97	7/0.37	19/0.23	27.4	25.3	28.3	595	427	614
8×2×1.0	1/1.13	7/0.43	19/0.26	29.2	26.7	29.8	691	504	738
8×2×1.25	1/1.26	7/0.48	19/0.29	31.2	28.3	31.6	789	585	831
8×2×1.5	1/1.38	7/0.52	19/0.32	31.8	31.2	33.4	867	664	929
8×2×2.5	1/1.78	7/0.68	19/0.41	35.1	33.7	36.5	1210	950	1257
10×2×0.5	1/0.80	7/0.30	19/0.18	30.1	20.0	30.4	621	431	653
10×2×0.75	1/0.97	7/0.37	19/0.23	32.2	29.6	33.4	761	553	805
10×2×1.0	1/1.13	7/0.43	19/0.26	34.7	31.6	34.9	873	654	935
10×2×1.25	1/1.26	7/0.48	19/0.29	37.3	33.7	36.9	1012	756	1050
10×2×1.5	1/1.38	7/0.52	19/0.32	38.0	35.7	39.2	1115	863	1210
10×2×2.5	1/1.78	7/0.68	19/0.41	41.5	39.9	43.2	1540	1227	1620
12×2×0.5	1/0.80	7/0.30	19/0.18	31.0	27.9	31.4	691	487	747
12×2×0.75	1/0.97	7/0.37	19/0.23	33.2	31.1	34.4	852	628	920
12×2×1.0	1/1.13	7/0.43	19/0.26	35.8	32.6	36.0	999	742	1044
12×2×1.25	1/1.26	7/0.48	19/0.29	38.5	34.5	38.7	1143	865	1182
12×2×1.5	1/1.38	7/0.52	19/0.32	39.2	37.0	41.0	1360	984	1420
12×2×2.5	1/1.78	7/0.68	19/0.41	42.9	41.5	45.0	1852	1410	1916
14×2×0.5	1/0.80	7/0.30	19/0.18	32.7	28.8	33.2	778	561	824
14×2×0.75	1/0.97	7/0.37	19/0.23	35.4	32.5	36.0	977	714	1005
14×2×1.0	1/1.13	7/0.43	19/0.26	37.7	33.8	37.8	1210	845	1233
14×2×1.25	1/1.26	7/0.48	19/0.29	40.6	35.9	40.9	1381	1002	1351
14×2×1.5	1/1.38	7/0.52	19/0.32	41.3	39.1	42.9	1540	1121	1634
14×2×2.5	1/1.78	7/0.68	19/0.41	45.2	43.9	47.7	2095	1628	2059
16×2×0.5	1/0.80	7/0.30	19/0.18	34.4	31.7	35.3	868	631	897
16×2×0.75	1/0.97	7/0.37	19/0.23	37.3	34.0	37.9	1112	806	1123
16×2×1.0	1/1.13	7/0.43	19/0.26	39.7	35.8	40.4	1351	970	1397
16×2×1.25	1/1.26	7/0.48	19/0.29	42.7	38.1	43.1	1544	1120	1516
16×2×1.5	1/1.38	7/0.52	19/0.32	43.5	40.4	44.9	1702	1252	1680
16×2×2.5	1/1.78	7/0.68	19/0.41	47.4	44.9	50.0	2328	1825	2325

续表

对数×2×标称截面	线芯结构(根数/直径)/mm			最大外径/mm			参考质量/(kg/km)		
	A	B	R	JYPV(R)P	JYP$_L$V(R)P$_L$	JYP$_2$V(R)P$_2$	JYPV(R)P	JYP$_L$V(R)P$_L$	JYP$_2$V(R)P$_2$
19×2×0.5	1/0.80	7/0.30	19/0.18	36.2	33.0	36.0	1003	725	1064
19×2×0.75	1/0.97	7/0.37	19/0.23	39.3	35.1	39.5	1333	944	1289
19×2×1.0	1/1.13	7/0.43	19/0.26	41.9	38.0	41.1	1558	1117	1534
19×2×1.25	1/1.26	7/0.48	19/0.29	45.1	40.3	44.3	1767	1293	1757
19×2×1.5	1/1.38	7/0.52	19/0.32	45.9	42.5	46.8	1948	1468	1936
19×2×2.5	1/1.78	7/0.68	19/0.41	50.9	46.6	51.6	2673	2118	2665
24×2×0.5	1/0.80	7/0.30	19/0.18	42.8	37.9	42.6	1398	958	1322
24×2×0.75	1/0.97	7/0.37	19/0.23	45.9	40.9	46.7	1723	1245	1693
24×2×1.0	1/1.13	7/0.43	19/0.26	49.1	44.2	42.8	1988	1469	1974
24×2×1.25	1/1.26	7/0.48	19/0.29	53.5	47.1	52.4	2277	1717	2246
24×2×1.5	1/1.38	7/0.52	19/0.32	54.5	49.6	54.7	2513	1913	2478
24×2×2.5	1/1.78	7/0.68	19/0.41	59.8	55.4	60.4	3434	2755	3419

注：铠装电缆外径增加 4.0mm 即可。

表 11-21　JYPVP，JYPVRP，JYP$_L$VP$_L$，JYP$_L$VRP$_L$，JYP$_2$VP$_2$，JYP$_2$VRP$_2$（三线组）

组数×3×标称截面	线芯结构(根数/直径)/mm			最大外径/mm			参考质量/(kg/km)		
	A	B	R	JYPV(R)P	JYP$_L$V(R)P$_L$	JTP$_2$V(R)P$_2$	JYPV(R)P	JYP$_L$V(R)P$_L$	JYP$_2$V(R)P$_2$
1×3×0.5	1/0.80	7/0.30	19/0.18	8.2	7.6	7.8	83	54	59
1×3×0.75	1/0.97	7/0.37	19/0.23	8.8	8.2	8.5	99	67	72
1×3×1.0	1/1.13	7/0.43	19/0.26	9.4	8.8	9.0	110	78	84
1×3×1.25	1/1.26	7/0.48	19/0.29	9.6	9.2	9.4	125	90	96
1×3×1.5	1/1.38	7/0.52	19/0.32	10.2	9.8	9.6	137	100	107
1×3×2.5	1/1.78	7/0.68	19/0.41	11.8	11.2	11.5	184	143	152
2×3×0.5	1/0.80	7/0.30	19/0.18	17.7	16.2	18.9	207	145	262
2×3×0.75	1/0.97	7/0.37	19/0.23	19.9	17.6	20.4	253	184	309
2×3×1.0	1/1.13	7/0.43	19/0.26	20.9	18.8	21.8	287	214	349
2×3×1.25	1/1.26	7/0.48	19/0.29	22.0	19.7	23.0	323	245	389
2×3×1.5	1/1.38	7/0.52	19/0.32	23.1	21.0	24.5	369	276	435
2×3×2.5	1/1.78	7/0.68	19/0.41	26.1	23.8	27.0	524	400	583
3×3×0.5	1/0.80	7/0.30	19/0.18	18.7	17.1	20.1	254	184	303
3×3×0.75	1/0.97	7/0.37	19/0.23	21.0	18.6	21.8	314	236	373
3×3×1.0	1/1.13	7/0.43	19/0.26	22.1	19.8	22.6	361	276	426
3×3×1.25	1/1.26	7/0.48	19/0.29	23.4	21.3	24.3	422	321	480
3×3×1.5	1/1.38	7/0.52	19/0.32	24.5	22.4	25.3	496	343	522
3×3×2.5	1/1.78	7/0.68	19/0.41	27.8	25.3	28.5	673	531	741
4×3×0.5	1/0.80	7/0.03	19/0.18	20.9	19.5	22.0	313	231	368
4×3×0.75	1/0.97	7/0.37	19/0.23	23.1	20.9	23.8	400	297	454
4×3×1.0	1/1.13	7/0.43	19/0.26	24.3	22.1	25.0	487	360	540
4×3×1.25	1/1.26	7/0.48	19/0.29	25.6	23.2	26.3	555	418	605
4×3×1.5	1/1.38	7/0.52	19/0.32	27.5	24.9	27.9	615	471	675
4×3×2.5	1/1.78	7/0.68	19/0.41	30.4	27.7	30.7	852	681	920
5×3×0.5	1/0.80	7/0.30	19/0.18	22.7	20.6	23.8	386	281	433
5×3×0.75	1/0.97	7/0.37	19/0.23	25.1	22.7	25.9	510	372	575
5×3×1.0	1/1.13	7/0.43	19/0.26	26.6	24.4	27.4	585	440	642
5×3×1.25	1/1.26	7/0.48	19/0.29	28.6	25.6	28.8	666	512	723
5×3×1.5	1/1.38	7/0.52	19/0.32	30.0	27.1	30.3	752	577	806
5×3×2.5	1/1.78	7/0.68	19/0.41	33.3	30.7	34.1	1036	844	1114
7×3×0.5	1/0.80	7/0.30	19/0.18	24.7	22.4	25.8	514	373	551
7×3×0.75	1/0.97	7/0.37	19/0.23	27.3	25.0	28.0	643	483	690
7×3×1.0	1/1.13	7/0.43	19/0.26	29.5	26.5	29.7	754	572	805
7×3×1.25	1/1.26	7/0.48	19/0.29	31.1	28.1	30.8	864	670	915
7×3×1.5	1/1.38	7/0.52	19/0.32	32.7	29.6	32.8	962	766	1030

续表

组数×3×标称截面	线芯结构（根数/直径）/mm			最大外径/mm			参考质量/(kg/km)		
	A	B	R	JYPV(R)P	JYP$_L$V(R)P$_L$	JTP$_2$V(R)P$_2$	JYPV(R)P	JYP$_L$V(R)P$_L$	JYP$_2$V(R)P$_2$
7×3×2.5	1/1.78	7/0.68	19/0.41	36.8	33.6	37.1	1440	1116	1427
8×3×0.5	1/0.80	7/0.30	19/0.18	26.5	24.1	27.0	592	434	636
8×3×0.75	1/0.97	7/0.37	19/0.23	29.8	26.8	29.9	752	563	795
8×3×1.0	1/1.13	7/0.43	19/0.26	31.6	28.6	31.6	872	676	932
8×3×1.25	1/1.26	7/0.48	19/0.29	33.5	30.2	33.2	1000	793	1062
8×3×1.5	1/1.38	7/0.52	19/0.32	35.2	32.4	35.7	1132	894	1186
8×3×2.5	1/1.78	7/0.68	19/0.41	39.7	36.7	40.2	1670	1322	1666
10×3×0.5	1/0.80	7/0.30	19/0.18	31.9	28.9	32.2	758	562	815
10×3×0.75	1/0.97	7/0.37	19/0.23	35.4	31.6	35.1	966	728	1018
10×3×1.0	1/1.13	7/0.43	19/0.26	37.9	33.6	37.4	1204	864	1182
10×3×1.25	1/1.26	7/0.48	19/0.29	40.1	35.6	39.2	1369	1025	1359
10×3×1.5	1/1.38	7/0.52	19/0.32	42.2	38.6	41.8	1546	1159	1521
10×3×2.5	1/1.78	7/0.68	19/0.41	47.1	42.5	46.1	2124	1699	2120
12×3×0.5	1/0.80	7/0.30	19/0.18	32.8	29.7	32.4	848	638	909
12×3×0.75	1/0.97	7/0.37	19/0.23	36.5	32.6	35.8	1169	831	1143
12×3×1.0	1/1.13	7/0.43	19/0.26	39.1	34.6	37.9	1351	1002	1344
12×3×1.25	1/1.26	7/0.48	19/0.29	41.4	36.6	40.0	1569	1173	1533
12×3×1.5	1/1.38	7/0.52	19/0.32	43.6	39.3	42.7	1741	1328	1716
12×3×2.5	1/1.78	7/0.68	19/0.41	48.7	43.9	47.0	2413	1959	2412
14×3×0.5	1/0.80	7/0.30	19/0.18	34.6	31.2	34.4	1051	727	1047
14×3×0.75	1/0.97	7/0.37	19/0.23	38.8	34.3	37.5	1316	963	1302
14×3×1.0	1/1.13	7/0.43	19/0.26	41.2	37.0	40.5	1540	1143	1515
14×3×1.25	1/1.26	7/0.48	19/0.29	43.6	39.1	42.7	1770	1339	1730
14×3×1.5	1/1.38	7/0.52	19/0.32	45.9	41.4	44.9	1971	1534	1956
14×3×2.5	1/1.78	7/0.68	19/0.41	51.3	46.2	49.9	2744	2248	2756

注：铠装电缆外径增加 4.0mm 即可。

11.6 热电偶补偿导线（GB 4989—1994，BS 5038）

热电偶补偿导线简称补偿导线，通常由补偿导线合金线、绝缘层、护套、屏蔽层组成。在一定温度范围内（包括常温），具有与所匹配的热电偶的热电势的标称值相同的一对带有绝缘层的导线，用它们连接热电偶与测量装置，以补偿它们与热电偶连接处的温度变化所产生的误差。

热电偶与测量装置之间使用补偿导线，其优点有二：①改善热电偶测温线路的物理性能和力学性能，采用多股线芯或小直径补偿导线可提高线路的挠性，使接线方便，也可调节线路电阻或屏蔽外界干扰；②降低测量线路成本，当热电偶与测量装置距离很远，使用补偿导线可以节省大量的热电偶材料，特别是使用贵金属热电偶时，经济效益更为明显。

符号说明如下：

X——延长型补偿导线，其合金丝的名义化学成分及热电势标称值与配用的热电偶相同。用字母"X"附在热电偶分度号之后表示。

C——补偿型补偿导线，其合金丝的名义化学成分与配用的热电偶不同，但其热电势值在 0~100℃ 或 0~200℃ 时与配用的热电偶的热电势标称值相同。用字母"C"附在热电偶分度号之后表示。不同合金丝可以应用于同一分度号的热电偶，并用附加字母 CA、CB 表示。

S——表示热电特性为精密级补偿导线。普通级补偿导线不标字母。

G——表示一般用补偿导线。

H——表示耐热用补偿导线。

R——表示线芯为多股的补偿导线。线芯为单股的补偿导线不标字母。
P——表示有屏蔽层的补偿导线。
V——表示绝缘层或护套为聚氯乙烯材料（PVC）。
F——表示绝缘层为聚四氟乙烯材料。
B——表示护套为无碱玻璃丝材料。

(1) 型号（表 11-22）

表 11-22 补偿导线的型号

名 称	型 号	配用热电偶	分 度 号
铜-铜镍 0.6 补偿型导线	SC 或 RC	铂铑 10-铂热电偶 铂铑 13-铂热电偶	S 或 R
铁-铜镍 22 补偿型导线 铜-铜镍 40 补偿型导线 镍铬 10-镍硅 3 延长型导线	KCA KCB KX	镍铬-镍硅热电偶	K
铁-铜镍 18 补偿型导线 镍铬 14-镍铬硅延长型导线	NC NX	镍铬硅-镍硅热电偶	N
镍铬 10-铜镍 45 延长型导线	EX	镍铬-铜镍热电偶	E
铁-铜镍 45 延长型导线	JX	铁-铜镍热电偶	J
铜-铜镍 45 延长型导线	TX	铜-铜镍热电偶	T
钨铼 3/25 补偿型补偿导线 钨铼 5/26 补偿型补偿导线	WC3/25 WC5/26	钨铼 3-钨铼 25 钨铼 5-钨铼 26	WRe3-WRe25 WRe5-WRe26

(2) 规格（表 11-23）

表 11-23 补偿导线的规格

线芯型式	线芯标称截面/mm²	线芯股数	合金丝直径/mm	线芯型式	线芯标称截面/mm²	线芯股数	合金丝直径/mm
单股线芯	0.2	1	0.52	多股线芯	0.2	7	0.20
	0.5	1	0.80		0.5	7	0.30
	1.0	1	1.13		1.0	7	0.43
	1.5	1	1.37		1.5	7	0.52
	2.5	1	1.76		2.5	19	0.41

注：钨铼 3/25、钨铼 5/26 补偿导线的线芯标称截面没有 0.2mm² 的规格。

(3) 产品代号、使用温度范围、绝缘层和护套的主体材料（表 11-24）

表 11-24 补偿导线产品代号、使用温度范围、绝缘层和护套的主体材料

分度号	补偿导线型号	代 号	等 级	绝缘层及护套材料	温度范围/℃
S 或 R	SC 或 RC	SC-G	一般用普通级	V.V V.V	0~70 0~100
		SC-H	耐热用普通级	F.B	0~200
		SC-GS	一般用精密级	V.V V.V	0~70 0~100
K	KCA	KCA-G	一般用普通级	V.V V.V	0~70 0~100
		KCA-H	耐热用普通级	F.B	0~200
		KCA-GS	一般用精密级	V.V V.V	0~70 0~100
		KCA-HS	耐热用精密级	F.B	0~200
	KCB	KCB-G	一般用普通级	V.V V.V	0~70 0~100
		KCB-GS	一般用精密级	V.V V.V	0~70 0~100

续表

分度号	补偿导线型号	代 号	等 级	绝缘层及护套材料	温度范围/℃
K	KX	KX-G	一般用普通级	V.V	−20～70
				V.V	−20～100
		KX-H	耐热用普通级	F.B	−25～200
		KX-GS	一般用精密级	V.V	−20～70
				V.V	−20～100
		KX-HS	耐热用精密级	F.B	−25～200
N	NC	NC-G	一般用普通级	V.V	0～70
				V.V	0～100
		NC-H	耐热用普通级	F.B	0～200
		NC-GS	一般用精密级	V.V	0～70
				V.V	0～100
		NC-HS	耐热用精密级	F.B	0～200
	NX	NX-G	一般用普通级	V.V	−20～70
				V.V	−20～100
		NX-H	耐热用普通级	F.B	−25～200
		NX-GS	一般用精密级	V.V	−20～70
				V.V	−20～100
		NX-HS	耐热用精密级	F.B	−25～200
E	EX	EX-G	一般用普通级	V.V	−20～70
				V.V	−20～100
		EX-H	耐热用普通级	F.B	−25～200
		EX-GS	一般用精密级	V.V	−20～70
				V.V	−20～100
		EX-HS	耐热用精密级	F.B	−25～200
J	JX	JX-G	一般用普通级	V.V	−20～70
				V.V	−20～100
		JX-H	耐热用普通级	F.B	−25～200
		JX-GS	一般用精密级	V.V	−20～70
				V.V	−20～100
		JX-HS	耐热用精密级	F.B	−25～200
T	TX	TX-G	一般用普通级	V.V	−20～70
				V.V	−20～100
		TX-H	耐热用普通级	F.B	−25～200
		TX-GS	一般用精密级	V.V	−20～70
				V.V	−20～100
		TX-HS	耐热用精密级	F.B	−25～200
WRe3-WRe25	WC3/25	-G	一般用普通级	V.V	0～70
		-H	耐热用普通级	F.B	0～180
WRe5-WRe26	WC5/26	-G	一般用普通级	V.V	0～100
		-H	耐热用普通级	F.B	0～200

(4) 标记 产品标记按以下格式，例如：

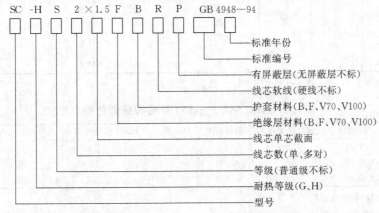

注：V70、V100 表示聚氯乙烯材料耐温等级为 70℃、100℃。

(5) 热电特性及允差 当参考端温度为 0℃时，补偿导线的热电势与温度的关系应分别符合 S、K、N、E、J、T、WRe3-WRe25、WRe5-WRe26 分度表，其允差应符合表 11-25 的规定。

表 11-25 补偿导线的热电特性及允差

型号	导线温度范围/℃	使用分类	允差/μV 精密级	允差/μV 普通级	热电偶测量温度/℃
SC 或 RC	0~100	G	±30(2.5℃)	±60(5.0℃)	1000
SC 或 RC	0~200	H	—	±60(5.0℃)	1000
KCA	0~100	G	±60(1.5℃)	±100(2.5℃)	1000
KCA	0~200	H	±60(1.5℃)	±100(2.5℃)	900
KCB	0~100	G	±60(1.5℃)	±100(2.5℃)	900
KX	−20~100	G	±60(1.5℃)	±100(2.5℃)	900
KX	−25~100	H	±60(1.5℃)	±100(2.5℃)	900
NC	0~100	G	±60(1.5℃)	±100(2.5℃)	900
NC	0~200	H	±60(1.5℃)	±100(2.5℃)	900
NX	−20~100	G	±60(1.5℃)	±100(2.5℃)	900
NX	−25~200	H	±60(1.5℃)	±100(2.5℃)	900
EX	−20~100	G	±120(1.5℃)	±200(2.5℃)	500
EX	−25~200	H	±120(1.5℃)	±200(2.5℃)	500
JX	−20~100	G	±85(1.5℃)	±140(2.5℃)	500
JX	−25~200	H	±85(1.5℃)	±140(2.5℃)	500
TX	−20~100	G	±30(0.5℃)	±60(1.0℃)	300
TX	−20~200	H	±48(0.8℃)	±90(1.5℃)	300
WC3/25	0~70	G	—	±48	
WC3/25	0~180	H	—	±80	
WC5/26	0~100	G	—	±51	
WC5/26	0~200	H	—	±85	

(6) 绝缘层、护套着色（表 11-26）

表 11-26 补偿导线绝缘层、护套着色

型号	绝缘层着色 正极	绝缘层着色 负极	护套着色 一般用 普通级	护套着色 一般用 精密级	护套着色 耐热用 普通级	护套着色 耐热用 精密级
SC 或 RC	红	绿	黑	灰	黑	黄
KCA	红	蓝	黑	灰	黑	黄
KCB	红	蓝	黑	灰	黑	黄
KX	红	黑	黑	灰	黑	黄
NC	红	灰	黑	灰	黑	黄
NX	红	灰	黑	灰	黑	黄
EX	红	棕	黑	灰	黑	黄
JX	红	紫	黑	灰	黑	黄
TX	红	白	黑	灰	黑	黄
WC25/3	红	黄	黑	—	黑	—
WC26/5	红	橙	黑	—	黑	—

注：补偿导线的绝缘层、护套着色也可执行"IEC"规定，见表 11-27。

表 11-27 IEC 584-3—1989 补偿导线着色标志

热电偶分度号	补偿导线型号	正极及护套颜色	负极颜色	热电偶分度号	补偿导线型号	正极及护套颜色	负极颜色
S 或 R	SC 或 RC	橙黄	白	E	EX	紫	白
K	KX 或 KC	绿	白	J	JX	黑	白
N	NX 或 NC	粉红	白	T	TX	棕	白

注：1. 不包括无机物绝缘导线。
2. 本质安全电路用的补偿导线，其护套都采用蓝色。

(7) 绝缘层、护套厚度及最大外径（表 11-28）

表 11-28　补偿导线绝缘层、护套厚度及最大外径

使用分类	线芯标称截面 /mm²	绝缘层标称厚度 /mm	护套标称厚度 /mm	补偿导线最大外径/mm	
				单股线芯	多股软线芯
一般用	0.2	0.4	0.7	3.0×4.6	3.1×4.8
	0.5	0.5	0.8	3.7×6.4	3.9×6.6
	1.0	0.7	1.0	5.0×7.7	5.1×8.0
	1.5	0.7	1.0	5.2×8.3	5.5×8.7
	2.5	0.7	1.0	5.7×9.3	5.9×9.8
耐热用	0.2	0.4	0.3	2.3×4.0	2.4×4.2
	0.5	0.4	0.3	2.6×4.6	2.8×4.8
	1.0	0.4	0.3	3.0×5.3	3.1×5.6
	1.5	0.4	0.3	3.2×5.8	3.4×6.2
	2.5	0.4	0.3	3.6×6.7	4.0×7.3

注：1. 一般用补偿导线的绝缘层厚度允许为正偏差，但导线最大外径不得超过本表规定。

2. 若加屏蔽层，导线外径的增大值不得大于 1.6mm。

(8) 性能

① 绝缘电阻。当周围空气温度为 15～35℃，相对湿度不大于 80% 时，补偿导线的线芯间和线芯与屏蔽层之间的绝缘电阻每 10m 不小于 5MΩ。

② 物理力学性能。一般用补偿导线的绝缘层和护套的物理性能和老化性能应符合表 11-29 规定。

表 11-29　补偿导线的性能

应用分类	物理力学性能		老 化 性 能		
	抗拉强度 /(N/mm²)	伸长率 /%	温度 /℃	时间 /h	强度变化率 /%
−20～70℃	≥12.5	≥125	80±2	168	±20
−20～100℃	≥12.5	≥125	135±2	168	±25

③ 耐热性能。耐热用补偿导线应经受(220±5)℃历时 24h 耐热性能试验后，立即将试样在 5 倍其直径的圆柱体上弯曲 180°后应表面无裂纹，补偿导线的线芯间和线芯与屏蔽层之间的绝缘电阻每米不小于 25MΩ。

④ 防潮性能。耐热用补偿导线应经受环境温度(40±2)℃，相对湿度为(95±3)%，历时 24h 防潮性能试验后，补偿导线的线芯间和线芯与屏蔽层之间的绝缘电阻每米不小于 25MΩ。

⑤ 低温卷绕性能。一般用补偿导线应经受−20℃的低温卷绕试验后，用目力观察卷绕在试棒上的试样的绝缘层应无任何裂纹。

(9) 本安电路用补偿导线

① 产品用途及使用特性

a. 用途。本安电路用补偿导线（电缆）适用于爆炸危险场所，分度号为 S、R、K、E、J、N 和 T 型热电偶的系列延伸补偿导线（电缆）。该产品符合国家标准 GB 3836.4 和 GB/T 4989 规定，具有分布电感、分布电容参数小、抗干扰能力强等优点。

b. 使用特性：

导线（电缆）的长期工作温度为 −20～70℃；

额定电压 U_0/U 为 450V/750V；

敷设环境温度不低于 0℃，弯曲半径应不小于 10D；

敷设的本安型线（缆）应与非本安型线（缆）分开或进行隔离。

② 主要技术要求

a. 成品电缆线芯间，线芯与屏蔽层间经受交流 2000V、50Hz 电压试验 2min。

b. 成品每对线芯间的分布电容应不大于 115pF/m。

c. 成品每对线芯间的分布电感应不大于 1.2μH/m。

d. 绝缘电阻和往复电阻应符合 GB 4989 规定。

e. 热电势及允差满足表 11-30 的要求。

表 11-30 热电势及允差

型号	热电势及允差/μV					
	热电势	允差(100℃)		热电势	允差(200℃)	
		普通级	精密级		普通级	精密级
SC	645	±60(5℃)	±30(2.5℃)	1440	±60(5℃)	—
KC	4095	±100(2.5℃)	±60(1.5℃)	—	—	—
KX	4095	±100(2.5℃)	±60(1.5℃)	8137	±100(2.5℃)	±60(1.5℃)
EX	6317	±200(2.5℃)	±120(1.5℃)	13419	±200(2.5℃)	±120(1.5℃)
JX	5268	±140(2.5℃)	±85(1.5℃)	10777	±140(2.5℃)	±85(1.5℃)
TX	4277	±60(1℃)	±30(0.5℃)	9286	±90(1.5℃)	±48(0.8℃)

③ 产品型号、名称和色标，见表 11-31。

表 11-31 补偿导线（电缆）型号、名称和色标

型号	产品名称	配用热电偶	分度号	绝缘着色		护套着色	
				正	负	普通	精密
ia-SC ia-RC	铜-铜镍 0.6 补偿型导线、电缆	铂铑 10-铂 铂铑 13-铂	S 或 R	红	绿	浅蓝	深蓝
ia-KCA	铁-铜镍 22 补偿型导线、电缆	镍铬-镍硅	K	红	蓝	浅蓝	深蓝
ia-KCB	铜-铜镍 40 补偿型导线、电缆			红	蓝	浅蓝	深蓝
ia-KX	镍铬 10-镍硅 3 延长型导线、电缆			红	黑	浅蓝	深蓝
ia-EX	镍铬 10-1 铜镍 45 延长型导线、电缆	镍铬-铜镍	E	红	棕	浅蓝	深蓝
ia-JX	铁-铜镍 45 延长型导线、电缆	铁-铜镍	J	红	紫	浅蓝	深蓝
ia-TX	铜-铜镍 45 延长型导线、电缆	铜-铜镍	T	红	白	浅蓝	深蓝

④ 补偿导线（电缆）的规格和结构尺寸，见表 11-32。

表 11-32 补偿导线（电缆）规格和结构尺寸

线芯标称 截面/mm²	线芯根数 单位直径/mm	R 型线芯根数 单位直径/mm	绝缘厚度 /mm	护套厚度/mm	
				护套前外径	标称厚度
0.5	1/0.8	7/0.30	>0.6	10 及以下	1.3
1.0	1/1.13	7/0.43	>0.7	10.1~15.0	1.5
1.5	1/1.37	7/0.52	>0.7	15.1~25.0	1.8
2.5	1/1.76	19/0.41 或 7/0.68	>0.8	25.1~35.0	2.2

⑤ 补偿电缆外径尺寸，见表 11-33。

表 11-33　补偿电缆外径尺寸

分类	线芯对数	电缆外径参考/mm							
		0.5mm²		1.0mm²		1.5mm²		2.5mm²	
			V		V		V		V
本安用	1	0.8		9.5		10.0		11.5	
	2	14.5	17.0	17.5	20.0	19.1	21.5	21.6	24.3
	3	15.2	18.1	19.0	22.0	20.5	24.0	23.0	27.0
	4	16.5	19.2	21.0	23.5	22.5	25.3	25.3	29.2
	5	17.2	21.2	23.0	25.0	23.2	27.0	26.0	31.0
	6	18.5	21.5	23.5	26.2	24.5	29.0	27.5	32.5
	7	20.2	22.2	24.3	28.0	26.8	32.0	30.0	35.0
	8	22.3	24.5	26.4	31.3	29.0	34.5	33.0	38.2
	10	26.3	29.1	31.3	37.5	34.2	40.8	39.0	45.5
	12	28.0	30.5	33.0	39.5	36.0	43.2	41.5	48.2
	14	30.2	33.0	35.5	43.0	39.0	47.0	44.2	52.0
	19	32.5	34.5	37.7	45.8	41.2	49.5	47.5	55.2

注：1. 有 V 的是表示每对导线有内护套，无标记则说明无内护套。
2. 分屏蔽加 20% 外径。
3. 总屏蔽加 2.0mm。

(10) 硅橡胶补偿导线、补偿电缆（执行标准：Q/XHX J02.11—1999）

① 产品用途及使用特征

a. 用途　该产品适用于高温、有酸碱腐蚀性气体等较恶劣环境温度测量控制系统。

b. 使用特性　导线的长期允许工作温度为 −60～230℃。具有优异的耐高温、耐寒、耐酸碱性能。

② 主要技术要求

a. 线芯应能承受交流 50kV 的火花击穿试验。

b. 成品电缆线芯间，线芯与屏蔽层间经受交流 2000V，50Hz 电压试验 2min。

c. 补偿导线（电缆）的热电势及允差，见表 11-34。

表 11-34　补偿导线（电缆）的热电势及允差

型号	测量端温度/℃	热电势标称值	精密级 允差/μV	普通级 允差/μV	往复电阻/Ω 20℃时 $L=1m$ 1.0mm² $R<$
SC/RC	200	1440	±30	±60	0.05
KX KCA	200	8137	±60	±100	KX 为 1.10 KCA 为 0.70
EX	200	13419	±120	±200	1.25
JX	200	10777	±85	±140	0.65
NX NC	200	5912	±60	±100	NX 为 1.43 NC 为 0.75
TX	200	9285	±48	±90	0.52

③ 产品型号、名称、配用热电偶和绝缘色标，见表 11-35。

表 11-35　产品型号、名称及色标

型号	产品名称	配用热电偶	分度号	绝缘着色		护套着色	
				正	负	普通	精密
SC-HQ RC-HQ	铜-铜镍 0.6 补偿型导线	铂铑 10-铂 铂铑 13-铂	S 或 R	红	绿	黑	黄

续表

型号	产品名称	配用热电偶	分度号	绝缘着色		护套着色	
				正	负	普通	精密
KCA-HQ	铁-铜镍 22 补偿型导线	镍铬-镍硅	K	红	蓝	黑	黄
KX-HQ	镍铬 10-镍硅 3 延长型导线			红	黑	黑	黄
EX-HQ	镍铬 10-铜镍 45 延长型导线	镍铬-铜镍	E	红	棕	黑	黄
JX-HQ	铁-铜镍 45 延长型导线	铁-铜镍	J	红	紫	黑	黄
TX-HQ	铜-铜镍 45 延长型导线	铜-铜镍	T	红	白	黑	黄
NC-HQ	铁-铜镍 18 补偿型导线	镍铬硅-镍硅	N	红	灰	黑	黄
NX-HQ	镍铬 14 硅-镍硅 延长型导线						

④ 导线（电缆）的规格和结构尺寸，见表 11-36。

表 11-36 导线（电缆）的规格和结构尺寸

线芯标称截面/mm^2	线芯根数单位直径/mm	软线芯根数单位直径/mm	绝缘厚度/mm	护套厚度/mm	
				护套前外径	标称厚度
0.5	1/0.8	7/0.30	0.6	10 及以下	1.5
1.0	1/1.13	7/0.43	0.7	10.1～15.0	1.8
1.5	1/1.37	7/0.52	0.8	15.1～25.0	2.2
2.5	1/1.76	19/0.41 或 7/0.68	0.9	25.0～35.0	2.5

⑤ 补偿电缆的外径尺寸，见表 11-37。

表 11-37 补偿电缆的外径尺寸

线芯对数	电缆外径参考/mm							
	$0.5mm^2$		$1.0mm^2$		$1.5mm^2$		$2.5mm^2$	
	1/0.80	7/0.30	1/1.13	7/0.43	1/1.37	7/0.52	1/1.76	19/0.4 或 7/0.68
2	15.6	16.4	18.8	19.6	21.2	22.6	23.4	24.7
3	16.6	17.3	20.1	21.0	22.9	23.4	24.9	26.2
4	18.0	18.8	21.6	22.9	24.7	24.7	28	29.5
5	19.4	20.1	23.4	24.5	26.2	27.6	30.3	32.6
6	21.3	22.7	25.8	26.8	29.7	30.8	34	35.8
7	22.1	23.4	26.4	28.1	30.1	31.6	34.9	35.9
8	23.6	24.6	28.3	29.9	32.6	34.4	35.8	38.8
10	26.4	27.9	32	34.1	35.9	38	41.6	43.2
12	28	29.3	34.5	35.4	38.2	39.9	43.4	45.8
14	32	33.5	38.8	41.6	42.8	45.6	47.8	50.2
19	39.3	41.3	43.7	45.3	47.1	49.2	52.8	56.6

注：总屏蔽加 2.0mm，分屏蔽加 20% 外径。

11.7 中国线规与英国、美国、德国线规对照（表 11-38）

表 11-38 中国线规与英国、美国、德国线规对照

中国线规			英 SWG		美 AWG		德 DIN[①]
线径/mm	实际截面/mm^2	标准截面/mm^2	线号	线径/mm	线号	线径/mm	线径/mm
			7/0	12.70			12.50
			6/0	11.786	4/0	11.684	
11.20	98.52	100.00	5/0	10.973	3/0	10.404	11.20
10.00	78.54	80.00	4/0	10.160			10.00

续表

中国线规			英 SWG		美 AWG		德 DIN[①]
线径/mm	实际截面/mm²	标准截面/mm²	线号	线径/mm	线号	线径/mm	线径/mm
9.00	63.62	63.00	3/0	9.449	2/0	9.266	9.00
			2/0	8.839			
8.00	50.27	50.00	0	8.230	0	8.253	8.00
			1	7.620			
7.10	39.59	40.00	2	7.010	1	7.348	7.10
6.30	31.17	31.50	3	6.401	2	6.544	6.30
			4	5.893	3	5.827	
5.60	24.63	25.00	5	5.385	4	5.189	5.60
5.00	19.64	20.00	6	4.877			5.00
4.50	15.90	16.00	7	4.470	5	4.620	4.50
4.00	12.57	12.50	8	4.064	6	4.115	4.00
3.55	9.898	10.00	9	3.658	7	3.665	3.55
3.15	7.793	8.00	10	3.251	8	3.264	3.15
			11	2.946	9	2.906	
2.80	6.158	6.30	12	2.642	10	2.588	2.80
2.50	4.909	5.00	13	2.337	11	2.305	2.50
2.24	3.941	4.00					
2.00	3.142	3.15	14	2.032	12	2.053	2.00
1.80	2.545	2.50	15	1.829	13	1.829	1.80
1.60	2.011	2.00	16	1.626	14	1.628	1.60
1.40	1.539	1.60	17	1.422	15	1.450	1.40
1.25	1.227	1.25	18	1.219	16	1.291	1.25
1.12	0.985	1.00			17	1.150	1.12
1.00	0.7854	0.80	19	1.016	18	1.024	1.00
0.90	0.6362	0.63	20	0.914	19	0.912	0.90
0.80	0.5027	0.50	21	0.813	20	0.812	0.80
0.71	0.3959	0.40	22	0.711	21	0.723	0.71
0.63	0.3117	0.315	23	0.610	22	0.644	0.63
0.56	0.2463	0.250	24	0.559	23	0.573	0.56
0.50	0.1964	0.20	25	0.508	24	0.511	0.50
0.45	0.1590	0.16	26	0.457	25	0.455	0.45
0.40	0.1257	0.125	27	0.4166	26	0.405	0.40
			28	0.3759			
0.355	0.0990	0.100	29	0.3454	27	0.361	0.36
			30	0.3510			
0.315	0.0779	0.08	31	0.2946	28	0.321	0.32
0.28	0.06158	0.063	32	0.2743	29	0.286	0.28
0.25	0.04909	0.050	33	0.2540	30	0.255	0.25
0.224	0.03941	0.040	34	0.2337			0.22
0.20	0.03142	0.032	35	0.2134	31	0.227	0.20
0.18	0.02545	0.025	36	0.1930	32	0.202	0.18
			37	0.1727	33	0.180	
0.16	0.2011	0.020	38	0.1524	34	0.160	0.16
0.14	0.01539	0.016	39	0.1321	35	0.143	0.14
0.125	0.01228	0.012	40	0.1219	36	0.127	0.12
0.112	0.009849	0.010	41	0.1118	37	0.113	0.11
0.100	0.007854	0.008	42	0.1016	38	0.101	0.100
0.09	0.006362	0.0063	43	0.091	39	0.090	
					40	0.080	

① DIN 177—1971。

11.8 电线、电缆的选择（HG/T 20512—2000，SH/T 3019—2003）

仪表工程的电气线路，大致分为仪表信号线路、安全联锁线路和仪表用交流及直流电源线路。其中，仪表信号线路传输检测元件、测量仪表、DCS 及 PLC 等测量及控制系统的电信号。仪表信号电流较弱，对线路的电阻值要求比较严格。安全联锁线路包括工艺参数的超限报警和紧急停车系统（如透平压缩机的轴位移、轴振动控制系统）。仪表用交流和直流电源线路，包括现场测量仪表、分析仪表及控制阀供电。用于各种线路的电缆、电线种类、结构、规格及型号繁多，各种场所使用的电缆、电线的类型，对其有不同的要求。

11.8.1 电缆、电线主要类型的选择

(1) 电缆、电线

① 在一般情况下，常用的电线为铜芯聚氯乙烯绝缘线，常用的电缆为铜芯聚氯乙烯绝缘、聚氯乙烯护套电缆。

② 在火灾危险环境，应采用阻燃型电缆。

③ 在爆炸危险环境，仪表采用本安系统时，应当选用本安型控制电缆。

④ 在DCS或PLC检测控制系统或者对信号线有特殊要求，信号回路应采用屏蔽电缆。屏蔽电缆的屏蔽型式选择表，见表11-39。

⑤ 轴位移、轴振动信号传输电缆，要求采用分屏蔽加总屏蔽电缆。

表 11-39 用于 DCS（PLC）信号屏蔽电缆的屏蔽型式选择表

序号	电缆规格	连接信号	分屏蔽	对绞	总屏蔽	序号	电缆规格	连接信号	分屏蔽	对绞	总屏蔽
1	2芯	模拟/数字信号		☆	☆	4	多芯	热电偶补偿电缆	☆		☆
2	多芯	模拟/数字信号		☆	☆	5	3芯	热电阻			☆
3	2芯	热电偶补偿电缆			☆	6	多芯	热电阻			☆

注：1. ☆表示需要。

2. DCS中的数据通讯电缆，应根据制造厂的要求选择。

(2) 补偿导线

① 在一般环境，常用普通型补偿导线。

② 在高温环境，应有耐高温型补偿导线。

③ 在火灾危险环境，应用阻燃型补偿导线。

④ 在爆炸危险环境，仪表采用本安系统时，应当选用本安型补偿导线。

⑤ 在DCS和PLC检测控制系统，则选用屏蔽型补偿导线。

11.8.2 电缆、电线的线芯截面积选择

电缆、电线的线芯截面积应满足检测及控制回路对线路阻抗的要求，以及施工中对其机械强度的要求。各种场合使用的电缆、电线，其线芯截面积参见表11-40。

仪表盘（箱、柜）内配线，宜采用截面积为 1.0mm² 或 0.75mm² 的塑料绝缘多股铜芯软线。

表 11-40 电线、电缆线芯截面积选择表

使 用 场 合	铜芯电线截面积 /mm²	铜芯电缆截面积/mm²	
		二芯及三芯	四芯及以上
控制室总供电箱至分供电箱或机柜	≥2.5	≥2.5	
控制室分供电箱至现场供电箱		≥1.5	
控制室分供电箱至现场仪表(电源线)		≥1.5	
现场供电箱至现场仪表(电源线)	1.5	1.5	
控制室至现场接线箱(信号线)			1.0~1.5
现场接线箱至现场仪表(信号线)		1.0~1.5	1.0~1.5
控制室至现场仪表(信号线)		1.0~1.5	0.75~1.5
控制室至现场仪表(报警联锁线)		1.5	
控制室至现场电磁阀		≥1.5	≥1.5
控制室至电机控制中心 MCC(联锁线)	1.5	1.5	
本质安全电路		0.75~1.5	0.75~1.5

补偿导线的截面积，常用 1.5~2.5mm²。若采用多芯补偿电缆，如果线路电阻能够满足测量的要求，其线芯截面积可为 0.75~1.0mm²。

11.9 各种线芯截面的直流电阻值（表11-41）

表11-41 各种线芯截面的直流电阻值

标称截面/mm²	计算截面/mm²					导电线芯结构 根数/单线直径/mm					20℃时直流电阻不大于/(Ω/km)													
											镀锡					不镀锡								
	Ⅰ	Ⅱ	Ⅲ	Ⅳ	Ⅴ	Ⅰ	Ⅱ	Ⅲ	Ⅳ	Ⅴ	Ⅰ	Ⅱ	Ⅲ	Ⅳ	Ⅴ	Ⅰ	Ⅱ	Ⅲ	Ⅳ	Ⅴ
0.00	0.0299					1/0.20					637									1360
0.012					0.0137					7/0.05					1390					
0.03					0.0269					7/0.07					709					693
0.06	0.0661			0.055	0.0577	1/0.30			7/0.10	15/0.07	288			347	330	272			339	323
0.12	0.12			0.0124	0.115	1/0.40			7/0.15	30/0.07	159			154	166	150			145	162
0.2	0.189		0.22	0.212	0.216	1/0.50		7/0.20	12/0.15	56/0.07	101		86.6	89.9	88.2	95.2		81.8	84.9	86.3
0.3	0.273		0.291	0.283	0.296	1/0.60		7/0.23	16/0.15	77/0.07	67.3		65.5	67.3	64.4	65.3		61.9	63.6	63
0.4	0.374		0.372	0.406	0.385	1/0.70		7/0.26	23/0.15	49/0.10	49.1		51.2	46.9	49.5	47.7		48.4	44.3	48.4
0.5	0.484	0.495	0.503	0.495	0.495	1/0.80	7/0.30	16/0.20	28/0.15	63/0.10	37.9	38.5	37.9	38.5	38.5	36.8	36.4	35.8	36.4	37.7
0.75	0.716	0.753	0.789	0.742	0.715	1/0.97	7/0.37	19/0.23	42/0.15	91/0.10	25.6	25.3	24.2	25.7	26.7	24.9	23.9	22.8	24.3	26.1
1	0.968	1.02	1.01	1.01	0.99	1/1.13	7/0.43	19/0.26	32/0.20	56/0.15	19.00	18.7	18.9	18.9	19.3	18.4	17.6	17.8	17.8	18.2
1.5	1.43	1.49	1.53	1.51	1.48	1/1.37	7/0.52	19/0.32	48/0.20	84/0.15	12.8	12.3	12.5	12.6	12.9	12.5	12.00	11.8	11.9	12.2
2	1.96	1.98	2.04	2.01	1.98	1/1.60	7/0.60	19/0.37	64/0.20	112/0.15	9.37	9.27	9.34	9.48	9.63	9.1	9.01	8.82	8.96	9.09
2.5	2.38	2.51	2.6	2.42	2.35	1/1.76	19/0.41	49/0.23	49/0.26	133/0.15	7.71	7.59	7.33	7.88	8.11	7.5	7.17	6.92	7.44	7.63
4	3.87	4.04	3.94	4.09	3.96	1/2.24	19/0.52	49/0.32	49/0.32	126/0.20	4.72	4.54	4.84	4.66	4.81	4.6	4.41	4.57	4.4	4.55
6	5.73	6.11	5.86	6.19	5.94	1/2.73	19/0.64	49/0.39	77/0.26	189/0.20	3.2	3.00	3.25	3.08	3.21	3.11	2.92	3.07	2.91	3.03
10	9.72	10.41	10.04	10.7	10.12	7/1.33	49/0.52	84/0.39	77/0.32	322/0.20	1.89	1.78	1.9	1.78	1.88	1.83	1.73	1.79	1.68	1.78
16	15.89	15.76	15.84	15.89	16.12	7/1.70	49/0.64	84/0.49	133/0.32	513/0.20	1.16	1.18	1.2	1.2	1.18	1.12	1.14	1.14	1.13	1.12
25	24.71	25.89	25.08	24.95	25.07	7/2.12	98/0.58	133/0.49	133/0.39	798/0.20	0.743	0.716	0.76	0.764	0.76	0.722	0.695	0.718	0.721	0.718
35	34.36		35.14	34.19	35.22	7/2.50		133/0.58	189/0.41	1121/0.2	0.534		0.528	0.557	0.541	0.519		0.512	0.526	0.511
50	49.97		48.31	47.65	50.15	19/1.83		133/0.68	259/0.41	1596/0.2	0.367		0.384	0.4	0.38	0.357		0.373	0.378	0.359
70	67.07		68.64	68.61	70.62	19/2.12		189/0.68	361/0.41	999/0.30	0.274		0.27	0.27	0.27	0.266		0.262	0.262	0.255
95	93.27		94.07	94.31	94.16	19/2.50		259/0.68	444/0.52	1332/0.3	0.197		0.197	0.197	0.202	0.191		0.191	0.191	0.191

11.10 仪表接地系统接线和接地电阻的要求（SH 3081—2003）

11.10.1 接地系统接线

(1) 接地系统的导线应采用多股绞合铜芯绝缘电线或电缆。
(2) 接地系统的各接地汇流排可采用截面为 25mm×6mm 的铜条制作。
(3) 接地系统的各接地汇总板应采用铜板制作，厚度不小于 6mm，长、宽尺寸按需要确定。
(4) 接地线的截面可根据连接仪表的数量和接地线的长度按下列数值选用
① 接地线：$1\sim2.5\text{mm}^2$；
② 接地干线：$4\sim16\text{mm}^2$；
③ 连接总接地板的接地干线：$10\sim25\text{mm}^2$；
④ 接地总干线：$16\sim50\text{mm}^2$；
⑤ 雷电浪涌保护器接地线：$2.5\sim4\text{mm}^2$。
(5) 接地系统的标识颜色为绿色或绿、黄两色。

11.10.2 接地电阻

(1) 从仪表或设备的接地端子到接地极之间的导线与连接点的电阻总和，称为接地连接电阻。
(2) 接地极对地电阻与接地连接电阻之和称为接地电阻。
(3) 仪表及控制系统的接地电阻为工频接地电阻，不应大于 4Ω。
(4) 仪表及控制系统的接地连接电阻不应大于 1Ω。

土壤和水的电阻率见表 11-42。

表 11-42 土壤和水的电阻率　　　　　　　　　　Ω·m

类别	名　称	近似值	变动范围		
			较湿时（多雨区）	较干时（少雨区）	地下水含盐碱时
泥土	陶黏土	10	5~20	10~100	3~10
	泥炭、沼泽地	20	10~30	50~300	3~10
	捣碎的木炭	40	—	—	—
	黑土、园田土、陶土、白垩土	50	30~100	50~300	10~30
	黏土	60	30~100	50~300	10~30
	砂质黏土	100	30~300	80~1000	10~30
	黄土	200	100~200	250	30
	含砂黏土、砂土	300	100~1000	1000 以上	30~100
	河滩中的砂	—	300	—	—
	煤	—	350	—	—
	多石土壤	400	—	—	—
	上层红色风化黏土、下层红色页岩	500（湿度30%）	—	—	—
	表层土夹石、下层石子	600（湿度15%）	—	—	—

续表

类别	名 称	近似值	变 动 范 围		
			较湿时（多雨区）	较干时（少雨区）	地下水含盐碱时
砂	砂子、砂砾 砂层深度大于10m,地下水较深的草原或地面黏土深度不大于1.5m、低层多岩石地区	1000 1000	250～1000 —	1000～2500 —	— —
岩石	砾石、碎石 多岩石地 花岗石	500 500 200000	— — —	— — —	— — —
矿石	金属矿石	0.01～1	—	—	—
混凝土	在水中 在湿土中 在干土中 在干燥的大气中	40～55 100～200 500～1300 12000～18000	— — — —	— — — —	— — — —
水	海水 湖水、池水 泥水 泉水 地下水 溪水 河水 污秽的水 蒸馏水	1～5 30 15～20 40～50 20～70 50～100 30～280 300 1000000	— — — — — — — — —	— — — — — — — — —	— — — — — — — — —

第12章 环境质量与污染物排放标准

12.1 环境空气质量与大气污染物排放标准

环境空气——人群、植物、动物和建筑物所暴露的室外空气。
总悬浮颗粒物（TSP）——能悬浮在空气中，空气动力学当量直径≤100μm的颗粒物。
可吸入颗粒物（PM_{10}）——悬浮在空气中，空气动力学当量直径≤10μm的颗粒物。
氮氧化物（以NO_2计）——空气中主要以一氧化氮和二氧化氮形式存在的氮的氧化物。
标准状态——温度为273K，压力为101.325kPa时的状态。
过量空气系数——燃料燃烧时实际空气消耗量与理论空气需要量之比值，用"α"表示。

12.1.1 环境空气质量标准（GB 3095—1996）

(1) 环境空气质量功能区分类
一类区为自然保护区、风景名胜区和其他需要特殊保护的地区。
二类区为城镇规划中确定的居住区、商业交通居民混合区、文化区、一般工业区和农村地区。
三类区为特定工业区。

(2) 环境空气质量标准 分为三级，一类区执行一级标准，二类区执行二级标准，三类区执行三级标准。
（下述大气污染物排放标准中的分级均按此执行）
各项污染物的浓度限值见表12-1。

12.1.2 火电厂大气污染物排放标准（GB 13223—2003）

该标准适用于使用单台出力65t/h以上除尘锅炉、抛煤机炉外的燃煤发电锅炉；各种容量的煤粉发电锅炉；单台出力65t/h以上燃油发电锅炉；各种容量的燃气轮机组的火电厂。单台出力65t/h以上采用甘蔗渣、锯末、树皮等生物质燃料的发电锅炉，参照该标准中以煤矸石等为主要燃料的资源综合利用火力发电锅炉的污染物排放控制要求执行。该标准不适用于各种容量的以生活垃圾、危险废物为燃料的火电厂。

(1) 时段的划分 该标准分三个时段，对不同时期的火电厂建设项目分别规定了排放控制要求。
1996年12月31日前建成投产或通过建设项目环境影响报告书审批的新建、扩建、改建火电厂建设项目，执行第1时段排放控制要求。
1997年1月1日起至该标准实施前通过建设项目环境影响报告书审批的新建、扩建、改建火电厂建设项目，执行第2时段排放控制要求。
自2004年1月1日起，通过建设项目环境影响报告书审批的新建、扩建、改建火电厂建设项目（含在第2时段中通过环境影响报告书审批的新建、扩建、改建火电厂建设项目，自批准

表 12-1 各项污染物的浓度限值

污染物名称	取值时间	浓度限值 一级标准	浓度限值 二级标准	浓度限值 三级标准	浓度单位
二氧化硫 SO_2	年平均 日平均 一小时平均	0.02 0.05 0.15	0.06 0.15 0.50	0.10 0.25 0.70	mg/m^3（标准状态）
总悬浮颗粒物 TSP	年平均 日平均	0.08 0.12	0.20 0.30	0.30 0.50	
可吸入颗粒物 PM_{10}	年平均 日平均	0.04 0.05	0.10 0.15	0.15 0.25	
氮氧化物 NO_x	年平均 日平均 一小时平均	0.05 0.10 0.15	0.05 0.10 0.25	0.10 0.15 0.30	
二氧化氮 NO_2	年平均 日平均 一小时平均	0.04 0.08 0.12	0.04 0.08 0.12	0.08 0.12 0.24	
一氧化碳 CO	日均匀 一小时平均	4.00 10.00	4.00 10.00	6.00 20.00	
臭氧 O_3	一小时平均	0.12	0.16	0.20	
铅 Pb	季平均 年平均		1.50 1.00		
苯并[a]芘 B[a]P	日平均		0.01		$\mu g/m^3$（标准状态）
氟化物 F	日均匀 一小时平均		7① 20①		
	月平均 植物生长季平均	1.8② 1.2②		3.0③ 2.0③	$\mu g/(dm^2 \cdot d)$

① 适用于城市地区。
② 适用于牧业区和以牧业为主的半农半牧区、蚕桑区。
③ 适用于农业和林业区。

之日起满 5 年，在该标准实施前尚未开工建设的火电厂建设项目），执行第 3 时段排放控制要求。

(2) 过量空气系数折算值

燃煤锅炉：$\alpha = 1.4$

燃油锅炉：$\alpha = 1.2$

燃气轮机组：$\alpha = 3.5$

该标准中 1μmol/mol（1ppm）二氧化硫相当于 $2.86mg/m^3$ 质量浓度。氮氧化物质量浓度以二氧化氮计，1μmol/mol（1ppm）氮氧化物相当于 $2.05mg/m^3$ 质量浓度。

火电厂大气污染物最高允许排放限值见表 12-2 至表 12-4。

表 12-2 火力发电锅炉烟尘最高允许排放浓度和烟气黑度限值

时段	烟尘最高允许排放浓度/(mg/m^3) 第1时段		第2时段		第3时段	烟气黑度 （林格曼黑度/级）
实施时间	2005年1月1日	2010年1月1日	2005年1月1日	2010年1月1日	2004年1月1日	2004年1月1日
燃煤锅炉	300① 600②	200	200① 500②	50 100③ 200④	50 100③ 200④	1.0
燃油锅炉	200	100	100	50	50	

① 县级及县级以上城市建成区及规划区内的火力发电锅炉执行该限值。
② 县级及县级以上城市建成区及规划区以外的火力发电锅炉执行该限值。
③ 在该标准实施前，环境影响报告书已批复的脱硫机组，以及位于西部非两控区的燃用特低硫煤（入炉燃煤收到基硫分小于 0.5%）的坑口电厂锅炉执行该限值。
④ 以煤矸石等为主要燃料（入炉燃料收到基低位发热量小于等于 12550kJ/kg）的资源综合利用火力发电锅炉执行该限值。

表 12-3　火力发电锅炉二氧化硫最高允许排放浓度　　mg/m³

时段	第1时段		第2时段		第3时段
实施时间	2005年1月1日	2010年1月1日	2005年1月1日	2010年1月1日	2004年1月1日
燃煤锅炉及燃油锅炉	2100①	1200①	2100 1200②	400 1200②	400 800③ 1200④

① 该限值为全厂第1时段火力发电锅炉平均值。
② 在该标准实施前，环境影响报告书已批复的脱硫机组，以及位于西部非两控区的燃用特低硫煤（入炉燃煤收到基硫分小于0.5%）的坑口电厂锅炉执行该限值。
③ 以煤矸石等为主要燃料（入炉燃料收到基低位发热量小于等于12550kJ/kg）的资源综合利用火力发电锅炉执行该限值。
④ 位于西部非两控区的燃用特低硫煤（入炉燃煤收到基硫分小于0.5%）的坑口电厂锅炉执行该限值。

表 12-4　火力发电锅炉及燃气轮机组氮氧化物最高允许排放浓度　　mg/m³

时段		第1时段	第2时段	第3时段
实施时间		2005年1月1日	2005年1月1日	2004年1月1日
燃煤锅炉	$V_{daf}<10\%$	1500	1300	1100
	$10\%\leqslant V_{daf}\leqslant 20\%$	1100	650	650
	$V_{daf}>20\%$			450
燃油锅炉		650	400	200
燃气轮机组	燃油			150
	燃气			80

注：V_{daf}—干燥无灰基挥发分。

12.1.3　锅炉大气污染物排放标准（GB 13271—2001）

该标准适用于除煤粉发电锅炉和单台出力大于45.5MW（65t/h）发电锅炉以外的各种容量和用途的燃煤、燃油和燃气锅炉。

(1) 适用区域类别划分　该标准中的一类区和二、三类区是指GB 3095—1996中所规定的环境空气质量功能区的分类区域。该标准中的"两控区"是指《国务院关于酸雨控制区和二氧化硫污染控制区有关问题的批复》中所划定的酸雨控制区和二氧化硫污染控制区的范围。

(2) 年限划分　该标准按锅炉建成使用年限分为两个阶段，执行不同的大气污染排放标准。

Ⅰ时段：2000年12月31日前建成使用的锅炉。

Ⅱ时段：2001年1月1日起建成使用的锅炉（含在Ⅰ时段立项未建成或未运行适用的锅炉和建成使用锅炉中需要扩建、改造的锅炉）。

(3) 过量空气系数折算值

燃煤锅炉：$\alpha=1.8$

燃油、燃气锅炉：$\alpha=1.2$

锅炉大气污染物排放浓度限值见表12-5和表12-6。

表 12-5　锅炉烟尘最高允许排放浓度和烟气黑度限值

锅炉类别		适用区域	烟尘排放浓度/(mg/m³)		烟气黑度（林格曼黑度/级）
			Ⅰ时段	Ⅱ时段	
燃煤锅炉	自然通风锅炉[<0.7MW(1t/h)]	一类区	100	80	1
		二、三类区	150	120	
	其他锅炉	一类区	100	80	1
		二类区	250	200	
		三类区	350	250	
燃油锅炉	轻柴油、煤油	一类区	80	80	1
		二、三类区	100	100	
	其他燃料油	一类区	100	80ª	1
		二、三类区	200	150	
燃气锅炉		全部区域	50	50	1

注：一类区禁止新建以重油、渣油为燃料的锅炉。

表 12-6　锅炉二氧化硫和氮氧化物最高允许排放浓度

锅炉类别		适用区域	SO_2 排放浓度/(mg/m³)		NO_x 排放浓度/(mg/m³)	
			Ⅰ时段	Ⅱ时段	Ⅰ时段	Ⅱ时段
燃煤锅炉		全部区域	1200	900	—	—
燃油锅炉	轻柴油、煤油	全部区域	700	500	—	400
	其他燃料油	全部区域	1200	900ª	—	400ª
燃气锅炉		全部区域	100	100	—	400

注：一类区禁止新建以重油、渣油为燃料的锅炉。

12.1.4　工业炉窑大气污染物排放标准（GB 9078—1996）

1997年1月1日起通过环境影响报告书（表）批准的新建、改建、扩建的各种工业炉窑，大气污染物排放限值见表12-7至表12-9。

表 12-7　工业炉窑烟（粉）尘最高允许排放浓度和烟气黑度限值

序号	炉窑类别（1997年1月1日起新建、改建、扩建）		标准级别	排放限值	
				烟(粉)尘浓度/(mg/m³)	烟气黑度（林格曼黑度/级）
1	熔炼炉	高炉及高炉出铁场	一	禁排	
			二	100	
			三	150	
		炼钢炉及混铁炉(车)	一	禁排	
			二	100	
			三	150	
		铁合金熔炼炉	一	禁排	
			二	100	
			三	200	
		有色金属熔炼炉	一	禁排	
			二	100	
			三	200	

续表

序号	炉窑类别 (1997年1月1日起新建、改建、扩建)		标准级别	排放限值	
				烟(粉)尘浓度 /(mg/m³)	烟气黑度 (林格曼黑度/级)
2	熔化炉	冲天炉、化铁炉	一	禁排	
			二	150	1
			三	200	1
		金属熔化炉	一	禁排	
			二	150	1
			三	200	1
		非金属熔化、冶炼炉	一	禁排	
			二	200	1
			三	300	1
3	铁矿烧结炉	烧结机 (机头、机尾)	一	禁排	
			二	100	
			三	150	
		球团竖炉 带式球团	一	禁排	
			二	100	
			三	150	
4	加热炉	金属压延、锻造加热炉	一	禁排	
			二	200	1
			三	300	1
		非金属加热炉	一	50①	1
			二	200①	1
			三	300	1
5	热处理炉	金属热处理炉	一	禁排	
			二	200	1
			三	300	1
		非金属热处理炉	一	禁排	
			二	200	1
			三	300	1
6	干燥炉、窑		一	禁排	
			二	200	1
			三	300	1
7	非金属焙(锻)烧炉窑 (耐火材料窑)		一	禁排	
			二	200	1
			三	300	2
8	石灰窑		一	禁排	
			二	200	1
			三	350	1

续表

序号	炉窑类别 (1997年1月1日起新建、改建、扩建)		标准级别	排放限值	
				烟(粉)尘浓度/(mg/m³)	烟气黑度(林格曼黑度/级)
9	陶瓷砖瓦搪瓷窑	隧道窑	一	禁排	
			二	200	1
			三	300	1
		其他窑	一	禁排	
			二	200	1
			三	400	2
10	其他炉窑		一	禁排	
			二	200	1
			三	300	1

① 仅限于市政、建筑施工临时用沥青加热炉。

表 12-8　工业炉窑无组织排放烟（粉）尘最高允许浓度

设置方式	炉窑类别(不分其安装时间)	无组织排放烟(粉)尘最高允许浓度/(mg/m³)
有车间厂房	熔炼炉、铁矿烧结炉	25
	其他炉窑	5
露天(或有顶无围墙)	各种工业炉窑	5

注：无组织排放是指不通过烟囱或排气系统而泄漏烟尘、生产性粉尘和有害污染物。

表 12-9　工业炉窑有害污染物最高允许排放浓度

序号	有害污染物名称		标准级别	1997年1月1日起新建、改建、扩建的工业炉窑排放浓度/(mg/m³)
1	二氧化硫	有色金属冶炼	一	禁排
			二	850
			三	1430
		钢铁烧结冶炼	一	禁排
			二	2000
			三	2860
		燃煤(油)炉窑	一	禁排
			二	850
			三	1200
2	氟及其化合物(以F计)		一	禁排
			二	6
			三	15
3	铅	金属熔炼	一	禁排
			二	10
			三	35
		其他	一	禁排
			二	0.10
			三	0.10

续表

序号	有害污染物名称		标准级别	1997年1月1日起新建、改建、扩建的工业炉窑排放浓度/(mg/m³)
4	汞	金属熔炼	一	禁排
			二	1.0
			三	3.0
		其他	一	禁排
			二	0.010
			三	0.010
5	铍及其化合物(以Be计)		一	禁排
			二	0.010
			三	0.015
6	沥青油烟		一	5①
			二	50
			三	100

① 仅限于市政、建筑施工临时用沥青加热炉。

12.1.5　水泥工业大气污染物排放标准（GB 4915—2004）

见表12-10至表12-12。

表12-10　水泥工业大气污染物排放限值（1）

（现有生产线自2006年7月1日起至2009年12月31日止执行）

生产过程	生产设备	颗粒物		二氧化硫		氮氧化物(以NO₂计)		氟化物(以总氟计)	
		排放浓度/(mg/m³)	单位产品排放量/(kg/t)	排放浓度/(mg/m³)	单位产品排放量/(kg/t)	排放浓度/(mg/m³)	单位产品排放量/(kg/t)	排放浓度/(mg/m³)	单位产品排放量/(kg/t)
矿山开采	破碎机及其他通风生产设备	50	—	—	—	—	—	—	—
水泥制造	水泥窑及窑磨一体机①	100	0.30	400	1.20	800	2.40	10	0.03
	烘干机、烘干磨、煤磨及冷却机	100	0.30	—	—	—	—	—	—
	破碎机、磨机、包装机及其他通风生产设备	50	0.04	—	—	—	—	—	—
水泥制造生产	水泥仓及其他通风生产设备	50	—	—	—	—	—	—	—

① 指烟气中O₂含量10%状态下的排放浓度及单位产品排放量。

表 12-11 水泥工业大气污染物排放限值（2）

（新建生产线自 2005 年 1 月 1 日起执行，现有生产线自 2010 年 1 月 1 日起执行）

生产过程	生产设备	颗粒物 排放浓度 /(mg/m³)	颗粒物 单位产品排放量 /(kg/t)	二氧化硫 排放浓度 /(mg/m³)	二氧化硫 单位产品排放量 /(kg/t)	氮氧化物(以 NO₂ 计) 排放浓度 /(mg/m³)	氮氧化物(以 NO₂ 计) 单位产品排放量 /(kg/t)	氟化物(以总氟计) 排放浓度 /(mg/m³)	氟化物(以总氟计) 单位产品排放量 /(kg/t)
矿山开采	破碎机及其他通风生产设备	30	—	—	—	—	—	—	—
水泥制造	水泥窑及窑磨一体机①	50	0.15	200	0.60	800	2.40	5	0.015
水泥制造	烘干机、烘干磨、煤磨及冷却机	50	0.15	—	—	—	—	—	—
水泥制造	破碎机、磨机、包装机及其他通风生产设备	30	0.024	—	—	—	—	—	—
水泥制品生产	水泥仓及其他通风生产设备	30	—	—	—	—	—	—	—

① 指烟气中 O_2 含量 10%状态下的排放浓度及单位产品排放量。

表 12-12 作业场所颗粒物无组织排放限值

（新建生产线自 2005 年 1 月 1 日起执行，现有生产线自 2006 年 7 月 1 日起执行）

作 业 场 所	颗粒物无组织排放监控点	浓度限值①/(mg/m³)
水泥厂（含粉磨站）水泥制品厂	厂界外 20m 处	1.0（扣除参考值②）

① 指监控点处的总悬浮颗粒物（TSP）1 小时浓度值。
② 将厂界外 20m 处上风方的监测数据作为参考值。

注：无组织排放是指大气污染物不经过排气筒的无规则排放，主要包括作业场所物料堆放、开放式输送扬尘和管道、设备的含尘气体泄漏等。

12.2 环境水质与水污染物排放标准

12.2.1 地表水环境质量标准（GB 3838—2002）

(1) 地表水水域功能分类

依据地表水水域环境功能和保护目标，按功能高低依次划分为五类：

Ⅰ类——主要适用于源头水、国家自然保护区；

Ⅱ类——主要适用于集中式生活饮用水地表水源地一级保护区、珍稀水生生物栖息地、鱼虾类产卵场、仔稚幼鱼的索饵场等；

Ⅲ类——主要适用于集中式生活饮用水地表水源地二级保护区、鱼虾类越冬场、洄游通道、水产养殖区等渔业水域及游泳区；

Ⅳ类——主要适用于一般工业用水区及人体非直接接触的娱乐用水区；

Ⅴ类——主要适用于农业用水区及一般景观要求水域。

(2) 地表水环境质量标准基本项目标准限值（见表 12-13）

表 12-13 地表水环境质量标准基本项目标准限值　　　　mg/L

序号	标准值 分类 项目		I类	II类	III类	IV类	V类
1	水温/℃		人为造成的环境水温变化应限制在:周平均最大温升≤1 周平均最大温降≤2				
2	pH值(无量纲)		6～9				
3	溶解氧	≥	饱和率90% (或7.5)	6	5	3	2
4	高锰酸盐指数	≤	2	4	6	10	15
5	化学需氧量(COD)	≤	15	15	20	30	40
6	五日生化需氧量(BOD_5)	≤	3	3	4	6	10
7	氨氮(NH_3-N)	≤	0.15	0.5	1.0	1.5	2.0
8	总磷(以P计)	≤	0.02 (湖、库0.01)	0.1 (湖、库0.025)	0.2 (湖、库0.05)	0.3 (湖、库0.1)	0.4 (湖、库0.2)
9	总氮(湖、库,以N计)	≤	0.2	0.5	1.0	1.5	2.0
10	铜	≤	0.01	1.0	1.0	1.0	1.0
11	锌	≤	0.05	1.0	1.0	2.0	2.0
12	氟化物(以F^-计)	≤	1.0	1.0	1.0	1.5	1.5
13	硒	≤	0.01	0.01	0.01	0.02	0.02
14	砷	≤	0.05	0.05	0.05	0.1	0.1
15	汞	≤	0.00005	0.00005	0.0001	0.001	0.001
16	镉	≤	0.001	0.005	0.005	0.005	0.01
17	铬(六价)	≤	0.01	0.05	0.05	0.05	0.1
18	铅	≤	0.01	0.01	0.05	0.05	0.1
19	氰化物	≤	0.005	0.05	0.2	0.2	0.2
20	挥发酚	≤	0.002	0.002	0.005	0.01	0.1
21	石油类	≤	0.05	0.05	0.05	0.5	1.0
22	阴离子表面活性剂	≤	0.2	0.2	0.2	0.3	0.3
23	硫化物	≤	0.05	0.1	0.2	0.5	1.0
24	粪大肠菌群/(个/L)	≤	200	2000	10000	20000	40000

12.2.2　污水综合排放标准 (GB 8978—1996)

(1) 适用范围　按照国家综合排放标准与国家行业排放标准不交叉执行的原则,造纸、船舶、海洋石油开发、纺织染整、肉类加工、合成氨、钢铁、兵器、磷肥、烧碱、聚氯乙烯等工业的水污染物排放执行相应的行业排放标准,其他水污染物排放均执行综合排放标准,即本标准。

(2) 排放标准分级

① 排入 GB 3838 III类水域(划定的保护区和游泳区除外)和排入 GB 3097 中二类海域的污水,执行一级标准。

② 排入 GB 3838 中IV、V类水域和排入 GB 3097 中三类海域的污水,执行二级标准。

③ 排入设置二级污水处理厂的城镇排水系统的污水,执行三级标准。

④ 排入未设置二级污水处理厂的城镇排水系统的污水,必须根据排水系统出水受纳水

域的功能要求，分别执行①和②的规定。

⑤ GB 3838 中Ⅰ、Ⅱ类水域和Ⅲ类水域中划定的保护区，GB 3097 中一类海域，禁止新建排污口，现有排污口应按水体功能要求，实行污染物总量控制，以保证受纳水体水质符合规定用途的水质标准。

（下述水污染物排放标准中的分级均按此执行）

(3) 排放标准值 本标准将排放的污染物按其性质及控制方式分为两类。

① 第一类污染物——不分行业和污水排放方式，也不分受纳水体的功能类别，一律在车间或车间处理设施排放口采样，其最高允许排放浓度必须达到本标准要求（采矿行业的尾矿坝出水口不得视为车间排放口）。

第一类污染物最高允许排放浓度见表 12-14。

表 12-14 第一类污染物最高允许排放浓度   mg/L

序号	污染物	最高允许排放浓度	序号	污染物	最高允许排放浓度
1	总汞	0.05	8	总镍	1.0
2	烷基汞	不得检出	9	苯并[a]芘	0.00003
3	总镉	0.1	10	总铍	0.005
4	总铬	1.5	11	总银	0.5
5	六价铬	0.5	12	总 α 放射性	1Bq/L
6	总砷	0.5	13	总 β 放射性	10Bq/L
7	总铅	1.0			

② 第二类污染物——在排污单位排放口采样，其最高允许排放浓度必须达到本标准要求。

该标准按年限规定了第二类污染物最高允许排放浓度及部分行业最高允许排水量，分别为：1998 年 1 月 1 日起建设（包括改、扩建）的单位，水污染物的排放标准见表 12-15 和表 12-16。（1997 年 12 月 31 日之前建设的单位，水污染物的排放标准本书未编入，可查阅 GB 8978—1996。）

表 12-15 第二类污染物最高允许排放浓度
（1998 年 1 月 1 日后建设的单位）   mg/L

序号	污染物	适用范围	一级标准	二级标准	三级标准
1	pH	一切排污单位	6～9	6～9	6～9
2	色度(稀释倍数)	一切排污单位	50	80	—
3	悬浮物(SS)	采矿、选矿、选煤工业	70	300	—
		脉金选矿	70	400	—
		边远地区砂金选矿	70	800	—
		城镇二级污水处理厂	20	30	—
		其他排污单位	70	150	400
4	五日生化需氧量(BOD_5)	甘蔗制糖、苎麻脱胶、湿法纤维板、染料、洗毛工业	20	60	600
		甜菜制糖、酒精、味精、皮革、化纤浆粕工业	20	100	600
		城镇二级污水处理厂	20	30	—
		其他排污单位	20	30	300

续表

序号	污染物	适用范围	一级标准	二级标准	三级标准
5	化学需氧量(COD)	甜菜制糖、合成脂肪酸、湿法纤维板、染料、洗毛、有机磷农药工业	100	200	1000
		味精、酒精、医药原料药、生物制药、苎麻脱胶、皮革、化纤浆粕工业	100	300	1000
		石油化工工业(包括石油炼制)	60	120	500
		城镇二级污水处理厂	60	120	—
		其他排污单位	100	150	500
6	石油类	一切排污单位	5	10	20
7	动植物油	一切排污单位	10	15	100
8	挥发酚	一切排污单位	0.5	0.5	2.0
9	总氰化合物	一切排污单位	0.5	0.5	1.0
10	硫化物	一切排污单位	1.0	1.0	1.0
11	氨氮	医药原料药、染料、石油化工工业	15	50	—
		其他排污单位	15	25	—
12	氟化物	黄磷工业	10	15	20
		低氟地区(水体含氟量<0.5mg/L)	10	20	30
		其他排污单位	10	10	20
13	磷酸盐(以P计)	一切排污单位	0.5	1.0	—
14	甲醛	一切排污单位	1.0	2.0	5.0
15	苯胺类	一切排污单位	1.0	2.0	5.0
16	硝基苯类	一切排污单位	2.0	3.0	5.0
17	阴离子表面活性剂(LAS)	一切排污单位	5.0	10	20
18	总铜	一切排污单位	0.5	1.0	2.0
19	总锌	一切排污单位	2.0	5.0	5.0
20	总锰	合成脂肪酸工业	2.0	5.0	5.0
		其他排污单位	2.0	2.0	5.0
21	彩色显影剂	电影洗片	1.0	2.0	3.0
22	显影剂及氧化物总量	电影洗片	3.0	3.0	6.0
23	元素磷	一切排污单位	0.1	0.1	0.3
24	有机磷农药(以P计)	一切排污单位	不得检出	0.5	0.5
25	乐果	一切排污单位	不得检出	1.0	2.0
26	对硫磷	一切排污单位	不得检出	1.0	2.0
27	甲基对硫磷	一切排污单位	不得检出	1.0	2.0
28	马拉硫磷	一切排污单位	不得检出	5.0	10
29	五氯酚及五氯酚钠(以五氯酚计)	一切排污单位	5.0	8.0	10
30	可吸附有机卤化物(AOX)(以Cl计)	一切排污单位	1.0	5.0	8.0
31	三氯甲烷	一切排污单位	0.3	0.6	1.0
32	四氯化碳	一切排污单位	0.03	0.06	0.5
33	三氯乙烯	一切排污单位	0.3	0.6	1.0
34	四氯乙烯	一切排污单位	0.1	0.2	0.5
35	苯	一切排污单位	0.1	0.2	0.5
36	甲苯	一切排污单位	0.1	0.2	0.5

续表

序号	污染物	适用范围	一级标准	二级标准	三级标准
37	乙苯	一切排污单位	0.4	0.6	1.0
38	邻-二甲苯	一切排污单位	0.4	0.6	1.0
39	对-二甲苯	一切排污单位	0.4	0.6	1.0
40	间-二甲苯	一切排污单位	0.4	0.6	1.0
41	氯苯	一切排污单位	0.2	0.4	1.0
42	邻-二氯苯	一切排污单位	0.4	0.6	1.0
43	对-二氯苯	一切排污单位	0.4	0.6	1.0
44	对-硝基氯苯	一切排污单位	0.5	1.0	5.0
45	2,4-二硝基氯苯	一切排污单位	0.5	1.0	5.0
46	苯酚	一切排污单位	0.3	0.4	1.0
47	间-甲酚	一切排污单位	0.1	0.2	0.5
48	2,4-二氯酚	一切排污单位	0.6	0.8	1.0
49	2,4,6-三氯酚	一切排污单位	0.6	0.8	1.0
50	邻苯二甲酸二丁酯	一切排污单位	0.2	0.4	2.0
51	邻苯二甲酸二辛酯	一切排污单位	0.3	0.6	2.0
52	丙烯腈	一切排污单位	2.0	5.0	5.0
53	总硒	一切排污单位	0.1	0.2	0.5
54	粪大肠菌群数	医院[①]、兽医院及医疗机构含病原体污水	500个/L	1000个/L	5000个/L
		传染病、结核病医院污水	100个/L	500个/L	1000个/L
55	总余氯(采用氯化消毒的医院污水)	医院[①]、兽医院及医疗机构含病原体污水	<0.5[②]	≥3(接触时间≥1h)	≥2(接触时间≥1h)
		传染病、结核病医院污水	<0.5[②]	≥6.5(接触时间≥1.5h)	≥5(接触时间≥1.5h)
56	总有机碳(TOC)	合成脂肪酸工业	20	40	—
		苎麻脱胶工业	20	60	—
		其他排污单位	20	30	—

① 指50个床位以上的医院。
② 加氯消毒后须进行脱氯处理，达到本标准。
注：其他排污单位指除在该控制项目中所列行业以外的一切排污单位。

表12-16　部分行业最高允许排水量（1998年1月1日后建设的单位）

序号	行业类别			最高允许排水量或最低允许水重复利用率
1	矿山工业	有色金属系统选矿		水重复利用率75%
		其他矿山工业采矿、选矿、选煤等		水重复利用率90%(选煤)
		脉金选矿	重选	16.0m³/t(矿石)
			浮选	9.0m³/t(矿石)
			氰化	8.0m³/t(矿石)
			碳浆	8.0m³/t(矿石)
2	焦化企业(煤气厂)			1.2m³/t(焦炭)
3	有色金属冶炼及金属加工			水重复利用率80%

续表

序号	行业类别			最高允许排水量或最低允许水重复利用率	
4	石油炼制工业(不包括直排水炼油厂) 加工深度分类： 　A. 燃料型炼油厂 　B. 燃料＋润滑油型炼油厂 　C. 燃料＋润滑油型＋炼油化工型炼油厂 (包括加工高含硫原油页岩油和石油添加剂生产基地的炼油厂)			A	＞500万吨，1.0m³/t(原油) 250～500万吨，1.2m³/t(原油) ＜250万吨，1.5m³/t(原油)
				B	＞500万吨，1.5m³/t(原油) 250～500万吨，2.0m³/t(原油) ＜250万吨，2.0m³/t(原油)
				C	＞500万吨，2.0m³/t(原油) 250～500万吨，2.5m³/t(原油) ＜250万吨，2.5m³/t(原油)
5	合成洗涤剂工业	氯化法生产烷基苯			200.0m³/t(烷基苯)
		裂解法生产烷基苯			70.0m³/t(烷基苯)
		烷基苯生产合成洗涤剂			10.0m³/t(产品)
6	合成脂肪酸工业				200.0m³/t(产品)
7	湿法生产纤维板工业				30.0m³/t(板)
8	制糖工业	甘蔗制糖			10.0m³/t(甘蔗)
		甜菜制糖			4.0m³/t(甜菜)
9	皮革工业	猪盐湿皮			60.0m³/t(原皮)
		牛干皮			100.0m³/t(原皮)
		羊干皮			150.0m³/t(原皮)
10	发酵、酿造工业	酒精工业	以玉米为原料		100.0m³/t(酒精)
			以薯类为原料		80.0m³/t(酒精)
			以糖蜜为原料		70.0m³/t(酒精)
		味精工业			600.0m³/t(味精)
		啤酒行业(排水量不包括麦芽水部分)			16.0m³/t(啤酒)
11	铬盐工业				5.0m³/t(产品)
12	硫酸工业(水洗法)				15.0m³/t(硫酸)
13	苎麻脱胶工业				500m³/t(原麻) 750m³/t(精干麻)
14	粘胶纤维工业单纯纤维	短纤维(棉型中长纤维、毛型中长纤维)			300.0m³/t(纤维)
		长纤维			800.0m³/t(纤维)
15	化纤浆粕				本色:150m³/t(浆);漂白:240m³/t(浆)
16	制药工业医药原料药	青霉素			4700m³/t(青霉素)
		链霉素			1450m³/t(链霉素)
		土霉素			1300m³/t(土霉素)
		四环素			1900m³/t(四环素)
		洁霉素			9200m³/t(洁霉素)
		金霉素			3000m³/t(金霉素)
		庆大霉素			20400m³/t(庆大霉素)
		维生素C			1200m³/t(维生素C)
		氯霉素			2700m³/t(氯霉素)
		新诺明			2000m³/t(新诺明)
		维生素B_1			3400m³/t(维生素B_1)
		安乃近			180m³/t(安乃近)
		非那西汀			750m³/t(非那西汀)
		呋喃唑酮			2400m³/t(呋喃唑酮)
		咖啡因			1200m³/t(咖啡因)

续表

序号	行业类别		最高允许排水量或最低允许水重复利用率
17	有机磷农药工业[①]	乐果[②]	700m³/t(产品)
		甲基对硫磷(水相法)[②]	300m³/t(产品)
		对硫磷(P_2S_5法)[②]	500m³/t(产品)
		对硫磷($PSCl_3$法)[②]	550m³/t(产品)
		敌敌畏(敌百虫碱解法)	200m³/t(产品)
		敌百虫	40m³/t(产品)(不包括三氯乙醛生产废水)
		马拉硫磷	700m³/t(产品)
18	除草剂工业	除草醚	5m³/t(产品)
		五氯酚钠	2m³/t(产品)
		五氯酚	4m³/t(产品)
		2甲4氯	14m³/t(产品)
		2,4-D	4m³/t(产品)
		丁草胺	4.5m³/t(产品)
		绿麦隆(以Fe粉还原)	2m³/t(产品)
		绿麦隆(以Na_2S还原)	3m³/t(产品)
19	火力发电工业		3.5m³/(MW·h)
20	铁路货车洗刷		5.0m³/辆
21	电影洗片		5m³/1000m(35mm胶片)
22	石油沥青工业		冷却池的水循环利用率95%

① 产品按100%浓度计。
② 不包括P_2S_5、$PSCl_3$、PCl_3原料生产废水。

12.2.3 合成氨工业水污染物排放标准(GB 13458—2001)

合成氨工业水污染物最高允许排放限值见表12-17和表12-18。表中的合成氨企业按单套装置工程能力分为:

大型企业 年产量≥30万吨氨;
中型企业 6万吨氨≤年产量<30万吨氨;
小型企业 年产量<6万吨氨。

表12-17 合成氨工业水污染物最高允许排放限值
[2000年12月31日之前建设(包括改、扩建)的单位]

污染物			氨氮		化学需氧量		氰化物		SS		石油类		挥发酚		硫化物		排水量	pH
			(mg/L)	(kg/t[①])	(mg/L)	(kg/t[①])	(mg/L)	(kg/t[①])	(mg/L)	(kg/t[①])	(mg/L)	(kg/t[①])	(mg/L)	(kg/t[①])	(mg/L)	(kg/t[①])	(m³/t[①])	
大型	尿素硝氨	一级	60	0.6	150	1.50	0.30	0.003	70	0.70	10.0	0.10	0.20	0.002	1.00	0.01	10	6~9
		二级	100	1.0														
中型	尿素硝氨	一级	60	3.6	150	9.0	1.0	0.06	100	6.00	10.0	0.60	0.20	0.012	1.00	0.06	60	
	碳氨	二级	100	6.0														
小型	尿素硝氨	一级	70	3.5	150	7.50	1.0	0.05	200	10.0	10.0	0.50	0.20	0.01	1.00	0.05	50	
		二级	150	7.5	200	14.0												
	碳氨	一级	40	2.0	150	7.5	1.0	0.05	200	10.0	10.0	0.50	0.20	0.01	1.00	0.05		
		二级	60	3.0	200	10.0												

① t为NH_3的量。

表 12-18　合成氨工业水污染物最高允许排放限值
[2000年1月1日之后建设（包括改建、扩建）的单位]

污染物		氨氮		化学需氧量		氰化物		SS		石油类		挥发酚		硫化物		排水量	pH
		/(mg/L)	/(kg/t①)	/(mg/L)	/(kg/t①)	/(mg/L)	/(kg/t①)	/(mg/L)	/(kg/t①)	/(mg/L)	/(kg/t①)	/(mg/L)	/(kg/t①)	/(mg/L)	/(kg/t①)	/(m³/t①)	
大型	尿素硝氨	40	0.4	100	1.0	0.2	0.002	60	0.6	5	0.05	0.1	0.001	0.50	0.005	10	6~9
中型	尿素硝氨碳氨	70	3.5	150	7.5	1.0	0.05	100	5.0	5	0.25	0.1	0.005	0.50	0.025	50	

① t 为 NH₃ 的量。

12.2.4　磷肥工业水污染物排放标准（GB 15580—1995）

磷肥企业生产规模按生产万吨实物量（设计能力）划分，见表12-19。

磷肥工业水污染物最高允许排放浓度和吨产品最高允许排水量，见表12-20 和表12-21。

表 12-19　生产规模划分

规模 类别	大型 /(万吨/年)	中型 /(万吨/年)	小型 /(万吨/年)	规模 类别	大型 /(万吨/年)	中型 /(万吨/年)	小型 /(万吨/年)
过磷酸钙	≥50	≥20	<20	磷铵	≥24	≥12	<20
钙镁磷肥	≥50	≥20	<20	重过磷酸钙	≥40	≥20	<20

注：硝酸磷肥不分规模。

表 12-20　过磷酸钙、钙镁磷肥企业水污染物最高允许排放限值

类别	规模	时间段/指标/级别	Ⅱ时段（1998年1月1日起所有企业）			
			污染物最高允许排放浓度/(mg/L)		pH	排水量/(m³/t 产品)
			氟化物①（以 F 计）	悬浮物		
过磷酸钙（普钙）	大型	一级	15	80	6~9	0.3
		二级	20	150		
		三级	40	300		
	中型	一级	15	80	6~9	0.45
		二级	20	150		
		三级	40	300		
	小型	一级	15	80	6~9	0.6
		二级	20	150		
		三级	40	300		
钙镁磷肥	大型	一级	15	80	6~9	0.4
		二级	30	150		
		三级	40	300		
	中型	一级	15	80	6~9	0.75
		二级	30	150		
		三级	40	300		
	小型	一级	15	80	6~9	1.0
		二级	30	150		
		三级	40	300		

① 氟化物指可溶性氟。

表 12-21 磷铵、重过磷酸钙、硝酸磷肥企业水污染物最高允许排放限值

类别	规模	时间段 指标 级别	Ⅲ时段(1996年7月1日后建设的企业) 污染物最高允许排放浓度/(mg/L) 氟化物① (以F计)	磷酸盐① (以P计)	悬浮物	pH	排水量/(m³/t产品)
磷铵和重过磷酸钙	大型	一级	10	20	30	6~9	0.3
		二级	15	35	50		
		三级	30	50	200		
	中型	一级	10	20	30	6~9	0.4
		二级	15	35	50		
		三级	30	50	200		
	小型	一级	10	20	30	6~9	0.6
		二级	15	35	50		
		三级	30	50	200		
硝酸磷肥		一级	10	20	30	6~9	1.0
		二级	15	35	50		
		三级	30	50	200		

① 均指可溶性。

12.2.5 烧碱、聚氯乙烯工业水污染物排放标准（GB 15581—1995）

烧碱、聚氯乙烯工业水污染物最高允许排放浓度和吨产品最高允许排水量，见表 12-22 和表 12-23。

表 12-22 烧碱企业水污染物最高允许排放限值（1996年7月1日起建设的企业）

生产方法	项目 级别	最高允许排放浓度/(mg/L) 石棉	活性氯	悬浮物	吨产品排水量/(m³/t)	pH值
隔膜电解法	一级	50	20	70	5	6~9
	二级	50	20	150		
	三级	70	20	300		
离子交换膜电解法	一级	—	2	70	1.5	
	二级	—	2	100		
	三级	—	2	300		

表 12-23 聚氯乙烯企业水污染物最高允许排放限值（1996年7月1日起建设的企业）

生产方法	废水类别	级别	最高允许排放浓度/(mg/L) 总汞	氯乙烯	化学需氧量 (COD_{Cr})	生化需氧量 (BOD_5)	悬浮物	硫化物	吨产品排水量/(m³/t)	pH值
电石法	电石废水	一级	—	—	—	—	70	1	5	6~9
		二级	—	—	—	—	200	1		
		三级	—	—	—	—	400	2		
	聚氯乙烯废水	一级	0.005	2	100	30	70	—	4	
		二级	0.005	2	150	60	150	—		
		三级	0.005	2	500	250	250	—		
乙烯氧氯化法	聚氯乙烯废水	一级	—	2	80	30	70	—	5	
		二级	—	2	100	60	150	—		
		三级	—	2	500	250	250	—		

12.2.6 造纸工业水污染物排放标准 (GB 3544—2001)

2001年1月1日起，造纸工业的水污染物排放均执行表12-24规定的标准值。

表12-24 造纸工业水污染物排放标准值

类别		项目 单位	排水量③ /(m³/t)	生化需氧量(BOD$_5$) /(kg/t)	/(mg/L)	化学需氧量(COD$_{Cr}$) /(kg/t)	/(mg/L)	悬浮物(SS) /(kg/t)	/(mg/L)	可吸附有机卤化物(AOX④) /(kg/t)	/(mg/L)	pH
制浆、制浆造纸①	木浆	本色	150	10.5	70	52.5	350	15	100			6~9
		漂白	220	15.4	70	88	400	22	100	2.64	12	6~9
	非木浆	本色	100	10	100	40	400	10	100			6~9
		漂白	300	30	100	135	450	30	100	2.7	9	6~9
造纸②	一般机制纸、纸板		60	3.6	60	0	100	6	100			6~9

① 制浆、制浆造纸，单纯制浆获浆纸产量平衡的生产。
② 造纸：单纯造纸或纸产量大于浆产量的造纸生产。
③ 排水量为生产工艺参考指标。
④ AOX（可吸附有机卤化物），为参考指标。

12.2.7 城镇污水处理厂污染物排放标准 (GB 18918—2002)

(1) 标准分级 根据城镇污水处理厂排入地表水域环境功能和保护目标，以及污水处理厂的处理工艺，将基本控制项目的常规污染物标准值分为一级标准、二级标准、三级标准。一级标准分为A标准和B标准。

① 一级标准的A标准是城镇污水处理厂出水作为回用水的基本要求。当污水处理厂出水引入稀释能力较小的河湖作为城镇景观用水和一般回用水等用途时，执行一级标准的A标准。

② 城镇污水处理厂出水排入GB 3838地表水Ⅲ类功能水域（划定的饮用水水源保护区和游泳区除外）、GB 3097海水二类功能水域和湖、库等封闭或半封闭水域时，执行一级标准的B标准。

③ 城镇污水处理厂出水排入GB 3838地表水Ⅳ、Ⅴ类功能水域或GB 3097海水三、四类功能海域，执行二级标准。

④ 非重点控制流域和非水源保护区的建制镇的污水处理厂，根据当地经济条件和水污染控制要求，采用一级强化处理工艺时，执行三级标准。但必须预留二级处理设施的位置，分期达到二级标准。

(2) 标准值 城镇污水处理厂水污染物排放基本控制项目，见表12-25和表12-26。

12.2.8 海洋石油开发工业含油污水排放标准 (GB 4914—1985)

海洋石油开发工业的含油污水，系指采油平台上经过处理后从固定排污口排放的采油工艺污水。海洋石油开发工业含油污水排放标准分为两级。

一级：适用于辽东湾、渤海湾、莱州湾、北部湾，国家划定的海洋特别保护区，海滨风景游览区和其他距岸10海里以内的海域。

二级：适用于一级标准适用范围以外的海域。

海洋石油开发工业含油污水的排放标准最高容许浓度见表12-27。

表 12-25 基本控制项目最高允许排放浓度（日均值）　　　　　mg/L

序号	基本控制项目		一级标准 A标准	一级标准 B标准	二级标准	三级标准
1	化学需氧量(COD)		50	60	100	120①
2	生化需氧量(BOD_5)		10	20	30	60②
3	悬浮物(SS)		10	20	30	50
4	动植物油		1	3	5	20
5	石油类		1	3	5	15
6	阴离子表面活性剂		0.5	1	2	5
7	总氮(以 N 计)		15	20	—	—
8	氨氮(以 N 计)②		5(8)	8(15)	25(30)	—
9	总磷(以 P 计)	2005 年 12 月 31 日前建设的	1	1.5	3	5
9	总磷(以 P 计)	2006 年 1 月 1 日起建设的	0.5	1	3	5
10	色度(稀释倍数)		30	30	40	50
11	pH		6～9			
12	粪大肠菌群数/(个/L)		10^3	10^4	10^4	—

① 下列情况下按去除率指标执行：当进水 COD 大于 350mg/L 时，去除率应大于 60%；BOD 大于 160mg/L 时，去除率应大于 50%。

② 括号外数值为水温＞12℃时的控制指标，括号内数值为水温≤12℃时的控制指标。

表 12-26 部分一类污染物最高允许排放浓度（日均值）　　　　　mg/L

序号	项目	标准值	序号	项目	标准值
1	总汞	0.001	5	六价铬	0.05
2	烷基汞	不得检出	6	总砷	0.1
3	总镉	0.01	7	总铅	0.1
4	总铬	0.1			

表 12-27 含油污水排放标准最高容许浓度　　　　　mg/L

项目	级别	月平均值	一次容许值
石油类	一级	30	45
石油类	二级	50	75

12.3 工业企业厂界噪声标准（GB 12348—1990）

本标准适用于工厂及有可能造成噪声污染的企事业单位的边界。各类标准适用范围的划定如下。

Ⅰ类标准适用于以居住、文教机关为主的区域。

Ⅱ类标准适用于居住、商业、工业混杂区及商业中心区。

Ⅲ类标准适用于工业区。

Ⅳ类标准适用于交通干线道路两侧区域。

各类标准适用范围由地方人民政府划定。该标准昼间、夜间的时间由当地人民政府按当地习惯和季节变化划定。

各类厂界噪声标准值见表 12-28。

表 12-28 各类厂界噪声标准值　　　　　等效声级 L_{eq}/[dB(A)]

类别	昼间	夜间	类别	昼间	夜间
Ⅰ	55	45	Ⅲ	65	55
Ⅱ	60	50	Ⅳ	70	55

第13章 其他数据和资料

13.1 我国主要城市的气象资料（表13-1）

表13-1 我国主要城市的气象资料

项目 城市	海拔高度 /m	平均气压 /mbar	平均气温 /℃	极端最 高气温 /℃	极端最 低气温 /℃	平均相 对湿度 /%	年积雪日/天		最大积 雪厚度 /cm	最大风速 /(m/s)
							平均	最多		
哈尔滨	171.7	993.7	3.6	36.4	−38.1	67	102.9	151	41	24.3
长春	236.8	986.6	4.8	38	−36.5	65	86.2	141	18	28
沈阳	41.6	1011.3	7.7	38.3	−30.6	65	64.7	120	20	29.7
乌鲁木齐	2160.0	—	2.0	30.5	−30.2	—	177.1	198	65	14
西宁	2261.2	775.1	5.5	32.4	−26.6	58	23.1	35	18	15.1
兰州	1517.2	847.8	9.1	39.1	−21.7	59	17.5	58	10	10
银川	1111.5	890.4	8.5	39.3	−30.6	59	15.4	66	17	28
西安	396.9	969.8	13.3	41.7	−20.6	71	17.8	47	22	19.1
呼和浩特	1063.0	896.0	5.6	37.3	−32.8	56	35.2	84	30	20
太原	777.9	926.8	9.3	39.4	−25.5	60	22.8	61	16	25
北京	31.2	1013.2	11.6	40.6	−27.4	59	16.5	36	24	23.8
天津	3.3	1016.5	12.2	39.6	−22.9	63	13.3	31	20	26
石家庄	81.8	1007.1	12.8	42.7	−26.5	62	19.3	44	15	20
济南	51.6	1010.5	14.2	42.5	−19.7	59	15.9	40	19	33.3
上海	4.5	1016.0	15.7	38.9	−9.4	80	3.4	14		30
南京	8.9	1015.5	15.4	40.7	−14.0	77	9.4	31	51	19.8
合肥	23.6	1012.4	15.7	41.0	−20.6	76	12.2	33	45	21.3
杭州	7.2	1015.8	16.1	39.7	−9.6	82	7.4	22	16	16
南昌	46.7	1009.4	17.5	40.6	−7.7	78	5	11	16	19
福州	84.0	1005.0	19.6	39.3	−1.2	77	—			29
台北	9.0	1012.9	22.3			82				
郑州	110.4	1003.4	14.2	43.0	−17.9	66	14.9	40	23	
汉口	23.3	1013.2	16.3	39.4	−17.3	79	9.3	31	32	20
长沙	44.9	1005.6	17.2	40.6	−9.5	80	6	14		20
广州	6.3	1012.2	21.8	38.7	0	78	—			22
南宁	72.2	1003.9	21.6	40.4	−2.1	79				16
成都	505.9	956.3	16.3	37.3	−4.6	82	0.6	4		16
贵阳	1071.2	993.3	15.3	37.5	−7.8	77	3.2	7		16
昆明	1891.4	810.3	14.8	31.5	−5.4	72	0.9	3		18
拉萨	3658.0	651.9	7.5	29.4	−16.5	45	4.1	10		16
满洲里	666.8	—	−1.4	37.4	−42.7	64	122.6	171	24	
海拉尔	612.9	941.3	−2.2	36.7	−48.5	69	140.5	168	39	
伊春	231.3	985.5	0.2	34.4	−43.1	71	143.1	154	33	18

续表

城市\项目	海拔高度/m	平均气压/mbar	平均气温/℃	极端最高气温/℃	极端最低气温/℃	平均相对湿度/%	年积雪日/天		最大积雪厚度/cm	最大风速/(m/s)
							平均	最多		
齐齐哈尔	145.9	996.2	3.1	39.9	−39.5	63	84.6	115	17	26
鹤岗	227.9	985.0	2.6	35.4	−33.6	63	122.2	146	40	20
大庆	150.5	995.9	3.2	38.2	−37.3	64	80.2	133	21	40
鸡西	233.1	986.0	3.5	37.1	−35.1	65	102.1	143	60	21
牡丹江	241.4	985.8	3.4	36.5	−38.3	68	101.7	136	34	24
绥芬河	296.7	955.4	2.3	34.6	−37.5	67	116	145	51	34
通辽	178.5	994.3	5.9	39.1	−30.9	56	36	93	14	20
四平	164.2	995.8	5.8	36.6	−34.6	66	78.3	135	18	21
延吉	176.8	994.0	4.9	37.1	−32.2	66	80.2	129	58	>20
通化	402.9	968.2	4.8	35.0	−36.3	71	112	151	39	34
赤峰	571.1	948.8	6.6	42.5	−31.4	49	33.2	82	25	40
阜新	144.0	990.5	7.4	38.5	−28.4	59	30.6	73	16	33.3
抚顺	118.1	1002.4	7.0	36.9	−35.2	69	80.4	129	25	20
文阳	168.7	995.6	8.4	40.6	−31.1	52	24.7	75	17	24
本溪	212.8	997.2	7.8	37.3	−32.3	64	80.5	125	35	—
辽阳	10.5	—	8.2	38.0	−33.7	64	58.4	114	33	—
锦州	66.3	1008.2	8.9	37.3	−24.7	59	24.1	92	23	>40
鞍山	21.6	1014.0	8.6	36.9	−30.4	64	53.8	86	26	24
营口	3.5	1016.6	8.8	35.3	−27.3	66	44.1	84	21	40
丹东	15.1	1015.4	8.5	34.3	−28.0	71	42.2	90	31	28
大连	93.5	1005.4	10.1	34.4	−21.1	68	26.7	53	37	34
克拉玛依	427.0	970.9	7.9	42.9	−35.9	48	81.6	135	25	>40
伊宁	662.5	941.1	8.2	37.4	−40.4	66	104.9	147	89	34
哈密	737.9	930.9	9.9	43.9	−32.0	40	29.6	47	16	24
喀什	1288.7	871.4	11.7	40.1	−24.4	50	23.7	79	20	21
玉门	2312.4	846.9	6.9	36.7	−27.7	41	24.7	63	16	24
天水	1131.7	887.3	10.7	37.2	−19.2	68	19.8	63	15	20
石嘴山	1092.0	892.3	8.1	37.0	−27.2	51	6.6	26	7	24
延安	957.6	907.6	9.3	39.7	−25.4	63	21.5	57	17	16
铜川	978.9	905.6	10.6	37.7	−18.2	64	24.1	50	15	28
宝鸡	616.2	945.5	12.8	41.4	−16.7	69	17.4	44	16	25
汉中	508.3	956.2	14.3	38.0	−10.1	79	3.9	14	9	14
二连浩特	964.8	904.9	3.2	39.6	−40.2	48	54.8	121	10	24
集宁	1416.5	857.2	3.5	35.7	−33.8	52	41.4	82	30	28
阳泉	741.9	929.9	10.7	40.2	−19.1	55	26.2	51	23	20
承德	375.2	972.7	8.8	41.5	−23.3	54	26.9	83	27	16
唐山	25.9	1014.3	11.0	38.9	−21.0	62	16.3	32	19	—
张家口	723.9	932.7	7.5	40.9	−26.2	51	29.5	87	31	20
保定	17.2	1014.4	12.1	43.3	−23.7	63	18.9	59	16	28
沧州	11.4	1015.7	12.4	42.9	−20.6	63	14.8	36	—	19
邢台	76.8	1007.6	12.9	41.8	−22.4	64	17.4	40	15	18
德州	21.2	1014.3	12.8	43.4	−27.0	64	16.7	43	25	28
淄博	32.8	1012.5	13.0	42.1	−21.8	63	18.7	51	26	—
潍坊	62.8	1009.7	12.3	40.5	−21.4	66	18.4	49	20	18
泰安	128.8	1001.5	12.8	40.7	−22.4	65	18.9	48	20	19
青岛	16.8	1015.6	11.9	36.9	−20.5	74	9	26	19	—

续表

项目　　　　城市	海拔高度/m	平均气压/mbar	平均气温/℃	极端最高气温/℃	极端最低气温/℃	平均相对湿度/%	年积雪日/天 平均	年积雪日/天 最多	最大积雪厚度/cm	最大风速/(m/s)
大同	1067.6	894.8	6.4	37.7	−29.1	54	30.7	54	22	29
连云港	3.0	1016.7	14	40.0	−18.1	70	8.6	31	28	—
徐州	43.0	1012.5	14	40.1	−22.6	71	10.7	42	25	16
淮阴	15.5	1014.9	14	39.5	−21.5	77	12.5	39	24	17
南通	5.3	1016.0	15	37.3	−10.8	81	5.1	19	16	26.3
镇江	26.4	1013.8	15.4	40.9	−12.0	76	6.8	23	26	—
宿县	25.8	1013.1	14.3	40.0	−23.2	71	13.7	45	22	20
蚌埠	21.0	1014.1	15.1	41.3	−19.4	73	13.2	38	35	21.3
阜阳	31.2	1013.2	14.8	41.4	−20.4	73	14.1	37	26	23
六安	60.5	1009.1	15.5	41.0	−18.9	78	13.4	37	30	—
芜湖	14.8	1014.2	16.1	39.3	−13.1	79	9.1	24	25	24
铜陵	37.2	—	16.2	40.2	−11.9	76	9.3	29	31	—
安庆	44.0	1011.0	16.5	40.2	−12.5	77	7.7	23	18	29
屯溪	146.7	998.9	16.3	41.0	−10.9	79	6.0	14	17	20
宁波	4.2	1016.2	16.2	38.7	−8.8	82	4.3	12	11	16
衢州	66.1	1008.2	17.3	40.5	−10.4	79	6.1	15	—	19
金华	64.1	1008.9	17.4	41.2	−9.0	77	5.6	13	45	16
温州	6.0	1015.0	17.9	39.3	−4.5	81	1.2	6	10	16
九江	32.2	1011.8	17.0	40.2	−9.7	75	6.4	16	25	20
景德镇	46.3	1009.4	17.0	41.8	−10.9	79	3.4	9	13	24
宜春	129.0	1000.5	17.2	41.6	−9.2	81	4.3	11	20	28
萍乡	108.8	—	17.2	38.8	−8.6	82	4.4	16	21	—
吉安	78.0	1005.6	18.3	40.2	−7.1	78	2.6	8	14	20
赣州	123.8	999.9	19.4	41.2	−6.0	76	1.1	4	13	28
南平	127.2	999.9	19.3	41	−5.8	79	0.4	3	4	>20
漳州	30	1010.6	21.1	40.9	−2.1	80	—	—	—	—
厦门	63.2	1006.9	20.8	38.4	+2	77	—	—	—	34
安阳	75.5	1007.4	13.5	41.7	−21.7	66	15.7	42	16	20
三门峡	389.9	971.1	13.9	43.2	−16.5	61	12.2	30	15	—
开封	72.5	1007.9	14	42.9	−14.7	70	11.6	42	30	—
洛阳	156.6	999.7	14.5	44.2	−18.2	65	14.3	35	25	4
商丘	50.1	1010.6	13.9	43	−18.9	72	15.8	45	22	24
许昌	71.9	1008	14.6	41.9	−17.4	69	15.9	47	38	—
南阳	129.8	1001.1	14.9	40.8	−21.2	71	13.2	43	27	27
信阳	75.9	1007.3	15	40.9	−20	77	18.8	49	44	20
老河口	91.1	1005.2	15.3	41.0	−15.7	76	1.4	38	—	17
随县	96.2	—	15.6	41.1	−16.3	74	7.3	18	15	—
宜昌	131.1	1007.8	16.9	41.4	−8.9	77	5	12	20	18
荆州	34.7	1011.9	16.0	38.6	−14.8	81	9	31	21	18
黄石	22.2	1013.2	17.0	40.3	−11.0	78	6.9	21	16	18
岳阳	51.6	1009.3	16.9	38.3	−11.8	79	8.4	23	16	—
常德	36.7	1011.7	16.8	39.8	−11.2	81	8.7	26	17	17
株洲	57.5	1008.5	17.6	40.5	−8.0	78	5	13	22	—
邹阳	249.8	986.5	17.1	39.0	−7.7	78	5.2	14	10	—
衡阳	100.6	1004.7	17.9	40.8	−7.0	79	4.1	15	16	—
郴州	184.9	993.8	17.7	41.3	−9.0	81	4.3	15	15	18
韶关	69.3	1005.7	20.3	42.0	−4.3	76	—	—	—	25
梅县	77.5	1104.5	21.3	39.3	−7.3	78	—	—	—	13

续表

项目 城市	海拔高度 /m	平均气压 /mbar	平均气温 /℃	极端最 高气温 /℃	极端最 低气温 /℃	平均相 对湿度 /%	年积雪日/天		最大积 雪厚度 /cm	最大风速 /(m/s)
							平均	最多		
汕头	1.2	1012.7	21.3	37.9	+0.4	82	—	—	—	34
湛江	26.4	1008.4	23.1	38.1	+2.8	82	—	—	—	34
海口	14.1	1009.1	23.8	38.9	+2.8	85	—	—	—	23.8
桂林	166.7	994.8	18.8	39.4	−4.9	76	0.4	2	1	19
梧州	119.2	999.3	21.1	39.2	−3.0	78	—	—	—	14
北海	14.6	1010.0	22.6	37.1	+2.0	80	—	—	—	28
绵阳	470.8	960.4	16.4	37.0	−5.9	78	0.3	2	1	—
达县	310.4	977.8	17.3	42.3	−4.7	79	0.3	2	4	—
南充	297.7	979.0	17.6	41.3	−2.2	79	0.6	3	5	18
万县	186.7	992.4	18.1	41.8	−3.7	81	0.3	1	5	—
内江	352.3	973.0	17.7	41.1	−3.0	80	0.2	2	3	—
重庆	260.6	982.9	18.3	42.2	−1.8	79	0.1	1	3	22.9
乐山	424.2	964.8	17.2	38.1	−4.3	81	0.1	1	—	—
自贡	354.9	—	17.8	38.9	−2.8	79	0.1	1	2	—
泸州	334.8	974.6	18	40.3	−0.6	83	0.1	1	1	—
宜宾	340.8	974.0	18	39.4	−3	81	0.1	1	—	20
西昌	1590.7	837.2	17.1	36.5	−3.4	61	0.9	4	9	13
遵义	843.9	918.2	15.2	38.7	−6.5	81	3.1	8	9	10.8
安顺	1392.9	859.8	14	34.3	−6.5	80	2.7	9	8	20
盘县	1527.1	847.0	15.2	36.7	−6.4	77	1.5	4	6	20

注：1mbar=100Pa。

13.2 大气压力与海拔高度关系（表13-2）

表13-2 大气压力与海拔高度关系

海拔高度/m	大气压力/mmHg[①]	海拔高度/m	大气压力/mmHg[①]	海拔高度/m	大气压力/mmHg[①]
0	760	2200	581.54	4000	462.24
500	716	2300	574.32	4200	450.31
600	707.45	2400	567.17	4400	438.64
700	698.9	2500	560.09	4600	427.21
800	690.6	2600	553.09	4800	416.02
900	682.5	2700	546.16	5000	405.07
1000	674.08	2800	539.29	5500	378.71
1100	665.94	2900	532.50	6000	353.76
1200	657.88	3000	525.77	6500	330.16
1300	649.90	3100	519.12	7000	307.85
1400	642	3200	512.53	7500	286.78
1500	634.17	3300	506.01	8000	266.89
1600	624.43	3400	499.56	8500	248.13
1700	618.76	3500	493.18	9000	230.46
1800	611.17	3600	486.86	9500	213.81
1900	603.55	3700	480.61	10000	198.16
2000	596.20	3800	474.42		
2100	588.83	3900	468.30		

① 1mmHg=133.33Pa。

13.3 管道内流速常用值（表 13-3）

表 13-3 管道内流速常用值

流体种类	应用场合	管道种类		平均流速/(m/s)	备注
水	一般给水	主压力管道		2～3	
		低压管道		0.5～1	
	泵进口			0.5～2.0	
	泵出口			1.0～3.0	
	工业用水	离心泵压力管		3～4	
		离心泵吸水管	DN250	1～2	
			DN250	1.5～2.5	
		往复泵压力管		1.5～2	
		往复泵吸水管		<1	
		给水总管		1.5～3	
		排水管		0.5～1.0	
	冷却	冷水管		1.5～2.5	
		热水管		1～1.5	
	凝结	凝结水泵吸水管		0.5～1	
		凝结水泵出水管		1～2	
		自流凝结水管		0.1～0.3	
一般液体	低黏度			1.5～3.0	
高黏度液体	黏度 50mPa·s	DN25		0.5～0.9	
		DN50		0.7～1.0	
		DN100		1.0～1.6	
	黏度 100mPa·s	DN25		0.3～0.6	
		DN50		0.5～0.7	
		DN100		0.7～1.0	
		DN200		1.2～1.6	
	黏度 1000mPa·s	DN25		0.1～0.2	
		DN50		0.16～0.25	
		DN100		0.25～0.35	
		DN200		0.35～0.55	
气体	低压			10～20	
	高压			8～15	20～30MPa
	排气	烟道		2～7	
压缩空气	压气机	压气机进气管		～10	
		压气机输气管		～20	
	一般情况	DN<50		<8	
		DN>70		<15	
饱和蒸汽	锅炉、汽轮机	DN<100		15～30	
		DN=100～200		25～35	
		DN>200		30～40	

续表

流体种类	应用场合	管道种类	平均流速/(m/s)	备注
过热蒸汽	锅炉、汽轮机	$DN<100$	20～40	
		$DN=100～200$	30～50	
		$DN>200$	40～60	

13.4 流量-管道内平均流速关系（图13-1）

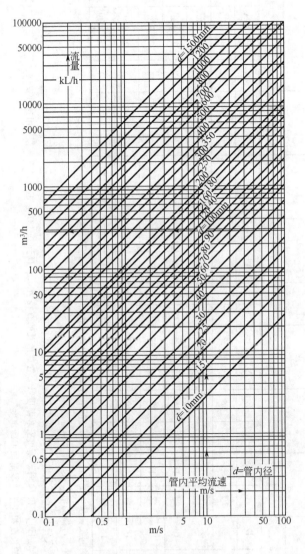

图13-1 流量-管道内平均流速关系

13.5 几种节流件与阻流件之间所要求的直管段长度 [ISO 5167: 2003 (E)]

(1) 孔板与阻流件之间所要求的直管段长度（无流动调整器）（表13-4）

表 13-4 孔板与阻流件之间所要求的直管段长度（无流动调整器）（数值以管径 D 倍数表示）

直径比 β	孔板上游侧（入口）																										孔板下游侧（出口）	
	单个90°弯头或任意两个90°弯头在任意平面 $(S>30D)^a$		在同一平面上的两个90°弯头 S形状 $(30D \geq S > 10D)^a$		在同一平面上的两个90°弯头 S形状 $(10D \geq S > 5D)^a$		在垂直平面上的两个90°弯头 $(30D \geq S > 5D)^a$		在垂直平面上的两个90°弯头 $(5D > S)^{a,b}$		单个90°三通有和没有延伸部分90°时的管		单个45°弯头或在同一平面上的两个45°弯头 S形状 $(S \geq 2D)^a$		同轴渐缩管在1.5D到3D的长度内由2D变为D		同轴渐扩管在D到2D的长度内由0.5D变为D		全孔球阀或闸阀全开		对称骤缩管		温度计套管或插捕孔直径 $\leq 0.03D^d$		阻流件（2行）和密度计套管	
	1		2		3		4		5		6		7		8		9		10		11		12		13		14	
	A^e	B^f	A	B	A	B	A	B	A	B	A	B	A	B	A	B	A	B	A	B	A	B	A	B	A	B
≤0.20	6	3	10	g	10	g	19	18	34	17	3	g	7	g	5	g	6	g	12	6	30	15	5	3	4	2
0.40	16	3	10	g	10	g	44	18	50	25	9	g	30	g	5	g	12	8	12	6	30	15	5	3	6	3
0.50	22	9	18	10	22	10	44	18	75	34	19	8	30	9	8	5	20	9	12	6	30	15	5	3	6	3
0.60	42	13	30	18	42	18	44	18	65^h	25	29	18	30	18	9	5	26	11	14	7	30	15	5	3	7	3.5
0.67	44	20	44	18	44	20	44	20	60	18	36	18	44	18	12	6	28	14	18	9	30	15	5	3	7	3.5
0.75	44	20	44	18	44	22	44	20	75	18	44	18	44	18	13	8	36	18	24	12	30	15	5	3	8	4

a. S 是两个弯头分隔的间距。

b. 不好的安装条件。可能的话，从上游弯头曲面部分的下游端到孔板上游端曲面部分的上游端测量起。

c. 温度计套管或插捕孔的安装不必改变其他阻流件要求的最小上游直管长度。

d. 若 A 栏和 B 栏分别增加到 20 和 10 时，则可安装温度计套管或插捕孔的直径为 0.03D 到 0.13D，但是，不推荐采用这种安装。

e. 各种阻流件中 A 栏的长度相应于"零附加不确定度"。

f. 各种阻流件中 B 栏的长度相应于"0.5%附加直管段长度"。

g. A 栏中给出零附加不确定度的直管段长度，对于 B 栏需要的直管段长度，不能采用更短直管段长度的数据。

h. 若 $S < 2D$，当 $Re_D > 2 \times 10^6$ 时，孔板下游各种阻流件与孔板之间要求的长度（或仅仅）从最靠近（或仅有）三通的曲面部分下游末端渐缩管或渐扩管的曲面或锥管部分下游未端测量起。

注: 1. 最短直管段长度是孔板上下游直管段长度，要求95D_a

2. 本表未列举的长度，其大多数弯头的曲率半径等于1.5D。

（2）喷嘴和文丘里喷嘴所要求的直管段长度（无流动调整器）（表 13-5）

表 13-5 喷嘴和文丘里喷嘴所要求的直管段长度（数值以管径 D 倍数表示）

直径比 β[a]	节流件的上游侧（入口）																					节流件的下游侧（出口）	
	单个 90°弯头或三通（流体仅从一个支管流出）		在同一平面上的两个或多个 90°弯头		不同平面上的两个或多个 90°弯头		渐缩管在 1.5D 长度由 2D 变为 D		渐扩管在 D 到 2D 长度由 0.5D 变为 D		球阀全开		全孔球阀或闸阀全开		对称骤缩管		温度计套管或插孔[b] 直径≤ 0.03D		温度计套管或插孔[b] 直径在 0.03D 和 0.13D 之间		阻流件(2~8 栏)	
1	2		3		4		5		6		7		8		9		10		11		12	
—	A[c]	B[d]	A	B	A	B	A	B	A	B	A	B	A	B	A	B	A	B	A	B	A	B
0.20	10	6	14	7	34	17	5	e	16	8	18	9	12	6	30	15	5	3	20	10	4	2
0.25	10	6	14	7	34	17	5	e	16	8	18	9	12	6	30	15	5	3	20	10	4	2
0.30	10	6	16	8	34	17	5	e	16	8	18	9	12	6	30	15	5	3	20	10	5	2.5
0.35	12	6	16	8	36	18	5	e	16	8	18	9	12	6	30	15	5	3	20	10	5	2.5
0.40	14	7	18	9	36	18	5	e	16	8	20	10	12	6	30	15	5	3	20	10	6	3
0.45	14	7	18	9	38	19	5	e	17	9	20	10	12	6	30	15	5	3	20	10	6	3
0.50	14	7	20	10	40	20	6	5	18	9	22	11	12	6	30	15	5	3	20	10	6	3
0.55	16	8	22	11	44	22	8	5	20	10	24	12	14	7	30	15	5	3	20	10	6	3
0.60	18	9	26	13	48	24	9	5	22	11	26	13	14	7	30	15	5	3	20	10	7	3.5
0.65	22	11	32	16	54	27	11	6	25	13	28	14	18	9	30	15	5	3	20	10	7	3.5
0.70	28	14	36	18	62	31	14	7	30	15	32	16	20	10	30	15	5	3	20	10	7	3.5
0.75	36	18	42	21	70	35	22	11	38	19	36	18	24	12	30	15	5	3	20	10	8	4
0.80	46	23	50	25	80	40	30	15	54	27	44	22	30	15	30	15	5	3	20	10	8	4

a. 对于某些类型节流件，不是全部 β 值皆允许采用的。
b. 温度计套管或插孔的安装不变更其他阻流件需要的最小上游直管段长度。
c. A 栏为"零附加不确定度"的长度值。
d. B 栏为"0.5%附加不确定度"的长度值。
e. A 栏给出零附加不确定度的直管段长度，对于 B 栏需要的直管段长度，不能采用更短直管段长度的数据。

注：1. 最短直管段长度是节流件上游或下游各种阻流件与节流件之间要求的长度数值，全部直管段长度从节流件的上游端面测量起。
2. 这些长度数值不是基于最新数据。

（3）经典文丘里管所要求的直管段长度（表 13-6）

表 13-6 经典文丘里管所要求的直管段长度（数值以管径 D 倍数表示）

直径比 β	单个 90°弯头[a]		在同一平面上或不同平面上的两个或多个 90°弯头[a]		渐缩管在 2.3D 长度内由 1.33D 变为 D		渐扩管在 2.5D 长度内由 0.67D 变为 D		渐缩管在 3.5D 长度内由 3D 变为 D		渐扩管在 D 长度内由 0.75D 变为 D		全孔球阀或闸阀全开	
1	2		3		4		5		6		7		8	
—	A[b]	B[c]	A	B	A	B	A	B	A	B	A	B	A	B
0.30	8	3	8	3	4	d	4	d	2.5	2.5	2.5	2.5	2.5	d
0.40	8	3	8	3	4	d	4	d	2.5	2.5	2.5	2.5	2.5	d
0.50	9	3	10	3	4	d	5	4	5.5	2.5	2.5	2.5	3.5	2.5
0.60	10	3	10	3	4	d	6	4	8.5	2.5	3.5	2.5	4.5	2.5
0.70	14	3	18	3	4	d	7	5	10.5	2.5	5.5	3.5	5.5	3.5
0.75	16	8	22	8	4	d	7	6	11.5	3.5	6.5	4.5	5.5	3.5

a. 弯头的曲率半径应大于或等于管径。
b. 各阻流件的 A 栏为"零附加不确定度"的长度值。
c. 各阻流件的 B 栏为"0.5%附加不确定度"的长度值。
d. A 栏给出零附加不确定度的直管段长度，对于 B 栏需要的直管段长度，不能采用更短直管段长度的数据。

注：1. 最短直管段长度是经典文丘里管上游各阻流件与经典文丘里管之间要求的长度。直管段长度是从最靠近（或仅有）的弯头的曲面部分的下游末端或渐缩管或渐扩管的曲面或锥面部分的下游末端测量起，直至经典文丘里管上游取压口的平面处。
2. 若温度计套管或插孔安装于经典文丘里管的上游，必须不大于 0.13D 并设置在文丘里管上游取压口的上游至少 4D 处。
3. 对于下游直管段长度，各种阻流件或其他干扰件（如表中所示）或密度计套管设置于喉部取压口平面下游至少 4 倍喉径处，并不影响测量的准确度。

(4) 孔板与19根管束式流动整直器（1998）之间所允许的直管段长度（阻流件与孔板的距离为 L_f）（表13-7）

表13-7 孔板与19根管束式流动整直器（1998）之间允许的直管段长度（阻流件与孔板的距离为 L_f）（数值以管径 D 的倍数表示）

直径比 β	单个90°弯头[b]			在垂直平面上的两个90°弯头[b] ($S \leq 2D$)[a]				单个90°三通				任意阻流件			
	$30 > L_f \geq 18$		$L_f \geq 30$		$30 > L_f \geq 18$		$L_f \geq 30$		$30 > L_f \geq 18$		$L_f \geq 30$		$30 > L_f \geq 18$		$L_f \geq 30$	
	A[c]	B[d]	A	B	A	B	A	B	A	B	A	B	A	B	A	B
1	2		3		4		5		6		7		8		9	
≤ 0.2	5~14.5	1~n^e	5~25	1~n^e	5~14.5	1~n^e	5~25	1~n^e	5~14.5	1~n^e	1~25	1~n^e	5~13	1~n^e	5~13	1~n^e
0.4	5~14.5	1~n^e	5~25	1~n^e	5~14.5	1~n^e	5~25	1~n^e	5~14.5	1~n^e	1~25	1~n^e	5~11	1~n^e	5~13	1~n^e
0.5	11.5~14.5	3~n^e	11.5~25	1~n^e	9.5~14.5	1~n^e	9~25	1~n^e	f,h	f	9~23	1~n^e	f,g	3~n^e	11.5~14.5	3~n^e
0.6	12~13	5~n^e	12~25	5~n^e	13.5~14.5	6~n^e	9~25	1~n^e	f	7~n^e	11~16	1~n^e	f	7~n^e	12~16	6~n^e
0.67	13	7~n^e	13~16.5	7~n^e	13~14.5	7~n^e	10~16	5~n^e	f	8~n^e	11~13	6~n^e	f	8~10	13	7~n^e −1.5
0.75	14	8~n^e	14~16.5	8~n^e	9.5~14.5	9.5~14.5	12~12.5	8~n^e	9~n^e	9~n^e	12~14	7~n^e	9.5	9.5	13	8~22
推荐的	13 $\beta \leq 0.67$	13 $\beta \leq 0.75$	14~16.5 $\beta \leq 0.75$	14~16.5 $\beta \leq 0.75$	13.5~14.5 $\beta \leq 0.67$	13.5~14.5 $\beta \leq 0.75$	12~12.5 $\beta \leq 0.75$	12~12.5 $\beta \leq 0.75$	13 $\beta \leq 0.54$	13 $\beta \leq 0.75$	12~13 $\beta \leq 0.75$	12~13 $\beta \leq 0.75$	9.5 $\beta \leq 0.75$	9.5 $\beta \leq 0.75$	13 $\beta \leq 0.67$	13 $\beta \leq 0.75$

a. S 为两个弯头分离的间距，从上游弯头曲面部分的下游端到下游弯头曲面部分的上游端测量起。
b. 弯头曲率半径等于 $1.5D$。
c. 各阻流件的 A 栏为 "零附加不确定度" 的长度值。
d. 各阻流件的 B 栏为 "0.5%附加不确定度" 的长度值。
e. n 为直径数。19根管束式流动整直器（1998）的上游端位于最靠近的阻流件的曲面或锥面部分的下游端的1管直径处。除对孔板与19根管束式流动整直器（1998）下游之间的间距不能给出适用的数值外，19根管束式阻流件（1998）与最靠近的阻流件的曲面或锥面或渐扩管部分的下游端之间的直管段长度至少需2.5倍直径的间距。
f. 在全部各栏的 L_f 数值下，19根管束式流动整直器（1998）不能寻找到一个合适的位置。
g. 若 $\beta = 0.46$，则数值可能为 9.5。
h. 若 $\beta = 0.54$，则数值可能为 13。

注：表中列举的直管段长度是19根管束式流动整直器（1998）下游端与孔板之间的允许长度，安装在19根管束式流动整直器的上游端为某种型式阻流件，它与孔板的距离为 L_f。19根管束式流动整直器或三通渐缩管或渐扩管曲面或锥面部分下游端测量起。管束式流动整直器的位置的推荐值应用于规定的 β 值范围。

L_f。L_f 是从孔板最靠近（或仅有）的弯头曲面部分下游端开始。

13.6 控制阀材质的选择

见表13-8至表13-12。

表13-8 阀体材质的选择（SH3005—1999）

工艺介质	浓度	温度/℃	304不锈钢	316不锈钢	铝	紫铜	黄铜	青铜	硅青铜	镍铜合金	镍	蒙乃尔	镍铬铁合金	镍铁合金A	镍铁合金B	镍铁合金C	镍铁合金D	镍铁合金F	镍铬铜铝合金	钴铬合金#6	钛	银	钽	碳钢	铸钢	Durimet20奥氏体不锈钢	440C硬质不锈钢	17-4PH硬质不锈钢
硬脂酸			A	A				B				B								B	A			A	C	A	B	I,L
醇			A	A		B	B	A	A			A		A	A	A				A	A			A	A	A	A	A
甲醇		不限	A	B	B							A		A	A	A	A							A	A			
甲醇		不限	A	A				A				A		A	A	A				A				A	A		B	A
乙醇			A	A	A	A	A	A	A		A	A	A	A	A	A				A	I,L	A		A	A	A	A	A
丙酮			A	A		A	A	A	A		A	A	A	A	A	A			A	A	A			A	A	A	A	A
甲乙酮(丁酮)			A	A	A	A	AB	A	A		A	A	A						A		I,L			A	A	A		
甲醛			AB	AB	AB	AB	AB	A	AB	A	AB	AB	A	AB	AB	AB	AB	A		A	A			A	A	A		A
乙醛			A	A				A				A		A						A	A			B	B	A	A	A
乙醛			A	A								A		I,L	I,L					I,L	I,L			A	B	A	I,L	I,L
乙炔			A	A				I,L				C		A	A	A				A	A			B	B	A	I,L	I,L
石炭酸			B	B								C		I,L	I,L	I,L				I,L	A			C	C	B	A	A
硫酸酮			A	A		A	A	A			A	A		A	A	A				A	A			A	A	A	A	A
乙烷			A	A				A				A		A	A	I,L				A	A			A	A	A	A	A
丙烷			A	A								A		A	A	A				A	A			A	A	A	A	A
丁烷			A	A								A		A	A	A				A	I,L			A	B	A	A	A
醚			A	A				A				A		A	A	A				A	A			B	C	A	A	A
氯乙烯			A	A								A		A	A	I,L				A	A			C	C	A	B	I,L
乙二醇			A	A				A				A		A	A	A				A	A			A	A	A	A	A
三氟乙烯			B	A								A		A	A	A				A	I,L			B	B	A	B	I,L
三氯乙烯			B	A				A				A		A	A	A				A	A			B	B	A	B	I,L

续表

工艺介质	浓度	温度/°C	304不锈钢	316不锈钢	铝	紫铜	黄铜	青铜	镍铜合金	硅青铜	铝青铜	镍	蒙乃尔	镍铬铁合金	镍铁合金A	镍铁合金B	镍铁合金C	镍铁合金D	镍铁合金F	镍铬铜铝合金	钴铬合金#6	钛	银	钽	碳钢	铸钢	Durimet20奥氏体不锈钢	440C硬质不锈钢	17-4PH硬质不锈钢
糠醛			A	A				A					A									A			A	A	A	B	I,L
草酸			B	B			B	B		B			B			A						B			C	C	A	B	I,L
氟里昂(湿)			B	A			A	A					A			A						A			B	B	A	I,L	I,L
氟里昂(干)			A	A		A	A	A					A			A						A	I,L		B	A	A	A	I,L
松香·松脂			A	A			A						A			A				A		A			A	A	A	A	A
汽油·松脂			A	A			A						A			A				A		A			A	A	A	A	A
天然气			A	A			A						A			A				A		A			A	A	A	A	A
石油润滑油(精制)			A	A									A			A				A		A			A	A	A	A	A
焦炉气			A	A			B		B				B			A				B		B			B	B	A	A	A
焦油			A	A			A						B			A				B		A			B	B	C	C	I,L
松节油			A	A			A						B			A				A		A			C	C	C	C	
硫酸·游离(无空气)	不限	中温	C	C		C		B	BC				C	C	AB	B							A		C	C	C	C	
亚硫酸			C	C		C	C	C	C				C										AB		C	C	B	C	
盐酸			C	C		AB	AB	AB	B	AB	AB	B	C	C		A				B	B	C	AB		C	C	C	C	C
盐酸·汽化(含空气)			C	C		AB	AB	AB	B	AB	AB		C	C		AB			AB	AB	C	AB	AB		C	C	C	C	C
盐酸游离(无空气)			C	C		AB	AB	AB	B	AB	AB		C			AB			AB	AB	B	B	AB		B	C	C	C	C
氢氟酸·汽化(含空气)			A	A		C	C	C	C	C	C		A			A					I,L	C			A	A	C	C	I,L
氢氟酸·游离(无空气)		100	AB	AB	C	AB	AB		AB	AB			AB			AB			AB	AB	B	B	AB		C	B	B	C	
氢氟酸蒸汽		室温	AB	AB	C	AB	AB						C			A			AB	AB	C	C	B		B	C	B	C	
磷酸	10%		B	B	B	B	C		B				B			A					B	C	AB		C	C	B	C	
磷酸	85%		BC	AB	AB	C	C		C				C			A	I,L				I,L	C	B		A	C	B	C	
磷酸·汽化(含空气)		沸点											C										AB		C	C	C	C	I,L
磷酸·游离(无空气)				A			C	C	C	C	C	C	C									AB	C		C	C	C	C	I,L
磷酸蒸汽			B	B			C	C	C	C	C	C	C			B					C	AB	C		C	C	C	C	I,L
硝酸	30%	沸点	A	A	C	C	C	C	C	C	C	C	C	C	C	C			C	C	A	AB	A		C	C	C		
硝酸	50%	沸点	A	A	C	C	C	C	C	C	C	C	C	C	C	C			C	C	A	AB	A		C	C	C		

续表

工艺介质	浓度	温度/℃	304不锈钢	316不锈钢	铝	紫铜	黄铜	青铜	镍铜合金 硅青铜	铝青铜	镍	蒙乃尔	镍铬铁合金	镍铁合金A	镍铁合金B	镍铁合金C	镍铁合金D	镍铁合金F	镍铬铜铝合金	钴铬合金#6	钛	银	钽	碳钢	铸钢	钢	Durimet20奥氏体不锈钢	440C硬质不锈钢	17-4PH硬质不锈钢
硝酸			A	B				C				C			B						A			C	C	C	A	C	B
铬酸			C	B				A				A			C					B	A			C	C	C	C	C	C
硼酸			A	A	C	AB	AB		AB		A	A			A					A	A			C	C	A	A	B	I,L
氢氧化钠	30%	60	A	A	C	AB	AB		A3	AB	A	A	A					A			AB								
氢氧化钠	10%	沸点	AB	AB					AB	AB	AB	A	AB							B									
氢氧化钠			A	A				C				A			A				A	A	A			A	A	A	A	B	A
氢氧化镁			A	A				B				A			A					I,L	A			A	B	B	A	A	I,L
氢氧化钾			A	B				B				B			A					B	A			B	B	B	A	B	I,L
氯化铵			B	B				B				B			A					A	A			C	C	B	B	C	I,L
硝酸氢			A	A				C				C			A					A	A			C	C	C	B	B	A
磷酸氢(单基)			A	A								C			A	I,L				I,L	A			C	C	C	A	A	A
硫酸铜			B	B				A				B			A					A	A			C	C	C	A	A	I,L
硫酸铝			A	A				B				A			A					B	A			C	C	C	A	C	A
硫酸氢			B	B				C				C			A	I,L				I,L	A			C	C	B	B	B	I,L
硫代硫酸钠			A	A				C				C			I,L					A	A			A	A	A	A	I,L	I,L
硫酸盐溶液			A	A				C				B			A	A				I,L	A			C	B	B	B	B	I,L
亚硫酸氢			C	C				B-C				B-C			A	I,L				I,L	A			A	B	B	B	B	C
二氯化锡			C	C				C				B			A	A				I,L	A			C	C	C	B	C	I,L
硫酸锌			A	A				B				A			A	A				B	A			B	B	B	A	B	A
氯化钙			C	B				C				C			A	A				I,L	A			C	C	B	A	C	I,L
次氯酸钙			B	B				B				B			A	B				A	A			C	B	C	B	C	C
次氯酸钠			C	C				B-C				C			B	C				I,L	A			C	C	C	B	C	I,L
亚氯酸钾			C	A				B				B			A	A				I,L	A			B	B	B	A	A	I,L
氯化铁			C	C				C				C			C	B				B	A			C	C	C	C	C	I,L
碳酸钠			A	A				A				A			A	A				A	A			A	A	A	C	B	A
醋酸钠			B	A				A				A			B	A				A	A			A	A	A	A	A	A

续表

工艺介质	浓度	温度/°C	304不锈钢	316不锈钢	铝	紫铜	黄铜	青铜	镍铜合金	硅青铜	铝青铜	镍	蒙乃尔	镍铬铁合金	镍铁合金A	镍铁合金B	镍铁合金C	镍铁合金D	镍铁合金F	镍铬铜铝合金	钴铬合金#6	钛	银	钽	碳钢	铸钢	Durimet20奥氏体不锈钢	440C硬质不锈钢	17-4PH硬质不锈钢
氯化钠			B	B																	A				C	C	A	B	B
铬酸钠			A	A	A	A		A	A				A							A	A	A	A	A	A	A	A	A	A
苯	浓		A	A	A	A	A	A	A	A	A	A	A	A	A	A	A	A	A	A	A	A	A	A	A	A	A	A	A
苯酚		室温	A	A	A	A	C	A	C				B									A		A	B	B	A	I,L	I,L
苯胺		中温	AB	AB	C	C	C	A	C																A	C	C	A	C	
苯胺		不浸	A	A	AB	AB	B	AB	A				AB	AB	AB	AB	AB	AB	AB	AB	I,L	A	AB	A	C	C	A	A	I,L
苯(甲)酸			AB	AB	AB	B	B	AB	B				AB	AB	AB	AB	AB		AB	AB	AB	A	AB	B	C	C	A	C	A
酚		沸点	B	B		B	A						A		B	B	B				B				I,L	C	A			
甲酚		室温	A	A	A	A	AB	A	AB				AB	AB	A	A	A	A	A	A	C	A	A	A	A	C	A	C	B
氨苯																														
联苯																														
甲酸	不限		B	B	C	B	B	B	B	A			B	B	B	A	A	A	A	A	B	B	B	A	A	I,L	C	A		
醋酸	5%	室温	A	A	A	B	B	B	B				B	B	B	A	A	A	A	A	A	A	A	A	A		C	A	B	B
醋酸	25%	室温	A	A	A	B	B	B	B				B	B	B	A	A	A	A	A	A	A	A	A	A	C	C	B	C	B
醋酸	50%	沸点	A	A	A	B	B	B	B				B	B	B	A	A	A	A	A	A	A	A	A	A	C	C	A	C	B
醋酸	50%	室温	A	A	B	C	C	C	B				C	C	B	A	A	A	A	A	A	A	A	A	A	C	C	A	C	B
醋酸	100%	室温	A	A	A	C	C	C	C				C	C	C	A	A	A	A	A	A	A	A	A	A	C	C	A	C	A
醋酸	100%	沸点	C	C	C	C	C	C	C				C	C	C	A	A	A	A	A	A	A	A	A	A	C	C	A	C	
醋酸,气			B	B					A				B	B							A				C	B	A	B		
醋酸,汽化			A	A	A	B	A	A	B				B	A	B	A	A	A	A	A	A	A	A	A	A	C	C	C	C	B
醋酸(无空气)			A	A	A	B	A	A	B				B	B	B	I,L	I,L	I,L				A	A	A	A	C	C	A	C	B
醋酸(含空气)			B	B	B	B	A	A	B				B	B	B	A	A	A	A	A	A	A	A	A	A	C	C	B	C	B
醋			A	A	A	C	C	B	B				A	A	A	A	A	A	A	A	A	I,L	A	A	A	C	C	A	C	A
苦味酸			A	A	A	C	C	C	C				C		A	A	A	A	A	A	A	I,L	I,L	I,L		C	C	B	B	I,L

注：A—良好，AB—适宜，B—尚可，C—不能，I, L—缺乏资料。

表 13-9 控制阀常用衬里和隔膜材料

名称	使用场合
氯丁橡胶	对于一般的酸、碱、盐类均有很好的耐腐蚀性。并适用于某些有机溶剂,如汽油、甘油、乙醇等。其耐油性次于丁腈橡胶,适用温度为-50～+107℃
聚四氟乙烯(PTFE)	具有优异的化学稳定性。适用较高温度的浓酸、浓碱和强氧化剂,与大多数有机溶剂都不作用。适用温度为-200～+260℃,分解温度为415℃
天然橡胶	对氧化剂、矿物油和大多数有机溶剂的作用不稳定,耐氧化能力差。但对于酸、碱有相当的耐蚀能力。适用温度-30～+65℃
低压聚乙烯	对非氧化性的酸、碱有很高的耐蚀能力。室温条件,不溶于大部分有机溶剂。温度高于70℃时,能溶于脂肪族、芳香族及其卤素衍生物。适用温度为＜+80℃
聚苯硫醚	有良好的耐热性。常温下不溶于任何溶剂。对大多数的酸、碱是稳定的,但不耐强氧化性酸,如浓硝酸、王水等。适用温度为＜+250℃
刚玉陶瓷	能耐无机酸、碱和各种有机化合物的侵蚀。常温下,也能耐氢氟酸、浓碱之类介质的侵蚀。这是一般工业陶瓷所不能达到的。使用温度为＜+200℃
酚醛增强塑料	对中等浓度的酸具有很好的耐蚀能力,有良好的耐油性。在无腐蚀的条件下能经住200℃的长时间作用
聚全氟乙丙烯(简称F-46)	除少数介质,如熔融碱金属、发烟硝酸、氧化氮以外,几乎能耐所有的化学介质,包括硝酸、王水等的腐蚀。耐温性低于聚四氟乙烯,能在200℃下长期使用。适用温度为-260～+204℃

表 13-10 常用阀内件材料的温度限制

材料	应用	下限 °F	下限 ℃	上限 °F	上限 ℃
304 SST,S30400,CF8	无涂层阀芯和阀座	-450	-268	600	316
316 SST,S31600,CF8M	无涂层阀芯和阀座	-450	-268	600	316
317 SST,S31700,CG8M	无涂层阀芯和阀座	-450	-268	600	316
416 SST,S41600,38HRC 最小	套筒,阀芯和阀座	-20	-29	800	427
CA6NM,32HRC 最小	套筒,阀芯和阀座	-20	-29	900	482
Nitronic 50,S2091 高强度回火	阀轴,阀杆和销钉	-325	-198	1100	593
440 SST,S44004	轴套,阀芯和阀座	-20	-29	800	427
17-4PH,S17400,CB7Cu-1,H1075 回火	套筒,阀芯和阀座	-80	-62	800	427
6 号合金 R30006,CoCr-A	阀芯和阀座	-325	-198	1500	816
非电镀镍涂层	阀内件涂层	-325	-198	750	400
硬铬镀层	阀内件涂层	-325	-198	600	316
V 形球上的硬铬镀层	阀内件涂层	-325	-198	800	427
硬铬镀层	阀内件涂层	-325	-198	1100	593
蒙乃尔 K500,N05500	无涂层阀芯和阀座	-325	-198	800	427
蒙乃尔 400,N04400	无涂层阀芯和阀座	-325	-198	800	427
哈斯特合金 B2,N10665,N7M	无涂层阀芯和阀座	-325	-198	800	427
哈斯特合金 C276,N10276,CW2M	无涂层阀芯和阀座	-325	-198	800	427
钛等级 2,3,4,C2,C3,C4	无涂层阀芯和阀座	-75	-59	600	316
镍 N02200,CZ100	无涂层阀芯和阀座	-325	-198	600	316
20 号合金,N08020,CN7M	无涂层阀芯和阀座	-325	-198	600	316
NBR 腈橡胶	阀座	-20	-29	200	93
FKM 氟橡胶(Viton)	阀座	0	-18	400	204
PTFE,聚四氟乙烯	阀座	-450	-268	450	232
PA(尼龙)	阀座	-60	-51	200	93
HDPE 高密度聚乙烯	阀座	-65	-54	185	85
CR,氯丁橡胶(Neoprene)	阀座	-40	-40	180	82

表 13-11　DIN 铸钢阀门的压力额定值[①]

PN	在所示温度下的允许工作压力/bar					
	−10～120℃	200℃	250℃	300℃	350℃	400℃
16	16	14	13	11	10	8
25	25	22	20	17	16	13
40	40	35	32	28	24	21
63	64	50	45	40	36	32
100	100	80	70	60	56	50
160	160	130	112	96	90	80
250	250	200	175	150	140	125
320	320	250	225	192	180	160
400	400	320	280	240	225	200

① 静态水压测试，在 20℃ 时为 1.5 倍的额定值。

表 13-12　目前国产阀体组件常用材料及其使用温度和压力

阀类型	阀内件名称	材料	使用温度/℃	使用压力/10^5Pa	备注
一般单、双座阀，角形阀，三通阀	阀体、阀盖	HT20-40	−20～+250	16	
		ZG25B	−40～+250	40、64	
		ZG1Cr18Ni9	−60～+250 带散热片		
	阀杆、阀芯、阀座	1Cr18Ni9			
	垫片	2Cr13、1Cr18Ni9 夹石棉板	−60～+250	16、40、64	
	密封填料	V 形聚四氟乙烯			
高温单、双座阀，角形阀，三通阀	阀体、阀盖	ZG1Cr18Ni9、ZG25B	+250～+450 阀盖带散热片	40、64	只有直通单、双座有此产品
		ZG1Cr18Ni9	+450～+600 阀盖加长颈和散热片	40、64	
	阀杆、阀芯、阀座	1Cr18Ni9			
	垫片	2Cr13、1Cr18Ni9 夹石棉板	+250～+600	40、64	
	密封填料	V 形聚四氟乙烯、石墨、石棉			
低温单、双座阀	阀体、阀盖	ZG1Cr18Ni9	−60～−250 阀盖加长颈和散热片	6、40、64	
	阀杆、阀芯、阀座	1Cr18Ni9			
	垫片	浸蜡石棉橡胶板	−60～−250	6、40、64	
	密封填料	V 形聚四氟乙烯			
高压角形阀	阀体、阀盖	锻钢（25 钢或 40 钢）ZG1Cr18Ni9Ti ZGCr18Ni12Mo2Ti	−40～+250	220、320	
			+250～+450 阀盖带散热片		
	阀芯	YG6、X、YG8 可淬硬钢渗铬 1Cr18Ni9Ti，Cr18Ni12Mo2Ti 堆焊钴铬钨合金	−40～+450		
	阀杆	2Cr13、1Cr18Ni9			
	阀座	2G13、可淬硬钢			
	密封填料	V 形聚四氟乙烯			

续表

阀类型	阀内件名称	材料	使用温度/℃	使用压力/10^5Pa	备注
蝶阀	阀体、阀板	HT20-40	-20~+250	6	
		ZG1Cr18Ni9,ZG1Cr13Ni9Ti,ZGCr18Ni12Mo2Ti	-40~-200		
	阀体	ZG2Cr5Mo 阀体外部可采用耐热纤维板	+200~+600	1	
	阀板、主轴	12Cr1MoV,1Cr18Ni9			
	轴承	GH132 及 GH132 渗铬		1	
	密封填料	高硅氧纤维(SiO_2 96%以上)			
	阀体	ZG25 与介质接触的内层为耐热混凝土,外层为硅酸铝纤维或高硅氧纤维	+600~+800		
	主轴	Cr22Ni4N,Cr25Ni20Si2,Cr25Ni20			
	阀板	Cr19Mn12Si2N			
	轴承	GH132 及 GH132 渗铬			
波纹管密封阀	阀体、阀盖	ZG1Cr18Ni9	-60~+150	10	
	阀杆、阀芯、底座、波纹管	1Cr18Ni9			
	密封填料	V 形聚四氟乙烯(加在波纹管上部)			
小流量阀	阀体、阀杆、阀芯	1Cr18Ni9	-60~+250	100	
	垫片	08,10 钢			
	密封材料	V 形聚四氟乙烯			

13.7 控制阀的主要测试项目和标准(GB/T 4213—1992)

(1) 静特性测试项目和规定偏差 静特性是指阀门行程和输入信号之间的静态关系。静特性的规定偏差见表 13-13。

表 13-13 静特性的规定偏差(GB/T 4213—1992)   %

项目			不带定位器					带定位器				
			A	B	C	D	E	A	B	C	D	E
基本误差限			±15	±10	±8	±6	±5	±4	±2.5	±2.0	±1.5	±1.0
回差			10	8	6	5	3	3.0	2.5	2.0	1.5	1.0
死区			8	6	5	4	3	1.0	1.0	0.8	0.6	0.4
始终点偏差	气开	始点	±6.0	±4.0	±4.0	±2.5	±2.5	±2.5	±2.5	±2.0	±1.5	±1.0
		终点	±15	±10	±8	±6	±5					
	气关	始点	±15	±10	±8	±6	±5					
		终点	±6.0	±4.0	±4.0	±2.5	±2.5					
额定行程偏差	调节型(金属密封)		+6	+4	+4	+2.5	+2.5	+2.5	+2.5	+2.5	+2.5	+2.5
	调节型(弹性密封) 切断型		实测行程大于额定行程									

注:1. 表中 A 类适用于特殊密封填料和特殊密封型式的调节阀;E 类适用于一般单、双座的调节阀,B、C、D 类适用于各种特殊结构形式和特殊用途的调节阀。
2. 弹簧压力范围在 20~100kPa、40~200kPa 和 60~300kPa 以外的调节阀只考核始、终点偏差及额定行程偏差,切断型调节阀只考核额定行程偏差。

静特性的偏差值计算公式如下：

$$基本误差 = \frac{测试点的实测行程值 - 该测试点的理论行程值}{额定行程值} \times 100\%$$

$$始点偏差 = \frac{输入信号为下限值时的实测行程}{额定行程} \times 100\%$$

$$终点偏差 = \frac{输入信号为上限值时的实测行程}{额定行程} \times 100\%$$

$$额定行程偏差 = \frac{输入信号超过上限值时的实测行程 - 额定行程}{额定行程} \times 100\%$$

$$回差 = \frac{阀门开启方向某测试点的实测行程 - 阀门关闭方向该测试点的实测行程}{额定行程} \times 100\%$$

$$死区 = \frac{某测试点的输入信号值 - 输出量有可见变化时输入信号实测值}{输入信号范围} \times 100\%$$

(2) 气密性测试标准 气密性是指气动执行机构的薄膜气室或汽缸对仪表空气的密封保压能力。GB/T 4213—1992 规定，在额定的气源压力下，5min 内薄膜气室内的压力下降不得大于 2.5kPa，汽缸各气室内的压力下降不得大于 5kPa。

(3) 密封性测试标准 控制阀的密封填料函及其他连接处，在规定的试验压力和时间内，不让介质（水、空气、氮气）泄漏的性能，称为密封性。GB/T 4213—1992 规定，控制阀的填料函及其他连接处应保证在 1.1 倍公称压力下无渗漏现象。对控制阀应以 1.5 倍公称压力的试验压力，进行 3min 以上的耐压强度试验，试验期间不应有肉眼可见的渗漏。

(4) 泄漏量测试标准 泄漏量是指在规定的试验条件下和阀门关闭情况下，流过阀门的流体流量。

根据 GB/T 4213—1992，对泄漏量问题有如下的规定。

① 控制阀在规定试验条件下的泄漏量应符合表 7-24 的规定。

② 控制阀的泄漏等级除 Ⅰ 级外，由制造厂自行选定。但单座阀结构的调节阀的泄漏等级不得低于 Ⅳ 级，双座阀结构的控制阀的泄漏等级不得低于 Ⅱ 级。

③ 泄漏量大于 5×10^{-3} 阀额定容量时，应由结构设计保证，产品可以免测试。

④ 泄漏量应由下列代码加以规定：

| X_1 | X_2 | X_3 |

X_1—泄漏等级如表 13-14 所示 Ⅰ～Ⅵ；

X_2—试验介质，G：空气或氮气，L：水；

X_3—试验程序 1 或 2。

试验程序 1 时，试验介质压力应为 0.35MPa，当阀的允许压差小于 0.35MPa 时，用设计规定的允许压差；试验程序 2 时，应为阀的最大工作压差。两种试验程序所用的介质均为 5～40℃ 的清洁气体（空气和氮气）或水。

表 13-14（a） 泄漏等级划分（GB/T 4213—1992）

泄漏等级	试验介质	试验程序	最大阀座泄漏量
Ⅰ			由用户与制造厂商定
Ⅱ	L 或 G	1	$5 \times 10^{-3} \times$ 阀额定容量，L/h
Ⅲ	L 或 G	1	$10^{-3} \times$ 阀额定容量，L/h
Ⅳ	L	1 或 2	$10^{-4} \times$ 阀额定容量，L/h
	G	1	

续表

泄漏等级	试验介质	试验程序	最大阀座泄漏量
Ⅳ-S1	L	1 或 2	$5\times10^{-4}\times$阀额定容量,L/h
	G	1	
Ⅳ-S2	G	1	$2\times10^{-4}\times\Delta p\times D$,L/h
Ⅴ	L	2	$1.8\times10^{-3}\times\Delta p\times D$,L/h
Ⅵ	G	1	$3\times10^{-3}\times\Delta p\times$[表 7-24(b)规定的泄漏量]

注：1. Δp 以 kPa 为单位。

2. D 为阀座直径，以 mm 为单位。

3. 对于可压缩流体体积流量，绝对压力为 101.325kPa 和绝对温度为 273K 的标准状态下的测定值。

表 13-14（b） 控制阀泄漏量

| 阀座直径/mm | 泄漏量 | | 阀座直径/mm | 泄漏量 | |
	/(ml/min)	每分钟气泡数		/(ml/min)	每分钟气泡数
25	0.15	1	150	4.00	27
40	0.30	2	200	6.75	45
50	0.45	3	250	11.1	—
65	0.60	4	300	16.0	—
80	0.90	6	350	21.6	—
100	1.70	11	400	28.4	—

注：1. 每分钟气泡数是用外径 6mm、壁厚 1mm 的管子垂直浸入水下 5～10mm 深度的条件下测得的，管端表面应光滑、无倒角和毛刺。

2. 如果阀座直径与表列值之一相差 2mm 以上，则泄漏系统可假设泄漏量与阀座直径的平方成正比的情况下通过内推法取得。

3. 在计算泄漏量的允许值时，阀的额定容量应按表 13-15 所列公式计算。

表 13-15 阀的额定容量计量（GB/T 4213—1992）

介质	条件	$\Delta p<\frac{1}{2}p_1$	$\Delta p\geqslant\frac{1}{2}p_1$
液体		$Q_l=0.1K_V\sqrt{\dfrac{\Delta p}{\rho/\rho_0}}$	
气体		$Q_g=4.73K_V\sqrt{\dfrac{\Delta p p_m}{G(273+t)}}$	$Q_g=2.9p_1K_V/\sqrt{G(273+t)}$

表中　Q_l——液体流量，m³/h；

　　　Q_g——标准状态下的气体流量，m³/h；

　　　K_V——额定流量系数；

　　　$p_m=\dfrac{p_1+p_2}{2}$，kPa；

　　　p_1——阀前绝对压力，kPa；

　　　p_2——阀后绝对压力，kPa；

　　　Δp——阀前后压差，kPa；

　　　t——试验介质温度，取 20℃；

　　　G——气体相对密度，空气=1；

　　　ρ/ρ_0——相对密度（规定温度范围内的水 $\rho/\rho_0=1$）。

（5）空载全行程时间测试标准　在使用控制阀的自控系统中，对控制阀的要求之一是反应灵敏，动作迅速，不允许产生振荡和不稳定状况。空载全行程时间是衡量这种特性的指标之一，是在静态条件下测定的。GB/T 4213—92 对空载全行程时间的规定见表 13-16。

表 13-16　空载全行程时间

空载全行程时间/s＼执行机构型号＼输入信号压力/(kgf/cm²)＼行程/mm	VA1 14.3	VA2 31.8	VA3 50	VA4 75	VA5 100
0.2～1.0	1.9	4.1	9.2	10.0	41.5
1.0～0.2	1.8	4.3	10.3	21.2	41.5

(6) 绝缘电阻和绝缘强度测试部位及要求　绝缘电阻是在电动执行机构或电气阀门定位器的输入端子、电源端子与外壳之间所测得的电阻值。它是反映电气元件安全性能的指标之一。而绝缘强度是电动执行机构或电气阀门定位器的输入端子、电源端子与外壳之间承受直流或某频率的正弦波交流电压后，在规定时间内不发生击穿、飞弧现象的性能，它也是反映电气元件安全性能的指标之一。绝缘电阻和绝缘强度测试部位及要求见表 13-17 和表 13-18。

表 13-17　绝缘电阻的测试部位及要求

产品名称	测试部位	要求
电动执行机构	各组输入端子对机壳	用 500V 兆欧表测试不小于 20MΩ
	各组输入端子对电源端子	用 500V 兆欧表测试不小于 50MΩ
	电源端子对机壳	
电气阀门定位器	各组输入端子对接地端子	用 1000V 兆欧表测试均不小于 40MΩ
	力矩马达组件的各组输入端子对安装板	用 500V 兆欧表测试均不小于 100MΩ
	接线盒内部的接线端子与接线盒外壳	

表 13-18　绝缘强度的测试部位及要求

产品名称	测试部位	要求
电动执行机构	输入端子与机壳之间	耐压 500V，时间 1min
	输入端子与电源端子之间	耐压 500V，时间 1min
	电源端子与机壳之间	耐压 1500V，时间 1min(电源电压为交流 220V) 耐压 2000V，时间 1min(电源电压为交流 380V)
电气阀门定位器	力矩马达的各组输入端子对安装板	耐压 500V，时间 30s

13.8　控制阀的隔断阀和旁路阀最小尺寸（表 13-19）

表 13-19　控制阀的隔断阀和旁路阀最小尺寸　　　　　mm

管线尺寸	15		20		25		40		50		75		100		150		200		250		300	
控制阀尺寸	切断阀	旁路阀	切断阀	旁路阀	切断阀	旁路阀	切断阀	旁路阀	切断阀	旁路阀	切断阀	旁路阀	切断阀	旁路阀	切断阀	旁路阀	切断阀	旁路阀	切断阀	旁路阀	切断阀	旁路阀
15	15	15	20	20	25	25	40	40														
20			20	20	25	25	40	40	50	50												
25					25	25	40	40	50	50	50	50										
40							40	40	50	50	50	50	75	75								
50									50	50	75	50	75	75	100	100						

续表

管线尺寸	15		20		25		40		50		75		100		150		200		250		300	
控制阀尺寸	切断阀	旁路阀	切断阀	旁路阀	切断阀	旁路阀	切断阀	旁路阀	切断阀	旁路阀	切断阀	旁路阀	切断阀	旁路阀	切断阀	旁路阀	切断阀	旁路阀	切断阀	旁路阀	切断阀	旁路阀
75											75	75	100	75	100	100	150	150				
100													100	100	150	100	150	150	200	200		
125															150	150	200	150	200	200	250	250
150																	200	200	250	200	250	250
250																			250	250	300	250
300																					300	300

13.9 仪表及测量管线伴热保温有关数据

见表13-20至表13-24。

表13-20 仪表测量管道单位长度散热量/(W/m)[①]

保温层厚度/mm	温差 ΔT /℃[②]	样品管尺寸/in(DN/mm)			
		1/4,3/8(6,8,10)	1/2(15)	3/4(20)	1(25)
10	20	6.2	7.2	8.5	10.1
	30	9.4	11.0	12.9	15.4
	40	12.7	14.9	17.5	20.8
20	20	4.0	4.6	5.3	6.2
	30	6.2	7.0	8.1	9.4
	40	8.3	9.5	10.9	12.7
	60	12.8	14.7	16.9	19.6
30	20	3.3	3.7	4.2	4.8
	30	5.0	5.6	6.3	7.3
	40	6.7	7.6	8.6	9.8
	60	10.3	11.7	13.2	15.1
	80	14.2	16.0	18.2	20.8
	100	18.3	20.7	23.4	26.8
	120	22.7	25.6	29.0	33.2
	140	27.2	30.8	34.9	40.0
	160	32.1	36.2	41.1	47.1
	180	37.1	42.0	47.6	54.5
40	20	2.8	3.2	3.6	4.0
	30	4.3	4.8	5.4	6.1
	40	5.8	6.5	7.3	8.3
	60	9.0	10.1	11.3	12.8
	80	12.3	13.8	15.5	17.6
	100	15.9	17.8	20.0	22.7
	120	19.7	22.1	24.8	28.1
	140	23.7	26.5	29.8	33.8
	160	27.9	31.2	35.1	39.8
	180	32.3	36.2	40.6	46.0

① 散热量计算基于下列条件：隔热材料 玻璃纤维 管道材料；金属；管道位置 室外。
② 温差指电伴热系统维持温度与所处环境最低设计温度之差。
资料来源：SH 3126—2001《石油化工仪表及管道伴热和隔热设计规范》。
注：管道阀门散热量按与其相连管道每米散热量的1.22倍计算。

表 13-21 常用保温材料热导率修正值

名　称	密度/(kg/m³)	热导率/[W/(m·℃)]	热导率修正值
岩棉	100～200	0.049	1.22
聚氨酯泡沫塑料	30～60	0.0275	0.67
硅酸钙制品	170～240	0.055～0.064	1.50
离心玻璃棉	15	0.033	1.00
聚苯乙烯塑料	≥30	0.041	1.86

资料来源：HG/T 20514—2000《仪表及管线伴热和绝热保温设计规定》。

表 13-22 各种保温材料在不同温度下的热导率

保温材料	热导率/[W/(m·℃)]					
	−10℃	10℃	50℃	100℃	150℃	200℃
玻璃纤维	0.033	0.036	0.040	0.046	0.053	0.059
岩棉	0.041	0.044	0.049	0.056	0.065	0.072
矿渣棉	0.037	0.04	0.045	0.051	0.059	0.066
珍珠岩	0.043	0.047	0.052	0.060	0.069	0.077
聚氨酯泡沫塑料	0.022	0.024	0.027	0.031	0.035	0.037
聚苯乙烯泡沫塑料	0.029	0.031	0.034	0.040	0.046	0.051
硅酸钙	0.05	0.054	0.06	0.069	0.080	0.089
复合硅酸盐毡 FHP-VB	0.022	0.0234	0.026	0.03	0.035	0.038

表 13-23 饱和蒸汽主要物理性质
（SH 3126—2001）

饱和蒸汽压力/MPa(A)	温度 t/℃	冷凝潜热 H/(kJ/kg)
1	179.038	481.6×4.1868
0.6	158.076	498.6×4.1868
0.3	132.875	517.3×4.1868

表 13-24 不同大气温度下的隔热层厚度
（SH 3126—2001）

大气温度	蒸汽压力/MPa(A)	隔热层厚度 δ
−30℃以下	1	30mm
−30～−15℃	0.6	20mm
−15℃以上	0.3	20mm
0℃以上	1	10mm

13.10 同位素仪表的安全性能分级和放射卫生防护剂量限值

13.10.1 同位素仪表的安全性能分级

（根据 GB 14052—1993《安装在设备上的同位素仪表的辐射安全性能要求》摘编，该标准等效采用 ISO 7205—1986《同位素仪表——安装在设备上的同位素仪表》）。

(1) 同位素仪表的分类

① 按部件可移动程度分类。同位素仪表按部件可移动程度分为两类。

a. 仪表的两个部件即源部件和探头在工业设备构件上都是固定的。例固定式料位计、某些厚度计。

b. 两个部件中至少有一个在工业设备构件上是可移动的。例随动式料位计、C形架扫描式同位素仪表。

② 按射线准直程度分类。同位素仪表按放射源发出的射线被准直的程度分为 A 类和 B 类。

A 类 射线束受限定的同位素仪表。

A 类同位素仪表装有准直器，它把放射源发出的射线限定成一组或几组有用射线束。设计这类同位素仪表时，其探头或其他固定吸收体必须能遮挡住由放射源活性面上所有点和准直器所限定的立体角内的辐射；而反散射式和 X 射线荧光式的同位素仪表，必须能遮挡住初级辐射和反散射辐射。按部件可移动程度，A 类同位素仪表分为 A1、A2 和 A3 类。

a. A1 类。A1 类同位素仪表的放射源（当放射源处在工作位置时）和探测器所包容的辐射限定在一个不变的空间内，即同位素仪表的两个部件定点安装在设备的固定位置上，或者两个部件构成一个牢固的整体。例固定式料位计、透射式密度计、C 形架固定式厚度计、固定式厚度计、带屏蔽的反散射式同位素仪表。

b. A2 类。A2 类同位素仪表的放射源（当放射源处在工作位置时）和探测器所包容的辐射限定在一个不变的空间内，同位素仪表的两个部件在相对位置不变的情况下关联地运动。例随动式料位计、扫描式厚度计。

c. A3 类。A3 类同位素仪表的源部件和探头或其中的一个沿着固定的轴可以关联地运动。例校直安全计、移动式吊车安全计。

B 类 射线束不受限定的同位素仪表。

B 类同位素仪表不带准直器，或虽有准直器但不符合 A 类同位素仪表的要求。对于反散射式和 X 射线荧光式的同位素仪表，当不能完全遮挡住初级辐射和反散射辐射（尤其是未装待测物料）时，则属于 B 类。按部件可移动程度，B 类同位素仪表分为 B1、B2 和 B3 类。

a. B1 类。B1 类同位素仪表的放射源（当放射源处在工作位置时）和探测器具有相对固定的位置。例中子水分计、无屏蔽的反散射式同位素仪表。

b. B2 类放射源的弹射装置。B2 类同位素仪表的探头安装在设备的固定位置上。在测量和控制时，放射源弹射到一个适当的位置上。例压实度控制装置、化工厂使用的密度计。

c. B3 类。B3 类同位素仪表的源托在设备内部依据被测和被控的参数移动，而探测器在设备外部移动。例设备内可动部件的位置控制装置、带放射源的浮子式液位计、校直安全计、移动式吊车安全计。

(2) 同位素仪表的安全性能分级 同位素仪表应按其下述各项的放射安全方面的性能，进行分级：

a. 外辐射水平；

b. 正常工作条件下的适应能力，即最高工作温度和最低工作温度，耐力；

c. 抗恶劣环境的能力，如抗火能力；

d. 如对使用环境有特殊要求，用户和厂家可共同协商规定一些附加项目，例如酸碱腐蚀、振动、冲击、剪切、压力、爆炸、浸泡、气候试验。

每一等级的典型试验值见表 13-25 和表 13-26。

表 13-25　同位素仪表的安全性能分级

试验项目	等级					
	0	1	2	3	4	5[①]
剂量当量率 H[②] 在 5cm 处	1mSv/h$<H$	0.5mSv/h$<H\leqslant$ 1mSv/h	0.05mSv/h$<H\leqslant$ 0.5mSv/h	7.5μSv/h$<H\leqslant$ 0.05mSv/h	$H\leqslant$7.5μSv/h	特殊指标要求
在 1m 处	0.1mSv/h$<H$	25μSv/h$<H\leqslant$ 0.1mSv/h	7.5μSv/h$<H\leqslant$ 25μSv/h	2.5μSv/h$<H\leqslant$ 7.5μSv/h	$H\leqslant$2.5μSv/h	特殊指标要求
正常工作条件下的适应能力 最高温度 最低温度	50℃ 10℃	100℃ 0℃	150℃ -10℃	200℃ -20℃	400℃ -240℃	特殊指标要求 特殊指标要求
源闸-弹射装置的耐力	表 13-26 内规定的操作次数	表 13-26 内规定的操作次数	表 13-26 内规定的操作次数的 2 倍	表 13-26 内规定的操作次数的 5 倍	表 13-26 内规定的操作次数的 8 倍	特殊指标要求
抗火能力[③]	20min（高达约 780℃）	20min（高达约 780℃）	1h（高达约 940℃）	2h（高达约 1050℃）	4h（高达约 1150℃）	特殊指标要求

① 第 5 级是基于设备有特殊的危险性，由用户和厂家协商规定的试验，然而这种试验的严格程度决不比第 4 级的低。
② 每台同位素仪表的 5cm 处和 1m 处的剂量当量率，无论源在"防护位置"或在"工作位置"时都按此表分级。
③ 不适用于气体放射源。

表 13-26　耐力试验的操作次数

类别		同位素仪表的特征		操作次数		
				1 组	2 组	3 组
A	A1	固定的源	对手动控制的源闸	100	3 000	—
			对遥控或伺服控制的源闸	—	3 000	25 000
	A2	在源部件内可移动的源	对手动控制的源闸	100	3 000	—
			对遥控或伺服控制的源闸	—	3 000	25 000
B	B2	弹射装置	对手动控制弹射装置	—	7 500	—
			对非手动或伺服控制的弹射装置	—	15 000	25 000
	B3		控制源托运动及其方向的装置（如果条件具备）		2 500	—

(3) 同位素仪表的代号和标志

① 代号。每台同位素仪表必须标上如图 13-2 所示的表示类别和安全性能等级（表 13-25）的代号。

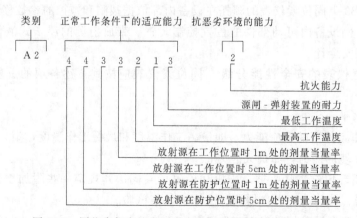

图 13-2　同位素仪表的类别和安全性能等级的代号示例图

② 永久铭牌。源部件和测量头的铭牌必须清晰地标明下列内容：
   a. 同位素仪表的型号和系列号；
   b. 电离辐射标志［见 GB 8703 附录 D（补充件）］；
   c. 同位素仪表的代号和本标准号；
   d. 核素的化学符号和质量数，放射源的活度。

这些标志必须是刻上、打印上或用其他方法复制上的，使之在同位素仪表的整个工作寿命期间保持字迹清晰。

③ 随同位素仪表提供的文件。厂家必须向用户提供包括下列内容的文件：
   a. 同位素仪表的简介、工作原理、技术特性、核素符号和性质，以及所用的每种核素的最大活度；
   b. 使设备漫散射辐射降低到最低水平的安装和运行的条件；
   c. 用户可以自行维修的一般维修方法，包括对铭牌和同位素仪表专用标签的维护；
   d. 为了防止发生疏忽（特别是在操作源托、源闸和安全机构时），向用户提出的注意事项；
   e. 限制事故（包括源部件的事故）后果的须知。

④ 同位素仪表专用标签。每台同位素仪表必须有一个专用标签，不仅标明同位素仪表主要的安全性能和所用放射源的编号，而且说明每个放射源由测量头的表面到剂量当量率分别为 $2.5\mu Sv/h$ 和 $7.5\mu Sv/h$ 的点或 $2.5\mu Sv/h$ 和 $7.5\mu Sv/h$ 的等剂量线之间的最大距离。

13.10.2 放射卫生防护剂量限值

GB 4792—84《放射卫生防护基本标准》规定：放射工作人员受到全身均匀照射时的年剂量当量不应超过 50mSv(5rem)。当受到不均匀照射时，有效剂量当量也不应超过 50mSv(5rem)。

公众中个人受到的年剂量当量应低于下列限值：

全身   5mSv(0.5rem)

任何单个组织或器官   50mSv(5rem)

年剂量当量的计算公式为：

$$年剂量当量 = 剂量当量率 \times 年工作时间$$

若将年工作时间计为 2000 小时（8 小时/天×250 天），只要把每小时的剂量当量率控制在 $25\mu Sv/h(2.5mrem/h)$（对于放射工作人员），或 $2.5\mu Sv/h(0.25mrem/h)$（对于公众）以内，就会符合 GB 4792—84 的规定。

在选用带放射源的测量仪表时，从放射卫生防护的角度考虑，可查阅该仪表安全性能分级，从而得知在距离测量头（由放射源部件和探测器组成）外表面某段距离处的最大剂量当量率。

根据 GB 4792—84 的规定，剂量当量率高于 $2.5\mu Sv/h(0.25mrem/h)$ 的场所称为放射工作场所（仪表维护人员工作位置），低于 $2.5\mu Sv/h(0.25mrem/h)$ 的场所不称为放射工作场所（非仪表维护人员安全位置）。

13.10.3 电离辐射 SI 单位及专用单位（表 13-27）

表 13-27 电离辐射量、单位、名称及符号

量	SI 导出单位			专用单位	
	名 称	符 号	SI 单位表示式	名 称	符 号
照射量 X	—	—	$C \cdot kg^{-1}$	伦琴	R
吸收剂量 D	戈[瑞]	Gy	$J \cdot kg^{-1}$	拉德	rad
剂量当量 H	希[沃特]	Sv	$J \cdot kg^{-1}$	雷姆	rem
（放射性）活度 A	贝可[勒尔]	Bq	s^{-1}	居里	Ci

注：$1R = 2.58 \times 10^{-4} C \cdot kg^{-1}$；$1C \cdot kg^{-1} = 3.877 \times 10^3 R$；$1rad = 10^{-2} J \cdot kg^{-1} = 10^{-2} Gy$；$1Gy = 1J \cdot kg^{-1} = 100rad$；$1rem = 10^{-2} J \cdot kg^{-1} = 10^{-2} Sv$；$1Sv = 1J \cdot kg^{-1} = 100rem$；$1Ci = 3.7 \times 10^{10} s^{-1} = 3.7 \times 10^{10} Bq$；$1Bq = 1s^{-1} \approx 2.7 \times 10^{-11} Ci$。

1. 照射量率的单位为伦琴/小时（R/h），剂量当量率的单位为雷姆/小时（rem/h），对于同一吸收体而言，1R/h 与 1rem/h 在数值上近似相等；

2. 有人也用"伽玛"来表示照射量率，1 伽玛等于 1 微伦/小时（$1\mu R/h$）。

13.11 企业能源计量器具配备率和准确度要求（GB/T 17167—1997《企业能源计量器具配备和管理导则》）

见表 13-28 和表 13-29。

表 13-28 企业能源计量器具配备率要求 %

计量对象	能 源 种 类								
	固体燃料（煤、焦炭）	电力	原油、成品油、罐装石油液化气	重油、渣油	煤气、天然气	蒸汽	水(自来水、深井水、河水)	压缩空气等载能工质	已利用的余热
进、出企业	100	100	100	100	100	100	100	100	—
分厂（或车间）	100	100	100	90	90	90	100	70	70
重点用能设备	75	100	100	80	80	60	95	70	—

注：1. 重点用能设备由行业能源管理部门根据能源管理的需求来确定。

2. 在重点用能设备上作为辅助能源使用的电力、蒸汽和水、压缩空气等载能工质，其耗能量很小的可以不配置专用能源计量器具。

表 13-29 能源计量器具的准确度要求

计量器具类别	计 量 目 的	准确度要求
衡器	进、出企业的固体燃料、液体燃料静态计量	0.3%
	进、出企业的固体燃料动态计量	0.5%
	车间及锅炉、炉窑等重点用能设备的能耗考核	2.0%
电能表	进、出企业有功交流电能	0.5%
	企业内部有功交流电能	2.0%
	大于 100A 直流电能	2.0%
	无功电能	3.0%
油流量表（装置）	进、出企业的结算	汽油、柴油、原油 0.35%
	分厂（车间）和重点用能设备能耗考核	汽油、柴油、原油 0.5% 重油、渣油 2.5%

计量器具类别	计量目的	准确度要求
气(汽)体流量表(装置)	进、出企业的结算	煤气、天然气2.0%
		蒸汽2.5%
	分厂(车间)和重点用能设备能耗考核	煤气、天然气2.0%
		蒸汽2.5%
水流量表(装置)	进、出企业及企业内部车间、重点用水设备的净水计量	2.5%
	企业排放污水的计量	5.0%
温度计	用于水温、气温、汽温及废气、乏汽、废水排放温度的计量	2.0%
压力表[①]	用于气体、液体及蒸汽压力的计量	1.0%~2.5%

① 与气体、蒸汽质量计算相关的压力表,其准确度不得低于1.0%。

注:当计量器具是由传感器(变送器)、二次仪表组成的测量装置或系统时,表15-21给出的准确度应是装置或系统的准确度。装置或系统未明确给出其准确度时,可用传感器与二次仪表的准确度按误差合成方法合成。

能源计量器具配备率按下式计算:

$$R_P = \frac{N_S}{N_X} \times 100\%$$

式中 R_P——能源计量器具配备率,%;

N_S——实际配备的能源计量器具台(件)数;

N_X——能源计量率为百分之百时需要配置的能源计量器具台(件)数。

13.12 仪表脱脂和防护工程常用材料

见表13-30至表13-35。

表13-30 热碱除油液的配比及工艺条件

编号	组成/(g/L)		清理温度/℃	清理时间/min	编号	组成/(g/L)		清理温度/℃	清理时间/min
1	氢氧化钠	50	100	30~40	2	氢氧化钠	30	85~95	20~30
	磷酸三钠	30				磷酸三钠	15		
	水玻璃	5				水玻璃	15		
	碳酸钠	30				硫酸钠	5		
	水	余量							

注:1. 为加速除油过程,应经常搅拌。
2. 工件除油处理后,应用热水洗涤至中性,然后用布擦干或烘干。
3. 施工方法可采用浸泡法或喷射法。

表13-31 乳化除油液的配比

序号	名称	质量比/%	序号	名称	质量比/%
1	煤油	67	4	三乙醇胺	3.6
2	松节油	22.5	5	丁基溶纤剂	1.5
3	月桂酸	5.4			

注:1. 操作温度:室温。
2. 施工方法可采用喷淋法或浸渍法。

表 13-32 酸洗液的配比及工艺条件

序号	名　称	配比	处理温度/℃	处理时间/min	备注
1	工业盐酸/% 乌洛托平/% 水	15～20 0.5～0.8 余量	30～40	5～30	除铁锈快,效果好,适用于钢铁表面严重锈蚀的工作
2	工业盐酸(相对密度1.18)/(g/L) 工业硫酸(相对密度1.84)/(g/L) 乌洛托平/(g/L) 水	110～180 75～100 5～8 余量	20～60	5～50	适用于钢铁及铸铁工件除锈等
3	工业硫酸(相对密度1.84)/(g/L) 食盐/(g/L) 腐蚀剂 水	180～200 40～50 适量 余量	65～80	16～50	适用于铸铁及清理大块锈皮,若铸铁表面有型沙,可加2%～5%氢氟酸
4	工业磷酸/% 水	2～15 余量	80	表面锈蚀尽为止	适用于锈蚀不严重的钢铁工件,常用非涂料的基体金属表面处理
5	硝酸(相对密度1.42)HNO₃ 氢氟酸(HF) 水	20%(重) 5%(重) 余量	室温		

表 13-33 碱性钝化液配比及工艺条件

名称	配比	溶液pH值	处理温度/℃	处理时间/min
亚硝酸钠 水	0.5%～5% 余量	9～10	室温	5

注：1. 溶液的酸碱度可用硫酸钠进行调节。
2. 防止溶液中混入氯离子。
3. 亚硝酸钠应密封存放,钝化溶液应随配随用,以防失效。
4. 施工方法可采用浸泡法或喷淋法。
5. 钝化液在排放前应经处理,并不得与酸接触。

表 13-34 碱性脱脂液的配方及使用条件

项次	配方(质量/%)	适用范围	项次	配方(质量/%)	适用范围
1	氢氧化钠　0.5～1 碳酸钠　　5～10 硅酸钠　　3～4 水　　　　余量	适用于一般钢铁件	3	氢氧化钠　0.5～1.5 磷酸钠　　3～7 碳酸钠　　2.5 硅酸钠　　1～2 水　　　　余量	适用于一般铜及铜合金件
2	氢氧化钠　1～2 磷酸钠　　5～8 硅酸钠　　3～4 水　　　　余量	适用于一般钢铁件	4	磷酸钠　　　　5～8 磷酸二氢钠　　2～3 硅酸钠　　　　5～6 烷基苯磺酸钠 0.5～1 水　　　　　　余量	碱性较弱,有除油能力,对金属腐蚀性较低,适用于钢铁件和铝合金件

表 13-35 常用防锈漆和调和漆

序号	名称	主要性能
1	红丹防锈漆	是用红丹与干性油混合而成的一种底漆。漆膜渗透性、润湿性、柔韧性好,附着力强,由于红丹相对密度较大,容易沉淀,如储藏过久则会变厚,不易刷削,影响质量
2	油性红灰底漆	是由防锈颜料和长油性酚醛或酯胶漆料调制而成的一种稠原液体,使用时应掺入10%～30%左右容积的松香水。它的漆膜附着力较好,且不会受面漆软化而产生咬底
3	铁红醇酸防锈底漆	是由红丹、铅铬黄等颜料加入填充料和醇酸漆料溶剂、催干剂调制而成。它具有良好的附着力,防锈能力强,硬度大,有弹性,耐冲击,耐硝基性强,对硝基漆和醇酸漆有较好的黏合性能。适合于黑色金属打底用,特别是在深装硝基漆和氨基醇酸烘漆前,用这种底漆除覆底面经烘烤后性能更佳

续表

序号	名　称	主　要　性　能
4	灰色防锈底漆	是以含铅氧化锌作为主要防锈颜料加入清漆而制成的。它具有防锈和耐大气侵蚀的优良性能,适用于涂刷室外钢铁件。由于它是长油性的,干燥较慢。一般可作为底漆,也可作面漆用
5	调和漆	是由干性油为主要成膜物质,加入颜料、溶剂而制成的一种色漆。油性调和漆开始出现时是用纯油制成的,后来又在油以外使用了天然树脂或松香酯类作为成膜物质。为了便于区别,称前者为油性调和漆,后者为磁性调和漆 1.油性调和漆:油性调和漆价格便宜,漆膜附着力好,有较高的弹性和耐候性,不易粉化、脱落、龟裂,比油性原漆涂刷容易。但光泽、硬度较差,干性也较慢,一般需24h。油性调和漆有一个不可忽视的特点是抗水性与耐久性都很好,能经受大气侵蚀,如使用恰当涂膜可保持5～6年之久 2.磁性调和漆:是由颜料、树脂、干性油、溶剂与催干剂等调和而成。因为漆膜干燥后似磁釉,因而得名。它的漆膜较为坚硬,光泽强,比油性调和漆干得快。但漆膜却比油性调和漆脆,因此不宜用于室外

参 考 文 献

1. 青岛化工学院，全国图算学培训中心组织编写．刘光启，马连湘，刘杰主编．化学化工物性数据手册（无机卷、有机卷）．北京：化学工业出版社，2002
2. 汪镇安主编．化工工艺设计手册．第三版．北京：化学工业出版社，2003
3. [美] 卡尔 L. 约斯主编．Matheson 气体数据手册．第七版．陶鹏万，黄建彬，朱大方译．北京：化学工业出版社，2003
4. [美] 詹姆斯 G. 斯佩特编著．化学工程师实用数据手册．陈晓春，孙巍译．北京：化学工业出版社，2006
5. 姚允斌．物理化学手册．上海：上海科学技术出版社，1985
6. 陆德民主编．石油化工自动控制设计手册．第三版．北京：化学工业出版社，2000
7. 陈洪全，岳智主编．仪表工程施工手册．北京：化学工业出版社，2005
8. 强十渤，程协瑞主编．安装工程分项施工工艺手册：自控仪表工程．北京：中国计划出版社，2001
9. 周昌明，阎洁，刘敬威．检测与计量．北京：化学工业出版社，2004
10. 何衍庆，戴自祥，俞金寿．可编程序控制器原理及应用技巧．第二版．北京：化学工业出版社，2003
11. 国家技术监督局计量司组织编写．凌善康，原遵东编写．1990 国际温标通用热电偶分度表手册．北京：中国计量出版社，1994
12. 孙淮清，王建中．流量测量节流装置设计手册．第二版．北京：化学工业出版社，2005
13. 蔡武昌，孙淮清，纪纲．流量测量方法和仪表的选用．北京：化学工业出版社，2001
14. 纪纲．流量测量仪表应用技巧．北京：化学工业出版社，2003
15. 钟光明，汪孟东，范钟元．具有焓参数的水和水蒸气性质参数手册．北京：水利电力出版社，1989
16. 吴国熙．调节阀使用与维修．北京：化学工业出版社，1999
17. 何衍庆，邱宣振，杨洁，王为国．控制阀工程设计与应用．北京：化学工业出版社，2005
18. 朱良漪主编．分析仪器手册．北京：化学工业出版社，1997
19. 杭州大学化学系等．分析化学手册．第二版．北京：化学工业出版社，1999
20. 李玉忠主编．物性分析仪器．北京：化学工业出版社，2005
21. 李昌厚．紫外可见分光光度计．北京：化学工业出版社，2005
22. 陈惠钊．粘度测量（修订版）．北京：中国计量出版社，2003
23. 汪玉忠等编．油品质量和气体成分过程分析仪．北京：中国石化出版社，2004
24. 周本省主编．工业水处理技术．第二版．北京：化学工业出版社，2002
25. 金美兰，赵建南．标准气体及其应用．北京：化学工业出版社，2003
26. [美] 罗伯特 E. 谢尔曼著．过程分析仪样品处理系统技术．冯秉耘，高长春译．北京：化学工业出版社，2004
27. 中国腐蚀与防护学会．金属腐蚀手册．上海：上海科学技术出版社，1987
28. 左景伊，左禹．腐蚀数据与选材手册．北京：化学工业出版社，1995
29. 黄建中，左禹主编．材料的耐蚀性和腐蚀数据．北京：化学工业出版社，2003
30. 王非，林英．化工设备用钢．北京：化学工业出版社，2004
31. 王非．化工压力容器设计——方法、问题和要点．北京：化学工业出版社，2005
32. 邵海忠主编．最新实用电工手册．北京：化学工业出版社，2000